巧学巧用Excel

迅速提升职场效率的关键技能

凌祯 安迪 梁向上◎著

内 容 简 介

越来越多的职场人士开始发现数据的重要性，而 Excel 作为职场中最日常、最高效的数据管理工具，可以帮助我们快速整理数据、分析数据、呈现数据。本书立足于企业实际工作中的业务场景，为读者提供一个巧学巧用 Excel 的高效学习方法，实现办公效率提升。

本书系统地介绍了 Excel 在数据管理工作中涉及的各项技巧，包括基础制表、规范录入、数据导入、分类汇总、条件格式、迷你图、打印保护、数据透视表、数据透视图、函数公式、商务图表等，并配有大量企业实战级的应用实例，帮助读者全面掌握 Excel 实战技术。

本书适用于各个层次的 Excel 用户，既可作为初学者的入门指南，又可作为中、高级用户的参考手册。书中大量来源于职场实战的案例，可作为读者在工作中的模板载体，直接应用到自己的实际工作中。

图书在版编目(CIP)数据

巧学巧用Excel：迅速提升职场效率的关键技能 /凌祯，安迪，梁向上著. — 北京：北京大学出版社，2022.5

ISBN 978-7-301-32878-1

Ⅰ.①巧… Ⅱ.①凌… ②安… ③梁… Ⅲ.①表处理软件 Ⅳ.①TP391.13

中国版本图书馆CIP数据核字（2022）第023029号

书　　名 巧学巧用Excel：迅速提升职场效率的关键技能
QIAOXUE QIAOYONG EXCEL：XUNSU TISHENG ZHICHANG XIAOLÜ DE GUANJIAN JINENG
著作责任者 凌　祯　安　迪　梁向上　著
责任编辑 王继伟
标准书号 ISBN 978-7-301-32878-1
出版发行 北京大学出版社
地　　址 北京市海淀区成府路205号　100871
网　　址 http://www.pup.cn　　新浪微博：@ 北京大学出版社
电子信箱 pup7@pup.cn
电　　话 邮购部 010-62752015　发行部 010-62750672　编辑部 010-62570390
印 刷 者 北京鑫海金澳胶印有限公司
经 销 者 新华书店
787毫米×1092毫米　16开本　32.25印张　777千字
2022年5月第1版　2022年5月第1次印刷
印　　数 1-4000册
定　　价 109.00元

序言

PREFACE

高效时代，玩转 Excel 的那些人都升职加薪了

亲爱的读者朋友大家好，我是表姐凌祯，很高兴通过本书与你交流。为了帮助绝大部分读者解决工作中的问题，表姐潜心研究 Excel 中最常用、最实用、最好用的功能，并与安迪老师、梁向上老师一同编写了本书。

本书将 Excel 实战级应用方法总结成了一个非常完整的知识体系，从数据处理到数据分析再到数据呈现，将它一步一步地分享和传授给你，带你巧学巧用 Excel，成为职场效率达人，让硬技能助力你在职场中升职加薪。

如果你想夯实职场基础、掌握 Excel 这个硬技能，从应用到思维不断升级进阶，那么表姐的这本书是真正能够帮助到你的。想象一下：你分分钟就搞定的统计报表让你同事们刮目相看，你绘制的图表信息看板被放在大屏上进行展示，领导为你频频点赞，并且作为公司的名片传递给客户，成就你的高光时刻，完成升职加薪。

有的人在学习本书之前会说自己是 Excel 的“菜鸟”，什么都不会。但是，当你认真学习本书并同步操作演练后，将一步一步地获得技能突破，成就自己的职业生涯。或许有一天，你也会像表姐一样，通过 Excel 改变职场轨迹，成为比表姐更优秀的人！

最后，在本书的编写过程中，尽管我们每一位团队成员都不敢有丝毫懈怠，但纰漏和不足之处仍在所难免。敬请读者提出宝贵的意见和建议，您的反馈是我们继续努力的动力，并会使本书的后续版本日臻完善。

购买本书的读者，可以扫描书签中的二维码，免费体验由“秒可职场”独家开发的 AI 交互式体验课程（价值 169 元），让你在沉浸式学习中感受 Excel 的魅力，提升职场核心竞争力，升职加薪，快人一步。

表姐凌祯

前言

INTRODUCTION

从很久以前，你是不是就经常听到一个词 —— 大数据时代，什么意思？简单理解就是，给你一大堆杂乱无章的数据，你能否在里面找到规律并得出结论，指导你下一步的工作。

最近你可能又经常听到一个词 —— 人工智能时代，什么意思？简单来说就是，未来的许多工作可以用自动化的程序去完成，不再需要人了。

不管是大数据时代还是人工智能时代，都在传递着一个强烈的信号：如果你不会使用工具帮你处理工作、进行数据分析，那么你势必会被这个时代狠狠甩在后面！

Excel 用得好，做事效率一定高。甚至很多人都觉得，Excel 用得好，一定是有数据思维、擅长分析、逻辑性强的人。的确，这个时代，Excel 真的太重要了，试问，凡是用计算机办公的人，谁不会用到 Excel？然而，会用 Excel 且具有数据分析能力的人真的很“稀缺”！那些 Excel 大神通过数据透视表、切片器、函数，一个小时就能完成别人一天的工作，而且完成得很漂亮，汇报、总结引得别人连连赞叹。

受新冠肺炎疫情影响，2020—2021 年很多人面临失业，但其实越是大环境不好，有价值的能力越能凸显。真正聪明的人，懂得把时间和金钱花在对的地方。学会 Excel，把省出的时间拿去享受生活或寻求升职加薪，难道不是更好的选择吗？

为什么 Excel 学起来会感觉特别难？

很多读者对笔者说，一学 Excel 就头疼，书也“啃”不动，看教程又枯燥得想睡觉。哪怕一步步跟着操作学下来，一换到工作场景就不会用了。

其实大家说的笔者都遇到过，笔者也曾经在 Excel 上踩“坑”无数，甚至还学了长长的公式和 VBA 代码来解决一些很小的问题，后来才发现，有时只要用一个快捷键就可以解决这些问题。

这种情况都是典型的：学偏了，越学越累；没学透，越做越乱。

有什么轻松学好 Excel 的秘诀吗？

在 Excel 的使用中，应用的窍门就是数据思维。一旦拥有了数据思维并将其贯穿于 Excel 使用中，那么在面对工作中的问题时，需要用什么技巧来解决实际问题就迎刃而解了。所以，后面笔者会用“三表原则”来帮助大家建立这种数据思维。并且，每关技能笔者都从快速上手的角度出发，使读者秒懂操作技巧，快速应用到工作中。

这本 Excel 书和其他同类书有什么区别?

本书涵盖了你可能会用到的所有技能，帮你快速诊断出使用 Excel 时容易遇到的“坑”，并给出全套避“坑”指南。

本书所有的案例都来源于企业中真实的工作需求，让你学完即用，迅速成为办公室里的 Excel 高手。

并且，本书在编写时也完全考虑到了零基础小白的学习感受，在难度安排上做到了由浅入深。

你将收获什么?

（1）巧妙应用批量处理技巧，解放你复制粘贴的双手，信息录入、查询速度比别人快几十倍。

（2）规范又自动地统计数据、挖掘数据价值，拥有数据分析思维。表达更有理有据，获取更多资源。

（3）面对工作汇报，你不仅能学会一劳永逸地做月报，还可以做出当下最流行的大数据看板。用 Excel 搞定汇报，升职加薪节节高。

软件版本与安装

本书编写采用的示范版本是 Excel 2016，如果用 Excel 2013 或 Office 365 也是可以的。但需要注意的是，至少保证用到 Excel 2010 及以上的版本。因为使用其他的版本，如 Excel 2003、Excel 2007 或 WPS 的版本，可能在功能上会有一些小的缺失。但大部分情况下也不会影响使用，只是有些按钮的位置可能不太一样。

资源下载

本书所赠送的相关资源已上传到百度网盘，供读者下载。请读者关注封底“博雅读书社”微信公众号，找到“资源下载”栏目，输入图书 77 页的资源下载码，根据提示获取。

特别感谢“秒可职场”团队在课程研发和推广方面的鼎力支持！读者可以扫描左侧二维码关注微信公众号“秒可职场”，体验全套 Office 课程的交互式系统学习，还有更多职场技能干货每日分享。

目 录

CONTENTS

第1篇 职场基础篇 1

第2篇 职场专员篇 32

第 1 篇

职场基础篇

工作效率低?

认识三大技能，比普通人办公速度快 10倍!

第1关 动态看板：让表格动起来

本关背景

刚刚步入2020年，表姐牌口罩就已经卖疯了。老板每天都要看销售情况，这可难为了统计员，数据每时每刻都在变化，要怎么跟上节奏？数据量这么大，怎么才能更加直观、更有说服力地表现出来？如图1-1所示。

	A	B	C	D	E	F	G
1	日期	销售城市	产品类别	销售员	数量	单价	金额
2	2020/1/1	广州	纯棉口罩	表姐	6	1	6
3	2020/1/1	武汉	明星口罩	王大刀	30	30	900
4	2020/1/1	深圳	明星口罩	王大刀	2	30	60
5	2020/1/3	上海	防雾霾口罩	张盛茗	63	28	1764
6	2020/1/4	武汉	明星口罩	张盛茗	25	30	750
7	2020/1/4	武汉	防雾霾口罩	表姐	40	28	1120
8	2020/1/5	深圳	明星口罩	王大刀	5	30	150
9	2020/1/5	上海	N95口罩	张盛茗	71	25	1775
10	2020/1/5	上海	纯棉口罩	表姐	60	1	60

图1-1

下面就来一起认识数据透视表，利用它帮你10分钟搞定口罩销售情况统计。这个超实用的数据分析工具，它能帮助我们快速解决工作中遇到的问题。

如图1-2所示，像这样动起来十分炫酷，并且可以通过单击按钮来选择指定维度的数据。

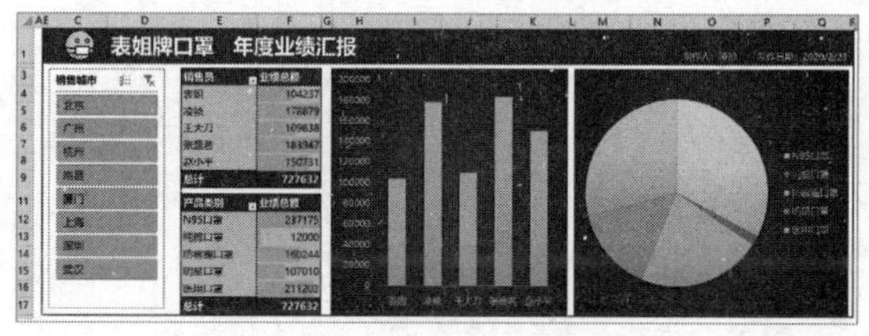

图1-2

在汇报时，这种动态效果能让你的表达更加深入和准确。

接下来就开始尝试自己制作一个“动态看板”，让枯燥的静止图表变成可以交互的动态看板吧！首先要学会建立Excel数据透视表。

我们都知道盖房子要先搭建钢筋骨架，那么数据透视表就相当于动态看板的骨架。也许你还不明白数据透视表的“透视”是什么意思，但不要紧，它就是一个名称而已，当你体验到它是如何向你展现数据时，你就自然会明白“透视”的意思了。

1.1 数据透视表

1. 创建数据透视表

打开“素材文件/01-动态看板：让表格动起来/01-数据透视图表-口罩销售情况统计.xlsx”源文件。选中“销售数据”工作表中的任意单元格→选择【插入】选项卡→单击【数据透视表】按钮，如图1-3所示。

图 1-3

在弹出的【创建数据透视表】对话框中选择需要放置数据透视表的位置，如放在“学员操作区”工作表的【E11】单元格中→单击【确定】按钮，如图 1-4 所示。

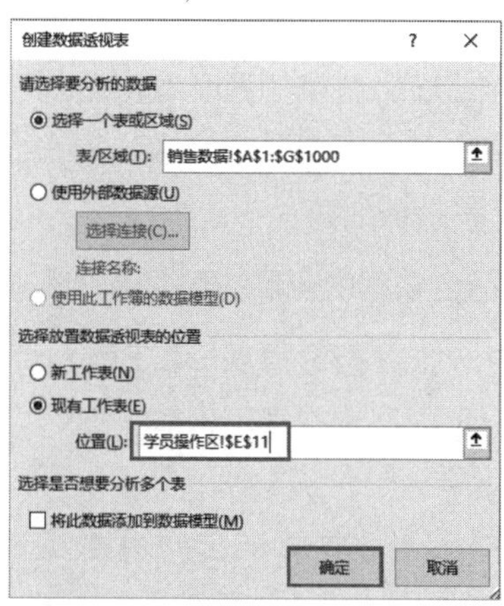

图 1-4

这时在数据透视表区域右侧出现一个小窗口，叫作【数据透视表字段】任务窗格，如图 1-5 所示。

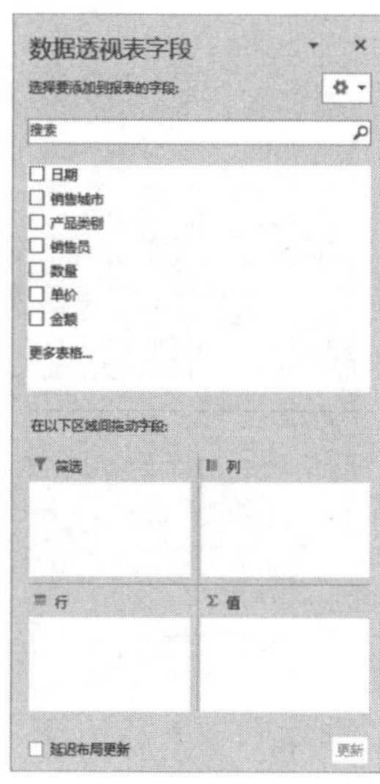

图 1-5

2. 选中汇总分析字段

在【数据透视表字段】任务窗格中，包含了【日期】、【销售城市】、【产品类别】、【销售员】、【金额】等字段。根据需要选中汇总分析的相应字段：选中【产品类别】和【金额】字段，则立即生成了各产品类别的销售金额汇总表，如图 1-6 所示。

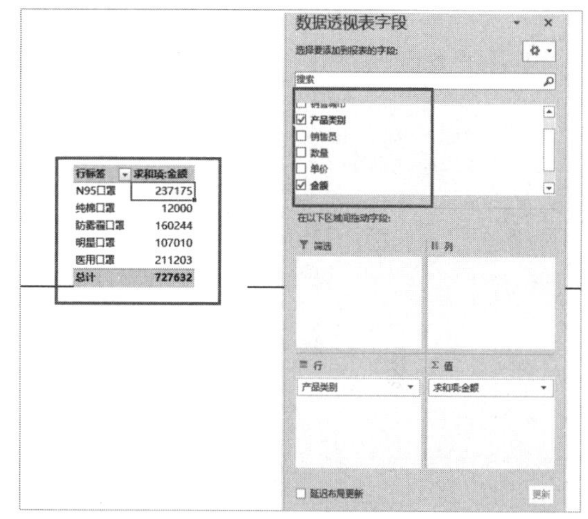

图 1-6

双击【求和项：金额】的单元格→弹出【值字段设置】对话框→在【自定义名称】文本框中将文字修改为“业绩总额”→单击【确定】按钮，如图 1-7 所示。

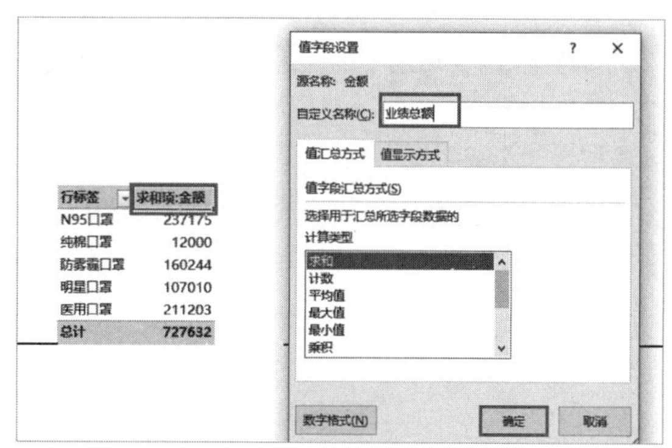

图 1-7

同理，双击【行标签】的单元格→将文字修改为“产品类别”。

3. 复制数据透视表

现在我们还需要再建立一张数据透视表，展现每个销售员的金额汇总结果。

首先单击数据透视表的任意处，按<Ctrl+A>键全选整张数据透视表；然后按<Ctrl+C>键复制，Excel会自动复制这张数据透视表；最后选中【E3】单元格，按<Ctrl+V>键粘贴。这样就将原有的数据透视表复制成了两个，如图1-8所示。

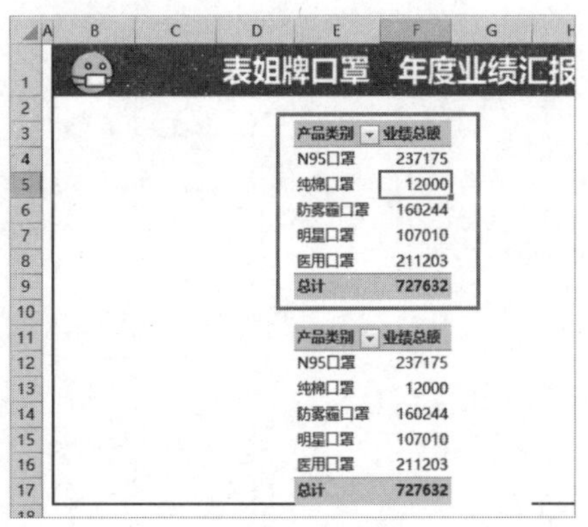

图 1-8

单击第二张数据透视表→在右侧的【数据透视表字段】任务窗格中取消选中【产品类别】字段→选中【销售员】字段，即可快速完成各销售员的销售业绩汇总表，如图1-9所示。

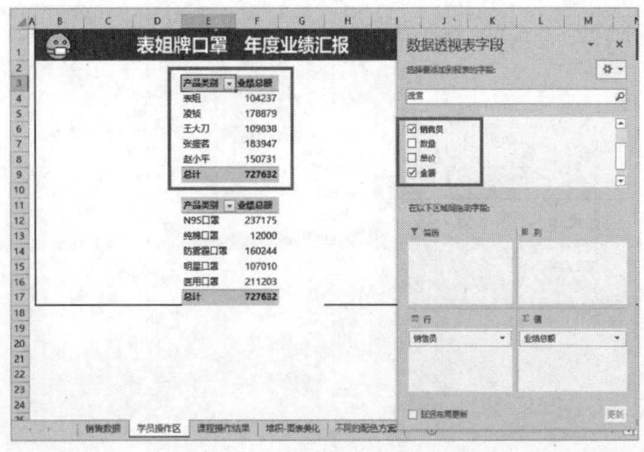

图 1-9

双击【产品类别】的单元格→将文字修改为“销售员”，如图1-10 所示。

图 1-10

这样就成功创建了两张数据透视表，一个代表每个产品类别的销售金额，另一个代表每个销售员的销售业绩。

4. 设置符合公司主色调的数据透视表样式

选中一张数据透视表→按<Ctrl>键的同时选中另一张数据透视表，即可同时选中两张数据透视表。

选择【设计】选项卡→单击【数据透视表样式】功能组右侧的【向下箭头】按钮展开全部样式→在其中选择一个和公司配色方案一致的样式，如图1-11所示。

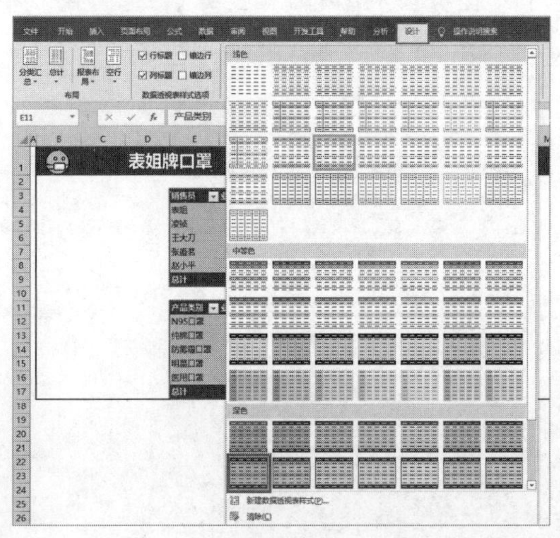

图 1-11

这样，数据透视表的样式美化就完成了，如图1-12所示。

图 1-12

不同的 Excel 版本，系统自带的样式模板可能不同，在实际应用中，可以套用自己喜欢的样式进行数据透视表美化。

1.2 切片器

搭建好动态看板的骨架(数据透视表)之后，接下来就要注入动态看板的灵魂——切片器。动态看板之所以能动起来，能够跟人交互，就是因为切片器。

为什么叫“切片器”呢？因为它可以把刚刚创建的数据透视表“切开来看”。

怎么切？例如，现在只知道“赵小平”的业绩总额，但如果老板对“深圳”地区比较关心，特地问“赵小平的业绩总额里面有多少是属于深圳地区的？”这时就可以通过切片器把属于“深圳”的那一块业绩切出来看看。具体效果通过接下来的实操来体会一下，如图 1-13 所示。

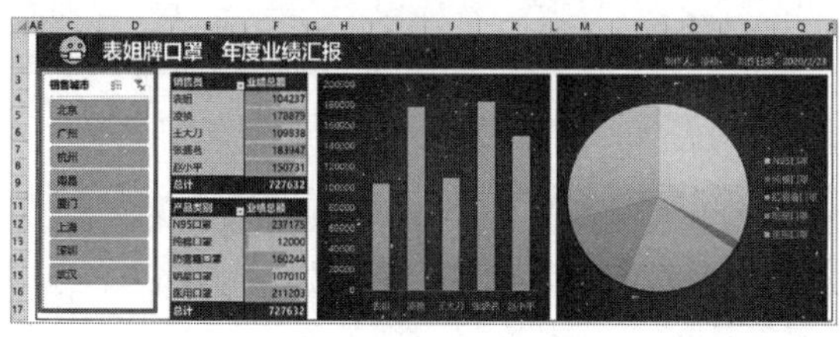

图 1-13

1. 插入切片器

选中任意数据透视表→选择【分析】选项卡→单击【插入切片器】按钮，这时弹出【插入切片器】对话框。

这个对话框是询问我们“要切哪里”？而目前我们要切“销售城市”，所以选中【销售城市】复选框，然后单击【确定】按钮，如图 1-14 所示。

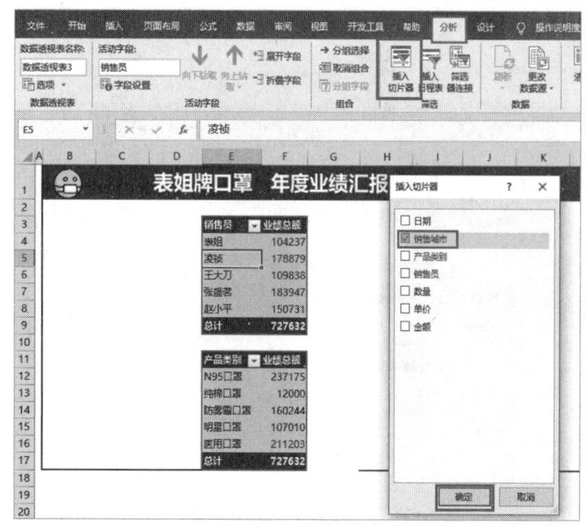

图 1-14

这时会看到一组按钮，每个按钮分别对应一个销售城市(如北京、上海等)，如

图 1-15 所示。

图 1-15

这个就是切片器，其实它很简单，就是一组按钮。

2. 数据透视表联动变化

要想将切片器与创建好的两张数据透视表连接起来，即每单击一次，两张数据透视表同时变动，就需要建立切片器和数据透视表之间的“链接”。

选中切片器→选择【选项】选项卡→单击【报表连接】按钮→在弹出的【数据透视表连接(销售城市)】对话框中选中【数据透视表 2】和【数据透视表 3】复选框→单击【确定】按钮，如图 1-16 所示。

图 1-16

这样切片器就与两张数据透视表实时同步了，通过单击按钮，可以看到数据透视表的数据相应改变(如果切片器挡到数据透视表，可将切片器拖曳至合适的位置)。

3. 调整切片器的位置和大小

单击切片器将其选中，待切片器四周出现白色圆点时，用鼠标左键长按切片器，就会出现一个“四向箭头”。此时，长按并拖动鼠标，就可以将切片器移动到合适的位置。

鼠标拖动白色圆点，将切片器调整到合适大小，如图 1-17 所示。

图 1-17

4. 设置切片器样式

单击切片器将其选中，选择【选项】选项卡→单击【切片器样式】功能组右侧的【向下箭头】按钮展开全部样式→选择一个自己喜欢的样式，如图 1-18 所示。

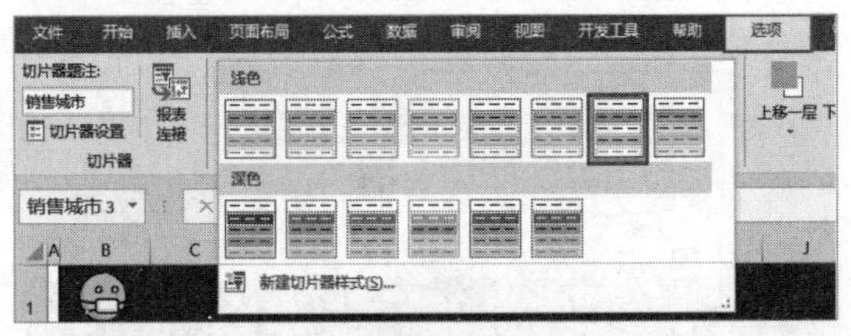

图 1-18

温馨提示

WPS 用户可能没有找到“切片器样式”，这是因为 WPS 没有提供对应的功能，不过没关系，WPS 用户请先跳过这步，对效果影响不大。

1.3 数据透视图

现在已经完成了动态看板的骨架（数据透视表）和灵魂（切片器）的制作，只需再为动态看板披上一副好看的皮囊——数据透视图就可以了，如图 1-19 所示。

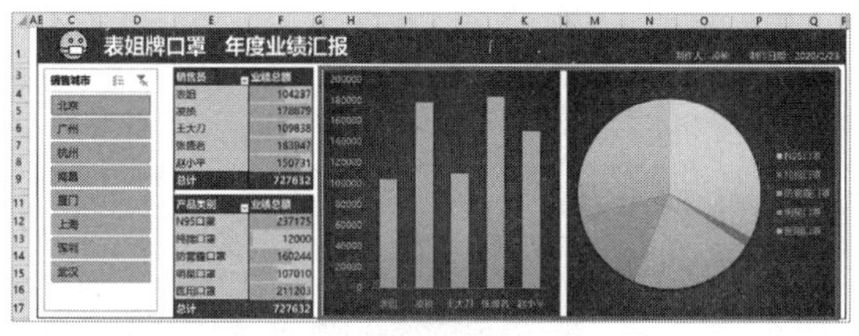

图 1-19

下面把做好的数据透视表变成一个柱形图和一个饼图。

1. 创建柱形图数据透视图

单击“销售员”对应的数据透视表（第二张）→选择【分析】选项卡→单击【数据透视图】按钮，这时会出现一个【插入图表】对话框。

在弹出的【插入图表】对话框中选择【柱形图】-【簇状柱形图】选项→单击【确定】按钮，如图 1-20 所示。这时就拥有了一个展现每个销售员销售业绩的柱形图。

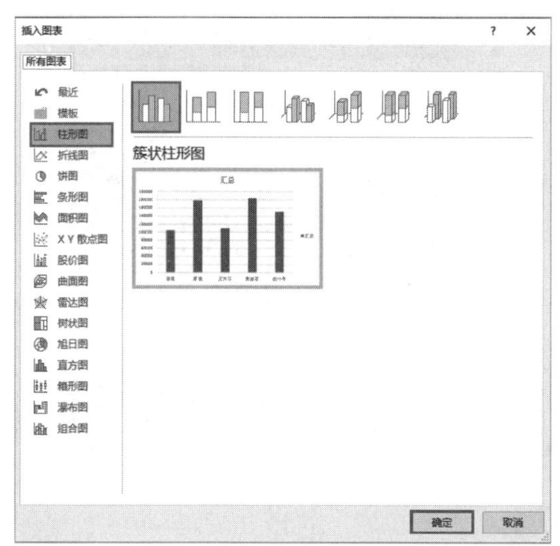

图 1-20

2. 创建饼图数据透视图

利用同样的方法，为“产品类别”对应的数据透视表创建一个饼图。

单击“产品类别”对应的数据透视表（第一张）→选择【分析】选项卡→单击【数据透视图】按钮→在弹出的【插入图表】对话框中选择【饼图】-【饼图】选项→单击【确定】按钮，如图 1-21 所示。

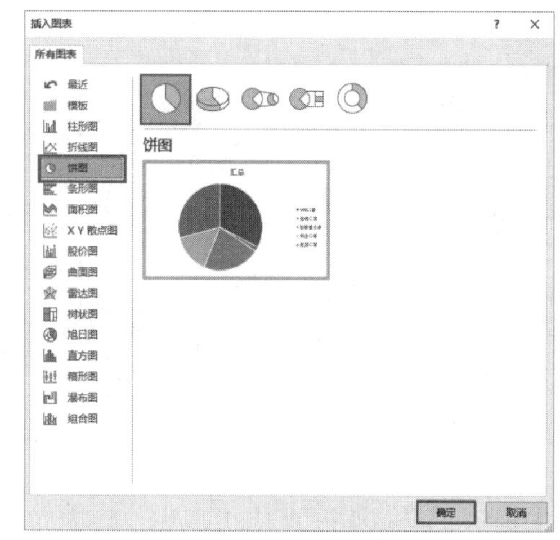

图 1-21

3. 开始排版

接下来开始排版。单击柱形图，待柱形图四周出现白色圆点，长按并拖动鼠标，将柱形图移动到合适的位置。然后鼠标拖动白色圆点，将柱形图调整到合适大小。饼图也是一样，如图 1-22 所示。

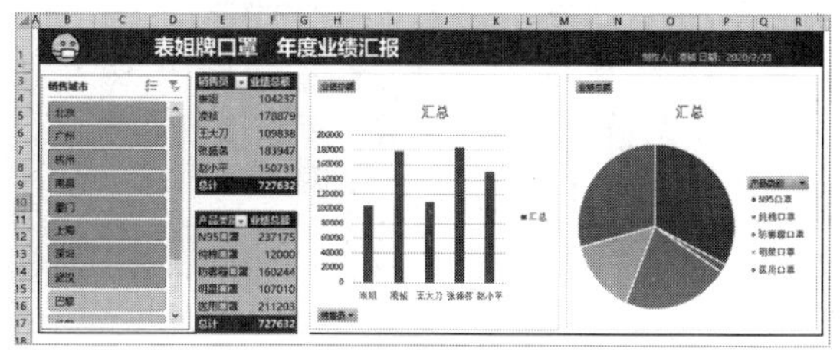

图 1-22

4. 更改数据透视图颜色

数据透视图目前来看还是太朴素了，所以要给它们加点颜色。

选中柱形图数据透视图→选择【设计】选项卡→单击【图表样式】功能组右侧的【向下箭头】按钮展开全部样式→选择一个适合的样式，如图 1-23 所示。

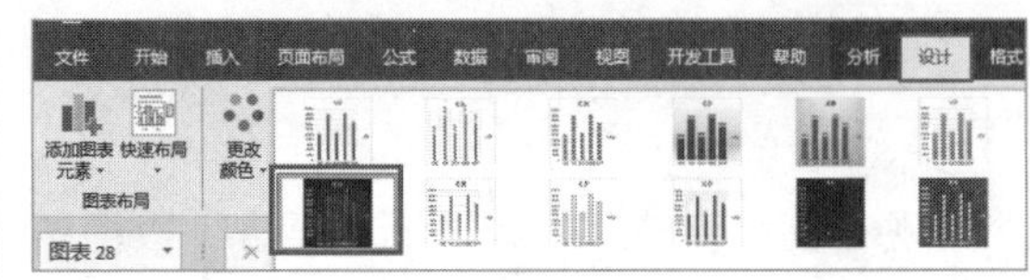

图 1-23

单击【图表样式】旁边的【更改颜色】按钮，将柱子颜色更改为“黄色”，如图 1-24 所示。

饼图也是如此，如图 1-25 所示。

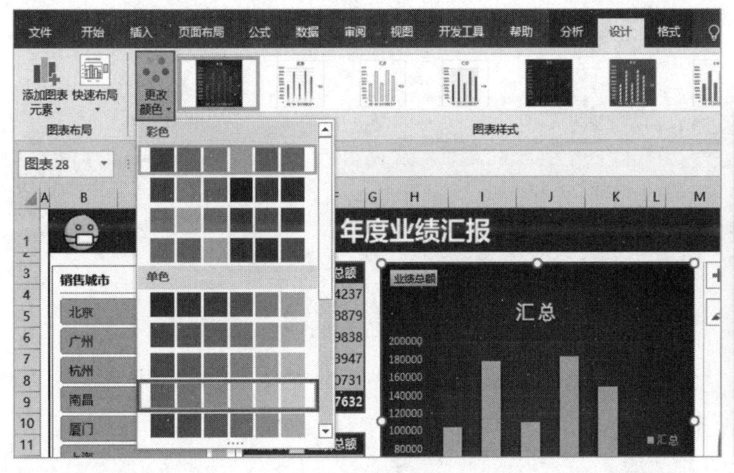

图 1-24

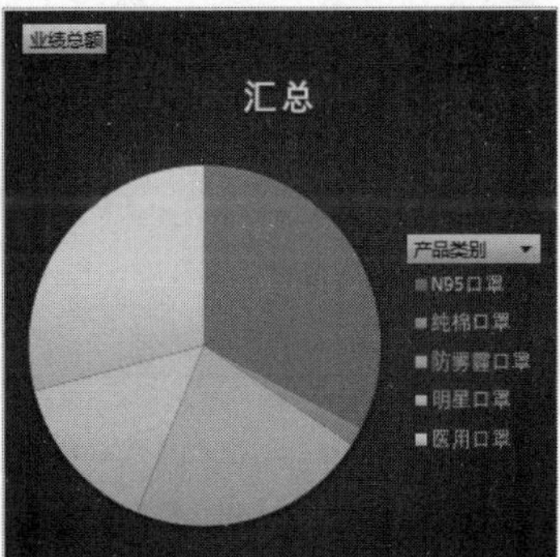

图 1-25

1.4 条件格式

下面锦上添花，为数据透视表的每个业绩总额都添加一个数据条，这样就可以清晰地看到数据之间的对比，如图 1-26 所示。

首先拖动鼠标选中任意一张数据透视表的所有“业绩总额”，如【F4:F8】单元格区域→选择【开始】选项卡→单击【条件格式】按钮→选择【数据条】选项→选择一个合适的配色，例如，这里选择和公司 LOGO 一样的颜色（【实心填充】中的黄色样式）。另一张数据透视表也如此操作，如图 1-27 所示。

图 1-26

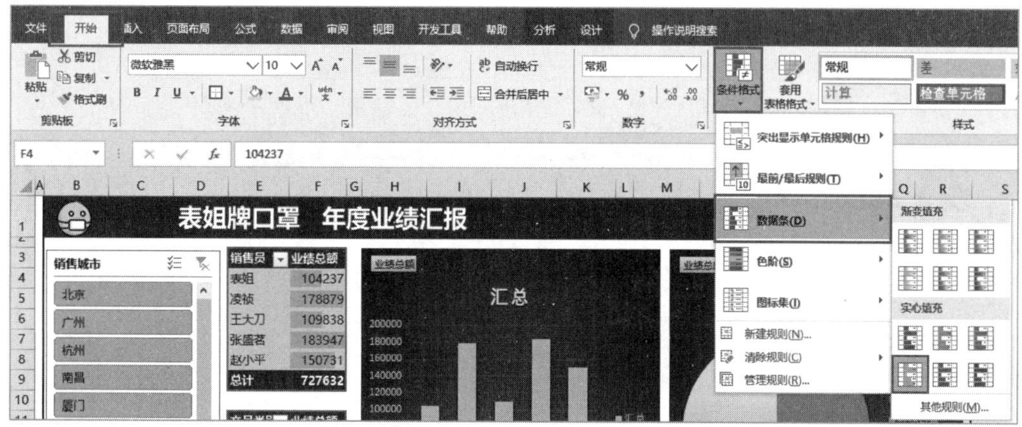

图 1-27

如图 1-28 所示，整张图表已在不知不觉中达到了令人惊艳的效果。

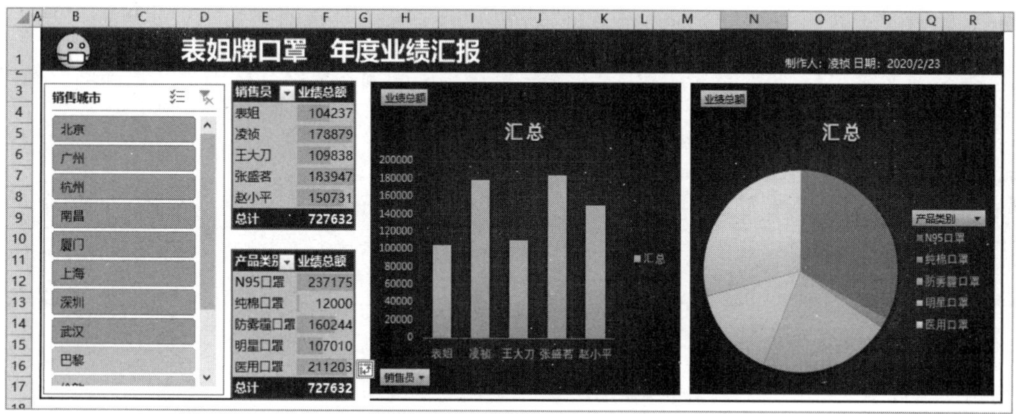

图 1-28

第2关 效率之王：IF 函数

本关背景

这是一个数据时代，人人都应该掌握“函数”。无论是财务、HR、会计，还是审计、产品经理，都难免与数据和各种报表打交道。如果不具备必要的函数能力，有限的时间必然会浪费在无限的加班中，何谈在职场中有一番作为呢？

函数不是数学概念里的方程式，而是 Excel 表格中的“超级计算器”。那些机械重复的人工计算，一个函数公式就可以解决。

下面就来介绍 Excel 中的效率之王——IF 函数。利用它可以实现销售业绩奖金秒统计。

2.1 IF 函数

函数有很多种，而 IF 函数是函数中应用最广泛的一个。

打开“素材文件 /02- 效率之王：IF 函数 / 02-IF+ 统计函数 - 业绩奖金秒统计 + 彩蛋 .xlsx”源文件。如图 2-1 所示，在“销售奖金表”工作表中，要求在【E】列中计算出每个销售经理的业绩奖金：根据实际业绩是否大于业绩目标来确定业绩奖金。

Q13

	A	B	C	D	E
1	实际业绩>业绩目标，奖金1000；否则，奖金300。				
2	分公司	销售经理	业绩目标	实际业绩	业绩奖金
3	北京	表姐	1500	1505	
4	北京	凌祯	1000	1000	
5	北京	张盛茗	1000	1300	
6	北京	王大刀	2000	2500	
7	北京	马鑫	3000	3000	
8	北京	倪国梁	1204	1500	
9	北京	程桂刚	1603	2000	
10	北京	吴姣姣	903	1200	
11	北京	任隽芳	4500	4000	

图 2-1

如果实际业绩大于业绩目标，就在表格内填写“1000”。如果实际业绩小于业绩目标，就在表格内填写“300”。对于 Excel 小白来说，需要一个个手动填写上去来完成这项工作。但如果借助 IF 函数，原本需要很长时间来填写的表格，只需要 1 秒就可以完成，而且 IF 函数的用法也十分简单，下面就一起来感受 IF 函数的魔力吧！

1. 公式原理

IF 函数是一个“如果满足条件，就…，否则…”的判断，Excel 会根据是否满足判断条件，自动返回对应的结果。每个单元格都可以写一个 IF 函数，它们都是按照图 2-2 所示的公式写的。

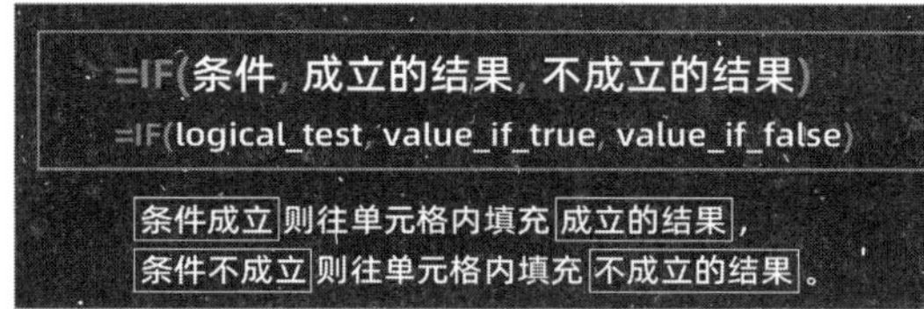

图 2-2

2. 步骤拆解

知道了 IF 函数的写法，下面开始用 IF 函数判断业绩奖金。首先从“销售奖金表”工作表的第 3 行（表姐的业绩奖金）开始计算。选中【E3】单元格→选择【公式】选项卡→单击【插入函数】按钮，如图 2-3 所示。

图 2-3

弹出【插入函数】对话框→在【选择函数】列表框中选择【IF】选项→单击【确定】按钮，如图 2-4 所示。

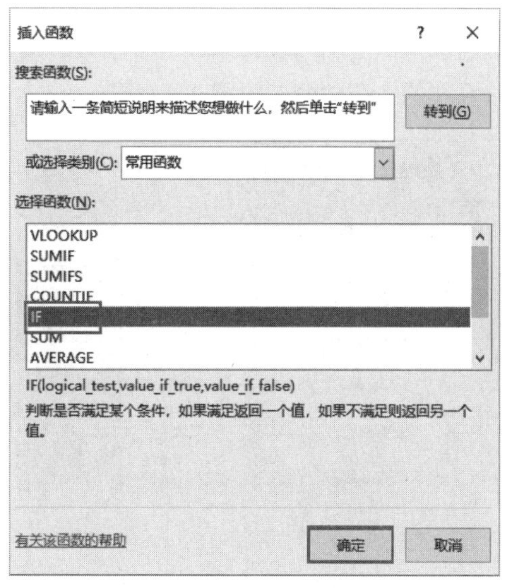

图 2-4

这时会出现一个【函数参数】对话框，如图 2-5 所示。

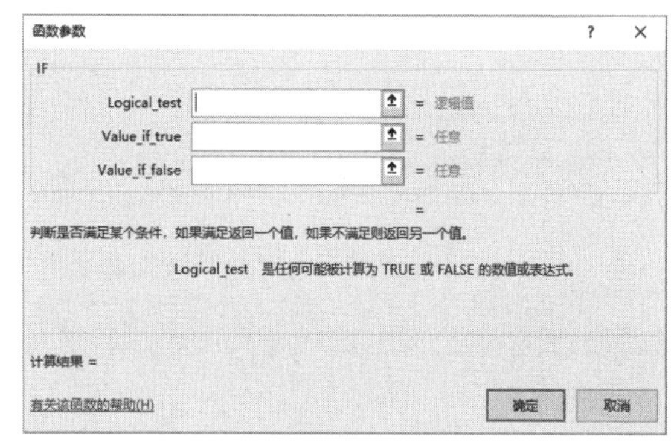

图 2-5

接下来就开始输入公式，还记得 IF 函数的公式吗？如图 2-6 所示。

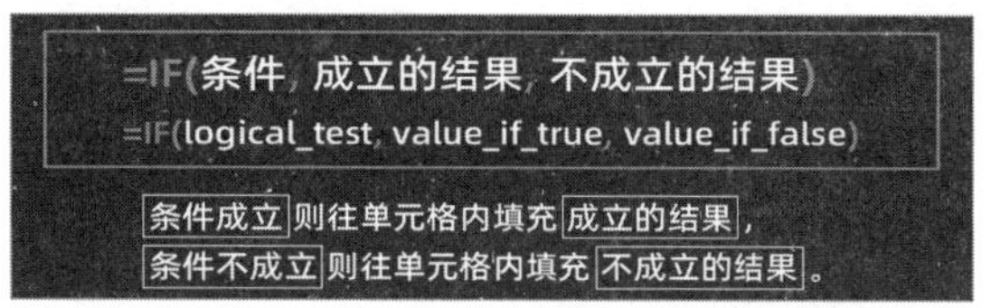

图 2-6

将图 2-6 所示的公式应用到“销售奖金表”的问题中，如图 2-7 所示。

图 2-7

套用公式后，只需要将公式的条件、成立的结果、不成立的结果依次告诉 Excel 即可。

这里要判断的条件是：实际业绩是否大于业绩目标。

在表格中，表姐的实际业绩对应【D3】单元格，表姐的业绩目标对应【C3】单元格。

所以，在【函数参数】对话框的第一个文本框中输入条件“D3>C3”，如图 2-8 所示。

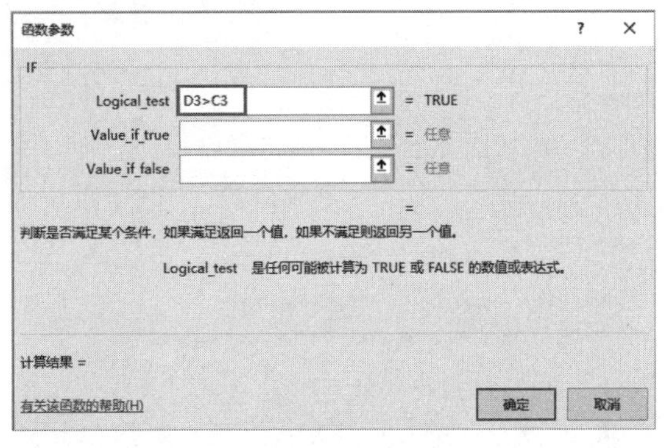
函数参数 ? ×
IF
Logical_test D3>C3 = TRUE
Value_if_true = 任意
Value_if_false = 任意
=
判断是否满足某个条件，如果满足返回一个值，如果不满足则返回另一个值。
Logical_test 是任何可能被计算为 TRUE 或 FALSE 的数值或表达式。
计算结果 =
有关该函数的帮助(H) 确定 取消

图 2-8

在第二个文本框中输入成立的结果“1000”，如图 2-9 所示。

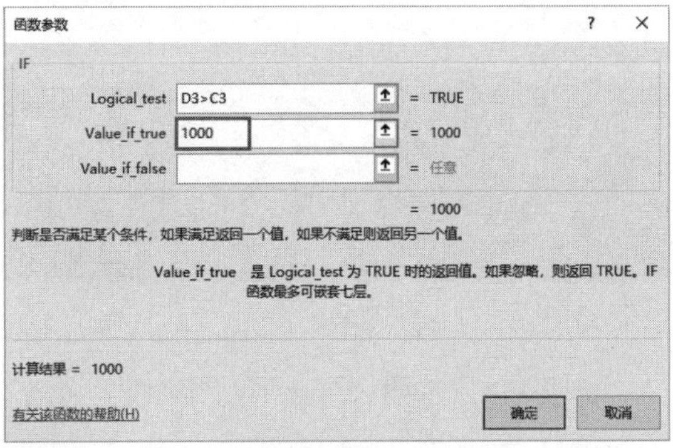

函数参数 ? ×
IF
Logical_test D3>C3 = TRUE
Value_if_true 1000 = 1000
Value_if_false = 任意
= 1000
判断是否满足某个条件，如果满足返回一个值，如果不满足则返回另一个值。
Value_if_true 是 Logical_test 为 TRUE 时的返回值。如果忽略，则返回 TRUE。IF 函数最多可嵌套七层。
计算结果 = 1000
有关该函数的帮助(H) 确定 取消

图 2-9

在第三个文本框中输入不成立的结果“300”，然后单击【确定】按钮，如图 2-10 所示。

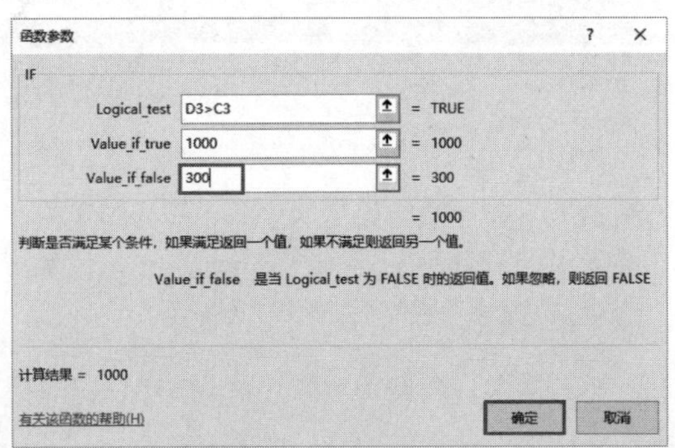
函数参数 ? ×
IF
Logical_test D3>C3 = TRUE
Value_if_true 1000 = 1000
Value_if_false 300 = 300
= 1000
判断是否满足某个条件，如果满足返回一个值，如果不满足则返回另一个值。
Value_if_false 是当 Logical_test 为 FALSE 时的返回值。如果忽略，则返回 FALSE
计算结果 = 1000
有关该函数的帮助(H) 确定 取消

图 2-10

现在成功完成了第一个 IF 函数的编写，在【E3】单元格中已经可以看到由 IF 函数计算出的结果，如图 2-11 所示。

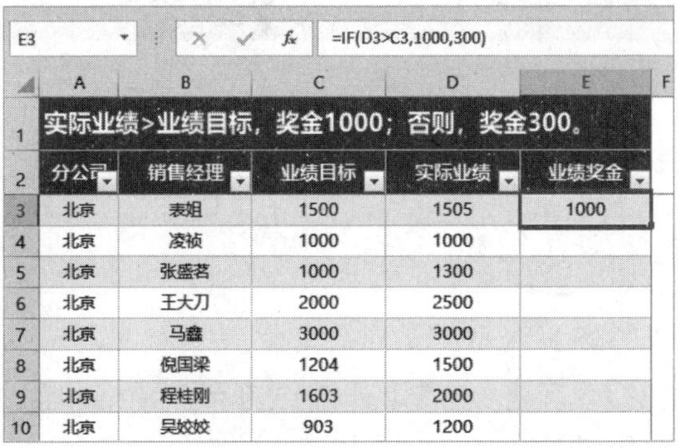

E3 =IF(D3>C3,1000,300)

	A	B	C	D	E
1	实际业绩>业绩目标，奖金1000；否则，奖金300。				
2	分公司	销售经理	业绩目标	实际业绩	业绩奖金
3	北京	表姐	1500	1505	1000
4	北京	凌祯	1000	1000	
5	北京	张盛茗	1000	1300	
6	北京	王大刀	2000	2500	
7	北京	马鑫	3000	3000	
8	北京	倪国梁	1204	1500	
9	北京	程桂刚	1603	2000	
10	北京	吴姣姣	903	1200	

图 2-11

Excel 的强大远远不只是处理表姐一行数据(【E3】单元格)，这个超级计算器还可以将【E3】单元格中的函数一键复制到【E4】、【E5】、【E6】、【E7】、【E8】等单元格，下面就一起来看一下吧！

将光标放在【E3】单元格右下角，当光标变为十字句柄时，双击鼠标。

这时就会发现，【E3】单元格以下的所有行都被自动填充了，函数已经自动计算出了所有销售经理的业绩奖金，如图 2-12 所示。

	A	B	C	D	E
1	实际业绩>业绩目标，奖金1000；否则，奖金300。				
2	分公司	销售经理	业绩目标	实际业绩	业绩奖金
3	北京	表姐	1500	1505	1000
4	北京	凌祯	1000	1000	300
5	北京	张盛茗	1000	1300	1000
6	北京	王大刀	2000	2500	1000
7	北京	马鑫	3000	3000	300
8	北京	倪国梁	1204	1500	1000
9	北京	程桂刚	1603	2000	1000
10	北京	吴姣姣	903	1200	1000
11	北京	任隽芳	4500	4000	300
12	上海	王晓琴	4000	4500	1000
13	上海	[illegible]	1207	1200	300

图 2-12

2.2 COUNTIF 函数

至此，已经完成了所有销售经理业绩奖金的计算。而在工作中涉及的问题往往更多，例如，老板一般最关心业绩突出的销售员，这时就会问：“有几位销售经理实际业绩超过了 1500”？

要解决这个问题，只需亮出一个法宝——COUNTIF 函数。

1. 公式原理

这个“COUNTIF”是 IF 函数的兄弟，就是在 IF 前面加个 COUNT（计数），代表根据条件计数的意思。

每个单元格都可以写一个 COUNTIF 函数，计数结果会自动显示在单元格中。

COUNTIF 函数的公式原理如图 2-13 所示。

图 2-13

2. 步骤拆解

接下来的目标是计算出实际业绩超过 1500 的人数。选中“销售奖金表”工作表的【I3】单元格，把这个单元格作为存放统计结果的地方，如图 2-14 所示。

实际业绩>业绩目标，奖金1000；否则，奖金300。

分公司	销售经理	业绩目标	实际业绩	业绩奖金
北京	表姐	1500	1505	1000
北京	凌祯	1000	1000	300
北京	张盛茗	1000	1300	1000
北京	王大刀	2000	2500	1000
北京	马鑫	3000	3000	300
北京	倪国梁	1204	1500	1000
北京	程桂刚	1603	2000	1000

统计需求	统计条件	结果
实际业绩超过1500的人数：	>1500	
北京分公司，业绩奖金总额：	北京	
上海分公司，业绩奖金总额：	上海	

图 2-14

选择【公式】选项卡→单击【插入函数】按钮，如图 2-15 所示。

图 2-15

弹出【插入函数】对话框→在【或选择类别】下拉列表中选择【全部】选项→在【选择函数】列表框中选择【COUNTIF】选项→单击【确定】按钮，如图 2-16 所示。

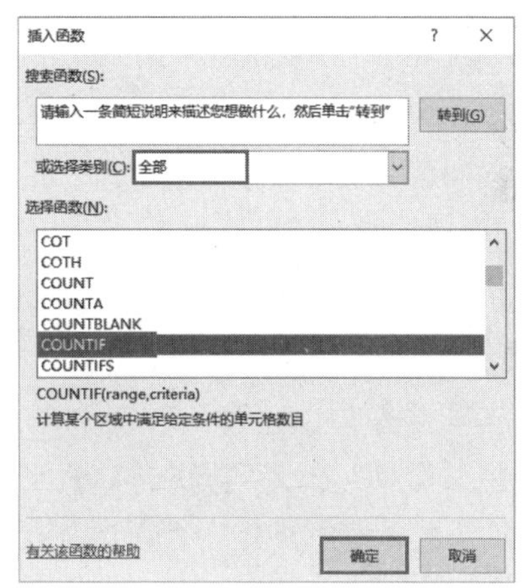

图 2-16

这时会弹出【函数参数】对话框，如图 2-17 所示。

图 2-17

接下来到了输入 COUNTIF 函数公式的时候了，如图 2-18 所示。

图 2-18

将图 2-18 所示的公式应用到“销售奖金表”的问题中，如图 2-19 所示。

图 2-19

利用图 2-19 所示的公式就能计算出实际业绩超过 1500 的人数了。接下来将这个公式的统计范围、条件依次告诉 Excel。

通过浏览表格可知，记录实际业绩的单元格为【D】列，所以将【函数参数】对话框的第一个文本框选择为【D】列。首先单击第一个文本框将其激活，然后再单击【D】列顶部的字母“D”，文本框中就会自动填上“D:D”，如图 2-20 所示。

在第二个文本框中填入条件“>1500”。首先单击第二个文本框将其激活，然后再选中【H3】单元格（笔者已经在那里写好了条件“>1500”），文本框中就会自动填上“H3”，最后单击【确定】按钮，如图 2-21 所示。

图 2-20

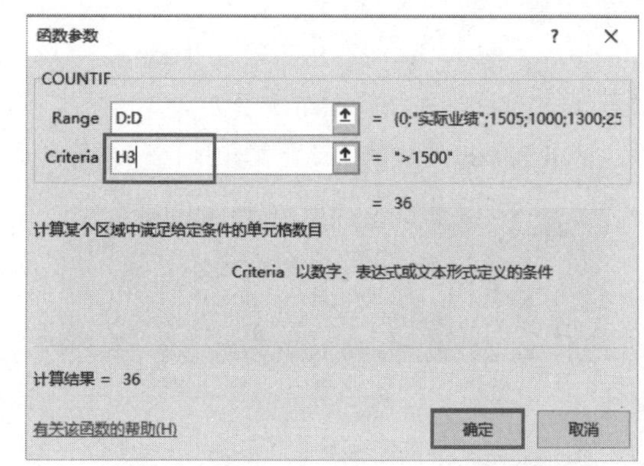

图 2-21

请看【I3】单元格，结果已经自动出来了，如图 2-22 所示。

	A	B	C	D	E
1	实际业绩>业绩目标，奖金1000；否则，奖金300。				
2	分公司	销售经理	业绩目标	实际业绩	业绩奖金
3	北京	表姐	1500	1505	1000
4	北京	凌祯	1000	1000	300
5	北京	张盛茗	1000	1300	1000
6	北京	王大刀	2000	2500	1000
7	北京	马鑫	3000	3000	300
8	北京	倪国梁	1204	1500	1000
9	北京	程桂刚	1603	2000	1000
10	北京	吴姣姣	903	1200	1000
11	北京	任隽芳	4500	4000	300

	G	H	I
2	统计需求	统计条件	结果
3	实际业绩超过1500的人数:	>1500	36
4	北京分公司，业绩奖金总额:	北京	
5	上海分公司，业绩奖金总额:	上海	

图 2-22

2.3 SUMIF 函数

老板的求知欲是无限的，现在他最关心北京分公司，即“北京分公司所有销售经理的业绩奖金总共有多少”？

这个问题既有“北京分公司”的条件，又有“总共有多少”的求和，这时就要请出一位新的 Excel 王者——SUMIF 函数。

1. 公式原理

“SUMIF”也是 IF 函数的兄弟，就是在 IF 前面加个“SUM”（求和），代表根据条件求和的意思。

SUMIF 函数的公式原理如图 2-23 所示。

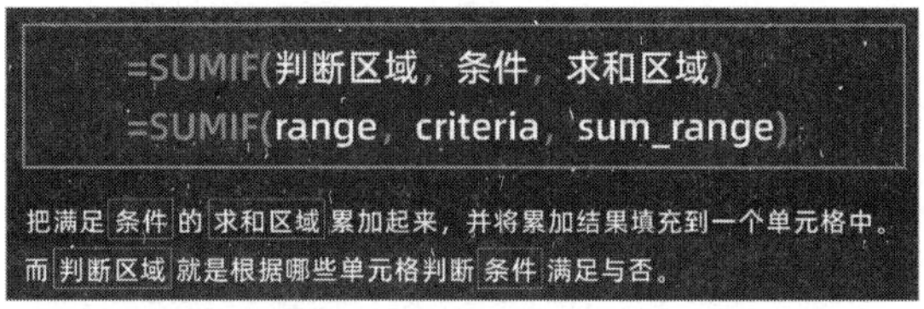

=SUMIF(判断区域，条件，求和区域)
=SUMIF(range，criteria，sum_range)

把满足条件的求和区域累加起来，并将累加结果填充到一个单元格中。而判断区域就是根据哪些单元格判断条件满足与否。

图 2-23

从公式中就可知，求和是将 SUMIF(A, B, C) 的最后一个“C”求和，而前面的 A 和 B，一个作为条件判断的对象（A），另一个作为条件判断的规则（B）。

2. 步骤拆解

接下来的目标是计算出北京分公司所有销售经理的业绩奖金总额。选中“销售奖金表”工作表的【I4】单元格，把这个单元格作为存放统计结果的地方，如图 2-24 所示。

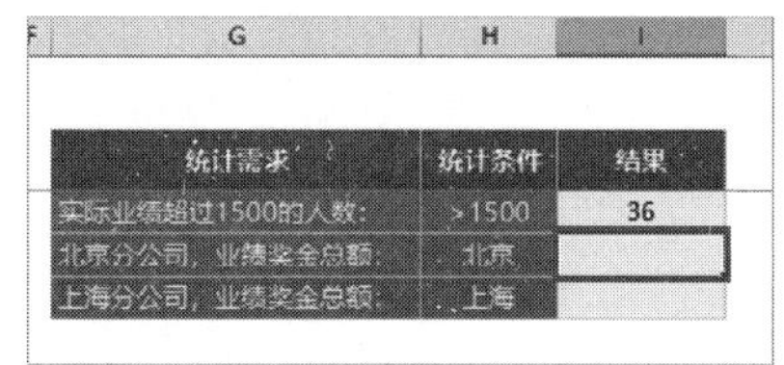

统计需求	统计条件	结果
实际业绩超过1500的人数：	>1500	36
北京分公司，业绩奖金总额：	北京	
上海分公司，业绩奖金总额：	上海	

图 2-24

选择【公式】选项卡→单击【插入函数】按钮，如图 2-25 所示。

图 2-25

弹出【插入函数】对话框→在【选择函数】列表框中选择【SUMIF】选项→单击【确定】按钮，如图 2-26 所示。

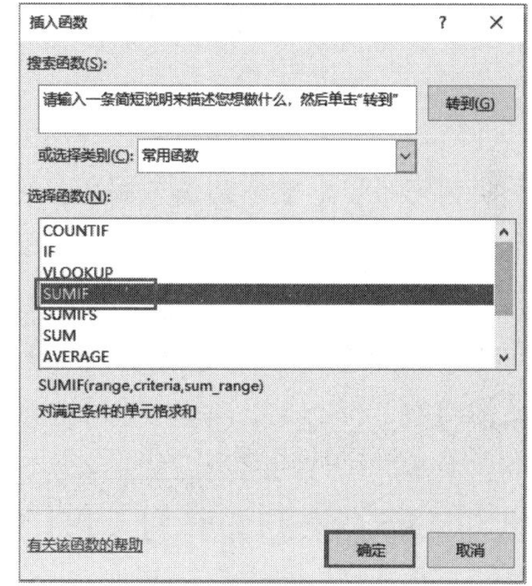

图 2-26

这时会弹出【函数参数】对话框，如图 2-27 所示。

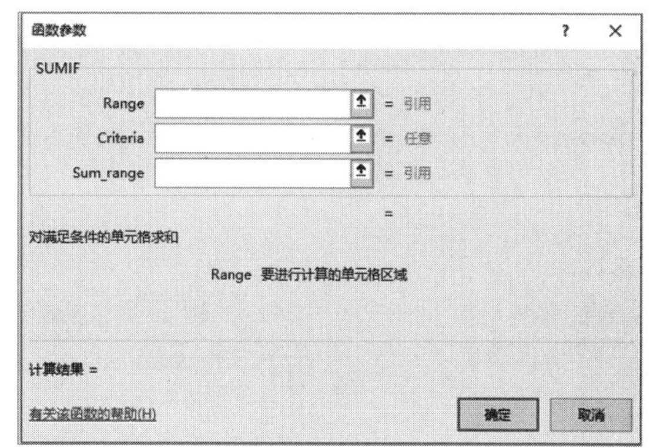

图 2-27

现在要来输入公式了，如图 2-28 所示。

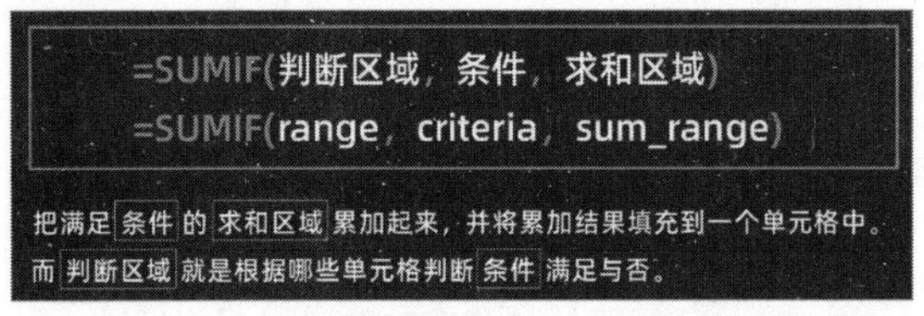

图 2-28

将图 2-28 所示的公式应用到“销售奖金表”的问题中，如图 2-29 所示。

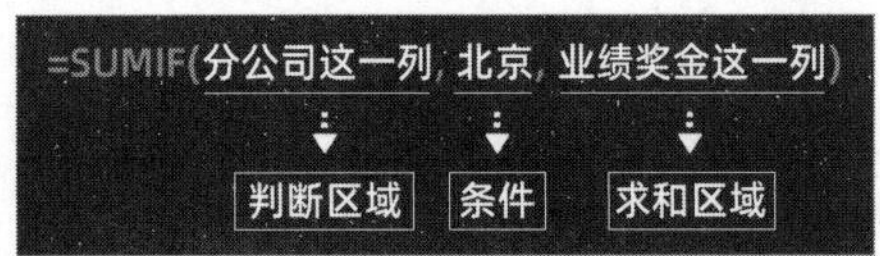

图 2-29

利用图 2-29 所示的公式就能计算出北京分公司所有销售经理的业绩奖金总额了。接下来将这个公式的判断区域、条件、求和区域依次告诉 Excel。

针对判断区域，对应的数据列是“分公司”列，即【A】列，所以将【函数参数】对话框的第一个文本框选择为【A】列。首先单击第一个文本框将其激活，然后再单击【A】列顶部的字母“A”，文本框中就会自动填上“A:A”，如图 2-30 所示。

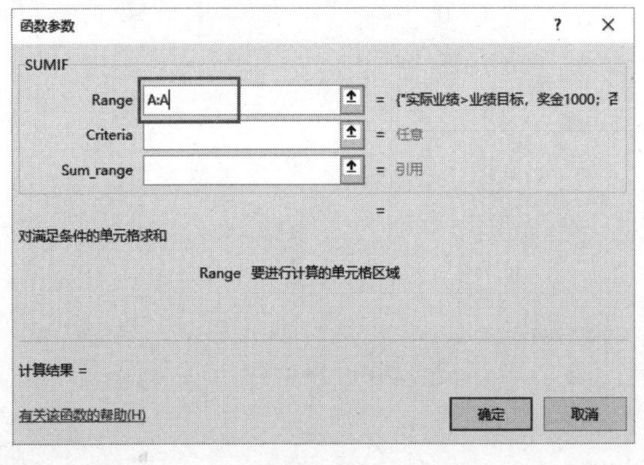

图 2-30

在第二个文本框中填入条件“北京”，手动输入即可，如图 2-31 所示。

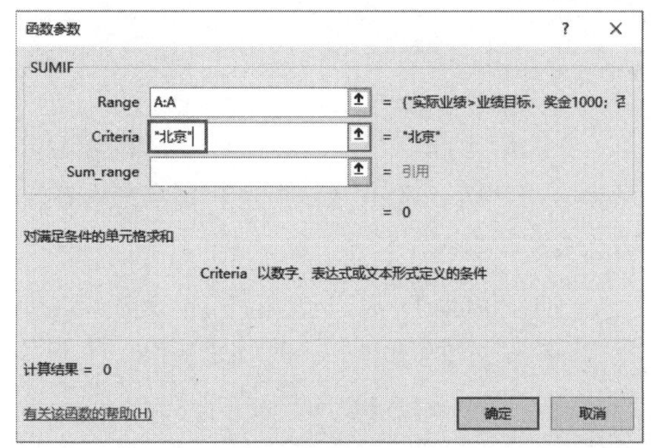

图 2-31

温馨提示

在【函数参数】对话框中输入“北京”，Excel 会自动为其加上英文状态下的双引号。这是因为在 Excel 的世界中，公式中录入的所有文本字符串（如中文、英文、特殊符号等）只有带上英文状态下的双引号，才能参与计算。

针对求和区域，对应的数据列是“业绩奖金”列，即【E】列，所以将【函数参数】对话框的第三个文本框选择为【E】列。首先单击第三个文本框将其激活，然后再单击【E】列顶部的字母“E”，文本框中就会自动填上“E:E”，单击【确定】按钮，如图 2-32 所示。

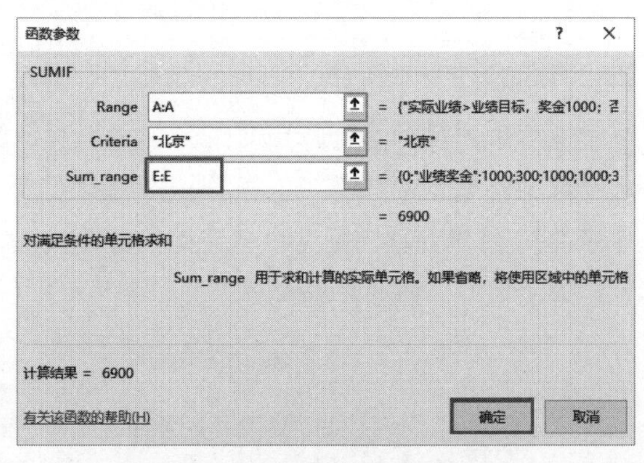

图 2-32

请看【I4】单元格，结果已经自动计算出来了，如图 2-33 所示。

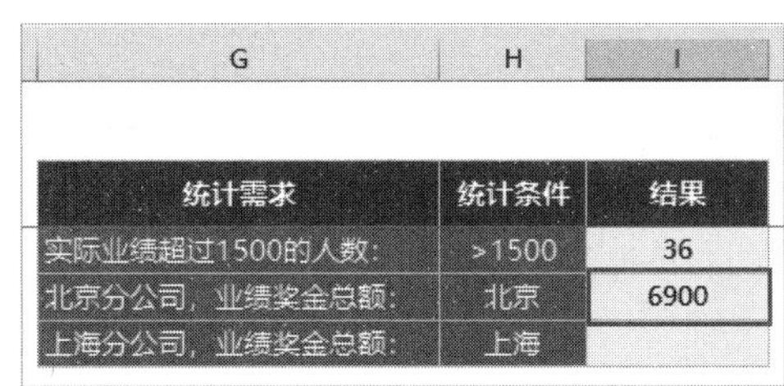

统计需求	统计条件	结果
实际业绩超过1500的人数:	>1500	36
北京分公司，业绩奖金总额:	北京	6900
上海分公司，业绩奖金总额:	上海	

图 2-33

2.4 手写函数

前面笔者都是通过“插入函数”的方式来为单元格创建公式的。但如果对公式比较熟悉了，就可以直接自己手写，而不用依赖各种对话框。

选中【I4】单元格，在上面的函数编辑区（长方形格子）中就会显示【I4】单元格的函数公式内容，如图 2-34 所示。

I4 =SUMIF(A:A,"北京",E:E)

	A	B	C	D	E
1	实际业绩>业绩目标，奖金1000；否则，奖金300。				
2	分公司	销售经理	业绩目标	实际业绩	业绩奖金
3	北京	表姐	1500	1505	1000
4	北京	凌祯	1000	1000	300
5	北京	张盛茗	1000	1300	1000
6	北京	王大刀	2000	2500	1000
7	北京	马鑫	3000	3000	300
8	北京	倪国梁	1204	1500	1000
9	北京	程桂刚	1603	2000	1000

统计需求	统计条件	结果
实际业绩超过1500的人数:	>1500	36
北京分公司，业绩奖金总额:	北京	6900
上海分公司，业绩奖金总额:	上海	

图 2-34

现在就来快速完成一个新的问题：上海分公司所有销售经理的业绩奖金总额是多少？

这个问题与上一个问题很像，只是把“北京”换成了“上海”。

下面通过手动修改函数来快速实现这个需求。首先选中【I4】单元格，按 <Ctrl+C> 键将公式复制，然后选中【I5】单元格，按 <Ctrl+V> 键，Excel 会自动将【I4】单元格中的公式粘贴到【I5】单元格中，如图 2-35 所示。

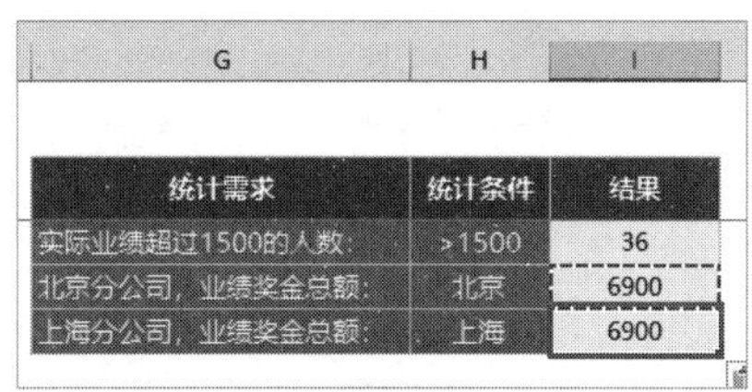

统计需求	统计条件	结果
实际业绩超过1500的人数:	>1500	36
北京分公司，业绩奖金总额:	北京	6900
上海分公司，业绩奖金总额:	上海	6900

图 2-35

可以看到，【I5】单元格的内容也变成了“6900”，其实就是因为【I4】单元格中的公式被复制到了【I5】单元格中，然后运算出了相同的结果。选中【I5】单元格，在函数编辑区中可以看到【I5】单元格的函数公式内容，如图 2-36 所示。

图 2-36

直接把这个公式中的“北京”修改为“上海”，即可计算出上海分公司所有销售经理的业绩奖金总额。

单击“北京”两个字的右侧，这时会出现“|”标志，公式变成可编辑状态，如图 2-37 所示。

SUMIF | =SUMIF(A:A,"北京|",E:E) | SUMIF(range, **criteria**, [sum_range])

	A	B	C	D	E
1	实际业绩>业绩目标，奖金1000；否则，奖金300。				
2	分公司	销售经理	业绩目标	实际业绩	业绩奖金
3	北京	表姐	1500	1505	1000
4	北京	凌祯	1000	1000	300
5	北京	张盛茗	1000	1300	1000
6	北京	王大刀	2000	2500	1000
7	北京	马鑫	3000	3000	300

统计需求	统计条件	结果
实际业绩超过1500的人数:	>1500	36
北京分公司，业绩奖金总额:	北京	6900
上海分公司，业绩奖金总额:	上海	IF(A:A,"北京",E:E

图 2-37

按 <Backspace> 键两次，删除“北京”，然后输入“上海”，如图 2-38 所示。

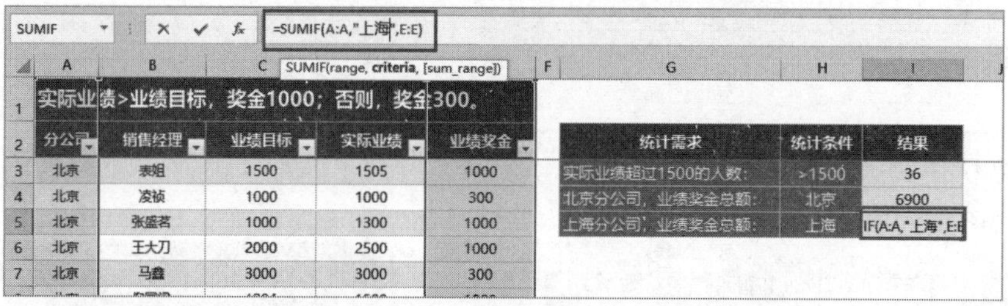

SUMIF | =SUMIF(A:A,"上海|",E:E) | SUMIF(range, **criteria**, [sum_range])

	A	B	C	D	E
1	实际业绩>业绩目标，奖金1000；否则，奖金300。				
2	分公司	销售经理	业绩目标	实际业绩	业绩奖金
3	北京	表姐	1500	1505	1000
4	北京	凌祯	1000	1000	300
5	北京	张盛茗	1000	1300	1000
6	北京	王大刀	2000	2500	1000
7	北京	马鑫	3000	3000	300

统计需求	统计条件	结果
实际业绩超过1500的人数:	>1500	36
北京分公司，业绩奖金总额:	北京	6900
上海分公司，业绩奖金总额:	上海	IF(A:A,"上海",E:E

图 2-38

最后单击函数编辑区左侧的【√】按钮，表示完成公式编辑，这时新的公式便生效了，可以看到【I5】单元格的内容已经更新为“11400”，如图 2-39 所示。

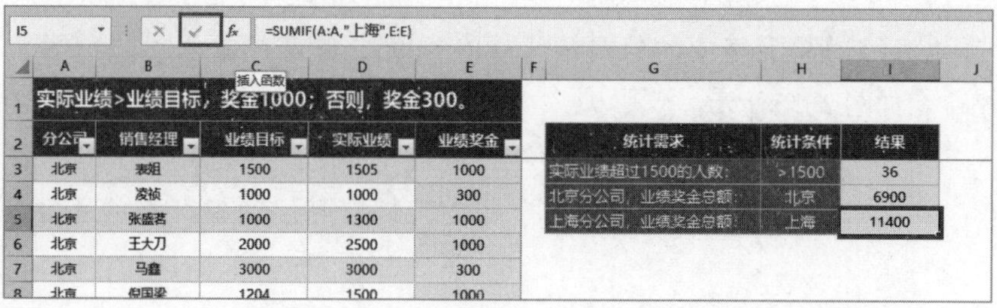

I5 | =SUMIF(A:A,"上海",E:E)

	A	B	C	D	E
1	实际业绩>业绩目标，奖金1000；否则，奖金300。				
2	分公司	销售经理	业绩目标	实际业绩	业绩奖金
3	北京	表姐	1500	1505	1000
4	北京	凌祯	1000	1000	300
5	北京	张盛茗	1000	1300	1000
6	北京	王大刀	2000	2500	1000
7	北京	马鑫	3000	3000	300
8	北京	倪国梁	1204	1500	1000

统计需求	统计条件	结果
实际业绩超过1500的人数:	>1500	36
北京分公司，业绩奖金总额:	北京	6900
上海分公司，业绩奖金总额:	上海	11400

图 2-39

第3关 查询一哥：秒懂 VLOOKUP 函数

本关背景

第 2 关笔者带着大家领略了 IF 函数的魔法，锻炼了数据思维能力，让数据处理工作几乎全部自动化完成。

而在数据处理之后，需要更加努力地提升呈现效果，把数据包装成一个简明易用的端口，例如，图 3-1 所示是包装之前的效果，图 3-2 所示是包装之后的效果。

说明：本书所涉及的电话、地址、邮箱、身份证号等个人隐私信息均为虚拟的。

客户名称	联系电话	省份	快递地址	是否开票	客户等级	备注
表姐	15974201351	陕西省	陕西省西安市长安中路888号西安音乐学院教研中心	是	☆☆☆☆☆	按季度结算
凌祯	13993355162	河北省	河北省唐山市乐亭县财富大街990号	否	☆	按季度结算
张盛茗	15850914728	上海市	上海市浦东新快乐路867快乐城市1111号8808室	否	☆☆☆☆☆	新客户
王大刀	13599745669	河北省	河北省唐山市开发区喜庆道100号	否	☆	新客户
马鑫	15018711991	台湾省	台湾省台北市开发区经济路101号	是	☆☆☆☆	先付款，后发货
倪国梁	15166445780	湖北省	湖北省武汉市青山区建设1路特新东方大厦802	否	☆☆☆☆	按季度结算
程桂刚	18194186347	辽宁省	辽宁省抚顺市顺城区太重阳北路1号楼2单元606	否	☆☆	先付款，后发货
吴姣姣	15857069909	山东省	山东省临沂市河东区正阳北路国科石油分公司	否	☆	票货同行
任隽芳	13288835858	山西省	山西省大同市城区吉安里75#9-3-2	是	☆	新客户
王晓琴	15390637740	山东省	山东省济南市槐荫区经六路8802号B1单元102室	否	☆☆	新客户
姜滨	18011585910	辽宁省	辽宁省本溪市平山区开发大街5号	否	☆☆☆☆	按季度结算
殷孟珍	13801077255	甘肃省	甘肃省兰州市经济技术开发区成钢花园路成钢工业园	否	☆☆☆☆	按季度结算
练彦情	18561767926	湖南省	湖南省长沙市雨花区香樟路123号	是	☆☆☆☆☆	票货同行
谭怀宇	18622239581	湖南省	湖南省岳阳市岳阳楼区湖南理工学院主楼203	否	☆☆☆☆	按季度结算
何文利	13878142866	上海市	上海市松江区九江路158弄一中小区45号	否	☆☆☆☆	新客户
李魁	15258888823	广东省	广东省东莞市南城北区开元路建行大厦	是	☆☆☆	按季度结算
张兴华	18093458409	山东省	山东省新泰市新新北路108号王府井商场5楼	否	☆☆☆☆☆	票货同行
周碎武	13920696381	安徽省	安徽省巢湖市巢湖大市场NEW商行	否	☆☆	新客户

图 3-1

客户信息快速查询系统

客户姓名 王大刀

联系电话	省份	快递地址	是否开票	客户等级	备注
13599745669	河北省	河北省唐山市开发区喜庆道100号	否	☆	新客户

图 3-2

可以看到，经过包装之后，枯燥的数据变成了一个可以快速查询信息的智能端口，这样能更直观地展现工作成果。接下来要介绍的内容是 Excel 中出镜率最高的查询函数界的一哥——VLOOKUP 函数，利用它可以制作客户信息快速查询系统。

如图 3-3 所示，客户档案中记录着所有客户的姓名、电话、快递地址等信息。

	A	B	C	D	E	F	G
1	客户名称	联系电话	省份	快递地址	是否开票	客户等级	备注
2	表姐	15974201351	陕西省	陕西省西安市长安中路888号西安音乐学院教研中心	是	☆☆☆☆☆	按季度结算
3	凌祯	13993355162	河北省	河北省唐山市乐亭县财富大街990号	否	☆	按季度结算
4	张盛茗	15850914728	上海市	上海市浦东新快乐路867快乐城市1111号8808室	否	☆☆☆☆☆	新客户
5	王大刀	13599745669	河北省	河北省唐山市开发区喜庆道100号	否	☆	新客户
6	马鑫	15018711991	台湾省	台湾省台北市开发区经济路101号	是	☆☆☆☆	先付款，后发货
7	倪国梁	15166445780	湖北省	湖北省武汉市青山区建设1路特新东方大厦802	否	☆☆☆☆	按季度结算
8	程桂刚	18194186347	辽宁省	辽宁省抚顺市顺城区大重阳北路1号楼2单元606	否	☆☆	先付款，后发货
9	吴姣姣	15857069909	山东省	山东省临沂市河东区正阳北路国科石油分公司	否	☆	票货同行
10	任隽芳	13288835858	山西省	山西省大同市城区吉安里75#9-3-2	是	☆	新客户
11	王晓琴	15390637740	山东省	山东省济南市槐荫区经六路8802号B1单元102室	否	☆☆	新客户
12	姜滨	18011585910	辽宁省	辽宁省本溪市平山区开发大街5号	否	☆☆☆☆	按季度结算
13	殷孟珍	13801077255	甘肃省	甘肃省兰州市经济技术开发区成钢花园路成钢工业园	否	☆☆☆☆	按季度结算
14	练彦情	18561767926	湖南省	湖南省长沙市雨花区香樟路123号	是	☆☆☆☆☆	票货同行
15	谭怀宇	18622239581	湖南省	湖南省岳阳市岳阳楼区湖南理工学院主楼203	否	☆☆☆☆	按季度结算
16	何文利	13878142866	上海市	上海市松江区九江路158弄一中小区45号	否	☆☆☆☆	新客户
17	李魁	15258888823	广东省	广东省东莞市南城北区开元路建行大厦	是	☆☆☆	按季度结算
18	张兴华	18093458409	山东省	山东省新泰市新新北路108号王府井商场5楼	否	☆☆☆☆☆	票货同行
19	周碎武	13920696381	安徽省	安徽省巢湖市巢湖大市场NEW商行	否	☆☆	新客户

图 3-3

例如，老板要你在客户档案中一秒查出“王大刀”的客户信息。这时该怎么办？亮出 5.0 的视力开始逐行扫描？不，我们要的是自动查找，如图 3-4 所示。

图 3-4

这个问题可以难倒大部分的职场人士，却属于日常办公中不得不面对的一类经典问题。即根据某个查找线索，快速找到数据表中与之对应的其他信息，如图 3-5 所示。

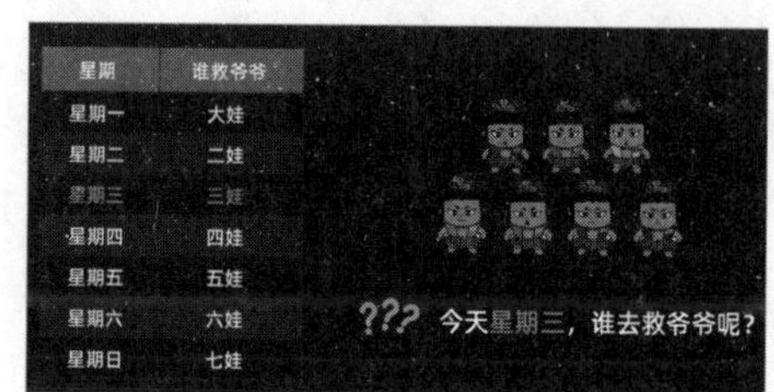

图 3-5

这类问题的答案只有一个，那就是查询函数中出镜率最高的 VLOOKUP 函数。只要学会了 VLOOKUP 函数，就几乎可以解决所有查询问题，还能举一反三，快速学会其他查询函数。

接下来就尝试利用 VLOOKUP 函数，制作一个关于客户信息的“快捷查询器”。

VLOOKUP 函数的公式比较长，学习时可以通过前文介绍的“插入函数”的方式，快速上手实现效果。

3.1 跨表查询：钥匙与锁

打开“素材文件 /03- 查找一哥：秒懂 VLOOKUP 函数 /03-VLOOKUP 函数 - 制作客户信息快速查询系统 .xlsm”源文件。

如图 3-6 所示，客户档案中有“客户名称”“联系电话”“省份”“快递地址”等数据项。

	A	B	C	D	E	F	G
1	客户名称	联系电话	省份	快递地址	是否开票	客户等级	备注
2	表姐	15974201351	陕西省	陕西省西安市长安中路888号西安音乐学院教研中心	是	☆☆☆☆☆	按季度结算
3	凌祯	13993355162	河北省	河北省唐山市乐亭县财富大街990号	否	☆	按季度结算
4	张盛茗	15850914728	上海市	上海市浦东新快乐路867快乐城市1111号8808室	否	☆☆☆☆☆	新客户
5	王大刀	13599745669	河北省	河北省唐山市开发区喜庆道100号	否	☆	新客户
6	马鑫	15018711991	台湾省	台湾省台北市开发区经济路101号	是	☆☆☆☆	先付款，后发货
7	倪国梁	15166445780	湖北省	湖北省武汉市青山区建设1路特新东方大厦802	否	☆☆☆☆	按季度结算
8	程桂刚	18194186347	辽宁省	辽宁省抚顺市顺城区大重阳北路1号楼2单元606	否	☆☆	先付款，后发货
9	吴姣姣	15857069909	山东省	山东省临沂市河东区正阳北路国科石油分公司	否	☆	票货同行
10	任隽芳	13288835858	山西省	山西省大同市城区吉安里75#9-3-2	是	☆	新客户
11	王晓琴	15390637740	山东省	山东省济南市槐荫区经六路8802号B1单元102室	否	☆☆	新客户
12	姜滨	18011585910	辽宁省	辽宁省本溪市平山区开发大街5号	否	☆☆☆☆	按季度结算
13	殷孟珍	13801077255	甘肃省	甘肃省兰州市经济技术开发区成钢花园路成钢工业园	否	☆☆☆☆	按季度结算
14	练彦情	18561767926	湖南省	湖南省长沙市雨花区香樟路123号	是	☆☆☆☆☆	票货同行
15	谭怀宇	18622239581	湖南省	湖南省岳阳市岳阳楼区湖南理工学院主楼203	否	☆☆☆☆	按季度结算
16	何文利	13878142866	上海市	上海市松江区九江路158弄一中小区45号	否	☆☆☆☆	新客户
17	李魁	15258888823	广东省	广东省东莞市南城北区开元路建行大厦	是	☆☆☆	按季度结算
18	张兴华	18093458409	山东省	山东省新泰市新新北路108号王府井商场5楼	否	☆☆☆☆☆	票货同行
19	周碎武	13920696381	安徽省	安徽省巢湖市巢湖大市场NEW商行	否	☆☆	新客户

图 3-6

1. 公式原理

VLOOKUP 函数是根据查找依据找到目标数据，然后根据列序数返回目标数据中某一列的值，如图 3-7 所示。

图 3-7

2. 步骤拆解

选择“学生操作区”工作表，切换到一个空白模板。图 3-8 所示是笔者为“快捷查询器”简单设计的一个外观样式。

客户信息快速查询系统					
客户姓名					
联系电话	省份	快递地址	是否开票	客户等级	备注

图 3-8

这个外观模板也很好制作，以后在工作中，可以根据自己的业务场景定制外观，搭配新的主题颜色，为此，笔者在本书赠送的福利包中准备了两个“表格结构模板案例”。另外，本书赠送的福利包中还配备了一个“炫酷图表福利素材”，请读者自行前往下载。

现在的目标是根据客户姓名查找到联系电话、省份、快递地址等信息。千里之行，始于足下，首先从根据客户姓名查找联系电话开始，如图 3-9 所示。

第1列	第2列	第3列	第4列	第5列	第6列
联系电话	省份	快递地址	是否开票	客户等级	备注
15258888823	广东省	广东省东莞市南城北区开元路建行大厦	是	☆☆☆	按季度结算

图 3-9

下面就一起来试试查出“王大刀”的联系电话吧！在【B4】单元格中输入文字“王大刀”（注意：“王大刀”前后不要有空格），如图 3-10 所示。

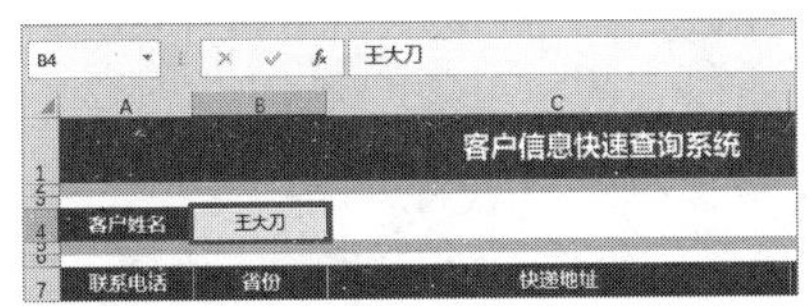

图 3-10

选中【A8】单元格→选择【公式】选项卡→单击【插入函数】按钮，如图 3-11 所示。

图 3-11

下面来插入 VLOOKUP 函数，由于 VLOOKUP 函数比较难找，因此可以通过搜索框找到它。弹出【插入函数】对话框→在【搜索函数】文本框中输入“查”（“查询”的查，因为 VLOOKUP 属于查询函数），如图 3-12 所示。

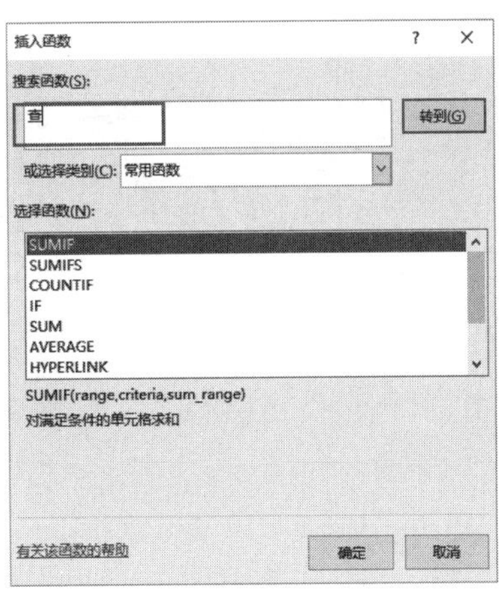

图 3-12

在【选择函数】列表框中选择【VLOOKUP】选项→单击【确定】按钮，如图 3-13 所示。

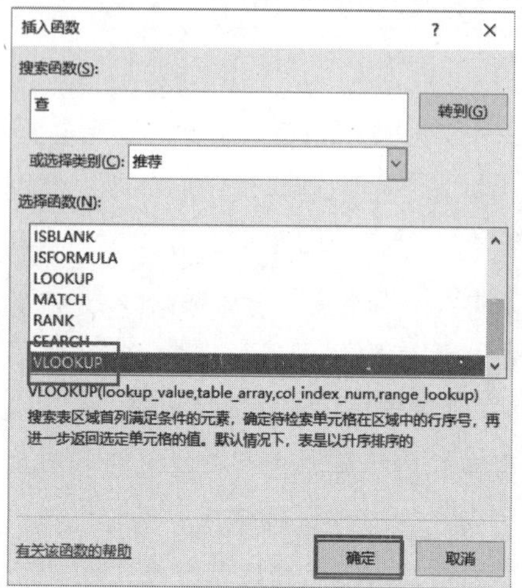

图 3-13

接下来开始输入公式，还记得 VLOOKUP 函数的公式吗？如图 3-14 所示。

图 3-14

将图 3-14 所示的公式应用到“查找王大刀联系电话”的问题中，如图 3-15 所示。

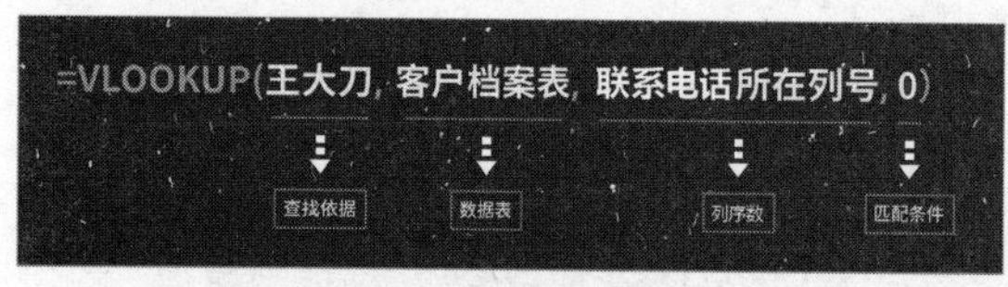

图 3-15

套用公式后，接下来就到了配置 VLOOKUP 函数参数的时候了。VLOOKUP 函数有如下 4 个参数需要配置。

- Lookup_value：查找依据。
- Table_array：数据表。
- Col_index_num：列序数。
- Range_lookup：匹配条件。

下面笔者将按照从上到下的顺序一一对它们进行讲解，如图 3-16 所示。

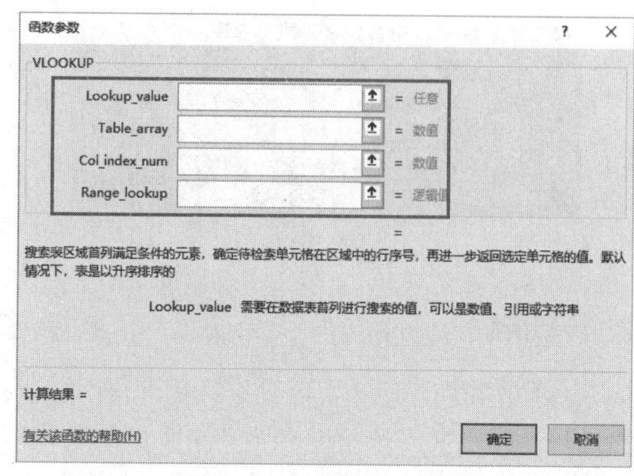

图 3-16

（1）查找依据：就是根据姓名查找到联系电话的姓名，也就是所要查找内容的依据。例如，你手里有把钥匙，要去找到对应的锁，那么这把钥匙就是“查找依据”。

根据“王大刀”来查找，由于已经在【B4】单元格中输入了“王大刀”，所以只需将“查找依据”文本框匹配【B4】单元格即可。单击第一个文本框将其激活，然后选中【B4】单元格，如图 3-17 所示。

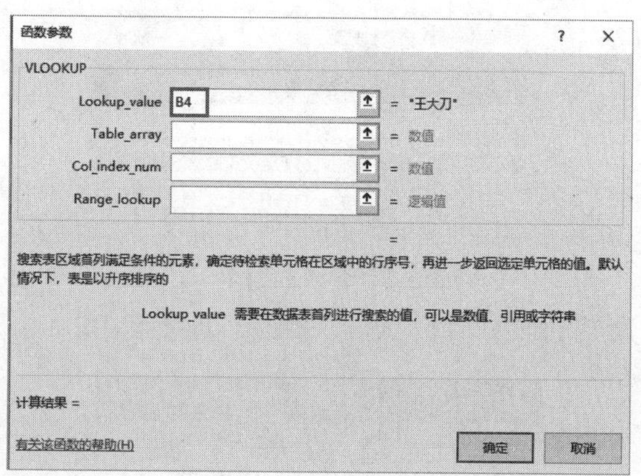

图 3-17

（2）数据表：就是数据源所在的表格，也

就是到哪里找到联系电话。例如，你手里有把钥匙，要去一个装满锁的箱子里找到对应的锁，那么这个箱子就是“数据表”。

所以，现在的数据表就是老板给出的客户档案表。单击第二个文本框将其激活，然后选择底部的“客户档案”工作表，如图 3-18 所示。

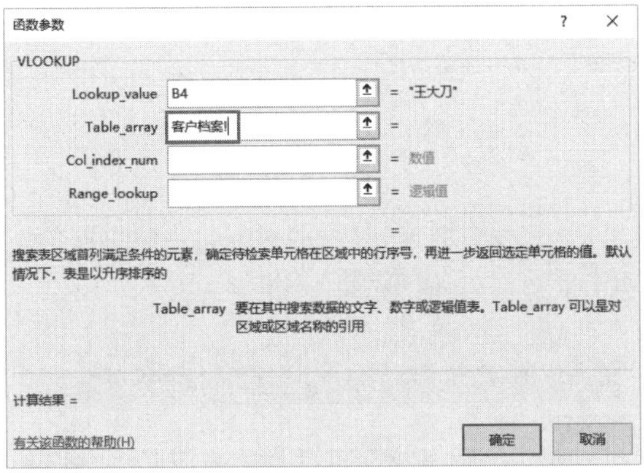

函数参数 ? ×
VLOOKUP
Lookup_value B4 = "王大刀"
Table_array 客户档案! =
Col_index_num = 数值
Range_lookup = 逻辑值
=
搜索表区域首列满足条件的元素，确定待检索单元格在区域中的行序号，再进一步返回选定单元格的值。默认情况下，表是以升序排序的
Table_array 要在其中搜索数据的文字、数字或逻辑值表。Table_array 可以是对区域或区域名称的引用
计算结果 =
有关该函数的帮助(H) 确定 取消

图 3-18

选中“客户档案”工作表中的【A1】单元格，然后按 <Ctrl+A> 键选中全部数据，“数据表”文本框就被自动指定了所有的客户档案数据，如图 3-19 所示。

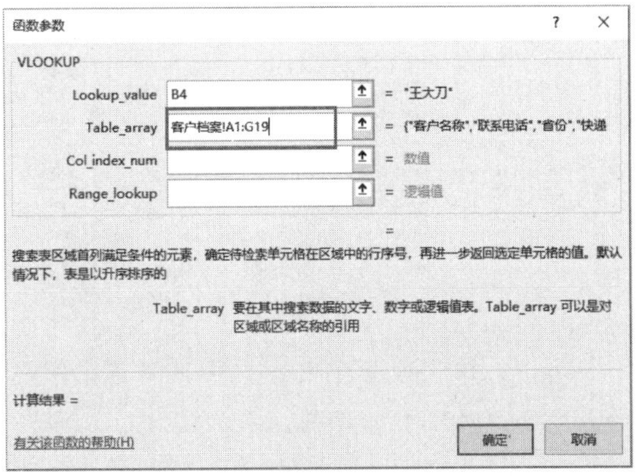

函数参数 ? ×
VLOOKUP
Lookup_value B4 = "王大刀"
Table_array 客户档案!A1:G19 = {"客户名称","联系电话","省份","快递
Col_index_num = 数值
Range_lookup = 逻辑值
=
搜索表区域首列满足条件的元素，确定待检索单元格在区域中的行序号，再进一步返回选定单元格的值。默认情况下，表是以升序排序的
Table_array 要在其中搜索数据的文字、数字或逻辑值表。Table_array 可以是对区域或区域名称的引用
计算结果 =
有关该函数的帮助(H) 确定 取消

图 3-19

温馨提示

如果读者是 WPS 用户，那么很遗憾：按 <Ctrl+A> 键无效。只能长按鼠标左键，从【A1】单元格开始，向右下角拖曳，一直到全部数据都被绿色边框包围时，松开鼠标即可，如图 3-20 所示。

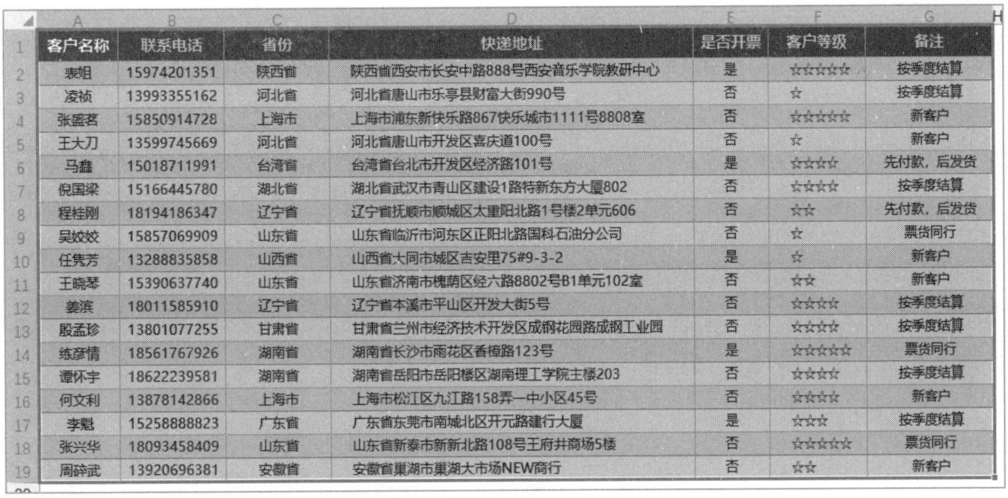

客户名称	联系电话	省份	快递地址	是否开票	客户等级	备注
表姐	15974201351	陕西省	陕西省西安市长安中路888号西安音乐学院教研中心	是	☆☆☆☆☆	按季度结算
凌祯	13993355162	河北省	河北省唐山市乐亭县财富大街990号	否	☆	按季度结算
张盛茗	15850914728	上海市	上海市浦东新快乐路867快乐城市1111号8808室	否	☆☆☆☆☆	新客户
王大刀	13599745669	河北省	河北省唐山市开发区喜庆道100号	否	☆	新客户
马鑫	15018711991	台湾省	台湾省台北市开发区经济路101号	是	☆☆☆☆	先付款，后发货
倪国梁	15166445780	湖北省	湖北省武汉市青山区建设1路特新东方大厦802	否	☆☆☆☆	按季度结算
程桂刚	18194186347	辽宁省	辽宁省抚顺市顺城区太重阳北路1号楼2单元606	否	☆☆	先付款，后发货
吴姣姣	15857069909	山东省	山东省临沂市河东区正阳北路国科石油分公司	否	☆	票货同行
任隽芳	13288835858	山西省	山西省大同市城区吉安里75#9-3-2	是	☆	新客户
王晓琴	15390637740	山东省	山东省济南市槐荫区经六路8802号B1单元102室	否	☆☆	新客户
姜滨	18011585910	辽宁省	辽宁省本溪市平山区开发大街5号	否	☆☆☆☆	按季度结算
殷孟珍	13801077255	甘肃省	甘肃省兰州市经济技术开发区成钢花园路成钢工业园	否	☆☆☆☆	按季度结算
练彦情	18561767926	湖南省	湖南省长沙市雨花区香樟路123号	是	☆☆☆☆☆	票货同行
谭怀宇	18622239581	湖南省	湖南省岳阳市岳阳楼区湖南理工学院主楼203	否	☆☆☆☆	按季度结算
何文利	13878142866	上海市	上海市松江区九江路158弄一中小区45号	否	☆☆☆☆	新客户
李魁	15258888823	广东省	广东省东莞市南城北区开元路建行大厦	是	☆☆☆	按季度结算
张兴华	18093458409	山东省	山东省新泰市新新北路108号王府井商场5楼	否	☆☆☆☆☆	票货同行
周碎武	13920696381	安徽省	安徽省巢湖市巢湖大市场NEW商行	否	☆☆	新客户

图 3-20

（3）列序数：就是目标要查哪些数据。例如，你手里有把钥匙，要去找到对应的锁，那么这个锁就是“列序数”。

再换种说法，列序数就是指要查找的数据在表的第几列。例如，现在要查找的“联系电话”这个信息在表中的第 2 列，那么这个列序数

就是“2”，如图 3-21 所示。

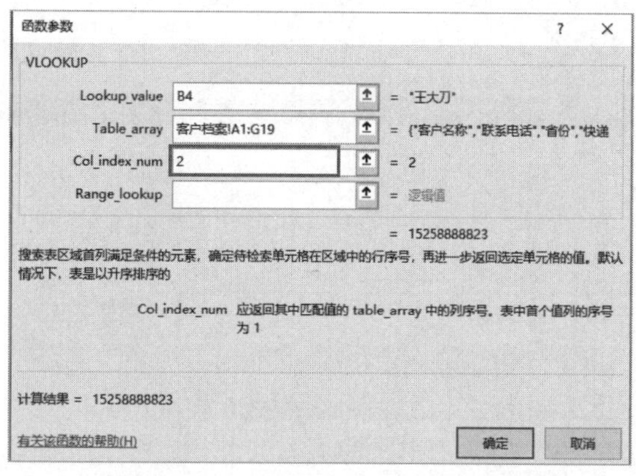

图 3-21

所以，单击第三个文本框将其激活，然后输入“2”，如图 3-22 所示。

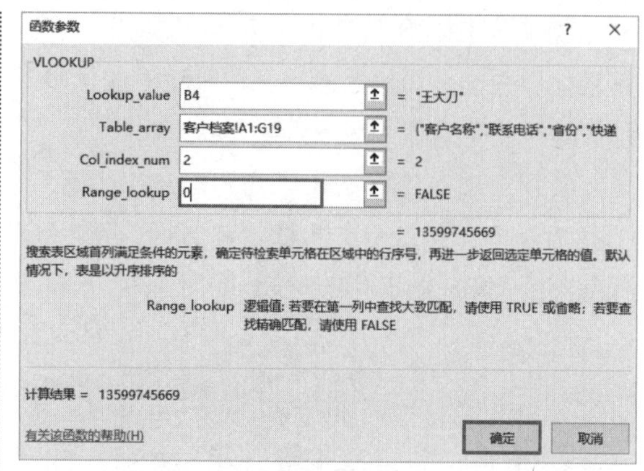

图 3-22

（4）匹配条件：这个就不是很重要了，因为它代表要查找的值在被查找的数据表中是否精确匹配。例如，要查找“王大刀”，就不能返回“李大刀”的结果。通常情况下，都用精确匹配查找结果，默认为“0”（0 代表精确匹配，1 代表模糊匹配）。

所以，单击第四个文本框将其激活，然后输入“0”，单击【确定】按钮，如图 3-23 所示。

图 3-23

这时就可以看到【A8】单元格已经出现了王大刀的联系电话，如图 3-24 所示。

图 3-24

3. 公式语法

前面通过“插入函数”的方式成功创建了一个 VLOOKUP 函数，下面再来看看这个公式长什么样子，如图 3-25 所示。

图 3-25

可以看到，VLOOKUP 函数有 4 个参数要配置，前面已经介绍了这 4 个参数的意义和写法，下面再来总结一下，如图 3-26 所示。

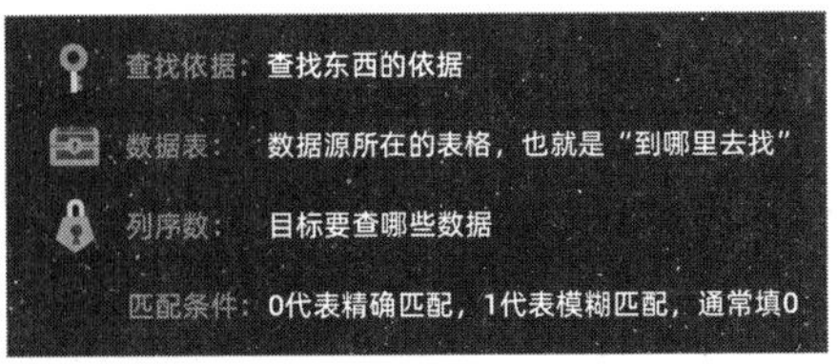

查找依据：查找东西的依据
数据表：数据源所在的表格，也就是“到哪里去找”
列序数：目标要查哪些数据
匹配条件：0代表精确匹配，1代表模糊匹配，通常填0

图 3-26

请记住一句口诀：“用钥匙在箱子里找锁”，并闭上眼睛想象一下自己真的揣着一把钥匙，站在一个华丽精致的大箱子面前，箱子里面整齐地排满了金色的锁头。这样就可以带有画面感、轻松地记住 VLOOKUP 函数的写法了。要用时只需按照顺序将钥匙、箱子、锁配置上去就好了，如图 3-27 所示。

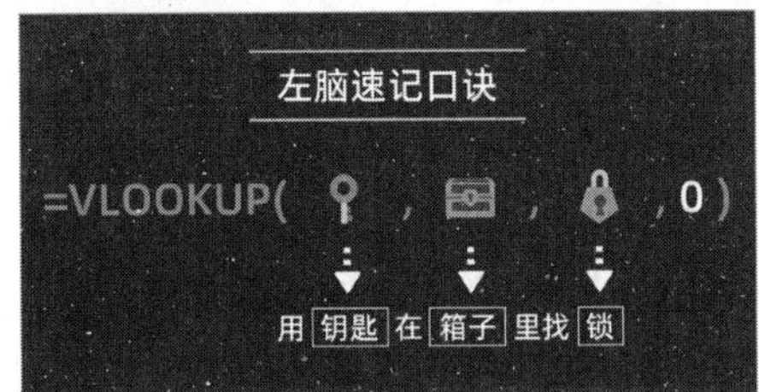

图 3-27

按照图 3-25 所示的公式，对应看看查询王大刀联系电话的 VLOOKUP 函数，选中【A8】单元格，在函数编辑区中会自动出现这个单元格的公式详情，如图 3-28 所示。

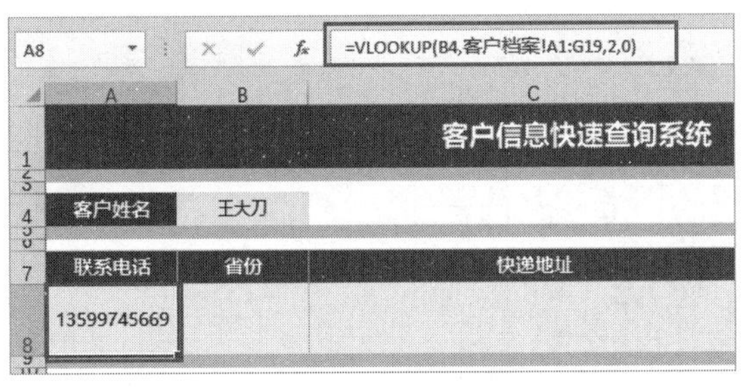

图 3-28

把公式中的 4 个参数一一对应，如图 3-29 所示。

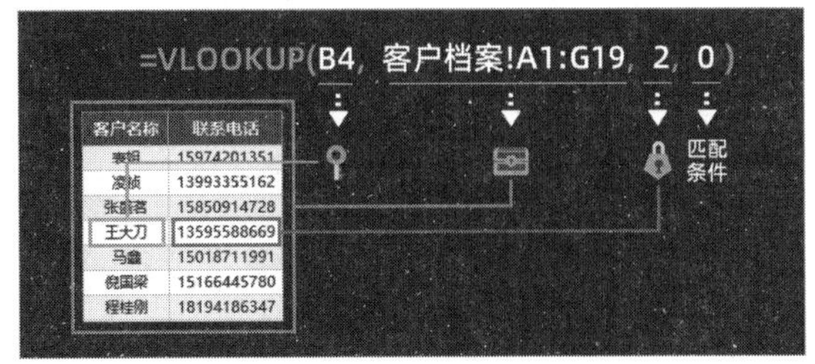

图 3-29

有人可能觉得数据表的写法非常复杂：“客户档案 !A1:G19”，其实这是 Excel 专门用来表示工作表的写法。

按 <Ctrl+A> 键，或者长按鼠标左键并拖曳都可以选中工作表，所以不需要考虑工作表的写法也可以正常使用 VLOOKUP 函数，笔者会在本书后面的函数章节细讲这些高级规则，这里可以把公式看成图 3-30 所示的形式。

图 3-30

在不知不觉中，已经完成了跨表查询的高级操作。现在再来看“学生操作区”工作表中王大刀的联系电话，其实就是从另外一个表中查找而来的。懂得如何跨表查询之后，就可以在任意地方任意发挥，而不用担心意外改动和数据源表被破坏的情况了。

3.2 快速构建查询系统

学会了公式写法，就没有什么能够阻挡我们前进的步伐了。接下来就可以通过直接修改公式，快速查询王大刀对应的“省份”，如图 3-31 所示。

第1列	第2列	第3列	第4列	第5列	第6列
联系电话	省份	快递地址	是否开票	客户等级	备注
15258888823	广东省	广东省东莞市南城北区开元路建行大厦	是	☆☆☆	按季度结算

图 3-31

选中【A8】单元格→单击函数编辑区→选中公式的全部内容，如图 3-32 所示。

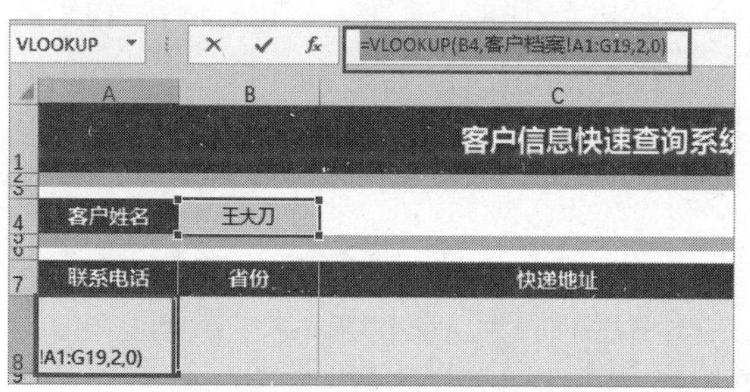

图 3-32

按 <Ctrl+C> 键复制公式内容→单击函数编辑区左侧的【×】按钮取消公式编辑状态，如图 3-33 所示。

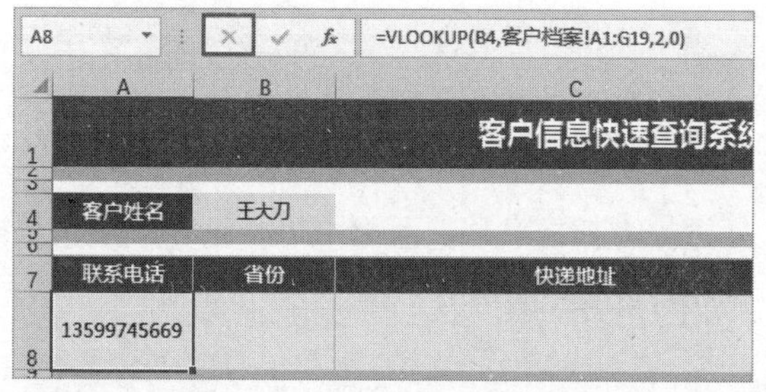

图 3-33

选中【B8】单元格→单击函数编辑区将其激活→按 <Ctrl+V> 键将公式内容粘贴进去→按 <Enter> 键确认，如图 3-34 所示。

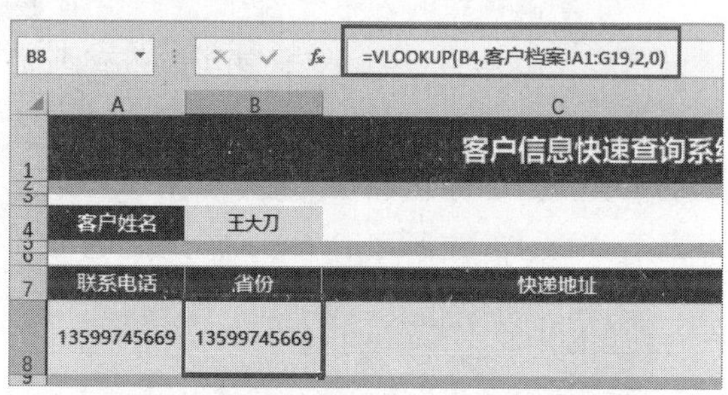

图 3-34

此时，【B8】单元格就具有了和【A8】单元格一样的公式，计算出来的结果也是一样的，即王大刀的联系电话。而现在要查找的是“省份”，两个问题的区别仅在于要找的目标不一样，也就是列序数（锁）不同。

回顾客户档案表可知，“省份”信息就在表的第 3 列，那么新的列序数就是“3”，如图 3-35 所示。

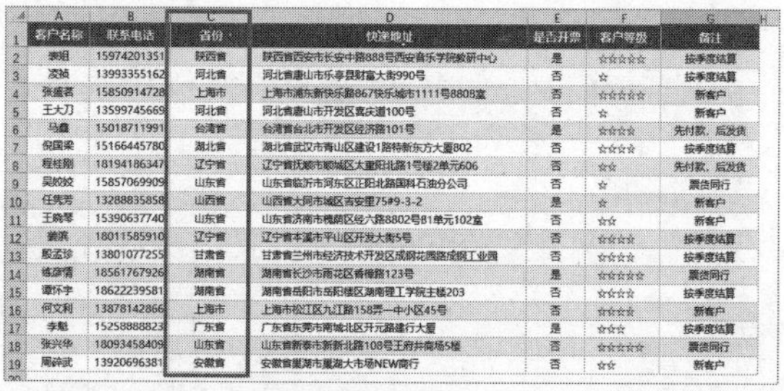

	A	B	C	D	E	F	G
1	客户名称	联系电话	省份	快递地址	是否开票	客户等级	备注
2	秦明	15974201351	陕西省	陕西省西安市长安中路888号西安音乐学院教研中心	是	☆☆☆☆☆	按季度结算
3	凌祯	13993355162	河北省	河北省唐山市乐亭县财富大街990号	否	☆	按季度结算
4	张盛茗	15850914728	上海市	上海市浦东新快乐路867快乐城市1111号8808室	否	☆☆☆☆☆	新客户
5	王大刀	13599745669	河北省	河北省唐山市开发区喜庆道100号	否	☆	新客户
6	马鑫	15018711991	台湾省	台湾省台北市开发区经济路101号	是	☆☆☆☆	先付款，后发货
7	倪国梁	15166445780	湖北省	湖北省武汉市青山区建设1路特新东方大厦802	否	☆☆☆☆	按季度结算
8	程桂刚	18194186347	辽宁省	辽宁省抚顺市顺城区大董阳北路1号楼2单元606	否	☆☆	先付款，后发货
9	吴姣姣	15857069909	山东省	山东省临沂市河东区正阳北路国科石油分公司	否	☆	票货同行
10	任隽芳	13288835858	山西省	山西省大同市城区杏安里75#9-3-2	是	☆	新客户
11	王晓琴	15390637740	山东省	山东省济南市槐荫区经六路8802号81单元102室	否	☆☆	新客户
12	姜洪	18011585910	辽宁省	辽宁省本溪市平山区开发大街5号	否	☆☆☆☆	按季度结算
13	殷孟珍	13801077255	甘肃省	甘肃省兰州市经济技术开发区成钢花园路成钢工业园	否	☆☆☆☆	按季度结算
14	练亦情	18561767926	湖南省	湖南省长沙市雨花区香樟路123号	是	☆☆☆☆☆	票货同行
15	谭怀宇	18622239581	湖南省	湖南省岳阳市岳阳楼区湖南理工学院主楼203	否	☆☆☆☆	按季度结算
16	何文利	13878142866	上海市	上海市松江区九江路158弄一中小区45号	否	☆☆☆☆	新客户
17	李魁	15258888823	广东省	广东省东莞市南城北区开元路建行大厦	是	☆☆☆	按季度结算
18	张兴华	18093458409	山东省	山东省新泰市新新北路108号王府井商场5楼	否	☆☆☆☆☆	票货同行
19	周碎武	13920696381	安徽省	安徽省巢湖市巢湖大市场NEW商行	否	☆☆	新客户

图 3-35

于是把公式中的第 3 个参数“2”修改为“3”→单击函数编辑区左侧的【√】按钮完成公式编辑，如图 3-36 所示。

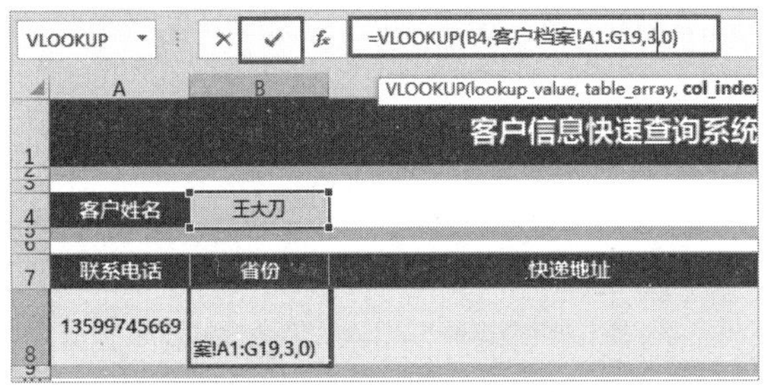

图 3-36

如图 3-37 所示，【B8】单元格出现了一个“河北省”，即省份名称，这就是通过 VLOOKUP 函数查询出来的王大刀的省份信息。

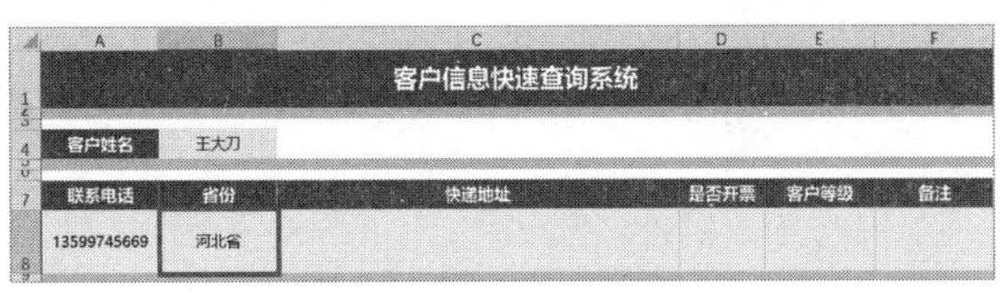

图 3-37

下面依葫芦画瓢，用同样的方法查询王大刀的快递地址，如图 3-38 所示。

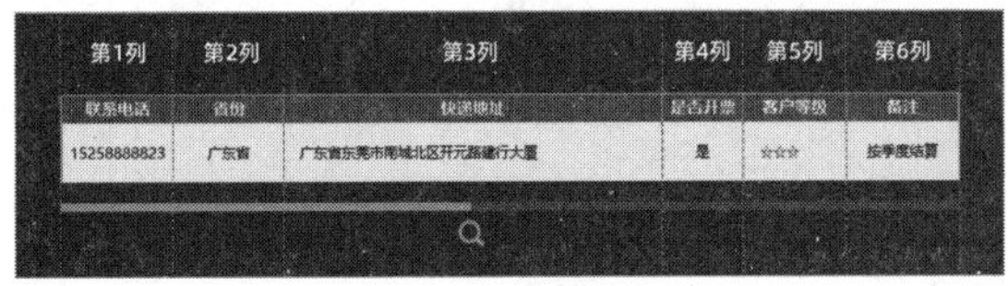

图 3-38

温馨提示

如果粘贴结果无内容或不是公式，则需要按照前面的步骤重新复制【A8】单元格的公式，如图 3-39 所示。

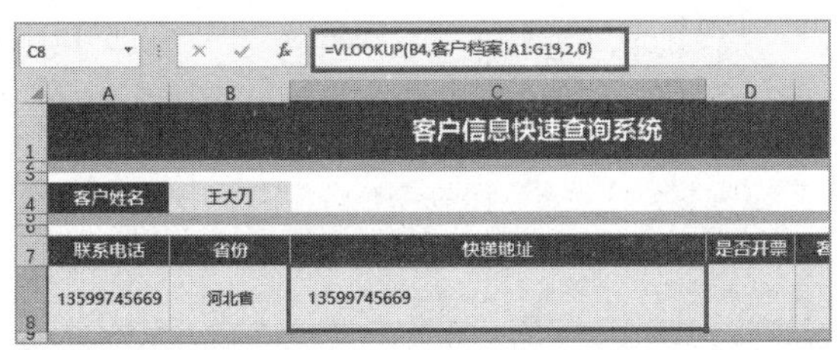

图 3-39

因为前面已经成功将【A8】单元格的公式内容复制到了计算机剪贴板上，所以接下来就不需要再进行复制操作了。选中【C8】单元格→单击函数编辑区将其激活→按 <Ctrl+V> 键将公式内容粘贴进去。

回顾客户档案表可知，“快递地址”信息就在表的第 4 列，那么新的列序数就是“4”，如图 3-40 所示。

图 3-40

于是把公式中的第 3 个参数“2”修改为“4”→单击函数编辑区左侧的【√】按钮完成公式编辑，如图 3-41 所示。

图 3-41

同样地，查询王大刀是否开票，如图 3-42 所示。

图 3-42

选中【D8】单元格→单击函数编辑区将其激活→按 <Ctrl+V> 键将公式内容粘贴进去，如图 3-43 所示。

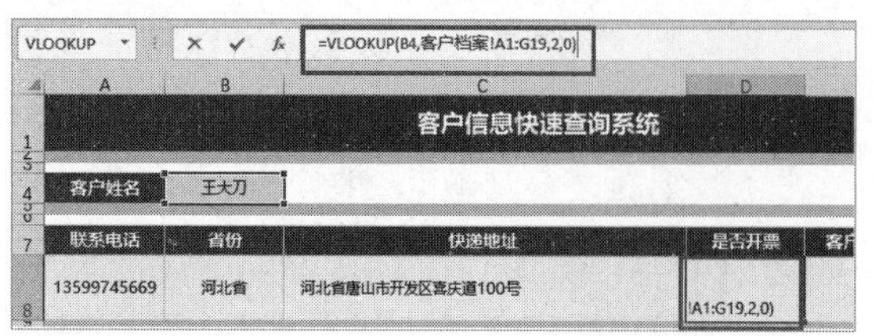

图 3-43

回顾客户档案表可知，“是否开票”信息就在表的第 5 列，那么新的列序数就是“5”，如图 3-44 所示。

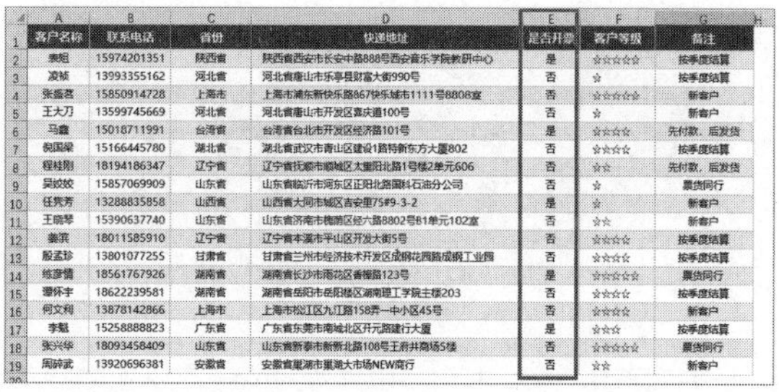

	A	B	C	D	E	F	G
1	客户名称	联系电话	省份	快递地址	是否开票	客户等级	备注
2	袁昭	15974201351	陕西省	陕西省西安市长安中路888号西安音乐学院教研中心	是	☆☆☆☆☆	按季度结算
3	凌祯	13993355162	河北省	河北省唐山市乐亭县财富大街990号	否	☆	按季度结算
4	张盛茗	15850914728	上海市	上海市浦东新快乐路867快乐城市1111号8808室	否	☆☆☆☆☆	新客户
5	王大刀	13599745669	河北省	河北省唐山市开发区喜庆道100号	否	☆	新客户
6	马鑫	15018711991	台湾省	台湾省台北市开发区经济路101号	是	☆☆☆☆	先付款，后发货
7	倪国梁	15166445780	湖北省	湖北省武汉市青山区建设1路特新东方大厦802	否	☆☆☆☆	按季度结算
8	程桂刚	18194186347	辽宁省	辽宁省抚顺市顺城区太阳北路1号楼2单元606	否	☆☆	先付款，后发货
9	吴姣姣	15857069909	山东省	山东省临沂市河东区正阳北路国科石油分公司	否	☆	票货同行
10	任隽芳	13288835858	山西省	山西省大同市城区吉安里75#9-3-2	是	☆	新客户
11	王晓琴	15390637740	山东省	山东省济南市槐荫区经六路8802号B1单元102室	否	☆☆	新客户
12	姜滨	18011585910	辽宁省	辽宁省本溪市平山区开发大街5号	否	☆☆☆☆	按季度结算
13	殷孟珍	13801077255	甘肃省	甘肃省兰州市经济技术开发区成钢花园路成钢工业园	否	☆☆☆☆	按季度结算
14	练倩倩	18561767926	湖南省	湖南省长沙市雨花区香樟路123号	是	☆☆☆☆☆	票货同行
15	谭怀宇	18622239581	湖南省	湖南省岳阳市岳阳楼区湖南理工学院主楼203	否	☆☆☆☆	按季度结算
16	何文利	13878142866	上海市	上海市松江区九江路158弄一中小区45号	否	☆☆☆☆	新客户
17	李魁	15258888823	广东省	广东省东莞市南城北区开元路建行大厦	是	☆☆☆	按季度结算
18	张兴华	18093458409	山东省	山东省新泰市新新北路108号王府井商场5楼	否	☆☆☆☆☆	票货同行
19	周韵武	13920696381	安徽省	安徽省巢湖市巢湖大市场NEW商行	否	☆☆	新客户

图 3-44

于是把公式中的第 3 个参数“2”修改为“5”→单击函数编辑区左侧的【√】按钮完成公式编辑，如图 3-45 所示。

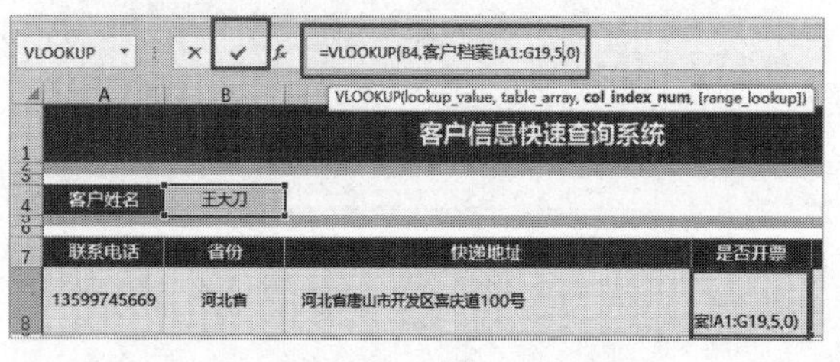

图 3-45

同样地，查询王大刀的客户等级，如图 3-46 所示。

图 3-46

选中【E8】单元格→单击函数编辑区将其激活→按 <Ctrl+V> 键将公式内容粘贴进去，如图 3-47 所示。

图 3-47

回顾客户档案表可知，“客户等级”信息就在表的第 6 列，那么新的列序数就是“6”，如图 3-48 所示。

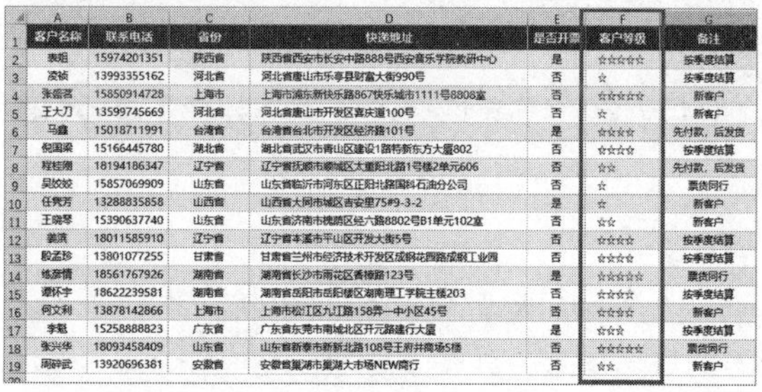

	A	B	C	D	E	F	G
1	客户名称	联系电话	省份	快递地址	是否开票	客户等级	备注
2	袁昭	15974201351	陕西省	陕西省西安市长安中路888号西安音乐学院教研中心	是	☆☆☆☆☆	按季度结算
3	凌祯	13993355162	河北省	河北省唐山市乐亭县财富大街990号	否	☆	按季度结算
4	张盛茗	15850914728	上海市	上海市浦东新快乐路867快乐城市1111号8808室	否	☆☆☆☆☆	新客户
5	王大刀	13599745669	河北省	河北省唐山市开发区喜庆道100号	否	☆	新客户
6	马鑫	15018711991	台湾省	台湾省台北市开发区经济路101号	是	☆☆☆☆	先付款，后发货
7	倪国梁	15166445780	湖北省	湖北省武汉市青山区建设1路特新东方大厦802	否	☆☆☆☆	按季度结算
8	程桂刚	18194186347	辽宁省	辽宁省抚顺市顺城区太阳北路1号楼2单元606	否	☆☆	先付款，后发货
9	吴姣姣	15857069909	山东省	山东省临沂市河东区正阳北路国科石油分公司	否	☆	票货同行
10	任隽芳	13288835858	山西省	山西省大同市城区吉安里75#9-3-2	是	☆	新客户
11	王晓琴	15390637740	山东省	山东省济南市槐荫区经六路8802号B1单元102室	否	☆☆	新客户
12	姜滨	18011585910	辽宁省	辽宁省本溪市平山区开发大街5号	否	☆☆☆☆	按季度结算
13	殷孟珍	13801077255	甘肃省	甘肃省兰州市经济技术开发区成钢花园路成钢工业园	否	☆☆☆☆	按季度结算
14	练倩倩	18561767926	湖南省	湖南省长沙市雨花区香樟路123号	是	☆☆☆☆☆	票货同行
15	谭怀宇	18622239581	湖南省	湖南省岳阳市岳阳楼区湖南理工学院主楼203	否	☆☆☆☆	按季度结算
16	何文利	13878142866	上海市	上海市松江区九江路158弄一中小区45号	否	☆☆☆☆	新客户
17	李魁	15258888823	广东省	广东省东莞市南城北区开元路建行大厦	是	☆☆☆	按季度结算
18	张兴华	18093458409	山东省	山东省新泰市新新北路108号王府井商场5楼	否	☆☆☆☆☆	票货同行
19	周韵武	13920696381	安徽省	安徽省巢湖市巢湖大市场NEW商行	否	☆☆	新客户

图 3-48

于是把公式中的第 3 个参数“2”修改为“6”→单击函数编辑区左侧的【√】按钮完成公式编辑，如图 3-49 所示。

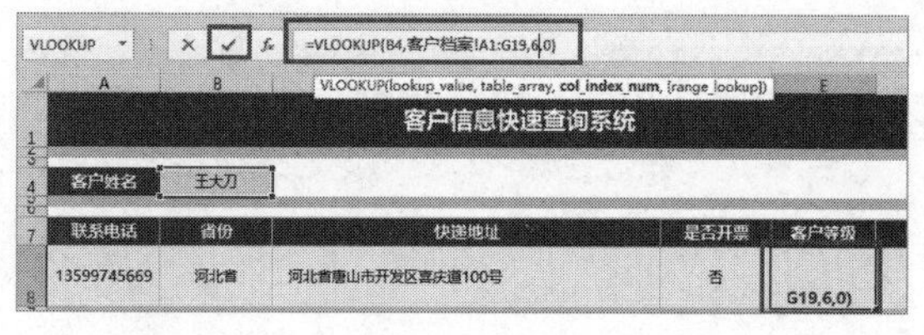

图 3-49

同样地，查询王大刀的备注，如图 3-50 所示。

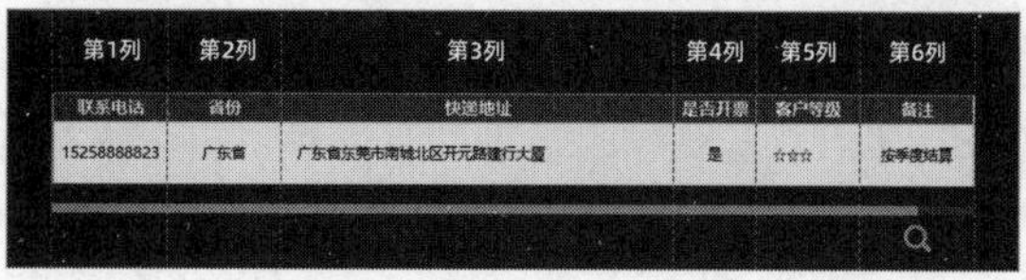

图 3-50

选中【F8】单元格→单击函数编辑区将其激活→按 <Ctrl+V> 键将公式内容粘贴进去，如图 3-51 所示。

图 3-51

回顾客户档案表可知，“备注”信息就在表的第 7列，那么新的列序数就是“7”，如图 3-52 所示。

客户名称	联系电话	省份	快递地址	是否开票	客户等级	备注
秦阳	15974201351	陕西省	陕西省西安市长安中路888号西安音乐学院教研中心	是	☆☆☆☆☆	按季度结算
凌祯	13993355162	河北省	河北省唐山市乐亭县财富大街990号	否	☆	按季度结算
张盏茗	15850914728	上海市	上海市浦东新快乐路867快乐城市1111号8808室	否	☆☆☆☆☆	新客户
王大刀	13599745669	河北省	河北省唐山市开发区喜庆道100号	否	☆	新客户
马鑫	15018711991	台湾省	台湾省台北市开发区经济路101号	是	☆☆☆☆	先付款，后发货
倪国梁	15166445780	湖北省	湖北省武汉市青山区建设1路特新东方大厦802	否	☆☆☆☆	按季度结算
程桂刚	18194186347	辽宁省	辽宁省抚顺市顺城区太重阳北路1号楼2单元606	否	☆☆	先付款，后发货
吴皎皎	15857069909	山东省	山东省临沂市河东区正阳北路国科石油分公司	否	☆	票货同行
任秀芳	13288835858	山西省	山西省大同市城区吉安里75#9-3-2	是	☆	新客户
王晓琴	15390637740	山东省	山东省济南市槐荫区经六路8802号B1单元102室	否	☆☆	新客户
姜琪	18011585910	辽宁省	辽宁省本溪市平山区开发大街5号	否	☆☆☆☆	按季度结算
殷孟珍	13801077255	甘肃省	甘肃省兰州市经济技术开发区成桐花园路成桐工业园	否	☆☆☆☆	按季度结算
练萨倩	18561767926	湖南省	湖南省长沙市雨花区香樟路123号	是	☆☆☆☆☆	票货同行
谭怀宇	18622239581	湖南省	湖南省岳阳市岳阳楼区湖南理工学院主楼203	否	☆☆☆☆	按季度结算
何文利	13878142866	上海市	上海市松江区九江路158弄—中小区45号	否	☆☆☆☆	新客户
李毅	15258888823	广东省	广东省东莞市南城北区开元路建行大厦	是	☆☆☆	按季度结算
张兴华	18093458409	山东省	山东省新泰市新新北路108号王府井商场5楼	否	☆☆☆☆☆	票货同行
周碎武	13920696381	安徽省	安徽省巢湖市巢湖大市场NEW商行	否	☆☆	新客户

图 3-52

于是把公式中的第 3 个参数“2”修改为“7”→单击函数编辑区左侧的【√】按钮完成公式编辑，如图 3-53 所示。

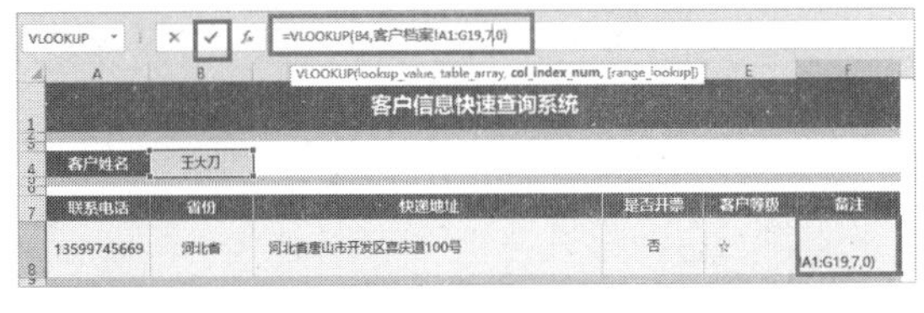

图 3-53

此时，已经完成了全部查询函数的构建，初步完成了“客户信息查询系统”。

这些查询函数不仅能查王大刀的数据，还可以查客户档案中的所有客户。例如，双击【B4】单元格，将“王大刀”修改为“何文利”，所有的查询结果都会动态更新为何文利的数据，这就是函数的智能性，如图 3-54 所示。

图 3-54

3.3 数据验证：下拉菜单

如果每次查询都要手动输入名称，那就违背了制作查询系统的初衷。接下来将它变得更加智能，令它成为一个名副其实的“智能查询系统”。例如，把客户姓名做成图 3-55 所示的下拉菜单。

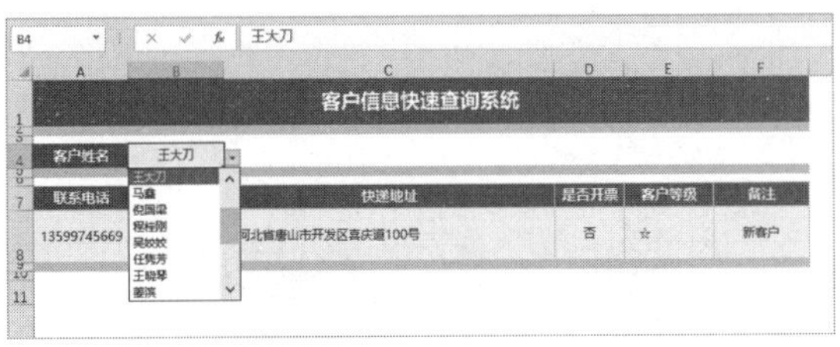

图 3-55

图 3-55 所示的下拉菜单是通过 Excel 的“数据验证”功能实现的。选中【B4】单元格→选择【数据】选项卡→单击【数据验证】按钮→选择【数据验证】选项，如图 3-56 所示。

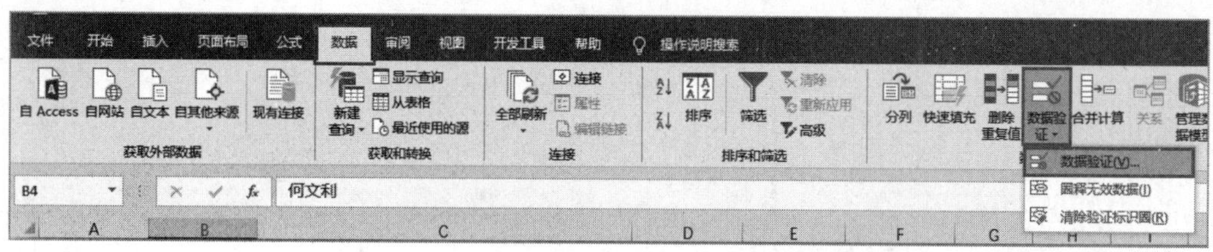

图 3-56

弹出【数据验证】对话框，在【允许】下拉列表中选择【序列】选项，表示用一组客户姓名的序列来做菜单，如图 3-57 所示。

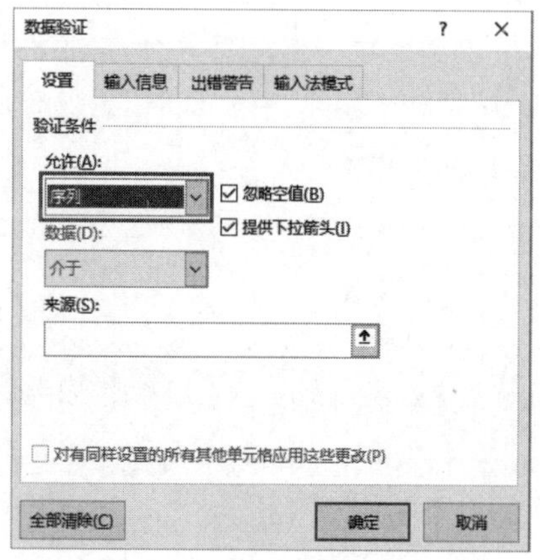

图 3-57

单击【来源】文本框将其激活→单击底部的“客户档案”工作表，准备选取一组客户姓名作为菜单，如图 3-58 所示。

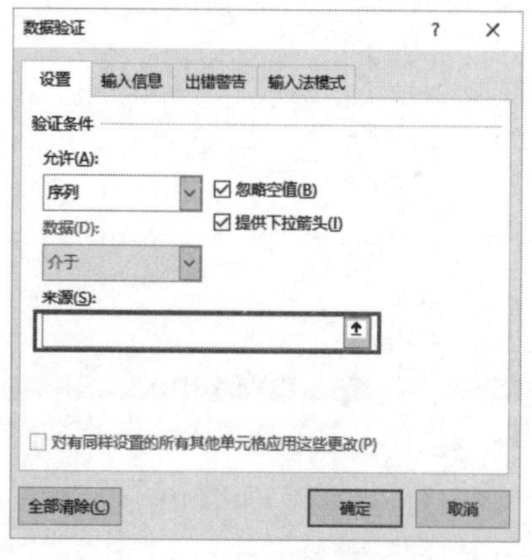

图 3-58

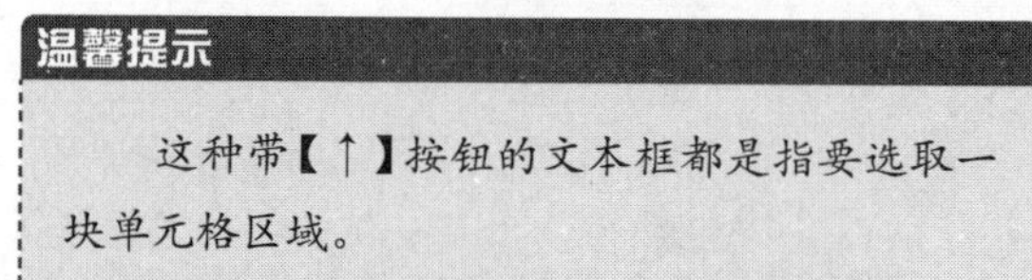

温馨提示

这种带【↑】按钮的文本框都是指要选取一块单元格区域。

长按鼠标左键拖动，从【A2】单元格开始，一直拖动到【A19】单元格结束，即框选整列数据→单击【确定】按钮，如图 3-59 所示。

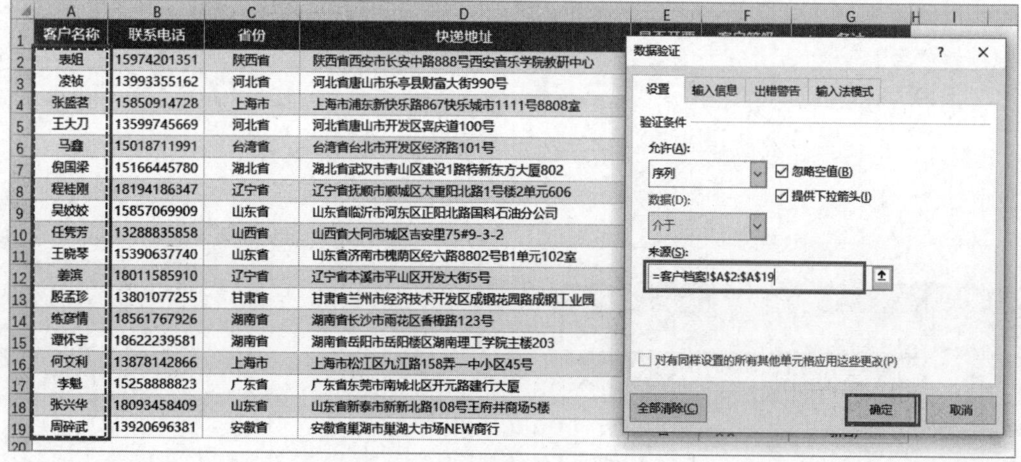

客户名称	联系电话	省份	快递地址
裴姐	15974201351	陕西省	陕西省西安市长安中路888号西安音乐学院教研中心
凌祯	13993355162	河北省	河北省唐山市乐亭县财富大街990号
张盛茗	15850914728	上海市	上海市浦东新快乐路867快乐城市1111号8808室
王大刀	13599745669	河北省	河北省唐山市开发区喜庆道100号
马鑫	15018711991	台湾省	台湾省台北市开发区经济路101号
倪国梁	15166445780	湖北省	湖北省武汉市青山区建设1路特新东方大厦802
程桂刚	18194186347	辽宁省	辽宁省抚顺市顺城区太阳北路1号楼2单元606
吴姣姣	15857069909	山东省	山东省临沂市河东区正阳北路国科石油分公司
任隽芳	13288835858	山西省	山西省大同市城区吉安里75#9-3-2
王晓琴	15390637740	山东省	山东省济南市槐荫区经六路8802号B1单元102室
姜滨	18011585910	辽宁省	辽宁省本溪市平山区开发大街5号
殷孟珍	13801077255	甘肃省	甘肃省兰州市经济技术开发区成钢花园路成钢工业园
练彦情	18561767926	湖南省	湖南省长沙市雨花区香樟路123号
谭怀宇	18622239581	湖南省	湖南省岳阳市岳阳楼区湖南理工学院主楼203
何文利	13878142866	上海市	上海市松江区九江路158弄一中小区45号
李魁	15258888823	广东省	广东省东莞市南城北区开元路建行大厦
张兴华	18093458409	山东省	山东省新泰市新新北路108号王府井商场5楼
周碎武	13920696381	安徽省	安徽省巢湖市巢湖大市场NEW商行

图 3-59

此时，就可以通过下拉菜单选择姓名来快速查询人员信息了，如图 3-60 所示。

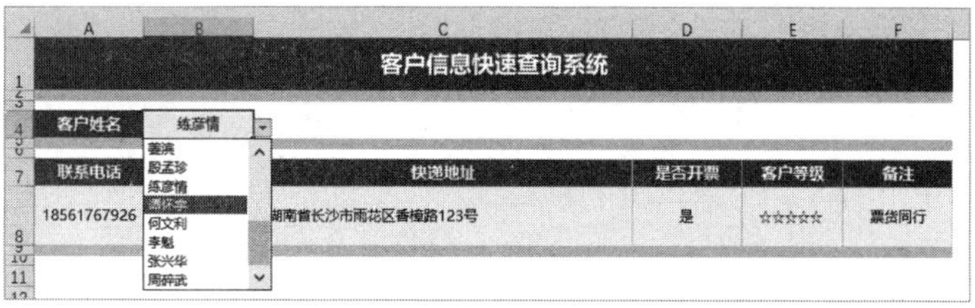

图 3-60

第 2 篇

职场专员篇

做事没有条理?

学会规范处理，让你的工作有重点、零错误

第4关 基础制表与认识 Excel

本关背景

通过前面三关的学习，相信你已经对 Excel 的强大功能有了一定了解。而一栋楼要想筑得高，就得将地基打牢，所以在后面的关卡中，更要重视基础层面的训练。本关将从“基础制表与认识 Excel”的内容开始，帮助你从基础出发，构建更稳定、更专业的 Excel 技能素养。

初入职场之时，老板安排的第一项工作，很有可能就是做一张表格。你是否遇到过这样的情况，打开计算机不知从何做起？本关就从最基础的新建工作表开始，请跟着笔者一起，一步步完成一张图 4-1 所示的“员工档案表”的制作。

在本关中，你将解锁 Excel 做表的基本规范、了解视图选项卡、掌握表格的整体复制移动技巧等。这些知识点本身都不难，但是笔者希望你在这些操作中，可以沉淀出自己的做表风格。一张好的表格，会让你显得更加专业。下面就来让你的表格为你代言吧！

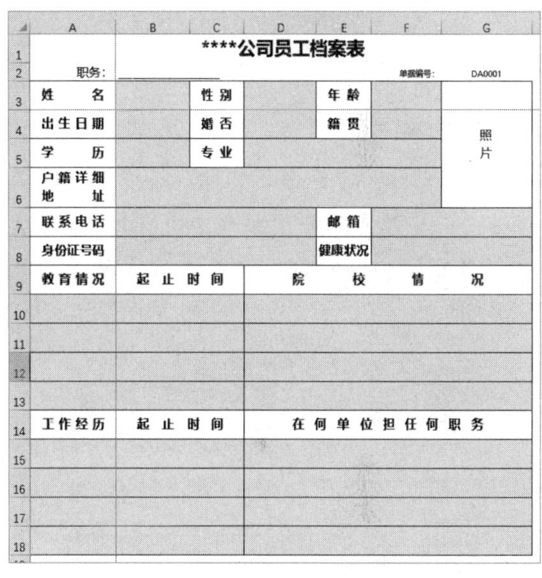

****公司员工档案表

职务： 单据编号： DA0001

姓　名		性别		年龄		
出生日期		婚否		籍贯		照片
学　历		专业				
户籍详细地址						
联系电话				邮箱		
身份证号码				健康状况		
教育情况	起止时间		院校情况			
工作经历	起止时间		在何单位担任何职务			

图 4-1

4.1 创建基础表格

开始制作表格之前，先认识一下你的伙伴：Excel 的工作界面，如图 4-2 所示。

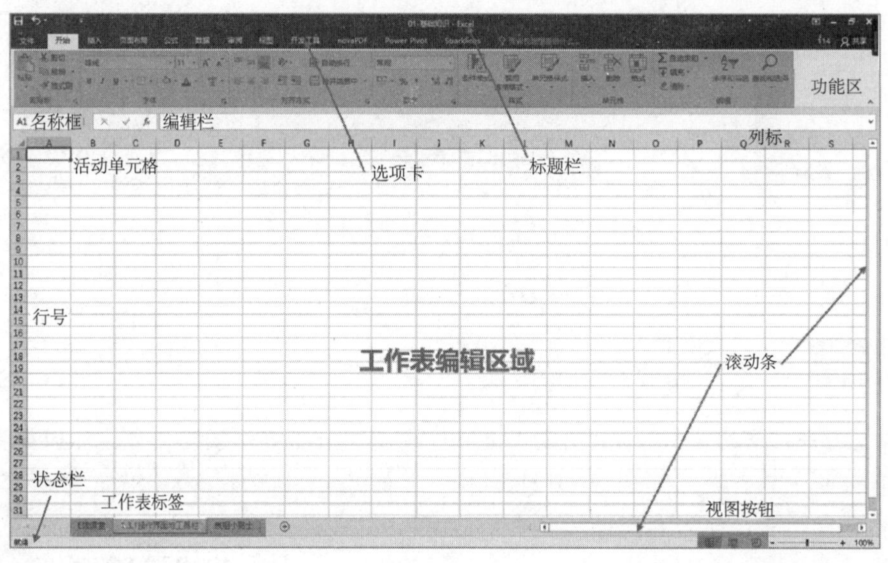

图 4-2

1. 创建新工作簿

首先新建一张空白工作簿。在计算机桌面上右击→在弹出的快捷菜单中选择【新建】选项→选择【Microsoft Excel 工作表】选项，如图 4-3 所示。

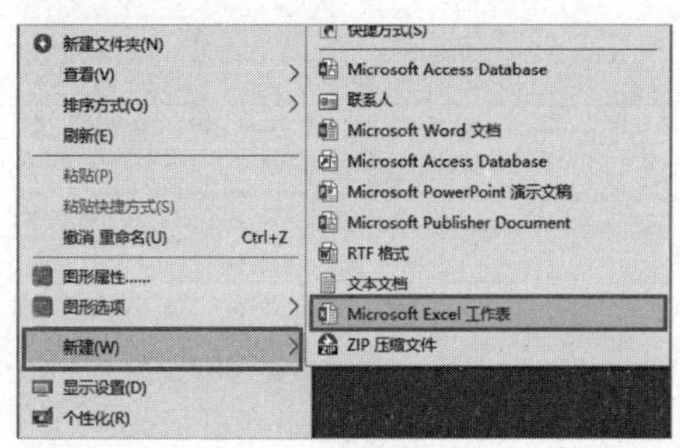

图 4-3

然后为工作簿重命名。选中前面创建的工作簿并右击→在弹出的快捷菜单中选择【重命名】选项。一般来说，笔者建议大家按照工作内容来为文件命名。例如，我们做“员工档案表”，就在 Excel 文件命名框中，输入“员工档案表”，如图 4-4 所示，之后按 <Enter> 键确认。接下来双击 Excel 图标（或选中图标后按 <Enter> 键），即可打开 Excel 表格。

图 4-4

2. 录入表格信息

打开“员工档案表”工作簿后，按照图 4-1 所示的模板示例，依次录入表格的文字内容，如图 4-5 所示。

	A	B	C	D	E	F	G	H
1	****公司员工档案表							
2	职务:					单据编号:	DA0001	
3	姓名		性别		年龄		照片	
4	出生日期		婚否		籍贯			
5	学历		专业					
6	户籍详细地址							
7	联系电话				邮箱			
8	身份证号码				健康状况			
9	教育情况	起止时间		院校情况				
10								
11								
12								
13								
14	工作经历	起止时间		在何单位担任何职务				

图 4-5

虽然图 4-5 所示的表格样式十分简单，不过没有关系，后面可以通过表格的美化设计来改变它。

做表逻辑：先保障数据信息的准确性，再考虑表格美化的问题。

温馨提示

一般录入数据时，按 <Enter> 键激活单元格后，是向下选中的。而在处理表格时，一般习惯横向录入数据，这可以通过更改按 <Enter> 键的方向进行设置。

改变按 <Enter> 键后移动的方向：选择【文件】选项卡→单击【选项】按钮→在弹出的【Excel 选项】对话框中选择【高级】选项→在【按 Enter 键后移动所选内容】中将【方向】更改为“向右”→单击【确定】按钮，如图 4-6 所示。

图 4-6

4.2 表格基础美化

1. 单元格字体、字号设置

在 Excel 表格中，默认输入的内容字体可能是“宋体”或“等线”。笔者推荐大家使用“微软雅黑”字体，一是使表格显得更加商务；二是打印时，字体显示得更为清晰。

设置字体样式：选中需要设置的单元格区域，调整字体。例如，按住鼠标左键，拖曳选中【A1:G18】单元格区域→选择【开始】选项卡→单击【字体】列表框右侧的下拉按钮→选择【微软雅黑】选项，如图 4-7 所示。

设置字号大小：拖曳鼠标选中【A1:G18】单元格区域→选择【开始】选项卡→单击【字号】列表框右侧的下拉按钮→选择【12】选项，即可改变文字的大小，如图 4-8 所示。

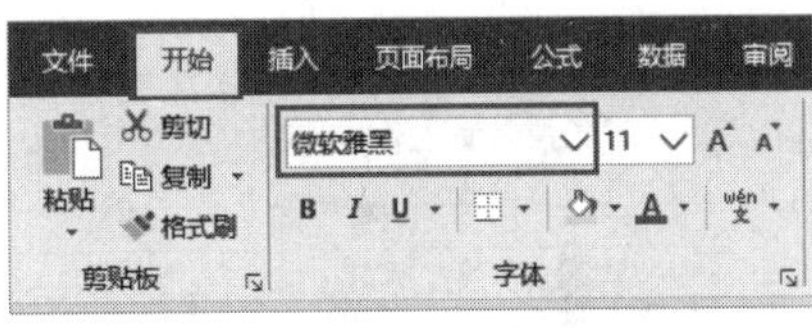

图 4-7

图 4-8

除使用上述方法直接设置字号大小外，还可以通过【字号】旁边的【A▲】、【A▼】按钮，快速调整字号大小。例如，选中标题所在的【A1】单元格→选择【开始】选项卡→单击【A▲】按钮，快速增大标题字号，这里增大到【18】，如图 4-9 所示。

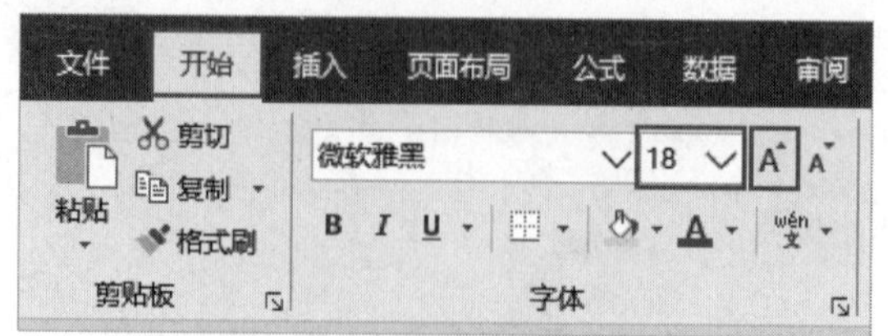

图 4-9

温馨提示

正文、表体的内容部分，笔者推荐大家字号选择 10~12 号，标题可以适当放大一些。

2. 单元格边框设置

为表格添加边框，可以有效区别表格的各部分内容。

拖曳选中【A1:G18】单元格区域→选择【开始】选项卡→单击【边框】按钮→在弹出的下拉菜单中选择【所有框线】选项，即可为表格添加上边框，如图 4-10 所示。

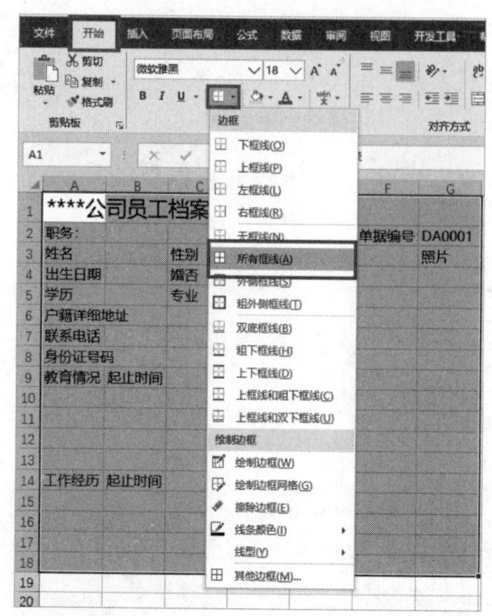

图 4-10

3. 单元格合并后居中

设置好边框之后，如图 4-11 所示，将当前表格与目标效果图做对比，发现当前表格中很多单元格没有合并在一起。例如，"照片" 所在位置的 4 个单元格，应该合并为一个单元格。

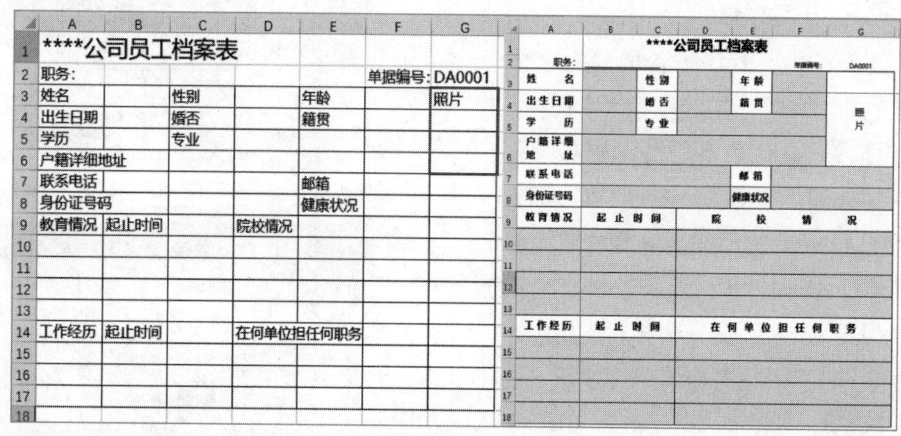

图 4-11

选中【G3:G6】单元格区域→选择【开始】选项卡→单击【合并后居中】按钮，如图 4-12 所示。"照片" 两字对应的 4 个单元格就合并为一个了。

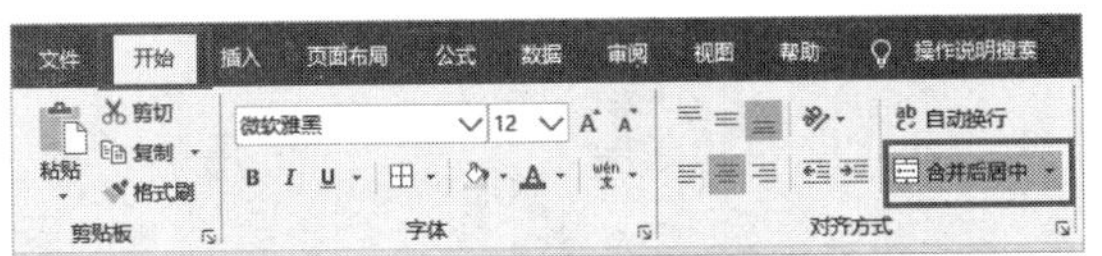

图 4-12

4. 单元格对齐方式设置

合并后的单元格（照片），它的内容默认是水平居中的，但在垂直方向上依然是初始值（靠下）。可以通过对齐方式，为整表进行设置。选中【A1:G18】单元格区域→选择【开始】选项卡→单击【对齐方式】功能组中的【垂直居中】和【水平居中】按钮，如图 4-13 所示。

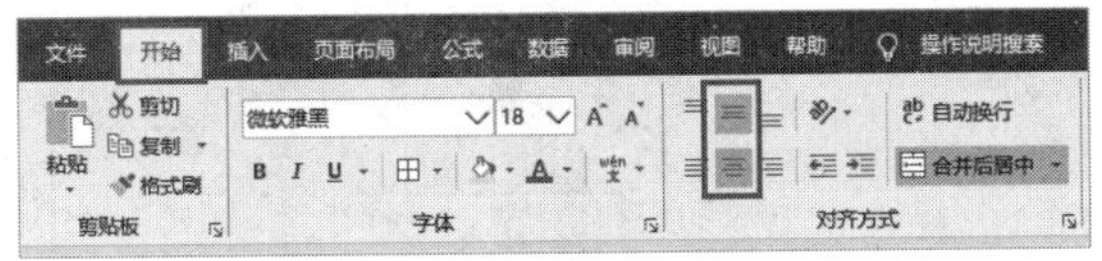

图 4-13

然后继续对表格中的内容进行单元格合并。分别选中需要合并的单元格区域，然后依次单击【合并后居中】按钮，完成后如图 4-14 所示。

	A	B	C	D	E	F	G	H
1	****公司员工档案表							
2	职务:					单据编号:	DA0001	
3	姓名		性别		年龄		照片	
4	出生日期		婚否		籍贯			
5	学历		专业					
6	籍详细地							
7	联系电话				邮箱			
8	身份证号码				健康状况			
9	教育情况	起止时间		院校情况				
10								
11								
12								
13								
14	工作经历	起止时间	在何单位担任何职务					
15								
16								
17								

图 4-14

温馨提示

在 Excel 中，<F4> 键是重复上一步操作的快捷功能键。例如，在完成【合并后居中】的动作后，按 <F4> 键重复上一步操作，即重复操作【合并后居中】。

如果在笔记本电脑上操作，可能需要多按一个功能键，即 <Fn+F4> 键。

5. 竖向文本设置

在 Excel 中，默认的文字方向是水平放置的。但有时，我们希望文字竖直放置（例如，本例中的“照片”），可以通过改变文字方向来实现。

选中“照片”所在的单元格→选择【开始】选项卡→单击【方向】按钮→在弹出的下拉菜单中选择【竖排文字】选项，即可把“照片”二字修改为竖向排列，如图 4-15 所示。

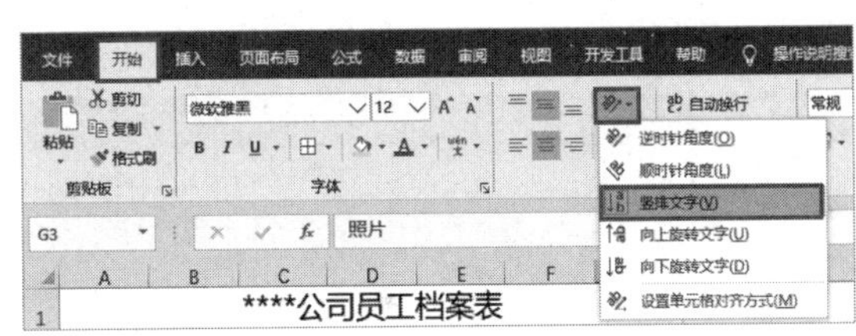

图 4-15

6. 快速插入下划线

在“职务”右侧的单元格中，需要为它输入一串下划线“____________”。那么，选中【B2:E2】单元格区域→选择【开始】选项卡→单击【合并后居中】按钮，如图 4-16 所示。

图 4-16

在合并后的单元格中输入下划线，操作步骤如下。

（1）将输入法状态调整为英文输入状态。

（2）按 <Shift+–> 键，即可快速输入一串下划线。

完成后的效果如图 4-17 所示。

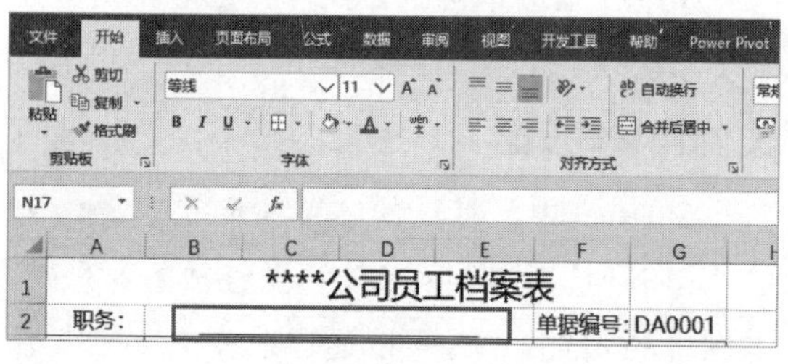

图 4-17

再来对比一下表格样式，就可以很熟练地完成以下操作了。

缩小“单据编号”字号：选中【F2:G2】单元格区域→选择【开始】选项卡→单击【A▼】按钮，快速缩小字号，如图 4-18 所示。

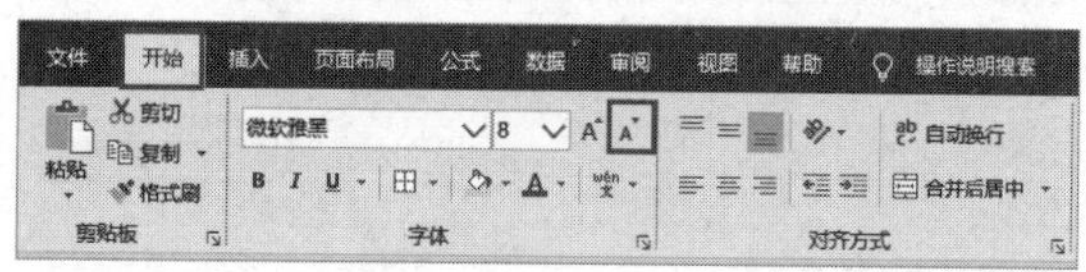

图 4-18

设置右对齐方式：按 <Ctrl> 键的同时单击鼠标，分别选中【A2】单元格和【F2:G2】单元格区域→选择【开始】选项卡→单击【对齐方式】功能组中的【右侧对齐】按钮，即可实现“职务”与“单据编号”的右对齐效果，如图 4-19 所示。

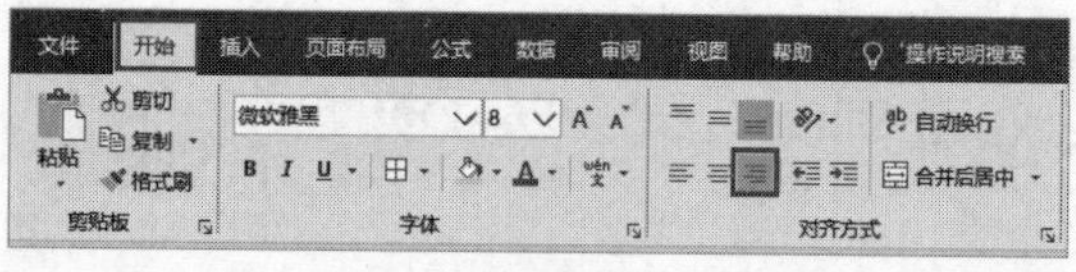

图 4-19

7. 跨越合并

Excel 中的跨越合并是一个很好用的功能，是指将选定区域内的单元格按行进行合并，每行合并为一个大的单元格。

选中【B9:C18】单元格区域→按 <Ctrl> 键的同时单击鼠标，选中【D9:G18】单元格区域→选择【开始】选项卡→单击【合并后居中】按钮→在弹出的下拉菜单中选择【跨越合并】选项，如图 4-20 所示。此时，所选区域“行”会全部呈现出类似于合并单元格效果。

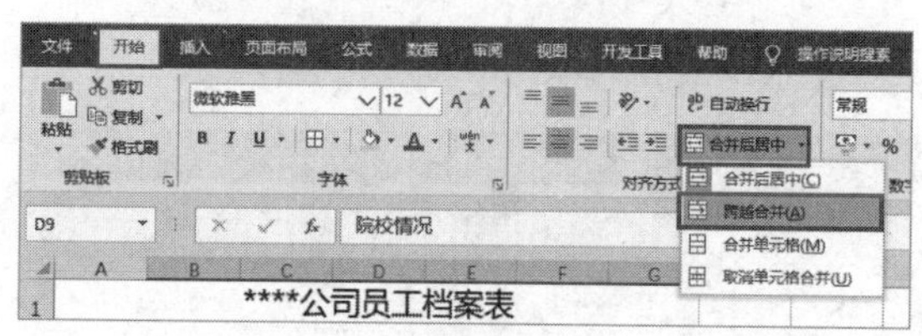

图 4-20

温馨提示

在 WPS 中，【跨越合并】选项为【跨列居中】选项。

8. 单元格中换行

当一个单元格中输入的内容太长，超出列宽范围时，可以通过选择【开始】选项卡→单击【自动换行】按钮，实现自动换行，如图 4-21 所示。

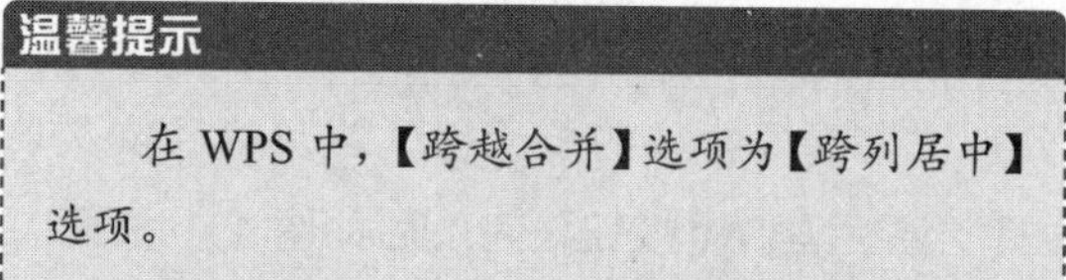

图 4-21

但有时，我们期望在指定的位置强制换行。例如，在“户籍详细”和“地址”中间的位置实现强制换行。只需要选中【A6】单元格→双击单元格进入单元格编辑状态→将光标定位在“户籍详细”与“地址”中间的位置→按 <Alt+Enter> 键，即可实现该单元格在此位置的强制换行，如图 4-22 所示。

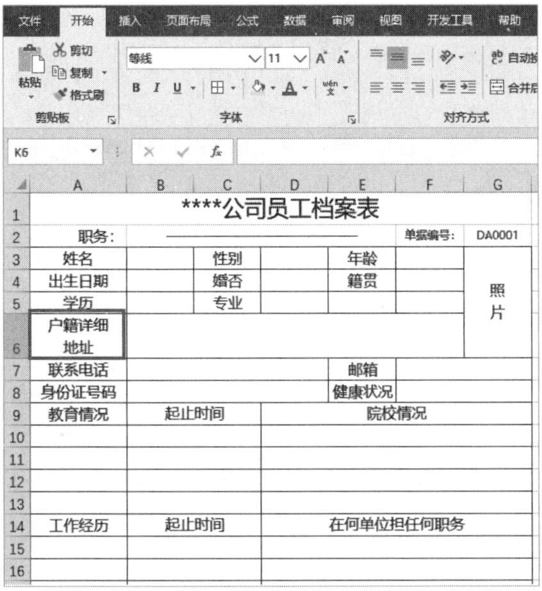

	A	B	C	D	E	F	G
1	****公司员工档案表						
2	职务:					单据编号:	DA0001
3	姓名		性别		年龄		照片
4	出生日期		婚否		籍贯		
5	学历		专业				
6	户籍详细 地址						
7	联系电话				邮箱		
8	身份证号码				健康状况		
9	教育情况	起止时间		院校情况			
10							
11							
12							
13							
14	工作经历	起止时间		在何单位担任何职务			
15							
16							

图 4-22

再次检查表格是否有遗漏之处。如图 4-23 所示，还需要将【D5:F5】单元格区域进行合并，选中【D5:F5】单元格区域→选择【开始】选项卡→单击【合并后居中】按钮，即可完成“专业”右侧的 3 个空白单元格的合并。

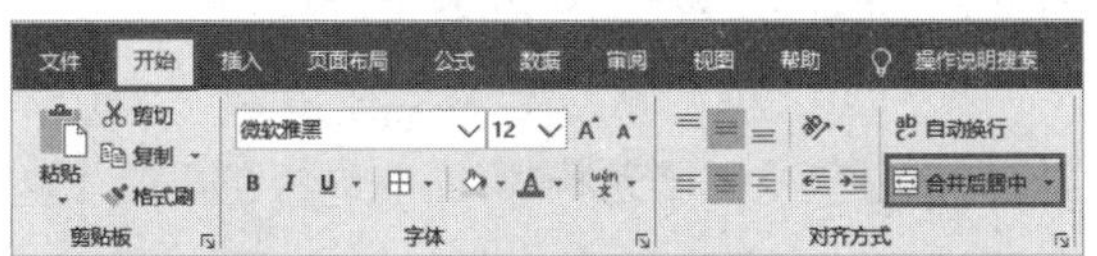

图 4-23

温馨提示

做表格时，往往不能一次性考虑清楚该怎么做才是最“完美”的，这是很正常的。熟能生巧，多做几次，效率就会越来越高了。

9. 字体加粗设置

接下来可以将标题的内容进行加粗设置，这样看表时更容易抓住重点。

按 <Ctrl> 键，依次选中【A3:G18】单元格区域内标题所在的单元格→选择【开始】选项卡→单击【B】(加粗)按钮，如图 4-24 所示。

图 4-24

温馨提示

采用“<Ctrl> 键 + 单击”的方式，可以选中不连续的单元格区域。

10. 设置分散对齐

做表时，很多人都喜欢用“空格”的方式，让文字两端对齐。其实可以直接使用“分散对齐”的方式来实现。

选中表格中标题所在的单元格→选择【开始】选项卡→单击【对齐方式】功能组右下角的小箭头(或按 <Ctrl+1> 键)→在弹出的【设置单元格格式】对话框中选择【对齐】选项卡→在【水平对齐】下拉列表中选择【分散对齐(缩进)】选项→单击【确定】按钮，如图 4-25 所示。

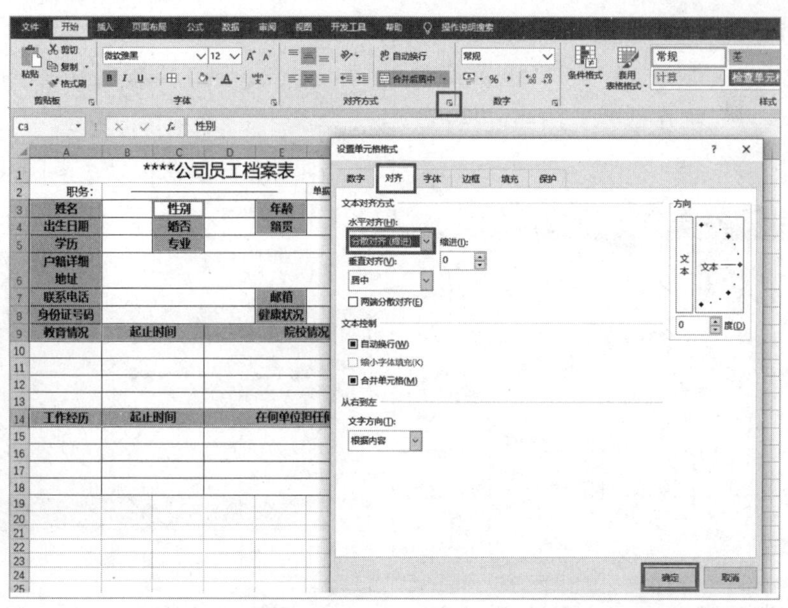

图 4-25

继续选择【开始】选项卡→单击【对齐方式】功能组中的【增加缩进量】和【减少缩进量】按钮，来调整文本的缩进效果，如图 4-26 所示。

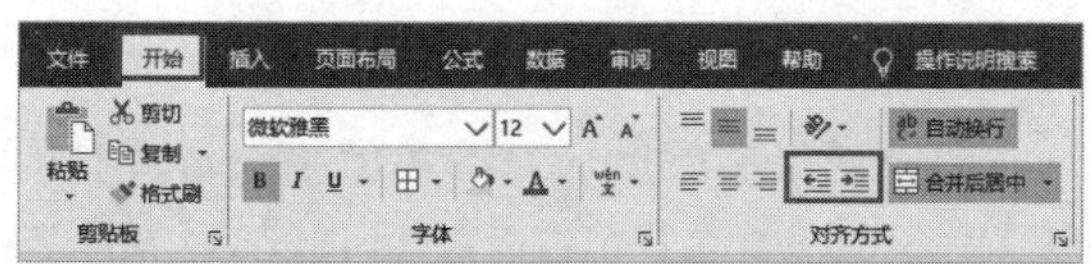

图 4-26

11. 行高与列宽的设置

选择需要调整列宽的那一列，如【A】列，把鼠标移动到【A】列与【B】列的边缘线处，当鼠标变成一个“黑色的竖线＋左右的小箭头”时（图 4-27），双击即可实现自动调整列宽。同理，可以进行行高的自动设置。

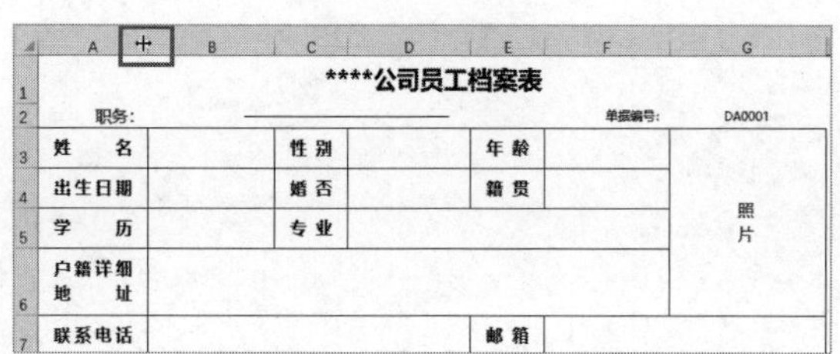

图 4-27

温馨提示

选中多行（多列），双击行号（列标）时，Excel 会将所选择的行高（列宽）自动调整到合适的大小。其中，合适的大小，是根据单元格内容的多少来决定的。

12. 单元格颜色填充

可以通过为单元格设置不同的填充颜色来实现分区。例如，为表格内需要填写内容的空白单元格区域设置一个填充颜色。

按 <Ctrl> 键，依次单击表格内的空白（需要填写内容的）单元格区域→选择【开始】选项卡→单击【填充颜色】按钮→选择一个喜欢的颜色，即可为这些单元格填充上颜色，如图 4-28 所示。

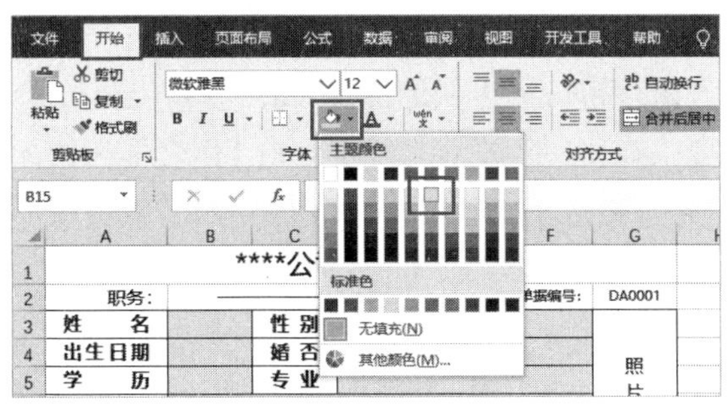

图 4-28

13. 冻结窗格

在 Excel 中，当拖曳滚动条或滚动鼠标时，有时表格的内容会随之滚动，并且会遮挡标题行，这个问题可以通过“冻结窗格”的方法来解决。例如，选中【B4】单元格→选择【视图】选项卡→单击【冻结窗格】按钮→选择【冻结窗格】选项，即可将【B4】单元格的上方行和左侧列固定，如图 4-29 所示。那么，当滚动鼠标滚轮时，【B4】以上的行（1~3 行）和以左的列（【A】列）就会被固定，而不会被遮挡或隐藏。

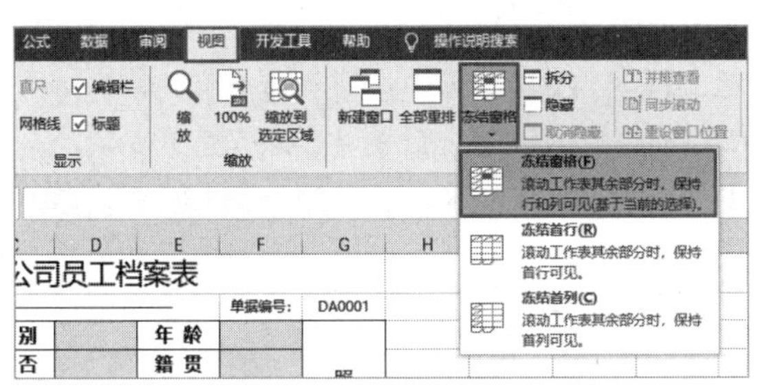

图 4-29

最后还可以取消选中【视图】选项卡下的【网格线】复选框，让表格看起来更整洁些，如图 4-30 所示。

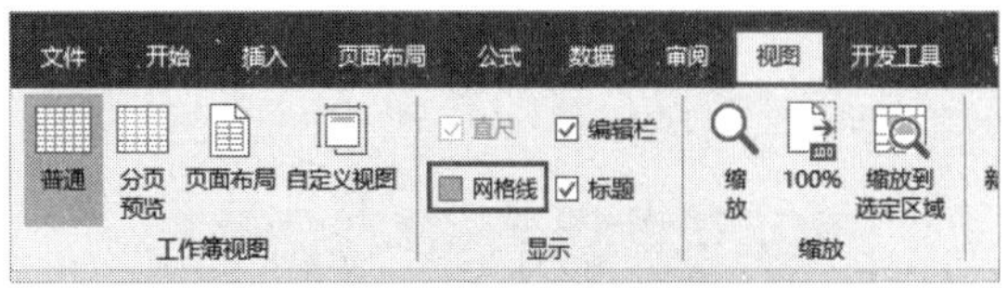

图 4-30

14. 修改工作表名称

接下来为工作表自定义一个名称。双击工作表下方的工作表名称位置→将工作表名称修改为“基础制表”→按 <Enter> 键确认，如图 4-31 所示。

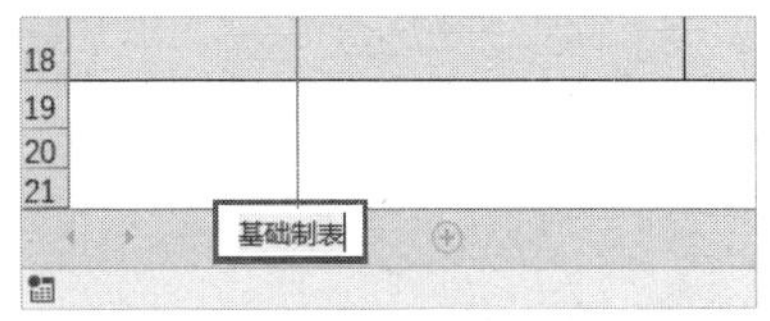

图 4-31

至此，已经完成了“员工档案表”的制作，整体效果如图 4-32 所示。

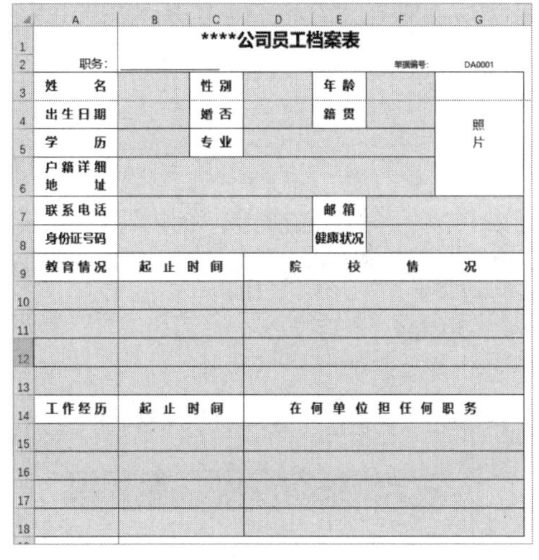

图 4-32

4.3 模板实践应用

前面已经从零开始，创建了一个“员工档案表”。在工作中，如果手里已经有一个好的模板，就可以直接借鉴。例如，可以将“每周时数记录”工作表中的模板（图 4-33）借鉴到前面创建的表格中，下面就跟着笔者的讲解一起来操作吧！

图 4-33

1. 移动和复制工作表

打开“素材文件/04-基础制表与认识Excel/04-基础制表-最后的员工档案.xlsx”源文件。

首先同时打开两个工作簿：一个是前面从零开始建立的“员工档案表.xlsx”工作簿文件，另一个是素材中提供的“04-基础制表-最后的员工档案.xlsx”工作簿文件。然后选中“每周时数记录”工作表并右击→在弹出的快捷菜单中选择【移动或复制】选项，如图 4-34 所示。

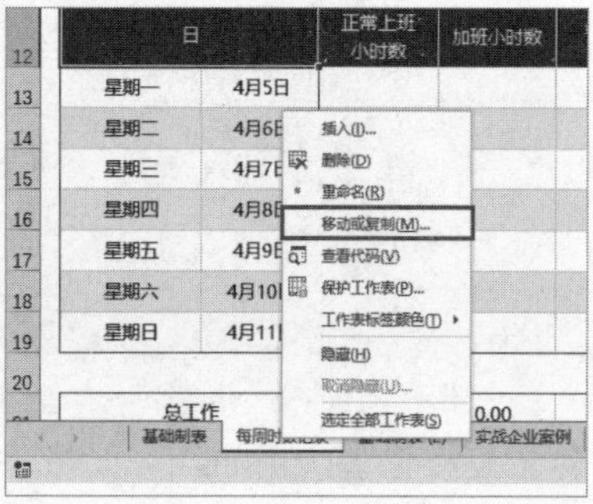

图 4-34

弹出【移动或复制工作表】对话框→在【工作簿】下拉列表中选择【员工档案表.xlsx】选项→在【下拉选定工作表之前】列表框中选择【移至最后】选项→选中【建立副本】复选框→单击【确定】按钮，如图 4-35 所示。

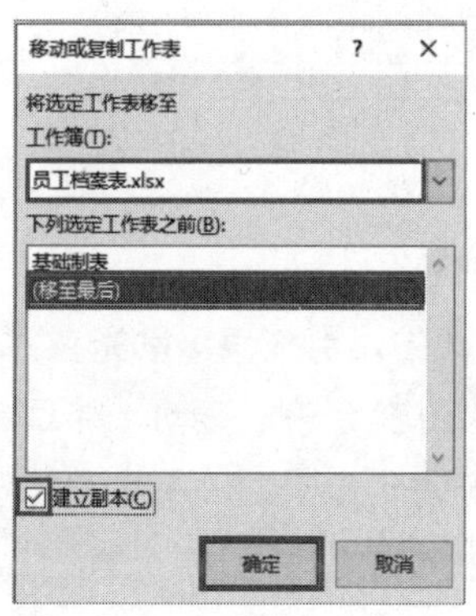

图 4-35

此时，即可将两张工作表放在一个“员工档案表.xlsx”工作簿文件中了。

2. 创建副本

选中“基础制表”工作表，然后采用“<Ctrl>键+拖曳工作表”的方式来创建一个“基础制表(2)”的工作表副本，如图 4-36 所示。

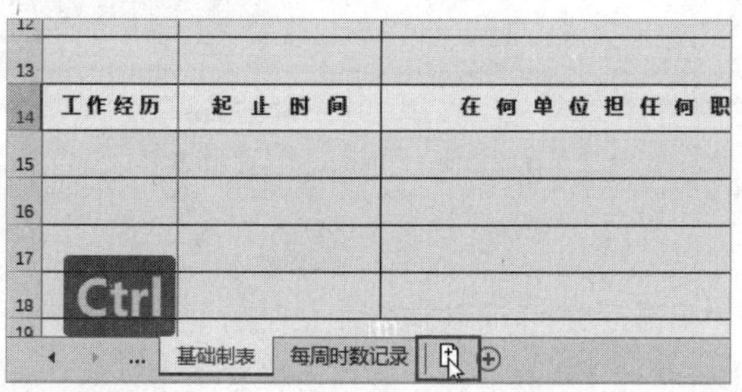

图 4-36

3. 复制表头

在很多高质量的表格模板中，常常使用以图片作为表头的方式来设计表格。下面就一起来看一下，如何将模板表格中的表头应用到自己的表格中。

首先选中模板表格中的“表头”，即蓝色的

底纹图片，按 <Ctrl+A> 键全选，即可选中表内所有的图片元素，包括一个蓝色的底纹图片和两个标题文本框，然后按 <Ctrl+C> 键将其复制，如图 4-37 所示。

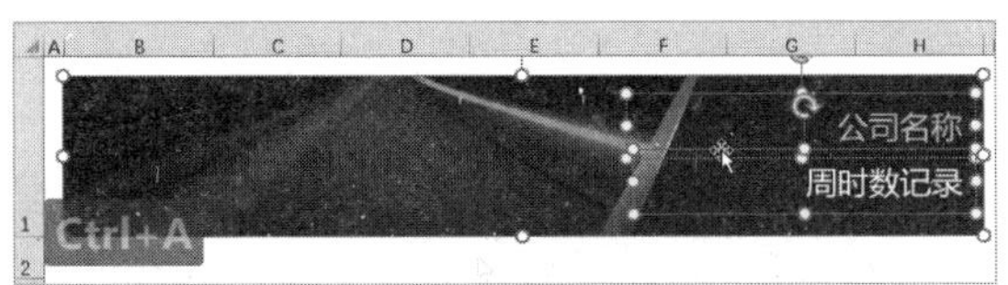

图 4-37

在前面复制出的“基础制表 (2)”工作表中，把第一行的行高拉大，使之变高一些。然后将光标定位在“基础制表 (2)”工作表中的标题行位置，按 <Ctrl+V> 键将复制的图片元素粘贴进去，如图 4-38 所示。

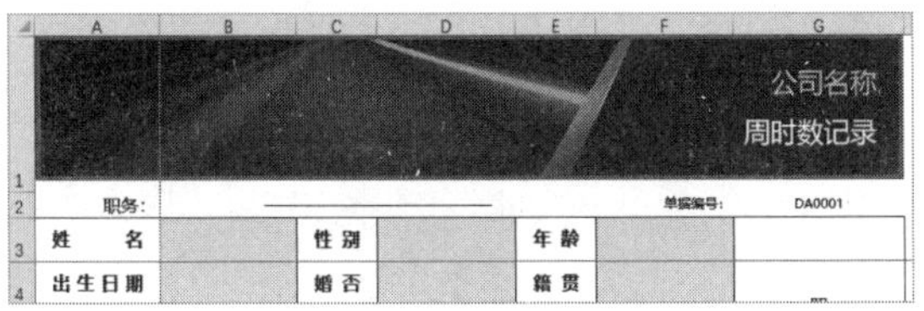

图 4-38

接下来调整图片大小和位置，并将标题修改为我们表格的标题，如图 4-39 所示。

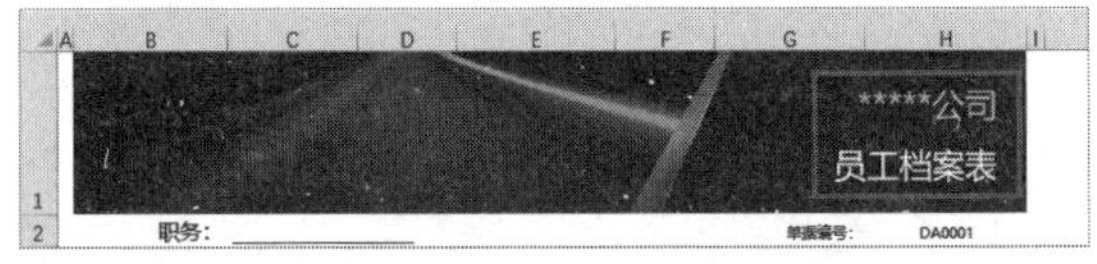

图 4-39

要想将模板中的配色应用到我们自己的表格中，除一个个手动设置外，还可以使用一个快速的方法——“格式刷”功能。

选中模板工作表中的【D12】单元格→选择【开始】选项卡→双击【格式刷】按钮，即可连续使用“格式刷”功能，如图 4-40 所示。

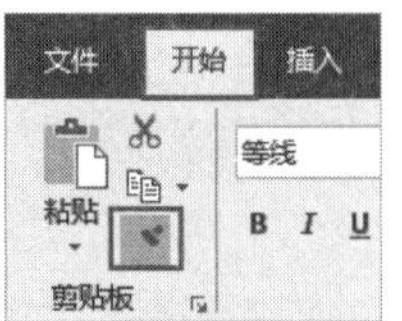

图 4-40

然后返回“基础制表 (2)”工作表，只需要选中需要应用格式的单元格区域，即可把模板中的配色运用到自己的表格中，如图 4-41 所示。

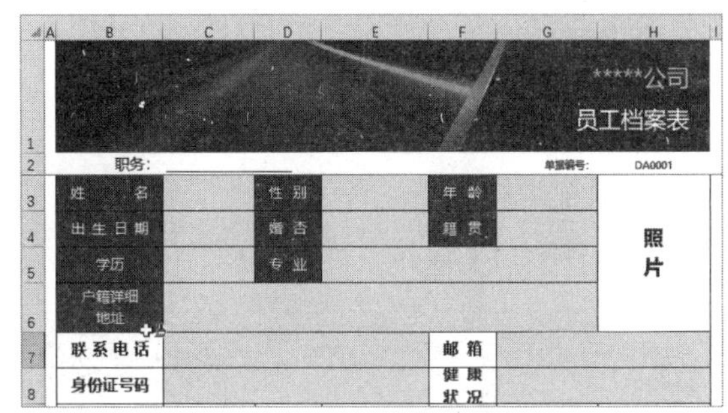

图 4-41

格式刷刷完之后，只需要单击【格式刷】按钮（或按 <Esc> 键），即可退出“格式刷”功能。同时，Excel 的光标从格式刷的样子恢复为光标状态。

4. 插入空白行或列

此刻，我们对比发现，模板的表头下方有一行空白行，让表头和表格之间有一个空隙，在视觉上有了“呼吸的空间”，如图 4-42 所示。

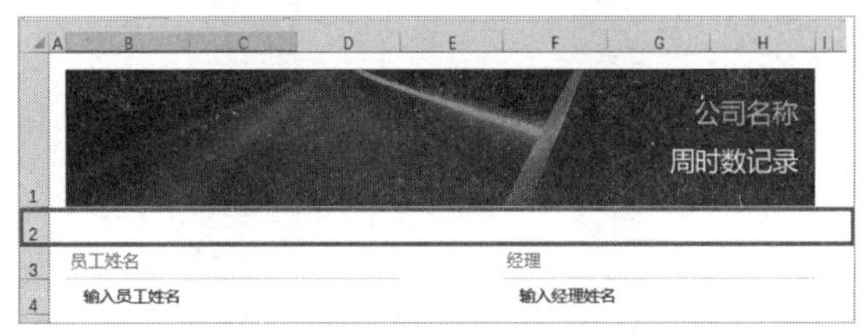

图 4-42

所以，选中第 2 行并右击→在弹出的快捷菜单中选择【插入】选项，如图 4-43 所示。插入后调整行高，使它变得细一些。

图 4-43

继续使用格式刷，使“职务”“单据编号”的格式与模板中的效果一样，如图 4-44 所示。

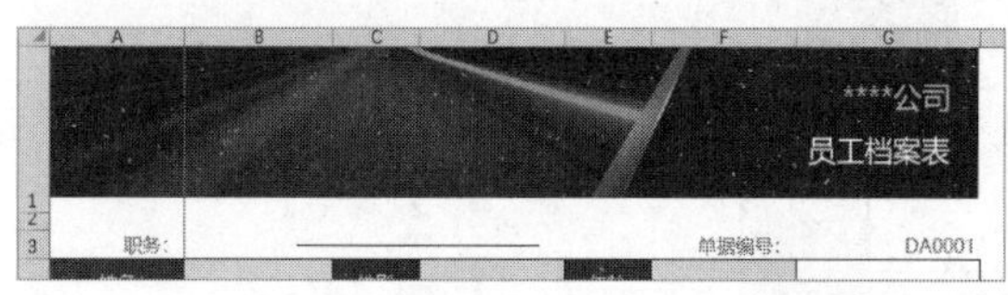

图 4-44

接下来选中【A】列并右击→在弹出的快捷菜单中选择【插入】选项，即可在表格最左侧插入一列空白列，如图 4-45 所示。插入后调整列宽，使它变得窄一些。

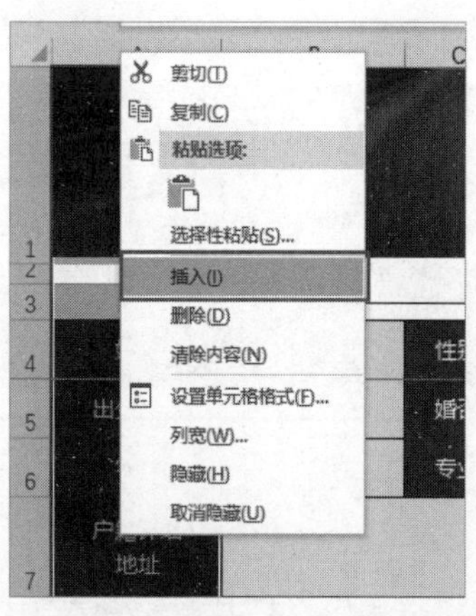

图 4-45

接下来利用表格的基础设置技巧，参考模板，继续完善其他设置，将表格中的空白处填充为灰色，如图 4-46 所示。

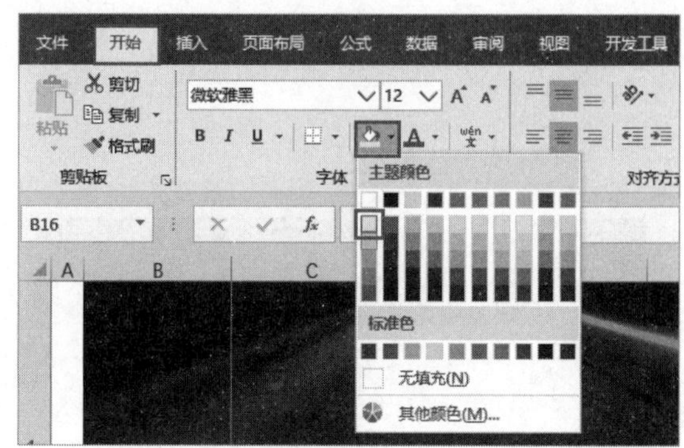

图 4-46

选中表格中的所有表体区域（表格下半部分）→选择【开始】选项卡→单击【边框】按钮→在弹出的下拉菜单中选择【其他边框】选项，如图 4-47 所示。

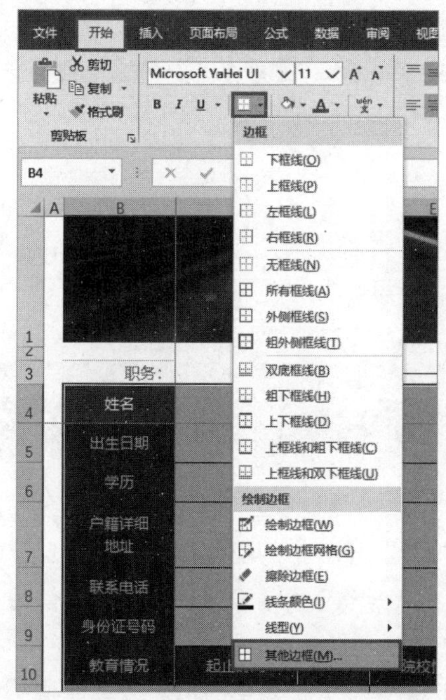

图 4-47

在弹出的【设置单元格格式】对话框中选择【边框】选项卡→设置边框的【颜色】为“浅灰色”→选择边框为【外边框】和【内部】→单击【确定】按钮，如图 4-48 所示。

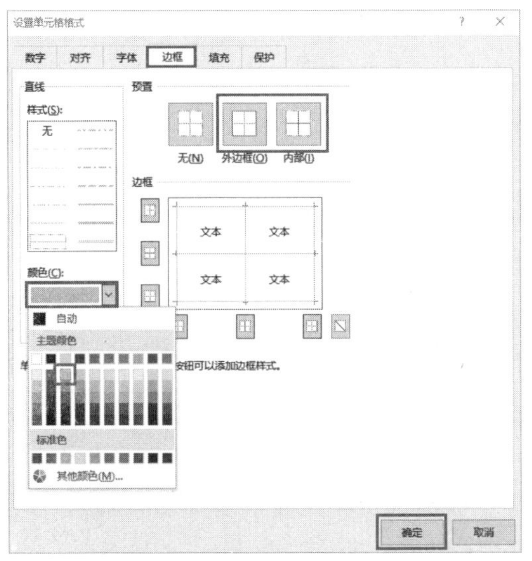

图 4-48

根据模板样式，采用“<Ctrl> 键 + 单击”的方式，将表格隔行填充不同颜色，如图 4-49 所示。

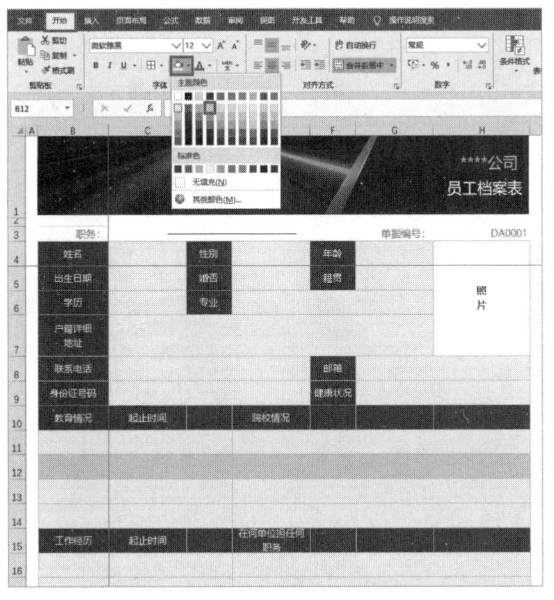

图 4-49

将照片所在的单元格填充为深色效果，增大字号，加粗字体，如图 4-50 所示。

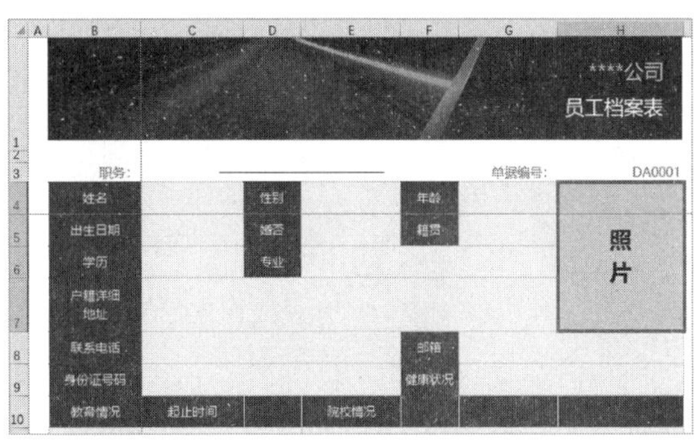

图 4-50

因为前面直接使用格式刷复制了“每周时数记录”工作表中单个单元格的样式，将它刷到了“员工档案表”的标题上，使原来合并单元格的小标题（如起止时间等）全部都拆分开来了。所以，这里还要重新设置一下单元格的合并、分散对齐效果。

重新选中所需合并的单元格区域→选择【开始】选项卡→单击【合并后居中】按钮→选择【跨越合并】选项，如图 4-51 所示。

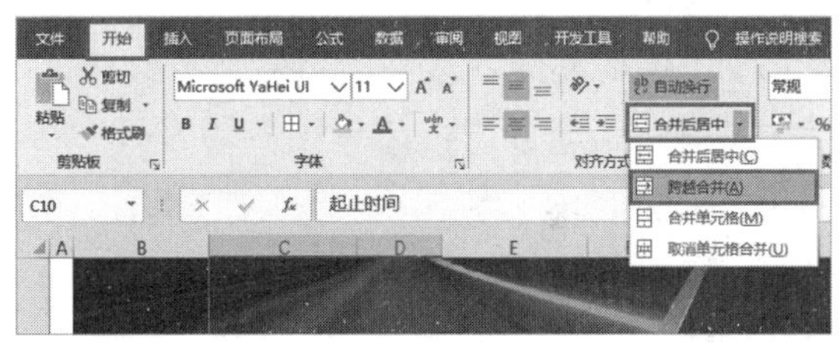

图 4-51

按 <Ctrl> 键，依次单击表格中标题所在的单元格区域→选择【开始】选项卡→单击【对齐方式】功能组右下角的小箭头→在弹出的【设置单元格格式】对话框中选择【对齐】选项卡→在【水平对齐】下拉列表中选择【分散对齐（缩进）】选项→单击【确定】按钮，如图 4-52 所示。

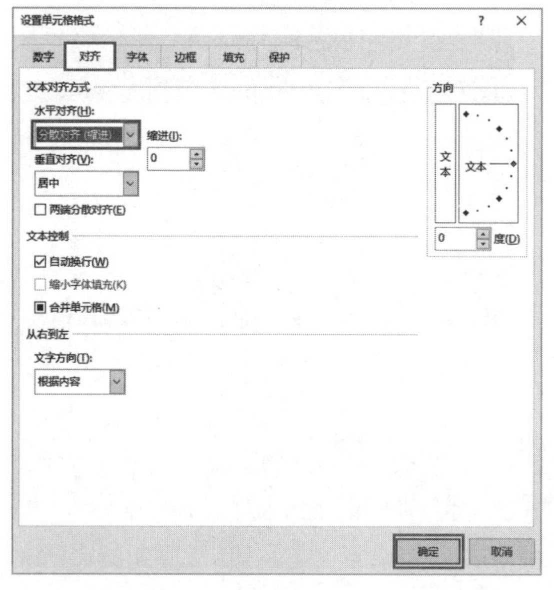

图 4-52

最后再对表格进行细节调整。

至此，已经完成了一张不错的“员工档案表”，如图 4-53 所示。

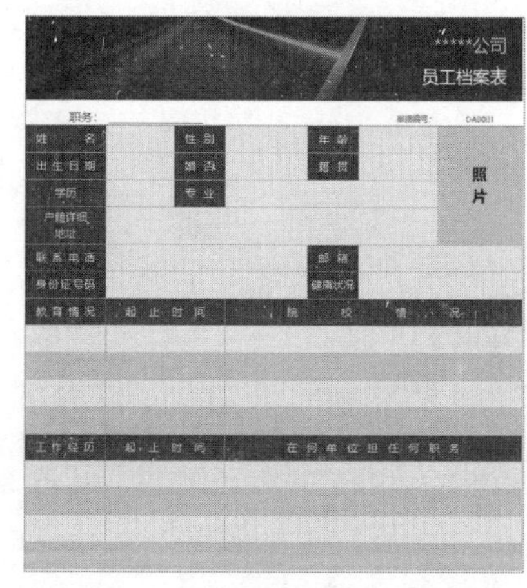

图 4-53

4.4 企业实战案例

通过前面的操作，你应该已经掌握了 Excel 基础制表的很多技巧了，相信你已经迫不及待动手操作了。别着急，这里笔者再推荐一个图 4-54 所示的企业实战级“员工档案表”，表中有许多字段，我们可以根据公司的实际情况进行调整。

关于企业 LOGO 的插入也特别简单：选中“实战企业案例”工作表→选择【插入】选项卡→单击【图片】按钮→在弹出的【插入图片】对话框中找到公司 LOGO 所在的位置→选中 LOGO 图片→单击【插入】按钮，即可把 LOGO 插入 Excel 中，如图 4-55 所示。

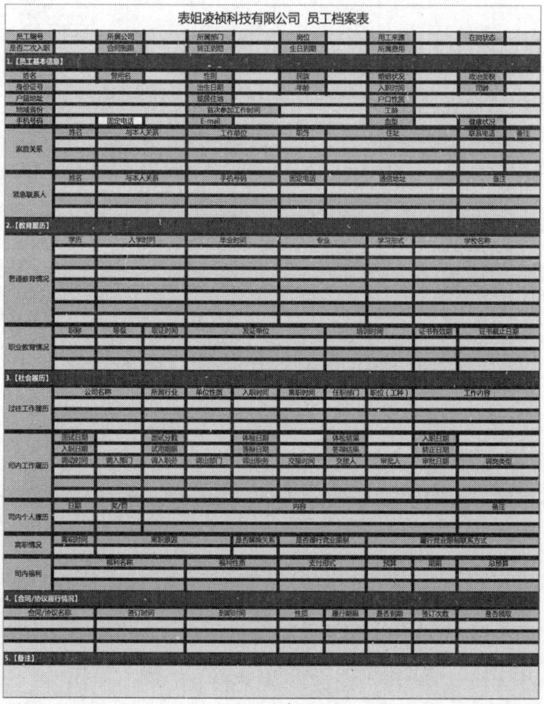

表姐凌祯科技有限公司 员工档案表

图 4-54

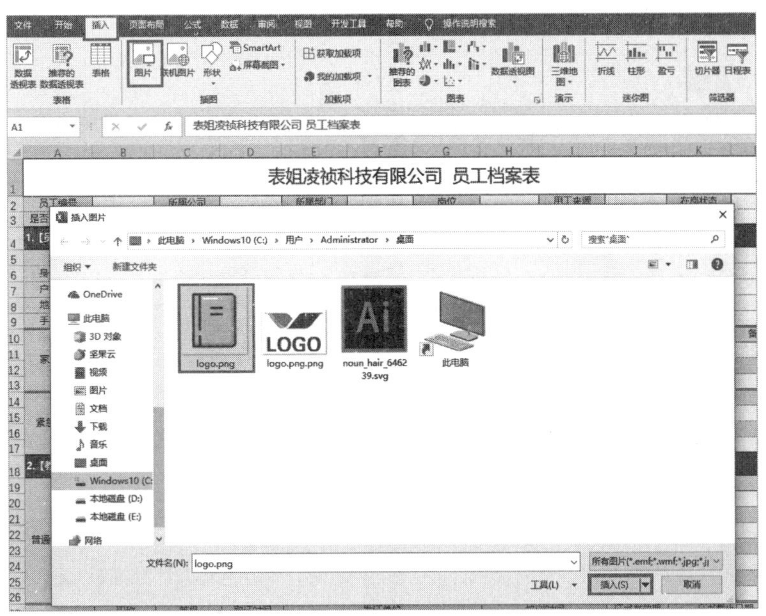

图 4-55

调整 LOGO 的大小和位置：选中 LOGO→把鼠标移动到图片右下角白色圆点的位置→按 <Shift> 键的同时拖曳鼠标，即可锁定图片横纵比率，实现图片大小的快速调整，如图 4-56所示。

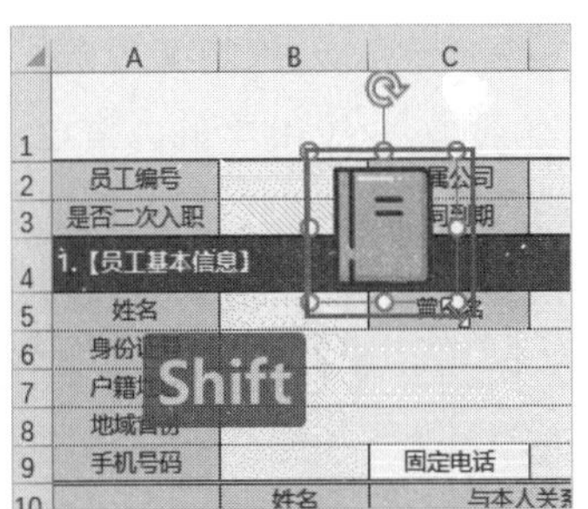

图 4-56

然后将鼠标移动到图片上方，当鼠标变成四向箭头形状时，拖曳图片将其放到合适的位置，最终效果如图 4-57所示。

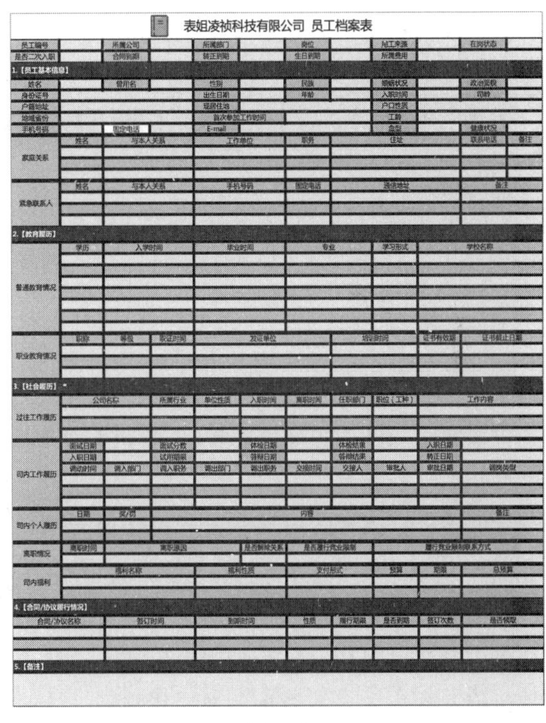

图 4-57

第5关 数据小秘书

本关背景

在 Excel 中，将数据录入完毕并不是终结，而是“数据分析”生涯的开始。因此，录入数据的规范性就变得尤为重要。

有人错把 Excel 当 Word 用，不管三七二十一，先录完再说。辛辛苦苦录了一年的数据，结果乱七八糟，数据分析、透视时，根本无法使用，这就是事倍功半。

所以，笔者建议大家，比起事后救火填坑，最好的方法是事前控制。

本关为大家请出 Excel 数据小秘书：数据验证、VLOOKUP 函数、超级表、切片器和条件格式，来帮助我们规范销售合同账，构建一张完美的销售流水 —— 这也是后面数据分析、透视的重要基础。

5.1 数据录入小秘书：数据验证

保证制表的规范性对于每天都要面对数据管理的工作人员来说，绝对是一件一劳永逸的事情。

你有没有遇到过这样的情况：同一张表格下发到 100 个人手里，收回的结果五花八门，就连最基础的姓名都输错。例如，把“张建”录成“张健”“张键”“张腱”……

其实，在表格设计之初，就应该建立填表规则，实现“事前控制”。在 Excel 的世界中，这个工具就是“数据验证”。顾名思义，只可以录入满足条件的内容，否则就会报错。这样不管任何人在表中录入数据，都只能按照这个规则去录入。

1. 日期的数据验证方法

打开“素材文件 /05- 数据小秘书 /05 - 数据小秘书 - 完美的销售流水 .xlsx”源文件。

在“销售流水 - 原始表”工作表中，已经模拟了一些销售记录。如果想要规范后续其他人录入的数据必须是 2020 年的，禁止补录 2019 年及以前的数据，就需要设置数据验证。

选中“交易日期”所在的【B】列→选择【数据】选项卡→单击【数据验证】按钮，如图 5-1 所示。

图 5-1

温馨提示

在某些低版本和 WPS 版本中，【数据验证】也叫作【数据有效性】。

然后对已选中的【B】列数据设置一个填写规则，即日期必须是大于2020年1月1日的。

在弹出的【数据验证】对话框中选择【设置】选项卡→在【允许】下拉列表中选择【日期】选项→在【数据】下拉列表中选择【大于】选项→在【开始日期】文本框中输入规定的“2020/1/1”→单击【确定】按钮，如图5-2所示。

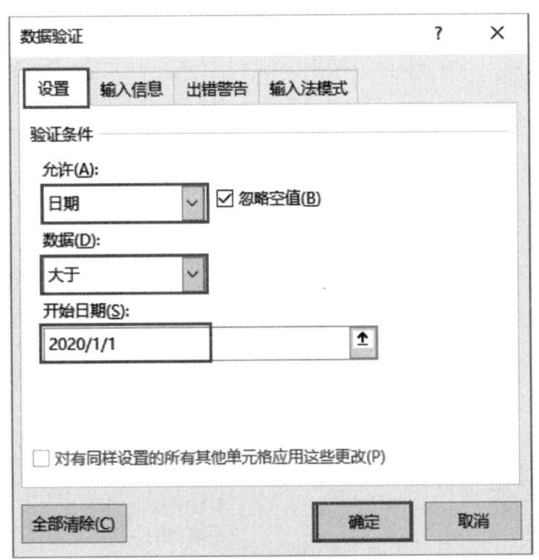

图5-2

温馨提示

（1）2020/1/1不要写成2020.1.1，以小数点分隔年月日的日期格式是假日期格式，Excel无法识别。

（2）在WPS版本中，【B1】单元格左侧会有一个“！”（错误提示），这是因为开始是对一整列（【B】列）做的日期格式数据验证，而标题行“交易日期”是文本，所以这是正常的错误提示。

接下来检验一下设置后的效果。因为前面已经规范了【B】列的数据录入条件，所以当更改【B】列中某个日期的数据时，如修改【B3】单元格为2019-1-1（不符合数据验证规则的日期），Excel就会弹出错误提示：“此值与此单元格定义的数据验证限制不匹配”，如图5-3所示。

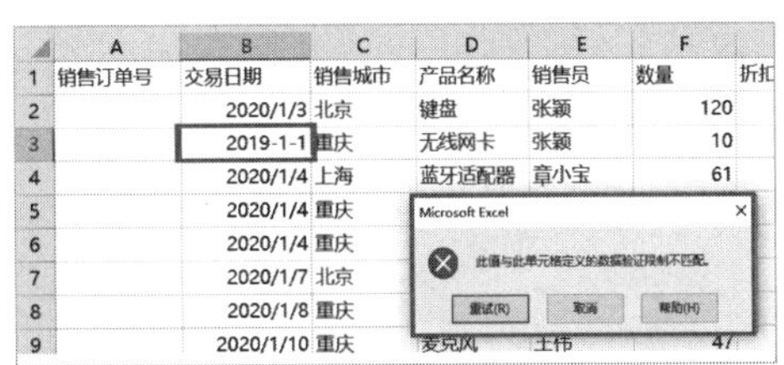

图5-3

温馨提示

如果在WPS版本下操作，修改日期后没有出现不匹配的系统提示，那么请双击【B3】单元格，然后再按<Backspace>键即可。

到这里，细心的读者一定会发现，设置了数据验证之后的【B】列中，标题所在的【B1】单元格内容仍然是“交易日期”（不符合数据验证规则），但并没有出现错误提示。这是因为Excel的数据验证只对设置规则以后新录入的数据起作用，而对事先已经录入完成的数据则没有限制。不过通常情况下标题行不做更改，所以实际上是没有影响的。

通过数据验证，就实现了日期的“事前控制”。

2. 数量的数据验证方法

在数据验证中，除日期外，还有很多其他的验证方式，例如，对于数字大小的规范。

选中“数量”所在的【F】列→选择【数据】选项卡→单击【数据验证】按钮，如图5-4所示。

图5-4

在弹出的【数据验证】对话框中选择【设置】选项卡→将【允许】设置为“整数”→将【数据】设置为“介于”→将【最小值】设置为“1”→将【最大值】设置为“10000”→单击【确定】按

钮，如图 5-5 所示。

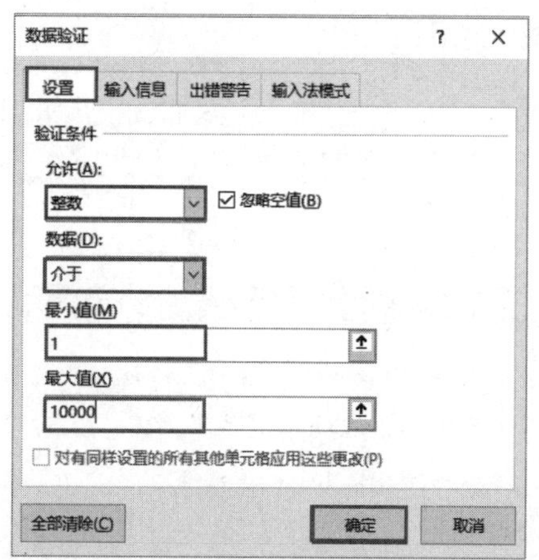

图 5-5

设置完成后，在【F】列中只可以输入 1~10000 的整数，而无法再随意录入其他内容。

3. 清除已有的数据验证方法

对于已经设置好的数据验证，想要修改或删除，该如何操作呢?

例如，要清除【C:E】列中的数据验证规则，只需要拖曳鼠标选中【C:E】列数据→选择【数据】选项卡→单击【数据验证】按钮，如图 5-6 所示。

图 5-6

在弹出的【数据验证】对话框中选择【设置】选项卡，可以看到已经设置好的规则→单击【全部清除】按钮→单击【确定】按钮，即可清除已有数据验证，如图 5-7 所示。

图 5-7

4. 手动制作下拉列表

接下来为“销售城市”所在的【C】列制作一个图 5-8 所示的下拉效果的数据验证。

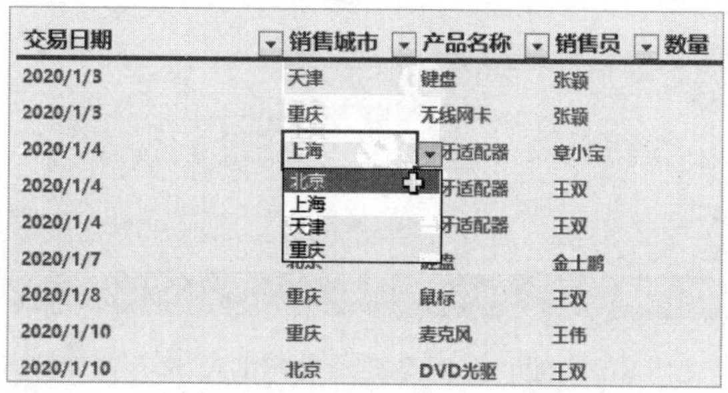

图 5-8

在设置数据验证之前，先通过筛选的方式，了解一下数据源表中究竟有哪些城市选项。

（1）启用筛选。

选中标题行所在的第一行→选择【开始】选项卡→单击【排序和筛选】按钮→选择【筛选】选项，如图 5-9 所示。

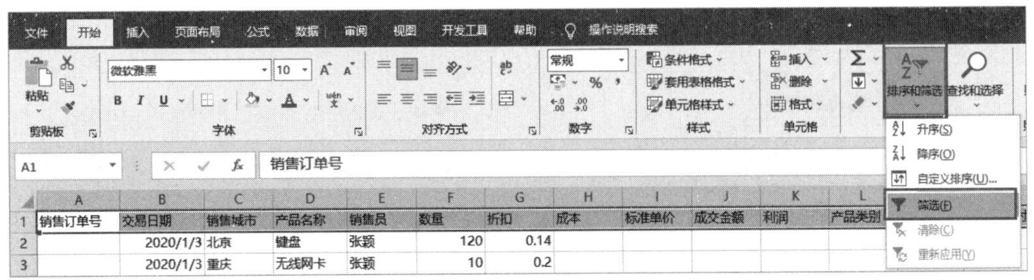

图 5-9

单击【C】列“销售城市”右侧的下三角按钮，可以看到“销售城市”中包含北京、上海、天津和重庆4个城市，如图5-10所示。

图 5-10

（2）手动设置数据验证。

下面利用手动的方式，针对“销售城市”所在列做数据验证，规范数据录入。

选中“销售城市”所在的【C】列→选择【数据】选项卡→单击【数据验证】按钮，如图5-11所示。

图 5-11

在弹出的【数据验证】对话框中选择【设置】选项卡→将【允许】设置为“序列”→在【来源】文本框中输入“北京,上海,天津,重庆”（注意：分隔符号是英文状态下的逗号）→单击【确定】按钮，如图5-12所示。

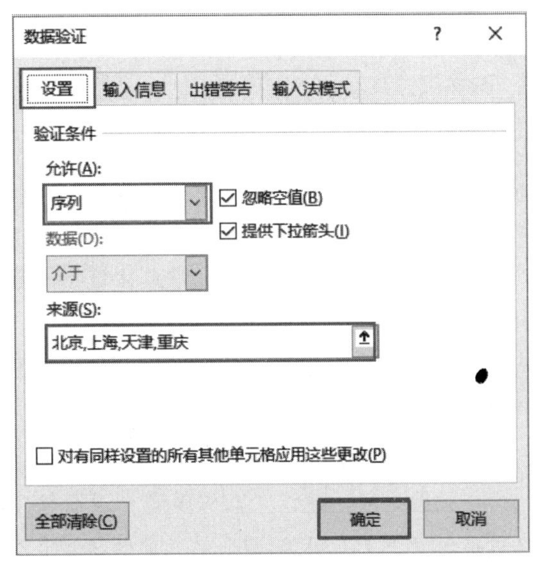

图 5-12

温馨提示

在设置的每个下拉选项之间，一定要用英文状态下的逗号将它们分隔开。如果输入错误，则Excel无法实现下拉效果。

设置完成后，单击“销售城市”所在的【C】列中单元格（如【C2】单元格）右侧的下三角按钮，就可以实现图5-13所示的下拉效果，并且下拉列表中可供选择的项目只有前面设置好的4个城市。

	B	C	D	E
1	交易日期	销售城市	产品名称	销售员
2	2020/1/3	北京	键盘	张颖
3	202	北京	无线网卡	张颖
4	202	上海	蓝牙适配器	章小宝
5	202	天津 重庆	蓝牙适配器	王双
6	2020/1/4	重庆	蓝牙适配器	王双
7	2020/1/7	北京	键盘	金士鹏
8	2020/1/8	重庆	鼠标	王双

图 5-13

如果手动输入非允许范围内的值，如“广州”，那么同样会弹出错误提示：“此值与此单元格定义的数据验证限制不匹配”。

5. 制作固定范围的下拉列表

在实际工作中，如果每个数据验证都手动来设置，一是特别麻烦，二是容易出错。而且如果使用的是 Excel 2003、Excel 2007 等低版本的软件，还不支持在数据验证中直接进行跨表引用。因此，需要通过“自定义名称序列”的方式来实现数据验证效果。接下来就一起来设置“销售员”列的数据验证吧！

（1）创建参数表。

在设置之前，建议大家先整理一下表格中各列的输入规范，即创建一张“参数表”工作表，如图 5-14 所示。

	A	B	C	D	E	F	G	H	I
1	产品档案					人员档案			销售城市
2									
3	产品名称	产品类别	成本	标准售价		姓名	组别		销售城市
4	键盘	A类	135	180		张颖	一部		北京
5	无线网卡	A类	133.5	178		章小宝	一部		上海
6	蓝牙适配器	A类	81	108		王双	一部		天津
7	鼠标	B类	224.25	299		金士鹏	一部		重庆
8	麦克风	B类	74.25	99		王伟	一部		
9	DVD光驱	B类	180	240		凌祯	二部		
10	SD存储卡	C类	217.5	290		李芳	二部		
11	手写板	C类	142.5	190		赵建国	二部		
12						孙林	二部		

图 5-14

（2）创建自定义名称区域。

选中“参数表”工作表中“姓名”所在的区域，即图 5-15 所示的【F4:F12】单元格区域→在工作表左上角的名称框中输入一个自定义的名称，例如，这里输入“姓名”→按 <Enter> 键确认。

姓名 | fx 张颖

	A	B	C	D	E	F	G
1	产品档案					人员档案	
2							
3	产品名称	产品类别	成本	标准售价		姓名	组别
4	键盘	A类	135	180		张颖	一部
5	无线网卡	A类	133.5	178		章小宝	一部
6	蓝牙适配器	A类	81	108		王双	一部
7	鼠标	B类	224.25	299		金士鹏	一部
8	麦克风	B类	74.25	99		王伟	一部
9	DVD光驱	B类	180	240		凌祯	二部
10	SD存储卡	C类	217.5	290		李芳	二部
11	手写板	C类	142.5	190		赵建国	二部
12						孙林	二部

图 5-15

此时，虽然工作表没有发生任何变化，但是可以通过选择【公式】选项卡→单击【名称管理器】按钮，在弹出的【名称管理器】对话框中查看前面定义好的名称区域，如图 5-16 所示。

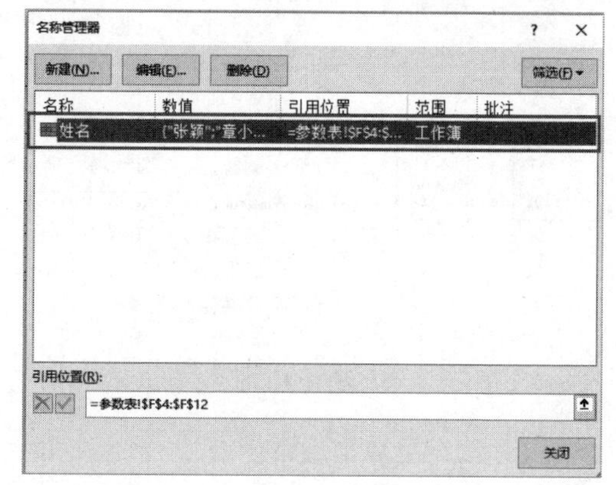

图 5-16

（3）设置数据验证。

下面就将自定义的名称区域（“姓名”区域）赋值到数据源表“销售员”所在的【E】列的数据验证中。

在“销售流水 - 原始表”工作表中，选中【E】列→选择【数据】选项卡→单击【数据验证】按钮，如图 5-17 所示。

图 5-17

在弹出的【数据验证】对话框中选择【设置】选项卡→将【允许】设置为“序列”→在【来源】文本框中输入“=姓名”→单击【确定】按钮，即可将前面自定义的名称区域（“姓名”区域）赋值到数据验证的下拉列表中，如图 5-18 所示。

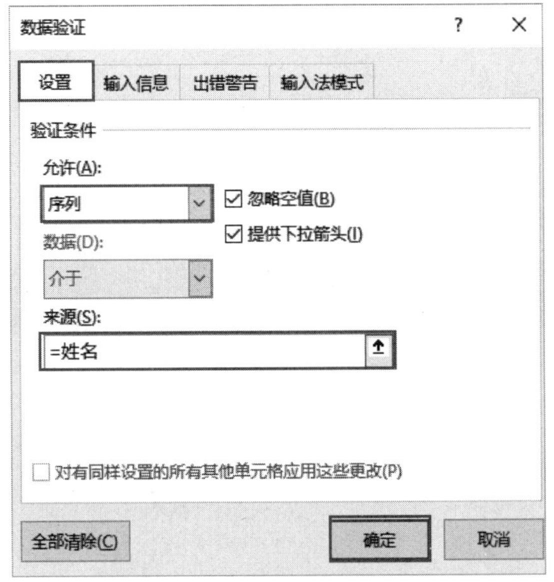

图 5-18

如果使用的是 Excel 2010 及以上的版本，还可以通过选择【公式】选项卡→单击【用于公式】按钮→选择【姓名】选项，来实现自定义名称区域用于数据验证的效果，如图 5-19 所示。

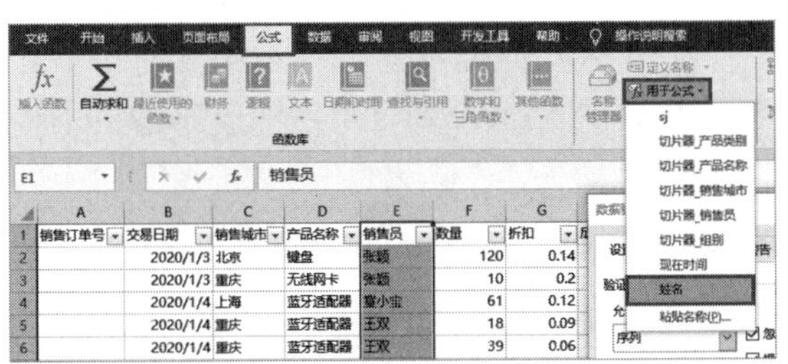

图 5-19

此时，已经将“参数表”工作表中所有的销售员姓名设置到了“销售员”所在的【E】列的下拉选项中，如图 5-20 所示。

图 5-20

通过“自定义名称序列”的方式设置数据验证，是不是比前面手动录入的方法方便很多呢？

6. 制作动态下拉列表

前面解锁了不用手动输入，利用“自定义名称序列”的方式实现下拉数据验证效果。这时，有的读者可能会问：如果下拉来源不是固定的，而是增减变动的，又该如何操作呢？

例如，我们要设置“产品名称”列的数据验证，如图 5-21 所示，“参数表”工作表中的“产品名称”是不断新增、变化的。

	A	B	C	D	E
1	产品档案				
2					
3	产品名称	产品类别	成本	标准售价	
4	键盘	A类	135	180	
5	无线网卡	A类	133.5	178	
6	蓝牙适配器	A类	81	108	
7	鼠标	B类	224.25	299	
8	麦克风	B类	74.25	99	
9	DVD光驱	B类	180	240	
10	SD存储卡	C类	217.5	290	
11	手写板	C类	142.5	190	
12	新增产品类别1				
13	新增产品类别2				
14	新增产品类别3				

图 5-21

要解决这个问题，需要请出一个助手——超级表来帮助我们。

接下来的操作是 Excel 基础操作章节中最难的部分，不过别担心，我们一步一步来，一定能够掌握它。

（1）套用超级表。

首先将“参数表”工作表中“产品档案”相关的数据定义为一个超级表。

选中“参数表”工作表中的【A3:D11】单元格区域→选择【开始】选项卡→单击【套用表格格式】按钮→在弹出的下拉列表中选择一个合适的样式，如图 5-22 所示。

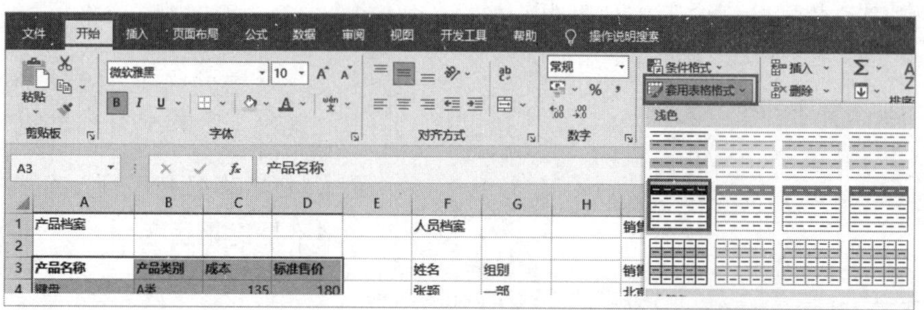

图 5-22

在弹出的【套用表格式】对话框中，确认【表数据的来源】、是否【表包含标题】→单击【确定】按钮，如图 5-23 所示。

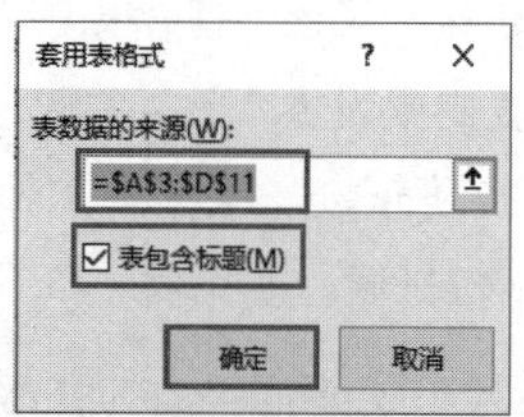

图 5-23

温馨提示

（1）由于版本的问题，可能没有弹出【套用表格式】对话框，不过没有关系，继续往下操作就可以了，这个对话框只是确认所框选的数据源是否包含标题行。

（2）也可以选中表格区域后，按 <Ctrl+T> 键，快速套用表格格式。

为了区别于普通表，即没有套用表格格式的表，我们将套用了表格格式的表称为超级表。

变身为超级表后，单击表格中的任意单元格，在工具栏中会出现一个【表格工具】-【设计】选项卡。

温馨提示

当选中非超级表区域的单元格时，工具栏中是不会出现【设计】选项卡的。

在 Excel 中，像这样根据下文选择内容的不同而出现的选项卡，称为上下文选项卡。后面章节中讲到的数据透视表工具、图片工具、图表工具等，都是上下文选项卡。通常情况下，它们没有固定在工具栏上，而是当选择了“合适的对象”时才会出现。

创建了超级表以后，Excel 会自动为它命名，可以在【表格工具】-【设计】选项卡的【表名称】中看到它的名称。

还可以为它重命名：单击超级表中的任意单元格→选择【设计】选项卡→在【表名称】文本框中输入“产品表”（或其他名称）→按 <Enter> 键确认，如图 5-24 所示。

图 5-24

此时，当在超级表的后面增加或删减数据时，可以看到超级表的范围是自动变化的。这就是超级表的过人之处，可以实现表格区域的动态扩充，如图5-25所示。

可以通过选择【设计】选项卡→单击【调整表格大小】按钮，在弹出的【调整表大小】对话框中查看超级表的套用范围，如图5-26所示。

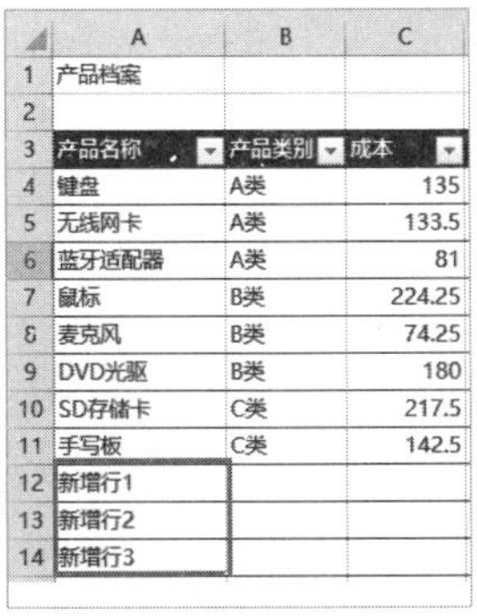

	A	B	C
1	产品档案		
2			
3	产品名称	产品类别	成本
4	键盘	A类	135
5	无线网卡	A类	133.5
6	蓝牙适配器	A类	81
7	鼠标	B类	224.25
8	麦克风	B类	74.25
9	DVD光驱	B类	180
10	SD存储卡	C类	217.5
11	手写板	C类	142.5
12	新增行1		
13	新增行2		
14	新增行3		

图5-25

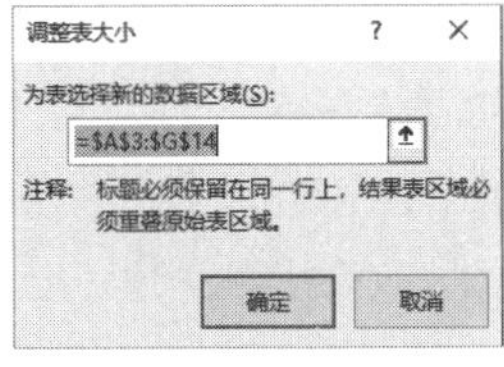

图5-26

温馨提示

WPS版本下的超级表只是具备了表格美颜效果，没有这种动态扩充的属性，它的功能有缺失。

正是因为超级表自带“动态扩充”的属性，所以我们可以通过它来实现动态数据验证。

（2）设置动态数据验证。

这里我们呼叫一个小帮手——INDIRECT函数，它可以返回文本字符串所指定的引用，也就是帮助我们将一个定义好的名称（如“产品名称”超级表）转换为动态引用的区域。

先来看一个简单的例子，选中【B1】单元格，输入公式“=INDIRECT（"A1"）”，输出的结果是“表姐”，如图5-27所示。

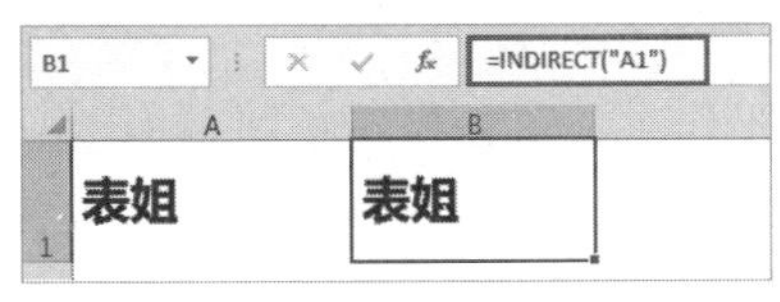

图5-27

INDIRECT函数的参数必须是文本，所以在A1的单元格地址两端要加一对英文状态下的双引号，将其转为文本。然后才可以通过INDIRECT函数“呼叫”出【A1】单元格中存放的内容，即表姐。

回归本例，我们能否在数据验证的序列中，同样呼叫出超级表中动态扩充的数据内容呢？

在超级表中，要读取某一列表中的内容，也可以使用INDIRECT函数。只是写法要复杂一些，它在双引号里面，写的不是某个具体的单元格地址，而是图5-28所示的内容，即=INDIRECT("超级表名称［超级表字段名］")。

=INDIRECT（"超级表名称[超级表字段名]"）

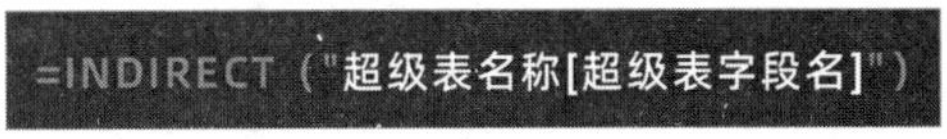

图5-28

将图5-28所示的公式应用到前面的问题中，我们要获取前面创建并重命名的“产品表”（超级表）中，“产品名称”字段列下的动态数据信息，那么INDIRECT函数如图5-29所示。

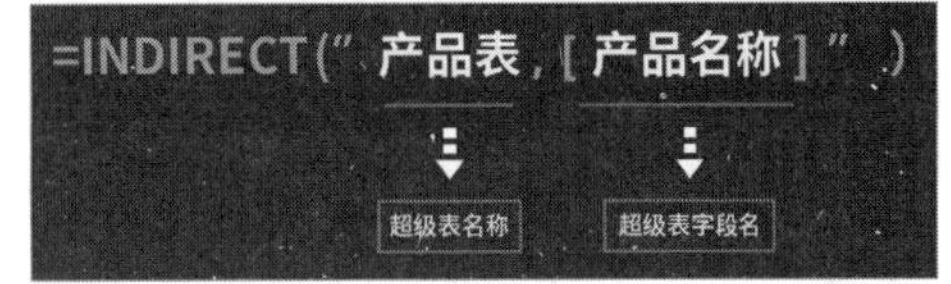

图5-29

接下来到了利用超级表构建动态数据验证的时候了。

选中“销售流水-原始表”工作表中的【D】列→选择【数据】选项卡→单击【数据验证】按钮，如图5-30所示。

图5-30

在弹出的【数据验证】对话框中将【允

许】设置为“序列”→在【来源】文本框中输入“=INDIRECT("产品表[产品名称]")”→单击【确定】按钮，如图 5-31 所示。

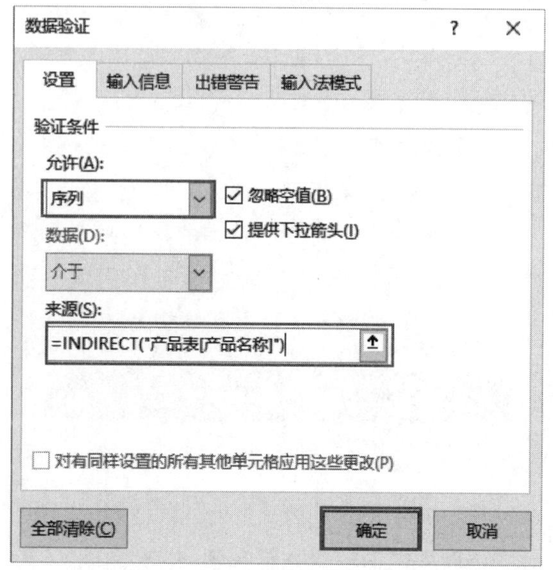

图 5-31

使用套用了超级表做的数据验证有什么神奇的效果呢?

如图 5-32 所示，在“参数表”工作表中的“产品名称”列下面输入“新增产品类别”。

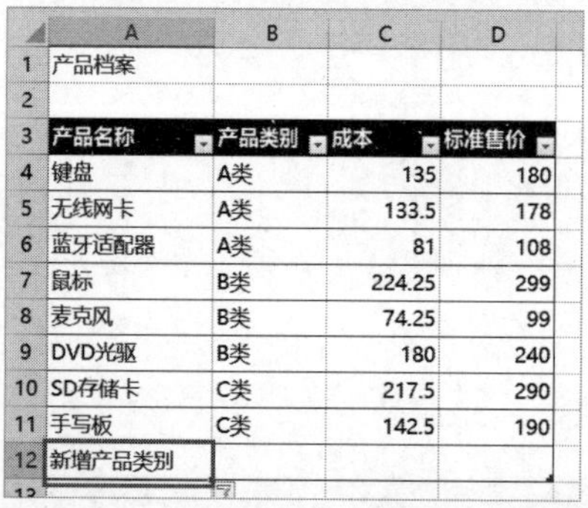

	A	B	C	D
1	产品档案			
2				
3	产品名称	产品类别	成本	标准售价
4	键盘	A类	135	180
5	无线网卡	A类	133.5	178
6	蓝牙适配器	A类	81	108
7	鼠标	B类	224.25	299
8	麦克风	B类	74.25	99
9	DVD光驱	B类	180	240
10	SD存储卡	C类	217.5	290
11	手写板	C类	142.5	190
12	新增产品类别			

图 5-32

见证奇迹的时刻到了，此时“新增产品类别”已经添加到“销售流水 - 原始表”工作表中【D】列的下拉选项中了，如图 5-33 所示。

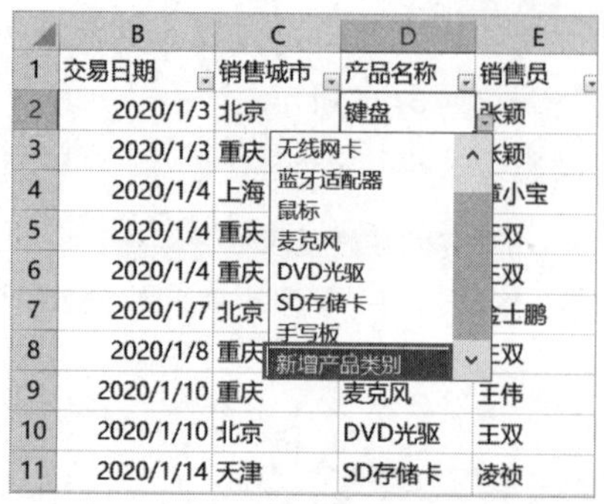

	B	C	D	E
1	交易日期	销售城市	产品名称	销售员
2	2020/1/3	北京	键盘	张颖
3	2020/1/3	重庆		
4	2020/1/4	上海		
5	2020/1/4	重庆		
6	2020/1/4	重庆		
7	2020/1/7	北京		
8	2020/1/8	重庆		
9	2020/1/10	重庆	麦克风	王伟
10	2020/1/10	北京	DVD光驱	王双
11	2020/1/14	天津	SD存储卡	凌祯

图 5-33

随着我们在“参数表”工作表中陆续新增数据(图 5-34)，“销售流水 - 原始表”工作表中【D】列的下拉选项中，数据也同步变化，如图 5-35 所示。

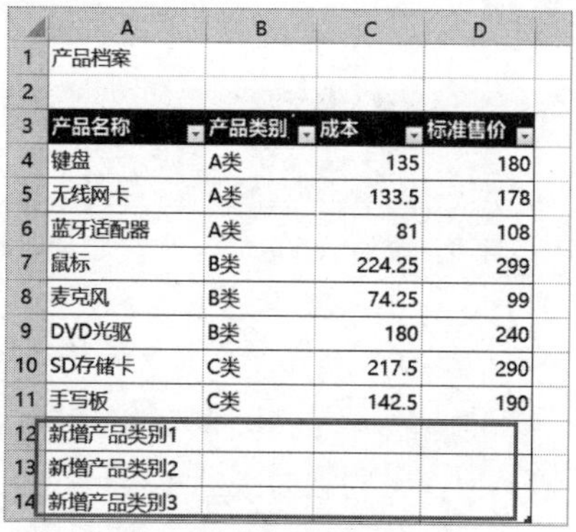

	A	B	C	D
1	产品档案			
2				
3	产品名称	产品类别	成本	标准售价
4	键盘	A类	135	180
5	无线网卡	A类	133.5	178
6	蓝牙适配器	A类	81	108
7	鼠标	B类	224.25	299
8	麦克风	B类	74.25	99
9	DVD光驱	B类	180	240
10	SD存储卡	C类	217.5	290
11	手写板	C类	142.5	190
12	新增产品类别1			
13	新增产品类别2			
14	新增产品类别3			

图 5-34

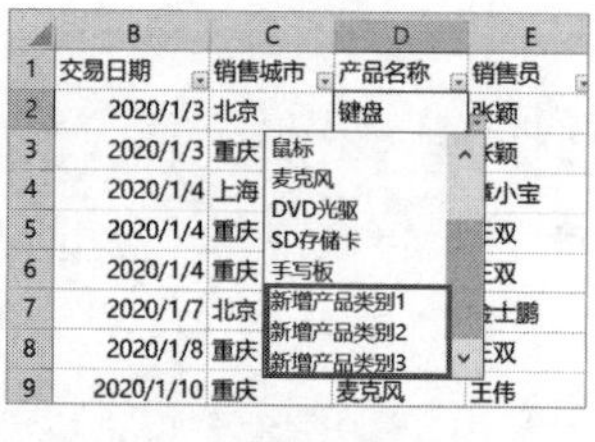

	B	C	D	E
1	交易日期	销售城市	产品名称	销售员
2	2020/1/3	北京	键盘	张颖
3	2020/1/3	重庆	鼠标	
4	2020/1/4	上海	麦克风	
5	2020/1/4	重庆	DVD光驱 SD存储卡	
6	2020/1/4	重庆	手写板	
7	2020/1/7	北京	新增产品类别1 新增产品类别2	
8	2020/1/8	重庆	新增产品类别3	
9	2020/1/10	重庆	麦克风	王伟

图 5-35

7. 制作限定条件的下拉列表

在工作中，很多事情都是具有时效性的。例如，为了保障数据的及时性，录入数据时，要求自动记录系统当前的时间，并且不允许手动修改。这个功能，利用数据验证也可以实现。下面就利用数据验证将录入数据的时间默认设置为当前时间。首先在“参数表”工作表的任意单元格中输入当前时间 NOW 函数，函数公式如图 5-36 所示。

当前时间函数 =NOW()

图 5-36

例如，选中【A18】单元格→输入公式“=NOW ()”→按 <Enter> 键确认，此时【A18】单元格会自动生成系统当前的时间，如图 5-37 所示。

然后为它自定义名称。选中【A18】单元格→在名称框中输入“当前时间”→按 <Enter> 键确认，即可将单元格自定义为一个名称区域，如图 5-38 所示。

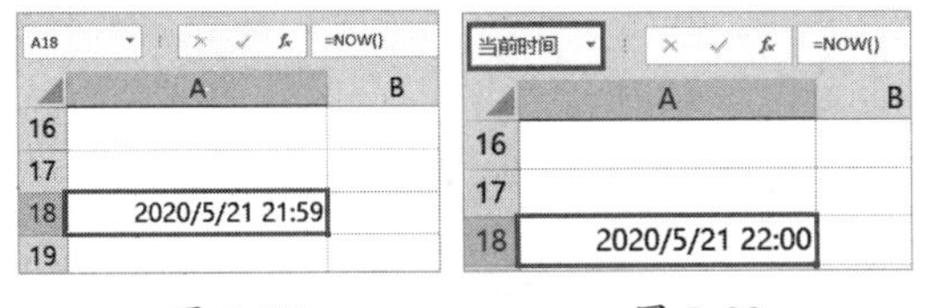

图 5-37　　图 5-38

温馨提示

已经自定义好名称的单元格区域，可以通过选择【公式】选项卡→单击【名称管理器】按钮→在弹出的【名称管理器】对话框中查看，如图 5-39 所示。

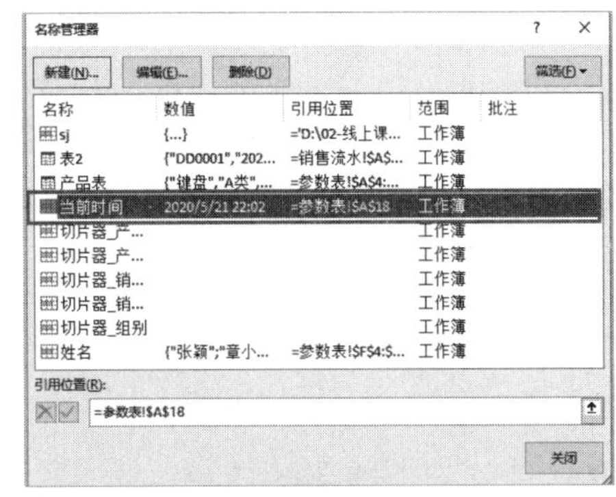

图 5-39

接下来开始设置数据验证。回到“销售流水－原始表”工作表中，选中【N】列→选择【数据】选项卡→单击【数据验证】按钮，如图 5-40 所示。

图 5-40

在弹出的【数据验证】对话框中将【允许】设置为“序列”→在【来源】文本框中输入“= 当前时间”（已经自定义的名称）→单击【确定】按钮，如图 5-41 所示。

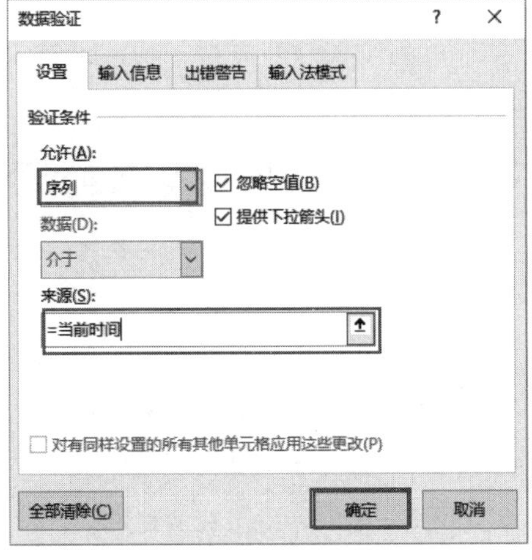

图 5-41

此时，下拉选项即为系统当前的时间，并且只可以通过下拉选项选择“当前时间”，而不能手动输入，如图 5-42 所示。

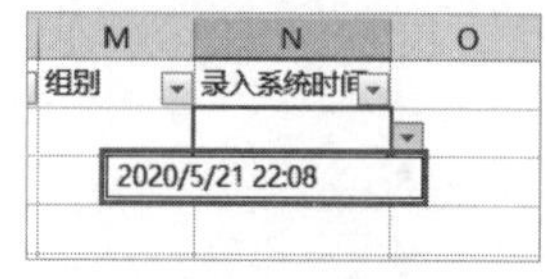

图 5-42

如果手动对单元格中的时间进行更改，Excel 会提示“此值与此单元格定义的数据验证限制不匹配”，如图 5-43 所示。

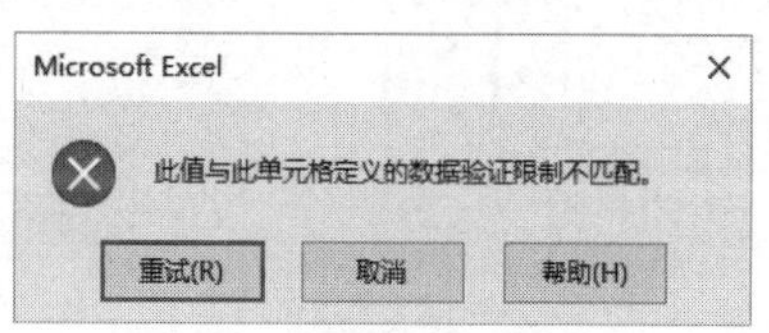

图 5-43

小状况：如果表格中显示的不是时间，而是图 5-44 所示的一串数字，就需要将单元格的格式设置为日期格式。

图 5-44

选中“销售流水 - 原始表”工作表中的【N】列→选择【开始】选项卡→单击【对齐方式】功能组右下角的小箭头（或按 <Ctrl+1> 键），如图 5-45 所示。

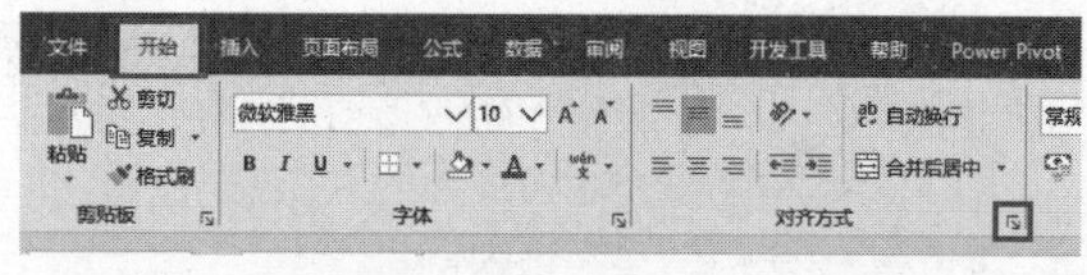

图 5-45

在弹出的【设置单元格格式】对话框中选择【数字】选项卡→在【分类】列表框中选择【自定义】选项→选择【yyyy/m/d h:mm】选项→单击【确定】按钮，如图 5-46 所示。

图 5-46

此时，表格中已经显示出正确的当前时间了，如图 5-47 所示。

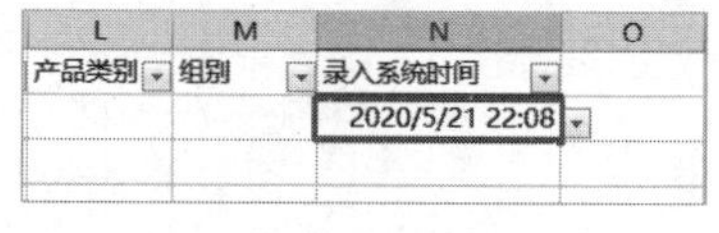

图 5-47

8. 制作无法重复录入的下拉列表

在实际工作中，有些特殊号码如身份证号、银行卡账号、产品编号、订单编号等，要求必须是唯一值，不能录入重复值。这个录入规范，依然可以通过数据验证来实现。

下面就利用数据验证来设置“订单号”的唯一规则。要保证订单号的唯一性，不能重复输入，可以利用 COUNTIF 函数来实现。

COUNTIF 函数在第 2 关中介绍过，函数公式如图 5-48 所示。

图 5-48

首先在"销售订单号"所在的【A】列模拟输入一部分订单号，如 DD0001~DD0008，然后进行数据验证的设置。

选中【A】列→选择【数据】选项卡→单击【数据验证】按钮，如图 5-49 所示。

图 5-49

在弹出的【数据验证】对话框中将【允许】设置为"自定义"→在【公式】文本框中输入"=COUNTIF(A:A,A1)=1"→单击【确定】按钮，如图 5-50 所示。

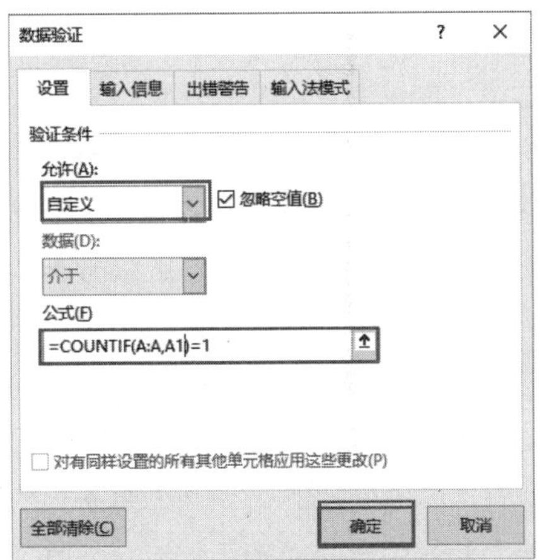

图 5-50

此时，修改【A9】单元格中的订单号为"DD0007"（重复的订单号），Excel 会提示"此值与此单元格定义的数据验证限制不匹配"，如图 5-51 所示。

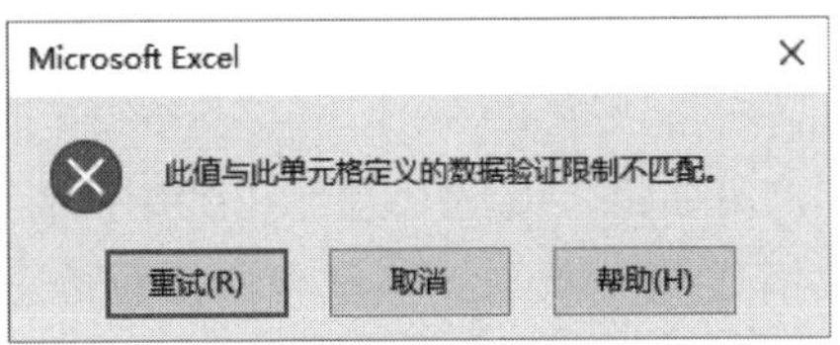

图 5-51

如果输入非重复的订单号，例如，再次修改【A9】单元格中的订单号为"DD0009"（不重复的订单号），则支持录入，如图 5-52 所示。

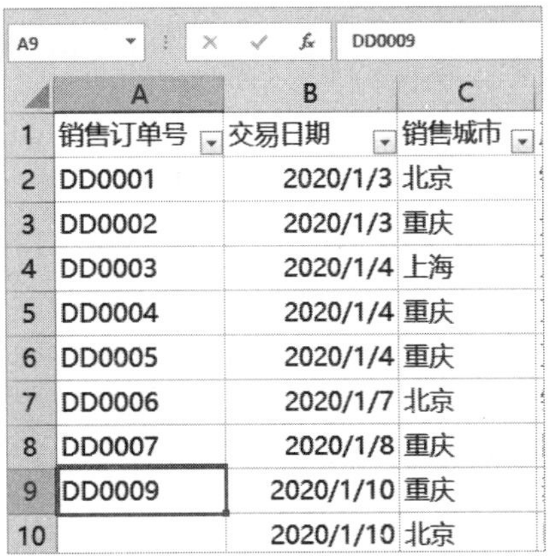

A9 | DD0009

	A	B	C
1	销售订单号	交易日期	销售城市
2	DD0001	2020/1/3	北京
3	DD0002	2020/1/3	重庆
4	DD0003	2020/1/4	上海
5	DD0004	2020/1/4	重庆
6	DD0005	2020/1/4	重庆
7	DD0006	2020/1/7	北京
8	DD0007	2020/1/8	重庆
9	DD0009	2020/1/10	重庆
10		2020/1/10	北京

图 5-52

9. 利用数据验证做温馨提示

如果数据验证做得比较多，可以为它们设置一个温馨提示。例如，选中【A】列时，Excel 会提示"请输入唯一订单号，谢谢。"

选中【A】列→选择【数据】选项卡→单击【数据验证】按钮，如图 5-53 所示。

图 5-53

在弹出的【数据验证】对话框中选择【输入信息】选项卡→在【输入信息】文本框中输入"请输入唯一订单号，谢谢。"（或其他期望显示的内容）→单击【确定】按钮，如图 5-54 所示。

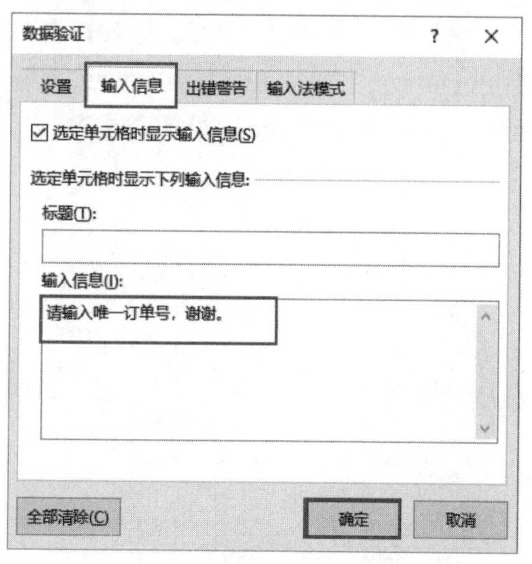

图 5-54

设置完成后，当选中该列任意单元格后，会出现一个黄色标签的温馨提示，如图 5-55所示。

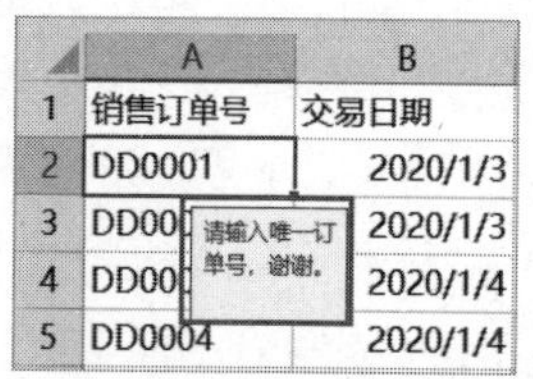

图 5-55

最后规范一下数字格式。选中“销售流水-原始表”工作表中“折扣”所在的【G】列→选择【开始】选项卡→单击【数字】功能组中的【%】（百分比）按钮，将数字格式设置为百分比样式，如图 5-56所示。

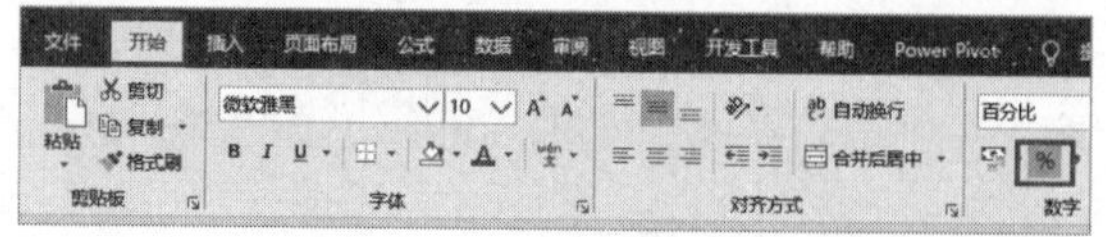

图 5-56

然后单击【对齐方式】功能组中的【居中对齐】按钮，即可将数据居中对齐，如图 5-57所示。

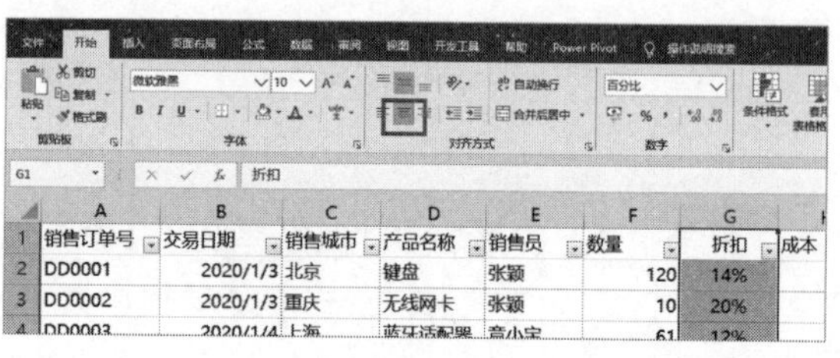

图 5-57

至此，我们已经解锁了数据验证的基础设置方法，还有5种进阶玩法，后面会继续介绍。看到这里，你或许会觉得有些难，这是正常的，因为“数据验证＋函数”、超级表、自定义列表，可以解锁很多表格规范的设置技巧。而这也是整个 Excel 体系中，多个知识点综合起来解决一个实战应用问题的经典案例。

笔者希望大家学习 Excel 之初，就养成一个好的工作习惯，将数据录入规范做好。“站在用表人的角度考虑问题”“凡事做好事前控制”，这是一个特别值得推荐的工作方法，有了好习惯，干工作自然事半功倍。

了解了“数据验证”这个小秘书后，接下来就继续完善“销售流水-原始表”工作表。

5.2 数据查找小秘书：VLOOKUP 函数

前面已经学习了数据录入小秘书——数据验证，通过数据验证实现事前控制，规范合同账。接下来再完善一下表格，在“销售流水-原始表”工作表中，“成本”“标准单价”“成交金额”“利润”“产品类别”等都是固定的数据，选择“产品名称”“数量”“折扣”的下拉选项后，它们并不会自动计算。这里我们需要请出第二个小秘书——VLOOKUP 函数，实现数据的跨表查找。

如图 5-58 所示，回顾一下 VLOOKUP 函数的公式，利用它来自动查找每个“产品名称”及对应的“成本”“标准单价”等信息。

=VLOOKUP(查找依据, 数据表, 列序数, 匹配条件)
=VLOOKUP(Lookup_value, Table_array, Col_index_num, Range_lookup)
根据查找依据找到目标数据，然后根据列序数返回目标数据中某一列的值

图 5-58

下面就开始利用 VLOOKUP 函数查找“成本”对应的数据吧！

首先将图 5-58 所示的公式应用到查找“成本”的问题中，如图 5-59 所示。

=VLOOKUP(D2, 产品表, 成本所在列号, 0)
查找依据
数据表
列序数
匹配条件

图 5-59

套用公式后，只需要将公式的查找依据、数据表、列序数依次告诉 Excel 即可。

（1）查找依据。

因为是根据“产品名称”查找对应的“成本”，所以“查找依据”为“产品名称”，即【D2】单元格。

（2）数据表。

根据“产品名称”在“产品档案”中查找，实际上就是在“参数表”工作表中创建的超级表中查找。当超级表应用于公式时，会自动显示它的名称，即“产品表”，如图 5-60 所示。

	A	B	C	D
1	产品档案			
2				
3	产品名称	产品类别	成本	标准售价
4	键盘	A类	135	180
5	无线网卡	A类	133.5	178
6	蓝牙适配器	A类	81	108
7	鼠标	B类	224.25	299
8	麦克风	B类	74.25	99
9	DVD光驱	B类	180	240
10	SD存储卡	C类	217.5	290
11	手写板	C类	142.5	190
12	新增产品类别1			
13	新增产品类别2			
14	新增产品类别3			
15				

图 5-60

（3）列序数。

列序数是指要查找的数据在表的第几列。例如，现在要查找的是“成本”，这个信息在表中的第 3 列，那么这个列序数就是“3”，如图 5-61 所示。

	A	B	C	D
1	产品档案			
2				
3	产品名称	产品类别	成本	标准售价
4	键盘	A类	135	180
5	无线网卡	A类	133.5	178
6	蓝牙适配器	A类	81	108
7	鼠标	B类	224.25	299
8	麦克风	B类	74.25	99
9	DVD光驱	B类	180	240
10	SD存储卡	C类	217.5	290
11	手写板	C类	142.5	190
12	新增产品类别1			
13	新增产品类别2			
14	新增产品类别3			
15				

图 5-61

下面具体操作一下，选中【H2】单元格，单击函数编辑区将其激活，然后输入公式“=VLOOKUP(D2, 产品表 ,3,0)”→按 <Enter> 键确认，如图 5-62 所示，可以看到【H2】单元格已经出现了“键盘”对应的“成本”。

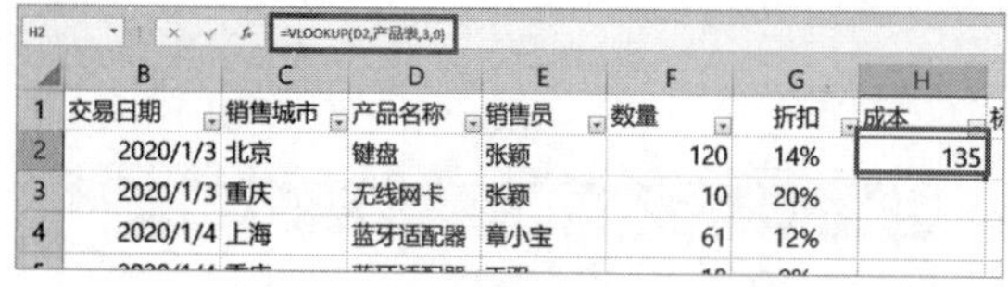

H2 =VLOOKUP(D2,产品表,3,0)

	B	C	D	E	F	G	H
1	交易日期	销售城市	产品名称	销售员	数量	折扣	成本
2	2020/1/3	北京	键盘	张颖	120	14%	135
3	2020/1/3	重庆	无线网卡	张颖	10	20%	
4	2020/1/4	上海	蓝牙适配器	章小宝	61	12%	

图 5-62

温馨提示

WPS 版本有点小区别，公式中不显示超级表的名称，而是直接显示单元格区域地址。

输入完成后，将光标放在【H2】单元格右下角，当光标变为十字句柄时，双击即可实现公式自动向下填充，如图 5-63 所示。

	B	C	D	E	F	G	H	I
1	交易日期	销售城市	产品名称	销售员	数量	折扣	成本	标准单价
2	2020/1/3	北京	键盘	张颖	120	14%	135	
3	2020/1/3	重庆	无线网卡	张颖	10	20%	133.5	
4	2020/1/4	上海	蓝牙适配器	章小宝	61	12%	81	
5	2020/1/4	重庆	蓝牙适配器	王双	18	9%	81	
6	2020/1/4	重庆	蓝牙适配器	王双	39	6%	81	
7	2020/1/7	北京	键盘	金士鹏	20	19%	135	
8	2020/1/8	重庆	鼠标	王双	16	25%	224.25	

图 5-63

5.3 数据管理小秘书：超级表

接下来为数据源“销售流水 - 原始表”工作表美颜一下，套用表格格式，变身超级表。

选中“销售流水 - 原始表”工作表中的任意单元格→选择【开始】选项卡→单击【套用表格格式】按钮→在弹出的下拉列表中选择一个合适的样式，如图 5-64 所示。

H5 =VLOOKUP(D5,产品表,3,0)

	A	B	C	D	E	F	G	H	I
1	销售订单号	交易日期	销售城市	产品名称	销售员	数量	折扣	成本	标准单价
2	DD0001	2020/1/3	北京	键盘	张颖	120	14%	135	
3	DD0002	2020/1/3	重庆	无线网卡	张颖	10	20%	133.5	
4	DD0003	2020/1/4	上海	蓝牙适配器	章小宝	61	12%	81	
5	DD0004	2020/1/4	重庆	蓝牙适配器	王双	18	9%	81	
6	DD0005	2020/1/4	重庆	蓝牙适配器	王双	39	6%	81	
7	DD0006	2020/1/7	北京	键盘	金士鹏	20	19%	135	
8	DD0007	2020/1/8	重庆	鼠标	王双	16	25%	224.25	
9	DD0009	2020/1/10	重庆	麦克风	王伟	47	2%	74.25	
10		2020/1/10	北京	DVD光驱	王双	48	11%	180	
11		2020/1/14	天津	SD存储卡	凌祯	20	4%	217.5	
12		2020/1/15	北京	手写板	李芳	14	10%	142.5	

图 5-64

下面继续完善其他需要计算的列的公式。

（1）利用 VLOOKUP 函数查找“标准单价”对应的数据。

选中“标准单价”对应的【I2】单元格→输入公式“=VLOOKUP(D2,产品表,4,0)”→按 <Enter> 键确认。

再来看一下在超级表中操作的好处。此时，按 <Enter> 键，会发现超级表里整列的公式自动填充，无须再做其他操作，如图 5-65 所示。

I2 =VLOOKUP(D2,产品表,4,0)

	A	B	C	D	E	F	G	H	I	J
1	销售订单号	交易日期	销售城市	产品名称	销售员	数量	折扣	成本	标准单价	成交金额
2	DD0001	2020/1/3	北京	键盘	张颖	120	14%	135	180	
3	DD0002	2020/1/3	重庆	无线网卡	张颖	10	20%	133.5	178	
4	DD0003	2020/1/4	上海	蓝牙适配器	章小宝	61	12%	81	108	
5	DD0004	2020/1/4	重庆	蓝牙适配器	王双	18	9%	81	108	
6	DD0005	2020/1/4	重庆	蓝牙适配器	王双	39	6%	81	108	
7	DD0006	2020/1/7	北京	键盘	金士鹏	20	19%	135	180	
8	DD0007	2020/1/8	重庆	鼠标	王双	16	25%	224.25	299	
9	DD0009	2020/1/10	重庆	麦克风	王伟	47	2%	74.25	99	
10		2020/1/10	北京	DVD光驱	王双	48	11%	180	240	
11		2020/1/14	天津	SD存储卡	凌祯	20	4%	217.5	290	
12		2020/1/15	北京	手写板	李芳	14	10%	142.5	190	
13		2020/1/15	重庆	手写板	凌祯	43	2%	142.5	190	
14		2020/1/15	天津	DVD光驱	张颖	40	8%	180	240	
15		2020/1/17	重庆	SD存储卡	张颖	15	4%	217.5	290	

图 5-65

（2）利用公式完成“成交金额”的计算。

成交金额的计算公式如图 5-66 所示。

成交金额=数量*（1-折扣）*标准单价

图 5-66

将公式应用到案例中，“数量”对应【F2】单元格，“折扣”对应【G2】单元格，“标准单价”对应【I2】单元格，代入公式就是“=F2*(1-G2)*I2”。

选中【J2】单元格→输入公式“=F2*(1-G2)*I2”→按 <Enter> 键确认，如图 5-67 所示。

J2 =[@数量]*(1-[@折扣])*[@标准单价]

	A	B	C	D	E	F	G	H	I	J	K
1	销售订单号	交易日期	销售城市	产品名称	销售员	数量	折扣	成本	标准单价	成交金额	利润
2	DD0001	2020/1/3	北京	键盘	张颖	120	14%	135	180	18576	
3	DD0002	2020/1/3	重庆	无线网卡	张颖	10	20%	133.5	178	1424	
4	DD0003	2020/1/4	上海	蓝牙适配器	章小宝	61	12%	81	108	5797.44	
5	DD0004	2020/1/4	重庆	蓝牙适配器	王双	18	9%	81	108	1769.04	
6	DD0005	2020/1/4	重庆	蓝牙适配器	王双	39	6%	81	108	3959.28	
7	DD0006	2020/1/7	北京	键盘	金士鹏	20	19%	135	180	2916	
8	DD0007	2020/1/8	重庆	鼠标	王双	16	25%	224.25	29[illegible]	3588	

图 5-67

（3）利用公式完成“利润”的计算。

利润的计算公式如图 5-68 所示。

利润=成交金额-数量*成本

图 5-68

将公式应用到案例中，“成交金额”对应【J2】单元格，“数量”对应【F2】单元格，“成本”对应【H2】单元格，代入公式就是“=J2-F2*H2”。

选中【K2】单元格→输入公式“=J2-F2*H2”→按 <Enter> 键确认，如图 5-69 所示。

K2 =[@成交金额]-[@数量]*[@成本]

	A	B	C	D	E	F	G	H	I	J	K
1	销售订单号	交易日期	销售城市	产品名称	销售员	数量	折扣	成本	标准单价	成交金额	利润
2	DD0001	2020/1/3	北京	键盘	张颖	120	14%	135	180	18576	2376
3	DD0002	2020/1/3	重庆	无线网卡	张颖	10	20%	133.5	178	1424	89
4	DD0003	2020/1/4	上海	蓝牙适配器	章小宝	61	12%	81	108	5797.44	856.44
5	DD0004	2020/1/4	重庆	蓝牙适配器	王双	18	9%	81	108	1769.04	311.04
6	DD0005	2020/1/4	重庆	蓝牙适配器	王双	39	6%	81	108	3959.28	800.28

图 5-69

（4）利用 VLOOKUP 函数查找“产品类别”对应的数据。

选中“产品类别”对应的【L2】单元格→输入公式“=VLOOKUP([@产品名称],产品表,2,0)”→按 <Enter> 键确认，如图 5-70 所示。

L2 =VLOOKUP([@产品名称],产品表,2,0)

	A	B	C	D	E	F	G	H	I	J	K	L
1	销售订单号	交易日期	销售城市	产品名称	销售员	数量	折扣	成本	标准单价	成交金额	利润	产品类别
2	DD0001	2020/1/3	北京	键盘	张颖	120	14%	135	180	18576	2376	A类
3	DD0002	2020/1/3	重庆	无线网卡	张颖	10	20%	133.5	178	1424	89	A类
4	DD0003	2020/1/4	上海	蓝牙适配器	章小宝	61	12%	81	108	5797.44	856.44	A类
5	DD0004	2020/1/4	重庆	蓝牙适配器	王双	18	9%	81	108	1769.04	311.04	A类
6	DD0005	2020/1/4	重庆	蓝牙适配器	王双	39	6%	81	108	3959.28	800.28	A类

图 5-70

（5）利用 VLOOKUP 函数查找“组别”对应的数据。

选中“组别”对应的【M2】单元格→输入公式“=VLOOKUP([@销售员],参数表!F:G,2,0)”→按 <Enter> 键确认，如图 5-71 所示。

M2 =VLOOKUP([@销售员],参数表!F:G,2,0)

	A	B	C	D	E	F	G	H	I	J	K	L	M
1	销售订单号	交易日期	销售城市	产品名称	销售员	数量	折扣	成本	标准单价	成交金额	利润	产品类别	组别
2	DD0001	2020/1/3	北京	键盘	张颖	120	14%	135	180	18576	2376	A类	一部
3	DD0002	2020/1/3	重庆	无线网卡	张颖	10	20%	133.5	178	1424	89	A类	一部
4	DD0003	2020/1/4	上海	蓝牙适配器	章小宝	61	12%	81	108	5797.44	856.44	A类	一部
5	DD0004	2020/1/4	重庆	蓝牙适配器	王双	18	9%	81	108	1769.04	311.04	A类	一部

图 5-71

这里先将数据源表、参数表都设置为超级表，是为了后续追加、增减数据时，可以实现数据表的动态引用。

前面介绍了如何套用表格格式，使普通表变为超级表，那么超级表还有什么功能呢？下面就一起来看看。

1. 丰富多彩的主题样式

选中超级表中的任意单元格→选择【设计】选项卡→单击【数据透视表样式】功能组右侧的【向下箭头】按钮展开全部样式，在其中选择一个样式，即可快速更改配色方案，如图 5-72 所示。

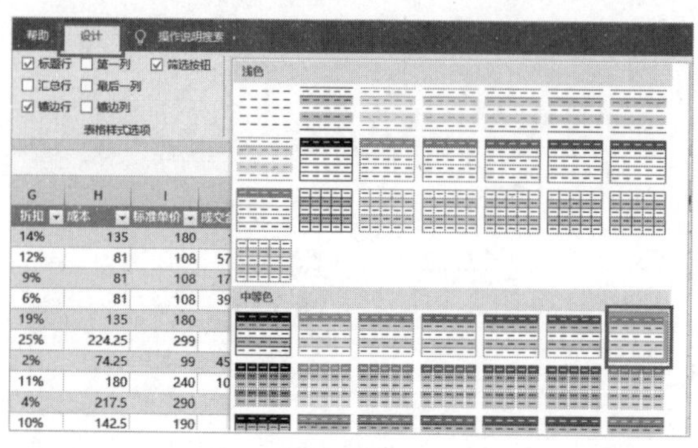

图 5-72

2. 长表格冻结标题行

选择【视图】选项卡→单击【冻结窗格】按钮→选择【冻结首行】选项，如图 5-73 所示。此时，向下滚动鼠标滚轮，首行可以固定不动。

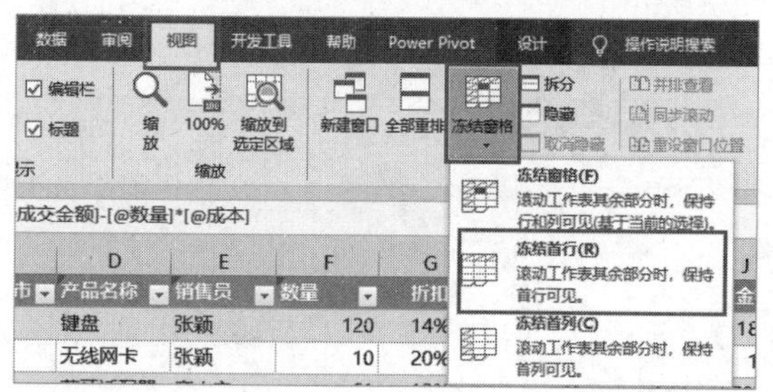

图 5-73

3. 智能的超级汇总行

选中超级表中的任意单元格→选择【设计】选项卡→选中【汇总行】复选框，如图 5-74 所示。

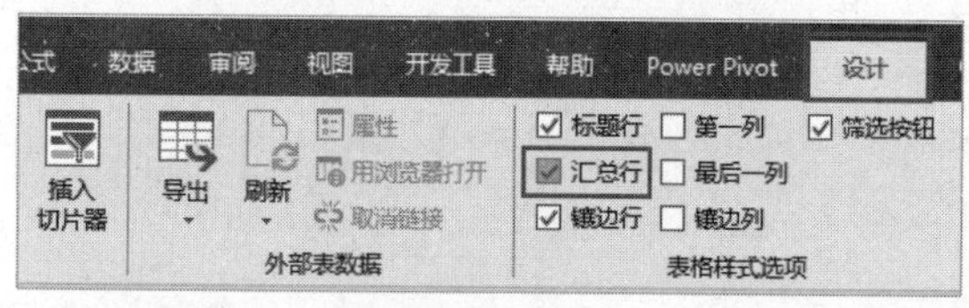

图 5-74

此时，表格底部出现一行汇总行，可以通过汇总行中每个单元格右侧的下三角按钮，选择不同的汇总计算的方式，如图 5-75 所示。

图 5-75

4. 随心所欲的行列设计

在超级表中选择【设计】选项卡，通过取消选中【标题行】复选框，可以隐藏表格的标题行；再次选中【标题行】复选框，可以显示标题行，如图 5-76 所示。

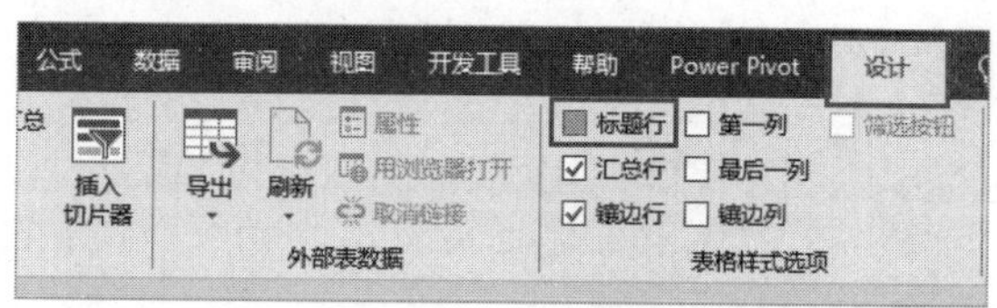

图 5-76

同理，通过选中【镶边行】、【镶边列】复选框，可以实现不同的行、列显示效果，如图 5-77。

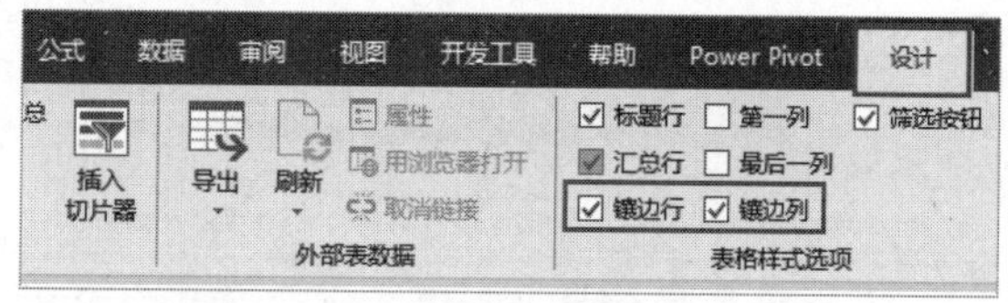

图 5-77

5. 启用表格筛选

选择【设计】选项卡→选中或取消选中【筛选按钮】复选框，可以设置是否启用超级表的筛选功能，如图 5-78 所示。

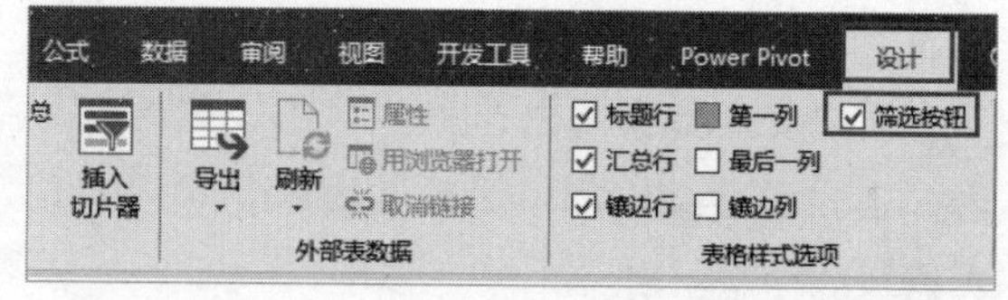

图 5-78

5.4 数据筛选小秘书：切片器

数据表经常要进行各种筛选，一般可使用【筛选】按钮来实现，不过笔者更倾向于使用“切片器”功能来实现快速筛选，如图 5-79 所示。

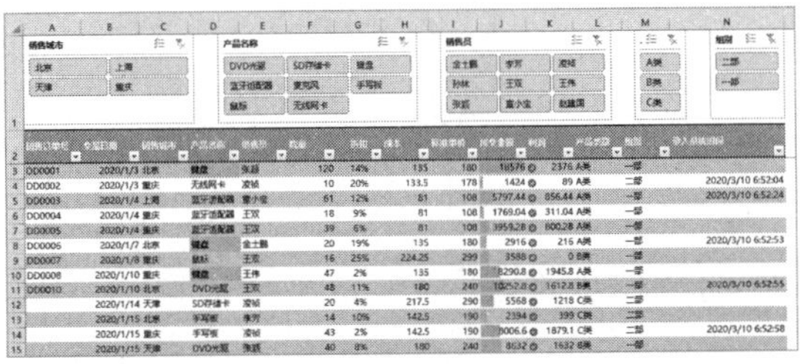

图 5-79

温馨提示

使用切片器对数据源进行快速筛选、切片，版本要求是 Excel 2013 及以上，Excel 2010 和 WPS 无法实现。

(1)在表格的顶端插入一行空白行。

选中“销售流水 - 原始表”工作表的首行并右击→在弹出的快捷菜单中选择【插入】选项，如图 5-80 所示。此时，即可在选中行的顶部插入一行空白行。

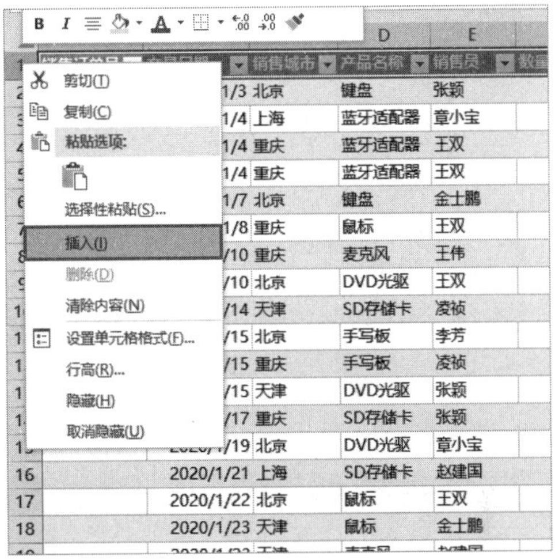

图 5-80

(2)调整行高。

鼠标放在插入行的边缘，当鼠标变为上下箭头时，拖曳鼠标即可实现行高的调整。这里将行高调得高一些，如图 5-81 所示。

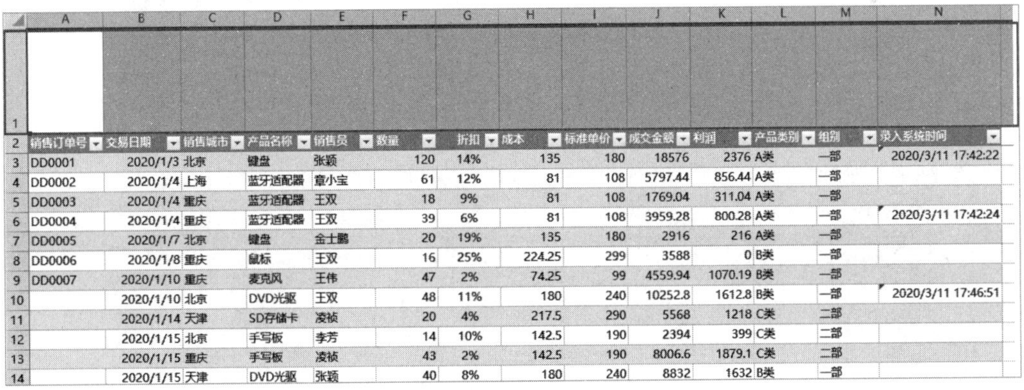

	A	B	C	D	E	F	G	H	I	J	K	L	M	N
1														
2	销售订单号	交易日期	销售城市	产品名称	销售员	数量	折扣	成本	标准单价	成交金额	利润	产品类别	组别	录入系统时间
3	DD0001	2020/1/3	北京	键盘	张颖	120	14%	135	180	18576	2376	A类	一部	2020/3/11 17:42:22
4	DD0002	2020/1/4	上海	蓝牙适配器	章小宝	61	12%	81	108	5797.44	856.44	A类	一部	
5	DD0003	2020/1/4	重庆	蓝牙适配器	王双	18	9%	81	108	1769.04	311.04	A类	一部	
6	DD0004	2020/1/4	重庆	蓝牙适配器	王双	39	6%	81	108	3959.28	800.28	A类	一部	2020/3/11 17:42:24
7	DD0005	2020/1/7	北京	键盘	金士鹏	20	19%	135	180	2916	216	A类	一部	
8	DD0006	2020/1/8	重庆	鼠标	王双	16	25%	224.25	299	3588	0	B类	一部	
9	DD0007	2020/1/10	重庆	麦克风	王伟	47	2%	74.25	99	4559.94	1070.19	B类	一部	
10		2020/1/10	北京	DVD光驱	王双	48	11%	180	240	10252.8	1612.8	B类	一部	2020/3/11 17:46:51
11		2020/1/14	天津	SD存储卡	凌祯	20	4%	217.5	290	5568	1218	C类	二部	
12		2020/1/15	北京	手写板	李芳	14	10%	142.5	190	2394	399	C类	二部	
13		2020/1/15	重庆	手写板	凌祯	43	2%	142.5	190	8006.6	1879.1	C类	二部	
14		2020/1/15	天津	DVD光驱	张颖	40	8%	180	240	8832	1632	B类	一部	

图 5-81

1. 插入切片器

选中超级表中的任意单元格→选择【设计】选项卡→单击【插入切片器】按钮→在弹出的【插入切片器】对话框中选中要筛选的标签前面的复选框(例如，选中【销售城市】、【产品名称】、【销售员】、【产品类别】、【组别】复选框)→单击【确定】按钮，如图 5-82 所示。

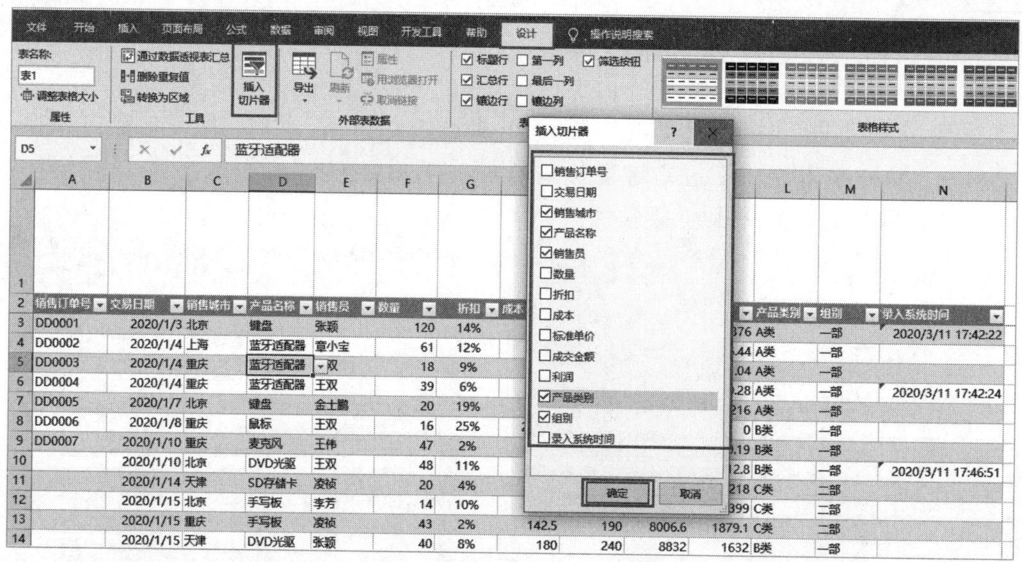

图 5-82

温馨提示

Excel 2010 版本不支持超级表创建切片器，只有 Excel 2016 版本才有这个功能。

2. 切片器快速排版

按 <Ctrl> 键的同时依次单击前面插入的 *N* 个切片器，将它们同时选中→选择【选项】选项卡→单击【对齐】按钮→选择【顶端对齐】和【横向分布】选项，让它们摆放得整齐一些，如图 5-83 所示。

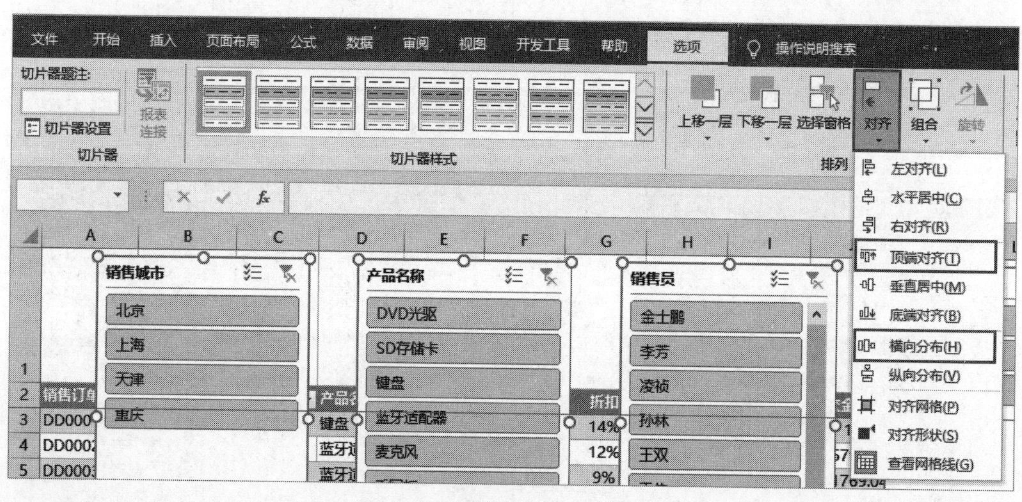

图 5-83

3. 切片器格式设置：设置列数

首先选中切片器→选择【选项】选项卡→在【列】中设置切片器的列数，如图 5-84 所示。

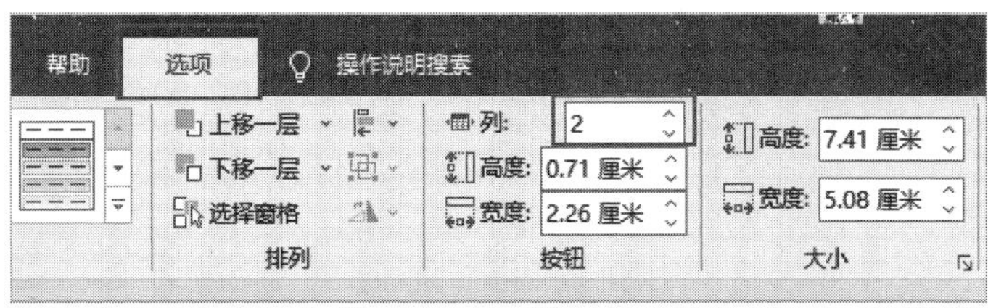

图 5-84

然后再次选中切片器，当鼠标放在切片器的边缘变成双向箭头时，通过拖曳白色圆点的方式调整切片器的大小，如图 5-85 所示。

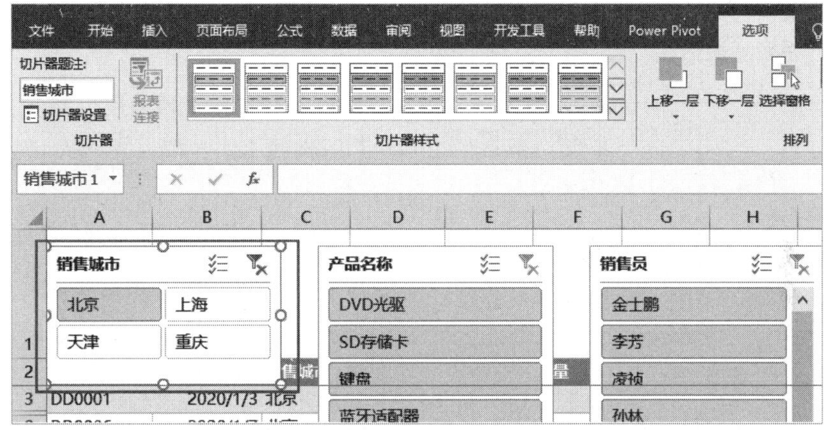

图 5-85

最后依次设置每个切片器的列数，将其调整到合适的值，最终效果如图 5-86 所示。

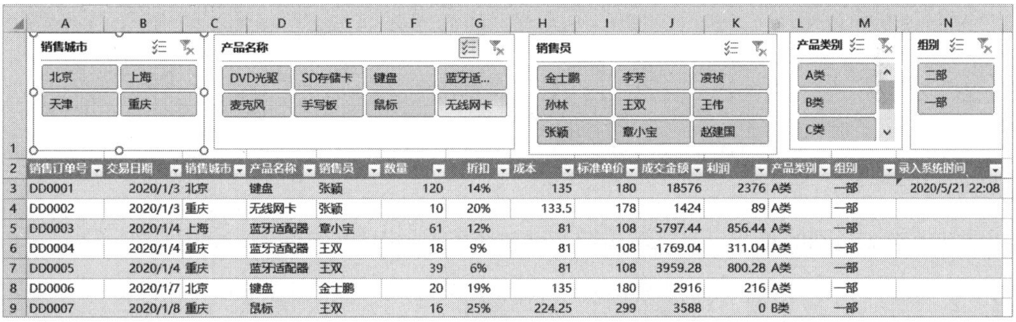

销售订单号	交易日期	销售城市	产品名称	销售员	数量	折扣	成本	标准单价	成交金额	利润	产品类别	组别	录入系统时间
DD0001	2020/1/3	北京	键盘	张颖	120	14%	135	180	18576	2376	A类	一部	2020/5/21 22:08
DD0002	2020/1/3	重庆	无线网卡	张颖	10	20%	133.5	178	1424	89	A类	一部	
DD0003	2020/1/4	上海	蓝牙适配器	章小宝	61	12%	81	108	5797.44	856.44	A类	一部	
DD0004	2020/1/4	重庆	蓝牙适配器	王双	18	9%	81	108	1769.04	311.04	A类	一部	
DD0005	2020/1/4	重庆	蓝牙适配器	王双	39	6%	81	108	3959.28	800.28	A类	一部	
DD0006	2020/1/7	北京	键盘	金士鹏	20	19%	135	180	2916	216	A类	一部	
DD0007	2020/1/8	重庆	鼠标	王双	16	25%	224.25	299	3588	0	B类	一部	

图 5-86

4. 切片器格式设置：设置高度

按 <Ctrl> 键的同时依次单击切片器，选中所有切片器→选择【选项】选项卡→在【高度】中设置切片器的高度。例如，统一设置为 3.39 厘米，如图 5-87 所示。

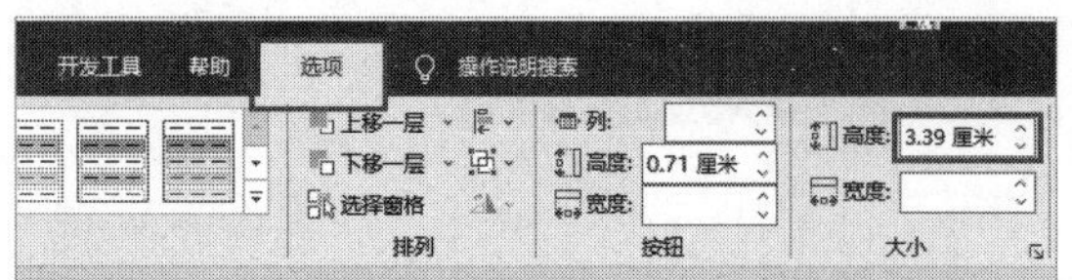

图 5-87

接下来调整切片器的对齐方式，选择【选项】选项卡→单击【对齐】按钮→选择【顶端对齐】和【横向分布】选项，如图 5-88 所示。

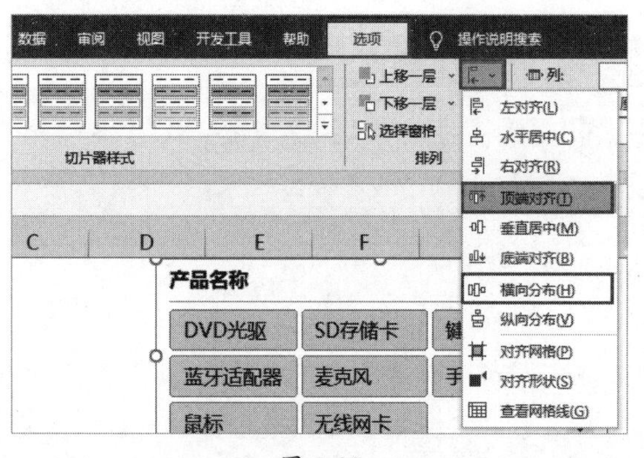

图 5-88

5. 取消网格线设置

为了让表格看起来更清晰整洁，笔者建议将 Excel 表格中的网格线隐藏起来。

选择【视图】选项卡→取消选中【网格线】复选框，如图 5-89 所示。

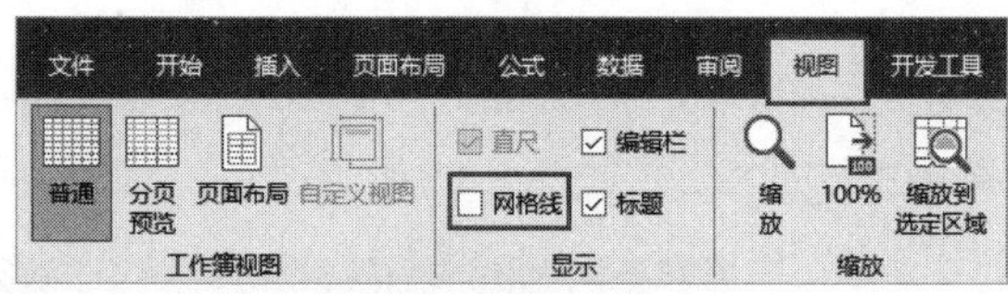

图 5-89

如果习惯看到表格的网格线，可以再次选中【网格线】复选框，表格即可恢复成熟悉的样子。

此时，通过单击切片器上不同的选项按钮，就可以快速筛选出对应的数据信息。同时，超级表底部的汇总行中会显示出筛选数据的汇总结果，如图 5-90 所示。

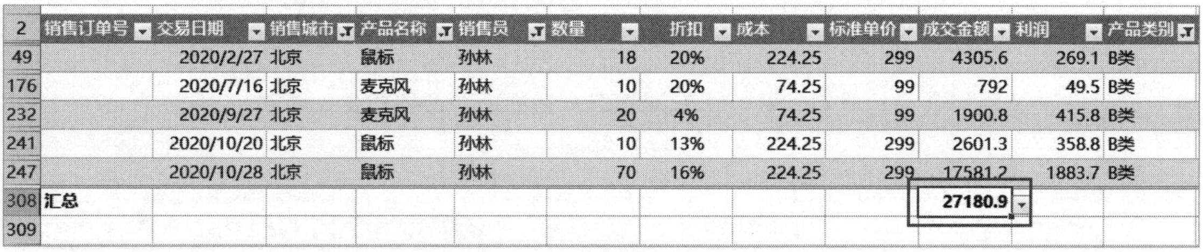

2	销售订单号	交易日期	销售城市	产品名称	销售员	数量	折扣	成本	标准单价	成交金额	利润	产品类别
49		2020/2/27	北京	鼠标	孙林	18	20%	224.25	299	4305.6	269.1	B类
176		2020/7/16	北京	麦克风	孙林	10	20%	74.25	99	792	49.5	B类
232		2020/9/27	北京	麦克风	孙林	20	4%	74.25	99	1900.8	415.8	B类
241		2020/10/20	北京	鼠标	孙林	10	13%	224.25	299	2601.3	358.8	B类
247		2020/10/28	北京	鼠标	孙林	70	16%	224.25	299	17581.2	1883.7	B类
308	汇总									27180.9		
309												

图 5-90

6. 清除切片器筛选

想要取消对应类别的筛选，直接单击切片器右上角的【×】按钮即可，如图 5-91 所示。

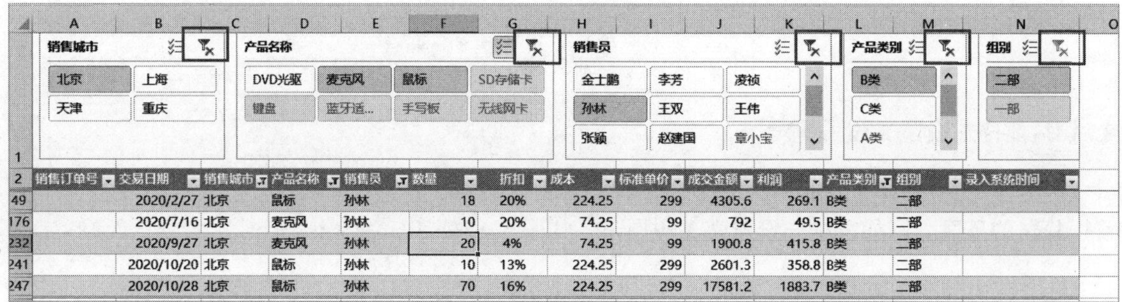

图 5-91

此外，也可以通过选择【开始】选项卡→单击【排序和筛选】按钮→选择【清除】选项来取消筛选，如图 5-92 所示。

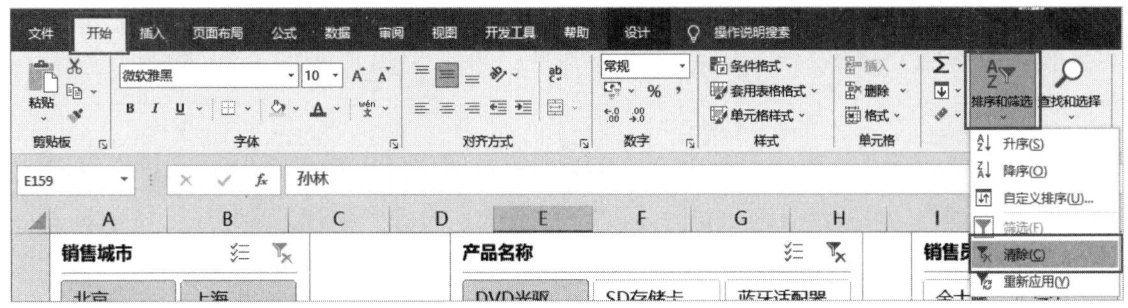

图 5-92

7. 隐藏没有数据的选项

切片器筛选时，默认将没有数据的选项显示为淡淡的灰蒙蒙效果。例如，【产品类别】切片器中的【B 类】和【C 类】两个选项按钮都是淡淡的灰蒙蒙效果，如图 5-93 所示。

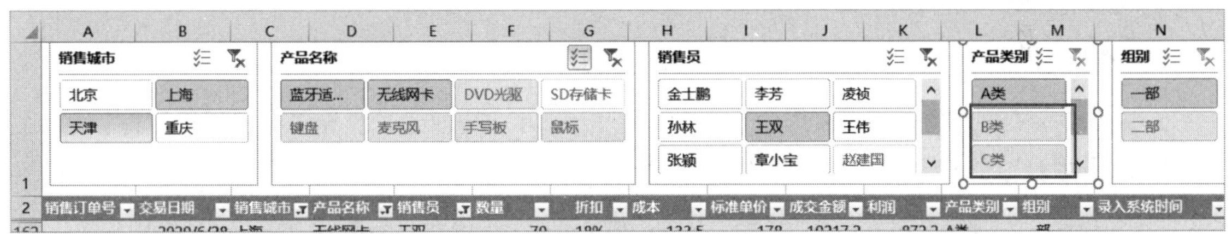

图 5-93

想要将其隐藏起来，可以选中切片器→选择【选项】选项卡→单击【切片器设置】按钮→在弹出的【切片器设置】对话框中选中【隐藏没有数据的项】复选框→单击【确定】按钮，如图 5-94 所示。

此时，可以看到【产品类别】切片器中原本灰蒙蒙的【B 类】和【C 类】两个选项按钮已经不见了，如图 5-95 所示。

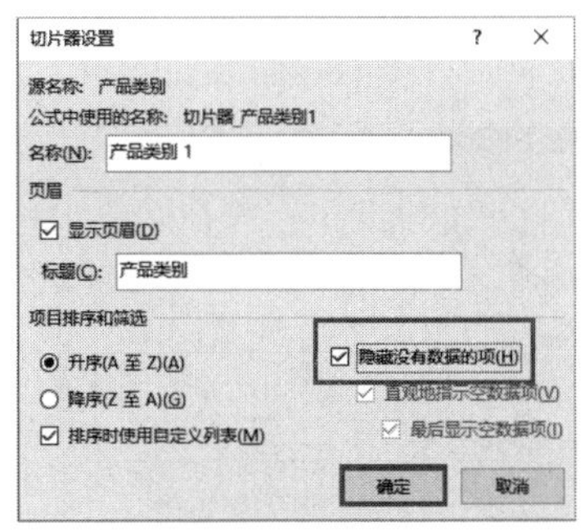

图 5-94

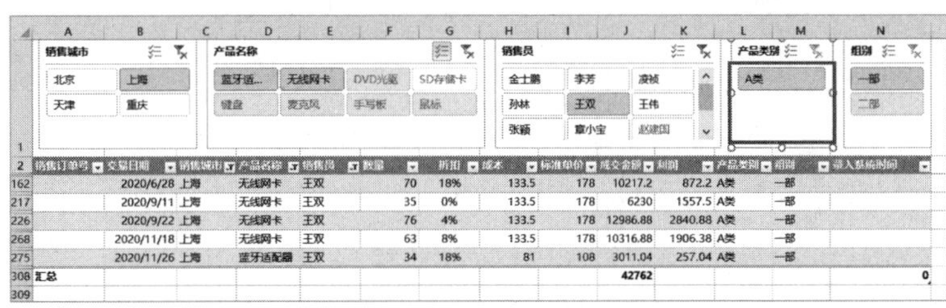

图 5-95

8. 解锁主题样式

如果对当前的表格配色方案不满意，可以选择【页面布局】选项卡→单击【主题】按钮→在弹出的下拉列表中选择一个喜欢的主题，对应的配色方案也会一起变化，如图 5-96 所示。

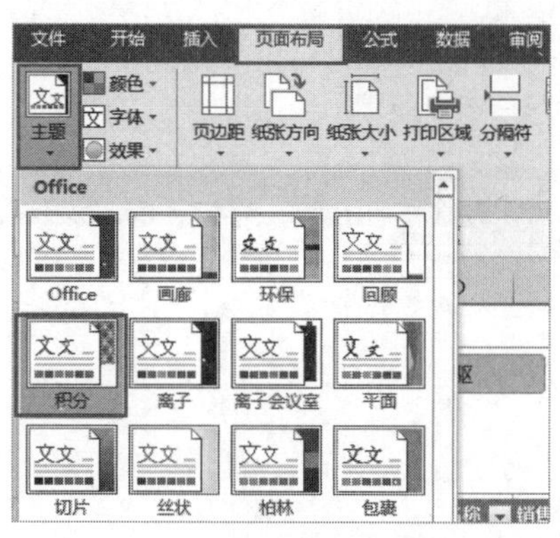

图 5-96

5.5 数据显示小秘书：条件格式

文不如表、表不如图，图形化的语言能够比文字、数字更快地传递信息。在还没有学习图表知识时，可以利用条件格式实现类似图表的效果。

1. 突出显示关键值

选中“产品名称”所在的列数据→选择【开始】选项卡→单击【条件格式】按钮→选择【突出显示单元格规则】选项→选择【等于】选项，如图 5-97 所示。

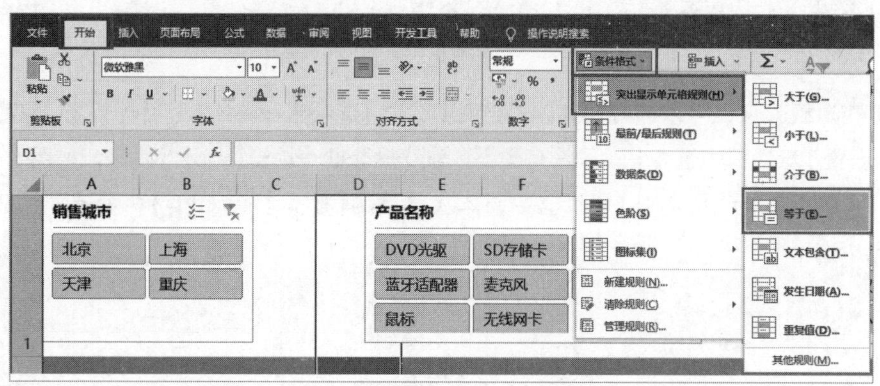

图 5-97

在弹出的【等于】对话框中手动输入“鼠标”→在【设置为】下拉列表中选择一个喜欢的样式。当然，还可以通过选择【自定义格式】选项进行自主设置，如图 5-98 所示。

在弹出的【设置单元格格式】对话框中选择【填充】选项卡→选择一个颜色，如橙色，如图 5-99 所示。

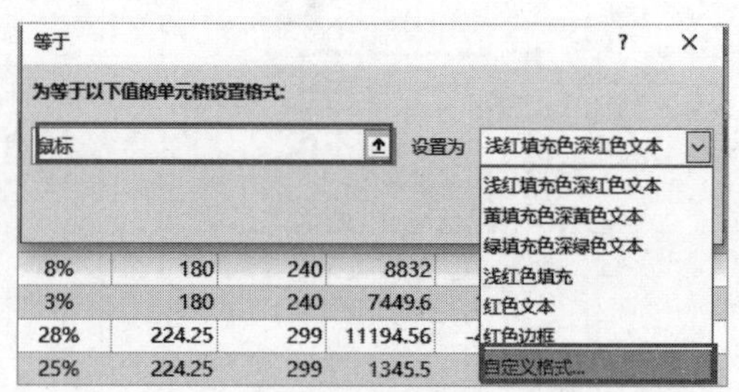

图 5-98

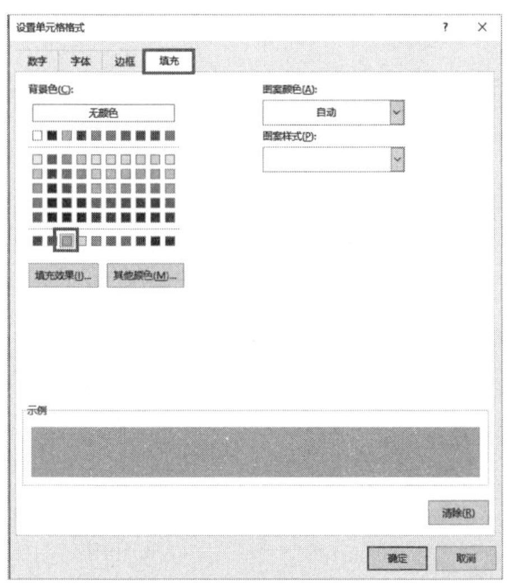

图 5-99

然后进一步对字体样式进行设置。选择【字体】选项卡→将【字形】设置为“加粗”→单击【确定】按钮，如图 5-100 所示。

图 5-100

返回【等于】对话框，再次单击【确定】按钮，完成条件格式的设置，如图 5-101 所示。

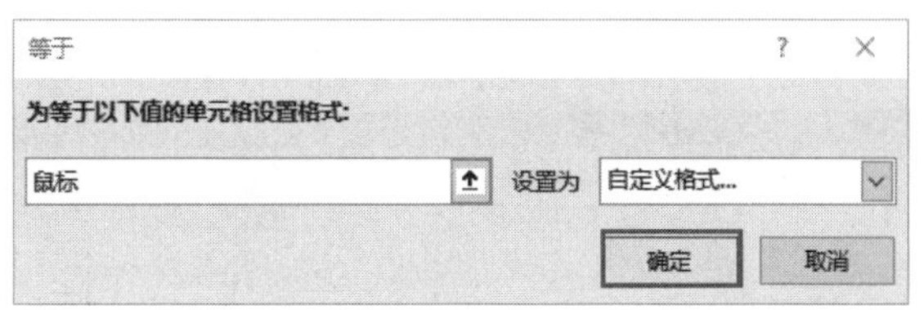

图 5-101

设置完成后，在“产品名称”一列，所有“鼠标”都突出显示为橙色填充、黑色加粗字体，如图 5-102 所示。

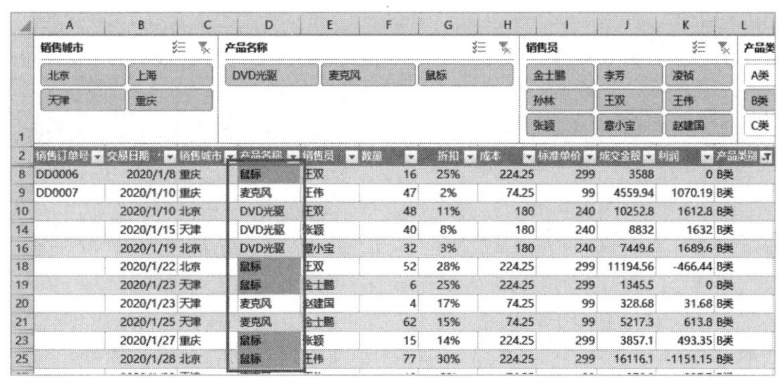

图 5-102

2. 数据条模拟条形图

选中“成交金额”所在的列数据→选择【开始】选项卡→单击【条件格式】按钮→选择【数据条】

选项→选择一个样式，如图 5-103 所示。

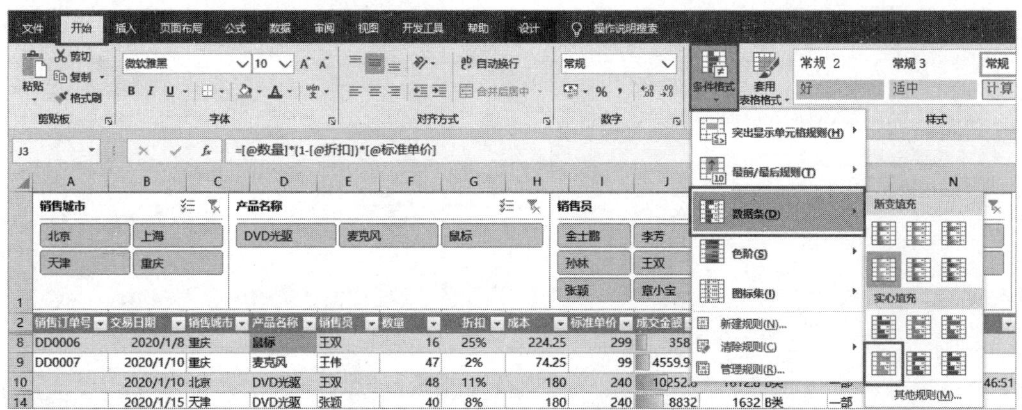

图 5-103

设置完成后，“成交金额”中的数据就根据单元格中数值的大小，显示为对应长短的“数据条”了，类似于条形图的效果。

3. 数据红绿灯图标集

选中“利润”所在的列数据→选择【开始】选项卡→单击【条件格式】按钮→选择【图标集】选项→选择一个样式，如红绿灯的效果，如图 5-104 所示，Excel 将为它们自动添加上红绿灯的图标。

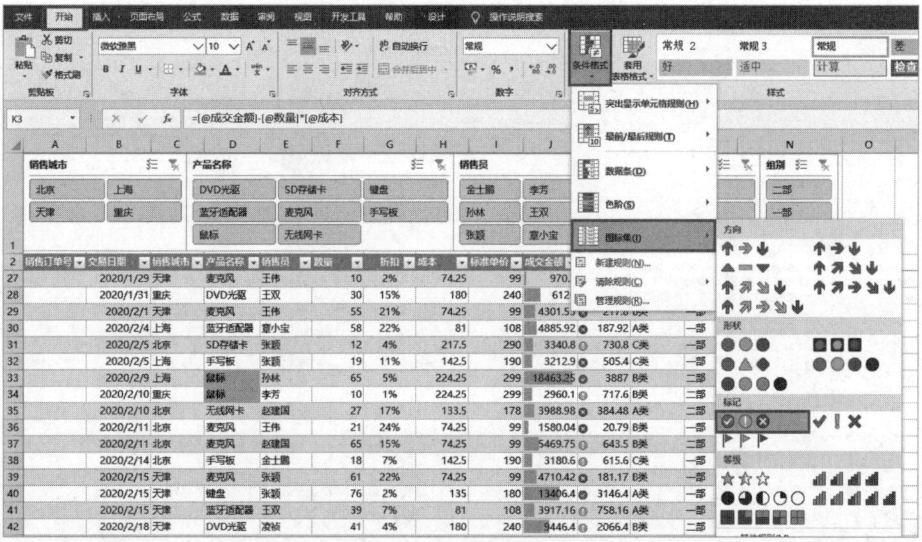

图 5-104

如果对默认的设置效果不满意，则可以再次选中此列→选择【开始】选项卡→单击【条件格式】按钮→选择【管理规则】选项，对它进行二次修改，如图 5-105 所示。

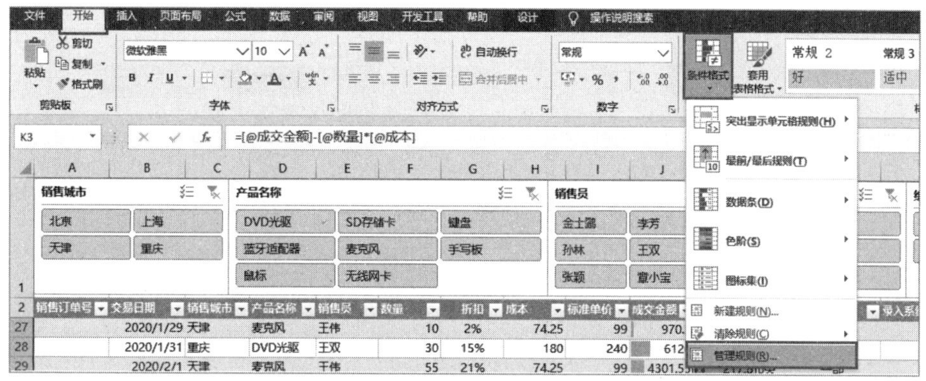

图 5-105

在弹出的【条件格式规则管理器】对话框中选中前面设置的【图标集】选项→单击【编辑规则】按钮，如图 5-106 所示。在弹出的【编辑格式规则】对话框中将【类型】设置为“数字”(可以根据实际数据情况调整它的【值】设置)→根据自己的喜好调整【图标】的样式→单击【确定】按钮，如图 5-107 所示。

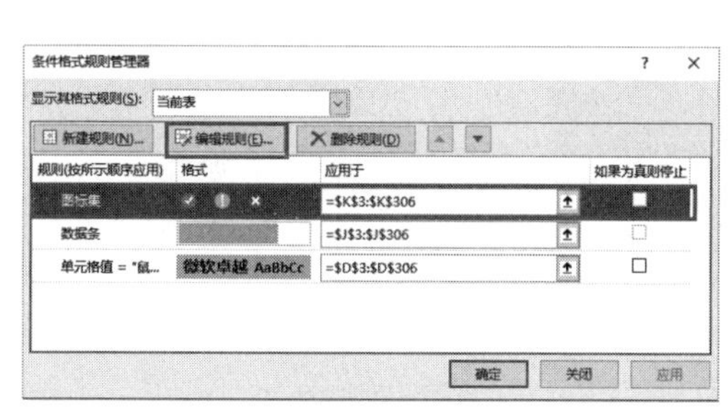

图 5-106

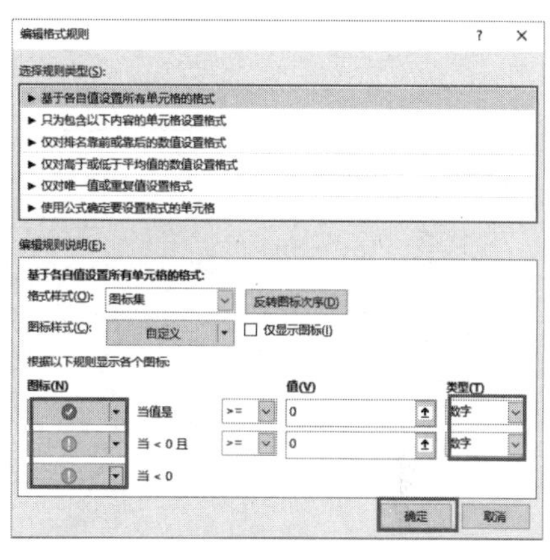

图 5-107

返回【条件格式规则管理器】对话框，再次单击【确定】按钮，如图 5-108 所示。

图 5-108

通过对图标集的设置，可以实现图 5-109 所示的效果，即盈利(利润 >0)显示为绿灯，亏本(利润 <0)显示为黄灯。

销售订单号	交易日期	销售城市	产品名称	销售员	数量	折扣	成本	标准单价	成交金额	利润	产品类别	组别	录入系统时间
	2020/2/4	上海	蓝牙适配器	章小宝	58	22%	81	108	4885.92	187.92	A类	一部	
	2020/2/5	北京	SD存储卡	张颖	12	4%	217.5	290	3340.8	730.8	C类	一部	
	2020/2/5	上海	手写板	张颖	19	11%	142.5	190	3212.9	505.4	C类	一部	
	2020/2/9	上海	鼠标	孙林	65	5%	224.25	299	18463.25	3887	B类	二部	
	2020/2/10	重庆	鼠标	李芳	10	1%	224.25	299	2960.1	717.6	B类	二部	
	2020/2/10	北京	无线网卡	赵建国	27	17%	133.5	178	3988.98	384.48	A类	二部	
	2020/2/11	北京	麦克风	王伟	21	24%	74.25	99	1580.04	20.79	B类	一部	
	2020/2/11	北京	麦克风	赵建国	65	15%	74.25	99	5469.75	643.5	B类	二部	
	2020/2/14	北京	手写板	金士鹏	18	7%	142.5	190	3180.6	615.6	C类	一部	
	2020/2/15	天津	麦克风	张颖	61	22%	74.25	99	4710.42	181.17	B类	一部	
	2020/2/15	天津	键盘	张颖	76	2%	135	180	13406.4	3146.4	A类	一部	
	2020/2/15	天津	蓝牙适配器	王双	39	7%	81	108	3917.16	758.16	A类	一部	
	2020/2/18	天津	DVD光驱	凌祯	41	4%	180	240	9446.4	2066.4	B类	二部	
	2020/2/21	重庆	无线网卡	王伟	17	3%	133.5	178	2935.22	665.72	A类	一部	

图 5-109

4. 利用色阶设置热力地图效果

选中“热力地图 - 空白”工作表中的数据区域→选择【开始】选项卡→单击【条件格式】按钮→选择【色阶】选项→选择一个喜欢的规则，这里选择【其他规则】选项，进行自定义设置，如图 5-110 所示。

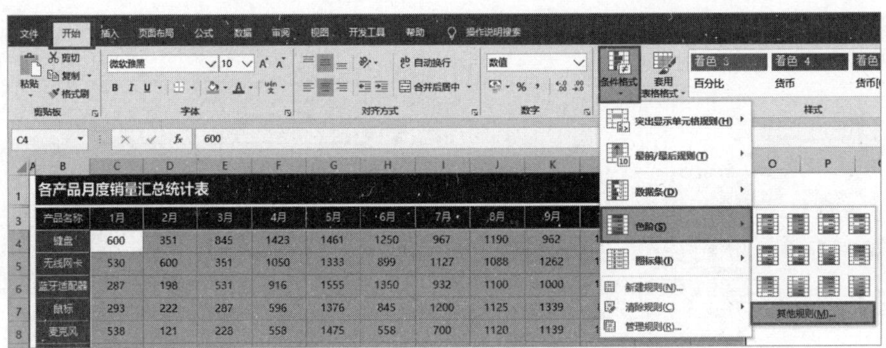

图 5-110

在弹出的【新建格式规则】对话框中将【格式样式】设置为“三色刻度”→在【颜色】中分别设置 3 个颜色，单击【确定】按钮，如图 5-111 所示。

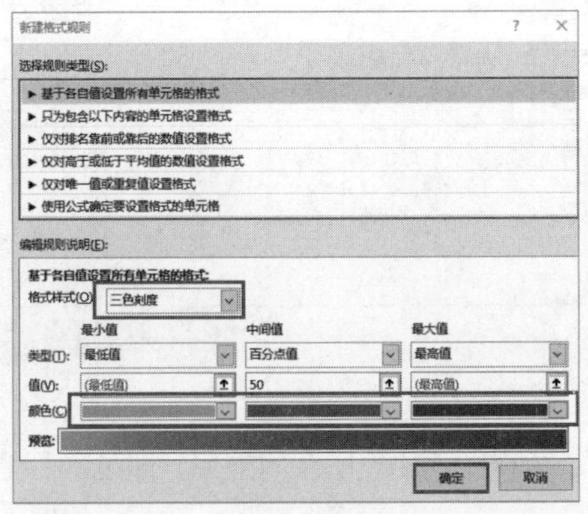

图 5-111

温馨提示

建议选择同一颜色色系，由浅至深。

设置完成后，表格就呈现出了热力地图的效果，如图 5-112 所示。

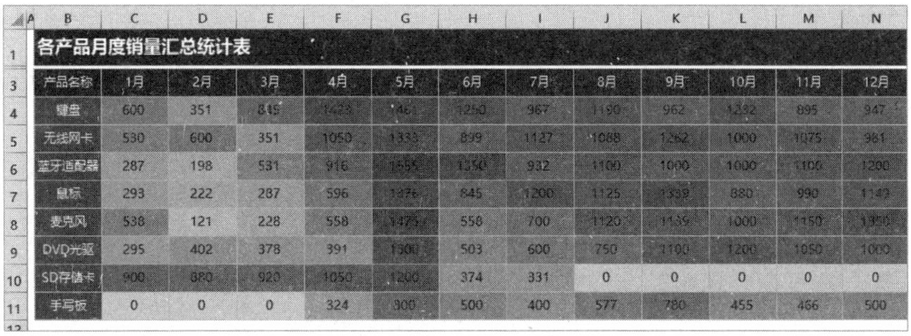

各产品月度销量汇总统计表

产品名称	1月	2月	3月	4月	5月	6月	7月	8月	9月	10月	11月	12月
键盘	600	351	845	1423	1461	1250	967	1190	962	1232	895	947
无线网卡	530	600	351	1050	1333	899	1127	1088	1262	1000	1075	981
蓝牙适配器	287	198	531	916	1555	1350	932	1100	1000	1000	1100	1200
鼠标	293	222	287	596	1376	845	1200	1125	1339	880	990	1149
麦克风	538	121	228	558	1475	558	700	1120	1139	1000	1150	1350
DVD光驱	295	402	378	391	1300	503	600	750	1100	1200	1050	1000
SD存储卡	900	880	920	1050	1200	374	331	0	0	0	0	0
手写板	0	0	0	324	800	500	400	577	780	455	466	500

图 5-112

当修改表格中的数据时，“条件格式”这个数据显示小秘书所显示的颜色、样式等都会随之变动起来，如图 5-113 所示。

各产品月度销量汇总统计表

产品名称	1月	2月	3月	4月	5月	6月	7月	8月	9月	10月	11月	12月
键盘	600	351	845	1423	1461	1250	967	1190	962	1232	895	947
无线网卡	530	600	351	1050	1333	899	1127	1088	1262	1000	1075	981
蓝牙适配器	287	198	531	916	1555	1350	932	1100	1000	1000	1100	1200
鼠标	293	222	287	596	1376	845	1200	1125	(100)	880	990	1149
麦克风	538	121	228	558	1475	558	700	1120	1139	1000	1150	1350
DVD光驱	295	402	378	391	1300	10500	600	750	1100		1050	1000
SD存储卡	900	880	920	1050	1200	374	331	900	0	0	0	0
手写板	0	0	0	324	800	500	400	577	780	455	466	500

图 5-113

当然，还可以设置其他喜欢的条件格式效果，如图 5-114 和图 5-115 所示。

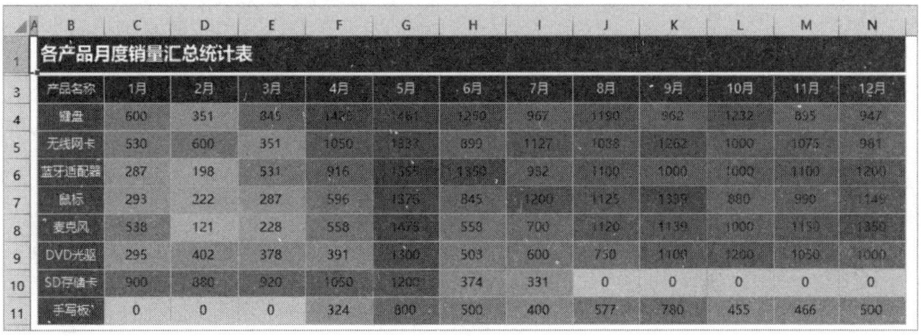

各产品月度销量汇总统计表

产品名称	1月	2月	3月	4月	5月	6月	7月	8月	9月	10月	11月	12月
键盘	600	351	845	1423	1461	1250	967	1190	962	1232	895	947
无线网卡	530	600	351	1050	1333	899	1127	1088	1262	1000	1075	981
蓝牙适配器	287	198	531	916	1555	1350	932	1100	1000	1000	1100	1200
鼠标	293	222	287	596	1376	845	1200	1125	1339	880	990	1149
麦克风	538	121	228	558	1475	558	700	1120	1139	1000	1150	1350
DVD光驱	295	402	378	391	1300	503	600	750	1100	1200	1050	1000
SD存储卡	900	880	920	1050	1200	374	331	0	0	0	0	0
手写板	0	0	0	324	800	500	400	577	780	455	466	500

图 5-114

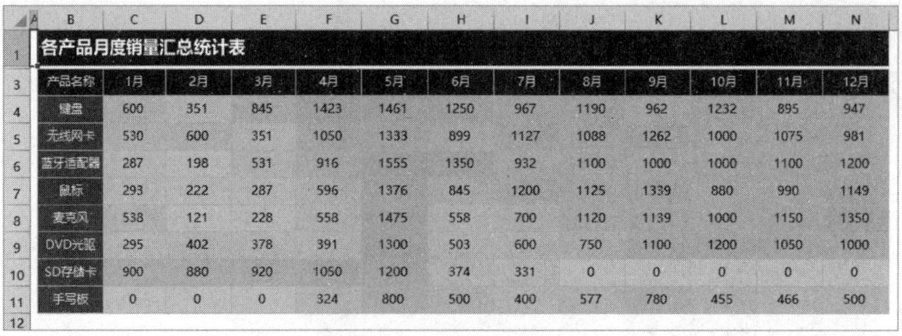

各产品月度销量汇总统计表

产品名称	1月	2月	3月	4月	5月	6月	7月	8月	9月	10月	11月	12月
键盘	600	351	845	1423	1461	1250	967	1190	962	1232	895	947
无线网卡	530	600	351	1050	1333	899	1127	1088	1262	1000	1075	981
蓝牙适配器	287	198	531	916	1555	1350	932	1100	1000	1000	1100	1200
鼠标	293	222	287	596	1376	845	1200	1125	1339	880	990	1149
麦克风	538	121	228	558	1475	558	700	1120	1139	1000	1150	1350
DVD光驱	295	402	378	391	1300	503	600	750	1100	1200	1050	1000
SD存储卡	900	880	920	1050	1200	374	331	0	0	0	0	0
手写板	0	0	0	324	800	500	400	577	780	455	466	500

图 5-115

5. 清除条件格式

如果一张表中的条件格式太多，难免会给人一种“霓虹灯”（太杂乱）的感觉，可以适当删除一些。选中需要删除条件格式的数据源区域→选择【开始】选项卡→单击【条件格式】按钮→选择【清除规则】选项→选择【清除所选单元格的规则】或【清除整个工作表的规则】选项，如图 5-116 所示。

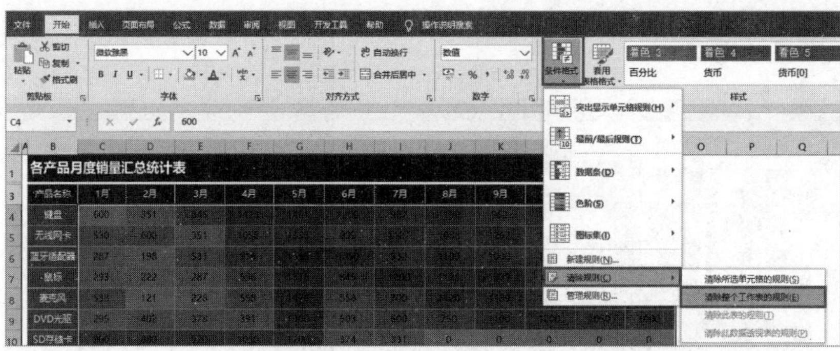

图 5-116

此外，还可以选择【开始】选项卡→单击【条件格式】按钮→选择【管理规则】选项，如图 5-117 所示。

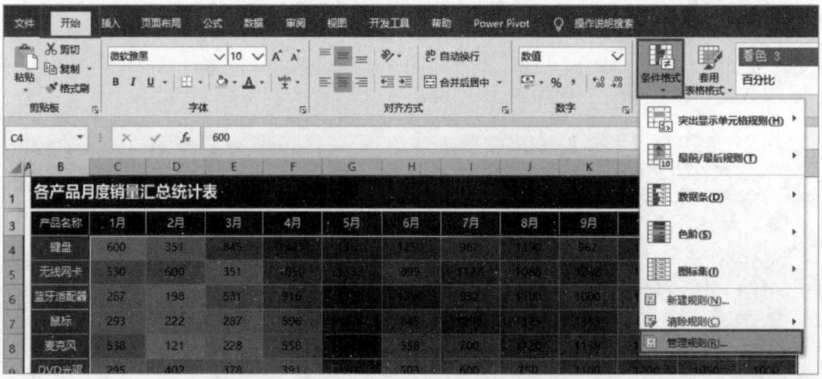

图 5-117

在弹出的【条件格式规则管理器】对话框中选中要删除的条件→单击【删除规则】按钮→单击

【确定】按钮，如图 5-118 所示。

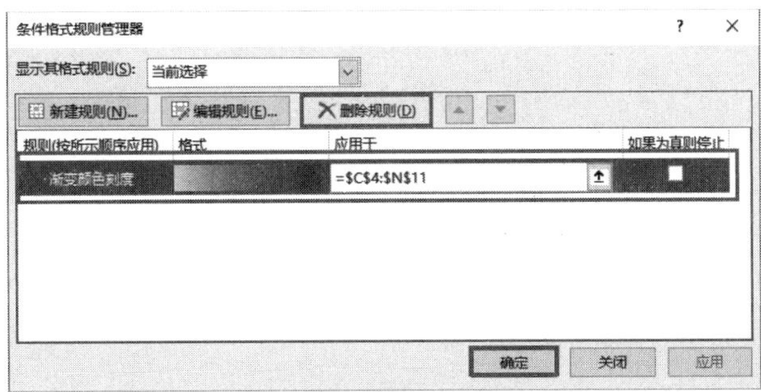

图 5-118

第6关 数据分列与导入

本关背景

本关介绍一个批量处理数据的方法——数据分列与导入。

在当今这个以微信作为主要社交工具的互联网时代，很多时候工作信息的传递与交流都是通过它来完成的。那么，面对图 6-1 所示的这样一条信息，要计算捐款总额，你会不会感到头痛呢？

微信数据也可以转化到 Excel 中进行统计计算，想要解决上面的问题，只需要一个“分列”就可以搞定，接下来就具体操作一下吧！

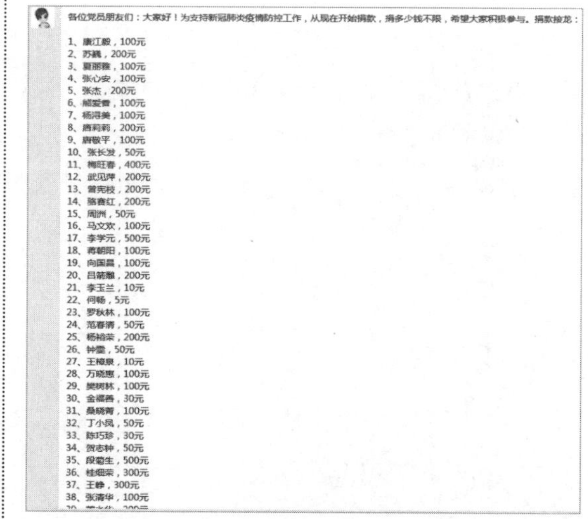
各位党员朋友们：大家好！为支持新冠肺炎疫情防控工作，从现在开始捐款，捐多少钱不限，希望大家积极参与。捐款接龙：

1、康江毅，100元
2、苏巍，200元
3、夏丽雅，100元
4、张心安，100元
5、张杰，200元
6、熊爱香，100元
7、杨浔美，100元
8、唐莉莉，200元
9、唐敬平，100元
10、张长发，50元
11、梅旺春，400元
12、武见萍，200元
13、曾宪枝，200元
14、骆赛红，200元
15、周洲，50元
16、马文欢，100元
17、李学元，500元
18、蒋朝阳，100元
19、向国昌，100元
20、吕箭雕，200元
21、李玉兰，10元
22、何畅，5元
23、罗秋林，100元
24、范春清，50元
25、杨裕荣，200元
26、钟雯，50元
27、王樟泉，10元
28、万晓惠，100元
29、樊树林，100元
30、金福善，30元
31、桑晓菁，100元
32、丁小凤，50元
33、陈巧珍，30元
34、贺志钟，50元
35、段菊生，500元
36、桂细荣，300元
37、王静，300元
38、张清华，100元

图 6-1

6.1 数据分列：分隔符号分列

打开“素材文件 /06- 数据分列与导入 /06- 数据分列与导入 - 奋斗者的成绩清单 .xlsx”源文件。

首先选中微信名单上的内容，按 <Ctrl+C> 键复制。然后新建一张工作簿，双击打开，光标定位在任意工作表的【A1】单元格，按 <Ctrl+V> 键粘贴。如图 6-2 所示，从微信复制到 Excel 中的所有数据都堆积在【A】列。

	A	B	C	D	E	F	G	H	I	J
1	各位党员朋友们：大家好！为支持新冠肺炎疫情防控工作，从现在开始捐款，捐多少钱不限，希望大家积极参与。捐款接龙：									
2	1、康江毅，100元									
3	2、苏巍，200元									
4	3、夏丽雅，100元									
5	4、张心安，100元									
6	5、张杰，200元									
7	6、熊爱香，100元									
8	7、杨浔美，100元									
9	8、唐莉莉，200元									
10	9、唐敬平，100元									
11	10、张长发，50元									
12	11、梅旺春，400元									
13	12、武见萍，200元									
14	13、曾宪枝，200元									
15	14、骆赛红，200元									
16	15、周洲，50元									
17	16、马文欢，100元									
18	17、李学，500元									
19	18、蒋朝阳，100元									
20	19、向国昌，100元									
21	20、吕箭雕，200元									
22	21、李玉兰，10元									

图 6-2

想要对金额进行求和计算，需要将每一行中的金额（数值）单独提取出来，然后利用

Excel 自带的汇总工具进行计算求和。这个将“金额”单独分离出来的方法，就是本关要介绍的分列大法。

选中【A】列（也就是刚刚从微信复制到 Excel 中的数据所在列）→选择【数据】选项卡→单击【分列】按钮，如图 6-3 所示。

图 6-3

弹出【文本分列向导 - 第 1 步，共 3 步】对话框，如图 6-4 所示。

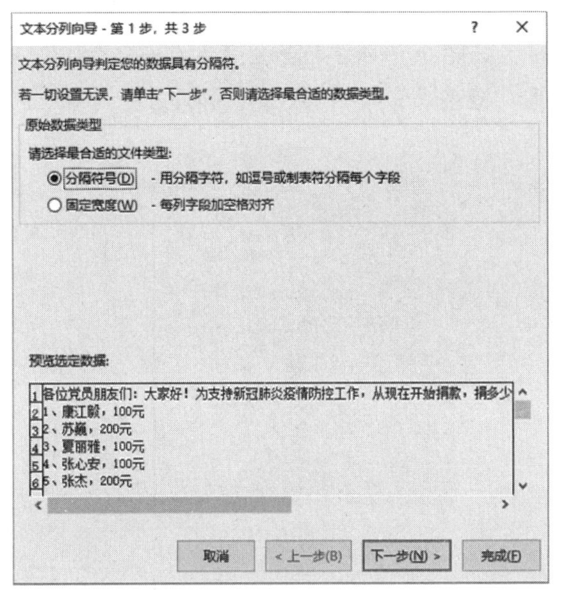

图 6-4

在【文本分列向导 - 第 1 步，共 3 步】对话框中，需要选择文件分列的类型，这里再次观察需要分列的数据。

首先观察【A】列中不同内容之间分隔方式的特点。例如，【A2】单元格内容的分隔方式如图 6-5 所示。

图 6-5

其中，数字“1”和“康江毅”之间是以“、”进行分隔的，姓名“康江毅”和“100”之间是以“，”进行分隔的，后面单独一个“元”。

这种不同内容之间使用符号做分隔的数据，应该使用“分隔符号”进行分列。

所以，这里选中【分隔符号】单选按钮→单击【下一步】按钮，如图 6-6 所示。

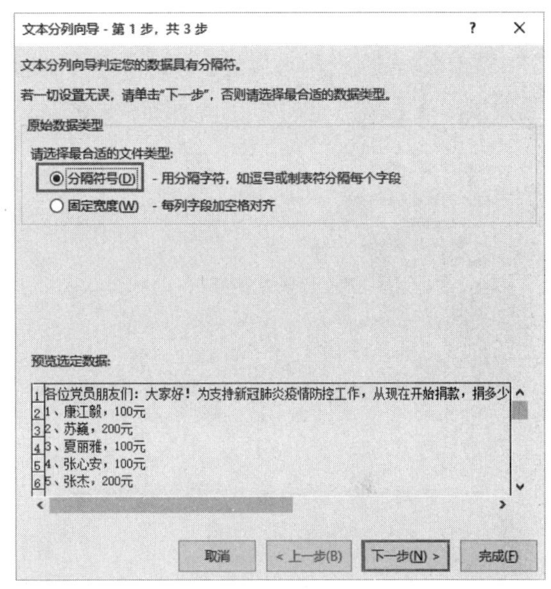

图 6-6

接下来进入【文本分列向导 - 第 2 步，共 3 步】对话框，观察可知，Excel 默认的分隔符号中没有数据中的分隔符号，即“、”。所以，选中【其他】复选框，并在文本框中输入“、”，如图 6-7 所示。

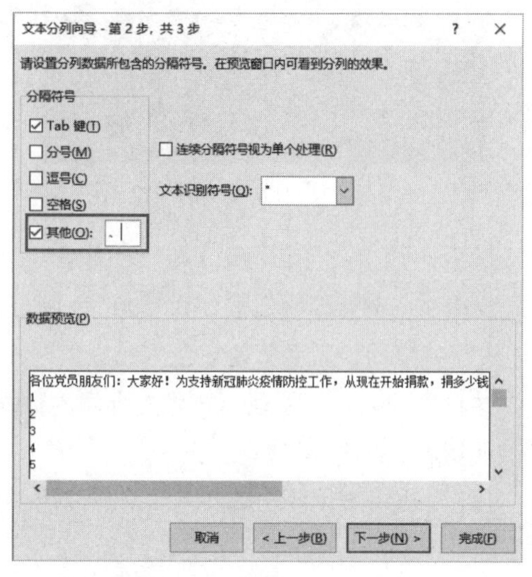

图 6-7

在【数据预览】中可以看到按照“、”分列后的效果，单击【下一步】按钮，如图 6-8 所示。

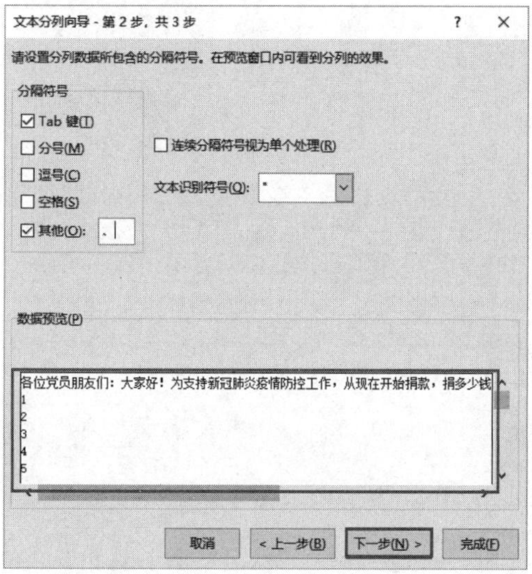

图 6-8

接下来在【文本分列向导 - 第 3 步，共 3 步】对话框中单击【完成】按钮，如图 6-9 所示。

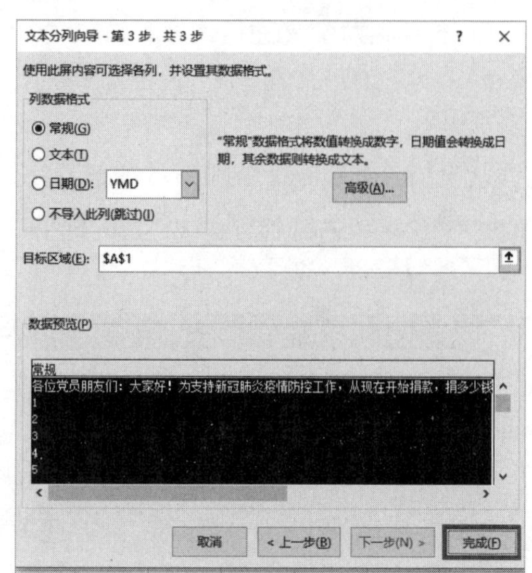

图 6-9

如图 6-10 所示，已经完成了在“、”所在位置，将存储在一列的数据分隔为两列。

	A	B	C	D
1	各位党员朋友们：大家	好！为支持新冠肺炎疫情防控		
2	1	康江毅，100元		
3	2	苏巍，200元		
4	3	夏丽雅，100元		
5	4	张心安，100元		
6	5	张杰，200元		
7	6	熊爱香，100元		
8	7	杨浔美，100元		
9	8	唐莉莉，200元		
10	9	唐敬平，100元		
11	10	张长发，50元		
12	11	梅旺春，400元		
13	12	武见萍，200元		
14	13	曾宪枝，200元		
15	14	骆赛红，200元		
16	15	周洲，50元		
17	16	马文欢，100元		
18	17	李学，500元		

图 6-10

接下来对【B】列数据进行分列，观察【B】列中数据的特点，如【B2】单元格。

“康江毅”和“100”之间是以“，”进行分隔的，后面单独一个“元”，如图 6-11 所示。

图 6-11

同理，这种不同内容之间使用符号做分隔的数据，应该使用“分隔符号”进行分列。

选中【B】列→选择【数据】选项卡→单击【分列】按钮，如图 6-12 所示。

图 6-12

在弹出的【文本分列向导 - 第 1 步，共 3 步】对话框中选中【分隔符号】单选按钮→单击【下一步】按钮，如图 6-13 所示。

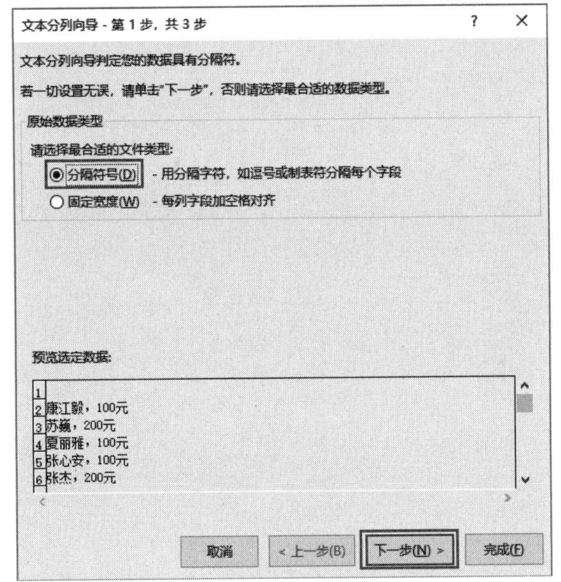

图 6-13

接下来在【文本分列向导 - 第 2 步，共 3 步】对话框中选择【其他】复选框，并在文本框中输入“，”。在【数据预览】中可以看到按照“，”分列后的效果，单击【下一步】按钮，如图 6-14 所示。

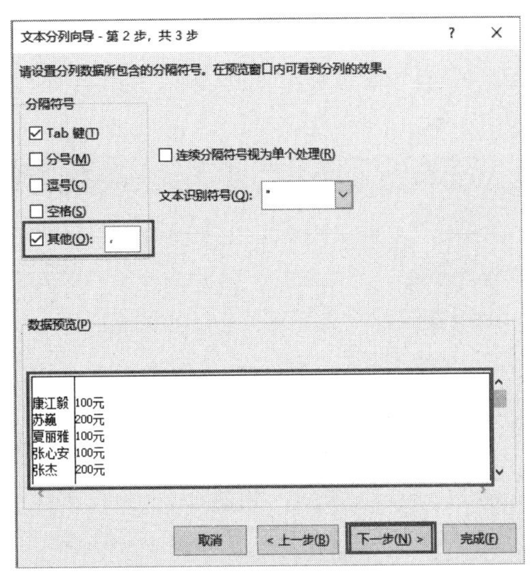

图 6-14

到这里有的读者可能会发现，在【文本分列向导 - 第 2 步，共 3 步】对话框中，Excel 默认的分隔符号中含有【逗号】这一项，是否可以直接选择？

那么，取消选中【其他】复选框，而选中【逗号】复选框，在【数据预览】中，Excel 并没有将数据进行分列处理，如图 6-15 所示。

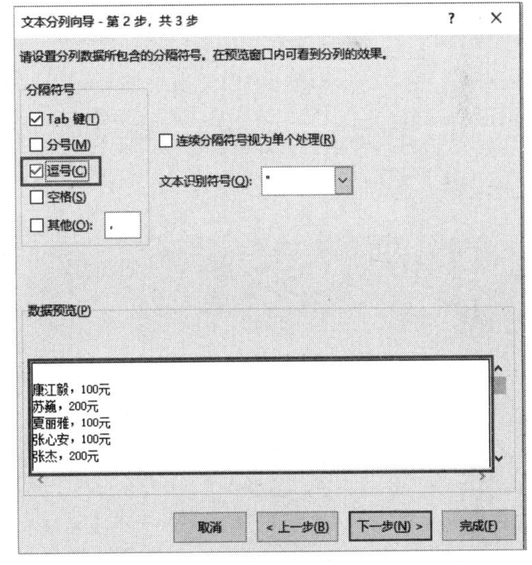

图 6-15

这是因为 Excel 默认的【逗号】为英文状态下的逗号，而数据源中的“，”是中文状态下的逗号，在 Excel 看来二者是不同的。所以，直接选中【逗号】复选框，是不能将数据进行分列的。

温馨提示

如果选择相应的分隔符号后，在【数据预览】中没有出现对数据进行分列的效果，可以选中【其他】复选框，然后直接复制数据源中的分隔符号，粘贴到【其他】文本框中即可。

在【文本分列向导 - 第 3 步，共 3 步】对话框中单击【完成】按钮，如图 6-16 所示。

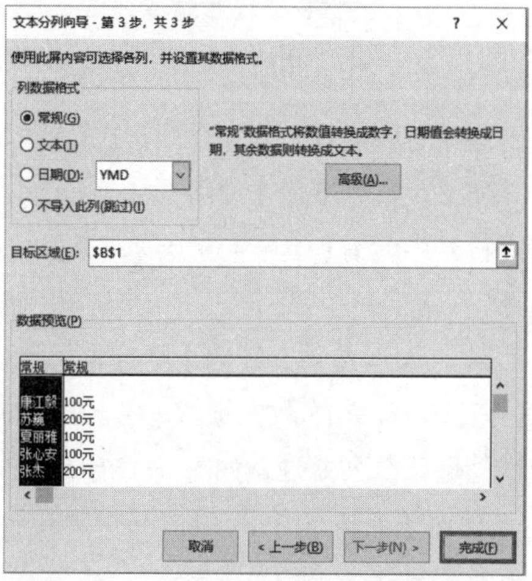

图 6-16

如图 6-17 所示，已经将原本堆积在一列的数据分隔为三列了。

	A	B	C	D
1	各位党员朋友们：大家好！为支持新冠肺炎疫情防控工作，			
2	1	康江毅	100元	
3	2	苏巍	200元	
4	3	夏丽雅	100元	
5	4	张心安	100元	
6	5	张杰	200元	
7	6	熊爱香	100元	
8	7	杨浔美	100元	
9	8	唐莉莉	200元	
10	9	唐敬平	100元	
11	10	张长发	50元	
12	11	梅旺春	400元	
13	12	武见萍	200元	
14	13	曾宪枝	200元	
15	14	骆赛红	200元	
16	15	周洲	50元	
17	16	马文欢	100元	
18	17	李学	500元	
19	18	蒋朝阳	100元	

图 6-17

最后再对【C】列进行第 3 次分列。选中【C】列→选择【数据】选项卡→单击【分列】按钮，如图 6-18 所示。

图 6-18

在弹出的【文本分列向导 - 第 1 步，共 3 步】对话框中选中【分隔符号】单选按钮→单击【下一步】按钮，如图 6-19 所示。

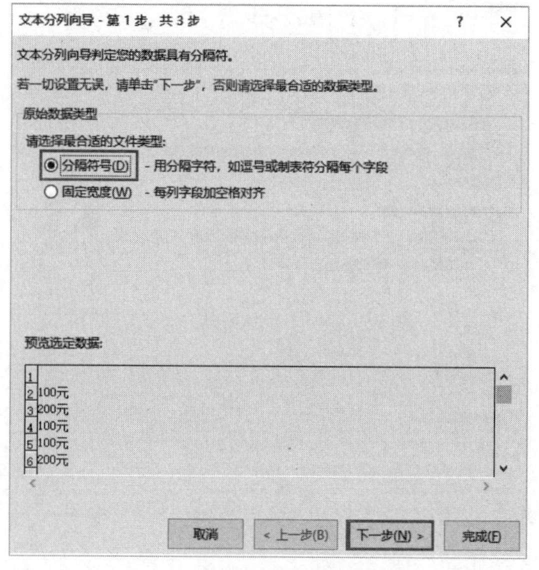

图 6-19

接下来在【文本分列向导 - 第 2 步，共 3 步】对话框中选中【其他】复选框，并在文本框中输入"元"（分隔符号除标点符号外，还可以是中文汉字等）。在【数据预览】中可以看到，Excel 已经将金额和"元"分隔开了→单击【下一步】按钮，如图 6-20 所示。

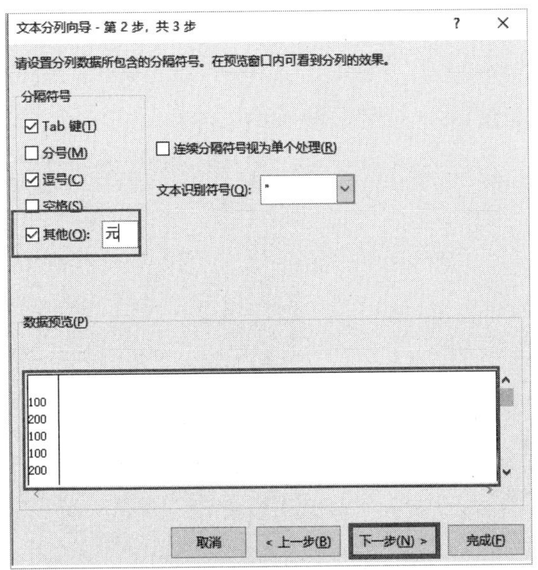

图 6-20

在【文本分列向导 - 第 3 步，共 3 步】对话框中单击【完成】按钮，如图 6-21 所示。

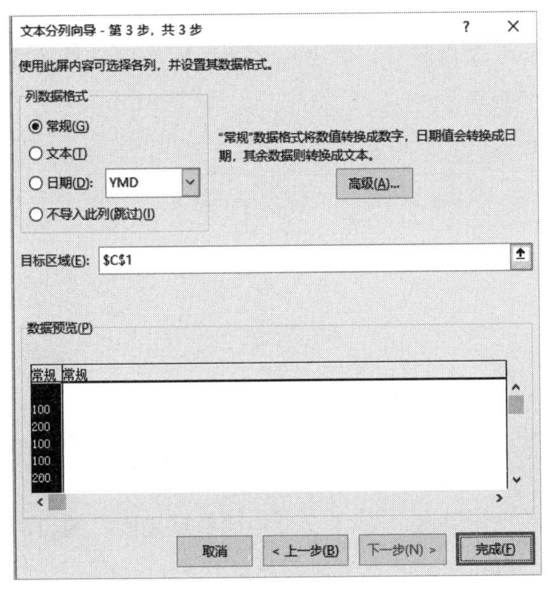

图 6-21

如图 6-22 所示，已经将不同内容分别放在一列，接下来就可以对金额进行汇总计算了。

	A	B	C	D
1	各位党员朋友们：大家好！为支持		新冠肺炎疫	情防控工作
2	1	康江毅	100	
3	2	苏巍	200	
4	3	夏丽雅	100	
5	4	张心安	100	
6	5	张杰	200	
7	6	熊爱香	100	
8	7	杨浔美	100	
9	8	唐莉莉	200	
10	9	唐敬平	100	
11	10	张长发	50	
12	11	梅旺春	400	
13	12	武见萍	200	
14	13	曾宪枝	200	
15	14	骆赛红	200	
16	15	周洲	50	
17	16	马文欢	100	
18	17	李学	500	
19	18	蒋朝阳	100	
20	19	向国昌	100	
21	20	吕箭雕	200	

图 6-22

选中金额所在的【C】列，在 Excel 工作界面的右下角显示出求和值为“6085”，如图 6-23 所示。

图 6-23

然后在捐款内容最下方写上：“以上捐款合计：6085 元”，如图 6-24 所示。

由前文案例可知，对同一组数据，根据需要可以进行 *N* 次分列，直到获取到目标值为止。这在工作中是很常见的。

下面按 <Ctrl+A> 键将数据全部选中，再按 <Ctrl+C> 键复制。新建一个 TXT 文件，双击打开后，按 <Ctrl+V> 键将前面复制的内容粘贴进去，如图 6-25 所示。

	A	B	C	D
25	24	范春清	50	
26	25	杨裕荣	200	
27	26	钟斐	50	
28	27	王樟泉	10	
29	28	万晓蕙	100	
30	29	樊树林	100	
31	30	金福善	30	
32	31	桑晓菁	100	
33	32	丁小凤	50	
34	33	陈巧珍	30	
35	34	贺志钟	50	
36	35	段菊生	500	
37	36	桂细荣	300	
38	37	王峥	300	
39	38	张清华	100	
40	39	黄水华	200	
41	40	殷毓金	20	
42	41	冯湛	100	
43	42	杨铁九	10	
44	43	江辉	100	
45	44	王秀梅	20	
46	45	吕季梅	50	
47	46	熊伯应	100	
48	47	万国富	100	
49	以上捐款合计：6085元			
50				

图 6-24

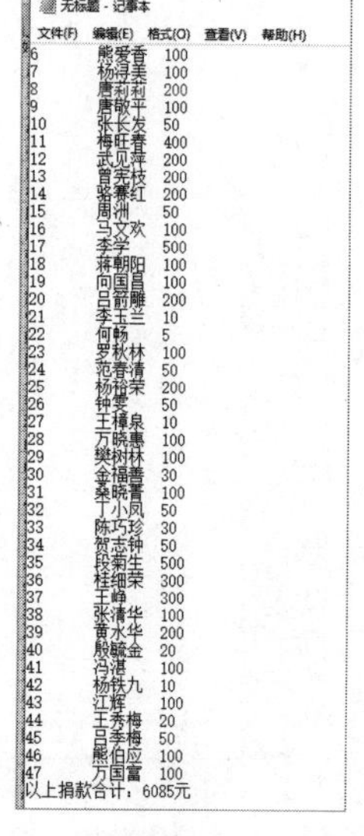

图 6-25

最后按<Ctrl+A>键全选，按<Ctrl+C>键复制，在微信对话界面中按<Ctrl+V>键粘贴，单击【发送】按钮，如图 6-26 所示。

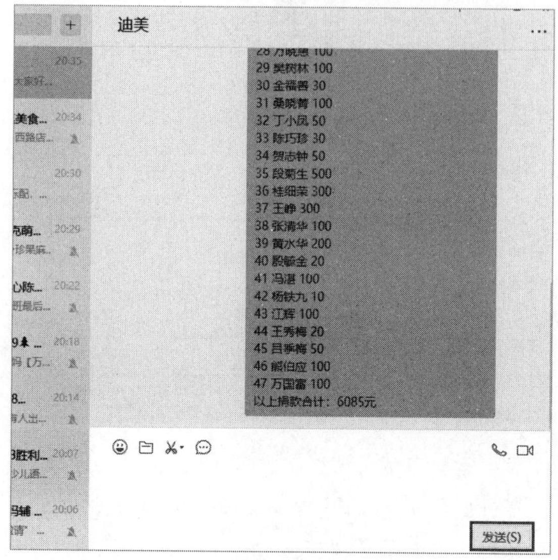

图 6-26

这样就可以将微信中的数据统计汇总后交给领导了。

6.2 自文本导入数据

前文介绍了如何利用分列的方法将微信中的数据进行整体计算的问题，但很多时候，我们还会遇到更复杂的问题。例如，图 6-27 所示的“后台导出数据 .txt”文件，TXT 文件中的数据都是堆积在一起的，下面还是利用分列的方法将其分开。

如果这个 TXT 文件中的数据是固定的，那么可以手动将其复制、粘贴到 Excel 中再分列。但如果这个 TXT 文件中的数据经常变动，如新增数据，就需要建立 TXT 和 Excel 之间的动态连接，接下来就具体操作一下吧！

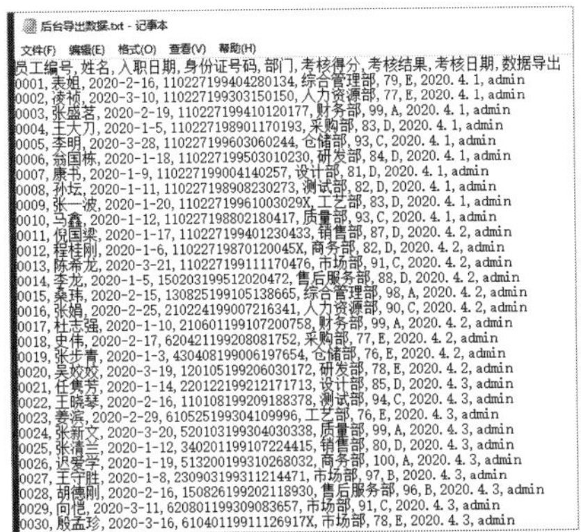

图 6-27

要处理包含动态数据的 TXT 文件，首先要将 TXT 文件导入 Excel 中。

选中【A1】单元格→选择【数据】选项卡→单击【自文本】按钮，如图 6-28 所示。

图 6-28

在弹出的【导入文本文件】对话框中找到要导入的 TXT 文件→单击【导入】按钮，如图 6-29 所示。

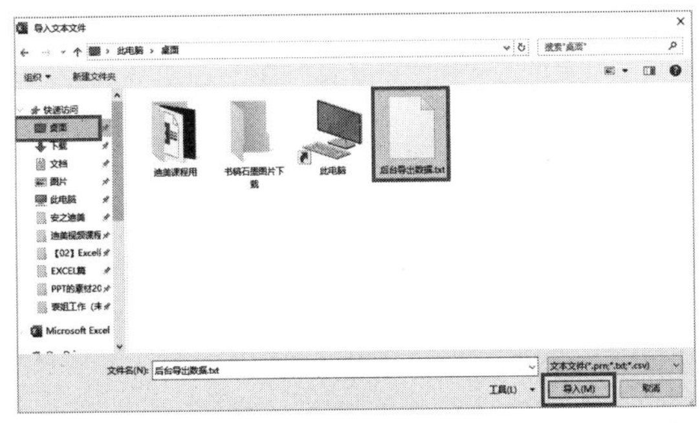

图 6-29

由图 6-27 可知，TXT 文件中的第一行是标题行，所以在【文本导入向导 - 第 1 步，共 3 步】对话框中选中【数据包含标题】复选框→单击【下一步】按钮，如图 6-30 所示。

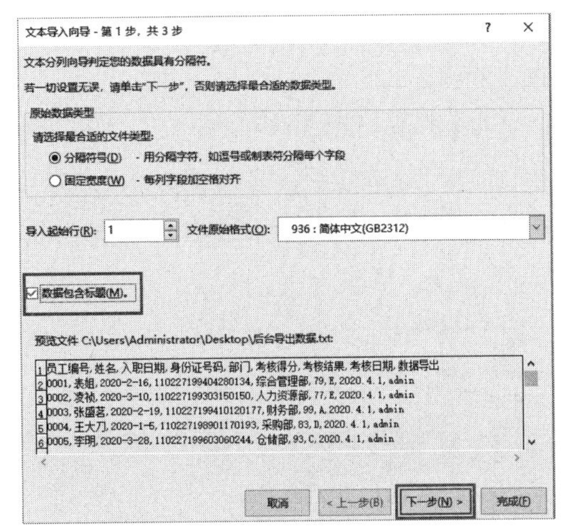

图 6-30

【文本导入向导 - 第 2 步，共 3 步】对话框与前文【文本分列向导 - 第 2 步，共 3 步】对话框很相似，同样需要选择【分隔符号】类型。首先观察图 6-27 所示的导入数据源的特征可知，数据源是以“,”进行分隔的。

选中【逗号】复选框→在【数据预览】中可以看到按照“逗号”分列后的效果→单击【下一步】按钮，如图 6-31 所示。

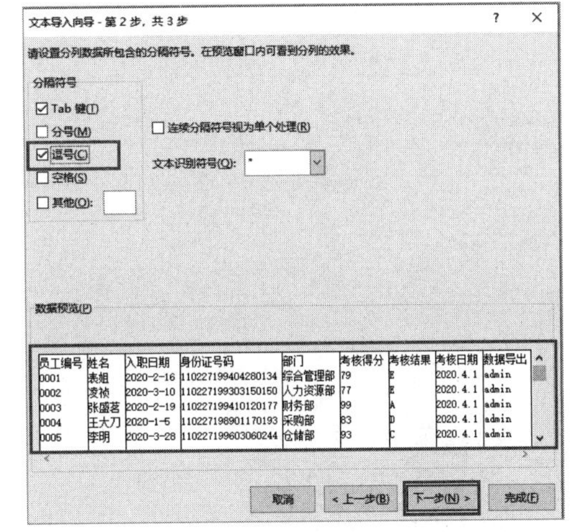

图 6-31

在【文本导入向导 - 第 3 步，共 3 步】对话框中对各列文本的格式进行设置。在这一步，要仔细观察数据源中每列存储的数据都是什么格式的，不要盲目地单击【完成】按钮，以免造成很多数据格式的错乱。

选中【数据预览】中的“员工编号”一列→选中【文本】单选按钮，将其设置为“文本”格式，如图 6-32 所示。如果不进行设置，Excel 默认为“常规”格式。

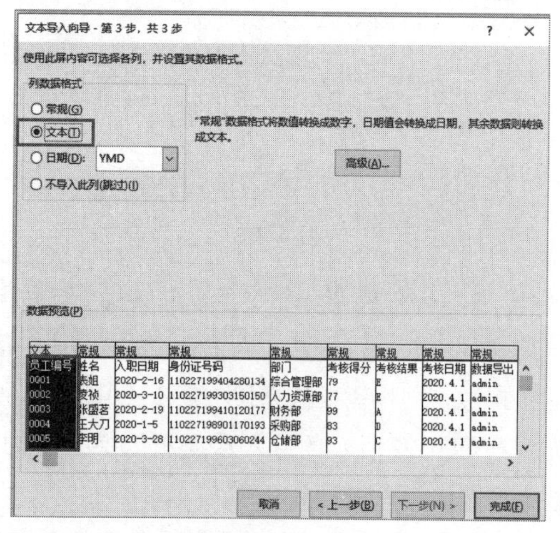

图 6-32

然后选中【数据预览】中的“入职日期”一列→选中【日期】单选按钮，将其设置为“日期”格式，如图 6-33 所示。

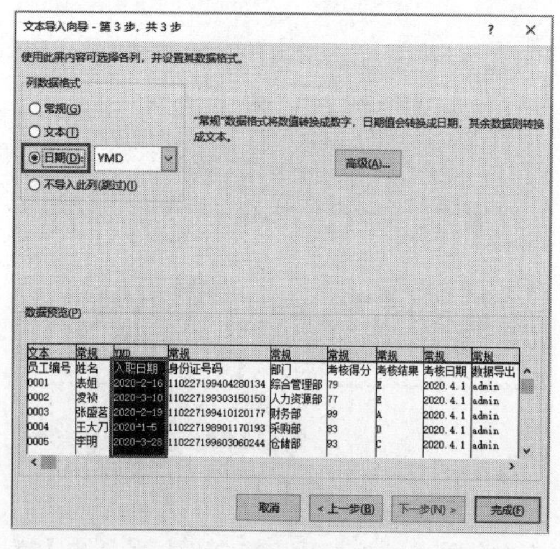

图 6-33

温馨提示

Excel 提供了好几种日期格式。如果需要的日期不是“YMD”（年月日）格式，可以单击【日期】列表框右侧的下拉按钮，选择一个合适的格式。

选中【数据预览】中的“身份证号码”一列→选中【文本】单选按钮，将其设置为“文本”格式，如图 6-34 所示。

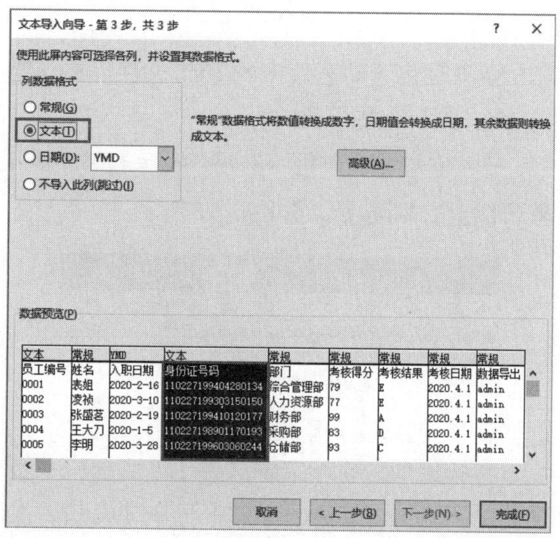

图 6-34

温馨提示

这一步非常重要，因为身份证号码是 18 位超长的数字，必须是以文本形式存储在 Excel 中的。如果没有将它设置为“文本”格式，导入后默认为“常规”格式，身份证号码最后的三位就会变成“000”，从而造成数据错误。

选中【数据预览】中的“考核日期”一列→选中【日期】单选按钮，将其设置为“日期”格式→单击【完成】按钮，如图 6-35 所示。

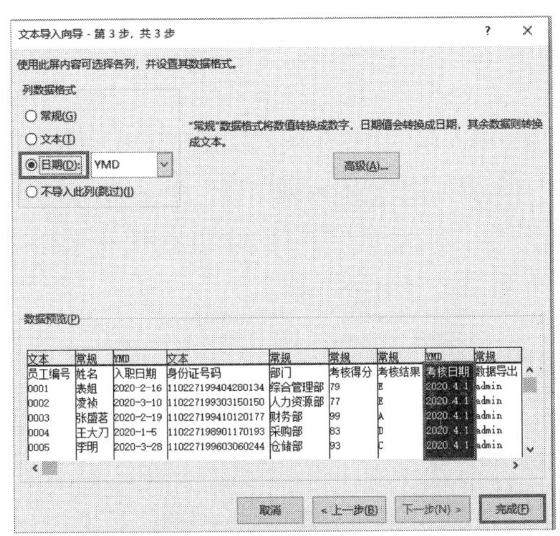

图 6-35

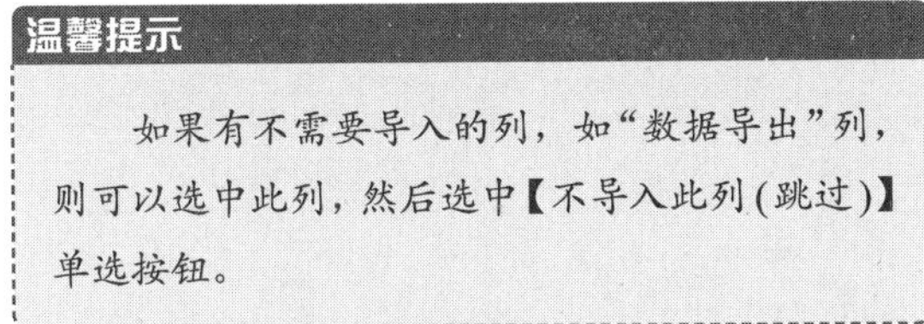

温馨提示

如果有不需要导入的列，如"数据导出"列，则可以选中此列，然后选中【不导入此列(跳过)】单选按钮。

在弹出的【导入数据】对话框中选中【将此数据添加到数据模型】复选框→在【数据的放置位置】中选中【现有工作表】单选按钮→单击【现有工作表】文本框右侧的【↑】按钮(这样的按钮都是选择数据区域的)将对话框折叠起来，如图 6-36 所示。

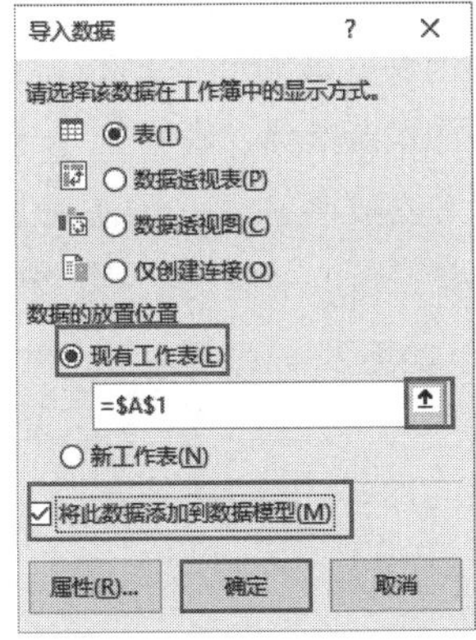

图 6-36

对话框折叠起来后，【↑】变为【↓】。选择数据放置的位置，这里选中【A1】单元格，单击【↓】按钮将对话框再次展开，如图 6-37 所示。

图 6-37

返回【导入数据】对话框，单击【确定】按钮，如图 6-38 所示。

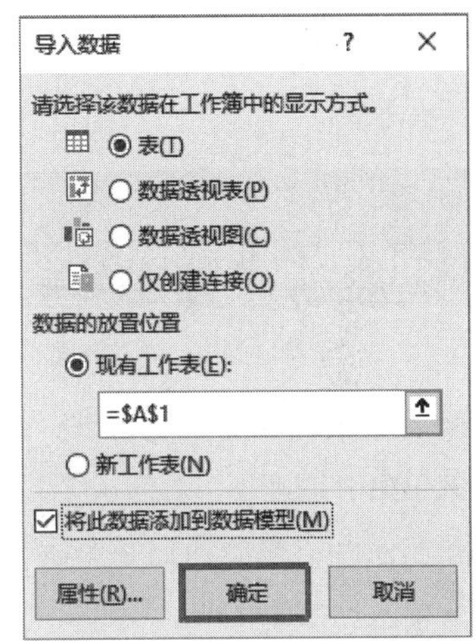

图 6-38

如图 6-39 所示，已经将 TXT 文件中的数据导入 Excel 工作表，并且成为一个自动套用了表格格式的超级表。

	A	B	C	D	E	F	G	H	I
1	员工编号	姓名	入职日期	身份证号码	部门	考核得分	考核结果	考核日期	数据导出
2	0001	袁姐	2020/2/16	110227199404280134	综合管理部	79	E	2020/4/1	admin
3	0002	凌祯	2020/3/10	110227199303150150	人力资源部	77	E	2020/4/1	admin
4	0003	张盛茗	2020/2/19	110227199410120177	财务部	99	A	2020/4/1	admin
5	0004	王大刀	2020/1/5	110227198901170193	采购部	83	D	2020/4/1	admin
6	0005	李明	2020/3/28	110227199603060244	仓储部	93	C	2020/4/1	admin
7	0006	叙国栋	2020/1/18	110227199503010230	研发部	84	D	2020/4/1	admin
8	0007	康书	2020/1/9	110227199004140257	设计部	81	D	2020/4/1	admin
9	0008	孙坛	2020/1/11	110227198908230273	测试部	82	D	2020/4/1	admin
10	0009	张一波	2020/1/20	11022719961003029X	工艺部	83	D	2020/4/1	admin
11	0010	马鑫	2020/1/12	110227198802180417	质量部	93	C	2020/4/1	admin
12	0011	倪国梁	2020/1/17	110227199401230433	销售部	87	D	2020/4/2	admin
13	0012	程桂刚	2020/1/6	11022719870120045X	商务部	82	D	2020/4/2	admin
14	0013	陈希龙	2020/3/21	110227199111170476	市场部	91	C	2020/4/2	admin
15	0014	李龙	2020/1/5	150203199512020472	售后服务部	88	D	2020/4/2	admin
16	0015	桑玮	2020/2/15	130825199105138665	综合管理部	98	A	2020/4/2	admin
17	0016	张娟	2020/2/25	210224199007216341	人力资源部	90	C	2020/4/2	admin
18	0017	杜志强	2020/1/10	210601199107200758	财务部	99	A	2020/4/2	admin
19	0018	史伟	2020/2/17	620421199208081752	采购部	77	E	2020/4/2	admin
20	0019	张步青	2020/1/3	430408199006197654	仓储部	76	E	2020/4/2	admin
21	0020	吴姣姣	2020/3/19	120105199206030172	研发部	78	E	2020/4/2	admin
22	0021	任隽芳	2020/1/14	220122199212171713	设计部	85	D	2020/4/3	admin
23	0022	王晓琴	2020/2/16	110108199209188378	测试部	94	C	2020/4/3	admin
24	0023	姜滨	2020/2/29	610525199304109996	工艺部	76	E	2020/4/3	admin
25	0024	张新文	2020/3/20	520103199304030338	质量部	99	A	2020/4/3	admin
26	0025	张清兰	2020/1/12	340201199107224415	销售部	80	D	2020/4/3	admin
27	0026	迟爱学	2020/1/19	513200199310268032	商务部	100	A	2020/4/3	admin

图 6-39

将数据导入 Excel 中后，下面就可以根据需要自行分析了。

6.3 数据分列：固定宽度分列

在人力资源管理中，经常会用到身份证号码。身份证号码中包含了出生信息，可以直接利用分列的方法取得出生日期，而不需要额外提供信息。

如图 6-40 所示，二代身份证中的 18 位身份证号码包含了 8 位出生日期码，它的起始位置是身份证号码的第 7 位。因此，只要将身份证号码中的第 7~14 位提取出来，就可以取得人员的具体出生日期。

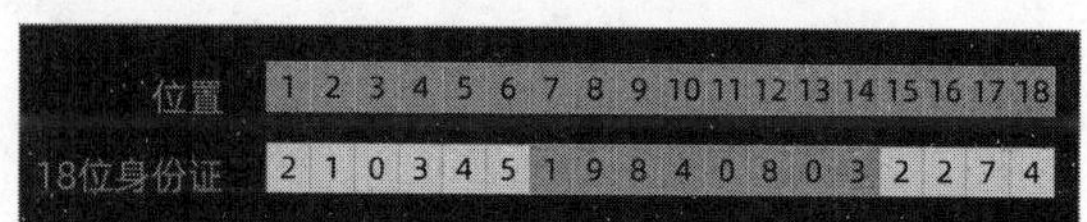

图 6-40

接下来就尝试利用分列的方法，根据身份证号码提取出生日期吧！

（1）需求分析：想要通过每个人的身份证号码得知每个人的出生日期。

（2）数据特点：身份证号码中的第 7~14 位代表出生年月日，所以只需要将“身份证号码”从第 7 位开始，连续提取 8 位数字，然后将这 8 位数字转化为日期格式就可以了。

下面来具体操作一下。

首先选中“身份证号码”所在的【D】列→选择【数据】选项卡→单击【分列】按钮，如图 6-41 所示。

图 6-41

前面已经对需要分列的“身份证号码”一列进行了分析，想要提取出生日期，首先要从第 7 位开始，连续提取 8 位数字。像这种具有相同宽度的数据特点，分列的方法就是“固定宽度”。

所以，在【文本分列向导 - 第 1 步，共 3 步】对话框中选中【固定宽度】单选按钮→单击【下一步】按钮，如图 6-42 所示。

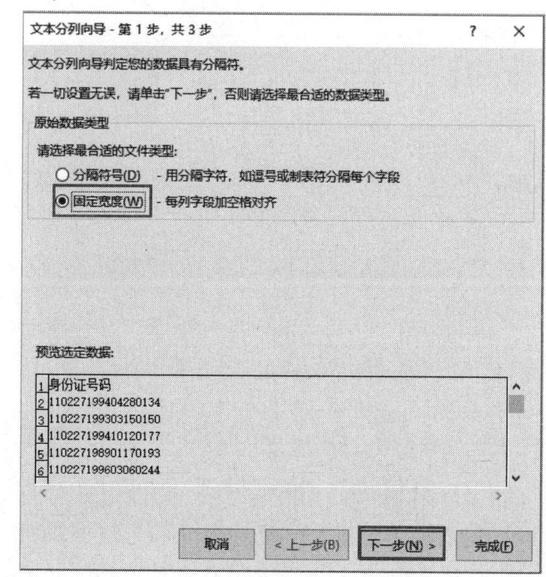

图 6-42

在弹出的【文本分列向导 - 第 2 步，共 3 步】对话框的【数据预览】中，利用鼠标点选的方式，在需要分割的地方插入“分列线”。

这里要在第 6 位的后面进行分隔，所以在第 6 位的后面单击鼠标，即可插入一条分列线。然后向后数 8 位数字，也就是在第 14 位的后面同样单击鼠标，插入一条分列线，然后单击【下一步】按钮，如图 6-43 所示。

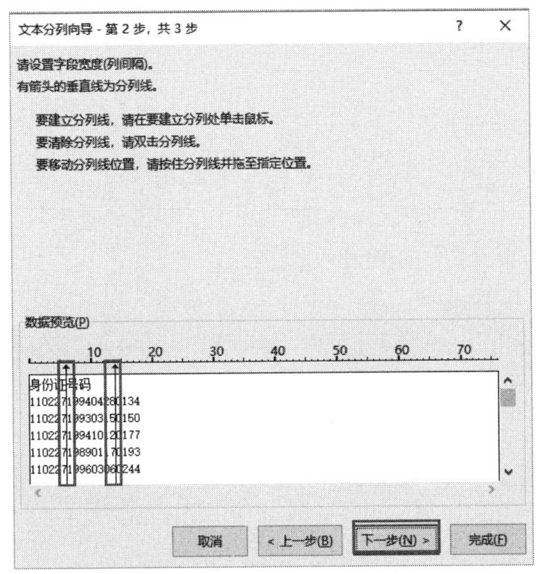

图 6-43

温馨提示

（1）如果不小心点错了，则可以将鼠标移动到“分列线”顶部的小三角位置，单击将其选中后，拖曳至合适的位置。

（2）如果不小心将分隔符号放错了位置也不要紧，只需选中错误的“分列线”，然后按 <Delete> 键即可将其删除。

接下来在【文本分列向导 - 第 3 步，共 3 步】对话框的【数据预览】中可以看到，插入的两条分列线已经将“身份证号码”分为 3 列，第 2 列即为想要提取的“出生日期”。

选中第一列（前 6 位），这一列不是想要的数据，所以直接选中【不导入此列（跳过）】单选按钮，如图 6-44 所示。

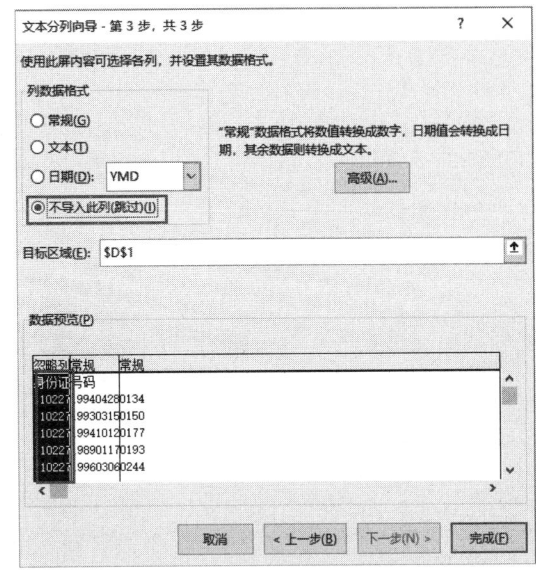

图 6-44

同样地，第 3 列也不是想要的数据。那么，选中第 3 列（后 4 位）→选中【不导入此列（跳过）】单选按钮，如图 6-45 所示。

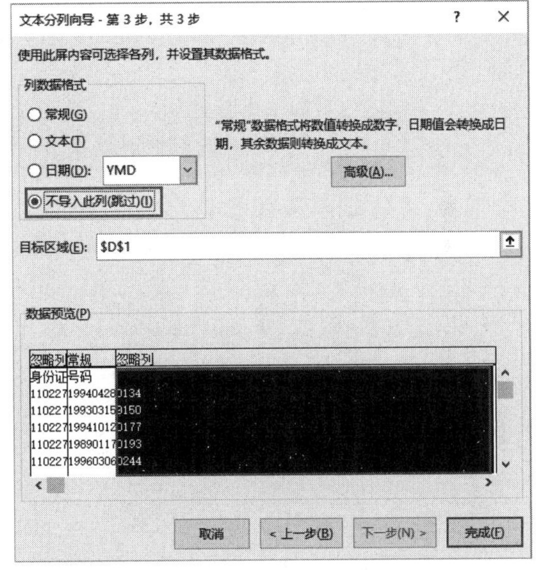

图 6-45

重点来了，第 2 列（中间 8 位）就是我们想要提取的数据了。选中第 2 列→选中【日期】单选按钮，将其设置为“日期”格式，如图 6-46 所示。

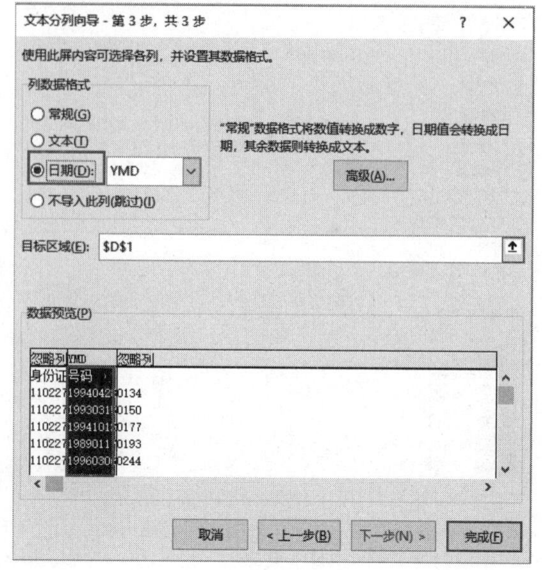

图 6-46

然后单击【目标区域】文本框将其激活→选择提取的出生日期放置的位置，这里选中【J1】单元格→单击【完成】按钮，如图 6-47 所示。

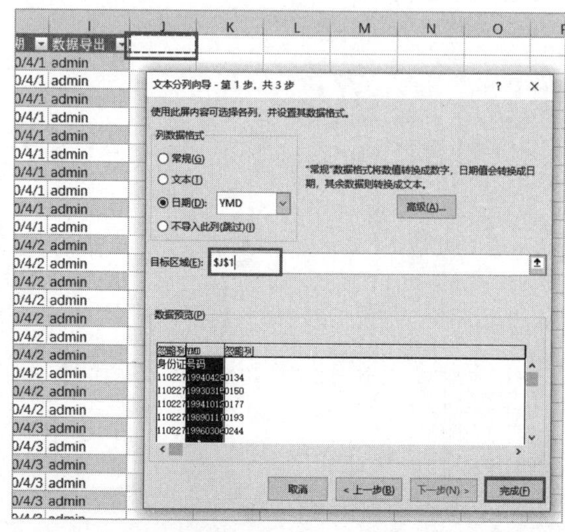

图 6-47

温馨提示

如果不指定【目标区域】，那么 Excel 会默认覆盖原来的数据，这样就会破坏原始数据的结构。所以，笔者建议将它单独放在旁边的空白列中。

此时，就已经将身份证号码中的出生日期提取到了【J】列中，如图 6-48 所示。

	A	B	C	D	E	F	G	H	I	J
1	员工编号	姓名	入职日期	身份证号码	部门	考核得分	考核结果	考核日期	数据导出	号码
2	0001	表姐	2020/2/16	110227199404280134	综合管理部	79	E	2020/4/1	admin	1994/4/28
3	0002	凌祯	2020/3/10	110227199303150150	人力资源部	77	E	2020/4/1	admin	1993/3/15
4	0003	张盛茗	2020/2/19	110227199410120177	财务部	99	A	2020/4/1	admin	1994/10/12
5	0004	王大刀	2020/1/5	110227198901170193	采购部	83	D	2020/4/1	admin	1989/1/17
6	0005	李明	2020/3/28	110227199603060244	仓储部	93	C	2020/4/1	admin	1996/3/6
7	0006	翁国栋	2020/1/18	110227199503010230	研发部	84	D	2020/4/1	admin	1995/3/1
8	0007	康书	2020/1/9	110227199004140257	设计部	81	D	2020/4/1	admin	1990/4/14
9	0008	孙坛	2020/1/11	110227198908230273	测试部	82	D	2020/4/1	admin	1989/8/23
10	0009	张一波	2020/1/20	11022719961003029X	工艺部	83	D	2020/4/1	admin	1996/10/3
11	0010	马鑫	2020/1/12	110227198802180417	质量部	93	C	2020/4/1	admin	1988/2/18
12	0011	倪国梁	2020/1/17	110227199401230433	销售部	87	D	2020/4/2	admin	1994/1/23
13	0012	程桂刚	2020/1/6	11022719870120045X	商务部	82	D	2020/4/2	admin	1987/1/20
14	0013	陈希龙	2020/3/21	110227199111170476	市场部	91	C	2020/4/2	admin	1991/11/17
15	0014	李龙	2020/1/5	150203199512020472	售后服务部	88	D	2020/4/2	admin	1995/12/2
16	0015	桑玮	2020/2/15	130825199105138665	综合管理部	98	A	2020/4/2	admin	1991/5/13
17	0016	张娟	2020/2/25	210224199007216341	人力资源部	90	C	2020/4/2	admin	1990/7/21
18	0017	杜志强	2020/1/10	210601199107200758	财务部	99	A	2020/4/2	admin	1991/7/20
19	0018	史伟	2020/2/17	620421199208081752	采购部	77	E	2020/4/2	admin	1992/8/8
20	0019	张步青	2020/1/3	430408199006197654	仓储部	76	E	2020/4/2	admin	1990/6/19
21	0020	吴姣姣	2020/3/19	120105199206030172	研发部	78	E	2020/4/2	admin	1992/6/3
22	0021	任隽芳	2020/1/14	220122199212171713	设计部	85	D	2020/4/3	admin	1992/12/17
23	0022	王晓琴	2020/2/16	110108199209188378	测试部	94	C	2020/4/3	admin	1992/9/18
24	0023	姜滨	2020/2/29	610525199304109996	工艺部	76	E	2020/4/3	admin	1993/4/10
25	0024	张新文	2020/3/20	520103199304030338	质量部	99	A	2020/4/3	admin	1993/4/3
26	0025	张清兰	2020/1/12	340201199107224415	销售部	80	D	2020/4/3	admin	1991/7/22
27	0026	迟爱学	2020/1/19	513200199310268032	商务部	100	A	2020/4/3	admin	1993/10/26
28	0027	王守胜	2020/1/8	230903199311214471	市场部	97	B	2020/4/3	admin	1993/11/21
29	0028	胡德刚	2020/2/16	150826199202118930	售后服务部	96	B	2020/4/3	admin	1992/2/11
30	0029	向恺	2020/3/11	620801199309083657	市场部	91	C	2020/4/3	admin	1993/9/8
31	0030	殷孟珍	2020/3/16	61040119911126917X	市场部	78	E	2020/4/3	admin	1991/11/26

图 6-48

6.4 Excel 与 TXT 联动更新

这种使用自文本导入数据的方法究竟有什么好处呢?

当 TXT 文件中的数据发生录入错误的情况，如修改“表姐”的考核得分为“110”，或者新增数据，如“员工编号”为“0031”、姓名为“安迪”的数据，如图 6-49 所示。

将修改后的 TXT 文件保存后，回到前面通过自文本导入的 Excel 工作表中，选中工作表中的任意单元格并右击→在弹出的快捷菜单中选择【刷新】选项，如图 6-50 所示。

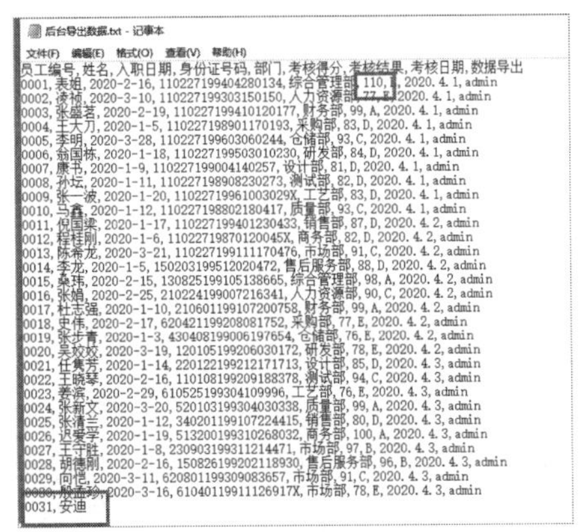
后台导出数据.txt - 记事本
文件(F) 编辑(E) 格式(O) 查看(V) 帮助(H)
员工编号, 姓名, 入职日期, 身份证号码, 部门, 考核得分, 考核结果, 考核日期, 数据导出
0001, 表姐, 2020-2-16, 110227199404280134, 综合管理部, 110, E, 2020. 4. 1, admin
0002, 凌祯, 2020-3-10, 110227199303150150, 人力资源部, 77, E, 2020. 4. 1, admin
0003, 张盛茗, 2020-2-19, 110227199410120177, 财务部, 99, A, 2020. 4. 1, admin
0004, 王大刀, 2020-1-5, 110227198901170193, 采购部, 83, D, 2020. 4. 1, admin
0005, 李明, 2020-3-28, 110227199603060244, 仓储部, 93, C, 2020. 4. 1, admin
0006, 翁国栋, 2020-1-18, 110227199503010230, 研发部, 84, D, 2020. 4. 1, admin
0007, 康书, 2020-1-9, 110227199004140257, 设计部, 81, D, 2020. 4. 1, admin
0008, 孙坛, 2020-1-11, 110227198908230273, 测试部, 82, D, 2020. 4. 1, admin
0009, 张一波, 2020-1-20, 11022719961003029X, 工艺部, 83, D, 2020. 4. 1, admin
0010, 马鑫, 2020-1-12, 110227198802180417, 质量部, 93, C, 2020. 4. 1, admin
0011, 倪国梁, 2020-1-17, 110227199401230433, 销售部, 87, D, 2020. 4. 2, admin
0012, 程桂刚, 2020-1-6, 11022719870120045X, 商务部, 82, D, 2020. 4. 2, admin
0013, 陈希龙, 2020-3-21, 110227199111170476, 市场部, 91, C, 2020. 4. 2, admin
0014, 李龙, 2020-1-5, 150203199512020472, 售后服务部, 88, D, 2020. 4. 2, admin
0015, 桑玮, 2020-2-15, 130825199105138665, 综合管理部, 98, A, 2020. 4. 2, admin
0016, 张娟, 2020-2-25, 210224199007216341, 人力资源部, 90, C, 2020. 4. 2, admin
0017, 杜志强, 2020-1-10, 210601199107200758, 财务部, 99, A, 2020. 4. 2, admin
0018, 史伟, 2020-2-17, 620421199208081752, 采购部, 77, E, 2020. 4. 2, admin
0019, 张步青, 2020-1-3, 430408199006197654, 仓储部, 76, E, 2020. 4. 2, admin
0020, 吴姣姣, 2020-3-19, 120105199206030172, 研发部, 78, E, 2020. 4. 2, admin
0021, 任隽芳, 2020-1-14, 220122199212171713, 设计部, 85, D, 2020. 4. 3, admin
0022, 王晓琴, 2020-2-16, 110108199209188378, 测试部, 94, C, 2020. 4. 3, admin
0023, 姜滨, 2020-2-29, 610525199304109996, 工艺部, 76, E, 2020. 4. 3, admin
0024, 张新文, 2020-3-20, 520103199304030338, 质量部, 99, A, 2020. 4. 3, admin
0025, 张清兰, 2020-1-12, 340201199107224415, 销售部, 80, D, 2020. 4. 3, admin
0026, 迟爱学, 2020-1-19, 513200199310268032, 商务部, 100, A, 2020. 4. 3, admin
0027, 王守胜, 2020-1-8, 230903199311214471, 市场部, 97, B, 2020. 4. 3, admin
0028, 胡德刚, 2020-2-16, 150826199202118930, 售后服务部, 96, B, 2020. 4. 3, admin
0029, 向恺, 2020-3-11, 620801199309083657, 市场部, 91, C, 2020. 4. 3, admin
0030, 殷孟珍, 2020-3-16, 61040119911126917X, 市场部, 78, E, 2020. 4. 3, admin
0031, 安迪

图 6-49

	A	B	C	D	E	F	G	H	I	J
1	员工编号	姓名	入职日期	身份证号码	部门	考核得分	考核结果	考核日期	数据导出	号码
2	0001	表姐	2020/2/16	110227199404280134	综合管理部	79	E	2020/4/1	admin	1994/4/28
3	0002	凌祯	2020/3/10	110227199303150150	人力资源部					1993/3/15
4	0003	张盛茗	2020/2/19	110227199410120177	财务部					1994/10/12
5	0004	王大刀	2020/1/5	110227198901170193	采购部					1989/1/17
6	0005	李明	2020/3/28	110227199603060244	仓储部					1996/3/6
7	0006	翁国栋	2020/1/18	110227199503010230	研发部			020/4/1	admin	1995/3/1
8	0007	康书	2020/1/9	110227199004140257	设计部			020/4/1	admin	1990/4/14
9	0008	孙坛	2020/1/11	110227198908230273	测试部			020/4/1	admin	1989/8/23
10	0009	张一波	2020/1/20	11022719961003029X	工艺部			020/4/1	admin	1996/10/3
11	0010	马鑫	2020/1/12	110227198802180417	质量部			020/4/1	admin	1988/2/18
12	0011	倪国梁	2020/1/17	110227199401230433	销售部			020/4/2	admin	1994/1/23
13	0012	程桂刚	2020/1/6	11022719870120045X	商务部			020/4/2	admin	1987/1/20
14	0013	陈希龙	2020/3/21	110227199111170476	市场部			020/4/2	admin	1991/11/17
15	0014	李龙	2020/1/5	150203199512020472	售后服务部			020/4/2	admin	1995/12/2
16	0015	桑玮	2020/2/15	130825199105138665	综合管理部			020/4/2	admin	1991/5/13
17	0016	张娟	2020/2/25	210224199007216341	人力资源部			020/4/2	admin	1990/7/21
18	0017	杜志强	2020/1/10	210601199107200758	财务部			020/4/2	admin	1991/7/20
19	0018	史伟	2020/2/17	620421199208081752	采购部			020/4/2	admin	1992/8/8
20	0019	张步青	2020/1/3	430408199006197654	仓储部			020/4/2	admin	1990/6/19
21	0020	吴姣姣	2020/3/19	120105199206030172	研发部			020/4/2	admin	1992/6/3
22	0021	任隽芳	2020/1/14	220122199212171713	设计部			020/4/3	admin	1992/12/17
23	0022	王晓琴	2020/2/16	110108199209188378	测试部			020/4/3	admin	1992/9/18
24	0023	姜滨	2020/2/29	610525199304109996	工艺部			020/4/3	admin	1993/4/10
25	0024	张新文	2020/3/20	520103199304030338	质量部			020/4/3	admin	1993/4/3
26	0025	张清兰	2020/1/12	340201199107224415	销售部			020/4/3	admin	1991/7/22
27	0026	迟爱学	2020/1/19	513200199310268032	商务部			020/4/3	admin	1993/10/26
28	0027	王守胜	2020/1/8	230903199311214471	市场部			020/4/3	admin	1993/11/21
29	0028	胡德刚	2020/2/16	150826199202118930	售后服务部			020/4/3	admin	1992/2/11
30	0029	向恺	2020/3/11	620801199309083657	市场部			020/4/3	admin	1993/9/8
31	0030	殷孟珍	2020/3/16	61040119911126917X	市场部			020/4/3	admin	1991/11/26
32										

剪切(T)
复制(C)
粘贴选项:
选择性粘贴(S)...
智能查找(L)
刷新(R)
插入(I)
删除(D)
选择(L)
清除内容(N)
快速分析(Q)
排序(O)
筛选(E)
表格(B)
从表格/区域获取数据(G)...
插入批注(M)
设置单元格格式(F)...
从下拉列表中选择(K)...

图 6-50

再次确认 TXT 文件来源(找到计算机上的文件)→单击【导入】按钮，如图 6-51 所示。

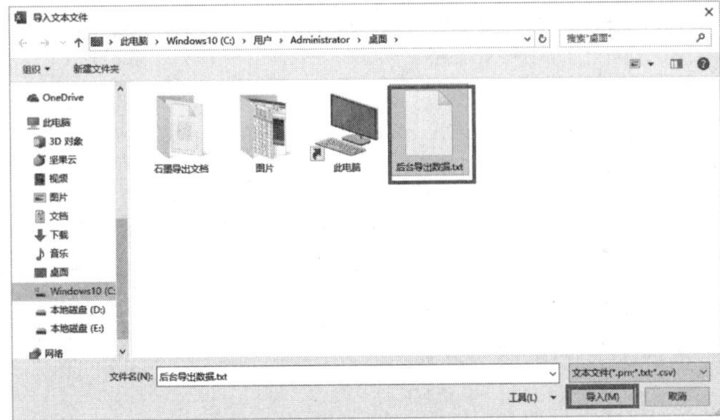

图 6-51

如图 6-52 所示，Excel 中的数据已经同步更新了。

员工编号	姓名	入职日期	身份证号码	部门	考核得分	考核
0001	表姐	2020/2/16	110227199404280134	综合管理部	110	E
0002	凌祯	2020/3/10	110227199303150150	人力资源部	77	E
0003	张盛茗	2020/2/19	110227199410120177	财务部	99	A
0004	王大刀	2020/1/5	110227198901170193	采购部	83	D
0005	李明	2020/3/28	110227199603060244	仓储部	93	C
0006	翁国栋	2020/1/18	110227199503010230	研发部	84	D
0007	康书	2020/1/9	110227199004140257	设计部	81	D
0008	孙坛	2020/1/11	110227198908230273	测试部	82	D
0009	张一波	2020/1/20	11022719961003029X	工艺部	83	D
0010	马鑫	2020/1/12	110227198802180417	质量部	93	C
0011	倪国梁	2020/1/17	110227199401230433	销售部	87	D
0012	程桂刚	2020/1/6	11022719870120045X	商务部	82	D
0013	陈希龙	2020/3/21	110227199111170476	市场部	91	C
0014	李龙	2020/1/5	150203199512020472	售后服务部	88	D
0015	桑玮	2020/2/15	130825199105138665	综合管理部	98	A
0016	张娟	2020/2/25	210224199007216341	人力资源部	90	C
0017	杜志强	2020/1/10	210601199107200758	财务部	99	A
0018	史伟	2020/2/17	620421199208081752	采购部	77	E
0019	张步青	2020/1/3	430408199006197654	仓储部	76	E
0020	吴姣姣	2020/3/19	120105199206030172	研发部	78	E
0021	任隽芳	2020/1/14	220122199212171713	设计部	85	D
0022	王晓琴	2020/2/16	110108199209188378	测试部	94	C
0023	姜滨	2020/2/29	610525199304109996	工艺部	76	E
0024	张新文	2020/3/20	520103199304030338	质量部	99	A
0025	张清兰	2020/1/12	340201199107224415	销售部	80	D
0026	迟爱学	2020/1/19	513200199310268032	商务部	100	A
0027	王守胜	2020/1/8	230903199311214471	市场部	97	B
0028	胡德刚	2020/2/16	150826199202118930	售后服务部	96	B
0029	向恺	2020/3/11	620801199309083657	市场部	91	C
0030	殷子珍	2020/3/16	61040119911126917X	市场部	78	E
0031	安迪					

图 6-52

通过自文本导入的数据，无论原 TXT 文件中的数据发生什么变动，在 Excel 中都可以实现同步更新。

使用这样的方式处理工作中随时可能变化的数据，就不会搞得头昏眼花、头昏脑涨了，有没有一种相见恨晚的感觉呢?

6.5 日期的分组筛选

单击“考核日期”旁边的【筛选】按钮，可以看到在筛选器中有一个【日期筛选】选项，并且下方已为日期按照年、月自动设置了分组筛选，可以直接根据需要筛选出数据，如图 6-53 所示。

图 6-53

这就是选择“日期”格式的好处，可以利用 Excel 的日期筛选功能，将日期自动分类、汇总，在后续的数据透视表章节中还会更加深入地了解它的好处。

在工作中，你可能会遇到图 6-54 所示的日期格式。

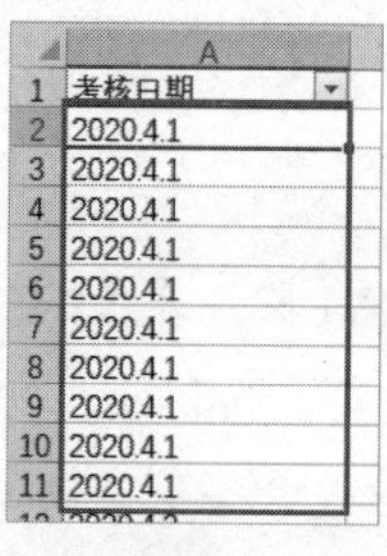

考核日期
2020.4.1
2020.4.1
2020.4.1
2020.4.1
2020.4.1
2020.4.1
2020.4.1
2020.4.1
2020.4.1
2020.4.1

图 6-54

单击“考核日期”旁边的【筛选】按钮，此日期并没有按照年、月分组筛选，而是出现了一个【文本筛选】选项，如图 6-55 所示。

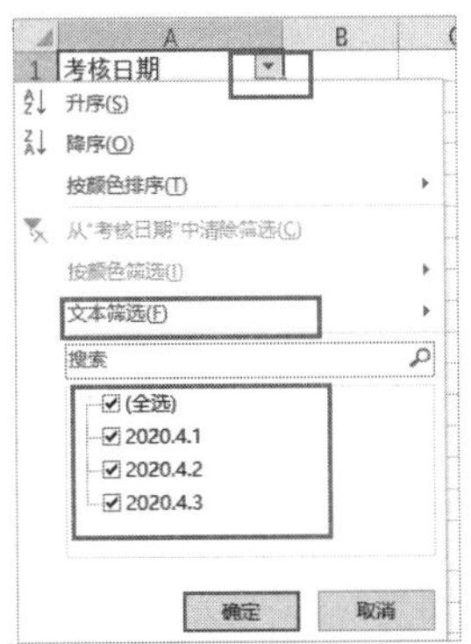

图 6-55

这是因为在 Excel 中，像“2020.4.1”这样用点分隔的日期并不是真正意义上的日期，笔者将它称为“假日期”——一个貌似日期的文本。所以，它既不能像图 6-53 那样进行日期的分类、汇总，也不能按照年、月、日进行分类。

对于这样的假日期，可以使用查找替换的方法——将“.”替换为“/”，将其转化为真日期。

首先按 <Ctrl+H> 键快速打开【查找和替换】对话框 。如果要将所有的“.”都替换为“/”，就在【查找内容】文本框中输入要替换的“.”，然后在【替换为】文本框中输入替换的内容，即“/”，单击【全部替换】按钮，如图 6-56 所示。

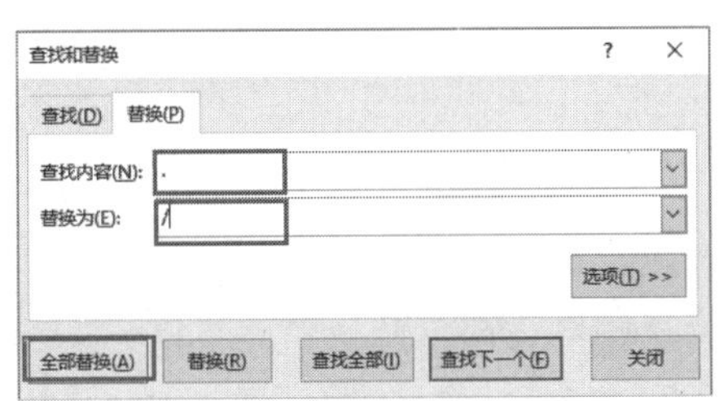

图 6-56

如图 6-57 所示，日期格式已由 2020.4.1 这样的假日期，转化为 2020/4/1 这样的真日期了。

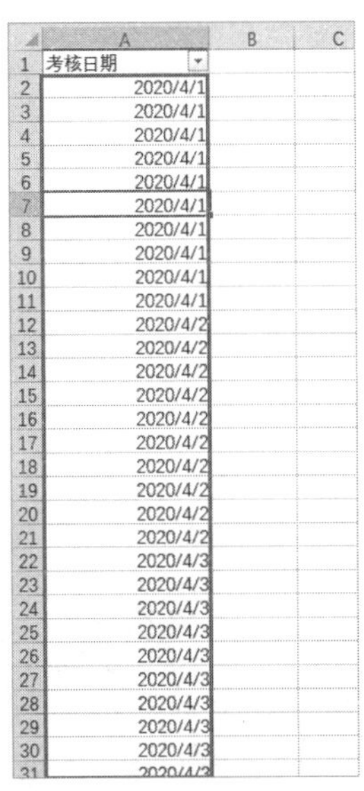

	A	B	C
1	考核日期		
2	2020/4/1		
3	2020/4/1		
4	2020/4/1		
5	2020/4/1		
6	2020/4/1		
7	2020/4/1		
8	2020/4/1		
9	2020/4/1		
10	2020/4/1		
11	2020/4/1		
12	2020/4/2		
13	2020/4/2		
14	2020/4/2		
15	2020/4/2		
16	2020/4/2		
17	2020/4/2		
18	2020/4/2		
19	2020/4/2		
20	2020/4/2		
21	2020/4/2		
22	2020/4/3		
23	2020/4/3		
24	2020/4/3		
25	2020/4/3		
26	2020/4/3		
27	2020/4/3		
28	2020/4/3		
29	2020/4/3		
30	2020/4/3		

图 6-57

温馨提示

在工作中，还有许许多多的假日期格式，这里没有办法穷举所有的假日期格式，但是笔者希望大家记住，Excel 能够认可的真日期格式只有以下 3 种。

（1）一横：2020-4-1。

（2）一杠：2020/4/1。

（3）年月日：2020 年 4 月 1 日。

口诀如图 6-58 所示。

图 6-58

6.6 快速填充

你有没有遇到过图 6-59 所示的这种表格：为了使不同长度的姓名两端对齐，经常用空格去补充空位。但这样做，每当调整列宽时，事先设置好的对齐就会失效。此时，想要删除单元格中多余的空格，又不能删除英文姓名中间的空格，除手动一个个删除外，还有什么快速的方法呢？这里可以使用快速填充来解决这个问题。

	A	B	C	D	E	F	G	H	I
1	员工姓名	姓名	手机号码	手机****号码	地址	省份	城市	区	区-城市-省份
2	表姐	表　　姐	15914806243	159****6243	江西省九江市浔阳区人民路6号	江西	九江	浔阳区	浔阳区-九江市-江西省
3	王大壮	王　大　壮	15526106595	155****6595	湖南省长沙市芙蓉区观塘里8号	湖南	长沙	芙蓉区	芙蓉区-长沙市-湖南省
4	西门吹雪	西 门 吹 雪	15096553490	150****3490	广东省广州市海珠区赤岗路10号	广东	广州	海珠区	海珠区-广州市-广东省
5	Lisa Zhang	Lisa Zhang	13878033234	138****3234	河北省廊坊市三河区迎宾路188号	河北	廊坊	三河区	三河区-廊坊市-河北省
6	Zhang xin	Zhang　xin	13353493421	133****3421	广东省深圳市宝安区幸福里808号	广东	深圳	宝安区	宝安区-深圳市-广东省
7	安迪	安　　迪	13211541544	132****1544	辽宁省沈阳市皇姑区江边路606号	辽宁	沈阳	皇姑区	皇姑区-沈阳市-辽宁省

图 6-59

（1）立规矩：在“Ctrl+E”工作表的“姓名”列的第一个单元格中输入规律，即“表姐”（删除空格后的效果）。

（2）快速填充：将光标放在【B2】单元格右下角，当光标变为十字句柄时，双击鼠标向下填充→单击【B7】单元格右下角的【快速填充】按钮→在弹出的快捷菜单中选择【快速填充】选项，如图 6-60 所示。

	A	B	C	D
1	员工姓名	姓名	手机号码	手机****号码
2	表姐	表姐	15914806243	159****6243
3	王大壮	表姐	15526106595	
4	西门吹雪	表姐	15096553490	
5	Lisa Zhang	表姐	13878033234	
6	Zhang xin	表姐	13353493421	
7	安迪	表姐	13211541544	

复制单元格(C)
仅填充格式(F)
不带格式填充(O)
快速填充(F)

图 6-60

如图 6-61 所示，已经利用“快速填充”功能删除了姓名中多余的空格。

	A	B	C
1	员工姓名	姓名	手机号码
2	表姐	表姐	15914806243
3	王大壮	王大壮	15526106595
4	西门吹雪	西门吹雪	15096553490
5	Lisa Zhang	Lisa Zhang	13878033234
6	Zhang xin	Zhang xin	13353493421
7	安迪	安迪	13211541544

图 6-61

温馨提示

使用“快速填充”功能的要求如下。

（1）版本要求：Excel 2013 以上版本。

（2）数据有规律。

（3）在第一行手动写上规律。

（3）两端对齐：选中【B2:B7】单元格区域→选择【开始】选项卡→单击【对齐方式】功能组右下角的小箭头→在弹出的【设置单元格格式】对话框中选择【对齐】选项卡→在【水平对齐】下拉列表中选择【分散对齐】选项→单击【确定】按钮，如图 6-62 所示。

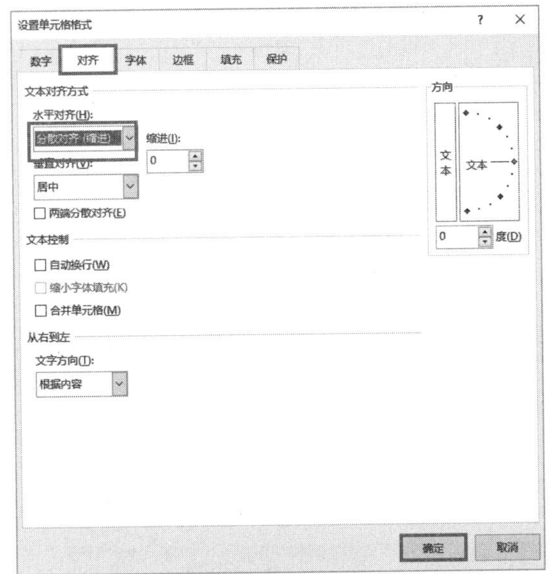

图 6-62

此时，无论怎样调整列宽都不会对姓名的对齐方式产生影响了，如图 6-63 所示。

	A	B	C	D
1	员工姓名	姓名	手机号码	手机****号码
2	表姐	表　　姐	15914806243	159****6243
3	王大壮	王　大　壮	15526106595	
4	西门吹雪	西　门　吹　雪	15096553490	
5	Lisa Zhang	Lisa　Zhang	13878033234	
6	Zhang xin	Zhang　xin	13353493421	
7	安迪	安　　迪	13211541544	

图 6-63

接下来选中【B2:B7】单元格→单击【减小缩进量】按钮，将其调整到合适的大小间距，如图 6-64 所示。

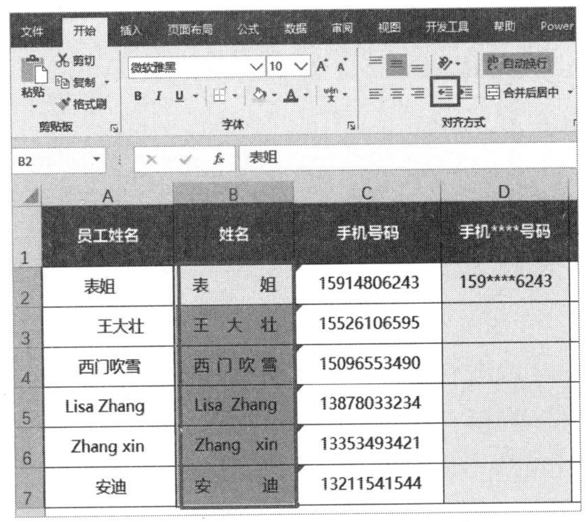

	A	B	C	D
1	员工姓名	姓名	手机号码	手机****号码
2	表姐	表　姐	15914806243	159****6243
3	王大壮	王 大 壮	15526106595	
4	西门吹雪	西 门 吹 雪	15096553490	
5	Lisa Zhang	Lisa Zhang	13878033234	
6	Zhang xin	Zhang　xin	13353493421	
7	安迪	安　迪	13211541544	

图 6-64

除前文介绍的利用双击鼠标的方式进行快速填充外，还可以利用 <Ctrl+E> 键的方式进行快速填充。

想要将手机号码中间四位设置为“****”，可以使用快速填充的方法来批量设置。

（1）立规矩：设置首个单元格“手机号码”格式为“159****6243”。

（2）快速填充：选中【D3】单元格，按 <Ctrl+E> 键向下填充。

如图 6-65 所示，已经利用“快速填充”功能将手机号码中间四位设置为“****”了。

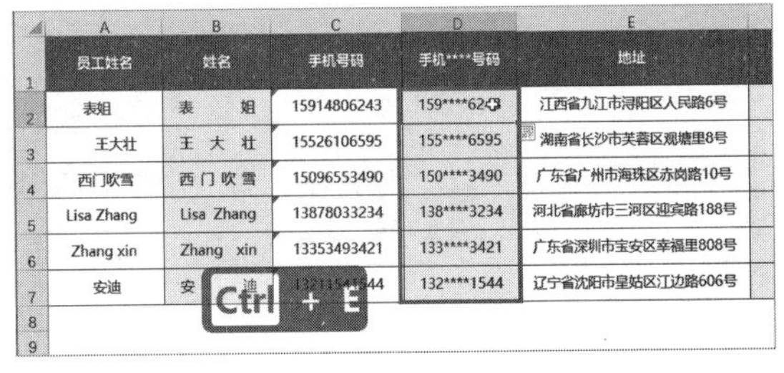

	A	B	C	D	E
1	员工姓名	姓名	手机号码	手机****号码	地址
2	表姐	表　姐	15914806243	159****6243	江西省九江市浔阳区人民路6号
3	王大壮	王 大 壮	15526106595	155****6595	湖南省长沙市芙蓉区观塘里8号
4	西门吹雪	西 门 吹 雪	15096553490	150****3490	广东省广州市海珠区赤岗路10号
5	Lisa Zhang	Lisa Zhang	13878033234	138****3234	河北省廊坊市三河区迎宾路188号
6	Zhang xin	Zhang xin	13353493421	133****3421	广东省深圳市宝安区幸福里808号
7	安迪	安　迪	13211541544	132****1544	辽宁省沈阳市皇姑区江边路606号
8					
9					

图 6-65

同理，可对“省份”“城市”“区”，还有“区 - 城市 - 省份”这样的重组关系进行快速填充，如图 6-66 所示。

	A	B	C	D	E	F	G	H	I
1	员工姓名	姓名	手机号码	手机****号码	地址	省份	城市	区	区-城市-省份
2	表姐	表 姐	15914806243	159****6243	江西省九江市浔阳区人民路6号	江西	九江	浔阳区	浔阳区-九江市-江西省
3	王大壮	王 大 壮	15526106595	155****6595	湖南省长沙市芙蓉区观塘里8号	湖南	长沙	芙蓉区	芙蓉区-长沙市-湖南省
4	西门吹雪	西 门 吹 雪	15096553490	150****3490	广东省广州市海珠区赤岗路10号	广东	广州	海珠区	海珠区-广州市-广东省
5	Lisa Zhang	Lisa Zhang	13878033234	138****3234	河北省廊坊市三河区迎宾路188号	河北	廊坊	三河区	三河区-廊坊市-河北省
6	Zhang xin	Zhang xin	13353493421	133****3421	广东省深圳市宝安区幸福里808号	广东	深圳	宝安区	宝安区-深圳市-广东省
7	凌祯	凌 祯	13211541544	132****1544	湖北省武汉市高新区江边路606号	湖北	武汉	高新区	高新区-武汉市-湖北省

图 6-66

使用 <Ctrl+E> 键快速填充之前，需要在【F2:I2】单元格区域中手动输入需要摘录信息的规律，例如，省份（江西）、城市（九江）、区（浔阳区）、区－城市－省份（浔阳区－九江市－江西省），甚至是门牌号，等等。然后才可以使用 <Ctrl+E> 键快速填充，快速完成后面数据的整理，如图 6-67 所示。

	A	B	C	D	E	F	G	H	I
1	员工姓名	姓名	手机号码	手机****号码	地址	省份	城市	区	区-城市-省份
2	表姐	表 姐	15914806243	159****6243	江西省九江市浔阳区人民路6号	江西	九江	浔阳区	浔阳区-九江市-江西省
3	王大壮	王 大 壮	15526106595	155****6595	湖南省长沙市芙蓉区观塘里8号				
4	西门吹雪	西 门 吹 雪	15096553490	150****3490	广东省广州市海珠区赤岗路10号				
5	Lisa Zhang	Lisa Zhang	13878033234	138****3234	河北省廊坊市三河区迎宾路188号				
6	Zhang xin	Zhang xin	13353493421	133****3421	广东省深圳市宝安区幸福里808号				
7	安迪	安 迪	13211541544	132****1544	辽宁省沈阳市皇姑区江边路606号				

图 6-67

利用快速填充，分分钟就可以完成 Excel 小白一天都干不完的工作。其实很多时候工作本身并不难，只是缺少一个正确的方法。

第7关 选择性粘贴与分类汇总

本关背景

经过前面 6 关的介绍，相信你已经对 Excel 的功能有所了解了，接下来就来一起继续探索神奇的 Excel 世界吧！

工作中难免会遇到需要按照不同类别将数据分组汇总的情况，如图 7-1 所示。

如果手动进行分组，不仅工作效率低，而且容易出现错误。本关就来利用分类汇总的方法，轻松完成分组统计，并制作各部门预算汇总表，如图 7-2 所示。

销售大区	分公司	销售经理	收入预算	成本预算	利润预算
华东	上海	表姐	750	548	202
华东	上海	安迪	946	681	265
华东	上海	张盛茗	843	641	202
华东	福建	罗易龙	373	276	97
华东	福建	倪国梁	583	501	82
华东	江苏	陈希龙	451	298	153
华东	江苏	桑玮	336	239	97
华东	江苏	杜志强	797	622	175
华东	浙江	张弘民	180	137	43
华东	浙江	常邦昱	225	169	56
华南	广东	胡召艳	308	274	34
华南	广东	李明	976	859	117
华南	广东	鲁双双	504	433	71
华南	广西	邹新文	607	540	67
华南	海南	孙坛	465	335	130

图 7-1

销售大区	分公司	销售经理	收入预算	成本预算	利润预算
华东	上海	表姐	750	548	202
华东	上海	安迪	946	681	265
华东	上海	张盛茗	843	641	202
	上海 汇总		2539	1870	669
华东	福建	罗易龙	373	276	97
华东	福建	倪国梁	583	501	82
	福建 汇总		956	777	179
华东	江苏	陈希龙	451	298	153
华东	江苏	桑玮	336	239	97
华东	江苏	杜志强	797	622	175
	江苏 汇总		1584	1159	425
华东	浙江	张弘民	180	137	43
华东	浙江	常邦昱	225	169	56
	浙江 汇总		405	306	99
华东 汇总			5484	4112	1372

图 7-2

7.1 选择性粘贴：转置

1. 横纵向表格介绍

打开"素材文件 /07- 选择性粘贴与分类汇总 /07- 选择性粘贴与分类汇总 – 燃烧的预算汇总 .xlsx"源文件。在"纵向的表"和"横向的表"工作表中，可以看到"某公司总体预算汇总表格"的特点：华东和华南分公司的表格为纵向，而华北分公司的表格为横向。

在实际工作中，你是否也纠结过，做表究竟是做成标题行在上、数据明细在下的"纵向表"，还是做成标题行在左、数据明细在右的

“横向表”呢?

这里笔者建议做成“纵向表”。因为后面做数据透视表、函数计算等时，都需要纵向表格，纵向表格是一切数据分析的基础表样。

例如，在“横向表”中，无法对数据进行筛选。因为 Excel 只支持标题行在顶部，向下筛选；不支持标题行在左侧，向右筛选。因此，需要快速地实现“横表变竖表”。

2. 横向表格变纵向表格

选中“横向的表”工作表中华北分公司的【C1:X6】单元格区域→按 <Ctrl+C> 键复制，如图 7-3 所示。

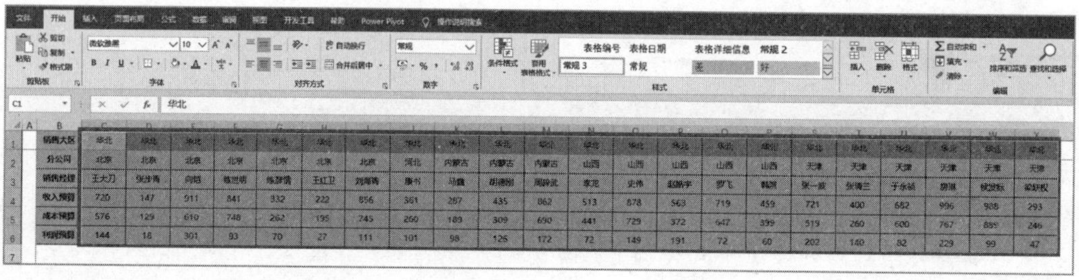

图 7-3

温馨提示

还可以利用快捷键快速选择表格区域，即选中【C1】单元格后，按 <Ctrl+Shift+ → + ↓ > 键。

然后来到“纵向的表”工作表→选中【B17】单元格并右击→在弹出的快捷菜单中选择【选择性粘贴】选项，如图 7-4 所示。

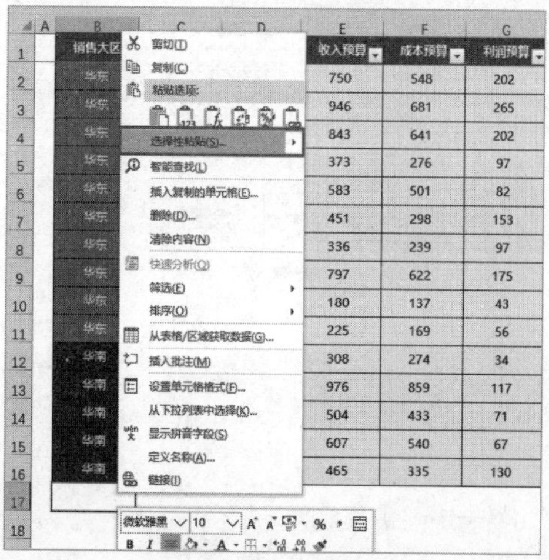

图 7-4

在弹出的【选择性粘贴】对话框中选中【转置】复选框→单击【确定】按钮，如图 7-5 所示。

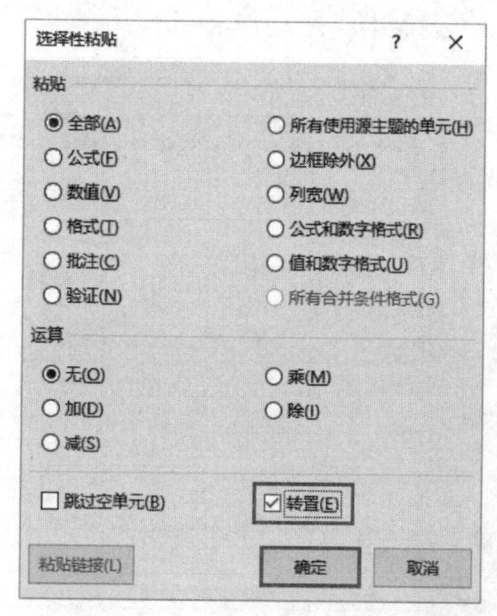

图 7-5

温馨提示

【选择性粘贴】对话框分为 3 个功能区，分别是【粘贴】、【运算】及【跳过空单元】和【转置】。在前两个功能区中，只能选择其中一项。3 个功能区中的内容可以并列存在。

这时就将横向的表格变为纵向的表格，并放在原有表格的下方了，如图 7-6 所示。

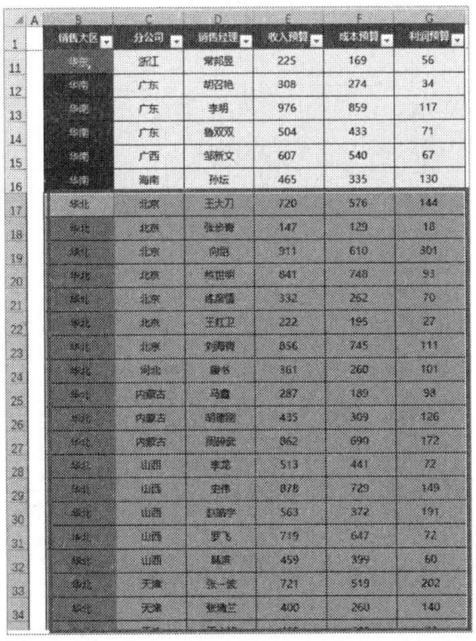

图 7-6

当然还有更快的操作，将横向的表格复制后，选中【B17】单元格并右击，在弹出的快捷菜单中选择【选择性粘贴】中的【转置】选项，如图 7-7所示。

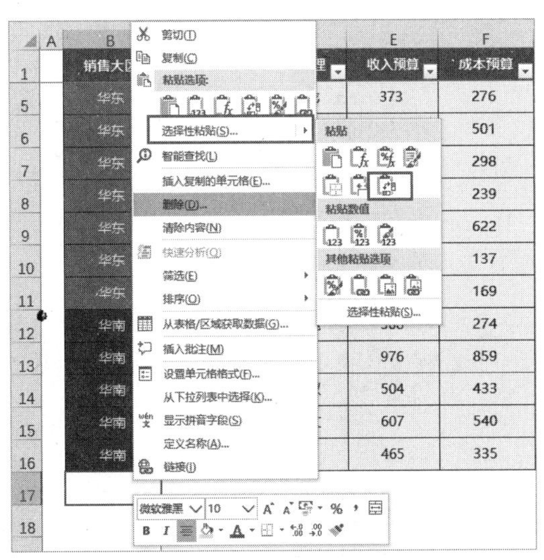

图 7-7

按照以上方法，即可快速完成“横表变竖表”的转换。

7.2 选择性粘贴：跳过空白单元格

实际工作中，每个公司往往都有自己固定的模板，将模板分发给各个大区、部门进行填写，然后将所有表格汇总为一张表。

如图 7-8 所示，需要将“华东”“华南”“华北”3 个大区的统计表汇总到一起，同样可以用选择性粘贴来完成。

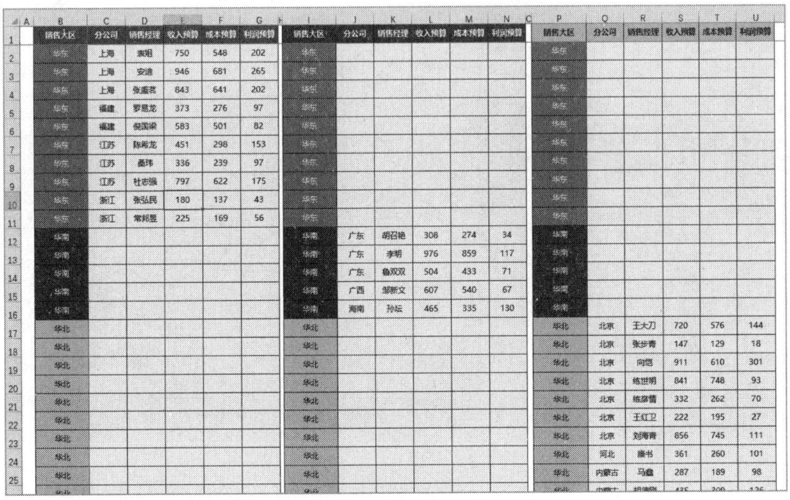

图 7-8

在“跳过空白”工作表中，选中【J2:N38】单元格区域→按 <Ctrl+C> 键复制，如图 7-9 所示。

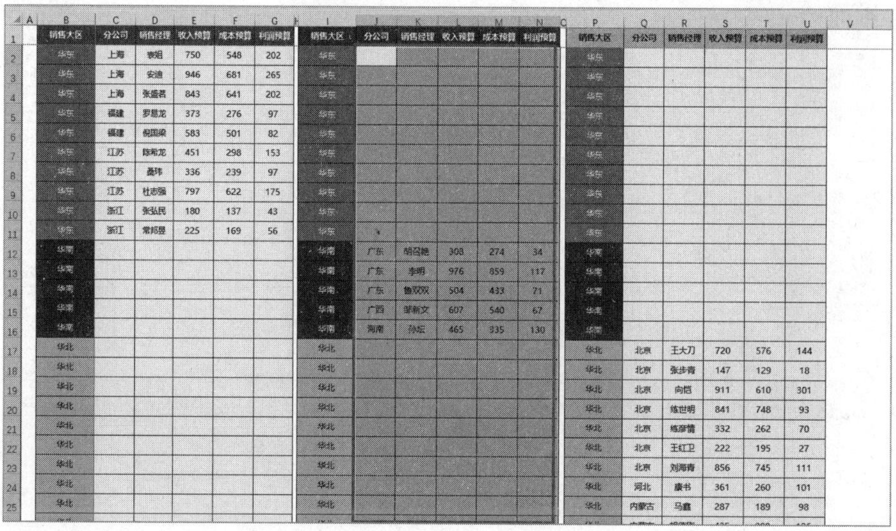

图 7-9

然后选中【C2】单元格（最终要粘贴到一起的表，其数据区域的第一个单元格）并右击，在弹出的快捷菜单中选择【选择性粘贴】选项，如图 7-10 所示。

在弹出的【选择性粘贴】对话框中选中【跳过空单元】复选框→单击【确定】按钮，如图 7-11 所示。

图 7-10

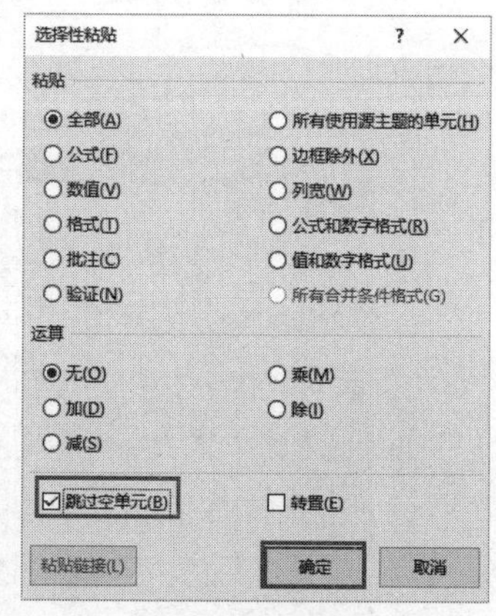

图 7-11

此时，即可将“华东”和“华南”两个大区的数据合并在一起，并且在合并时，Excel 自动完成了跳过空白区域且进行了数据汇总的操作，如图 7-12 所示。

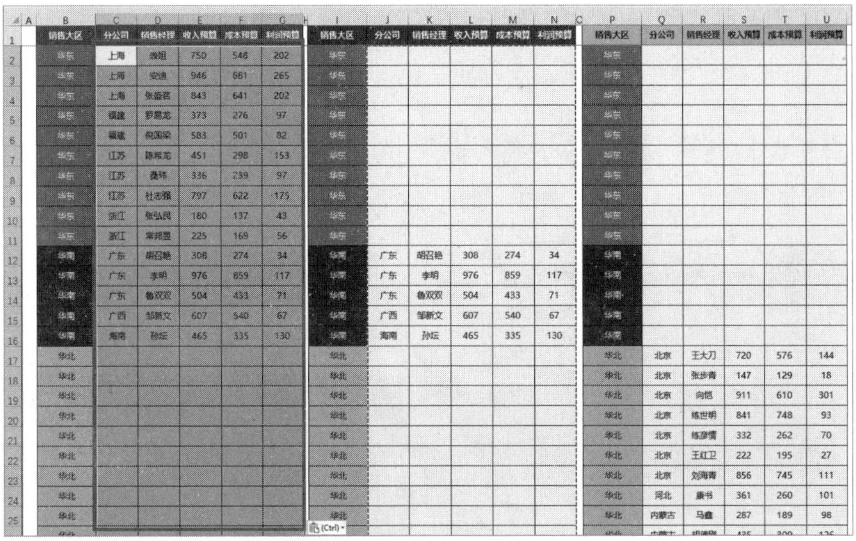

图 7-12

同理，继续将“华北”大区的数据汇总在一起，效果如图 7-13 所示。

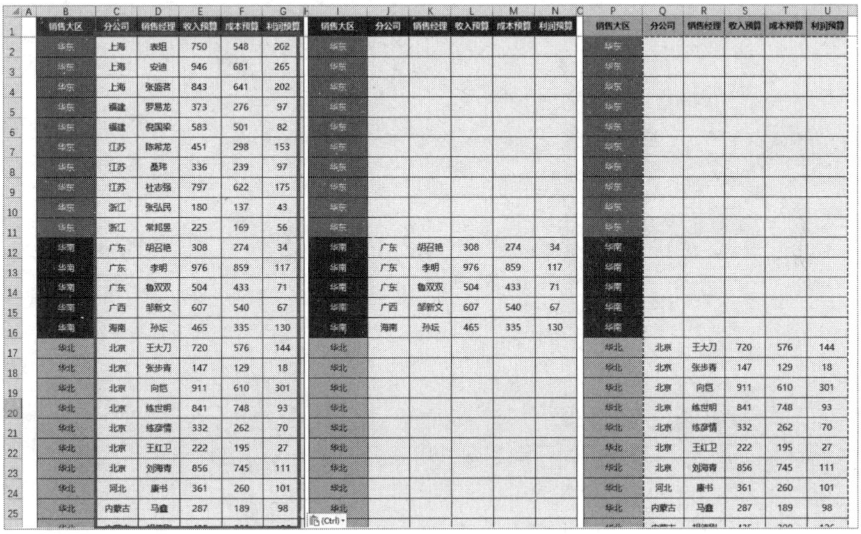

图 7-13

7.3 选择性粘贴：运算

企业的运营方式都是增加收入并降低成本，从而达到利润最大化。所以，有时销售大区的预算申请公司总部都会有所调整。在介绍函数公式前，可以通过选择性粘贴的方式快速实现运算。

1. 创建变化系数表

在实际情况中，可以先将需要调整项目的变化系数创建一个新的表格（此数据表为单独表格，仅为调整预算里收入、成本等项目的变化量）。

如图 7-14 所示，“计算”工作表中黄色的表格是总公司的变化系数表。

销售大区	分公司	销售经理	收入预算	成本预算	利润预算
华东	上海	表姐	900	521	379
华东	上海	安迪	1135	647	488
华东	上海	张盛茗	1012	609	403
华东	福建	罗易龙	448	262	185
华东	福建	倪国梁	700	476	224
华东	江苏	陈希龙	541	283	258
华东	江苏	桑玮	403	227	176
华东	江苏	杜志强	956	591	366

预算调整	增收入	降成本
幅度	1.2	0.95

公司要求所有收入，增加20%；成本降低5%

图 7-14

2. 运算操作过程

选中【K2:L2】单元格区域并右击，在弹出的快捷菜单中选择【复制】选项（或按 <Ctrl+C> 键复制），如图 7-15 所示。

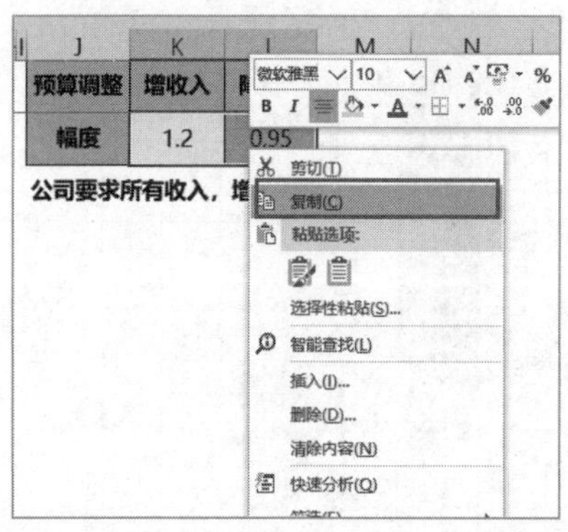

图 7-15

然后选中【E2:F38】单元格区域并右击，在弹出的快捷菜单中选择【选择性粘贴】选项，如图 7-16 所示。

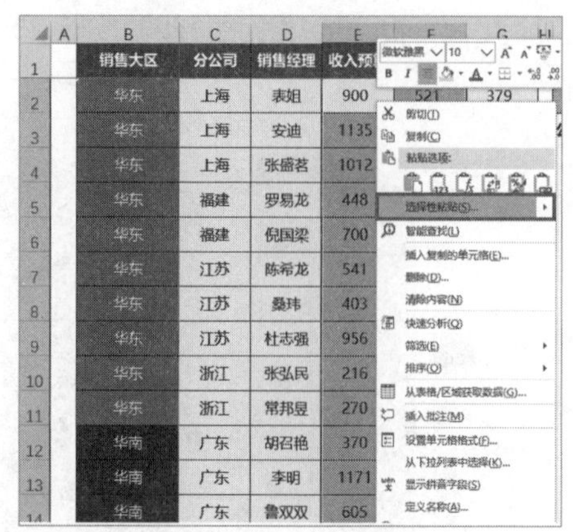

图 7-16

温馨提示

可以先选中【E2:F2】单元格区域，然后按 <Ctrl+Shift+ ↓ > 键，即可快速选中【E2:F38】单元格区域。

弹出【选择性粘贴】对话框→选中【粘贴】中的【数值】单选按钮→选中【运算】中的【乘】单选按钮→单击【确定】按钮，即可将两列数据进行运算，如图 7-17 所示。

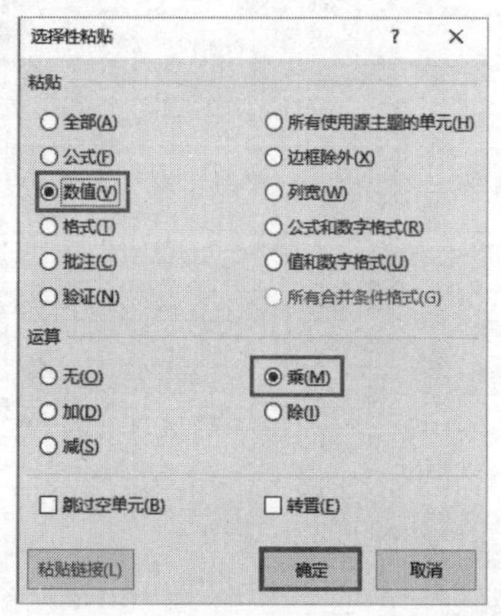

图 7-17

这时已经将收入预算、成本预算按照项目的变化系数调整好了，如图 7-18 所示。

	销售大区	分公司	销售经理	收入预算	成本预算	利润预算		预算调整	增收入	降成本
2	华东	上海	表姐	1080	495	585		幅度	1.2	0.95
3	华东	上海	安迪	1362	615	748		公司要求所有收入，增加20%；成本降低5		
4	华东	上海	张盛茗	1214	579	635				
5	华东	福建	罗易龙	537	249	288				
6	华东	福建	倪国梁	840	452	387				
7	华东	江苏	陈希龙	649	269	380				
8	华东	江苏	桑玮	484	216	268				
9	华东	江苏	杜志强	1148	561	586				
10	华东	浙江	张弘民	259	124	136				
11	华东	浙江	常邦昱	324	153	171				
12	华南	广东	胡召艳	444	247	196				
13	华南	广东	李明	1405	775	630				
14	华南	广东	鲁双双	726	391	335				
15	华南	广西	邹新文	874	487	387				
16	华南	海南	孙坛	670	302	367				

图 7-18

温馨提示

选中【数值】单选按钮，可以保障在选择性粘贴后，不改变原表的格式，只做数值的计算。

7.4 分类汇总

在工作中，制作完预算表交给领导前，最好将数据分类汇总，如按照销售大区汇总。一张清晰的分类汇总表，可以让看表人更高效地获取信息。

1. 设置分类汇总

选中“分类汇总”工作表中的【B1】单元格→按 <Ctrl+A> 键选中全部数据，如图 7-19 所示。

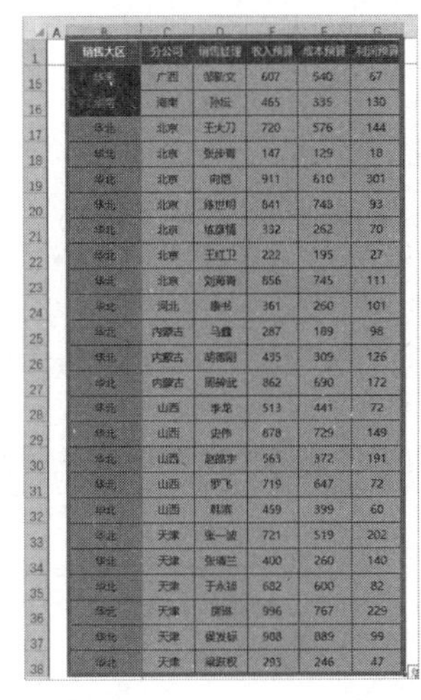

图 7-19

选择【数据】选项卡→单击【分类汇总】按钮，如图 7-20 所示。

图 7-20

在弹出的【分类汇总】对话框中，对分类进行如下设置。

（1）分类字段：选择【销售大区】选项。

（2）汇总方式：选择【求和】选项。

（3）选定汇总项：分别选中【收入预算】、【成本预算】、【利润预算】复选框。

然后单击【确定】按钮，如图 7-21 所示。

如图 7-22 所示，已经将预算表按照“销售大区”进行了分类汇总。

温馨提示

汇总方式和选定汇总项多种多样，在工作中需要根据实际情况做调整。其中，分类字段是按标题设定生成的，一般从最大一级逐级制作分类汇总。

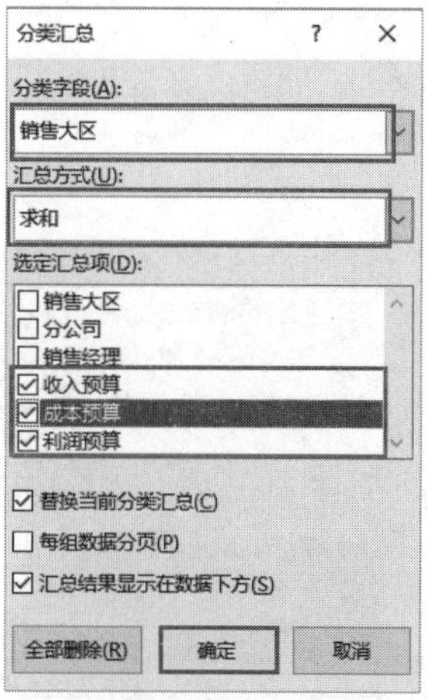

分类汇总 ? ×
分类字段(A):
销售大区
汇总方式(U):
求和
选定汇总项(D):
☐ 销售大区
☐ 分公司
☐ 销售经理
☑ 收入预算
☑ 成本预算
☑ 利润预算
☑ 替换当前分类汇总(C)
☐ 每组数据分页(P)
☑ 汇总结果显示在数据下方(S)
全部删除(R) 确定 取消

图 7-21

	A	B	C	D	E	F	G
1		销售大区	分公司	销售经理	收入预算	成本预算	利润预算
2		华东	上海	表姐	750	548	202
3		华东	上海	安迪	946	681	265
4		华东	上海	张盛茗	843	641	202
5		华东	福建	罗易龙	373	276	97
6		华东	福建	倪国梁	583	501	82
7		华东	江苏	陈希龙	451	298	153
8		华东	江苏	桑玮	336	239	97
9		华东	江苏	杜志强	797	622	175
10		华东	浙江	张弘民	180	137	43
11		华东	浙江	常邦昱	225	169	56
12		华东 汇总			5484	4112	1372
13		华南	广东	胡召艳	308	274	34
14		华南	广东	李明	976	859	117
15		华南	广东	鲁双双	504	433	71
16		华南	广西	邹新文	607	540	67
17		华南	海南	孙坛	465	335	130
18		华南 汇总			2860	2441	419

图 7-22

接下来进一步按照“分公司”来制作分类汇总。

选中【B1】单元格→按 <Ctrl+A> 键选中全部数据→选择【数据】选项卡→单击【分类汇总】按钮，如图 7-23 所示。

图 7-23

在弹出的【分类汇总】对话框中，对分类进行第 2 次设置，具体如下。

（1）分类字段：选择【分公司】选项。

（2）汇总方式：选择【求和】选项。

（3）选定汇总项：分别选中【收入预算】、【成本预算】、【利润预算】复选框。

取消选中【替换当前分类汇总】复选框（否则 Excel 会替换上一步的分类汇总结果），然后单击【确定】按钮，如图 7-24 所示。

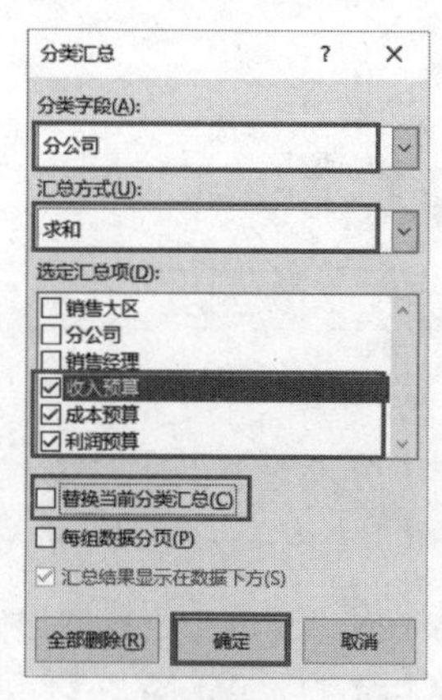

图 7-24

如图 7-25 所示，表格中不仅按照“销售大区”进行了分类汇总，并且在每个大区中还按照“分公司”进行了分类汇总。

销售大区	分公司	销售经理	收入预算	成本预算	利润预算
华东	上海	表姐	750	548	202
华东	上海	安迪	946	681	265
华东	上海	张盛茗	843	641	202
	上海 汇总		2539	1870	669
华东	福建	罗昭龙	373	276	97
华东	福建	倪国梁	583	501	82
	福建 汇总		956	777	179
华东	江苏	陈希龙	451	298	153
华东	江苏	桑玮	336	239	97
华东	江苏	杜志强	797	622	175
	江苏 汇总		1584	1159	425
华东	浙江	张弘民	180	137	43
华东	浙江	常邦显	225	169	56
	浙江 汇总		405	306	99

图 7-25

通过单击【1】、【2】、【3】、【4】按钮，可以查看不同的分类级别。通过单击【+】或【-】按钮，可以将对应的分类级别展开或折叠起来。

2. 取消分类汇总

在 Excel 中，始终遵循在哪里设置，就在哪里更改或删除的原则。例如，想要取消分类汇总，同样选择【数据】选项卡→单击【取消组合】按钮→选择【清除分级显示】选项，即可完成取消分类汇总的操作，如图 7-26 所示。

图 7-26

3. 创建数据透视表做汇总

除分类汇总功能外，第 1 关介绍的数据透视表才是数据汇总、统计、分析的神器，接下来就一起来回顾一下。

取消分类汇总，将表格恢复为原始表后，选中【B1】单元格→按 <Ctrl+A> 键选中全部数据→选择【插入】选项卡→单击【数据透视表】按钮，如图 7-27 所示。

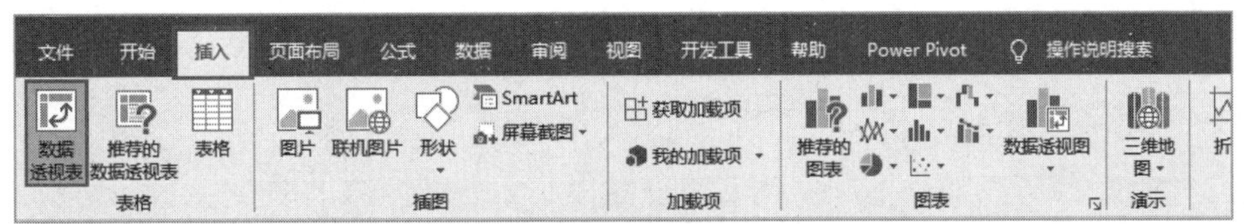

图 7-27

在弹出的【创建数据透视表】对话框中选中【新工作表】单选按钮→单击【确定】按钮，如图 7-28 所示。

这时 Excel 已经在新建工作表中生成了数据透视表区域。接下来在右侧的【数据透视表字段】任务窗格中，依次选中需要统计的内容。这里选中【销售大区】、【分公司】、【收入预算】、【成本预算】、【利润预算】复选框，如图 7-29 所示。

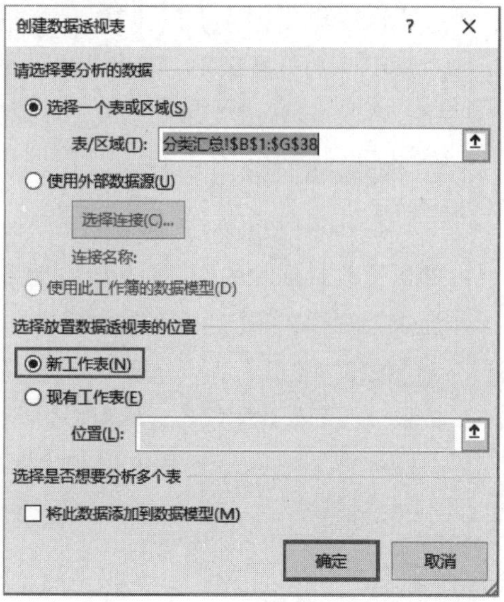

创建数据透视表 ? ×

请选择要分析的数据

◉ 选择一个表或区域(S)

表/区域(T): 分类汇总!$B$1:$G$38

○ 使用外部数据源(U)

选择连接(C)...

连接名称:

○ 使用此工作簿的数据模型(D)

选择放置数据透视表的位置

◉ 新工作表(N)

○ 现有工作表(E)

位置(L):

选择是否想要分析多个表

☐ 将此数据添加到数据模型(M)

确定 取消

图 7-28

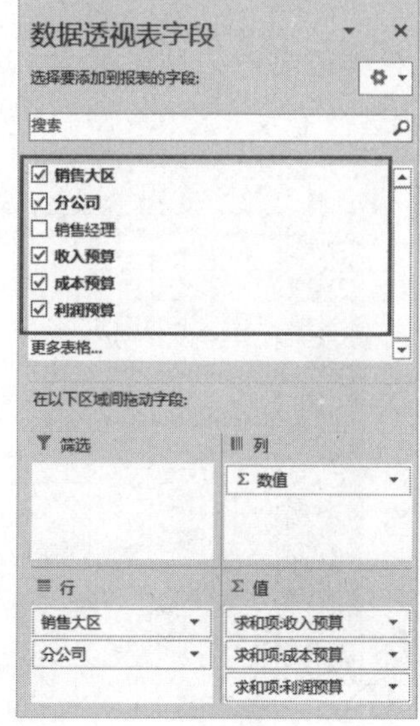

图 7-29

结果如图 7-30 所示，可见通过数据透视表也可以快速完成数据的汇总与统计。

	A	B	C	D	E
1					
2					
3	行标签	求和项:收入预算	求和项:成本预算	求和项:利润预算	
4	⊟华南	2860	2441	419	
5	广东	1788	1566	222	
6	广西	607	540	67	
7	海南	465	335	130	
8	⊟华北	13186	10582	2604	
9	北京	4029	3265	764	
10	河北	361	260	101	
11	内蒙古	1584	1188	396	
12	山西	3132	2588	544	
13	天津	4080	3281	799	
14	⊟华东	5484	4112	1372	
15	福建	956	777	179	
16	江苏	1584	1159	425	
17	上海	2539	1870	669	
18	浙江	405	306	99	
19	总计	21530	17135	4395	
20					

图 7-30

7.5 批量创建空白模板

在实际工作中，每年年初、每季季初、每月月初，都需要为各个部门创建一张空白的预算表格模板。如果部门数量很多，你是不是要一个个复制、粘贴，然后手动修改工作表标签名称呢？

在 Excel 中，复制、粘贴、手动改，是一种比较低效的“手动挡”方法，我们需要的是将 Excel 开启“自动挡”。

本节就来介绍如何为各个部门批量创建指定名称的工作表。

如图 7-31 所示，“部门名称”工作表中罗列了 *N* 个待创建模板的分公司名称。如何按照指定的名称批量创建工作表，并为它们重命名呢？下面就来一起操作吧！

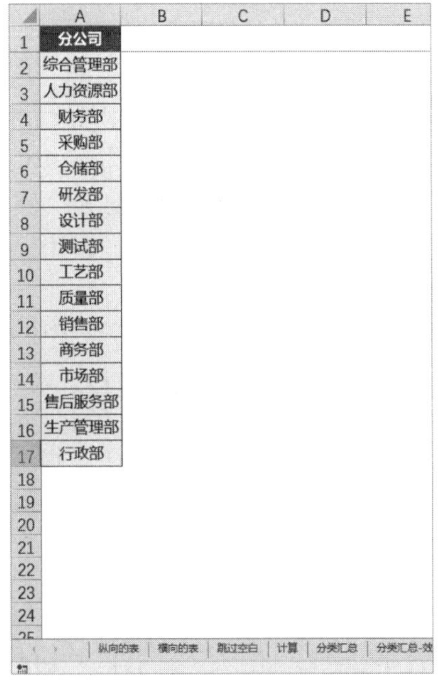

图 7-31

选中所有分公司名称区域，即【A1:A17】单元格区域→选择【插入】选项卡→单击【数据透视表】按钮，如图 7-32 所示。

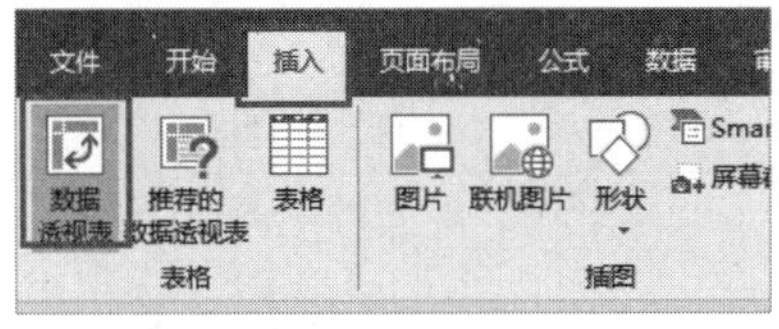

图 7-32

在弹出的【创建数据透视表】对话框中选中【现有工作表】单选按钮→单击【位置】文本框将其激活→选中工作表中的任意空白单元格（这里选中【C1】单元格）→单击【确定】按钮，如图 7-33 所示。

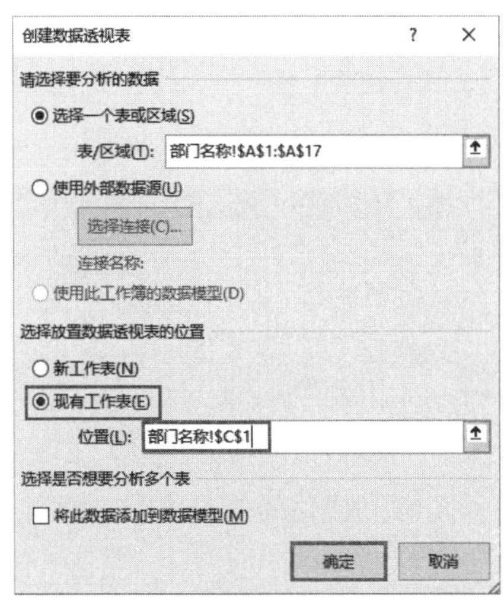

图 7-33

接下来设置数据透视表字段。在【数据透视表字段】任务窗格中选中【分公司】字段→拖曳至【筛选】区域，如图 7-34 所示。

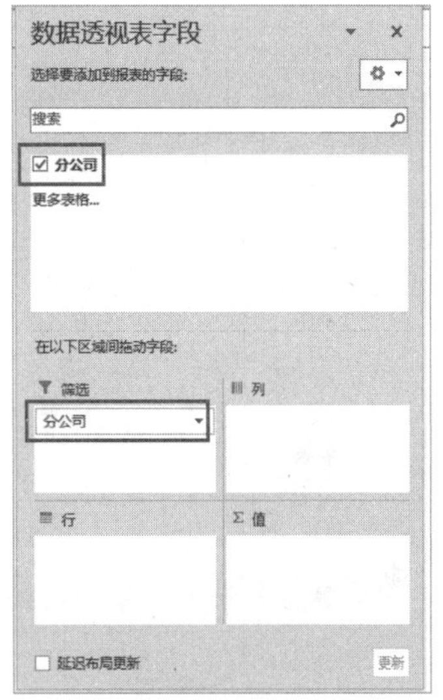

图 7-34

温馨提示

一定要将【分公司】字段拖曳至【筛选】区域，否则无法生成指定名称的工作表。

接下来就到了见证奇迹的时刻。

单击数据透视表中的任意单元格（这里单

击【C1】单元格）→选择【分析】选项卡→单击【选项】按钮→选择【显示报表筛选页】选项，如图 7-35 所示。

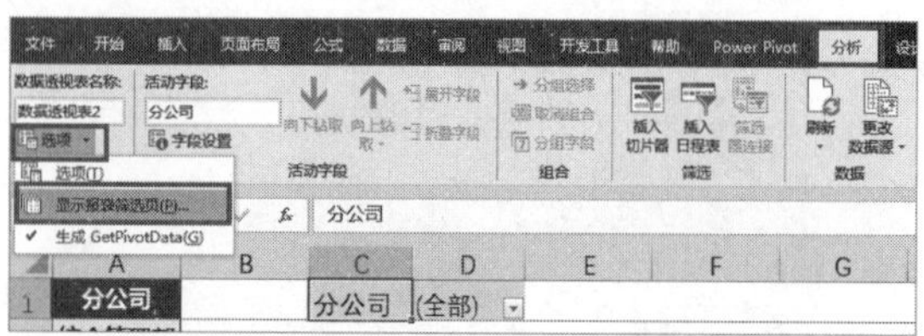

图 7-35

在弹出的【显示报表筛选页】对话框中单击【确定】按钮，如图 7-36 所示。

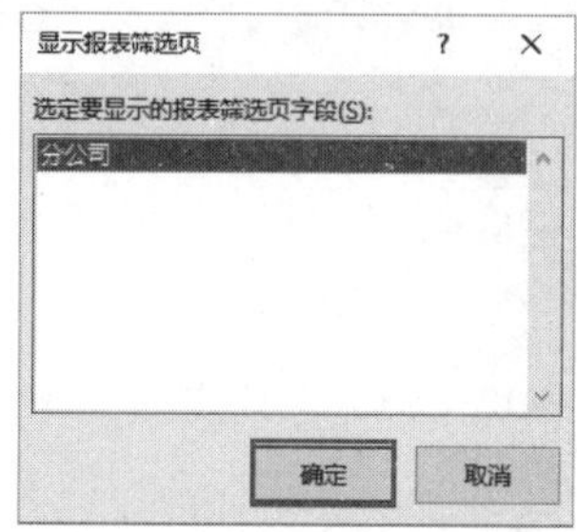

图 7-36

如图 7-37 所示，已经完成了快速创建指定名称的工作表。

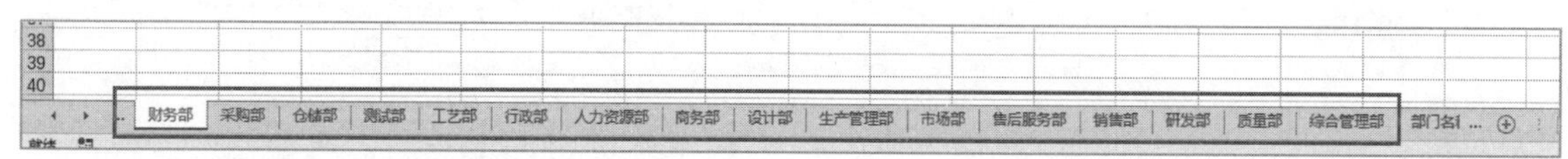

图 7-37

温馨提示

想要快速查看所有工作表，可以将鼠标移动到工作表底部左右小三角箭头的位置并右击，在弹出的【激活】对话框中可以快速选择需要查看的工作表，然后单击【确定】按钮，如图 7-38 所示。

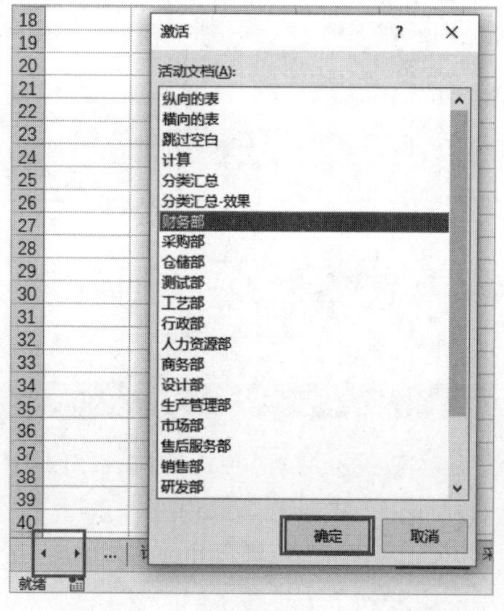

图 7-38

完成创建指定名称的工作表以后，就来将素材中提供的预算表模板粘贴到每个工作表中。

首先在“预算表模板”工作表中拖曳选中全部内容→按 <Ctrl+C> 键复制，如图 7-39 所示。

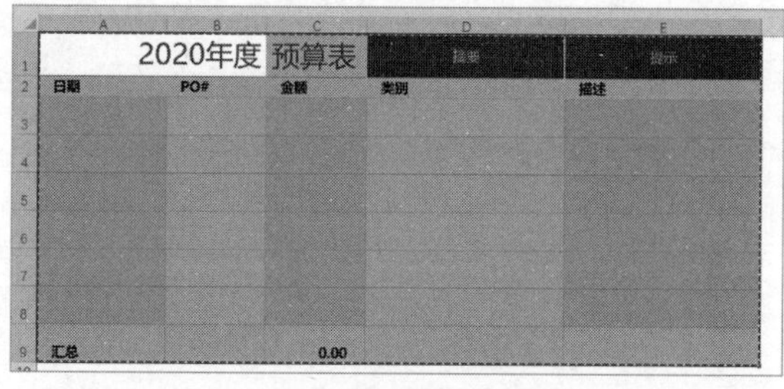

图 7-39

然后再将这个预算表模板粘贴到每个子公司工作表中。那么，就需要选中前面创建的所有子公司工作表，然后将复制的内容一起粘贴到各个子公司工作表中。

选中工作表标签中的第一个部门，即“财务部”，然后按住 <Shift> 键不放，同时单击最后一个部门，即“综合管理部”，将所有部门所在的工作表同时选中，如图 7-40 所示。

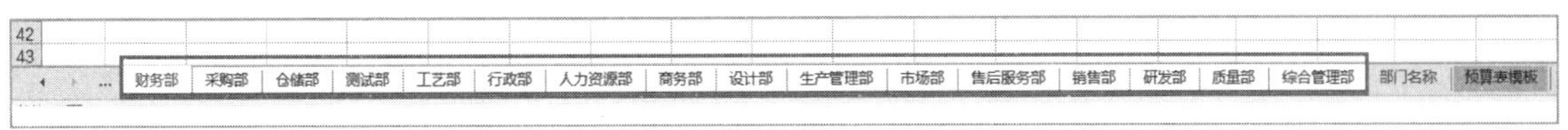

图 7-40

完成这步操作后，选中的工作表标签会呈现白色背景色状态，并且在 Excel 界面的顶部，工作簿文件名称处会出现［组］的标志，如图 7-41 所示。也就是说，现在选择的对象是一个［组］，接下来做的所有操作都是针对这［组］工作表做的批量操作。

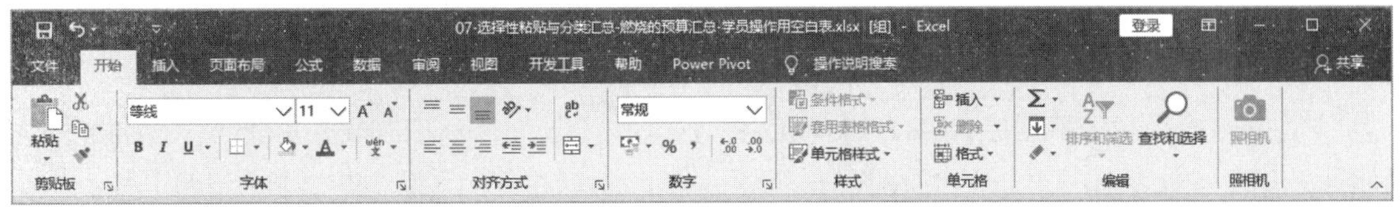

图 7-41

选中工作表组中的任意空白单元格并右击，在弹出的快捷菜单中选择【选择性粘贴】选项，如图 7-42 所示。

图 7-42

在弹出的【选择性粘贴】对话框中单击【确定】按钮，这样就可以将前面复制的预算表模板粘贴过来了。但是，直接粘贴的表列宽会发生变动，如图 7-43 所示。

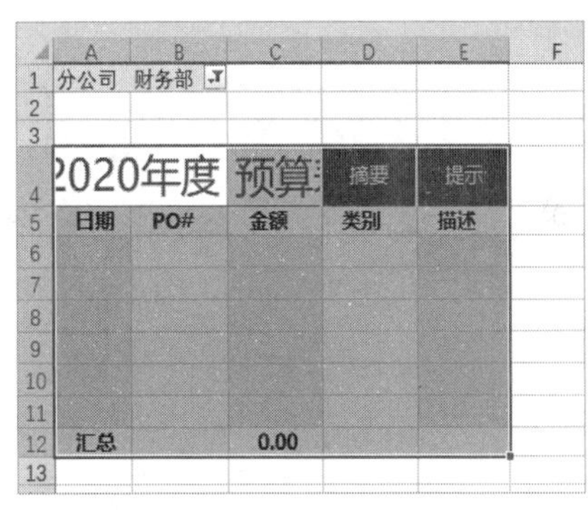

图 7-43

接下来再次右击，在弹出的快捷菜单中选择【选择性粘贴】选项→在弹出的【选择性粘贴】对话框中选中【粘贴】中的【列宽】单选按钮→单击【确定】按钮，如图 7-44 所示。

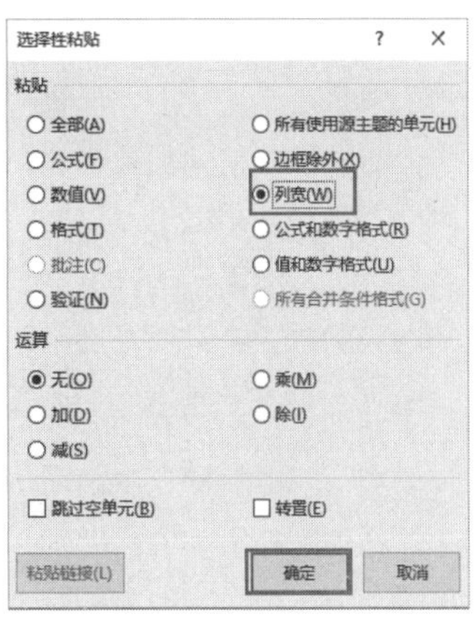

图 7-44

如图 7-45 所示，就可以将预算表模板的内容和列宽都粘贴到每个工作表中了。

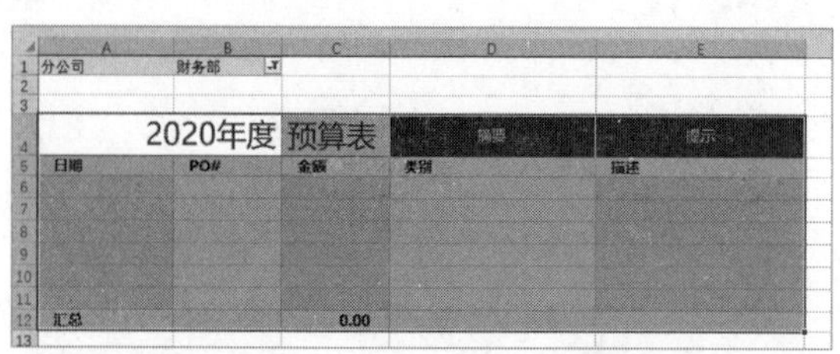

图 7-45

下面在［组］状态下选中【A4:B4】单元格区域→输入公式“=B1”，如图 7-46 所示→按 <Enter> 键确认。

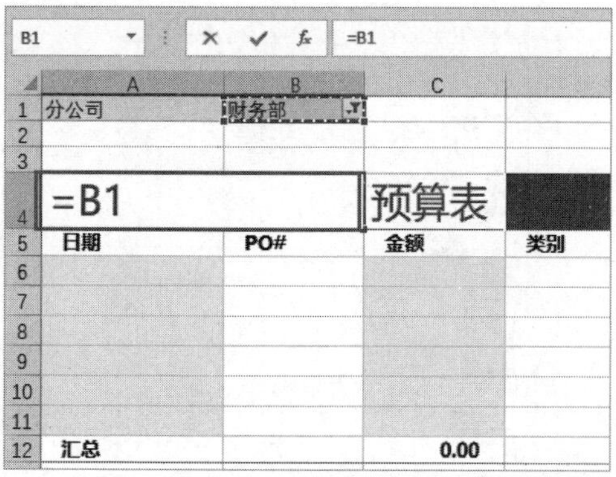

图 7-46

这样就可以在［组］的每个工作表中显示出对应分公司的名称了，如图 7-47 所示。

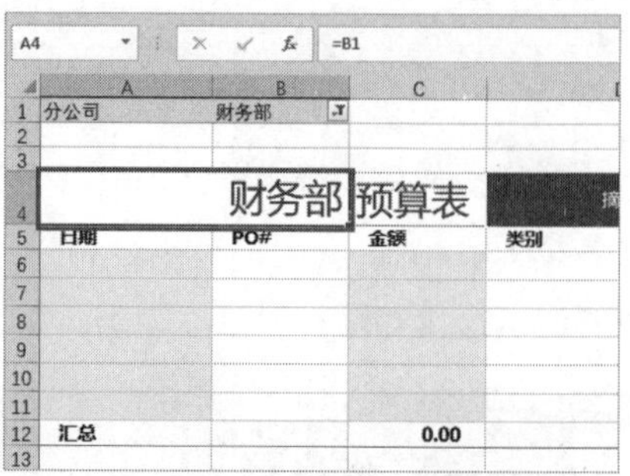

图 7-47

最后在［组］状态下选择【视图】选项卡→取消选中【网格线】复选框，让表格更清爽，如图 7-48 所示。至此，已经完成了批量创建空白模板的操作。

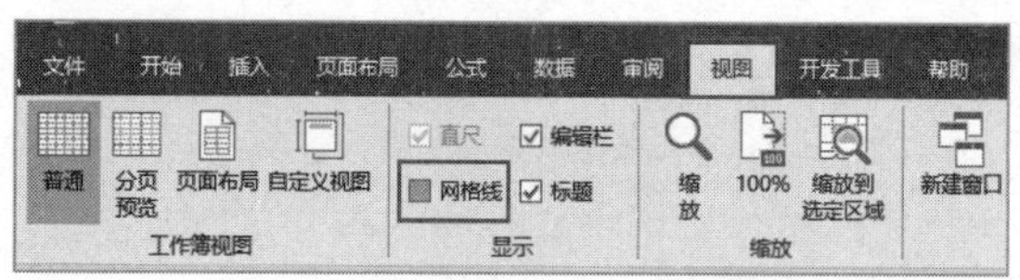

图 7-48

工作时不要着急动手，先建立好模板，只有按规律填写内容，才能节省统计时间。我们在制作表格的过程中应多从用表人的角度考虑，想想如何才能让大家更好地配合你的工作。

本关背景

经过前面 7 关的介绍，相信你已经收获了不少 Excel 的使用方法，接下来就一起进一步来了解更深层次的 Excel 技术。

人力资源工作者每月免不了要与工资表打交道，通过本关的介绍，可以让你轻松操作图 8-1 所示的工资表，打印图 8-2 所示的工资条。

表姐凌祯科技有限公司　2020年X月工资表

工号	姓名	身份证号	部门	考勤天数	出勤天数	基本工资	岗位工资	奖金	补助	罚款和扣回借款			应发工资	三险一金个人代缴				应缴个税	实发工资
										考勤罚款	其他罚款	扣回借款		养老保险	失业保险	医疗保险	公积金		
0001	表姐	000000000000000001	综合管理部	22	20	10000	2500	500	800	909		800	12091	800	200	50	500	150	10391
0002	凌祯	000000000000000002	综合管理部	22	22	9000	2250	400	800	0			12450	160	40	10	300		11940
0003	安迪	000000000000000003	综合管理部	22	22	8500	1700	500	800	0			11500	240	60	15	200		10985
0004	王大刀	000000000000000004	综合管理部	22	22	7000	1400	350	500	0			9250						9250
0005	翁国栋	000000000000000005	综合管理部	22	22	5000	750	500	500	0			6750						6750
0006	康书	000000000000000006	综合管理部	22	22	5000	750	500	500	0			6750						6750
0007	孙坛	000000000000000007	综合管理部	22	22	3400	340	500	0	0			4240						4240
0008	张一波	000000000000000008	综合管理部	22	22	3400	340	200	0	0			3940						3940
0009	马鑫	000000000000000009	综合管理部	22	22	2700	270	250	0	0			3220						3220
0010	倪国梁	000000000000000010	综合管理部	22	22	2700	270	500	0	0			3470						3470
0011	程桂刚	000000000000000011	综合管理部	22	22	4800	720	500	300	0			6320						6320
0012	陈希龙	000000000000000012	综合管理部	22	22	3400	340	500	0	0			4240						4240

图 8-1

工号	姓名	身份证号	部门	考勤天数	出勤天数	基本工资	岗位工资	奖金	补助	考勤罚款	其他罚款	扣回借款	应发工资	养老保险	失业保险	医疗保险	公积金	应缴个税	实发工资
0001	表姐	000000000000000001	综合管理部	22	20	10000	2500	500	800	909		800	12091	800	200	50	500	150	10391
工号	姓名	身份证号	部门	考勤天数	出勤天数	基本工资	岗位工资	奖金	补助	考勤罚款	其他罚款	扣回借款	应发工资	养老保险	失业保险	医疗保险	公积金	应缴个税	实发工资
0002	凌祯	000000000000000002	综合管理部	22	22	9000	2250	400	800	0			12450	160	40	10	300		11940
工号	姓名	身份证号	部门	考勤天数	出勤天数	基本工资	岗位工资	奖金	补助	考勤罚款	其他罚款	扣回借款	应发工资	养老保险	失业保险	医疗保险	公积金	应缴个税	实发工资
0003	安迪	000000000000000003	综合管理部	22	22	8500	1700	500	800	0			11500	240	60	15	200		10985
工号	姓名	身份证号	部门	考勤天数	出勤天数	基本工资	岗位工资	奖金	补助	考勤罚款	其他罚款	扣回借款	应发工资	养老保险	失业保险	医疗保险	公积金	应缴个税	实发工资
0004	王大刀	000000000000000004	综合管理部	22	22	7000	1400	350	500	0			9250						9250
工号	姓名	身份证号	部门	考勤天数	出勤天数	基本工资	岗位工资	奖金	补助	考勤罚款	其他罚款	扣回借款	应发工资	养老保险	失业保险	医疗保险	公积金	应缴个税	实发工资
0005	翁国栋	000000000000000005	综合管理部	22	22	5000	750	500	500	0			6750						6750
工号	姓名	身份证号	部门	考勤天数	出勤天数	基本工资	岗位工资	奖金	补助	考勤罚款	其他罚款	扣回借款	应发工资	养老保险	失业保险	医疗保险	公积金	应缴个税	实发工资
0006	康书	000000000000000006	综合管理部	22	22	5000	750	500	500	0			6750						6750
工号	姓名	身份证号	部门	考勤天数	出勤天数	基本工资	岗位工资	奖金	补助	考勤罚款	其他罚款	扣回借款	应发工资	养老保险	失业保险	医疗保险	公积金	应缴个税	实发工资
0007	孙坛	000000000000000007	综合管理部	22	22	3400	340	500	0	0			4240						4240
工号	姓名	身份证号	部门	考勤天数	出勤天数	基本工资	岗位工资	奖金	补助	考勤罚款	其他罚款	扣回借款	应发工资	养老保险	失业保险	医疗保险	公积金	应缴个税	实发工资
0008	张一波	000000000000000008	综合管理部	22	22	3400	340	200	0	0			3940						3940

图 8-2

8.1 打印工资表

1. 页面基础设置

打开“素材文件 /08- 打印与保护 /08- 打印与保护 - 保护工资表 .xlsx”源文件。

在工作中，打印工作表是永远离不开的技能，而“工资表”对于 HR 来说应该再熟悉不过了，下面就一起来看一下如何打印“工资表”。

选中“工资表”工作表中的任意单元格，按 <Ctrl+P> 键（打印快捷键）进入【打印】页面，在这里可以看到打印的预览效果。

通过打印预览可以发现，图 8-3 所示的表格的标题行有一部分显示不完整，这个问题该如何处理呢？通过打印的一些基础设置就可以解决，下面就一起来试试吧！

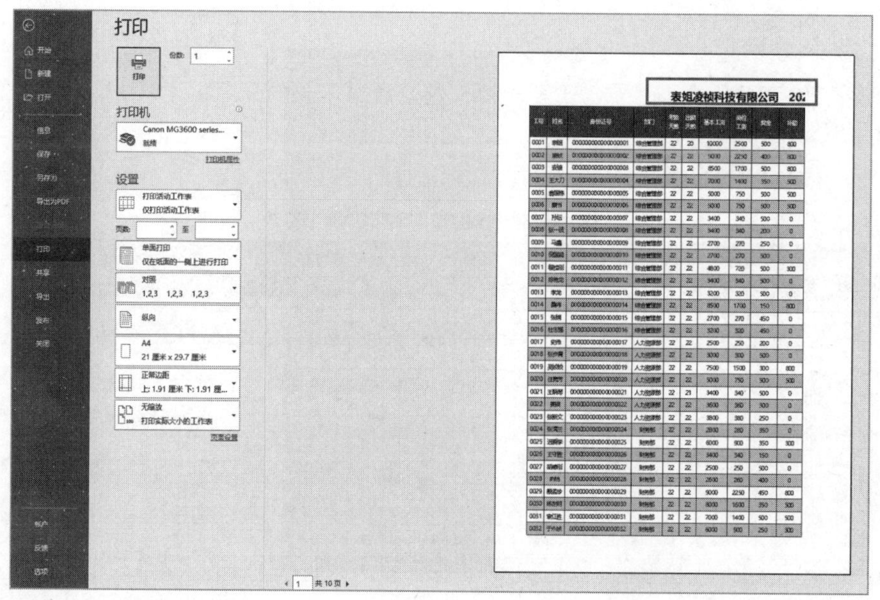

图 8-3

（1）设置纸张方向。

当前打印预览中纸张的方向默认是纵向的。由于工作表内容比较宽，造成内容显示不完整，这时就需要将页面调整为横向的。

单击【设置】中的【纵向】按钮→选择【横向】选项，如图 8-4 所示。

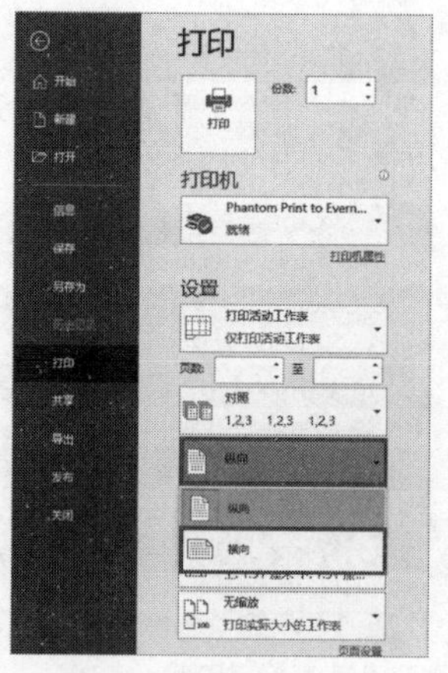

图 8-4

如图 8-5 所示，在打印预览中可见“工资表”的打印效果已经变为横向了，内容显示得也更完整了。

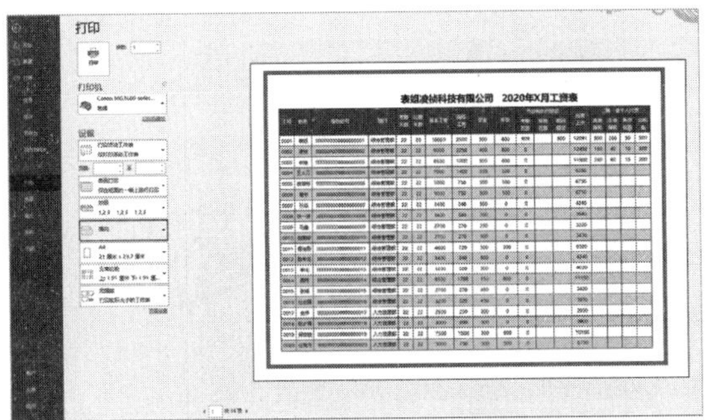

图 8-5

（2）设置纸张规格。

如图 8-6 所示，在【设置】中有一个【A4】按钮，通过此按钮可以对打印纸的规格进行设置。

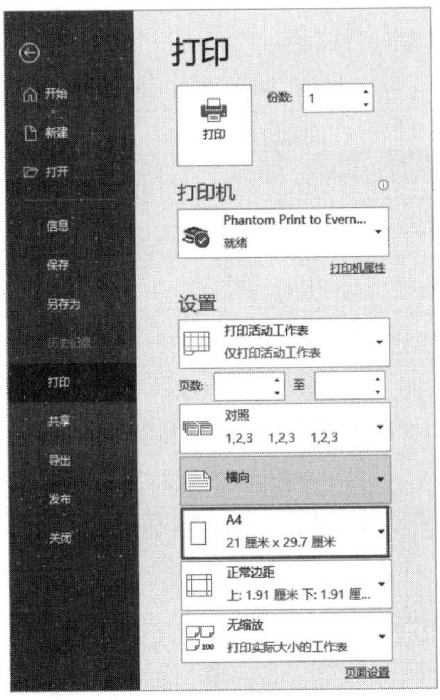

图 8-6

温馨提示

通常办公用纸都是 A4 大小的打印纸，所以选择 A4 纸即可。

（3）设置页边距。

在打印预览中看到的工作表四周的空白区域的大小，可以通过页边距的设置来调整。

首先单击【打印】页面右下角的【显示边框】按钮，如图 8-7 所示。

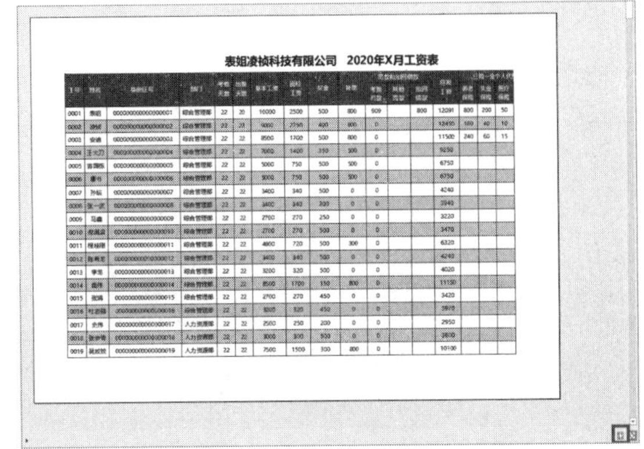

图 8-7

如图 8-8 所示，界面中出现了黑色的小方块，这些小方块显示的位置就是打印的边距位置，可以通过拖曳方块的位置手动调整页边距。

图 8-8

除手动调整外，可以单击【设置】中的【上一次的自定义页边距设置】按钮→选择【窄】选项，将页边距设置为窄边距，如图 8-9 所示。

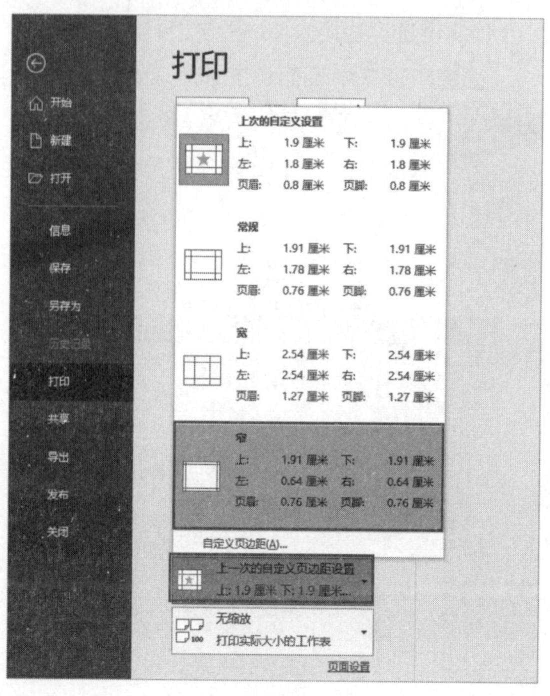

图 8-9

（4）设置缩放。

手动调整页边距后，在预览效果中向下滚动鼠标滚轮，最后几页中显示的是前面页面中尚未显示出来的几列内容，如图 8-10 所示。该如何将这几列内容显示在一页中呢？

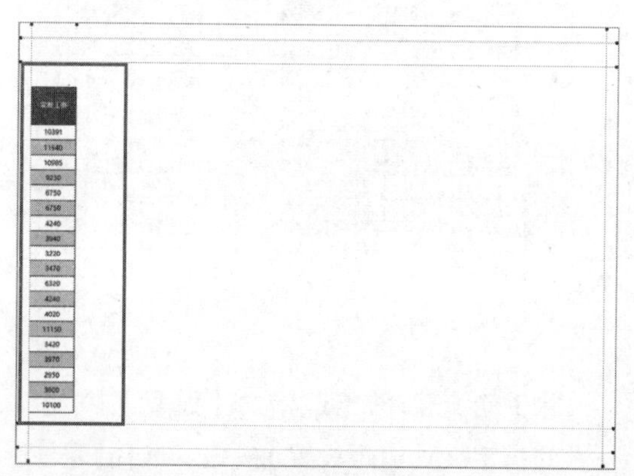

图 8-10

单击【设置】中的【无缩放】按钮→选择【将所有列调整为一页】选项，如图 8-11 所示。

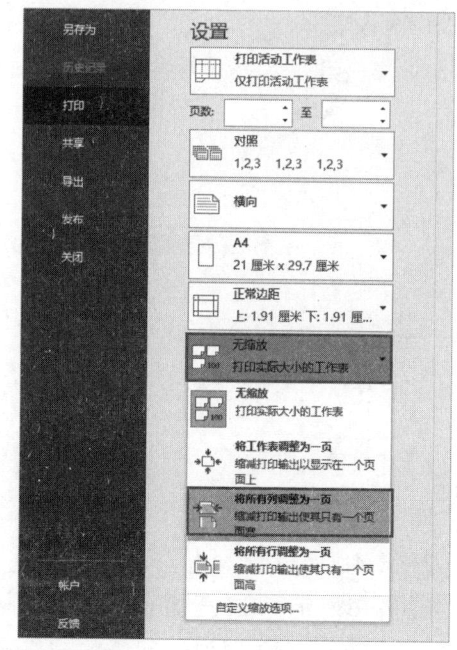

图 8-11

如图 8-12 所示，在打印预览中已经将所有列调整到一页了。

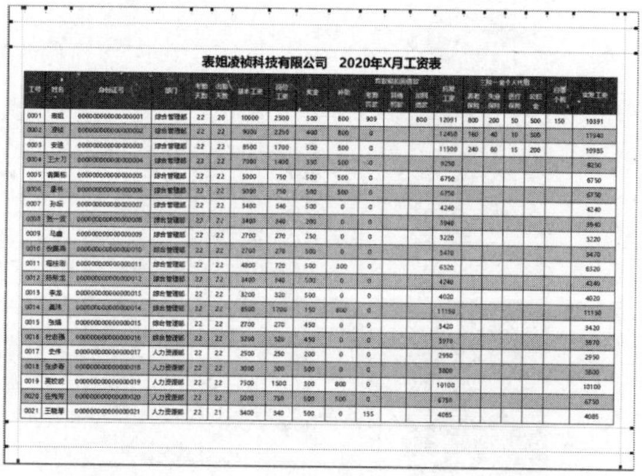

图 8-12

2. 打印标题行

将所有列调整到一页后，再来观察一下打印的效果。向下滚动鼠标滚轮时，发现从第 2 页开始，在页面的顶端是没有标题行的，如图 8-13 所示。这样的表格打印出来，查看者要对照第 1 页才知道数据对应的标题，下面就来介绍如何制作标题行。

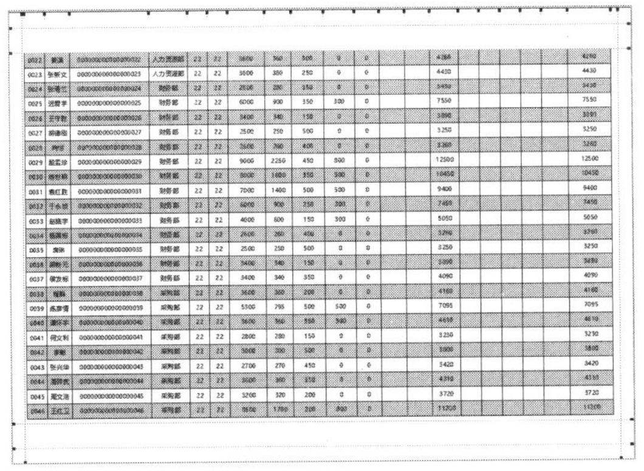

图 8-13

单击【打印】页面左上角的【←】按钮，回到工作表页面，如图 8-14 所示。

图 8-14

在工作表页面中选择【页面布局】选项卡→单击【打印标题】按钮，如图 8-15 所示。

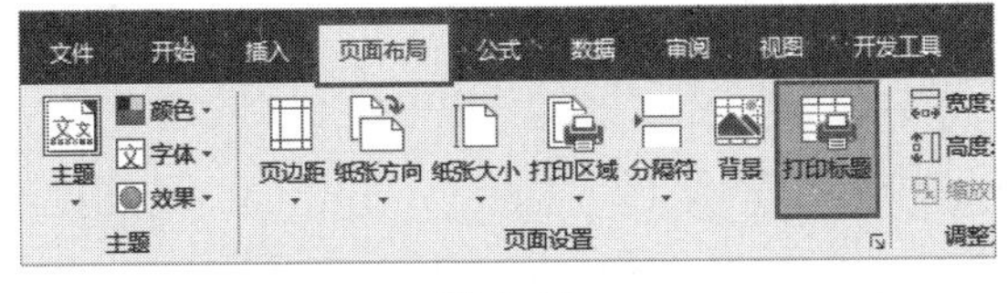

图 8-15

在弹出的【页面设置】对话框中单击【打印标题】中的【顶端标题行】文本框将其激活→按住鼠标左键不动，拖曳选中工作表中的第 2 行到第 3 行，松手完成设置→单击【确定】按钮，如图 8-16 所示。

图 8-16

接下来按 <Ctrl+P> 键回到打印预览界面。滚动鼠标滚轮，每一页顶端都显示出了标题行，如图 8-17 所示。这样的效果打印出来交给领导看，是不是会好很多呢？

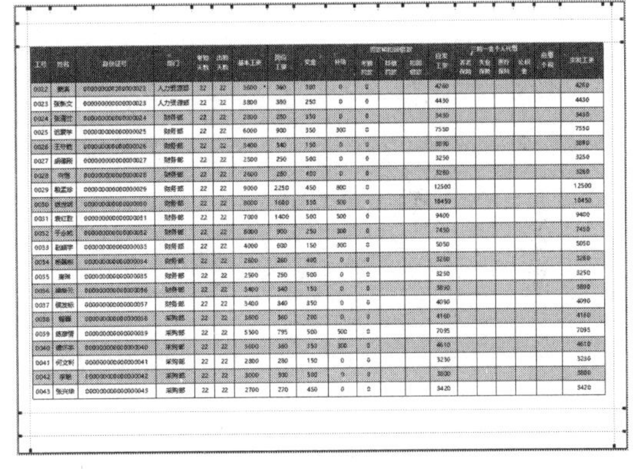

图 8-17

3. 设置页眉页脚

打印时通常还需为打印资料设置一个页码，可以通过设置页眉页脚来实现，下面就一起来看一下。

在【打印】页面中单击【设置】最底端的【页面设置】超链接，如图 8-18 所示。

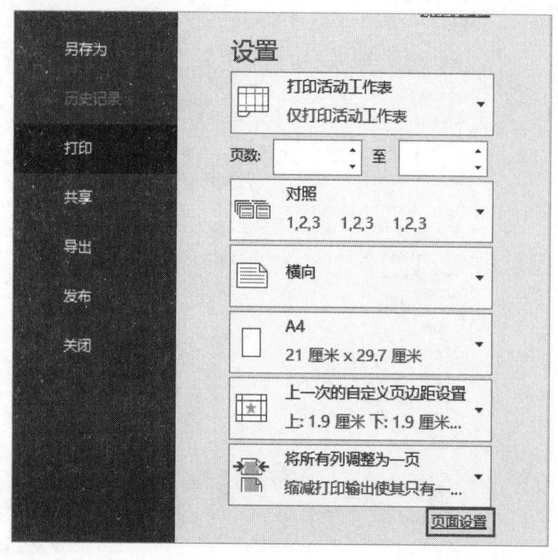

图 8-18

在弹出的【页面设置】对话框中选择【页眉/页脚】选项卡→在【页脚】中选择【第 1 页，共 ? 页】选项→更多细节设置，可以单击【自定义页脚】按钮，如图 8-19 所示。

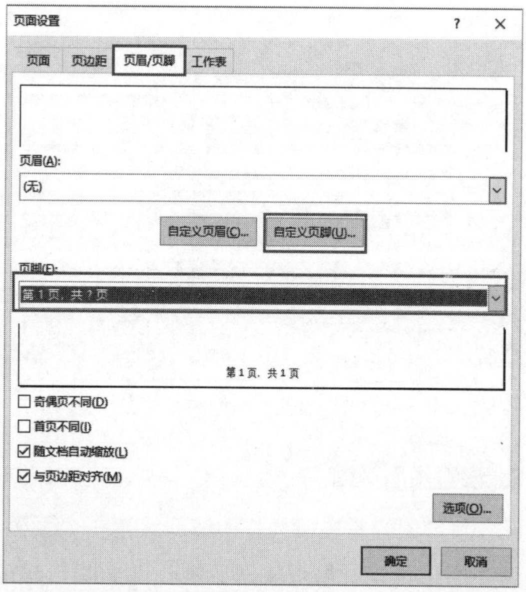

图 8-19

在【页脚】对话框中，可以对文本、日期、页码、文件路径、文件名等进行设置。

如图 8-20 所示，已经在【中部】设置了“第 1 页，共 ? 页”的页码样式，单击【确定】按钮。

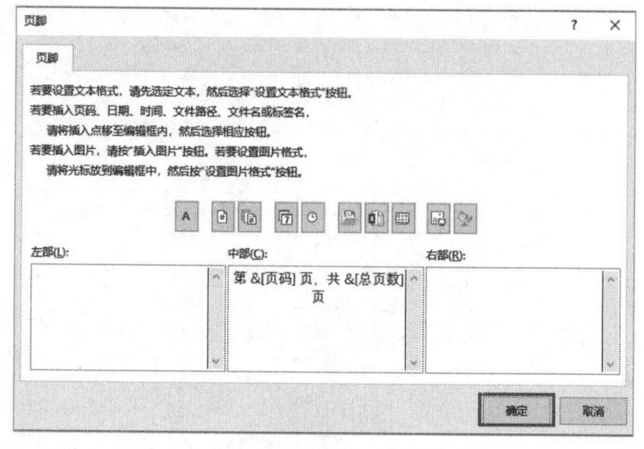

图 8-20

接着在【页面设置】对话框中单击【确定】按钮，如图 8-21 所示。

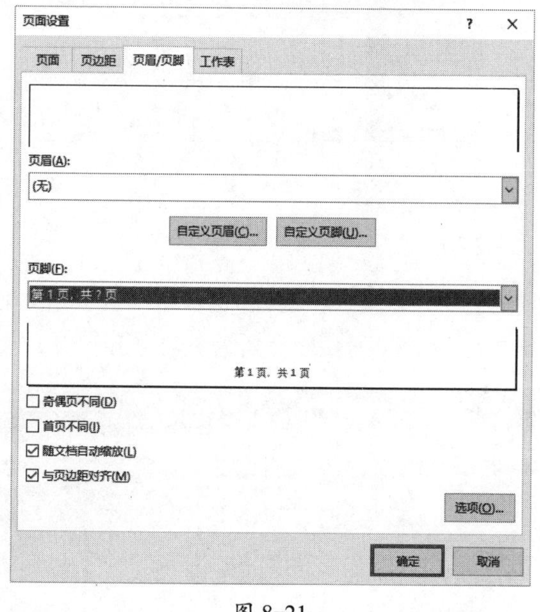

图 8-21

如图 8-22 所示，在打印预览中可以看到，第 1 页中页面底端中间位置显示出“第 1 页，共 8 页”的效果。

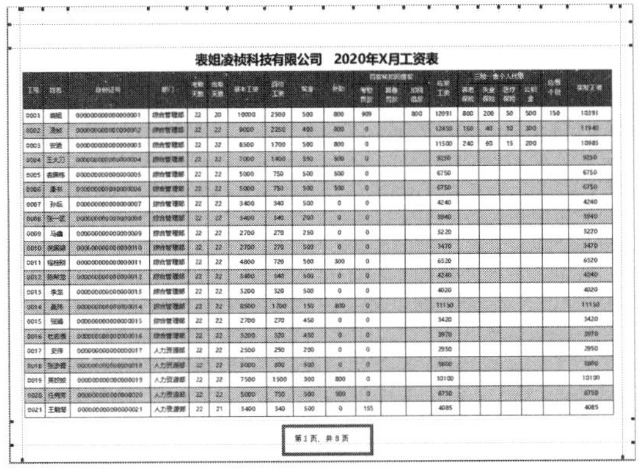

图 8-22

4. 单色打印工作表

工作中制作的表通常是彩色的，打印前建议将它设置为单色打印，因为黑白打印效果不仅清晰，而且还能节省不少墨汁。

在【打印】页面中单击【页面设置】超链接→在弹出的【页面设置】对话框中选择【工作表】选项卡→选中【单色打印】复选框→单击【确定】按钮，如图 8-23 所示。

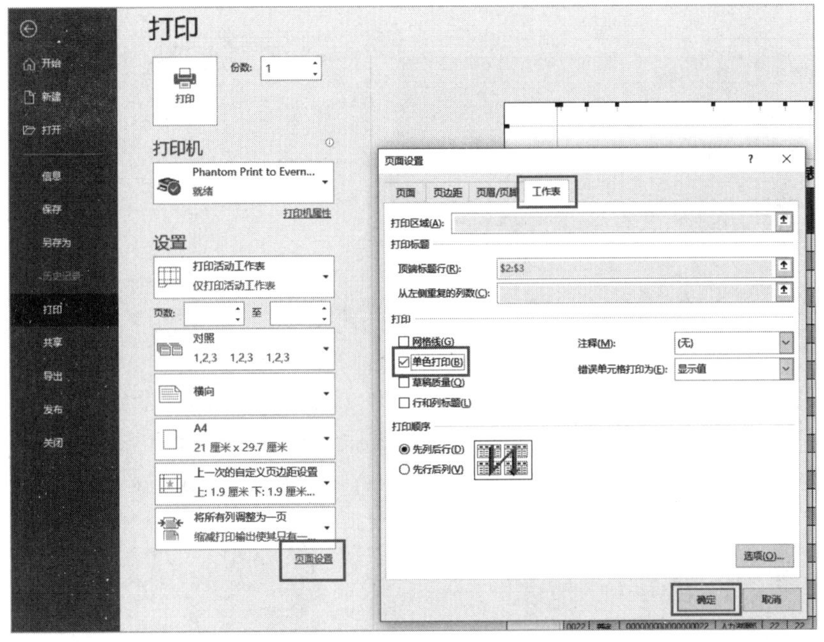

图 8-23

如图 8-24 所示，在预览效果中可以得到一张非常清晰的表格。

图 8-24

5. 页宽与页高设置

现在可以看到表格一共是 8 页，可以通过页宽、页高的设置将它压缩成 7 页打印。

在【打印】页面中单击【页面设置】超链接→在【页面设置】对话框中选中【调整为】单选按钮，将其设置为 1 页宽、7 页高→单击【确定】按钮，如图 8-25 所示。

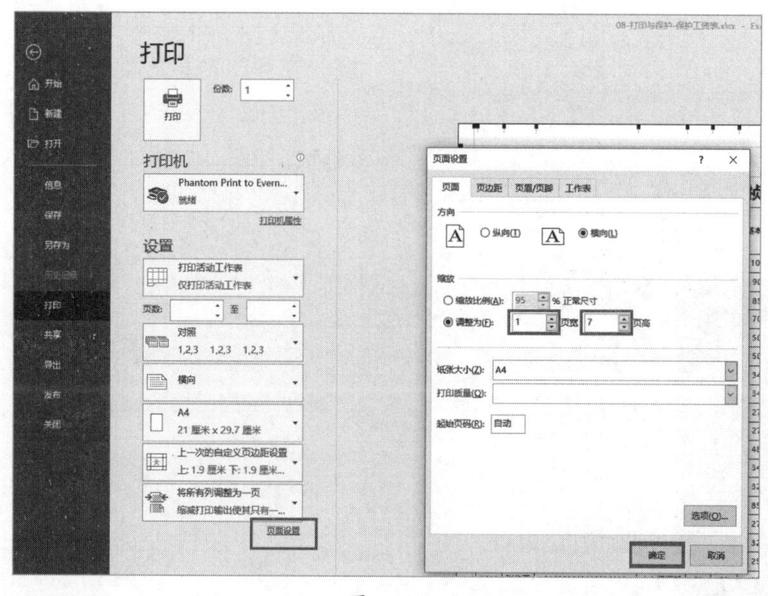

图 8-25

如图 8-26 所示，在打印预览的页脚中就显示为“第 1 页，共 7 页”的效果，这样就节约了一张纸。

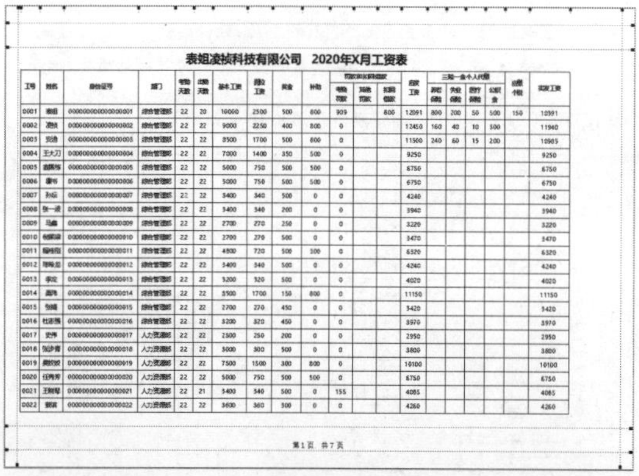

表姐凌祯科技有限公司 2020年X月工资表

第1页 共7页

图 8-26

温馨提示

可以根据实际情况进行调整。

接下来再对页边距进行设置，单击【设置】中的【上一次的自定义页边距设置】按钮→选择【常规】选项，如图 8-27 所示。

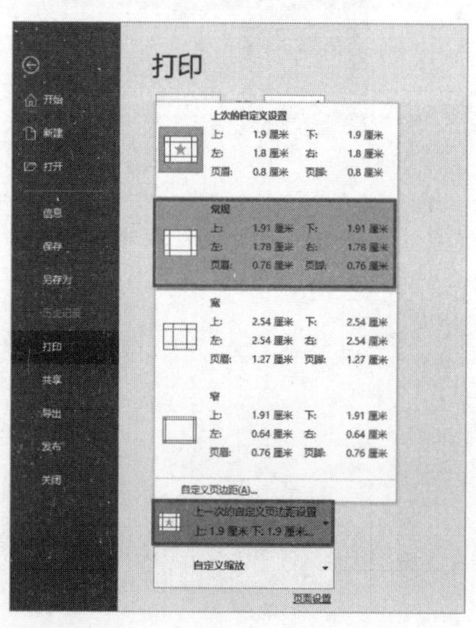

图 8-27

设置完成后的效果如图 8-28 所示。

表姐凌祯科技有限公司　2020年X月工资表

工号	姓名	身份证号	部门	考勤天数	出勤天数	基本工资	岗位工资	奖金	补助	罚款和扣回借款			应发工资	三险一金个人代缴				应缴个税	实发工资
										考勤罚款	其他罚款	扣回借款		养老保险	失业保险	医疗保险	公积金		
0001	表姐	000000000000000001	综合管理部	22	20	10000	2500	500	800	909		800	12091	800	200	50	500	150	10891
0002	凌祯	000000000000000002	综合管理部	22	22	9000	2250	400	800	0			12450	160	40	10	300		11940
0003	安迪	000000000000000003	综合管理部	22	22	8500	1700	500	800	0			11500	240	60	15	200		10985
0004	王大刀	000000000000000004	综合管理部	22	22	7000	1400	350	500	0			9250						9250
0005	[illegible]	000000000000000005	综合管理部	22	22	5000	750	500	500	0			6750						6750
0006	康书	000000000000000006	综合管理部	22	22	5000	750	500	500	0			6750						6750
0007	孙坛	000000000000000007	综合管理部	22	22	3400	340	500	0	0			4240						4240
0008	张一波	000000000000000008	综合管理部	22	22	3400	340	200	0	0			3940						3940
0009	马鑫	000000000000000009	综合管理部	22	22	2700	270	250	0	0			3220						3220
0010	倪国梁	000000000000000010	综合管理部	22	22	2700	270	500	0	0			3470						3470
0011	[illegible]	000000000000000011	综合管理部	22	22	4800	720	500	300	0			6320						6320
0012	陈希龙	000000000000000012	综合管理部	22	22	3400	340	500	0	0			4240						4240
0013	李龙	000000000000000013	综合管理部	22	22	3200	320	500	0	0			4020						4020
0014	高伟	000000000000000014	综合管理部	22	22	8500	1700	150	800	0			11150						11150
0015	张磊	000000000000000015	综合管理部	22	22	2700	270	450	0	0			3420						3420
0016	杜志强	000000000000000016	综合管理部	22	22	3200	320	450	0	0			3970						3970
0017	史伟	000000000000000017	人力资源部	22	22	2500	250	200	0	0			2950						2950
0018	张步青	000000000000000018	人力资源部	22	22	3000	300	500	0	0			3800						3800
0019	吴亚军	000000000000000019	人力资源部	22	22	7500	1500	300	800	0			10100						10100
0020	任隽芳	000000000000000020	人力资源部	22	22	5000	750	500	500	0			6750						6750
0021	王晓琴	000000000000000021	人力资源部	22	21	3400	340	500	0	155			4085						4085
0022	[illegible]	000000000000000022	人力资源部	22	22	3600	360	300	0	0			4260						4260

第 1 页，共 7 页

图 8-28

6. 分页预览

在工作中，经常将每个部门的数据单独打印出来，这可以通过分页预览进行设置。

首先回到工作表页面，单击工作表区域右下角的【分页预览】按钮，如图 8-29 所示。

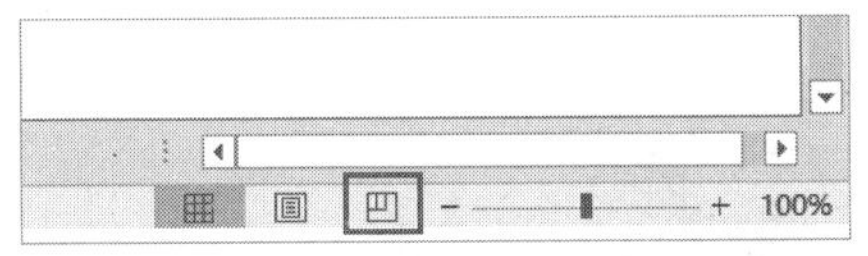

图 8-29

温馨提示

缩放滑块左侧的 3 个按钮分别表示 Excel 的 3 种视图模式，依次为【普通】、【页面布局】、【分页预览】。

在每种视图模式下，除通过缩放滑块调整页面显示比率外，还可以采用“<Ctrl> 键 + 上下滚动鼠标滚轮”的方式来调整页面显示比率。

如图 8-30 所示，可以看到在【分页预览】模式下的页面效果。

在【分页预览】模式下，想要按照部门进行分页打印，可以通过“插入分页符”的方式来实现。

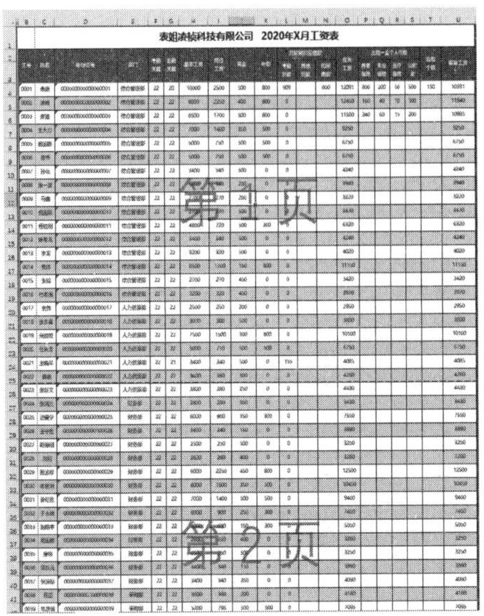

图 8-30

如图 8-31 所示，在【分页预览】模式下显示出一根蓝色的虚线，这根蓝色的虚线就是用来分页的，通过拖曳蓝线的位置可以手动调整分页打印的位置。

图 8-31

例如，需要将“综合管理部”和“人力资源部”分割为两页。这时可以将一条蓝线拖曳至“人力资源部”第一行（第 20 行）上，另一条蓝线拖曳至“人力资源部”最后一行（第26行）下，这样就可以将“人力资源部”单独放在一页中，如图 8-32 所示。

图 8-32

同理，用蓝线将每个部门隔开。如果分隔线不够用，想要将149行以下的“综合管理部”分隔开，可以选中第149行→选择【页面布局】选项卡→单击【分隔符】按钮→选择【插入分页符】选项，如图8-33所示。

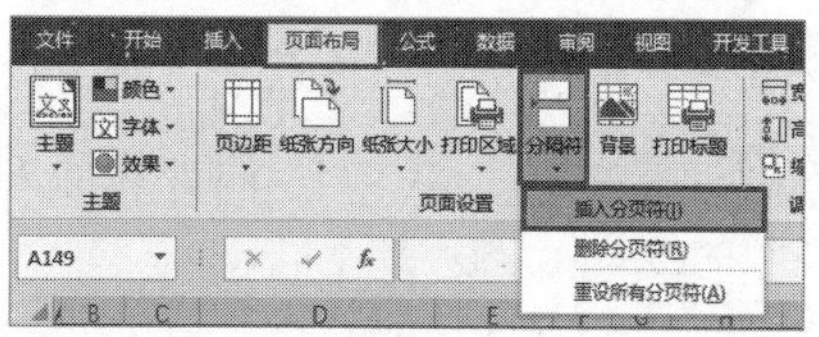

图 8-33

如图8-34所示，已经在149行上面的位置插入了一条分隔线。

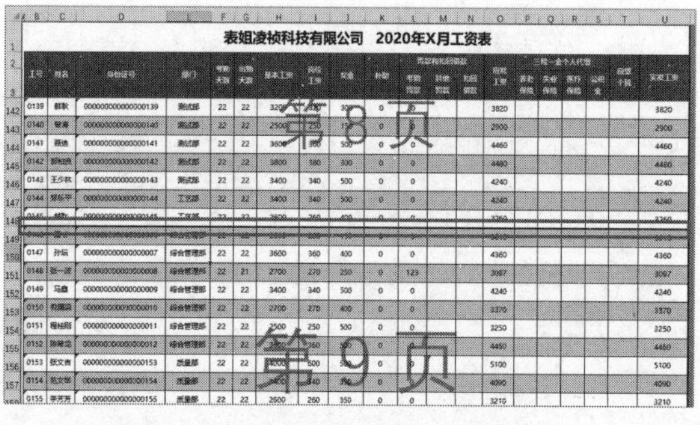

图 8-34

同理，将其他部门利用分隔符分隔开，如图8-35所示。

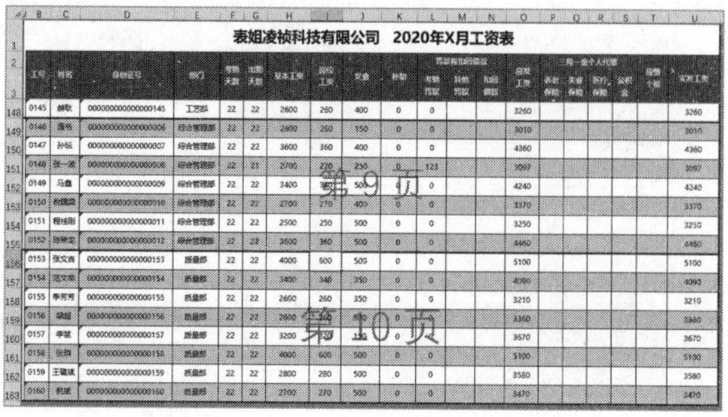

图 8-35

按 <Ctrl+P> 键，在打印预览中可以看到已经将每个部门单独显示在一页中，如图8-36所示。

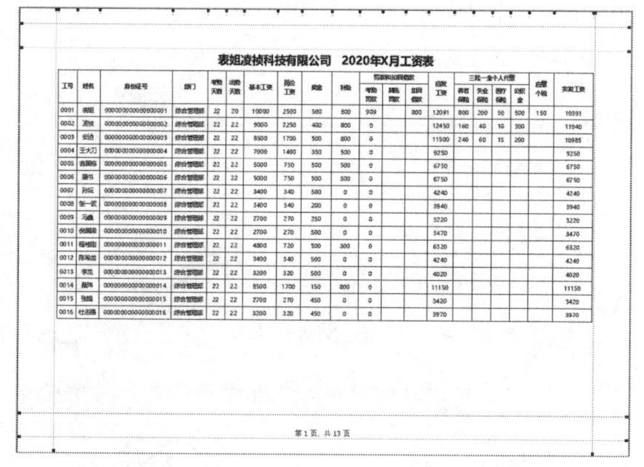

图 8-36

8.2 制作工资条

谈到工资表，除前文介绍的基础打印外，还离不开“工资条”的打印。原始工资表中的标题行只有一行，但是打印出来发给每位员工时，还需要在每一条（行）明细上分别添加标题行。

接下来就来分别介绍如何制作单表头工资条（图 8-37）和多表头工资条（图 8-38）。

工号	姓名	身份证号	部门	考勤天数	出勤天数	基本工资	岗位工资	奖金	补助	考勤罚款	其他罚款	扣回借款	应发工资	养老保险	失业保险	医疗保险	公积金	应缴个税	实发工资
0001	表姐	000000000000000001	综合管理部	22	20	10000	2500	500	800	909		800	12091	800	200	50	500	150	10391
工号	姓名	身份证号	部门	考勤天数	出勤天数	基本工资	岗位工资	奖金	补助	考勤罚款	其他罚款	扣回借款	应发工资	养老保险	失业保险	医疗保险	公积金	应缴个税	实发工资
0002	凌祯	000000000000000002	综合管理部	22	22	9000	2250	400	800	0			12450	160	40	10	300		11940
工号	姓名	身份证号	部门	考勤天数	出勤天数	基本工资	岗位工资	奖金	补助	考勤罚款	其他罚款	扣回借款	应发工资	养老保险	失业保险	医疗保险	公积金	应缴个税	实发工资
0003	安迪	000000000000000003	综合管理部	22	22	8500	1700	500	800	0			11500	240	60	15	200		10985

图 8-37

工号	姓名	身份证号	部门	考勤天数	出勤天数	基本工资	岗位工资	奖金	补助	罚款和扣回借款			应发工资	三险一金个人代缴				应缴个税	实发工资
										考勤罚款	其他罚款	扣回借款		养老保险	失业保险	医疗保险	公积金		
0001	表姐	000000000000000001	综合管理部	22	20	10000	2500	500	800	909	0	800	12091	800	200	50	500	150	10391
工号	姓名	身份证号	部门	考勤天数	出勤天数	基本工资	岗位工资	奖金	补助	罚款和扣回借款			应发工资	三险一金个人代缴				应缴个税	实发工资
										考勤罚款	其他罚款	扣回借款		养老保险	失业保险	医疗保险	公积金		
0002	凌祯	000000000000000002	综合管理部	22	22	9000	2250	400	800	0	0	0	12450	160	40	10	300		11940
工号	姓名	身份证号	部门	考勤天数	出勤天数	基本工资	岗位工资	奖金	补助	罚款和扣回借款			应发工资	三险一金个人代缴				应缴个税	实发工资
										考勤罚款	其他罚款	扣回借款		养老保险	失业保险	医疗保险	公积金		
0003	安迪	000000000000000003	综合管理部	22	22	8500	1700	500	800	0	0	0	11500	240	60	15	200		10985
工号	姓名	身份证号	部门	考勤天数	出勤天数	基本工资	岗位工资	奖金	补助	罚款和扣回借款			应发工资	三险一金个人代缴				应缴个税	实发工资
										考勤罚款	其他罚款	扣回借款		养老保险	失业保险	医疗保险	公积金		
0004	王大刀	000000000000000004	综合管理部	22	22	7000	1400	350	500	0	0	0	9250						9250

图 8-38

1. 单表头工资条

（1）制作辅助列。

选中“单表头工资条”工作表中的【U2】单元格，输入辅助数据“1”，如图 8-39 所示。

然后将光标放在【U2】单元格右下角，当光标变为十字句柄时，向下拖曳至【U9】单元格，如图 8-40 所示。

S	T	U
应缴个税	实发工资	
150	10391	1
	11940	
	10985	
	9250	
	6750	
	6750	
	4240	
	3940	

图 8-39

S	T	U
应缴个税	实发工资	
150	10391	1
	11940	1
	10985	1
	9250	1
	6750	1
	6750	1
	4240	1
	3940	1

图 8-40

单击右下角的【自动填充选项】按钮，在下拉列表中选中【填充序列】单选按钮，如图 8-41 所示。这时辅助列的值为“1”“2”“3”“4”“5”“6”“7”“8”。

T	U	V	W
实发工资			
10391	1		
11940	1		
10985	1		
9250	1		
6750	1		
6750	1		
4240	1		
3940	1		

复制单元格(C)
填充序列(S)
仅填充格式(F)
不带格式填充(O)
快速填充(F)

图 8-41

选中【U2:U9】单元格区域→按 <Ctrl+C> 键复制→选中【U10】单元格→按 <Ctrl+V> 键粘贴，如图 8-42 所示。

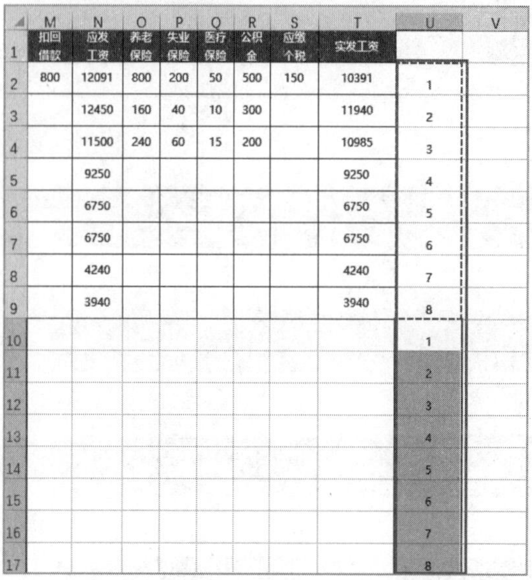

	M	N	O	P	Q	R	S	T	U	V
1	扣回借款	应发工资	养老保险	失业保险	医疗保险	公积金	应缴个税	实发工资		
2	800	12091	800	200	50	500	150	10391	1	
3		12450	160	40	10	300		11940	2	
4		11500	240	60	15	200		10985	3	
5		9250						9250	4	
6		6750						6750	5	
7		6750						6750	6	
8		4240						4240	7	
9		3940						3940	8	
10									1	
11									2	
12									3	
13									4	
14									5	
15									6	
16									7	
17									8	

图 8-42

选中【U2:U17】单元格区域并右击→在弹出的快捷菜单中选择【排序】选项→选择【升序】选项，如图 8-43 所示。

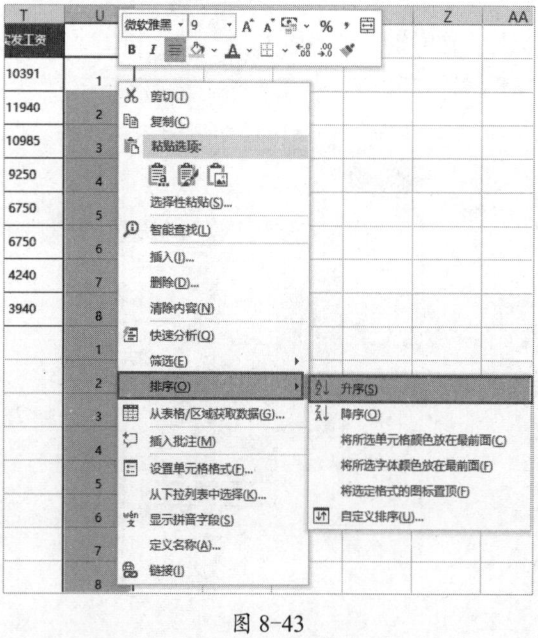

图 8-43

在弹出的【排序提醒】对话框中默认选中的是【扩展选定区域】单选按钮，单击【排序】按钮，如图 8-44 所示。

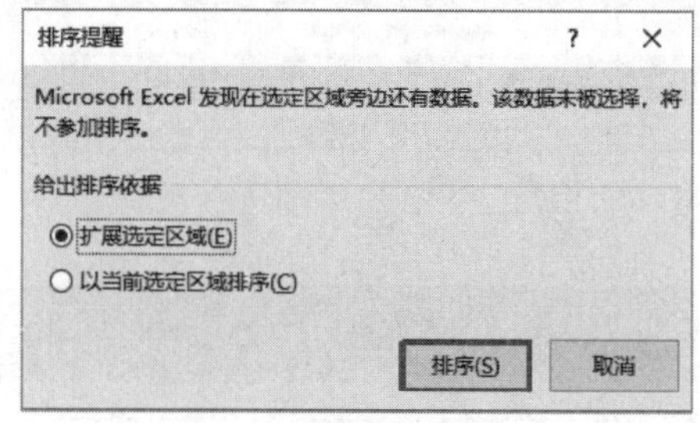

图 8-44

按照升序排序后，辅助列变为 "1" "1" "2" "2" "3" "3" "4" "4" "5" "5" "6" "6" "7" "7" "8" "8"，如图 8-45 所示，每两行数据中间都插入了一行空白行。

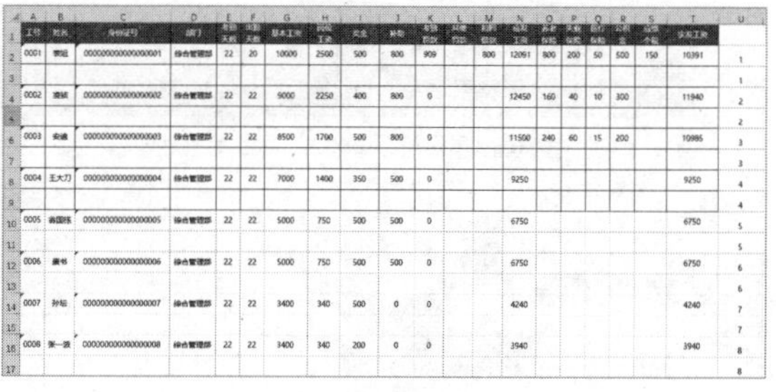

图 8-45

（2）制作标题行。

接下来制作标题行，只需要将标题行内容复制到这些空白行中即可。

选中标题行（第 1 行），按 <Ctrl+C> 键复制，如图 8-46 所示。

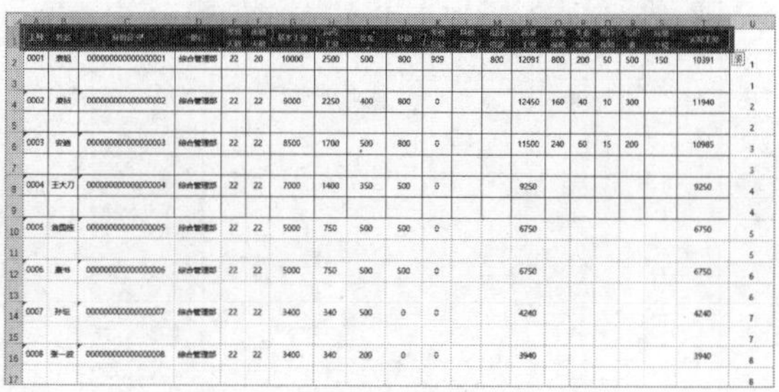

图 8-46

然后选中【A2:A16】单元格区域，定位这个区域中的空白单元格。按 <Ctrl+G> 键打开【定位】对话框→单击【定位条件】按钮，如图 8-47 所示。

	A	B	C	D	E	F	G	H
1	工号	姓名	身份证号	部门	考勤天数	出勤天数	基本工资	岗位工资
2	0001	表姐	000000000000000001	综合管理部	22	20	10000	2500
3								
4	0002	凌祯	00000000000000					2250
5								
6	0003	安迪	00000000000000					1700
7								
8	0004	王大刀	00000000000000					1400
9								
10	0005	翁国栋	00000000000000					750
11								
12	0006	康书	00000000000000					750
13								
14	0007	孙坛	000000000000000007	综合管理部	22	22	3400	340
15								
16	0008	张一波	000000000000000008	综合管理部	22	22	3400	340

定位 ? ×
定位:
引用位置(R):
定位条件(S)... 确定 取消

图 8-47

在弹出的【定位条件】对话框中选中【空值】单选按钮→单击【确定】按钮，如图 8-48 所示。

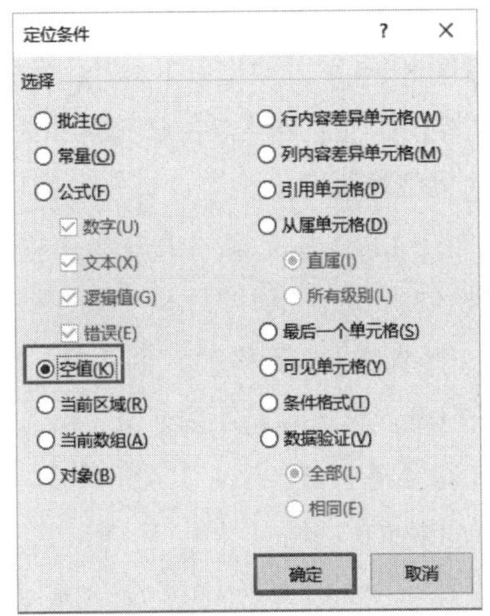

图 8-48

如图 8-49 所示，【A2:A16】单元格区域中的空白单元格已为选中状态。

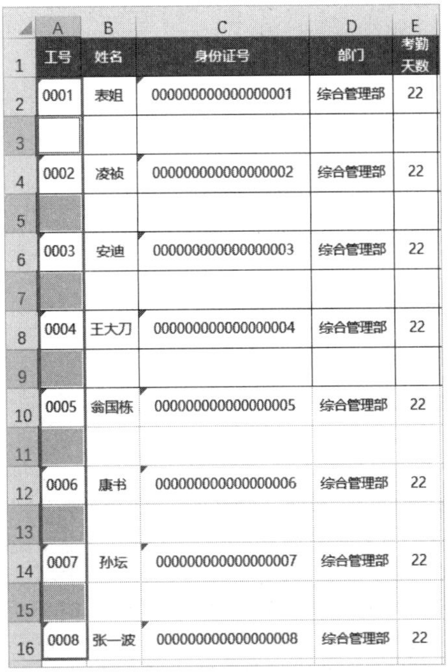

	A	B	C	D	E
1	工号	姓名	身份证号	部门	考勤天数
2	0001	表姐	000000000000000001	综合管理部	22
3					
4	0002	凌祯	000000000000000002	综合管理部	22
5					
6	0003	安迪	000000000000000003	综合管理部	22
7					
8	0004	王大刀	000000000000000004	综合管理部	22
9					
10	0005	翁国栋	000000000000000005	综合管理部	22
11					
12	0006	康书	000000000000000006	综合管理部	22
13					
14	0007	孙坛	000000000000000007	综合管理部	22
15					
16	0008	张一波	000000000000000008	综合管理部	22

图 8-49

温馨提示

选中空白单元格后，鼠标不要随意乱点，否则前面做的定位空白单元格的操作都会失效。

按 <Ctrl+V> 键粘贴，如图 8-50 所示，已经将标题行批量粘贴到所有空白单元格所在行了。

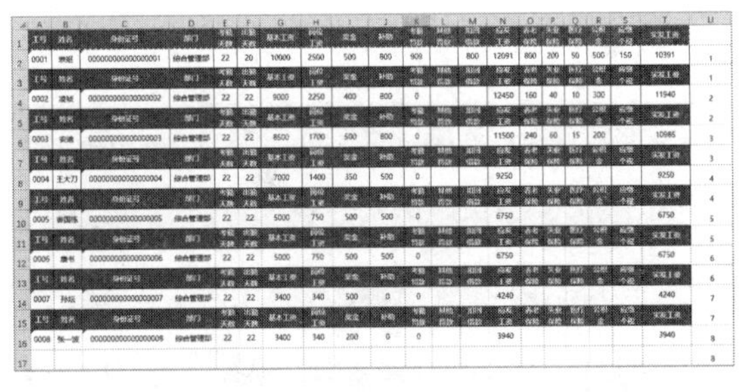

图 8-50

最后选中【U】列并右击，在弹出的快捷菜单中选择【删除】选项，将辅助列删除，如图 8-51 所示。

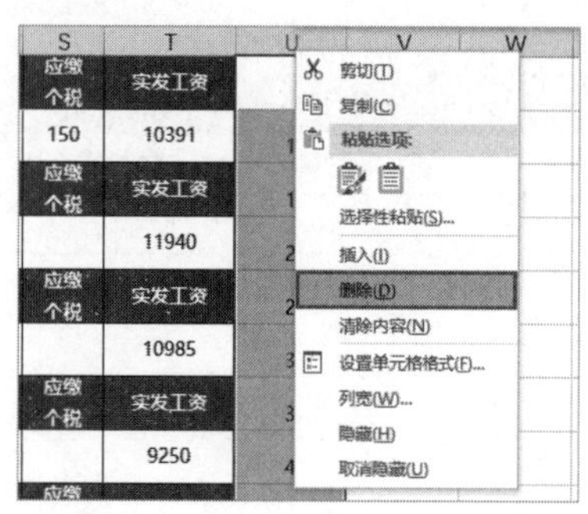

图 8-51

如图 8-52 所示，单表头工资条就制作完成了。

工号	姓名	身份证号	部门	考勤天数	出勤天数	基本工资	岗位工资	奖金	补助	考勤罚款	其他罚款	扣回借款	应发工资	养老保险	失业保险	医疗保险	公积金	应缴个税	实发工资
0001	[illegible]	000000000000000001	综合管理部	22	20	10000	2500	500	800	909		800	12091	800	200	50	500	150	10391
工号	姓名	身份证号	部门	考勤天数	出勤天数	基本工资	岗位工资	奖金	补助	考勤罚款	其他罚款	扣回借款	应发工资	养老保险	失业保险	医疗保险	公积金	应缴个税	实发工资
0002	[illegible]	000000000000000002	综合管理部	22	22	9000	2250	400	800	0			12450	160	40	10	300		11940
工号	姓名	身份证号	部门	考勤天数	出勤天数	基本工资	岗位工资	奖金	补助	考勤罚款	其他罚款	扣回借款	应发工资	养老保险	失业保险	医疗保险	公积金	应缴个税	实发工资
0003	安迪	000000000000000003	综合管理部	22	22	8500	1700	500	800	0			11500	240	60	15	200		10985
工号	姓名	身份证号	部门	考勤天数	出勤天数	基本工资	岗位工资	奖金	补助	考勤罚款	其他罚款	扣回借款	应发工资	养老保险	失业保险	医疗保险	公积金	应缴个税	实发工资
0004	王大刀	000000000000000004	综合管理部	22	22	7000	1400	350	500	0			9250						9250
工号	姓名	身份证号	部门	考勤天数	出勤天数	基本工资	岗位工资	奖金	补助	考勤罚款	其他罚款	扣回借款	应发工资	养老保险	失业保险	医疗保险	公积金	应缴个税	实发工资
0005	[illegible]	000000000000000005	综合管理部	22	22	5000	750	500	500	0			6750						6750
工号	姓名	身份证号	部门	考勤天数	出勤天数	基本工资	岗位工资	奖金	补助	考勤罚款	其他罚款	扣回借款	应发工资	养老保险	失业保险	医疗保险	公积金	应缴个税	实发工资
0006	[illegible]	000000000000000006	综合管理部	22	22	5000	750	500	500	0			6750						6750
工号	姓名	身份证号	部门	考勤天数	出勤天数	基本工资	岗位工资	奖金	补助	考勤罚款	其他罚款	扣回借款	应发工资	养老保险	失业保险	医疗保险	公积金	应缴个税	实发工资
0007	[illegible]	000000000000000007	综合管理部	22	22	3400	340	500	0	0			4240						4240
工号	姓名	身份证号	部门	考勤天数	出勤天数	基本工资	岗位工资	奖金	补助	考勤罚款	其他罚款	扣回借款	应发工资	养老保险	失业保险	医疗保险	公积金	应缴个税	实发工资
0008	[illegible]	000000000000000008	综合管理部	22	22	3400	340	200	0	0			3940						3940

图 8-52

2. 多表头工资条

多表头代表标题行由多行构成。在实际工作中，有些公司喜欢采用图 8-53 所示的这种带有多个合并单元格的多行表头作为工资条。接下来就来介绍如何制作多表头工资条。

工号	姓名	身份证号	部门	考勤天数	出勤天数	基本工资	岗位工资	奖金	补助	罚款和扣回借款			应发工资	三险一金个人代缴				应缴个税	实发工资
										考勤罚款	其他罚款	扣回借款		养老保险	失业保险	医疗保险	公积金		
0001	[illegible]	000000000000000001	综合管理部	22	20	10000	2500	500	800	909	0	800	12091	800	200	50	500	150	10391
工号	姓名	身份证号	部门	考勤天数	出勤天数	基本工资	岗位工资	奖金	补助	罚款和扣回借款			应发工资	三险一金个人代缴				应缴个税	实发工资
										考勤罚款	其他罚款	扣回借款		养老保险	失业保险	医疗保险	公积金		
0002	[illegible]	000000000000000002	综合管理部	22	22	9000	2250	400	800	0	0	0	12450	160	40	10	300		11940
工号	姓名	身份证号	部门	考勤天数	出勤天数	基本工资	岗位工资	奖金	补助	罚款和扣回借款			应发工资	三险一金个人代缴				应缴个税	实发工资
										考勤罚款	其他罚款	扣回借款		养老保险	失业保险	医疗保险	公积金		
0003	安迪	000000000000000003	综合管理部	22	22	8500	1700	500	800	0	0	0	11500	240	60	15	200		10985
工号	姓名	身份证号	部门	考勤天数	出勤天数	基本工资	岗位工资	奖金	补助	罚款和扣回借款			应发工资	三险一金个人代缴				应缴个税	实发工资
										考勤罚款	其他罚款	扣回借款		养老保险	失业保险	医疗保险	公积金		
0004	王大刀	000000000000000004	综合管理部	22	22	7000	1400	350	500	0	0	0	9250						9250

图 8-53

在“多表头工资条”工作表中，首先分析一下多表头工作表的制作思路。

第 8~9 行是标题行要放置的位置（2 行）。

第 10 行是制作的工资条，要读取表中第 3 行的数据，即【A10】单元格读取【A3】单元格的值。

第 11 行是预留空白行（在日常工作中，太密集的工资条往往让人难以看清，利用一行空白行将每个人的工资条分隔开，在视觉上会有一定的呼吸感。所以，除表头的 2 行和数据的 1 行外，还需要利用空白行来分隔）。

按照前文分析，将内容录入工作表中的对应位置，然后选中【A8:A11】单元格区域→将光标放在【A11】单元格右下角→当光标变为十字句柄时，向下拖曳至【A23】单元格，将内容向下复制，如图 8-54 所示。

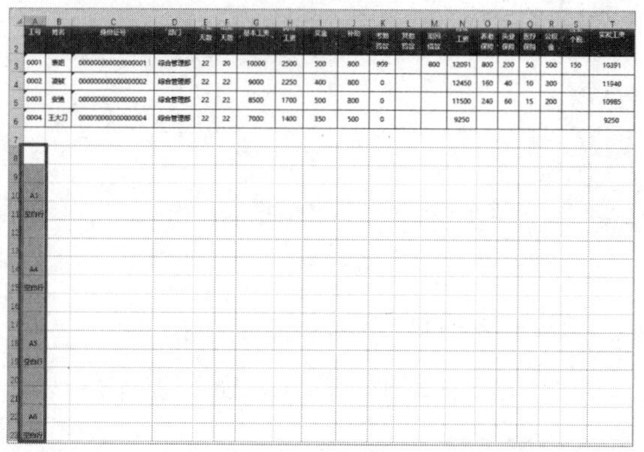

图 8-54

观察图 8-54 可以得出以下结论。

（1）将【A8】、【A9】空白单元格的内容向下拖曳，结果依然为空。

（2）将【A10】单元格的内容向下拖曳，从“A3”开始依次变为“A4”“A5”“A6”……

（3）将【A11】单元格输入的“空白行”（文本）向下拖曳，结果保持不变。

首先需要将“A3”“A4”“A5”“A6”全部变为引用单元格的位置。

选中【A8:A23】单元格区域→按 <Ctrl+H> 键打开【查找和替换】对话框→在【查找内容】文本框中输入“A”→在【替换为】文本框中输入“=A”→单击【全部替换】按钮，如图 8-55 所示。

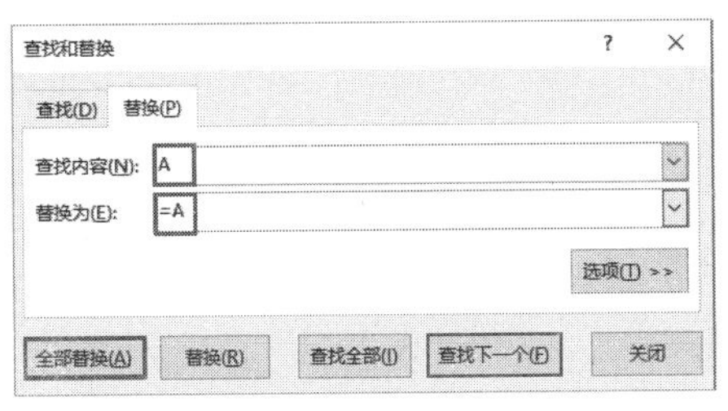

图 8-55

如图 8-56 所示，原来的 A3、A4、A5、A6 分别变成了“=A3”单元格的值，即 0001；“=A4”单元格的值，即 0002；“=A5”单元格的值，即 0003；“=A6”单元格的值，即 0004。

图 8-56

选中【A8:A23】单元格区域→将光标放在【A23】单元格右下角，当光标变为十字句柄时，向右拖曳至【T23】单元格，如图 8-57 所示。

图 8-57

接下来将标题填充进来。选中【A2:T2】单元格区域→按 <Ctrl+C> 键复制→再选中【A8:A23】单元格区域→按 <Ctrl+G> 键打开【定位】对话框→单击【定位条件】按钮，如图 8-58 所示。

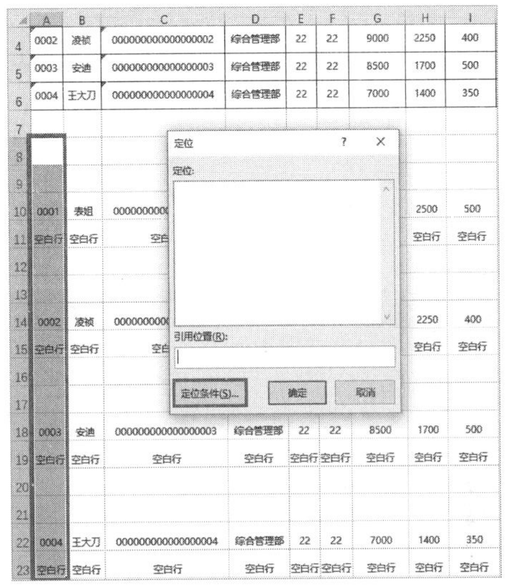

图 8-58

在弹出的【定位条件】对话框中选中【空值】单选按钮→单击【确定】按钮，如图 8-59 所示。

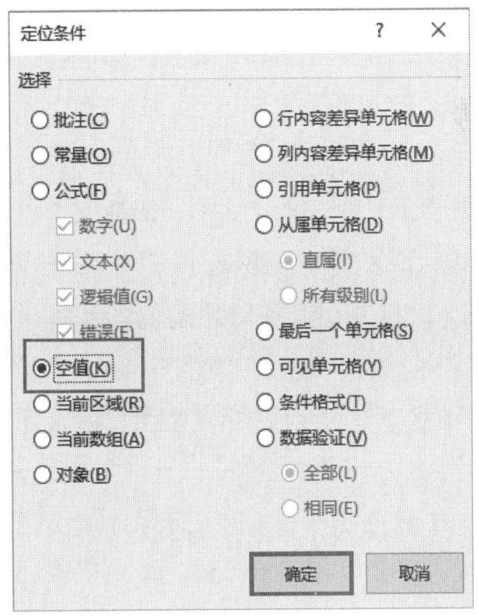

图 8-59

如图 8-60 所示，【A8:A23】单元格区域中的空白单元格已为选中状态。

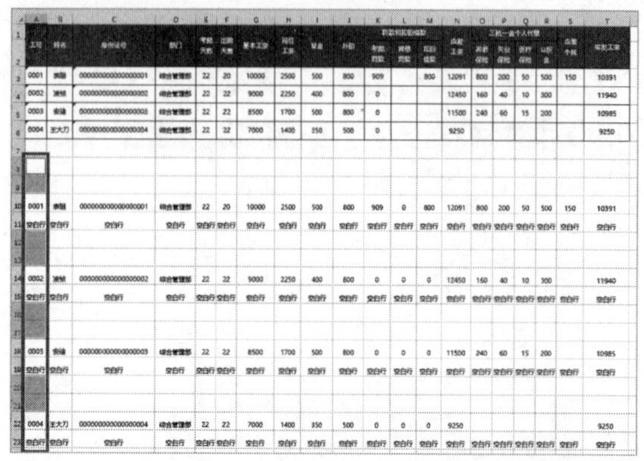

图 8-60

温馨提示

选中空白单元格后，鼠标不要随意乱点，否则前面做的定位空白单元格的操作都会失效。

按 <Ctrl+V> 键粘贴，如图 8-61 所示，已经将标题行批量粘贴到所有空白单元格所在行了。

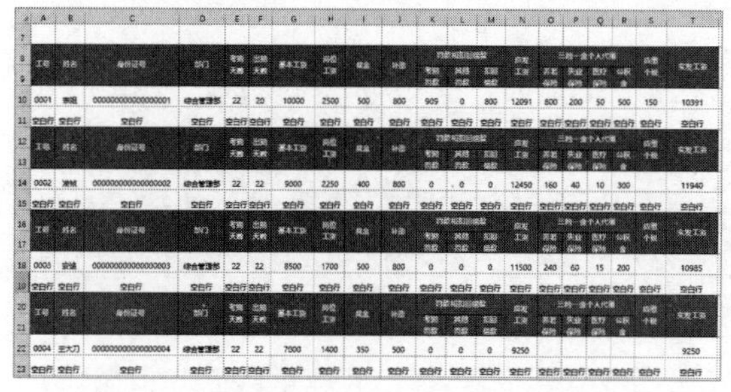

图 8-61

最后要将“空白行”3个字删除。

下面介绍一个“假装隐身”的方法。按 <Ctrl+H> 键打开【查找和替换】对话框→在【查找内容】文本框中输入“空白行”→在【替换为】文本框中输入“空白行”→单击【选项】按钮，如图 8-62 所示。

单击【替换为】文本框右侧的【格式】按钮，如图 8-63 所示。

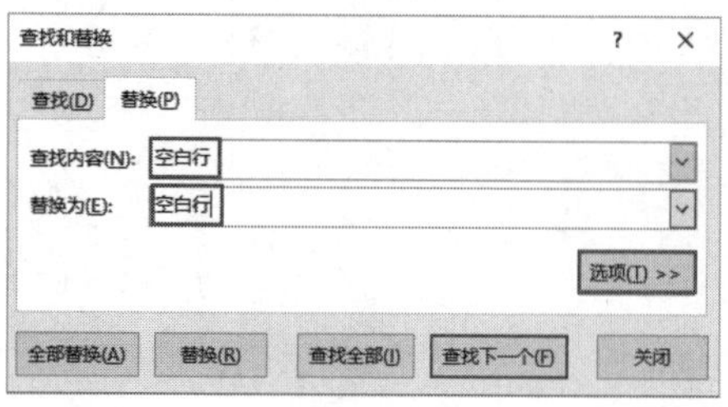

图 8-62

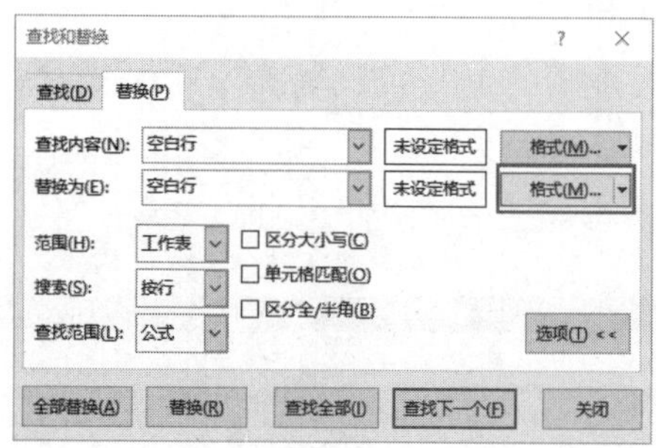

图 8-63

在弹出的【替换格式】对话框中选择【字体】选项卡→将字体颜色设置为“白色”→单击【确定】按钮，如图 8-64 所示。

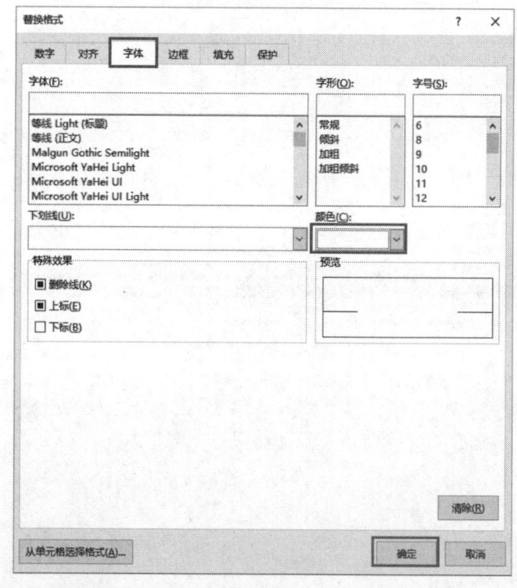

图 8-64

在【查找和替换】对话框中可以看到替换后的样式，单击【全部替换】按钮，如图 8-65 所示。

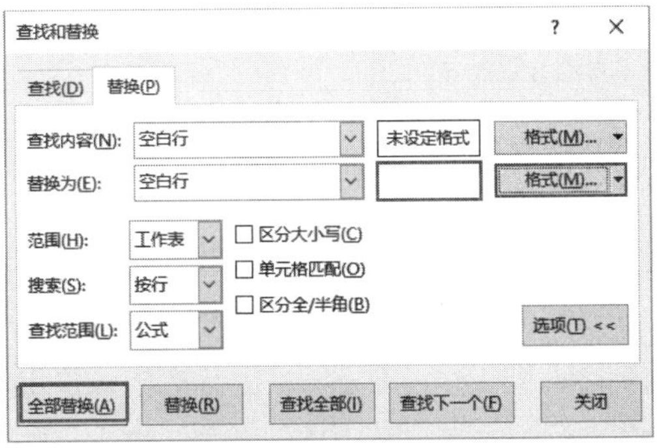

查找和替换 ? ×

查找(D) 替换(P)

查找内容(N): 空白行 未设定格式 格式(M)...

替换为(E): 空白行 格式(M)...

范围(H): 工作表 □区分大小写(C)

搜索(S): 按行 □单元格匹配(O)

查找范围(L): 公式 □区分全/半角(B) 选项(T) <<

全部替换(A) 替换(R) 查找全部(I) 查找下一个(F) 关闭

图 8-65

如图 8-66 所示，利用字体颜色的设置即可将“空白行”隐藏起来。

温馨提示

为什么要在【A10】单元格下方的【A11】单元格中输入“空白行”3个字，而不是直接空着呢？

这是因为，如果【A11】单元格为空白单元格，那么在按 <Ctrl+G> 键定位空值时，这一行会被选中，从而影响后续的表头粘贴。

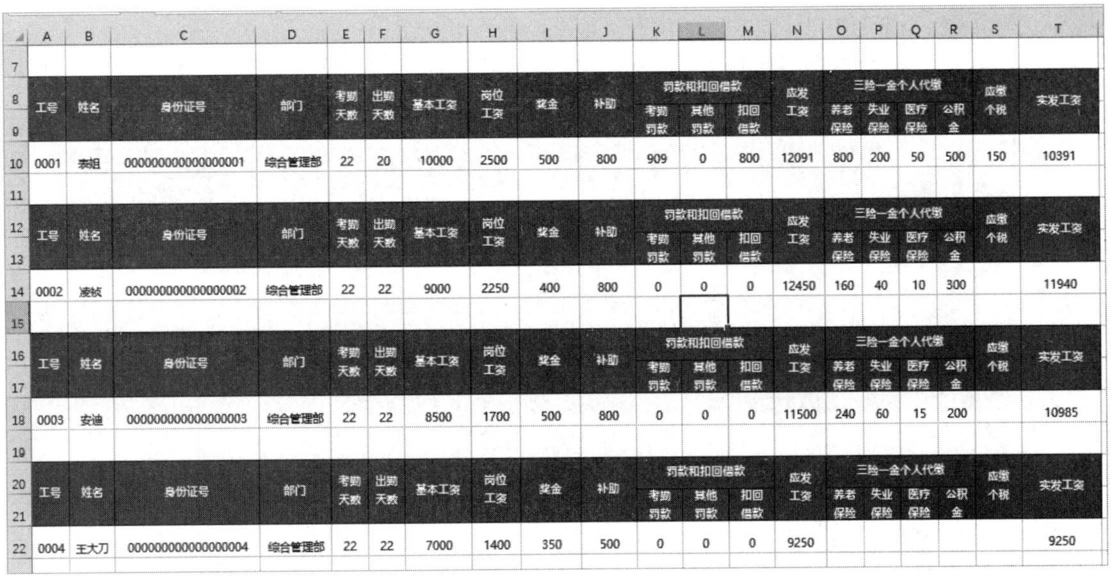

	A	B	C	D	E	F	G	H	I	J	K	L	M	N	O	P	Q	R	S	T
7																				
8	工号	姓名	身份证号	部门	考勤天数	出勤天数	基本工资	岗位工资	奖金	补助	罚款和扣回借款			应发工资	三险一金个人代缴				应缴个税	实发工资
9											考勤罚款	其他罚款	扣回借款		养老保险	失业保险	医疗保险	公积金		
10	0001	表姐	000000000000000001	综合管理部	22	20	10000	2500	500	800	909	0	800	12091	800	200	50	500	150	10391
11																				
12	工号	姓名	身份证号	部门	考勤天数	出勤天数	基本工资	岗位工资	奖金	补助	罚款和扣回借款			应发工资	三险一金个人代缴				应缴个税	实发工资
13											考勤罚款	其他罚款	扣回借款		养老保险	失业保险	医疗保险	公积金		
14	0002	凌祯	000000000000000002	综合管理部	22	22	9000	2250	400	800	0	0	0	12450	160	40	10	300		11940
15																				
16	工号	姓名	身份证号	部门	考勤天数	出勤天数	基本工资	岗位工资	奖金	补助	罚款和扣回借款			应发工资	三险一金个人代缴				应缴个税	实发工资
17											考勤罚款	其他罚款	扣回借款		养老保险	失业保险	医疗保险	公积金		
18	0003	安迪	000000000000000003	综合管理部	22	22	8500	1700	500	800	0	0	0	11500	240	60	15	200		10985
19																				
20	工号	姓名	身份证号	部门	考勤天数	出勤天数	基本工资	岗位工资	奖金	补助	罚款和扣回借款			应发工资	三险一金个人代缴				应缴个税	实发工资
21											考勤罚款	其他罚款	扣回借款		养老保险	失业保险	医疗保险	公积金		
22	0004	王大刀	000000000000000004	综合管理部	22	22	7000	1400	350	500	0	0	0	9250						9250

图 8-66

8.3 保护工资表

平时做好的表格如果不想被人随意改动，那么启用工作表保护是一个非常不错的选择。

在 Excel 中，保护分为 3 个级别，分别为保护全部工作表、保护部分工作表和保护工作簿。

下面先来介绍一下如何保护工作表。

1. 保护全部工作表

工资表中的许多数据都是通过公式计算而来的，为了防止别人随意修改搞乱公式，需要对其进行保护处理。

在“保护工作表”工作表中，选择【审阅】选项卡→单击【保护工作表】按钮，如图 8-67 所示。

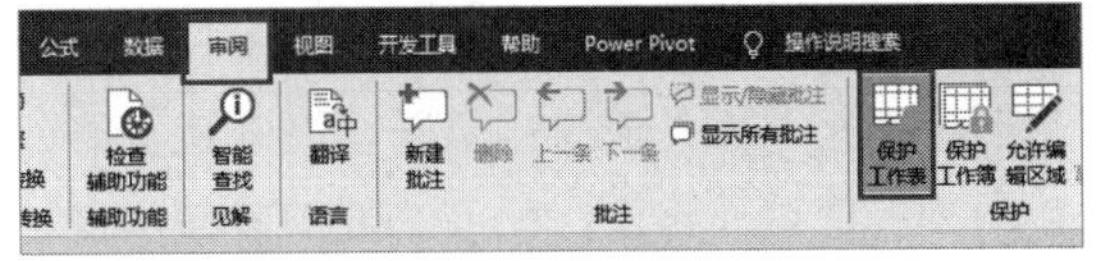

图 8-67

在弹出的【保护工作表】对话框中设置一个密码（如 123456）→单击【确定】按钮，如图 8-68 所示。

在弹出的【确认密码】对话框中重新输入密码"123456"，单击【确定】按钮，如图 8-69 所示。

设置完成后，选中任意单元格修改其内容，就会弹出错误提示，使人无法修改工作表中的内容，如图 8-70 所示。

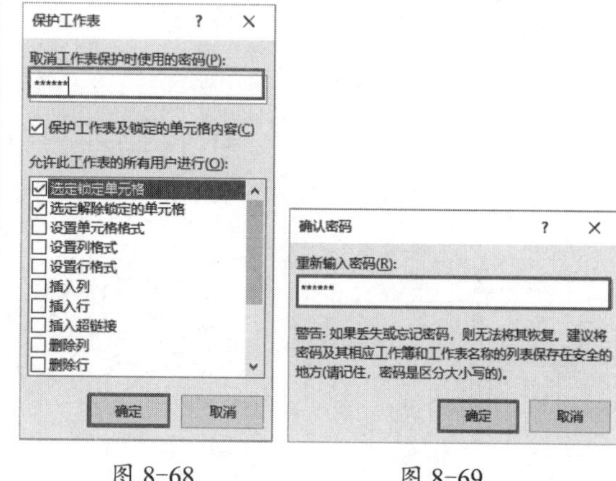

图 8-68　　图 8-69

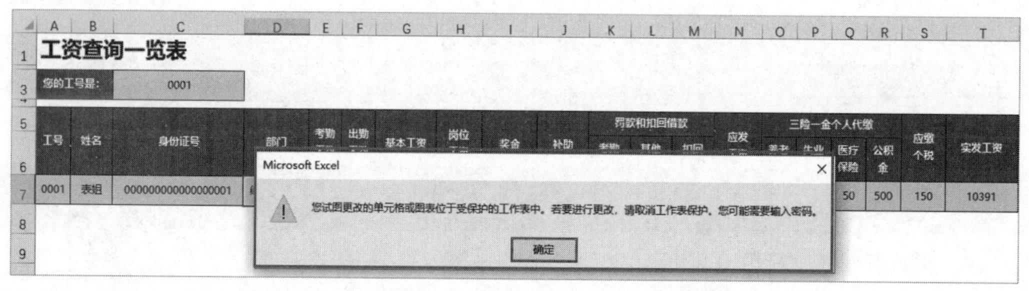

图 8-70

温馨提示

在【工作表保护】状态下，工具栏中的许多按钮都是灰色状态，无法进行使用，如图 8-71 所示。

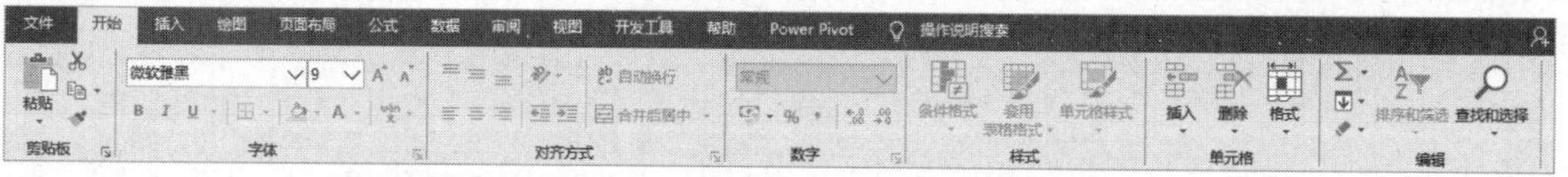

图 8-71

想要撤销前面设置的密码保护，可以选择【审阅】选项卡→单击【撤销工作表保护】按钮→在弹出的【撤销工作表保护】对话框中输入前面设置的密码（123456）→单击【确定】按钮，如图 8-72 所示。

通过保护工作表操作，就将表格中的所有内容一同保护起来。但是，工作中不仅会遇到将工作表全部保护起来的情况，有时还需要保留一部分区域允许修改，那么就需要请出保护的第二种方法——保护部分工作表。

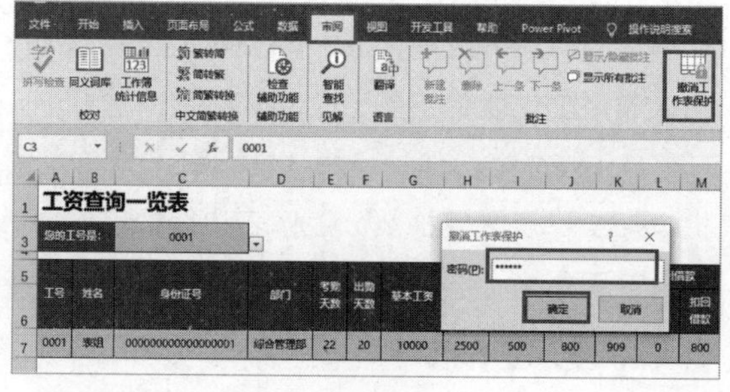

图 8-72

2. 保护部分工作表

工作中有时不需要将工作表全部锁定，对于图 8-73 所示的工资查询表，我们希望“工号”这一栏可以被修改。

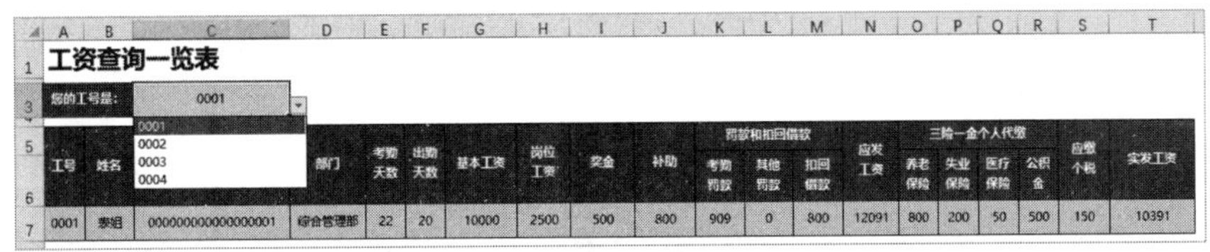

图 8-73

同时，第 7 行中工资表数据的计算公式不会被显示出来，如图 8-74 所示。

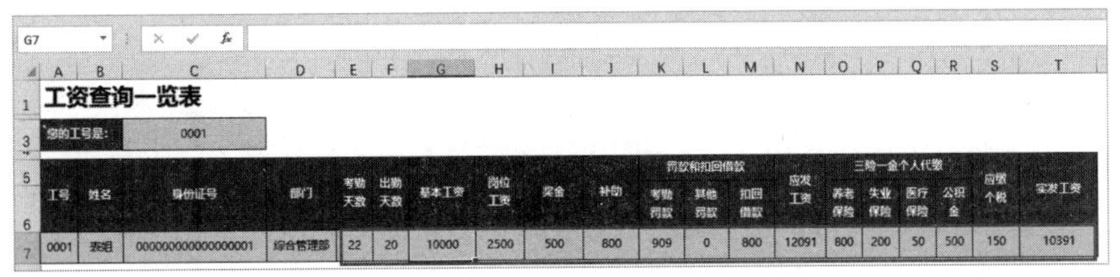

图 8-74

所以，需要允许用户编辑指定区域（如【C3】单元格），然后保护部分工作表区域（如工资计算公式，避免被人随意改动），接下来就具体操作一下吧！

（1）设置允许修改区域。

选中允许修改的区域，即选中【C3】单元格并右击→在弹出的快捷菜单中选择【设置单元格格式】选项，如图 8-75 所示。

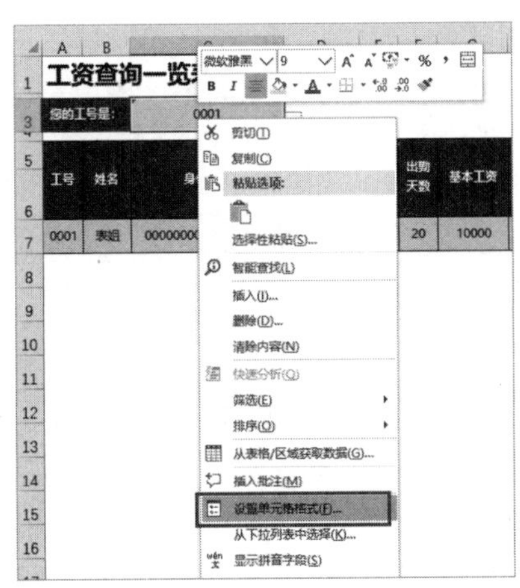

图 8-75

在弹出的【设置单元格格式】对话框中选择【保护】选项卡→取消选中【锁定】复选框→单击【确定】按钮，如图 8-76 所示。

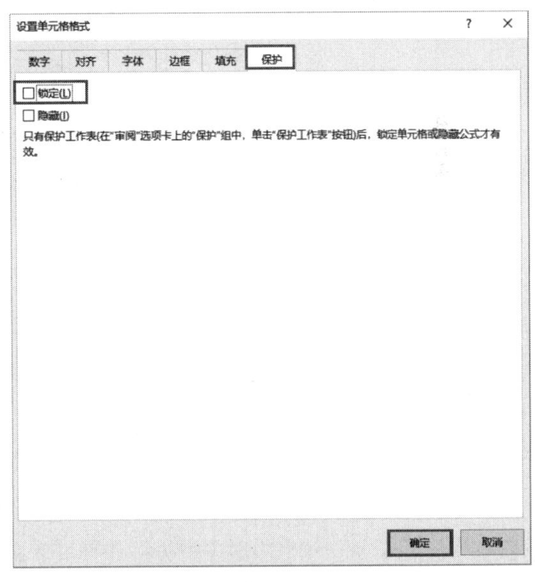

图 8-76

（2）隐藏工资计算公式。

对表格中的公式进行隐藏保护前，选中【G7】单元格，在函数编辑区中可以看到【G7】单元格的计算公式，如图 8-77 所示。

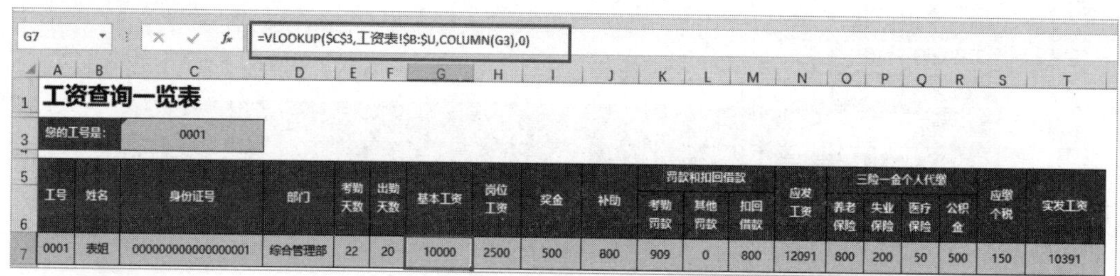

图 8-77

接下来将第 7 行的工资计算区域的公式隐藏保护起来。

选中【A7:T7】单元格区域并右击→在弹出的快捷菜单中选择【设置单元格格式】选项（也可按 <Ctrl+1> 键），如图 8-78 所示。

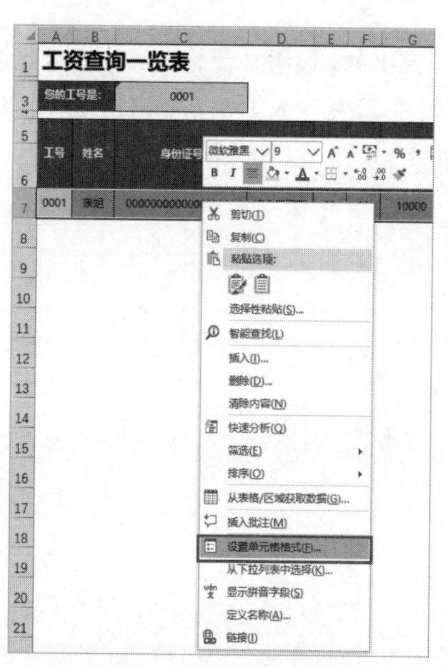

图 8-78

在弹出的【设置单元格格式】对话框中选择【保护】选项卡→选中【隐藏】复选框→单击【确定】按钮，如图 8-79 所示。

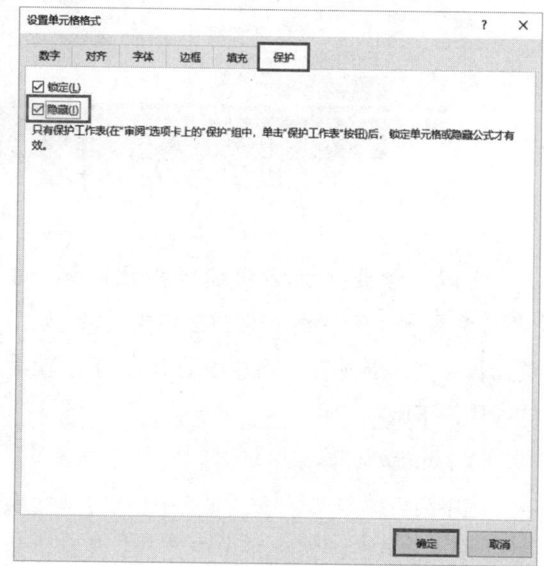

图 8-79

（3）保护工作表。

选择【审阅】选项卡→单击【保护工作表】按钮，如图 8-80 所示。

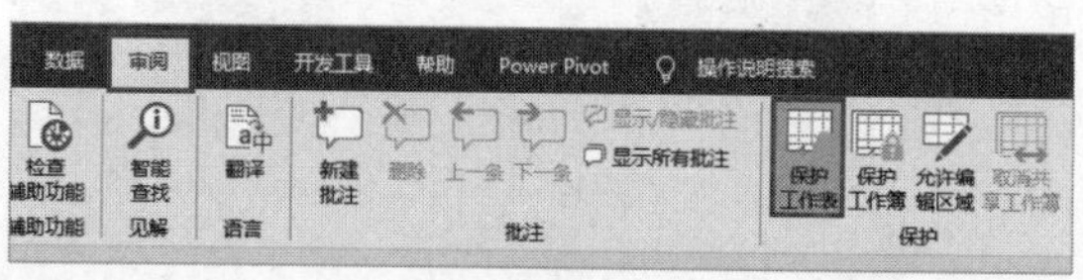

图 8-80

设置完成后，就只能修改工作表中的【C3】单元格，并且【A7:T7】单元格区域的计算公式在函数编辑区中已被隐藏，如图 8-81 所示。

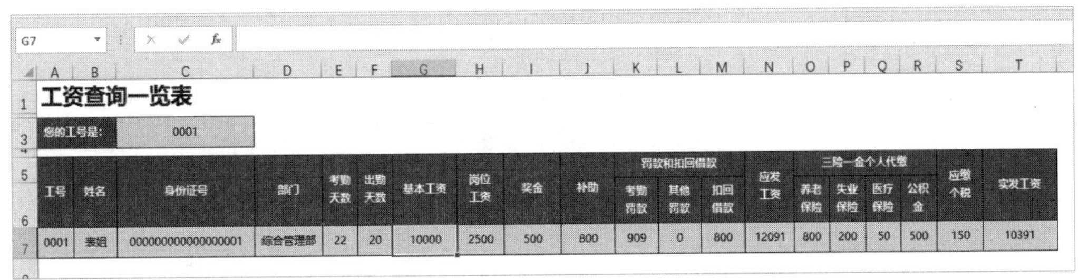

工资查询一览表

您的工号是:	0001

工号	姓名	身份证号	部门	考勤天数	出勤天数	基本工资	岗位工资	奖金	补助	罚款和扣回借款			应发工资	三险一金个人代缴				应缴个税	实发工资
										考勤罚款	其他罚款	扣回借款		养老保险	失业保险	医疗保险	公积金		
0001	表姐	000000000000000001	综合管理部	22	20	10000	2500	500	800	909	0	800	12091	800	200	50	500	150	10391

图 8-81

3. 保护工作簿

保护工作表虽然在一定意义上对用户可以起到限制的作用，但整体的工作簿结构依然允许用户更改，如增减工作表等。

如果不允许别人随意新增或删除固有工作表，使工作簿结构不被改变，可以开启保护工作簿功能。

选择【审阅】选项卡→单击【保护工作簿】按钮，如图 8-82 所示。

图 8-82

在弹出的【保护结构和窗口】对话框中将【密码】设置为“123”→单击【确定】按钮，如图 8-83 所示。

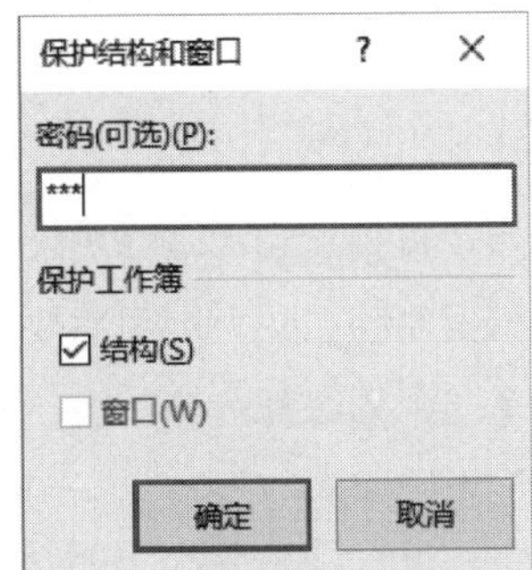

图 8-83

在弹出的【确认密码】对话框中再次输入密码“123”→单击【确定】按钮，如图 8-84 所示。

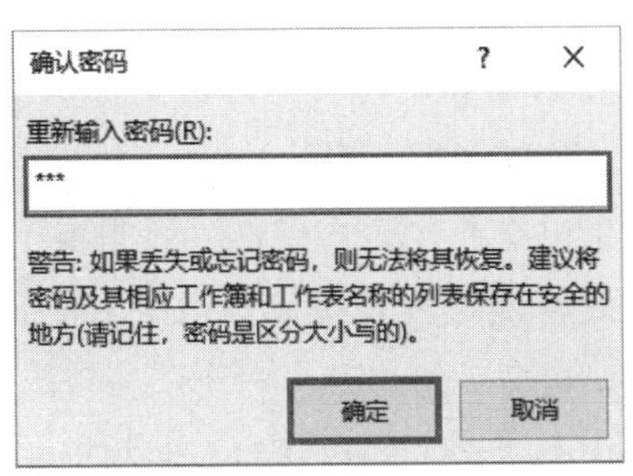

图 8-84

第9关 本篇实践应用

本关背景

经过前面8关的学习，相信你对Excel一定有了更深的了解。但是，Excel的世界无比广阔，我们只是刚刚迈入门槛，还需要不断地探索、追逐才能进一步提高自己的Excel操作水平，以此提高工作效率。

而在不断学习的过程中，温故而知新也尤为重要。所以，本关在回顾以往所学知识的同时，也将不断完善你的Excel表格，令你在面对各种工作项目表时更加从容、自如。

在平时的工作中，很多业务都是并列推进的，作为项目管理者，经常需要监控各个项目的推进情况。例如，项目的基本信息、项目状态、预算和实际的对比情况、各阶段的成本投入情况等。

图9-1所示的是A员工发给领导的项目管理表。这张表格虽然数据并无错误，但是一张寡淡的“数据堆砌”式表格很难令人一眼抓到重点。

表姐凌祯科技有限公司　　项目管理一览表

项目编号	项目经理	项目名称	项目实施状态	预算人天数	实际人天数	项目实施实际人天数									
						实施阶段1	实施阶段2	实施阶段3	实施阶段4	实施阶段5	实施阶段6	实施阶段7	实施阶段8	实施阶段9	实施阶段10
XM01	表姐	北京兴达ERP项目	进行中	160	132	2	5	9	13	30	30	13	30		
XM02	凌祯	上海海旺PLM项目	已延迟	137	140	2	15	15	27	34	14	13	12	7	1
XM03	安迪	广州盛川ERP项目	完成	128	120	3	4	9	7	22	24	21	23	5	2
XM04	王大刀	深圳百福MES项目	未开始	140	0										
XM05	Ford	北京合硕ERP项目	已延迟	80	94	2	15	15	13	7	5	16	15	4	2
XM06	刘涵涵	重庆大川自动出图项目	完成	107	112	3	10	13	18	16	6	32	9	4	1
XM07	石磊	佛山一众MES项目	进行中	167	109	1	9	9	22	23	27	18			

图9-1

图9-2所示的是B员工发给领导的项目管理表。这张表格对项目预算和实际情况做了进度条展示，并对超预算的情况做了红色提醒；对项目各个阶段的投入情况制作了热力地图的效果，可以让人一眼就看到重点。同时，对本公司所有的项目执行状态提供了一个动态筛选的功能，当选择不同的项目实施状态后，就会显示不同的项目明细。

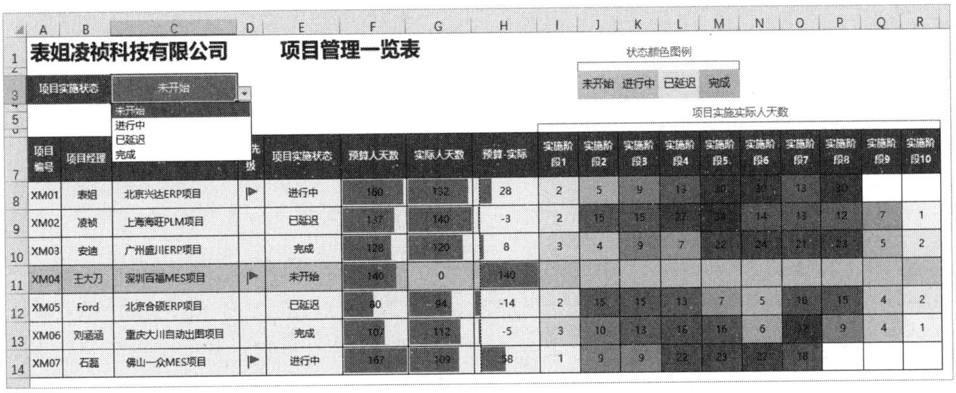

表姐凌祯科技有限公司　　项目管理一览表

项目实施状态　未开始

未开始
进行中
已延迟
完成

状态颜色图例：未开始　进行中　已延迟　完成

项目编号	项目经理		先级	项目实施状态	预算人天数	实际人天数	预算-实际	项目实施实际人天数 实施阶段1	实施阶段2	实施阶段3	实施阶段4	实施阶段5	实施阶段6	实施阶段7	实施阶段8	实施阶段9	实施阶段10
XM01	表姐	北京兴达ERP项目	⚑	进行中	160	132	28	2	5	9	13	30	30	13	30		
XM02	凌祯	上海海旺PLM项目		已延迟	137	140	-3	2	15	15	27	34	14	13	12	7	1
XM03	安迪	广州盛川ERP项目		完成	128	120	8	3	4	9	7	22	24	21	23	5	2
XM04	王大刀	深圳百福MES项目	⚑	未开始	140	0	140										
XM05	Ford	北京合硕ERP项目		已延迟	80	94	-14	2	15	15	13	7	5	16	15	4	2
XM06	刘涵涵	重庆大川自动出图项目		完成	107	112	-5	3	10	13	16	16	6	32	9	4	1
XM07	石磊	佛山一众MES项目	⚑	进行中	167	109	58	1	9	9	22	23	27	18			

图 9-2

一张好的表格，应当具备以下几个优点。

（1）精准定位，清晰明了。

（2）设置优先级项目，凸显重要内容。

（3）形象地展示各实施阶段的投入情况。

这样两张项目管理表放于眼前，你会比较喜欢哪位员工提交的表格呢？

通过本关的介绍，每个人都可以轻松制作出这样一张清晰明了，又具有“高颜值”的项目管理表。下面就开始制作吧！

9.1 初见条件格式

打开“素材文件 /09- 本篇实践应用 /09- 本篇实践应用 - 项目执行特攻队 .xlsx”源文件。

首先完善表格，添加辅助列。在“项目管理”工作表的【G】列前插入空白列→选中【G7】单元格，输入“预算 - 实际”→选中【G8】单元格，输入公式“=E8-F8”→按 <Enter> 键确认→将光标放在【G8】单元格右下角，当光标变为十字句柄时，双击鼠标向下填充公式，如图 9-3 所示。

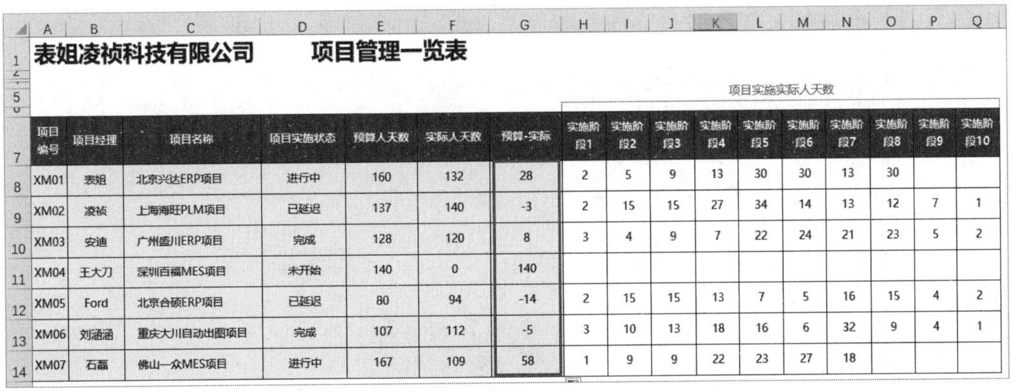

表姐凌祯科技有限公司　　项目管理一览表

项目编号	项目经理	项目名称	项目实施状态	预算人天数	实际人天数	预算-实际	项目实施实际人天数 实施阶段1	实施阶段2	实施阶段3	实施阶段4	实施阶段5	实施阶段6	实施阶段7	实施阶段8	实施阶段9	实施阶段10
XM01	表姐	北京兴达ERP项目	进行中	160	132	28	2	5	9	13	30	30	13	30		
XM02	凌祯	上海海旺PLM项目	已延迟	137	140	-3	2	15	15	27	34	14	13	12	7	1
XM03	安迪	广州盛川ERP项目	完成	128	120	8	3	4	9	7	22	24	21	23	5	2
XM04	王大刀	深圳百福MES项目	未开始	140	0	140										
XM05	Ford	北京合硕ERP项目	已延迟	80	94	-14	2	15	15	13	7	5	16	15	4	2
XM06	刘涵涵	重庆大川自动出图项目	完成	107	112	-5	3	10	13	18	16	6	32	9	4	1
XM07	石磊	佛山一众MES项目	进行中	167	109	58	1	9	9	22	23	27	18			

图 9-3

然后在【D】列前插入空白列→选中【D7】单元格，输入“优先级”，以便标识出公司重点关心的项目，如图 9-4 所示。

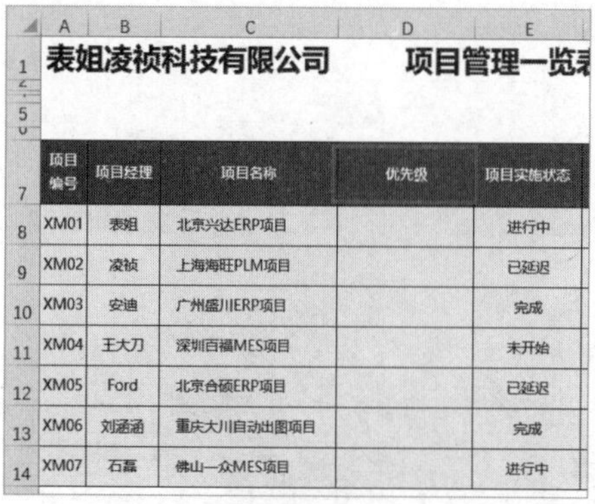

项目编号	项目经理	项目名称	优先级	项目实施状态
XM01	表姐	北京兴达ERP项目		进行中
XM02	凌祯	上海海旺PLM项目		已延迟
XM03	安迪	广州盛川ERP项目		完成
XM04	王大刀	深圳百福MES项目		未开始
XM05	Ford	北京合硕ERP项目		已延迟
XM06	刘函涵	重庆大川自动出图项目		完成
XM07	石磊	佛山一众MES项目		进行中

图 9-4

1. 条件格式数据条

接下来就利用条件格式——数据条的功能，将表格中的数据更直观地表现出来。

（1）设置数据条效果。

选中【F8:F14】单元格区域→选择【开始】选项卡→单击【条件格式】按钮→选择【数据条】选项→选择一个喜欢的样式，如【实心填充】中的黄色样式，如图 9-5 所示。

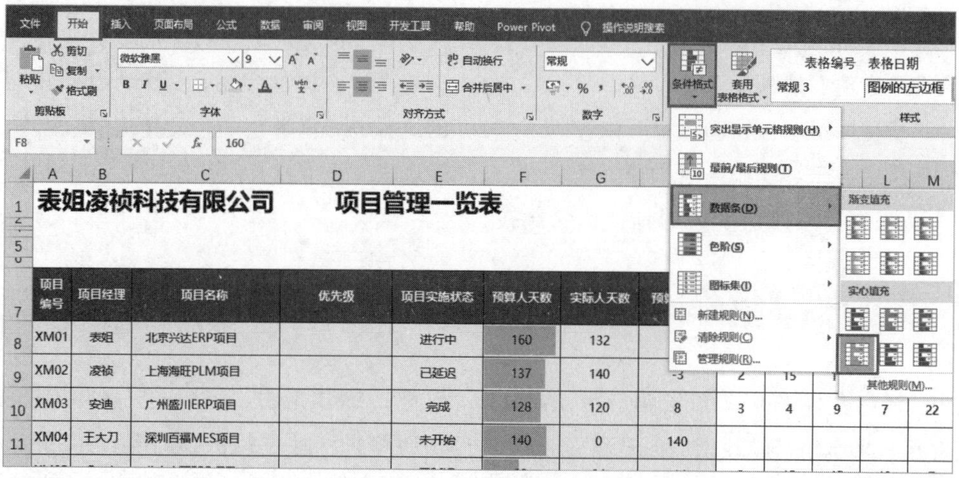

图 9-5

（2）自定义数据条样式。

选中【G8:G14】单元格区域→选择【开始】选项卡→单击【条件格式】按钮→选择【数据条】选项→单击【其他规则】按钮，这样就可以在原有配色方案的基础上，制作更多符合自己表格风格的“数据条样式”，如图 9-6 所示。

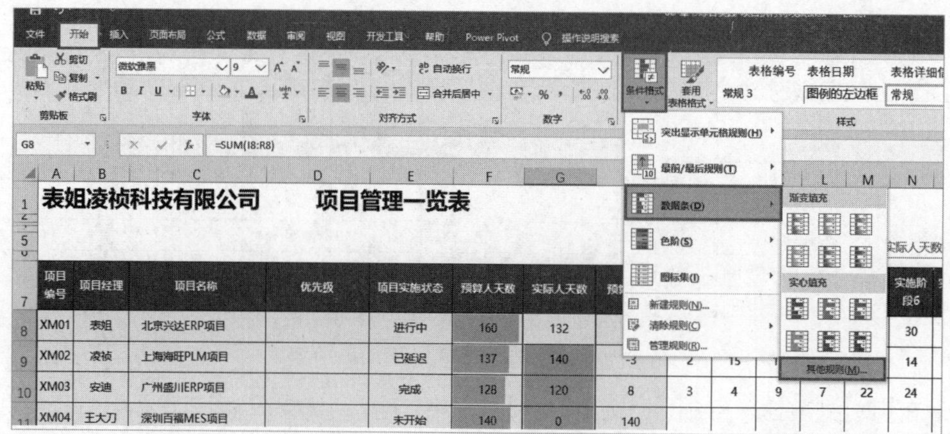

图 9-6

在弹出的【新建格式规则】对话框中单击【颜色】列表框右侧的下拉按钮→选择一个颜色→单击【确定】按钮，如图 9-7 所示。

(3)包含正负值的数据条样式设置。

选中【H8:H14】单元格区域→选择【开始】选项卡→单击【条件格式】按钮→选择【数据条】选项→选择一个喜欢的样式，如图 9-8 所示。

当单元格区域含有正负值时，数据为正数则数据条的颜色显示为自定义的颜色，数据为负数则数据条的颜色显示为红色。

图 9-7

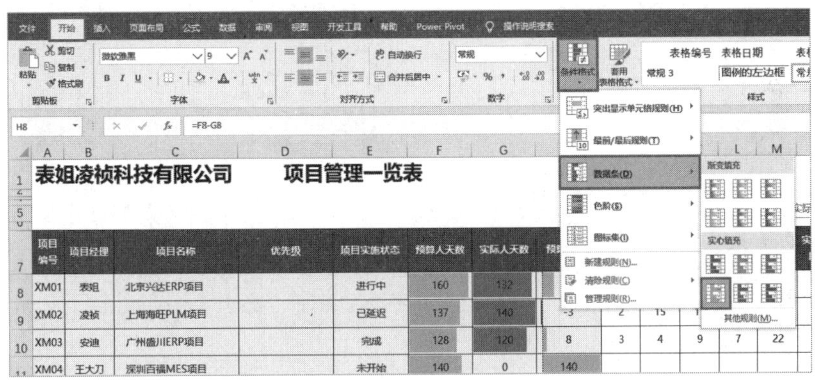

图 9-8

(4)条件格式的修订。

想要调整已经设置的数据条，要始终遵循一个原则：在哪里新建，就在哪里清除和管理。

例如，想要更改【H8:H14】单元格区域的条件格式，选中【H8:H14】单元格区域→选择【开始】选项卡→单击【条件格式】按钮→选择【管理规则】选项，如图 9-9 所示。

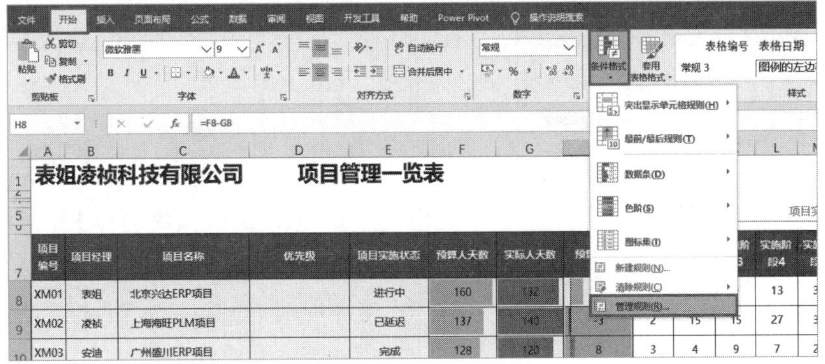

图 9-9

在弹出的【条件格式规则管理器】对话框中选中已设置的规则→单击【编辑规则】按钮，如图 9-10 所示。

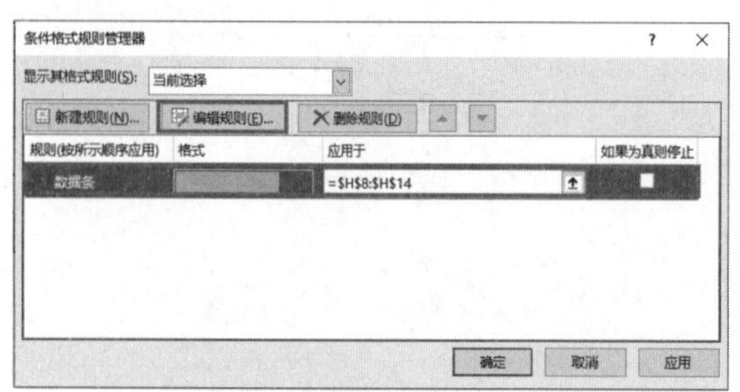

图 9-10

在弹出的【编辑格式规则】对话框中单击【颜色】列表框右侧的下拉按钮→选择一个合适的颜色（建议为整张表设计一个相对统一的配色方案，这里选择“绿色”）→单击【确定】按钮，如图 9-11 所示。

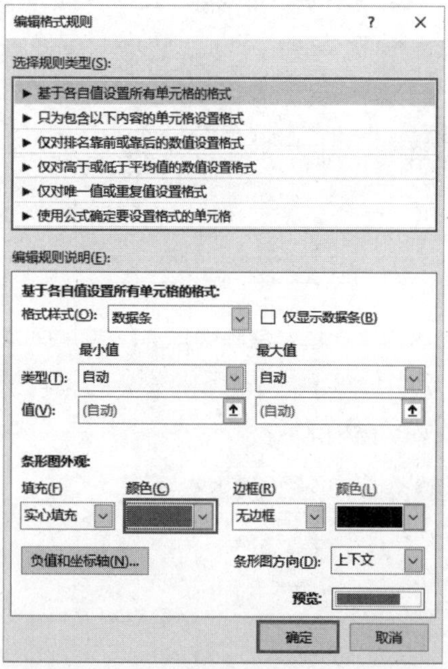

图 9-11

返回【条件格式规则管理器】对话框→单击【应用】按钮→单击【确定】按钮，如图 9-12 所示。

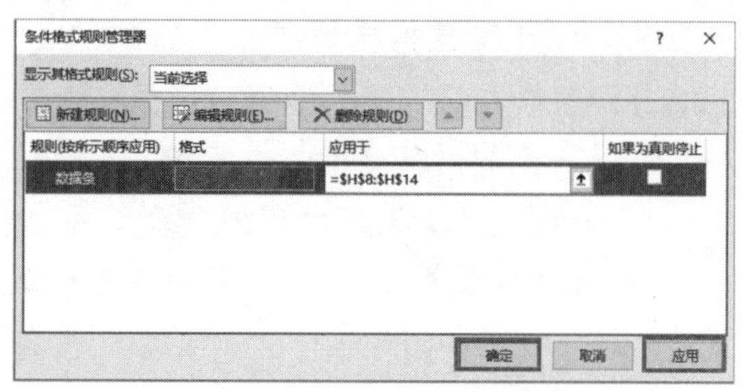

图 9-12

此时，即可将【H8:H14】单元格区域中黄色的数据条修改为绿色，如图 9-13 所示。

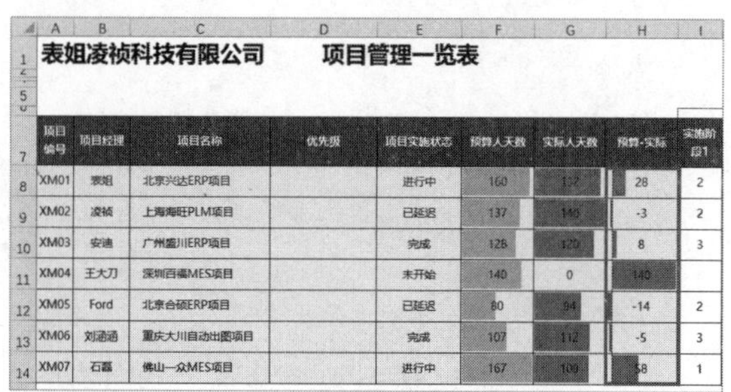

表姐凌祯科技有限公司　　项目管理一览表

项目编号	项目经理	项目名称	优先级	项目实施状态	预算人天数	实际人天数	预算-实际	实施阶段1
XM01	表姐	北京兴达ERP项目		进行中	160	132	28	2
XM02	凌祯	上海海旺PLM项目		已延迟	137	140	-3	2
XM03	安迪	广州盈川ERP项目		完成	128	120	8	3
XM04	王大刀	深圳百福MES项目		未开始	140	0	140	
XM05	Ford	北京合硕ERP项目		已延迟	80	94	-14	2
XM06	刘涵涵	重庆大川自动出图项目		完成	107	112	-5	3
XM07	石磊	佛山一众MES项目		进行中	167	109	58	1

图 9-13

同理，可以进一步优化【F8:F14】单元格区域的数据条颜色，效果如图 9-14 所示。

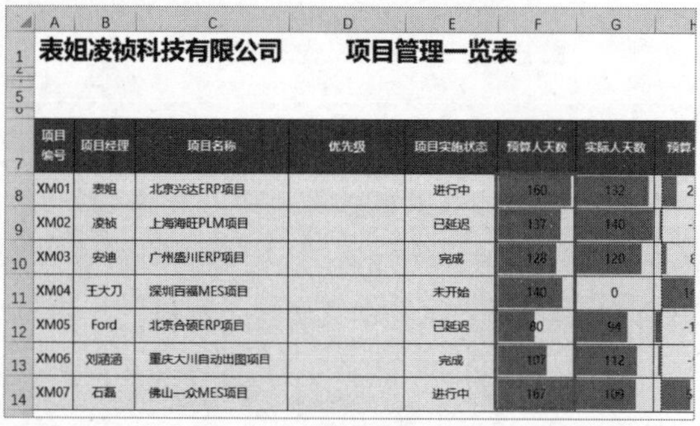

图 9-14

（5）删除规则。

想要删除【H8:H14】单元格区域的数据条规则，可以选中【H8:H14】单元格区域→选择【开始】选项卡→单击【条件格式】按钮→选择【清除规则】选项→选择【清除所选单元格的规则】选项，如图 9-15 所示。

图 9-15

2. 数据条的应用

工作中常常会在数据的最底端设置一行汇总行，如图 9-16 所示。

图 9-16

选中包含汇总行在内的单元格区域，即选中【J8:J15】单元格区域→选择【开始】选项卡→单击【条件格式】按钮→选择【数据条】选项→选择一个喜欢的样式，如图 9-17 所示。

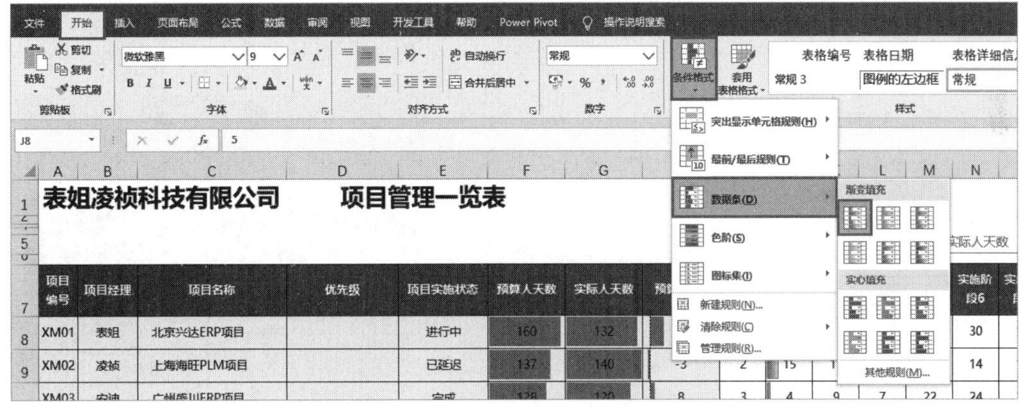

图 9-17

由于汇总数据与单项数据之间差距较大，会造成汇总单元格中的数据条比较大，而其他单元格中的数据条显示得不明显，如图 9-18 所示。

图 9-18

因此，一般做条件格式数据条时不需要选中汇总行，只需在项目之间做平行的比较即可。

3. 条件格式突出显示

在工作中，我们往往需要对满足特定条件的单元格进行突出显示，从而起到提醒的效果，这可以通过设置条件格式轻松实现。

例如，将“完成”状态的项目突出显示出来。

（1）设置突出显示。

选中【E8:E14】单元格区域→选择【开始】选项卡→单击【条件格式】按钮→选择【突出显示单元格规则】选项→选择【等于】选项，如图 9-19 所示。

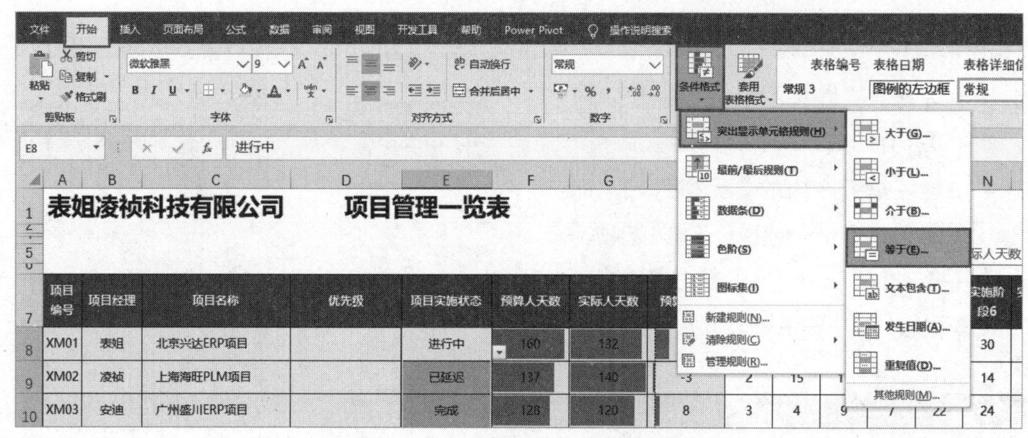

图 9-19

弹出【等于】对话框→在【为等于以下值的单元格设置格式】文本框中输入“完成”→单击【设置为】列表框右侧的下拉按钮，选择一个喜欢的样式→单击【确定】按钮，如图 9-20 所示。

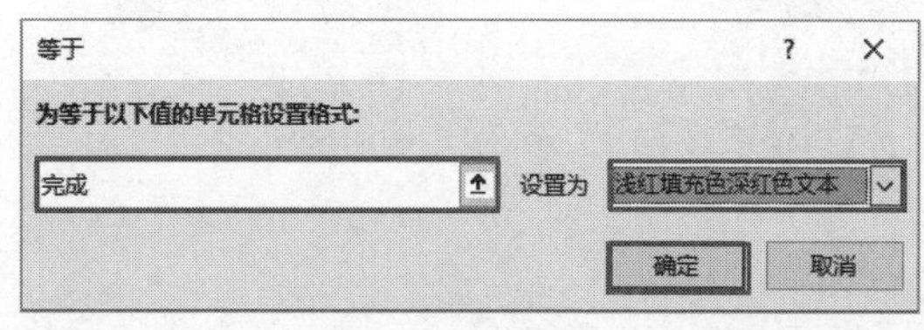

图 9-20

如图 9-21 所示，已将“项目实施状态”为“完成”的单元格突出显示为红色。

图 9-21

（2）删除突出显示。

选中【E8:E14】单元格区域→选择【开始】选项卡→单击【条件格式】按钮→选择【清除规则】选项→选择【清除所选单元格的规则】选

项，即可清除已设置的突出显示条件格式规则，如图 9-22 所示。

图 9-22

4. 利用色阶做热力地图效果

条件格式不仅可以设置简单的数据条和突出显示，还可以利用色阶为实施阶段投入情况制作一个热力地图效果，下面就一起来看一下吧！

选中【I8:R14】单元格区域→选择【开始】选项卡→单击【条件格式】按钮→选择【色阶】选项→选择【其他规则】选项，如图 9-23 所示。

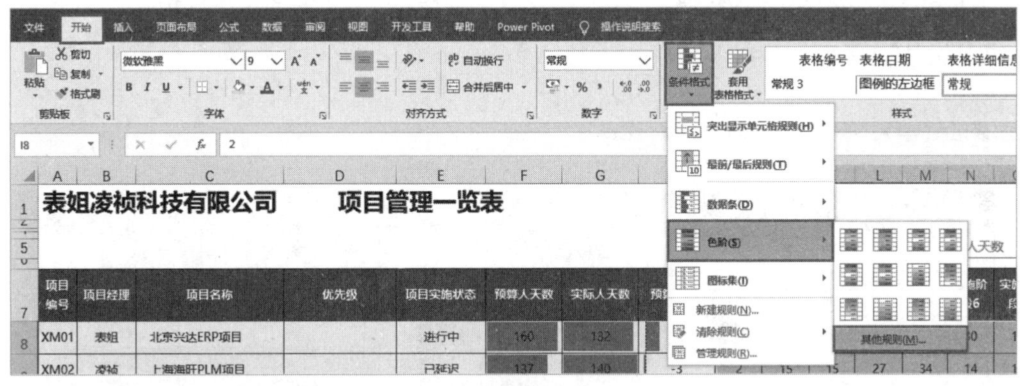

图 9-23

在弹出的【新建格式规则】对话框中单击【格式样式】列表框右侧的下拉按钮，选择【三色刻度】选项→在【颜色】中分别设置 3 个颜色（建议设置为由浅入深的同色系颜色）→单击【确定】按钮，如图 9-24 所示。

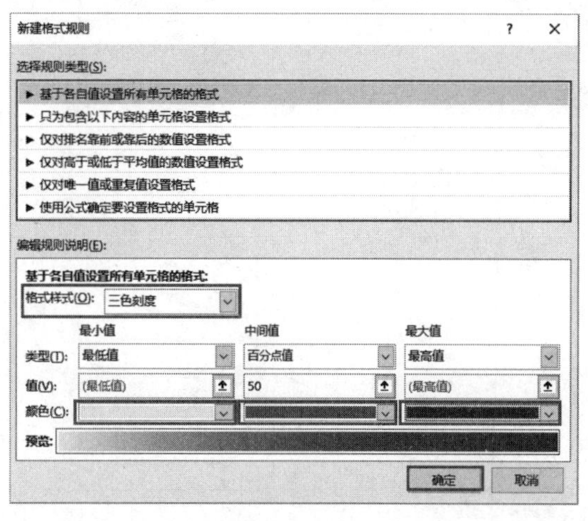

图 9-24

设置完成后，便可在【I8:R14】单元格区域中显示出热力地图效果，如图 9-25 所示。

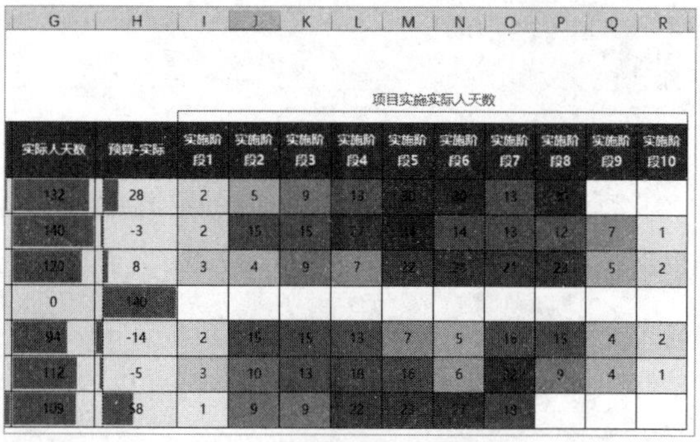

G	H	I	J	K	L	M	N	O	P	Q	R
		项目实施实际人天数									
实际人天数	预算-实际	实施阶段1	实施阶段2	实施阶段3	实施阶段4	实施阶段5	实施阶段6	实施阶段7	实施阶段8	实施阶段9	实施阶段10
132	28	2	5	9	13	30	30	13	30		
140	-3	2	15	15	27	[illegible]	14	13	12	7	1
120	8	3	4	9	7	22	24	21	23	5	2
0	140										
94	-14	2	15	15	13	7	5	16	15	4	2
112	-5	3	10	13	18	16	6	32	9	4	1
109	58	1	9	9	22	23	27	18			

图 9-25

9.2 条件格式进阶

1. 设置图标集

在工作中，如果有多个工作同时并行推进，笔者建议大家为工作分级。条件格式中的图标集就可以根据单元格数字的不同，显示不同的图标效果，例如，为重点项目插入一个小红旗等。

想要按照“优先级”设置图标效果，首先要将优先级所对应的数据设置为等级。

在【D8:D14】单元格区域中，分别模拟输入 3 个数字“1”“0”“-1”，如图 9-26 所示。

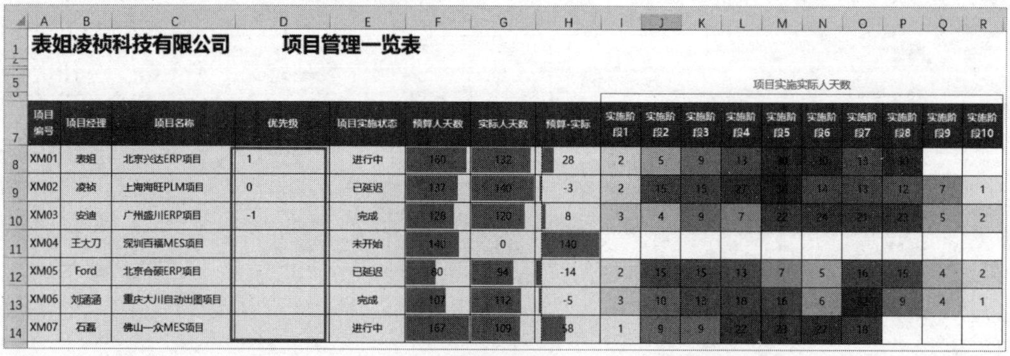

表姐凌祯科技有限公司　　项目管理一览表

项目编号	项目经理	项目名称	优先级	项目实施状态	预算人天数	实际人天数	预算-实际	实施阶段1	实施阶段2	实施阶段3	实施阶段4	实施阶段5	实施阶段6	实施阶段7	实施阶段8	实施阶段9	实施阶段10
XM01	表姐	北京兴达ERP项目	1	进行中	160	132	28	2	5	9	13	30	30	13	30		
XM02	凌祯	上海海旺PLM项目	0	已延迟	137	140	-3	2	15	15	27	[illegible]	14	13	12	7	1
XM03	安迪	广州盛川ERP项目	-1	完成	128	120	8	3	4	9	7	22	24	21	23	5	2
XM04	王大刀	深圳百福MES项目		未开始	140	0	140										
XM05	Ford	北京合硕ERP项目		已延迟	80	94	-14	2	15	15	13	7	5	16	15	4	2
XM06	刘涵涵	重庆大川自动出图项目		完成	107	112	-5	3	10	13	18	16	6	32	9	4	1
XM07	石磊	佛山一众MES项目		进行中	167	109	58	1	9	9	22	23	27	18			

图 9-26

选中【D8:D14】单元格区域→选择【开始】选项卡→单击【条件格式】按钮→选择【图标集】选项→选择一个喜欢的图标集样式，这里选择【标记】，如图 9-27 所示。

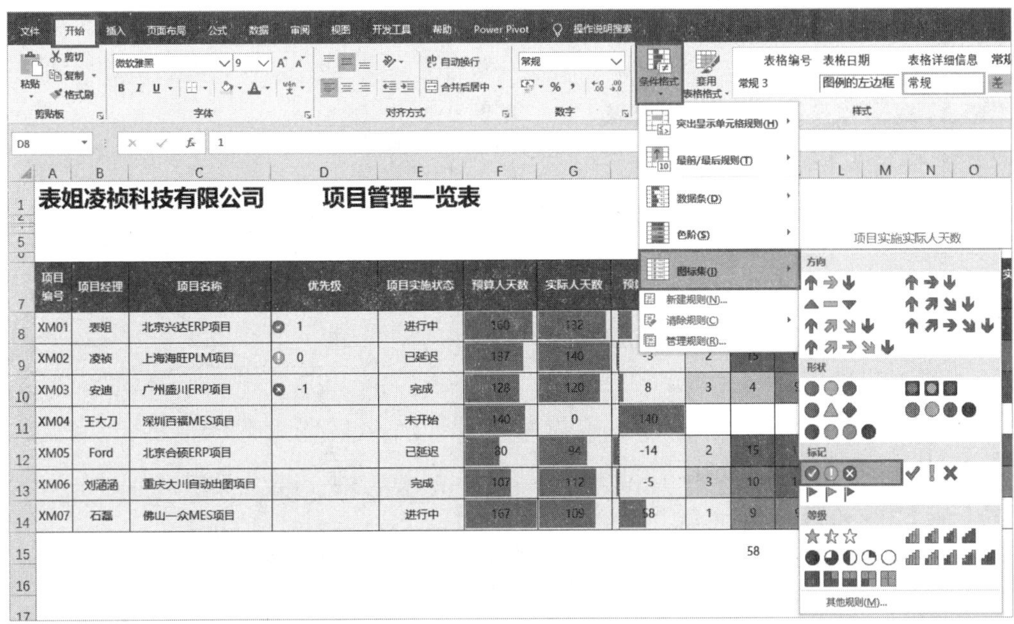

图 9-27

在【D8:D14】单元格区域中，数字 1、0、-1 分别对应 3 种不同的图标效果。

选中【D8:D14】单元格区域→选择【开始】选项卡→单击【条件格式】按钮→选择【管理规则】选项，如图 9-28 所示。

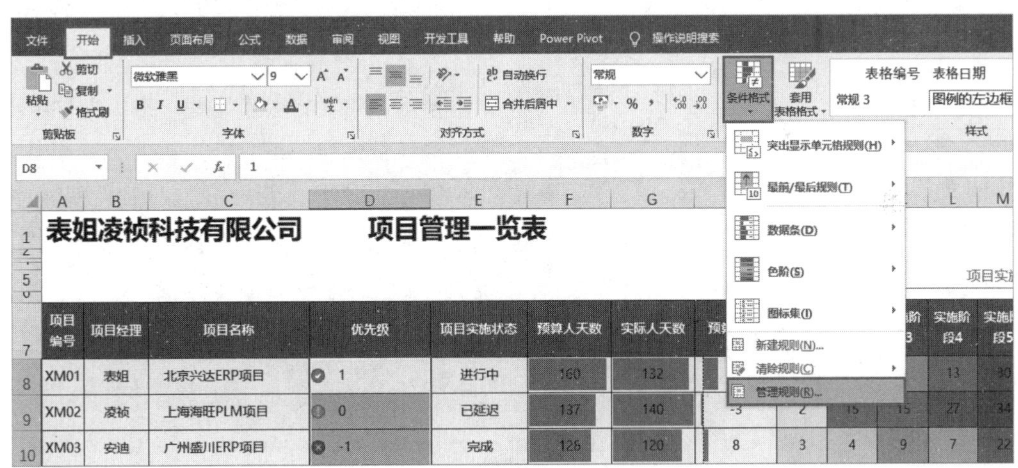

图 9-28

在弹出的【条件格式规则管理器】对话框中选中已设置的图标集→单击【编辑规则】按钮，如图 9-29 所示。

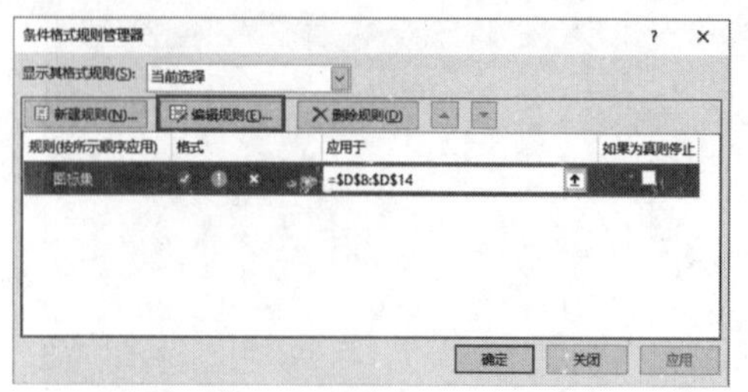

图 9-29

在弹出的【编辑格式规则】对话框中进行以下设置，如图 9-30 所示→单元【确定】按钮。

（1）【类型】为数字。

（2）【值】为 >0，【图标】效果为小红旗。

（3）【值】为 <=0 且 >=0（也就是值为 0），【图标】效果为黄色感叹号。

（4）【值】为 <0，【图标】效果为绿灯。

图 9-30

返回【条件格式规则管理器】对话框→单击【应用】按钮→单击【确定】按钮，如图 9-31 所示。

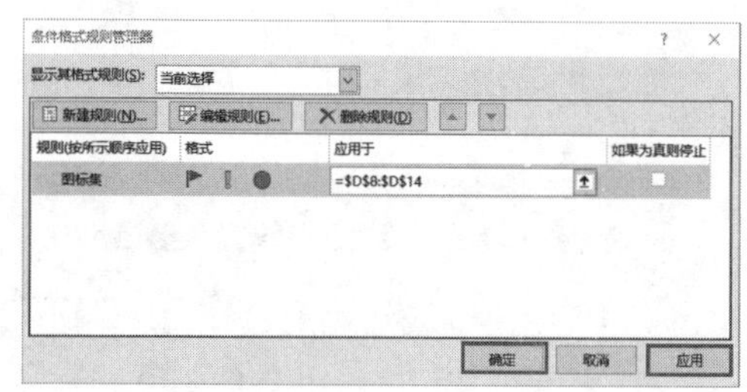

图 9-31

设置完成后的效果如图 9-32 所示。

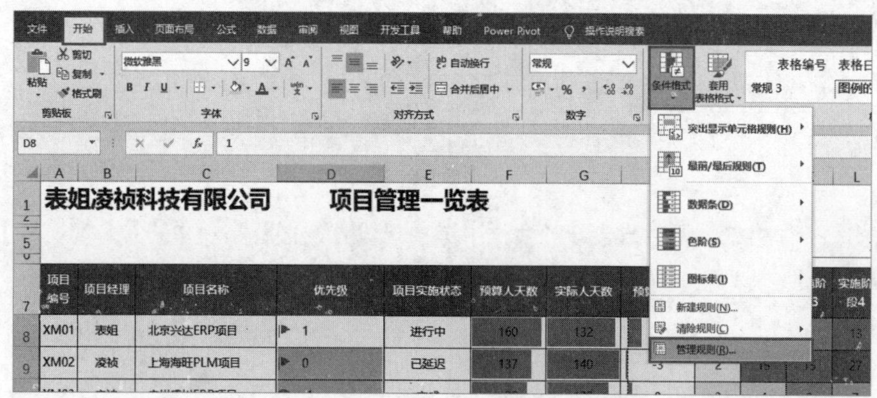

图 9-32

接下来想要将数值隐藏起来，只显示图标，又该如何操作呢？

选中【D8:D14】单元格区域→选择【开始】选项卡→单击【条件格式】按钮→选择【管理规则】选项，如图 9-33 所示。

图 9-33

在弹出的【条件格式规则管理器】对话框中选中已设置的图标集→单击【编辑规则】按钮，如图 9-34 所示。

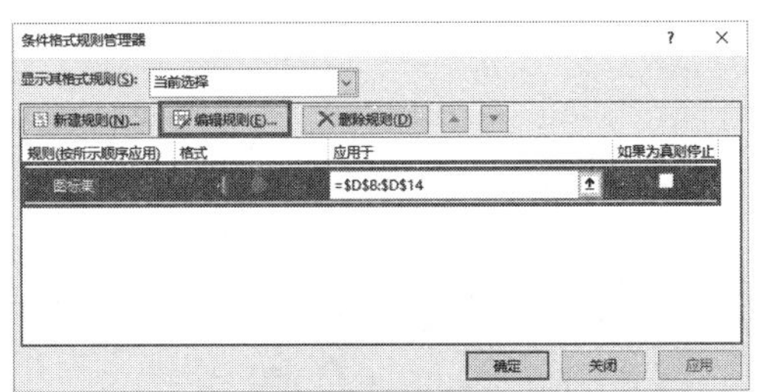

图 9-34

在弹出的【编辑格式规则】对话框中选中【仅显示图标】复选框→单击【确定】按钮，如图 9-35 所示。返回【条件格式规则管理器】对话框→单击【应用】按钮→单击【确定】按钮，如图 9-36 所示。

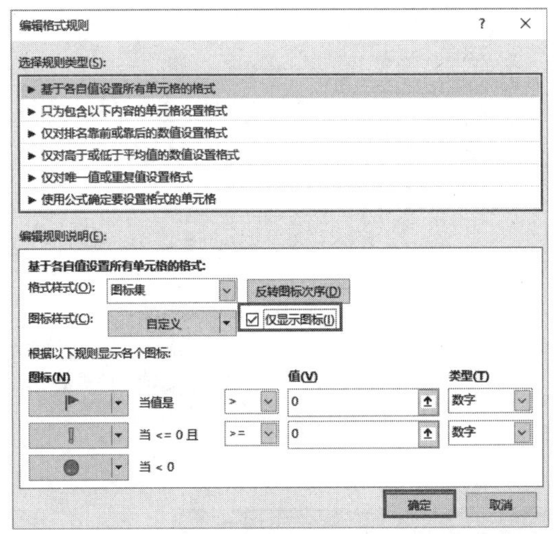

图 9-35

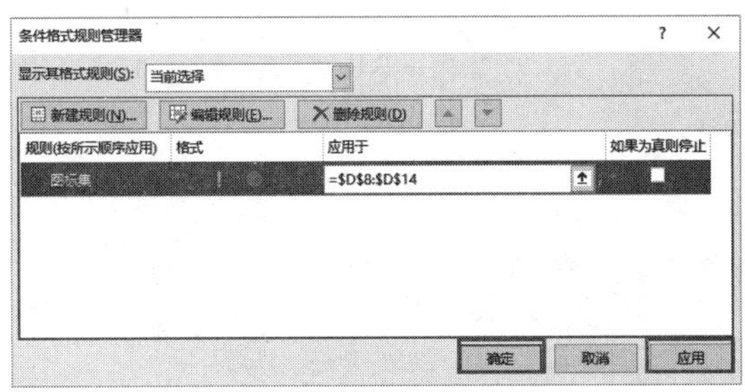

图 9-36

此时，对应单元格中的数字已经不见了，表格中只显示图标，如图 9-37 所示。

表姐凌祯科技有限公司 项目管理一览表

项目编号	项目经理	项目名称	优先级	项目实施状态	预算人天数
XM01	表姐	北京兴达ERP项目		进行中	160
XM02	凌祯	上海海旺PLM项目		已延迟	137
XM03	安迪	广州盛川ERP项目		完成	128
XM04	王大刀	深圳百福MES项目		未开始	140
XM05	Ford	北京合硕ERP项目		已延迟	80
XM06	刘涵涵	重庆大川自动出图项目		完成	107
XM07	石磊	佛山一众MES项目		进行中	187

图 9-37

接下来继续对图标进行美化设置。选中【D8:D14】单元格区域→选择【开始】选项卡→单击【居中对齐】按钮→调整字号到合适大小，如图 9-38 所示。

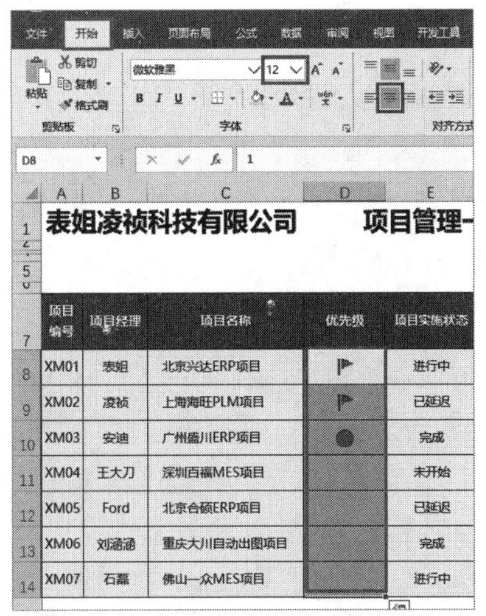

图 9-38

温馨提示

图标集不宜过多，否则会使表格过于花哨。

设置项目优先级时，只在单元格中输入数字 1、0 或 -1 即可。因为已经设置了条件格式的规则，所以单元格就会根据已设置的规则填充对应的图标效果。

2. 突出显示项目状态

到这里已经解锁了条件格式的一些经典玩法，下面再来挑战一下利用公式制作自定义、动态交互式的条件格式应用效果。

首先完善一下表格内容：在【J3:M3】单元格区域中输入图 9-39 所示的内容，并填充对应的颜色。这样做可以告诉看表人每个颜色分别代表的内容。

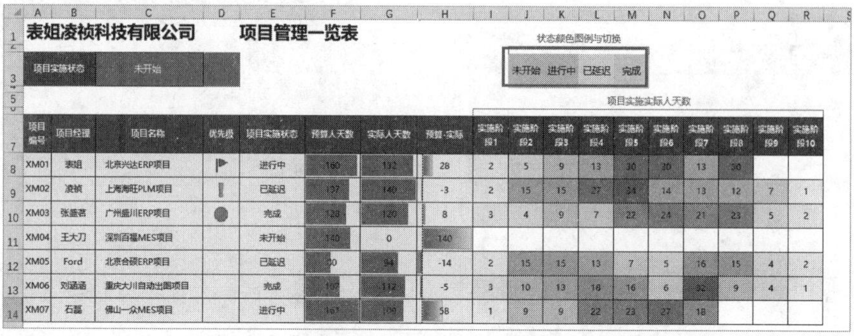

表姐凌祯科技有限公司　　项目管理一览表

项目实施状态：未开始

状态颜色图例与切换：未开始　进行中　已延迟　完成

项目实施实际人天数

项目编号	项目经理	项目名称	优先级	项目实施状态	预算人天数	实际人天数	预算-实际	实施阶段1	实施阶段2	实施阶段3	实施阶段4	实施阶段5	实施阶段6	实施阶段7	实施阶段8	实施阶段9	实施阶段10
XM01	表姐	北京兴达ERP项目		进行中	160	132	28	2	5	9	13	30	30	13	30		
XM02	凌祯	上海海旺PLM项目		已延迟	137	140	-3	2	15	15	27	34	14	13	12	7	1
XM03	张盖茗	广州盛川ERP项目		完成	128	120	8	3	4	9	7	22	24	21	23	5	2
XM04	王大刀	深圳百福MES项目		未开始	140	0	140										
XM05	Ford	北京合硕ERP项目		已延迟	80	94	-14	2	15	15	13	7	5	16	15	4	2
XM06	刘涵涵	重庆大川自动出图项目		完成	107	112	-5	3	10	13	16	16	6	32	9	4	1
XM07	石磊	佛山一众MES项目		进行中	167	109	58	1	9	9	22	23	27	18			

图 9-39

然后为【C3】单元格添加一个下拉效果，还记得用什么工具吗？就是前文介绍过的数据验证。选中【C3】单元格→选择【数据】选项卡→单击【数据验证】按钮→在弹出的【数据验证】对话框中将【允许】设置为“序列”→将【来源】设置为【J3:M3】单元格区域→单击【确定】按钮，如图 9-40 所示。

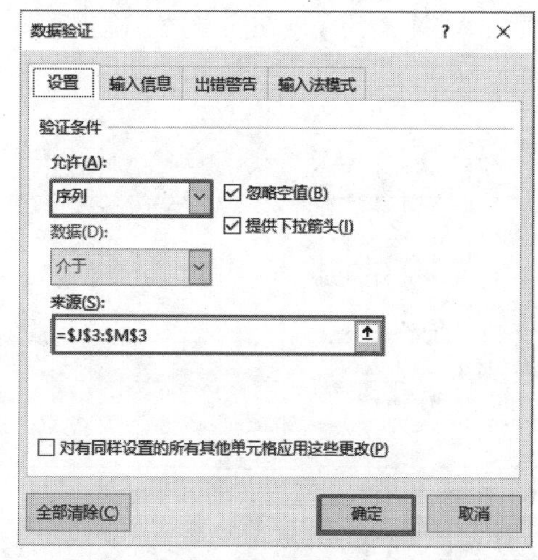

图 9-40

接下来要做的是根据下拉选项中的“项目实施状态”，将表格内对应的状态数据高光显示出来。首先选中【A8:R14】单元格区域→选择【开始】选项卡→单击【条件格式】按钮→选择【管理规则】选项，如图 9-41 所示。

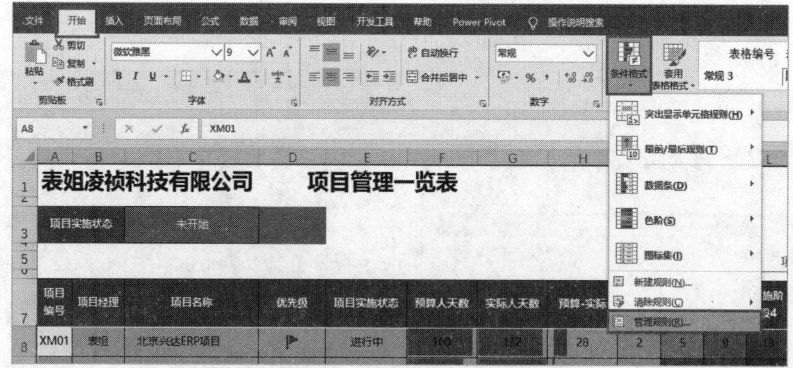

图 9-41

在弹出的【条件格式规则管理器】对话框中单击【新建规则】按钮，如图 9-42 所示。

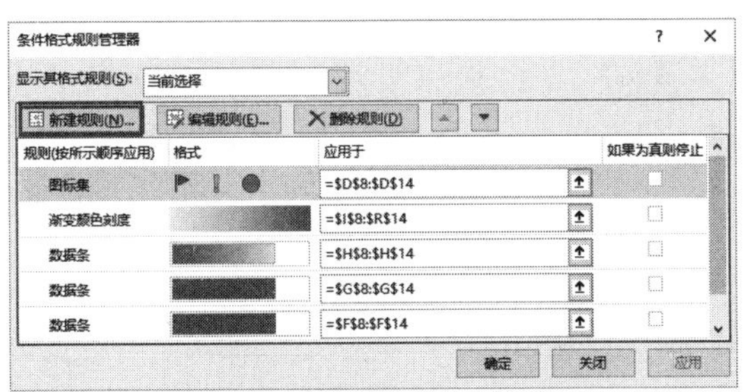

图 9-42

温馨提示

在【条件格式规则管理器】对话框中，可以看到之前已经设置完成的条件格式规则。

在弹出的【新建格式规则】对话框中选择【使用公式确定要设置格式的单元格】选项，在【为符合此公式的值设置格式】文本框中输入“=and($E8=$J$3, $C$3=$E8)”，单击【确定】按钮，如图 9-43 所示。

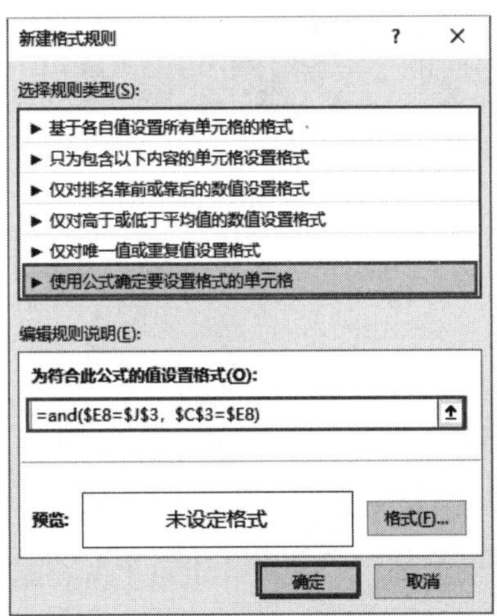

图 9-43

温馨提示

$ 是锁定符号的意思。$ 在字母前，表示锁定列；$ 在数字前，表示锁定行；字母和数字前都有 $，表示锁定指定单元格。

公式的含义：要同时满足两个条件。条件① $E8=$J$3，在选定的【A8:R14】单元格区域中，永远都锁定【$E】列，看【E】列的每一行，即 $E8、$E9、$E10、$E11、$E12、$E13、$E14，是否等于锁定的【$J$3】单元格的值。如果等于，就执行对应条件格式的规则。条件② $C$3=$E8，在选定的【A8:R14】单元格区域中，永远都锁定【$E】列，看【E】列的每一行，即 $E8、$E9、$E10、$E11、$E12、$E13、$E14，是否等于锁定的【$C$3】单元格的值。如果等于，就执行对应条件格式的规则。如果条件①和条件②同时成立，就执行下面设置的格式规则。

继续单击【格式】按钮，为它设置对应的颜色格式，如图 9-44 所示。

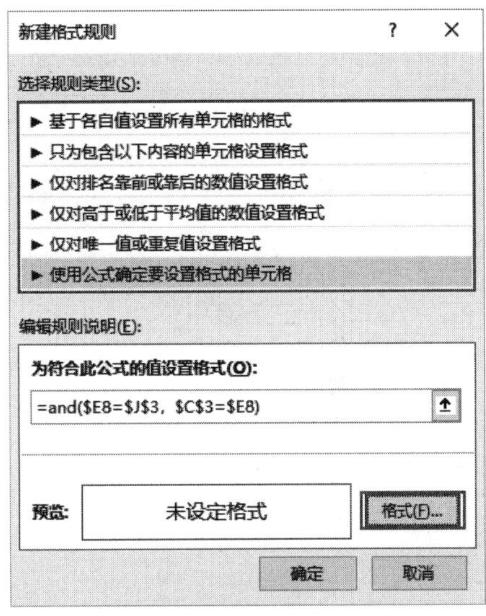

图 9-44

在弹出的【设置单元格格式】对话框中选择【填充】选项卡→选择前面【J3:M3】单元格区域已经设置的颜色（橙色）→单击【确定】按钮，如图 9-45 所示。

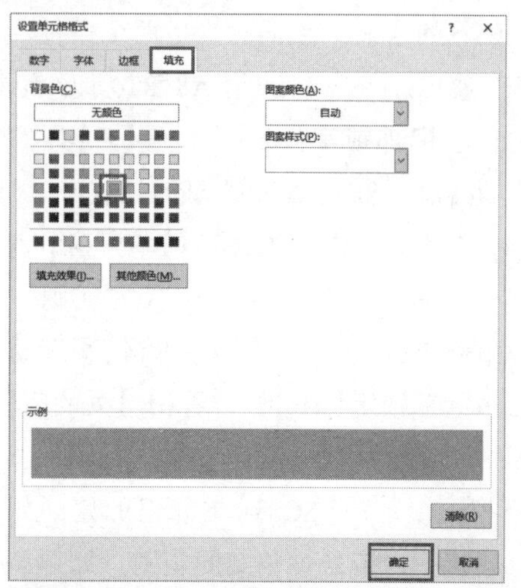

图 9-45

接下来依次单击【确定】按钮关闭对话框，返回 Excel 工作表界面，查看设置效果。

如图 9-46 所示，在【C3】单元格中筛选出“未开始”，那么在下面数据区域中“未开始”对应的一整行数据就会高光显示为“橙色”。

同理，可继续完成“进行中”“已延迟”“完成”所对应的条件格式。

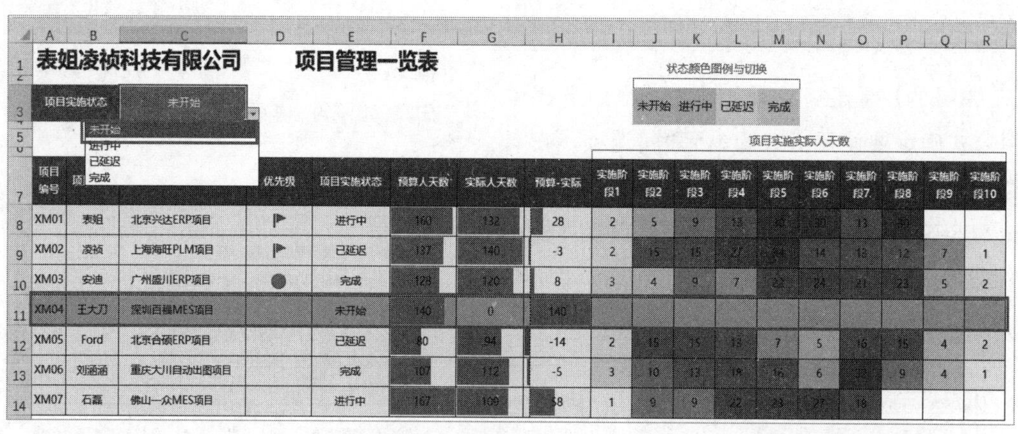

图 9-46

9.3 迷你图的应用

1. 创建迷你图

除条件格式外，数据的可视化呈现还可以插入“迷你图”，这也是一个不错的选择。

温馨提示

WPS 或 Excel 低版本中没有迷你图的功能。

首先在【S】列增加一列“人天投入情况”用来放置迷你图，如图 9-47 所示。

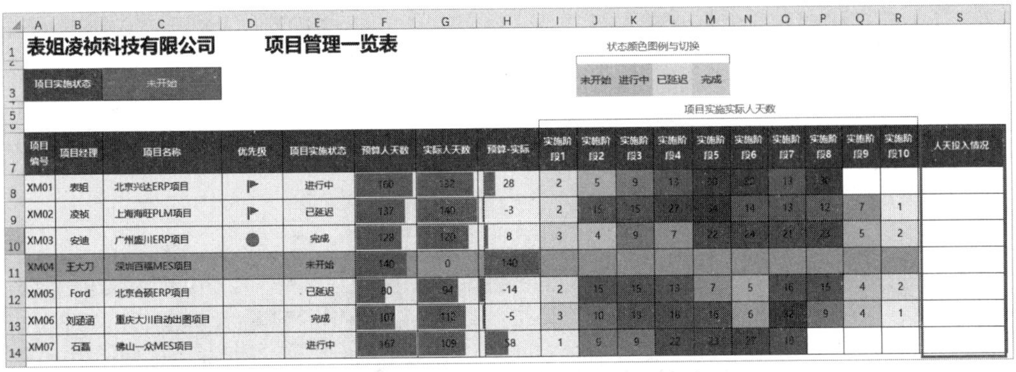

表姐凌祯科技有限公司　　项目管理一览表

项目实施状态　未开始

状态颜色图例与切换：未开始　进行中　已延迟　完成

项目编号	项目经理	项目名称	优先级	项目实施状态	预算人天数	实际人天数	预算-实际	实施阶段1	实施阶段2	实施阶段3	实施阶段4	实施阶段5	实施阶段6	实施阶段7	实施阶段8	实施阶段9	实施阶段10	人天投入情况
XM01	表姐	北京兴达ERP项目	▶	进行中	160	132	28	2	5	9	13	30	30	13	30			
XM02	凌祯	上海海旺PLM项目	▶	已延迟	137	140	-3	2	15	15	27	34	14	13	12	7	1	
XM03	安迪	广州盛川ERP项目	●	完成	128	120	8	3	4	9	7	22	24	21	23	5	2	
XM04	王大刀	深圳百福MES项目		未开始	140	0	140											
XM05	Ford	北京合硕ERP项目		已延迟	80	94	-14	2	15	15	13	7	5	16	15	4	2	
XM06	刘涵涵	重庆大川自动出图项目		完成	107	112	-5	3	10	13	18	16	6	32	9	4	1	
XM07	石磊	佛山一众MES项目		进行中	167	109	58	1	9	9	22	23	27	18				

图 9-47

选中【I8:R8】单元格区域→选择【插入】选项卡→单击【迷你图】功能组中的【柱形】按钮→在弹出的【创建迷你图】对话框中将【数据范围】设置为【I8:R8】单元格区域→将【位置范围】设置为【S8】单元格→单击【确定】按钮，如图 9-48 所示。

在【S8】单元格中已经插入了【I8:R8】单元格区域数据所生成的柱形图→将光标放在【S8】单元格右下角，当光标变为十字句柄时，向下拖曳鼠标标至【S14】单元格，如图 9-49 所示。

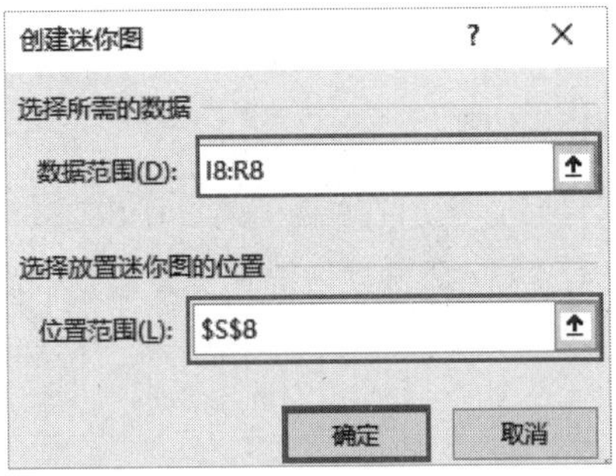

创建迷你图　?　×

选择所需的数据

数据范围(D):　I8:R8

选择放置迷你图的位置

位置范围(L):　$S$8

确定　取消

图 9-48

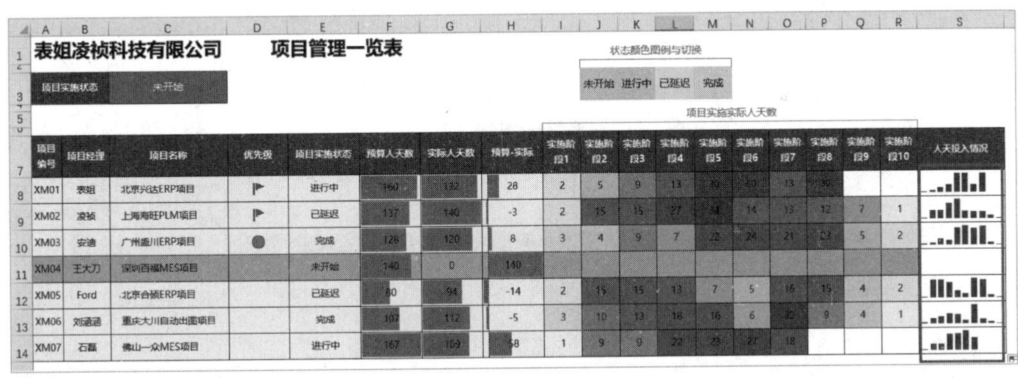

表姐凌祯科技有限公司　　项目管理一览表

项目实施状态　未开始

状态颜色图例与切换：未开始　进行中　已延迟　完成

项目编号	项目经理	项目名称	优先级	项目实施状态	预算人天数	实际人天数	预算-实际	实施阶段1	实施阶段2	实施阶段3	实施阶段4	实施阶段5	实施阶段6	实施阶段7	实施阶段8	实施阶段9	实施阶段10	人天投入情况
XM01	表姐	北京兴达ERP项目	▶	进行中	160	132	28	2	5	9	13	30	30	13	30			
XM02	凌祯	上海海旺PLM项目	▶	已延迟	137	140	-3	2	15	15	27	34	14	13	12	7	1	
XM03	安迪	广州盛川ERP项目	●	完成	128	120	8	3	4	9	7	22	24	21	23	5	2	
XM04	王大刀	深圳百福MES项目		未开始	140	0	140											
XM05	Ford	北京合硕ERP项目		已延迟	80	94	-14	2	15	15	13	7	5	16	15	4	2	
XM06	刘涵涵	重庆大川自动出图项目		完成	107	112	-5	3	10	13	18	16	6	32	9	4	1	
XM07	石磊	佛山一众MES项目		进行中	167	109	58	1	9	9	22	23	27	18				

图 9-49

要想更改迷你图样式，可以选中迷你图所在的区域，即【S8:S14】单元格区域→选择【设计】选项卡→单击【折线】按钮，柱形迷你图就变为折线迷你图了，如图 9-50 所示。

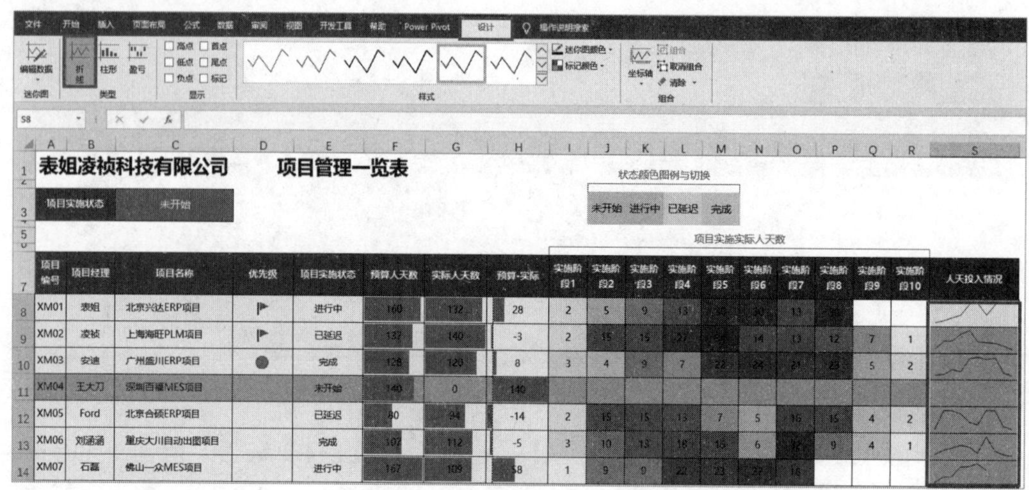

图 9-50

2. 优化迷你图

选中迷你图所在的区域，即【S8:S14】单元格区域→选择【设计】选项卡→单击【标记颜色】按钮→选择【高点】选项→选择一个喜欢的颜色，如绿色，如图 9-51 所示。然后再选择【低点】选项→选择一个喜欢的颜色，如红色，这样就可以将折线迷你图中的最高点和最低点分别标记为不同的颜色。

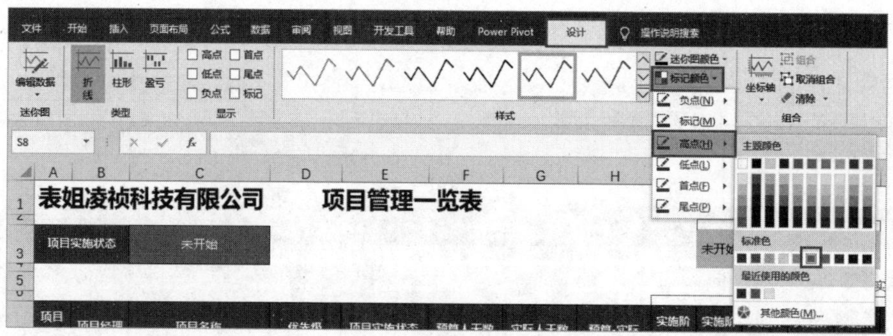

图 9-51

3. 删除迷你图

想要删除迷你图，直接按 <Delete> 键是不行的。需要选中迷你图所在的区域，即【S8:S14】单元格区域→选择【设计】选项卡→单击【清除】按钮→选择【清除所选的迷你图】选项来删除，如图 9-52 所示。

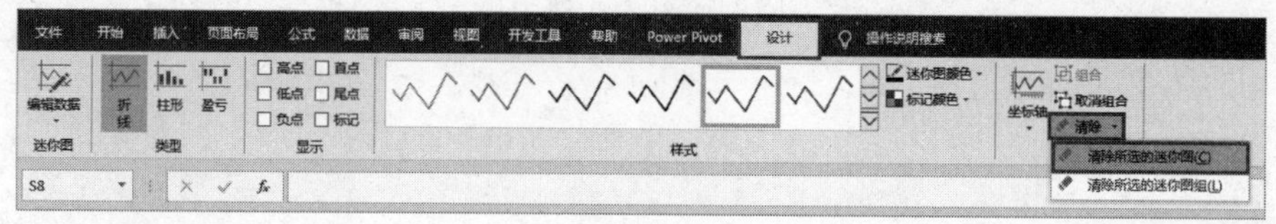

图 9-52

第 3 篇

业务主管篇

汇总内容太多？

学会高级透视，拥有同时处理多项任务的能力

第10关 数据透视表的创建与布局

本关背景

前面9关已经介绍了关于基础制表与表格的规范操作的内容，但Excel的功能不仅仅如此，更重要的是解决工作中遇到的问题，提高工作效率，制作高效的数据报表。

图10-1所示是某公司电子产品的业绩明细表。

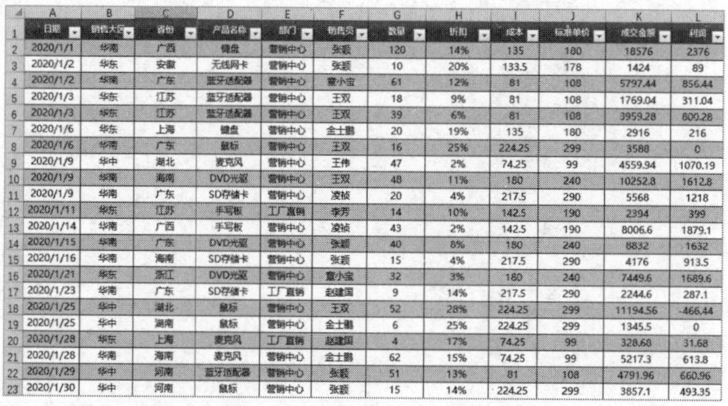

	A	B	C	D	E	F	G	H	I	J	K	L
1	日期	销售大区	省份	产品名称	部门	销售员	数量	折扣	成本	标准单价	成交金额	利润
2	2020/1/1	华南	广西	键盘	营销中心	张颖	120	14%	135	180	18576	2376
3	2020/1/2	华东	安徽	无线网卡	营销中心	张颖	10	20%	133.5	178	1424	89
4	2020/1/2	华南	广东	蓝牙适配器	营销中心	章小宝	61	12%	81	108	5797.44	856.44
5	2020/1/3	华东	江苏	蓝牙适配器	营销中心	王双	18	9%	81	108	1769.04	311.04
6	2020/1/3	华东	江苏	蓝牙适配器	营销中心	王双	39	6%	81	108	3959.28	800.28
7	2020/1/6	华东	上海	键盘	营销中心	金士鹏	20	19%	135	180	2916	216
8	2020/1/6	华南	广东	鼠标	营销中心	王双	16	25%	224.25	299	3588	0
9	2020/1/9	华中	湖北	麦克风	营销中心	王伟	47	2%	74.25	99	4559.94	1070.19
10	2020/1/9	华南	海南	DVD光驱	营销中心	王双	48	11%	180	240	10252.8	1612.8
11	2020/1/9	华南	广东	SD存储卡	营销中心	凌祯	20	4%	217.5	290	5568	1218
12	2020/1/11	华东	江苏	手写板	工厂直销	李芳	14	10%	142.5	190	2394	399
13	2020/1/14	华南	广西	手写板	营销中心	凌祯	43	2%	142.5	190	8006.6	1879.1
14	2020/1/15	华南	广东	DVD光驱	营销中心	张颖	40	8%	180	240	8832	1632
15	2020/1/16	华南	海南	SD存储卡	营销中心	张颖	15	4%	217.5	290	4176	913.5
16	2020/1/21	华东	浙江	DVD光驱	营销中心	章小宝	32	3%	180	240	7449.6	1689.6
17	2020/1/23	华南	广东	SD存储卡	工厂直销	赵建国	9	14%	217.5	290	2244.6	287.1
18	2020/1/25	华中	湖北	鼠标	营销中心	王双	52	28%	224.25	299	11194.56	-466.44
19	2020/1/25	华中	湖南	鼠标	营销中心	金士鹏	6	25%	224.25	299	1345.5	0
20	2020/1/28	华东	上海	麦克风	工厂直销	赵建国	4	17%	74.25	99	328.68	31.68
21	2020/1/28	华南	海南	麦克风	营销中心	金士鹏	62	15%	74.25	99	5217.3	613.8
22	2020/1/29	华中	河南	蓝牙适配器	营销中心	张颖	51	13%	81	108	4791.96	660.96
23	2020/1/30	华中	河南	鼠标	营销中心	张颖	15	14%	224.25	299	3857.1	493.35

图10-1

如果想了解2020年3月的业绩情况，通过前面关卡的介绍可以使用筛选的方法，将所有3月的日期筛选出来。单击“日期”旁边的筛选按钮→在下拉列表中选择【3月】选项→单击【确定】按钮。然后选中【K】列，在右下角显示“求和：201267.1”，如图10-2所示。

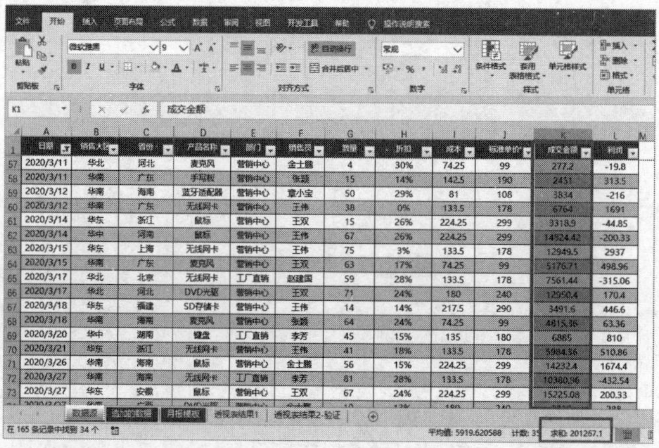

K1 成交金额

	A	B	C	D	E	F	G	H	I	J	K	L
1	日期	销售大区	省份	产品名称	部门	销售员	数量	折扣	成本	标准单价	成交金额	利润
57	2020/3/11	华北	河北	麦克风	营销中心	金士鹏	4	30%	74.25	99	277.2	-19.8
58	2020/3/11	华南	广东	手写板	营销中心	张颖	15	14%	142.5	190	2451	313.5
59	2020/3/12	华南	海南	蓝牙适配器	营销中心	章小宝	50	29%	81	108	3834	-216
60	2020/3/12	华南	广东	无线网卡	营销中心	王伟	38	0%	133.5	178	6764	1691
61	2020/3/14	华东	浙江	鼠标	营销中心	王双	15	26%	224.25	299	3318.9	-44.85
62	2020/3/14	华中	河南	鼠标	营销中心	王伟	67	26%	224.25	299	14824.42	-200.33
63	2020/3/15	华东	上海	无线网卡	营销中心	王伟	75	3%	133.5	178	12949.5	2937
64	2020/3/15	华南	广东	麦克风	营销中心	王双	63	17%	74.25	99	5176.71	498.96
65	2020/3/17	华北	北京	无线网卡	工厂直销	赵建国	59	28%	133.5	178	7561.44	-315.06
66	2020/3/17	华北	河北	DVD光驱	营销中心	王双	71	24%	180	240	12950.4	170.4
67	2020/3/18	华东	福建	SD存储卡	营销中心	王伟	14	14%	217.5	290	3491.6	446.6
68	2020/3/18	华南	海南	麦克风	营销中心	张颖	64	24%	74.25	99	4815.36	63.36
69	2020/3/20	华中	湖南	键盘	工厂直销	李芳	45	15%	135	180	6885	810
70	2020/3/21	华东	浙江	无线网卡	营销中心	王伟	41	18%	133.5	178	5984.56	510.86
71	2020/3/26	华南	海南	鼠标	营销中心	金士鹏	56	15%	224.25	299	14232.4	1674.4
72	2020/3/27	华南	海南	无线网卡	工厂直销	李芳	81	28%	133.5	178	10380.96	-432.54
73	2020/3/27	华东	安徽	鼠标	营销中心	王双	67	24%	224.25	299	15225.08	200.33

数据源 | 添加辅助数据 | 月报模板 | 透视表结果1 | 透视表结果2-验证

在165条记录中找到34个　平均值：5919.620588　计数：35　求和：201267.1

图10-2

如果想要继续筛选 3 月华南、华东、华北、华中等业绩情况，然后根据筛选的结果制作出一张图 10-3 所示的统计表，那么这样反复手动筛选，不仅筛选的次数多，而且工作效率低。

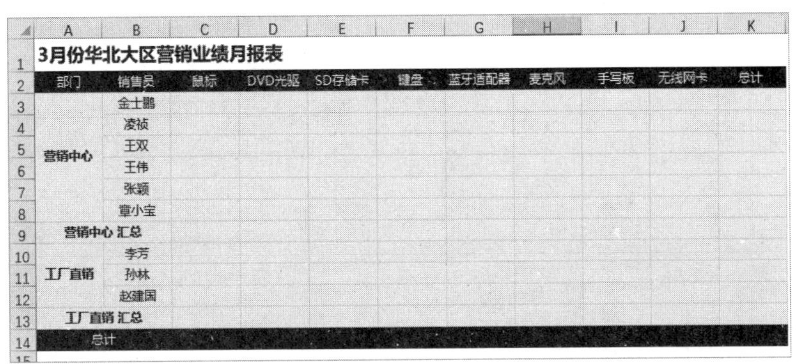

图 10-3

数量少时可以采用“手动挡”筛选功能。但如果数量比较多，反复筛选不仅耽误时间，还有可能会出错。这里笔者推荐大家使用“自动挡”的方法。

本关介绍一个数据统计分析的神器 —— 数据透视表。利用它可以一劳永逸地做月报。

10.1 认识数据透视表

1. 创建基础数据透视表

打开“素材文件 /10- 数据透视表的创建与布局 /10- 数据透视表的创建与布局 - 一劳永逸的月报 .xlsx” 源文件。

在“数据源”工作表中，选中【A1】单元格→选择【插入】选项卡→单击【数据透视表】按钮，如图 10-4 所示。

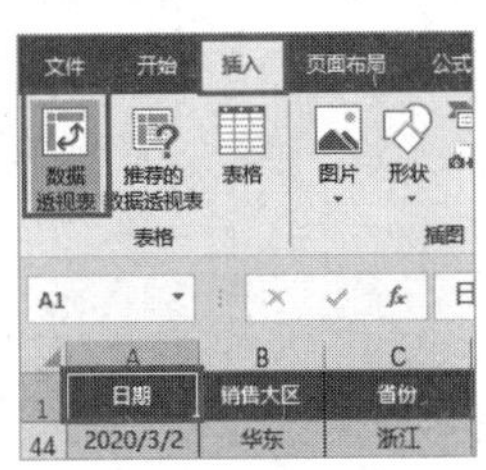

图 10-4

弹出【创建数据透视表】对话框，在【表/区域】文本框中，Excel 自动将数据源表中所有连续的数据源区域，即【A1:L166】单元格区域选中→在【选择放置数据透视表的位置】中选中【新工作表】单选按钮→单击【确定】按钮，如图 10-5 所示。

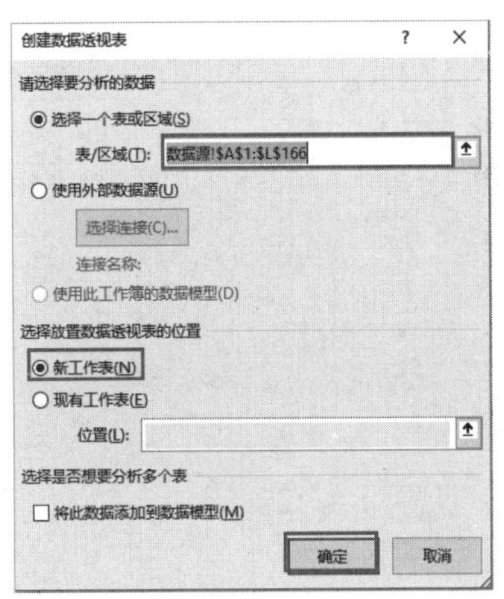

图 10-5

如图 10-6 所示，新建的工作表中出现了一个数据透视表区域，右侧弹出了【数据透视表字段】任务窗格，它就是设置数据透视表的工具箱。

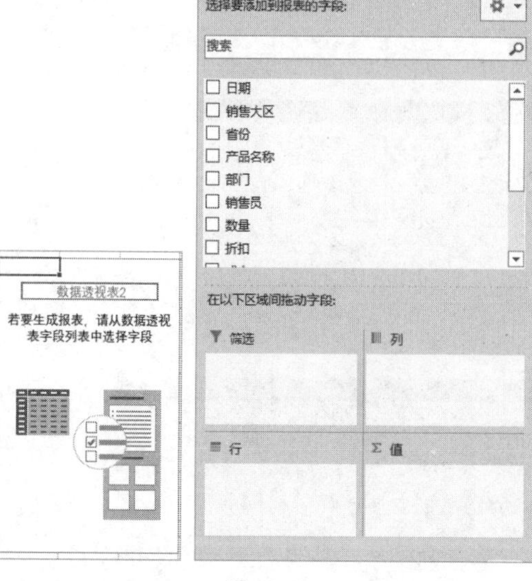

图 10-6

在【数据透视表字段】任务窗格中选中【销售大区】字段→拖曳至【行】区域，如图 10-7 所示。

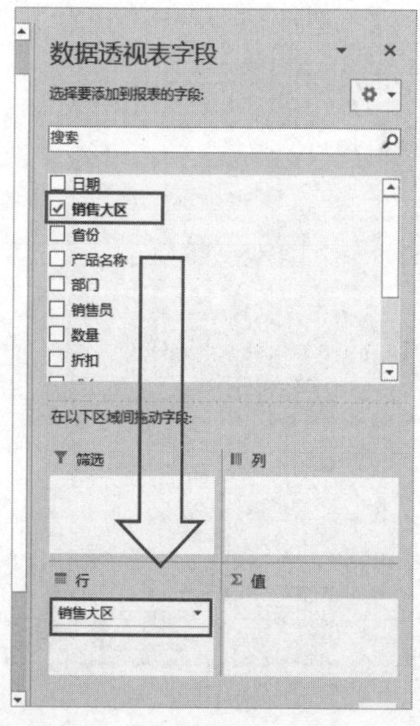

图 10-7

在【数据透视表字段】任务窗格中选中【省份】字段→拖曳至【行】区域，如图 10-8 所示。

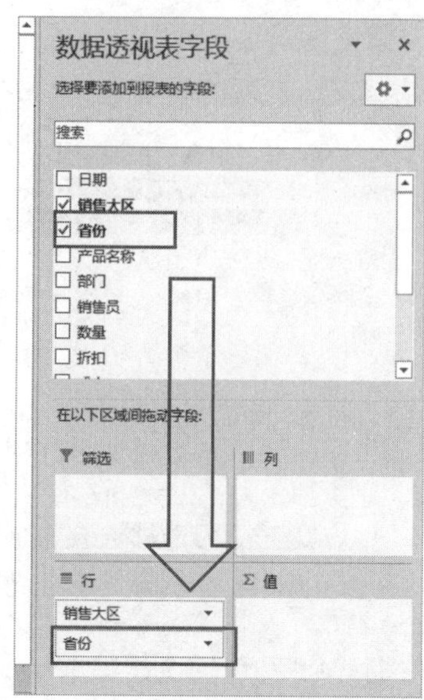

图 10-8

在【数据透视表字段】任务窗格中选中【销售员】字段→拖曳至【列】区域，如图 10-9 所示。

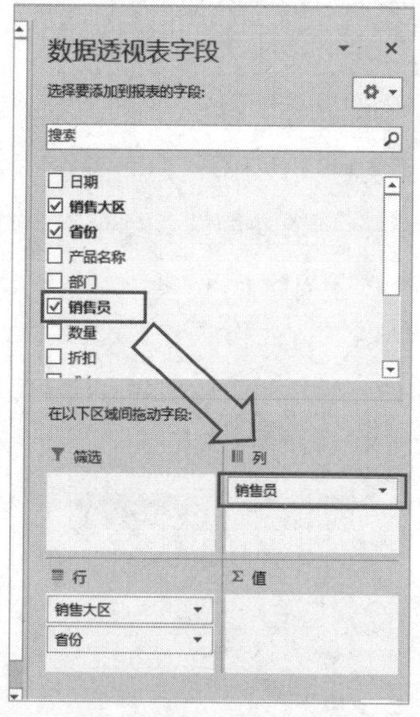

图 10-9

在【数据透视表字段】任务窗格中选中【成交金额】字段→拖曳至【值】区域，如图 10-10 所示。

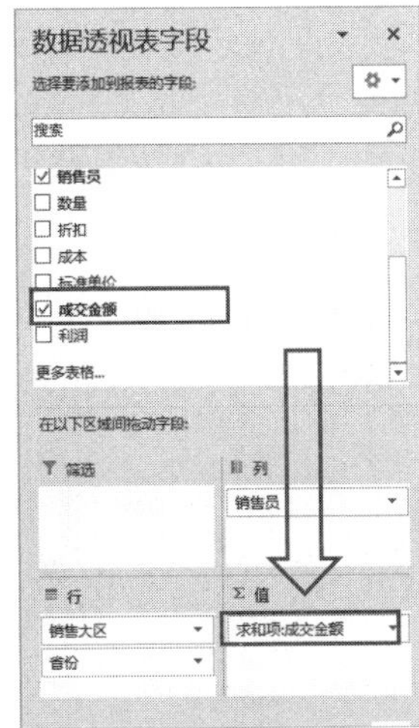

图 10-10

在数据透视表中通过拖曳鼠标，就将所需的各维度的统计结果轻松做完了。

2. 理解字段分布的原理

数据透视表不仅能够实现不同维度的快速统计，还能将统计结果快速呈现。虽然至此已经介绍了数据透视表的基本操作，但仍然有很多人觉得数据透视表难学，追根究底，最难的部分其实是如何理解数据透视表背后的逻辑。

（1）观察数据透视表中都有什么东西。

前文提到的工具箱，也就是【数据透视表字段】任务窗格。任务窗格中的每一个名称都对应数据源中标题行的名称，在数据透视表中称之为“字段”，如图 10-11 所示。

	日期	销售大区	省份	产品名称	部门	销售员	数量	折扣	成本	标准单价	成交金额	利润
134	2020/5/23	华南	海南	键盘	营销中心	凌祯	80	1%	135	180	14256	3456
135	2020/5/24	华北	河北	麦克风	工厂直销	赵建国	60	1%	74.25	99	5880.6	1425.6
136	2020/5/26	华东	上海	鼠标	工厂直销	李芳	5	7%	224.25	299	1390.35	269.1
137	2020/5/27	华南	广西	SD存储卡	营销中心	张颖	13	26%	217.5	290	2789.8	-37.7
138	2020/5/27	华南	广东	SD存储卡	营销中心	张颖	19	1%	217.5	290	5454.9	1322.4
139	2020/5/29	华南	海南	麦克风	营销中心	凌祯	10	7%	74.25	99	920.7	178.2
140	2020/5/29	华南	海南	SD存储卡	营销中心	王双	10	1%	217.5	290	2871	696
141	2020/5/29	华南	广东	麦克风	工厂直销	李芳	27	15%	74.25	99	2272.05	267.3
142	2020/5/30	华东	上海	手写板	营销中心	张颖	66	10%	142.5	190	11286	1881
143	2020/6/1	华东	上海	麦克风	工厂直销	李芳	7	2%	74.25	99	679.14	159.39
144	2020/6/2	华东	上海	无线网卡	营销中心	凌祯	51	24%	133.5	178	6899.28	90.78
145	2020/6/6	华南	广东	鼠标	工厂直销	李芳	18	14%	224.25	299	4628.52	592.02
146	2020/6/7	华南	海南	手写板	工厂直销	李芳	10	13%	142.5	190	1653	228

行标签	求和项:成交金额
华南	517582.98
华北	132622.54
华中	74658.33
华东	251674.63
总计	976538.48

数据透视表字段
选择要添加到报表的字段:
搜索
☐ 日期
☑ 销售大区
☐ 省份
☐ 产品名称
☐ 部门
☐ 销售员
☐ 数量
☐ 折扣
☐ 成本

图 10-11

温馨提示

数据透视表字段与数据源表的标题行一一对应。

（2）如何理解数据透视表背后的逻辑关系？

下面一起来看看数据透视表中的 4 个区域：【筛选】、【行】、【列】、【值】，如图 10-12 所示。

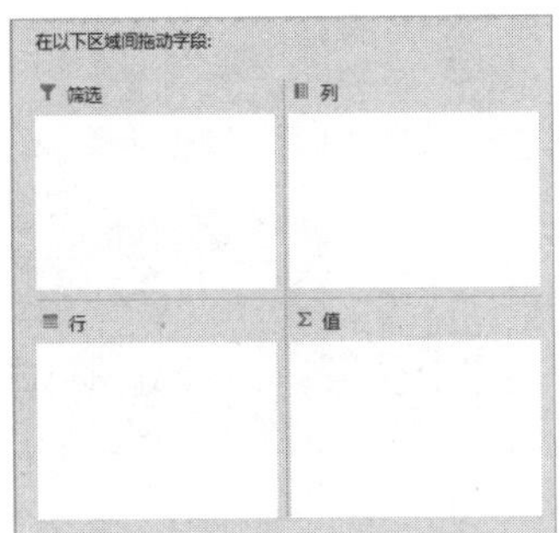

图 10-12

4 个字段区域间的从属关系如图 10-13 所示。

图 10-13

①筛选：高于行和列，统领全局，针对结果进行筛选。

②值：放置的是需要进行汇总求和的具体的结果字段。

③行和列：放置数据之间交叉分析的内容。

例如，在图 10-14 所示的数据透视表中，对【销售大区】进行筛选，在【省份】和【销售员】之间进行交叉分析，对【成交金额】进行汇总。

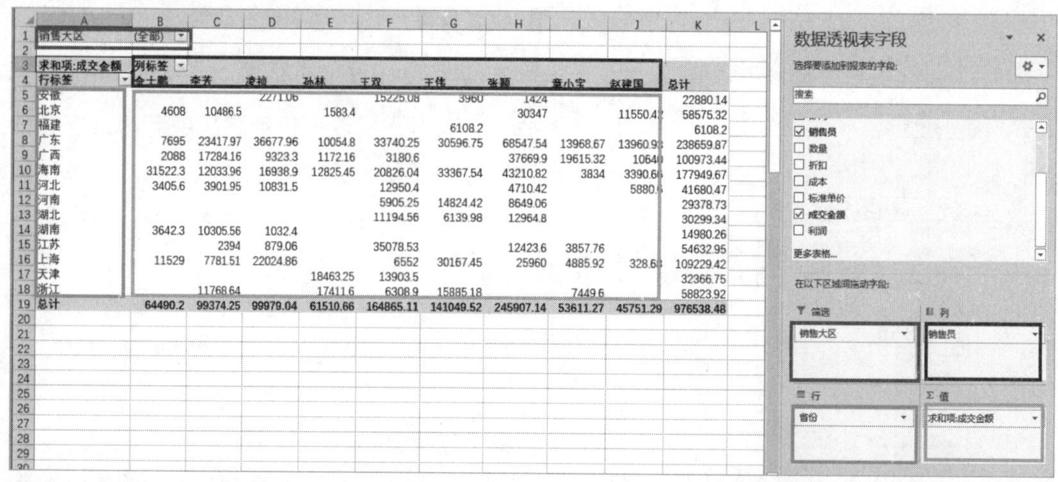

销售大区	(全部)									
求和项:成交金额	列标签									
行标签	金士鹏	李芳	凌祯	孙林	王双	王伟	张颖	章小宝	赵建国	总计
安徽			2271.06		15225.08	3960	1424			22880.14
北京	4608	10486.5		1583.4			30347		11550.4	58575.32
福建						6108.2				6108.2
广东	7695	23417.97	36677.96	10054.8	33740.25	30596.75	68547.54	13968.67	13960.9	238659.87
广西	2088	17284.16	9323.3	1172.16	3180.6		37669.9	19615.32	1064	100973.44
海南	31522.3	12033.96	16938.9	12825.45	20826.04	33367.54	43210.82	3834	3390.6	177949.67
河北	3405.6	3901.95	10831.5		12950.4		4710.42		5880.	41680.47
河南					5905.25	14824.42	8649.06			29378.73
湖北					11194.56	6139.98	12964.8			30299.34
湖南	3642.3	10305.56	1032.4							14980.26
江苏		2394	879.06		35078.53		12423.6	3857.76		54632.95
上海	11529	7781.51	22024.86		6552	30167.45	25960	4885.92	328.6	109229.42
天津				18463.25	13903.5					32366.75
浙江		11768.64		17411.6	6308.9	15885.18		7449.6		58823.92
总计	64490.2	99374.25	99979.04	61510.66	164865.11	141049.52	245907.14	53611.27	45751.29	976538.48

图 10-14

（3）字段区域的多种组合方式。

字段的各个维度之间可流动，不同的组合方式对应不同的分析角度、侧重点。

①筛选＋值。

②行＋值、列＋值、行＋列＋值。

③筛选＋行＋列＋值。

不难发现，数据透视表使用的过程就是拖曳字段的过程。拖曳并不难，难的是理解报表的制作逻辑。这里笔者教给大家一套口诀，轻松搞定透视分析，如图 10-15 所示。

理清数据透视表各字段间的关系后，就可以通过拖曳鼠标轻松制作数据透视表了。

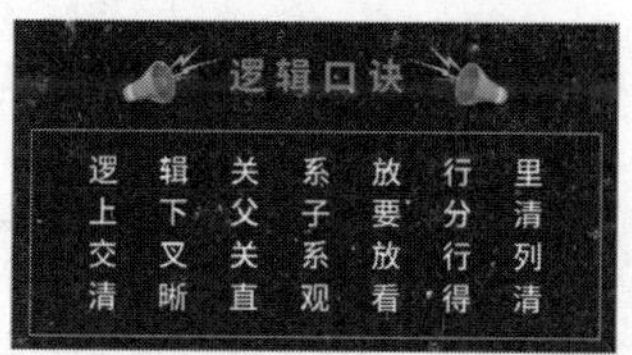

图 10-15

例如，在图 10-16 所示的数据透视表中，具有逻辑关系的【销售大区】和【省份】字段拖曳至【行】区域，并且【销售大区】>【省份】，故【销售大区】字段在上，【省份】字段在下。要对不同销售大区、省份的销售员做业绩统计，故将【销售员】字段拖曳至【列】区域。

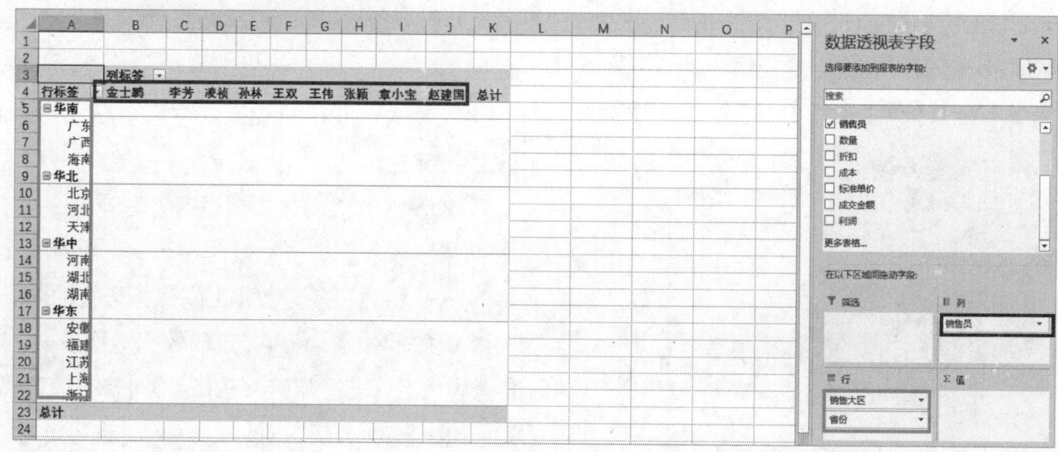

图 10-16

3. 制作数据透视表的步骤

数据透视表的使用其实就是一个“组词造句”的过程，制作之前首先要理清需求。

（1）理清想要制作的表格的样式。

图 10-17所示是公司的月报模板，现在想要按照模板表格制作数据透视表。

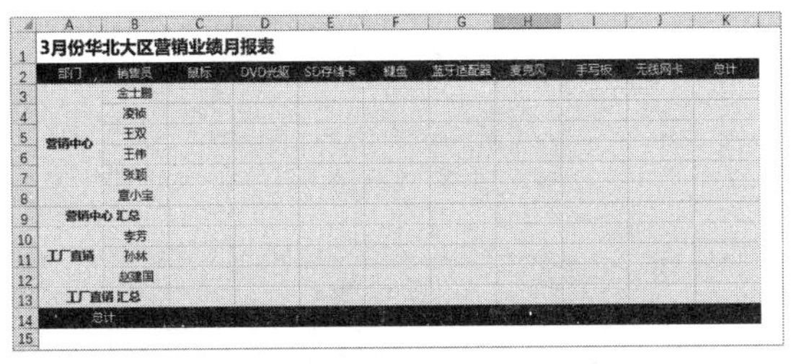

3月份华北大区营销业绩月报表										
部门	销售员	鼠标	DVD光驱	SD存储卡	键盘	蓝牙适配器	麦克风	手写板	无线网卡	总计
营销中心	金士鹏									
	凌祯									
	王双									
	王伟									
	张颖									
	章小宝									
营销中心 汇总										
工厂直销	李芳									
	孙林									
	赵建国									
工厂直销 汇总										
总计										

图 10-17

（2）根据口诀制作数据透视表，如图 10-18所示。

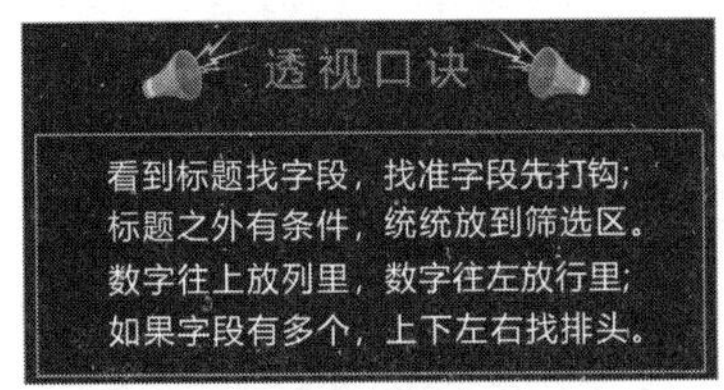

图 10-18

根据模板表格中的内容找到涉及的字段，将这些字段通通打钩。

表格中涉及的字段有：①3月份——【日期】；②华北大区——【销售大区】；③营销业绩——【成交金额】；④部门——【部门】；⑤销售员——【销售员】；⑥鼠标——【产品名称】，如图 10-19所示。

图 10-19

在【数据透视表字段】任务窗格中，分别选中【日期】、【销售大区】、【成效金额】、【部门】、【销售员】、【产品名称】字段，如图 10-20所示。

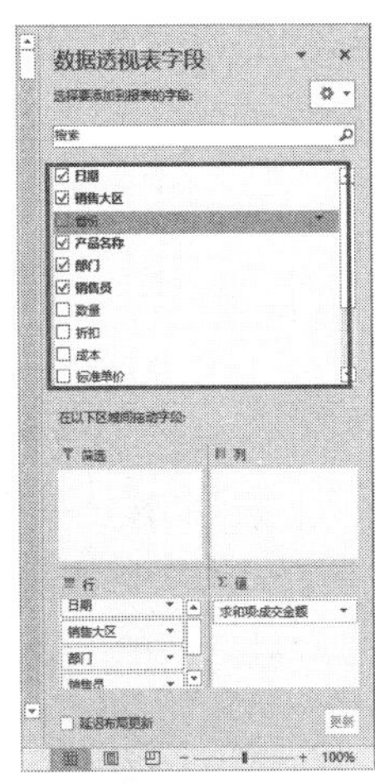

图 10-20

将表格之外的字段拖曳至【筛选】区域。

表格外的字段有：①3月份——【日期】；②华北大区——【销售大区】，如图 10-21所示。

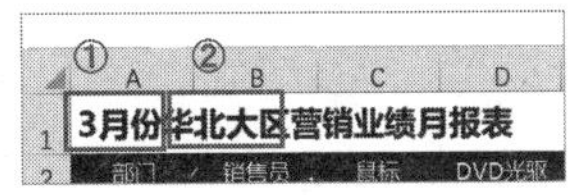

图 10-21

在【数据透视表字段】任务窗格中选中【行】区域中的【日期】字段→拖曳至【筛选】区域。

同理，将【销售大区】字段拖曳至【筛选】区域，如图 10-22所示。

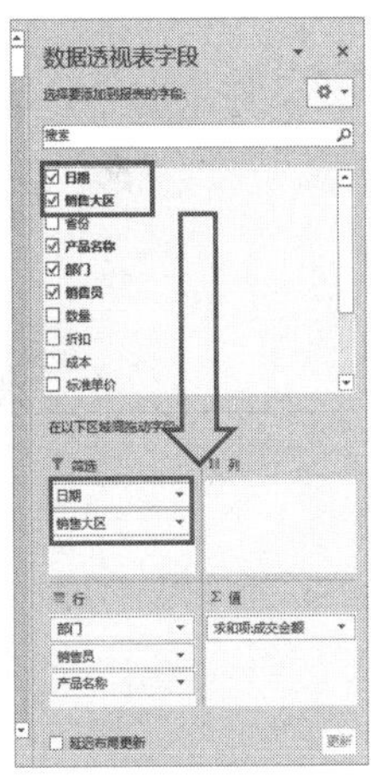

图 10-22

数字往上的字段放到【列】区域，数字往左的字段放到【行】区域。

如图 10-23 所示，将【产品名称】字段拖曳至【列】区域，将【部门】和【销售员】字段拖曳至【行】区域。

如果字段有多个，上下左右找排头。

如图 10-23 所示，【行】区域包含【销售员】和【部门】两个字段，因为销售员是所属部门内的，所以要注意两者之间的逻辑关系，【部门】字段应放在【销售员】字段的上方。

如果调换【销售员】和【部门】的上下位置，因为从属关系不正确，会造成数据透视表逻辑上出现图 10-24 所示的错误。

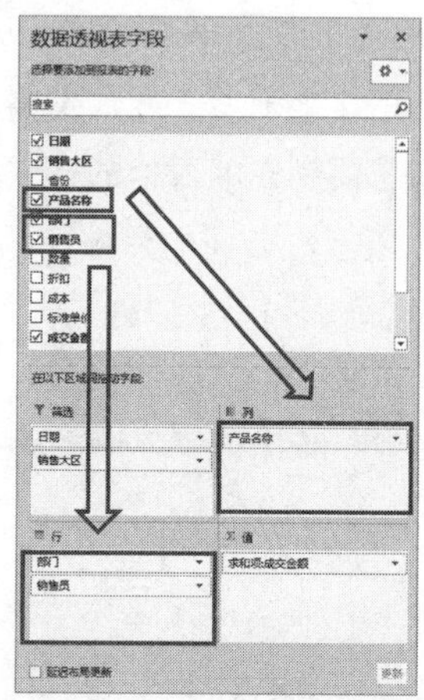

图 10-23

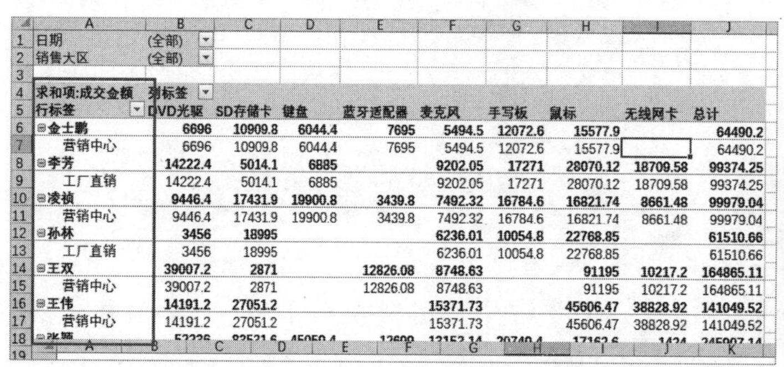

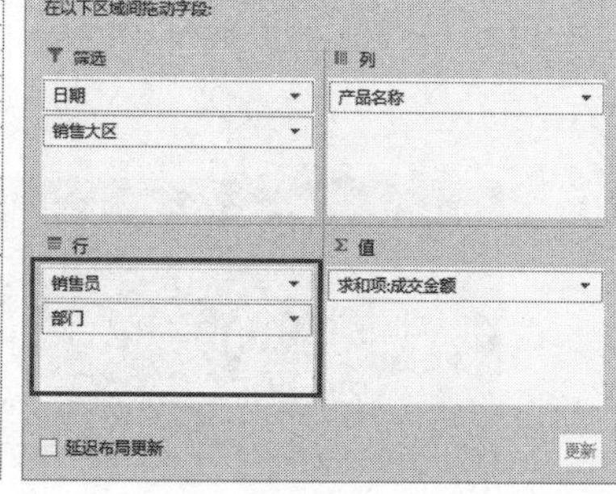

图 10-24

10.2 解析透视结构

观察图 10-25，你能发现数据透视表与模板表格之间存在哪些不同吗?

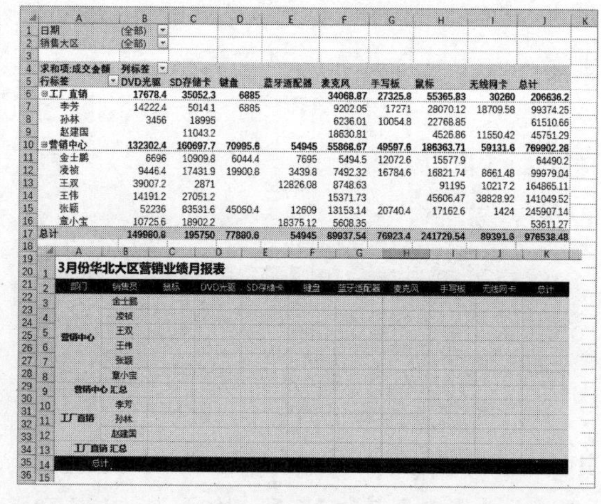

图 10-25

1. 美化数据透视表

首先按照模板表格样式美化数据透视表。

选中数据透视表中的任意单元格→选择【设计】选项卡→单击【数据透视表样式】功能组右侧的【向下箭头】按钮展开全部样式→选择一个喜欢的颜色，如图 10-26 所示。

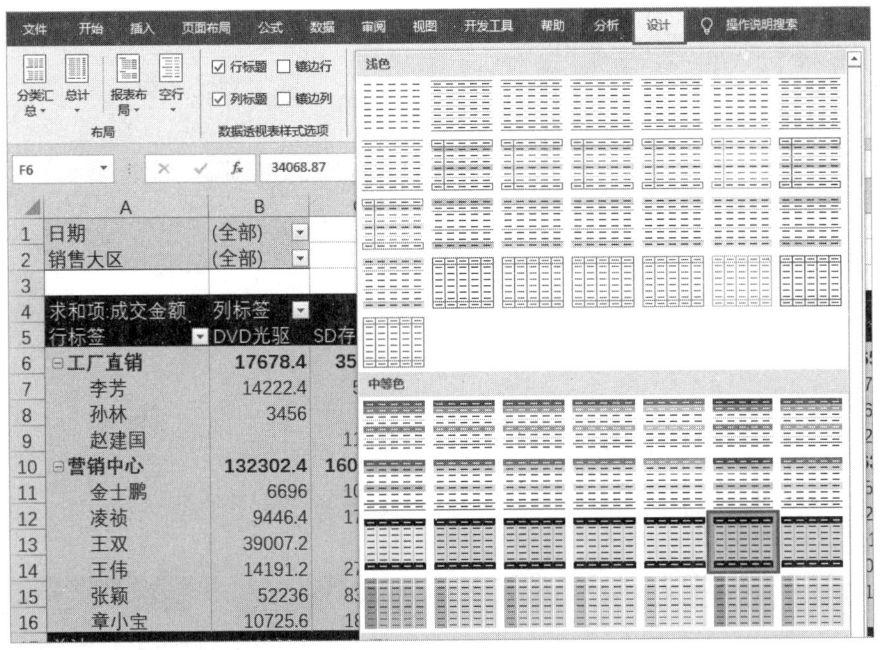

图 10-26

> **温馨提示**
>
> 数据透视表中所有和样式相关的操作，都可以在【设计】选项卡中进行设置。

2. 调整数据透视表布局

通过调整数据透视表布局，将上下级别调整为左右关系。

选中数据透视表中的任意单元格→选择【设计】选项卡→单击【报表布局】按钮→选择【以表格形式显示】选项，如图 10-27 所示。

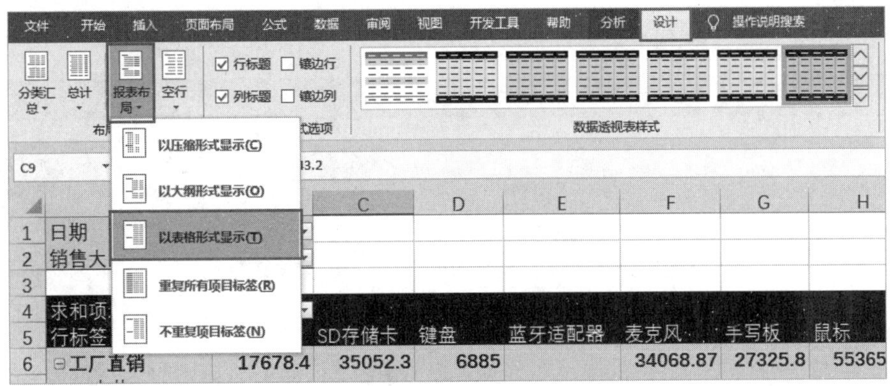

图 10-27

如图 10-28 所示，数据透视表的【行标签】中的【部门】和【销售员】已经并排放置了。

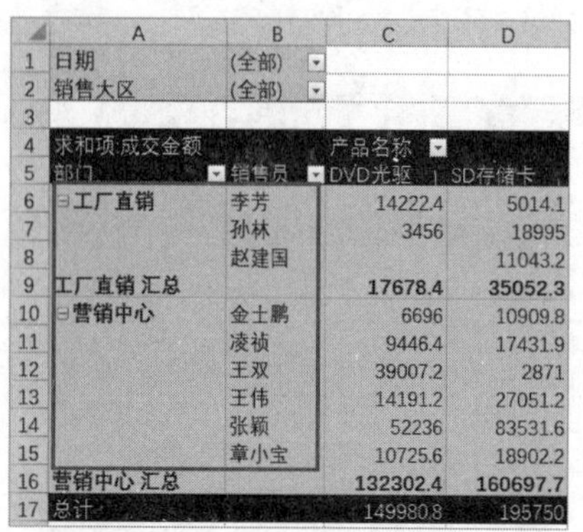

	A	B	C	D
1	日期	(全部)		
2	销售大区	(全部)		
3				
4	求和项:成交金额		产品名称	
5	部门	销售员	DVD光驱	SD存储卡
6	⊟工厂直销	李芳	14222.4	5014.1
7		孙林	3456	18995
8		赵建国		11043.2
9	工厂直销 汇总		17678.4	35052.3
10	⊟营销中心	金士鹏	6696	10909.8
11		凌祯	9446.4	17431.9
12		王双	39007.2	2871
13		王伟	14191.2	27051.2
14		张颖	52236	83531.6
15		章小宝	10725.6	18902.2
16	营销中心 汇总		132302.4	160697.7
17	总计		149980.8	195750

图 10-28

3. 字段排序

接下来按照模板表格中【部门】的顺序，调换"营销中心"和"工厂直销"的顺序。

选中"营销中心"拖曳至"工厂直销"的上方，如图 10-29 所示。

	A	B	C	D
1	日期	(全部)		
2	销售大区	(全部)		
3				
4	求和项:成交金额		产品名称	
5	部门	销售员	DVD光驱	SD存储卡
6	⊟工厂直销	李芳	14222.4	5014.1
7		孙林	3456	18995
8		赵建国		11043.2
9	工厂直销 汇总		17678.4	35052.3
10	⊟营销中心	金士鹏	6696	10909.8
11		凌祯	9446.4	17431.9
12		王双	39007.2	2871
13		王伟	14191.2	27051.2
14		张颖	52236	83531.6
15		章小宝	10725.6	18902.2
16	营销中心 汇总		132302.4	160697.7
17	总计		149980.8	195750

图 10-29

如图 10-30 所示，数据透视表的【行标签】中【部门】的顺序已经与模板表格保持一致了。

	A	B	C	D	E	F	G	H	I	J	K
1	日期	(全部)									
2	销售大区	(全部)									
3											
4	求和项:成交金额		产品名称								
5	部门	销售员	DVD光驱	SD存储卡	键盘	蓝牙适配器	麦克风	手写板	鼠标	无线网卡	总计
6	⊟营销中心	金士鹏	6696	10909.8	6044.4	7695	5494.5	12072.6	15577.9		64490.2
7		凌祯	9446.4	17431.9	19900.8	3439.8	7492.32	16784.6	16821.74	8661.48	99979.04
8		王双	39007.2	2871		12826.08	8748.63		91195	10217.2	164865.11
9		王伟	14191.2	27051.2			15371.73		45606.47	38828.92	141049.52
10		张颖	52236	83531.6	45050.4	12609	13153.14	20740.4	17162.6	1424	245907.14
11		章小宝	10725.6	18902.2		18375.12	5608.35				53611.27
12	营销中心 汇总		132302.4	160697.7	70995.6	54945	55868.67	49597.6	186363.71	59131.6	769902.28
13	⊟工厂直销	李芳	14222.4	5014.1	6885		9202.05	17271	28070.12	18709.58	99374.25
14		孙林	3456	18995			6236.01	10054.8	22768.85		61510.66
15		赵建国		11043.2			18630.81		4526.86	11550.42	45751.29
16	工厂直销 汇总		17678.4	35052.3	6885		34068.87	27325.8	55365.83	30260	206636.2
17	总计		149980.8	195750	77880.6	54945	89937.54	76923.4	241729.54	89391.6	976538.48

图 10-30

4. 隐藏【+/-】按钮

在数据透视表中单击【-】按钮，可以将字段明细折叠。或者可以选择【分析】选项卡→单击【+/-按钮】按钮将其折叠隐藏，如图 10-31 所示。

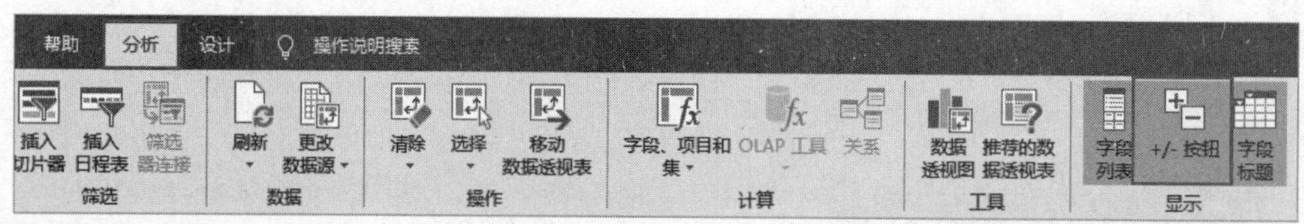

图 10-31

5. 调整【数据透视表字段】布局

在【数据透视表字段】任务窗格中单击右侧的【小齿轮】按钮，可以选择不同的字段布局样式，如图 10-32 所示。

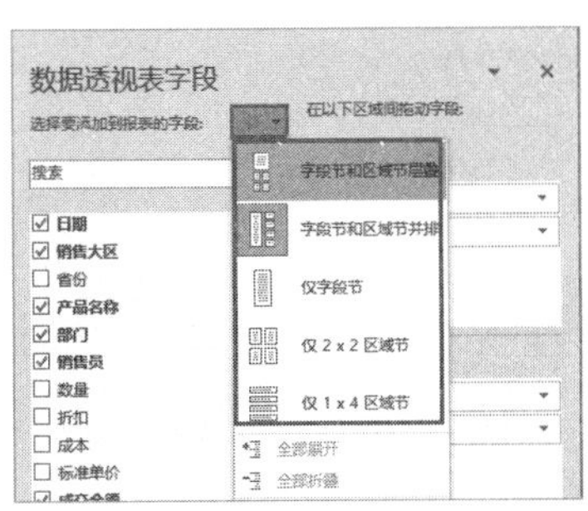

图 10-32

6. 隐藏【数据透视表字段】任务窗格

选择【分析】选项卡→单击【字段列表】按钮，即可将【数据透视表字段】任务窗格关闭，如图 10-33 所示。

图 10-33

7. 调整数据显示格式

选中数据区域，即【B:K】列→选择【开始】选项卡→单击【数字】功能组中的【,】(千位分隔样式)按钮→单击【减少小数位数】按钮，如图 10-34 所示。

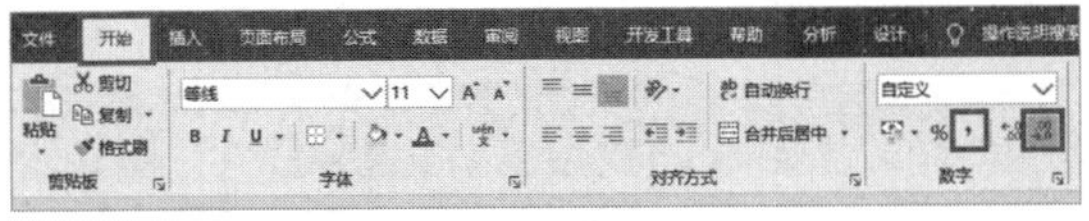

图 10-34

8. 筛选区水平并排

选中数据透视表中的任意单元格并右击→在弹出的快捷菜单中选择【数据透视表选项】选项，如图 10-35 所示。

在弹出的【数据透视表选项】对话框中选中【合并且居中排列带标签的单元格】复选框→在【在报表筛选区域显示字段】下拉列表中选择【水平并排】选项→单击【确定】按钮，如图 10-36 所示。

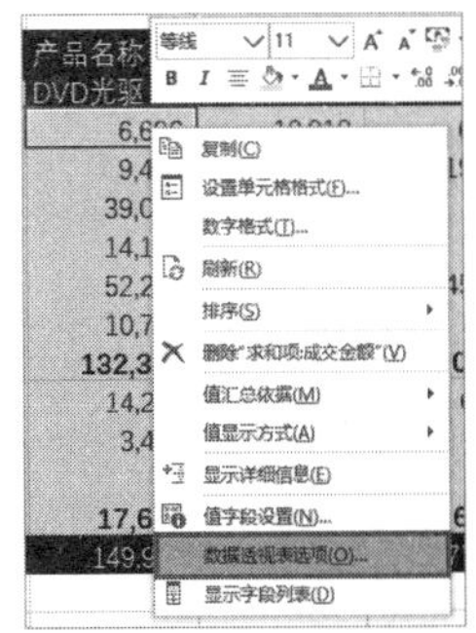

图 10-35

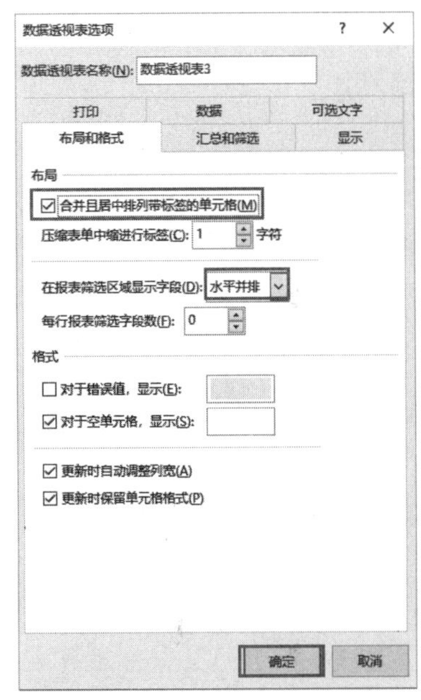

图 10-36

如图 10-37 所示，筛选区中的【日期】和【销售大区】已经调整为并排放置了。

日期	(全部)		销售大区	(全部)
求和项:成交金额		产品名称		
部门	销售员	DVD光驱	SD存储卡	键盘
营销中心	金士鹏	6,696	10,910	6,044
	凌祯	9,446	17,432	19,901
	王双	39,007	2,871	
	王伟	14,191	27,051	
	张颖	52,236	83,532	45,050
	章小宝	10,726	18,902	
营销中心 汇总		132,302	160,698	70,996
工厂直销	李芳	14,222	5,014	6,885
	孙林	3,456	18,995	
	赵建国		11,043	
工厂直销 汇总		17,678	35,052	6,885
总计		149,981	195,750	77,881

图 10-37

9. 调整字体

选中数据透视表中的全部区域→选择【开始】选项卡→单击【字体】列表框右侧的下拉按钮→选择【微软雅黑】选项→单击【居中对齐】按钮，如图 10-38 所示。

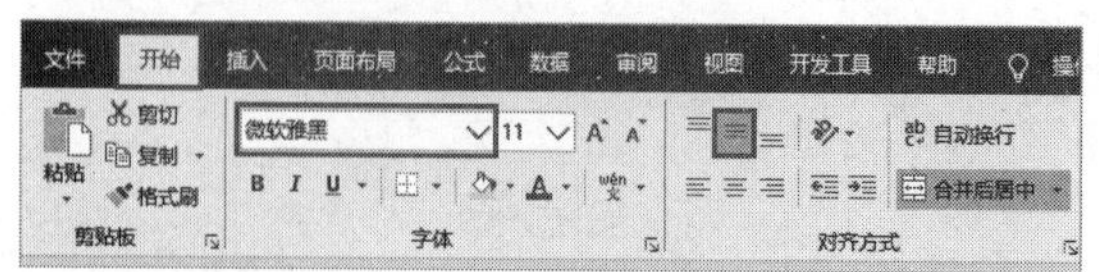

图 10-38

10. 调整列宽

如果直接调整表格的列宽，然后右击选择【刷新】选项，前面已经设置好的列宽就会发生变化。这个问题可以通过“数据透视表选项”来解决。

选中数据透视表中的任意单元格并右击→在弹出的快捷菜单中选择【数据透视表选项】选项，如图 10-39 所示。

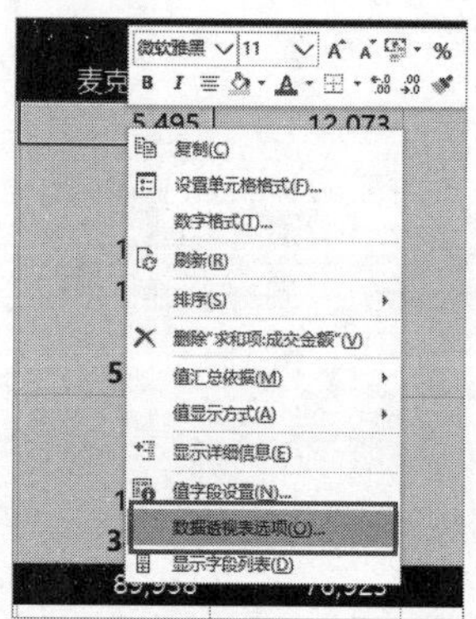

图 10-39

在弹出的【数据透视表选项】对话框中取消选中【更新时自动调整列宽】复选框→单击【确定】按钮，如图 10-40 所示。

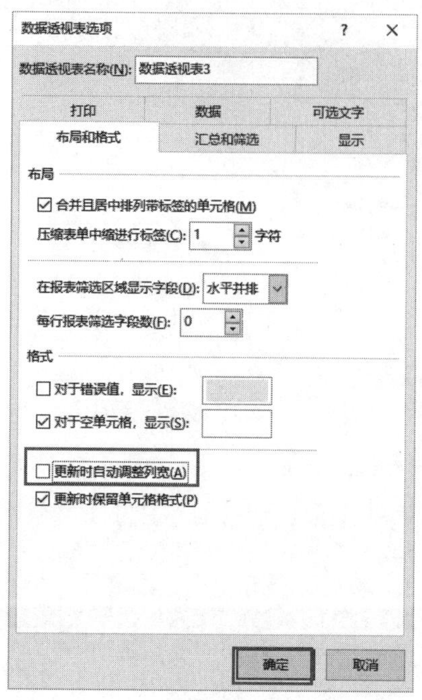

图 10-40

设置完成后对数据做刷新处理，已经调整好的列宽就不会再次被调整了。

11. 取消网格线

选择【视图】选项卡→取消选中【网格线】复选框，可以将工作表中的网格线取消，使表格变得更清晰，如图 10-41 所示。

图 10-41

12. 数据透视表筛选

通过前面一系列的操作，如果想要筛选出 3 月华北大区的数据情况，可以单击【日期】筛选器→在【搜索区】输入“3 月”→单击【确定】按钮，如图 10-42 所示。

同理，可对【销售大区】中的【华北】进行筛选，筛选结果如图 10-43 所示。

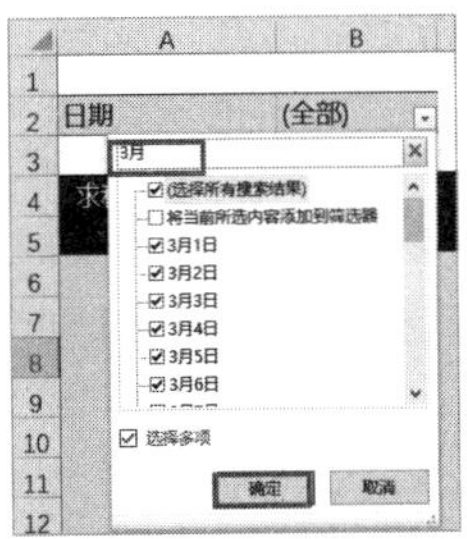

图 10-42

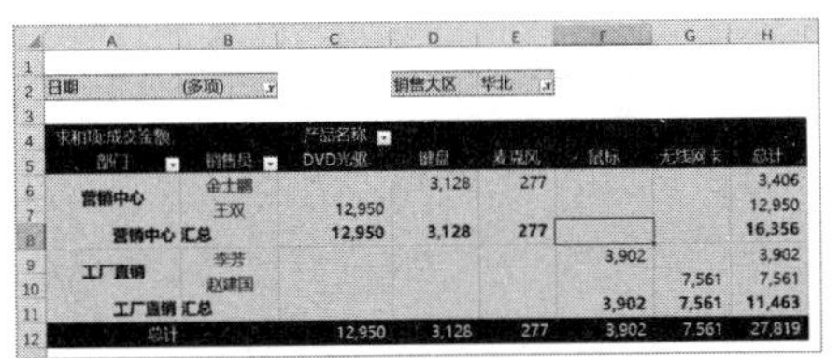

图 10-43

温馨提示

数据透视表【筛选】字段区域的设置，是针对整张数据透视表的整体应用。

13. 快速复制数据透视表

完成数据表的制作后，如果还要统计“凌祯”的业绩数据，除直接创建数据透视表外，还可以用快速复制的方法制作新数据透视表。

首先将数据透视表所在的工作表复制一份，然后按照图 10-44 所示拖曳各个字段，这样就快速创建了一张表格格式相同的新数据透视表了。

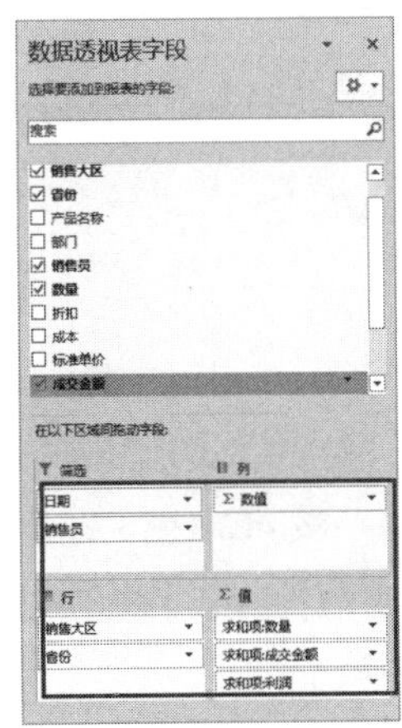

图 10-44

单击【销售员】筛选器→在筛选列表中选中【凌祯】→单击【确定】按钮，如图 10-45 所示。

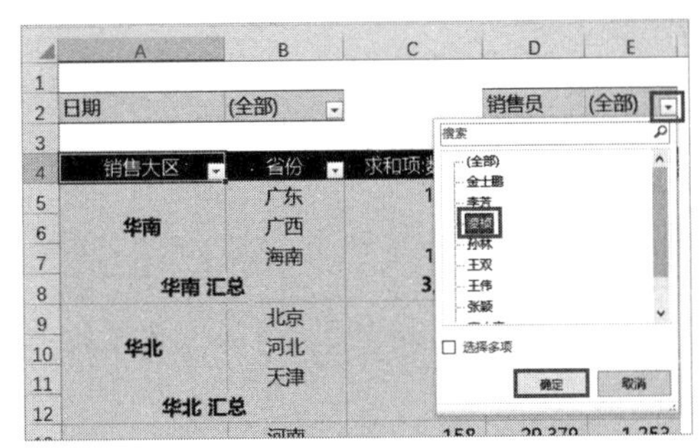

图 10-45

14. 修改字段名称

数据透视表中的所有字段名称前面都有一个“求和项 :”字样，这与我们的实际需求无关，可以将其删除。

选中【C4】单元格→直接删除前面的“求和项 :”→按 <Enter> 键，系统提示“已有相同数据透视表字段名存在”，如图 10-46 所示。这是因为 Excel 不允许数据透视表名称与数据源名称一样。

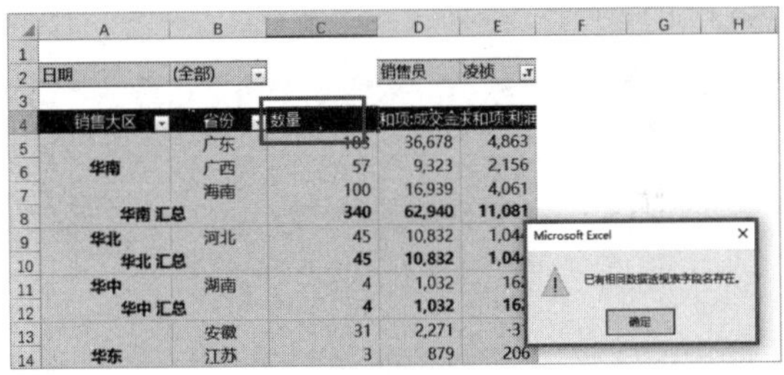

图 10-46

要解决这一问题，可以将“求和项 :”替换为空格，在视觉上造成已经将其删除的效果。

首先选中【C4】单元格中的“求和项 :”→按 <Ctrl+C> 键复制→按 <Ctrl+H> 键打开【查找和替换】对话框→单击【查找内容】文本框将其激活→按 <Ctrl+V> 键粘贴→单击【替换为】文本框将其激活→按 < 空格 > 键→单击【全部替换】按钮，如图 10-47 所示。

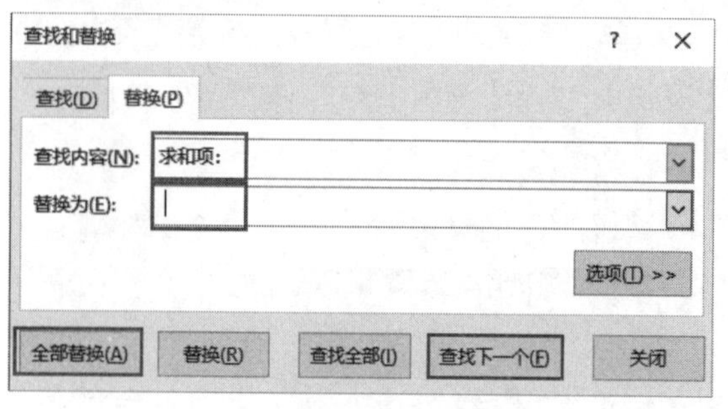

图 10-47

如图 10-48 所示，字段名称就修改完成了。

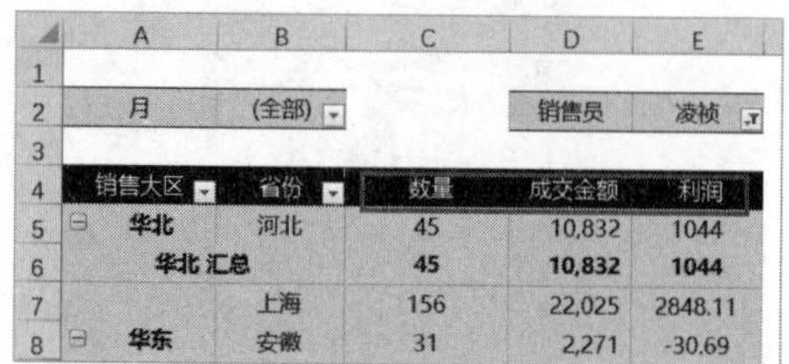

	A	B	C	D	E
1					
2	月	(全部)		销售员	凌祯
3					
4	销售大区	省份	数量	成交金额	利润
5	⊟ 华北	河北	45	10,832	1044
6	华北 汇总		45	10,832	1044
7		上海	156	22,025	2848.11
8	⊟ 华东	安徽	31	2,271	-30.69

图 10-48

10.3 搞定月报表

前文案例都是以统计好的数据源表作为透视来源，但在实际工作中，已经录完的数据源表会随着业务的增减变化而变动。也就是说，数据透视表创建完成以后往往会发生数据源变化的情况，这时又该怎么办呢？

1. 更改数据

假设“数据源”工作表中的【G2】单元格数据录入错误，需要修改为“1000”，如图 10-49 所示。

	A	B	C	D	E	F	G	H	I
1	日期	销售大区	省份	产品名称	部门	销售员	数量	折扣	成
2	2020/1/1	华南	广西	键盘	营销中心	张颖	1000	14%	13
3	2020/1/2	华东	安徽	无线网卡	营销中心	张颖	10	20%	133
4	2020/1/2	华南	广东	蓝牙适配器	营销中心	章小宝	61	12%	81
5	2020/1/3	华东	江苏	蓝牙适配器	营销中心	王双	18	9%	81
6	2020/1/3	华东	江苏	蓝牙适配器	营销中心	王双	39	6%	81

图 10-49

对于已经完成的数据透视表如何实现同步变化呢？

选中数据透视表中的任意单元格并右击，在弹出的快捷菜单中选择【刷新】选项，如图 10-50 所示。

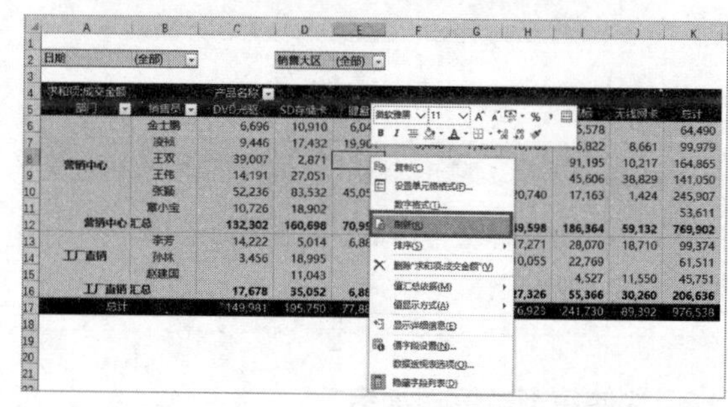

图 10-50

如图 10-51 所示，数据透视表中的数据已同步更新。

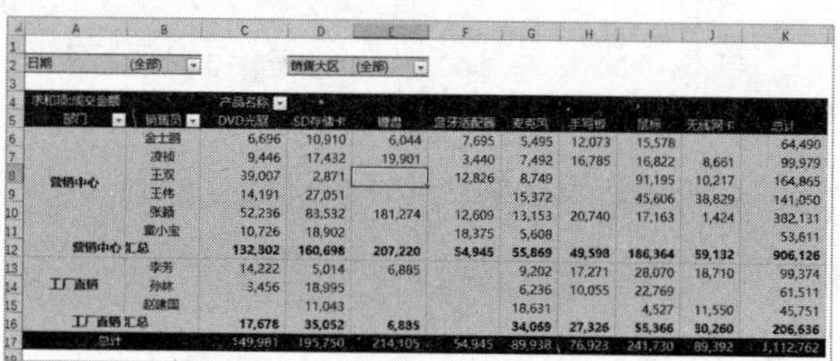

图 10-51

2. 追加数据

如图 10-52 所示，从表格第 167 行开始追加一些虚拟数据。选中“追加的数据”工作表中的【2:10】行数据→按 <Ctrl+C> 键复制→选中“数据源”工作表中的【A167】单元格→按 <Ctrl+V> 键粘贴到数据后面。

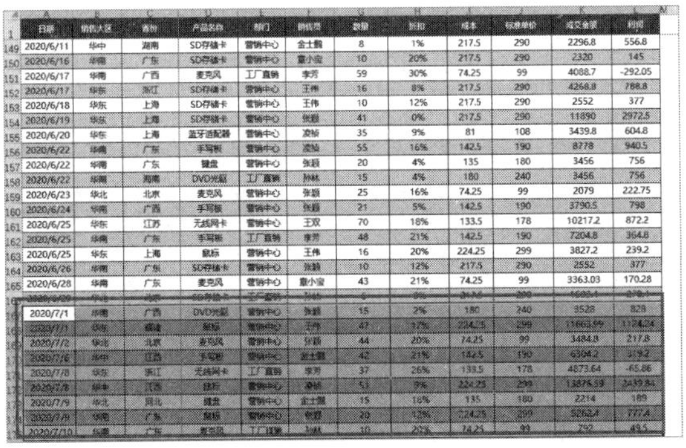

图 10-52

然后在数据透视表中右击，在弹出的快捷菜单中选择【刷新】选项，但问题是数据透视表中新增加的“7 月份”的数据并没有更新出来，这时又该怎么办呢?

检查数据透视表的数据来源。选择【分析】选项卡→单击【更改数据源】按钮→选择【更改数据源】选项，如图 10-53 所示。

图 10-53

在弹出的【更改数据透视表数据源】对话框中，可以看到数据透视表的数据来源是“数据源”工作表中的【A1:L166】单元格区域，如图 10-54 所示。

可以看到，A1 和 L166 前面有一个美元($)符号，这个 $ 就是用于锁定单元格位置的。也就是说，数据来源锁定的是固定的【A1】单元格到【L166】单元格区域。但是，新增数据后数据源表的范围已经变动至【L175】单元格。

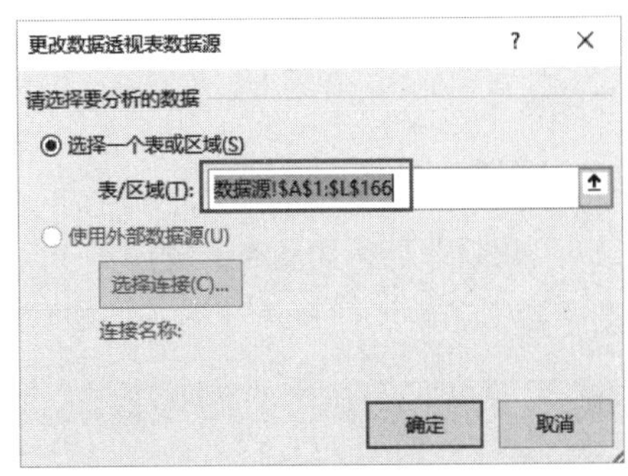

图 10-54

接下来手动将数据源区域更改为【$A$1:$L$175】→单击【确定】按钮→在数据透视表中右击→在弹出的快捷菜单中选择【刷新】选项，如图 10-55 所示，数据透视表中的数据即可完成更新。

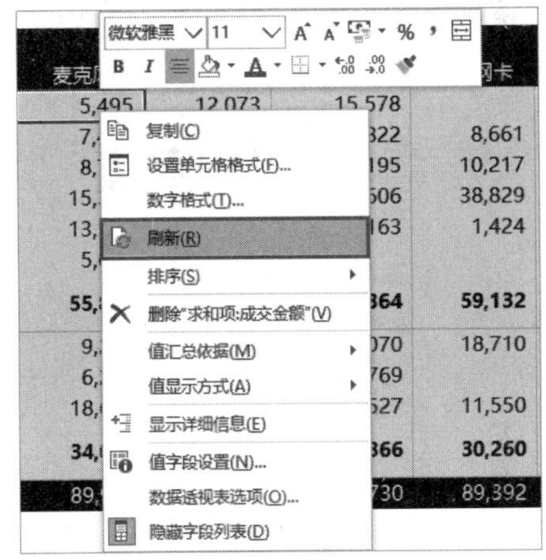

图 10-55

这种“手动挡”的方法虽然可以完成数据来源的更新，但每次有数据追加后都需要重复修改，效率非常低。我们需要的是根据数据源的变化，动态追加数据透视表的数据来源。如果原数据增加 N 行，数据透视表的数据来源也对应增加 N 行。所以，我们需要一个智能的工具，使引用的数据来源变成一个动态的数据源，这个工具就是“表格工具”。其实就是将普通表套上表格格式，令它具备一种“自扩充”的属性。

为了区别于普通表，笔者将套用了表格格式的表称为超级表。

3. 动态数据源下的数据透视表

（1）利用超级表构建动态数据源。

选中数据源中的任意单元格→选择【开始】选项卡→单击【套用表格格式】按钮→选择一个样式，如图 10-56 所示。

在弹出的【套用表格格式】对话框中确认【表数据的来源】、是否【表包含标题】→单击【确定】按钮，如图 10-57 所示。

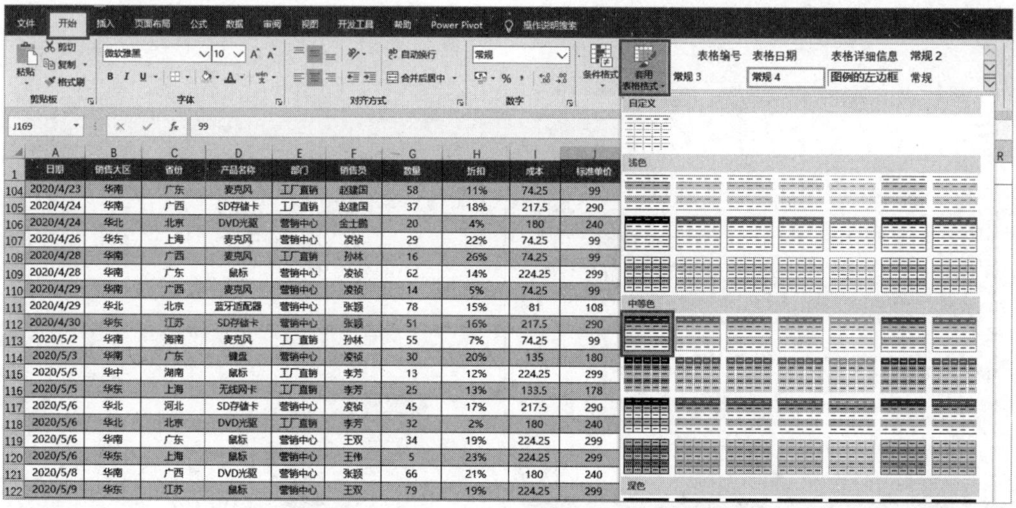

图 10-56

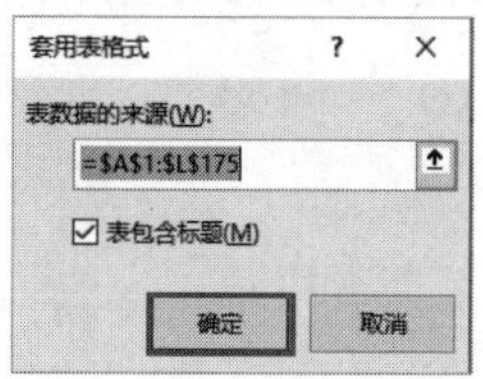

图 10-57

（2）清除表格固有格式。

超级表是一个自带表格格式的表格，所以可以将表格原本的格式删除。按 <Ctrl+A> 键选中全部数据→选择【开始】选项卡→单击【填充颜色】按钮→选择【无填充】选项，如图 10-58 所示。

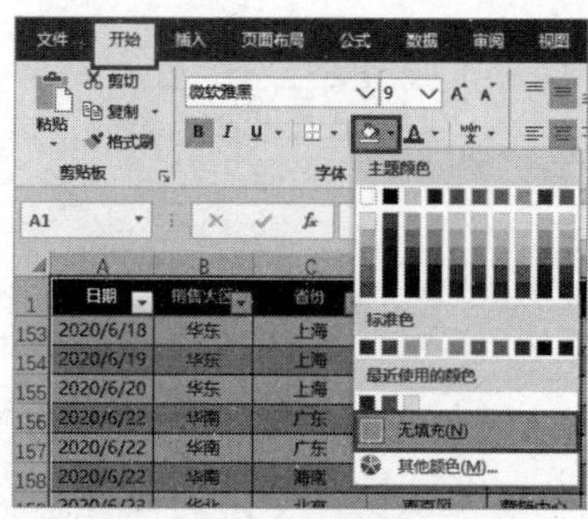

图 10-58

温馨提示

区别超级表和普通表的方法如下。

选中表格中的任意单元格，超级表顶部会出现一个【设计】选项卡，普通表不会。

（3）更改超级表名称。

选中数据源表中的任意单元格→选择【设计】选项卡→单击【表名称】文本框将其激活→输入一个合适的名称（如“数据源”）→按

<Enter> 键确认，如图 10-59 所示。

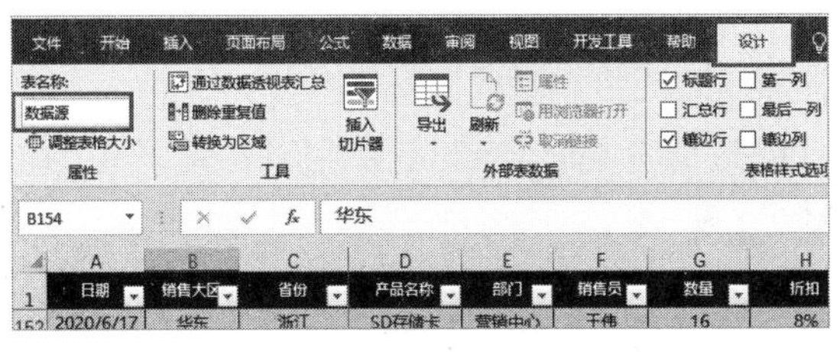

图 10-59

（4）更改数据透视表的数据来源。

选中数据透视表中的任意单元格→选择【分析】选项卡→单击【更改数据源】按钮→选择【更改数据源】选项，如图 10-60 所示。

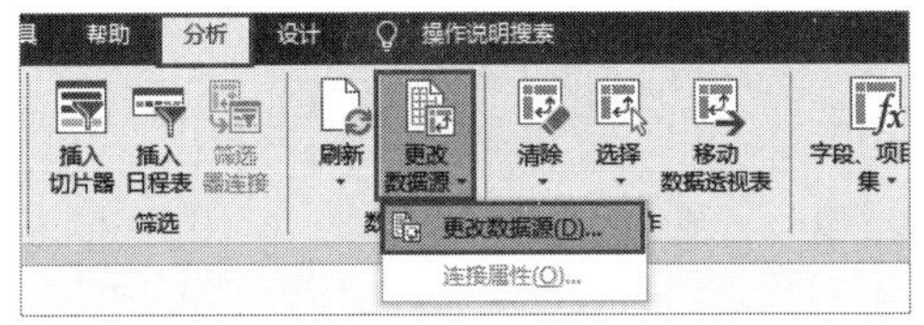

图 10-60

在弹出的【更改数据透视表数据源】对话框中单击【表 / 区域】文本框将其激活→输入“数据源”→单击【确定】按钮，如图 10-61 所示。

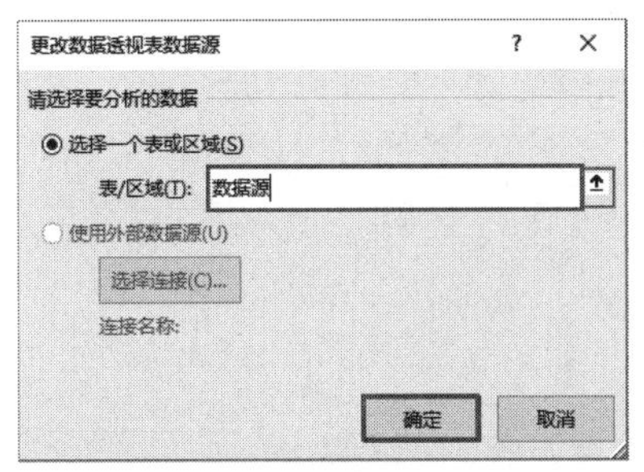

图 10-61

将数据透视表的数据来源更改为动态的超级表后，无论是追加数据还是修改数据，只需选中数据透视表中的任意单元格并右击，在弹出的快捷菜单中选择【刷新】选项，即可获取最新的透视结果。

这时如果将“追加的数据”工作表中的数据粘贴到动态数据源的后面，在数据透视表中右击，在弹出的快捷菜单中选择【刷新】选项，如图 10-62 所示。

图 10-62

追加的数据就已经更新出来了，如图 10-63 所示。

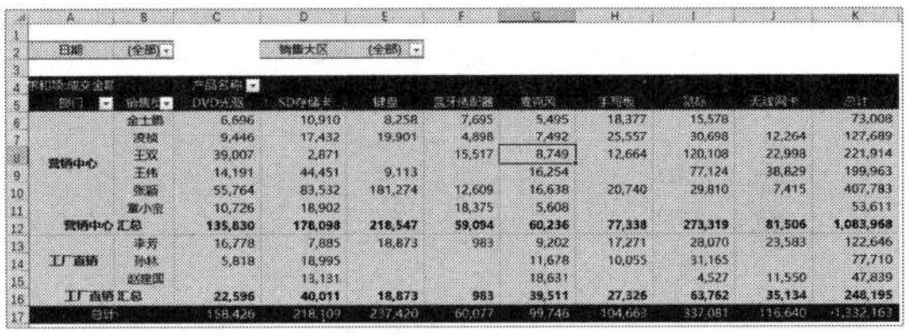

图 10-63

温馨提示

数据源套用了表格格式，变身超级表后将其作为数据透视表数据源时，可实现动态追加、实时更新。

超级表在做数据透视表时能够自动构建一个“动态数据源”，无论向下追加行还是向右追加列，数据透视表都能一一联动起来，是一个超好用的表格工具。

数据透视表除可以自动统计外，还能根据数据源的变动实时更新。建议平时做表时将月报、季报、年报等都做成数据透视表，这样汇总时只需刷新就可以了。这就是为什么同样的工作，有人早下班还干得更好的原因所在了。

4. 快速查看明细数据

完成数据透视表后，如果想要查看某个数据的构成明细，数据透视表依然可以快速实现。

如图 10-64 所示，双击【E7】单元格。

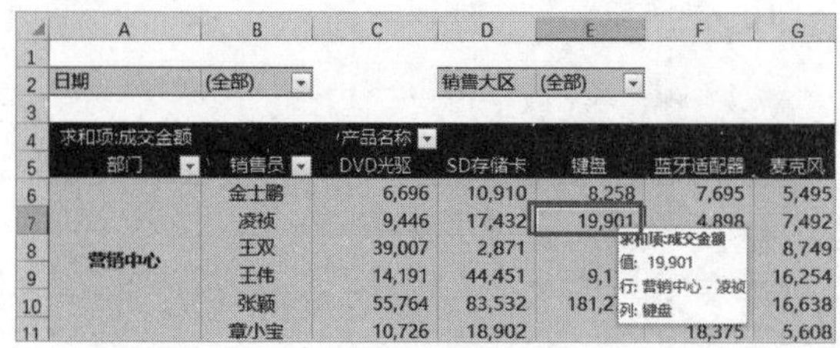

图 10-64

Excel 便会自动生成一张新的数据表，帮助我们快速查看“19901”数据构成的明细，如图 10-65 所示。

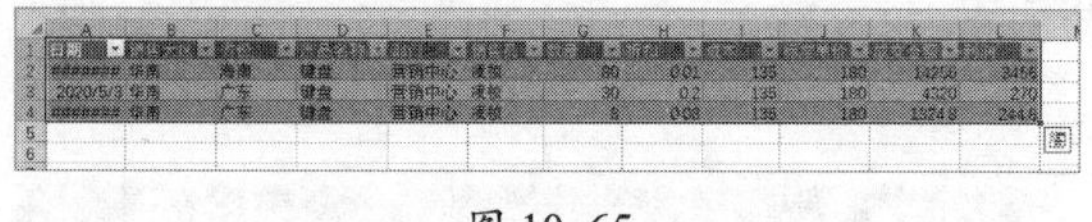

图 10-65

并且新生成的这张明细表，既不影响数据源表，也不影响生成的数据透视表。如果不再需要了，直接删除就可以了。

下面总结一下搞定月报表的知识点，如图 10-66 所示。

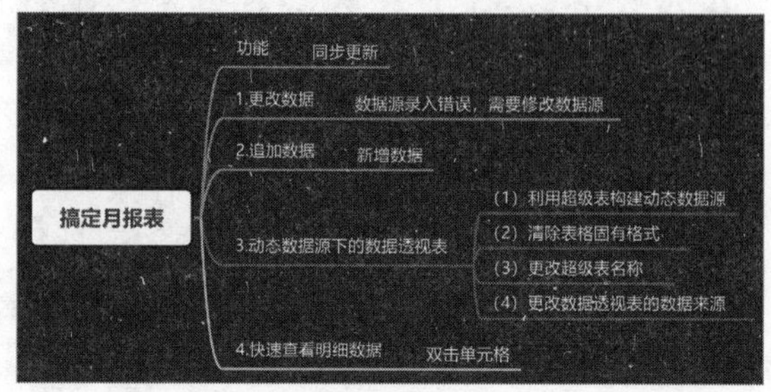

图 10-66

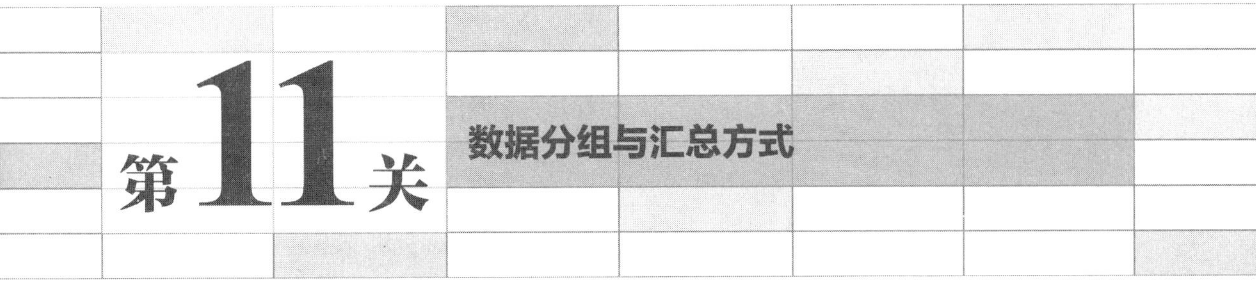

第11关 数据分组与汇总方式

本关背景

通过第10关的介绍，你是不是已经感受到数据透视表的神奇了？在Excel的世界中遇到任何统计分析相关的问题，请记住5个字："数据透视表"。

数据透视表在统计分析上，可以快速做出不同维度的统计报告。例如，月报、季报、年报，只要一个"组合"就能快速搞定。

本关就利用数据透视表，制作在职员工分析统计表。

11.1 数据分组

1. 按照年龄自动分组（数字分组）

（1）利用超级表构建动态数据源。

打开"素材文件/11-数据分组与汇总方式/11-数据分组与汇总方式-员工分析大作战源.xlsx"源文件。

选中"数据源"工作表中的任意单元格→选择【开始】选项卡→单击【套用表格格式】按钮→选择一个喜欢的样式，如图11-1所示。

图11-1

在弹出的【套用表格格式】对话框中单击【确定】按钮，如图11-2所示。

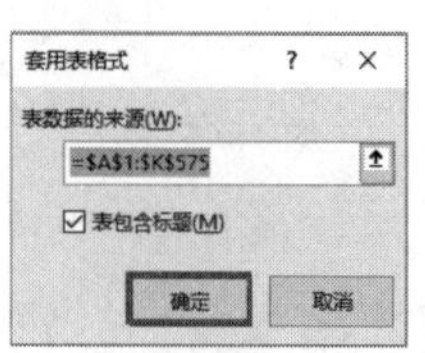

图 11-2

（2）创建数据透视表。

选择【插入】选项卡→单击【数据透视表】按钮→在弹出的【创建数据透视表】对话框中选中【新工作表】单选按钮→单击【确定】按钮，如图 11-3 所示。

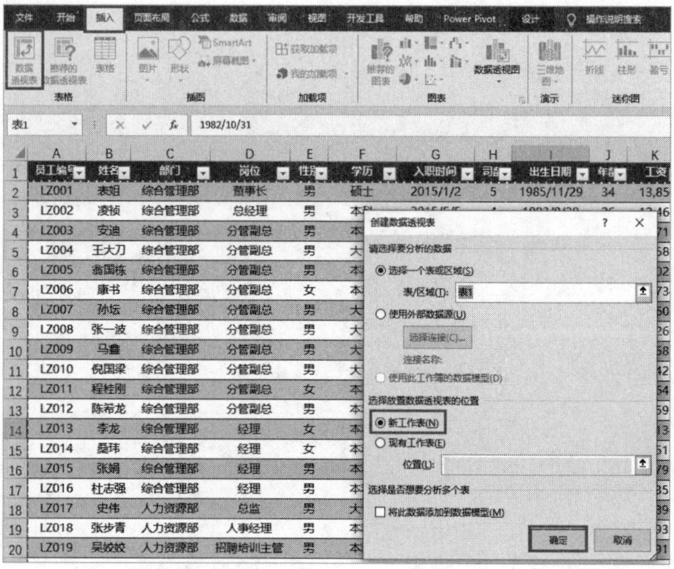

图 11-3

在【数据透视表字段】任务窗格中选中【年龄】字段→拖曳至【行】区域→选中【姓名】字段→拖曳至【值】区域，如图 11-4 所示，完成数据透视表的创建。

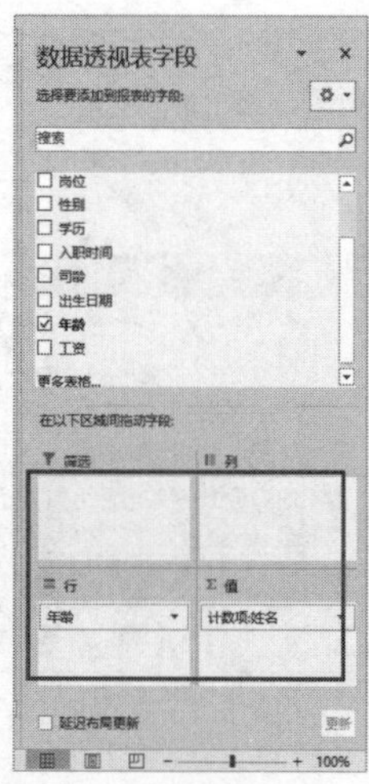

图 11-4

如图 11-5 所示，【值】区域的【姓名】字段统计方式为“计数项”。这是因为在 Excel 中数值默认做求和计算，文本默认做计数计算。

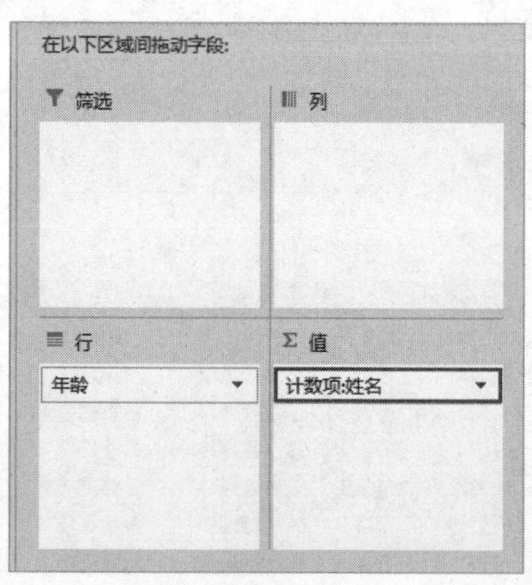

图 11-5

（3）按照年龄创建分组。

选中【行标签】（年龄）中的任意单元格，

如【A5】单元格→选择【分析】选项卡→单击【分组选择】按钮，如图 11-6 所示。

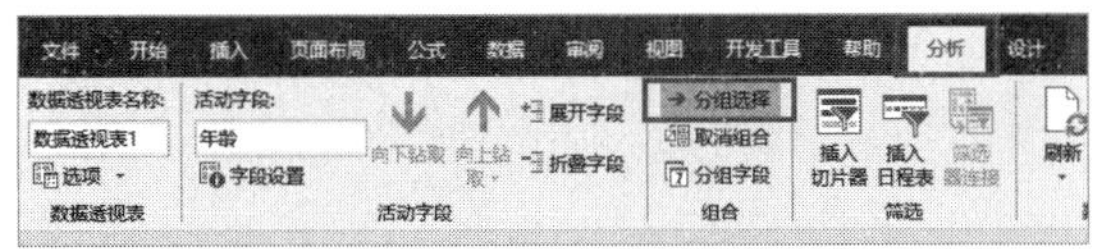

图 11-6

在弹出的【组合】对话框中单击【起始于】文本框，输入“20”→单击【终止于】文本框，输入“60”→单击【步长】文本框，输入“10”→单击【确定】按钮，如图 11-7 所示。

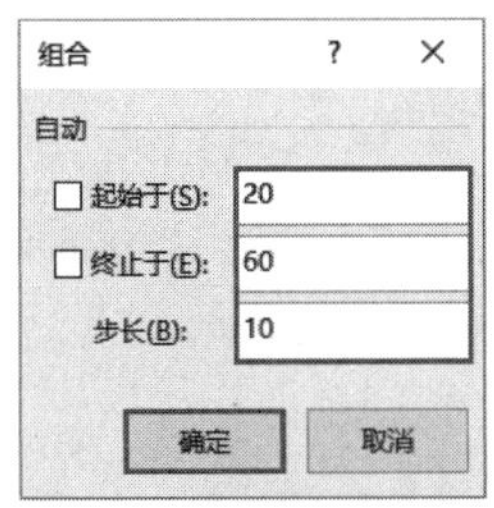

图 11-7

温馨提示

分组中的【起始于】和【终止于】，在实际工作中可以根据数据源的具体情况进行自动或手动设置；【步长】即为每个档位区间的大小。

如图 11-8 所示，已经完成了各个年龄段人数的统计。

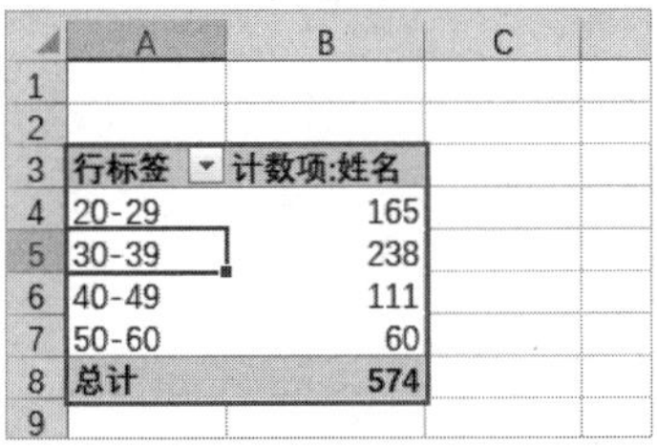

	A	B	C
1			
2			
3	行标签	计数项:姓名	
4	20-29	165	
5	30-39	238	
6	40-49	111	
7	50-60	60	
8	总计	574	
9			

图 11-8

温馨提示

数据的自动分组，其步长值都是均等的。

2. 按照日期自动分组（数字分组）

（1）创建数据透视表。

选中“数据源”工作表中的任意单元格→选择【插入】选项卡→单击【数据透视表】按钮→在弹出的【创建数据透视表】对话框中选中【现有工作表】单选按钮→单击【位置】右侧的【↑】按钮折叠对话框，如图 11-9 所示。

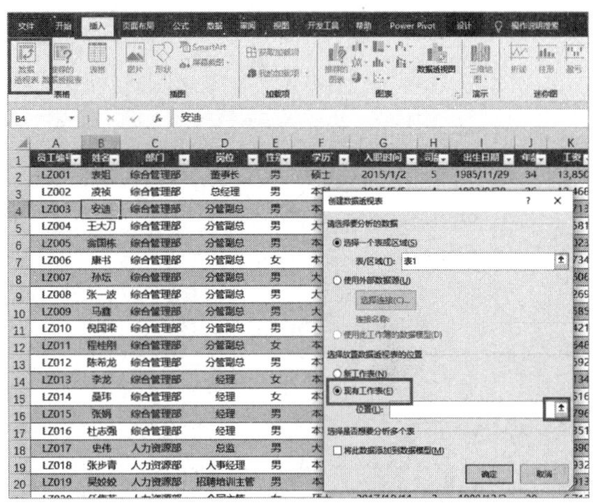

图 11-9

选中【Sheet1】工作表中的【E3】单元格→单击【位置】右侧的【↓】按钮展开对话框→单击【确定】按钮，如图 11-10 所示。

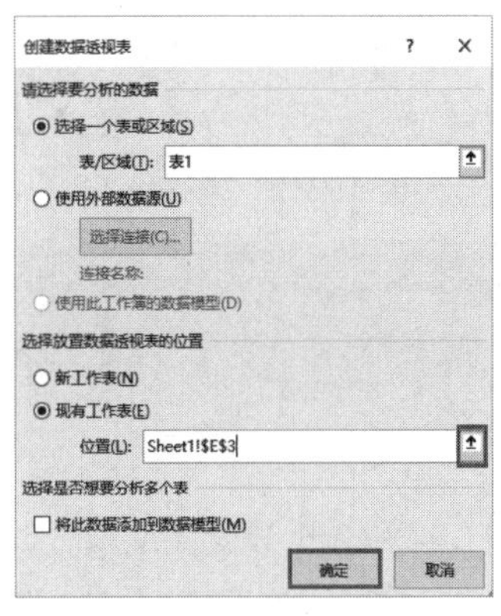

图 11-10

创建数据透视表后，选中【入职时间】字段→拖曳至【行】区域→选中【姓名】字段→拖曳至【值】区域，如图 11-11 所示。

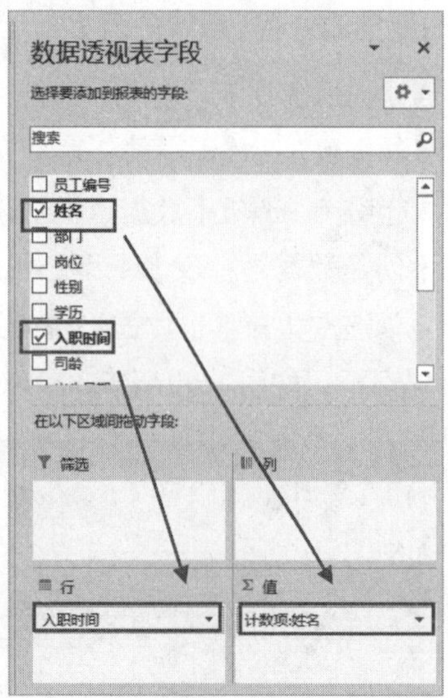

图 11-11

（2）按照日期创建分组。

选中【行标签】（入职时间）中的任意单元格，如【E8】单元格→选择【分析】选项卡→单击【分组选择】按钮，如图 11-12 所示。

图 11-12

弹出【组合】对话框→在【步长】列表框中选择需要分组的类型，例如，【年】、【月】、【季度】→单击【确定】按钮，如图 11-13 所示。

温馨提示

可以根据需要进行多选，蓝色为选中状态，白色为取消选中状态。

如图 11-14 所示，设置完成后，数据透视表就自动生成了各年、月、季度的统计汇总结果。

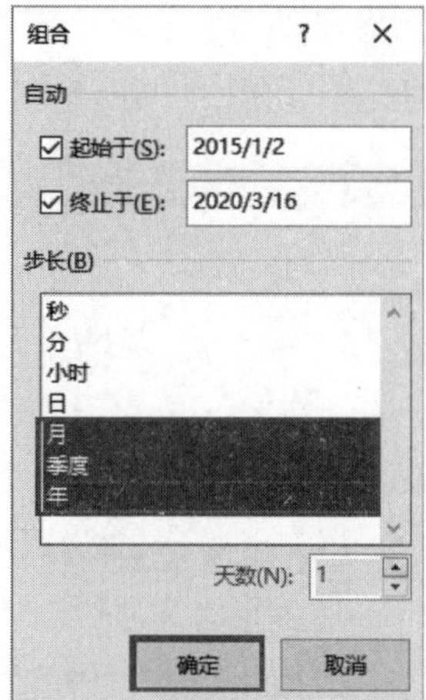

图 11-13

	D	E	F
2			
3		行标签	计数项:姓名
4		⊟2015年	104
5		⊟第一季	22
6		1月	5
7		2月	10
8		3月	7
9		⊟第二季	18
10		4月	5
11		5月	6
12		6月	7
13		⊟第三季	33
14		7月	9
15		8月	13
16		9月	11
17		⊟第四季	31
18		10月	11
19		11月	8
20		12月	12
21		⊟2016年	114
22		⊟第一季	28
23		1月	11

图 11-14

温馨提示

只有数据源中使用了“一横一杠年月日”规范的日期，才可以在数据透视表中启用日期的各种自动分组功能。

当数据源中含有图 11-15 所示的“2015.1.2”这种假日期时创建数据透视表，此时对入职时间进行分组，系统会提示“选定区域不能分组”，如图 11-16 所示。

	A	B	C	D	E	F	G	H	I	J	K
1	员工编号	姓名	部门	岗位	性别	学历	入职时间	司龄	出生日期	年龄	工资
2	LZ001	表姐	综合管理部	董事长	男	硕士	2015.1.2	5	1985/11/29	34	13,850
3	LZ002	凌祯	综合管理部	总经理	男	本科	2015/5/5	4	1993/8/28	26	12,468
4	LZ003	安迪	综合管理部	分管副总	男	本科	2016/6/26	3	1989/12/23	30	11,713
5	LZ004	王大刀	综合管理部	分管副总	男	大专	2016/3/7	4	1975/4/19	44	8,581
6	LZ005	翁国栋	综合管理部	分管副总	男	本科	2018/4/11	1	1989/4/15	30	7,023
7	LZ006	康书	综合管理部	分管副总	女	本科	2019/3/31	0	1983/8/24	36	6,734
8	LZ007	孙坛	综合管理部	分管副总	男	大专	2018/11/18	1	1984/7/17	35	4,606

图 11-15

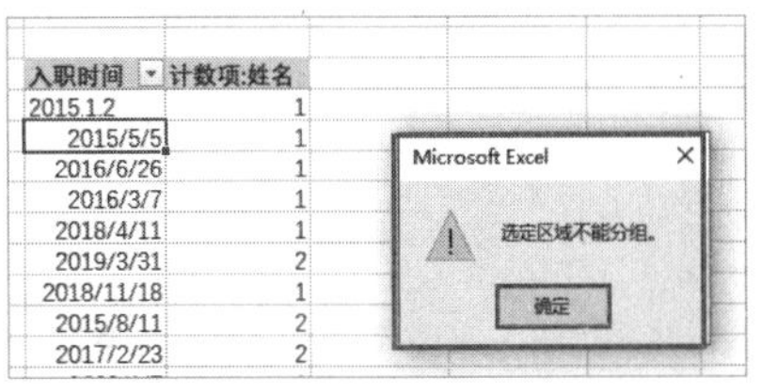

入职时间	计数项:姓名
2015.1.2	1
2015/5/5	1
2016/6/26	1
2016/3/7	1
2018/4/11	1
2019/3/31	2
2018/11/18	1
2015/8/11	2
2017/2/23	2

图 11-16

不能自动分组的原因一般有两个：①日期型字段中有假日期格式，如 2019.1.1，要修改为真日期格式 2019-1-1；②数值型字段中有文本型数字，或者空白单元格。

（3）调整报表布局（以表格形式显示）。

选中数据透视表中的任意单元格→选择【设计】选项卡→单击【报表布局】按钮→选择【以表格形式显示】选项，如图 11-17 所示。

图 11-17

如图 11-18 所示，以表格形式展现出来的数据透视表是不是干净整洁了许多呢？

年	季度	入职时间	计数项:姓名
⊟2015年	⊟第一季	1月	5
		2月	10
		3月	7
	第一季 汇总		22
	⊟第二季	4月	5
		5月	6
		6月	7
	第二季 汇总		18
	⊟第三季	7月	9
		8月	13
		9月	11
	第三季 汇总		33
	⊟第四季	10月	11
		11月	8
		12月	12
	第四季 汇总		31
2015年 汇总			104
⊟2016年	⊟第一季	1月	11
		2月	6
		3月	11
	第一季 汇总		28
	⊟第二季	4月	14
		5月	12
		6月	7
	第二季 汇总		33

图 11-18

（4）追加数据同步更新。

制作完成后，随着时间的推移，数据源中会录入新的数据，如图 11-19 所示。

	员工编号	姓名	部门	岗位	性别	学历	入职时间	司龄	出生日期	年龄	工资
565	LZ564	刘彩云	基本生产工人	操作工	女	高中及以下	2019/6/27	0	1992/1/31	28	4,586
566	LZ565	刘湘江	基本生产工人	操作工	男	高中及以下	2019/1/6	1	1971/6/22	48	3,701
567	LZ566	何博	基本生产工人	操作工	女	高中及以下	2016/10/3	3	1986/3/12	34	4,245
568	LZ567	胡敬彬	基本生产工人	操作工	男	高中及以下	2016/3/13	4	1985/5/4	34	4,881
569	LZ568	薛博	基本生产工人	操作工	男	高中及以下	2019/1/2	1	1981/2/9	39	3,270
570	LZ569	冉刚	基本生产工人	操作工	女	高中及以下	2018/9/23	1	1972/8/11	47	3,783
571	LZ570	韩静秋	基本生产工人	操作工	男	高中及以下	2019/12/31	0	1972/8/21	47	4,269
572	LZ571	徐涛	基本生产工人	操作工	男	高中及以下	2017/6/8	2	1981/10/6	38	9,121
573	LZ572	郑乐平	基本生产工人	操作工	女	高中及以下	2015/11/15	4	1971/7/30	48	3,403
574	LZ573	郝建华	基本生产工人	操作工	男	高中及以下	2016/11/20	3	1984/8/17	35	4,710
575	LZ574	华虎	基本生产工人	操作工	男	高中及以下	2016/4/24	3	1989/4/2	30	3,874
576	LZ575	ABC					2020/6/12				

图 11-19

选中数据透视表中的任意单元格并右击→在弹出的快捷菜单中选择【刷新】选项，如图 11-20 所示。

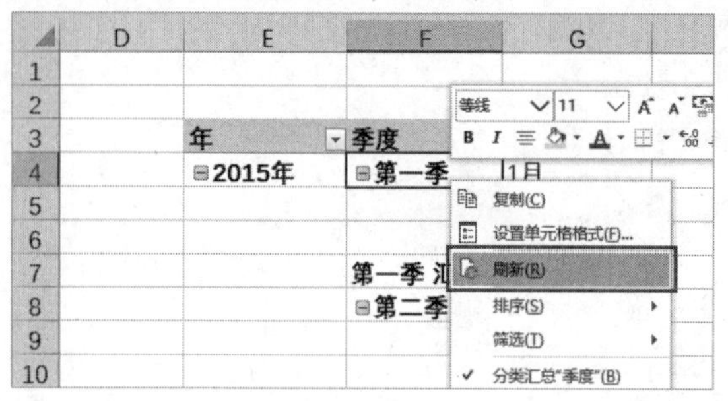

图 11-20

如图 11-21 所示，数据透视表中“2020 年的人数”同步更新为“26”。这就是在动态数据源下构建数据透视表的好处，当有数据变化或增加时可以实时更新数据。

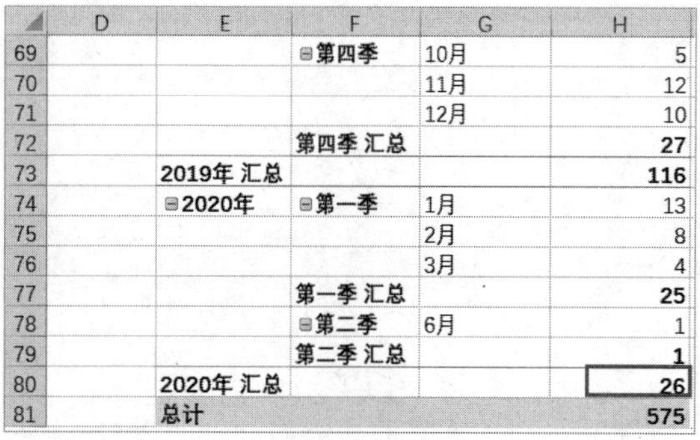

	D	E	F	G	H
69			⊟第四季	10月	5
70				11月	12
71				12月	10
72			第四季 汇总		27
73		2019年 汇总			116
74		⊟2020年	⊟第一季	1月	13
75				2月	8
76				3月	4
77			第一季 汇总		25
78			⊟第二季	6月	1
79			第二季 汇总		1
80		2020年 汇总			26
81		总计			575

图 11-21

3. 按照学历手动分组(自定义分组)

利用数据透视表做统计的最大好处就是，无论需求如何变化，都可以快速“拖”出来。例如，统计不同学历的员工人数。

(1)创建数据透视表。

根据前文的介绍，快速制作一张图 11-22 所示的数据透视表。将【学历】字段拖曳至【行】区域，将【姓名】字段拖曳至【值】区域。

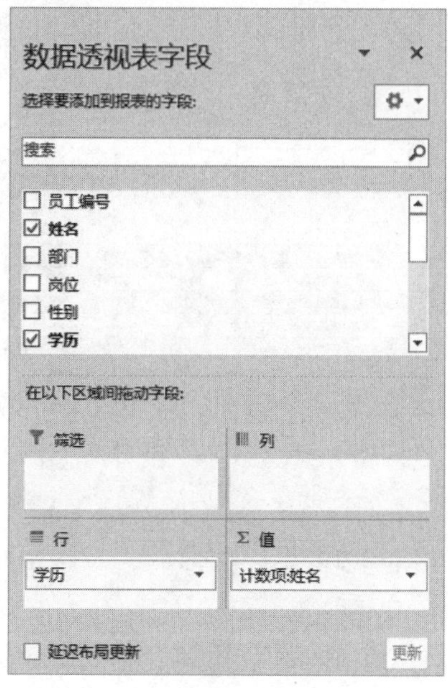

图 11-22

(2)自定义排序。

调整学历的顺序，按照由高到低进行排序。例如，选中【行标签】中的【博士】字段，将光标放在单元格边缘，当光标变为四向箭头时按住鼠标左键不放，同时将其拖曳至最顶端，如图 11-23 所示。

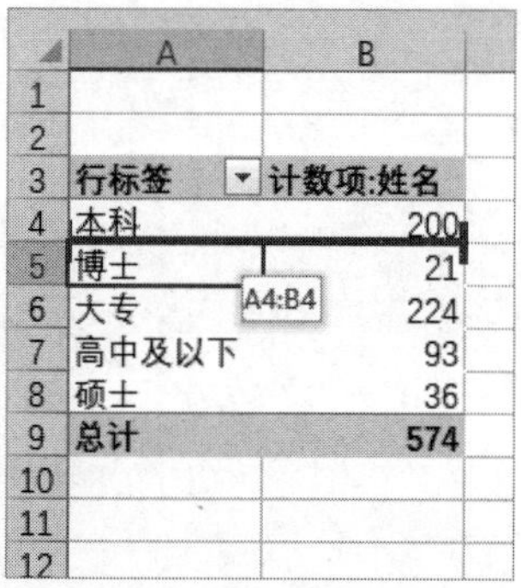

	A	B
1		
2		
3	行标签	计数项:姓名
4	本科	200
5	博士	21
6	大专	224
7	高中及以下	93
8	硕士	36
9	总计	574
10		
11		
12		

图 11-23

(3)自定义分组。

选中需要分组的数据(如【博士】和【硕士】字段)并右击→在弹出的快捷菜单中选择【组合】选项，如图 11-24 所示。

同理，选中【本科】和【大专】字段并右

击→在弹出的快捷菜单中选择【组合】选项，组合后的结果如图 11-25 所示。

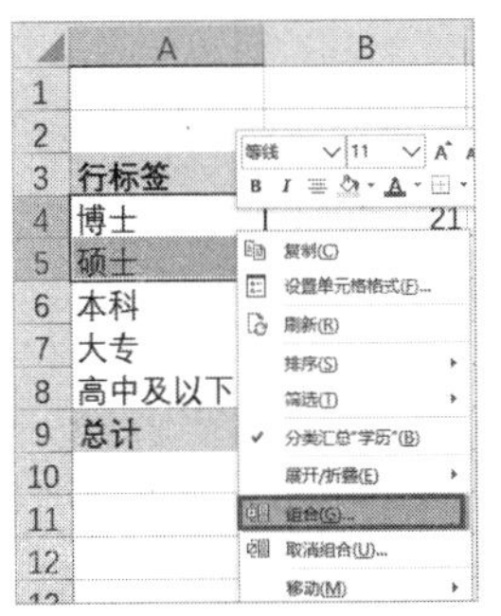

A
B
行标签
博士
硕士
本科
大专
高中及以下
总计
21
复制(C)
设置单元格格式(F)...
刷新(R)
排序(S)
筛选(T)
分类汇总"学历"(B)
展开/折叠(E)
组合(G)...
取消组合(U)...
移动(M)

图 11-24

A
B
行标签
计数项:姓名
数据组1
57
博士
21
硕士
36
数据组2
424
本科
200
大专
224
高中及以下
93
高中及以下
93
总计
574

图 11-25

（4）组合结果的查看与修改。

对字段进行组合后，在【数据透视表字段】任务窗格中出现了一个组合后的新字段【学历 2】，如图 11-26 所示。

数据透视表字段
选择要添加到报表的字段:
搜索
出生日期
年龄
工资
季度
年
学历2
更多表格...
在以下区域间拖动字段:
筛选
列
行
值
学历2
学历
计数项:姓名
延迟布局更新
更新

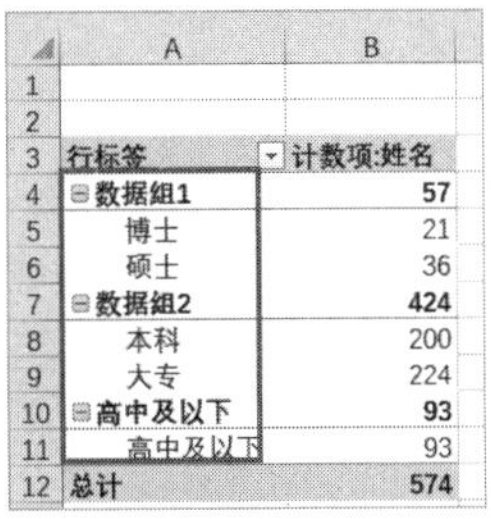

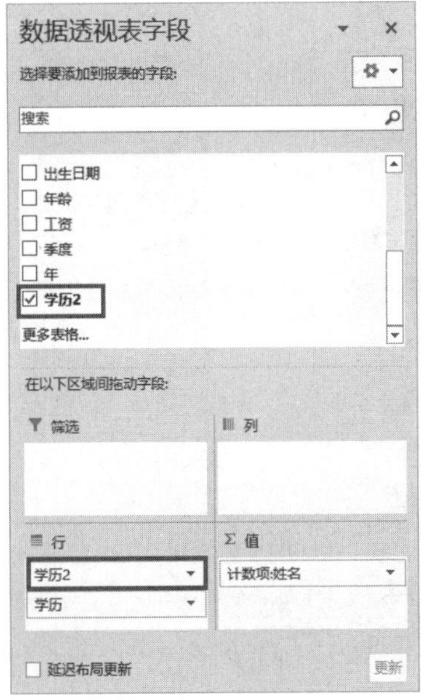

图 11-26

接下来调整【数据组】标签名称。选中【A4】单元格→单击函数编辑区将其激活→输入“A 组”→按 <Enter> 键确认。

同理，选中【A7】单元格→单击函数编辑区将其激活→输入“B 组”→按 <Enter> 键确认。

选中【A10】单元格→单击函数编辑区将其激活→输入“C 组”→按 <Enter> 键确认，如图 11-27 所示。

A
B
行标签
计数项:姓名
A组
57
博士
21
硕士
36
B组
424
本科
200
大专
224
C组
93
高中及以下
93
总计
574

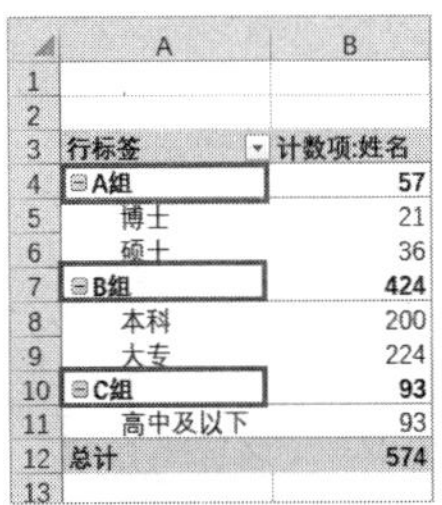

图 11-27

温馨提示

分组后可以重新命名。

4. 按照人员类别手动分组（根据数据源进行分组）

通过前文的介绍，相信你已经可以完成一定的数据透视表分组组合操作了。但是，如果想要统计不同部门的人数与工资成本情况，该如何操作呢？例如，想要根据图 11-28 所示的“人员类别”将“部门名称”进行分组。

部门名称	人员类别
综合管理部	管理
人力资源部	管理
财务部	管理
采购部	管理
仓储部	管理
研发部	技术
设计部	技术
测试部	技术
工艺部	技术
质量部	技术
销售部	营销
商务部	营销
市场部	营销
售后服务部	营销
生产管理部	生产
基本生产工人	生产
辅助生产工人	生产
行政部	后勤
后勤保洁	后勤
司机保安	后勤

图 11-28

新建数据透视表，将【部门】字段拖曳至【行】区域；将【姓名】和【工资】字段拖曳至【值】区域，如图 11-29 所示。

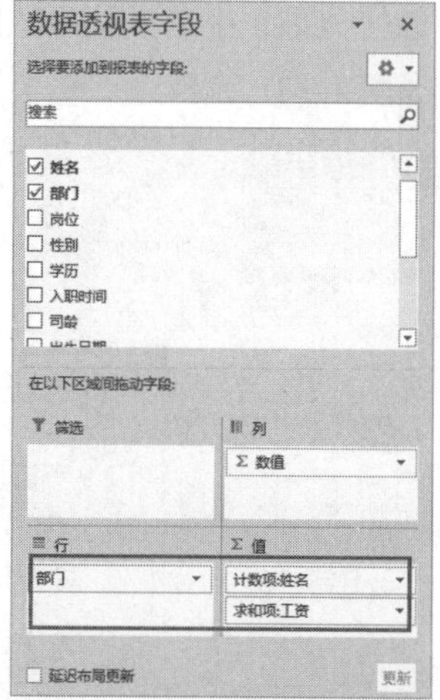

图 11-29

然后想要根据“人员类别”将“部门名称”进行分组，利用前文介绍的方法，需要将同样的步骤操作许多次。这里介绍一个快速按照类别分组的方法，就是根据数据源进行分组。

（1）准备数据源。

在数据源表中提前设置好分组的规则，如图 11-30 所示。

	A	B	C	D	E	F	G	H	I	J	K
1	员工编号	姓名	部门	岗位	性别	学历	入职时间	司龄	出生日期	年龄	工资
2	LZ001	表姐	综合管理部	董事长	男	硕士	2015/1/2	5	1985/11/29	34	13,850
3	LZ002	凌祯	综合管理部	总经理	男	本科	2015/5/5	4	1993/8/28	26	12,468
4	LZ003	安迪	综合管理部	分管副总	男	本科	2016/6/26	3	1989/12/23	30	11,713
5	LZ004	王大刀	综合管理部	分管副总	男	大专	2016/3/7	4	1975/4/19	44	8,581
6	LZ005	翁国栋	综合管理部	分管副总	男	本科	2018/4/11	1	1989/4/15	30	7,023
7	LZ006	康书	综合管理部	分管副总	女	本科	2019/3/31	0	1983/8/24	36	6,734
8	LZ007	孙坛	综合管理部	分管副总	男	大专	2018/11/18	1	1984/7/17	35	4,606
9	LZ008	张一波	综合管理部	分管副总	男	大专	2015/8/11	4	1989/10/27	30	4,269
10	LZ009	马鑫	综合管理部	分管副总	男	大专	2017/2/23	3	1977/5/15	42	3,585
11	LZ010	倪国梁	综合管理部	分管副总	男	大专	2020/1/7	0	1969/11/9	50	3,421
12	LZ011	程桂刚	综合管理部	分管副总	女	本科	2015/12/5	4	1988/12/5	31	6,648
13	LZ012	陈希龙	综合管理部	分管副总	男	本科	2018/5/22	1	1978/9/24	41	4,592
14	LZ013	李龙	综合管理部	经理	女	本科	2018/6/16	1	1982/10/31	37	4,134
15	LZ014	桑玮	综合管理部	经理	女	本科	2017/6/27	2	1976/9/25	43	11,516
16	LZ015	张娟	综合管理部	经理	男	本科	2019/9/12	0	1990/8/8	29	3,796
17	LZ016	杜志强	综合管理部	经理	男	本科	2016/7/22	3	1987/8/29	32	4,351
18	LZ017	史伟	人力资源部	总监	男	大专	2019/6/22	0	1986/6/15	33	2,890
19	LZ018	张步青	人力资源部	人事经理	男	本科	2020/1/22	0	1967/6/15	52	3,932
20	LZ019	吴姣姣	人力资源部	招聘培训主管	男	本科	2016/11/9	3	1989/10/14	30	9,913
21	LZ020	任隽芳	人力资源部	合同主管	女	硕士	2017/10/11	2	1989/12/2	30	6,712
22	LZ021	王晓琴	人力资源部	专职	女	大专	2019/1/13	1	1982/6/10	37	4,603

N	O
部门名称	人员类别
综合管理部	管理
人力资源部	管理
财务部	管理
采购部	管理
仓储部	管理
研发部	技术
设计部	技术
测试部	技术
工艺部	技术
质量部	技术
销售部	营销
商务部	营销
市场部	营销
售后服务部	营销
生产管理部	生产
基本生产工人	生产
辅助生产工人	生产
行政部	后勤
后勤保洁	后勤
司机保安	后勤

图 11-30

然后在【D】列前插入空白列，设置“人员类别”辅助列，如图 11-31 所示。

接下来利用 VLOOKUP 函数查找出不同部门对应的人员类别。

选中【D2】单元格→单击函数编辑区将其激活→输入公式“=VLOOKUP([@部门],O:P,2,0)”→按 <Enter> 键确认，如图 11-32 所示。

	A	B	C	D	E	F	G
1	员工编号	姓名	部门	人员类别	岗位	性别	学
2	LZ001	表姐	综合管理部		董事长	男	硕
3	LZ002	凌祯	综合管理部		总经理	男	本
4	LZ003	安迪	综合管理部		分管副总	男	本
5	LZ004	王大刀	综合管理部		分管副总	男	大
6	LZ005	翁国栋	综合管理部		分管副总	男	本
7	LZ006	康书	综合管理部		分管副总	女	本
8	LZ007	孙坛	综合管理部		分管副总	男	大
9	LZ008	张一波	综合管理部		分管副总	男	大
10	LZ009	马鑫	综合管理部		分管副总	男	大
11	LZ010	倪国梁	综合管理部		分管副总	男	大
12	LZ011	程桂刚	综合管理部		分管副总	女	本
13	LZ012	陈希龙	综合管理部		分管副总	男	本
14	LZ013	李龙	综合管理部		经理	女	本
15	LZ014	桑玮	综合管理部		经理	女	本
16	LZ015	张娟	综合管理部		经理	男	本
17	LZ016	杜志强	综合管理部		经理	男	本

图 11-31

	A	B	C	D	E	F
1	员工编号	姓名	部门	人员类别	岗位	性别
2	LZ001	表姐	综合管理部	管理	董事长	男
3	LZ002	凌祯	综合管理部	管理	总经理	男
4	LZ003	安迪	综合管理部	管理	分管副总	男
5	LZ004	王大刀	综合管理部	管理	分管副总	男
6	LZ005	翁国栋	综合管理部	管理	分管副总	男
7	LZ006	康书	综合管理部	管理	分管副总	女
8	LZ007	孙坛	综合管理部	管理	分管副总	男

D2 =VLOOKUP([@部门],O:P,2,0)

图 11-32

温馨提示

在超级表中设置好一个单元格的公式，Excel 会自动将公式应用到整列中。

（2）创建数据透视表。

选中数据透视表中的任意单元格并右击→在弹出的快捷菜单中选择【刷新】选项，如图 11-33 所示。

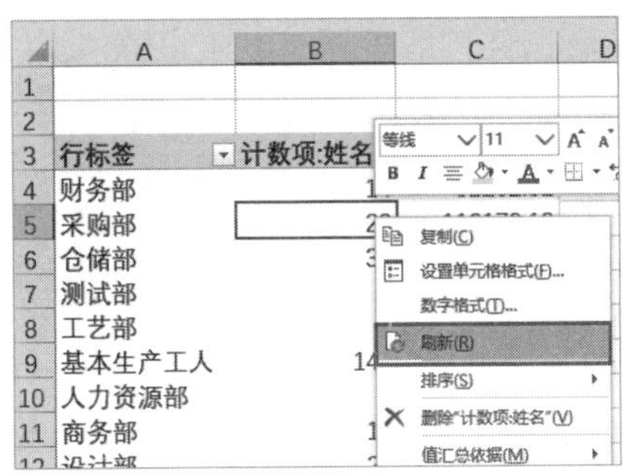

图 11-33

如图 11-34 所示，在【数据透视表字段】任务窗格中出现了一个【人员类别】字段，将该字段拖曳至【行】区域，放在【部门】字段的上方。

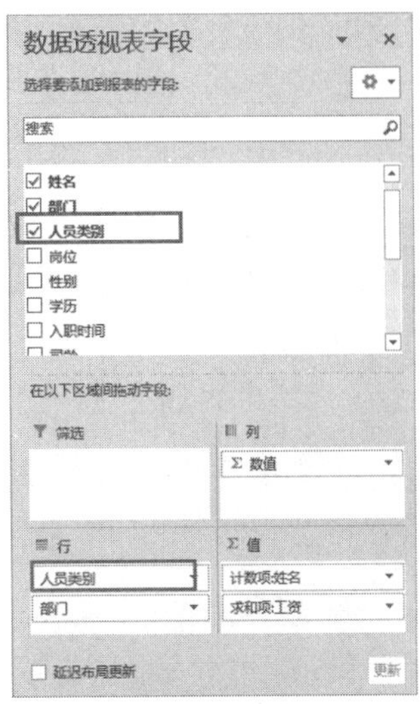

图 11-34

（3）调整报表布局（以表格形式显示）。

选中数据透视表中的任意单元格→选择【设计】选项卡→单击【报表布局】按钮→选择【以表格形式显示】选项，如图 11-35 所示。

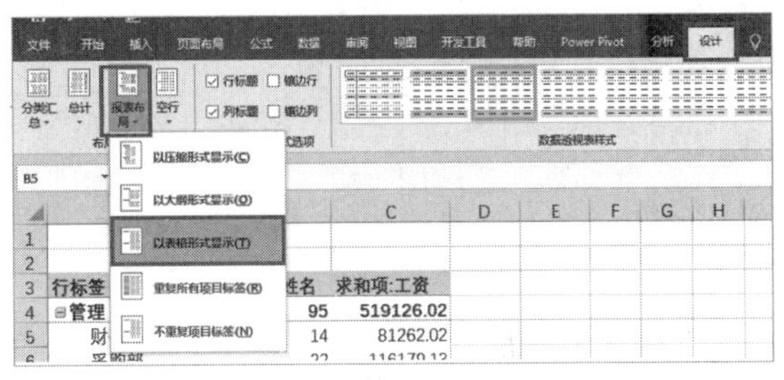

图 11-35

（4）调整报表布局（重复所有项目标签）。

为了使表格数据对应的类别更加清晰明了，可以进一步设置"人员类别"的展现形式，将所有人员类别补充完整。

选中数据透视表中的任意单元格→选择【设计】选项卡→单击【报表布局】按钮→选择【重复所有项目标签】选项，如图 11-36 所示。

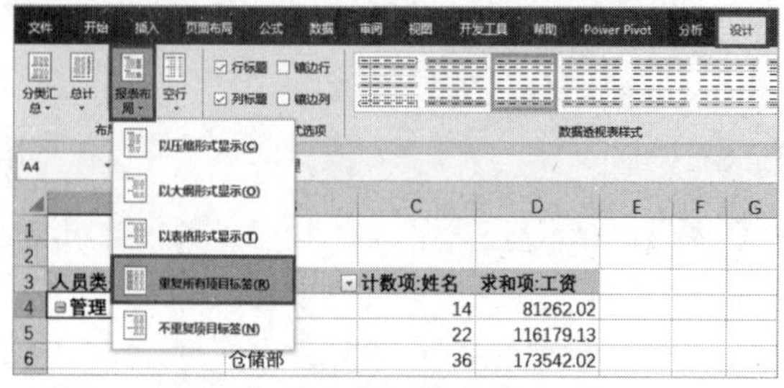

图 11-36

如图 11-37 所示，已经将所有人员类别补充完整了。

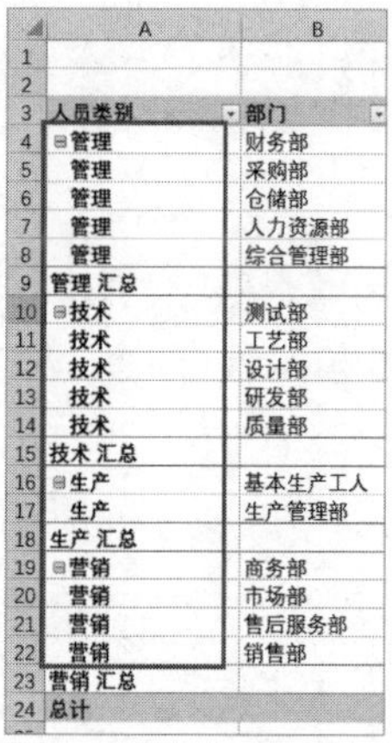

	A	B
1		
2		
3	人员类别	部门
4	⊟管理	财务部
5	管理	采购部
6	管理	仓储部
7	管理	人力资源部
8	管理	综合管理部
9	管理 汇总	
10	⊟技术	测试部
11	技术	工艺部
12	技术	设计部
13	技术	研发部
14	技术	质量部
15	技术 汇总	
16	⊟生产	基本生产工人
17	生产	生产管理部
18	生产 汇总	
19	⊟营销	商务部
20	营销	市场部
21	营销	售后服务部
22	营销	销售部
23	营销 汇总	
24	总计	

图 11-37

（5）调整报表布局（合并单元格效果）。

除将人员类别补充完整外，还可以设置工作中人气最高的合并单元格效果。选中数据透视表中的任意单元格并右击→在弹出的快捷菜单中选择【数据透视表选项】选项，如图 11-38 所示。

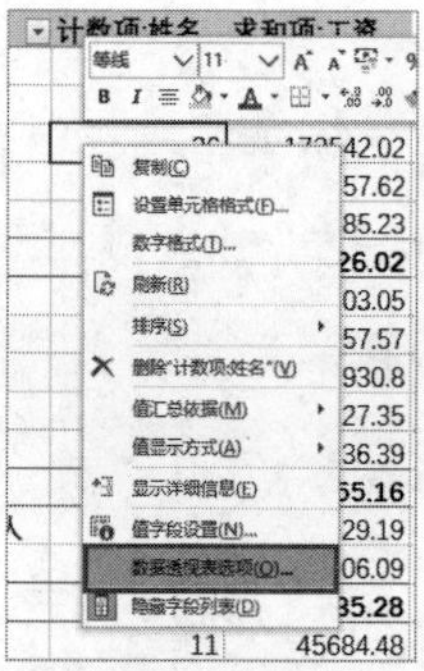

图 11-38

在弹出的【数据透视表选项】对话框中选中【合并且居中排列带标签的单元格】复选框→单击【确定】按钮，如图 11-39 所示。

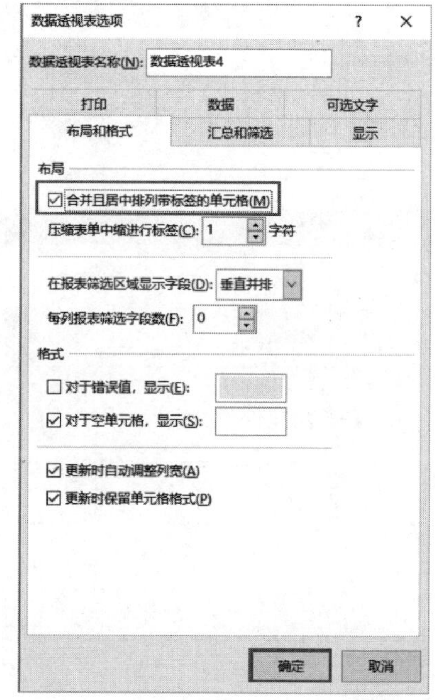

图 11-39

如图 11-40 所示，数据透视表已经设置为合并居中的效果了。

	A	B	C	D
1				
2				
3	人员类别	部门	计数项:姓名	求和项:工资
4		财务部	14	81262.02
5		采购部	22	116179.13
6	⊟ 管理	仓储部	36	173542.02
7		人力资源部	7	36857.62
8		综合管理部	16	111285.23
9	管理 汇总		95	519126.02
10		测试部	9	37103.05
11		工艺部	9	34957.57
12	⊟ 技术	设计部	27	112930.8
13		研发部	12	48227.35
14		质量部	42	172236.39
15	技术 汇总		99	405455.16
16	⊟ 生产	基本生产工人	143	720929.19
17		生产管理部	43	185906.09
18	生产 汇总		186	906835.28
19		商务部	11	45684.48
20	⊟ 营销	市场部	12	49914.61
21		售后服务部	17	68298.06
22		销售部	154	672838.83
23	营销 汇总		194	836735.98
24	总计		574	2668152.44

图 11-40

（6）修改字段名称。

如图 11-41 所示，将“计数项：姓名”修改为“人数”；将“求和项：工资”修改为“薪酬总额”。

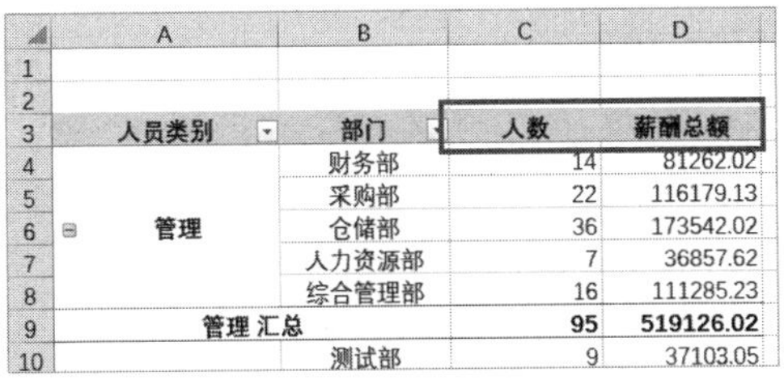

	A	B	C	D
1				
2				
3	人员类别	部门	人数	薪酬总额
4	管理	财务部	14	81262.02
5		采购部	22	116179.13
6		仓储部	36	173542.02
7		人力资源部	7	36857.62
8		综合管理部	16	111285.23
9	管理 汇总		95	519126.02
10		测试部	9	37103.05

图 11-41

（7）取消更新时自动调整列宽。

设置好数据透视表的列宽后，当刷新数据时，原本设置好的列宽又会被改变。为了解决这一问题，可以取消更新时自动调整列宽功能。

选中数据透视表中的任意单元格并右击→在弹出的快捷菜单中选择【数据透视表选项】选项，如图 11-42 所示。

图 11-42

在弹出的【数据透视表选项】对话框中取消选中【更新时自动调整列宽】复选框→单击【确定】按钮，如图 11-43 所示。

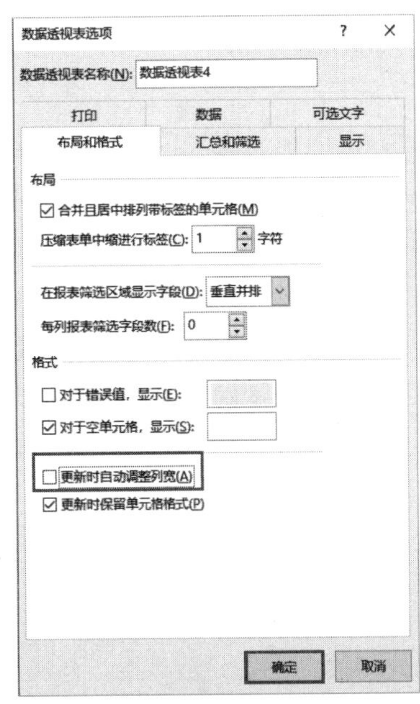

图 11-43

（8）美化数据透视表。

进一步对表格进行美化。选中数据透视表区域→选择【开始】选项卡→单击【字体】列表框右侧的下拉按钮→选择【Microsoft YaHei Light】选项→单击【垂直居中】按钮→单击【数字】功能组中的【，】按钮→单击【减少小数位数】按钮，如图 11-44 所示。

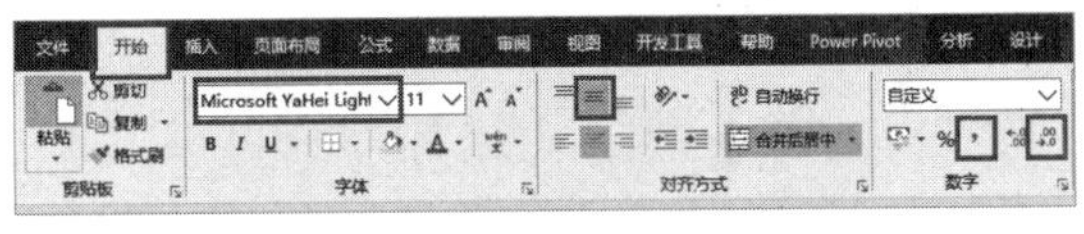

图 11-44

然后选择【设计】选项卡→单击【数据透视表样式】功能组右侧的【向下箭头】按钮展开全部样式，选择一个合适的样式，如图 11-45 所示。

图 11-45

11.2 汇总方式

根据数据透视表制表口诀完成数据透视表的创建和布局设置后，再来介绍一下数据透视表百变的统计方式。

在数据透视表中，Excel 默认对数值做求和计算，对文本做计数计算。在前文案例的基础上，如果还要统计不同“人员类别”和“部门”对应的工资最高值、最低值、平均值等，又该如何操作呢?

1. 增加已有统计字段

（1）添加字段。

在前文创建的数据透视表中，再次选中【数据透视表字段】任务窗格中的【工资】字段→拖曳至【值】区域。如图 11-46 所示，在【值】区域得到 3 个汇总结果：【人数】、【薪酬总额】和【求和项：工资】。

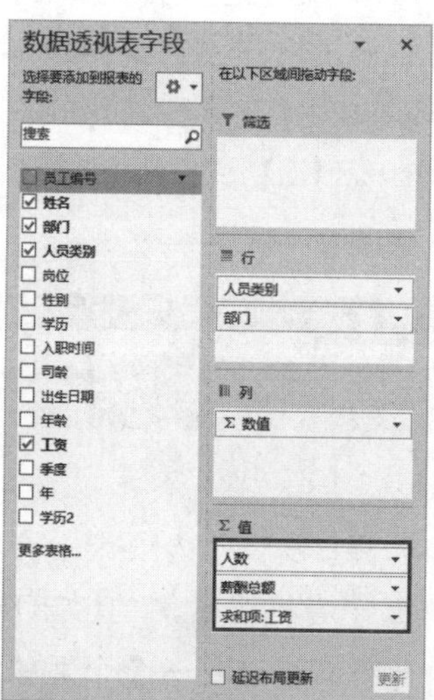

图 11-46

> **温馨提示**
>
> 同一个字段可以被统计汇总多次。

（2）调整值汇总依据。

选中【求和项：工资】所在列中的任意单元格并右击→在弹出的快捷菜单中选择【值汇总依据】选项→选择【最大值】选项，如图 11-47 所示。

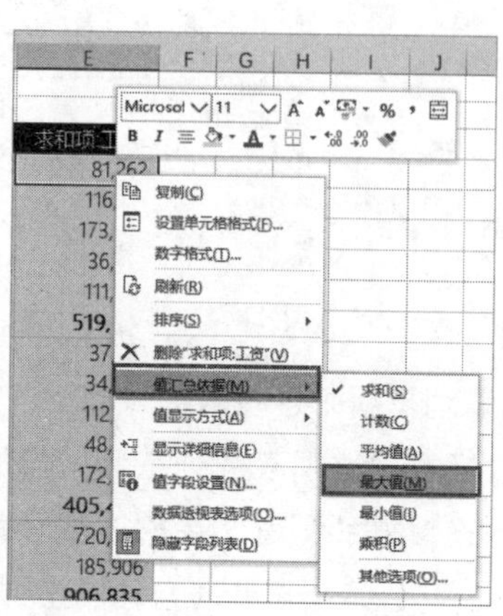

图 11-47

再次选中【数据透视表字段】任务窗格中的【工资】字段→拖曳至【值】区域。

选中【求和项：工资】所在列中的任意单元格并右击→在弹出的快捷菜单中选择【值汇总依据】选项→选择【最小值】选项，如图 11-48 所示。

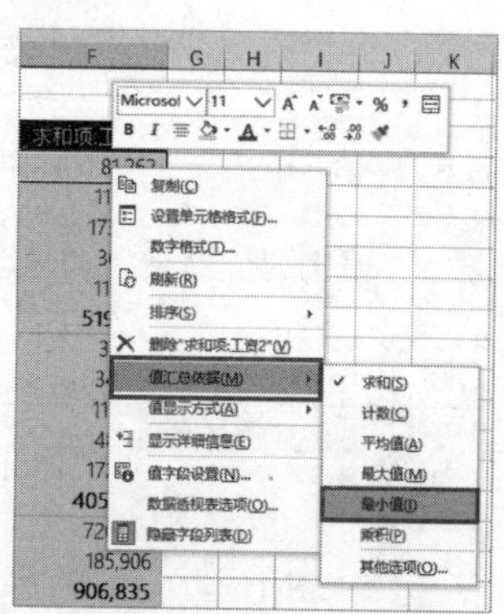

图 11-48

再次选中【数据透视表字段】任务窗格中的【工资】字段→拖曳至【值】区域。

选中【求和项：工资】所在列中的任意单元格

元格并右击→在弹出的快捷菜单中选择【值汇总依据】选项→选择【平均值】选项，如图 11-49 所示。

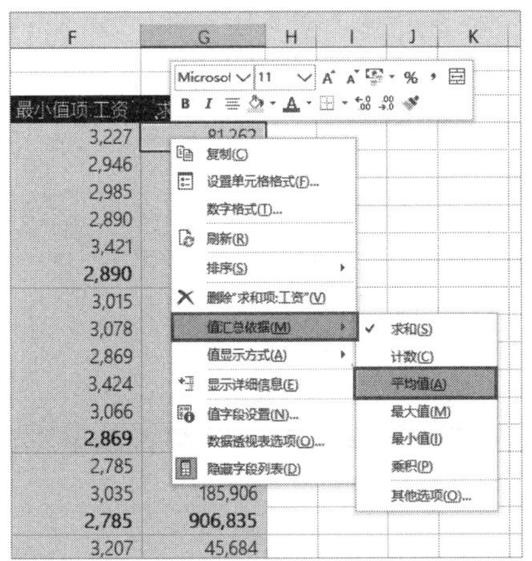

图 11-49

通过调整值汇总依据，分别将工资的最高值、最低值和平均值统计出来了，结果如图 11-50 所示。

薪酬总额	最大值项:工资	最小值项:工资	平均值项:工资
81,262	11,935	3,227	5,804
116,179	11,612	2,946	5,281
173,542	10,596	2,985	4,821
36,858	9,913	2,890	5,265
111,285	13,850	3,421	6,955
519,126	**13,850**	**2,890**	**5,464**
37,103	4,842	3,015	4,123
34,958	4,713	3,078	3,884
112,931	5,398	2,869	4,183
48,227	4,753	3,424	4,019
172,236	5,458	3,066	4,101
405,455	**5,458**	**2,869**	**4,096**
720,929	14,100	2,785	5,041
185,906	8,940	3,035	4,323
906,835	**14,100**	**2,785**	**4,875**
45,684	5,360	3,207	4,153
49,915	5,276	3,154	4,160
68,298	5,470	3,237	4,018
672,839	11,562	2,883	4,369
836,736	**11,562**	**2,883**	**4,313**
2,668,152	14,100	2,785	4,648

图 11-50

温馨提示

值汇总依据为数据透视表统计数值的不同计算方法。值显示方式为数据透视表计算结果的不同显示方式。

（3）设置数字格式。

选中【E:F】列→选择【开始】选项卡→单击【数字】功能组中的【,】按钮→单击【减少小数位数】按钮，如图 11-51 所示。

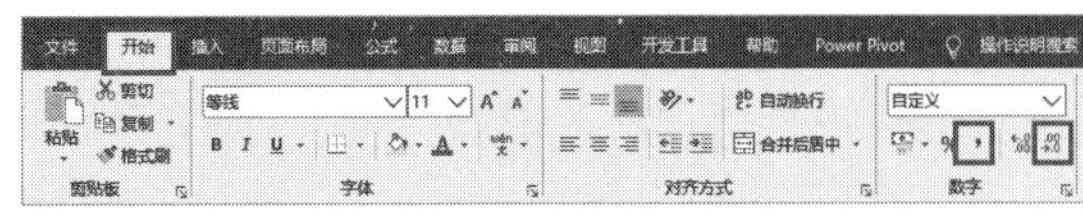

图 11-51

（4）修改字段名称。

将字段名称“最大值项 : 工资”“最小值项 : 工资”“平均值项 : 工资”分别修改为“最高工资”“最低工资”“平均工资”，如图 11-52 所示。

人员类别	部门	人数	薪酬总额	最高工资	最低工资	平均工资
管理	财务部	14	81,262	11,935	3,227	5,804
	采购部	22	116,179	11,612	2,946	5,281
	仓储部	36	173,542	10,596	2,985	4,821
	人力资源部	7	36,858	9,913	2,890	5,265
	综合管理部	16	111,285	13,850	3,421	6,955
管理 汇总		95	519,126	13,850	2,890	5,464

图 11-52

（5）值字段设置。

接下来还可以通过值字段设置进一步对字段进行多角度统计。

选中“平均工资”所在列中的任意单元格并右击→在弹出的快捷菜单中选择【值字段设置】选项，如图 11-53 所示。

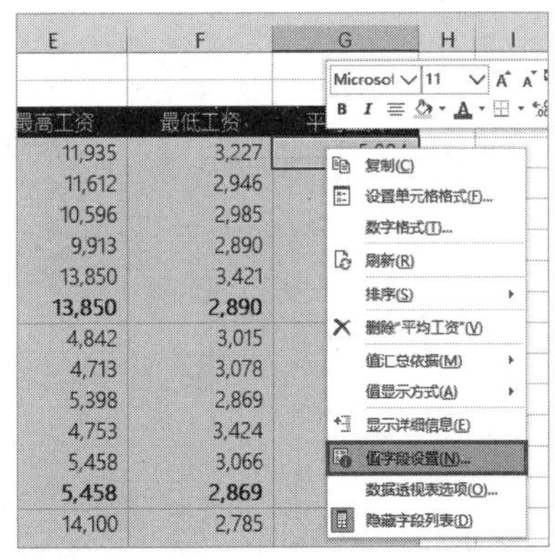

图 11-53

在弹出的【值字段设置】对话框中，可以选

择不同的【计算类型】并设置【数字格式】，单击【确定】按钮，如图 11-54 所示。

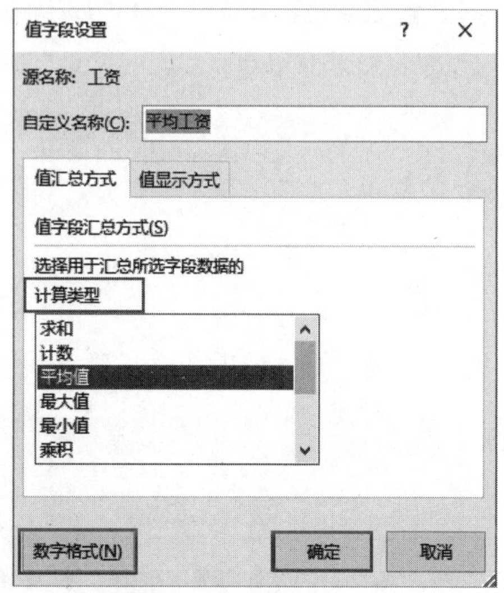

图 11-54

2. 数据透视表数据排序

完成数据透视表的制作交给领导前，最好将薪酬总额做一下排序整理，这样就可以清晰地将各个部门的薪资情况做对比。

选中【D4】单元格并右击→在弹出的快捷菜单中选择【排序】选项→选择【降序】选项，即可完成按照“薪酬总额”进行降序排列，如图 11-55 所示。

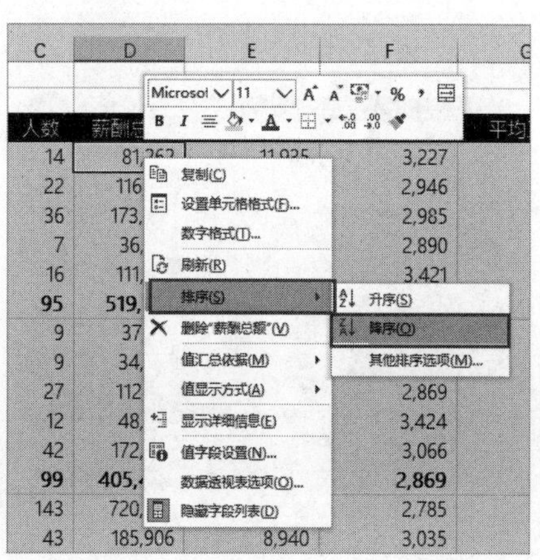

图 11-55

同理，还可以对其他字段进行排序。例如，对平均工资进行降序排列，如图 11-56 所示。

	A	B	C	D	E	F	G
1							
2							
3	人员类别	部门	人数	薪酬总额	最高工资	最低工资	平均工资
4	管理	综合管理部	16	111,285	13,850	3,421	6,955
5		财务部	14	81,262	11,935	3,227	5,804
6		采购部	22	116,179	11,612	2,946	5,281
7		人力资源部	7	36,858	9,913	2,890	5,265
8		仓储部	36	173,542	10,596	2,985	4,821
9	管理 汇总		95	519,126	13,850	2,890	5,464
10	技术	设计部	27	112,931	5,398	2,869	4,183
11		测试部	9	37,103	4,842	3,015	4,123
12		质量部	42	172,236	5,458	3,066	4,101
13		研发部	12	48,227	4,753	3,424	4,019
14		工艺部	9	34,958	4,713	3,078	3,884
15	技术 汇总		99	405,455	5,458	2,869	4,096
16	生产	基本生产工人	143	720,929	14,100	2,785	5,041
17		生产管理部	43	185,906	8,940	3,035	4,323
18	生产 汇总		186	906,835	14,100	2,785	4,875
19	营销	销售部	154	672,839	11,562	2,883	4,369
20		市场部	12	49,915	5,276	3,154	4,160
21		商务部	11	45,684	5,360	3,207	4,153
22		售后服务部	17	68,298	5,470	3,237	4,018
23	营销 汇总		194	836,736	11,562	2,883	4,313
24	总计		574	2,668,152	14,100	2,785	4,648

图 11-56

3. 值汇总占比统计

（1）复制数据透视表。

选中【A:G】列→按 <Ctrl+C> 键复制→选中【J】列→按 <Ctrl+V> 键粘贴，如图 11-57 所示。

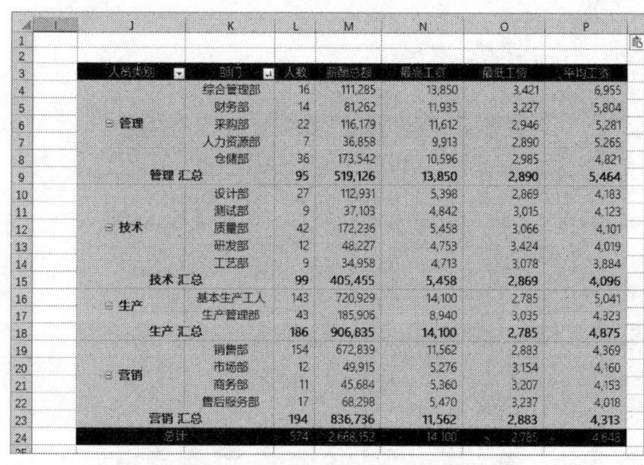

	J	K	L	M	N	O	P
1							
2							
3	人员类别	部门	人数	薪酬总额	最高工资	最低工资	平均工资
4	管理	综合管理部	16	111,285	13,850	3,421	6,955
5		财务部	14	81,262	11,935	3,227	5,804
6		采购部	22	116,179	11,612	2,946	5,281
7		人力资源部	7	36,858	9,913	2,890	5,265
8		仓储部	36	173,542	10,596	2,985	4,821
9	管理 汇总		95	519,126	13,850	2,890	5,464
10	技术	设计部	27	112,931	5,398	2,869	4,183
11		测试部	9	37,103	4,842	3,015	4,123
12		质量部	42	172,236	5,458	3,066	4,101
13		研发部	12	48,227	4,753	3,424	4,019
14		工艺部	9	34,958	4,713	3,078	3,884
15	技术 汇总		99	405,455	5,458	2,869	4,096
16	生产	基本生产工人	143	720,929	14,100	2,785	5,041
17		生产管理部	43	185,906	8,940	3,035	4,323
18	生产 汇总		186	906,835	14,100	2,785	4,875
19	营销	销售部	154	672,839	11,562	2,883	4,369
20		市场部	12	49,915	5,276	3,154	4,160
21		商务部	11	45,684	5,360	3,207	4,153
22		售后服务部	17	68,298	5,470	3,237	4,018
23	营销 汇总		194	836,736	11,562	2,883	4,313
24	总计		574	2,668,152	14,100	2,785	4,648

图 11-57

（2）删除多余字段。

将无用的字段拖曳至工作表中的空白处即可删除。例如，选中【人数】字段→拖曳至表格空白处将其删除，利用同样的方法，将【最高工资】、【最低工资】、【平均工资】字段删除，如图 11-58 所示。

图 11-58

（3）添加所需字段设置值显示方式。

选中【工资】字段→拖曳至【值】区域，如图 11-59 所示。

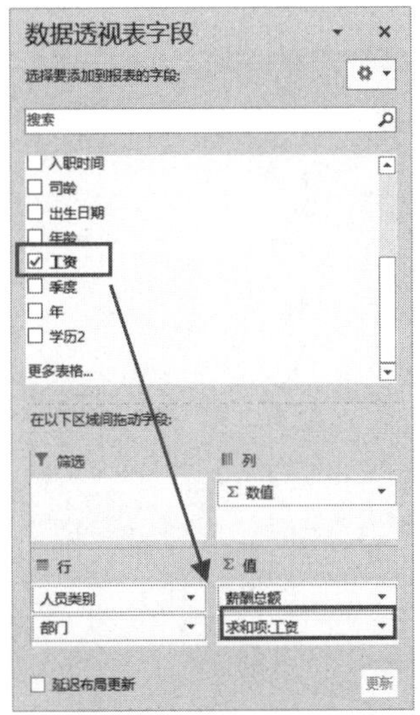

图 11-59

选中【求和项：工资】所在列中的任意单元格并右击→在弹出的快捷菜单中选择【值显示方式】选项→选择【总计的百分比】选项，如图 11-60 所示。

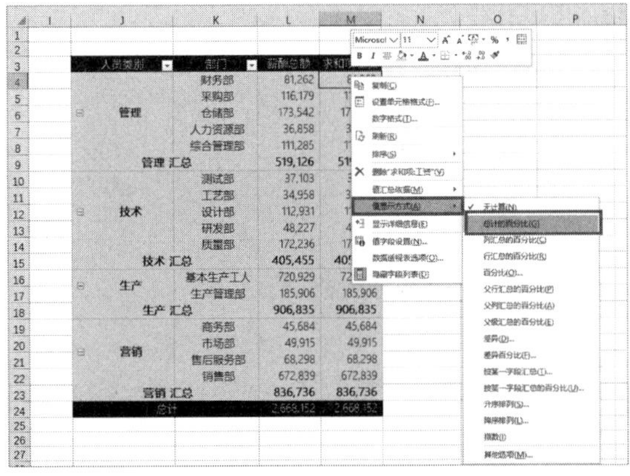

图 11-60

温馨提示

总计的百分比的运算逻辑是：各部门薪酬总额 / 全公司总额。

如图 11-61 所示，可以直观地看到不同部门工资占比量的多少。

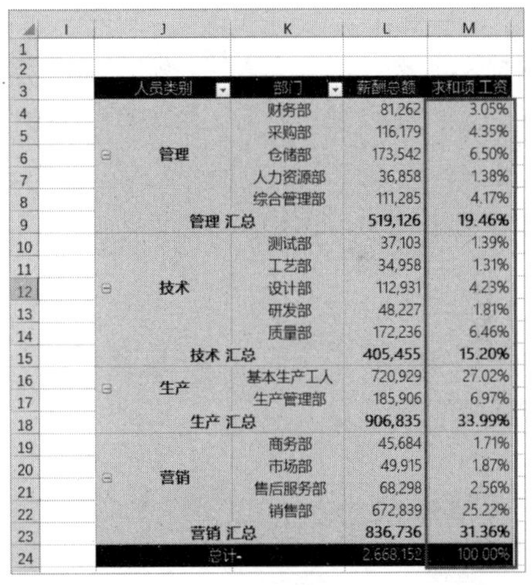

人员类别	部门	薪酬总额	求和项:工资
管理	财务部	81,262	3.05%
	采购部	116,179	4.35%
	仓储部	173,542	6.50%
	人力资源部	36,858	1.38%
	综合管理部	111,285	4.17%
管理 汇总		519,126	19.46%
技术	测试部	37,103	1.39%
	工艺部	34,958	1.31%
	设计部	112,931	4.23%
	研发部	48,227	1.81%
	质量部	172,236	6.46%
技术 汇总		405,455	15.20%
生产	基本生产工人	720,929	27.02%
	生产管理部	185,906	6.97%
生产 汇总		906,835	33.99%
营销	商务部	45,684	1.71%
	市场部	49,915	1.87%
	售后服务部	68,298	2.56%
	销售部	672,839	25.22%
营销 汇总		836,736	31.36%
总计		2,668,152	100.00%

图 11-61

再次选中【工资】字段→拖曳至【值】区域→选中【求和项：工资 2】所在列中的任意单元格并右击→在弹出的快捷菜单中选择【值显示方式】选项→选择【父行汇总的百分比】选项，如图 11-62 所示。

图 11-62

温馨提示

父行汇总的百分比的运算逻辑是：各部门薪酬总额/类别总额。

再次选中【工资】字段→拖曳至【值】区域→选中【求和项：工资 3】所在列中的任意单元格并右击→在弹出的快捷菜单中选择【值显示方式】选项→选择【降序排列】选项，如图 11-63 所示。

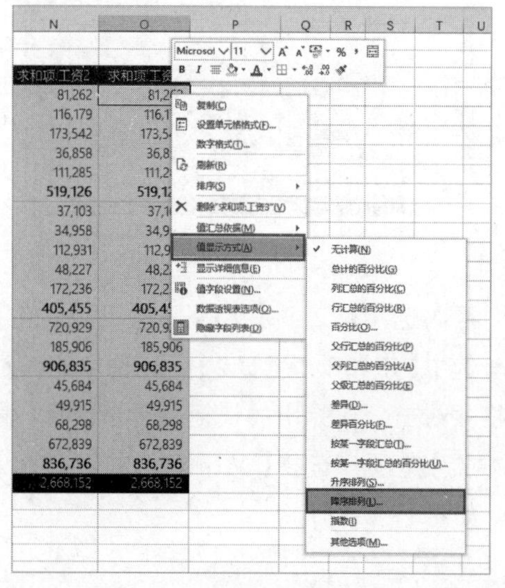

图 11-63

温馨提示

降序排列的运算结果是：各部门薪酬总额的排名。

在弹出的【值显示方式（求和项：工资 3）】对话框中选择【部门】选项→单击【确定】按钮，如图 11-64 所示。

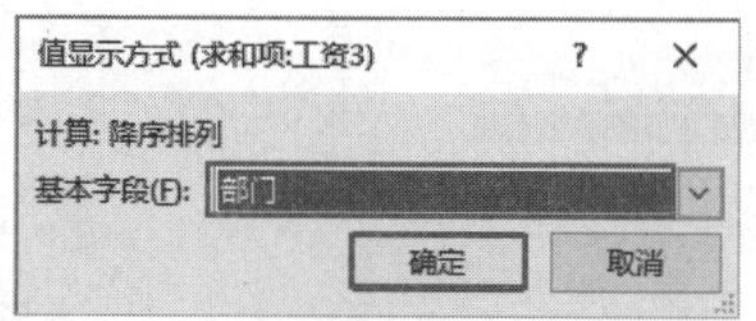

图 11-64

如图 11-65 所示，【求和项：工资 3】一列已经显示出各部门所处的名次了。例如，“财务部”排名第 4，“采购部”排名第 2。

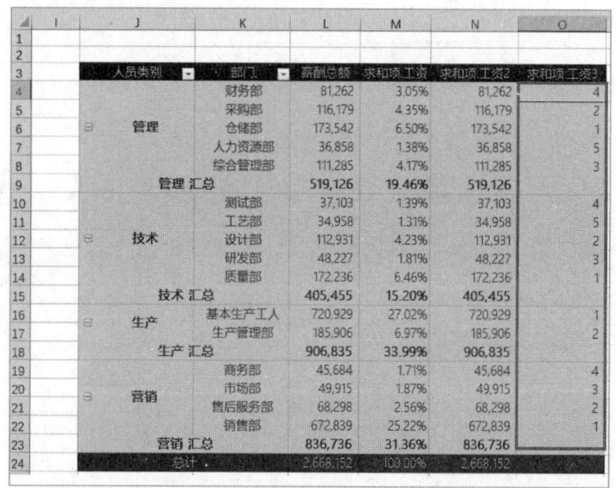

图 11-65

（4）调整值汇总依据。

选中【工资】字段→拖曳至【值】区域，放在【薪酬总额】字段的上方，如图 11-66 所示。

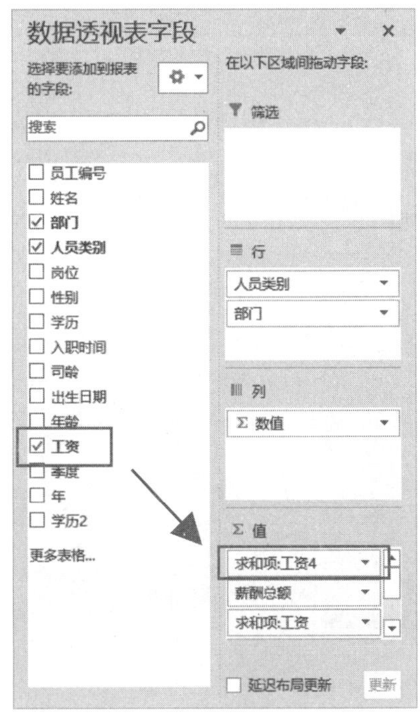

图 11-66

选中【求和项 : 工资 4】所在列中的任意单元格并右击→在弹出的快捷菜单中选择【值汇总依据】选项→选择【平均值】选项，如图 11-67 所示。

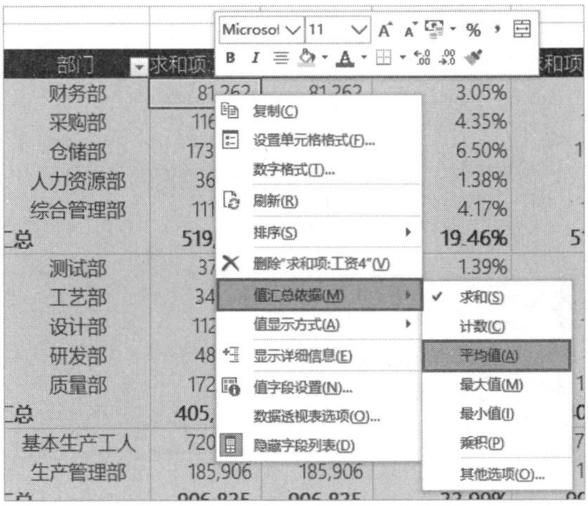

图 11-67

根据运算方式修改字段名称，将字段名称“求和项 : 工资 4”“薪酬总额”“求和项 : 工资”“求和项 : 工资 2”“求和项 : 工资 3”分别修改为“平均工资”“薪酬总额”“薪酬总额 / 总公司”“薪酬总额 / 类别”“薪酬总额排名”，如图 11-68 所示。

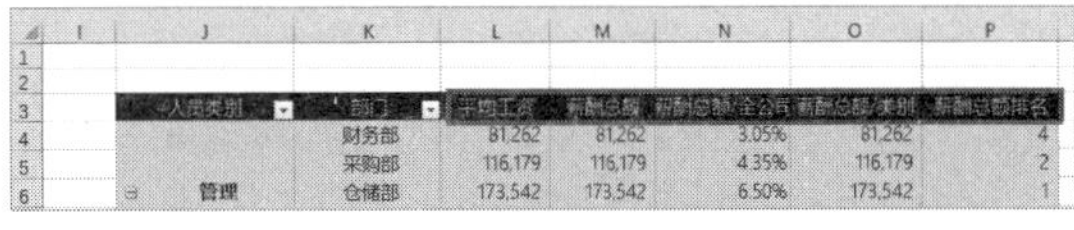

图 11-68

选中【平均工资】所在列中的任意单元格并右击→在弹出的快捷菜单中选择【排序】选项→选择【降序】选项，如图 11-69 所示。

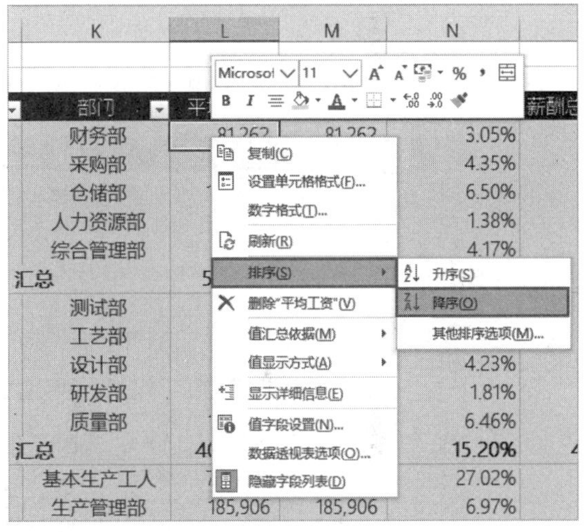

图 11-69

4. 数据透视表条件格式

接下来为数据透视表中的数据设置一个图标集。选中【薪酬总额排名】所在列→选择【开始】选项卡→单击【条件格式】按钮→选择【图标集】选项→选择一个喜欢的图标集，如图 11-70 所示。

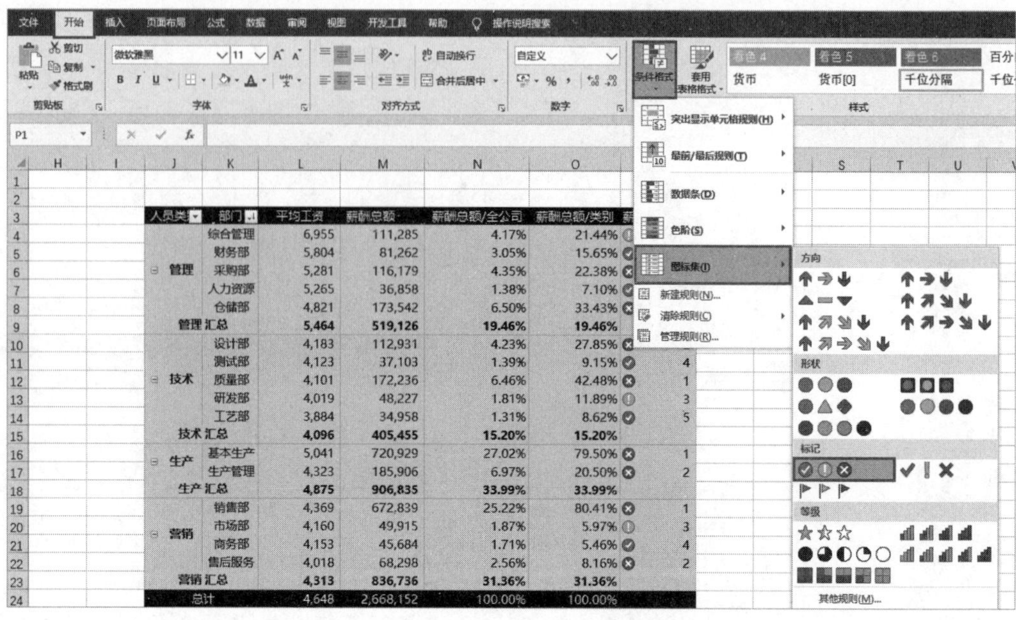

图 11-70

再次选择【开始】选项卡→单击【条件格式】按钮→选择【管理规则】选项，如图 11-71 所示。

图 11-71

在弹出的【条件格式规则管理器】对话框中选中已设置的图标集→单击【编辑规则】按钮，如图 11-72 所示。

在弹出的【编辑格式规则】对话框中按照图 11-73 所示进行设置→单击【确定】按钮。

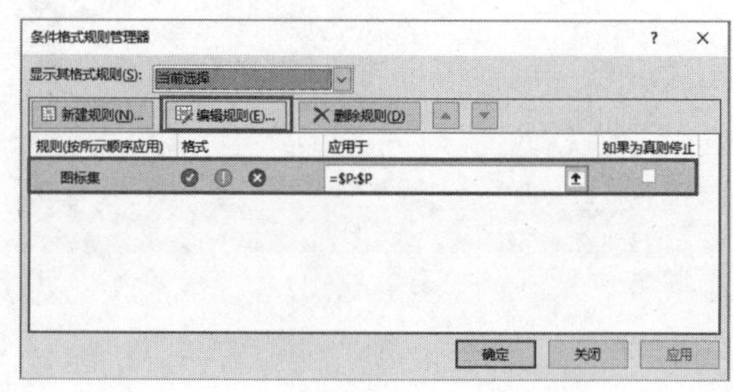

图 11-72

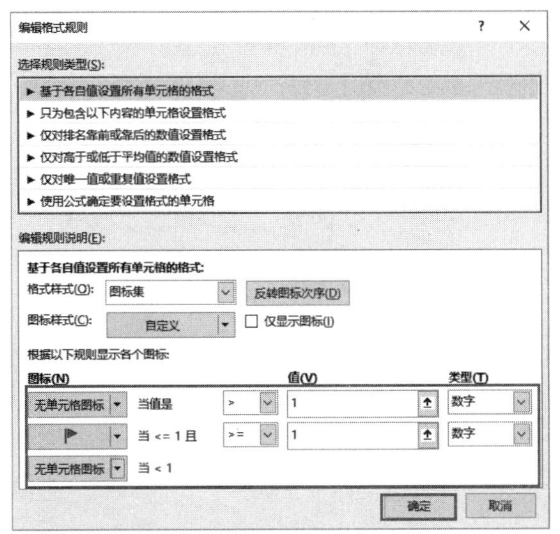

图 11-73

如图 11-74 所示，薪酬总额的第 1 名所在的单元格插入了“小红旗”。

人员类别	部门	平均工资	薪酬总额	薪酬总额/全公司	薪酬总额/类别	薪酬总额排名
管理	综合管理	6,955	111,285	4.17%	21.44%	3
	财务部	5,804	81,262	3.05%	15.65%	4
	采购部	5,281	116,179	4.35%	22.38%	2
	人力资源	5,265	36,858	1.38%	7.10%	5
	仓储部	4,821	173,542	6.50%	33.43%	1
管理 汇总		5,464	519,126	19.46%	19.46%	
技术	设计部	4,183	112,931	4.23%	27.85%	2
	测试部	4,123	37,103	1.39%	9.15%	4
	质量部	4,101	172,236	6.46%	42.48%	1
	研发部	4,019	48,227	1.81%	11.89%	3
	工艺部	3,884	34,958	1.31%	8.62%	5
技术 汇总		4,096	405,455	15.20%	15.20%	
生产	基本生产	5,041	720,929	27.02%	79.50%	1
	生产管理	4,323	185,906	6.97%	20.50%	2
生产 汇总		4,875	906,835	33.99%	33.99%	
营销	销售部	4,369	672,839	25.22%	80.41%	1
	市场部	4,160	49,915	1.87%	5.97%	3
	商务部	4,153	45,684	1.71%	5.46%	4
	售后服务	4,018	68,298	2.56%	8.16%	2
营销 汇总		4,313	836,736	31.36%	31.36%	
总计		4,648	2,668,152	100.00%	100.00%	

图 11-74

11.3 无中生有，计算字段

1. 通过“字段、项目和集”的方式新增计算字段

公司号召员工进行捐款，捐款金额为员工工资总额的 5%。想要计算各部门捐款总额，该如何构建新增字段呢?

（1）创建数据透视表。快速复制数据透视表，按照图 11-75 所示拖曳字段。

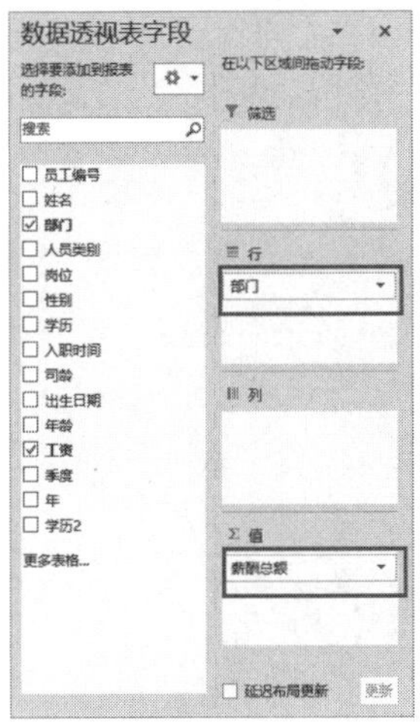

图 11-75

（2）数据排序。选中【薪资总额】所在列中的任意单元格并右击→在弹出的快捷菜单中选择【排序】选项→选择【降序】选项，如图 11-76 所示。

图 11-76

（3）添加数据条。选中【T4:T19】单元格区域→选择【开始】选项卡→单击【条件格式】按钮→选择【数据条】选项→选择一个喜欢的样式，如图 11-77 所示。

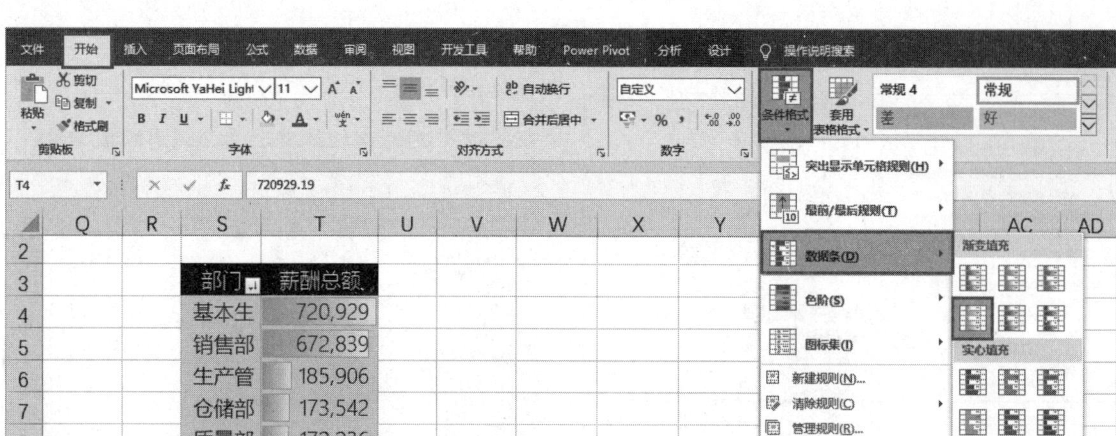

图 11-77

温馨提示

添加数据条的数据源不要包含汇总行，否则汇总行的值与单个明细数据差距过大，会造成数据条显示不明显。

（4）启用计算字段。选择【分析】选项卡→单击【字段、项目和集】按钮→选择【计算字段】选项，如图 11-78 所示。

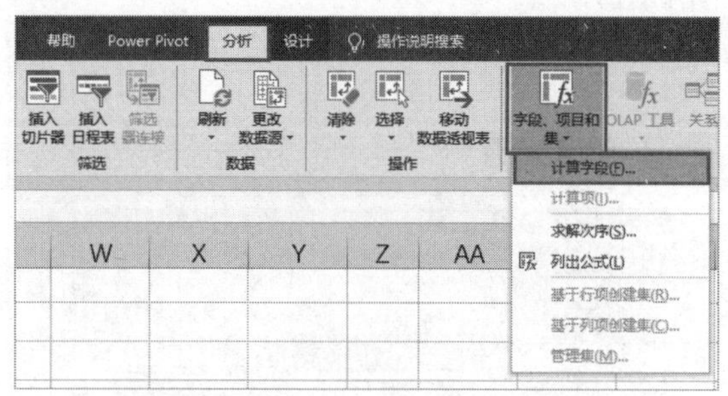

图 11-78

（5）创建新计算字段。弹出【插入计算字段】对话框→在【名称】文本框中输入“计提企业基金”，在【公式】文本框中输入“= 工资 * 10%”→单击【添加】按钮→单击【确定】按钮，如图 11-79 所示。

温馨提示

在【字段】列表框中选择【工资】选项→单击【插入字段】按钮（或双击鼠标），可将字段添加到公式中。

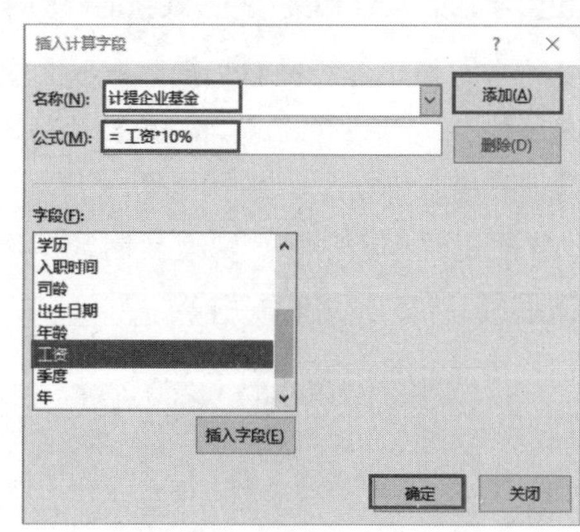

图 11-79

如图 11-80 所示，数据透视表中出现了【求和项 : 计提企业基金】这列新字段。

部门	薪酬总额	求和项:计提企业基金
基本生产工人	720,929	72,093
销售部	672,839	67,284
生产管理部	185,906	18,591
仓储部	173,542	17,354
质量部	172,236	17,224
采购部	116,179	11,618
设计部	112,931	11,293
综合管理部	111,285	11,129
财务部	81,262	8,126
售后服务部	68,298	6,830
市场部	49,915	4,991
研发部	48,227	4,823
商务部	45,684	4,568
测试部	37,103	3,710
人力资源	36,858	3,686
工艺部	34,958	3,496
总计	2,668,152	266,815

图 11-80

想要删除创建的计算字段也很简单，在哪里新建，就在哪里删除。

选择【分析】选项卡→单击【字段、项目和集】按钮→选择【计算字段】选项→在弹出的【插入计算字段】对话框中单击【名称】文本框右侧的下拉按钮→选择【计提企业基金】选项→单击【删除】按钮→单击【确定】按钮，如图 11-81 所示。

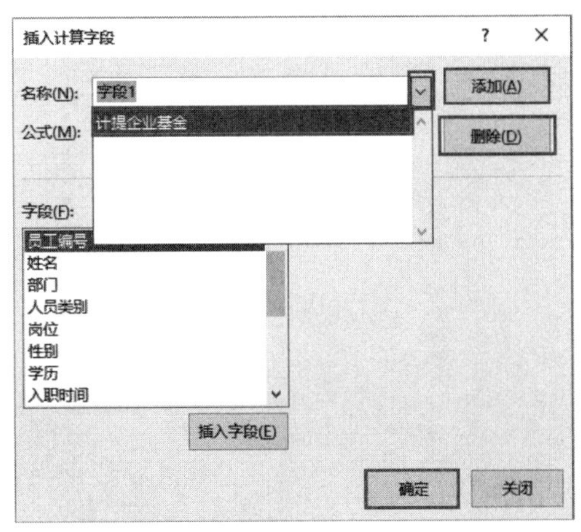

图 11-81

2. 通过添加辅助列的方式新增计算字段

通过“字段、项目和集”的方式新增计算字段只能构建比较简单的公式，无法实现复杂的运算。

例如，公司规定性别为“男”计提 10%，性别“女”计提 5%，像这样的计算字段如何实现呢？建议大家在数据源表中通过添加辅助列的方式来新增计算字段，接下来就一起来看一下具体如何操作。

首先在【M】列新增一列名为“计提”的列，在【M2】单元格中输入公式“=IF([@性别]="男",[@工资]*10%,[@工资]*5%)”→按 <Enter> 键确认，如图 11-82 所示。

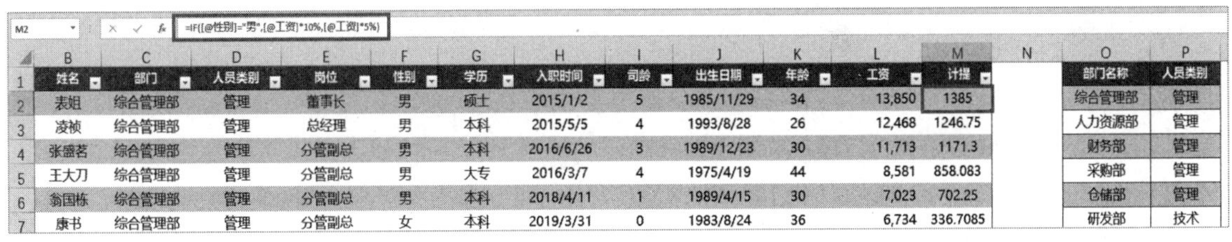

M2　=IF([@性别]="男",[@工资]*10%,[@工资]*5%)

	B	C	D	E	F	G	H	I	J	K	L	M	N	O	P
1	姓名	部门	人员类别	岗位	性别	学历	入职时间	司龄	出生日期	年龄	工资	计提		部门名称	人员类别
2	表姐	综合管理部	管理	董事长	男	硕士	2015/1/2	5	1985/11/29	34	13,850	1385		综合管理部	管理
3	凌祯	综合管理部	管理	总经理	男	本科	2015/5/5	4	1993/8/28	26	12,468	1246.75		人力资源部	管理
4	张盛茗	综合管理部	管理	分管副总	男	本科	2016/6/26	3	1989/12/23	30	11,713	1171.3		财务部	管理
5	王大刀	综合管理部	管理	分管副总	男	大专	2016/3/7	4	1975/4/19	44	8,581	858.083		采购部	管理
6	翁国栋	综合管理部	管理	分管副总	男	本科	2018/4/11	1	1989/4/15	30	7,023	702.25		仓储部	管理
7	康书	综合管理部	管理	分管副总	女	本科	2019/3/31	0	1983/8/24	36	6,734	336.7085		研发部	技术

图 11-82

选中数据透视表中的任意单元格并右击→在弹出的快捷菜单中选择【刷新】选项→选中【计提】字段→拖曳至【值】区域，如图 11-83 所示。

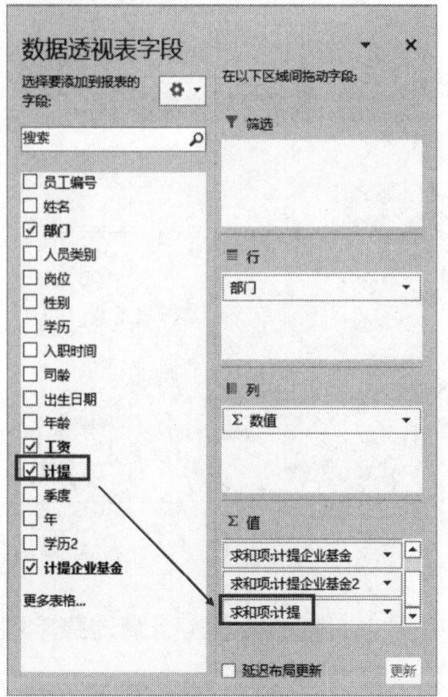

图 11-83

这样就通过添加辅助列的方式新增了复杂的计算字段，直接将字段拖曳至数据透视表中即可完成统计。

以上两种方式都可以实现新增字段统计分析的效果，但笔者建议，先在数据源表中做好辅助列，再用数据透视表做汇总分析。

第12关 数据透视图与数据呈现

本关背景

通过前文的介绍，相信大家已经掌握了数据的统计和分析技巧。但工作中除统计分析数据外，很多时候还要将数据结果呈现出来。例如，做年终总结、做数据汇报等，这时就需要亮出一个超好用的法宝 —— 数据透视图。

本关就来介绍如何利用数据透视图做出一张图 12-1 所示的让领导满意的数据透视图。

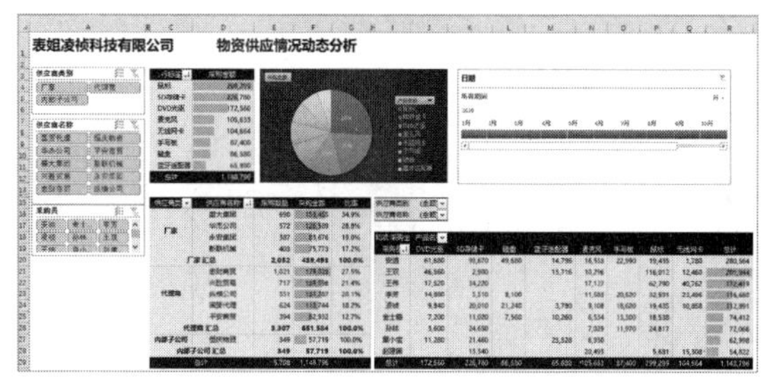

图 12-1

接下来就从制作“物资供应动态分析表”开始吧！

12.1 创建数据透视表

1. 快速创建数据透视表

打开“素材文件 /12- 数据透视图与数据呈现 /12- 数据透视图与数据呈现 - 物资供应动态分析表 .xlsx”源文件。

在“数据源”工作表中，选中数据源中的任意单元格→选择【插入】选项卡→单击【数据透视表】按钮，如图 12-2 所示。

图 12-2

在弹出的【创建数据透视表】对话框中选中【新工作表】单选按钮→单击【确定】按钮，如图 12-3 所示。

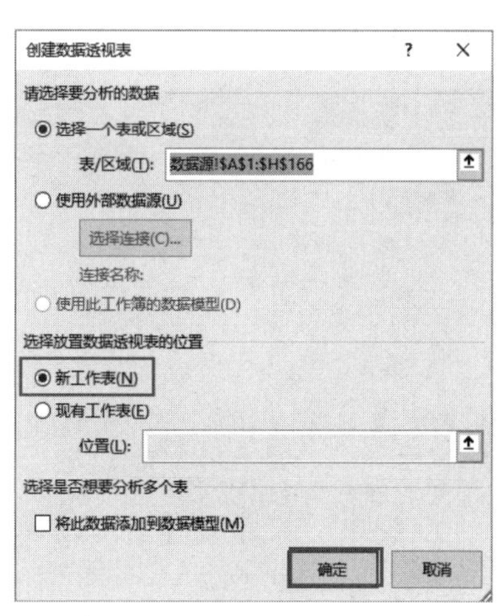

图 12-3

可以看到，新工作表中生成了一个【数据透视表 1】区域，右侧弹出了【数据透视表字段】任务窗格。选中【产品名称】字段→拖曳至【行】区域→选中【采购金额】字段→拖曳至【值】区域，如图 12-4 所示，这样就完成了关于不同产品采购金额的统计表制作。

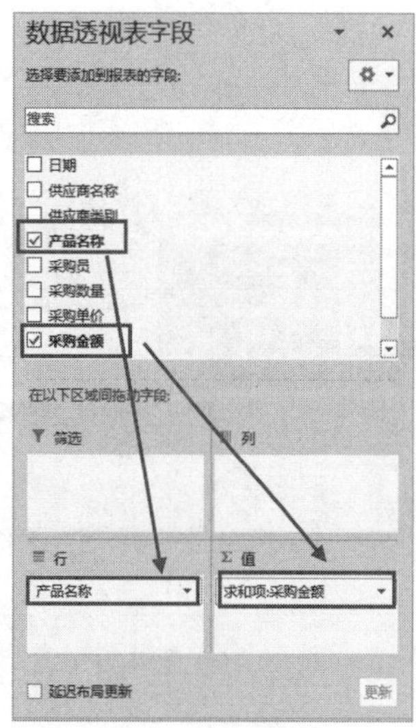

图 12-4

2. 数据透视表数据排序

下面将采购金额由高到低进行排序。选中数据透视表中【求和项：采购金额】所在列中的任意单元格并右击→在弹出的快捷菜单中选择【排序】选项→选择【降序】选项，如图 12-5 所示。

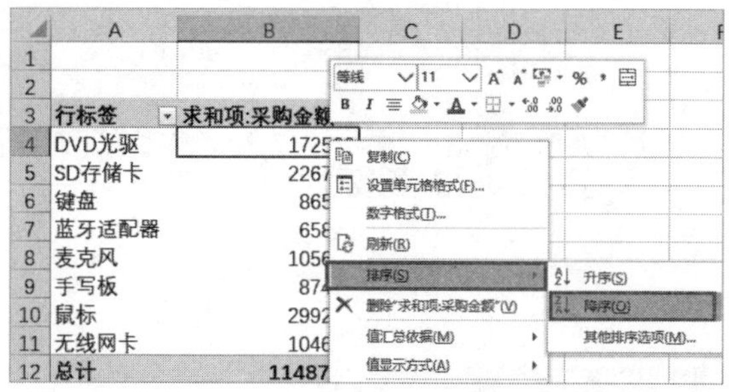

图 12-5

将产品类别按照采购金额由高到低排序，结果如图 12-6 所示。

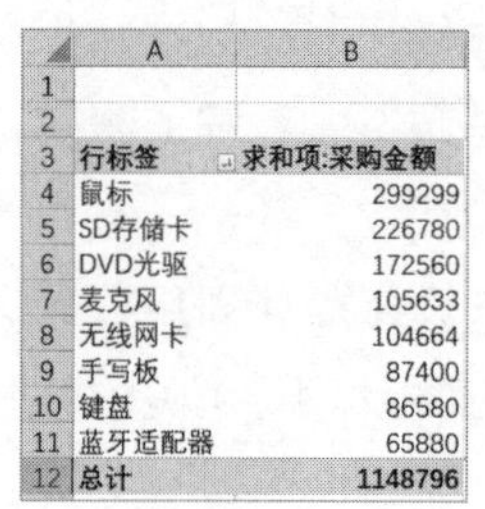

	A	B
1		
2		
3	行标签	求和项:采购金额
4	鼠标	299299
5	SD存储卡	226780
6	DVD光驱	172560
7	麦克风	105633
8	无线网卡	104664
9	手写板	87400
10	键盘	86580
11	蓝牙适配器	65880
12	总计	1148796

图 12-6

3. 设置数据条

接下来为采购金额添加数据条，使数据结果直观可见。

选中【B4:B11】单元格区域→选择【开始】选项卡→单击【条件格式】按钮→选择【数据条】选项→选择一个合适的样式，如图 12-7 所示。

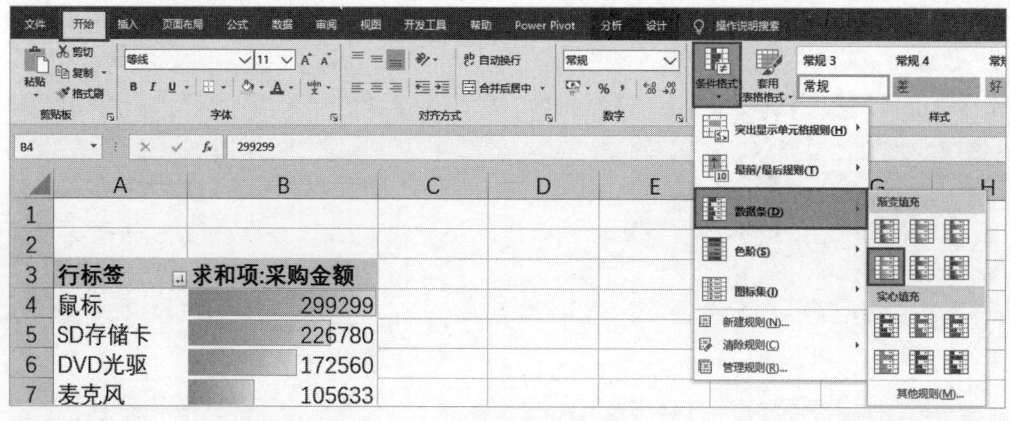

图 12-7

4. 美化数据透视表

选中数据透视表中的任意单元格→选择【设计】选项卡→单击【数据透视表样式】功能组右侧的【向下箭头】按钮展开全部样式→选择一个合适的样式，如图 12-8 所示。

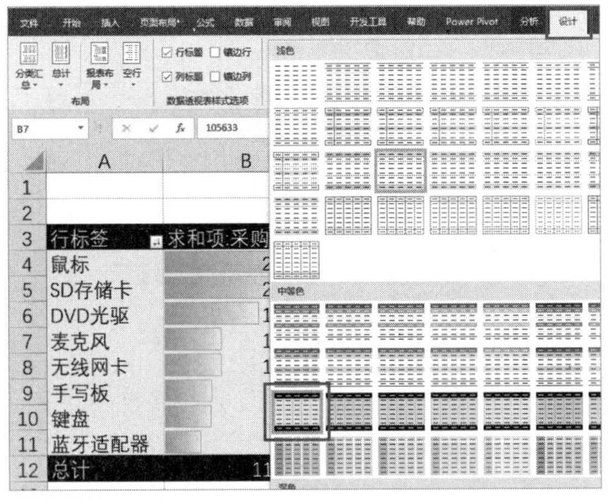

图 12-8

5. 取消更新时自动调整列宽

为了防止更新数据造成已调整好的列宽发生变化，可以取消更新时自动调整列宽功能。

选中数据透视表中的任意单元格并右击→在弹出的快捷菜单中选择【数据透视表选项】选项，如图 12-9 所示。

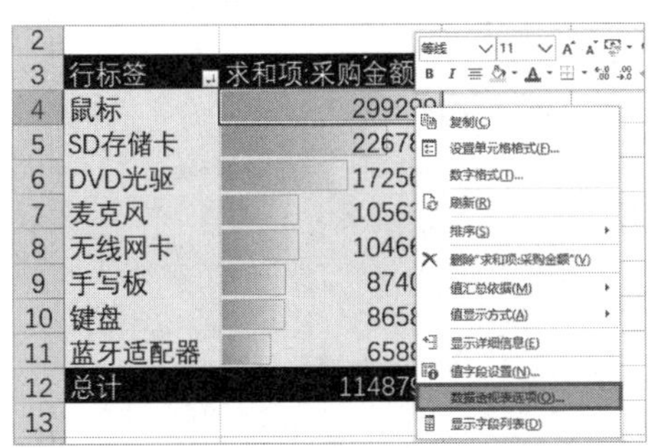

图 12-9

在弹出的【数据透视表选项】对话框中取消选中【更新时自动调整列宽】复选框→单击【确定】按钮，如图 12-10 所示。

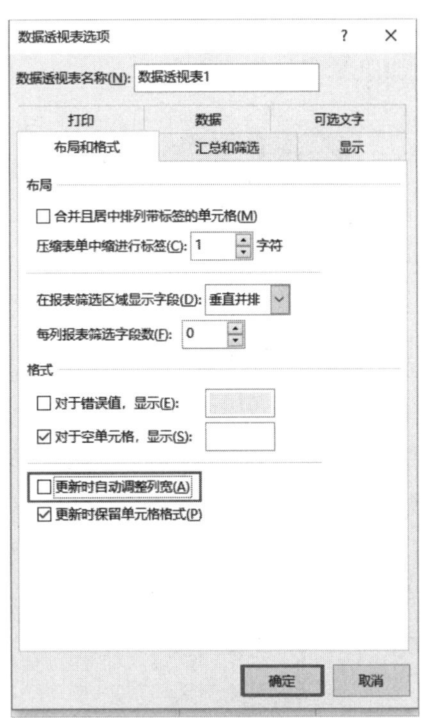

图 12-10

如图 12-11 所示，已经完成了关于产品类别对应的采购金额的统计。

	A	B
1		
2		
3	行标签	求和项:采购金额
4	鼠标	299299
5	SD存储卡	226780
6	DVD光驱	172560
7	麦克风	105633
8	无线网卡	104664
9	手写板	87400
10	键盘	86580
11	蓝牙适配器	65880
12	总计	1148796

图 12-11

6. 快速复制数据透视表

接下来利用复制粘贴的方法快速创建第二张数据透视表。

选中"数据透视表 1"所在的【A3:B12】单元格区域→按 <Ctrl+C> 键复制→选中【A15】单元格→按 <Ctrl+V> 键粘贴，如图 12-12 所示，在【A15:B24】单元格区域中复制出了第二张数据透视表。

	行标签	求和项:采购金额
14		
15	行标签	求和项:采购金额
16	鼠标	299299
17	SD存储卡	226780
18	DVD光驱	172560
19	麦克风	105633
20	无线网卡	104664
21	手写板	87400
22	键盘	86580
23	蓝牙适配器	65880
24	总计	1148796

图 12-12

接下来选中“数据透视表 2”中的任意单元格→在【数据透视表字段】任务窗格中取消选中【产品名称】字段→选中【供应商类别】字段→拖曳至【行】区域→选中【供应商名称】字段→拖曳至【行】区域，如图 12-13 所示。

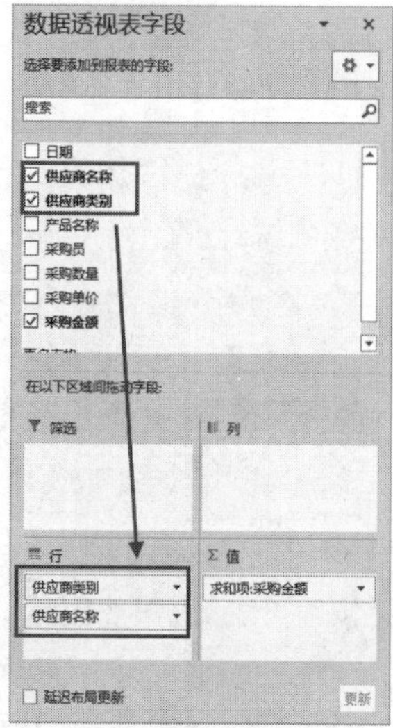

图 12-13

7. 设置数据透视表布局

选中“数据透视表 2”中的任意单元格→选择【设计】选项卡→单击【报表布局】按钮→选择【以表格形式显示】选项，如图 12-14 所示。

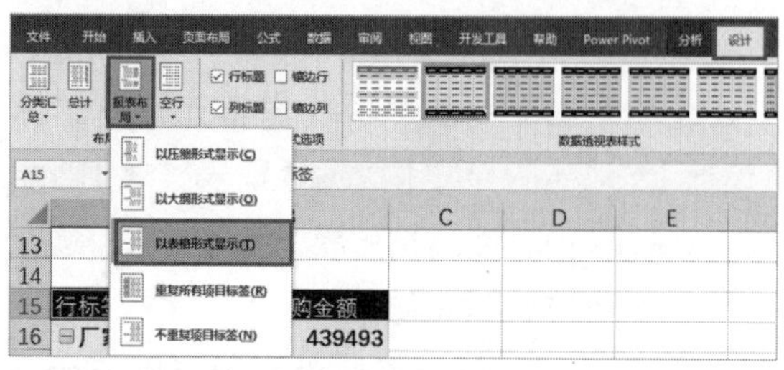

图 12-14

如图 12-15 所示，数据透视表的布局样式显示出表格的结构了。

	A	B	C
13			
14			
15	供应商类别	供应商名称	求和项:采购
16	厂家	华杰公司	126589
17		盛大集团	153455
18		新联机械	75773
19		永安集团	83676
20	厂家 汇总		439493
21	代理商	国贸代理	118744
22		平安商贸	82932
23		兴胜贸易	139598
24		忠财商贸	179023
25		纵横公司	131287
26	代理商 汇总		651584
27	内部子公司	恒庆物资	57719
28	内部子公司 汇总		57719
29	总计		1148796

图 12-15

选中“数据透视表 2”中的任意单元格并右击→在弹出的快捷菜单中选择【数据透视表选项】选项，如图 12-16 所示。

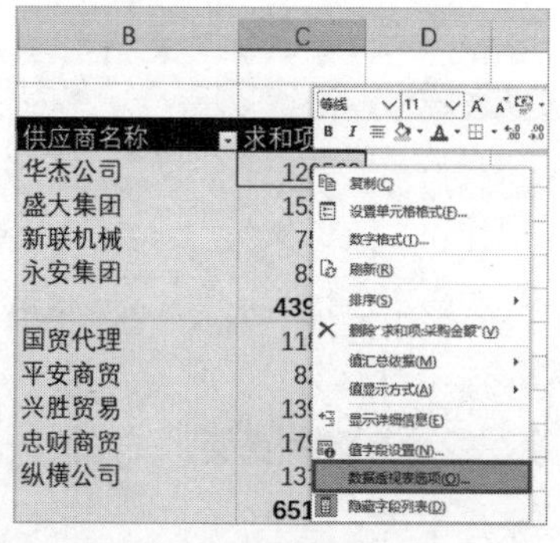

图 12-16

在弹出的【数据透视表选项】对话框中选中【合并且居中排列带标签的单元格】复选框→单击【确定】按钮，如图 12-17 所示。

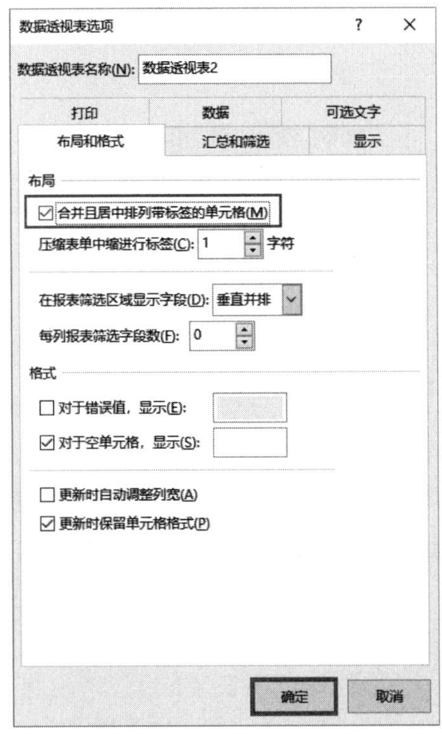

图 12-17

如图 12-18 所示，【A】列中具有同样“供应商类别”的单元格就合并在一起了。

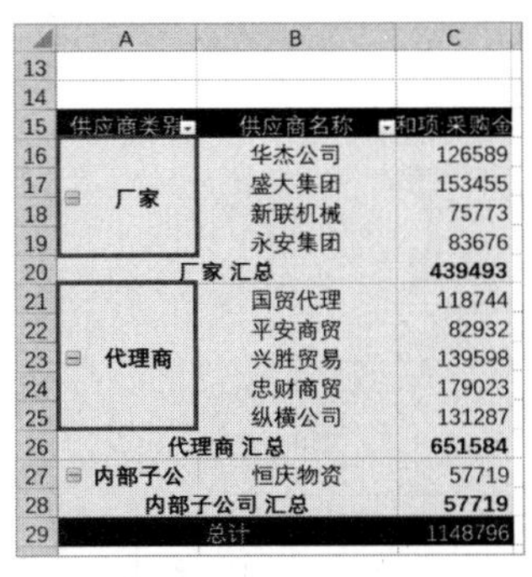

	A	B	C
13			
14			
15	供应商类别	供应商名称	和项:采购金
16	厂家	华杰公司	126589
17		盛大集团	153455
18		新联机械	75773
19		永安集团	83676
20	厂家 汇总		439493
21	代理商	国贸代理	118744
22		平安商贸	82932
23		兴胜贸易	139598
24		忠财商贸	179023
25		纵横公司	131287
26	代理商 汇总		651584
27	内部子公	恒庆物资	57719
28	内部子公司 汇总		57719
29	总计		1148796

图 12-18

接着选中“数据透视表 2”中的任意单元格→在【数据透视表字段】任务窗格中选中【采购数量】字段→拖曳至【值】区域，放在【求和项 : 采购金额】字段的上方，如图 12-19 所示。

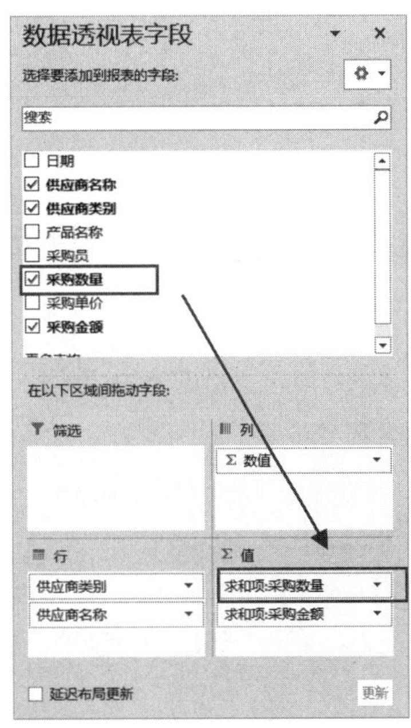

图 12-19

8. 修改字段名称

接下来修改数据透视表中的字段名称。

选中【B3】单元格→单击函数编辑区将其激活→选中函数编辑区中的“求和项 :”→按 <Ctrl+C> 键复制，如图 12-20 所示。

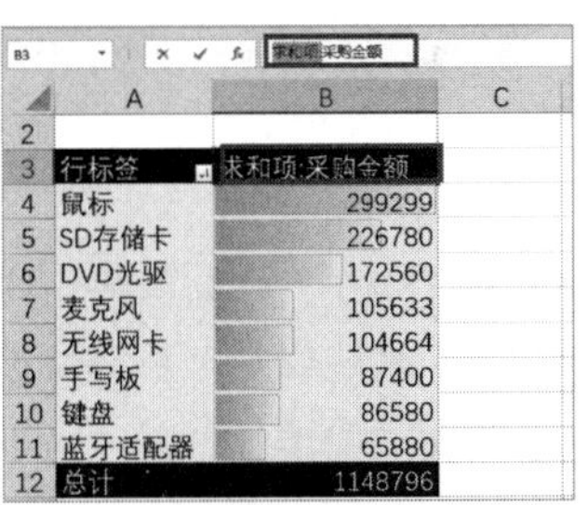

	A	B	C
2			
3	行标签	求和项:采购金额	
4	鼠标	299299	
5	SD存储卡	226780	
6	DVD光驱	172560	
7	麦克风	105633	
8	无线网卡	104664	
9	手写板	87400	
10	键盘	86580	
11	蓝牙适配器	65880	
12	总计	1148796	

图 12-20

然后选中工作表中的任意单元格→按 <Ctrl+H> 键打开【查找和替换】对话框→单击【查找内容】文本框将其激活→按 <Ctrl+V> 键将复制的内容粘贴去→单击【替换为】文本框→按 < 空格 > 键→单击【全部替换】按钮→单击【关闭】按钮，如图 12-21 所示。

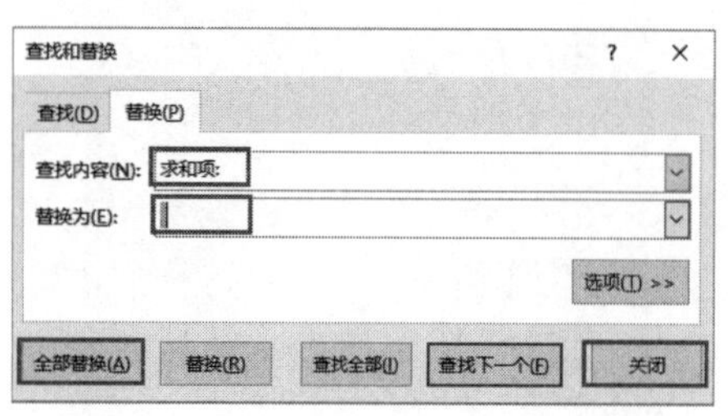

图 12-21

如图 12-22 所示，所有字段中的“求和项 :”字样已经全部被替换了。

	A	B	C	D
1				
2				
3	行标签	采购金额		
4	鼠标	299299		
5	SD存储卡	226780		
6	DVD光驱	172560		
7	麦克风	105633		
8	无线网卡	104664		
9	手写板	87400		
10	键盘	86580		
11	蓝牙适配器	65880		
12	总计	1148796		
13				
14				
15	供应商类别	供应商名称	采购数量	采购金额
16		华杰公司	572	126589
17	⊟ 厂家	盛大集团	690	153455
18		新联机械	403	75773
19		永安集团	387	83676
20	厂家 汇总		2052	439493
21		国贸代理	624	118744
22		平安商贸	394	82932
23	⊟ 代理商	兴胜贸易	717	139598
24		忠财商贸	1021	179023
25		纵横公司	551	131287
26	代理商 汇总		3307	651584
27	⊟ 内部子公司	恒庆物资	349	57719
28	内部子公司 汇总		349	57719
29	总计		5708	1148796

图 12-22

9. 隐藏折叠展开按钮

在数据透视表中,【供应商类别】字段下每一个合并的字段左侧都有一个【-】按钮，这个按钮是用来折叠字段的，折叠后再次单击可以将其展开。

选中第二张数据透视表中的任意单元格→选择【分析】选项卡→单击【+/- 按钮】按钮，如图 12-23 所示。

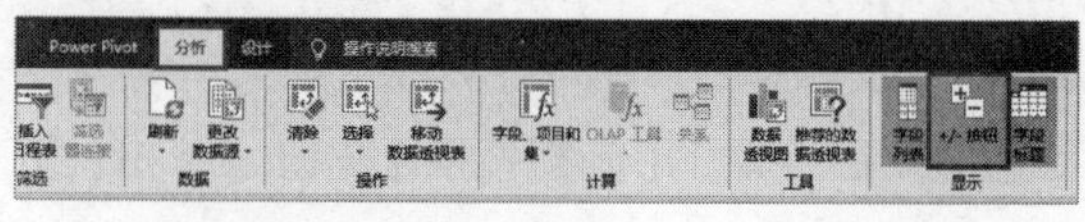

图 12-23

如图 12-24 所示，数据透视表中左侧的【-】按钮已经隐藏不见了。

	A	B	C	D
13				
14				
15	供应商类别	供应商名称	采购数量	采购金额
16		华杰公司	572	126589
17	厂家	盛大集团	690	153455
18		新联机械	403	75773
19		永安集团	387	83676
20	厂家 汇总		2052	439493
21		国贸代理	624	118744
22		平安商贸	394	82932
23	代理商	兴胜贸易	717	139598
24		忠财商贸	1021	179023
25		纵横公司	551	131287
26	代理商 汇总		3307	651584
27	内部子公司	恒庆物资	349	57719
28	内部子公司 汇总		349	57719
29	总计		5708	1148796

图 12-24

10. 添加已有字段进行统计，设置值显示方式

接下来要统计每个供应商的采购金额占比情况。

首先选中第二张数据透视表中的任意单元格→在【数据透视表字段】任务窗格中选中【采购金额】字段→拖曳至【值】区域，如图 12-25 所示。

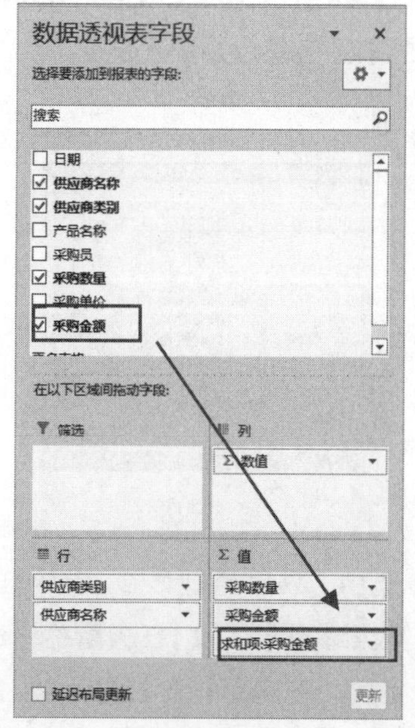

图 12-25

选中【E15】单元格，修改字段名称为“比率”。然后选中数据透视表【E】列中的任意单元

格并右击→在弹出的快捷菜单中选择【值显示方式】选项→选择【父级汇总的百分比】选项，如图 12-26 所示。

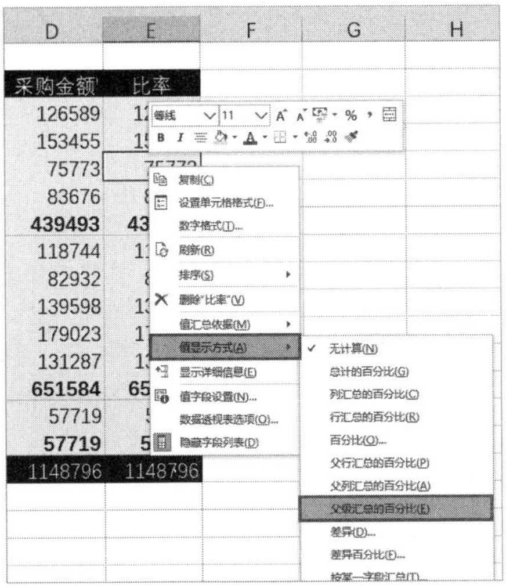

图 12-26

弹出【值显示方式(比率)】对话框，【基本字段】默认选择【供应商类别】选项→单击【确定】按钮，如图 12-27 所示。

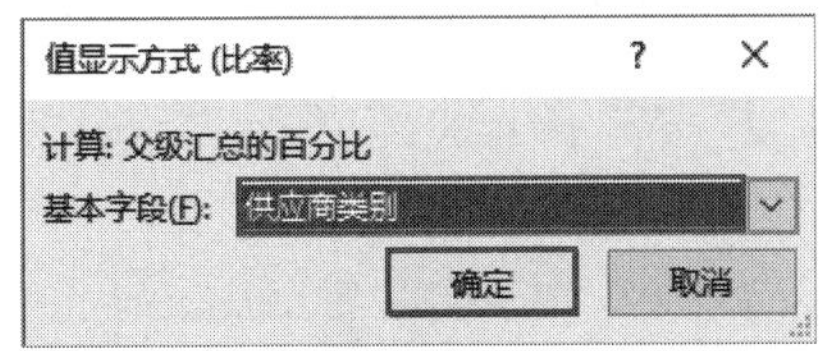

图 12-27

这里需要注意的是，父级汇总的百分比 = 某项的值 / 所选“基本字段”的值。它与父行汇总的百分比和父列汇总的百分比的计算方法一样，只是父级汇总的百分比可以选择【基本字段】，而【基本字段】相当于父行或父列。

三者的区别在于，父级是上一级归类的 100%。例如，华杰公司的采购金额为“126589”，厂家汇总的采购金额为“439493”，所以华杰公司的父级汇总的百分比为 126589/439493≈28.80%，而厂家汇总的父级汇总的百分比为 100%，如图 12-28 所示。

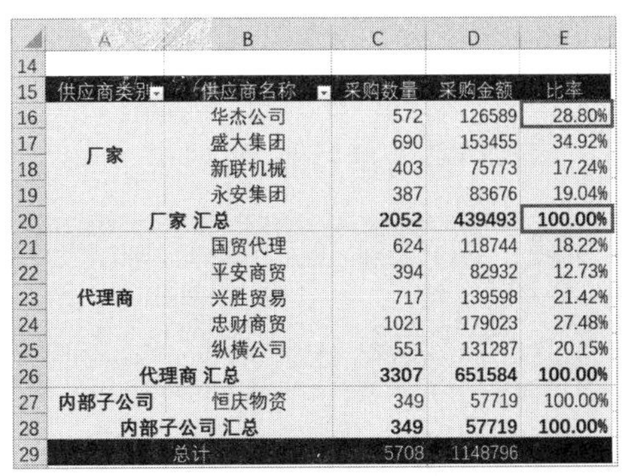

	A	B	C	D	E
14					
15	供应商类别	供应商名称	采购数量	采购金额	比率
16	厂家	华杰公司	572	126589	28.80%
17		盛大集团	690	153455	34.92%
18		新联机械	403	75773	17.24%
19		永安集团	387	83676	19.04%
20	厂家 汇总		2052	439493	100.00%
21	代理商	国贸代理	624	118744	18.22%
22		平安商贸	394	82932	12.73%
23		兴胜贸易	717	139598	21.42%
24		忠财商贸	1021	179023	27.48%
25		纵横公司	551	131287	20.15%
26	代理商 汇总		3307	651584	100.00%
27	内部子公司	恒庆物资	349	57719	100.00%
28	内部子公司 汇总		349	57719	100.00%
29	总计		5708	1148796	

图 12-28

选中数据透视表【E】列中的任意单元格(或【D】列中的任意单元格，因为比率是以采购金额的数据做出父级汇总的百分比)并右击→在弹出的快捷菜单中选择【排序】选项→选择【降序】选项，如图 12-29 所示。

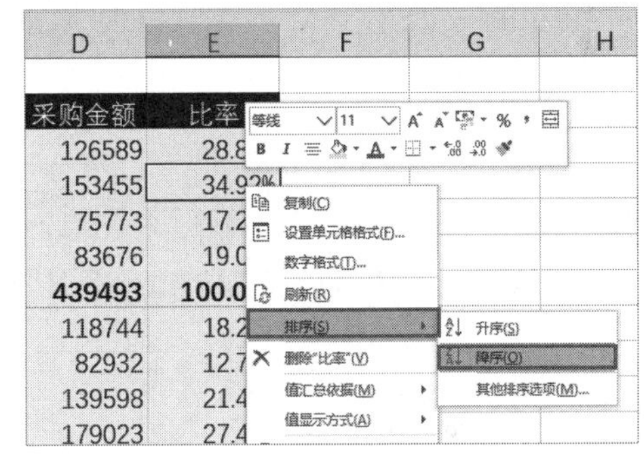

图 12-29

如图 12-30 所示，采购金额和比率都已经按照由高到低进行排序了。

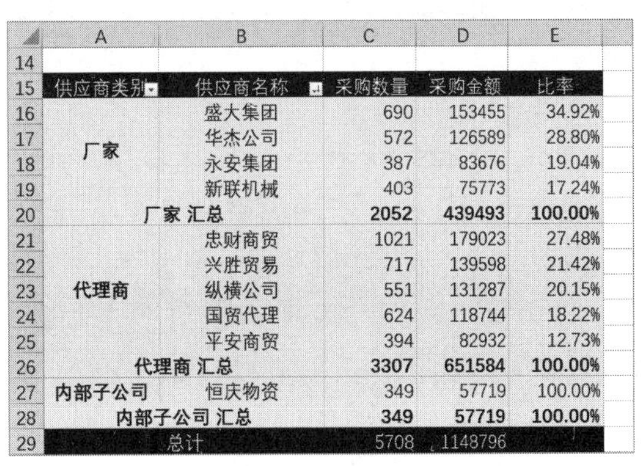

	A	B	C	D	E
14					
15	供应商类别	供应商名称	采购数量	采购金额	比率
16	厂家	盛大集团	690	153455	34.92%
17		华杰公司	572	126589	28.80%
18		永安集团	387	83676	19.04%
19		新联机械	403	75773	17.24%
20	厂家 汇总		2052	439493	100.00%
21	代理商	忠财商贸	1021	179023	27.48%
22		兴胜贸易	717	139598	21.42%
23		纵横公司	551	131287	20.15%
24		国贸代理	624	118744	18.22%
25		平安商贸	394	82932	12.73%
26	代理商 汇总		3307	651584	100.00%
27	内部子公司	恒庆物资	349	57719	100.00%
28	内部子公司 汇总		349	57719	100.00%
29	总计		5708	1148796	

图 12-30

接着为数据透视表添加数据条。按住 <Ctrl> 键不放，依次选中【D16:D19】、【D21:D25】单元格区域及【D27】单元格→选择【开始】选项卡→单击【条件格式】按钮→选择【数据条】选项→选择一个合适的样式，如图 12-31 所示。

	A	B	C	D	E
14					
15	供应商类别	供应商名称	采购数量	采购金额	比率
16	厂家	盛大集团	690	153455	34.92%
17		华杰公司	572	126589	28.80%
18		永安集团	387	83676	19.04%
19		新联机械	403	75773	17.24%
20	厂家 汇总		2052	439493	100.00%
21		忠财商贸	1021	179023	27.48%

图 12-31

利用复制粘贴的方法再次快速创建第三张数据透视表，放在【G15】单元格中，如图 12-32 所示。

	F	G	H	I	J	K
14						
15		供应商类别	供应商名称	采购数量	采购金额	比率
16		厂家	盛大集团	690	153455	34.92%
17			华杰公司	572	126589	28.80%
18			永安集团	387	83676	19.04%
19			新联机械	403	75773	17.24%
20		厂家 汇总		2052	439493	100.00%
21		代理商	忠财商贸	1021	179023	27.48%
22			兴胜贸易	717	139598	21.42%
23			纵横公司	551	131287	20.15%
24			国贸代理	624	118744	18.22%
25			平安商贸	394	82932	12.73%
26		代理商 汇总		3307	651584	100.00%
27		内部子公司	恒庆物资	349	57719	100.00%
28		内部子公司 汇总		349	57719	100.00%
29		总计		5708	1148796	

图 12-32

选中"数据透视表 3"中的任意单元格→在【数据透视表字段】任务窗格中取消选中所有字段→选中【产品名称】字段→拖曳至【列】区域→选中【采购员】字段→拖曳至【行】区域→选中【采购金额】字段→拖曳至【值】区域，如图 12-33 所示。

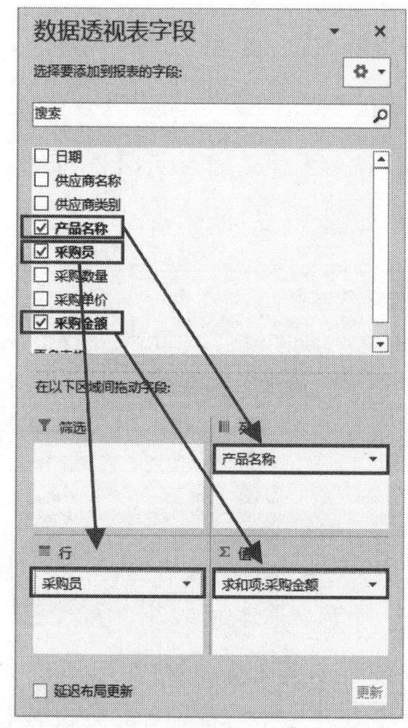

图 12-33

接下来调整数据的格式。按 <Ctrl> 键分别选中图 12-34 所示的单元格区域→选择【开始】选项卡→单击【数字】功能组中的【,】按钮→单击【减少小数位数】按钮，将小数位数调整至最小。

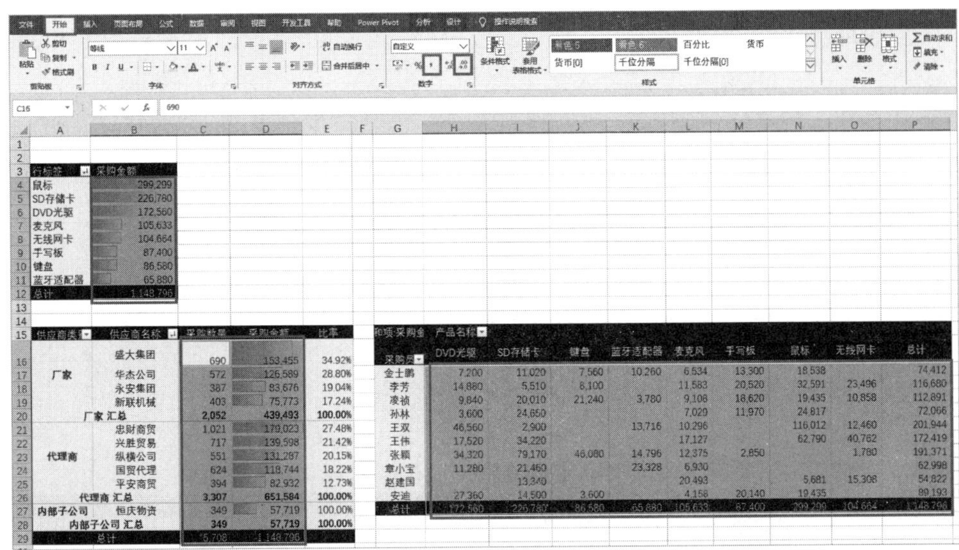

图 12-34

选中【E16:E28】单元格区域→选择【开始】选项卡→单击【数字】功能组中的【减少小数位数】按钮，保留一位小数，如图 12-35 所示。

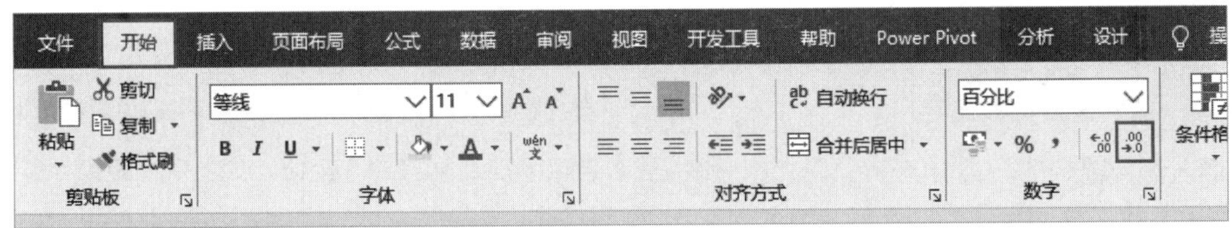

图 12-35

同样为“数据透视表 3”的总计列添加数据条。选中【P17:P26】单元格区域→选择【开始】选项卡→单击【条件格式】按钮→选择【数据条】选项→选择一个合适的样式，如图 12-36 所示。

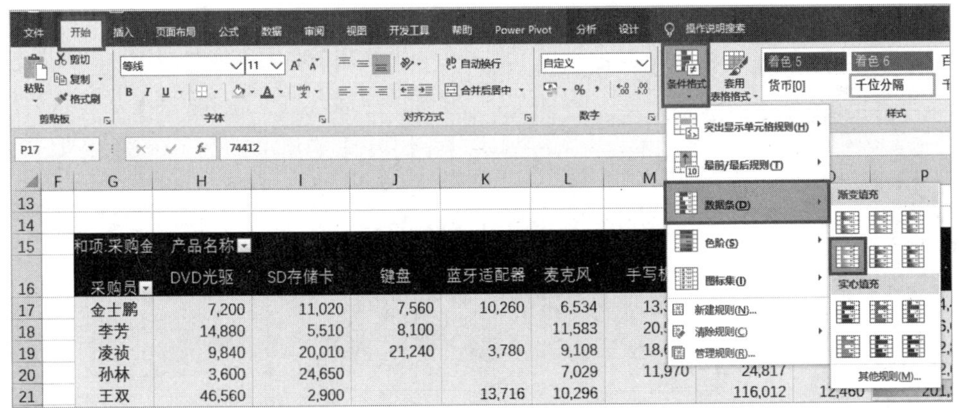

图 12-36

12.2 插入切片器

在实际工作中，想根据指定的条件对数据进行筛选，除前文介绍的通过筛选按钮进行筛选外，在 Excel 中还有一种可以对总表的数据进行有效筛选的方法。

你是否见到过图 12-37 所示的筛选按钮？这种筛选器不仅美观而且更加便捷，它就是切片器。

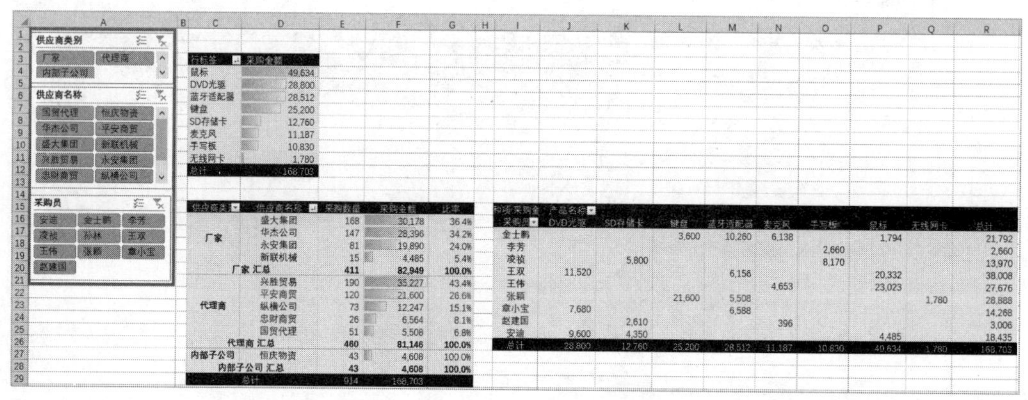

图 12-37

接下来就利用切片器制作“物资供应动态分析表”的快速筛选按钮吧！

1. 插入切片器

出于美观的考虑，在对工作表中对象进行排版时，一般将切片器置于工作表的顶端或左侧。

首先在工作表的左侧插入两列空白列，用于放置切片器。

选中【A:B】列并右击→在弹出的快捷菜单中选择【插入】选项，如图 12-38 所示。

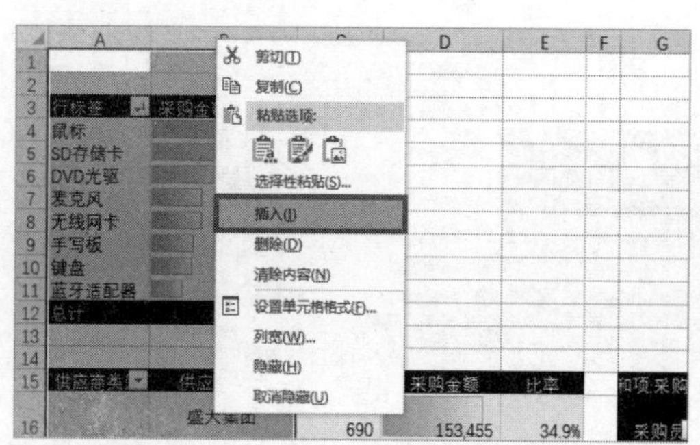

图 12-38

下面开始正式插入切片器。选中“数据透视表 1”中的任意单元格→选择【分析】选项卡→单击【插入切片器】按钮，如图 12-39 所示。

图 12-39

在弹出的【插入切片器】对话框中选中想要筛选的字段，这里选中【供应商名称】、【供应商类别】、【采购员】字段→单击【确实】按钮，如图 12-40 所示。

如图 12-41 所示，工作表中分别生成了【供应商名称】、【供应商类别】、【采购员】3 个筛选器。

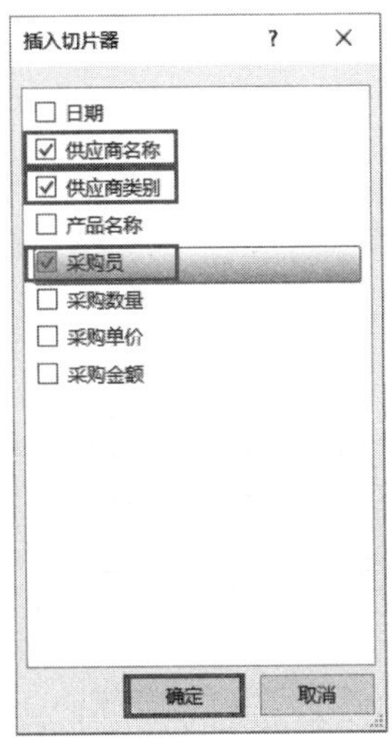

图 12-40

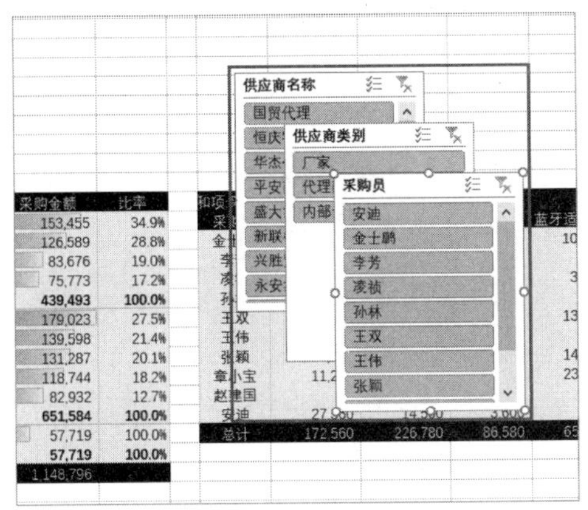

图 12-41

2. 切片器排版

下面调整切片器的大小，对切片器进行排版。

首先将切片器移动到【A】列所在位置，同时调整【A】列的列宽和切片器的大小，使切片器的大小与【A】列的列宽相吻合，然后将【B】列列宽调窄，在视觉上造成分界线的效果，如图 12-42 所示。

图 12-42

选中【供应商类别】切片器→选择【选项】选项卡→将切片器的列数调整为“2”，如图 12-43 所示。

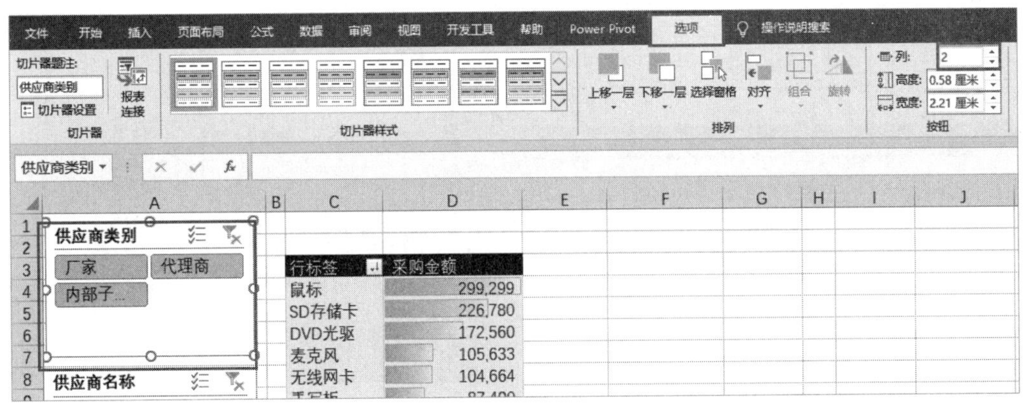

图 12-43

同理，将【供应商名称】切片器的列数调整为“2”，将【采购员】切片器的列数调整为“3”，然后再次调整切片器的大小和位置，如图 12-44 所示。

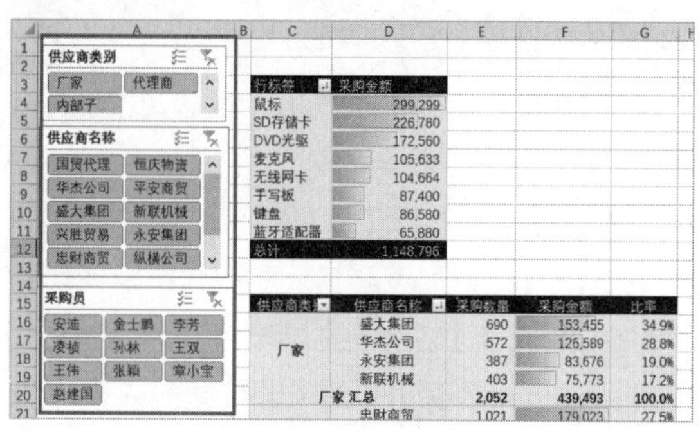

图 12-44

接下来统一调整切片器的大小。按 <Ctrl> 键依次选中 3 个切片器→选择【选项】选项卡→单击【宽度】文本框将其激活→输入“6”→按 <Enter> 键确认，如图 12-45 所示，在【宽度】中自动生成“6 厘米”。

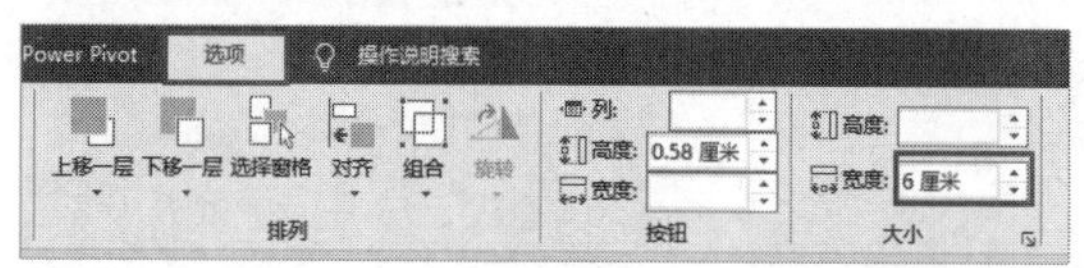

图 12-45

3. 美化切片器

同数据透视表一样，切片器的样式也可以根据实际情况进行设置。

按 <Ctrl> 键依次选中 3 个切片器→选择【选项】选项卡→单击【切片器样式】功能组右侧的【向下箭头】按钮展开全部样式→选择一个合适的样式，如图 12-46 所示。

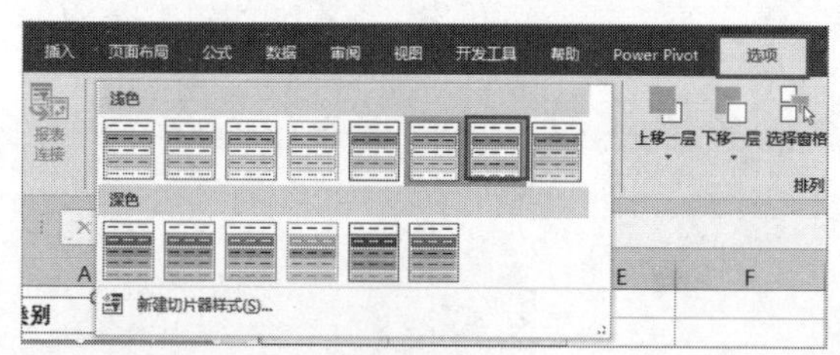

图 12-46

4. 隐藏没有数据的项

当通过切片器筛选某一字段时，其他切片器中的一些按钮会变为灰色，这是因为在选中字段下没有此类数据。

例如，当选中【供应商类别】切片器中的【厂家】时，【供应商名称】、【采购员】切片器中图 12-47 所示的按钮全都变为灰色了。为了使切片器上显示的按钮都是有效的，需要隐藏没有数据的项。

图 12-47

按 <Ctrl> 键依次选中 3 个切片器→选择【选项】选项卡→单击【切片器设置】按钮→在弹出的【切片器设置】对话框中选中【隐藏没有数据的项】复选框→单击【确定】按钮，如图 12-48 所示。

图 12-48

如图 12-49 所示，设置完成后，【供应商名称】、【采购员】切片器中的灰色按钮全都不见了。

图 12-49

单击切片器右上角的【×】按钮，可以取消筛选，如图 12-50 所示。

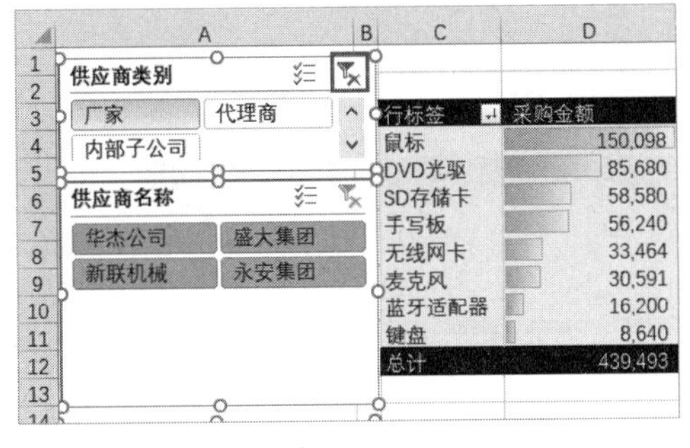

图 12-50

5. 报表连接

至此，虽然完成了切片器的基本操作，但此时单击切片器中的任何按钮，只有“数据透视表 1”的数据可以完成筛选，“数据透视表 2”和“数据透视表 3”并无变化。那么，如何使切片器连接到多张数据透视表，通过单击切片器中的按钮，使多张数据透视表同步更新呢？这就要用到报表连接了。

选中【供应商类别】切片器→选择【选项】选项卡→单击【报表连接】按钮→在弹出的【数据透视表连接（供应商类别）】对话框中选中【数据透视表 2】、【数据透视表 3】复选框→单击【确定】按钮，如图 12-51 所示。

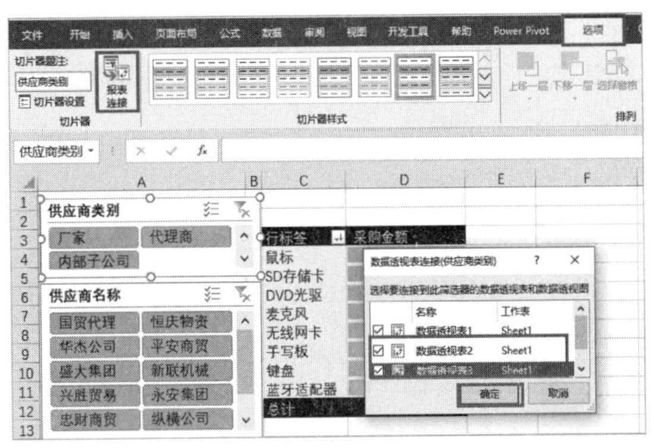

图 12-51

温馨提示

数据透视表的报表连接，连动的报表数据来源必须为同一数据源，否则无法在【数据透视表连接】对话框中显示出此数据透视表的名称。

6. 插入日程表

除切片器可以通过按钮直接对数据进行筛选外，还可以通过插入日程表的方法，直接筛选出指定日期的数据。

选中“数据透视表 1”中的任意单元格→选择【分析】选项卡→单击【插入日程表】按钮→在弹出的【插入日程表】对话框中选中【日期】复选框→单击【确定】按钮，如图 12-52 所示。

图 12-52

如图 12-53 所示，工作表中生成了一个【日期】工具，通过单击日程表中具体的月份，可以看到相应的数据变化。同时，单击【月】按钮→选择不同的日期类型，可以调整日程表日期的显示形式。

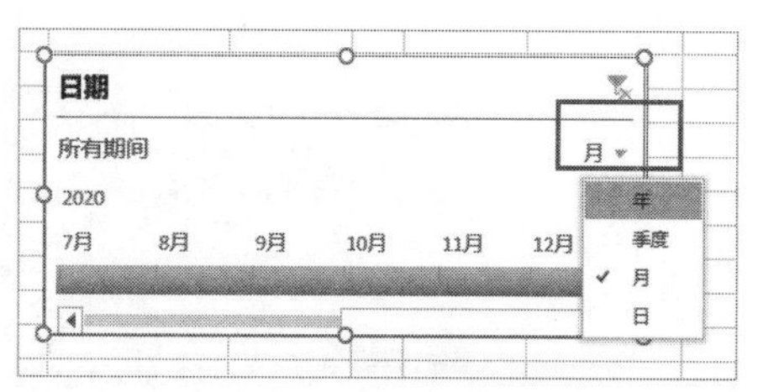

图 12-53

选中日程表→选择【选项】选项卡→单击【报表连接】按钮→在弹出的【数据透视表连接(日期)】对话框中选中【数据透视表 2】、【数据透视表 3】复选框→单击【确定】按钮，如图 12-54 所示。

图 12-54

如图 12-55 所示，日程表就联动起来了。

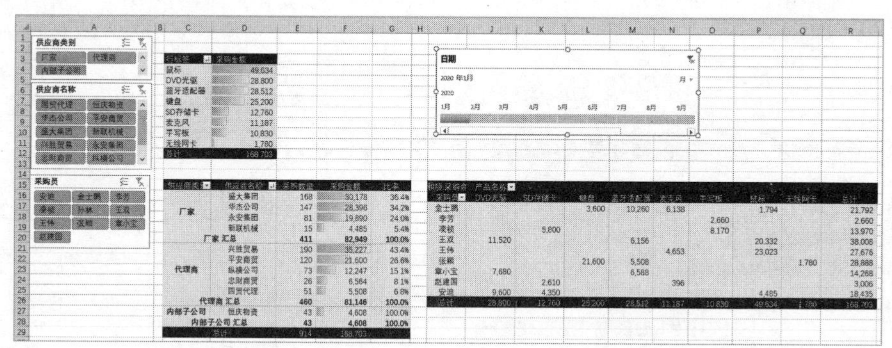

图 12-55

下面设置日程表的样式，统一图表风格。

选中【日期】日程表→选择【选项】选项卡→在【日程表样式】功能组中选择一个合适的样式，如图 12-56 所示。

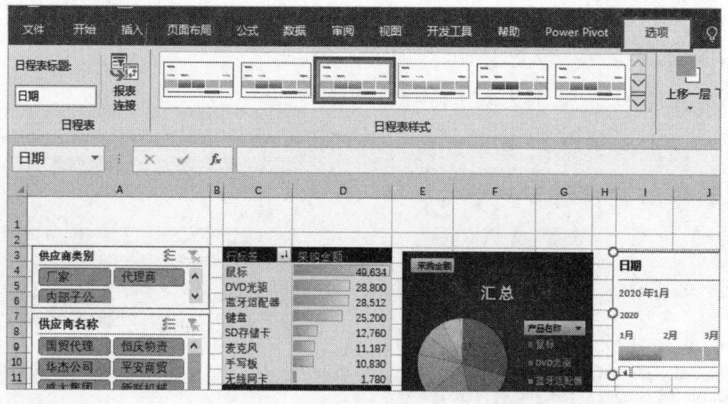

图 12-56

12.3 数据透视图

利用数据透视表完成了数据的统计与分析，那么如何将统计的结果直观地呈现出来呢？最有效的方法就是图表，本节就来介绍利用数据透视图创建图表，将数据结果更直观地呈现出来。

1. 插入数据透视图

选中“数据透视表 1”中的任意单元格→选择【分析】选项卡→单击【数据透视图】按钮→在弹出的【插入图表】对话框中选择【饼图】选项→单击【确定】按钮，如图 12-57 所示。

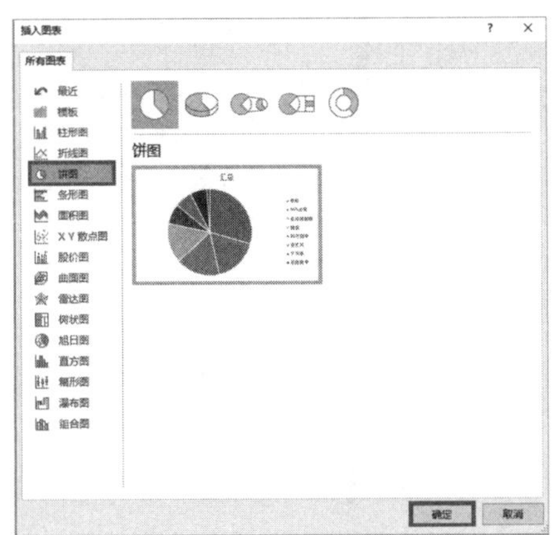

图 12-57

如图 12-58 所示，“数据透视表 1”对应的饼图图表已经完成了。

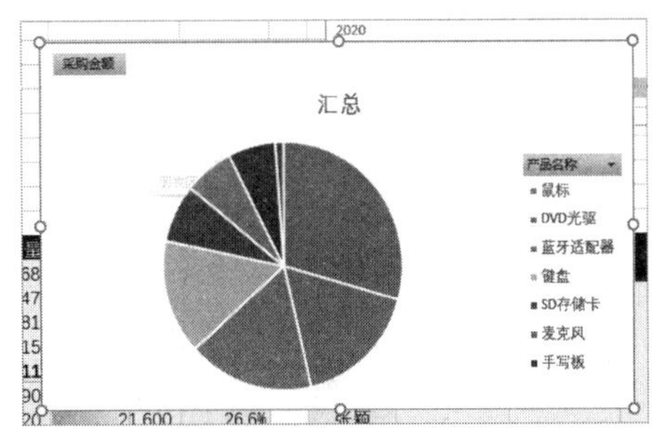

图 12-58

2. 美化数据透视图

选中饼图图表→选择【设计】选项卡→在【图标样式】功能组中选择一个合适的样式，如图 12-59 所示。

图 12-59

除了系统自带的图表样式，还可以对图表进行自定义的颜色设置。选中图表→选择【设计】选项卡→单击【更改颜色】按钮→选择一个喜欢的颜色，如图 12-60 所示。

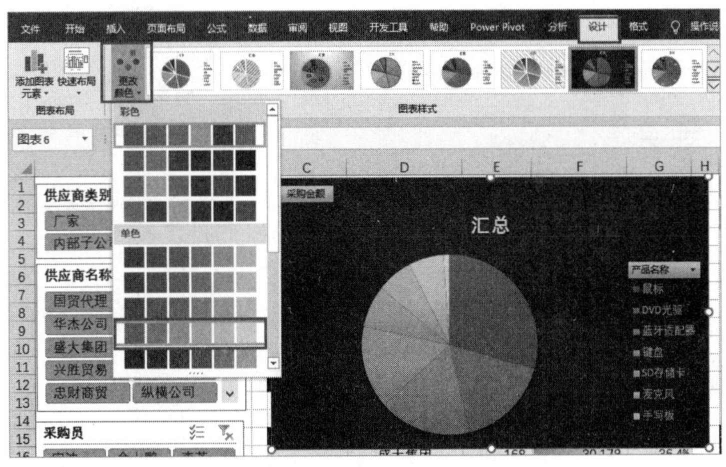

图 12-60

如图 12-61 所示，数据透视图已经完成了，可以调整数据透视图的大小，将其放在合适的位置。

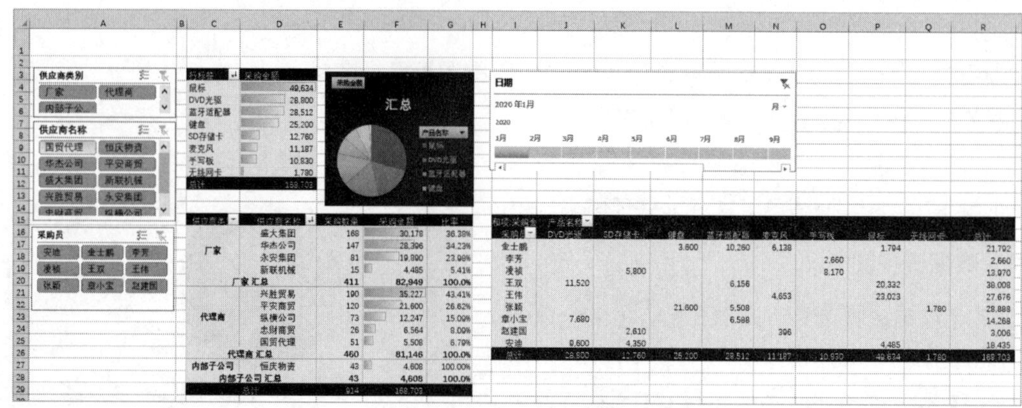

图 12-61

3. 数据透视图的排版布局

按 <Ctrl> 键依次选中 3 个切片器→按 <Alt> 键精准调整图表的位置，使之与单元格边缘对齐，如图 12-62 所示。

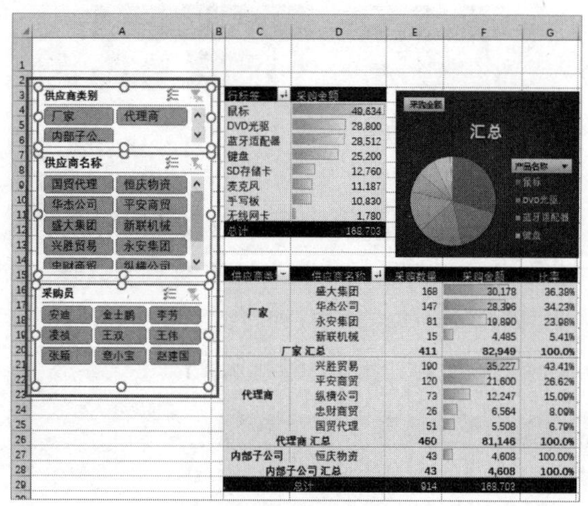

图 12-62

下面选中【A1】单元格，输入图表的标题“表姐凌祯科技有限公司　　　物资供应情况动态分析”，如图 12-63 所示。

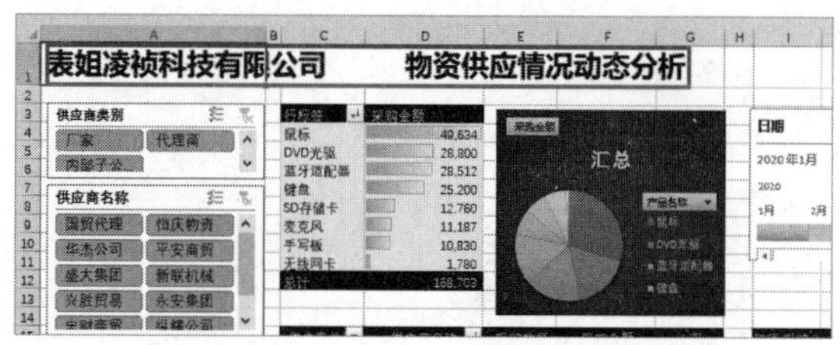

图 12-63

选中“数据透视表 3”中的任意单元格→在【数据透视表字段】任务窗格中选中【供应商类别】字段→拖曳至【筛选】区域→选中【供应商名称】字段→拖曳至【筛选】区域，如图 12-64 所示。

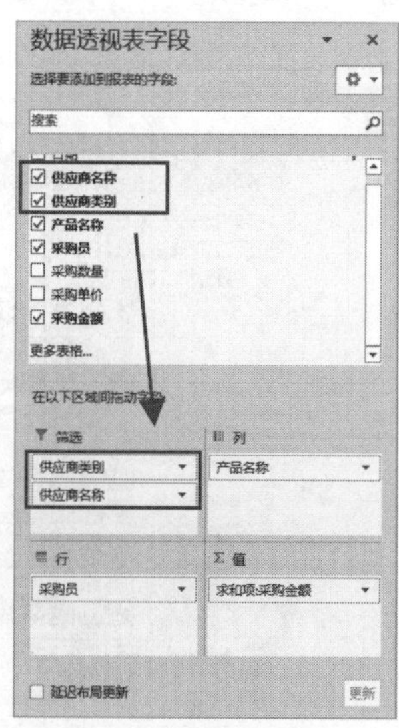

图 12-64

最后可以将工作表中的网格线取消。选择【视图】选项卡→取消选中【网格线】复选框，如图 12-65 所示。至此，已经完成了数据透视图的制作。

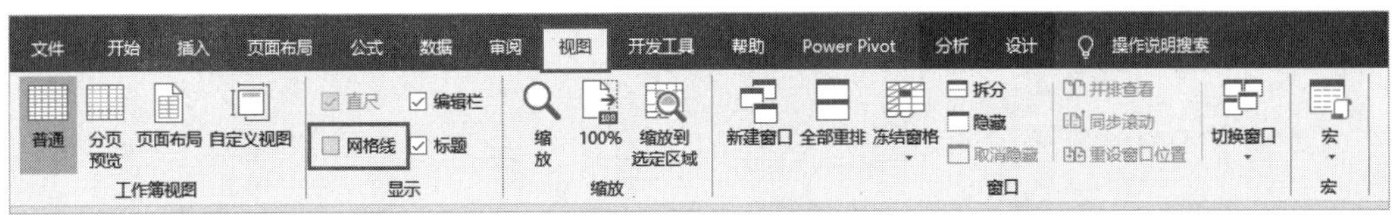

图 12-65

12.4 批量创建子数据透视表

1. 显示报表筛选页

前面已经完成了数据的统计分析与图表制作，接下来如果需要按照不同的“供应商名称”单独创建一张工作表，就可以通过数据透视表“显示报表筛选页”的方法创建一个个独立的子数据透视表。选中“数据透视表 3”中的任意单元格→选择【分析】选项卡→单击【选项】按钮→选择【显示报表筛选页】选项，如图 12-66 所示。

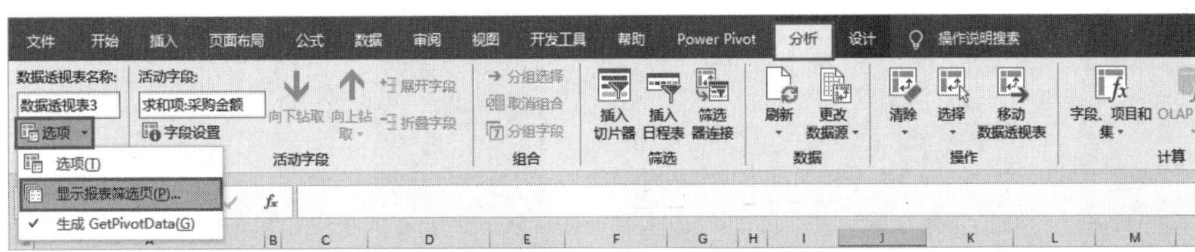

图 12-66

在弹出的【显示报表筛选页】对话框中选择【供应商名称】作为显示报表筛选页的选项→单击【确定】按钮，如图 12-67 所示。

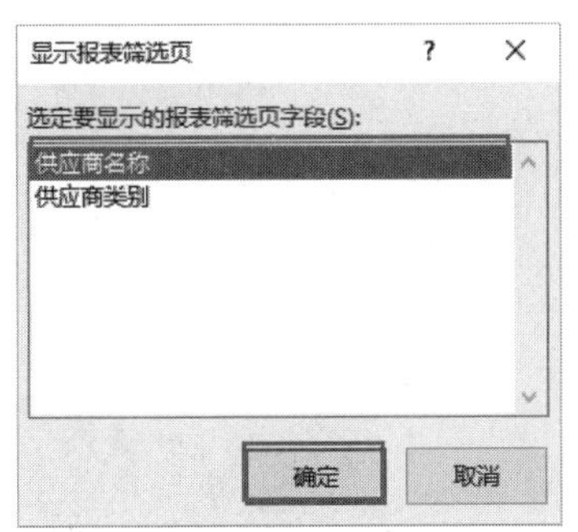

图 12-67

如图 12-68 所示，Excel 按照每一个“供应商名称”单独创建了一张工作表。

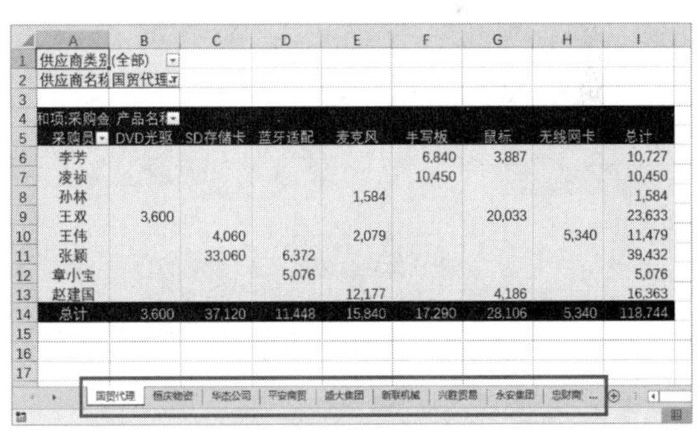

供应商类别	(全部)							
供应商名称	国贸代理							
和项:采购金	产品名称							
采购员	DVD光驱	SD存储卡	蓝牙适配	麦克风	手写板	鼠标	无线网卡	总计
李芳					6,840	3,887		10,727
凌祯					10,450			10,450
孙林				1,584				1,584
王双	3,600					20,033		23,633
王伟		4,060		2,079			5,340	11,479
张颖		33,060	6,372					39,432
章小宝			5,076					5,076
赵建国				12,177		4,186		16,363
总计	3,600	37,120	11,448	15,840	17,290	28,106	5,340	118,744

图 12-68

2. 按不同供应商分类打印

选中工作表标签中的第一个“国贸代理”标签→按 <Shift> 键的同时选中最后一个“纵横公司”标签，这样就可以将所有的供应商工作表选中，如图 12-69 所示。

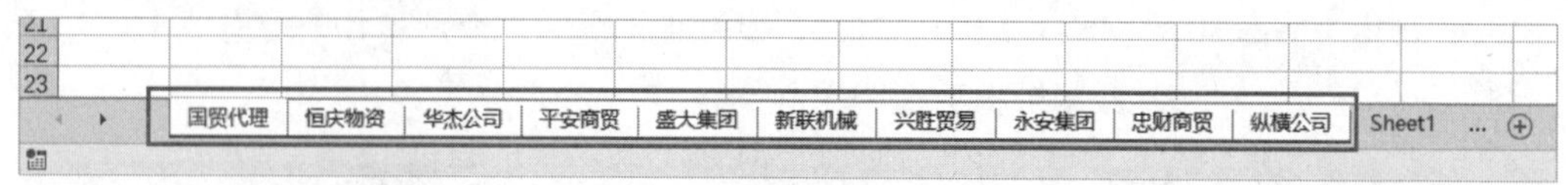

图 12-69

然后按 <Ctrl+P> 键打开【打印】页面→单击【设置】中的【正常边距】按钮→选择【窄】选项，将页边距设置为窄边距，如图 12-70 所示。

然后单击【设置】中的【无缩放】按钮→选择【将所有列调整为一页】选项，如图 12-71 所示。

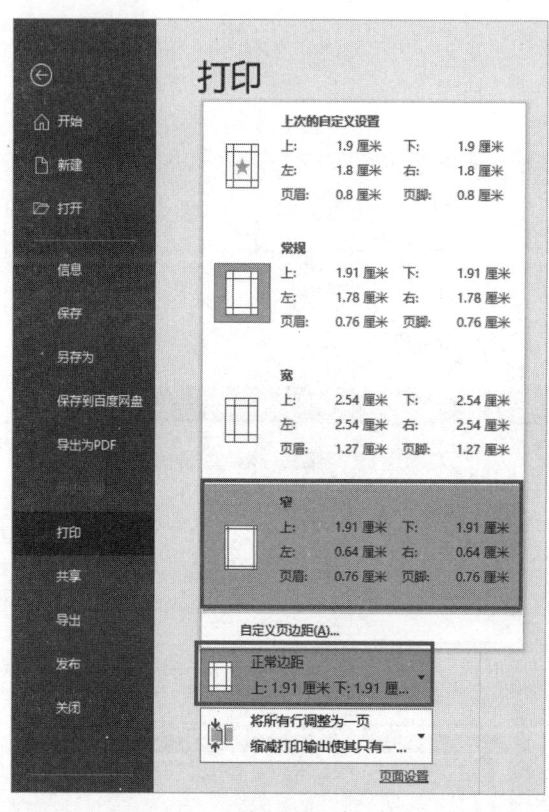

图 12-70

图 12-71

设置完成后，就可以按照不同供应商名称进行分类打印了。

12.5 分类打印清单表

1. 取消分类汇总

制作好的数据透视表默认分别根据“供应商类别”和“供应商名称”进行汇总计算，如图 12-72 所示。如果只需要对“供应商类别”进行汇总，而不需要对“供应商名称”进行汇总，则可以取消字段的分类汇总。

	A	B	C	D	E
1	供应商类别	供应商名称	产品名称	采购数量	采购金额
2			SD存储卡	142	41,180
3			鼠标	131	39,169
4		盛大集团	手写板	124	23,560
5			DVD光驱	93	22,320
6			无线网卡	94	16,732
7			麦克风	106	10,494
8		盛大集团 汇总		690	153,455
9			鼠标	196	58,604
10			DVD光驱	99	23,760
11			手写板	87	16,530
12		华杰公司	无线网卡	56	9,968
13			蓝牙适配器	61	6,588
14			麦克风	41	4,059
15			键盘	20	3,600
16			SD存储卡	12	3,480
17	厂家	华杰公司 汇总		572	126,589
18			DVD光驱	145	34,800
19			鼠标	70	20,930
20			SD存储卡	29	8,410
21		永安集团	麦克风	78	7,722
22			无线网卡	38	6,764
23			手写板	19	3,610
24			键盘	8	1,440
25		永安集团 汇总		387	83,676
26			鼠标	105	31,395
27			手写板	66	12,540
28			蓝牙适配器	89	9,612
29		新联机械	麦克风	84	8,316
30			SD存储卡	19	5,510
31			DVD光驱	20	4,800
32			键盘	20	3,600
33		新联机械 汇总		403	75,773
34		厂家 汇总		2,052	439,493

图 12-72

在“创建清单表”工作表中，选中【B8】单元格并右击→在弹出的快捷菜单中选择【分类汇总“供应商名称”】选项，如图 12-73 所示。

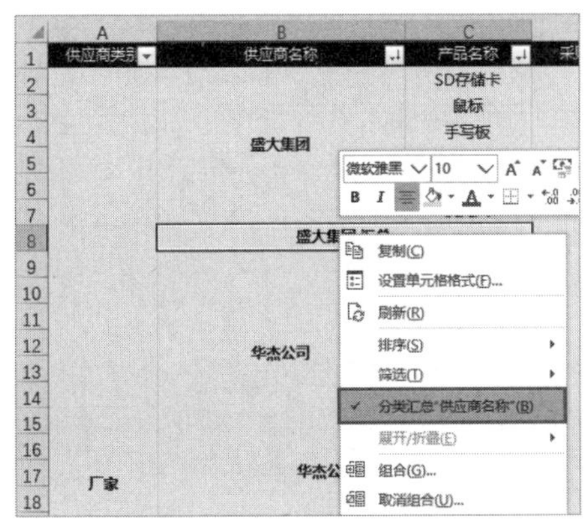

图 12-73

设置完成后，原本根据“供应商名称”做的分类汇总行就消失不见了，如图 12-74 所示。

	A	B	C	D	E
1	供应商类别	供应商名称	产品名称	采购数量	采购金额
2			SD存储卡	142	41,180
3			鼠标	131	39,169
4		盛大集团	手写板	124	23,560
5			DVD光驱	93	22,320
6			无线网卡	94	16,732
7			麦克风	106	10,494
8			鼠标	196	58,604
9			DVD光驱	99	23,760
10			手写板	87	16,530
11			无线网卡	56	9,968
12		华杰公司	蓝牙适配器	61	6,588
13			麦克风	41	4,059
14			键盘	20	3,600
15	厂家		SD存储卡	12	3,480
16			DVD光驱	145	34,800
17			鼠标	70	20,930
18			SD存储卡	29	8,410
19		永安集团	麦克风	78	7,722
20			无线网卡	38	6,764
21			手写板	19	3,610
22			键盘	8	1,440
23			鼠标	105	31,395
24			手写板	66	12,540
25			蓝牙适配器	89	9,612
26		新联机械	麦克风	84	8,316
27			SD存储卡	19	5,510
28			DVD光驱	20	4,800
29			键盘	20	3,600
30		厂家 汇总		2,052	439,493

图 12-74

2. 重复所有标签项

如图 12-72 所示，数据透视表将所有同类别的数据设置为合并单元格的效果，如果想要将所有“供应商名称”添加回来，则可以设置重复所有标签项。

首先取消合并单元格效果。选中数据透视表中的任意单元格并右击→在弹出的快捷菜单中选择【数据透视表选项】选项，如图 12-75 所示。

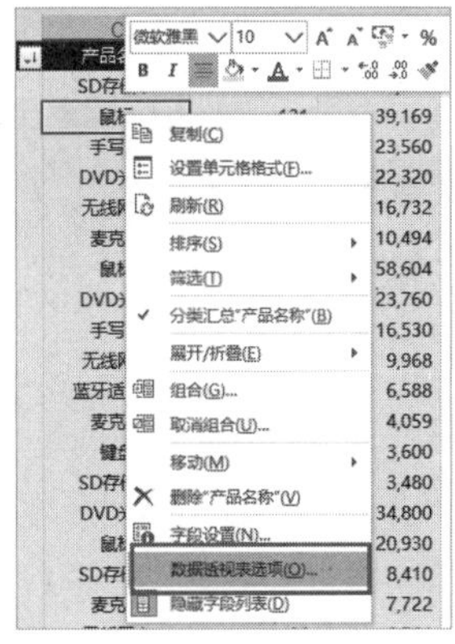

图 12-75

在弹出的【数据透视表选项】对话框中取消

选中【合并且居中排列带标签的单元格】复选框→单击【确定】按钮，如图 12-76 所示。

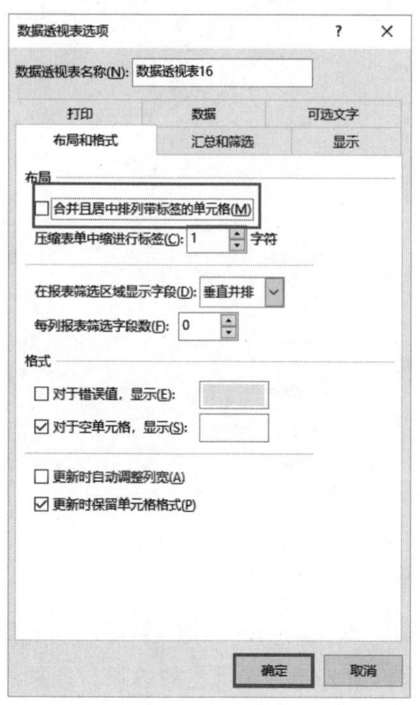

图 12-76

选中数据透视表中的任意单元格→选择【设计】选项卡→单击【报表布局】按钮→选择【重复所有项目标签】选项，如图 12-77 所示。

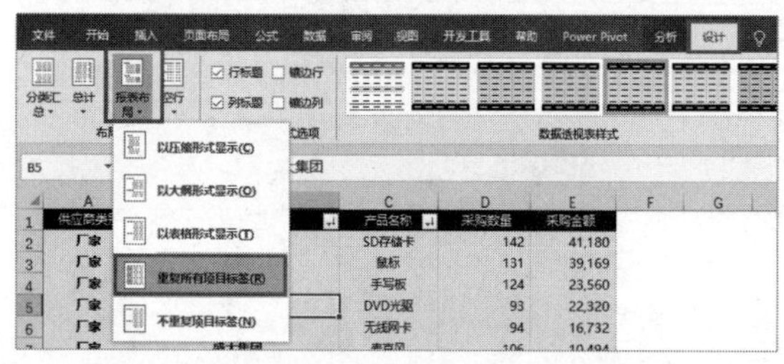

图 12-77

3. 分类打印

接下来按照不同类别将表格打印出来。选中数据透视表中的任意单元格并右击→在弹出的快捷菜单中选择【数据透视表选项】选项，如图 12-78 所示。

图 12-78

在弹出的【数据透视表选项】对话框中选择【打印】选项卡→选中【在每一打印页上重复行标签】和【设置打印标题】复选框→单击【确定】按钮，如图 12-79 所示。

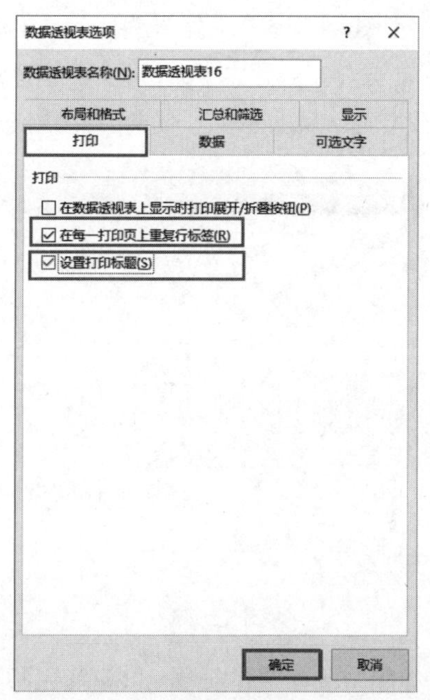

图 12-79

右击，在弹出的快捷菜单中选择【字段设置】选项，如图 12-80 所示。

图 12-80

在弹出的【字段设置】对话框中选择【布局和打印】选项卡→选中【每项后面插入分页符】复选框→单击【确定】按钮，如图 12-81 所示。

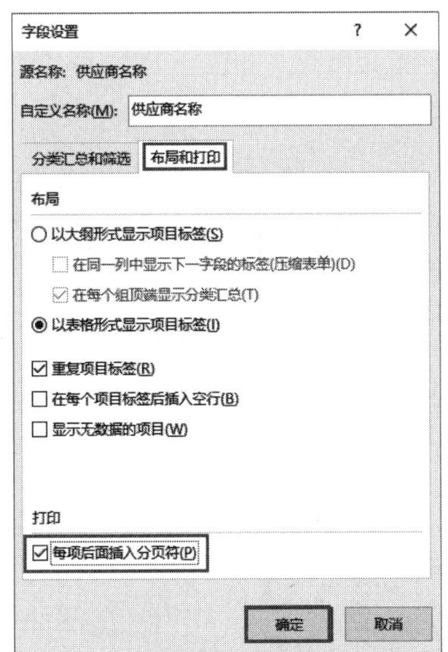

图 12-81

至此，分页打印设置就完成了，如图 12-82 所示，在工作表中可以看到每一页的内容已经用虚线分隔开了，可以直接打印了。

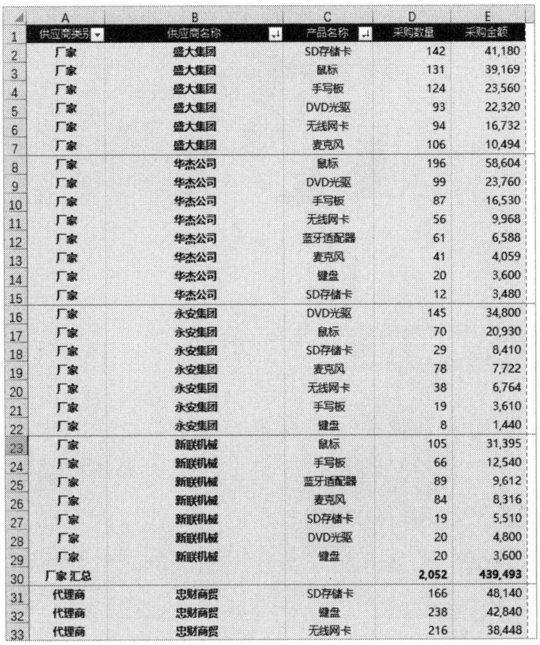

	A	B	C	D	E
1	供应商类别	供应商名称	产品名称	采购数量	采购金额
2	厂家	盛大集团	SD存储卡	142	41,180
3	厂家	盛大集团	鼠标	131	39,169
4	厂家	盛大集团	手写板	124	23,560
5	厂家	盛大集团	DVD光驱	93	22,320
6	厂家	盛大集团	无线网卡	94	16,732
7	厂家	盛大集团	麦克风	106	10,494
8	厂家	华杰公司	鼠标	196	58,604
9	厂家	华杰公司	DVD光驱	99	23,760
10	厂家	华杰公司	手写板	87	16,530
11	厂家	华杰公司	无线网卡	56	9,968
12	厂家	华杰公司	蓝牙适配器	61	6,588
13	厂家	华杰公司	麦克风	41	4,059
14	厂家	华杰公司	键盘	20	3,600
15	厂家	华杰公司	SD存储卡	12	3,480
16	厂家	永安集团	DVD光驱	145	34,800
17	厂家	永安集团	鼠标	70	20,930
18	厂家	永安集团	SD存储卡	29	8,410
19	厂家	永安集团	麦克风	78	7,722
20	厂家	永安集团	无线网卡	38	6,764
21	厂家	永安集团	手写板	19	3,610
22	厂家	永安集团	键盘	8	1,440
23	厂家	新联机械	鼠标	105	31,395
24	厂家	新联机械	手写板	66	12,540
25	厂家	新联机械	蓝牙适配器	89	9,612
26	厂家	新联机械	麦克风	84	8,316
27	厂家	新联机械	SD存储卡	19	5,510
28	厂家	新联机械	DVD光驱	20	4,800
29	厂家	新联机械	键盘	20	3,600
30	厂家 汇总			2,052	439,493
31	代理商	忠财商贸	SD存储卡	166	48,140
32	代理商	忠财商贸	键盘	238	42,840
33	代理商	忠财商贸	无线网卡	216	38,448

图 12-82

第13关 本篇实践应用

本关背景

进入数据透视表篇章时，笔者首先为大家介绍了什么是数据透视表、如何创建基础数据透视表、字段间分布的原理和制作数据透视表的步骤。然后介绍了数据透视表的结构设置与美化，利用数据透视表与数据源表联动变化提高工作效率，并进一步介绍了如何对数据透视表进行分组与统计。最后利用切片器和报表布局的方法使报表更加灵活，制作数据透视图表使数据更直观。

本关综合利用前文介绍的内容，建立图 13-1 所示的“公司业绩分析 BI 模板”。希望读者能将收获的技能积极地应用到工作中。

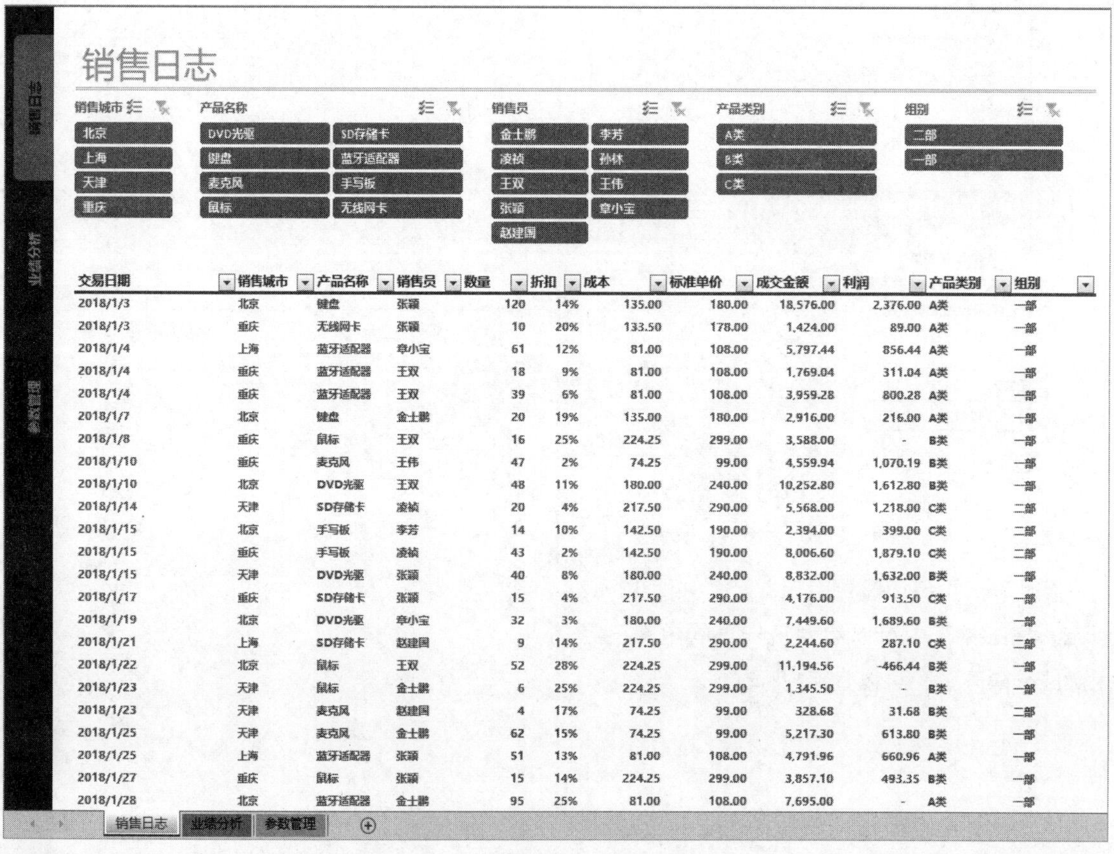

销售日志

销售城市：北京 上海 天津 重庆

产品名称：DVD光驱 SD存储卡 键盘 蓝牙适配器 麦克风 手写板 鼠标 无线网卡

销售员：金士鹏 李芳 凌祯 孙林 王双 王伟 张颖 章小宝 赵建国

产品类别：A类 B类 C类

组别：二部 一部

交易日期	销售城市	产品名称	销售员	数量	折扣	成本	标准单价	成交金额	利润	产品类别	组别
2018/1/3	北京	键盘	张颖	120	14%	135.00	180.00	18,576.00	2,376.00	A类	一部
2018/1/3	重庆	无线网卡	张颖	10	20%	133.50	178.00	1,424.00	89.00	A类	一部
2018/1/4	上海	蓝牙适配器	章小宝	61	12%	81.00	108.00	5,797.44	856.44	A类	一部
2018/1/4	重庆	蓝牙适配器	王双	18	9%	81.00	108.00	1,769.04	311.04	A类	一部
2018/1/4	重庆	蓝牙适配器	王双	39	6%	81.00	108.00	3,959.28	800.28	A类	一部
2018/1/7	北京	键盘	金士鹏	20	19%	135.00	180.00	2,916.00	216.00	A类	一部
2018/1/8	重庆	鼠标	王双	16	25%	224.25	299.00	3,588.00	-	B类	一部
2018/1/10	重庆	麦克风	王伟	47	2%	74.25	99.00	4,559.94	1,070.19	B类	一部
2018/1/10	北京	DVD光驱	王双	48	11%	180.00	240.00	10,252.80	1,612.80	B类	一部
2018/1/14	天津	SD存储卡	凌祯	20	4%	217.50	290.00	5,568.00	1,218.00	C类	二部
2018/1/15	北京	手写板	李芳	14	10%	142.50	190.00	2,394.00	399.00	C类	二部
2018/1/15	重庆	手写板	凌祯	43	2%	142.50	190.00	8,006.60	1,879.10	C类	二部
2018/1/15	天津	DVD光驱	张颖	40	8%	180.00	240.00	8,832.00	1,632.00	B类	一部
2018/1/17	重庆	SD存储卡	张颖	15	4%	217.50	290.00	4,176.00	913.50	C类	一部
2018/1/19	北京	DVD光驱	章小宝	32	3%	180.00	240.00	7,449.60	1,689.60	B类	一部
2018/1/21	上海	SD存储卡	赵建国	9	14%	217.50	290.00	2,244.60	287.10	C类	二部
2018/1/22	北京	鼠标	王双	52	28%	224.25	299.00	11,194.56	-466.44	B类	一部
2018/1/23	天津	鼠标	金士鹏	6	25%	224.25	299.00	1,345.50	-	B类	一部
2018/1/23	天津	麦克风	赵建国	4	17%	74.25	99.00	328.68	31.68	B类	二部
2018/1/25	天津	麦克风	金士鹏	62	15%	74.25	99.00	5,217.30	613.80	B类	一部
2018/1/25	上海	蓝牙适配器	张颖	51	13%	81.00	108.00	4,791.96	660.96	A类	一部
2018/1/27	重庆	鼠标	张颖	15	14%	224.25	299.00	3,857.10	493.35	B类	一部
2018/1/28	北京	蓝牙适配器	金士鹏	95	25%	81.00	108.00	7,695.00	-	A类	一部

销售日志 业绩分析 参数管理

图 13-1

13.1 拆分模板结构

打开“素材文件 /13- 本篇实践应用 /13- 本篇实践应用 – 公司业绩分析 BI 模板 – 模板 .xlsx”源文件。

在制作模板之前，首先要分析模板的结构。

1. 工作表页签

在“销售日志”工作表中，通过选择左侧的【销售日志】、【业绩分析】、【参数管理】标签，可以快速切换到不同的工作表页面，从而查看各表的具体内容，如图 13-2 所示。

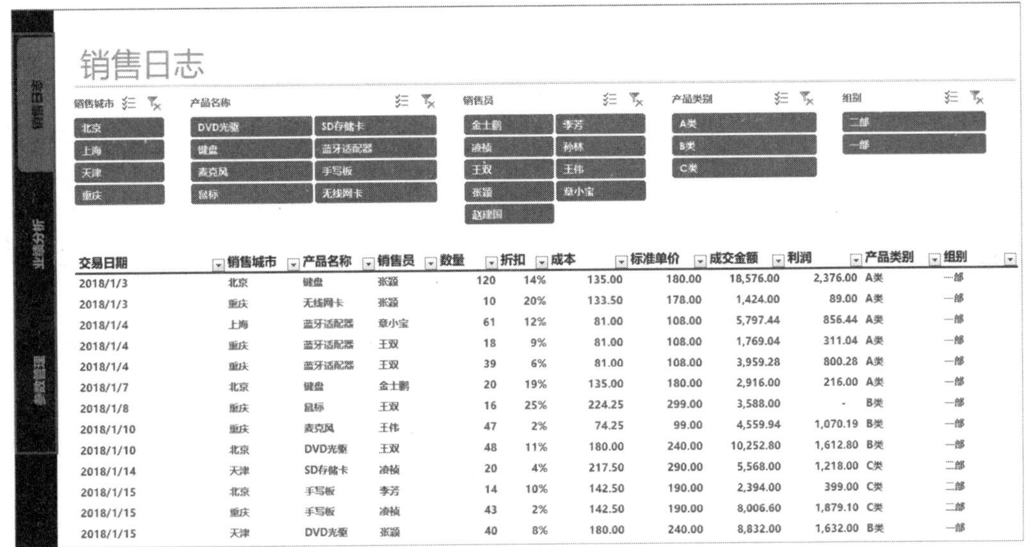

交易日期	销售城市	产品名称	销售员	数量	折扣	成本	标准单价	成交金额	利润	产品类别	组别
2018/1/3	北京	键盘	张颖	120	14%	135.00	180.00	18,576.00	2,376.00	A类	一部
2018/1/3	重庆	无线网卡	张颖	10	20%	133.50	178.00	1,424.00	89.00	A类	一部
2018/1/4	上海	蓝牙适配器	章小宝	61	12%	81.00	108.00	5,797.44	856.44	A类	一部
2018/1/4	重庆	蓝牙适配器	王双	18	9%	81.00	108.00	1,769.04	311.04	A类	一部
2018/1/4	重庆	蓝牙适配器	王双	39	6%	81.00	108.00	3,959.28	800.28	A类	一部
2018/1/7	北京	键盘	金士鹏	20	19%	135.00	180.00	2,916.00	216.00	A类	一部
2018/1/8	重庆	鼠标	王双	16	25%	224.25	299.00	3,588.00	-	B类	一部
2018/1/10	重庆	麦克风	王伟	47	2%	74.25	99.00	4,559.94	1,070.19	B类	一部
2018/1/10	北京	DVD光驱	王双	48	11%	180.00	240.00	10,252.80	1,612.80	B类	一部
2018/1/14	天津	SD存储卡	凌祯	20	4%	217.50	290.00	5,568.00	1,218.00	C类	二部
2018/1/15	北京	手写板	李芳	14	10%	142.50	190.00	2,394.00	399.00	C类	二部
2018/1/15	重庆	手写板	凌祯	43	2%	142.50	190.00	8,006.60	1,879.10	C类	二部
2018/1/15	天津	DVD光驱	张颖	40	8%	180.00	240.00	8,832.00	1,632.00	B类	一部

图 13-2

“销售日志”工作表中记录了销售业绩的明细情况，包括“交易日期”“销售城市”“产品名称”“销售员”“数量”“折扣”“成本”“标准单价”“成交金额”“利润”“产品类别”“组别”，如图 13-3 所示。

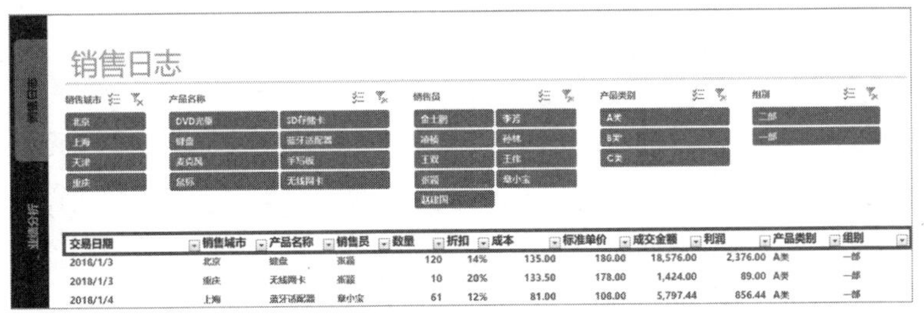

交易日期	销售城市	产品名称	销售员	数量	折扣	成本	标准单价	成交金额	利润	产品类别	组别
2018/1/3	北京	键盘	张颖	120	14%	135.00	180.00	18,576.00	2,376.00	A类	一部
2018/1/3	重庆	无线网卡	张颖	10	20%	133.50	178.00	1,424.00	89.00	A类	一部
2018/1/4	上海	蓝牙适配器	章小宝	61	12%	81.00	108.00	5,797.44	856.44	A类	一部

图 13-3

2. 切片器按钮

在数据的顶部，是利用切片器功能制作的筛选按钮，如图 13-4 所示。

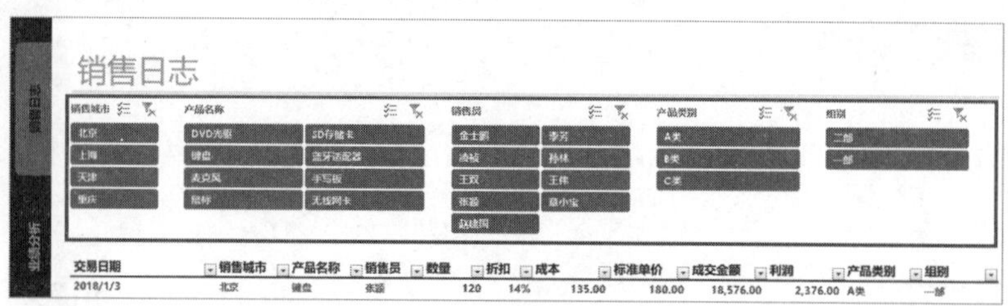

图 13-4

温馨提示

只有 Excel 2013 及以上版本的超级表才能创建切片器，WPS 及 Excel 低版本不能解锁这个功能。

3. 干净的界面

图 13-2 所示的工作表不同于普通的工作表，更像一个系统的样式，这是因为在【视图】选项卡中取消选中了【网格线】、【编辑栏】、【标题】复选框，如图 13-5 所示。重新选中这些复选框，可以将工作表调回熟悉的样子。

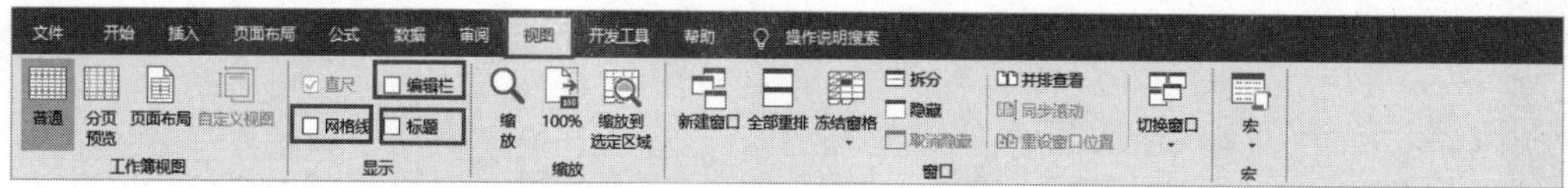

图 13-5

4. 数据透视图表

根据前文介绍的知识，在“业绩分析”工作表中可以轻松地制作出图 13-6 所示的 5 张数据透视表和环形图。

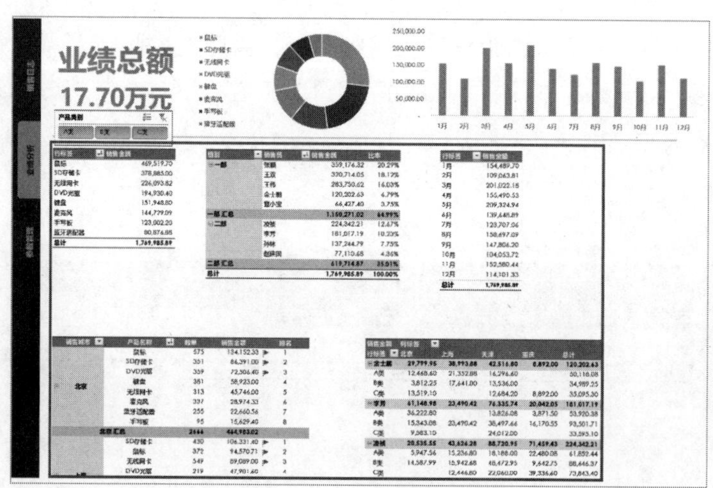

图 13-6

5. 切片器报表连接

图 13-7 利用切片器关联了多张数据透视图表，单击切片器中“产品类别”下的不同按钮，各个图表就会联动变化。

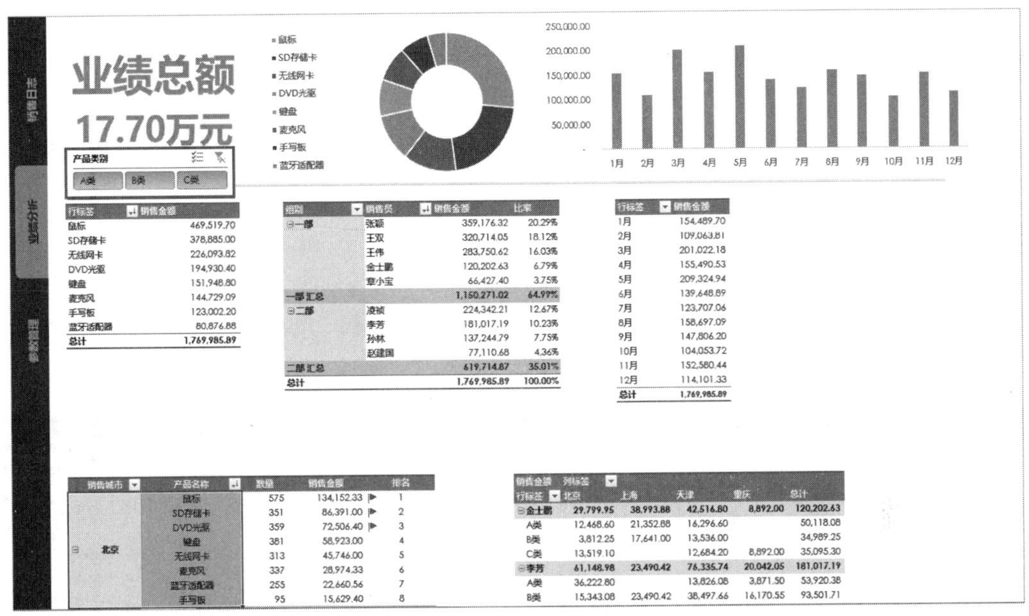

图 13-7

将模板进行解剖分析后，不难看出其实每个模块都对应前面介绍过的方法。了解了所有构成元素后，就开始一步步地操作吧！

13.2 制作切换小页签

首先新建一张工作簿并命名为“销售业绩分析模板”（图 13-8）。双击鼠标将其打开，在这里模仿图 13-1 所示的“公司业绩分析 BI 模板”，一起来制作吧！

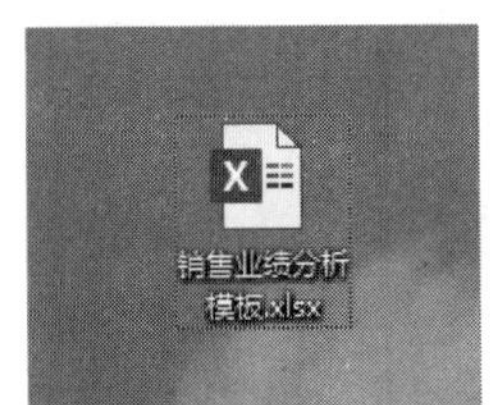

图 13-8

（1）设置标签放置的区域。选中工作表中的【A】列→选择【开始】选项卡→单击【填充颜色】按钮→选择“灰黑色”，如图 13-9 所示。

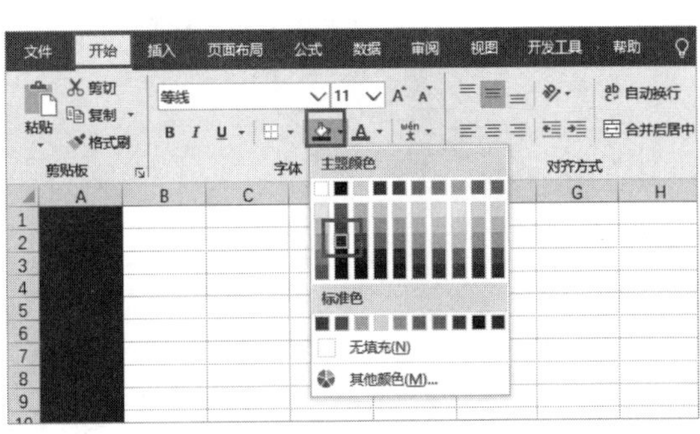

图 13-9

（2）利用插入形状的方式制作出小页签的效果。选择【插入】选项卡→单击【形状】

按钮→在【矩形】中选择【圆顶角】选项，如图 13-10 所示→拖曳鼠标绘制矩形。

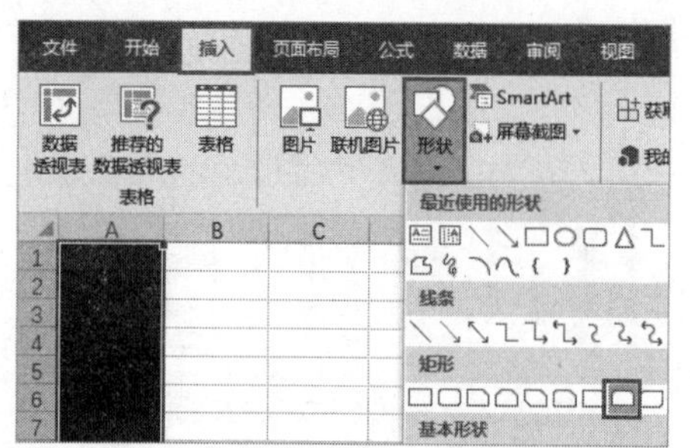

图 13-10

（3）添加文本。选中插入的矩形并右击→在弹出的快捷菜单中选择【编辑文字】选项，如图 13-11 所示→在矩形内输入“销售日志”。

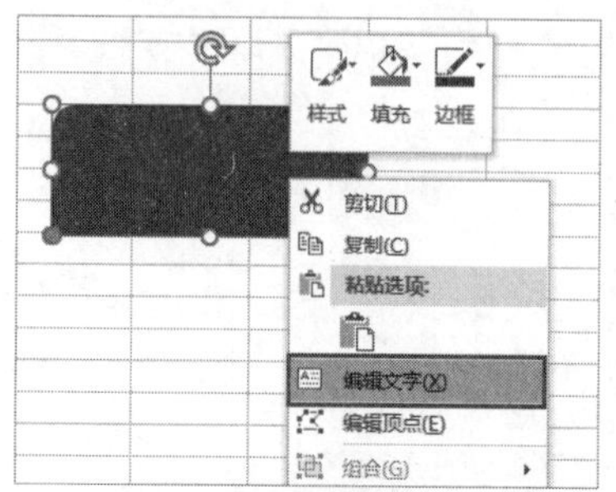

图 13-11

（4）旋转标签。选中矩形→选择【格式】选项卡→单击【旋转】按钮→选择【向左旋转 90°】选项，如图 13-12 所示。

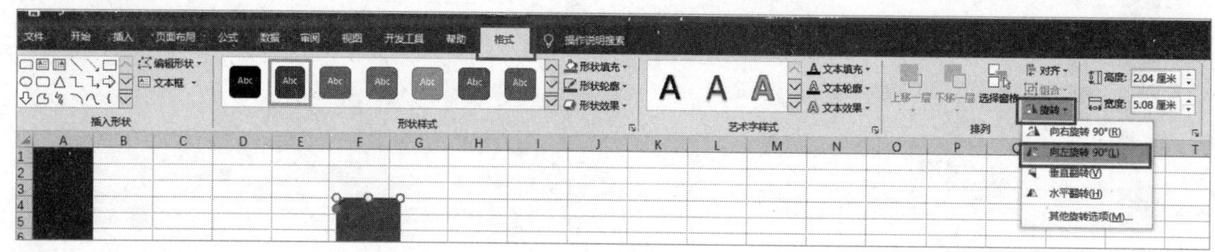

图 13-12

（5）美化“销售日志”标签的效果。选中矩形→选择【格式】选项卡→单击【形状填充】按钮→选择同前面一样的“灰黑色”，如图 13-13 所示。

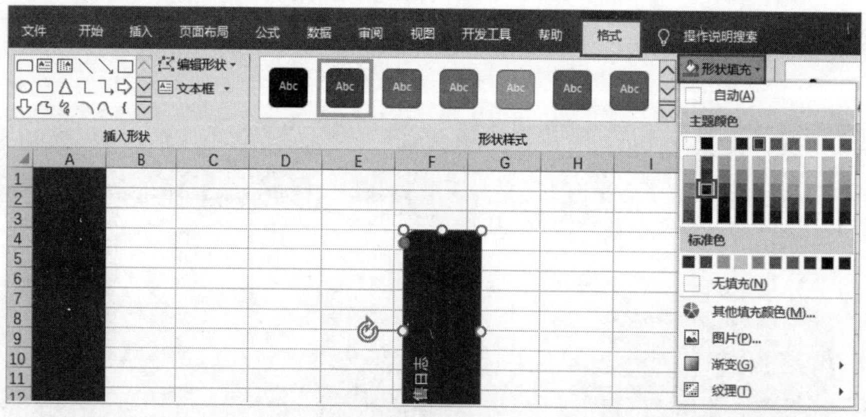

图 13-13

接着单击【形状轮廓】按钮→选择【无轮廓】选项，如图 13-14 所示。

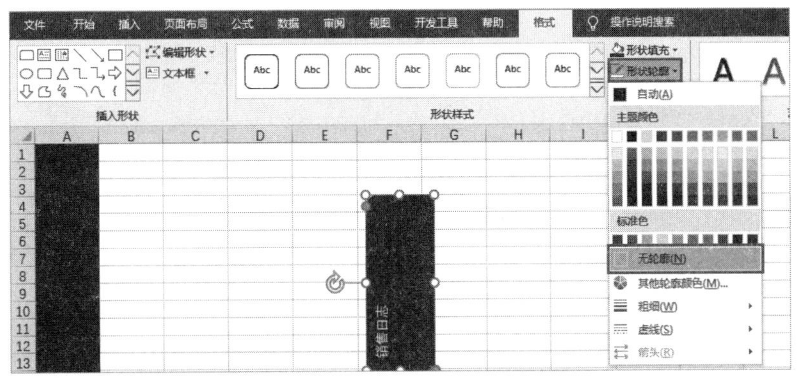

图 13-14

（6）设置文本的对齐方式、字体和字号。选中矩形标签→选择【开始】选项卡→单击【对齐方式】功能组中的【水平居中】和【垂直居中】按钮→单击【字体】列表框右侧的下拉按钮→选择【Microsoft YaHei Light】选项→调整字号的大小，如图 13-15 所示。

图 13-15

（7）复制标签。选中标签→按 <Ctrl+Shift> 键向下拖曳鼠标，快速复制两个同样的矩形，如图 13-16 所示。

（8）排版。将 3 个标签调整到对应的位置，并分别将标签内的文字修改为“参数管理”和“业绩报表”，如图 13-17 所示。

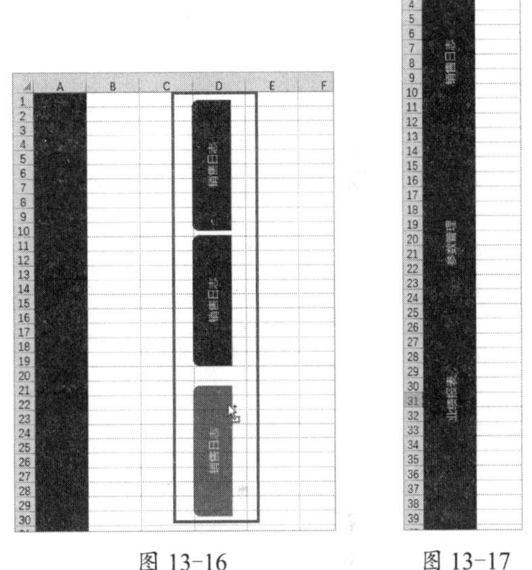

图 13-16　　图 13-17

（9）对齐标签。按 <Ctrl> 键选中 3 个矩形→选择【格式】选项卡→单击【对齐】按钮→选择【右对齐】和【纵向分布】选项，如图 13-18 所示。

图 13-18

（10）复制工作表。选中工作表页签并右击→在弹出的快捷菜单中选择【重命名】选项→修改工作表名称为“销售日志”。

选中工作表页签→按 <Ctrl> 键拖曳鼠标，将工作表快速复制。然后分别修改工作表名称为“参数管理”和“业绩报表”，如图 13-19 所示。

图 13-19

接下来制作“业绩报表”工作表的页签。

（1）设置超级连接。选中“业绩报表”工作表中的“销售日志”标签并右击→在弹出的快捷菜单中选择【链接】选项，如图 13-20 所示。

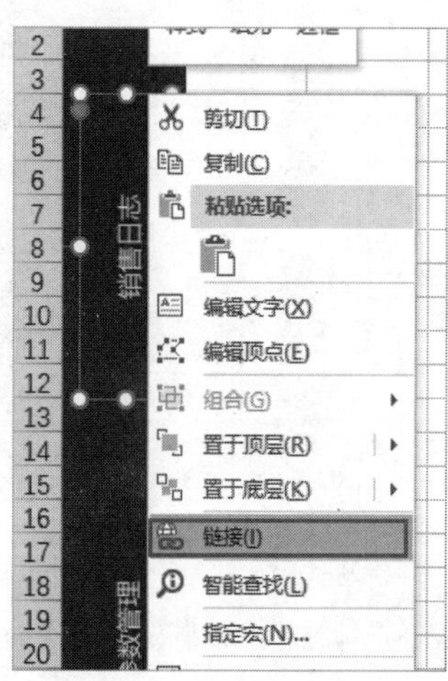

图 13-20

在弹出的【插入超链接】对话框中选择【本文档中的位置】选项→在【或在此文档中选择一个位置】中选择【销售日志】选项→单击【确定】按钮，如图 13-21 所示。

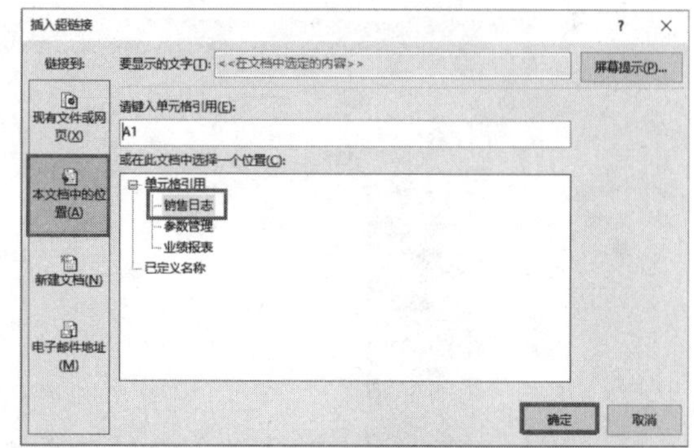

图 13-21

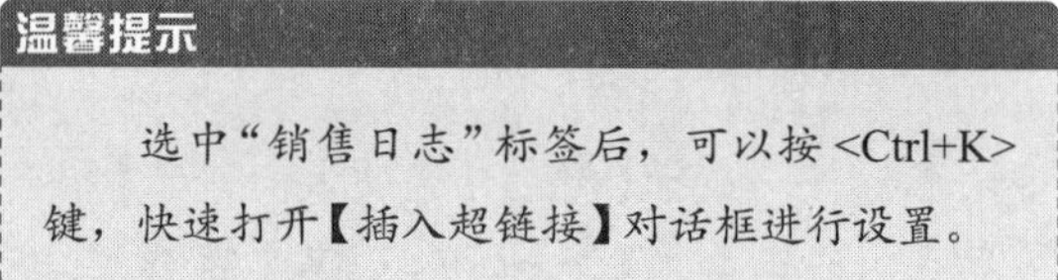
温馨提示

选中“销售日志”标签后，可以按 <Ctrl+K> 键，快速打开【插入超链接】对话框进行设置。

利用同样的方法，对“参数管理”“业绩报表”标签设置对应的超链接。

（2）设置标签颜色。选中“业绩报表”工作表中的“业绩报表”标签→选择【格式】选项卡→单击【形状填充】按钮→选择一个喜欢的颜色，如绿色，如图 13-22 所示。

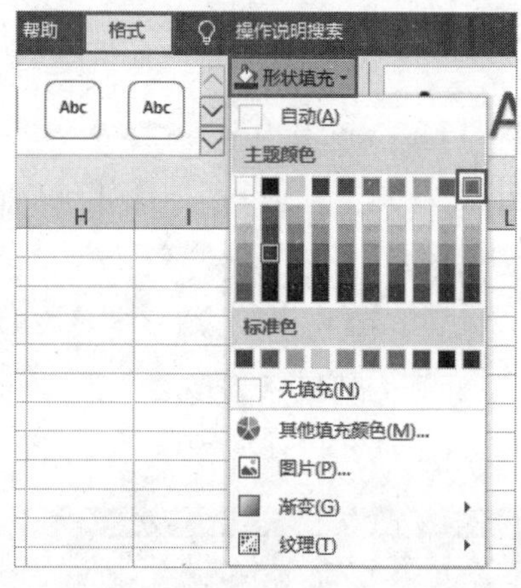

图 13-22

（3）设置标签字体颜色。选中“业绩报表”标签中的文本→选择【开始】选项卡→单击【字体颜色】按钮→选择与前文同样的“灰黑色”，如图 13-23 所示。

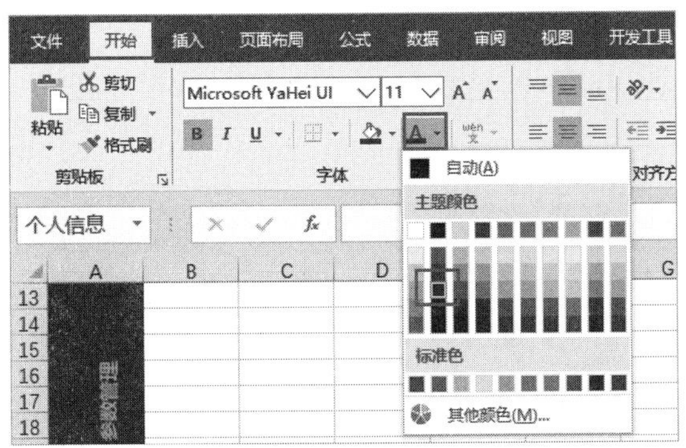

图 13-23

这样就完成了“业绩报表”工作表对应的标签制作。利用同样的方法，可以完成其他工作表页签的制作，如图 13-24 所示和图 13-25 所示。

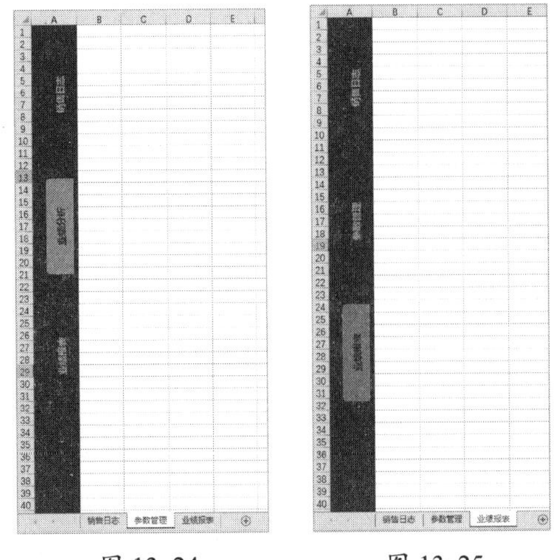

图 13-24　　图 13-25

至此，已经将销售业绩分析模板中的切换页签制作完成了。接下来就一边回顾前面几节的知识，一边逐步完善数据看板的制作吧！

13.3 参数表设计

通过前面几章的介绍，我们知道一切数据都来源于“数据源表”，它是构建一切报表的基础。而数据的录入要遵循一定的规则，只有规范了数据录入的规则，才能准确地做数据的统计和分析，这个规则就是“参数表”。当数据源表和参数表都具备了，就可以制作图表展示数据了。

本节就先来介绍“公司业绩分析 BI 模板”中的“参数”是如何构建的。

在“参数管理”工作表中录入图 13-26 所示的“产品档案”“人员档案”“销售城市”3个参数指标。

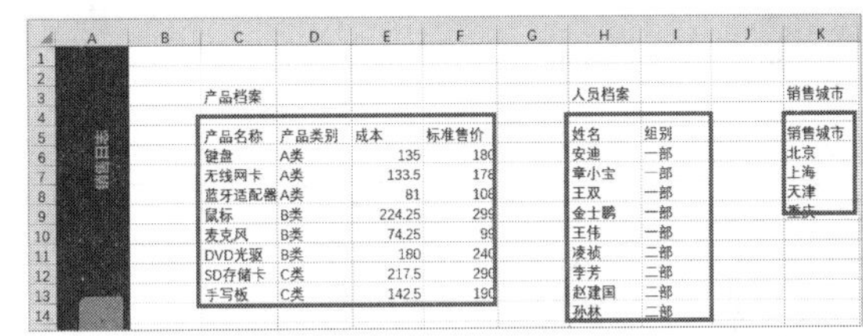

产品档案

产品名称	产品类别	成本	标准售价
键盘	A类	135	180
无线网卡	A类	133.5	178
蓝牙适配器	A类	81	108
鼠标	B类	224.25	299
麦克风	B类	74.25	99
DVD光驱	B类	180	240
SD存储卡	C类	217.5	290
手写板	C类	142.5	190

人员档案

姓名	组别
安迪	一部
章小宝	一部
王双	一部
金士鹏	一部
王伟	一部
凌祯	二部
李芳	二部
赵建国	二部
孙林	二部

销售城市

销售城市
北京
上海
天津

图 13-26

前文介绍过超级表的好处，所以建议将每一张表格都做成超级表。

分别将“产品档案”“人员档案”“销售城市”3个参数指标套用表格格式，变身超级表。

然后分别将它们的超级表名称命名为“产品档案”“人员档案”“销售城市”，如图 13-27 所示。

图 13-27

模板中类似于系统的样式，其实是通过页面设置来实现的。选择【视图】选项卡→取消选中【网格线】、【编辑栏】、【标题】复选框，如图 13-28 所示。

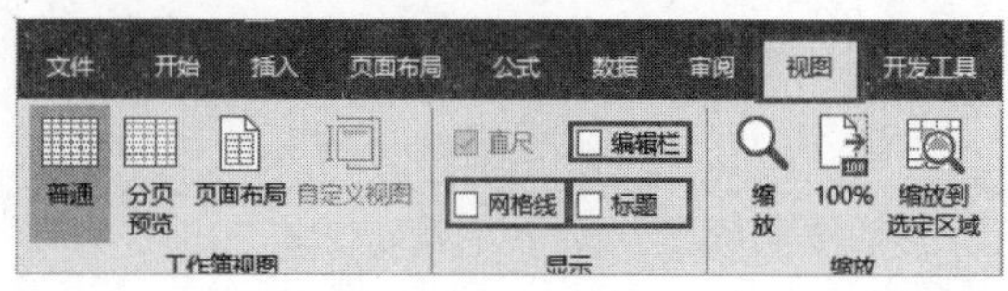

图 13-28

选中“产品档案”“人员档案”“销售城市”所在的 3 个单元格→选择【开始】选项卡→单击【字体】列表框右侧的下拉按钮→选择【Microsoft YaHei Light】选项→单击【A▲】按钮，增大字体→单击【字体颜色】按钮，选择“灰色”，如图 13-29 所示。

图 13-29

至此，“参数表”就制作完成了，如图 13-30 所示。

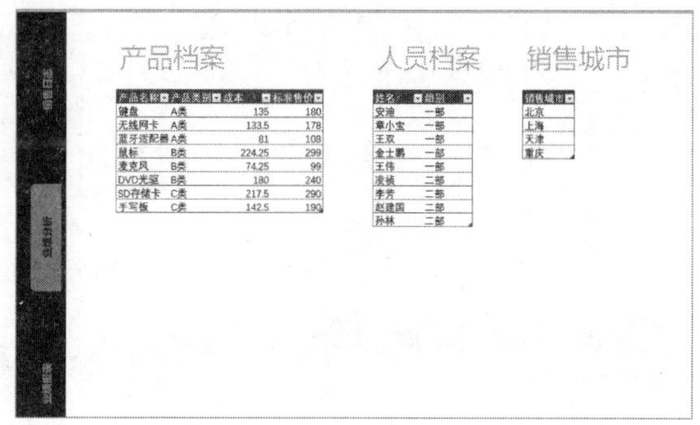

图 13-30

13.4 数据源设计

1. 导入数据

打开“素材文件 /13- 本篇实践应用 /13- 本篇实践应用 - 公司业绩分析 BI 模板 - 数据源表 .xlsx”源文件。

选中数据源中的任意单元格→按 <Ctrl+A> 键全选→按 <Ctrl+C> 键复制所有数据→回到“销售业绩分析模板 .xlsx”工作簿文件的“销售日志”工作表→选中【C12】单元格→按 <Ctrl+V> 键粘贴。然后选择【开始】选项卡→单击【水平居中】和【垂直居中】按钮，如图 13-31 所示。

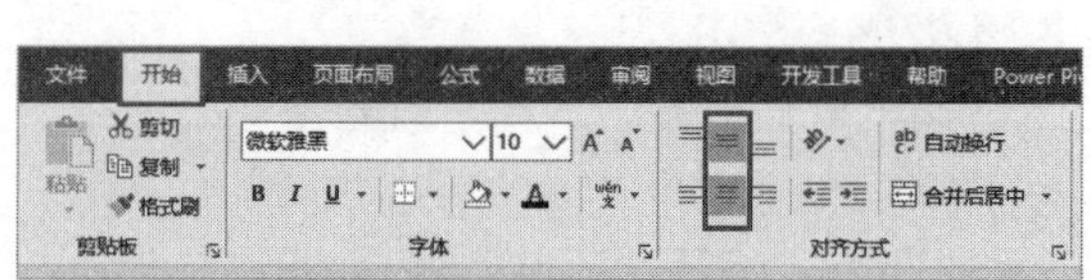

图 13-31

为它套用一个表格格式，让它变身超级表。

选中数据源→选择【开始】选项卡→单击【套用表格格式】按钮展开全部样式→选择一个合适的样式，如图 13-32 所示。

图 13-32

接下来选中超级表中的任意单元格→选择【设计】选项卡→在【表格样式】功能组中选择一个“无”样式，如图 13-33 所示。

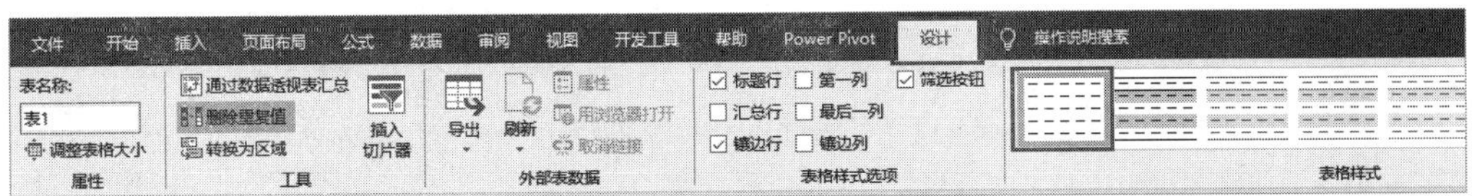

图 13-33

如图 13-34 所示，变身为超级表的数据源表就完成了。

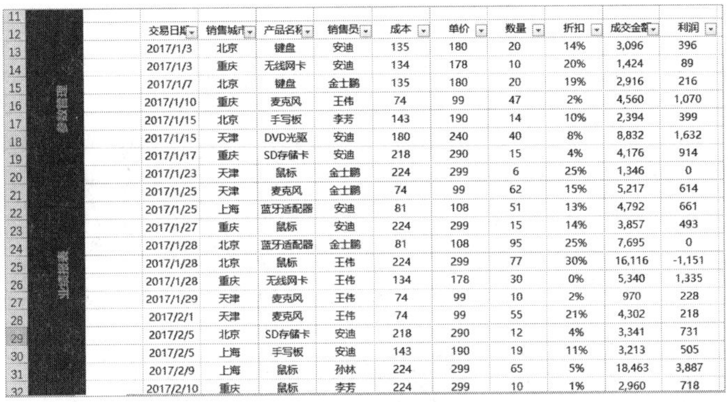

交易日期	销售城市	产品名称	销售员	成本	单价	数量	折扣	成交金额	利润
2017/1/3	北京	键盘	安迪	135	180	20	14%	3,096	396
2017/1/3	重庆	无线网卡	安迪	134	178	10	20%	1,424	89
2017/1/7	北京	键盘	金士鹏	135	180	20	19%	2,916	216
2017/1/10	重庆	麦克风	王伟	74	99	47	2%	4,560	1,070
2017/1/15	北京	手写板	李芳	143	190	14	10%	2,394	399
2017/1/15	天津	DVD光驱	安迪	180	240	40	8%	8,832	1,632
2017/1/17	重庆	SD存储卡	安迪	218	290	15	4%	4,176	914
2017/1/23	天津	鼠标	金士鹏	224	299	6	25%	1,346	0
2017/1/25	天津	麦克风	金士鹏	74	99	62	15%	5,217	614
2017/1/25	上海	蓝牙适配器	安迪	81	108	51	13%	4,792	661
2017/1/27	重庆	鼠标	安迪	224	299	15	14%	3,857	493
2017/1/28	北京	蓝牙适配器	金士鹏	81	108	95	25%	7,695	0
2017/1/28	北京	鼠标	王伟	224	299	77	30%	16,116	-1,151
2017/1/28	重庆	无线网卡	王伟	134	178	30	0%	5,340	1,335
2017/1/29	天津	麦克风	王伟	74	99	10	2%	970	228
2017/2/1	天津	麦克风	王伟	74	99	55	21%	4,302	218
2017/2/5	北京	SD存储卡	安迪	218	290	12	4%	3,341	731
2017/2/5	上海	手写板	安迪	143	190	19	11%	3,213	505
2017/2/9	上海	鼠标	孙林	224	299	65	5%	18,463	3,887
2017/2/10	重庆	鼠标	李芳	224	299	10	1%	2,960	718

图 13-34

2. 完善数据源列字段

数据源导入完成后，继续根据参数表中列举的规则，将“产品名称”对应的“产品类别”和“销售员”对应的“组别”补充完整，跨表查询需要用到第 3 关介绍的 VLOOKUP 函数来实现。

选中“销售日志”工作表中的【M12】单元格→输入字段名称为“产品类别”→选中【M13】单元格→输入公式“=VLOOKUP([@产品名称],产品档案[#全部],2,0)”，如图 13-35 所示。

图 13-35

选中“销售日志”工作表中的【N12】单元格→输入字段名称为“组别”→选中【N13】单元格→输入公式“=VLOOKUP([@销售员],人员档案[#全部],2,0)”，如图 13-36 所示。

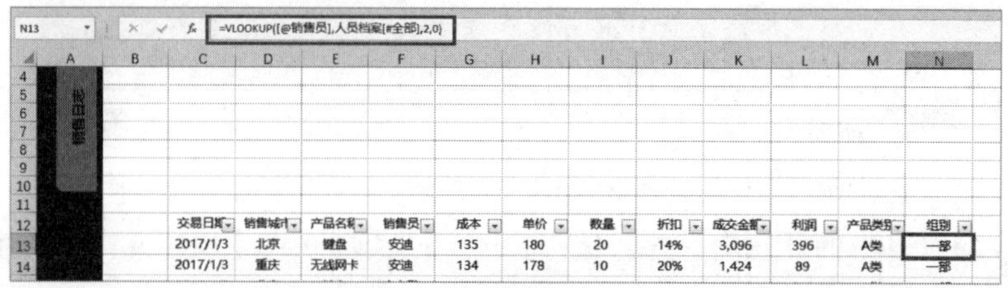

图 13-36

温馨提示

在超级表中补充数据源字段的好处就是，当输入一个公式后，超级表会自动向下填充。

3. 插入切片器

选中数据源中的任意单元格→选择【设计】选项卡→单击【插入切片器】按钮→在弹出的【插入切片器】对话框中选中【销售城市】、【产品名称】、【销售员】、【产品类别】、【组别】复选框→单击【确定】按钮，如图 13-37 所示。

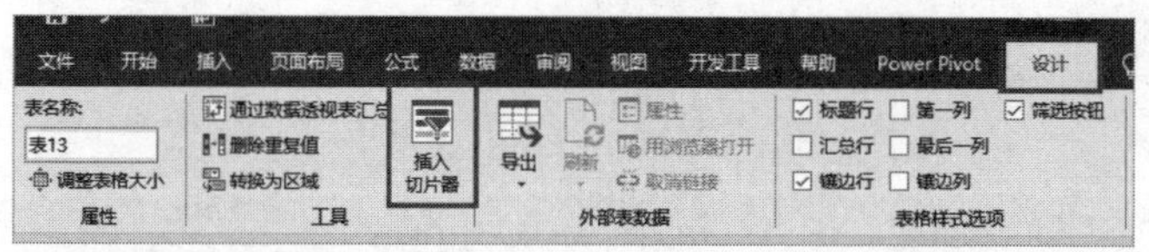

图 13-37

调整切片器的位置→选择【选项】选项卡→单击【对齐】按钮→选择【顶端对齐】和【横向分布】选项，如图 13-38 所示。

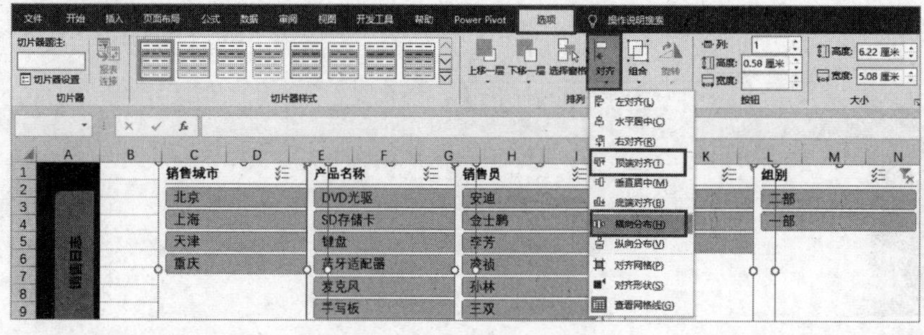

图 13-38

温馨提示

初步调整切片器的位置，只需要将第一个切片器对齐数据源左侧，最后一个切片器对齐数据源右侧，其他切片器可以通过对齐方式中的【横向分布】自动平均分布。

接着设置切片器的列数。选中【产品名称】切片器→选择【选项】选项卡→单击【列】文本框将其激活→输入“2”→按 <Enter> 键确认，如图 13-39 所示。

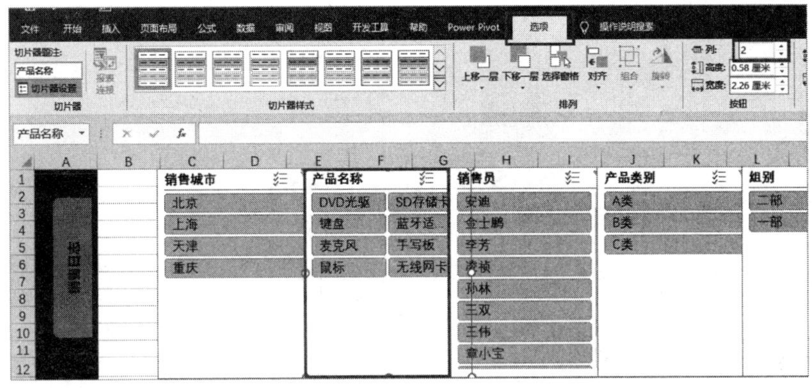

图 13-39

同理，选中【销售员】切片器→选择【选项】选项卡→单击【列】文本框将其激活→输入“2”→按 <Enter> 键确认，如图 13-40 所示。

图 13-40

按 <Ctrl> 键选中所有切片器→选择【选项】选项卡→单击【高度】文本框将其激活→输入“4.66”→按 <Enter> 键确认，如图 13-41 所示。

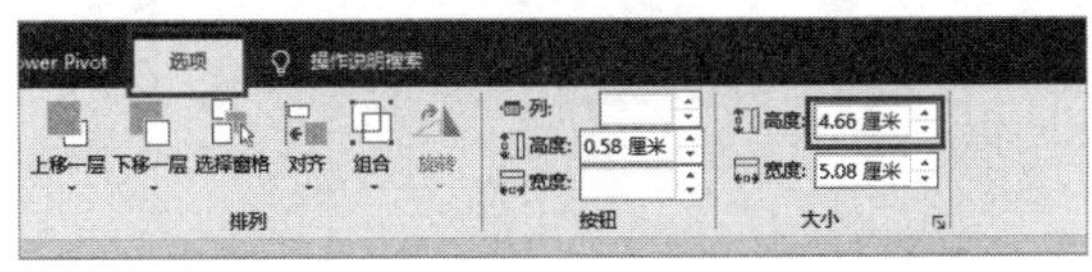

图 13-41

继续调整切片器的大小和位置，将所有按钮显示完整，如图 13-42 所示。

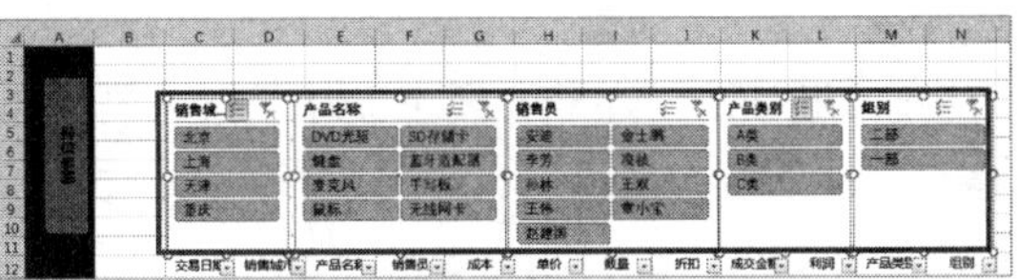

图 13-42

至此，“销售日志”工作表就制作完成了。

接下来对表格进行美化。按 <Ctrl> 键依次选中 5 个切片器→选择【选项】选项卡→单击【切片器样式】功能组右侧的【向下箭头】按钮展开全部样式→选择一个“橙色”样式，如图 13-43 所示。

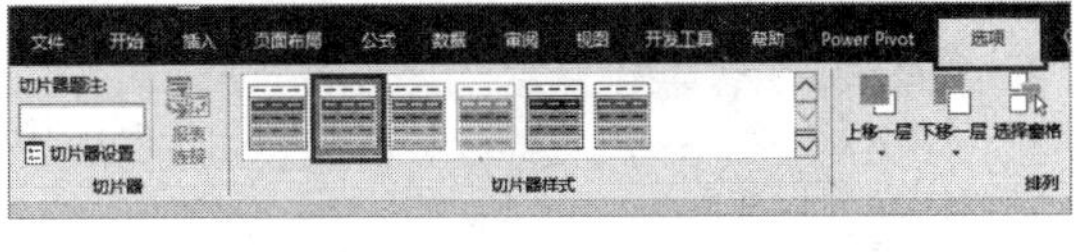

图 13-43

然后选中数据源标题行→选择【开始】选项卡→单击【边框】按钮→在弹出的下拉菜单中选择【其他边框】选项，如图 13-44 所示。

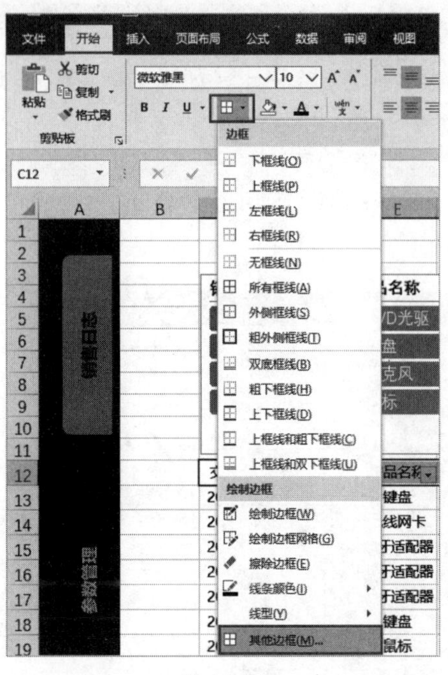

图 13-44

在弹出的【设置单元格格式】对话框中选择【边框】选项卡→单击【颜色】列表框右侧的下拉按钮→选择"橙色"→在【样式】列表框中选择"粗实线"的样式→在【边框】中选择"下边框"→单击【确定】按钮，如图 13-45 所示。

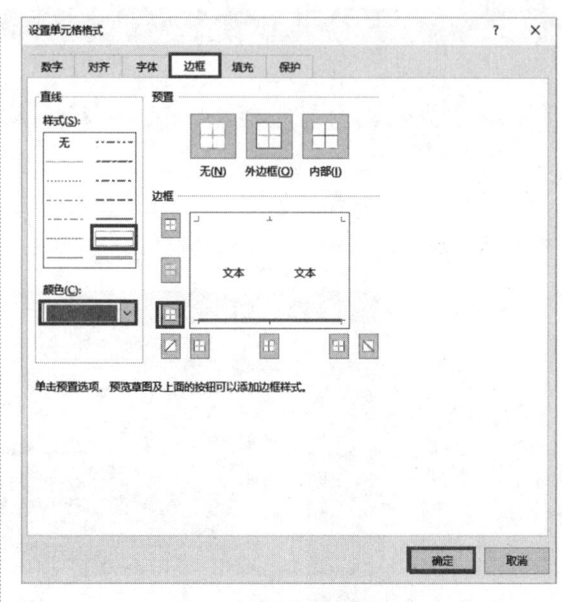

图 13-45

最后取消网格线。选择【视图】选项卡→取消选中【网格线】复选框。

此外，还可以取消选中【编辑栏】、【标题】复选框，如图 13-46 所示，这样是不是更像一个系统的样式了？

图 13-46

13.5 创建数据透视表

接下来根据"销售日志"工作表中的数据源，创建图 13-47 所示的 5 张数据透视表，将其放在"业绩报表"工作表中。

关于数据透视表的创建这里不做过多介绍，只简单展示各字段的布局设置，具体操作可以回顾第 10~12 关的介绍。

在"产品名称"数据透视表中，想要体现各产品的销售金额是多少，可以将【产品名称】字段拖曳至【行】区域，【销售金额】字段拖曳至【值】区域，如图 13-48 所示。

图 13-47

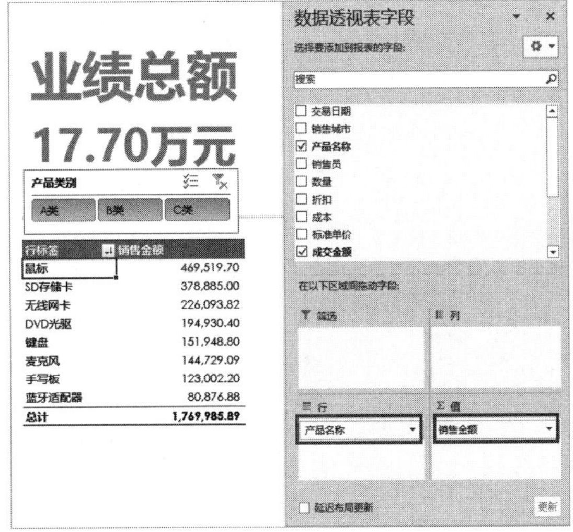

行标签	销售金额
鼠标	469,519.70
SD存储卡	378,885.00
无线网卡	226,093.82
DVD光驱	194,930.40
键盘	151,948.80
麦克风	144,729.09
手写板	123,002.20
蓝牙适配器	80,876.88
总计	1,769,985.89

图 13-48

在“销售员”透视表中，想要体现各组别销售员的销售金额和所占比率分别是多少，可以将【组别】和【销售员】字段拖曳至【行】区域，并且【组别】字段在上，【销售员】字段在下→将【销售金额】字段拖曳至【值】区域→再次将【销售金额】字段拖曳至【值】区域→将其值字段设置为“列汇总的百分比”→修改名称为“比率”，如图 13-49 所示。

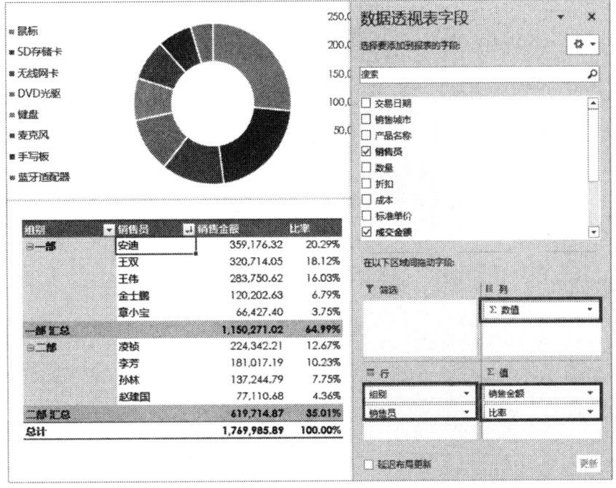

组别	销售员	销售金额	比率
一部	安迪	359,176.32	20.29%
	王双	320,714.05	18.12%
	王伟	283,750.62	16.03%
	金士鹏	120,202.63	6.79%
	章小宝	66,427.40	3.75%
一部 汇总		1,150,271.02	64.99%
二部	凌祯	224,342.21	12.67%
	李芳	181,017.19	10.23%
	孙林	137,244.79	7.75%
	赵建国	77,110.68	4.36%
二部 汇总		619,714.87	35.01%
总计		1,769,985.89	100.00%

图 13-49

在“月份”透视表中，想要统计每个月的销售总额，可以将【月】字段拖曳至【行】区域，将【销售金额】字段拖曳至【值】区域，如图 13-50 所示。

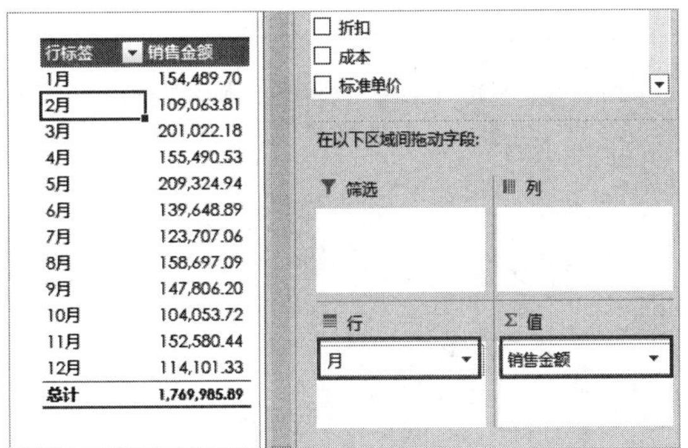

行标签	销售金额
1月	154,489.70
2月	109,063.81
3月	201,022.18
4月	155,490.53
5月	209,324.94
6月	139,648.89
7月	123,707.06
8月	158,697.09
9月	147,806.20
10月	104,053.72
11月	152,580.44
12月	114,101.33
总计	1,769,985.89

图 13-50

在“销售城市”透视表中，想要按照城市来划分各产品的销售数量、销售金额是多少，并且为其做一个排名，可以将【销售城市】和【产品名称】字段拖曳至【行】区域，将【数量】和【销售金额】字段拖曳至【值】区域，如图 13-51 所示。

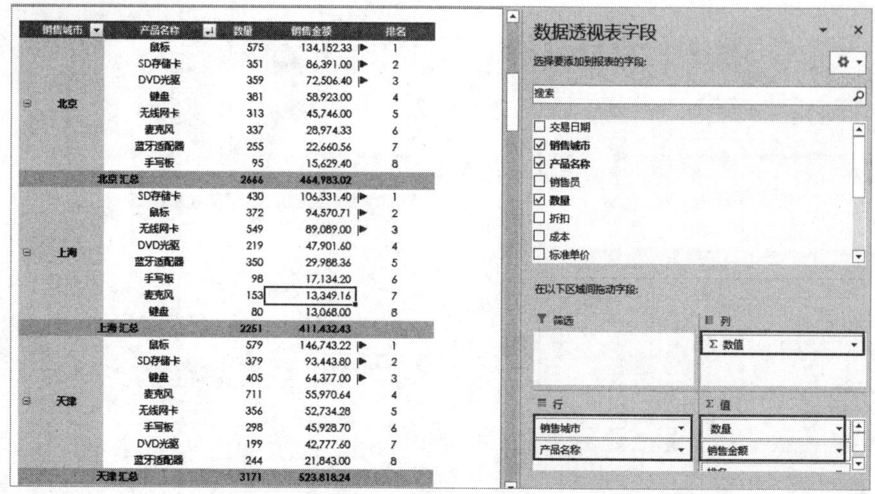

图 13-51

再次将【销售金额】字段拖曳至【值】区域→在【值字段设置】对话框中选择【值显示方式】选项卡→在【值显示方式】下拉列表中选择【降序排列】选项→在【基本字段】列表框中选择【产品名称】选项→单击【确定】按钮，如图 13-52 所示。

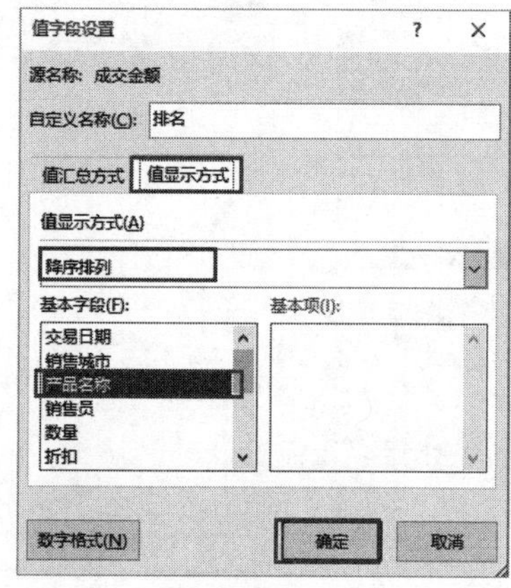

图 13-52

然后为排名前三的单元格插上小红旗。

选中【G27:G63】单元格区域→选择【开始】选项卡→单击【条件格式】按钮→选择【管理规则】选项，如图 13-53 所示。

图 13-53

在弹出的【条件格式规则管理器】对话框中单击【新建规则】按钮，如图 13-54 所示。

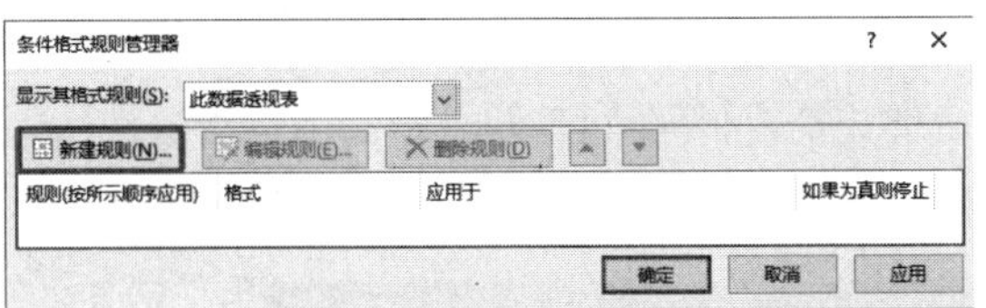

图 13-54

弹出【编辑格式规则】对话框→在【格式样式】下拉列表中选择【图标集】选项→按照图 13-55所示进行设置→单击【确定】按钮。

图 13-55

返回【条件格式规则管理器】对话框→单击【应用】按钮→单击【确定】按钮，如图 13-56所示。

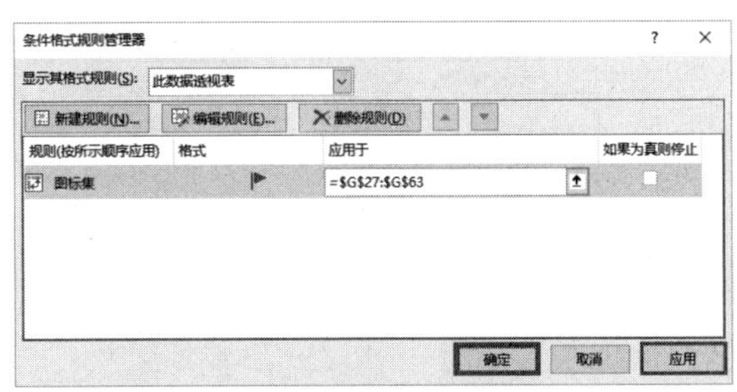

图 13-56

在“销售员”透视表中，将【销售员】和【产品类别】字段拖曳至【行】区域，将【销售城市】字段拖曳至【列】区域，将【销售金额】字段拖曳至【值】区域，如图 13-57所示。

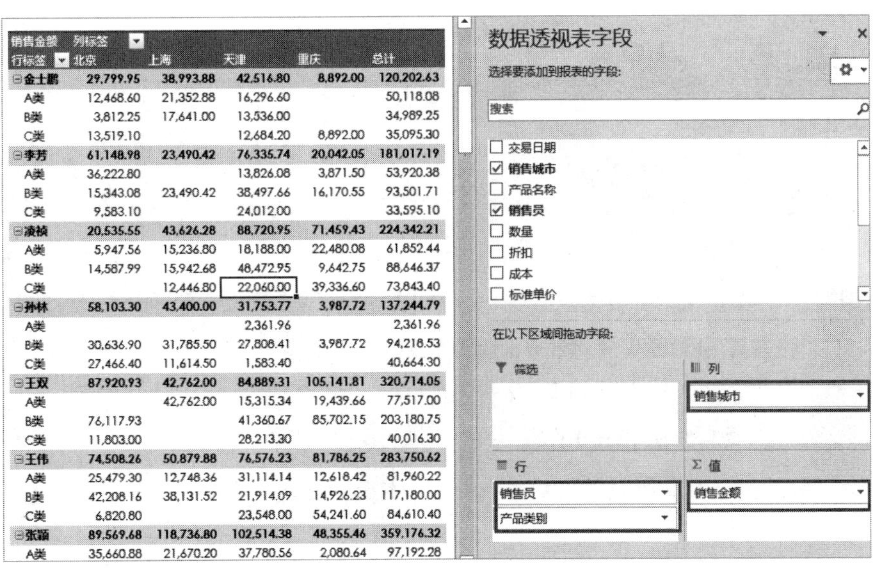

销售金额	列标签				
行标签	北京	上海	天津	重庆	总计
⊟金士鹏	29,799.95	38,993.88	42,516.80	8,892.00	120,202.63
A类	12,468.60	21,352.88	16,296.60		50,118.08
B类	3,812.25	17,641.00	13,536.00		34,989.25
C类	13,519.10		12,684.20	8,892.00	35,095.30
⊟李芳	61,148.98	23,490.42	76,335.74	20,042.05	181,017.19
A类	36,222.80		13,826.08	3,871.50	53,920.38
B类	15,343.08	23,490.42	38,497.66	16,170.55	93,501.71
C类	9,583.10		24,012.00		33,595.10
⊟凌祯	20,535.55	43,626.28	88,720.95	71,459.43	224,342.21
A类	5,947.56	15,236.80	18,188.00	22,480.08	61,852.44
B类	14,587.99	15,942.68	48,472.95	9,642.75	88,646.37
C类		12,446.80	22,060.00	39,336.60	73,843.40
⊟孙林	58,103.30	43,400.00	31,753.77	3,987.72	137,244.79
A类			2,361.96		2,361.96
B类	30,636.90	31,785.50	27,808.41	3,987.72	94,218.53
C类	27,466.40	11,614.50	1,583.40		40,664.30
⊟王双	87,920.93	42,762.00	84,889.31	105,141.81	320,714.05
A类		42,762.00	15,315.34	19,439.66	77,517.00
B类	76,117.93		41,360.67	85,702.15	203,180.75
C类	11,803.00		28,213.30		40,016.30
⊟王伟	74,508.26	50,879.88	76,576.23	81,786.25	283,750.62
A类	25,479.30	12,748.36	31,114.14	12,618.42	81,960.22
B类	42,208.16	38,131.52	21,914.09	14,926.23	117,180.00
C类	6,820.80		23,548.00	54,241.60	84,610.40
⊟张颖	89,569.68	118,736.80	102,514.38	48,355.46	359,176.32
A类	35,660.88	21,670.20	37,780.56	2,080.64	97,192.28

图 13-57

最后选中任意数据透视表中的任意单元格→选择【设计】选项卡→单击【插入切片器】按钮→在弹出的【插入切片器】对话框中选中【产品类别】复选框→单元【确定】按钮，即可制作有关产品类别的切片器，如图 13-58 所示。

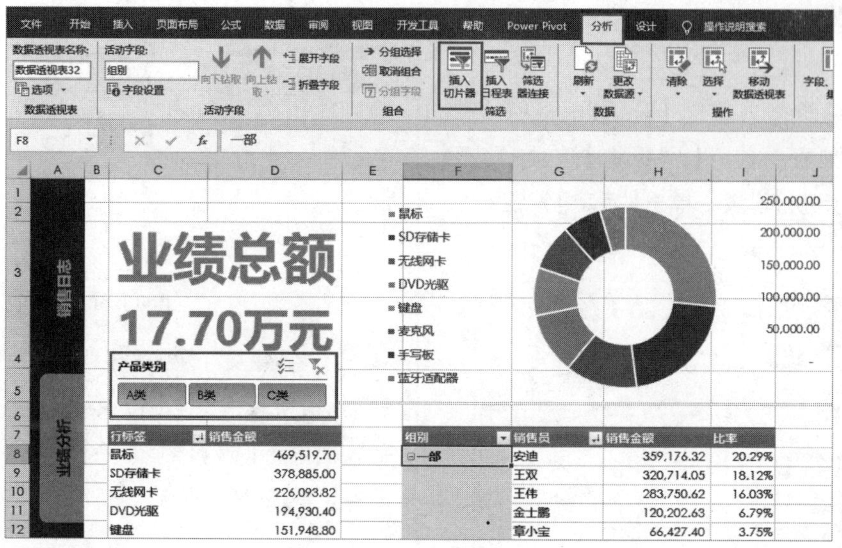

图 13-58

13.6 创建图表

接下来根据“销售日志”工作表中的数据透视表，创建出图 13-59 所示的环形图和柱形图，将其放在“业绩报表”工作表中。

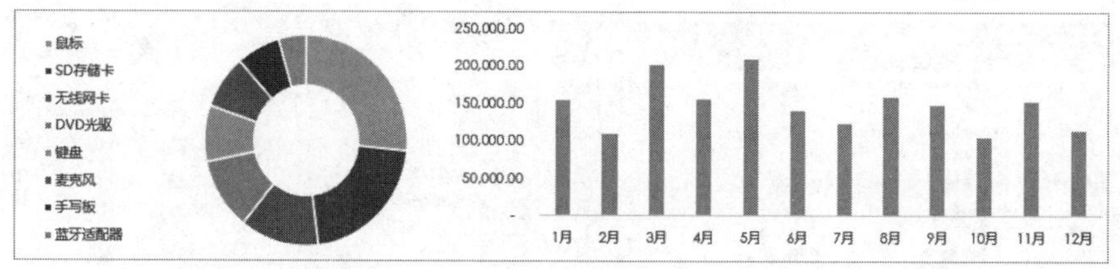

图 13-59

首先根据“产品类别”透视表插入环形圆。选中“产品名称”透视表中的任意单元格→选择【插入】选项卡→单击【插入饼图或圆环图】按钮→选择【圆环图】选项，如图 13-60 所示。

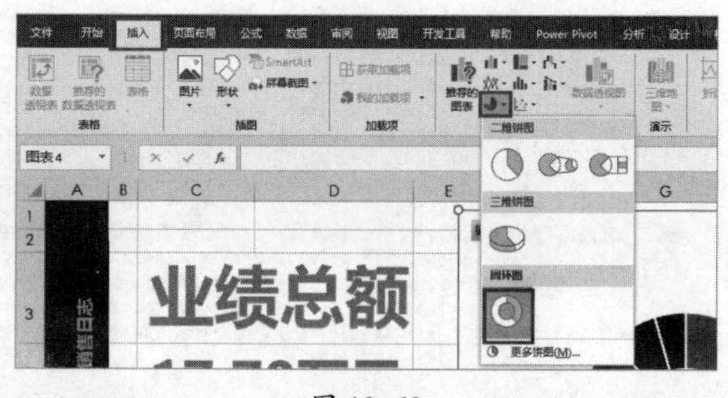

图 13-60

设置圆环大小。选中圆环并右击→在弹出的快捷菜单中选择【设置数据系列格式】选项，如图 13-61 所示。

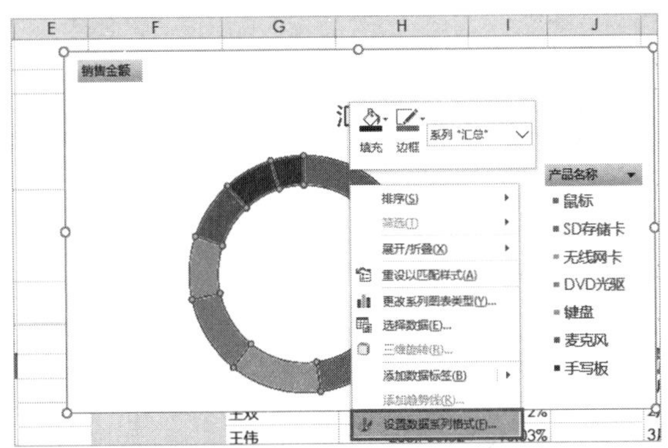

图 13-61

在弹出的【设置数据系列格式】任务窗格中将【圆环图圆环大小】设置为“52%”，使圆环变小一些，如图 13-62 所示。

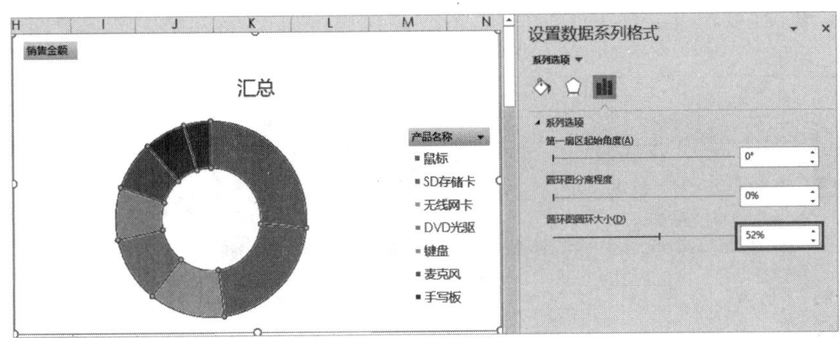

图 13-62

然后根据“月份”透视表插入柱形图。选中“月份”透视表中的任意单元格→选择【插入】选项卡→单击【插入柱形图或条形图】按钮→选择【簇状柱形图】选项，如图 13-63 所示。

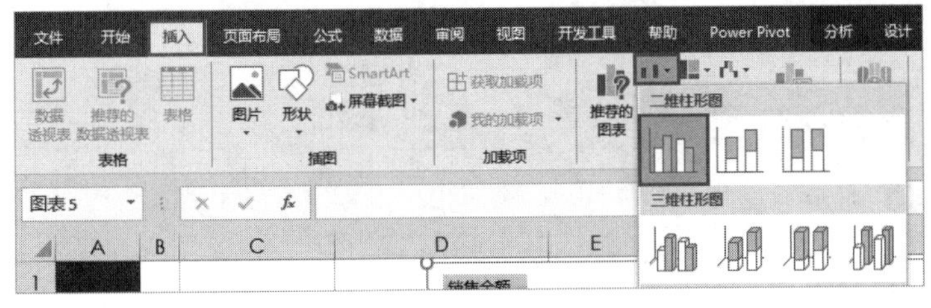

图 13-63

接下来修改柱形图的配色方案。选中柱形图→选择【设计】选项卡→单击【更改颜色】按钮→选择一个和主色调配色方案一致的颜色，如图 13-64 所示。

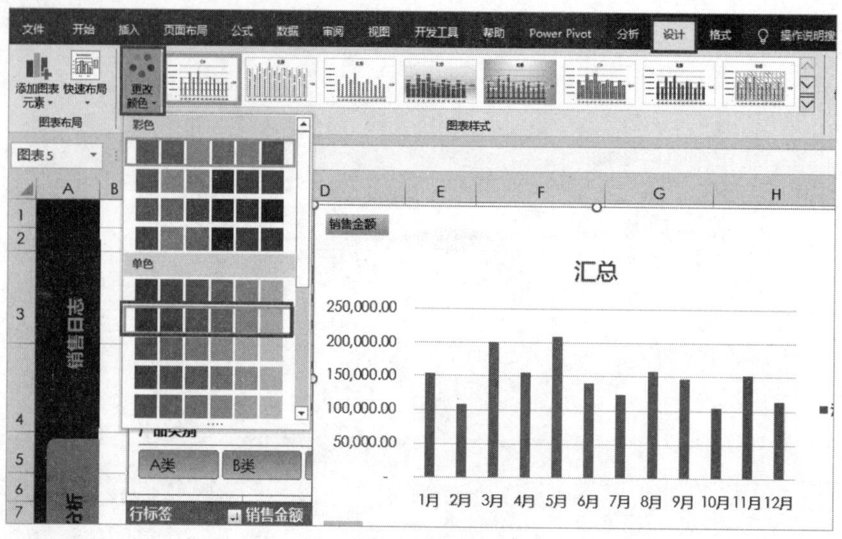

图 13-64

接下来同“销售日志”工作表一样，选择【视图】选项卡→取消选中【网格线】、【编辑栏】、【标题】复选框，使之看起来更像一个系统的样式，如图 13-65 所示。

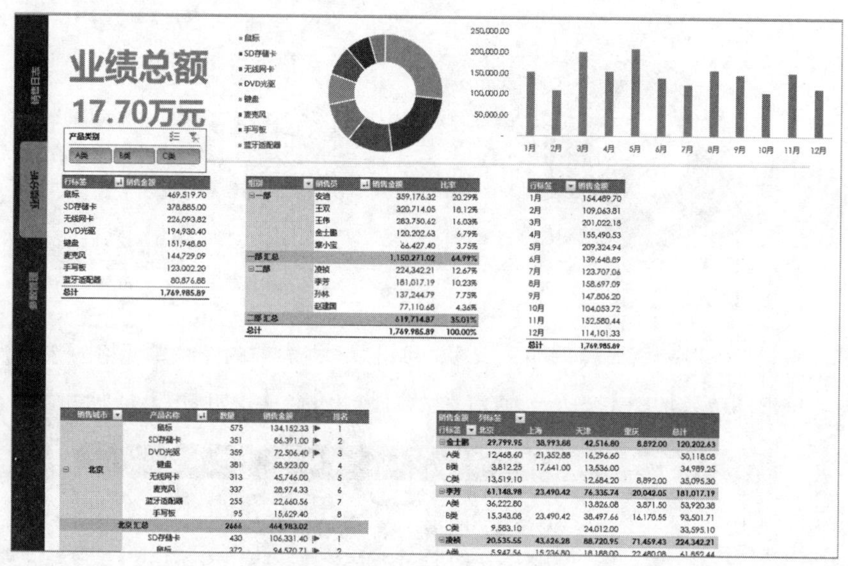

图 13-65

第 4 篇

项目管理篇

发言没底气?

让大批数据自动统计分析，为高层提供数据结论

第14关 函数公式基础知识

本关背景

很多人一开始接触函数时会觉得函数特别难，因为英语不好而担心无法学好函数。其实学函数只要搞懂“Excel 说话的方法”，即使英语不好也能快速解锁这个技能。

本关就从制作销售利润成本分析表开始认识函数吧！

14.1 认识函数公式

如果将公式比喻成 Excel 中实现自动计算的一列火车，那么“=”就相当于火车轨道，所以函数公式要以“=”（等号）开头。

我们小学时学习的“1+1=”就是最基础的公式。只不过在 Excel 语言中，要将“=”写在最前面，公式必须写成“=1+1”。

公式的构成元素包含函数名称、数字、单元格地址、连接及引用符号、运算符号。需要注意的是，公式中所有的符号都必须要在英文状态下录入，如图 14-1和图 14-2所示。

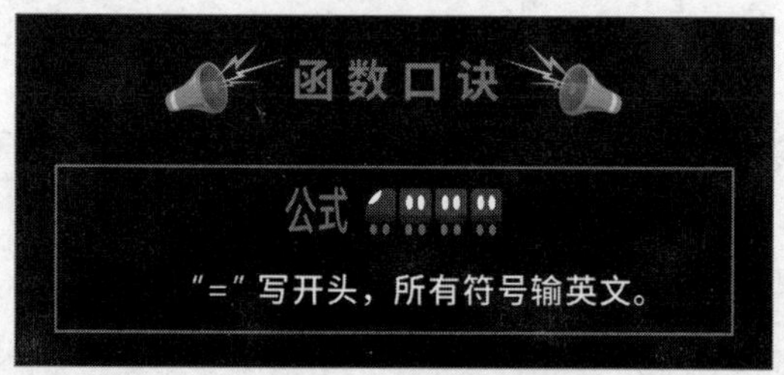

图 14-1

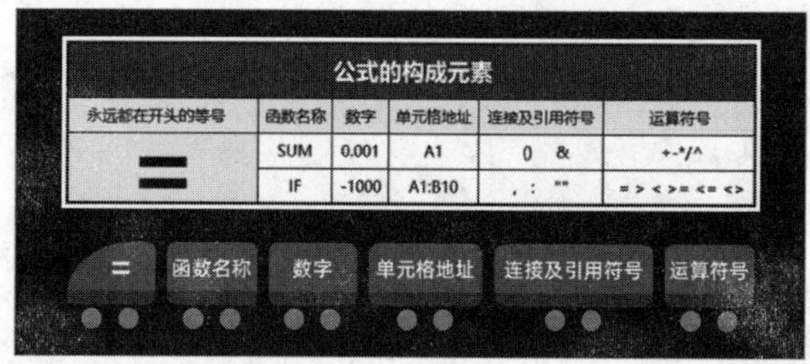

图 14-2

如果遇到“不包含的元素”，是不允许它直接上这列“公式火车”的。在 Excel 中，非公式中的元素要关到英文的双引号的笼子里，如文本、符号等。

此外，Excel 运算符号中的绝大部分与数学符号是一致的，部分写法略有差异，如图 14-3所示。

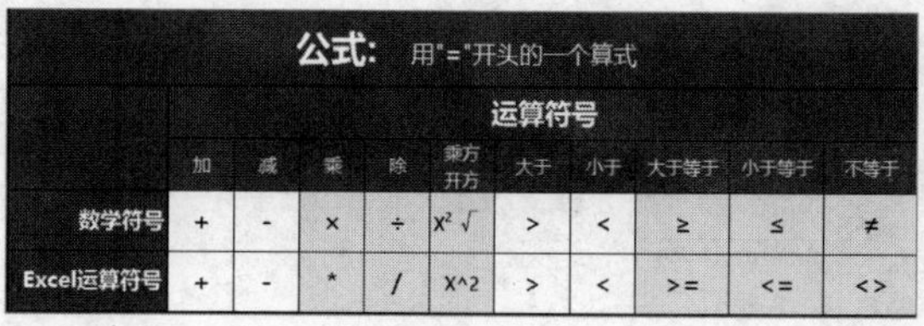

公式: 用"="开头的一个算式

	运算符号									
	加	减	乘	除	乘方 开方	大于	小于	大于等于	小于等于	不等于
数学符号	+	-	×	÷	x^2 √	>	<	≥	≤	≠
Excel运算符号	+	-	*	/	X^2	>	<	>=	<=	<>

图 14-3

以数据“1”和“2”为例，分别做数学运算和函数运算，公式和结果如图 14-4 所示。

需要计算的数据	1	2			
符号名称	数学符号	Excel运算符号	数学计算公式	Excel计算公式	Excel计算结果
加	+	+	1+2=3	=C1+D1	3
减	-	-	1-2=-1	=C1-D1	-3
乘	×	*	1×2=2	=C1*D1	2
除	÷	/	1÷2=0.5	=C1/D1	0.5
乘方、开方	X^2 √	X^2	$1^2=1$	=C1^D1	1
大于	>	>	1>2判断的结果是：错误	=C1>D1	FALSE
小于	<	<	1<2判断的结果是：正确	=C1<D1	TRUE
大于等于	≥	>=	1≥2判断的结果是：错误	=C1>=D1	FALSE
小于等于	≤	<=	1≤2判断的结果是：正确	=C1<=D1	TRUE
不等于	≠	<>	1≠2判断的结果是：正确	=C1<>D1	TRUE

图 14-4

14.2 拆解需求

很多人在写函数公式时会纠结该怎么写，归根究底，是因为没有理清自己的“需求”是什么。

笔者在此给大家提供一个拆解需求的模板，帮助大家理清自己的需求，如图 14-5 所示。

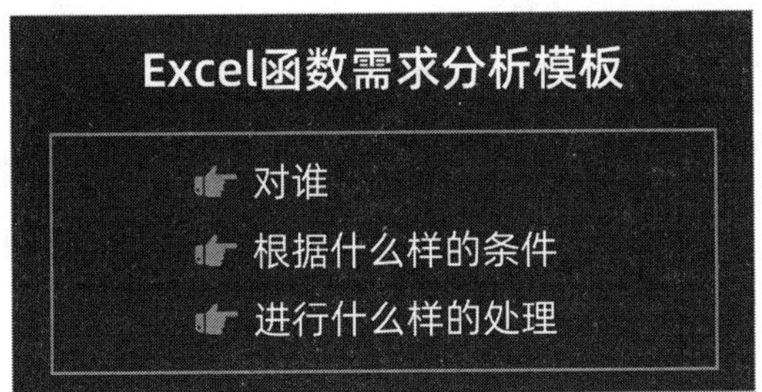

Excel函数需求分析模板
对谁
根据什么样的条件
进行什么样的处理

图 14-5

温馨提示

编写函数公式之前，明确需求是关键。

1. 点选参数法完成计算

打开“素材文件 /14- 函数公式基础知识 /14- 函数公式基础知识 - 看不见的利润表 .xlsx”源文件。

在“求和”工作表中，要计算出“表姐”的业绩金额，也就是在【F3】单元格中对【B3:E3】单元格区域进行求和计算。

明确了需求之后，就可以开始写公式了。

输入公式。选中【F3】单元格→单击函数编辑区将其激活→输入公式“=B3+C3+D3+E3”→按 <Enter> 键确认，如图 14-6 所示。

F3 =B3+C3+D3+E3

	A	B	C	D	E	F	G
1	2019年度业绩汇总表						
2	姓名	Q1	Q2	Q3	Q4	合计	
3	表姐	20	11	13	20	64	
4	凌祯	1	13	4	5		
5	张盛茗	3	12	4	23		
6	王大刀	19	25	21	5		
7	Ford	2	6	11	7		
8	小A	16	7	23	15		
9	合计						
10							

图 14-6

温馨提示

编写公式时，可以通过鼠标点选的方法选中【B3】、【C3】、【D3】、【E3】单元格，提高公式书写效率。

填充公式。选中【F3】单元格，将光标放在【F3】单元格右下角，当光标变为十字句柄时，向下拖曳至【F9】单元格。或者双击鼠标，即可将公式快速填充至【F3:F9】单元格区域，如图 14-7 所示。

2019年度业绩汇总表					
姓名	Q1	Q2	Q3	Q4	合计
表姐	20	11	13	20	64
凌祯	1	13	4	5	23
张盛茗	3	12	4	23	42
王大刀	19	25	21	5	70
Ford	2	6	11	7	26
小A	16	7	23	15	61
合计					-

图 14-7

复制函数。选中【F3:F9】单元格区域→按 <Ctrl+C> 键复制→选中【M3】单元格→按 <Ctrl+V> 键粘贴。此时，【M】列输出与【F】列进行相同运算后的结果，如【M3】单元格中的公式为“=I3+J3+K3+L3”，如图 14-8 所示。

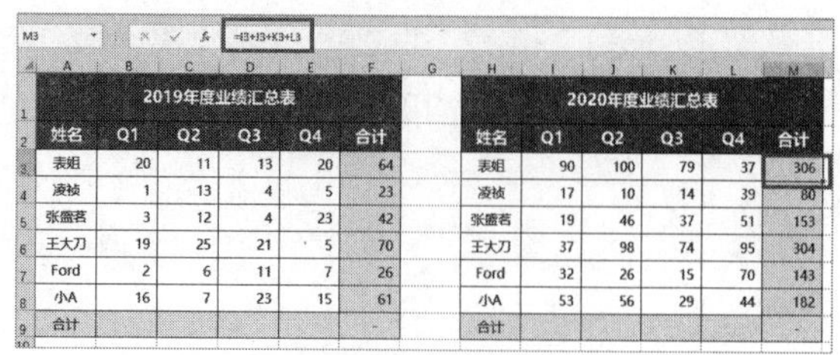

2020年度业绩汇总表					
姓名	Q1	Q2	Q3	Q4	合计
表姐	90	100	79	37	306
凌祯	17	10	14	39	80
张盛茗	19	46	37	51	153
王大刀	37	98	74	95	304
Ford	32	26	15	70	143
小A	53	56	29	44	182
合计					-

图 14-8

2. 插入公式法提高工作效率

前面的公式是通过点选参数的方法来完成计算的，在 Excel 中还可以通过直接插入公式的方法来提高工作效率，接下来就一起来看一下吧！在“兄弟函数”工作表中，想要在【F3】单元格中对【B3:E3】单元格区域进行求和计算。首先选中【F3】单元格→选择【开始】选项卡→单击【自动求和】按钮→选择【求和】选项，如图 14-9 所示。

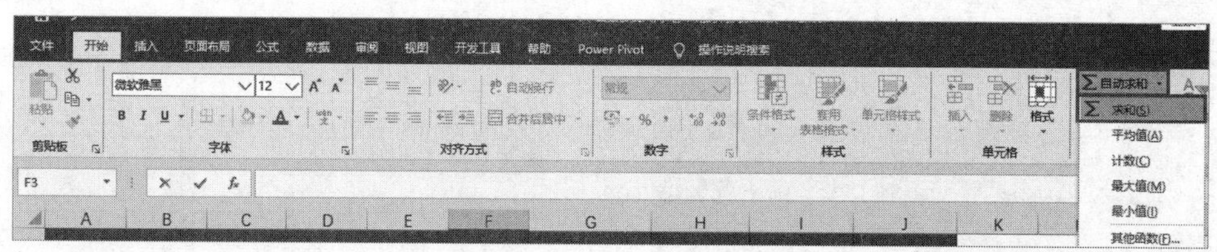

图 14-9

如图 14-10 所示，Excel 自动在【F3】单元格中生成公式“=SUM(B3:E3)”→按 <Enter> 键确认。

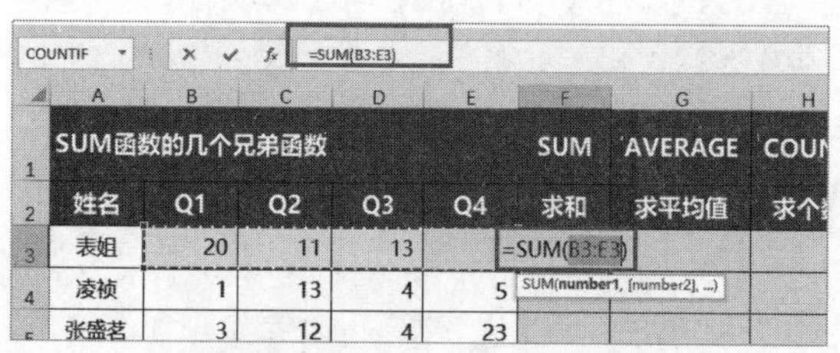

图 14-10

公式批量填充。将光标放在【F3】单元格右下角，当光标变为十字句柄时，向下拖曳至【F8】单元格，如图 14-11 所示。

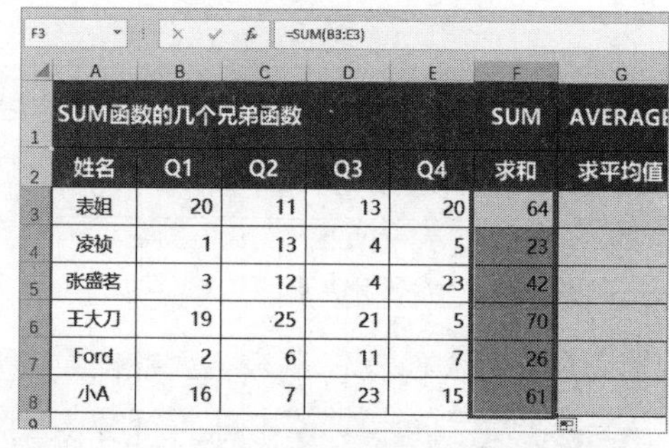

SUM函数的几个兄弟函数					SUM	AVERAGE
姓名	Q1	Q2	Q3	Q4	求和	求平均值
表姐	20	11	13	20	64	
凌祯	1	13	4	5	23	
张盛茗	3	12	4	23	42	
王大刀	19	25	21	5	70	
Ford	2	6	11	7	26	
小A	16	7	23	15	61	

图 14-11

输入完公式后，可以单击图 14-12 所示的函数编辑区左侧的【*fx*】按钮。

姓名	Q1	Q2	Q3	Q4	求和	求平均值
表姐	20	11	13	20	64	
凌祯	1	13	4	5	23	
张盛茗	3	12	4	23	42	
王大刀	19	25	21	5	70	
Ford	2	6	11	7	26	

图 14-12

在弹出的【函数参数】对话框中可以查看当前使用函数的详细使用说明，如图 14-13 所示。

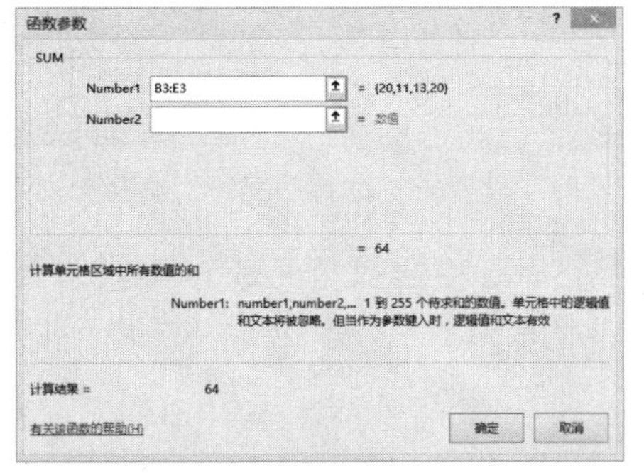

图 14-13

3. 举一反三学习兄弟函数，快捷键提高效率

直接插入公式的方法不仅可以进行求和计算，还可以进行许多其他计算。学会直接插入公式后对于图 14-14 所示的表格数据的计算就轻松许多了，下面就一起来试一试。

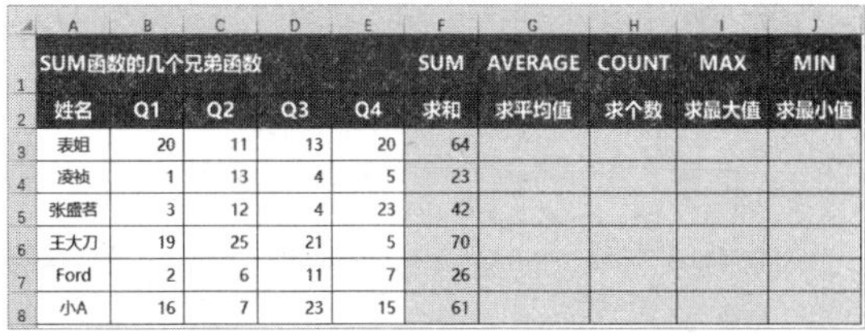

姓名	Q1	Q2	Q3	Q4	求和	求平均值	求个数	求最大值	求最小值
表姐	20	11	13	20	64				
凌祯	1	13	4	5	23				
张盛茗	3	12	4	23	42				
王大刀	19	25	21	5	70				
Ford	2	6	11	7	26				
小A	16	7	23	15	61				

图 14-14

在“兄弟函数”工作表中，分别利用兄弟函数计算平均值、个数、最大值、最小值。

选中【G3】单元格→选择【开始】选项卡→单击【自动求和】按钮→选择【平均值】选项，如图 14-15 所示。

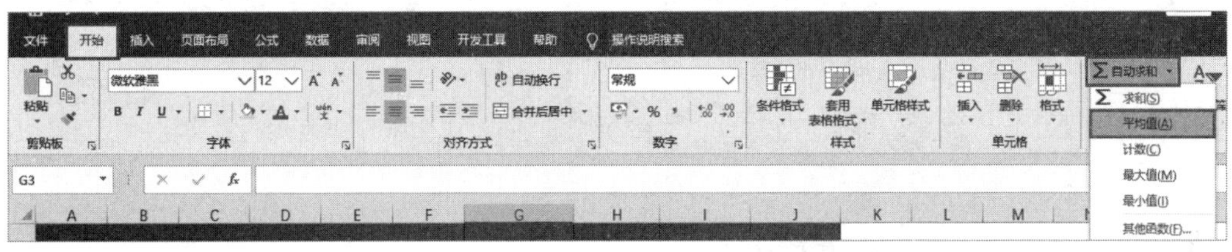

图 14-15

如图 14-16 所示，函数编辑区中的公式是对【B3:F3】单元格区域进行的平均值计算。

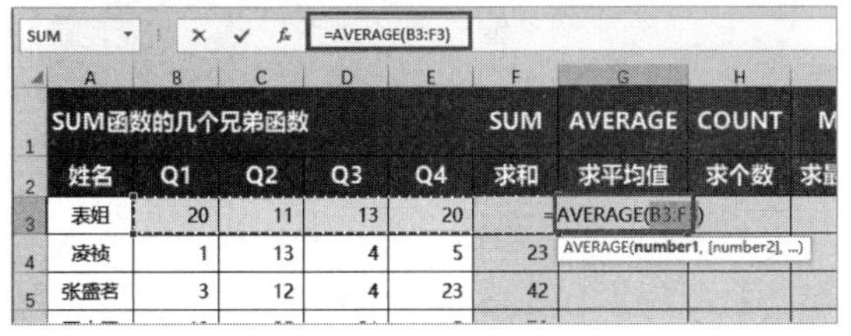

图 14-16

而我们的目标是【B3:E3】单元格区域，所以拖曳鼠标重新选中【B3:E3】单元格区域。或者在函数编辑区中将“F”修改为“E”→按 <Enter> 键确认→双击鼠标将公式向下填充，如图 14-17 所示。

姓名	Q1	Q2	Q3	Q4	求和	求平均值
表姐	20	11	13	20	64	16
凌祯	1	13	4	5	23	6
张盛茗	3	12	4	23	42	11
王大刀	19	25	21	5	70	18
Ford	2	6	11	7	26	7
小A	16	7	23	15	61	15

图 14-17

选中【H3】单元格→选择【开始】选项卡→单击【自动求和】按钮→选择【计数】选项，如图 14-18 所示。

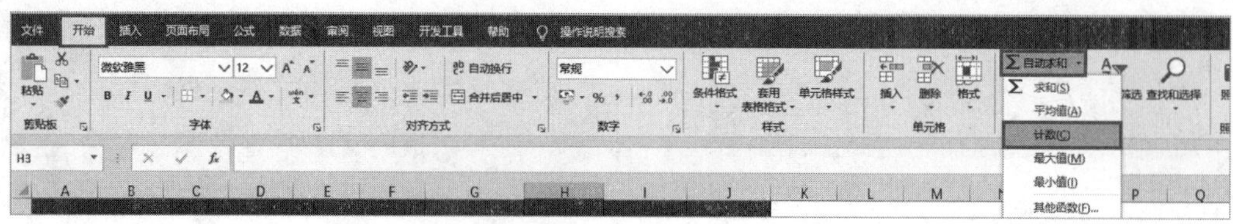

图 14-18

如图 14-19 所示，函数编辑区中的公式是对【B3:G3】单元格区域进行的计数计算。

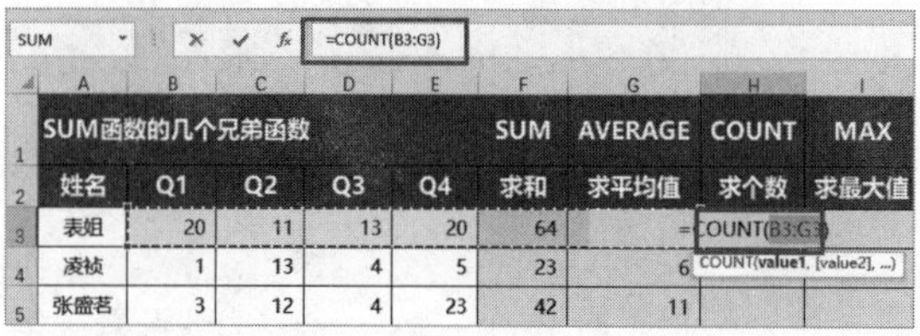

SUM　=COUNT(B3:G3)

	A	B	C	D	E	F	G	H	I
1	SUM函数的几个兄弟函数					SUM	AVERAGE	COUNT	MAX
2	姓名	Q1	Q2	Q3	Q4	求和	求平均值	求个数	求最大值
3	表姐	20	11	13	20	64		=COUNT(B3:G3)	
4	凌祯	1	13	4	5	23	6	COUNT(value1, [value2], ...)	
5	张盛茗	3	12	4	23	42	11		

图 14-19

而我们的目标是【B3:E3】单元格区域，同理，拖曳鼠标重新选中【B3:E3】单元格区域→按 <Enter> 键确认→双击鼠标将公式向下填充，如图 14-20 所示。

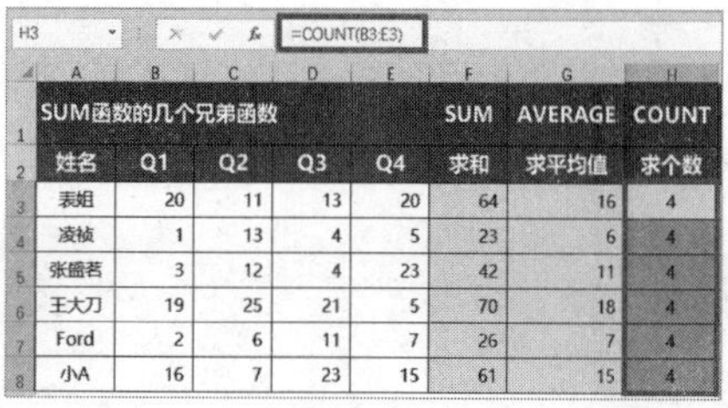

H3　=COUNT(B3:E3)

	A	B	C	D	E	F	G	H
1	SUM函数的几个兄弟函数					SUM	AVERAGE	COUNT
2	姓名	Q1	Q2	Q3	Q4	求和	求平均值	求个数
3	表姐	20	11	13	20	64	16	4
4	凌祯	1	13	4	5	23	6	4
5	张盛茗	3	12	4	23	42	11	4
6	王大刀	19	25	21	5	70	18	4
7	Ford	2	6	11	7	26	7	4
8	小A	16	7	23	15	61	15	4

图 14-20

接下来选中【I3】单元格→选择【开始】选项卡→单击【自动求和】按钮→选择【最大值】选项，如图 14-21 所示。

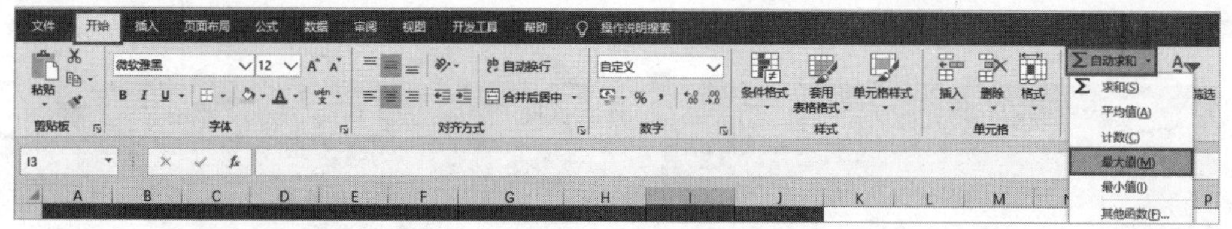

图 14-21

如图 14-22 所示，函数编辑区中的公式是对【B3:H3】单元格区域进行的最大值计算。

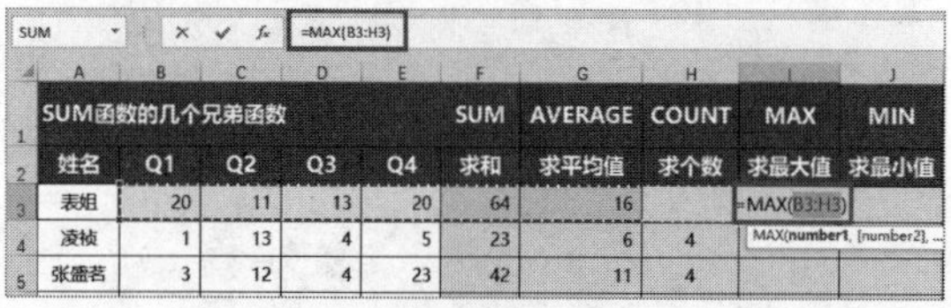

SUM　=MAX(B3:H3)

	A	B	C	D	E	F	G	H	I	J
1	SUM函数的几个兄弟函数					SUM	AVERAGE	COUNT	MAX	MIN
2	姓名	Q1	Q2	Q3	Q4	求和	求平均值	求个数	求最大值	求最小值
3	表姐	20	11	13	20	64	16		=MAX(B3:H3)	
4	凌祯	1	13	4	5	23	6	4	MAX(number1, [number2], ...	
5	张盛茗	3	12	4	23	42	11	4		

图 14-22

而我们的目标是【B3:E3】单元格区域，同理，拖曳鼠标重新选中【B3:E3】单元格区域→按 <Enter> 键确认→双击鼠标将公式向下填充，如图 14-23 所示。

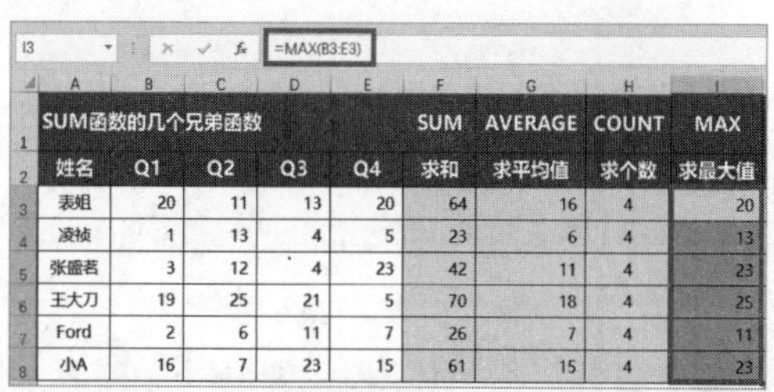

I3　=MAX(B3:E3)

	A	B	C	D	E	F	G	H	I
1	SUM函数的几个兄弟函数					SUM	AVERAGE	COUNT	MAX
2	姓名	Q1	Q2	Q3	Q4	求和	求平均值	求个数	求最大值
3	表姐	20	11	13	20	64	16	4	20
4	凌祯	1	13	4	5	23	6	4	13
5	张盛茗	3	12	4	23	42	11	4	23
6	王大刀	19	25	21	5	70	18	4	25
7	Ford	2	6	11	7	26	7	4	11
8	小A	16	7	23	15	61	15	4	23

图 14-23

选中【J3】单元格→选择【开始】选项卡→单击【自动求和】按钮→选择【最小值】选项，如图 14-24 所示。

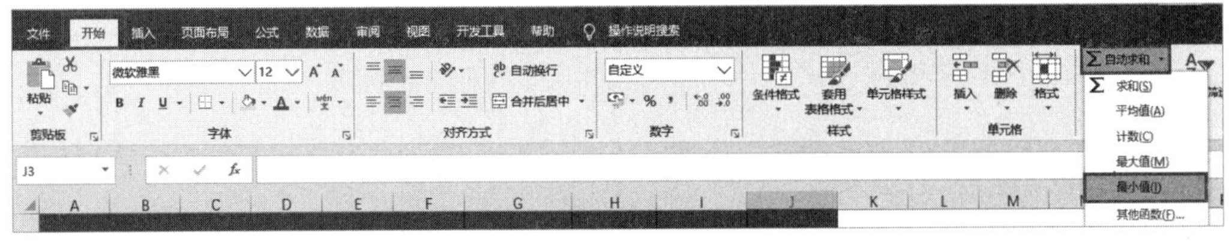

图 14-24

如图 14-25 所示，函数编辑区中的公式是对【B3:I3】单元格区域进行的最小值计算。

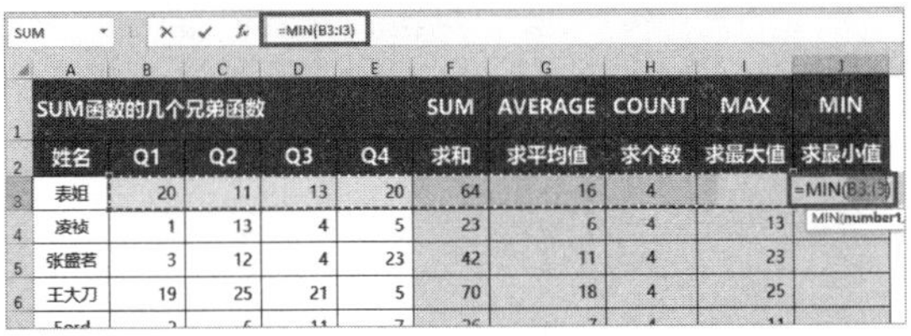

SUM　=MIN(B3:I3)

SUM函数的几个兄弟函数					SUM	AVERAGE	COUNT	MAX	MIN
姓名	Q1	Q2	Q3	Q4	求和	求平均值	求个数	求最大值	求最小值
表姐	20	11	13	20	64	16	4		=MIN(B3:I3)
凌祯	1	13	4	5	23	6	4	13	
张盛茗	3	12	4	23	42	11	4	23	
王大刀	19	25	21	5	70	18	4	25	

图 14-25

而我们的目标是【B3:E3】单元格区域，同理，拖曳鼠标重新选中【B3:E3】单元格区域→按 <Enter> 键确认→双击鼠标将公式向下填充，如图 14-26 所示。

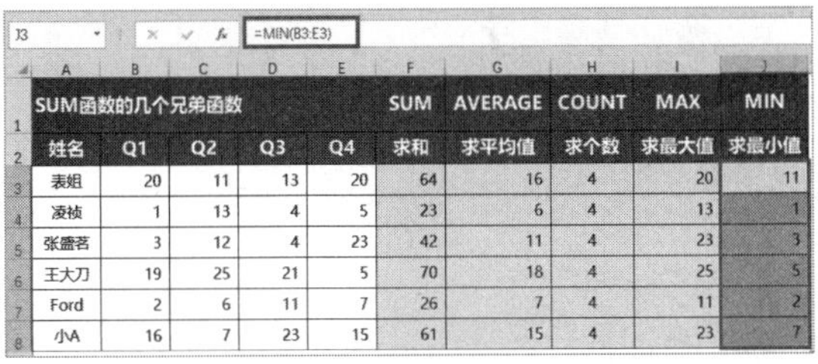

J3　=MIN(B3:E3)

SUM函数的几个兄弟函数					SUM	AVERAGE	COUNT	MAX	MIN
姓名	Q1	Q2	Q3	Q4	求和	求平均值	求个数	求最大值	求最小值
表姐	20	11	13	20	64	16	4	20	11
凌祯	1	13	4	5	23	6	4	13	1
张盛茗	3	12	4	23	42	11	4	23	3
王大刀	19	25	21	5	70	18	4	25	5
Ford	2	6	11	7	26	7	4	11	2
小A	16	7	23	15	61	15	4	23	7

图 14-26

类似这样的兄弟函数还有许多，可以选择【公式】选项卡，在【函数库】功能组中查看所有公式按钮，根据需要直接选择目标函数，提高工作效率，如图 14-27 所示。

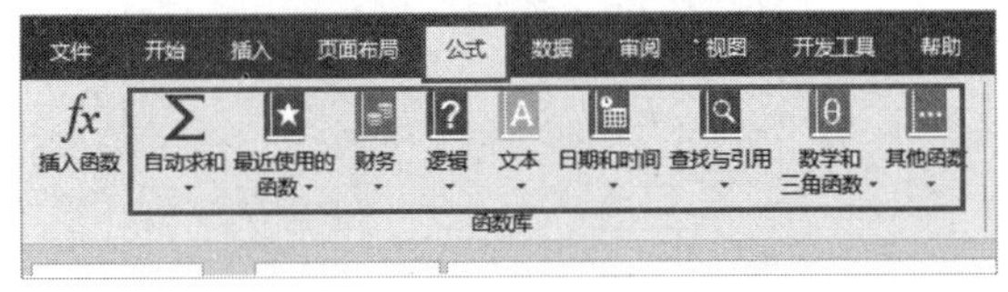

图 14-27

4. 快捷键方法快速求和

前文介绍了想要将每个人的业绩做求和计算，不仅可以通过点选参数的方法手动求和，还可以通过直接插入公式的方法来提高工作效率。这里笔者再介绍一个对目标数据进行求和计算更加快捷的方法——快捷键快速求和法。在“Alt+=”工作表中，选中【B3:F9】单元格区域→按 <Alt+=> 键，可以快速将表格中对应单元格的数据进行求和计算，如图 14-28 所示。

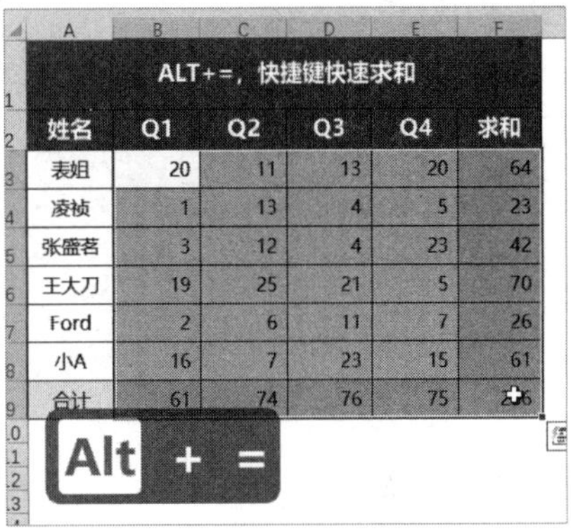

ALT+=，快捷键快速求和					
姓名	Q1	Q2	Q3	Q4	求和
表姐	20	11	13	20	64
凌祯	1	13	4	5	23
张盛茗	3	12	4	23	42
王大刀	19	25	21	5	70
Ford	2	6	11	7	26
小A	16	7	23	15	61
合计	61	74	76	75	[illegible]

Alt + =

图 14-28

按 <Alt+=> 键快速求和的方法不仅适用于连续区域，对于不连续的表格区域同样适用。

在“快速求和 Alt+=”工作表中，选中【C2:F17】单元格区域→按 <Ctrl+G> 键打开【定位】对话框→单击【定位条件】按钮，如图 14-29 所示。

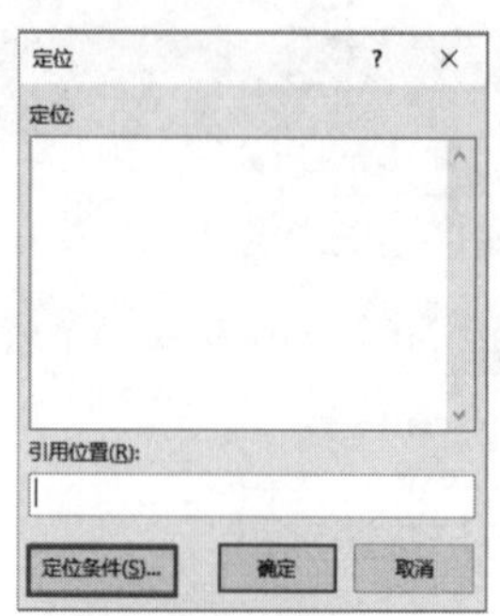

图 14-29

在弹出的【定位条件】对话框中选中【空值】单选按钮→单击【确定】按钮，如图 14-30 所示。

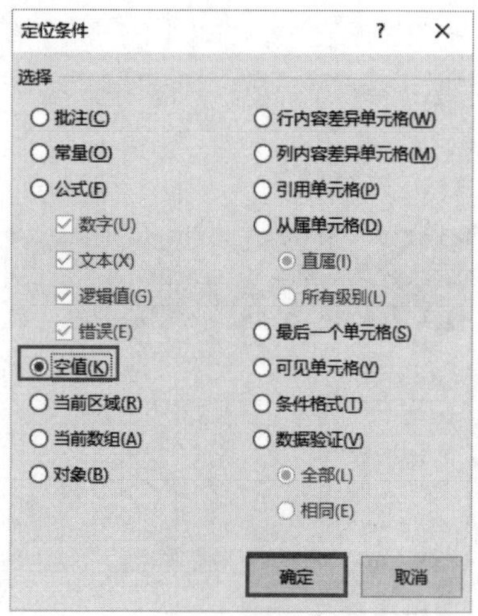

图 14-30

【C2:F17】单元格区域中的所有空白单元格都处于选中状态→按 <Alt+=> 键，可以快速将表格中对应单元格的数据进行求和计算，如图 14-31 所示。

	A	B	C	D	E	F
1	公司名称	部门	差旅费	会务费	管理费	总计
2	第一季度	营销部	731	288	557	1576
3		技术部	673	529	533	1735
4		行政部	938	763	364	2065
5	小计		2342	1580	1454	5376
6	第二季度	营销部	455	150	535	1140
7		技术部	226	796	449	1471
8		行政部	167	673	614	1454
9	小计		848	1619	1598	4065
10	第三季度	营销部	709	252	594	1555
11		技术部	417	327	112	856
12		行政部	994	340	420	1754
13	小计		2120	919	1126	4165
14	第四季度	营销部	334	553	780	1667
15		技术部	307	705	413	1425
16		行政部	217	311	242	770
17	小计		858	1569	1435	3862

图 14-31

14.3 单元格引用

前文通过拆分的方法完成了案例中业绩总额的计算。如果想要按照公式“利润金额 = 销售金额 * 预计利润率 - 固定成本”，计算出图 14-32 所示的在不同利润率下每个人的利润总额，又该如何操作呢？

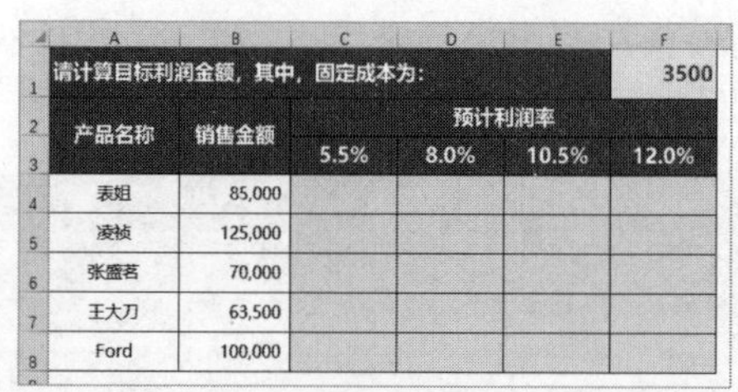

	A	B	C	D	E	F
1	请计算目标利润金额，其中，固定成本为:					3500
2	产品名称	销售金额	预计利润率			
3			5.5%	8.0%	10.5%	12.0%
4	表姐	85,000				
5	凌祯	125,000				
6	张盛茗	70,000				
7	王大刀	63,500				
8	Ford	100,000				

图 14-32

在“计算利润”工作表中，选中【C4】单元格→单击函数编辑区将其激活→输入公式“=B4*C3-F1”→按 <Enter> 键确认，如图 14-33 所示。

C4 =B4*C3-F1

	A	B	C	D	E	F
1	请计算目标利润金额，其中，固定成本为:					3500
2	产品名称	销售金额	预计利润率			
3			5.5%	8.0%	10.5%	12.0%
4	表姐	85,000	1,175			
5	凌祯	125,000				

图 14-33

将光标放在【C4】单元格右下角，当光标变为十字句柄时，向右、向下拖曳鼠标将公式填充至【C4:F8】单元格区域。如图 14-34 所示，除【C3】单元格正确显示外，其他单元格都无法输出正确结果。

	A	B	C	D	E	F
1	请计算目标利润金额，其中，固定成本为:					3500
2	产品名称	销售金额	预计利润率			
3			5.5%	8.0%	10.5%	12.0%
4	表姐	85,000	1,175	94	#VALUE!	#VALUE!
5	凌祯	125,000	########	########	#VALUE!	#VALUE!
6	张盛茗	70,000	########	########	#VALUE!	#VALUE!
7	王大刀	63,500	#VALUE!	#VALUE!	#VALUE!	#VALUE!
8	Ford	100,000	#VALUE!	#VALUE!	#VALUE!	#VALUE!
9						
10	利润金额=销售金额*预计利润率-固定成本					

图 14-34

当需要将公式拖曳填充至整个单元格区域时，就涉及公式编写中非常重要的单元格引用。

单元格的引用方式一共有 3 种：相对引用、绝对引用和混合引用。

1. 相对引用

相对引用是相对于单元格引用位置的变动而变动的引用方式。

如图 14-35 所示，在“引用方式”工作表的【B3:D5】单元格区域中已经录入了 1~9 这 9 个数字，下面利用相对引用的方式将其关联到【F3:H5】单元格区域。

输入公式。在“引用方式”工作表中，选中【F3】单元格→输入公式“=B3”→按 <Enter> 键确认，如图 14-35 所示。

图 14-35

将光标放在【F3】单元格右下角，当光标变为十字句柄时，向右、向下拖曳鼠标将公式填充至【F3:H5】单元格区域。如图 14-36 所示，【F3:H5】单元格区域中的 9 个单元格显示出与【B3:D5】单元格区域一样的内容。

图 14-36

显示公式。选中【F3:H5】单元格区域→选择【公式】选项卡→单击【显示公式】按钮。如图 14-37 所示，【F3:H5】单元格区域引用的是【B3:D5】单元格区域相对应的位置。

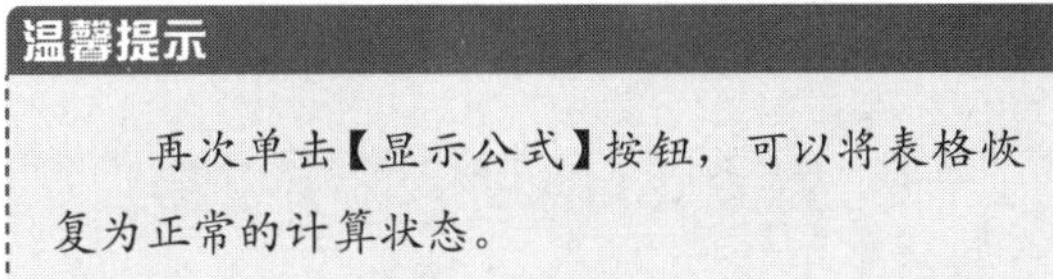

温馨提示

再次单击【显示公式】按钮，可以将表格恢复为正常的计算状态。

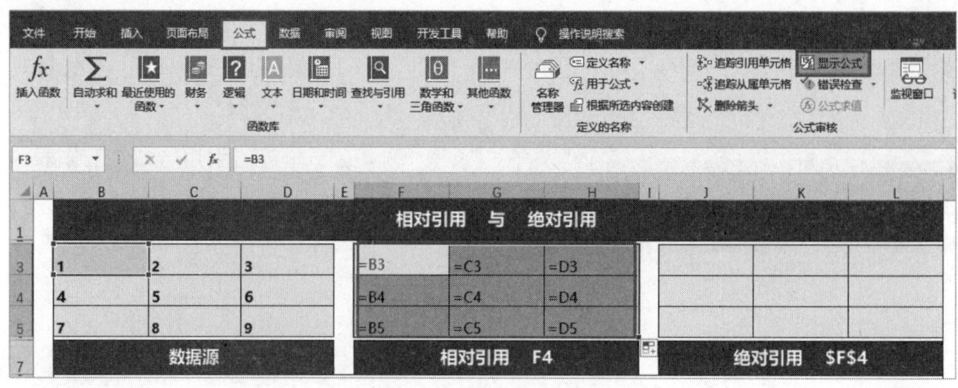

图 14-37

2. 绝对引用

绝对引用是在行和列上都进行锁定，固定地、绝对地引用某个单元格的值。在 Excel 中，通过在列标（字母）和行号（数字）前使用“$”符号对单元格进行绝对引用，即锁定。

输入公式。选中【J3】单元格→输入公式“=$B$3”→按 <Enter> 键确认，如图 14-38 所示。

图 14-38

将光标放在【J3】单元格右下角，当光标变为十字句柄时，向右、向下拖曳鼠标将公式填充至【J3:L5】单元格区域。如图 14-39 所示，【J3:L5】单元格区域中 9 个单元格的内容全部都显示为“1”。

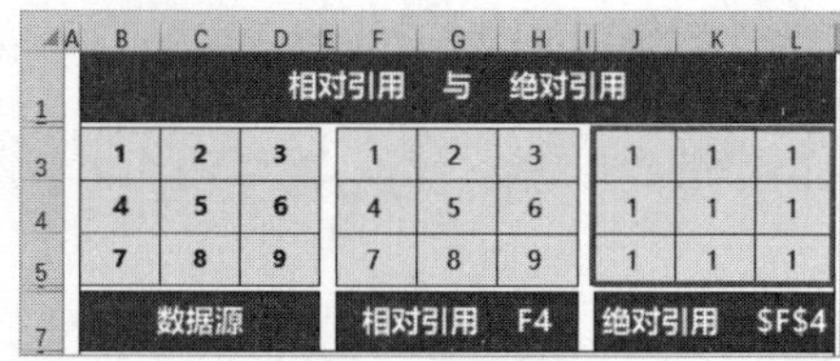

图 14-39

显示公式。选中【J3:L5】单元格区域→选择【公式】选项卡→单击【显示公式】按钮。如图 14-40 所示，每个单元格引用的都是【B3】单元格。

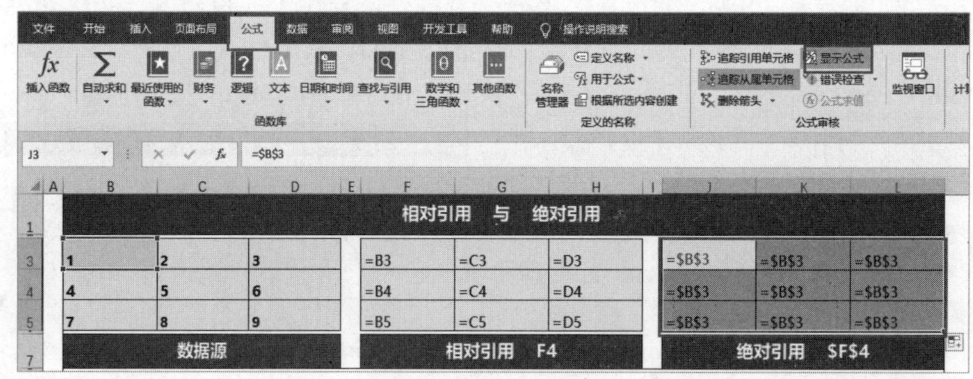

图 14-40

3. 混合引用

混合引用是只对行或只对列进行的绝对引用，即在列标（字母）或行号（数字）前使用“$”符号，对其进行绝对引用，即锁定。

（1）只锁定列。

输入公式。选中【F11】单元格→输入公式“=B11”→按 <F4> 键切换行与列间的锁定方式→切换成“=$B11”→按 <Enter> 键确认，如图 14-41 所示。

将光标放在【F11】单元格右下角，当光标变为十字句柄时，向右、向下拖曳鼠标将公式填充至【F11:H13】单元格区域，如图 14-42 所示。

图 14-41

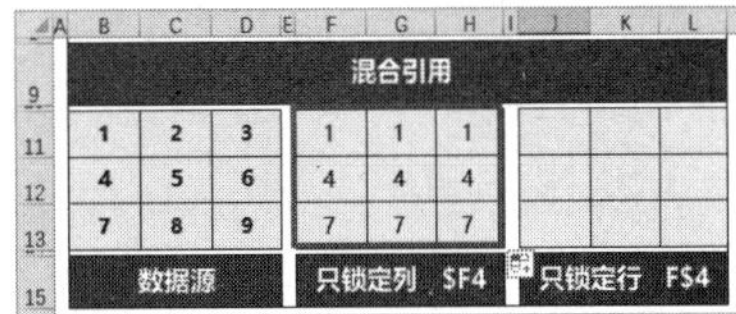

图 14-42

显示公式。选中【F11:H13】单元格区域→选择【公式】选项卡→单击【显示公式】按钮，如图 14-43 所示。

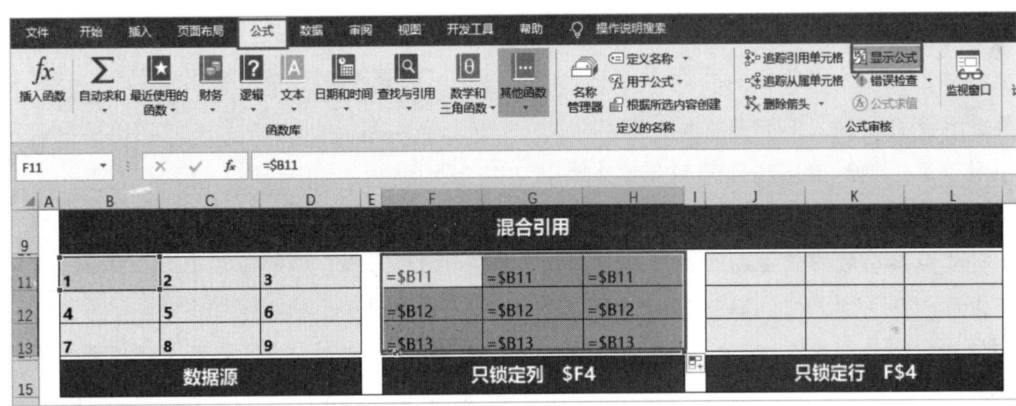

图 14-43

锁定列：无论单元格移动到哪一列中，永远都是锁定【B】列的，但行会随着变化。

（2）只锁定行。

输入公式。选中【J11】单元格→输入公式“=B11”→按 <F4> 键切换行与列间的锁定方式→切换成“=B$11”→按 <Enter> 键确认，如图 14-44 所示。

将光标放在【J11】单元格右下角，当光标变为十字句柄时，向右、向下拖曳鼠标将公式填充至【J11:L13】单元格区域，如图 14-45 所示。

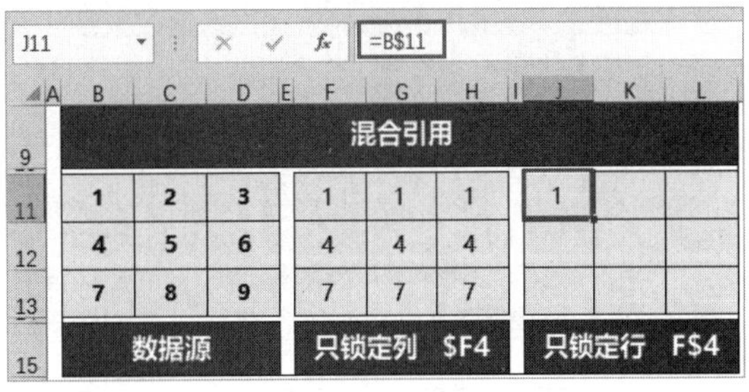

图 14-44

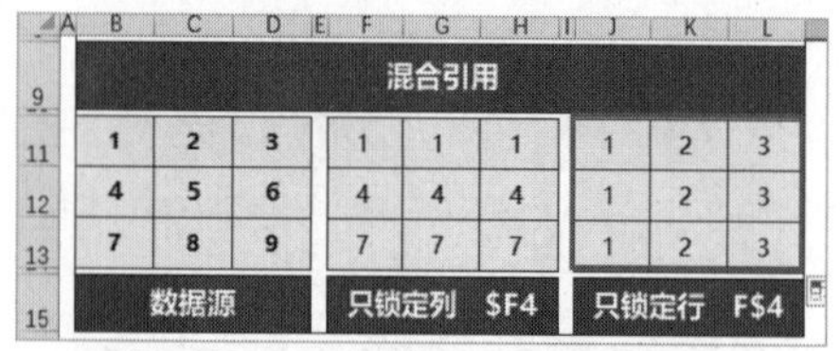

图 14-45

显示公式。选中【J11:L13】单元格区域→选择【公式】选项卡→单击【显示公式】按钮，如图 14-46 所示。

混合引用								
1	2	3	=$B11	=$B11	=$B11	=B$11	=C$11	=D$11
4	5	6	=$B12	=$B12	=$B12	=B$11	=C$11	=D$11
7	8	9	=$B13	=$B13	=$B13	=B$11	=C$11	=D$11
数据源			只锁定列 $F4			只锁定行 F$4		

图 14-46

锁定行：无论单元格移动到哪一行中，永远都是锁定第 11 行的，但列会随着变化。

相对引用、绝对引用和混合引用这 3 种引用方式的结果如图 14-47 所示，当公式输入完成后，如果只将公式应用在一个单元格，则可以不用考虑引用方式，但如果需要拖曳鼠标将公式应用到整个单元格区域，就一定要考虑应该使用哪种引用方式。

相对引用 与 绝对引用								
1	2	3	1	2	3	1	1	1
4	5	6	4	5	6	1	1	1
7	8	9	7	8	9	1	1	1
数据源			相对引用 F4			绝对引用 $F$4		

混合引用								
1	2	3	1	1	1	1	2	3
4	5	6	4	4	4	1	2	3
7	8	9	7	7	7	1	2	3
数据源			只锁定列 $F4			只锁定行 F$4		

图 14-47

温馨提示

批量应用公式时，必须要考虑单元格的引用方式。

相对引用：相对位置不变。

绝对引用：绝对位置不变。

混合引用：只保持行或列的绝对位置不变。

单元格引用的记忆方法如图 14-48 所示。

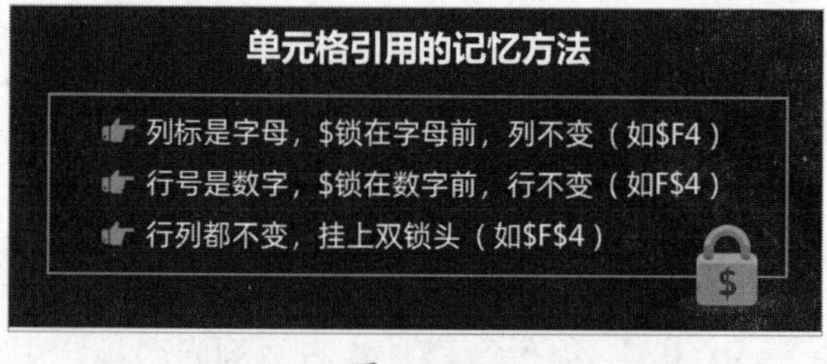

单元格引用的记忆方法
列标是字母，$锁在字母前，列不变（如$F4）
行号是数字，$锁在数字前，行不变（如F$4）
行列都不变，挂上双锁头（如$F$4）

图 14-48

接下来回过头来看看“计算利润”工作表中计算利润的案例。

【C4】单元格中的公式为“=B4*C3-F1”，其中 B4、C3、F1 都没有进行锁定，如图 14-49 所示。

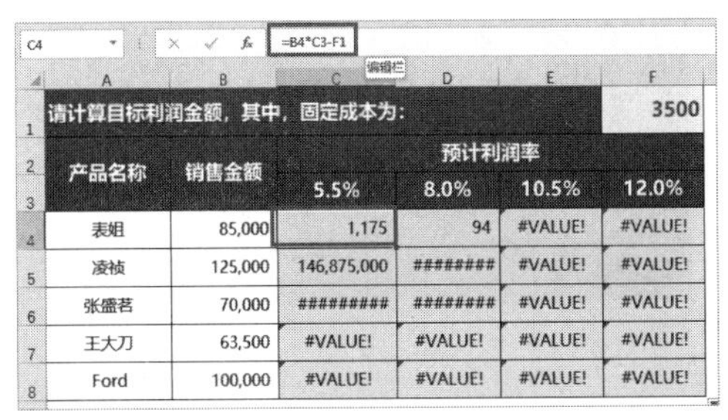

C4 =B4*C3-F1

	A	B	C	D	E	F
1	请计算目标利润金额，其中，固定成本为:					3500
2	产品名称	销售金额	预计利润率			
3			5.5%	8.0%	10.5%	12.0%
4	表姐	85,000	1,175	94	#VALUE!	#VALUE!
5	凌祯	125,000	146,875,000	########	#VALUE!	#VALUE!
6	张盛茗	70,000	#########	########	#VALUE!	#VALUE!
7	王大刀	63,500	#VALUE!	#VALUE!	#VALUE!	#VALUE!
8	Ford	100,000	#VALUE!	#VALUE!	#VALUE!	#VALUE!

图 14-49

而实际上我们需要引用的是【B4】单元格所在的列、【C3】单元格所在的行、【F1】单元格所在的单元格，故需要重新设置单元格的引用方式。

锁定 B4 所在的列：$B4。

锁定 C3 所在的行：C$3。

锁定 F1 单元格：$F$1。

选中【C4】单元格→单击函数编辑区将其激活→分别选中每一个参数，按 <F4> 键切换行与列间的锁定方式→切换成“=$B4*C$3-$F$1”→按 <Enter> 键确认，如图 14-50 所示。

C4 =$B4*C$3-$F$1

	A	B	C	D	E	F
1	请计算目标利润金额，其中，固定成本为:					3500
2	产品名称	销售金额	预计利润率			
3			5.5%	8.0%	10.5%	12.0%
4	表姐	85,000	1,175			
5	凌祯	125,000				
6	张盛茗	70,000				
7	王大刀	63,500				
8	Ford	100,000				

图 14-50

在这里再介绍一种公式批量填充的方法。选中【C4:F8】单元格区域→单击函数编辑区将其激活，如图 14-51 所示→按 <Ctrl+Enter> 键快速批量填充公式。

SUM =$B4*C$3-$F$1

	A	B	C	D	E	F
1	请计算目标利润金额，其中，固定成本为:					3500
2	产品名称	销售金额	预计利润率			
3			5.5%	8.0%	10.5%	12.0%
4	表姐	85,000	C$3-$F$1			
5	凌祯	125,000				
6	张盛茗	70,000				
7	王大刀	63,500				
8	Ford	100,000				

图 14-51

如图 14-52 所示，所有单元格的结果就显示出来了。

C4 =$B4*C$3-$F$1

	A	B	C	D	E	F
1	请计算目标利润金额，其中，固定成本为:					3500
2	产品名称	销售金额	预计利润率			
3			5.5%	8.0%	10.5%	12.0%
4	表姐	85,000	1,175	3,300	5,425	6,700
5	凌祯	125,000	3,375	6,500	9,625	11,500
6	张盛茗	70,000	350	2,100	3,850	4,900
7	王大刀	63,500	-8	1,580	3,168	4,120
8	Ford	100,000	2,000	4,500	7,000	8,500

图 14-52

温馨提示

快速填充的 3 种方法：（1）双击鼠标；（2）鼠标拖曳；（3）按 <Ctrl+Enter> 键。

14.4 掌握 IF 函数嵌套应用

下面想要按照公司的绩效的计算规则——绩效得分超过 9.5 分奖金 1000 元，低于 9.5 分但高于 9.0 分（含）奖金 500 元，低于 9.0 分无奖金——计算出图 14-53 所示的每一位销售人员的绩效奖金。

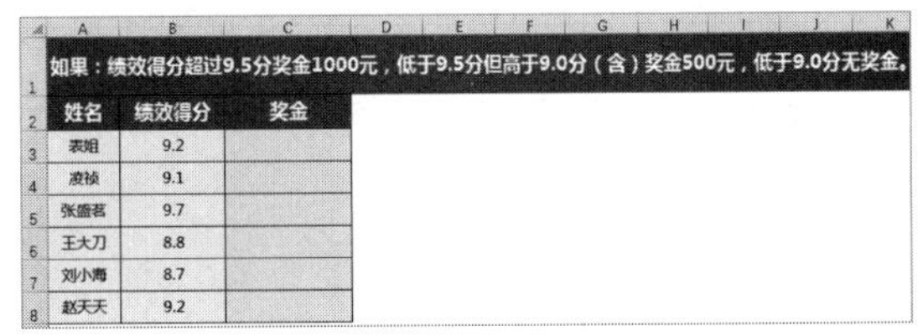

如果：绩效得分超过9.5分奖金1000元，低于9.5分但高于9.0分（含）奖金500元，低于9.0分无奖金。

	A	B	C
2	姓名	绩效得分	奖金
3	表姐	9.2	
4	凌祯	9.1	
5	张盛茗	9.7	
6	王大刀	8.8	
7	刘小青	8.7	
8	赵天天	9.2	

图 14-53

这样的计算看似比较复杂，但只要拆解清楚就会发现，它只是“火车函数”的“套娃”。

1. 拆分需求

这里我们想要的是：如果绩效得分 >9.5，奖金显示为“1000”。

否则继续判断：如果 9.5> 绩效得分 >=9.0，奖金显示为“500”。

否则，无奖金。

在解决实际问题时，可能没有办法通过一个函数就完成，最重要的是要有一个逻辑思路。

推荐大家学习函数时使用图 14-54 所示的逻辑思路。通过绘制逻辑函数思路图，可以帮助我们提高函数的编写效率。

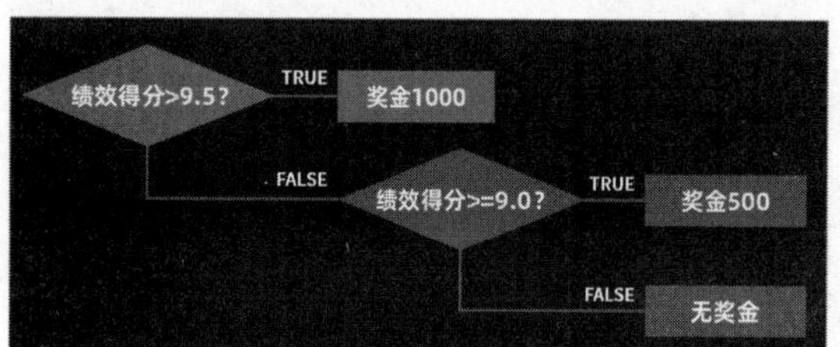

图 14-54

首先将 9.5> 绩效得分 >=9.0 的输出结果设置为“未满足”，如图 14-55 所示。

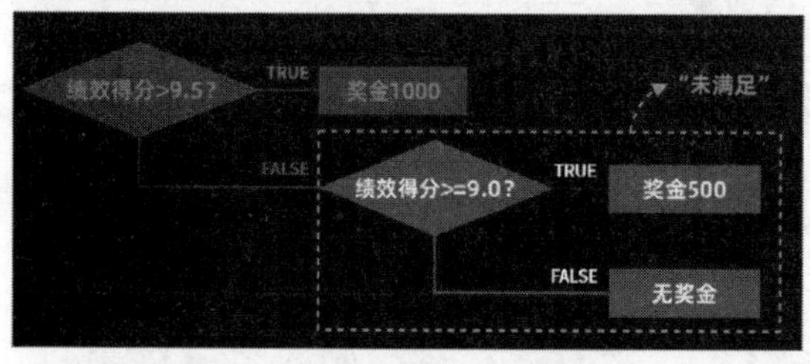

图 14-55

这样通过“分解条件”将问题转化为：如果绩效得分 >9.5，奖金 1000；否则，未满足，如图 14-56 所示。

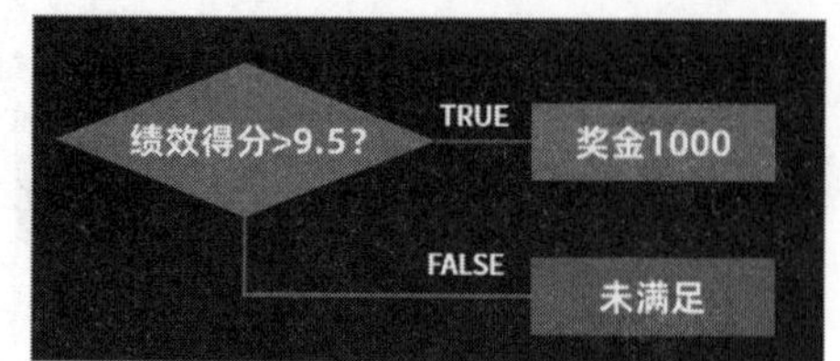

图 14-56

其中，未满足为：如果绩效得分 >=9.0，奖金 500；否则，无奖金，如图 14-57 所示。

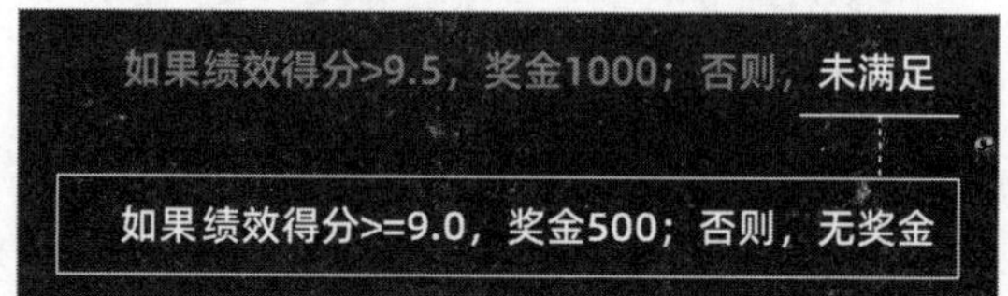

图 14-57

对应的逻辑函数思路如图 14-58 所示。

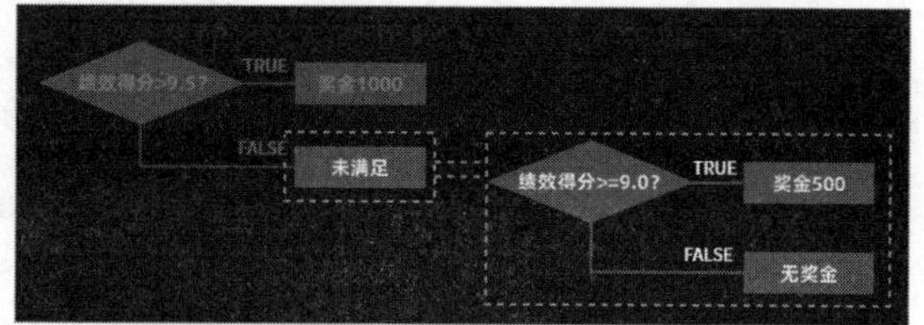

图 14-58

2. 选择函数类型

找出需求中的关键词。如遇到“如果满足条件，就…，否则…”的判断，它对应的就是 Excel 中的 IF 函数。

到这里有的读者可能会想到：“如果联想到 IF，这个可以理解。但是，如果有比较复杂的公式计算需求，我们怎么找到关键词，从而确定该用哪个函数呢？”

在这里笔者推荐给大家两个确定函数的方法。

（1）百度关键词。将“拆解需求”中梳理出的关键词在百度中搜索一下，即可直接获取答案，如图 14-59 所示。

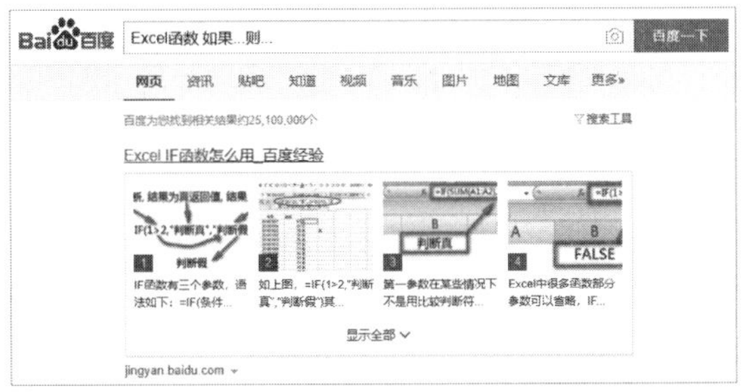

图 14-59

（2）使用本书赠送的福利包中的“函数快速查询手册”进行查询确认，如图 14-60 所示。

函数快速查询手册　MADE BY 表姐凌祯

函数类别	链接	说明
逻辑函数	☑	根据条件，判断计算结果，TRUE或FALSE，并返回对应的结果。
统计函数	☑	根据条件，对数据进行统计、计算、大小分析等。
文本函数	☑	针对文本进行的查找、替换、长度计算、格式转化等。
查找与引用函数	☑	根据单元格的位置、地址信息等，进行数据查找与引用，返回对应的结果。
日期与时间函数	☑	根据日期、时间的情况，计算相应结果，如某个日期、年月日、天数、工作日、星期几等。
信息函数	☑	查看单元格的内容情况，判断其是否包含某种信息。
数学与三角函数	☑	数学计算求和、平均值、计数、方差、三角函数等。
财务函数	☑	财务专业领域计算公式，如NPV、IRR等。

图 14-60

在本关后面的内容中，将会给大家介绍工作中常用的五类函数，只要掌握了这五类函数，就能解决工作中 80% 的问题，如图 14-61 所示。

常用的五类函数				
逻辑函数	IF	AND	OR	IFERROR
统计函数	SUM SUMIFS MAX	AVERAGE AVERAGEIFS MIN	COUNT COUNTIFS	
文本函数	MID TEXT	LEFT LEN	RIGHT LENB	FIND
查找函数	LOOKUP	VLOOKUP	HLOOKUP	
日期函数	TODAY DATE	NOW YEAR	DATEDIF MONTH	DAY

图 14-61

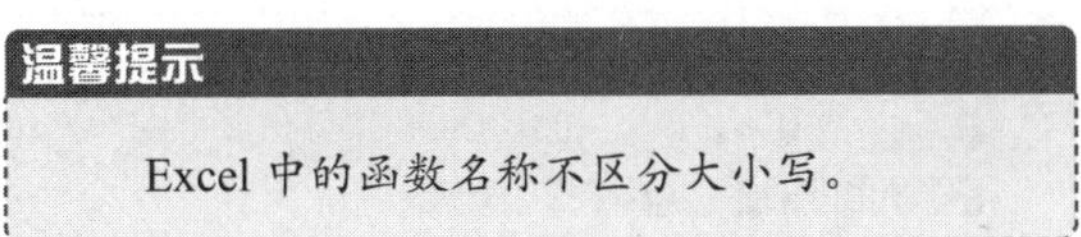

温馨提示

Excel 中的函数名称不区分大小写。

3. 学会写函数

（1）输入函数名称：=IF()。

选中“IF 嵌套”工作表中的【C3】单元格→单击函数编辑区将其激活→输入公式“=IF”→按 <Tab> 键，Excel 会自动在函数名称“IF”后添加一个左括号，并且在下方出现函数提示框，如图 14-62 所示。

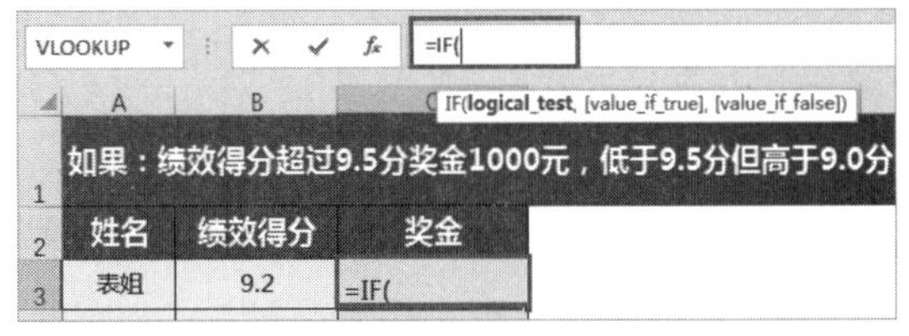

图 14-62

温馨提示

函数提示框可以帮助我们理解函数。

前文讲到，公式就是 Excel 帮助我们快速到达目的地的一列火车。在这列火车中如果有函数（如 IF），就需要在函数名称后添加一对英文状态下的括号“()”，这样 Excel 才会将它视为一个整体，作为这列“公式火车”的一个完整“工作包”，如图 14-63 所示。

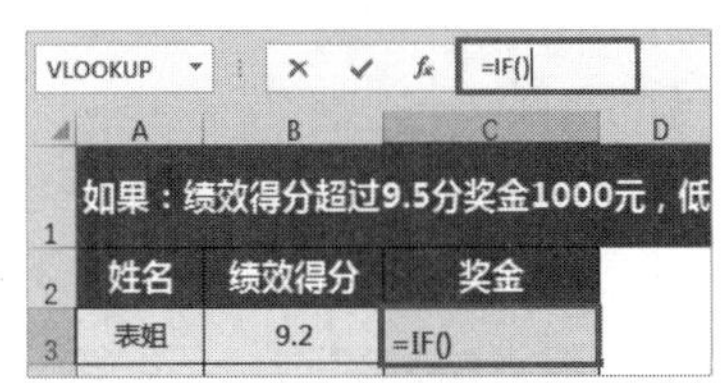

图 14-63

温馨提示

公式中的括号都是成对出现的，因此在输入函数名称后应立即输入一对括号，避免括号丢失，造成报错。

（2）补充连接符：=IF(, ,)。

在这个“工作包”中挂上不同的“车厢”，也就是 Excel 函数中的不同“参数”。

火车的两节车厢之间有一个“连接符”，将两个参数“连接”起来。在 Excel 中，这个连接符就是英文状态下的逗号“,”。

如图 14-64 所示，在 IF 函数下方的函数提示框中可以看到，IF 函数括号里面一共有 3 节“车厢”（参数），2 个“连接符”（逗号）。将 IF

函数名称的左右括号补齐后，在括号里面添加两个“,”，即写为“=IF(,,)”。

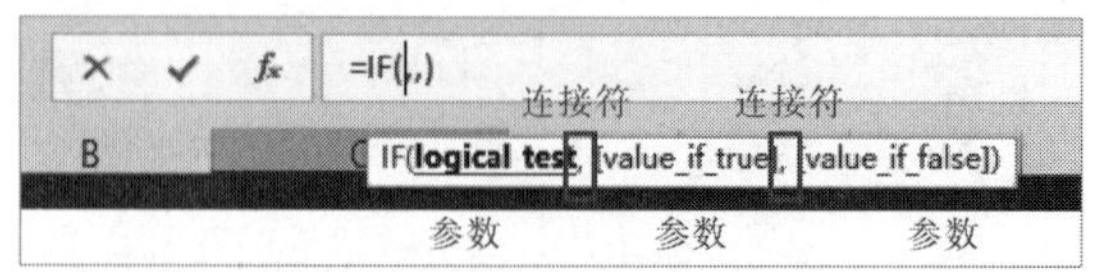

图 14-64

温馨提示

所有的符号都要是英文状态下的。

下面就要在 IF 函数的 3 节车厢里加内容了，即填写函数“参数”。在每个“,”之间进行点选和切换时可能不太方便，可以通过选中函数提示框中不同的参数内容，来完成每节“车厢”（参数）位置的快速切换，并且当选中某个参数时，这个参数会以“加粗字体”的效果进行突出显示。

（3）理解参数。

到这里有的读者可能会头疼了，函数中所有的参数都是用英文编写的，英语不好该怎么办？别担心，笔者给大家提供了快速理解参数含义的 3 种方法。

①英语单词，直译理解。

Logical_test：判断句、条件语句。

Value_if_true：条件成立（为真）时的结果。

Value_if_false：条件不成立（为假）时的结果。

②通过函数参数文本框，帮助理解。

输入完函数名称后，单击函数编辑区左侧的【*fx*】按钮，或者按 <Ctrl+A> 键打开【函数参数】对话框。在【函数参数】对话框中，只需移动鼠标单击文本框，底部的说明栏中就会有明确的提示，告诉你每个参数应该填写什么内容，如图 14-65 所示。

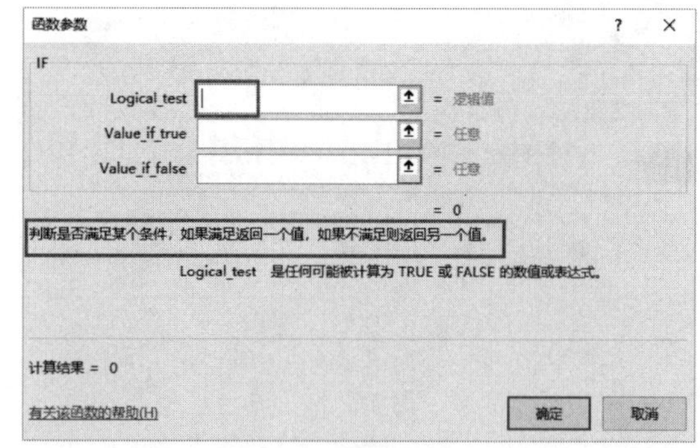

图 14-65

温馨提示

因为函数在日常使用时经常涉及多层级嵌套，而在【函数参数】对话框中编辑公式并不方便。所以，建议大家只将它作为初学时的辅助工具，编写具体公式时还是在函数编辑区中进行。

③通过一句通俗的话，理解参数含义。

在本书赠送的福利包中，笔者提供了一个“函数快速查询手册”，其中已经将大部分函数都整理成了一句通俗易懂的话，方便大家理解参数的含义，如图 14-66 所示。

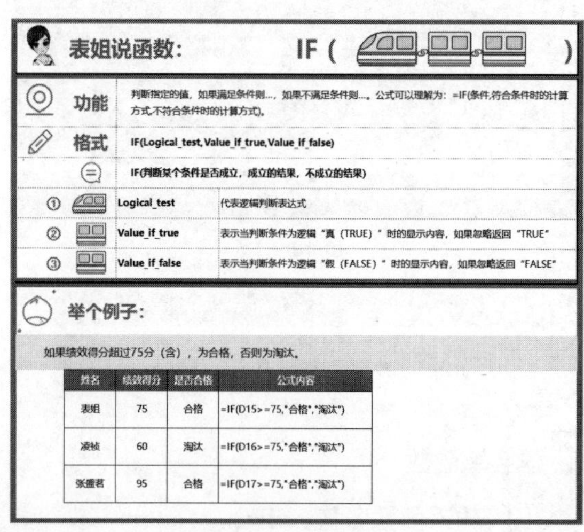

姓名	绩效得分	是否合格	公式内容
表姐	75	合格	=IF(D15>=75,"合格","淘汰")
凌祯	60	淘汰	=IF(D16>=75,"合格","淘汰")
张盈若	95	合格	=IF(D17>=75,"合格","淘汰")

图 14-66

（4）录入参数。

IF 函数的公式原理如图 14-67 所示。

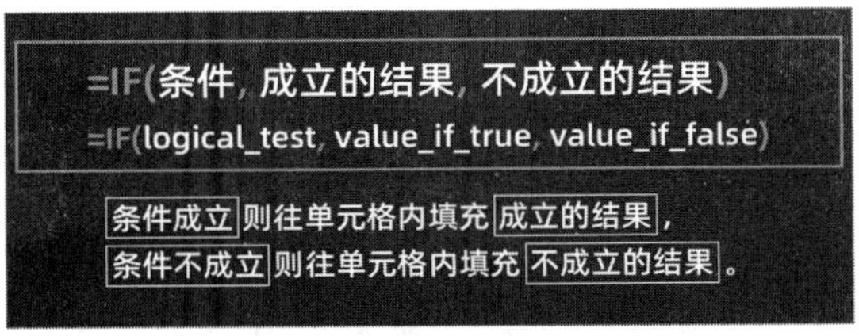

=IF(条件, 成立的结果, 不成立的结果)
=IF(logical_test, value_if_true, value_if_false)
条件成立则往单元格内填充成立的结果,
条件不成立则往单元格内填充不成立的结果。

图 14-67

将公式应用到判断“如果绩效得分 >9.5，奖金 1000；否则，未满足”的问题中，如图 14-68 所示。

=IF(绩效得分>9.5 , 1000 , 未满足)
条件
成立的结果
不成立的结果

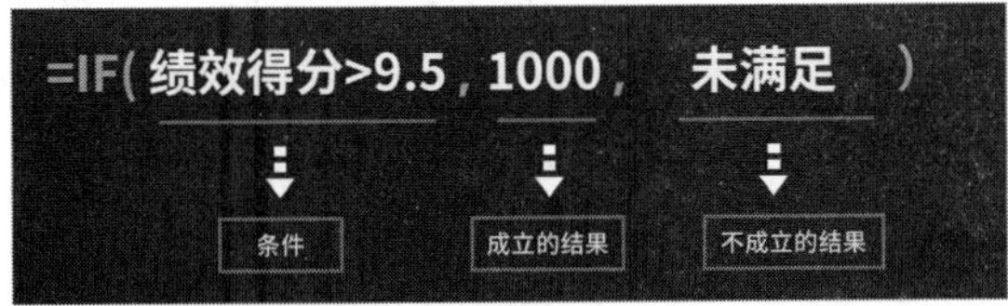

图 14-68

这里要判断的条件是：绩效得分是否大于 9.5。

在表格中，绩效得分对应【B3】单元格，所以 IF 函数的第一个参数就是 B3>9.5。

第二个参数“成立的结果”：“1000”。

第三个参数“不成立的结果”：“未满足”。

代入公式就是“=IF(B3>9.5,1000,未满足)”，如图 14-69 所示。

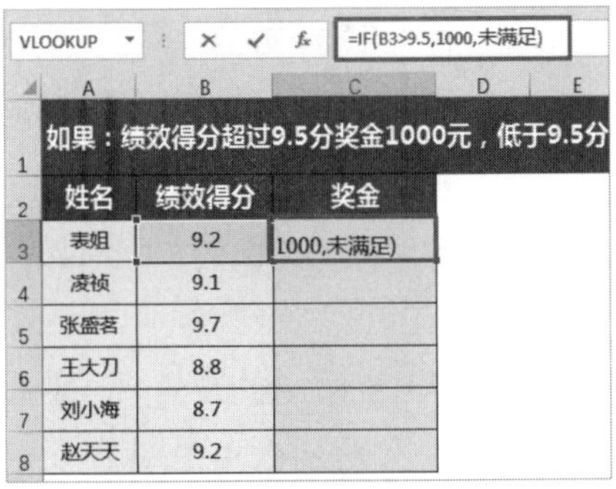

VLOOKUP
=IF(B3>9.5,1000,未满足)
如果：绩效得分超过9.5分奖金1000元，低于9.5分
姓名
绩效得分
奖金
表姐
9.2
1000,未满足)
凌祯
9.1
张盛茗
9.7
王大刀
8.8
刘小海
8.7
赵天天
9.2

图 14-69

需要注意的是，公式中的第三个参数“未满足”是一个文本。前文介绍过，公式中的元素不包含文本。在 Excel 公式中，这样的文本属于非公式中的元素，要将它关到英文的双引号的笼子里。所以，补充后的函数公式如图 14-70 所示。

=IF(绩效得分>9.5, 1000, “未满足”)
条件
成立的结果
不成立的结果

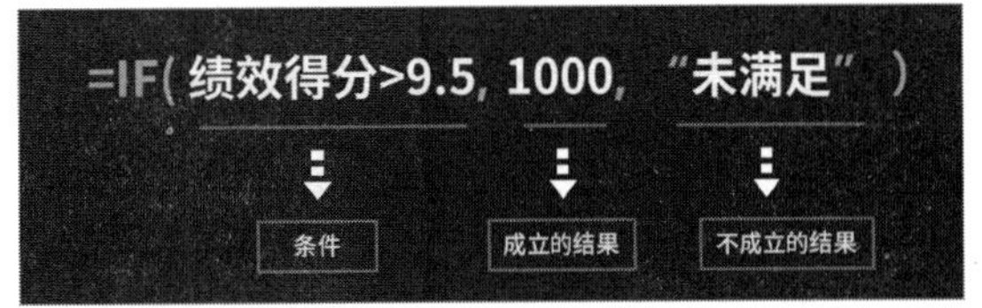

图 14-70

按 <Enter> 键，或者单击函数编辑区左侧的【√】按钮，确认录入→将光标放在【B3】单元格右下角，当光标变为十字句柄时，双击鼠标将公式向下填充，如图 14-71 所示。

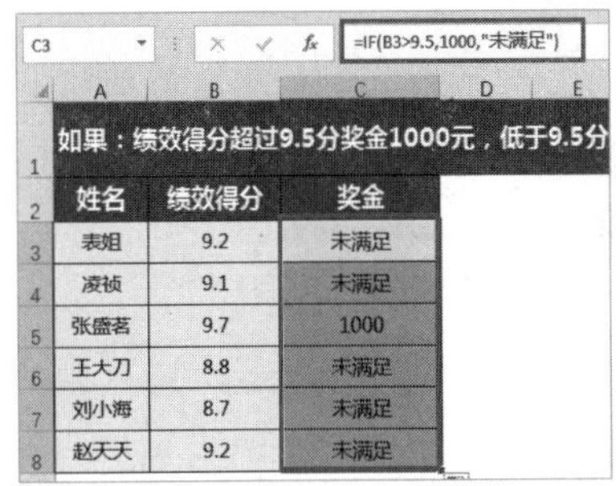

C3
=IF(B3>9.5,1000,"未满足")
如果：绩效得分超过9.5分奖金1000元，低于9.5分
姓名
绩效得分
奖金
表姐
9.2
未满足
凌祯
9.1
未满足
张盛茗
9.7
1000
王大刀
8.8
未满足
刘小海
8.7
未满足
赵天天
9.2
未满足

图 14-71

温馨提示

在 Excel 公式中，文本要用英文状态下的双引号括起来。

接下来利用函数参数来验证一下。选中【C3】单元格→单击函数编辑区将其激活→输入公式“=IF”→按 <Tab> 键快速补充左括号→按 <Ctrl+A> 键打开【函数参数】对话框→在第一个参数文本框中输入条件“B3>9.5”→在第二个参数文本框中输入“1000”→在第三个参数文本框中输入“未满足”，如图 14-72 所示。

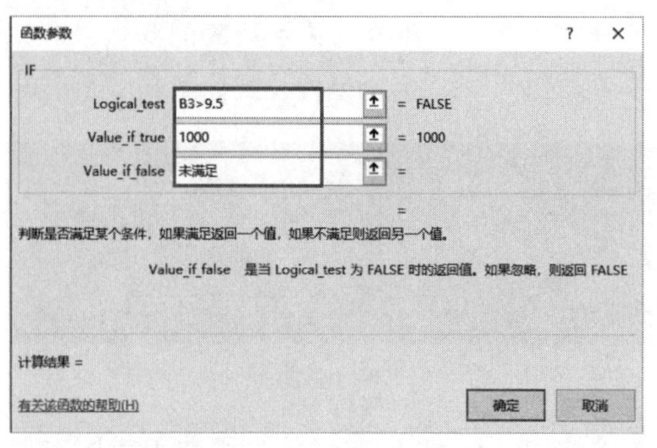

图 14-72

单击旁边的单元格，Excel 自动为文本添加了一对英文状态下的双引号，这是因为公式中的元素不包含文本，如图 14-73 所示。

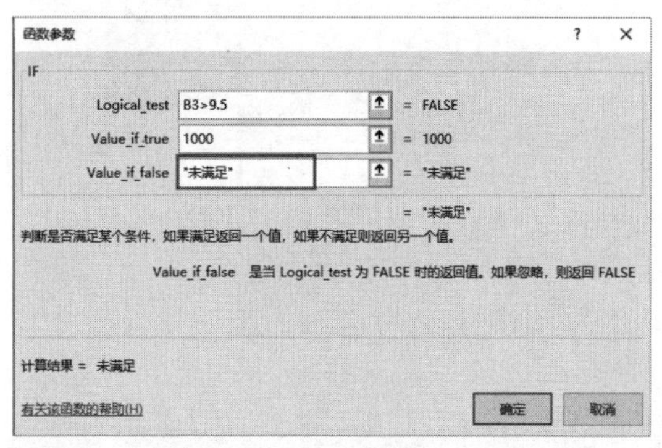

图 14-73

将函数参数编辑区里面的参数输入完成后，可以发现 Excel 自动在每个参数中间加入了一个“,”。当光标定位在函数中，选中下方函数提示框中的参数时，可以快速切换到不同的参数，如图 14-74 所示。

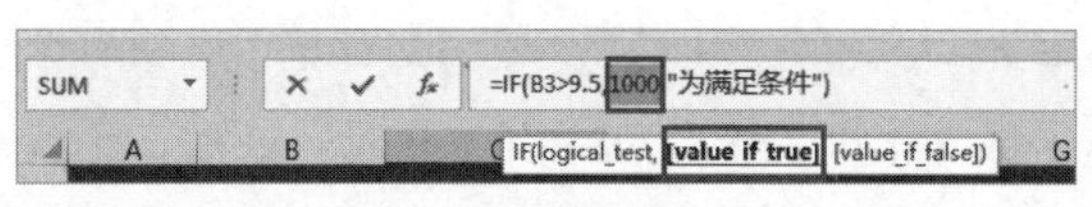

图 14-74

（5）二级嵌套。

此时，不要忘记，公式 =IF(B3>9.5,1000,"未满足") 中的“未满足”为“如果绩效得分>=9.0，奖金 500；否则，无奖金。”

所以，做二级嵌套，将未满足的函数 IF(B3>=9.0,500,0) 嵌套到一级函数中，如图 14-75 所示。

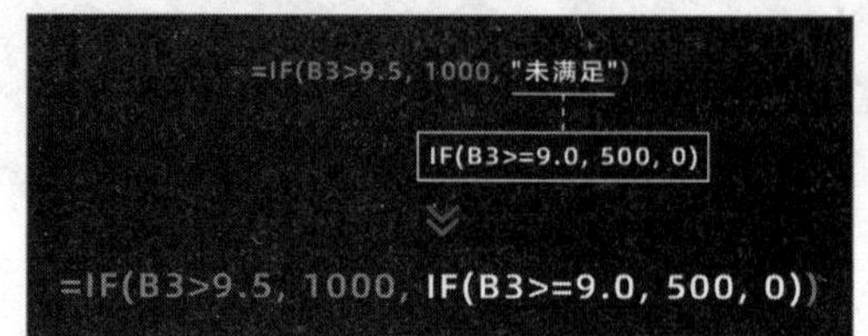

图 14-75

选中【C3】单元格→单击函数编辑区将其激活→输入公式“=IF(B3>9.5,1000,IF(B3>=9,500,0))”→按 <Enter> 键确认→将光标放在【C3】单元格右下角，当光标变为十字句柄时，向下拖曳鼠标将公式填充至【C3:C8】单元格区域，如图 14-76 所示。

C3 =IF(B3>9.5,1000,IF(B3>=9,500,0))

	A	B	C
1	如果：绩效得分超过9.5分奖金1000元，低于9.5分但高于		
2	姓名	绩效得分	奖金
3	表姐	9.2	500
4	凌祯	9.1	500
5	张盛茗	9.7	1000
6	王大刀	8.8	0
7	刘小海	8.7	0
8	赵天天	9.2	500

图 14-76

公式实际上是一个把抽象事物变为数学模型，通过建模落地的过程。公式难学，主要是逻辑思路不清晰，有了正确的逻辑思路，写函数就不再是难事了。

完成这个案例中的函数嵌套后，发现整个过程中最难的其实是函数中的每个参数该填什么。

对于函数提示框中的英文单词，每一次都去百度搜索也比较麻烦。笔者给大家总结了 Excel 函数参数中常见的 5 种类型，只要能熟悉这 5 种英文单词代表的意义，再填函数参数时就不那么迷茫了，如图 14-77 所示。

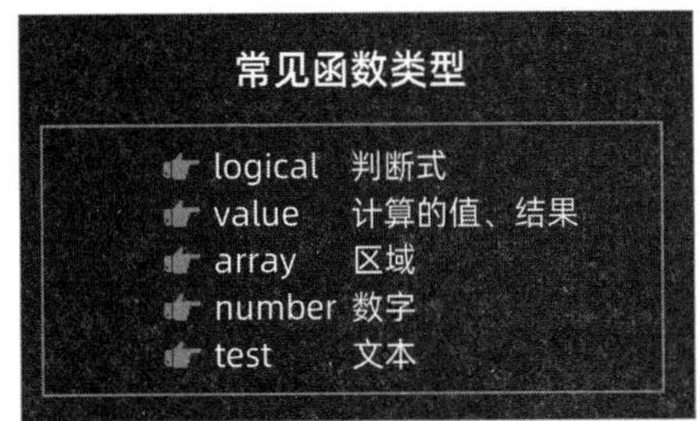

常见函数类型
logical 判断式
value 计算的值、结果
array 区域
number 数字
test 文本

图 14-77

本节给大家介绍了 Excel 函数世界中最常用的 IF 函数，并且解锁了函数的使用秘诀。

需要注意的是，输入公式时，所有的符号都必须是英文状态下的，如果遇到文本，必须要加上英文状态下的双引号。另外，输入函数名称时，要注意函数名称是否输入正确，如不要将 IF 写成 IIF 等。

虽然 Excel 中的函数有几百个，但其实只要熟练掌握二三十个，就能够轻松应对工作中 80% 的问题了。

第15关 逻辑函数

本关背景

通过前面14关内容的介绍，相信你已经收获了不少Excel的新技能。本关将会进一步介绍函数的使用，利用函数解决工作中遇到的问题。

在图15-1所示的评价得分表中，想要根据员工的各项评分情况，判定此员工为优秀员工还是淘汰员工。如果每项得分都大于9.5分，则此员工为优秀员工；如果有一项低于8分，就属于要淘汰的员工。

【优秀】所有评分均>9.5分；【淘汰】有一个得分<8分

姓名	评价得分				是否优秀员工	是否淘汰
	自评得分	互评得分	直属领导评分	相关部门领导评分		
表姐	9.3	8.2	8.9	9.8		
凌祯	9.6	9.8	9.9	10.0		
安迪	9.5	9.6	9.9	9.9		
王大刀	9.0	8.0	8.0	7.5		
Ford	9.2	8.3	9.9	9.3		

图 15-1

通过第14关可知，包含“如果满足条件，就…，否则…”的判断可以利用IF函数来解决。但是，像这样要求“全部满足”或“有一项满足即可”的问题，要套用AND和OR函数来解决。

本关就来介绍逻辑函数，利用逻辑函数轻松判断、自动计算出销售奖金提成。

15.1 认识IF函数的小伙伴

打开“素材文件/15-逻辑函数/15-逻辑函数-销售提成大爆炸.xlsx”源文件。

1. AND函数

在“谁优秀”工作表中，要判断【F4】单元格中的“表姐”是否为“优秀员工”，就是要判断【B4】、【C4】、【D4】、【E4】单元格的值是否全都>9.5，如果都满足，则为“优秀员工”。

像这样每一项都要满足条件的问题，笔者称为“全票通过”的问题，可以利用AND函数来解决，如图15-2所示。

=AND(条件1, [条件2], ...)
=AND(logical1, [logical2], ...)
所有条件都满足时，返回TRUE；只要有一个条件不满足，则返回FALSE。

图 15-2

将公式应用到“优秀员工”的问题中，如图15-3所示。

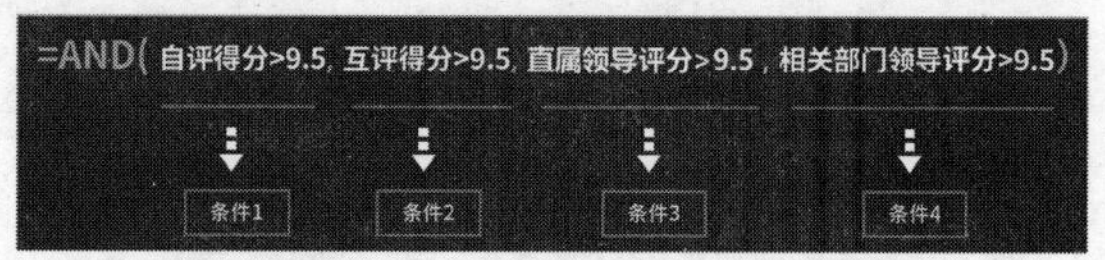

图 15-3

输入公式。选中【F4】单元格→单击函数编辑区将其激活→输入函数名称“=AND”→按<Tab>键自动补齐左括号，如图 15-4 所示。

COUNTIF | =AND(
AND(**logical1**, [logical2], ...)

	A	B	C	D	E	F	G
1	【优秀】所有评分均>9.5分；【淘汰】有一个得分<8分						
2	姓名	评价得分				是否优秀员工	是否淘汰
3		自评得分	互评得分	直属领导评分	相关部门领导评分		
4	表姐	9.3	8.2	8.9	9.8	=AND(	
5	凌祯	9.6	9.8	9.9	10.0		
6	安迪	9.5	9.6	9.9	9.9		
7	王大刀	9.0	8.0	8.0	7.5		
8	Ford	9.2	8.3	9.9	9.3		

图 15-4

按<Ctrl+A>键→在弹出的【函数参数】对话框中单击第一个文本框将其激活→输入第一个条件参数，选中【B4】单元格→输入“>9.5”，如图 15-5 所示。

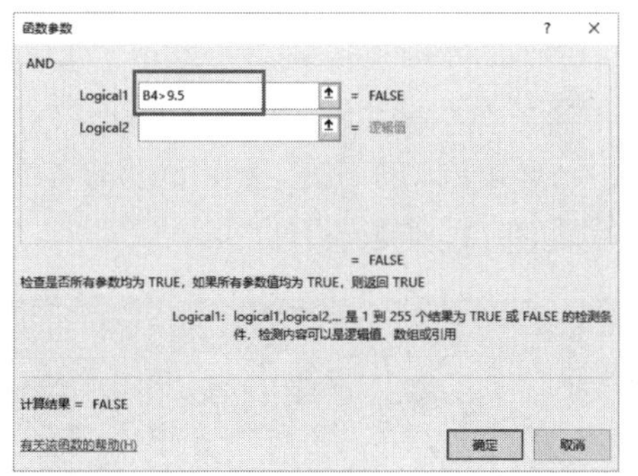

图 15-5

单击第二个文本框将其激活→选中【C4】单元格→输入“>9.5”，如图 15-6 所示。

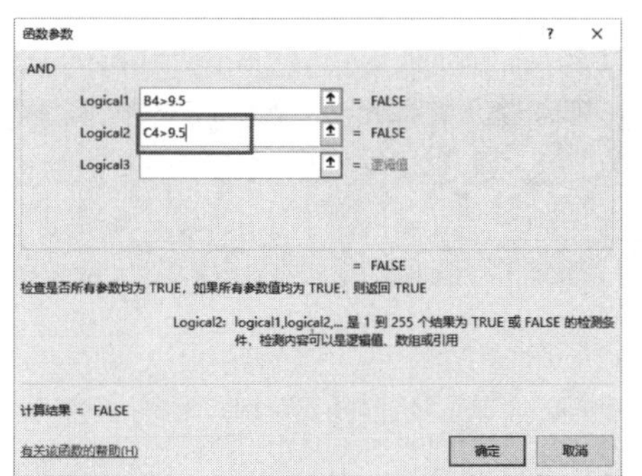

图 15-6

同理，在第三个文本框中设置“D4>9.5”。在第四个文本框中设置“E4>9.5”→单击【确定】按钮，如图 15-7 所示。

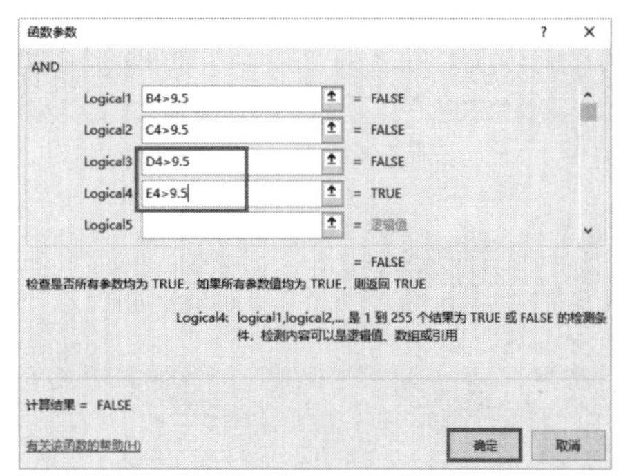

图 15-7

设置完函数后，【F4】单元格显示为“FALSE”，这是因为【C4】和【D4】单元格中的数值都不满足 >9.5 的条件，如图 15-8 所示。

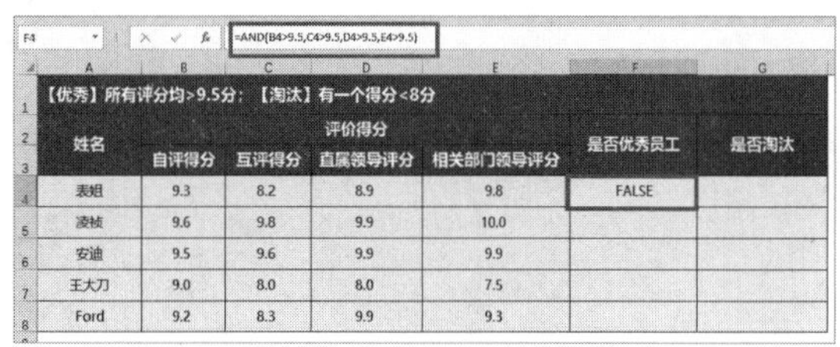
F4 | =AND(B4>9.5,C4>9.5,D4>9.5,E4>9.5)

	A	B	C	D	E	F	G
1	【优秀】所有评分均>9.5分；【淘汰】有一个得分<8分						
2	姓名	评价得分				是否优秀员工	是否淘汰
3		自评得分	互评得分	直属领导评分	相关部门领导评分		
4	表姐	9.3	8.2	8.9	9.8	FALSE	
5	凌祯	9.6	9.8	9.9	10.0		
6	安迪	9.5	9.6	9.9	9.9		
7	王大刀	9.0	8.0	8.0	7.5		
8	Ford	9.2	8.3	9.9	9.3		

图 15-8

将光标放在【F4】单元格右下角，当光标变为十字句柄时，双击鼠标将公式向下填充至【F4:F8】单元格区域，如图 15-9 所示，每一位员工是否为优秀员工就已经计算出来了。

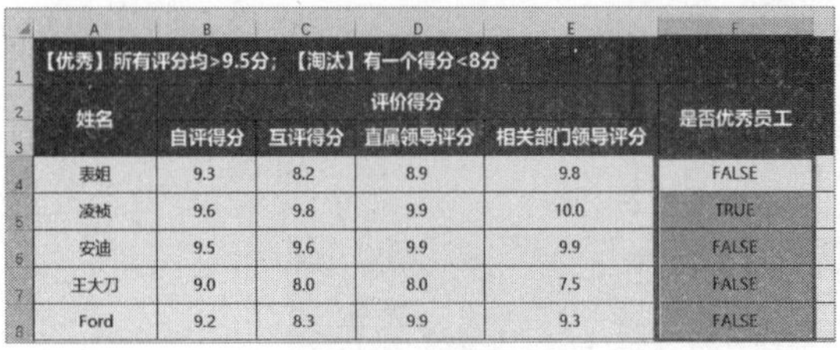

【优秀】所有评分均>9.5分；【淘汰】有一个得分<8分					
姓名	评价得分				是否优秀员工
	自评得分	互评得分	直属领导评分	相关部门领导评分	
表姐	9.3	8.2	8.9	9.8	FALSE
凌祯	9.6	9.8	9.9	10.0	TRUE
安迪	9.5	9.6	9.9	9.9	FALSE
王大刀	9.0	8.0	8.0	7.5	FALSE
Ford	9.2	8.3	9.9	9.3	FALSE

图 15-9

接下来想要将优秀员工显示为“优秀员工”，否则显示为空。对于“如果…就…，否则…”的问题可以利用 IF 函数来解决，如图 15-10 所示。

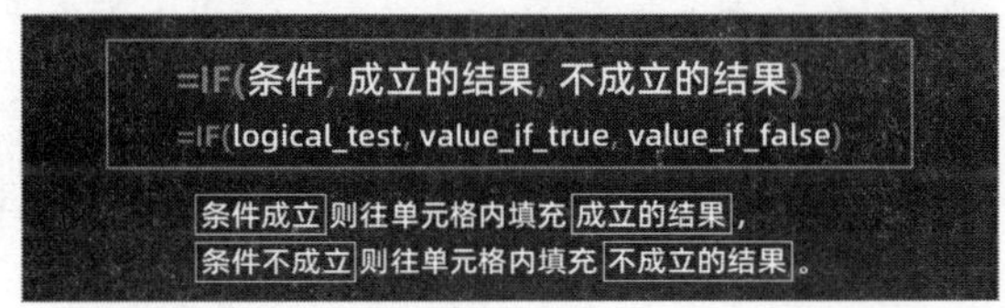

图 15-10

将公式应用到“优秀员工”的问题中，如图 15-11 所示。

图 15-11

选中【F4】单元格→单击函数编辑区将其激活→输入公式“=IF(AND(B4>9.5,C4>9.5,D4>9.5,E4>9.5),"优秀员工","")”→按 <Enter> 键确认，如图 15-12 所示。

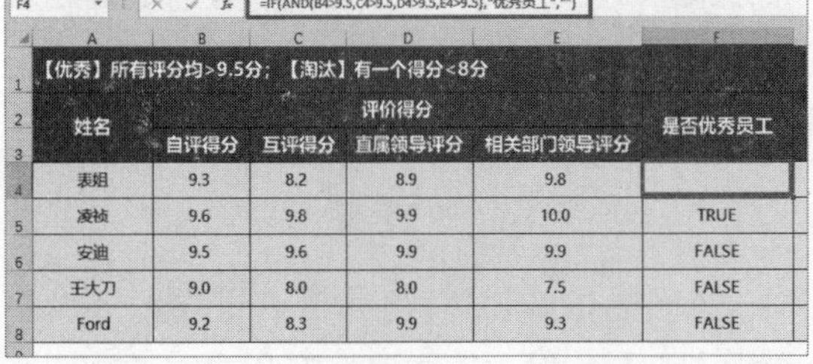

F4 =IF(AND(B4>9.5,C4>9.5,D4>9.5,E4>9.5),"优秀员工","")

【优秀】所有评分均>9.5分；【淘汰】有一个得分<8分					
姓名	评价得分				是否优秀员工
	自评得分	互评得分	直属领导评分	相关部门领导评分	
表姐	9.3	8.2	8.9	9.8	
凌祯	9.6	9.8	9.9	10.0	TRUE
安迪	9.5	9.6	9.9	9.9	FALSE
王大刀	9.0	8.0	8.0	7.5	FALSE
Ford	9.2	8.3	9.9	9.3	FALSE

图 15-12

将光标放在【F4】单元格右下角，当光标变为十字句柄时，双击鼠标将公式向下填充至【F4:F8】单元格区域，如图 15-13 所示，非优秀员工已经变为空白了。

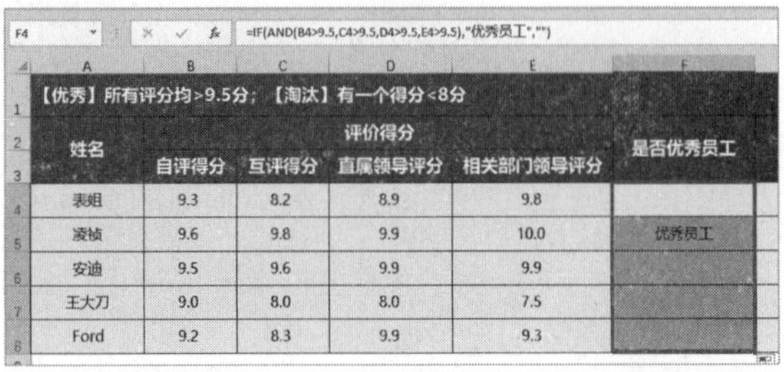

F4 =IF(AND(B4>9.5,C4>9.5,D4>9.5,E4>9.5),"优秀员工","")

【优秀】所有评分均>9.5分；【淘汰】有一个得分<8分					
姓名	评价得分				是否优秀员工
	自评得分	互评得分	直属领导评分	相关部门领导评分	
表姐	9.3	8.2	8.9	9.8	
凌祯	9.6	9.8	9.9	10.0	优秀员工
安迪	9.5	9.6	9.9	9.9	
王大刀	9.0	8.0	8.0	7.5	
Ford	9.2	8.3	9.9	9.3	

图 15-13

2. OR 函数

接下来要判断【G4】单元格中的“表姐”是否为“淘汰员工”，就是要判断【B4】、【C4】、【D4】、【E4】单元格的值是否至少有一项<8，如果有，则为“淘汰员工”。

像这样至少有一项满足条件的问题，笔者称为“一票通过”的问题，可以利用 OR 函数来解决，如图 15-14 所示。

图 15-14

将公式应用到“淘汰员工”的问题中，如图 15-15 所示。

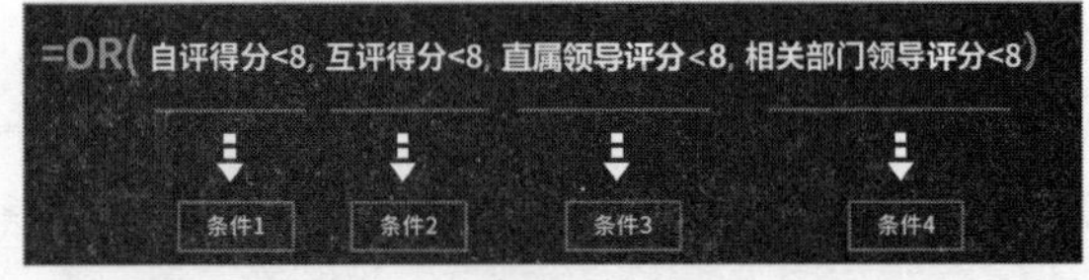

图 15-15

输入公式。选中【G4】单元格→单击函数编辑区将其激活→输入公式“=OR(B4<8,C4<8,D4<8,E4<8)”→按 <Enter> 键确认，如图 15-16 所示，【G4】单元格显示为“FALSE”。

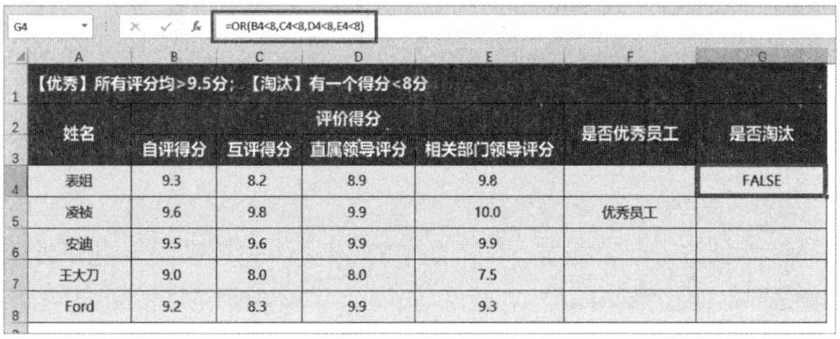

G4
=OR(B4<8,C4<8,D4<8,E4<8)

【优秀】所有评分均>9.5分；【淘汰】有一个得分<8分						
姓名	评价得分				是否优秀员工	是否淘汰
	自评得分	互评得分	直属领导评分	相关部门领导评分		
表姐	9.3	8.2	8.9	9.8		FALSE
凌祯	9.6	9.8	9.9	10.0	优秀员工	
安迪	9.5	9.6	9.9	9.9		
王大刀	9.0	8.0	8.0	7.5		
Ford	9.2	8.3	9.9	9.3		

图 15-16

将光标放在【G4】单元格右下角，当光标变为十字句柄时，双击鼠标将公式向下填充至【G4:G8】单元格区域，如图 15-17 所示，每一位员工是否为淘汰员工就已经计算出来了。

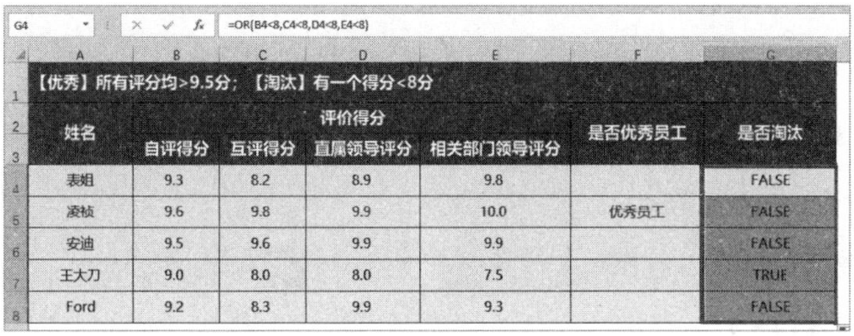

G4
=OR(B4<8,C4<8,D4<8,E4<8)

【优秀】所有评分均>9.5分；【淘汰】有一个得分<8分						
姓名	评价得分				是否优秀员工	是否淘汰
	自评得分	互评得分	直属领导评分	相关部门领导评分		
表姐	9.3	8.2	8.9	9.8		FALSE
凌祯	9.6	9.8	9.9	10.0	优秀员工	FALSE
安迪	9.5	9.6	9.9	9.9		FALSE
王大刀	9.0	8.0	8.0	7.5		TRUE
Ford	9.2	8.3	9.9	9.3		FALSE

图 15-17

接下来想要将淘汰员工显示为“淘汰员工”，否则显示为空。对于“如果…就…，否则…”的问题可以利用 IF 函数来解决，如图 15-18 所示。

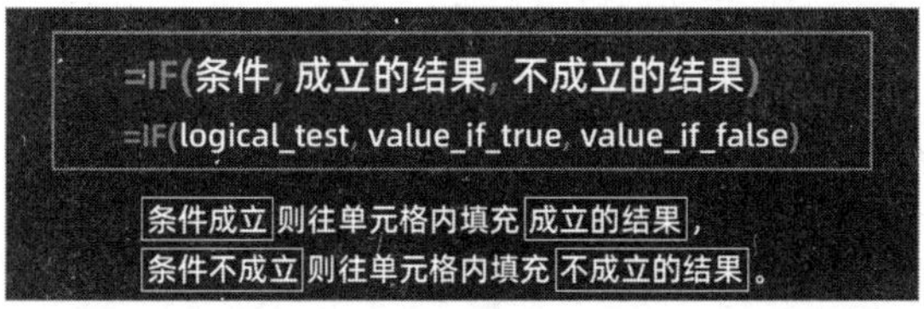

=IF(条件, 成立的结果, 不成立的结果)
=IF(logical_test, value_if_true, value_if_false)
条件成立则往单元格内填充成立的结果，
条件不成立则往单元格内填充不成立的结果。

图 15-18

将公式应用到“淘汰员工”的问题中，如图 15-19 所示。

=IF(OR(B4<8,C4<8,D4<8,E4<8), "淘汰员工", "")
条件
成立的结果
不成立的结果

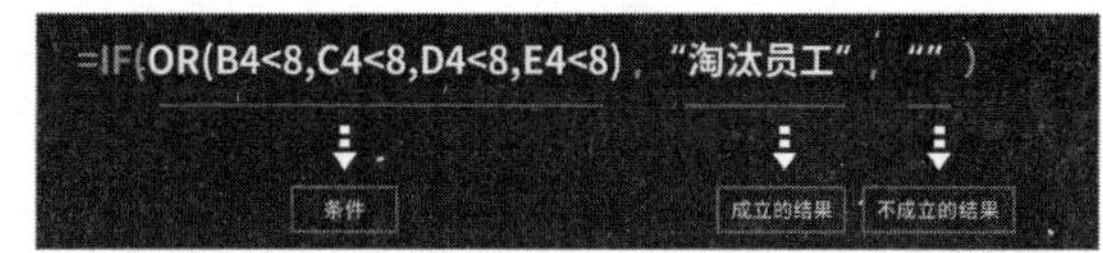

图 15-19

选中【G4】单元格→单击函数编辑区将其激活→输入公式“=IF(OR(B4<8,C4<8,D4<8,E4<8),"淘汰员工","")”→按 <Enter> 键确认，如图 15-20 所示。

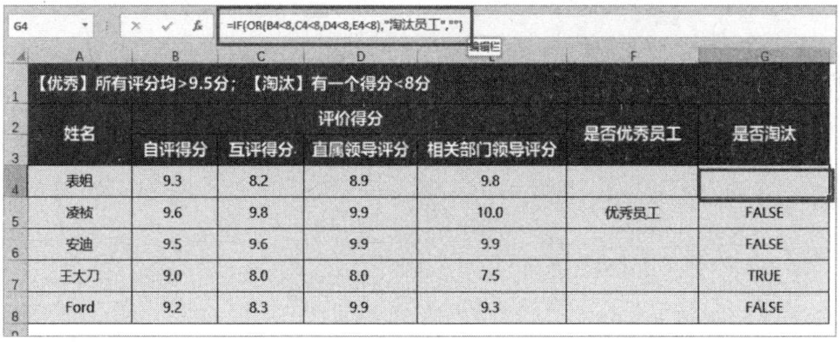

G4
=IF(OR(B4<8,C4<8,D4<8,E4<8),"淘汰员工","")
编辑栏

【优秀】所有评分均>9.5分；【淘汰】有一个得分<8分						
姓名	评价得分				是否优秀员工	是否淘汰
	自评得分	互评得分	直属领导评分	相关部门领导评分		
表姐	9.3	8.2	8.9	9.8		
凌祯	9.6	9.8	9.9	10.0	优秀员工	FALSE
安迪	9.5	9.6	9.9	9.9		FALSE
王大刀	9.0	8.0	8.0	7.5		TRUE
Ford	9.2	8.3	9.9	9.3		FALSE

图 15-20

将光标放在【G4】单元格右下角，当光标变为十字句柄时，双击鼠标将公式向下填充至【G4:G8】单元格区域，如图 15-21 所示，非淘汰员工已经变为空白了。

G4 =IF(OR(B4<8,C4<8,D4<8,E4<8),"淘汰员工","")

【优秀】所有评分均>9.5分；【淘汰】有一个得分<8分

姓名	评价得分				是否优秀员工	是否淘汰
	自评得分	互评得分	直属领导评分	相关部门领导评分		
表姐	9.3	8.2	8.9	9.8		
凌祯	9.6	9.8	9.9	10.0	优秀员工	
安迪	9.5	9.6	9.9	9.9		
王大刀	9.0	8.0	8.0	7.5		淘汰员工
Ford	9.2	8.3	9.9	9.3		

图 15-21

如图 15-22 和图 15-23 所示，回顾一下 IF 函数嵌套的火车模型吧！

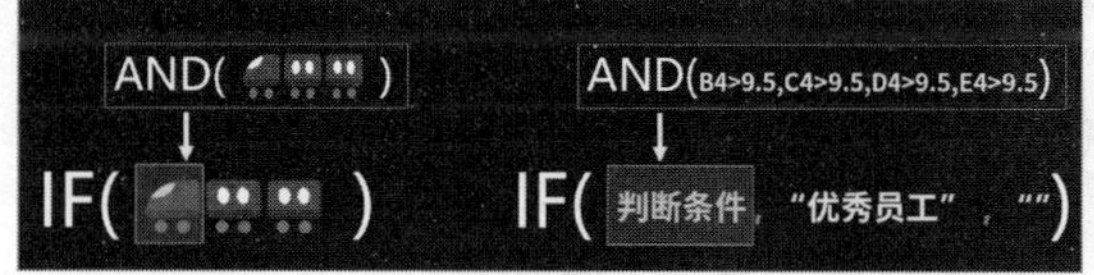

图 15-22

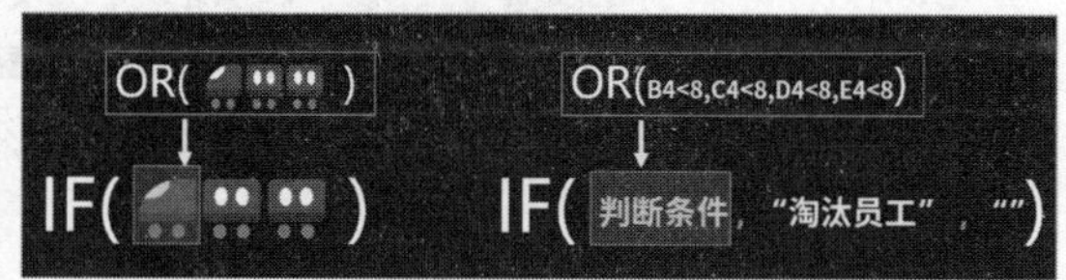

图 15-23

15.2 逻辑函数组合拳

通过前文的介绍，我们已经知道涉及“如果…就…，否则…”的问题就使用 IF 函数；涉及“全票通过”的问题就使用 AND 函数；涉及“一票通过”的问题就使用 OR 函数。

如图 15-24 所示，想要计算每位员工的提成是多少。

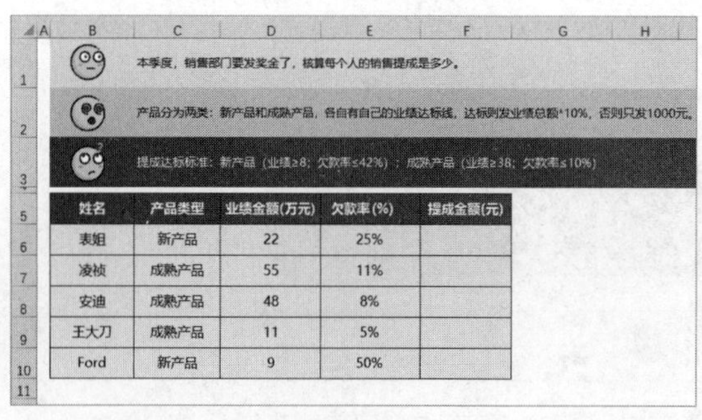
本季度，销售部门要发奖金了，核算每个人的销售提成是多少。

产品分为两类：新产品和成熟产品，各自有自己的业绩达标线，达标则发业绩总额*10%，否则只发1000元。

提成达标标准：新产品（业绩≥8；欠款率≤42%）；成熟产品（业绩≥38；欠款率≤10%）

姓名	产品类型	业绩金额(万元)	欠款率(%)	提成金额(元)
表姐	新产品	22	25%	
凌祯	成熟产品	55	11%	
安迪	成熟产品	48	8%	
王大刀	成熟产品	11	5%	
Ford	新产品	9	50%	

图 15-24

产品类型分为“新产品”和“成熟产品”两类，两类产品分别有自己的业绩达标线，其中提成达标标准如下。

新产品：业绩 >=8，欠款率 <=42%。

成熟产品：业绩 >=38，欠款率 <=10%。

如果员工达标，则提成金额为业绩总额的 10%，否则只有 1000 元。

1. 拆解需求

首先分析需求，假设“员工达标”为条件；“新产品达标”为条件 1；“成熟产品”达标为条件 2。接下来根据问题绘制一个逻辑思路图，如图 15-25 所示。

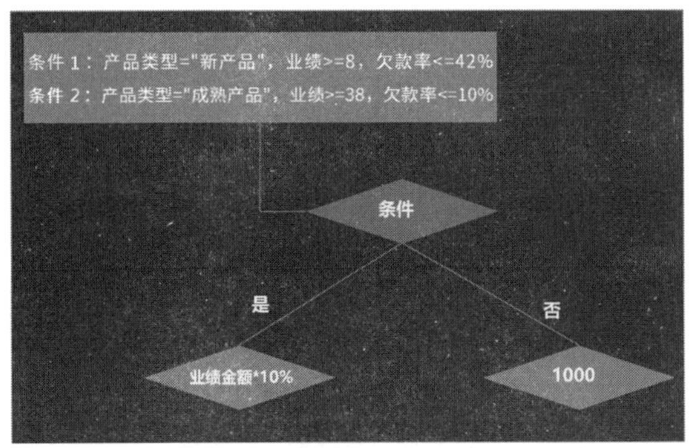

图 15-25

如果满足条件（条件 1 和条件 2 中有一项满足），则提成为“业绩金额 *10%”，否则提成为 1000 元。

其中，条件 1 要满足 3 个条件同时成立：产品类型是新产品，业绩 >=8，欠款率 <=42%。

条件 2 要满足 3 个条件同时成立：产品类型是成熟产品，业绩 >=38，欠款率 <=10%。

2. 选择函数类型

涉及“如果…就…，否则…”的问题，应该选择 IF 函数，如图 15-26 所示。

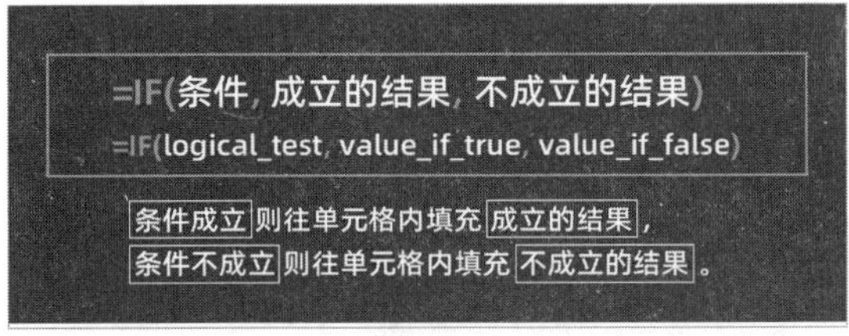

图 15-26

代入“计算提成”的问题中，如图 15-27 所示。

图 15-27

其中，条件为条件 1 和条件 2 中至少有一项满足。涉及“一票通过”的问题，应该选择 OR 函数，如图 15-28 所示。

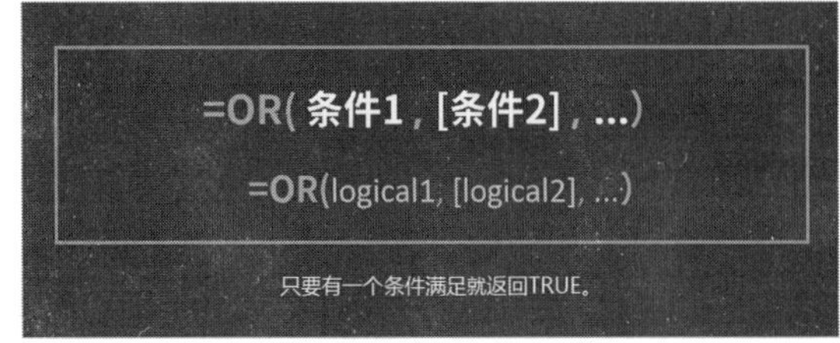

=OR(条件1 , [条件2] , ...)
=OR(logical1, [logical2], ...)
只要有一个条件满足就返回TRUE。

图 15-28

代入条件的判定问题中，如图 15-29 所示。

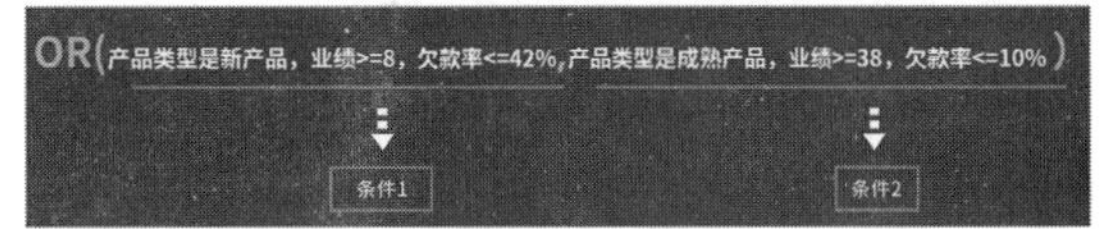

图 15-29

将 OR 函数嵌套到 IF 函数中，如图 15-30 所示。

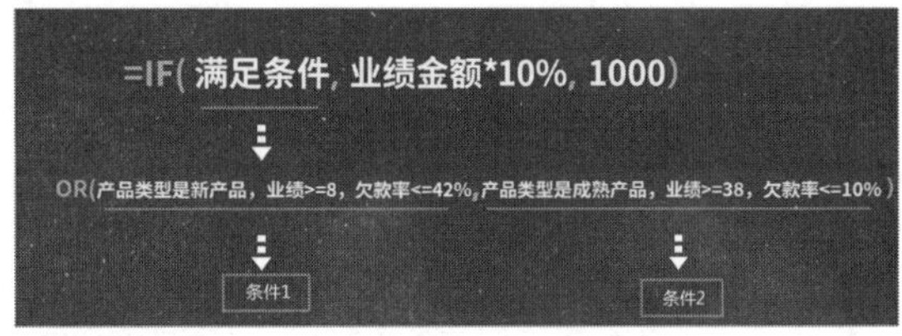

图 15-30

接下来将条件 1 和条件 2 代入公式。其中，条件 1 要满足 3 个条件同时成立：产品类型是新产品，业绩 >=8，欠款率 <=42%。条件 2 要满足 3 个条件同时成立：产品类型是成熟产品，业绩 >=38，欠款率 <=10%。涉及“全票通过”的问题，应该选择 AND 函数，如图 15-31 所示。

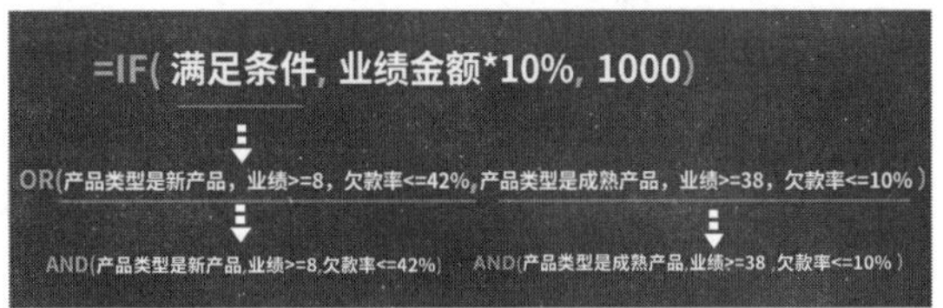

图 15-31

3. 写函数

在“IF、AND、OR”工作表中，首先插入辅助列，将条件 1 和条件 2 对应的结果通过函数表示出来。选中【F:H】列并右击→在弹出的快捷菜单中选择【插入】选项，如图 15-32 所示。

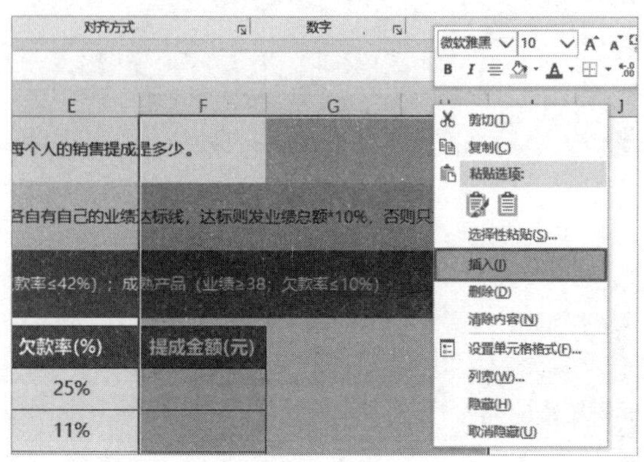

图 15-32

如图 15-33 所示，分别在【F5:H5】单元格区域中录入条件 1 对应的“新产品”，条件 2 对应的“成熟产品”，以及最终想要的“提成金额”。

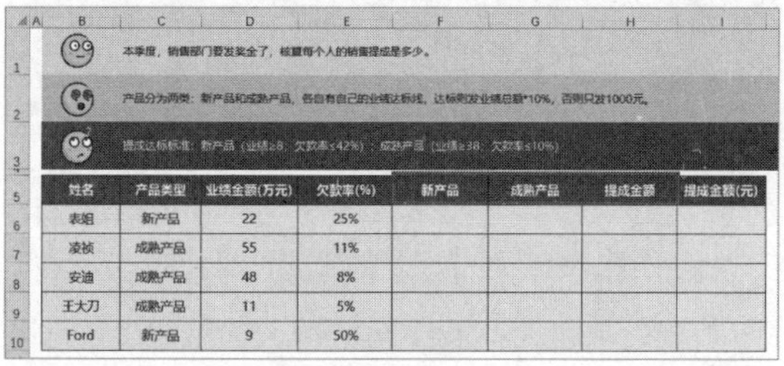

姓名	产品类型	业绩金额(万元)	欠款率(%)	新产品	成熟产品	提成金额	提成金额(元)
表姐	新产品	22	25%				
凌祯	成熟产品	55	11%				
安迪	成熟产品	48	8%				
王大刀	成熟产品	11	5%				
Ford	新产品	9	50%				

图 15-33

接下来在【F6】单元格中求出是否满足条件 1，即产品类型是新产品，业绩 >=8，欠款率 <=42%。涉及“全票通过”的问题，应该选择 AND 函数，如图 15-34 所示。

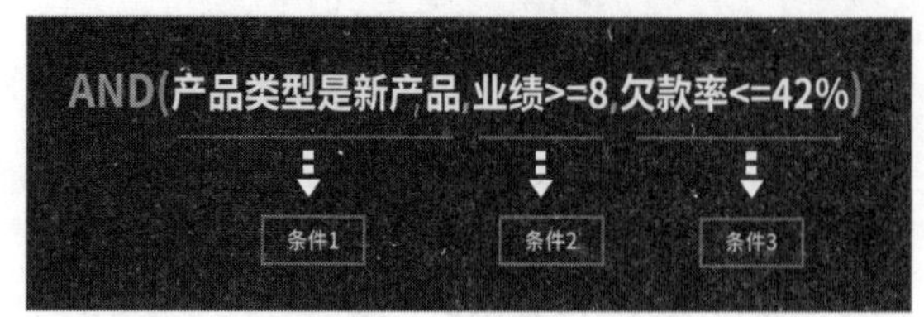

图 15-34

选中【F6】单元格→单击函数编辑区将其激活→输入公式“=AND(C6="新产品",D6>=8,E6<=42%)”→按 <Enter> 键确认，如图 15-35 所示。

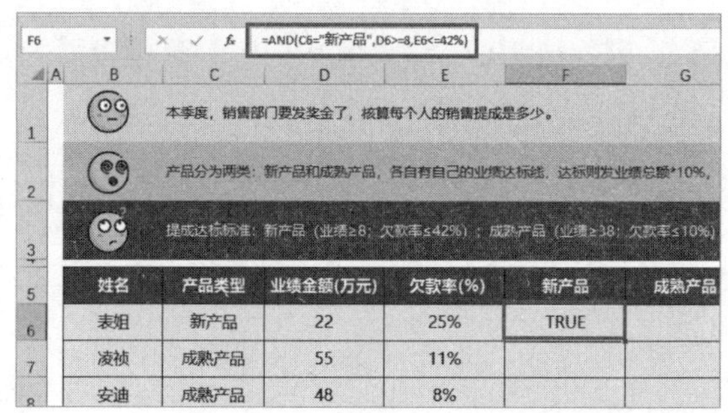

图 15-35

将光标放在【F6】单元格右下角，当光标变为十字句柄时，双击鼠标将公式向下填充至【F6:F10】单元格区域，如图 15-36 所示。

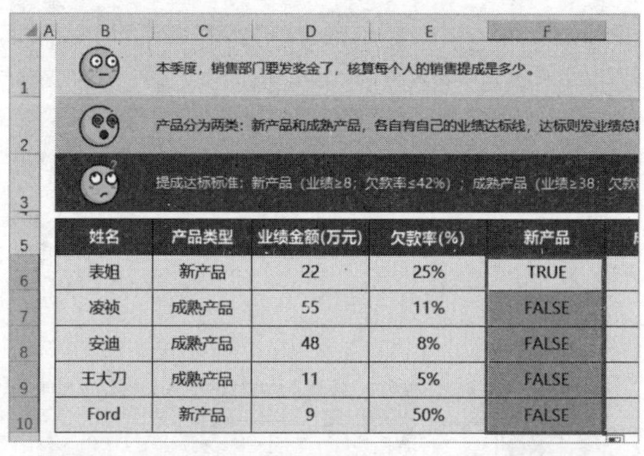

图 15-36

接下来在【G6】单元格中求出是否满足条件 2，即产品类型是成熟产品，业绩 >=38，欠款率 <=10%。同样涉及“全票通过”的问题，应该选择 AND 函数，如图 15-37 所示。

AND(产品类型是成熟产品,业绩>=38 ,欠款率<=10%)
条件1
条件2
条件3

图 15-37

选中【G6】单元格→单击函数编辑区将其激活→输入公式“=AND(C6=" 成熟产品 ",D6>=38,E6<=10%)”→按 <Enter> 键确认，如图 15-38 所示。

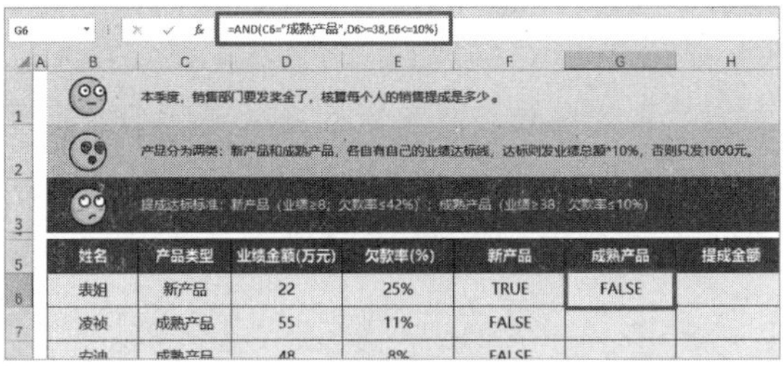

G6 =AND(C6="成熟产品",D6>=38,E6<=10%)

本季度，销售部门要发奖金了，核算每个人的销售提成是多少。

产品分为两类：新产品和成熟产品，各自有自己的业绩达标线，达标则发业绩总额*10%，否则只发1000元。

提成达标标准：新产品（业绩≥8；欠款率≤42%）；成熟产品（业绩≥38；欠款率≤10%）

姓名	产品类型	业绩金额(万元)	欠款率(%)	新产品	成熟产品	提成金额
表姐	新产品	22	25%	TRUE	FALSE	
凌祯	成熟产品	55	11%	FALSE		
安迪	成熟产品	48	8%	FALSE		

图 15-38

将光标放在【G6】单元格右下角，当光标变为十字句柄时，双击鼠标将公式向下填充至【G6:G10】单元格区域，如图 15-39 所示。

姓名	产品类型	业绩金额(万元)	欠款率(%)	新产品	成熟产品	提成金额
表姐	新产品	22	25%	TRUE	FALSE	
凌祯	成熟产品	55	11%	FALSE	FALSE	
安迪	成熟产品	48	8%	FALSE	TRUE	
王大刀	成熟产品	11	5%	FALSE	FALSE	
Ford	新产品	9	50%	FALSE	FALSE	

图 15-39

最后在【H6】单元格中计算提成金额。如果“新产品”或“成熟产品”中至少有一项为“TRUE”，则提成为“业绩金额 *10%”，否则提成为 1000 元。

涉及“如果…就…，否则…”的问题，应该选择 IF 函数，如图 15-40 所示。

=IF(至少有一项为TRUE, 业绩金额*10%, 1000)
OR(新产品,成熟产品)

图 15-40

选中【H6】单元格→单击函数编辑区将其激活→输入公式“=IF(OR(F6,G6),D6*10%*10000,1000)”→按 <Enter> 键确认，如图 15-41 所示。

温馨提示

因为业绩金额的单位是万元，想要转化为元，需要在计算结果后面乘 10000。

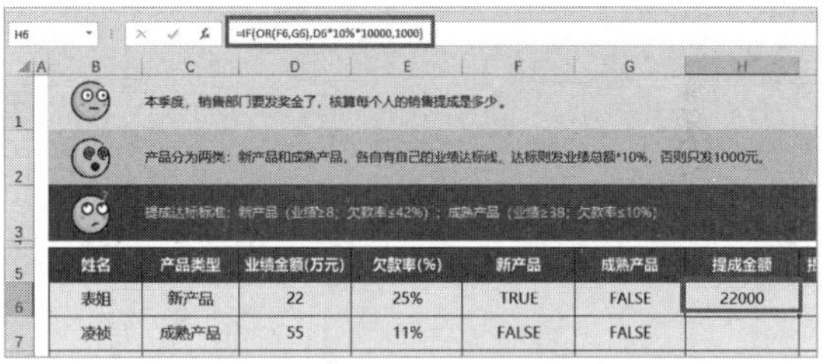

H6 =IF(OR(F6,G6),D6*10%*10000,1000)

姓名	产品类型	业绩金额(万元)	欠款率(%)	新产品	成熟产品	提成金额
表姐	新产品	22	25%	TRUE	FALSE	22000
凌祯	成熟产品	55	11%	FALSE	FALSE	

图 15-41

将光标放在【H6】单元格右下角，当光标变为十字句柄时，双击鼠标将公式向下填充至【H6:H10】单元格区域，如图 15-42 所示，显示出提成金额了。

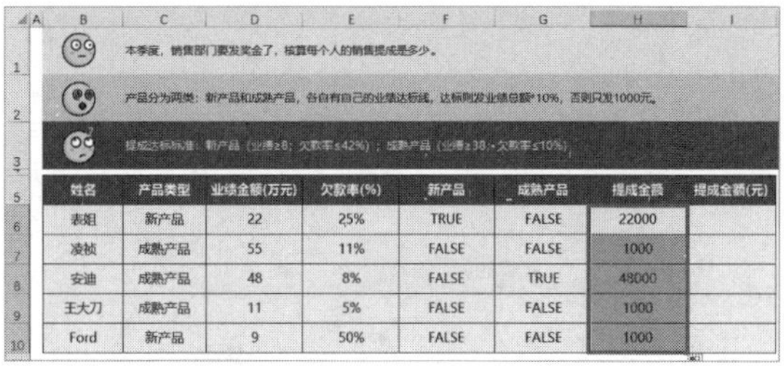

姓名	产品类型	业绩金额(万元)	欠款率(%)	新产品	成熟产品	提成金额	提成金额(元)
表姐	新产品	22	25%	TRUE	FALSE	22000	
凌祯	成熟产品	55	11%	FALSE	FALSE	1000	
安迪	成熟产品	48	8%	FALSE	TRUE	48000	
王大刀	成熟产品	11	5%	FALSE	FALSE	1000	
Ford	新产品	9	50%	FALSE	FALSE	1000	

图 15-42

4. 组合公式

接下来将辅助列中的公式拼接在一起。首先选中“提成金额”下的【H6】单元格，在函数编辑区中可以看到“F6”“G6”字样。那么，就将“F6”利用【F6】单元格中的公式替换，“G6”利用【G6】单元格中的公式替换，如图 15-43 所示。

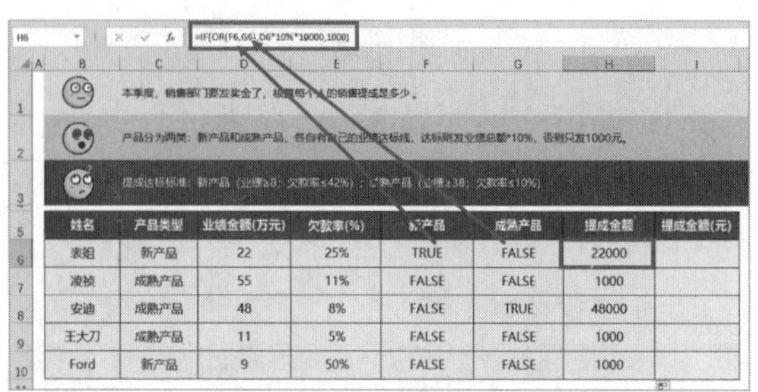

图 15-43

选中【F6】单元格→按 <Ctrl+C> 键复制函数，如图 15-44 所示→按 <Enter> 键取消选定状态。

温馨提示

不要把“=”复制进去。

图 15-44

选中【H6】单元格→选中公式中的“F6”→按 <Ctrl+V> 键将“F6”替换，如图 15-45 所示。

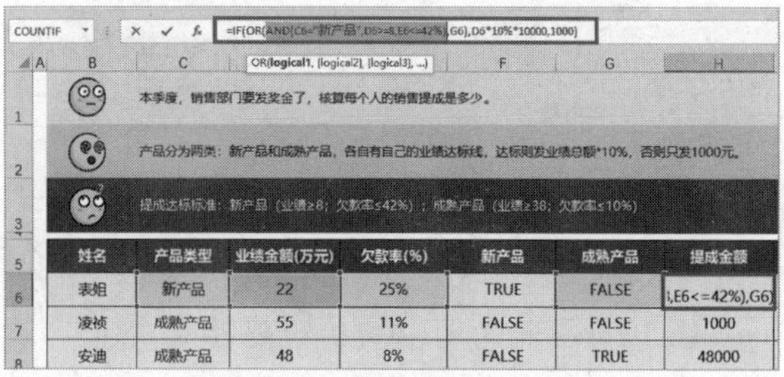

图 15-45

同理，将“G6”替换为【G6】单元格中的公式，如图 15-46 所示。

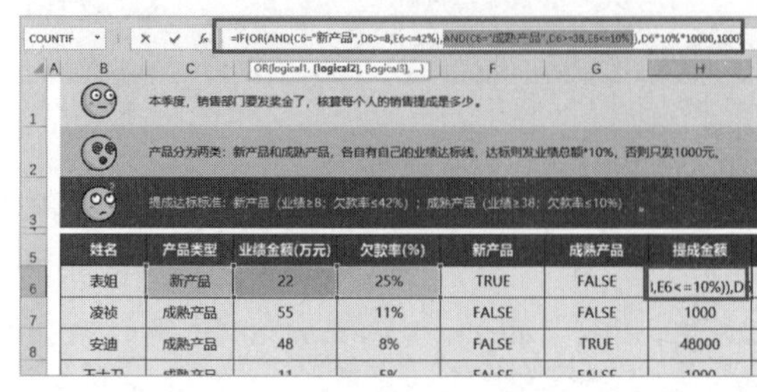

图 15-46

将光标放在【H6】单元格右下角，当光标变为十字句柄时，双击鼠标将公式向下填充至【H6:H10】单元格区域，如图 15-47 所示，提成金额就全部计算完成了。

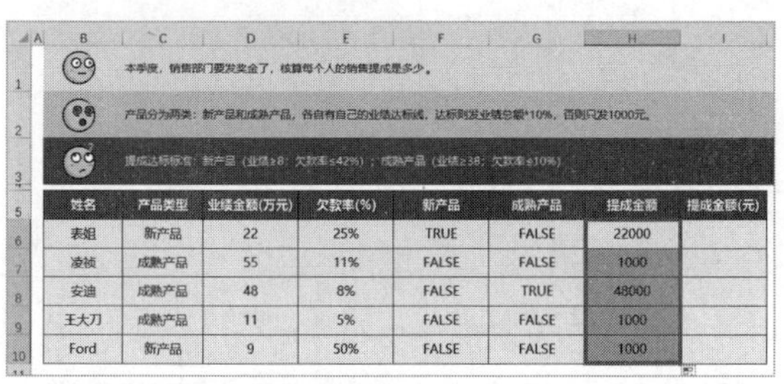

图 15-47

5. 编辑栏分行显示

在进行函数嵌套时，除通过“火车查车厢”方法快速选定每个参数外，还可以将函数编辑栏拉开。光标定位在函数编辑区的边缘，出现双向箭头时按住鼠标左键并向下拖曳，如图 15-48 所示。

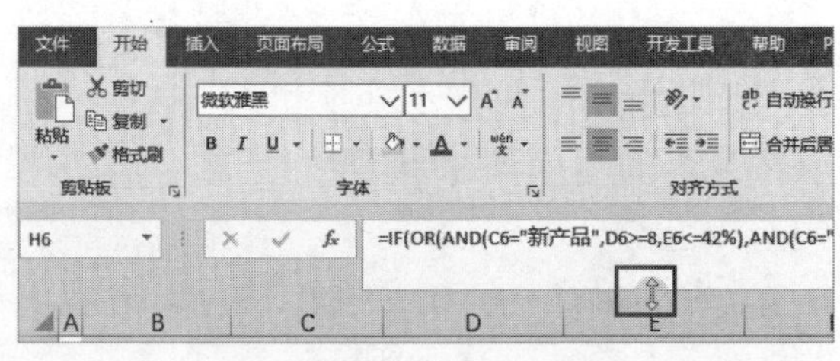

图 15-48

然后将光标定位在第一节车厢的后面，如图 15-49 所示→按 <Alt+Enter> 键强制换行。

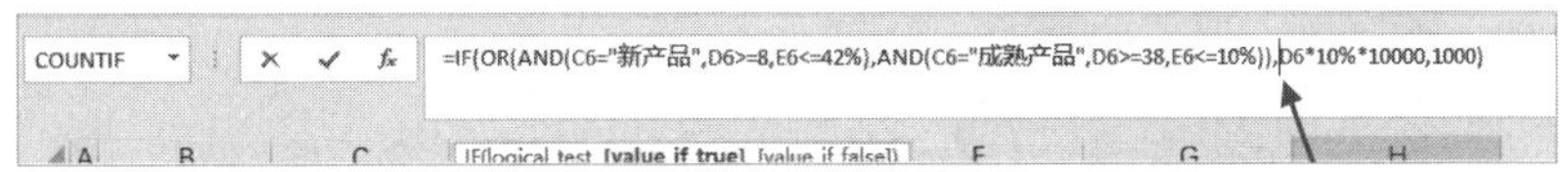

图 15-49

如图 15-50 所示，将函数拆分成了 2 行。

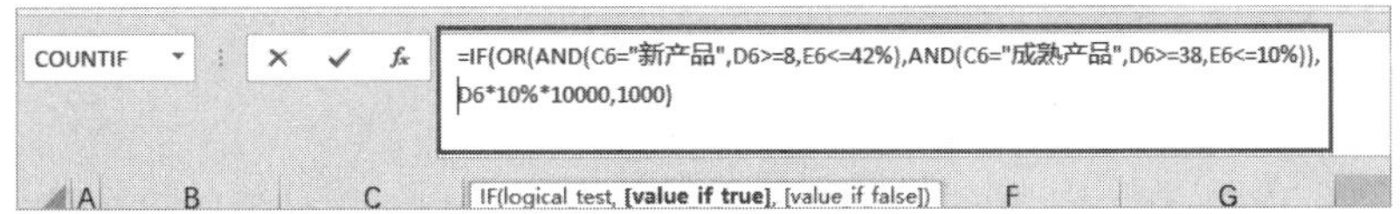

图 15-50

接下来将光标定位在第二节车厢的后面→按 <Alt+Enter> 键强制换行，如图 15-51 所示，将函数拆分成了 3 行。

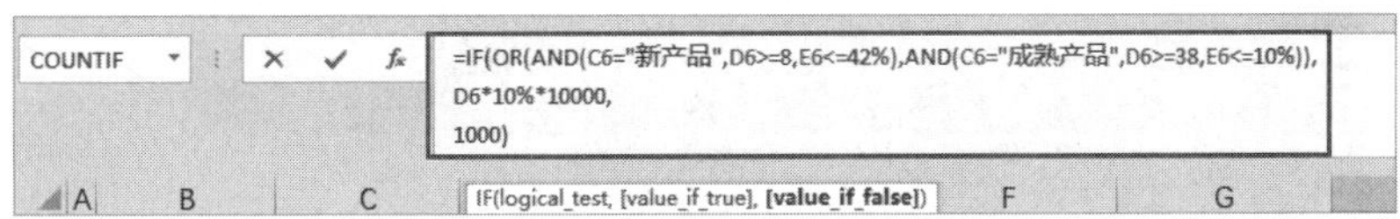

图 15-51

6. 设置参数表头

日常工作中对于公式中参数的录入，笔者建议大家在表格顶部设置表头，用于放置各个参数指标，而不建议大家直接录入固定参数，如图 15-52 所示。这样通过选中单元格的方法设置函数参数，当某个参数发生改变时，只需调整表头参数数据，公式参数就会同步更新了。

在“IF、AND、OR- 变种”工作表中，选中【F5】单元格→在函数编辑区中可以看到当前公式→单击函数编辑区将其激活→将“8”替换为“E1”，如图 15-53 所示。

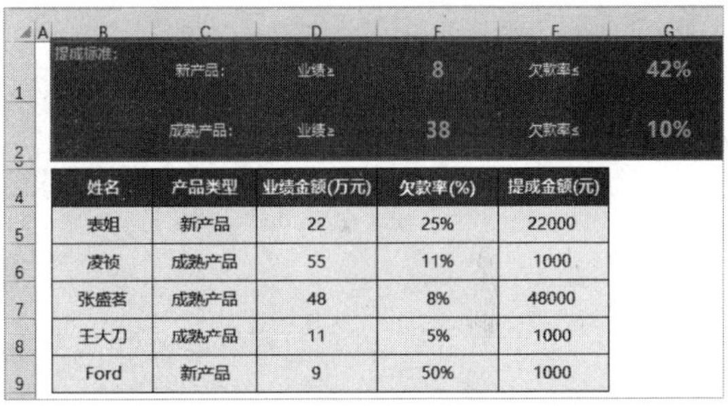

提成标准:

新产品:	业绩≥	8	欠款率≤	42%
成熟产品:	业绩≥	38	欠款率≤	10%

姓名	产品类型	业绩金额(万元)	欠款率(%)	提成金额(元)
表姐	新产品	22	25%	22000
凌祯	成熟产品	55	11%	1000
张盛茗	成熟产品	48	8%	48000
王大刀	成熟产品	11	5%	1000
Ford	新产品	9	50%	1000

图 15-52

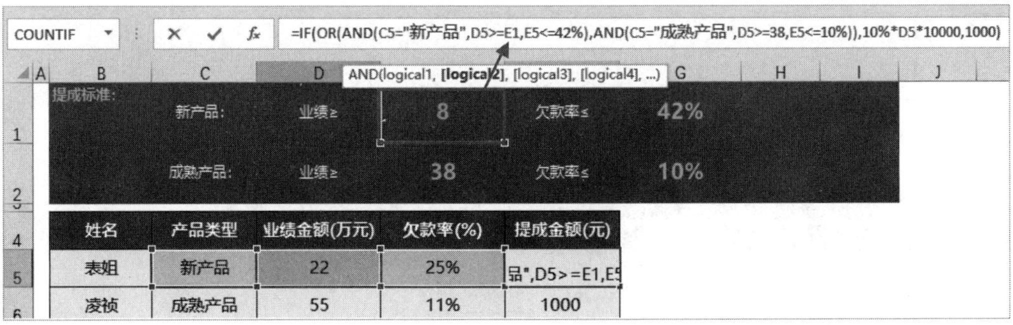

COUNTIF =IF(OR(AND(C5="新产品",D5>=E1,E5<=42%),AND(C5="成熟产品",D5>=38,E5<=10%)),10%*D5*10000,1000)

AND(logical1, [logical2], [logical3], [logical4], ...)

提成标准:

新产品:	业绩≥	8	欠款率≤	42%
成熟产品:	业绩≥	38	欠款率≤	10%

姓名	产品类型	业绩金额(万元)	欠款率(%)	提成金额(元)
表姐	新产品	22	25%	品",D5>=E1,E5
凌祯	成熟产品	55	11%	1000

图 15-53

接下来选中“E1”→按 <F4> 键绝对引用【E1】单元格，如图 15-54 所示。

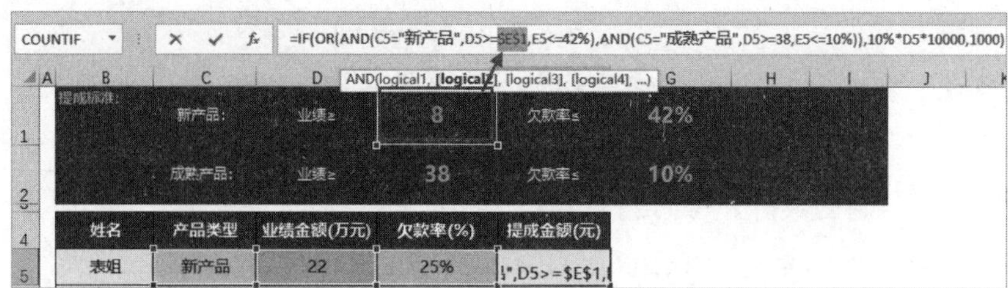

图 15-54

同理，将“新产品的欠款率 42%”“成熟产品的业绩 38”“成熟产品的欠款率 10%”都修改为单元格地址，如图 15-55 所示。

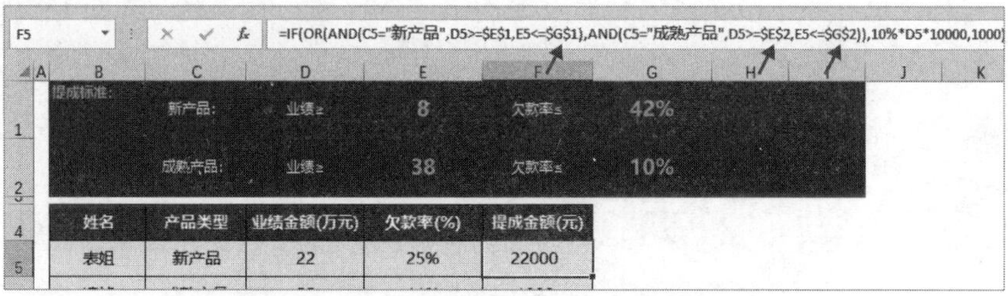

图 15-55

将光标放在【F5】单元格右下角，当光标变为十字句柄时，双击鼠标将公式向下填充至【F5:F9】单元格区域，如图 15-56 所示。

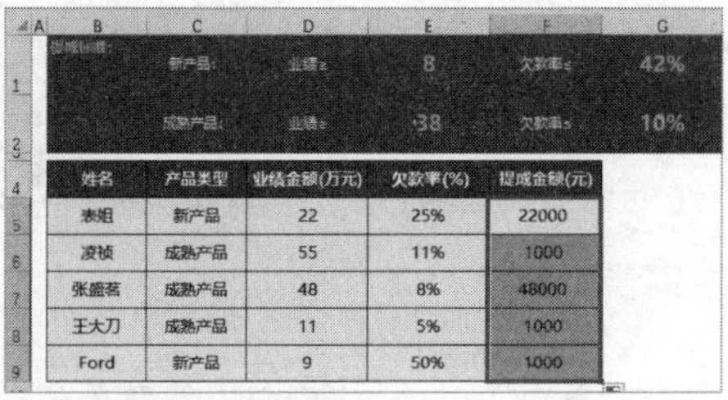

图 15-56

修改完成后，当表头中的参数变化时，提成金额就会同步变化了。例如，将“成熟产品的欠款率”调整为“12%”，如图 15-57 所示，“凌祯”对应的提成金额就变为“55000”。

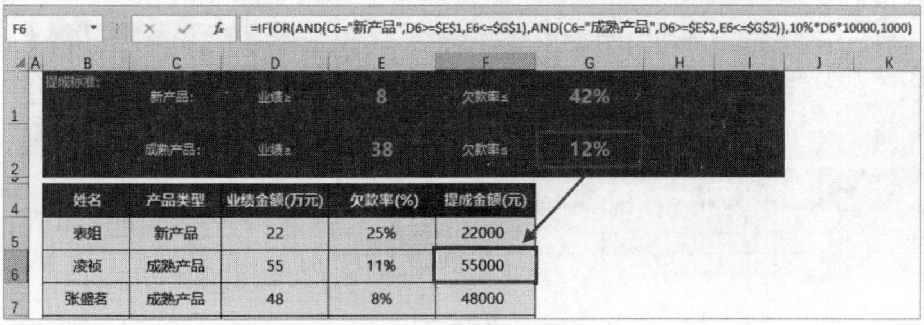

图 15-57

15.3 认识错误美化函数

你有没有遇到过这样的情况：输入公式后，有时单元格中并没有显示出计算的结果，而是显示错误值，如图 15-58 所示。像这样错误的数据如何将其隐藏起来？如何能够美化错误值？接下来就介绍一个错误美化函数——IFERROR 函数。

为什么计算增幅的时候，有错误?

姓名	产品类型	业绩金额(万元)	欠款率(%)	提成金额(元)	上季度提成(元)	增幅
表姐	新产品	22	25%	22000	20000	10%
凌祯	成熟产品	55	15%	1000		#DIV/0!
安迪	成熟产品	48	8%	48000	35000	37%
王大刀	成熟产品	11	5%	1000	500	100%
Ford	新产品	9	50%	1000		#DIV/0!

图 15-58

IFERROR 函数可以用来判断某些内容的正确与否，正确则返回正确结果，不正确则返回错误结果，如图 15-59 所示。

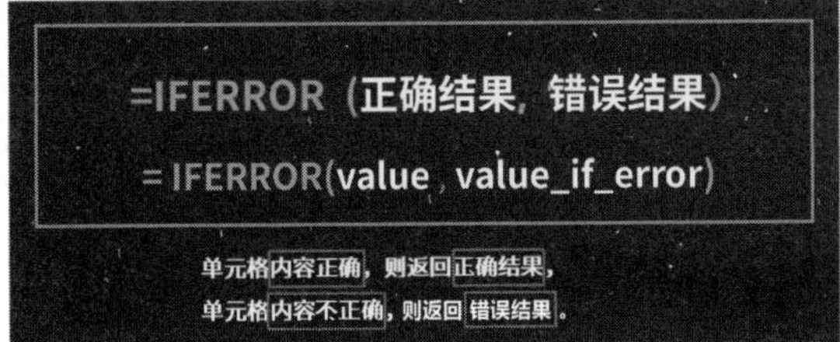

=IFERROR（正确结果，错误结果）
= IFERROR(value，value_if_error)
单元格内容正确，则返回正确结果，
单元格内容不正确，则返回错误结果。

图 15-59

其中，错误格式有 #N/A、#VALUE!、#REF!、#DIV/0!、#NUM!、#NAME?、#NULL! 等。

在“IFERROR”工作表中，对【H4】单元格中的函数嵌套一个 IFERROR 函数，将错误值显示为空白单元格，即用 "" 表示，如图 15-60 所示。

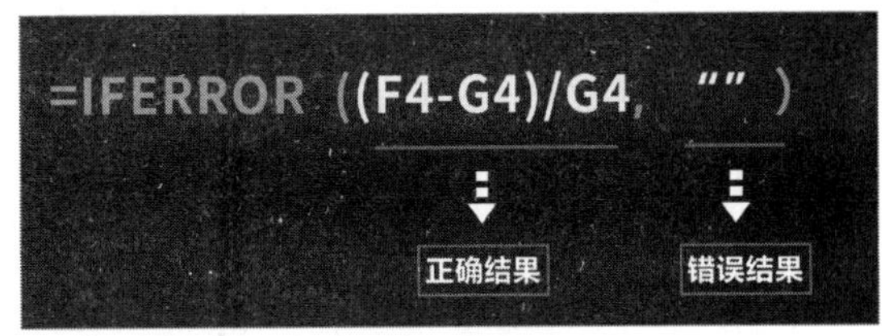

图 15-60

选中【H4】单元格→单击函数编辑区将其激活→在公式外面嵌套 IFERROR 函数，即“=IFERROR((F4-G4)/G4,"")”→按 <Enter> 键确认→双击鼠标将公式向下填充，原本的错误值就变为空白了，如图 15-61 所示。

H4 =IFERROR((F4-G4)/G4,"")

为什么计算增幅的时候，有错误?

姓名	产品类型	业绩金额(万元)	欠款率(%)	提成金额(元)	上季度提成(元)	增幅
表姐	新产品	22	25%	22000	20000	10%
凌祯	成熟产品	55	15%	1000		
安迪	成熟产品	48	8%	48000	35000	37%
王大刀	成熟产品	11	5%	1000	500	100%
Ford	新产品	9	50%	1000		

图 15-61

15.4 公式 BUG 避“坑”指南

到这里有的读者可能会问，我的公式写完后总是报错，这是为什么？其实错误并不可怕，它是给了我们一个解决问题的方向，本节就来介绍公式报错问题，让大家合理避“坑”，搞定公式。

公式错误一般分为两大类，一类是写错了，另一类是不计算，如图 15-62 所示。

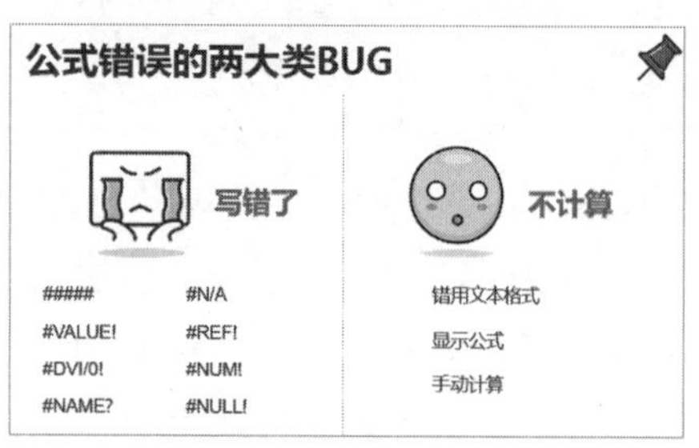

图 15-62

这里总结了八类“写错了”的 BUG 指南，如图 15-63 所示。

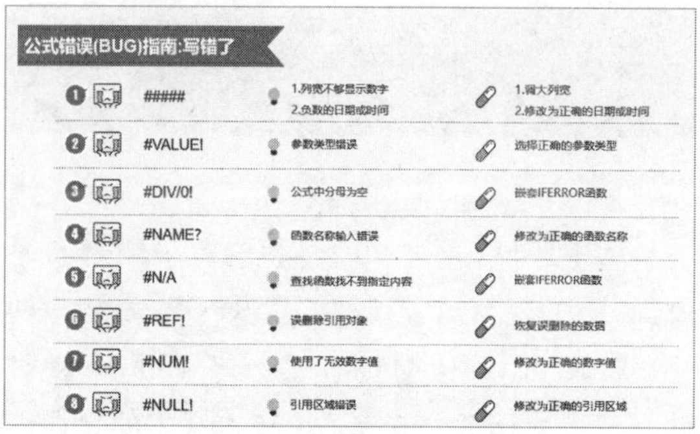

公式错误(BUG)指南:写错了

序号	错误	原因	解决方法
1	#####	1.列宽不够显示数字 2.负数的日期或时间	1.调大列宽 2.修改为正确的日期或时间
2	#VALUE!	参数类型错误	选择正确的参数类型
3	#DIV/0!	公式中分母为空	嵌套IFERROR函数
4	#NAME?	函数名称输入错误	修改为正确的函数名称
5	#N/A	查找函数找不到指定内容	嵌套IFERROR函数
6	#REF!	误删除引用对象	恢复误删除的数据
7	#NUM!	使用了无效数字值	修改为正确的数字值
8	#NULL!	引用区域错误	修改为正确的引用区域

图 15-63

三类“不计算”的 BUG 指南，如图 15-64 所示。

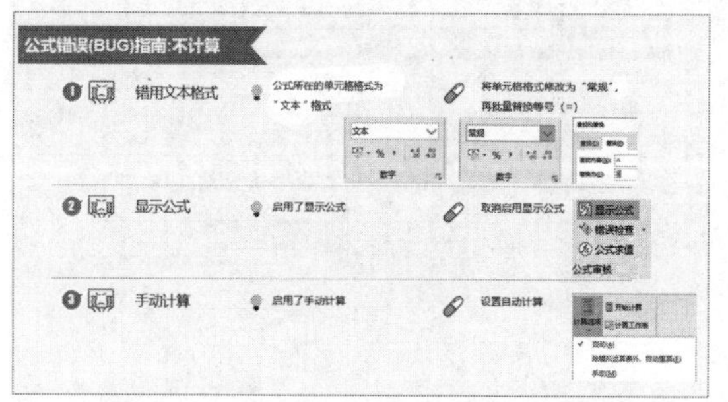

图 15-64

接下来就一个个来攻破这些公式错误吧！

1. 公式错误的解决方法

打开“素材文件 /15- 逻辑函数 /15- 逻辑函数 - 销售提成大爆炸【公式 BUG 避坑指南】.xlsx”源文件。

（1）“写错了”：##### 型错误。

造成原因：列宽不够显示数字；负数的日期或时间。

解决方法：调大列宽；修改为正确的日期或时间。

如图 15-65 所示，在“1-#####”工作表中，“入会日期”一列显示错误。

	A	B	C
1	❶	#####	
2	会员姓名	会员积分	入会日期
3	表姐	775	#######
4	凌 祯	6756	#######
5	张盛茗	125	#######
6	欧阳婷婷	5726	#######
7	赵军	2005	#######
8	何大宝	18	#######
9	关丽丽	1250	#######
10	Lisa Rong	3587	#######
11	王大刀	3500	#######

图 15-65

像这样由于列宽不够显示数字而造成的错误，可以直接通过调整列宽来解决。

将光标放在【C】列右侧，当光标变为左右箭头时向右拖曳鼠标调整列宽，使单元格中的数据显示完整，如图 15-66 所示。

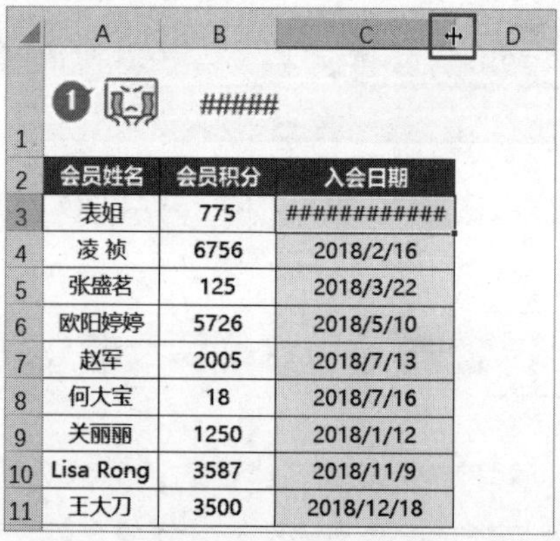

	A	B	C	D
1	❶	#####		
2	会员姓名	会员积分	入会日期	
3	表姐	775	###########	
4	凌 祯	6756	2018/2/16	
5	张盛茗	125	2018/3/22	
6	欧阳婷婷	5726	2018/5/10	
7	赵军	2005	2018/7/13	
8	何大宝	18	2018/7/16	
9	关丽丽	1250	2018/1/12	
10	Lisa Rong	3587	2018/11/9	
11	王大刀	3500	2018/12/18	

图 15-66

如图 15-67 所示，下面几行错误都修改好了，只剩下【C3】单元格仍然为错误数据。

会员姓名	会员积分	入会日期
表姐	775	############
凌 祯	6756	2018/2/16
张盛茗	125	2018/3/22
欧阳婷婷	5726	2018/5/10
赵军	2005	2018/7/13
何大宝	18	2018/7/16
关丽丽	1250	2018/1/12
Lisa Rong	3587	2018/11/9
王大刀	3500	2018/12/18

图 15-67

双击【C3】单元格，可以看到单元格的内容为负数的日期，如图 15-68 所示。

会员姓名	会员积分	入会日期
表姐	775	=-2017/6/3
凌 祯	6756	2018/2/16
张盛茗	125	2018/3/22
欧阳婷婷	5726	2018/5/10
赵军	2005	2018/7/13
何大宝	18	2018/7/16
关丽丽	1250	2018/1/12
Lisa Rong	3587	2018/11/9
王大刀	3500	2018/12/18

图 15-68

像这样负数的日期或时间可以直接删除负号和等号，日期格式就显示正常了，如图 15-69 所示。

会员姓名	会员积分	入会日期
表姐	775	2017/6/3
凌 祯	6756	2018/2/16
张盛茗	125	2018/3/22
欧阳婷婷	5726	2018/5/10
赵军	2005	2018/7/13
何大宝	18	2018/7/16
关丽丽	1250	2018/1/12
Lisa Rong	3587	2018/11/9
王大刀	3500	2018/12/18

图 15-69

（2）"写错了"：#VALUE! 型错误。

造成原因：参数类型错误。

解决方法：选择正确的参数类型。

在"2-#VALUE!"工作表中，选中【D3】单元格，如图 15-70 所示，单元格中的 IF 函数中判定条件是【D2】单元格。因为【D2】单元格的内容为文本，所以参数类型出错了。

=IF($D$2,"是","否")

姓名	Q1	Q2	是否达标
表姐	775	700	#VALUE!
凌 祯	6756	7360	#VALUE!
张盛茗	125	150	#VALUE!
欧阳婷婷	5726	6580	#VALUE!
赵军	2005	2230	#VALUE!
何大宝	18	100	#VALUE!
关丽丽	1250	1450	#VALUE!
Lisa Rong	3587	4200	#VALUE!
王大刀	3500	3290	#VALUE!

图 15-70

可以修改参数类型来更正公式。通过点选参数单元格来判断是否达标。例如，可以将公式修改为"=IF(B3>C3,"是","否")"→按 <Enter> 键确认，如图 15-71 所示。

=IF(B3>C3,"是","否")

姓名	Q1	Q2	是否达标
表姐	775	700	是
凌 祯	6756	7360	#VALUE!
张盛茗	125	150	#VALUE!
欧阳婷婷	5726	6580	#VALUE!
赵军	2005	2230	#VALUE!
何大宝	18	100	#VALUE!
关丽丽	1250	1450	#VALUE!
Lisa Rong	3587	4200	#VALUE!
王大刀	3500	3290	#VALUE!

图 15-71

（3）"写错了"：#DIV/0! 型错误。

造成原因：公式中分母为空。

解决方法：嵌套 IFERROR 函数。

在"3-#DIV-0!"工作表中，选中【D3】单元格→在函数编辑区中可以看到，公式为“=B3/C3”，其中分母【C3】单元格为零，所以出现了错误结果，如图 15-72 所示。

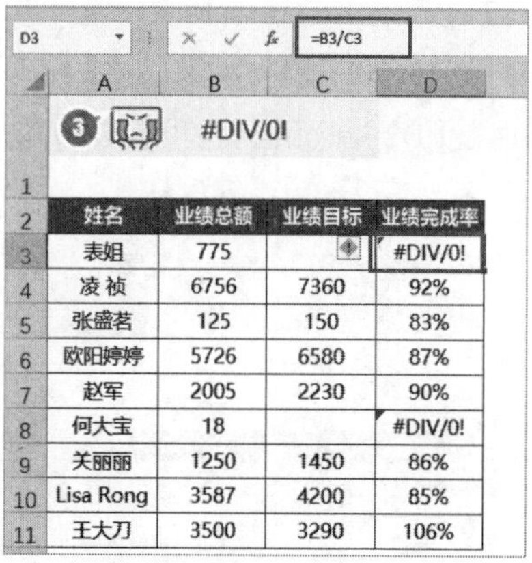

D3 =B3/C3

#DIV/0!

姓名	业绩总额	业绩目标	业绩完成率
表姐	775		#DIV/0!
凌祯	6756	7360	92%
张盛茗	125	150	83%
欧阳婷婷	5726	6580	87%
赵军	2005	2230	90%
何大宝	18		#DIV/0!
关丽丽	1250	1450	86%
Lisa Rong	3587	4200	85%
王大刀	3500	3290	106%

图 15-72

可以使用前文介绍的 IFERROR 函数进行美化。选中【D3】单元格→单击函数编辑区将其激活→嵌套 IFERROR 函数将错误值显示为空白，即“=IFERROR(B3/C3,"")”→按 <Enter> 键确认，如图 15-73 所示，错误值已经消失了。

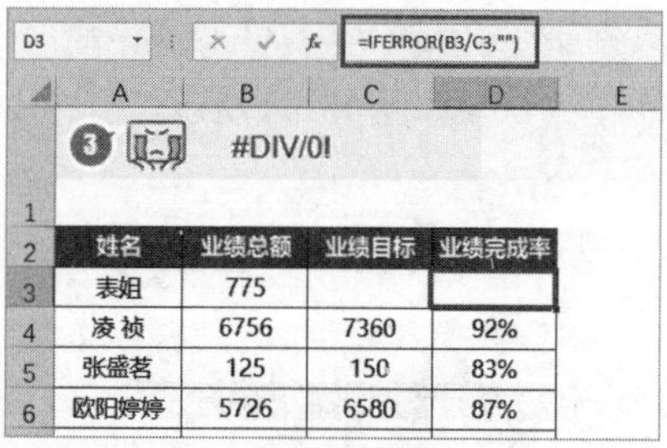

D3 =IFERROR(B3/C3,"")

#DIV/0!

姓名	业绩总额	业绩目标	业绩完成率
表姐	775		
凌祯	6756	7360	92%
张盛茗	125	150	83%
欧阳婷婷	5726	6580	87%

图 15-73

（4）“写错了”：#NAME? 型错误。

造成原因：函数名称输入错误。

解决方法：修改为正确的函数名称。

在“4-#NAME!”工作表中，选中【D3】单元格→在函数编辑区中可以看到，函数名称“IF”写成了“IFF”，如图 15-74 所示。

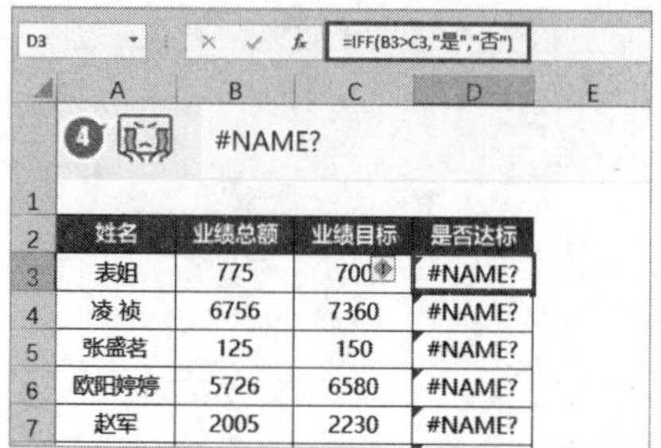

D3 =IFF(B3>C3,"是","否")

#NAME?

姓名	业绩总额	业绩目标	是否达标
表姐	775	700	#NAME?
凌祯	6756	7360	#NAME?
张盛茗	125	150	#NAME?
欧阳婷婷	5726	6580	#NAME?
赵军	2005	2230	#NAME?

图 15-74

删除一个“F”→按 <Enter> 键确认，如图 15-75 所示。

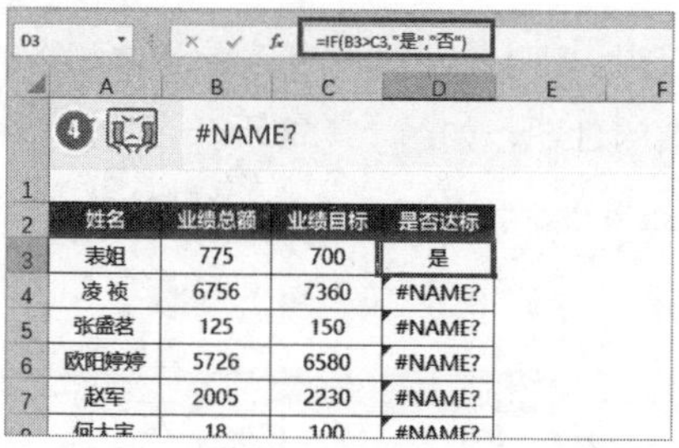

D3 =IF(B3>C3,"是","否")

#NAME?

姓名	业绩总额	业绩目标	是否达标
表姐	775	700	是
凌祯	6756	7360	#NAME?
张盛茗	125	150	#NAME?
欧阳婷婷	5726	6580	#NAME?
赵军	2005	2230	#NAME?
何大宝	18	100	#NAME?

图 15-75

（5）“写错了”：#N/A 型错误。

造成原因：查找函数找不到指定内容。

解决方法：嵌套 IFERROR 函数。

在“5-#N-A”工作表中，选中【C3】单元格→在函数编辑区中可以看到，该单元格的数据是“根据姓名查找对应的人工账”。

【C9:C10】单元格区域出错是由于查找区域（【E3:F8】单元格区域）中找不到【A9:A10】单元格区域对应的“人工账”，如图 15-76 所示。

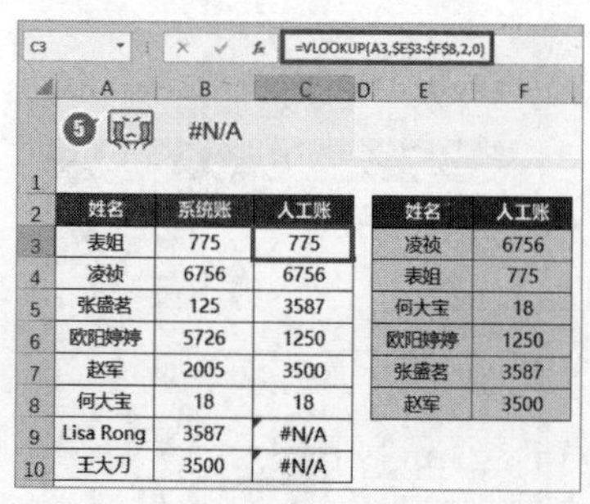

C3 =VLOOKUP(A3,$E$3:$F$8,2,0)

#N/A

姓名	系统账	人工账
表姐	775	775
凌祯	6756	6756
张盛茗	125	3587
欧阳婷婷	5726	1250
赵军	2005	3500
何大宝	18	18
Lisa Rong	3587	#N/A
王大刀	3500	#N/A

姓名	人工账
凌祯	6756
表姐	775
何大宝	18
欧阳婷婷	1250
张盛茗	3587
赵军	3500

图 15-76

像这样的错误值仍然使用 IFERROR 函数进

行美化。

选中【C3】单元格→单击函数编辑区将其激活→嵌套 IFERROR 函数，即“=IFERROR(VLOOKUP(A3,$E$3:$F$8,2,0),"")”→按 <Enter> 键确认→双击鼠标将公式向下填充，如图 15-77 所示。

C3 =IFERROR(VLOOKUP(A3,$E$3:$F$8,2,0),"")

#N/A

姓名	系统账	人工账
表姐	775	775
凌祯	6756	6756
张盛茗	125	3587
欧阳婷婷	5726	1250
赵军	2005	3500
何大宝	18	18
Lisa Rong	3587	
王大刀	3500	

姓名	人工账
凌祯	6756
表姐	775
何大宝	18
欧阳婷婷	1250
张盛茗	3587
赵军	3500

图 15-77

下面来看右侧的两张表格，选中【L3】单元格→单元格左侧出现了一个错误标志，如图 15-78 所示。

卡号	系统账	人工账
26872769	775	#N/A
18458761	6756	#N/A
28909615	125	#N/A
65062932	5726	#N/A
24819880	2005	#N/A
68853217	18	#N/A
16891630	3500	#N/A

卡号	人工账
16891630	3500
18458761	6756
24819880	2005
26872769	770
28909615	125
65062932	5724
68853217	14

图 15-78

光标移动到错误标志上，提示“此单元格中的数字为文本格式，或者其前面有撇号”→单击这个错误标志→在快捷菜单中选择【转换为数字】选项，错误就被修改好了，如图 15-79 所示。

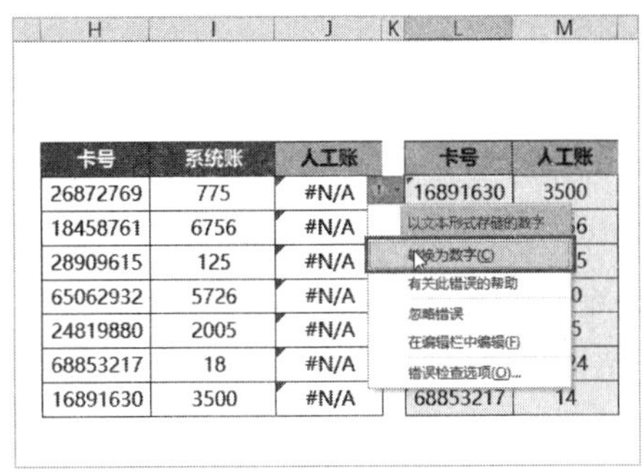

卡号	系统账	人工账
26872769	775	#N/A
18458761	6756	#N/A
28909615	125	#N/A
65062932	5726	#N/A
24819880	2005	#N/A
68853217	18	#N/A
16891630	3500	#N/A

图 15-79

（6）“写错了”：#REF! 型错误。

造成原因：误删除引用对象。

解决方法：恢复误删除的数据。

在“6-#REF!”工作表中，如果意外删除了某些数据，例如，删除了“业绩目标”一列，如图 15-80 所示。

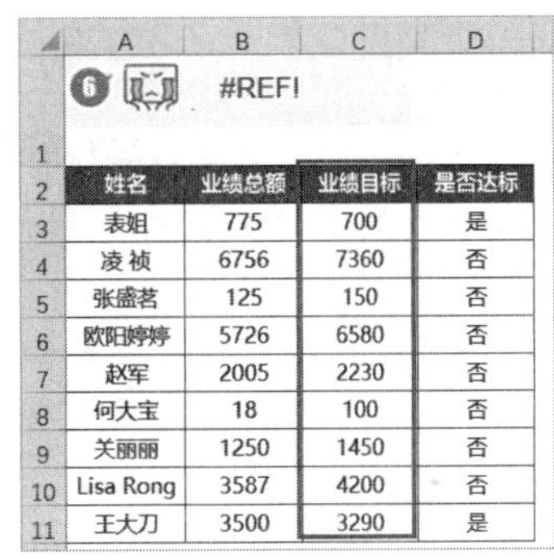

姓名	业绩总额	业绩目标	是否达标
表姐	775	700	是
凌 祯	6756	7360	否
张盛茗	125	150	否
欧阳婷婷	5726	6580	否
赵军	2005	2230	否
何大宝	18	100	否
关丽丽	1250	1450	否
Lisa Rong	3587	4200	否
王大刀	3500	3290	是

图 15-80

如图 15-81 所示，【C】列中公式计算结果出现错误。

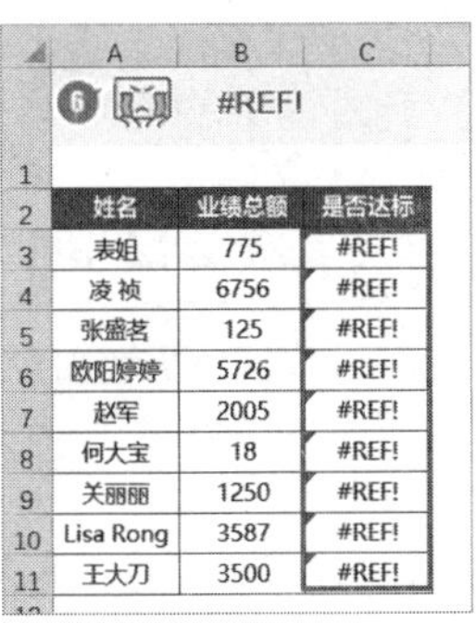

姓名	业绩总额	是否达标
表姐	775	#REF!
凌 祯	6756	#REF!
张盛茗	125	#REF!
欧阳婷婷	5726	#REF!
赵军	2005	#REF!
何大宝	18	#REF!
关丽丽	1250	#REF!
Lisa Rong	3587	#REF!
王大刀	3500	#REF!

图 15-81

这是因为“是否达标”一列是根据“业绩总额”和“业绩目标”来计算的，当“业绩目标”被删除了，缺少了引用对象，自然就出现错误了。如果做表的过程中意外删除某列数据，可以按 <Ctrl+Z> 键将其恢复。

（7）“写错了”：#NUM! 型错误。

造成原因：使用了无效数字值。

解决方法：修改为正确的数字值。

在“7-#NUM!”工作表中，绩效得分表中一共有 9 位员工，想要在【F3】和【F6】单元格中分别选出“最大的第 10 个数”和“最小的第 10 个数”，所以出现错误，如图 15-82 所示。

F3 =LARGE(C3:C11,E3)

7 #NUM!

序号	姓名	绩效得分
1	表姐	100
2	凌祯	99
3	张盛茗	98
4	欧阳婷婷	97
5	赵军	96
6	何大宝	95
7	关丽丽	94
8	Lisa Rong	93
9	王大刀	92

最大的第N个	绩效得分
10	#NUM!

最小的第N个	绩效得分
10	#NUM!

图 15-82

要解决这样的错误，可以修改为选出“最大的第 *N* 个数”和“最小的第 *N* 个数”。将【E3】和【E6】单元格的值分别修改为“1”和“2”，如图 15-83 所示，【F3】和【F6】单元格的绩效得分就显示出来了。

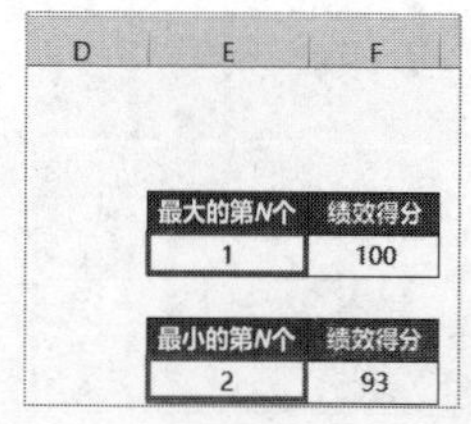

最大的第N个	绩效得分
1	100

最小的第N个	绩效得分
2	93

图 15-83

（8）“写错了”：#NULL! 型错误。

造成原因：引用区域错误。

解决方法：修改为正确的引用区域。

在“8-#NULL!”工作表中，选中【F3】单元格→在函数编辑区中可以看到，公式是计算【C】列和【D】列相交的区域，而【C】列和【D】列没有相交的区域，所以出现错误，如图 15-84 所示。

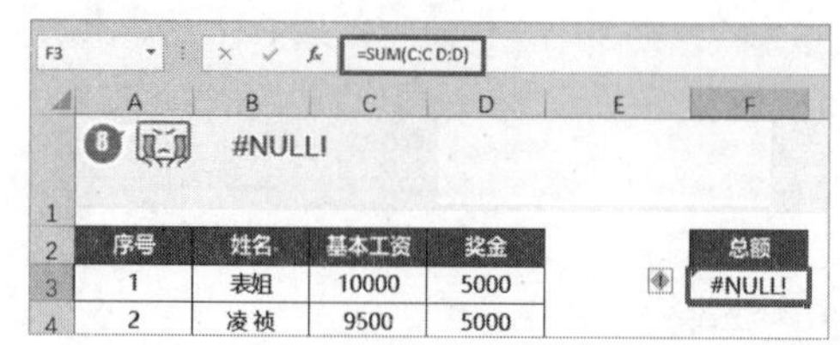

序号	姓名	基本工资	奖金
1	表姐	10000	5000
2	凌祯	9500	5000

总额
#NULL!

图 15-84

可以修改引用区域解决这一错误。选中【F3】单元格→单击函数编辑区将其激活→将公式中的引用区域“C:C D:D”修改为“C:D”→按 <Enter> 键确认，如图 15-85 所示。

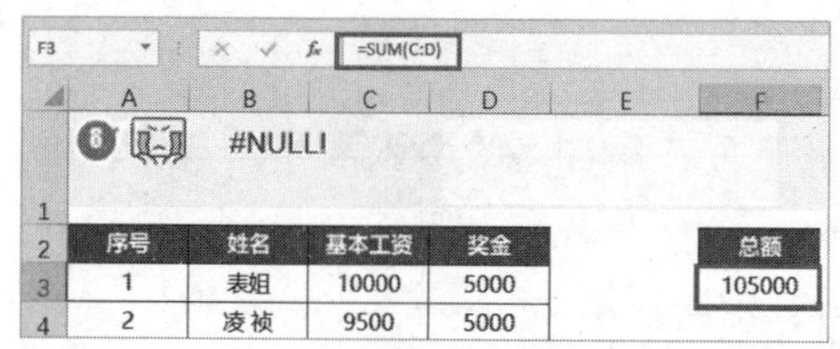

序号	姓名	基本工资	奖金
1	表姐	10000	5000
2	凌祯	9500	5000

总额
105000

图 15-85

（9）“不计算”：错用文本格式。

造成原因：公式所在的单元格格式为“文本”格式。

解决方法：将单元格格式修改为“常规”，再批量替换等号（=）。在“不计算-1-错用文本格式”工作表中，【D】列中只显示公式而没有进行计算，如图 15-86 所示，这是因为【D】列的单元格格式为“文本”。

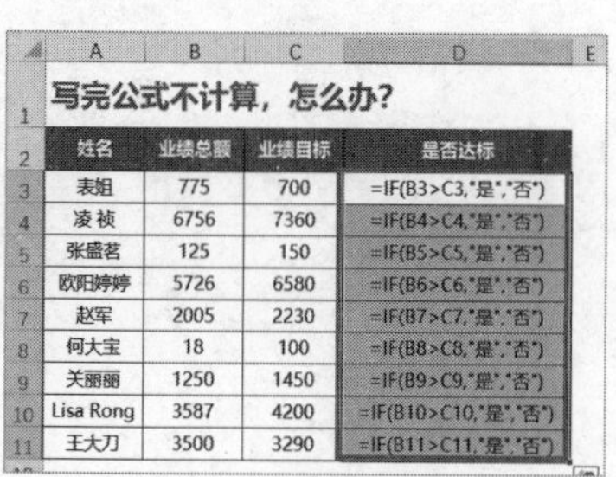

写完公式不计算，怎么办？

姓名	业绩总额	业绩目标	是否达标
表姐	775	700	=IF(B3>C3,"是","否")
凌祯	6756	7360	=IF(B4>C4,"是","否")
张盛茗	125	150	=IF(B5>C5,"是","否")
欧阳婷婷	5726	6580	=IF(B6>C6,"是","否")
赵军	2005	2230	=IF(B7>C7,"是","否")
何大宝	18	100	=IF(B8>C8,"是","否")
关丽丽	1250	1450	=IF(B9>C9,"是","否")
Lisa Rong	3587	4200	=IF(B10>C10,"是","否")
王大刀	3500	3290	=IF(B11>C11,"是","否")

图 15-86

选中【D3:D11】单元格区域→选择【开始】选项卡→单击【数字格式】按钮→选择【常规】选项，如图 15-87 所示。

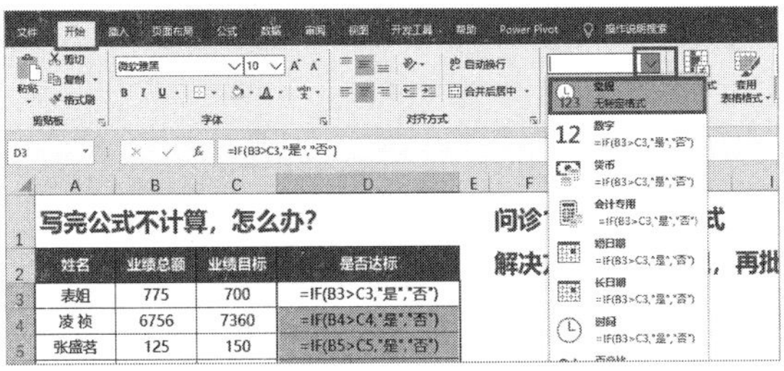

图 15-87

修改完成后，【D】列中单元格的内容仍然没有变化，接下来要将单元格激活。选中【D3】单元格→双击鼠标→按 <Enter> 键将其激活，如图 15-88 所示，【D3】单元格中已经显示出计算的结果为“是”。

	A	B	C	D
1	写完公式不计算，怎么办?			
2	姓名	业绩总额	业绩目标	是否达标
3	表姐	775	700	是
4	凌 祯	6756	7360	=IF(B4>C4,"是","否")
5	张盛茗	125	150	=IF(B5>C5,"是","否")
6	欧阳婷婷	5726	6580	=IF(B6>C6,"是","否")
7	赵军	2005	2230	=IF(B7>C7,"是","否")
8	何大宝	18	100	=IF(B8>C8,"是","否")
9	关丽丽	1250	1450	=IF(B9>C9,"是","否")
10	Lisa Rong	3587	4200	=IF(B10>C10,"是","否")
11	王大刀	3500	3290	=IF(B11>C11,"是","否")

图 15-88

选中任意单元格→按 <Ctrl+H> 键打开【查找和替换】对话框→在【查找内容】文本框中输入“=”→在【替换为】文本框中同样输入“=”→单击【全部替换】按钮，已将【D】列中的公式全都激活了→单击【关闭】按钮，如图 15-89 所示。

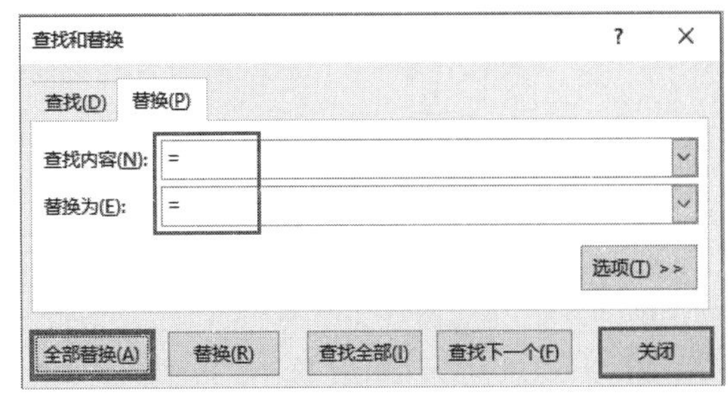

图 15-89

（10）“不计算”：显示公式。

造成原因：启用了显示公式。

解决方法：取消启用显示公式。

在“不计算 -2- 显示公式”工作表中，【D】列中的公式并无错误，但单元格仍然只显示公式而没有显示计算结果，如图 15-90 所示。这是因为启用了“显示公式”功能。

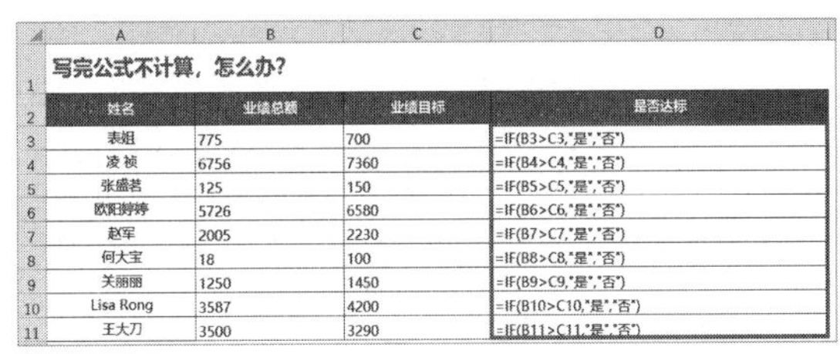

	A	B	C	D
1	写完公式不计算，怎么办?			
2	姓名	业绩总额	业绩目标	是否达标
3	表姐	775	700	=IF(B3>C3,"是","否")
4	凌 祯	6756	7360	=IF(B4>C4,"是","否")
5	张盛茗	125	150	=IF(B5>C5,"是","否")
6	欧阳婷婷	5726	6580	=IF(B6>C6,"是","否")
7	赵军	2005	2230	=IF(B7>C7,"是","否")
8	何大宝	18	100	=IF(B8>C8,"是","否")
9	关丽丽	1250	1450	=IF(B9>C9,"是","否")
10	Lisa Rong	3587	4200	=IF(B10>C10,"是","否")
11	王大刀	3500	3290	=IF(B11>C11,"是","否")

图 15-90

选中【D3】单元格→选择【公式】选项卡→单击【显示公式】按钮，如图 15-91 所示，【D】列单元格就恢复正常了。

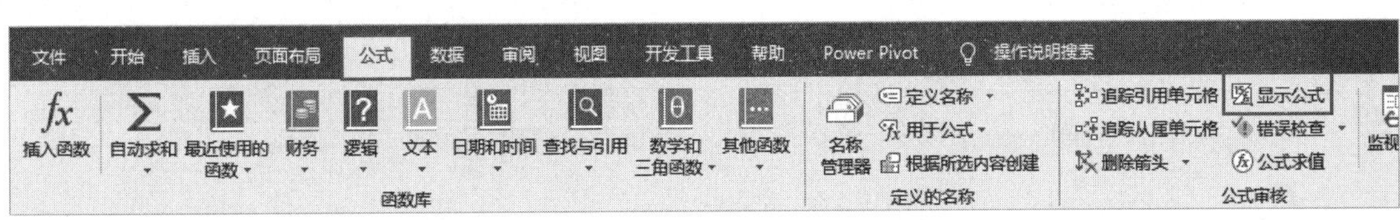

图 15-91

温馨提示

显示公式的快捷键是 <Ctrl+`>，也可以使用快捷键进行操作。

（11）“不计算”：手动计算。

造成原因：启用了手动计算，造成修改数据时无法自动计算。

解决方法：设置自动计算。

在“不计算 -3- 手动计算”工作表中，当修改【C3】单元格的值为“800”时，【D3】单元格并没有同步更新计算，如图 15-92 所示。

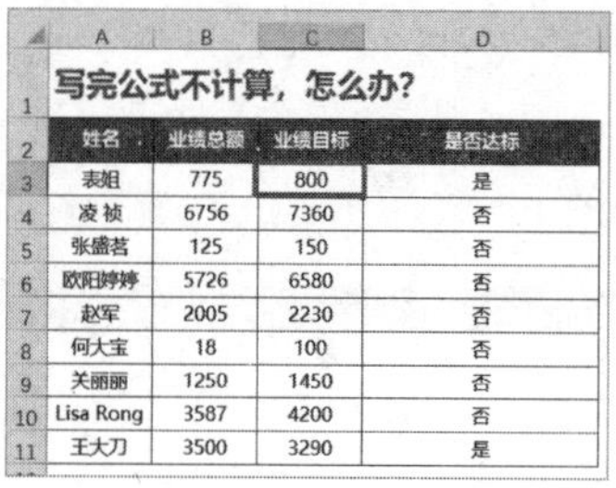

写完公式不计算，怎么办？			
姓名	业绩总额	业绩目标	是否达标
表姐	775	800	是
凌祯	6756	7360	否
张盛茗	125	150	否
欧阳婷婷	5726	6580	否
赵军	2005	2230	否
何大宝	18	100	否
关丽丽	1250	1450	否
Lisa Rong	3587	4200	否
王大刀	3500	3290	是

图 15-92

这是因为【D】列中的计算方式设置成了手动计算。可以选中【D3:D11】单元格区域→选择【公式】选项卡→单击【计算选项】按钮→选择【自动】选项，如图 15-93 所示，【D3】单元格已经更新为“否”。

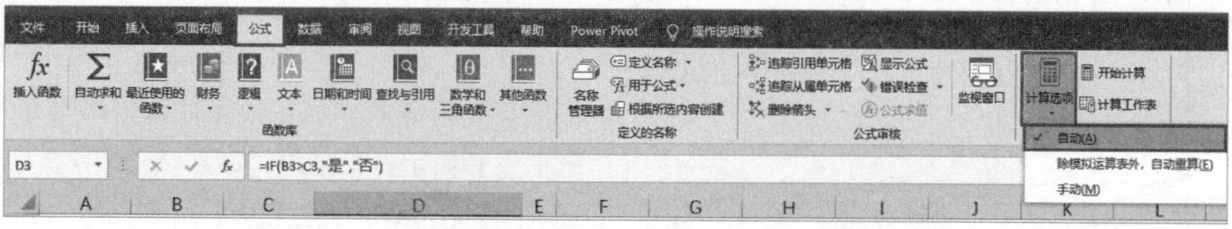

图 15-93

以上是为大家总结的八类“写错了”和三类“不计算”的 BUG 指南。实际工作中如果分不清错误类型，可以利用 ERROR.TYPE 函数来判断。根据图 15-94 所示的函数返回结果，寻找对应的错误类型，然后根据错误类型有针对性地进行解决。

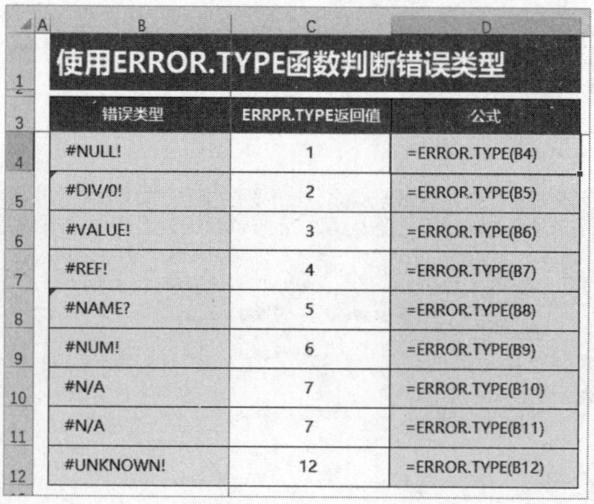

使用ERROR.TYPE函数判断错误类型		
错误类型	ERRPR.TYPE返回值	公式
#NULL!	1	=ERROR.TYPE(B4)
#DIV/0!	2	=ERROR.TYPE(B5)
#VALUE!	3	=ERROR.TYPE(B6)
#REF!	4	=ERROR.TYPE(B7)
#NAME?	5	=ERROR.TYPE(B8)
#NUM!	6	=ERROR.TYPE(B9)
#N/A	7	=ERROR.TYPE(B10)
#N/A	7	=ERROR.TYPE(B11)
#UNKNOWN!	12	=ERROR.TYPE(B12)

图 15-94

2. 检查公式的方法

最后提供给大家两种检查公式的小技巧。

打开“素材文件 /15- 逻辑函数 /15- 逻辑函数 - 销售提成大爆炸 .xlsx”源文件。

（1）按 <F9> 键显示计算结果。

在“IF、AND、OR”工作表中，选中【F6】单元格→通过点选参数法选中函数车厢，如图 15-95 所示。

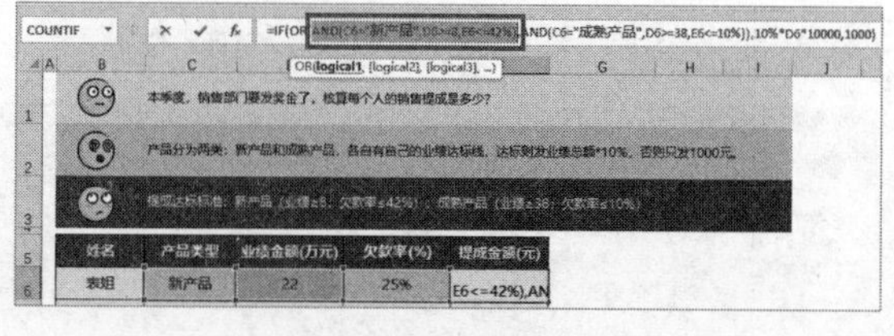

图 15-95

按 <F9> 键，显示公式结果为“TRUE”，如图 15-96 所示。

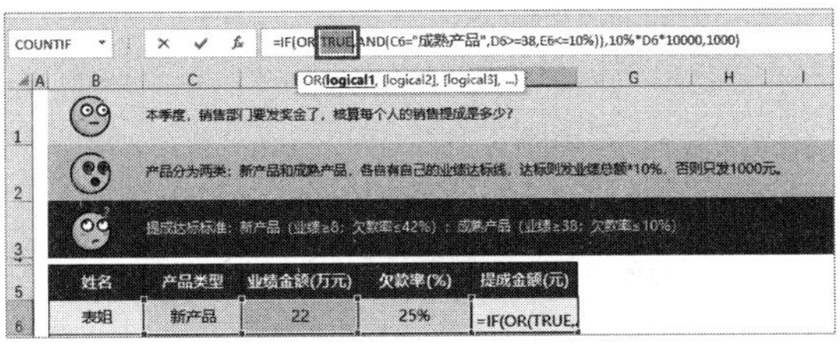

图 15-96

同理，可以依次显示每一层公式的计算结果，最终选中整个公式，显示最终计算结果为“22000”→单击【×】按钮取消显示结果，如图 15-97 所示。

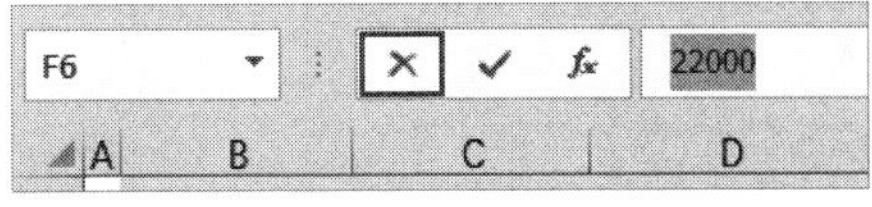

图 15-97

（2）在【公式】选项卡中进行公式求值。

选中【F6】单元格→选择【公式】选项卡→单击【公式求值】按钮→在弹出的【公式求值】对话框中通过单击【求值】按钮，从里到外查看每一层公式的计算结果，如图 15-98 所示。

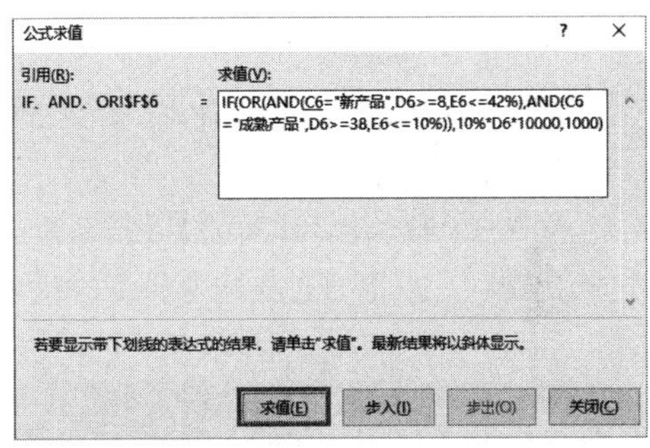

图 15-98

最终结果仍然显示为“22000”→单击【关闭】按钮，如图 15-99 所示。

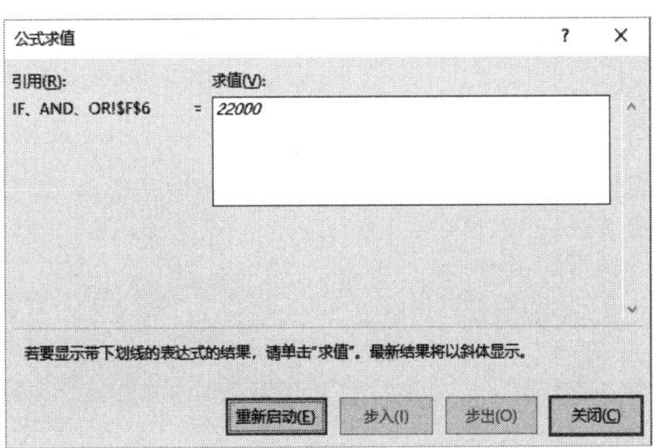

图 15-99

第16关 文本函数

本关背景

经常会有人问，有没有一个函数能够快速查找出单元格中有多少数字？本关就来介绍一个 LEN 函数，利用它轻松完成计算，破解身份证号码里的小秘密。

如图 16-1 所示，想要计算出每个人的身份证号码位数，从而找出谁的身份证号码录错了。

	A	B	C
1	谁的身份证号码录错了?		
2	姓名	身份证号码	身份证号码长度
3	表姐	110227196810150087	
4	凌祯	11022719610414011	
5	安迪	110227198404280134	
6	王大刀	110227196303150150	
7	刘小海	11022719661003029X	
8	赵天天	1102271989011701953	

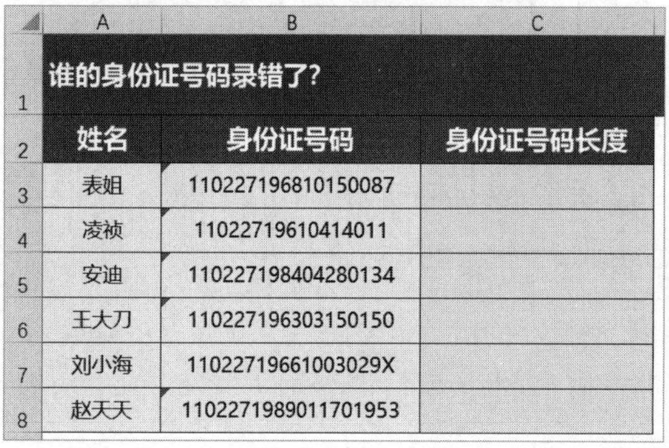

图 16-1

打开“素材文件 /16- 文本函数 /16- 文本函数 - 身份证的秘密 .xlsx”源文件。

在“导入”工作表中，选中【C3】单元格→单击函数编辑区将其激活→输入公式“=LEN(B3)”→按 <Enter> 键确认，如图 16-2 所示。

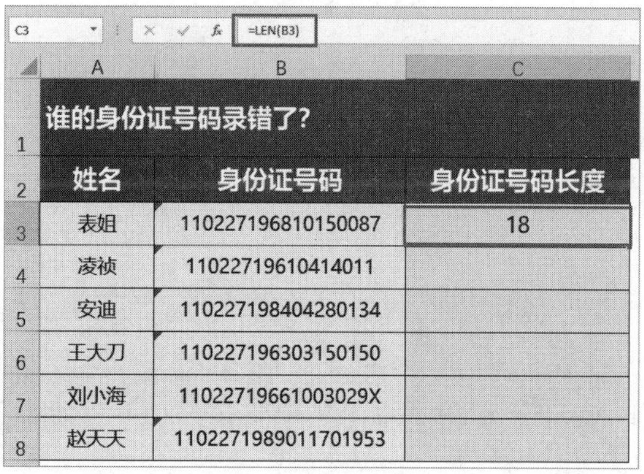

C3 =LEN(B3)

	A	B	C
1	谁的身份证号码录错了?		
2	姓名	身份证号码	身份证号码长度
3	表姐	110227196810150087	18
4	凌祯	11022719610414011	
5	安迪	110227198404280134	
6	王大刀	110227196303150150	
7	刘小海	11022719661003029X	
8	赵天天	1102271989011701953	

图 16-2

将光标放在【C3】单元格右下角，当光标变为十字句柄时，双击鼠标将公式向下填充，如图 16-3 所示，【C】列就显示出【B】列对应身份证号码长度了。

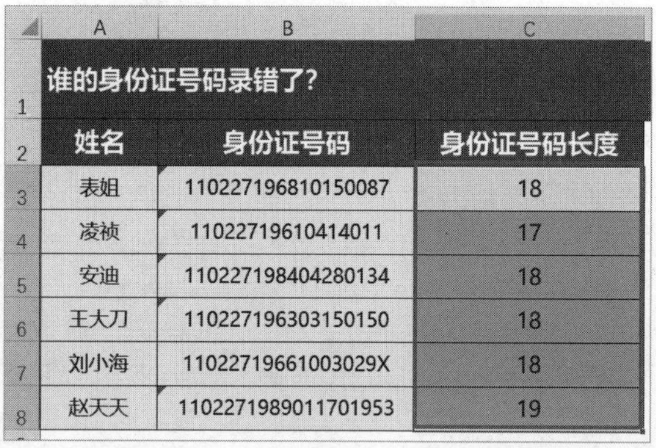

	A	B	C
1	谁的身份证号码录错了?		
2	姓名	身份证号码	身份证号码长度
3	表姐	110227196810150087	18
4	凌祯	11022719610414011	17
5	安迪	110227198404280134	18
6	王大刀	110227196303150150	18
7	刘小海	11022719661003029X	18
8	赵天天	1102271989011701953	19

图 16-3

如图 16-4 所示，【C4】和【C8】单元格输出了错误的数据。

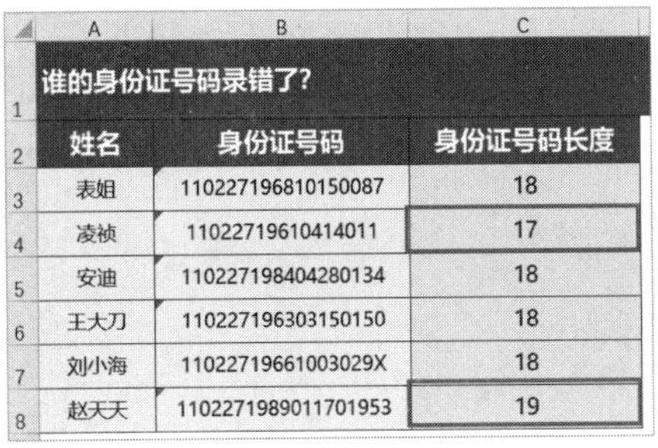

谁的身份证号码录错了?		
姓名	身份证号码	身份证号码长度
表姐	110227196810150087	18
凌祯	11022719610414011	17
安迪	110227198404280134	18
王大刀	110227196303150150	18
刘小海	11022719661003029X	18
赵天天	1102271989011701953	19

图 16-4

温馨提示

二代身份证号码只有 18位。

接下来将错误的身份证号码(不等于 18位)圈释起来,可以利用数据验证中的圈释无效数据来实现。

选中【B3:B8】单元格区域→选择【数据】选项卡→单击【数据验证】按钮→选择【数据验证】选项,如图 16-5所示。

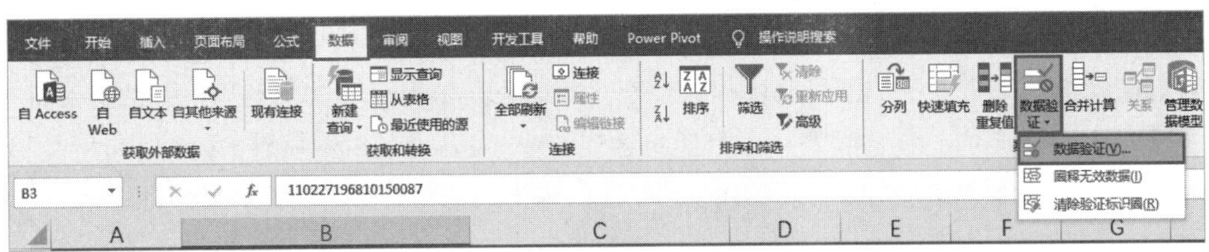

图 16-5

在弹出的【数据验证】对话框中将【允许】设置为“文本长度”→将【数据】设置为“等于”→单击【长度】文本框,输入“18”→单击【确定】按钮,如图 16-6所示。

再次选中【B3:B8】单元格区域→选择【数据】选项卡→单击【数据验证】按钮→选择【圈释无效数据】选项,如图 16-7所示。

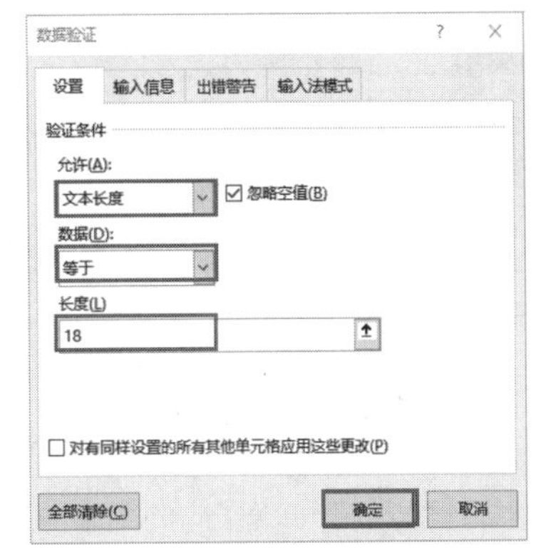

图 16-6

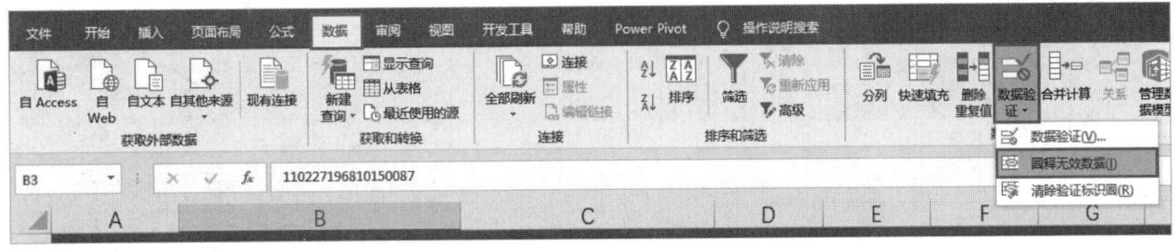

图 16-7

如图 16-8所示,Excel 自动将【B4】和【B8】单元格中无效的身份证号码(也就是前面使用 LEN 函数计算身份证号码位数时,不等于 18位的错误数据对应的身份证号码)圈释出来了。

谁的身份证号码录错了?		
姓名	身份证号码	身份证号码长度
表姐	110227196810150087	18
凌祯	11022719610414011	17
安迪	110227198404280134	18
王大刀	110227196303150150	18
刘小海	11022719661003029X	18
赵天天	1102271989011701953	19

图 16-8

16.1 文本函数：RIGHT、LEFT、LEN、LENB

我们都知道，每个人身份证号码中的数字都代表着不同的意义。如何利用已知的身份证号码，根据需求提取出对应的小秘密呢？当人员信息数量特别多时，又该如何操作才能快速批量提取出图 16-9 所示的多种信息呢？

截取字符串函数:				从身份证号码中取出：出生年月日			组合字符串
	RIGHT	LEFT	MID+FIND	MID	TEXT	DATEDIF	&
员工信息	身份证号码	姓名	姓名	出生年月日	出生年月日	年龄	姓名-身份证号码
表姐：110227199404280134							
凌祯：110227199303150150							
安迪：110227199410120177							
王大刀：110227198901170193							
刘小海：110227199603060244							
诸葛天天：110227199503010230							

图 16-9

1. RIGHT 函数的应用：提取身份证号码

想要从姓名和身份证号码的组合中提取出身份证号码，即从【A4】单元格中提取出数字，可以利用 RIGHT 函数来实现，如图 16-10所示。

截取字符串函数:				从身份证号码中取出：出生年月日			组合字符串
	RIGHT	LEFT	MID+FIND	MID	TEXT	DATEDIF	&
员工信息	身份证号码	姓名	姓名	出生年月日	出生年月日	年龄	姓名-身份证号码
表姐：110227199404280134							
凌祯：110227199303150150							
安迪：110227199410120177							
王大刀：110227198901170193							
刘小海：110227199603060244							
诸葛天天：110227199503010230							

图 16-10

在“解密身份证”工作表中，【B4】单元格的身份证号码是根据【A4】单元格，从右往左截取出的 18位数字来填写的。因此，要将【A4】单元格中从右往左的 18位身份证号码剪开、拆分出来，这一把从右往左剪文字的“剪刀”就是 RIGHT 函数，如图 16-11 所示。

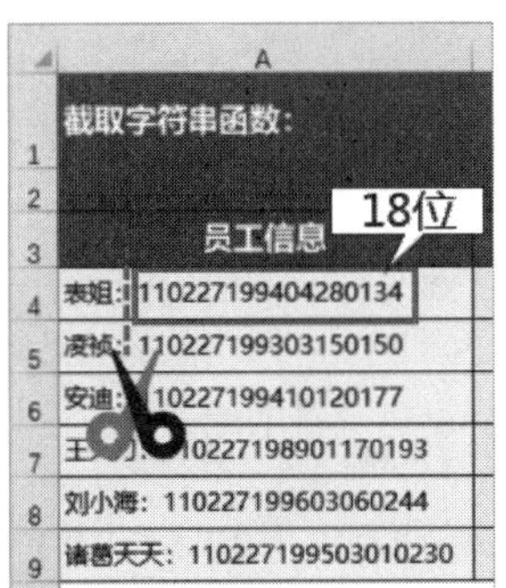

图 16-11

RIGHT 函数的公式原理如图 16-12 所示。

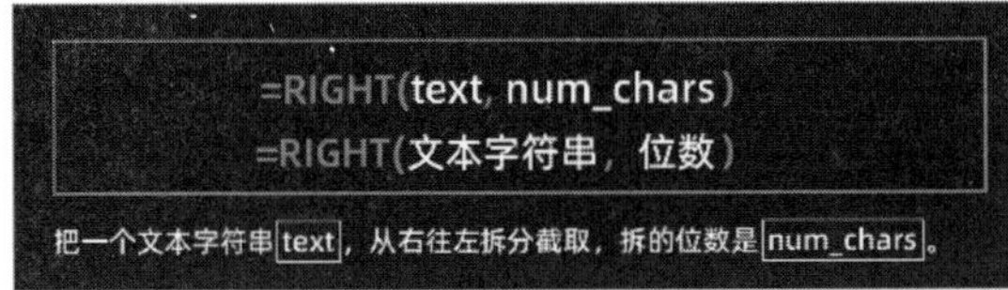

图 16-12

选中【B4】单元格→单击函数编辑区将其激活→输入公式“=RIGHT(A4,18)”→按 <Enter> 键确认，如图 16-13 所示。

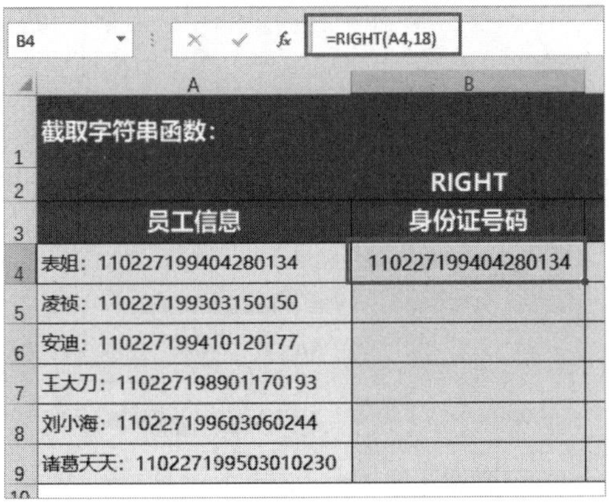

B4 =RIGHT(A4,18)

	A	B
1	截取字符串函数:	
2		RIGHT
3	员工信息	身份证号码
4	表姐: 110227199404280134	110227199404280134
5	凌祯: 110227199303150150	
6	安迪: 110227199410120177	
7	王大刀: 110227198901170193	
8	刘小海: 110227199603060244	
9	诸葛天天: 110227199503010230	

图 16-13

将光标放在【B4】单元格右下角，当光标变为十字句柄时，双击鼠标将公式向下填充至【B4:B9】单元格区域，如图 16-14 所示。

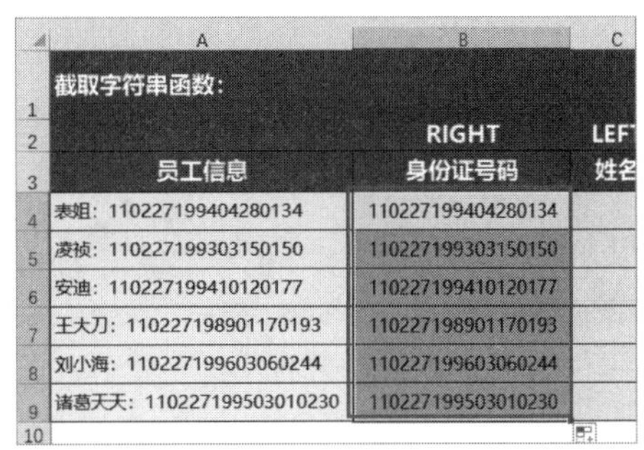

	A	B	C
1	截取字符串函数:		
2		RIGHT	LEF
3	员工信息	身份证号码	姓名
4	表姐: 110227199404280134	110227199404280134	
5	凌祯: 110227199303150150	110227199303150150	
6	安迪: 110227199410120177	110227199410120177	
7	王大刀: 110227198901170193	110227198901170193	
8	刘小海: 110227199603060244	110227199603060244	
9	诸葛天天: 110227199503010230	110227199503010230	

图 16-14

2. LEFT 函数的应用：拆分姓名

想要从姓名和身份证号码的组合中提取出姓名，即从【A4】单元格中提取出文本，可以利用 LEFT 函数来实现，如图 16-15 所示。

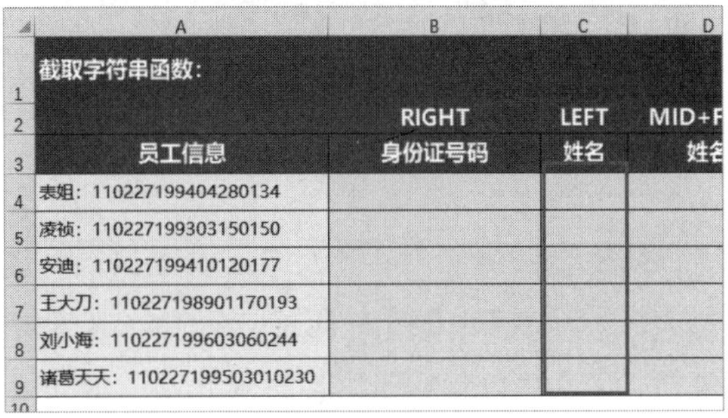

	A	B	C	D
1	截取字符串函数:			
2		RIGHT	LEFT	MID+F
3	员工信息	身份证号码	姓名	姓名
4	表姐: 110227199404280134			
5	凌祯: 110227199303150150			
6	安迪: 110227199410120177			
7	王大刀: 110227198901170193			
8	刘小海: 110227199603060244			
9	诸葛天天: 110227199503010230			

图 16-15

如图 16-16 所示，【C4】单元格的姓名是根据【A4】单元格从左往右数，截取出 2 位文字来填写的。因此，要将【A4】单元格中从左往右的 2 位文字剪开、拆分出来，这一把从左往右剪文字的“剪刀”就是 LEFT 函数。

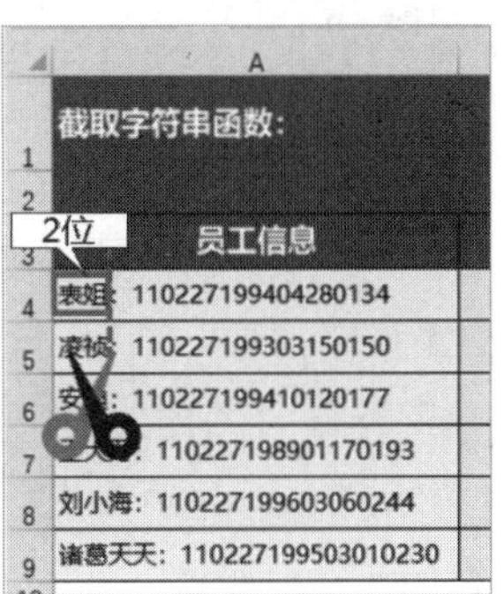

图 16-16

LEFT 函数的公式原理如图 16-17 所示。

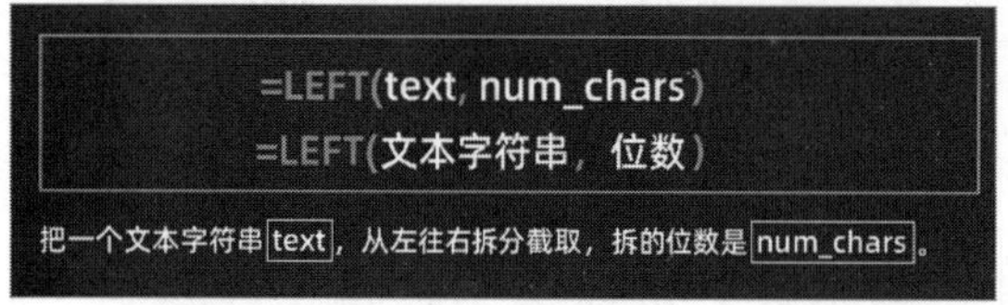

图 16-17

选中【C4】单元格→单击函数编辑区将其激活→输入公式“=LEFT(A4,2)”→按 <Enter> 键确认，如图 16-18 所示。

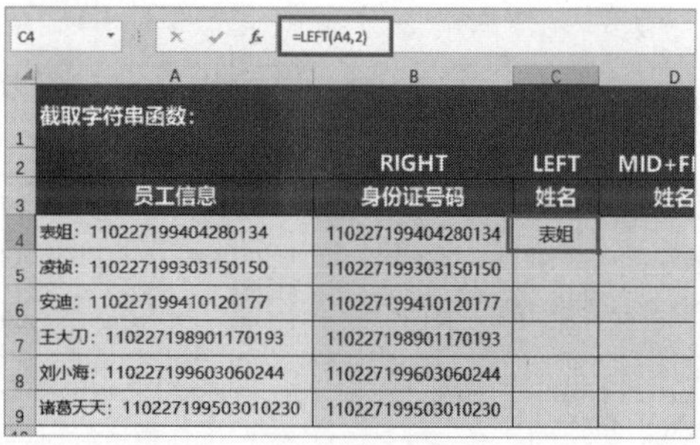

C4 =LEFT(A4,2)

	A	B	C	D
1	截取字符串函数:			
2		RIGHT	LEFT	MID+FI
3	员工信息	身份证号码	姓名	姓名
4	表姐：110227199404280134	110227199404280134	表姐	
5	凌祯：110227199303150150	110227199303150150		
6	安迪：110227199410120177	110227199410120177		
7	王大刀：110227198901170193	110227198901170193		
8	刘小海：110227199603060244	110227199603060244		
9	诸葛天天：110227199503010230	110227199503010230		

图 16-18

将光标放在【C4】单元格右下角，当光标变为十字句柄时，双击鼠标将公式向下填充至【C4:C9】单元格区域，如图 16-19 所示。

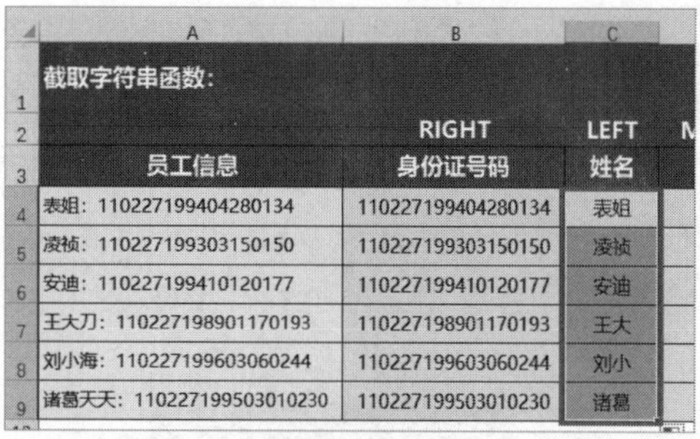

	A	B	C
1	截取字符串函数:		
2		RIGHT	LEFT
3	员工信息	身份证号码	姓名
4	表姐：110227199404280134	110227199404280134	表姐
5	凌祯：110227199303150150	110227199303150150	凌祯
6	安迪：110227199410120177	110227199410120177	安迪
7	王大刀：110227198901170193	110227198901170193	王大
8	刘小海：110227199603060244	110227199603060244	刘小
9	诸葛天天：110227199503010230	110227199503010230	诸葛

图 16-19

虽然将【C4】单元格中的姓名提取出来了，但是如图 16-20 所示，【C5:C9】单元格区域的姓名长度应该是不相等的。有 2 位的“凌祯”，有 3 位的“王大刀”，还有 4 位的“诸葛天天”。此时，LEFT 函数的第二个参数 num_chars（剪几位）没有规律可循，就要请出计算字符串长度的函数——LEN 函数来嵌套解决。

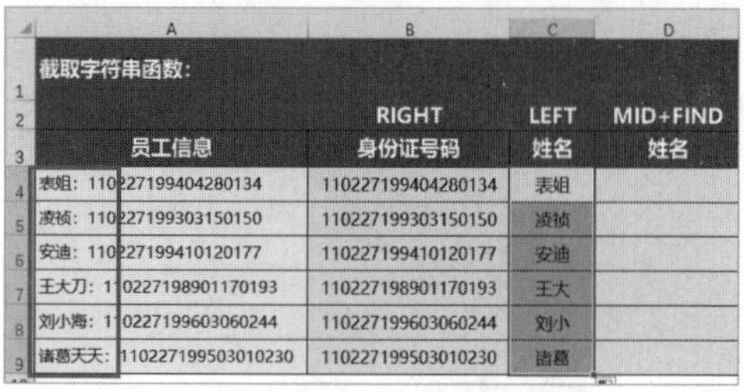

	A	B	C	D
1	截取字符串函数:			
2		RIGHT	LEFT	MID+FIND
3	员工信息	身份证号码	姓名	姓名
4	表姐：110227199404280134	110227199404280134	表姐	
5	凌祯：110227199303150150	110227199303150150	凌祯	
6	安迪：110227199410120177	110227199410120177	安迪	
7	王大刀：110227198901170193	110227198901170193	王大	
8	刘小海：110227199603060244	110227199603060244	刘小	
9	诸葛天天：110227199503010230	110227199503010230	诸葛	

图 16-20

口诀：规律一致 LEFT、RIGHT，规律不同请出 LEN。

3. LEN 函数的应用：计算姓名长度

要解决前面的问题就要提取出姓名位数。如图 16-21 所示，想要提取出姓名位数，首先要计算出【A】列的员工信息长度是多少。

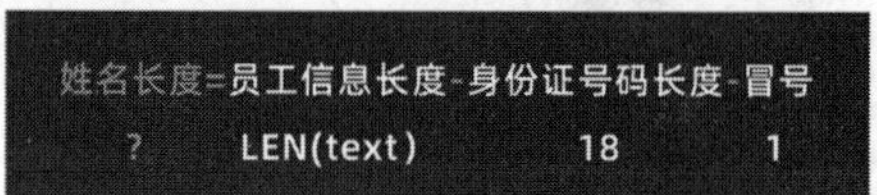

图 16-21

计算【A】列的员工信息长度，可以利用 LEN 函数来实现，LEN 函数的公式原理如图 16-22 所示。

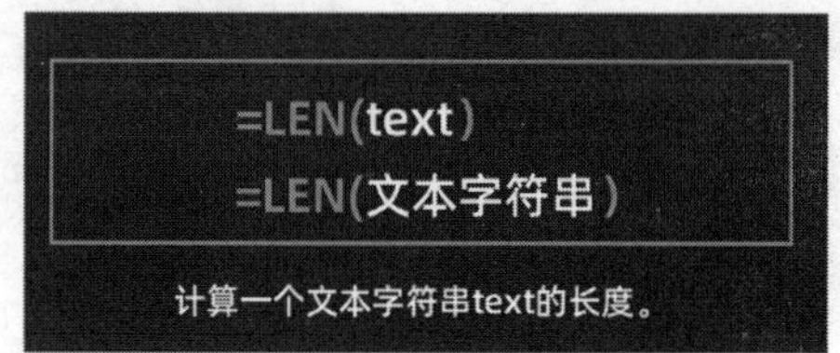

图 16-22

首先在【D】列插入“员工信息长度”辅助列→选中【D4】单元格→单击函数编辑区将其激活→输入公式“=LEN(A4)”→按 <Enter> 键确认，如图 16-23 所示。

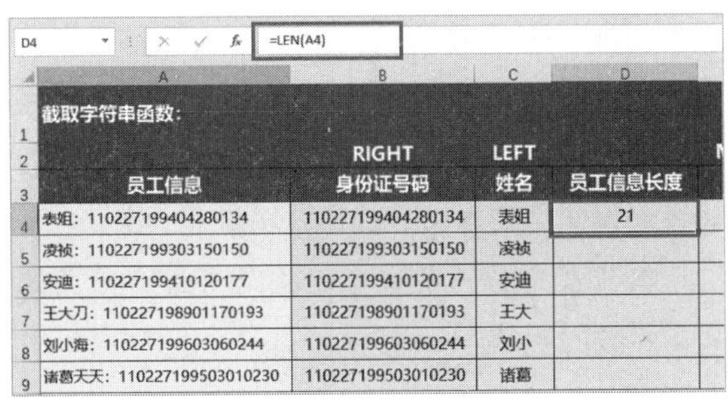

D4 =LEN(A4)

	A	B	C	D
1	截取字符串函数:			
2		RIGHT	LEFT	
3	员工信息	身份证号码	姓名	员工信息长度
4	表姐：110227199404280134	110227199404280134	表姐	21
5	凌祯：110227199303150150	110227199303150150	凌祯	
6	安迪：110227199410120177	110227199410120177	安迪	
7	王大刀：110227198901170193	110227198901170193	王大	
8	刘小海：110227199603060244	110227199603060244	刘小	
9	诸葛天天：110227199503010230	110227199503010230	诸葛	

图 16-23

计算出员工信息长度后，可以根据图 16-21 中的公式计算出姓名长度，即“=LEN(A4)-19”。

接下来将 LEN 函数嵌套到 LEFT 函数中，如图 16-24 所示。

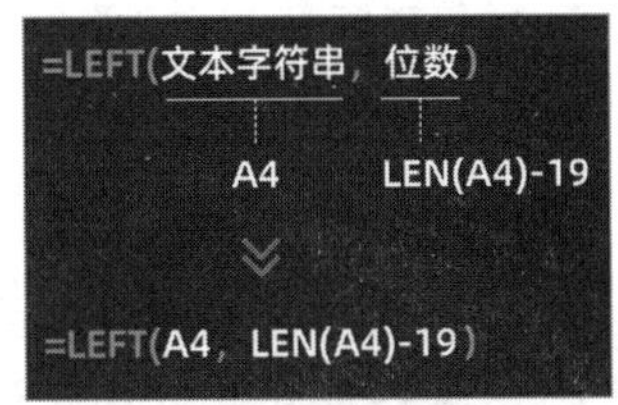

图 16-24

选中【C4】单元格→单击函数编辑区将其激活→输入公式“=LEFT(A4,LEN(A4)-19)”→按 <Enter> 键确认，如图 16-25 所示。

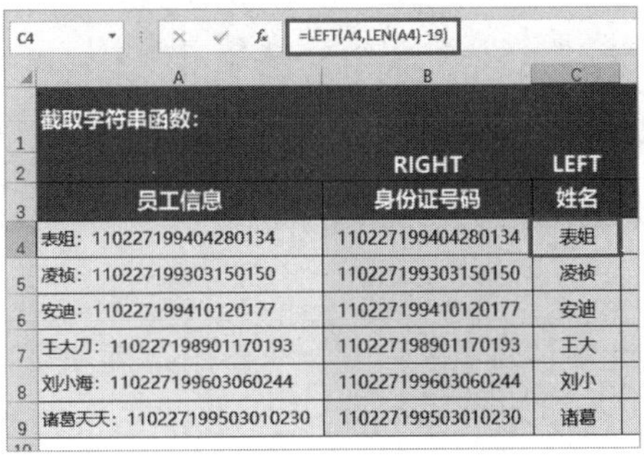

C4 =LEFT(A4,LEN(A4)-19)

	A	B	C
1	截取字符串函数:		
2		RIGHT	LEFT
3	员工信息	身份证号码	姓名
4	表姐：110227199404280134	110227199404280134	表姐
5	凌祯：110227199303150150	110227199303150150	凌祯
6	安迪：110227199410120177	110227199410120177	安迪
7	王大刀：110227198901170193	110227198901170193	王大
8	刘小海：110227199603060244	110227199603060244	刘小
9	诸葛天天：110227199503010230	110227199503010230	诸葛

图 16-25

将光标放在【C4】单元格右下角，当光标变为十字句柄时，双击鼠标将公式向下填充至【C4:C9】单元格区域，如图 16-26 所示，利用 LEFT 和 LEN 函数的组合将姓名提取出来了。

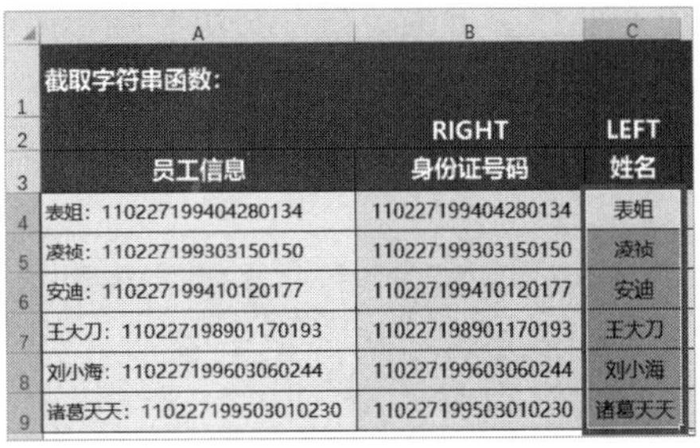

	A	B	C
1	截取字符串函数:		
2		RIGHT	LEFT
3	员工信息	身份证号码	姓名
4	表姐：110227199404280134	110227199404280134	表姐
5	凌祯：110227199303150150	110227199303150150	凌祯
6	安迪：110227199410120177	110227199410120177	安迪
7	王大刀：110227198901170193	110227198901170193	王大刀
8	刘小海：110227199603060244	110227199603060244	刘小海
9	诸葛天天：110227199503010230	110227199503010230	诸葛天天

图 16-26

最后直接将辅助列【D】列删除即可。

至此，已经完成了身份证号码和姓名的提取。另外，LEN 函数还有一个兄弟 —— LENB 函数，它与 LEN 函数的区别如图 16-27 所示。

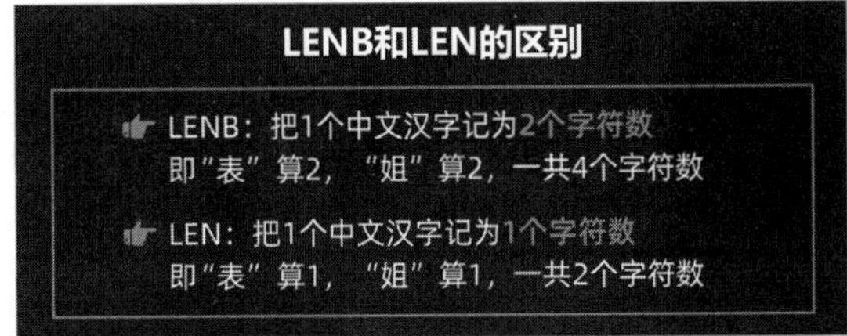

图 16-27

16.2 文本函数：FIND、MID、TEXT

如图 16-28 所示，想要从姓名和身份证号码的组合中提取出姓名，前面已经根据员工信息总长度与身份证号码长度之间的关系，利用 LEFT 和 LEN 函数嵌套的方法实现了。

这里再次观察【A】列单元格的特点，姓名长度不固定，但中间有分隔符号，这样的情况该如何拆分、整理呢？

通过前面几篇的介绍你可能会想到：数据信息中有明显的分隔符号，利用分隔符号分列的方法进行分离。

利用分列提取关键信息的方法只适用于单纯地提取，在平时的工作中不建议使用此类方法。因为在数据源表中进行分列后，当数据追加或更新时，分列结果不会同步更新。所以，笔者建议使用文本函数的方法将数据拆分。

本节就介绍一个根据分隔符号进行分离的文本函数的用法。

	A	B	C	D	E	F	G	H
1	截取字符串函数:				从身份证号码中取出：出生年月日			组合字符串
2		RIGHT	LEFT	MID+FIND	MID	TEXT	DATEDIF	&
3	员工信息	身份证号码	姓名	姓名	出生年月日	出生年月日	年龄	姓名-身份证号码
4	表姐：110227199404280134	110227199404280134	表姐					
5	凌祯：110227199303150150	110227199303150150	凌祯					
6	安迪：110227199410120177	110227199410120177	安迪					
7	王大刀：110227198901170193	110227198901170193	王大刀					
8	刘小海：110227199603060244	110227199603060244	刘小海					
9	诸葛天天：110227199503010230	110227199503010230	诸葛天天					

图 16-28

这样的拆分要用到以下两个工具。

（1）用 FIND 函数定位到分隔符号在哪里。

（2）定位好之后，用 MID 函数将它剪开。

1. FIND 函数的应用：查找"："所在的位置

首先找到【A4】单元格中"："所在的位置，可以利用 FIND 函数来实现，如图 16-29 所示。

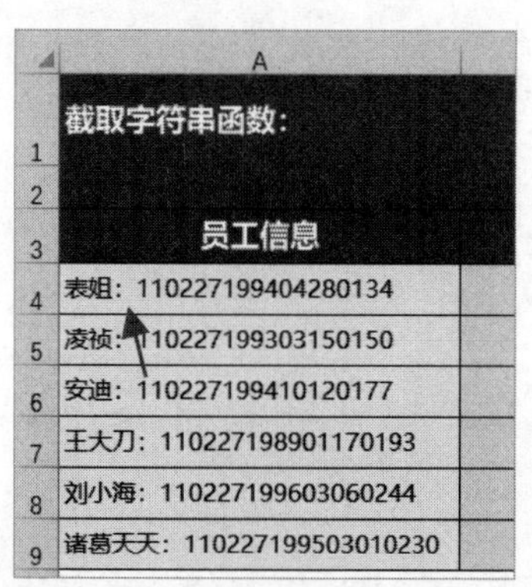

图 16-29

FIND 函数的公式原理如图 16-30 所示。

=FIND(find_text, within_text, start_num)
=FIND(符号，目标字符串，1)
查找一个字符串在另一个字符串中存在的位置。

图 16-30

输入公式时需要注意图 16-31 所示的两点。

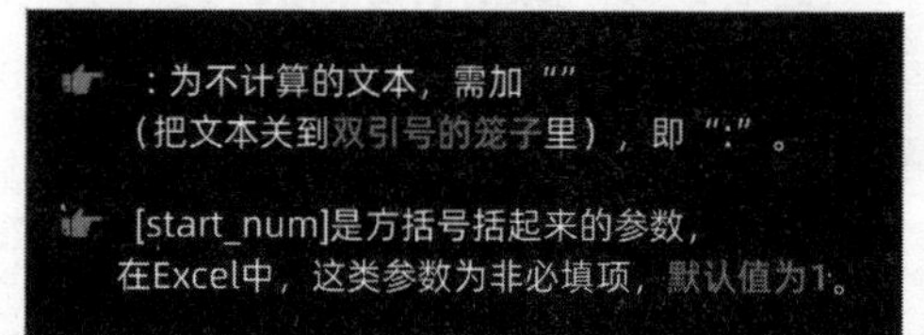

：为不计算的文本，需加""
（把文本关到双引号的笼子里），即"："。
[start_num]是方括号括起来的参数，
在Excel中，这类参数为非必填项，默认值为1。

图 16-31

选中【D4】单元格→单击函数编辑区将其激活→输入公式"=FIND("：",A4)"→按 <Enter> 键确认→将光标放在【D4】单元格右下角，当光标变为十字句柄时，双击鼠标将公式向下填充，如图 16-32 所示。

D4 =FIND("：",A4)

截取字符串函数：			
	RIGHT	LEFT	MID+FIND
员工信息	身份证号码	姓名	姓名
表姐：110227199404280134	110227199404280134	表姐	3
凌祯：110227199303150150	110227199303150150	凌祯	3
安迪：110227199410120177	110227199410120177	安迪	3
王大刀：110227198901170193	110227198901170193	王大刀	4
刘小海：110227199603060244	110227199603060244	刘小海	4
诸葛天天：110227199503010230	110227199503010230	诸葛天天	5

图 16-32

温馨提示

函数中的冒号是中文输入状态下的"："，如果分辨不出，可以直接复制该符号。

找到"："所在的位置后，对应的"姓名"长度如图 16-33 所示。

姓名长度=	"：" 所在的位置 -1
?	FIND("：",A4)　1

图 16-33

选中【D4】单元格→单击函数编辑区将其激活→在 FIND 函数外面 -1，即"=FIND("：",A4)-1"，如图 16-34 所示。

D4 =FIND("：",A4)-1

截取字符串函数：			
	RIGHT	LEFT	MID+FIND
员工信息	身份证号码	姓名	姓名
表姐：110227199404280134	110227199404280134	表姐	2
凌祯：110227199303150150	110227199303150150	凌祯	3
安迪：110227199410120177	110227199410120177	安迪	3
王大刀：110227198901170193	110227198901170193	王大刀	4
刘小海：110227199603060244	110227199603060244	刘小海	4
诸葛天天：110227199503010230	110227199503010230	诸葛天天	5

图 16-34

2. MID 函数的应用：截取出姓名

确认了姓名长度后，接下来将【A4】单元格从左往右提，截取出姓名位数。这一把从左往右截取的剪刀不仅可以是 LEN 函数，还可以是更加强大的 MID 函数，后者可以从指定位置开始截取。

MID 函数的公式原理如图 16-35 所示。

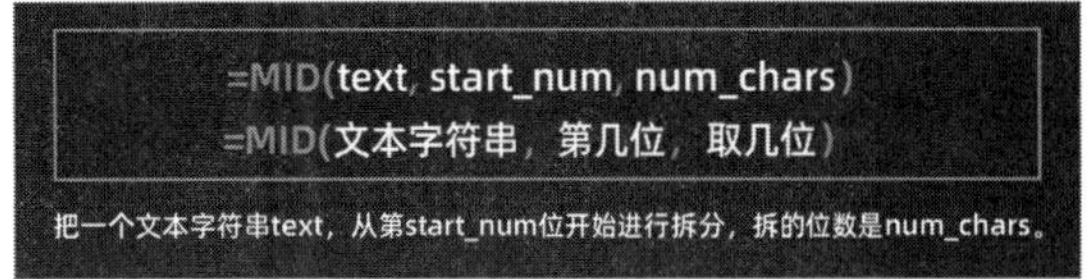

=MID(text, start_num, num_chars)
=MID(文本字符串，第几位，取几位)
把一个文本字符串text，从第start_num位开始进行拆分，拆的位数是num_chars。

图 16-35

将公式应用到"提取姓名"的问题中，如图 16-36 所示。

图 16-36

选中【D4】单元格→单击函数编辑区将其激活→嵌套 MID 函数，即"=MID(A4, 1,FIND("：",A4)-1)"→按 <Enter> 键确认→双击鼠标将公式向下填充，如图 16-37 所示。

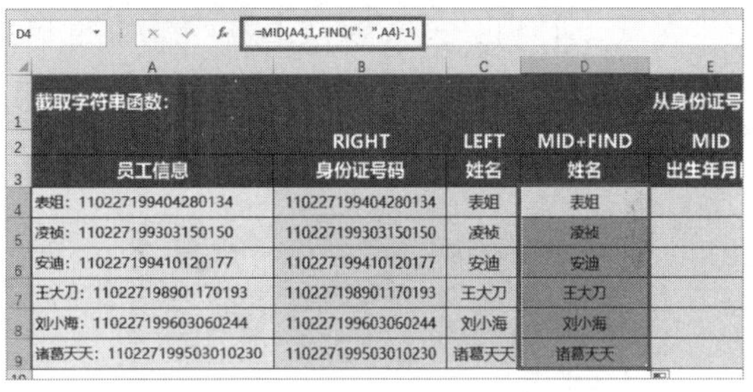

D4 =MID(A4,1,FIND("：",A4)-1)

截取字符串函数：				从身份证号
	RIGHT	LEFT	MID+FIND	MID
员工信息	身份证号码	姓名	姓名	出生年月
表姐：110227199404280134	110227199404280134	表姐	表姐	
凌祯：110227199303150150	110227199303150150	凌祯	凌祯	
安迪：110227199410120177	110227199410120177	安迪	安迪	
王大刀：110227198901170193	110227198901170193	王大刀	王大刀	
刘小海：110227199603060244	110227199603060244	刘小海	刘小海	
诸葛天天：110227199503010230	110227199503010230	诸葛天天	诸葛天天	

图 16-37

同理，利用 MID 函数提取"身份证号码"中的"出生年月日"，如图 16-38 所示。

位置	1	2	3	4	5	6	7	8	9	10	11	12	13	14	15	16	17	18
18位身份证	2	1	0	3	4	5	1	9	8	4	0	8	0	3	2	2	7	4

图 16-38

选中【E4】单元格→单击函数编辑区将其激活→输入公式"=MID(B4,7,8)"→按 <Enter> 键确认→双击鼠标将公式向下填充，如图 16-39 所示。

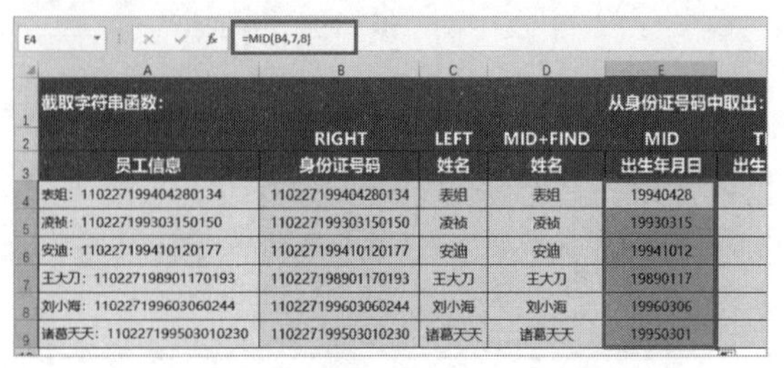

	A	B	C	D	E
1	截取字符串函数:				从身份证号码中取出:
2		RIGHT	LEFT	MID+FIND	MID
3	员工信息	身份证号码	姓名	姓名	出生年月日
4	表姐: 110227199404280134	110227199404280134	表姐	表姐	19940428
5	凌祯: 110227199303150150	110227199303150150	凌祯	凌祯	19930315
6	安迪: 110227199410120177	110227199410120177	安迪	安迪	19941012
7	王大刀: 110227198901170193	110227198901170193	王大刀	王大刀	19890117
8	刘小海: 110227199603060244	110227199603060244	刘小海	刘小海	19960306
9	诸葛天天: 110227199503010230	110227199503010230	诸葛天天	诸葛天天	19950301

图 16-39

温馨提示

MID 函数提取出的结果为文本格式。

3. TEXT 函数的应用：文本型数字的转化

选中第 3 行→选择【开始】选项卡→单击【排序和筛选】按钮→选择【筛选】选项，调出筛选按钮，如图 16-40 所示。

图 16-40

单击【E3】单元格右侧的下拉筛选按钮→如图 16-41 所示，下拉选项中出现了一个“文本筛选”而非“日期筛选”。这是因为利用 MID 函数提取出的日期不是真正的日期，实质上是“文本”格式，而真正的日期实质上是“数字”格式。做数据透视表统计时，是无法将这种假日期自动分组为年月日的。

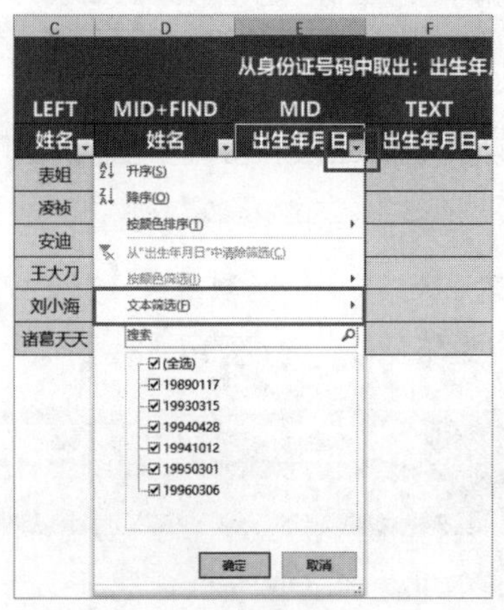

图 16-41

TEXT 函数可以把内容转化为指定的格式，如图 16-42 所示。

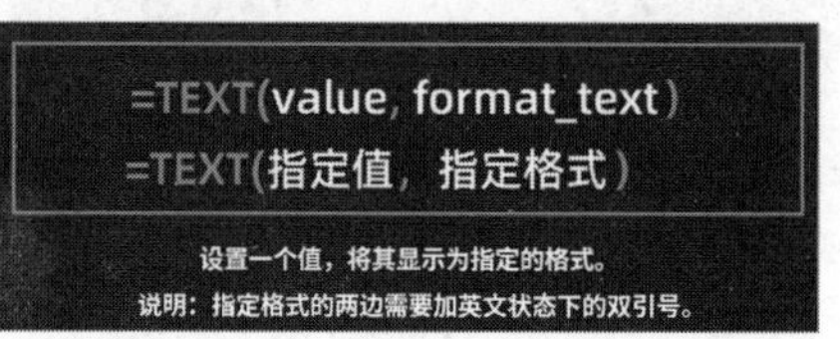

图 16-42

选中【F4】单元格→单击函数编辑区将其激活→输入公式“=TEXT(E4,"0000-00-00")”→按 <Enter> 键确认→双击鼠标将公式向下填充，如图 16-43 所示。

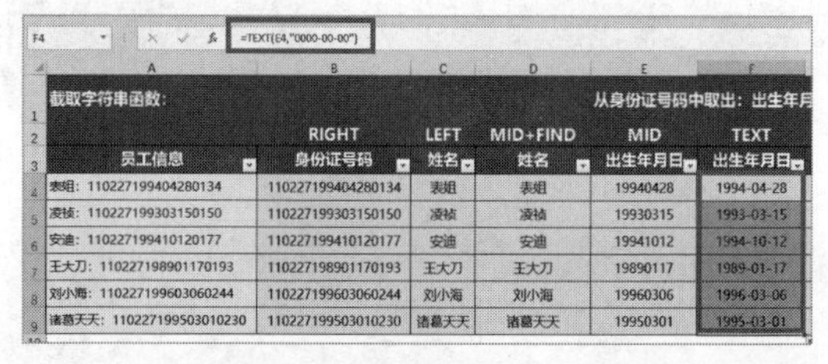

	A	B	C	D	E	F
1	截取字符串函数:				从身份证号码中取出：出生年月	
2		RIGHT	LEFT	MID+FIND	MID	TEXT
3	员工信息	身份证号码	姓名	姓名	出生年月日	出生年月日
4	表姐: 110227199404280134	110227199404280134	表姐	表姐	19940428	1994-04-28
5	凌祯: 110227199303150150	110227199303150150	凌祯	凌祯	19930315	1993-03-15
6	安迪: 110227199410120177	110227199410120177	安迪	安迪	19941012	1994-10-12
7	王大刀: 110227198901170193	110227198901170193	王大刀	王大刀	19890117	1989-01-17
8	刘小海: 110227199603060244	110227199603060244	刘小海	刘小海	19960306	1996-03-06
9	诸葛天天: 110227199503010230	110227199503010230	诸葛天天	诸葛天天	19950301	1995-03-01

图 16-43

温馨提示

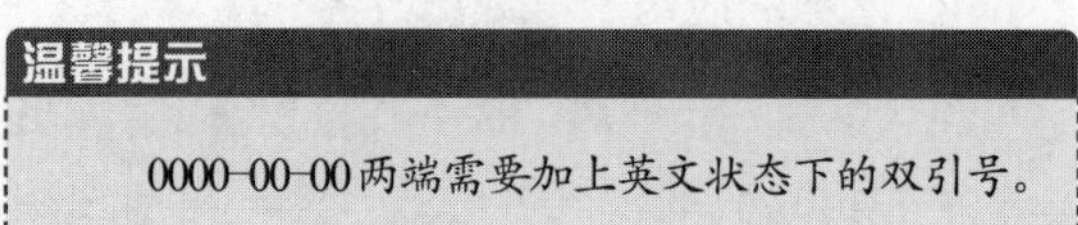

0000-00-00 两端需要加上英文状态下的双引号。

单击函数编辑区左侧的【fx】按钮→打开【函数参数】对话框→当直接在第二个文本框中

输入“0000-00-00”时，在旁边预览效果中可以看到“19940428”，并没有以指定的格式表现出来，如图 16-44 所示。

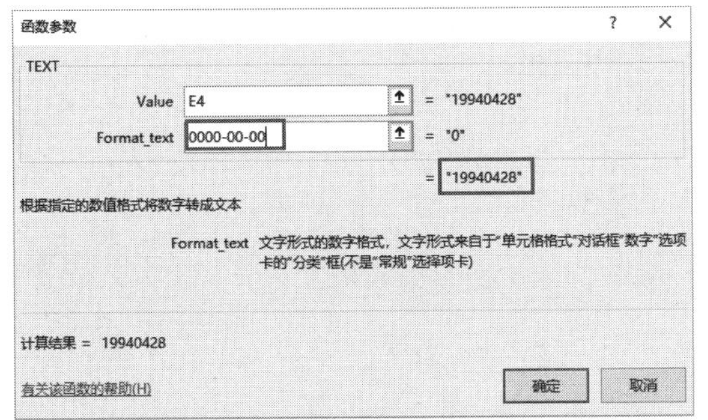

图 16-44

为 0000-00-00 两端加上英文状态下的双引号，此时看到预览效果为“1994-04-28”→单击【确定】按钮，如图 16-45 所示。

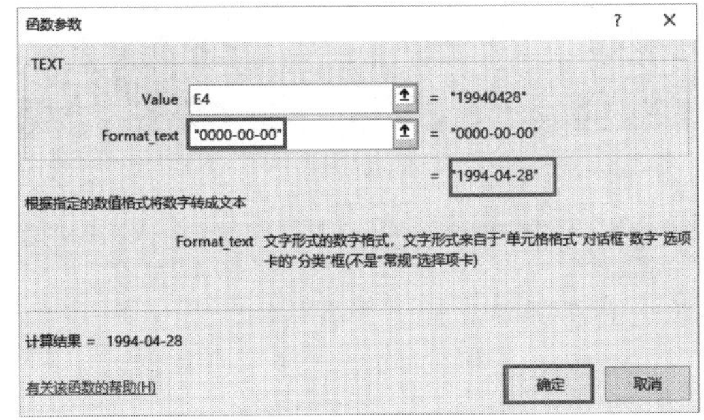

图 16-45

单击【F3】单元格右侧的下拉筛选按钮，如图 16-46 所示，下拉选项中仍然为“文本筛选”而非“日期筛选”。

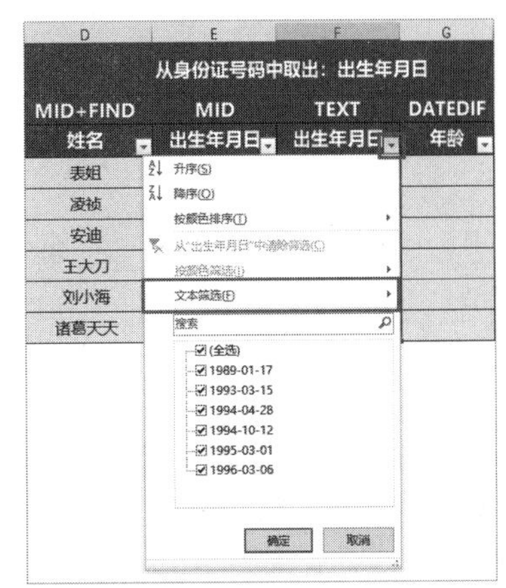

图 16-46

前文介绍过，日期的本质是数字，所以它可以进行计算。那么，将本案例中的文本转化为可以计算的数字，然后设置为日期格式就可以了。

选中【F4】单元格→单击函数编辑区将其激活→在函数后面 *1 →按 <Enter> 键确认→将光标放在【F4】单元格右下角，当光标变为十字句柄时，双击鼠标将公式向下填充，这样就成功将文本转化为数字了，如图 16-47 所示。

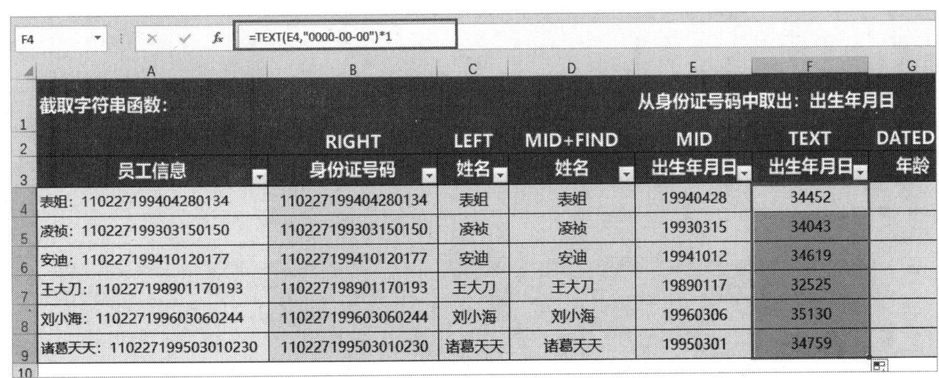

F4 =TEXT(E4,"0000-00-00")*1

	A	B	C	D	E	F	G
1	截取字符串函数：				从身份证号码中取出：出生年月日		
2		RIGHT	LEFT	MID+FIND	MID	TEXT	DATED
3	员工信息	身份证号码	姓名	姓名	出生年月日	出生年月日	年龄
4	表姐：110227199404280134	110227199404280134	表姐	表姐	19940428	34452	
5	凌祯：110227199303150150	110227199303150150	凌祯	凌祯	19930315	34043	
6	安迪：110227199410120177	110227199410120177	安迪	安迪	19941012	34619	
7	王大刀：110227198901170193	110227198901170193	王大刀	王大刀	19890117	32525	
8	刘小海：110227199603060244	110227199603060244	刘小海	刘小海	19960306	35130	
9	诸葛天天：110227199503010230	110227199503010230	诸葛天天	诸葛天天	19950301	34759	
10							

图 16-47

接下来就是将数字设置为日期格式。选中【F4:F9】单元格区域→选择【开始】选项卡→单击【数字格式】按钮→选择【短日期】选项，如图 16-48 所示。

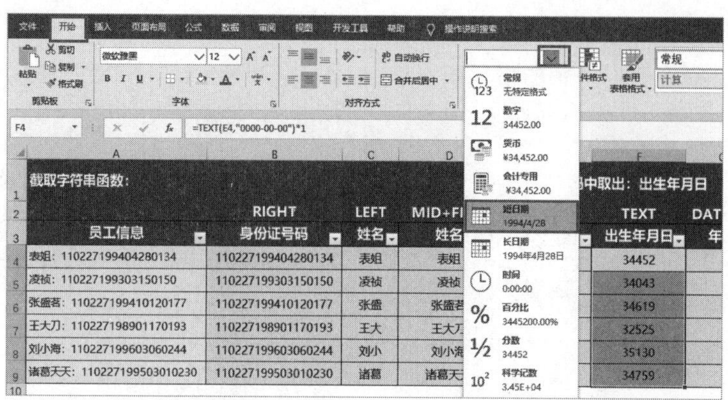

图 16-48

再次单击【F3】单元格右侧的下拉筛选按钮，如图 16-49 所示，“文本筛选”已经变为“日期筛选”了。

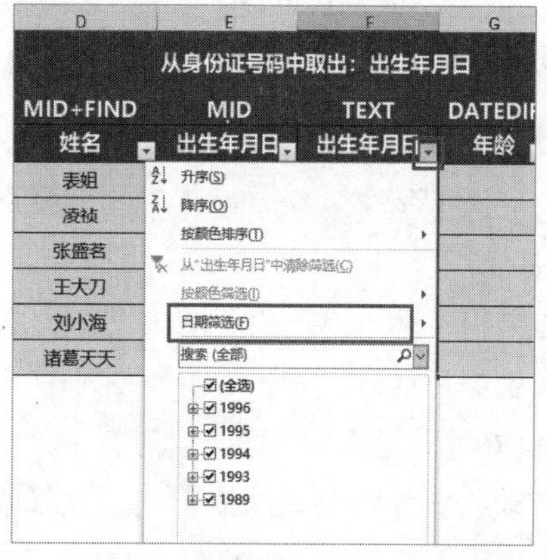

图 16-49

前面已经将“出生年月日”提取出来，根据“出生年月日”可以进一步利用日期函数计算出人员的“年龄”。

计算两个日期之间相隔的年数、月数和天数，可以利用 DATEDIF 函数来解决，如图 16-50 所示。

图 16-50

温馨提示

DATEDIF 函数不能通过输入关键词并按 <Tab> 键的方法自动补充，而是需要手动补充完整。

选中【G4】单元格→单击函数编辑区将其激活→输入公式“=DATEDIF(F4,TODAY(),"Y")”→按 <Enter> 键确认→双击鼠标将公式向下填充，如图 16-51 所示。

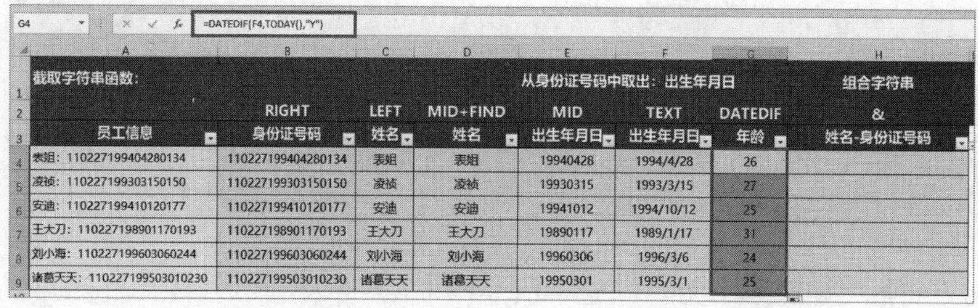

=DATEDIF(F4,TODAY(),"Y")

截取字符串函数:				从身份证号码中取出：出生年月日			组合字符串
	RIGHT	LEFT	MID+FIND	MID	TEXT	DATEDIF	&
员工信息	身份证号码	姓名	姓名	出生年月日	出生年月日	年龄	姓名-身份证号码
表姐：110227199404280134	110227199404280134	表姐	表姐	19940428	1994/4/28	26	
凌祯：110227199303150150	110227199303150150	凌祯	凌祯	19930315	1993/3/15	27	
安迪：110227199410120177	110227199410120177	安迪	安迪	19941012	1994/10/12	25	
王大刀：110227198901170193	110227198901170193	王大刀	王大刀	19890117	1989/1/17	31	
刘小海：110227199603060244	110227199603060244	刘小海	刘小海	19960306	1996/3/6	24	
诸葛天天：110227199503010230	110227199503010230	诸葛天天	诸葛天天	19950301	1995/3/1	25	

图 16-51

16.3 组合文字与信息：&

在实际工作中，除要将一串信息拆开外，有时也需要将多行信息合并在一起。

文字信息之间的组合可以用“&”（连接符）连接。

温馨提示

&（连接符）的输入方法：按 <Shift+7> 键。

1. & 的应用

如图 16-52 所示，要将【D】列的“姓名”和【B】列的“身份证号码”连接在一起，用到的就是“&”。

	A	B	C	D	E	F	G	H
1	截取字符串函数:				从身份证号码中取出：出生年月日			组合字符串
2		RIGHT	LEFT	MID+FIND	MID	TEXT	DATEDIF	&
3	员工信息	身份证号码	姓名	姓名	出生年月日	出生年月日	年龄	姓名-身份证号码
4	表姐：110227199404280134	110227199404280134	表姐	表姐	19940428	1994/4/28	26	
5	凌祯：110227199303150150	110227199303150150	凌祯	凌祯	19930315	1993/3/15	27	
6	安迪：110227199410120177	110227199410120177	安迪	安迪	19941012	1994/10/12	25	
7	王大刀：110227198901170193	110227198901170193	王大刀	王大刀	19890117	1989/1/17	31	
8	刘小海：110227199603060244	110227199603060244	刘小海	刘小海	19960306	1996/3/6	24	
9	诸葛天天：110227199503010230	110227199503010230	诸葛天天	诸葛天天	19950301	1995/3/1	25	

图 16-52

选中【H4】单元格→单击函数编辑区将其激活→输入公式“=D4&B4”→按 <Enter> 键确认→双击鼠标将公式向下填充，这样就将【D】列和【B】列的信息组合在一起了，如图 16-53 所示。

H4 =D4&B4

	A	B	C	D	E	F	G	H
1	截取字符串函数:				从身份证号码中取出：出生年月日			组合字符串
2		RIGHT	LEFT	MID+FIND	MID	TEXT	DATEDIF	&
3	员工信息	身份证号码	姓名	姓名	出生年月日	出生年月日	年龄	姓名-身份证号码
4	表姐：110227199404280134	110227199404280134	表姐	表姐	19940428	1994/4/28	26	表姐110227199404280134
5	凌祯：110227199303150150	110227199303150150	凌祯	凌祯	19930315	1993/3/15	27	凌祯110227199303150150
6	安迪：110227199410120177	110227199410120177	安迪	安迪	19941012	1994/10/12	25	安迪110227199410120177
7	王大刀：110227198901170193	110227198901170193	王大刀	王大刀	19890117	1989/1/17	31	王大刀110227198901170193
8	刘小海：110227199603060244	110227199603060244	刘小海	刘小海	19960306	1996/3/6	24	刘小海110227199603060244
9	诸葛天天：110227199503010230	110227199503010230	诸葛天天	诸葛天天	19950301	1995/3/1	25	诸葛天天110227199503010230

图 16-53

2. 利用“&”添加分隔符号

虽然已经将数据组合在一起了，但是数字与文本只是简单地堆砌在一起。想要利用分隔符号将两个单元格的内容分隔开，仍然要使用“&”。

温馨提示

公式中的文本和符号要关在笼子中才可以计算，这个笼子就是英文状态下的双引号。

选中【H4】单元格→单击函数编辑区将其激活→输入公式“=D4&"-"&B4”→双击鼠标将公式向下填充，如图 16-54所示。

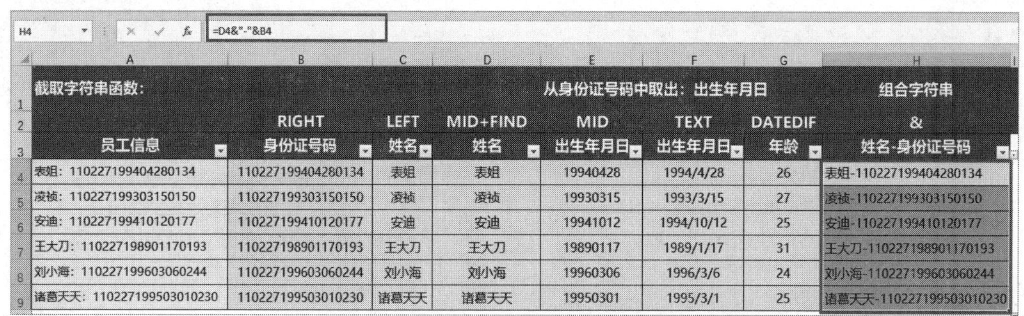

H4 =D4&"-"&B4

	A	B	C	D	E	F	G	H
1	截取字符串函数：				从身份证号码中取出：出生年月日			组合字符串
2		RIGHT	LEFT	MID+FIND	MID	TEXT	DATEDIF	&
3	员工信息	身份证号码	姓名	姓名	出生年月日	出生年月日	年龄	姓名-身份证号码
4	表姐：110227199404280134	110227199404280134	表姐	表姐	19940428	1994/4/28	26	表姐-110227199404280134
5	凌祯：110227199303150150	110227199303150150	凌祯	凌祯	19930315	1993/3/15	27	凌祯-110227199303150150
6	安迪：110227199410120177	110227199410120177	安迪	安迪	19941012	1994/10/12	25	安迪-110227199410120177
7	王大刀：110227198901170193	110227198901170193	王大刀	王大刀	19890117	1989/1/17	31	王大刀-110227198901170193
8	刘小海：110227199603060244	110227199603060244	刘小海	刘小海	19960306	1996/3/6	24	刘小海-110227199603060244
9	诸葛天天：110227199503010230	110227199503010230	诸葛天天	诸葛天天	19950301	1995/3/1	25	诸葛天天-110227199503010230

图 16-54

16.4 揭秘身份证号码的小秘密

每个人的身份证号码中都隐藏着许多小秘密，如“省份”“城市”“性别”等，如图 16-55 所示。

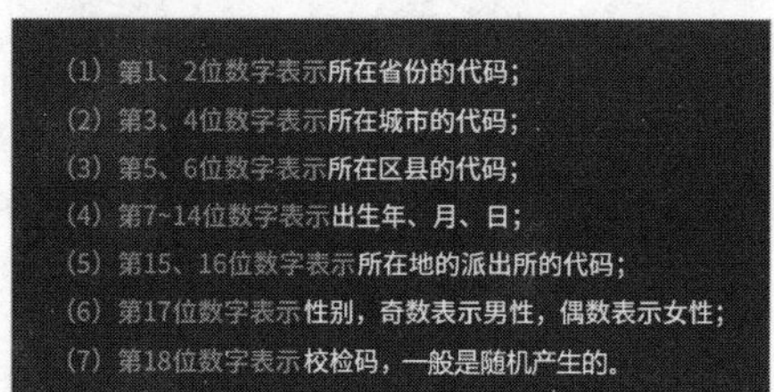

（1）第1、2位数字表示所在省份的代码；
（2）第3、4位数字表示所在城市的代码；
（3）第5、6位数字表示所在区县的代码；
（4）第7~14位数字表示出生年、月、日；
（5）第15、16位数字表示所在地的派出所的代码；
（6）第17位数字表示性别，奇数表示男性，偶数表示女性；
（7）第18位数字表示校检码，一般是随机产生的。

图 16-55

接下来就利用函数从身份证号码中提取出性别，并查找对应的省份（籍贯）。

1. 提取身份证号码中的第 17 位数字

想知道素未谋面之人的性别，看那人身份证号码的第 17 位是奇数还是偶数就可以了，如图 16-56 所示。

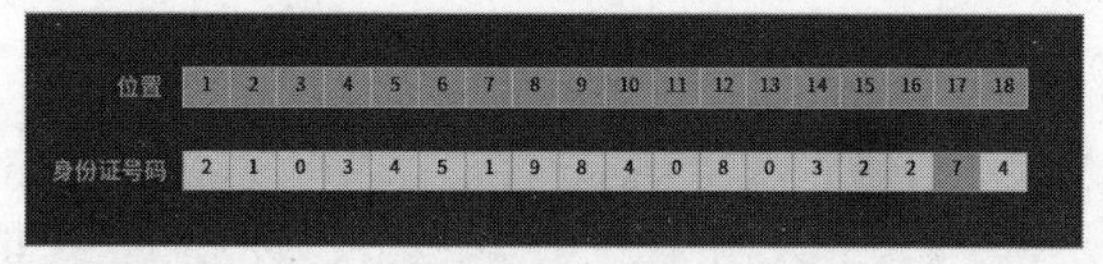

图 16-56

在“性别”工作表中，首先将身份证号码中的第 17 位提取出来，可以利用 MID 函数来实现，如图 16-57 所示。

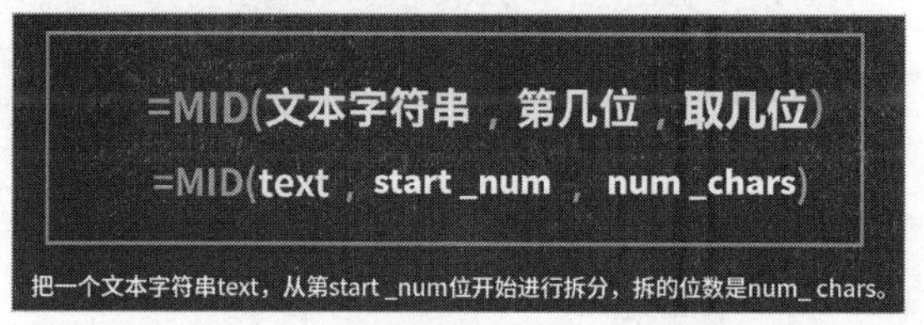

=MID(文本字符串，第几位，取几位)
=MID(text，start _num，num _chars)
把一个文本字符串text，从第start _num位开始进行拆分，拆的位数是num_ chars。

图 16-57

应用到“提取身份证号码第 17 位”的问题中，就是从【A3】单元格的第 17 位开始提取 1 位，如图 16-58 所示。

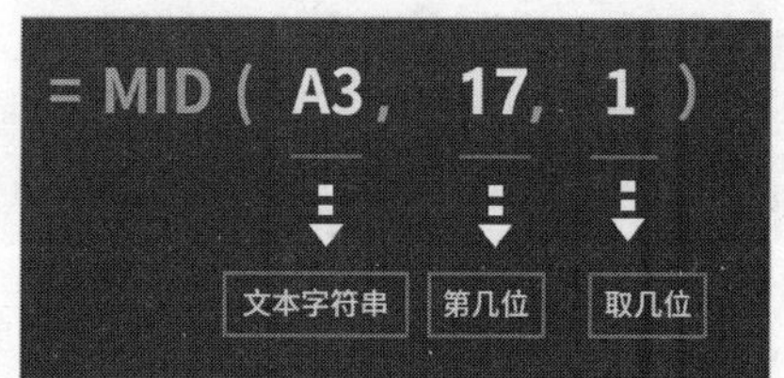

图 16-58

选中【B3】单元格→单击函数编辑区将其激活→输入公式“=MID(A3,17,1)”→按 <Enter> 键确认→双击鼠标将公式向下填充，如图 16-59 所示。

B3 =MID(A3,17,1)

	A	B	C
1	从身份证号码中取出：性别，查找对应的省份（籍贯）		
2	身份证号码	第17位	性别
3	500227199404280134	3	
4	420227199303150150	5	
5	540227199410120177	7	
6	610227198901170193	9	
7	630227199603060244	4	
8	450227199503010230	3	
9	110227199004140257	5	
10	350227198908230273	7	
11	41022719961003029X	9	
12	120227198802180417	1	
13	120227199401230433	3	
14	63022719870120045X	5	
15	340227199111170476	7	

图 16-59

2. 根据身份证号码判断性别

将身份证号码中的第 17位提取出来后，接下来判定它的奇偶性。如果为奇数(除以 2有余数)，则性别为“男”；如果为偶数(除以 2无余数)，则性别为“女”。

在 Excel 中，求余数用到的是 MOD 函数，如图 16-60所示。

图 16-60

将公式应用到案例中，如图 16-61所示。

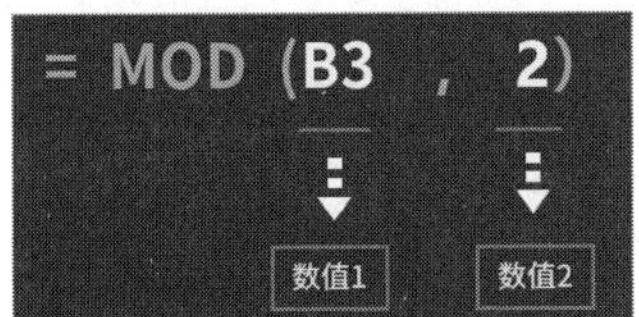

图 16-61

选中【C3】单元格→单击函数编辑区将其激活→输入公式“=MOD(B3,2)”→按 <Enter>键确认→双击鼠标将公式向下填充，如图 16-62所示。

C3 =MOD(B3,2)

	A	B	C
1	从身份证号码中取出：性别，查找对应的省份（籍贯）		
2	身份证号码	第17位	性别
3	500227199404280134	3	1
4	420227199303150150	5	1
5	540227199410120177	7	1
6	610227198901170193	9	1
7	630227199603060244	4	0
8	450227199503010230	3	1
9	110227199004140257	5	1
10	350227198908230273	7	1
11	41022719961003029X	9	1
12	120227198802180417	1	1
13	120227199401230433	3	1
14	63022719870120045X	5	1
15	340227199111170476	7	1

图 16-62

接下来根据余数判断男女。如果余数为 1就为“男”，余数为 0就为“女”。用到的就是前文介绍的 IF 函数，如图 16-63所示。

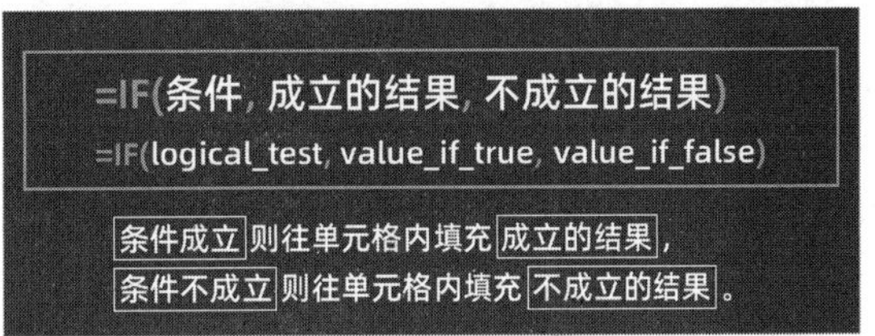

图 16-63

将公式应用到判断“奇偶数”的问题中，如图 16-64所示。

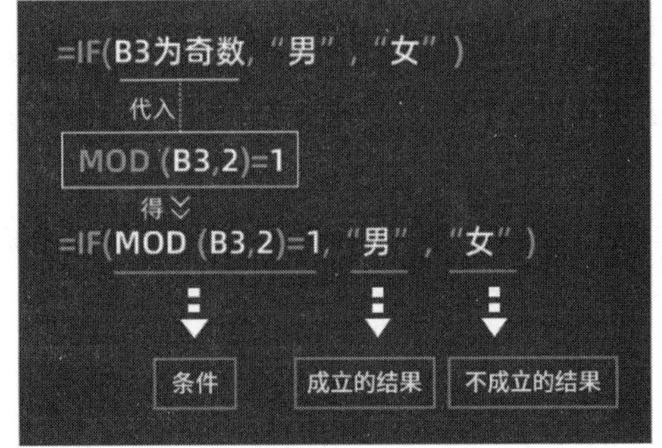

图 16-64

选中【C3】单元格→单击函数编辑区将其激活→输入公式“=IF(MOD(B3,2)=1,"男","女"”→按 <Enter> 键确认→双击鼠标将公式向下填充，如图 16-65 所示。

C3 =IF(MOD(B3,2)=1,"男","女")

	A	B	C	D
1	从身份证号码中取出：性别，查找对应的省份（籍贯）			
2	身份证号码	第17位	性别	前2位
3	500227199404280134	3	男	
4	420227199303150150	5	男	
5	540227199410120177	7	男	
6	610227198901170193	9	男	
7	630227199603060244	4	女	
8	450227199503010230	3	男	
9	110227199004140257	5	男	
10	350227198908230273	7	男	
11	41022719961003029X	9	男	
12	120227198802180417	1	男	
13	120227199401230433	3	男	
14	63022719870120045X	5	男	
15	340227199111170476	7	男	

图 16-65

还可以进一步将【B3】单元格中的公式嵌套到【C3】单元格，替换“B3”，如图 16-66 所示。

=IF(B3为奇数,“男”,“女”)
代入
MOD (B3,2)=1
得
=IF(MOD (B3,2)=1,“男”,“女”)
代入
MID (A3,17,1)
得
=IF(MOD (MID (A3,17,1),2)=1,“男”,“女”)

图 16-66

选中【B3】单元格→单击函数编辑区将其激活→复制函数(不要复制“=”)→选中【C3】单元格→单击函数编辑区将其激活→选中“B3”→按 <Ctrl+V> 键粘贴→按 <Enter> 键确认→双击鼠标将公式向下填充，如图 16-67 所示。

C3 =IF(MOD(MID(A3,17,1),2)=1,"男","女")

	A	B	C	D
1	从身份证号码中取出：性别，查找对应的省份（籍贯）			
2	身份证号码	第17位	性别	前2位
3	500227199404280134	3	男	
4	420227199303150150	5	男	
5	540227199410120177	7	男	
6	610227198901170193	9	男	
7	630227199603060244	4	女	
8	450227199503010230	3	男	
9	110227199004140257	5	男	
10	350227198908230273	7	男	
11	41022719961003029X	9	男	
12	120227198802180417	1	男	
13	120227199401230433	3	男	
14	63022719870120045X	5	男	
15	340227199111170476	7	男	

图 16-67

3. 提取身份证号码中的前两位

前面通过身份证号码已经探查出了人员性别，接下来继续探索出籍贯信息。

身份证号码的前两位代表了省份信息，所以先将前两位数字提取出来。

从【A3】单元格中的第 1 位开始提取，提取出 2 位，同样利用 MID 函数来完成，如图 16-68 所示。

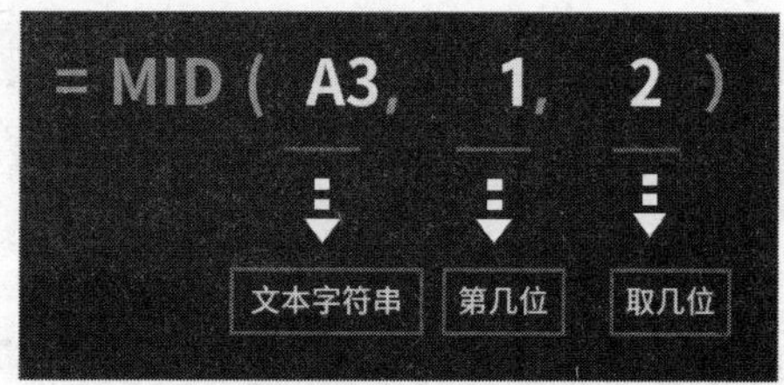

图 16-68

选中【D3】单元格→单击函数编辑区将其激活→输入公式“=MID(A3,1,2)”→按 <Enter> 键确认→双击鼠标将公式向下填充，如图 16-69 所示。

D3 =MID(A3,1,2)

	A	B	C	D
1	从身份证号码中取出：性别，查找对应的省份（籍贯）			
2	身份证号码	第17位	性别	前2位
3	500227199404280134	3	男	50
4	420227199303150150	5	男	42
5	540227199410120177	7	男	54
6	610227198901170193	9	男	61
7	630227199603060244	4	女	63
8	450227199503010230	3	男	45
9	110227199004140257	5	男	11
10	350227198908230273	7	男	35
11	41022719961003029X	9	男	41
12	120227198802180417	1	男	12
13	120227199401230433	3	男	12
14	63022719870120045X	5	男	63
15	340227199111170476	7	男	34

图 16-69

4. 利用 VLOOKUP 函数查找出身份证号码对应的省份

前面已经将身份证号码中的前两位提取出来了，这究竟有什么用处呢？

图 16-70 所示是身份证号码前两位代表的省份信息（“省份对照表”工作表），通过前两位数字可以查找出对应的籍贯信息。

	A	B
1	身份证前两位数字	省份
12	33	浙江省
13	34	安徽省
14	54	西藏自治区
15	61	陕西省
16	41	河南省
17	43	湖南省
18	42	湖北省
19	44	广东省
20	51	四川省
21	52	贵州省
22	53	云南省
23	45	广西壮族自治区
24	46	海南省
25	50	重庆市
26	35	福建省
27	36	江西省
28	37	山东省
29	62	甘肃省
30	63	青海省
31	64	宁夏回族自治区
32	65	新疆维吾尔自治区
33	71	台湾省
34	81	香港特别行政区
35	82	澳门特别行政区

图 16-70

接下来就利用 VLOOKUP 函数根据身份证号码前两位来查找对应的省份，如图 16-71 所示。

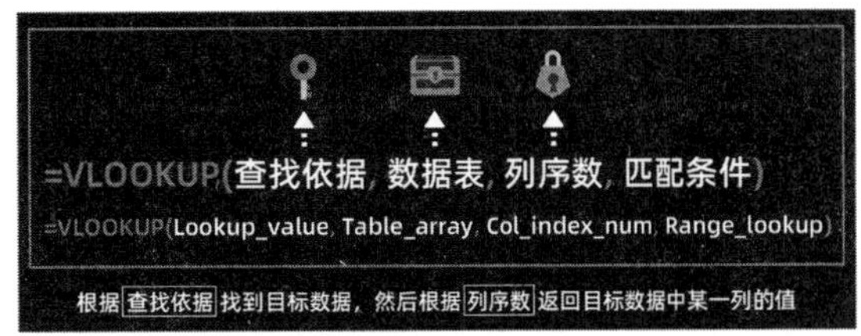
=VLOOKUP(查找依据, 数据表, 列序数, 匹配条件)
=VLOOKUP(Lookup_value, Table_array, Col_index_num, Range_lookup)
根据查找依据找到目标数据，然后根据列序数返回目标数据中某一列的值

图 16-71

选中【E3】单元格→单击函数编辑区将其激活→输入公式“=VLOOKUP(D3, 省份对照表 !A:B,2,0)”→按 <Enter> 键确认→双击鼠标将公式向下填充，如图 16-72 所示。

E3 =VLOOKUP(D3,省份对照表!A:B,2,0)

	A	B	C	D	E
1	从身份证号码中取出：性别，查找对应的省份（籍贯）				
2	身份证号码	第17位	性别	前2位	省份
3	500227199404280134	3	男	50	#N/A
4	420227199303150150	5	男	42	#N/A
5	540227199410120177	7	男	54	#N/A
6	610227198901170193	9	男	61	#N/A
7	630227199603060244	4	女	63	#N/A
8	450227199503010230	3	男	45	#N/A
9	110227199004140257	5	男	11	#N/A
10	350227198908230273	7	男	35	#N/A
11	41022719961003029X	9	男	41	#N/A
12	120227198802180417	1	男	12	#N/A
13	120227199401230433	3	男	12	#N/A
14	63022719870120045X	5	男	63	#N/A
15	340227199111170476	7	男	34	#N/A

图 16-72

温馨提示

Excel 2010 以下版本不支持跨表查询。

如图 16-72 所示，查找出的结果是错误的数据，这是因为 MID 是文本函数，输出的结果是文本，而“省份对照表”工作表中的号码是数字。所以，需要将 MID 函数提取出的号码转化为数字。

文本转数字可以通过在函数后面乘“1”来实现。

选中【D3】单元格→单击函数编辑区将其激活→输入公式“=MID(A3,1,2)*1”→按 <Enter>

键确认→双击鼠标将公式向下填充。转化完成后，【E】列 VLOOKUP 函数查找的结果也就显示出来了，如图 16-73 所示。

D3　=MID(A3,1,2)*1

从身份证号码中取出：性别，查找对应的省份（籍贯）

身份证号码	第17位	性别	前2位	省份
500227199404280134	3	男	50	重庆市
420227199303150150	5	男	42	湖北省
540227199410120177	7	男	54	西藏自治区
610227198901170193	9	男	61	陕西省
630227199603060244	4	女	63	青海省
450227199503010230	3	男	45	广西壮族自治区
110227199004140257	5	男	11	北京市
350227198908230273	7	男	35	福建省
41022719961003029X	9	男	41	河南省
120227198802180417	1	男	12	天津市
120227199401230433	3	男	12	天津市
63022719870120045X	5	男	63	青海省
340227199111170476	7	男	34	安徽省

图 16-73

16.5 秒懂邮件合并

当遇到如“面试通知”这类批量打印的工作时，需要批量打印的 Word 模板（如面试通知书、邀请函、证书、奖状、快递单等）格式一般都是固定不变的，只有少部分信息是变化的（如姓名、收件人地址等）。如果将变动的信息一个个手动从清单中复制粘贴到模板里，不仅费时费力，而且容易出错。本节就一起来启用“自动挡”，利用 Excel 和 Word 联合办公中的“邮件合并”工具来批量制作邀请函，如图 16-74 所示。

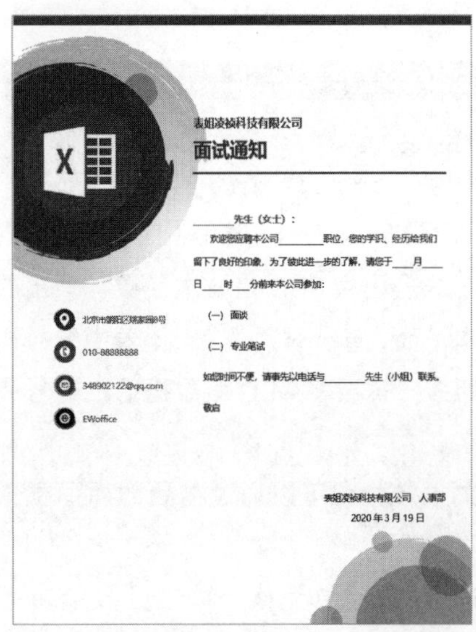

表姐凌祯科技有限公司
面试通知

______先生（女士）：
欢迎您应聘本公司________职位，您的学识、经历给我们留下了良好的印象，为了彼此进一步的了解，请您于____月____日____时____分前来本公司参加：
（一）面谈
（二）专业笔试
如您时间不便，请事先以电话与________先生（小姐）联系。
敬启

北京市朝阳区珠家园8号
010-88888888
348902122@qq.com
EWoffice

表姐凌祯科技有限公司　人事部
2020 年 3 月 19 日

图 16-74

邮件合并就是将变动信息逐条插入 Word 模板的指定位置，从而完成批量制作。使用“邮件合并”工具之前需要准备 2 个文件，如图 16-75 所示。

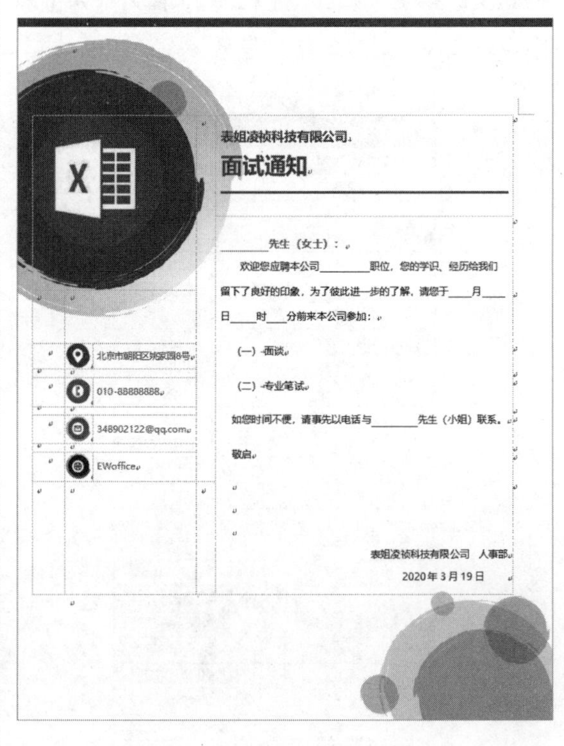

表姐凌祯科技有限公司
面试通知

______先生（女士）：
欢迎您应聘本公司________职位，您的学识、经历给我们留下了良好的印象，为了彼此进一步的了解，请您于____月____日____时____分前来本公司参加：
（一）面谈
（二）专业笔试
如您时间不便，请事先以电话与________先生（小姐）联系。
敬启

北京市朝阳区珠家园8号
010-88888888
348902122@qq.com
EWoffice

表姐凌祯科技有限公司　人事部
2020 年 3 月 19 日

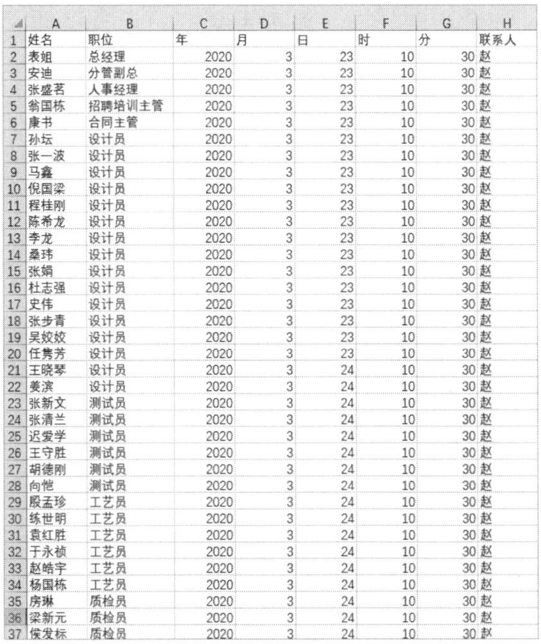

	A	B	C	D	E	F	G	H
1	姓名	职位	年	月	日	时	分	联系人
2	表姐	总经理	2020	3	23	10	30	赵
3	安迪	分管副总	2020	3	23	10	30	赵
4	张盛茗	人事经理	2020	3	23	10	30	赵
5	翁国栋	招聘培训主管	2020	3	23	10	30	赵
6	康书	合同主管	2020	3	23	10	30	赵
7	孙坛	设计员	2020	3	23	10	30	赵
8	张一波	设计员	2020	3	23	10	30	赵
9	马鑫	设计员	2020	3	23	10	30	赵
10	倪国梁	设计员	2020	3	23	10	30	赵
11	程桂刚	设计员	2020	3	23	10	30	赵
12	陈希龙	设计员	2020	3	23	10	30	赵
13	李龙	设计员	2020	3	23	10	30	赵
14	桑玮	设计员	2020	3	23	10	30	赵
15	张娟	设计员	2020	3	23	10	30	赵
16	杜志强	设计员	2020	3	23	10	30	赵
17	史伟	设计员	2020	3	23	10	30	赵
18	张步青	设计员	2020	3	23	10	30	赵
19	吴姣姣	设计员	2020	3	23	10	30	赵
20	任隽芳	设计员	2020	3	23	10	30	赵
21	王晓琴	设计员	2020	3	24	10	30	赵
22	姜滨	设计员	2020	3	24	10	30	赵
23	张新文	测试员	2020	3	24	10	30	赵
24	张清兰	测试员	2020	3	24	10	30	赵
25	迟爱学	测试员	2020	3	24	10	30	赵
26	王守胜	测试员	2020	3	24	10	30	赵
27	胡德刚	测试员	2020	3	24	10	30	赵
28	向恺	测试员	2020	3	24	10	30	赵
29	殷孟珍	工艺员	2020	3	24	10	30	赵
30	练世明	工艺员	2020	3	24	10	30	赵
31	袁红胜	工艺员	2020	3	24	10	30	赵
32	于永祯	工艺员	2020	3	24	10	30	赵
33	赵皓宇	工艺员	2020	3	24	10	30	赵
34	杨国栋	工艺员	2020	3	24	10	30	赵
35	房琳	质检员	2020	3	24	10	30	赵
36	梁新元	质检员	2020	3	24	10	30	赵
37	侯发标	质检员	2020	3	24	10	30	赵

图 16-75

具体操作步骤如图 16-76 所示。

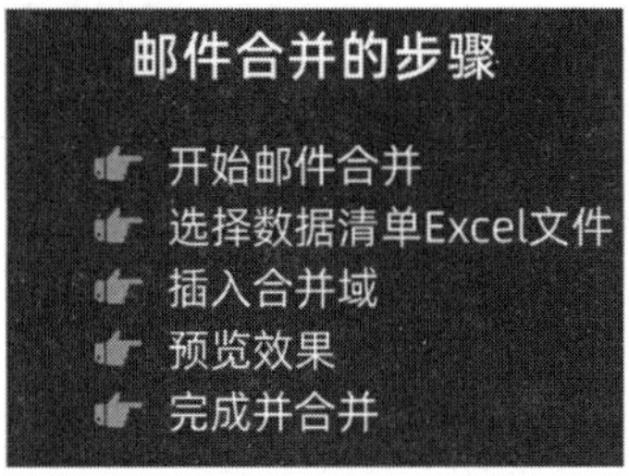

邮件合并的步骤

- 开始邮件合并
- 选择数据清单Excel文件
- 插入合并域
- 预览效果
- 完成并合并

图 16-76

1. 开始邮件合并

打开“素材文件/16-文本函数/16-文本函数-身份证的秘密-邮件合并模板.docx”源文件。

打开 Word 模板文件后，选择【邮件】选项卡→单击【开始邮件合并】按钮→选择【普通 Word 文档】选项，如图 16-77 所示。

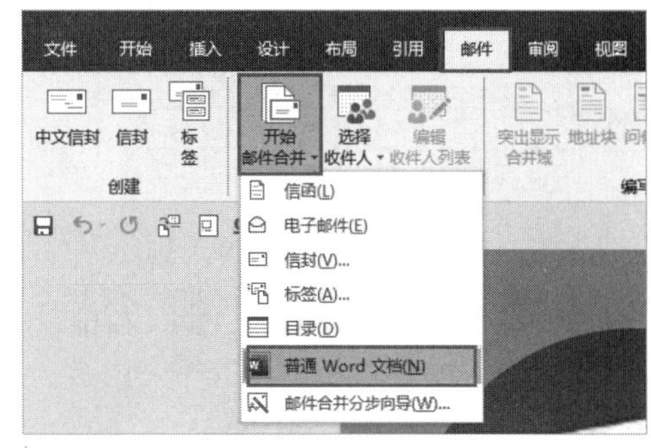

图 16-77

2. 选择数据清单 Excel 文件

选择【邮件】选项卡→单击【选择收件人】按钮→选择【使用现有列表】选项，如图 16-78 所示。

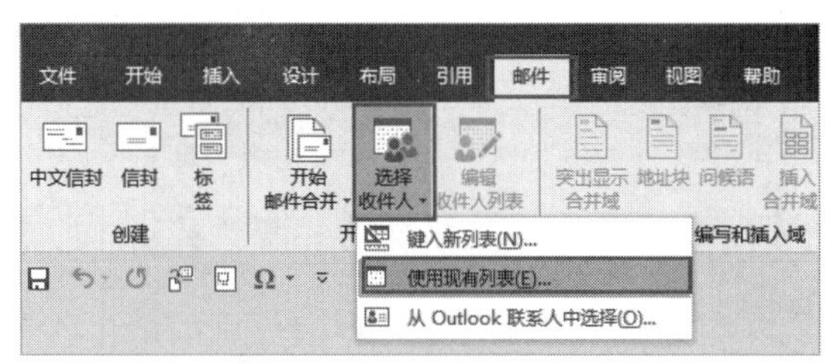

图 16-78

在弹出的【选择数据源】对话框中选择提前准备好的 Excel 文档→单击【打开】按钮，如图 16-79 所示。

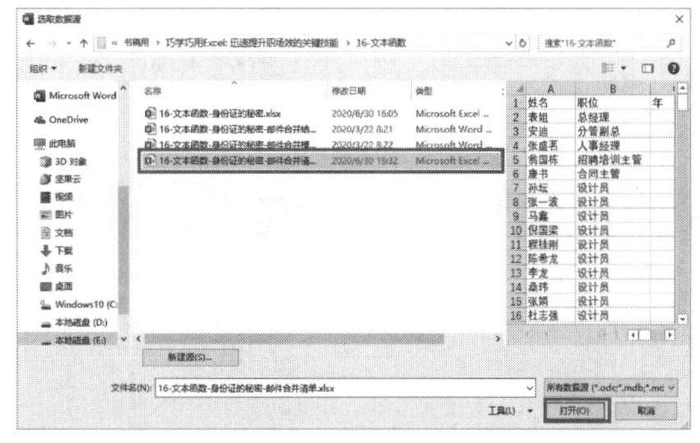

图 16-79

如果 Excel 表格中有多个工作表，注意清单所在的 Sheet 表名称。这里选中【Sheet1】工作表→单击【确定】按钮，如图 16-80 所示。

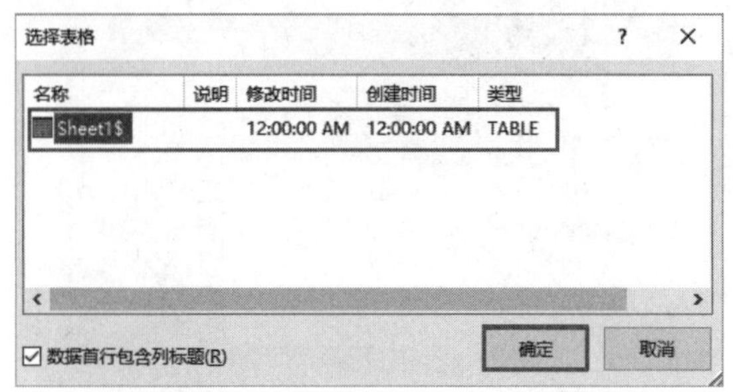

图 16-80

3. 插入合并域

模板中下划线空白位置就是需要替换为 Excel 清单中变动信息的位置。

首先单击“______ 先生(女士)”中下划线空白处→选择【邮件】选项卡→单击【插入合并域】按钮→选择【姓名】选项，如图 16-81 所示。

图 16-81

插入完成后，原本下划线空白处变成了“« 姓名 »”（Word 域插入后的状态）。

同理，继续将所有下划线空白位置都通过插入合并域替换成 Excel 清单中对应的字段名，如图 16-82 所示。

图 16-82

4. 预览效果

插入合并域后，单击【预览效果】按钮，如图 16-83 所示，邀请函中原本的 Word 域块就都变成了 Excel 清单中的具体信息。

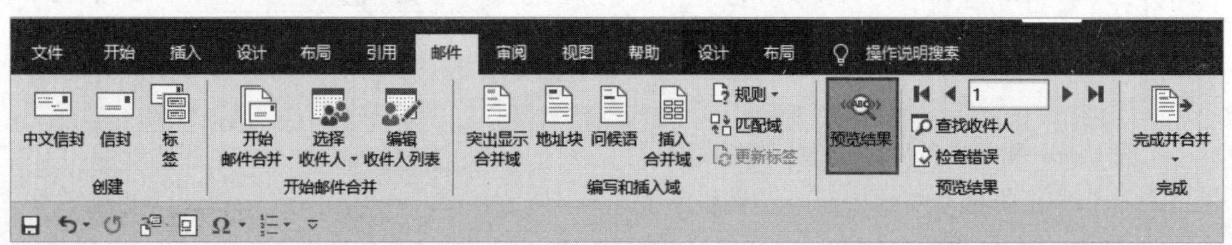

图 16-83

单击【预览结果】按钮右侧的左右小箭头，可以查看不同序号记录的对应内容，如图 16-84 所示。

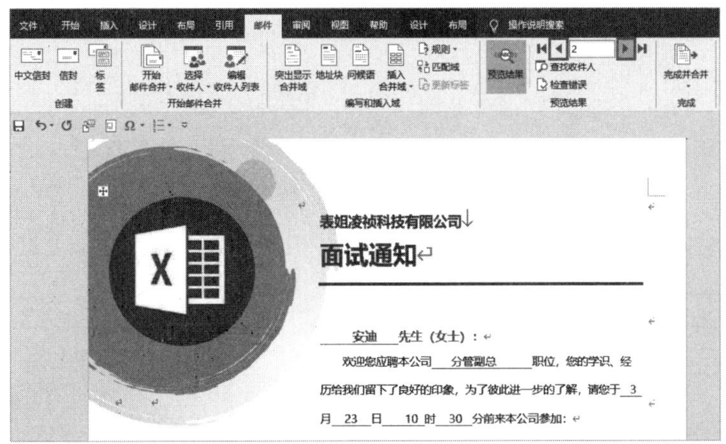

图 16-84

5. 完成并合并

选择【邮件】选项卡→单击【完成并合并】按钮→选择【编辑单个文档】选项，如图 16-85 所示。

图 16-85

在弹出的【合并到新文档】对话框中选中【全部】单选按钮，即将全部的人员信息都生成为 Word 模板效果→单击【确定】按钮，如图 16-86 所示。

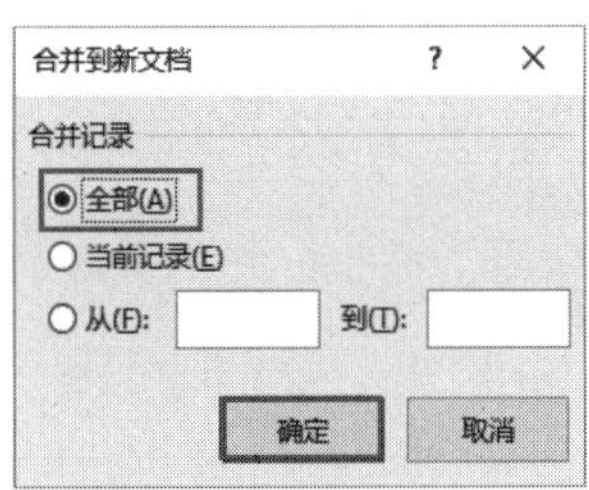

图 16-86

Word 自动生成了一个“信函 1”文件，并且已经根据 Excel 清单中的信息，按照姓名为每人生成了一张独立的邀请函，如图 16-87 所示。

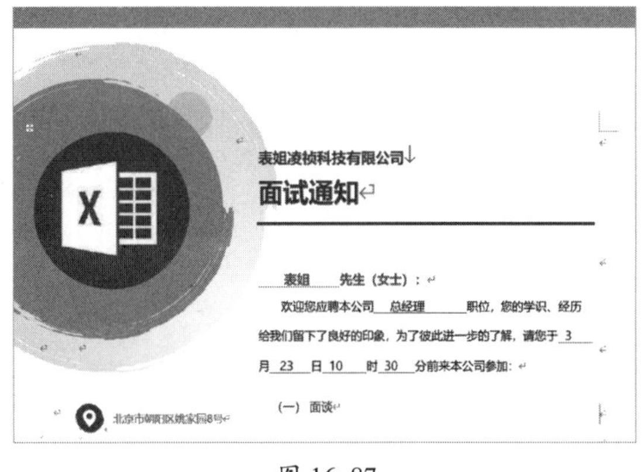

图 16-87

如图 16-88 所示，接下来按 <Ctrl+P> 键，直接打印即可。

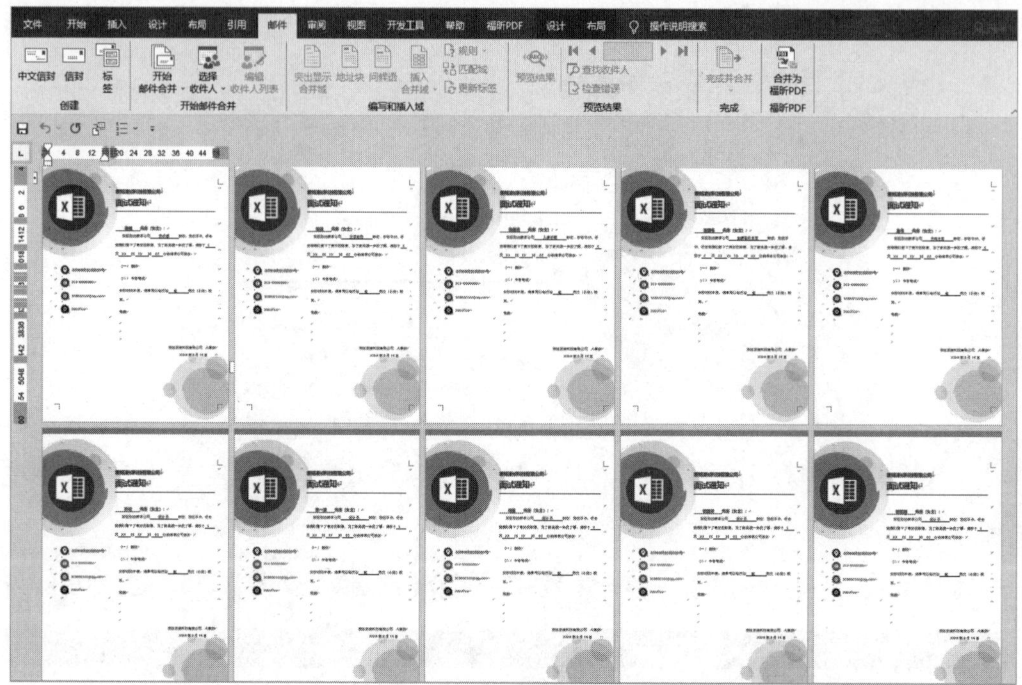

图 16-88

虽然打印、保护这些都只是工作中的小事，但只要将这些做好，懂得与人方便，就能够撕掉做事不仔细的小标签。

第17关 日期函数

本关背景

通过前面几关的介绍，相信你的函数知识已经迈入了一个新的台阶。本关继续介绍日期函数，让数据成为一个随时可以提醒你的小闹钟。

工作中每天都要查看各个项目的推行情况，有没有一种方法能够让 Excel 实现每天自动提醒呢？可以将日期函数和条件格式综合利用，做个能智能监控项目进度的时光机。

（1）日期函数，帮助计算日期的信息。

（2）条件格式，根据执行情况去做报警。

17.1 基础日期函数

开始制作自动提醒之前，先来认识几个基础的日期类函数。打开“素材文件 /17- 日期函数 /17- 日期函数 - 项目跟踪管理表 .xlsx”源文件 / “基本日期函数”工作表。

1. TODAY 函数

TODAY 函数可以自动计算计算机系统当前显示的日期，无论何时打开文件，日期都会自动更新。例如，选中【B1】单元格→输入公式“=TODAY()”，如图 17-1 所示→按 <Enter> 键确认。

图 17-1

如图 17-2 所示，已经显示出系统当前的日期了。

图 17-2

2. NOW 函数

NOW 函数不仅可以自动计算计算机系统当前显示的日期和具体时间，并且当按 <F9> 键时，这个时间还会自动刷新。

例如，选中【B2】单元格→输入公式“=NOW()”，如图 17-3 所示→按 <Enter> 键确认。

	A	B
1	今天日期 (TODAY)	2022/2/18
2	现在时间 (NOW)	=NOW()
3	年(YEAR)	
4	月(MONTH)	
5	日(DAY)	
6	组合日期 (DATE)	
7	本月最后1天	

图 17-3

如图 17-4 所示，已经显示出系统当前的日期和时间了。

	A	B
1	今天日期 (TODAY)	2022/2/18
2	现在时间 (NOW)	2022/2/18 16:20:57
3	年(YEAR)	
4	月(MONTH)	
5	日(DAY)	
6	组合日期 (DATE)	
7	本月最后1天	

图 17-4

3. YEAR 函数

YEAR 函数可以自动计算某一个日期的年份。例如，选中【B3】单元格→输入公式“=YEAR(B1)”，如图 17-5 所示→按 <Enter> 键确认。

	A	B
1	今天日期 (TODAY)	2022/2/18
2	现在时间 (NOW)	2022/2/18 16:20:57
3	年(YEAR)	=YEAR(B1)
4	月(MONTH)	
5	日(DAY)	
6	组合日期 (DATE)	
7	本月最后1天	

图 17-5

如图 17-6 所示，已经显示出系统当前的年份了。

	A	B
1	今天日期 (TODAY)	2022/2/18
2	现在时间 (NOW)	2022/2/18 16:23:15
3	年(YEAR)	2022
4	月(MONTH)	
5	日(DAY)	
6	组合日期 (DATE)	
7	本月最后1天	

图 17-6

4. MONTH 函数

MONTH 函数可以自动计算某一个日期的月份。例如，选中【B4】单元格→输入公式“=MONTH(B1)”，如图 17-7 所示→ <Enter> 键确认。

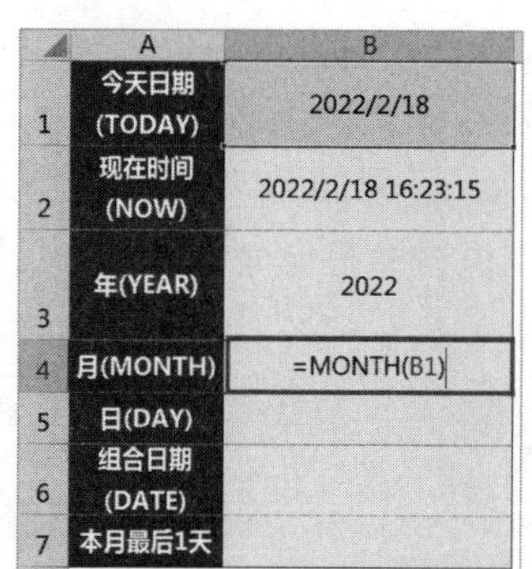

	A	B
1	今天日期 (TODAY)	2022/2/18
2	现在时间 (NOW)	2022/2/18 16:23:15
3	年(YEAR)	2022
4	月(MONTH)	=MONTH(B1)
5	日(DAY)	
6	组合日期 (DATE)	
7	本月最后1天	

图 17-7

如图 17-8 所示，已经显示出系统当前的月份了。

	A	B
1	今天日期 (TODAY)	2022/2/18
2	现在时间 (NOW)	2022/2/18 16:25:06
3	年(YEAR)	2022
4	月(MONTH)	2
5	日(DAY)	
6	组合日期 (DATE)	
7	本月最后1天	

图 17-8

5. DAY 函数

DAY 函数可以自动计算某一个日期在当月所处的具体天数。例如，选中【B5】单元格→输入公式“=DAY(B1)”，如图 17-9 所示→按 <Enter> 键确认。

	A	B
1	今天日期 (TODAY)	2022/2/18
2	现在时间 (NOW)	2022/2/18 16:25:06
3	年(YEAR)	2022
4	月(MONTH)	2
5	日(DAY)	=DAY(B1)
6	组合日期 (DATE)	
7	本月最后1天	

图 17-9

如图 17-10 所示，已经显示出系统当前日期所处的天数了。

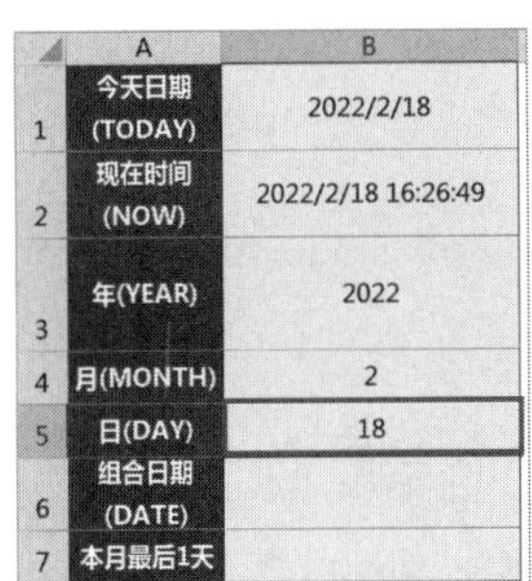

	A	B
1	今天日期 (TODAY)	2022/2/18
2	现在时间 (NOW)	2022/2/18 16:26:49
3	年(YEAR)	2022
4	月(MONTH)	2
5	日(DAY)	18
6	组合日期 (DATE)	
7	本月最后1天	

图 17-10

6. DATE 函数

DATE 函数可以将年月日组合为一个完整的真日期，如图 17-11 所示。

图 17-11

例如，选中【B6】单元格→输入公式“=DATE(B3,B4,B5)”，如图 17-12 所示→按 <Enter> 键确认。

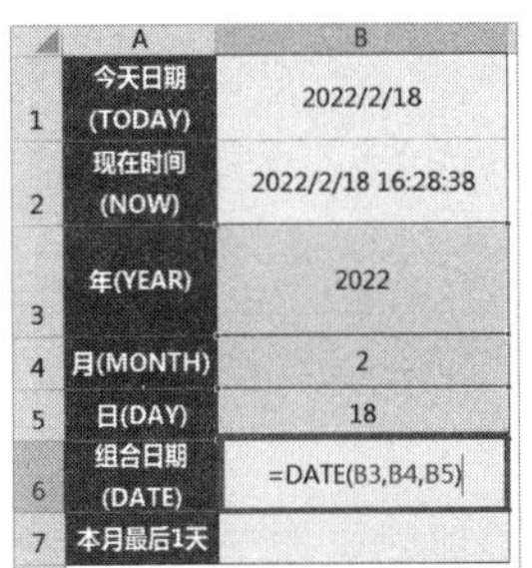

	A	B
1	今天日期 (TODAY)	2022/2/18
2	现在时间 (NOW)	2022/2/18 16:28:38
3	年(YEAR)	2022
4	月(MONTH)	2
5	日(DAY)	18
6	组合日期 (DATE)	=DATE(B3,B4,B5)
7	本月最后1天	

图 17-12

如图 17-13 所示，已经显示出系统当前完整的日期了。

	A	B
1	今天日期 (TODAY)	2022/2/18
2	现在时间 (NOW)	2022/2/18 16:29:47
3	年(YEAR)	2022
4	月(MONTH)	2
5	日(DAY)	18
6	组合日期 (DATE)	2022/2/18
7	本月最后1天	

图 17-13

至此，已经完成了 6 种基础函数的介绍，下面想要计算某个月份最后一天是几号。由于每个月份的最后一天是不确定的，那么该如何实现呢？这里提供给大家一个小技巧，利用 DATE 函数计算某月的最后一天。

想要计算本月的最后一天，可以利用下月的第 0 天来完成计算。例如，选中【B7】单元格→输入公式“=DATE(B3,B4+1,0)”，如图 17-14 所示→按 <Enter> 键确认。

	A	B
1	今天日期 (TODAY)	2022/2/18
2	现在时间 (NOW)	2022/2/18 16:31:51
3	年(YEAR)	2022
4	月(MONTH)	2
5	日(DAY)	18
6	组合日期 (DATE)	2022/2/18
7	本月最后1天	=DATE(B3,B4+1,0)

图 17-14

温馨提示

下个月的第 0 天，等于本月的最后一天。

如图 17-15 所示，已经显示出本月最后一天的日期了。

	A	B
1	今天日期(TODAY)	2022/2/18
2	现在时间(NOW)	2022/2/18 16:33:17
3	年(YEAR)	2022
4	月(MONTH)	2
5	日(DAY)	18
6	组合日期(DATE)	2022/2/18
7	本月最后1天	2022/2/28

图 17-15

如果修改【B4】单元格的月份，则【B7】单元格中本月的最后一天也会随着变化，如图 17-16 所示。

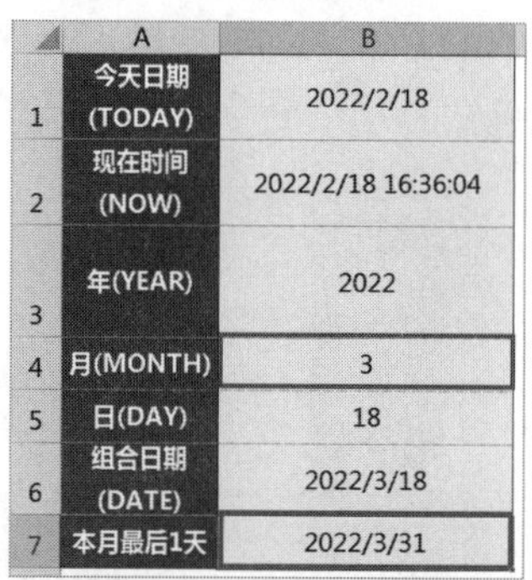

	A	B
1	今天日期(TODAY)	2022/2/18
2	现在时间(NOW)	2022/2/18 16:36:04
3	年(YEAR)	2022
4	月(MONTH)	3
5	日(DAY)	18
6	组合日期(DATE)	2022/3/18
7	本月最后1天	2022/3/31

图 17-16

17.2 DATEDIF 函数的应用

在日常工作中，经常会计算两个日期之间相隔的年数、月数和天数，这些都可以利用 DATEDIF 函数来实现，如图 17-17 所示。

=DATEDIF（开始日期，结束日期，计算类型）
=DATEDIF(start_date，end_date，unit)
计算两个日期之间相隔的年数（Y）、月数（M）、天数（M）。

图 17-17

1. 计算两个日期之间相隔的年数

人力资源工作者常常要计算员工的年龄、工龄等两个日期之间相隔的年数，可以利用 DATEDIF 函数来实现。

选中【G4】单元格→输入公式“=DATEDIF(G1,G2,"Y")”，如图 17-18 所示→按 <Enter> 键确认。

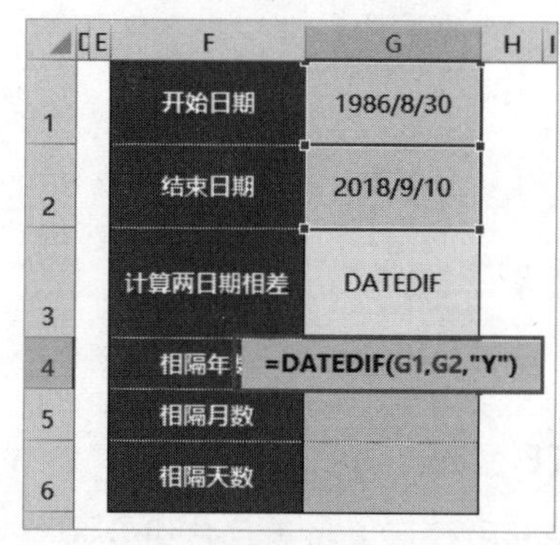

图 17-18

温馨提示

计算类型 Y、M、D 两端要加英文状态下的双引号。

如图 17-19 所示，已经显示出相隔年数了。

	F	G
1	开始日期	1986/8/30
2	结束日期	2018/9/10
3	计算两日期相差	DATEDIF
4	相隔年数	32
5	相隔月数	
6	相隔天数	

图 17-19

2. 计算两个日期之间相隔的月数

同理，可以计算两个日期之间相隔的月数。选中【G5】单元格→输入公式“=DATEDIF(G1,G2,"M")”，如图 17-20 所示→按 <Enter> 键确认。

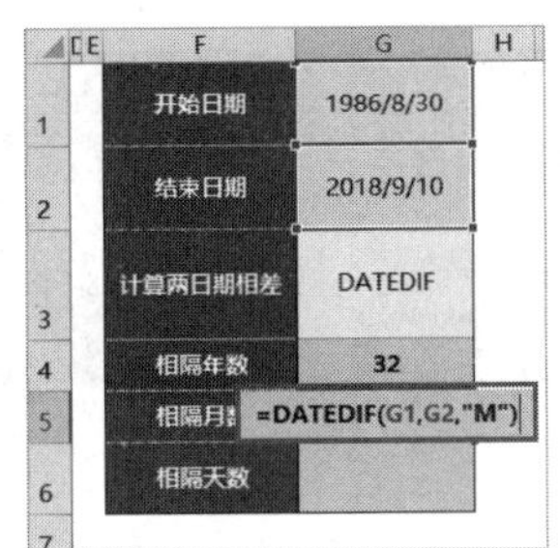

	F	G
1	开始日期	1986/8/30
2	结束日期	2018/9/10
3	计算两日期相差	DATEDIF
4	相隔年数	32
5	相隔月	=DATEDIF(G1,G2,"M")
6	相隔天数	

图 17-20

如图 17-21 所示，已经显示出相隔月数了。

	F	G
1	开始日期	1986/8/30
2	结束日期	2018/9/10
3	计算两日期相差	DATEDIF
4	相隔年数	32
5	相隔月数	384
6	相隔天数	

图 17-21

3. 计算两个日期之间相隔的天数

接下来继续计算两个日期之间相隔的天数。选中【G6】单元格→输入公式“=DATEDIF(G1,G2,"D")”，如图 17-22 所示→按 <Enter> 键确认。

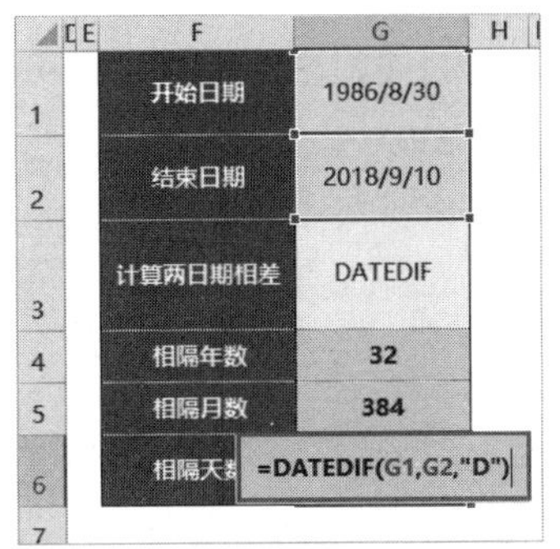

	F	G
1	开始日期	1986/8/30
2	结束日期	2018/9/10
3	计算两日期相差	DATEDIF
4	相隔年数	32
5	相隔月数	384
6	相隔天数	=DATEDIF(G1,G2,"D")

图 17-22

如图 17-23 所示，已经显示出相隔天数了。

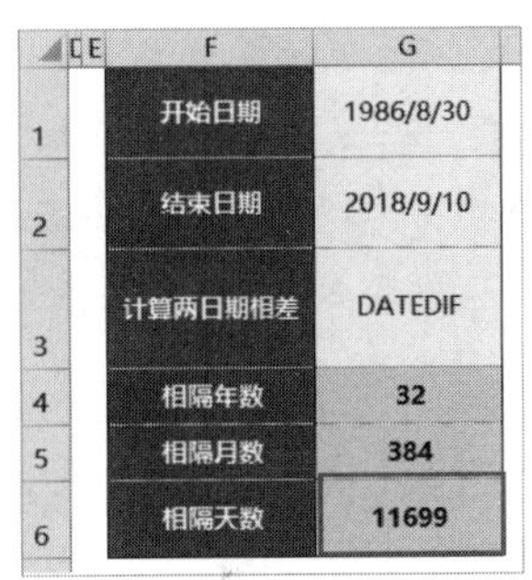

	F	G
1	开始日期	1986/8/30
2	结束日期	2018/9/10
3	计算两日期相差	DATEDIF
4	相隔年数	32
5	相隔月数	384
6	相隔天数	11699

图 17-23

17.3 NETWORKDAYS 函数

了解了基础日期函数的知识后，就开始利用它来制作“项目时间进度表”工作表吧！

1. 显示今天的日期：TODAY 函数

通过第 4 关“基础制表”的介绍，相信你已经可以绘制出“项目时间进度表”工作表中的图表了。绘制完成后，先将项目的基本情况填入表中，然后再开始利用公式进行自动计算。

选中【E1】单元格→输入公式“=TODAY()”，如图 17-24 所示→按 <Enter> 键确认。

	A	B	C	D	E	F
1	XXXX项目时间进度表				=TODAY()	
2	项目阶段	责任人	开始日期	结束日期	实际工作天数	工作日
3	项目计划	表姐	2020/4/29	2020/5/2		
4	方案确认	凌祯	2020/4/30	2020/5/2		
5	系统建设	凌祯	2020/5/3	2020/5/7		
6	项目上线	表姐	2020/5/7	2020/5/8		

图 17-24

如图 17-25 所示，输入完成后，可能由于【E】列的列宽过窄，导致日期显示为 ######。这样的问题可以通过调整列宽来解决。将光标放在列宽边缘，当光标变为十字句柄时双击鼠标，Excel 会自动调整列宽到合适的位置（或通过拖曳鼠标拉大列宽，手动调整到合适的位置）。

	A	B	C	D	E	F
1	XXXX项目时间进度表			今天日期:	######	
2	项目阶段	责任人	开始日期	结束日期	实际工作天数	工作日
3	项目计划	表姐	2020/4/29	2020/5/2		
4	方案确认	凌祯	2020/4/30	2020/5/2		
5	系统建设	凌祯	2020/5/3	2020/5/7		
6	项目上线	表姐	2020/5/7	2020/5/8		

图 17-25

温馨提示

列宽过窄，会导致日期显示为 ######。

此外，为避免做日期判断时超出素材中包含的日期范围，对后面的操作造成不便，请大家手动修改【E1】单元格中的日期为 2020/5/2，如图 17-26 所示。

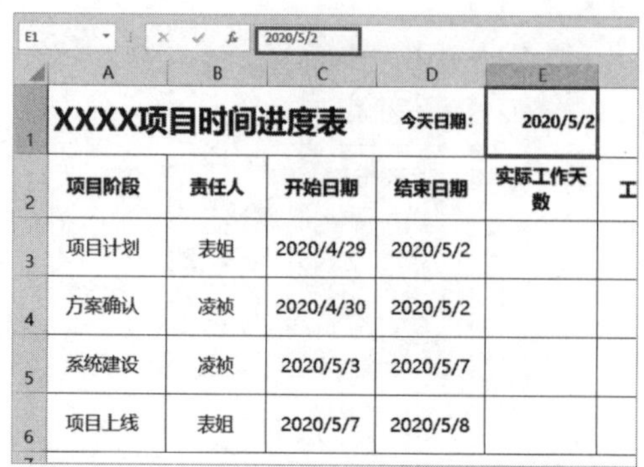

E1 fx 2020/5/2

	A	B	C	D	E
1	XXXX项目时间进度表			今天日期:	2020/5/2
2	项目阶段	责任人	开始日期	结束日期	实际工作天数
3	项目计划	表姐	2020/4/29	2020/5/2	
4	方案确认	凌祯	2020/4/30	2020/5/2	
5	系统建设	凌祯	2020/5/3	2020/5/7	
6	项目上线	表姐	2020/5/7	2020/5/8	

图 17-26

2. 计算实际工作天数：DATEDIF 函数

接下来利用 DATEDIF 函数计算开始日期和结束日期之间相隔的天数，如图 17-27 所示。

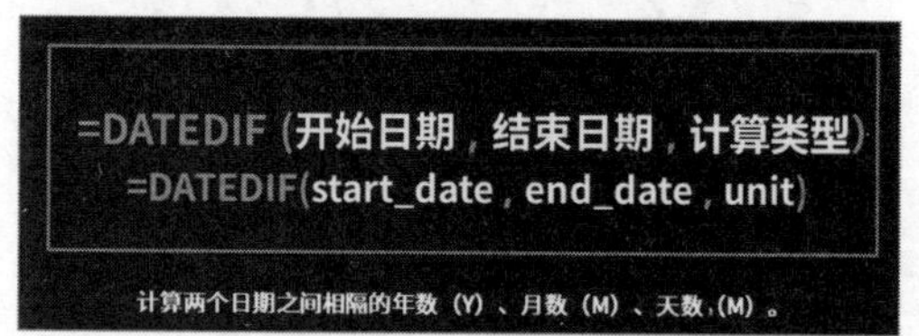

=DATEDIF（开始日期，结束日期，计算类型）
=DATEDIF(start_date，end_date，unit)
计算两个日期之间相隔的年数（Y）、月数（M）、天数（M）。

图 17-27

将公式应用到案例中，如图 17-28 所示。

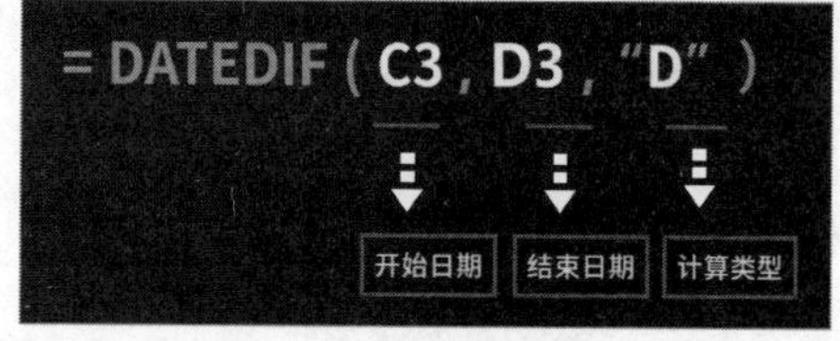

图 17-28

因为 DATEDIF 函数计算的是相隔天数，而实际工作天数要比相隔天数多一天，所以在计算的结果天数后面 +1。

选中【E3】单元格→输入公式“=DATEDIF(C3,D3,"D")+1”，如图 17-29 所示→按 <Enter> 键确认。

	A	B	C	D	E	F
1	XXXX项目时间进度表		今天日期:	2020/5/2		
2	项目阶段	责任人	开始日期	结束日期	实际工作天数	工作日
3	项目计划	表姐	2020/4/29	2020/5/2	,D3,"D")+1	
4	方案确认	凌祯	2020/4/30	2020/5/2		
5	系统建设	凌祯	2020/5/3	2020/5/7		
6	项目上线	表姐	2020/5/7	2020/5/8		

图 17-29

计算完成后，【E3】单元格中并没有显示出天数，这是由于该单元格的格式为“日期”。只需将【E3】单元格计算的结果从“日期”格式修改为“常规”即可。

选择【开始】选项卡→单击【数字格式】按钮→选择【常规】选项，如图 17-30 所示。

	A	B	C	D	E
1	XXXX项目时间进度表		今天日期:	2020/5/2	
2	项目阶段	责任人	开始日期	结束日期	实际工作天数
3	项目计划	表姐	2020/4/29	2020/5/2	1900/1/4

图 17-30

将光标放在【E3】单元格右下角，双击鼠标将公式向下填充，如图 17-31 所示，就可以得到所有项目对应的实际工作天数了。

	A	B	C	D	E	F
1	XXXX项目时间进度表		今天日期:	2020/5/2		
2	项目阶段	责任人	开始日期	结束日期	实际工作天数	工作日
3	项目计划	表姐	2020/4/29	2020/5/2	4	
4	方案确认	凌祯	2020/4/30	2020/5/2	3	
5	系统建设	凌祯	2020/5/3	2020/5/7	5	
6	项目上线	表姐	2020/5/7	2020/5/8	2	

图 17-31

3. 计算工作日：NETWORKDAYS 函数

在工作中，可能还要计算具体的工作日，即不包含休息日，如周六、周日等指定假期的净工作日天数。

净工作日天数的计算用到的是 NETWORKDAYS 函数，这个函数很好记忆：NET 净、WORK 工作、DAYS 日，如图 17-32 所示。

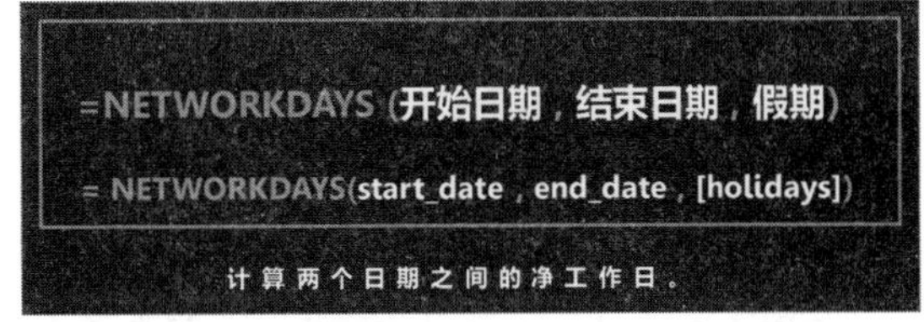

图 17-32

先来看一个最简单的例子。在“基本日期函数”工作表中，选中待计算净工作日数量的【K3】单元格→输入公式“=NETWORKDAYS(K1,K2)”，如图 17-33 所示→按 <Enter> 键确认。

	J	K
1	开始日期	2018/9/3
2	结束日期	2018/9/9
3	净工作日 数量	=NETWORKDAYS(K1,K2)

图 17-33

如图 17-34 所示，已经显示出两个日期之间的净工作日天数了。

	J	K
1	开始日期	2018/9/3
2	结束日期	2018/9/9
3	净工作日 数量	5

图 17-34

再来看看如果添加了自定义假日，会是

什么结果。建立一个自定义的假日列表，在【O4:O7】单元格区域中手动录入假日日期，如图 17-35 所示。

	N	O
1	开始日期	2020/5/11
2	结束日期	2020/5/30
3	净工作日 数量	
4	自定义假日	2020/5/13
5		2020/5/15
6		
7		

图 17-35

继续计算具有自定义假日的净工作日天数。选中【O3】单元格→输入公式“=NETWORKDAYS(O1,O2,O4:O7)”→按 <Enter> 键确认，如图 17-36 所示。

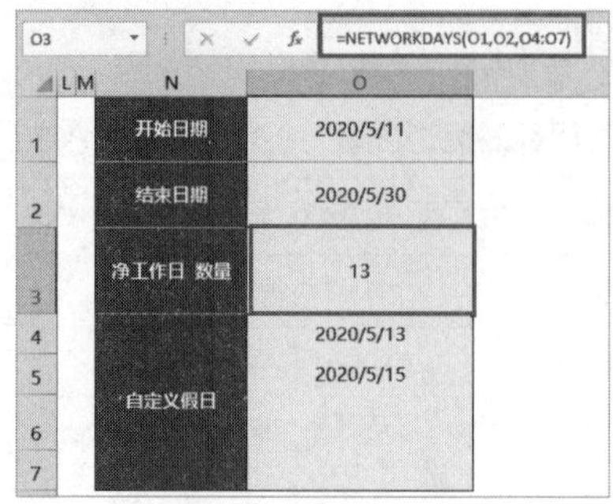

O3 =NETWORKDAYS(O1,O2,O4:O7)

	N	O
1	开始日期	2020/5/11
2	结束日期	2020/5/30
3	净工作日 数量	13
4	自定义假日	2020/5/13
5		2020/5/15
6		
7		

图 17-36

接下来回到“项目时间进度表”工作表中计算工作日，同样利用 NETWORKDAYS 函数。

选中【F3】单元格→输入公式“=NETWORKDAYS(C3,D3)”→按 <Enter> 键确认→双击鼠标将公式向下填充，如图 17-37 所示。

F3 =NETWORKDAYS(C3,D3)

	A	B	C	D	E	F	G
1	XXXX项目时间进度表		今天日期:	2020/5/2			
2	项目阶段	责任人	开始日期	结束日期	实际工作天数	工作日	4/29
3	项目计划	表姐	2020/4/29	2020/5/2	4	3	
4	方案确认	凌祯	2020/4/30	2020/5/2	3	2	
5	系统建设	凌祯	2020/5/3	2020/5/7	5	4	
6	项目上线	表姐	2020/5/7	2020/5/8	2	2	

图 17-37

17.4 项目进度管理：条件格式与函数的结合

如图 17-38 所示，在【G3:P6】单元格区域中，想要根据日期将对应的单元格通过颜色标识的方法自动显示进度情况。

例如，想要【G3】单元格根据两个条件来显示出不同的结果。

	A	B	C	D	E	F	G	H	I	J	K	L	M	N	O	P
1	XXXX项目时间进度表		今天日期:	2020/5/2												
2	项目阶段	责任人	开始日期	结束日期	实际工作天数	工作日	4/29	4/30	5/1	5/2	5/3	5/4	5/5	5/6	5/7	5/8
3	项目计划	表姐	2020/4/29	2020/5/2	4	3										
4	方案确认	凌祯	2020/4/30	2020/5/2	3	2										
5	系统建设	凌祯	2020/5/3	2020/5/7	5	4										
6	项目上线	表姐	2020/5/7	2020/5/8	2	2										

图 17-38

1. 需求分析

（1）G2 是否 >=C3；（2）G2 是否 <=D3。

如果同时满足以上这两个条件，则显示填充颜色；否则，显示空白。

2. 选择函数类型

因为需求中涉及“如果”和“同时满足”字眼，所以使用 IF 函数和 AND 函数进行嵌套。

3. 写函数

首先将需要填充颜色的单元格显示为“1”，其他单元格显示为空白，设置完成后，再批量修改颜色，如图 17-39 所示。

图 17-39

选中【G3】单元格→单击函数编辑区将其激活→输入公式“=IF(AND(G2>=C3,G2<=D3),1,"")”→按 <Enter> 键确认，如图 17-40 所示。

G3 =IF(AND(G2>=C3,G2<=D3),1,"")

	A	B	C	D	E	F	G	H
1	XXXX项目时间进度表		今天日期:	2020/5/2				
2	项目阶段	责任人	开始日期	结束日期	实际工作天数	工作日	4/29	4/30
3	项目计划	表姐	2020/4/29	2020/5/2	4	3	1	
4	方案确认	凌祯	2020/4/30	2020/5/2	3	2		
5	系统建设	凌祯	2020/5/3	2020/5/7	5	4		
6	项目上线	表姐	2020/5/7	2020/5/8	2	2		

图 17-40

温馨提示

英文状态下，两个连续的双引号 "" 表示空。

如果想要将【G3】单元格的公式应用到其他区域，则将光标放在【G3】单元格右下角，当光标变为十字句柄时，向右、向下拖曳鼠标将公式填充至【G3:P6】单元格区域，如图 17-41 所示。

G3 =IF(AND(G2>=C3,G2<=D3),1,"")

	A	B	C	D	E	F	G	H	I	J	K	L	M	N	O	P
1	XXXX项目时间进度表		今天日期:	2020/5/2												
2	项目阶段	责任人	开始日期	结束日期	实际工作天数	工作日	4/29	4/30	5/1	5/2	5/3	5/4	5/5	5/6	5/7	5/8
3	项目计划	表姐	2020/4/29	2020/5/2	4	3	1				1				1	
4	方案确认	凌祯	2020/4/30	2020/5/2	3	2				1		1		1		1
5	系统建设	凌祯	2020/5/3	2020/5/7	5	4					1		1		1	
6	项目上线	表姐	2020/5/7	2020/5/8	2	2				1		1		1		1

图 17-41

拖曳完成后，检查这个公式的计算结果，看它显示的情况和实际各阶段的工作日期情况是否吻合。这是因为向右、向下拖曳鼠标填充公式时没有检查单元格的锁定，即没有检查各个引用单元格的引用关系。

实际上，条件判断的每个变动的日期【G2:P2】单元格区域所在行是不变的，都是引用的第 2 行；而每个项目阶段具体的开始日期【C3:C6】单元格区域所在列是不变的，都是引用的【C】列；结束日期【D3:D6】单元格区域所在列同样是不变的，都是引用的【D】列。

所以，在【G3】单元格公式中要将 G2 锁定行，即 G$2。而对应的开始日期 C3 和结束日期 D3 要锁定列，即 $C3 和 $D3。这样才能在公式批量自动填充时输出正确的值，如图 17-42 所示。

G3 =IF(AND(G$2>=$C3,G$2<=$D3),1,"")

XXXX项目时间进度表 今天日期: 2020/5/2

项目阶段	责任人	开始日期	结束日期	实际工作天数	工作日	4/29	4/30	5/1	5/2	5/3	5/4	5/5	5/6	5/7	5/8
项目计划	表姐	2020/4/29	2020/5/2	4	3	1	1	1	1						
方案确认	凌祯	2020/4/30	2020/5/2	3	2		1	1	1						
系统建设	凌祯	2020/5/3	2020/5/7	5	4					1	1	1	1	1	
项目上线	表姐	2020/5/7	2020/5/8	2	2									1	1

图 17-42

设置完成后，项目在执行阶段对应的单元格显示为“1”，否则显示为空，这样就实现了自动化计算、显示的功能。接下来就是让这个显示更直观、更好看一些。

4. 设置条件格式

将满足条件的单元格，即显示为“1”的单元格填充颜色。

选中【G3:P6】单元格区域→选择【开始】选项卡→单击【条件格式】按钮→选择【突出显示单元格规则】选项→选择【等于】选项，如图 17-43 所示。

图 17-43

在弹出的【等于】对话框中单击【为等于以下值的单元格设置格式】文本框→输入“1”→单击【设置为】下拉按钮→选择一个喜欢的颜色→单击【确定】按钮，如图 17-44 所示。

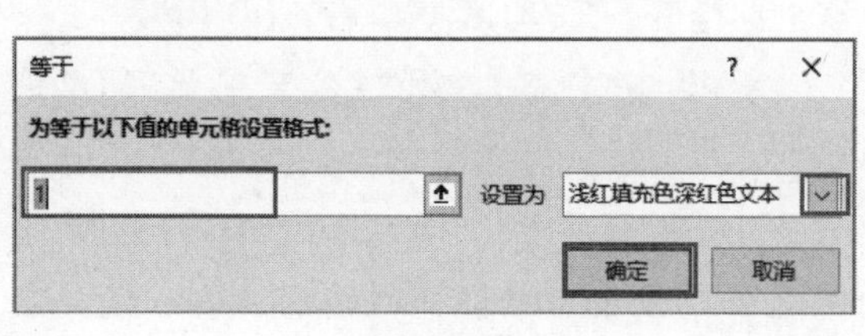

图 17-44

温馨提示

设置时，可以将字体颜色和填充颜色设置为同一个，将数字隐藏起来。

完成后，笔者建议大家将周末所在的单元格标识出来，方便了解项目的进行情况。

5. 显示星期

想要将日期格式转化为“星期几”这样的格式，可以使用 TEXT 函数。

在第 2 行上面插入一行空白行。在插入的空白行中选中【G2】单元格→单击函数编辑区将其激活→输入公式“=TEXT(G3,"aaaa")”→按 <Enter> 键确认，即可显示出 2020/4/29 为星期三，如图 17-45 所示。

图 17-45

温馨提示

=TEXT(G3,"aaaa") 的含义是，将【G3】单元格转换为“星期几”这样的格式。

如果不需要显示“星期”，可以将公式修改为“=TEXT(G3,"aaa")”→按 <Enter> 键确认，如图 17-46 所示→将光标放在【G2】单元格右下角，当光标变为十字句柄时，向右拖曳至【P2】单元格，项目进度日期的星期几就对应计算出来了。

图 17-46

温馨提示

=TEXT(G3,"aaa") 的含义是，将【G3】单元格中的日期格式按照星期顺序，设置为一二三四这样的格式。

6. 利用条件格式标识周末位置

选中【G4:P7】单元格区域→选择【开始】选项卡→单击【条件格式】按钮→选择【新建规则】选项，如图 17-47 所示。

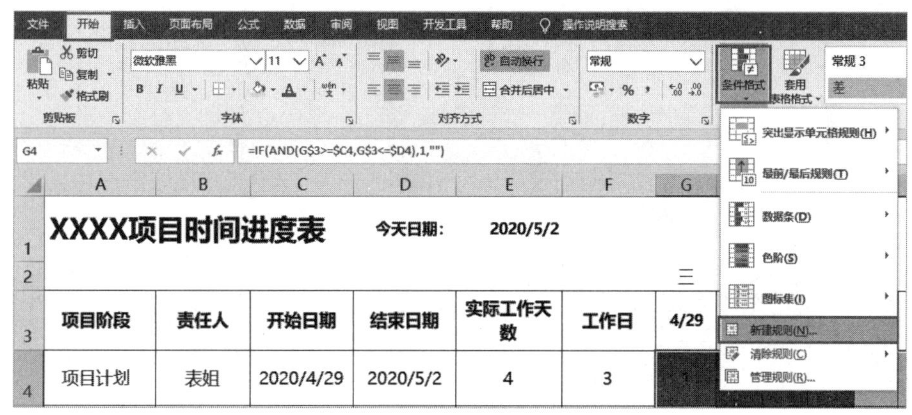

图 17-47

在弹出的【新建格式规则】对话框中选中【使用公式确定要设置格式的单元格】选项→单击【为符合此公式的值设置格式】文本框→输入公式“=OR(G$2=" 六 ",G$2=" 日 ")”→单击【格式】按钮，如图 17-48 所示。

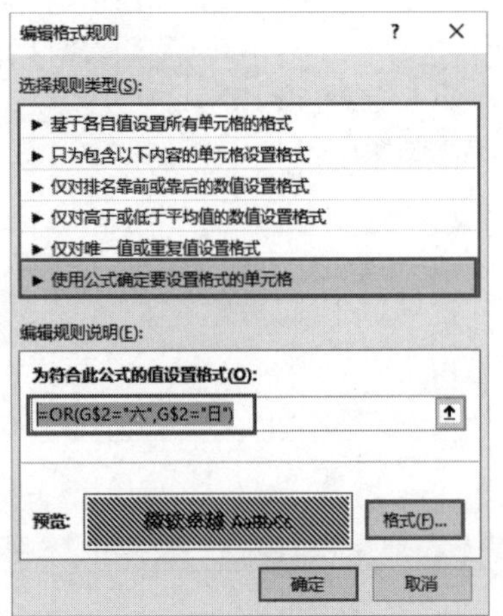

图 17-48

在弹出的【设置单元格格式】对话框中选择【填充】选项卡→单击【图案样式】列表框右侧的下拉按钮→选择“斜纹”样式→单击【确定】按钮，如图 17-49 所示。

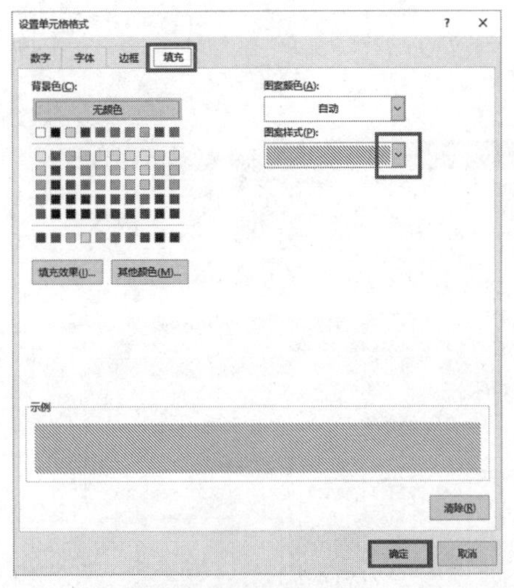

图 17-49

返回【编辑格式规则】对话框，单击【确定】按钮，如图 17-50 所示。

图 17-50

如图 17-51 所示，就将星期六和星期日填充为斜线纹理了。

XXXX项目时间进度表　今天日期：2020/5/2

项目阶段	责任人	开始日期	结束日期	实际工作天数	工作日	三 4/29	四 4/30	五 5/1	六 5/2	日 5/3	一 5/4	二 5/5	三 5/6	四 5/7	五 5/8
项目计划	表姐	2020/4/29	2020/5/2	4	3										
方案确认	凌祯	2020/4/30	2020/5/2	3	2										
系统建设	凌祯	2020/5/3	2020/5/7	5	4										
项目上线	表姐	2020/5/7	2020/5/8	2	2										

图 17-51

7. 利用条件格式标识当天日期

在完成项目时间进度表的整理后，还可以站在看表人的角度想想如何还能更完美。可以将当前日期，例如，5/2 在进度中突出显示出来，起到一个实时跟踪的效果。

同样可以利用条件格式来判定，如果第 3 行中的日期 =【E1】单元格，就达到条件格式突出显示的要求了。

选中需要运用条件格式的区域，即【G4】单元格→按 <Shift> 键→选中【P7】单元格，这样就选中了【G4:P7】单元格区域，如图 17-52 所示。

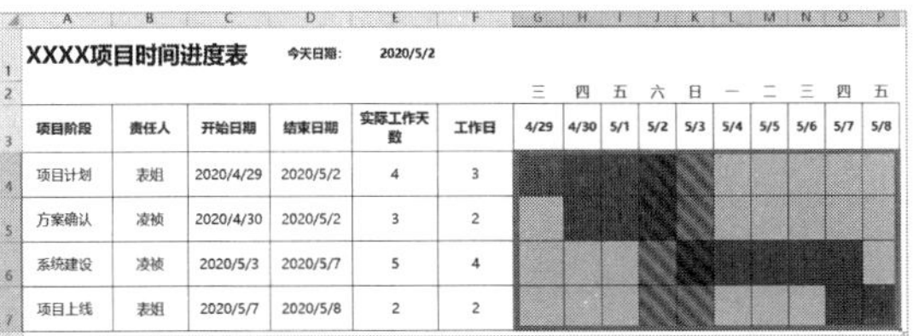
图 17-52

选择【开始】选项卡→单击【条件格式】按钮→选择【新建规则】选项，如图 17-53 所示。

图 17-53

在弹出的【新建格式规则】对话框中选择【使用公式确定要设置格式的单元格】选项→单击【为符合此公式的值设置格式】文本框→输入公式“=G$3=$E$1”→单击【格式】按钮→设置喜欢的效果→单击【确定】按钮，如图 17-54 所示。

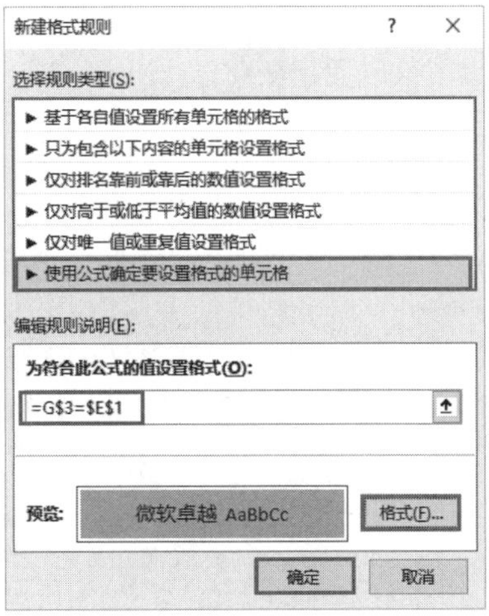

新建格式规则

选择规则类型(S):

- ▶ 基于各自值设置所有单元格的格式
- ▶ 只为包含以下内容的单元格设置格式
- ▶ 仅对排名靠前或靠后的数值设置格式
- ▶ 仅对高于或低于平均值的数值设置格式
- ▶ 仅对唯一值或重复值设置格式
- ▶ 使用公式确定要设置格式的单元格

编辑规则说明(E):

为符合此公式的值设置格式(O):

=G$3=$E$1

预览: 微软卓越 AaBbCc 格式(F)...

确定 取消

图 17-54

如图 17-55 所示，5/2 所在的【J】列单元格已经填充了自定义的颜色。

图 17-55

接下来调整条件格式应用顺序，让绿色色块（进度条）置于浅色色块（今天日期提醒）之上。

选择【开始】选项卡→单击【条件格式】按钮→选择【管理规则】选项，如图 17-56 所示。

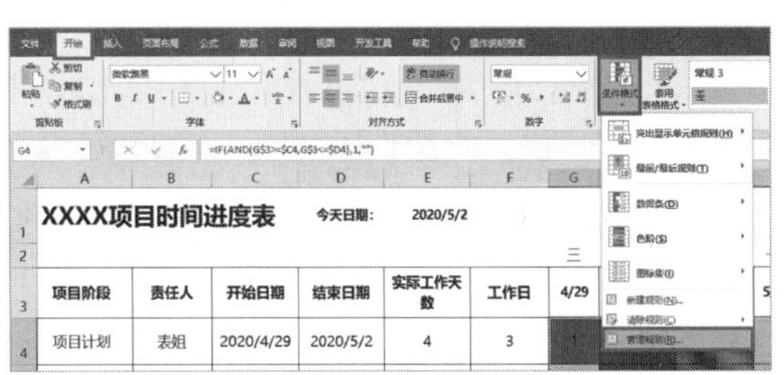
图 17-56

在弹出的【条件格式规则管理器】对话框中选中需要调整位置的填充选项→单击上方的【▲】或【▼】按钮来调整位置→修改完后，单击【确定】按钮，如图 17-57 所示。

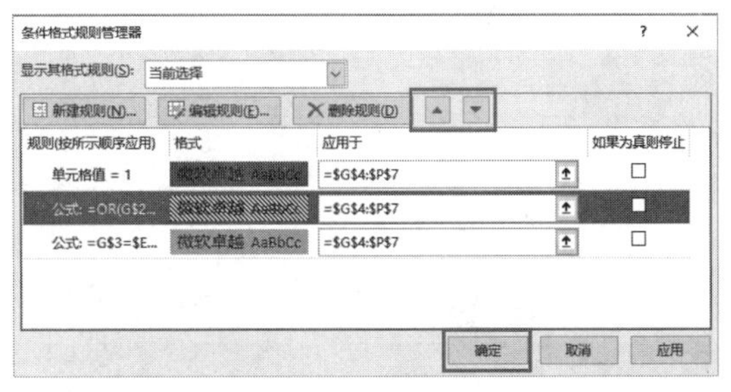

图 17-57

最后隐藏【G4:P7】单元格区域中的数字 1。选中【G4:P7】单元格区域→选择【开始】选项卡→单击【A▼】按钮，将字号调整为“1”，使它们小到不易被察觉，好像“隐藏”起来了一样，如图 17-58 所示。

=IF(AND(G$3>=$C4,G$3<=$D4),1,"")

XXXX项目时间进度表　今天日期：2020/5/2

						三	四	五	六	日	一	二	三	四	五
项目阶段	责任人	开始日期	结束日期	实际工作天数	工作日	4/29	4/30	5/1	5/2	5/3	5/4	5/5	5/6	5/7	5/8
项目计划	表姐	2020/4/29	2020/5/2	4	3										
方案确认	凌祯	2020/4/30	2020/5/2	3	2										
系统建设	凌祯	2020/5/3	2020/5/7	5	4										
项目上线	表姐	2020/5/7	2020/5/8	2	2										

图 17-58

温馨提示

如果字号下拉选项中没有“1”，则可以直接输入。

如图 17-59 所示，“项目时间进度表”工作表就制作完成了。这样在监控项目进度时，只要输入或调整日期，它对应的进度条就都会联动更新，非常方便。

XXXX项目时间进度表　今天日期：2020/5/2

						三	四	五	六	日	一	二	三	四	五
项目阶段	责任人	开始日期	结束日期	实际工作天数	工作日	4/29	4/30	5/1	5/2	5/3	5/4	5/5	5/6	5/7	5/8
项目计划	表姐	2020/4/29	2020/5/2	4	3										
方案确认	凌祯	2020/4/30	2020/5/2	3	2										
系统建设	凌祯	2020/5/3	2020/5/7	5	4										
项目上线	表姐	2020/5/7	2020/5/8	2	2										

图 17-59

至此，已经利用函数和条件格式实现了项目进度的管理。

随书附带的素材文件中为大家提供了一个模板，如图 17-60 所示。如果工作中需要做进度呈现，可以直接套用这个模板。例如，表中的主要里程碑、任务、主责人、开始时间、结束时间……都可以替换为工作中的实际信息。表格后面的日期所关联的条件格式也都是自动的，只要将这个日期修改为实际信息，对应的进度条也就实时更新变化了。

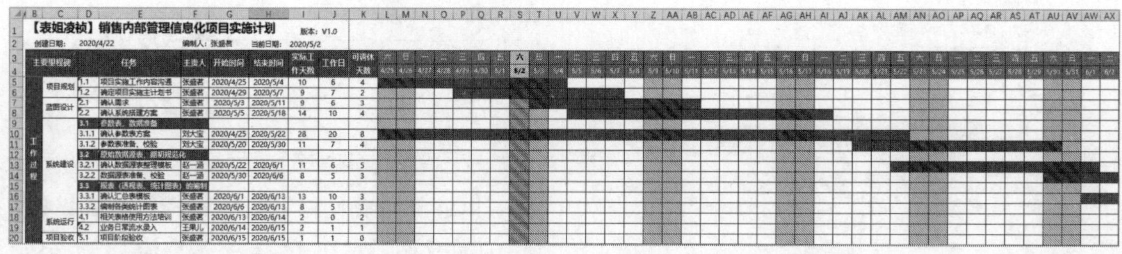

【表姐凌祯】销售内部管理信息化项目实施计划　版本：V1.0

创建日期：2020/4/22　编制人：张盛茗　当前日期：2020/5/2

主要里程碑			任务	主责人	开始时间	结束时间	实际工作天数	工作日	可调休天数
工作过程	项目规划	1.1	项目实施工作内容沟通	张盛茗	2020/4/25	2020/5/4	10	6	4
		1.2	确定项目实施主计划书	张盛茗	2020/4/29	2020/5/7	9	7	2
	蓝图设计	2.1	确认需求	张盛茗	2020/5/3	2020/5/11	9	6	3
		2.2	确认系统搭建方案	张盛茗	2020/5/5	2020/5/18	14	10	4
	系统建设	3.1	参数表、数据准备						
		3.1.1	确认参数表方案	刘大宝	2020/4/25	2020/5/22	28	20	8
		3.1.2	参数表准备、校验	刘大宝	2020/5/20	2020/5/30	11	7	4
		3.2	原始数据源表、数据规范化						
		3.2.1	确认数据源表整理模板	赵一涵	2020/5/22	2020/6/1	11	6	5
		3.2.2	数据源表准备、校验	赵一涵	2020/5/30	2020/6/6	8	5	3
		3.3	报表（透视表、统计图表）的编制						
		3.3.1	确认汇总表模板	张盛茗	2020/6/1	2020/6/13	13	10	3
		3.3.2	编制各类统计图表	张盛茗	2020/6/6	2020/6/13	8	5	3
	系统运行	4.1	相关表格使用方法培训	张盛茗	2020/6/13	2020/6/14	2	0	2
		4.2	业务日常流水录入	王果儿	2020/6/14	2020/6/15	2	1	1
	项目验收	5.1	项目阶段验收	张盛茗	2020/6/15	2020/6/15	1	1	0

图 17-60

另外，给大家推荐一款专业的项目管理软件 —— 微软的 Project，下面就一起来看一下。

随便打开一个 Excel 文档→选择【文件】选项卡，如图 17-61 所示。

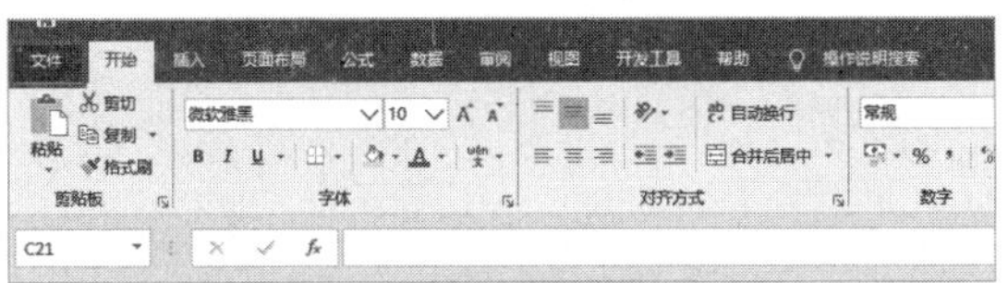

图 17-61

单击【新建】按钮→在搜索框内输入“项目管理”→按 <Enter> 键确认→选择合适的模板，如图 17-62 所示。

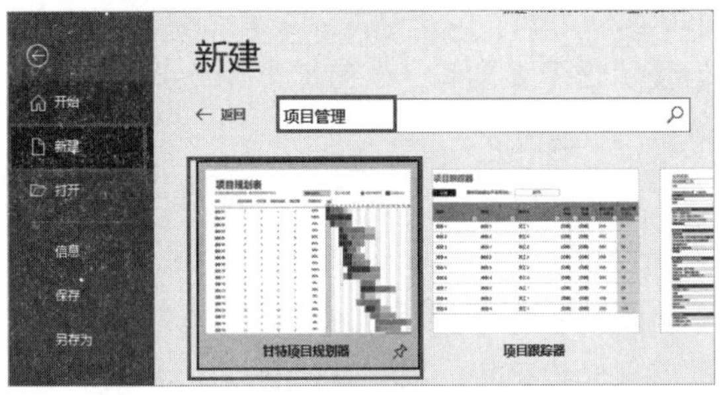

图 17-62

在弹出的对话框中单击【创建】按钮，如图 17-63 所示。

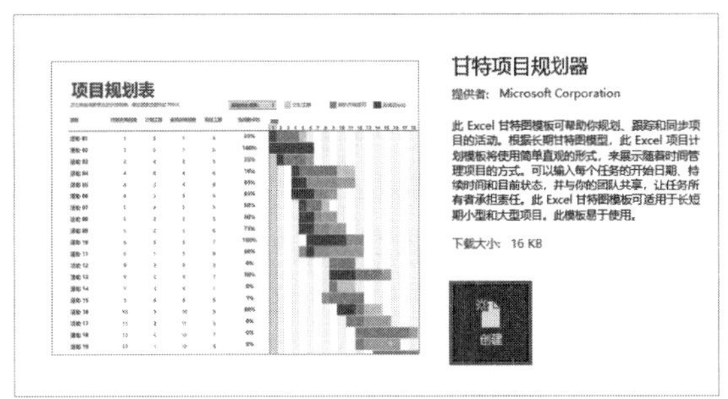

图 17-63

如图 17-64 所示，微软就自动创建了一张精美的“项目管理甘特图”，是不是很棒呢？

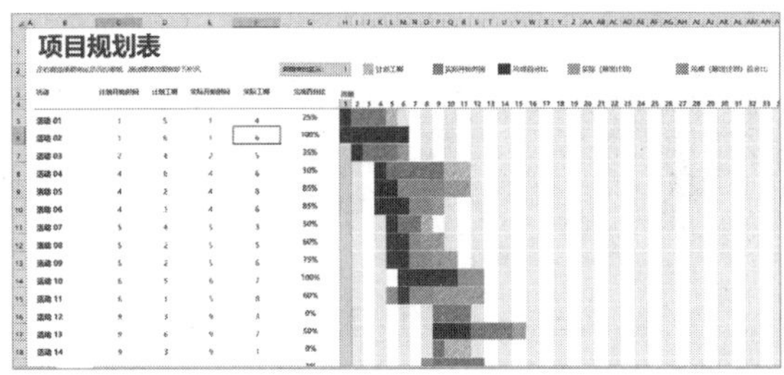

图 17-64

第18关 统计函数

本关背景

如图18-1所示，想要计算北京市及包含“广”字的省份，如广东省、广西壮族自治区员工的绩效得分情况。

员工编号	姓名	年龄	省份	性别	绩效得分
LZ001	表姐	41	北京市	男	10
LZ002	凌祯	33	江西省	女	10
LZ003	安迪	37	湖南省	女	7
LZ004	李明	51	山东省	男	5
LZ005	翁国栋	37	北京市	男	2
LZ006	康书	43	北京市	女	2
LZ007	孙坛	42	湖北省	男	3

条件	绩效总分	人数	绩效平均分	绩效平均分-男	绩效平均分-女
北京市					
广*					
北					
?北?					

图 18-1

这时你可能会想起前文的介绍，关于数据的统计和分析，心中默念五个字：数据透视表。但使用这个工具有一个前提，就是必须有一个规范的数据源表。

像这种统计标准模糊的情况，不能根据它来规范数据源表，因此没有办法使用数据透视表。面对这种“留坑表”，只需要用SUMIFS函数就能轻松搞定。接下来就利用统计函数，搞定员工籍贯的统计分析。

18.1 五类基础统计函数

还记得前文介绍的五类基础函数吗？处理“留坑表”问题前，先来回顾一下吧！

首先利用SUM函数进行求和计算。选中【F3】单元格→选择【开始】选项卡→单击【自动求和】按钮→选择【求和】选项→按 <Enter> 键确认，如图18-2所示→双击鼠标将公式向下填充。

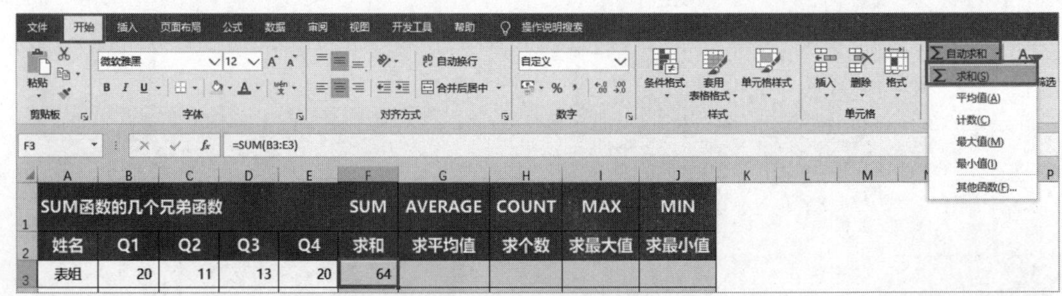

SUM函数的几个兄弟函数					SUM	AVERAGE	COUNT	MAX	MIN
姓名	Q1	Q2	Q3	Q4	求和	求平均值	求个数	求最大值	求最小值
表姐	20	11	13	20	64				

图 18-2

利用同样的方法，快速完成其他计算。例如，平均值（AVERAGE）、计数（COUNT）、最大值（MAX）、最小值（MIN）的计算，如图18-3所示。

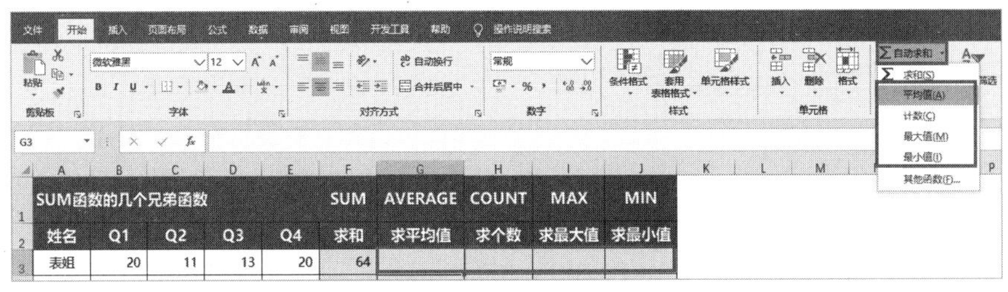

图 18-3

介绍了五类基础函数后，接下来要介绍的函数就是在基础函数的基础上做的演变。例如，SUMIFS 函数，就是在 SUM 后面加上 IFS 的一个组合函数。

18.2 SUMIFS 函数

SUMIFS 函数是在 SUM 函数的基础上做的演变，就是在 SUM 后面加个“IFS”，表示条件求和的意思，公式原理如图 18-4 所示。

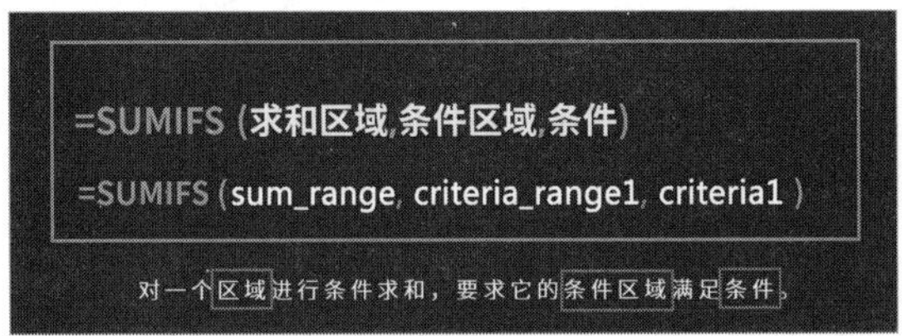

图 18-4

接下来就利用 SUMIFS 函数计算满足某个条件的统计结果吧！

打开“素材文件 /18- 统计函数 /18- 统计函数 - 神秘的员工籍贯 .xlsx”源文件。

1. 需求分析

在“员工清单”工作表中，首先要计算“北京市”员工的绩效总分是多少，如图 18-5 所示。

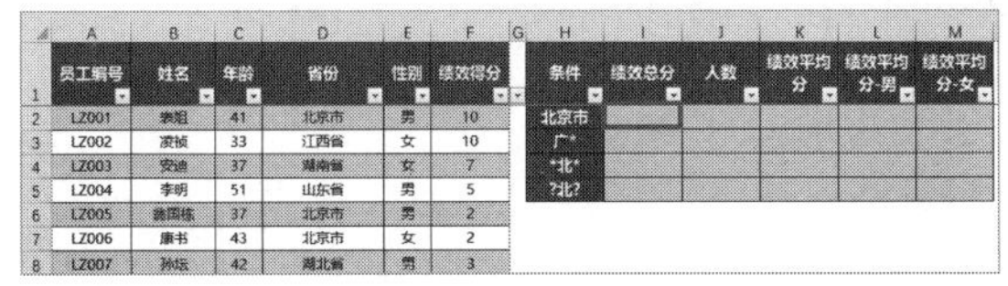

员工编号	姓名	年龄	省份	性别	绩效得分
LZ001	表姐	41	北京市	男	10
LZ002	凌祯	33	江西省	女	10
LZ003	安迪	37	湖南省	女	7
LZ004	李明	51	山东省	男	5
LZ005	翁国栋	37	北京市	男	2
LZ006	康书	43	北京市	女	2
LZ007	孙坛	42	湖北省	男	3

条件	绩效总分	人数	绩效平均分	绩效平均分-男	绩效平均分-女
北京市					
广*					
北					
?北?					

图 18-5

根据省份中满足北京市的条件，对绩效总分进行求和。

2. 选择函数类型

找出关键词“满足…条件，进行求和”，条件求和对应的就是 SUMIFS 函数。

3. 写函数

SUMIFS 函数条件求和的公式原理如图 18-6 所示。

图 18-6

将公式应用到“计算北京市员工的绩效总分”的问题中，如图 18-7 所示。

图 18-7

求和区域：“绩效得分”在表格中对应的是【F】列。

条件区域："省份"在表格中对应的是【D】列。

条件："北京市"在表格中对应的是【H2】单元格。

接下来将参数代入公式。

（1）输入函数名称。

选中【I3】单元格→单击函数编辑区将其激活→输入函数名称"=SUM"→按 < ↑ + ↓ > 键选中【SUMIFS】函数，如图 18-8 所示，这个函数会显示为蓝色，即选中状态。

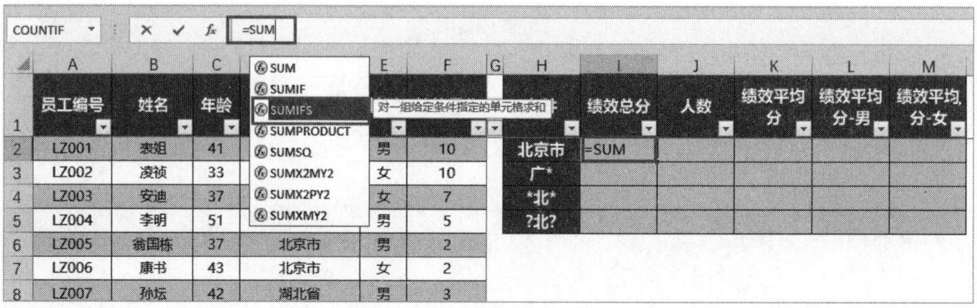

图 18-8

按 <Tab> 键，Excel 会自动补齐函数名称和左括号，然后手动补全右括号，如图 18-9 所示。

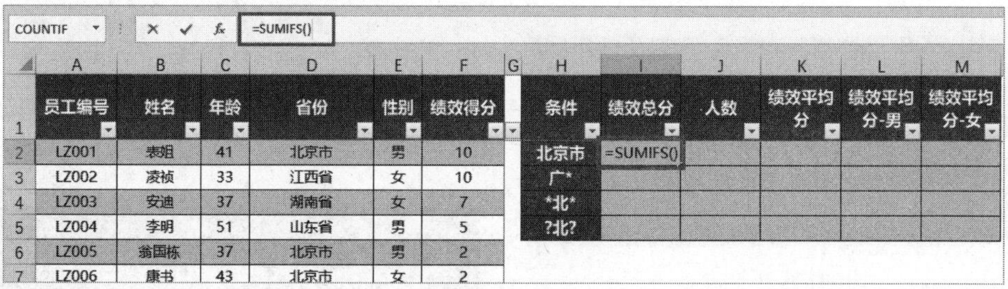

图 18-9

（2）补充连接符。

根据函数提示框的内容输入 2 个连接符（英文状态下的逗号），即"=SUMIFS(,,)"，如图 18-10 所示。

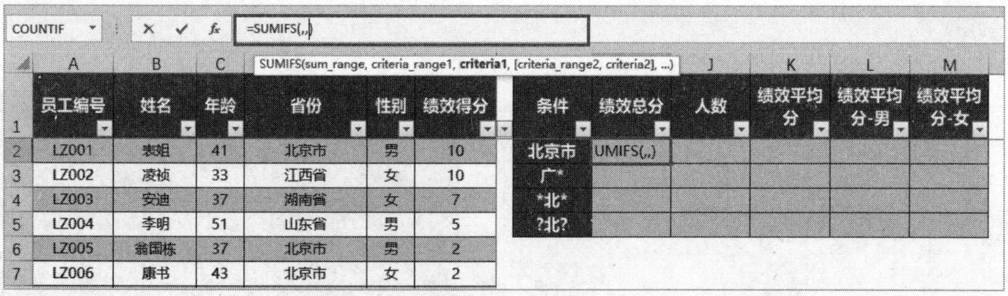

图 18-10

在 Excel 中，函数的参数如果是被方括号括起来的，意味着这个参数是非必填项，如果没有被方括号括起来，意味着这个参数不可缺失。这里要计算的条件只有一组，即"省份"满足"北京市"的条件。因此，在 SUMIFS 函数中只输入 2 个逗号。

（3）录入参数。

在【I2】单元格中补全参数，即“=SUMIFS(F:F,D:D,H2)”→按 <Enter> 键确认，如图 18-11 所示。

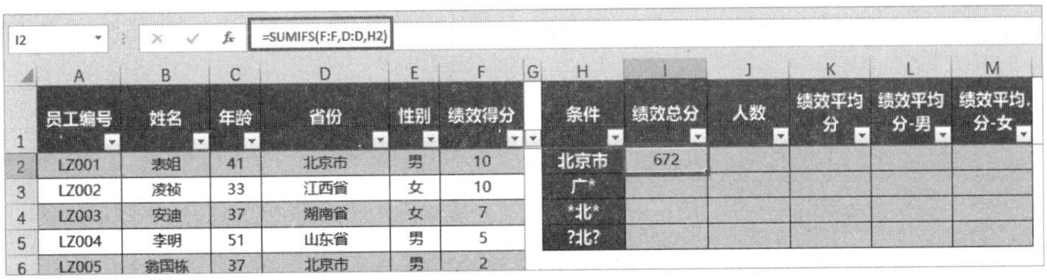

I2 =SUMIFS(F:F,D:D,H2)

	A	B	C	D	E	F	G	H	I	J	K	L	M
1	员工编号	姓名	年龄	省份	性别	绩效得分		条件	绩效总分	人数	绩效平均分	绩效平均分-男	绩效平均分-女
2	LZ001	表姐	41	北京市	男	10		北京市	672				
3	LZ002	凌祯	33	江西省	女	10		广*					
4	LZ003	安迪	37	湖南省	女	7		*北*					
5	LZ004	李明	51	山东省	男	5		?北?					
6	LZ005	翁国栋	37	北京市	男	2							

图 18-11

SUMIF 函数和 SUMIFS 函数都是条件求和函数，二者的区别如图 18-12 所示。

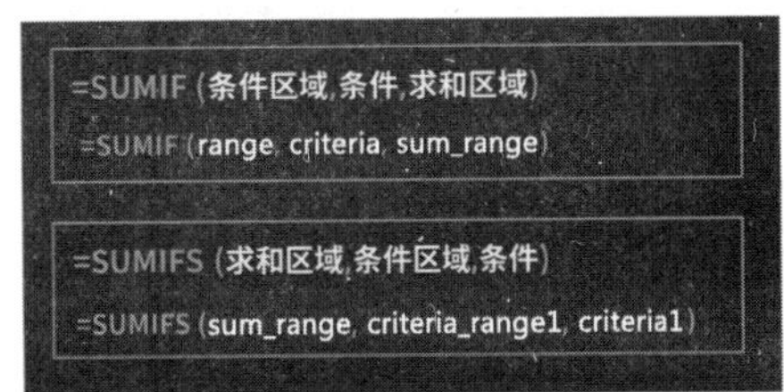

图 18-12

18.3 COUNTIFS 函数

COUNTIFS 函数是在 COUNT 函数的基础上做的演变，就是在 COUNT 后面加个“IFS”，表示条件计数的意思，公式原理如图 18-13 所示。

图 18-13

COUNTIFS 函数用于计算满足特定条件的个数，与 SUMIFS 函数不同的是，它只需要判定的条件区域和条件即可，而不需要求和区域，如图 18-14 所示。

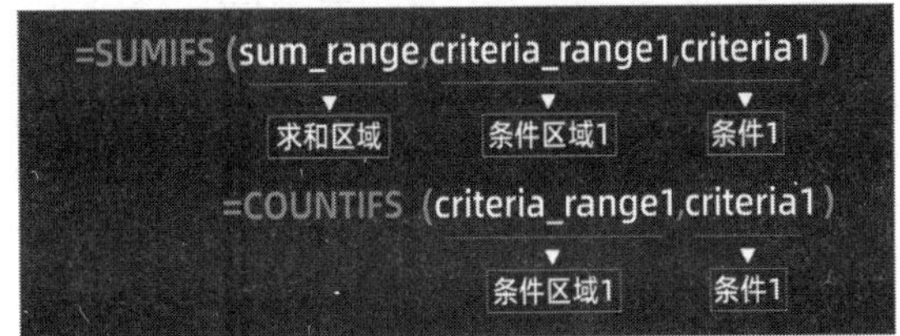

图 18-14

接下来将公式应用到“计算北京市员工的人数”的问题中，如图 18-15 所示。

图 18-15

选中【J2】单元格→单击函数编辑区将其激活→输入公式“=COUNTIFS(D:D,H2)”→按 <Enter> 键确认。如图 18-16 所示，【J2】单元格显示出北京市员工的人数为“128”。

J2 =COUNTIFS(D:D,H2)

	A	B	C	D	E	F	G	H	I	J	K	L	M
1	员工编号	姓名	年龄	省份	性别	绩效得分		条件	绩效总分	人数	绩效平均分	绩效平均分-男	绩效平均分-女
2	LZ001	表姐	41	北京市	男	10		北京市	672	128			
3	LZ002	凌祯	33	江西省	女	10		广*					
4	LZ003	安迪	37	湖南省	女	7		*北*					
5	LZ004	李明	51	山东省	男	5		?北?					
6	LZ005	翁国栋	37	北京市	男	2							
7	LZ006	康书	43	北京市	女	2							

图 18-16

18.4 AVERAGEIFS 函数

AVERAGEIFS 函数是在 AVERAGE 函数的基础上做的演变，就是在 AVERAGE 后面加个“IFS”，表示条件平均数的意思，公式原理如图 18-17 所示。

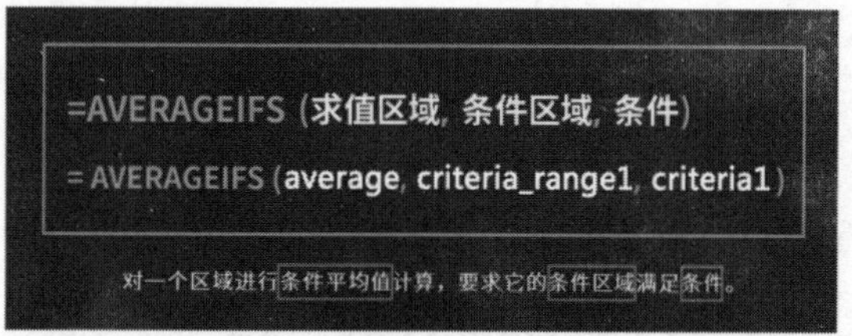

图 18-17

接下来对比一下 SUMIFS 函数和 AVERAGEIFS 函数的相同与不同之处，如图 18-18 所示。

图 18-18

（1）相同之处：两个函数的参数选择完全一样，即选定某一个区域，然后对它的满足条件区域及条件进行依次填写。

（2）不同之处：函数名称和作用不同，一个是求和，一个是求平均数。

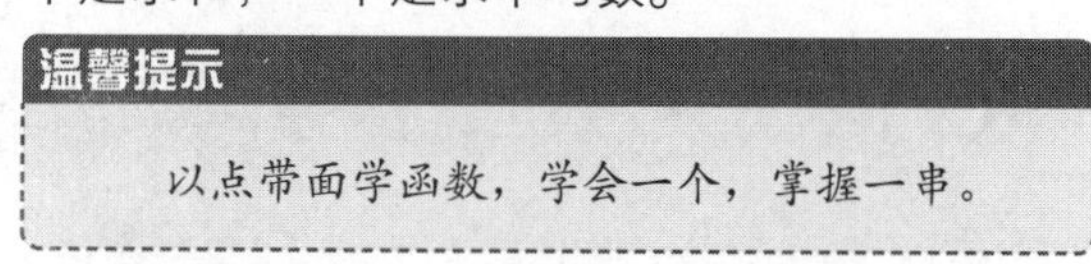

温馨提示
以点带面学函数，学会一个，掌握一串。

接下来将公式应用到“计算北京市员工的绩效平均分”的问题中，如图 18-19 所示。

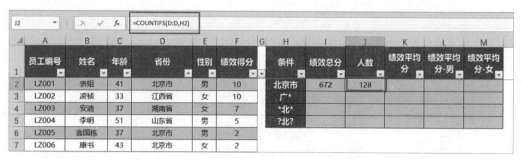

图 18-19

选中【K2】单元格→单击函数编辑区将其激活→输入公式“=AVERAGEIFS(F:F,D:D,H2)”→按 <Enter> 键确认。如图 18-20 所示，【K2】单元格显示出北京市员工的绩效平均分为“5.25”。

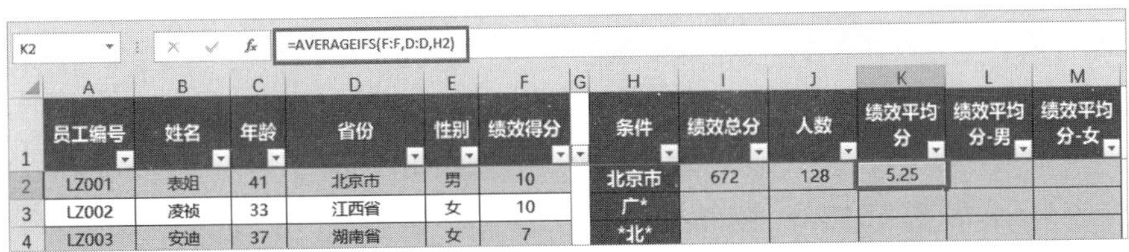

图 18-20

AVERAGEIFS 函数不仅可以做单条件求平均值，还可以做多条件求平均值，如图 18-21 所示。

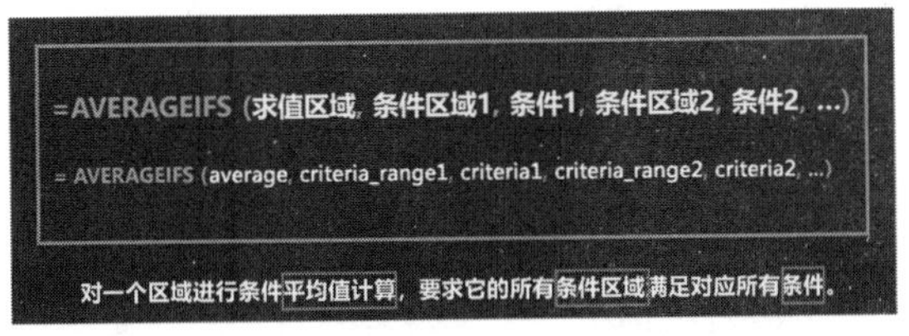

图 18-21

想要在同时满足“北京市”和“男”两组条件的情况下进行绩效平均分的计算，如图 18-22 所示。

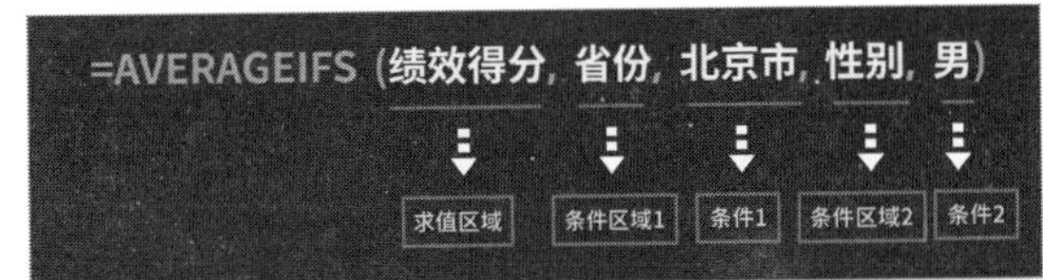

图 18-22

选中【L2】单元格→单击函数编辑区将其激活→输入公式“=AVERAGEIFS(F:F,D:D,H2,E:E," 男 ")”→按 <Enter> 键确认。如图 18-23 所示，【L2】单元格显示出北京市男性员工的绩效平均分为“5.19”。

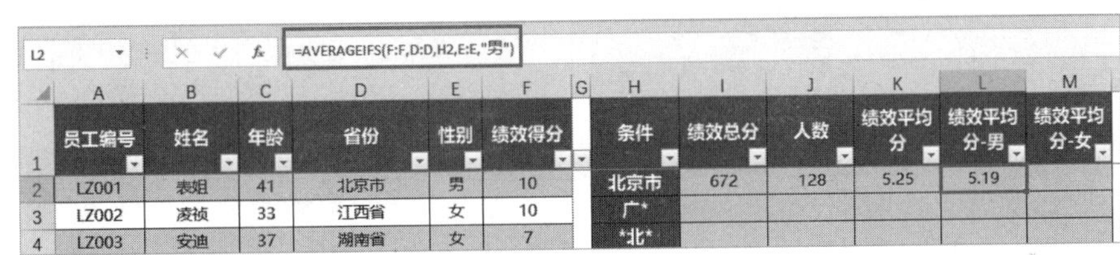

图 18-23

温馨提示

公式中出现文本时，文本两端必须加上英文状态下的双引号，如 " 男 "。

同理，在【M2】单元格中计算出同时满足“北京市”和“女”两组条件的绩效平均分。那么，只需要将【L2】单元格公式中的“男”修改为“女”即可。

选中【L2】单元格→选中函数编辑区中的公式→按 <Ctrl+C> 键复制→选中【M2】单元格→单击函数编辑区将其激活→按 <Ctrl+V> 键粘贴→将“男”修改为“女”→按 <Enter> 键确认，如图 18-24 所示。

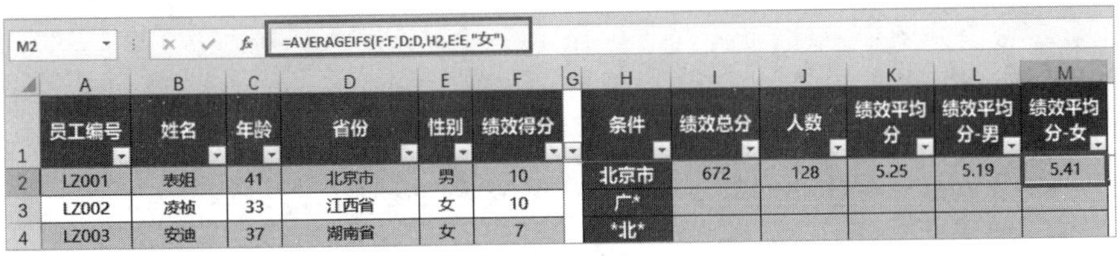

M2　=AVERAGEIFS(F:F,D:D,H2,E:E,"女")

员工编号	姓名	年龄	省份	性别	绩效得分		条件	绩效总分	人数	绩效平均分	绩效平均分-男	绩效平均分-女
LZ001	袁姐	41	北京市	男	10		北京市	672	128	5.25	5.19	5.41
LZ002	凌祯	33	江西省	女	10		广*					
LZ003	安迪	37	湖南省	女	7		*北*					

图 18-24

18.5 SUMIFS 函数模糊条件求和

回到本关开始的问题，想要统计数据源表中所有包含“广”字的省份员工的绩效得分情况。

首先单击“省份”右侧的下拉筛选按钮，在搜索区内输入“广”→单击【确定】按钮，如图 18-25 所示。

图 18-25

如图 18-26 所示，筛选出的省份包含“广东省”“广西壮族自治区“两个省份。

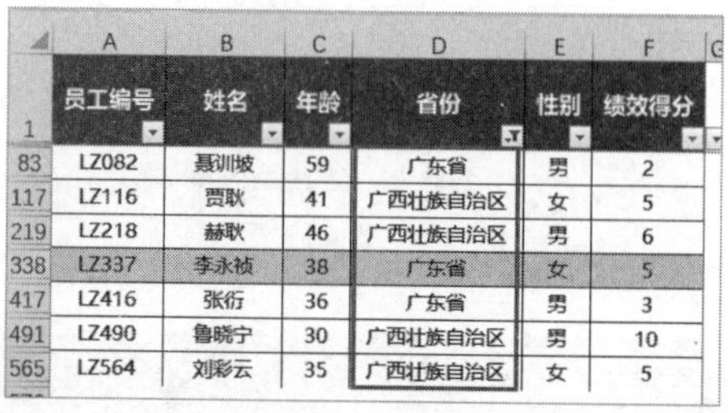

	员工编号	姓名	年龄	省份	性别	绩效得分
83	LZ082	聂训坡	59	广东省	男	2
117	LZ116	贾耿	41	广西壮族自治区	女	5
219	LZ218	赫耿	46	广西壮族自治区	男	6
338	LZ337	李永祯	38	广东省	女	5
417	LZ416	张衍	36	广东省	男	3
491	LZ490	鲁晓宁	30	广西壮族自治区	男	10
565	LZ564	刘彩云	35	广西壮族自治区	女	5

图 18-26

1. 广*

对所有包含“广”字的省份员工的绩效得分进行条件求和时，仍然需要利用 SUMIFS 函数，由于条件不确定，这里需要做一个模糊条件求和。

首先取消筛选。选中【D1】单元格→选择【开始】选项卡→单击【排序和筛选】按钮→选择【清除】选项，如图 18-27 所示。

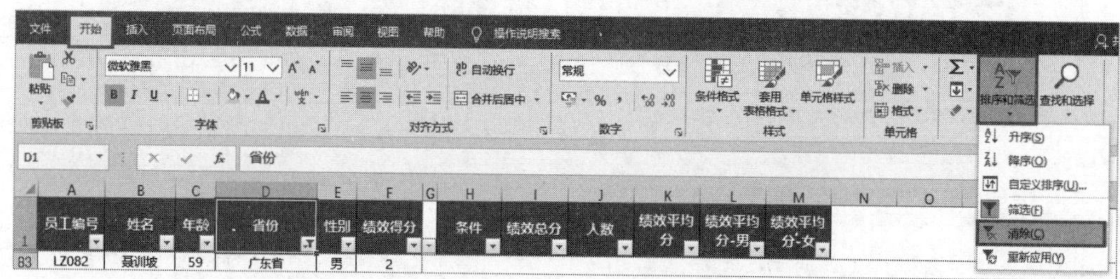

图 18-27

选中【I2:M2】单元格区域→将光标放在【M2】单元格右下角，当光标变为十字句柄时，向下拖曳鼠标将公式填充至【I2:M5】单元格区域，如图 18-28 所示。

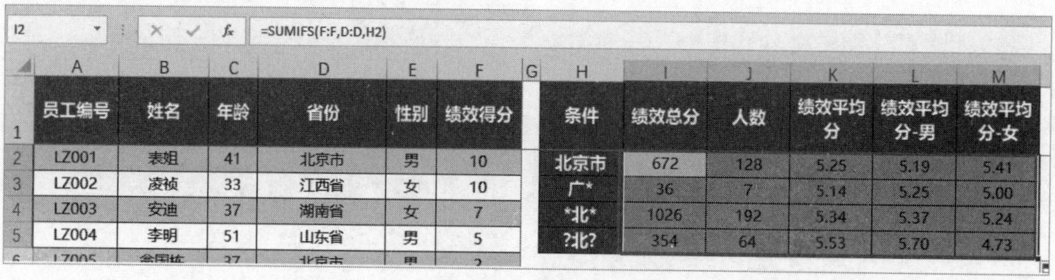

I2 =SUMIFS(F:F,D:D,H2)

	员工编号	姓名	年龄	省份	性别	绩效得分
2	LZ001	表姐	41	北京市	男	10
3	LZ002	凌祯	33	江西省	女	10
4	LZ003	安迪	37	湖南省	女	7
5	LZ004	李明	51	山东省	男	5

条件	绩效总分	人数	绩效平均分	绩效平均分-男	绩效平均分-女
北京市	672	128	5.25	5.19	5.41
广*	36	7	5.14	5.25	5.00
北	1026	192	5.34	5.37	5.24
?北?	354	64	5.53	5.70	4.73

图 18-28

由于【H3:H5】单元格区域中的条件都是不确定的模糊条件，因此需要构建一个模糊条件嵌套的公式。

【H3】单元格的“广＊”代表的是“省份”中包含“广”，并且“广”字在开头，如广东、广州。接下来就对这种模糊的条件进行计算。

在 Excel 中，使用通配符“*”来表示任意多个字符。

像这样后面有不确定内容的，例如，“广”字后面到底是“广东省”还是“广西壮族自治区”是不确定的，所以表示为“广＊”，如图 18-29 所示。

后面有不确定内容表示为广*。

图 18-29

再结合前面介绍的，不同字符和单元格之间要用“&”连接起来，并且文本和符号两端都要用英文状态下的双引号括起来，即 "广"&"*"。

选中【I3】单元格，此时【I3】单元格中的公式是根据【I2】单元格向下填充的，即根据【H3】单元格构建的公式。

接下来将模糊查找补充到公式中。选中【I3】单元格→单击函数编辑区将其激活→删除“H3”→输入“"广"&"*"”→按 <Enter> 键确认，如图 18-30 所示。

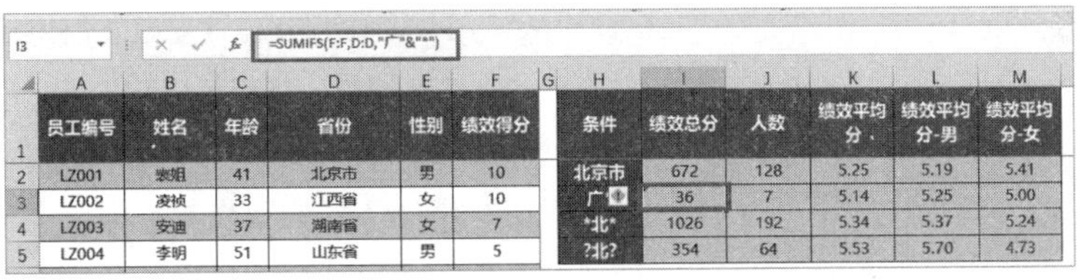

I3　=SUMIFS(F:F,D:D,"广"&"*")

	A	B	C	D	E	F	G	H	I	J	K	L	M
1	员工编号	姓名	年龄	省份	性别	绩效得分		条件	绩效总分	人数	绩效平均分	绩效平均分-男	绩效平均分-女
2	LZ001	表姐	41	北京市	男	10		北京市	672	128	5.25	5.19	5.41
3	LZ002	凌祯	33	江西省	女	10		广*	36	7	5.14	5.25	5.00
4	LZ003	安迪	37	湖南省	女	7		*北*	1026	192	5.34	5.37	5.24
5	LZ004	李明	51	山东省	男	5		?北?	354	64	5.53	5.70	4.73

图 18-30

同理，想要计算广＊省份员工的人数、绩效平均分、绩效平均分 - 男、绩效平均分 - 女，只需要将【J3:M3】单元格区域公式中的“H3”替换为“"广"&"*"”即可，如图 18-31 所示。

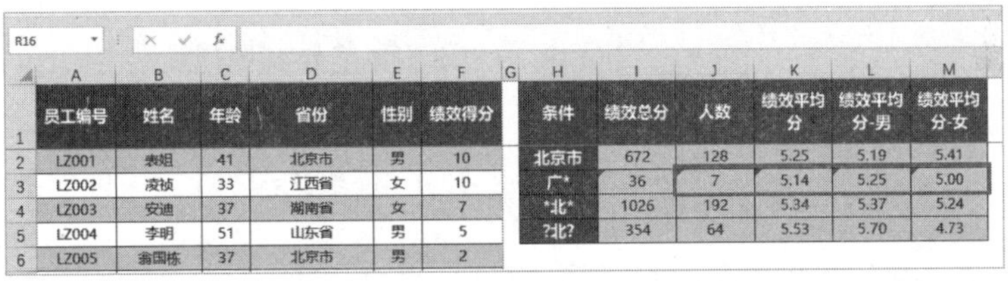

R16

	A	B	C	D	E	F	G	H	I	J	K	L	M
1	员工编号	姓名	年龄	省份	性别	绩效得分		条件	绩效总分	人数	绩效平均分	绩效平均分-男	绩效平均分-女
2	LZ001	表姐	41	北京市	男	10		北京市	672	128	5.25	5.19	5.41
3	LZ002	凌祯	33	江西省	女	10		广*	36	7	5.14	5.25	5.00
4	LZ003	安迪	37	湖南省	女	7		*北*	1026	192	5.34	5.37	5.24
5	LZ004	李明	51	山东省	男	5		?北?	354	64	5.53	5.70	4.73
6	LZ005	翁国栋	37	北京市	男	2							

图 18-31

2. ＊北＊

对于【H4】单元格中的“＊北＊”亦是如此，它表示省份中包含“北”，并且前面和后面都有一些不确定的内容，如图 18-32 所示。

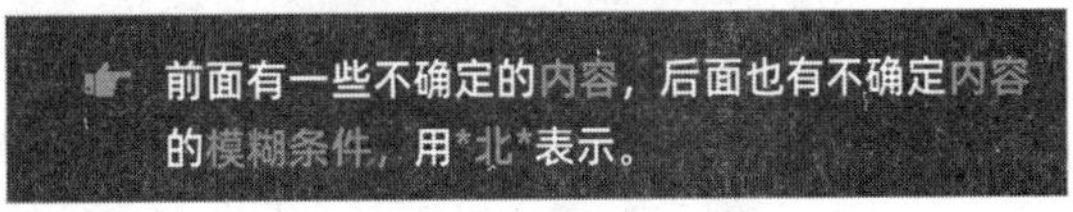

前面有一些不确定的内容，后面也有不确定内容的模糊条件，用*北*表示。

图 18-32

再结合前面介绍的，不同字符和单元格之间要用“&”连接起来，并且文本和符号两端都要用英文状态下的双引号括起来，即 "*"&

"北"&"*"。

选中【I4】单元格→单击函数编辑区将其激活→删除“H4”→输入“"*"&"北"&"*"”→按 <Enter> 键确认，如图 18-33 所示。

	A	B	C	D	E	F	G	H	I	J
1	员工编号	姓名	年龄	省份	性别	绩效得分		条件	绩效总分	人数
2	LZ001	表姐	41	北京市	男	10		北京市	672	128
3	LZ002	凌祯	33	江西省	女	10		广*	36	7
4	LZ003	安迪	37	湖南省	女	7		*北*	1026	192
5	LZ004	李明	51	山东省	男	5		?北?	354	64

图 18-33

单击函数编辑区左侧的【fx】按钮→在弹出的【函数参数】对话框中单击第三个文本框将其激活，输入“"*"&"北"&"*"”（实际上等于“"*北*"”）→单击【确定】按钮，如图 18-34 所示。

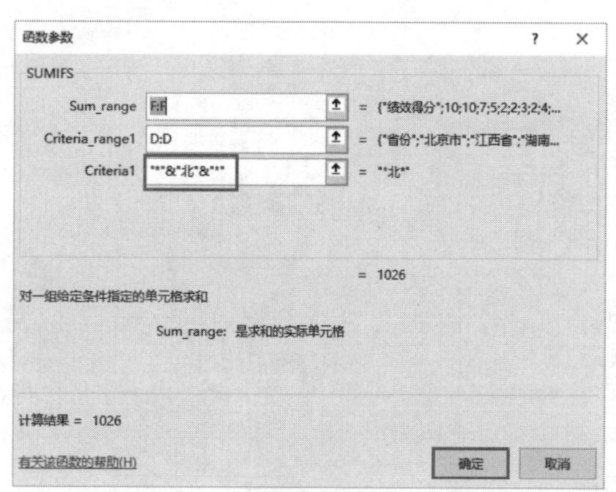

图 18-34

因此，利用 "*北*" 替换 H4同样可以计算，如图 18-35所示。

	A	B	C	D	E	F	G	H	I
1	员工编号	姓名	年龄	省份	性别	绩效得分		条件	绩效总分
2	LZ001	表姐	41	北京市	男	10		北京市	672
3	LZ002	凌祯	33	江西省	女	10		广*	36
4	LZ003	安迪	37	湖南省	女	7		*北*	1026
5	LZ004	李明	51	山东省	男	5		?北?	354
6	LZ005	翁国栋	37	北京市	男	2			

图 18-35

将第 4 行公式中的“H4”替换为“"*北*"”后，第 3 行同一列单元格左上角的绿色小三角不见了。将光标放在小三角的旁边可以看到提示“此单元格中的公式与电子表格中该区域中的公式不同”，如图 18-36 所示。

H	I	J	K	L	M
条件	绩效总分	人数	绩效平均分	绩效平均分-男	绩效平均分-女
北京市	672	128	5.25	5.19	5.41
广*	36	7	5.14	5.25	5.00
北	1026				5.24
?北?	354	64	5.53	5.70	4.73

此单元格中的公式与电子表格中该区域中的公式不同。

图 18-36

这是因为第 3 行到第 5 行单元格中的公式都是通过拖曳鼠标向下填充的，当修改第 3 行公式的参数后，系统就会提示两处的公式不同。当修改第 4 行公式的参数后，Excel 会自动取消向下填充公式的指令，小三角的提示就消失了。

同理，可将【J4:M4】单元格区域公式中的“H4”替换为“"*北*"”，如图 18-37 所示。

	A	B	C	D	E	F	G	H	I	J	K	L	M
1	员工编号	姓名	年龄	省份	性别	绩效得分		条件	绩效总分	人数	绩效平均分	绩效平均分-男	绩效平均分-女
2	LZ001	表姐	41	北京市	男	10		北京市	672	128	5.25	5.19	5.41
3	LZ002	凌祯	33	江西省	女	10		广*	36	7	5.14	5.25	5.00
4	LZ003	安迪	37	湖南省	女	7		*北*	1026	192	5.34	5.37	5.24
5	LZ004	李明	51	山东省	男	5		?北?	354	64	5.53	5.70	4.73
6	LZ005	翁国栋	37	北京市	男	2							

图 18-37

3. ?北?

对于【H5】单元格中的“?北?”，它表示省份中包含“北”，并且前面和后面都有一个不确定的字，如图 18-38 所示。

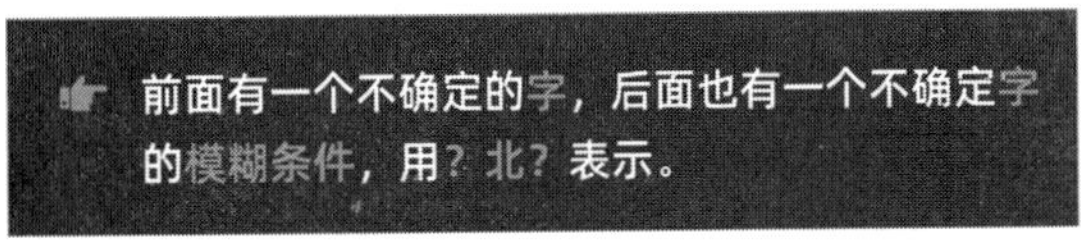

前面有一个不确定的字，后面也有一个不确定字的模糊条件，用 ? 北 ? 表示。

图 18-38

在 Excel 中，使用通配符“?”来表示任意一个字符。

再结合前面介绍的，不同字符和单元格之间要用“&”连接起来，并且文本和符号两端都要用英文状态下的双引号括起来，即 "?"&" 北 "&"?"，或者替换为“"? 北 ?"”。

选中【I4】单元格→单击函数编辑区将其激活→删除“H4”→输入“"? 北 ?"”→按 <Enter> 键确认，如图 18-39 所示。

I5 =SUMIFS(F:F,D:D,"?北?")

	A	B	C	D	E	F	G	H	I
1	员工编号	姓名	年龄	省份	性别	绩效得分		条件	绩效总分
2	LZ001	表姐	41	北京市	男	10		北京市	672
3	LZ002	凌祯	33	江西省	女	10		广*	36
4	LZ003	安迪	37	湖南省	女	7		*北*	1026
5	LZ004	李明	51	山东省	男	5		?北?	354
6	LZ005	翁国栋	37	北京市	男	2			

图 18-39

同理，可将【J5:M5】单元格区域公式中的“H5”替换为“"? 北 ?"”，如图 18-40 所示。

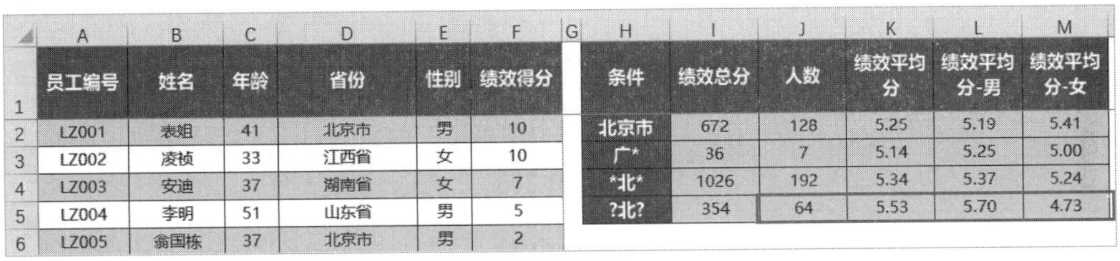

	A	B	C	D	E	F	G	H	I	J	K	L	M
1	员工编号	姓名	年龄	省份	性别	绩效得分		条件	绩效总分	人数	绩效平均分	绩效平均分-男	绩效平均分-女
2	LZ001	表姐	41	北京市	男	10		北京市	672	128	5.25	5.19	5.41
3	LZ002	凌祯	33	江西省	女	10		广*	36	7	5.14	5.25	5.00
4	LZ003	安迪	37	湖南省	女	7		*北*	1026	192	5.34	5.37	5.24
5	LZ004	李明	51	山东省	男	5		?北?	354	64	5.53	5.70	4.73
6	LZ005	翁国栋	37	北京市	男	2							

图 18-40

18.6 利用名称管理器来快速写公式

前面介绍的无论是利用 SUMIFS、COUNTIFS 还是 AVERAGEIFS 函数进行条件计算，都是通过选中数据源的方法来构建函数参数的。本节介绍一个利用名称管理器快速填写公式的方法。

在“函数统计结果”工作表中，想要统计图 18-41 所示的几个数据，通过跨表拖曳的方式选择数据参数显然很麻烦，如果利用名称管理器直接选择参数就容易很多，接下来就一起来试试吧！

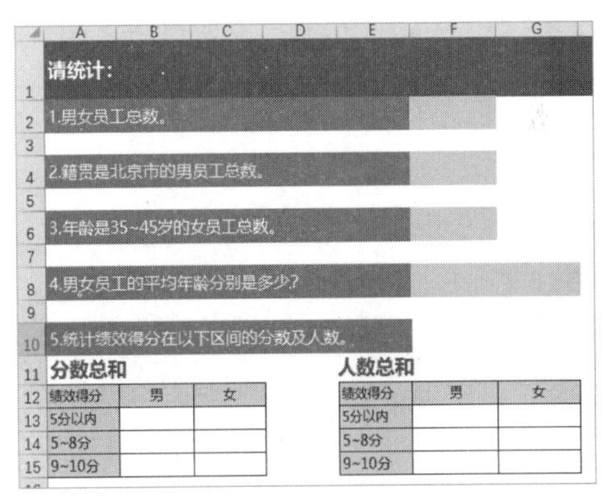

请统计：

1.男女员工总数。

2.籍贯是北京市的男员工总数。

3.年龄是35~45岁的女员工总数。

4.男女员工的平均年龄分别是多少?

5.统计绩效得分在以下区间的分数及人数。

分数总和

绩效得分	男	女
5分以内		
5~8分		
9~10分		

人数总和

绩效得分	男	女
5分以内		
5~8分		
9~10分		

图 18-41

1. 定义数据源字段名称

在“员工清单”工作表中，选中【A1】单元格→按 <Ctrl+A> 键将数据全部选中，如图 18-42 所示。

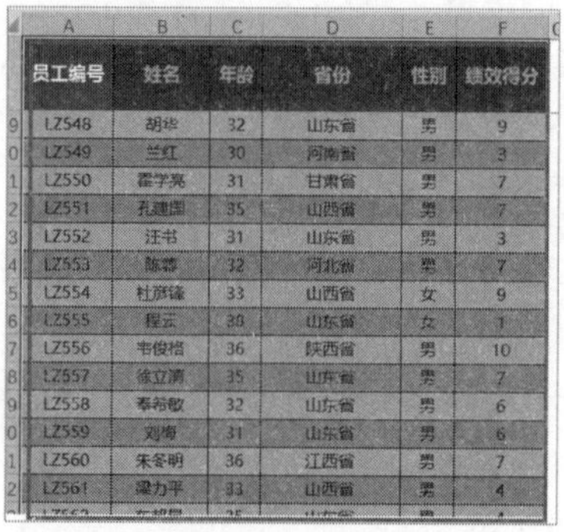

员工编号	姓名	年龄	省份	性别	绩效得分
LZ548	胡坐	32	山东省	男	9
LZ549	兰红	30	河南省	男	3
LZ550	霍学亮	31	甘肃省	男	7
LZ551	孔建国	35	山西省	男	7
LZ552	汪书	31	山东省	男	3
LZ553	陈蓉	32	河北省	男	7
LZ554	杜蔚锋	33	山西省	女	9
LZ555	程云	30	山东省	女	1
LZ556	韦俊皓	36	陕西省	男	10
LZ557	徐立满	35	山东省	男	7
LZ558	秦裕敏	32	山东省	男	6
LZ559	刘梅	31	山东省	男	6
LZ560	朱冬明	36	江西省	男	7
LZ561	梁力平	33	山西省	男	4

图 18-42

选择【公式】选项卡→单击【定义的名称】功能组中的【根据所选内容创建】按钮，如图 18-43 所示。

图 18-43

在弹出的【根据所选内容创建名称】对话框中，Excel 默认选中【首行】和【最左列】复选框，如图 18-44 所示。

而此处只需要选中【首行】复选框，所以取消选中【最左列】复选框，然后单击【确定】按钮，如图 18-45 所示。

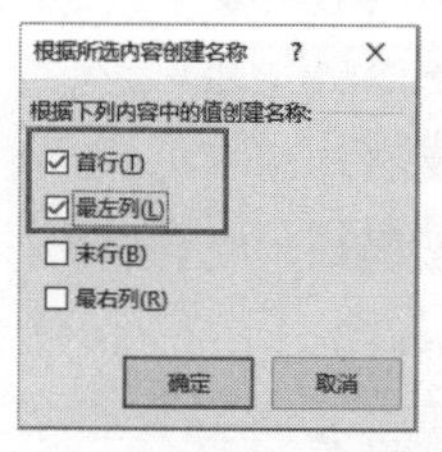

图 18-44

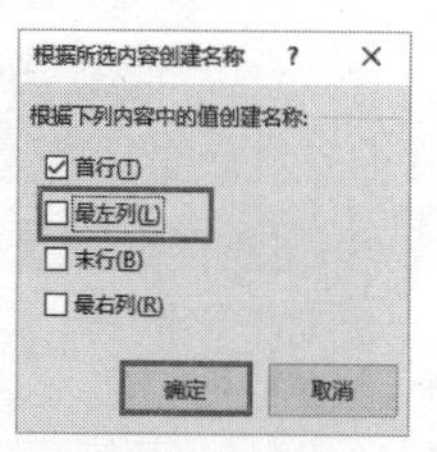

图 18-45

此时，已经将数据源根据首行字段定义了名称。单击表格左上角【名称框】右侧的下三角按钮，在下拉选项中选择【绩效得分】选项，如图 18-46 所示。

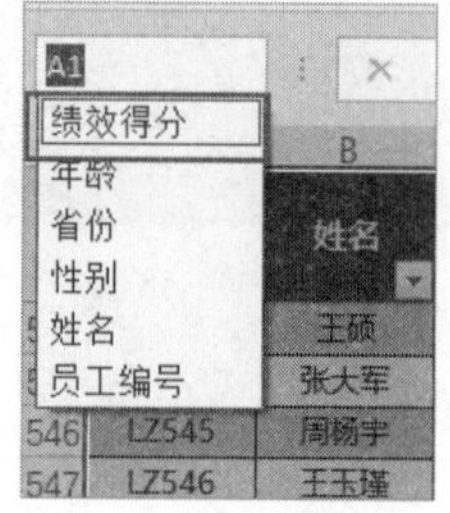

图 18-46

Excel 就会将“绩效得分”所在的【F】列选中，如图 18-47 所示。同理，选择【年龄】选项，Excel 就会将“年龄”所在的【C】列选中。

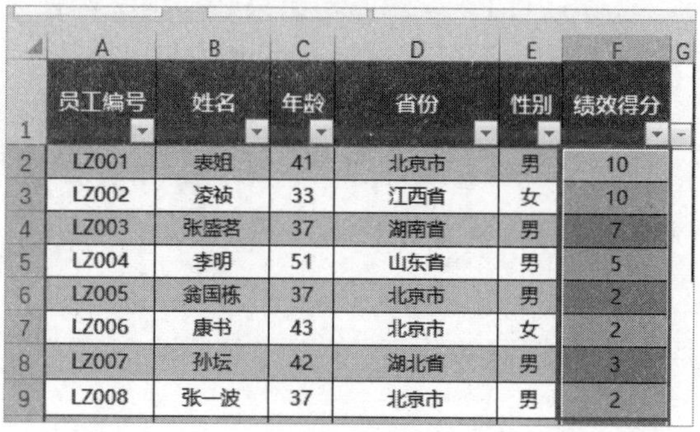

员工编号	姓名	年龄	省份	性别	绩效得分
LZ001	表姐	41	北京市	男	10
LZ002	凌祯	33	江西省	女	10
LZ003	张盛茗	37	湖南省	男	7
LZ004	李明	51	山东省	男	5
LZ005	翁国栋	37	北京市	男	2
LZ006	康书	43	北京市	女	2
LZ007	孙坛	42	湖北省	男	3
LZ008	张一波	37	北京市	男	2

图 18-47

2. 构建函数

接下来就可以构建函数了。

（1）男女员工总数：计数用的是 COUNT 函数。

首先选中【F2】单元格→单击函数编辑区将其激活→输入公式“=COUNT”→按 <Tab> 键快速补充左括号→选择【公式】选项卡→单击【用于公式】按钮→选择【绩效得分】选项，如图 18-48 所示→手动补充右括号→按 <Enter> 键确认。

图 18-48

温馨提示

因为 COUNT 函数只能对数字进行计算，所以这里只能选择【绩效得分】或【年龄】选项，而不能选择其他选项进行计算。

如图 18-49 所示,【F2】单元格中显示出男女员工总数为“574”。

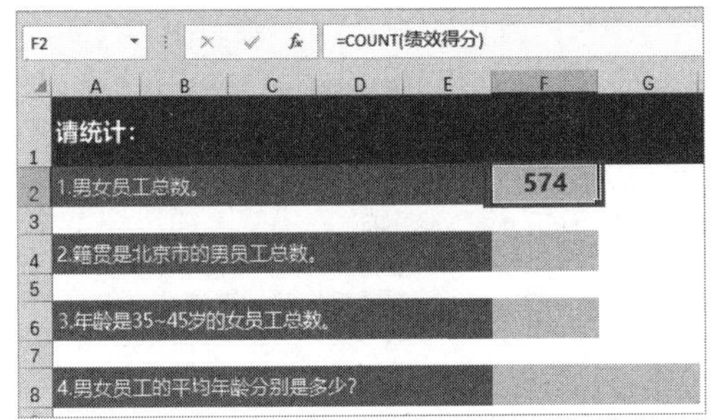

图 18-49

（2）籍贯是北京市的男员工总数：条件计数用的是 COUNTIFS 函数。

选中【F4】单元格→单击函数编辑区将其激活→输入公式“=COUNTIFS(省份 ," 北京市 ", 性别 ," 男 ")”→按 <Enter> 键确认，得到的计算结果为“94”，如图 18-50 所示。

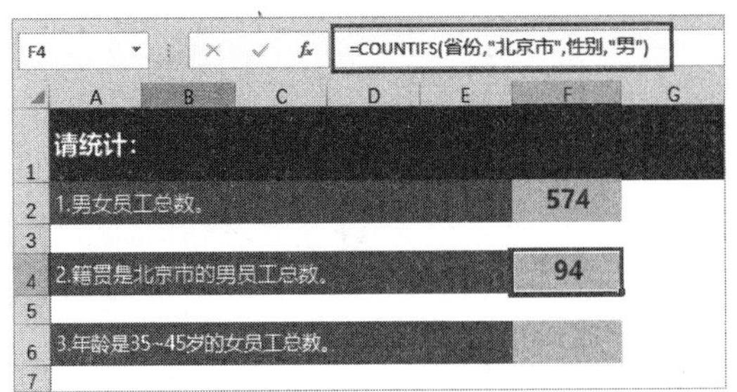

图 18-50

其中，公式中的“省份”和“性别”都是通过选择【公式】选项卡→单击【用于公式】按钮，在下拉选项中直接选择的，如图 18-51 所示。

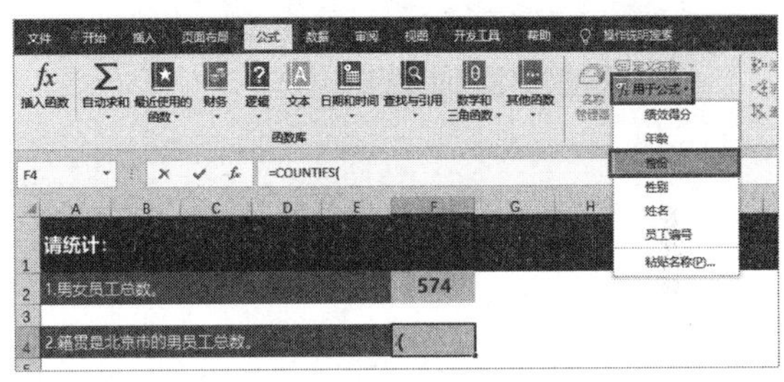

图 18-51

（3）年龄是 35~45 岁的女员工总数：条件计数用的是 COUNTIFS 函数。

选中【F6】单元格→单击函数编辑区将其激活→输入公式“=COUNTIFS(年龄 ,">=35", 年龄 ,"<=45", 性别 ," 女 ")”→按 <Enter> 键确认，得到的计算结果为“78”，如图 18-52 所示。

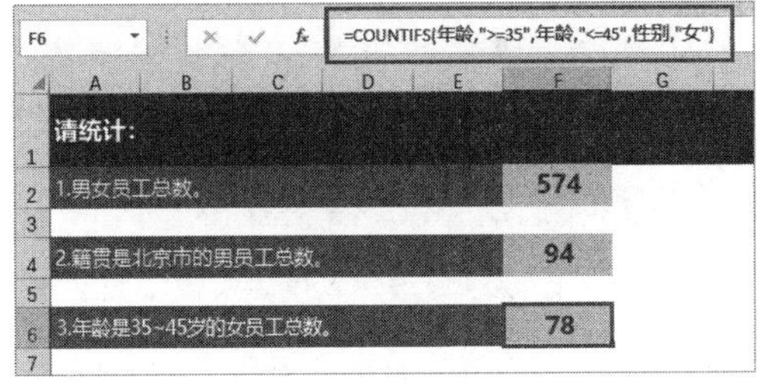

图 18-52

其中，公式中的“年龄”和“性别”都是通过选择【公式】选项卡→单击【用于公式】按钮，在下拉选项中直接选择的。

（4）男女员工的平均年龄分别是多少：条

件平均数用的是 AVERAGEIFS 函数。

选中【F8】单元格→单击函数编辑区将其激活→输入公式 "=AVERAGEIFS(年龄 , 性别 , " 男 ")" →按 <Enter> 键确认，得到的计算结果为 "43.0"，如图 18-53 所示。

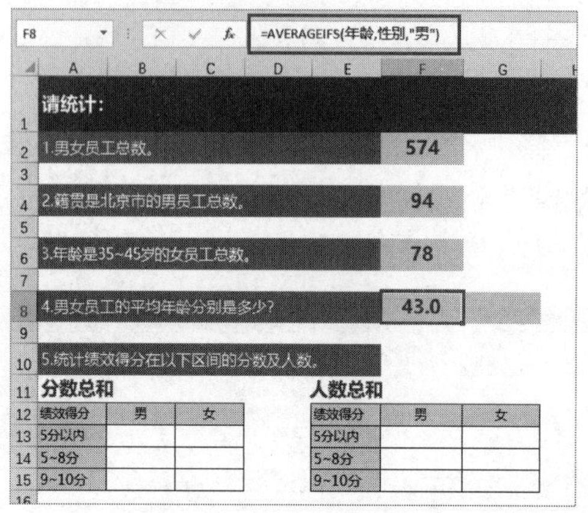

图 18-53

其中，公式中的 "年龄" 和 "性别" 都是通过选择【公式】选项卡→单击【用于公式】按钮，在下拉选项中直接选择的。

同理，在【G8】单元格中输入公式 "=AVERAGEIFS(年龄 , 性别 ," 女 ")" →按 <Enter> 键确认，得到的计算结果为 "41.9"，如图 18-54 所示。

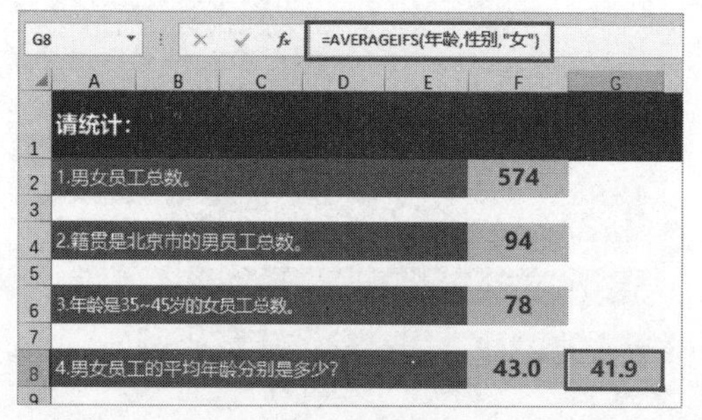

图 18-54

（5）统计绩效得分在某个区间的分数及人数：条件求和用的是 SUMIFS 函数。

如图 18-55 所示，在【B13】单元格中，要统计的是绩效得分 <5 分的男员工总分。

图 18-55

条件求和利用的是 SUMIFS 函数，将公式应用到 "计算绩效得分 <5 分的男员工总分" 的问题中，如图 18-56 所示。

图 18-56

选中【B13】单元格→单击函数编辑区将其激活→输入公式 "=SUMIFS(绩效得分 , 绩效得分 ,"<5", 性别 ,B$12)" →对【B12】单元格锁定行(B$12)，以便拖曳鼠标填充公式→按 <Enter> 键确认，得到的计算结果为 "404"，如图 18-57 所示。

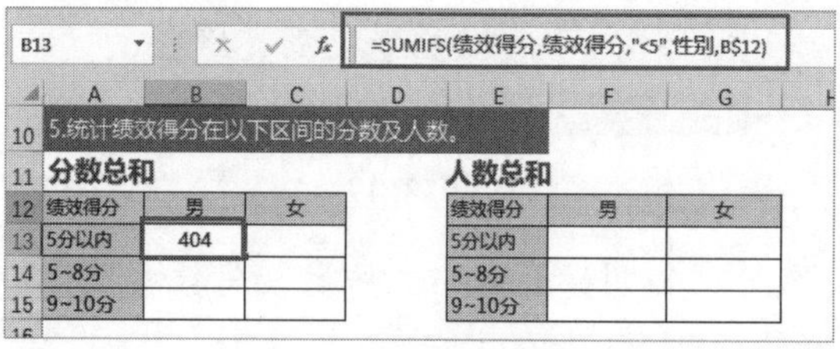

图 18-57

其中，公式中的 "绩效得分" 和 "性别" 都是通过选择【公式】选项卡→单击【用于公式】按钮，在下拉选项中直接选择的。

选中【B13】单元格，向右、向下拖曳鼠标将公式填充至【B13:C15】单元格区域，如图 18-58 所示。

B13 =SUMIFS(绩效得分,绩效得分,"<5",性别,B$12)

	A	B	C	D	E	F	G
10	5.统计绩效得分在以下区间的分数及人数。						
11	分数总和				人数总和		
12	绩效得分	男	女		绩效得分	男	女
13	5分以内	404	173		5分以内		
14	5~8分	404	173		5~8分		
15	9~10分	404	173		9~10分		

图 18-58

此时，【B14】单元格中的公式与【B13】单元格是相同的，计算的是绩效得分 <5 分的男员工总分。现在想要计算的是 5=< 绩效得分 <=8 的男员工总分，所以需要修改公式中的条件，将条件 1 修改为“>=5”，新增条件 2 为“<=8”，如图 18-59 所示。

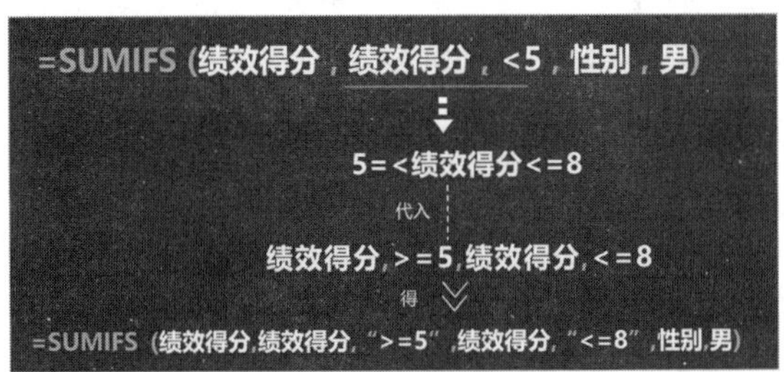

图 18-59

选中【B14】单元格→单击函数编辑区将其激活→将公式修改为“=SUMIFS(绩效得分 , 绩效得分 ,">=5", 绩效得分 ,"<=8", 性别 ,B$12)”→按 <Enter> 键确认，得到的计算结果为“1052”，如图 18-60 所示。

B14 =SUMIFS(绩效得分,绩效得分,">=5",绩效得分,"<=8",性别,B$12

	A	B	C	D	E	F	G
10	5.统计绩效得分在以下区间的分数及人数。						
11	分数总和				人数总和		
12	绩效得分	男	女		绩效得分	男	女
13	5分以内	404	173		5分以内		
14	5~8分	1052	173		5~8分		
15	9~10分	404	173		9~10分		

图 18-60

同理，将【C14】单元格公式中的条件区域 1 与条件 1 替换为“绩效得分 ,">=5", 绩效得分 ,"<=8"”→按 <Enter> 键确认，得到的计算结果为“384”，如图 18-61 所示。

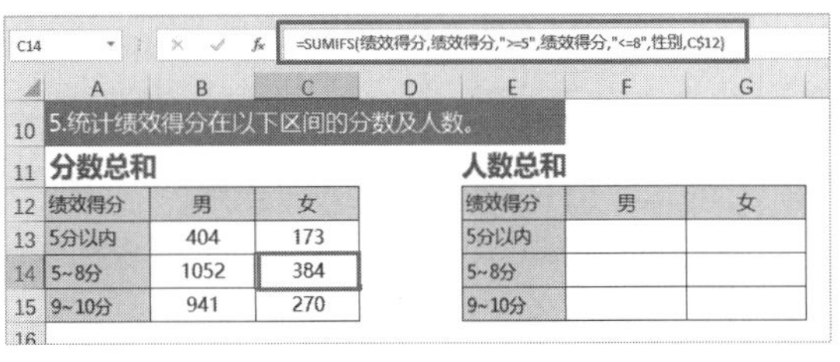
C14 =SUMIFS(绩效得分,绩效得分,">=5",绩效得分,"<=8",性别,C$12)

	A	B	C	D	E	F	G
10	5.统计绩效得分在以下区间的分数及人数。						
11	分数总和				人数总和		
12	绩效得分	男	女		绩效得分	男	女
13	5分以内	404	173		5分以内		
14	5~8分	1052	384		5~8分		
15	9~10分	941	270		9~10分		

图 18-61

利用同样的方法，可以完成【B15:C15】单元格区域公式的修改。只需要将条件 1 修改为对应的条件就可以了，结果如图 18-62 所示。

	A	B	C	D	E	F	G
10	5.统计绩效得分在以下区间的分数及人数。						
11	分数总和				人数总和		
12	绩效得分	男	女		绩效得分	男	女
13	5分以内	404	173		5分以内		
14	5~8分	1052	384		5~8分		
15	9~10分	941	270		9~10分		

图 18-62

至此，完成了分数总和的计算。接下来想要在同样的条件下对人数总和进行条件计数，条件计数用的是 COUNTIFS 函数。

选中【B13:C15】单元格区域→按 <Ctrl+C> 键复制，如图 18-63 所示。

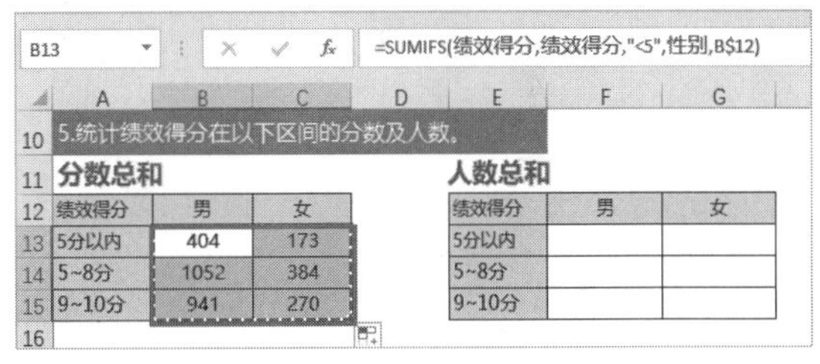
B13 =SUMIFS(绩效得分,绩效得分,"<5",性别,B$12)

	A	B	C	D	E	F	G
10	5.统计绩效得分在以下区间的分数及人数。						
11	分数总和				人数总和		
12	绩效得分	男	女		绩效得分	男	女
13	5分以内	404	173		5分以内		
14	5~8分	1052	384		5~8分		
15	9~10分	941	270		9~10分		

图 18-63

然后选中【F13:G15】单元格区域→按 <Ctrl+V> 键粘贴，如图 18-64 所示。

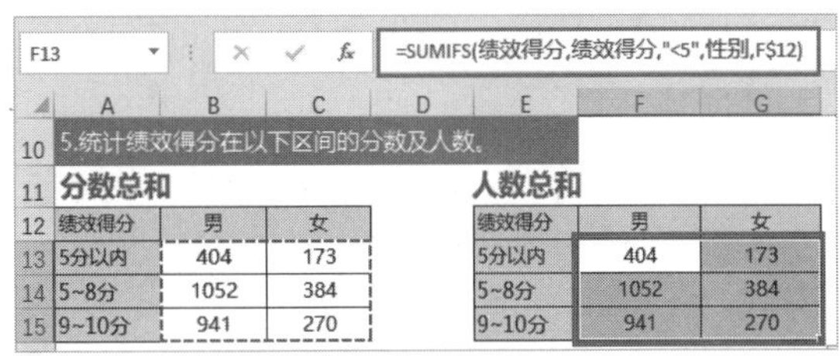
F13 =SUMIFS(绩效得分,绩效得分,"<5",性别,F$12)

	A	B	C	D	E	F	G
10	5.统计绩效得分在以下区间的分数及人数。						
11	分数总和				人数总和		
12	绩效得分	男	女		绩效得分	男	女
13	5分以内	404	173		5分以内	404	173
14	5~8分	1052	384		5~8分	1052	384
15	9~10分	941	270		9~10分	941	270

图 18-64

这里通过观察可知，所有的条件区域和条件与分数总和表中是一致的，只是计算的方式不同，所以只需要将公式中所有的“SUMIFS(绩效得分，”全部替换为“COUNTIFS(”即可。

选中【F13:G15】单元格区域→按 <Ctrl+H> 键打开【查找和替换】对话框→在【查找内容】文本框中输入要替换的内容，即“SUMIFS(绩效得分，”→在【替换为】文本框中输入替换的内容，即“COUNTIFS(”→单击【全部替换】按钮，如图 18-65 所示。

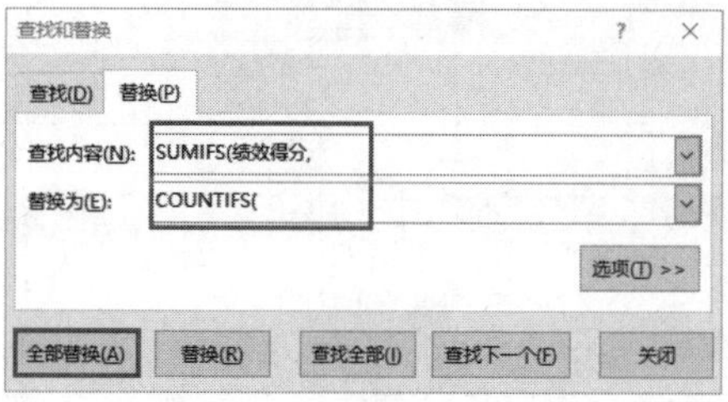

图 18-65

如图 18-66 所示，Excel 提示“全部完成。完成 6 处替换”→单击【确定】按钮将其关闭。

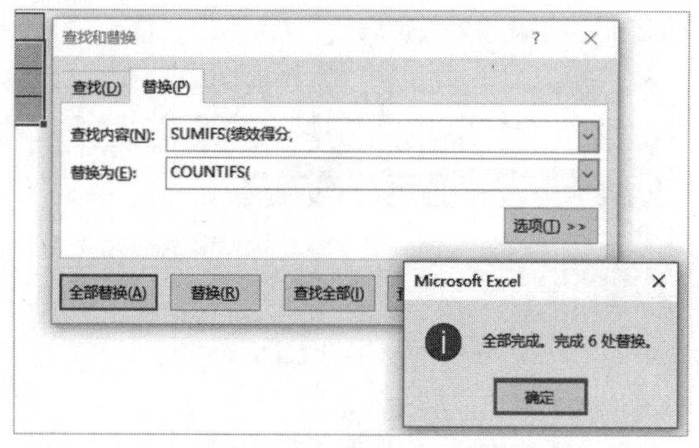

图 18-66

如图 18-67 所示，人数总和表中的数据已全部替换为 COUNIFS 计数结果了。

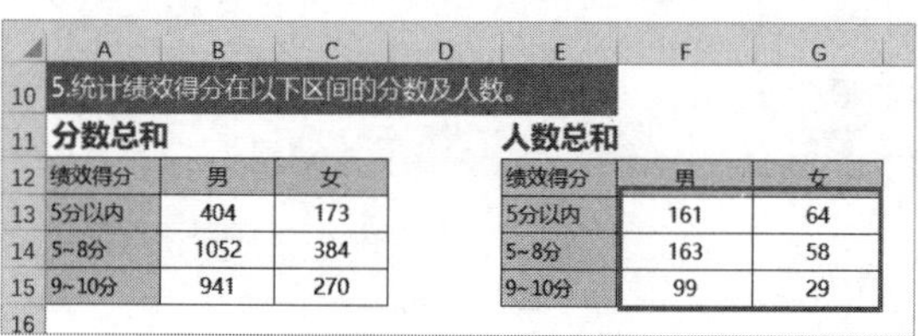

	A	B	C	D	E	F	G
10	5.统计绩效得分在以下区间的分数及人数。						
11	分数总和				人数总和		
12	绩效得分	男	女		绩效得分	男	女
13	5分以内	404	173		5分以内	161	64
14	5~8分	1052	384		5~8分	163	58
15	9~10分	941	270		9~10分	99	29
16							

图 18-67

如图 18-68 所示，这样就完成了表格的所有计算，利用名称管理器的方法是不是更方便一些呢？

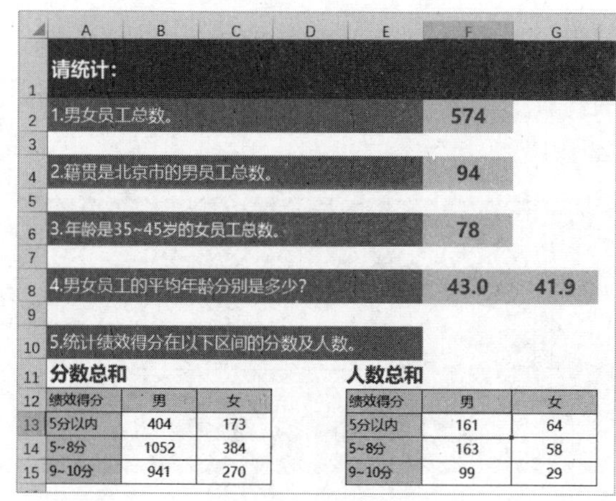

	A	B	C	D	E	F	G
1	请统计:						
2	1.男女员工总数。					574	
3							
4	2.籍贯是北京市的男员工总数。					94	
5							
6	3.年龄是35~45岁的女员工总数。					78	
7							
8	4.男女员工的平均年龄分别是多少?					43.0	41.9
9							
10	5.统计绩效得分在以下区间的分数及人数。						
11	分数总和				人数总和		
12	绩效得分	男	女		绩效得分	男	女
13	5分以内	404	173		5分以内	161	64
14	5~8分	1052	384		5~8分	163	58
15	9~10分	941	270		9~10分	99	29

图 18-68

第19关 查找函数：VLOOKUP

本关背景

如图 19-1 所示，想要根据公司对账单模板，按照“对账单编号”生成一张独立的表格，然后打印出来。遇到这样的问题，Excel 小白可能会选择手动查找、复制、粘贴，陷入这样重复机械的手指运动中。那么，有没有一种方法能够快速解决呢?

本关就给大家介绍一个出镜率非常高的查询函数——VLOOKUP 函数。利用它可以自动生成客户往来对账单。

表姐凌祯科技有限公司 对账单

公司地址
北京市朝阳区姚家园8号
电话：010-8888 8888

日期 2020/3/29
对账单编号 2020-006
客户 ID E005

客户信息
客户名称：苏州杜科贸易公司　客户地址：江苏省苏州市西园路37号
客户联系人：Lisa　联系方式：13189410387

为了真实、准确地反映双方账务情况，现将双方往来账进行核对；截止至今日，贵单位与我单位往来情况如下，请予以核实：

对账日期	货款总金额	已付款金额	欠款金额	备注
2020/3/29	¥ 732.00	¥ 716.00	¥ 16.00	

货物往来情况如下：

业务日期	货物情况	单价	数量	金额
2020/2/3	货物XMLD0719	¥ 25.00	9	¥ 225.00
2020/2/11	货物CUMX0379	¥ 37.00	6	¥ 222.00
2020/2/13	货物RFWM0038	¥ 57.00	5	¥ 285.00

备注：如与贵司记录相符，请在本函下端"信息是否相符"处勾"是"并签章回传；如有不符，请勾"否"并列明原因回传，多谢合作。

信息是否相符：是□否□；如若不符，请说明原因：

贵司确认（盖章、签字）

签章：　表姐凌祯科技有限公司

日期：　2021/4/8

图 19-1

19.1 VLOOKUP 基础查询（一对一查询）

查找函数中出镜率最高的 VLOOKUP 函数常常用于两表之间的信息查询工作。

如图 19-2 所示，根据“对账单编号”在“对账清单”中查询相关信息，并将查找到的信息填入模板中的对应位置，就是使用的 VLOOKUP 函数来实现的。

	A	B	C	D	E	F	G	H	I	J
1	对账单编号	客户ID	业务日期	货物情况	客户经办人	单价	数量	金额	回款金额	欠款金额
2	2020-001	A001	2020/1/5	货物TWMB0920	表姐	13	1	13	13	0
3	2020-001	A001	2020/1/11	货物KMEC0788	表姐	98	4	392	356	36
4	2020-001	A001	2020/1/18	货物SWZD0089	表姐	93	8	744	650	94
5	2020-002	B002	2020/1/8	货物UYAE0794	凌祯	96	8	768	768	0
6	2020-002	B002	2020/1/14	货物VLPG0069	凌祯	95	6	570	513	57
7	2020-003	B002	2020/1/18	货物HLRR0961	张平	23	6	138	118	20
8	2020-003	B002	2020/1/26	货物VRQK0707	张平	59	8	472	472	0
9	2020-004	C003	2020/1/2	货物YUHR0821	张盛茗	13	5	65	65	0
10	2020-004	C003	2020/1/9	货物HURU0160	张盛茗	70	3	210	187	23
11	2020-005	D004	2020/1/10	货物UCBY0457	王大刀	76	6	456	456	0
12	2020-005	D004	2020/1/17	货物FNBG0425	王大刀	24	10	240	100	140
13	2020-005	D004	2020/1/26	货物TMMG0886	王大刀	64	8	512	445	67
14	2020-005	D004	2020/2/1	货物CVZS0810	王大刀	32	4	128	126	2
15	2020-005	D004	2020/2/6	货物RKUO0214	王大刀	87	4	348	299	49
16	2020-006	E005	2020/2/3	货物XMLD0719	Lisa	25	9	225	225	0
17	2020-006	E005	2020/2/11	货物CUMX0379	Lisa	37	6	222	206	16
18	2020-006	F006	2020/2/13	货物RFWM0038	Ford	57	5	285	285	0

图 19-2

1. 公式原理

VLOOKUP 函数的公式原理如图 19-3 所示。

图 19-3

从图 19-3 中可以看到，VLOOKUP 有 4 个参数，前面已经讲解了这 4 个参数的意义和写法，这里再来总结一下，如图 19-4 所示。

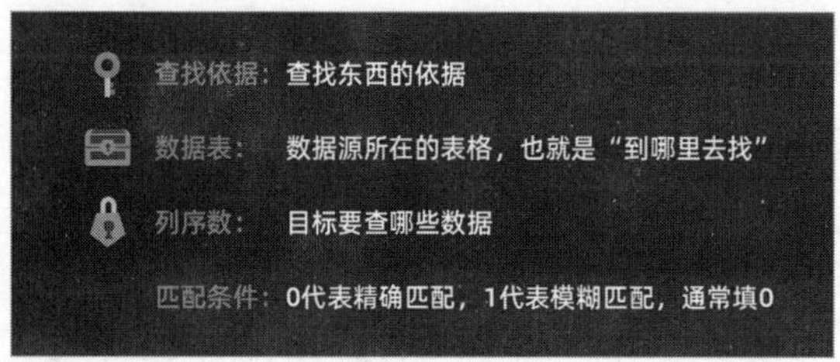

图 19-4

请记住一句口诀："用钥匙在箱子里找锁"，并闭上眼睛想象一下自己真的揣着一把钥匙，站在一个华丽精致的大箱子面前，箱子里面整齐地排满了金色的锁头。这样就可以带有画面感、轻松地记住 VLOOKUP 函数的写法了。要用时只需按照顺序将钥匙、箱子、锁配置上去就好了，如图 19-5 所示。

图 19-5

2. 拆解步骤

打开"素材文件 /19- 查找函数：VLOOKUP/19- 查找函数：VLOOKUP- 客户往来对账单 .xlsx"源文件。

如图 19-6 所示，在"对账单"工作表中，可以单击"对账单编号"右侧的筛选按钮，在下拉选项中选择不同的编号，这样的功能是如何实现的呢？这就是利用前面介绍过的数据验证实现的，下面就一起来回顾一下吧！

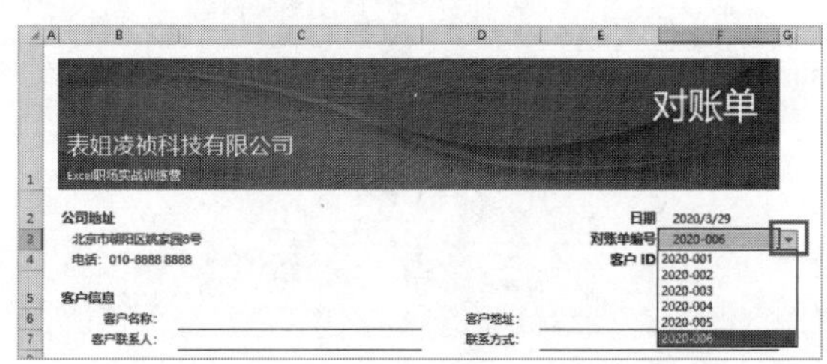

图 19-6

选中【F3】单元格→选择【数据】选项卡→单击【数据验证】按钮→选择【数据验证】选项，如图 19-7 所示。

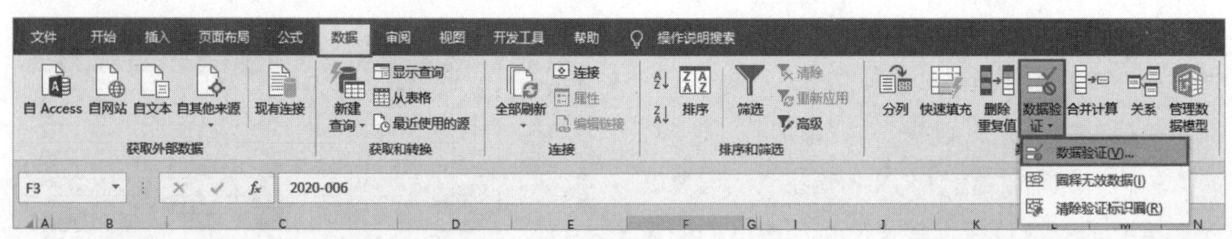

图 19-7

弹出【数据验证】对话框→在【允许】下拉列表中选择【序列】选项→单击【来源】文本框将其激活→选中数据源中的【$H$1:$H$6】单元格区域（提前列好的"对账单编号"列表）→单击【确定】按钮，如图 19-8 所示。

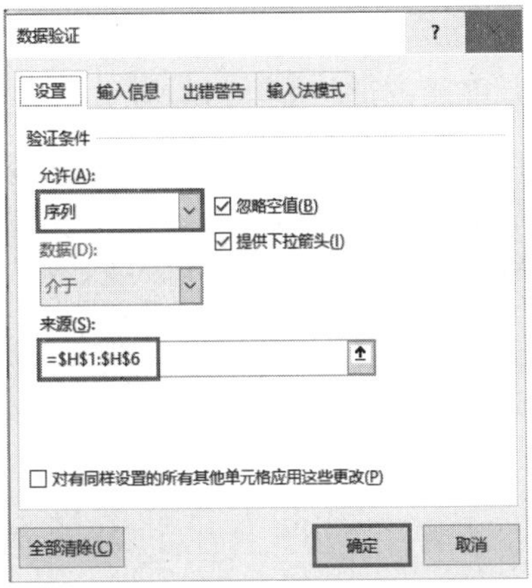

数据验证 ?
设置 输入信息 出错警告 输入法模式
验证条件
允许(A):
序列 ☑忽略空值(B)
☑提供下拉箭头(I)
数据(D):
介于
来源(S):
=$H$1:$H$6
☐对有同样设置的所有其他单元格应用这些更改(P)
全部清除(C) 确定 取消

图 19-8

接下来就利用 VLOOKUP 函数，从查找“客户 ID”开始，一步步完成模板中内容的查找。

（1）需求分析。

选中【F4】单元格，根据【F3】单元格中的“对账单编号”，在“对账清单”工作表中查找对应的“客户 ID”，跨表查找利用的就是 VLOOKUP 函数，如图 19-9 所示。

图 19-9

这个公式就能根据“对账单编号”查找对应的“客户 ID”。接下来将这个公式的查找依据、数据表、列序数依次告诉 Excel。

（2）参数分析。

将公式应用到“查找客户 ID”的问题中，对参数进行分析。

①查找依据：对应的是“对账单编号”，即【F3】单元格。

选中【F4】单元格→单击函数编辑区将其激活→输入公式“=VLOOKUP(”→选中【F3】单元格，如图 19-10 所示。

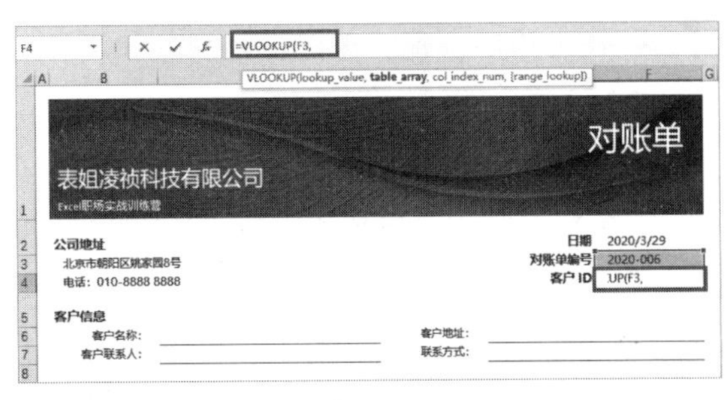

图 19-10

②数据表：对应的是“对账清单”工作表中的【A:J】列。

所以，第二个参数选中“对账清单”工作表，单击【A】列顶部的字母“A”，然后向右拖曳至【J】列，即选中【A:J】列，如图 19-11 所示。

=VLOOKUP(F3,对账清单!A:J

对账单编号	客户ID	业务日期	货物情况	客户经办人	单价	数量	金额	回款金额	欠款金额
2020-001	A001	2020/1/5	货物TWMB0920	表姐	13	1	13	13	0
2020-001	A001	2020/1/11	货物KMEC0788	表姐	98	4	392	356	36
2020-001	A001	2020/1/18	货物SWZD0089	表姐	93	8	744	650	94
2020-002	B002	2020/1/8	货物UYAE0794	凌祯	96	8	768	768	0
2020-002	B002	2020/1/14	货物VLPG0069	凌祯	95	6	570	513	57
2020-003	B002	2020/1/18	货物HLRR0961	张平	23	6	138	118	20
2020-003	B002	2020/1/26	货物VRQK0707	张平	59	8	472	472	0
2020-004	C003	2020/1/2	货物YUHR0821	张盛茗	13	5	65	65	0
2020-004	C003	2020/1/9	货物HURU0160	张盛茗	70	3	210	187	23
2020-005	D004	2020/1/10	货物UCBY0457	王大刀	76	6	456	456	0
2020-005	D004	2020/1/17	货物FNBG0425	王大刀	24	10	240	100	140
2020-005	D004	2020/1/26	货物TMMG0886	王大刀	64	8	512	445	67
2020-005	D004	2020/2/1	货物CVZS0810	王大刀	32	4	128	126	2
2020-005	D004	2020/2/6	货物RKUO0214	王大刀	87	4	348	299	49
2020-006	E005	2020/2/3	货物XMLD0719	Lisa	25	9	225	225	0
2020-006	E005	2020/2/11	货物CUMX0379	Lisa	37	6	222	206	16
2020-006	F006	2020/2/13	货物RFWM0038	Ford	57	5	285	285	0

对账单 对账清单 客户档案

图 19-11

③列序数：对应的是“对账清单”工作表中的第 2 列，如图 19-12 所示。

对账单编号	客户ID	业务日期	货物情况	客户经办人	单价	数量	金额	回款金额	欠款金额
2020-001	A001	2020/1/5	货物TWMB0920	表姐	13	1	13	13	0
2020-001	A001	2020/1/11	货物KMEC0788	表姐	98	4	392	356	36
2020-001	A001	2020/1/18	货物SWZD0089	表姐	93	8	744	650	94
2020-002	B002	2020/1/8	货物UYAE0794	凌祯	96	8	768	768	0
2020-002	B002	2020/1/14	货物VLPG0069	凌祯	95	6	570	513	57
2020-003	B002	2020/1/18	货物HLRR0961	张平	23	6	138	118	20
2020-003	B002	2020/1/26	货物VRQK0707	张平	59	8	472	472	0
2020-004	C003	2020/1/2	货物YUHR0821	张盛茗	13	5	65	65	0
2020-004	C003	2020/1/9	货物HURU0160	张盛茗	70	3	210	187	23
2020-005	D004	2020/1/10	货物UCBY0457	王大刀	76	6	456	456	0
2020-005	D004	2020/1/17	货物FNBG0425	王大刀	24	10	240	100	140
2020-005	D004	2020/1/26	货物TMMG0886	王大刀	64	8	512	445	67
2020-005	D004	2020/2/1	货物CVZS0810	王大刀	32	4	128	126	2
2020-005	D004	2020/2/6	货物RKUO0214	王大刀	87	4	348	299	49
2020-006	E005	2020/2/3	货物XMLD0719	Lisa	25	9	225	225	0
2020-006	E005	2020/2/11	货物CUMX0379	Lisa	37	6	222	206	16
2020-006	F006	2020/2/13	货物RFWM0038	Ford	57	5	285	285	0

图 19-12

④匹配条件：代表要找的值在被查找的数

据表中是否精确匹配。一般都选择精确匹配，所以输入“0”。

（3）输入公式。

最后根据对函数参数的分析，将它代入函数公式，如图 19-13 所示。

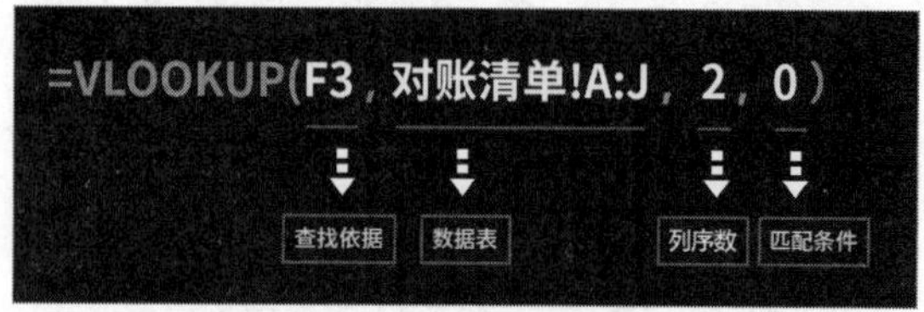

图 19-13

选中【F4】单元格→单击函数编辑区将其激活→输入公式“=VLOOKUP(F3, 对账清单 !A:J,2,0)”→按 <Enter> 键确认，如图 19-14 所示。

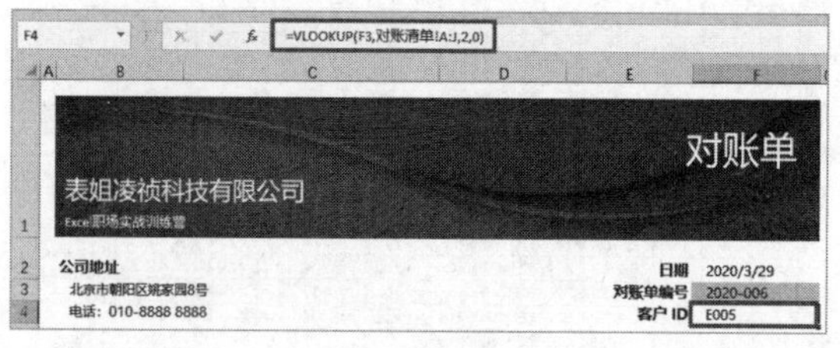

图 19-14

查找完成后，当单击“对账单编号”右侧的下拉筛选按钮，选择不同的编号时，对应的“客户 ID”就会同步更新，如图 19-15 所示。

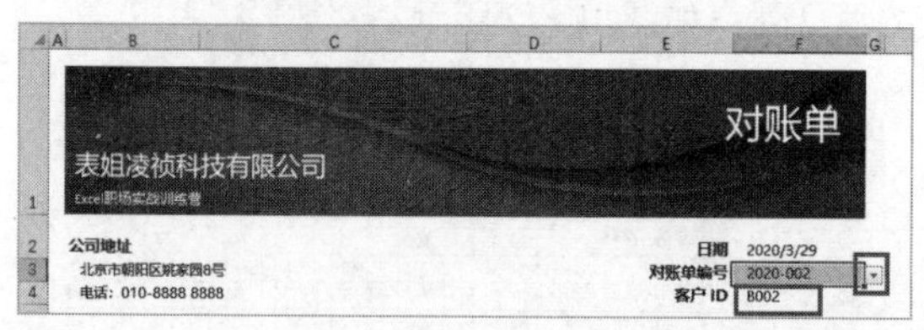

图 19-15

了解了一个公式的写法后，其他的信息查找就不难了。

（4）需求分析。

选中【C6】单元格，根据【F4】单元格中的“客户 ID”，在“客户档案”工作表中查找对应的“客户名称”，跨表查找利用的就是 VLOOKUP 函数，如图 19-16 所示。

图 19-16

接下来将这个公式的查找依据、数据表、列序数依次告诉 Excel。

（5）参数分析。

将公式应用到“查找客户名称”的问题中，对参数进行分析。

①查找依据：对应的是“客户 ID”，即【F4】单元格。

选中【C6】单元格→单击函数编辑区将其激活→输入公式“=VLOOKUP(”→选中【F4】单元格，如图 19-17 所示。

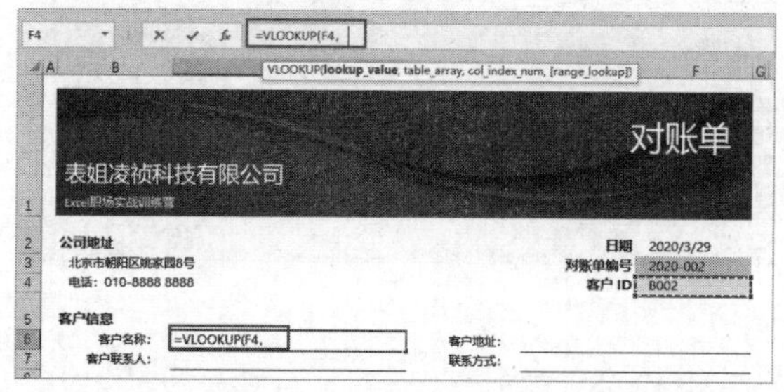

图 19-17

②数据表：对应的是“客户档案”工作表中的【A:E】列。

所以，第二个参数选中“客户档案”工作表，单击【A】列顶部的字母“A”，然后向右拖曳至【E】列，即选中【A:E】列，如图 19-18 所示。

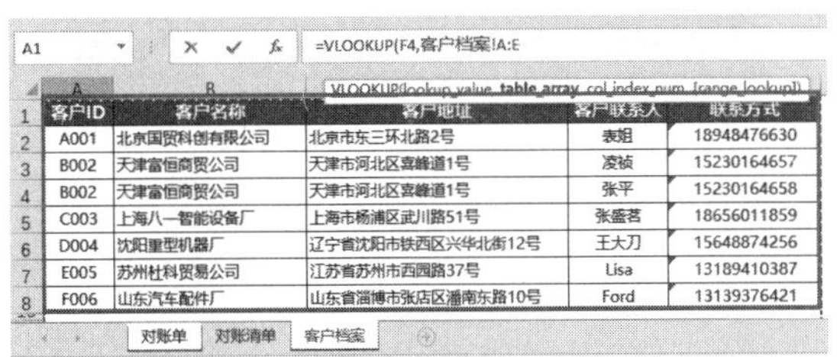

客户ID	客户名称	客户地址	客户联系人	联系方式
A001	北京国贸科创有限公司	北京市东三环北路2号	表姐	18948476630
B002	天津富恒商贸公司	天津市河北区喜峰道1号	凌祯	15230164657
B002	天津富恒商贸公司	天津市河北区喜峰道1号	张平	15230164658
C003	上海八一智能设备厂	上海市杨浦区武川路51号	张盛茗	18656011859
D004	沈阳重型机器厂	辽宁省沈阳市铁西区兴华北街12号	王大刀	15648874256
E005	苏州杜科贸易公司	江苏省苏州市西园路37号	Lisa	13189410387
F006	山东汽车配件厂	山东省淄博市张店区潘南东路10号	Ford	13139376421

图 19-18

③列序数：对应的是“客户档案”工作表中的第 2 列，如图 19-19 所示。

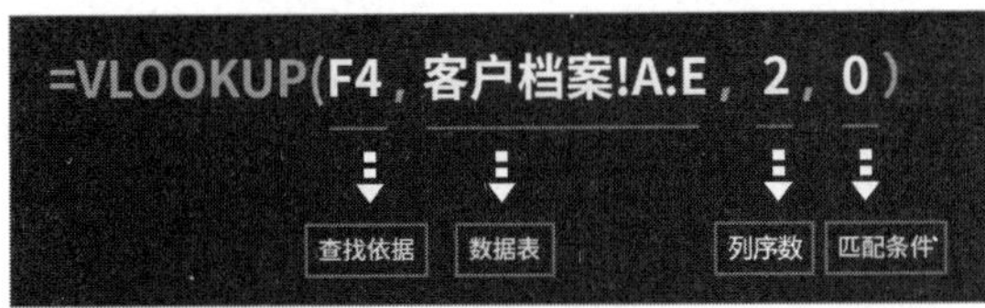

客户ID	客户名称	客户地址	客户联系人	联系方式
A001	北京国贸科创有限公司	北京市东三环北路2号	表姐	18948476630
B002	天津富恒商贸公司	天津市河北区喜峰道1号	凌祯	15230164657
B002	天津富恒商贸公司	天津市河北区喜峰道1号	张平	15230164658
C003	上海八一智能设备厂	上海市杨浦区武川路51号	张盛茗	18656011859
D004	沈阳重型机器厂	辽宁省沈阳市铁西区兴华北街12号	王大刀	15648874256
E005	苏州杜科贸易公司	江苏省苏州市西园路37号	Lisa	13189410387
F006	山东汽车配件厂	山东省淄博市张店区潘南东路10号	Ford	13139376421

图 19-19

④匹配条件：同样为精确匹配，输入“0”。

（6）输入公式。

最后根据对函数参数的分析，将它代入函数公式，如图 19-20 所示。

=VLOOKUP(F4，客户档案!A:E，2，0)
查找依据 数据表 列序数 匹配条件

图 19-20

选中【C6】单元格→单击函数编辑区将其激活→输入公式“=VLOOKUP(F4,客户档案!A:E,2,0)”→按 <Enter> 键确认，如图 19-21 所示。

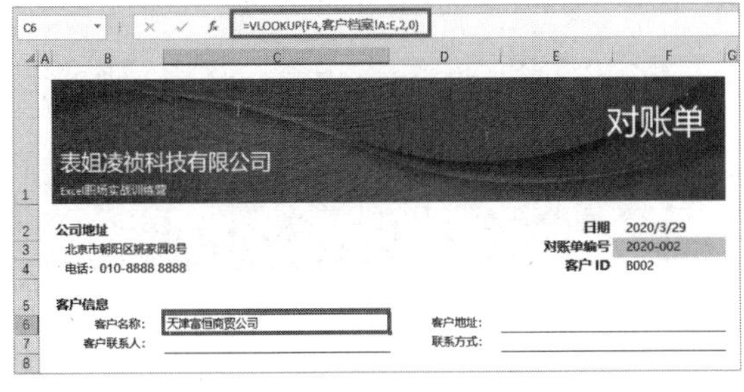

图 19-21

查找完成后，当单击“对账单编号”右侧的下拉筛选按钮，选择不同的编号时，对应的“客户名称”就会同步更新，如图 19-22 所示。

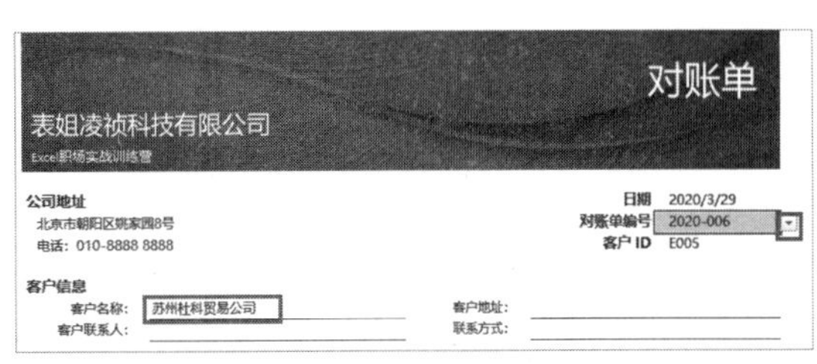

图 19-22

（7）需求分析。

选中【C7】单元格，根据【F3】单元格中的“对账单编号”，在“对账清单”工作表中查找对应的“客户联系人”，跨表查找利用的就是 VLOOKUP 函数，如图 19-23 所示。

图 19-23

接下来将这个公式的查找依据、数据表、列序数依次告诉 Excel。

（8）参数分析。

将公式应用到“查找客户联系人”的问题中，对参数进行分析。

①查找依据：对应的是“对账单编号”，即【F3】单元格。

选中【C7】单元格→单击函数编辑区将其激活→输入公式“=VLOOKUP(”→选中【F3】单元格，如图 19-24 所示。

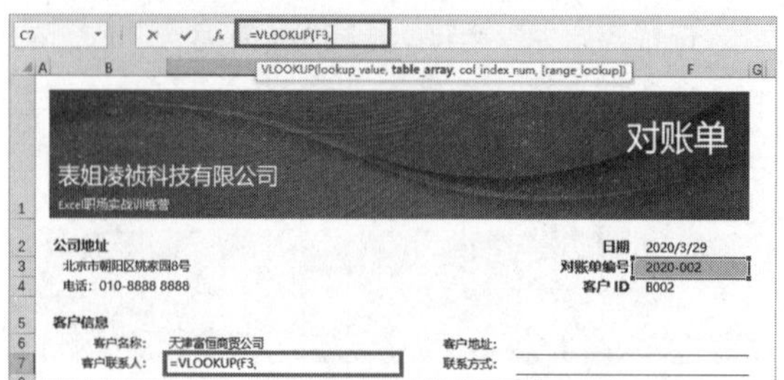

图 19-24

②数据表：对应的是“对账清单”工作表中的【A:J】列。

所以，第二个参数选中“对账清单”工作表，单击【A】列顶部的字母“A”，然后向右拖曳至【J】列，即选中【A:J】列，如图 19-25 所示。

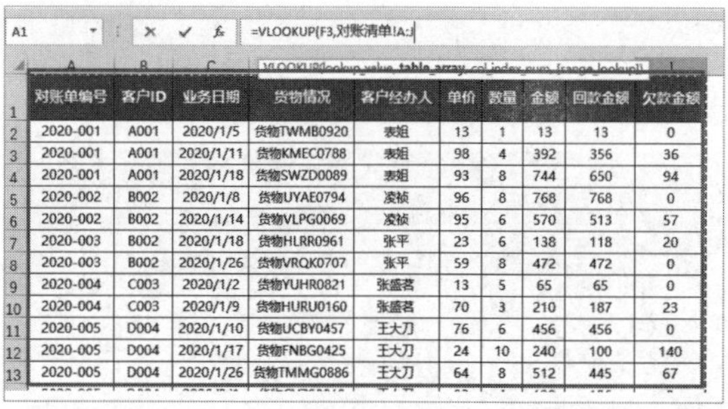

A1 =VLOOKUP(F3,对账清单!A:J

对账单编号	客户ID	业务日期	货物情况	客户经办人	单价	数量	金额	回款金额	欠款金额
2020-001	A001	2020/1/5	货物TWMB0920	表姐	13	1	13	13	0
2020-001	A001	2020/1/11	货物KMEC0788	表姐	98	4	392	356	36
2020-001	A001	2020/1/18	货物SWZD0089	表姐	93	8	744	650	94
2020-002	B002	2020/1/8	货物UYAE0794	凌祯	96	8	768	768	0
2020-002	B002	2020/1/14	货物VLPG0069	凌祯	95	6	570	513	57
2020-003	B002	2020/1/18	货物HLRR0961	张平	23	6	138	118	20
2020-003	B002	2020/1/26	货物VRQK0707	张平	59	8	472	472	0
2020-004	C003	2020/1/2	货物YUHR0821	张盛茗	13	5	65	65	0
2020-004	C003	2020/1/9	货物HURU0160	张盛茗	70	3	210	187	23
2020-005	D004	2020/1/10	货物UCBY0457	王大刀	76	6	456	456	0
2020-005	D004	2020/1/17	货物FNBG0425	王大刀	24	10	240	100	140
2020-005	D004	2020/1/26	货物TMMG0886	王大刀	64	8	512	445	67

图 19-25

③列序数：对应的是“对账清单”工作表中的第 5 列，如图 19-26 所示。

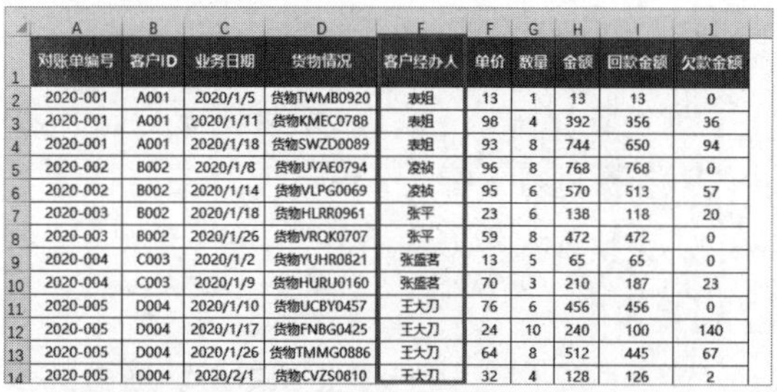

对账单编号	客户ID	业务日期	货物情况	客户经办人	单价	数量	金额	回款金额	欠款金额
2020-001	A001	2020/1/5	货物TWMB0920	表姐	13	1	13	13	0
2020-001	A001	2020/1/11	货物KMEC0788	表姐	98	4	392	356	36
2020-001	A001	2020/1/18	货物SWZD0089	表姐	93	8	744	650	94
2020-002	B002	2020/1/8	货物UYAE0794	凌祯	96	8	768	768	0
2020-002	B002	2020/1/14	货物VLPG0069	凌祯	95	6	570	513	57
2020-003	B002	2020/1/18	货物HLRR0961	张平	23	6	138	118	20
2020-003	B002	2020/1/26	货物VRQK0707	张平	59	8	472	472	0
2020-004	C003	2020/1/2	货物YUHR0821	张盛茗	13	5	65	65	0
2020-004	C003	2020/1/9	货物HURU0160	张盛茗	70	3	210	187	23
2020-005	D004	2020/1/10	货物UCBY0457	王大刀	76	6	456	456	0
2020-005	D004	2020/1/17	货物FNBG0425	王大刀	24	10	240	100	140
2020-005	D004	2020/1/26	货物TMMG0886	王大刀	64	8	512	445	67
2020-005	D004	2020/2/1	货物CVZS0810	王大刀	32	4	128	126	2

图 19-26

④匹配条件：同样为精确匹配，输入“0”。

（9）输入公式。

最后根据对函数参数的分析，将它代入函数公式，如图 19-27 所示。

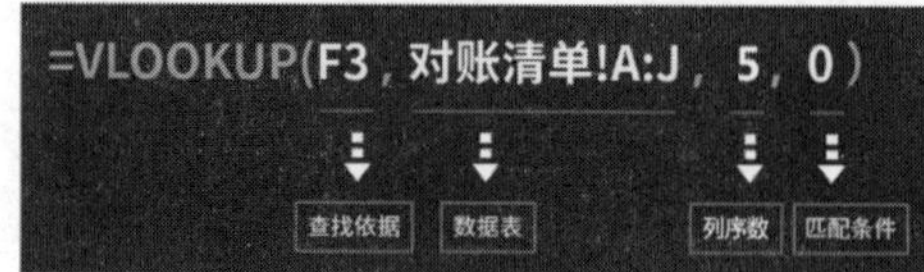

图 19-27

选中【C7】单元格→单击函数编辑区将其激活→输入公式“=VLOOKUP(F3,对账清单!A:J,5,0)”→按 <Enter> 键确认，如图 19-28 所示。

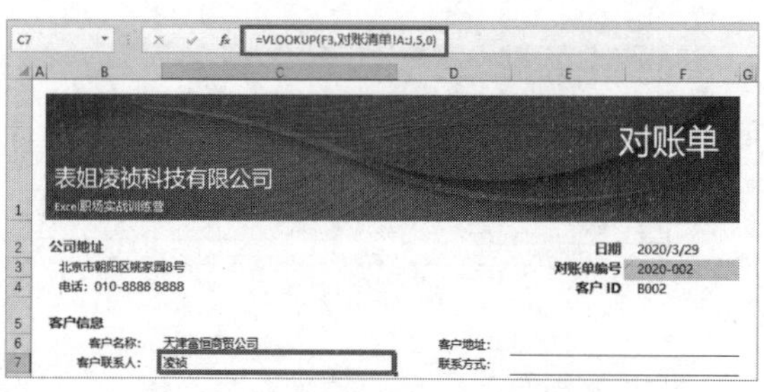

图 19-28

查找完成后，当单击“对账单编号”右侧的下拉筛选按钮，选择不同的编号时，对应的“客户联系人”就会同步更新，如图 19-29 所示。

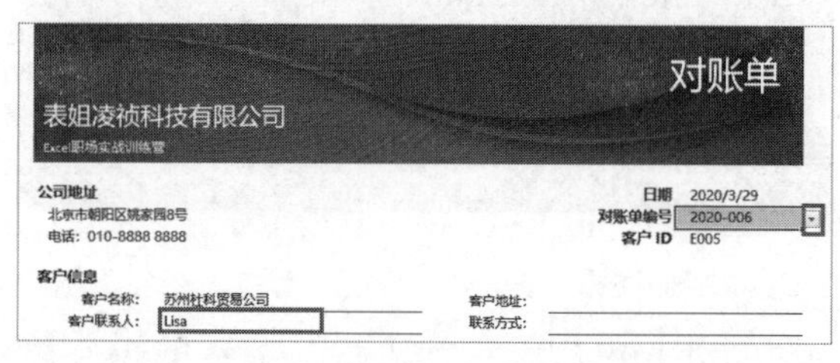

图 19-29

接下来利用同样的方法，根据“客户 ID”在“客户档案”工作表中查找对应的“客户地址”，使用的公式如图 19-30 所示。

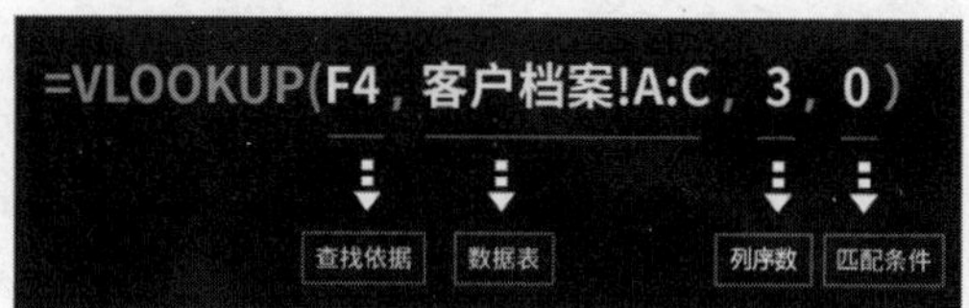

图 19-30

选中【E6】单元格→单击函数编辑区将

其激活→输入公式“=VLOOKUP(F4,客户档案!A:C,3,0)”→按 <Enter> 键确认，如图 19-31 所示。

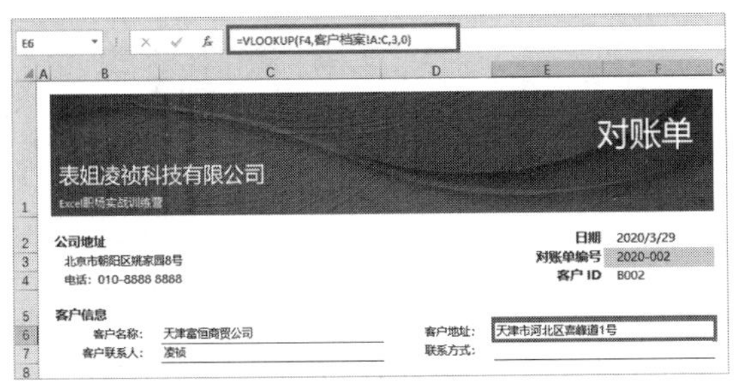

图 19-31

查找完成后，当单击“对账单编号”右侧的下拉筛选按钮，选择不同的编号时，对应的“客户地址”就会同步更新，如图 19-32 所示。

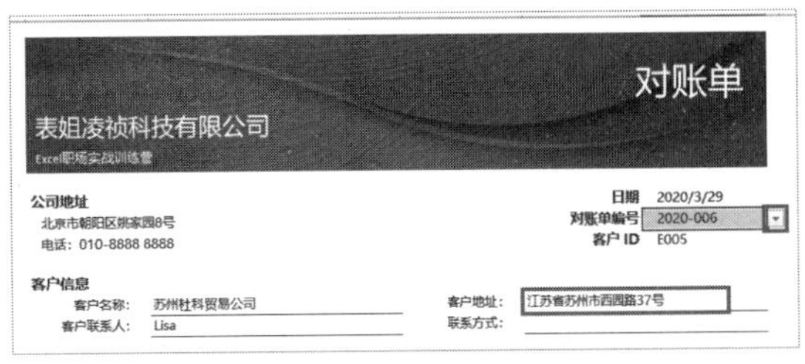

图 19-32

19.2 VLOOKUP 多条件查询（多对一查询）

前面介绍的都是根据一个查找依据，在“数据源”中查找“目标数据”。如果想要查询指定的“客户 ID”下，对应的“客户联系人”留的“联系方式”，又该如何查找呢？

像这样由两个条件构成的查找依据，既要满足“客户 ID”，又要满足“客户联系人”，这种多条件的查找利用 VLOOKUP 函数一样可以搞定，只需要一个小工具 —— 辅助列，就可以轻松查询了。

1. 构建辅助列

要根据“客户 ID”和“客户联系人”查找对应的“联系方式”。

首先构建辅助列，将“客户 ID”与“客户联系人”组合在一起，重新构建一个新的“客户 ID”，再根据新“客户 ID”进行查找，下面就来具体操作一下吧！

在“客户档案”工作表中，选中【A】列并右击→在弹出的快捷菜单中选择【插入】选项，即可在【A】列前插入空白列，如图 19-33 所示。

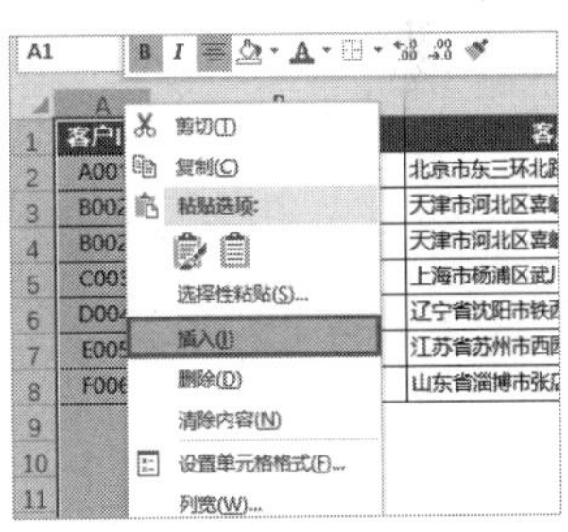

图 19-33

选中【B】列→选择【开始】选项卡→单击【格式刷】按钮→选中【A1】单元格，可将【B】列的格式快速套用在【A】列，如图 19-34 所示。

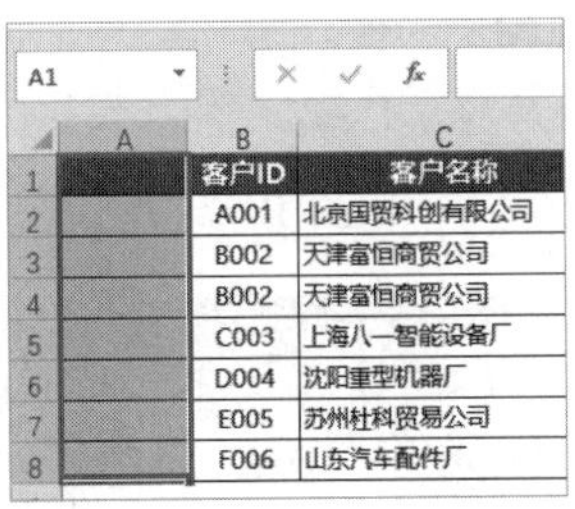

图 19-34

接下来利用“&”将“客户 ID”与“客户联系人”连接在一起，构建一个新的查询依据。

选中【A1】单元格→输入“客户 ID& 联系人”，作为辅助列的标题，如图 19-35 所示。

	A	B	C
1	客户ID&联系人	客户ID	客户名称
2		A001	北京国贸科创有限公司
3		B002	天津富恒商贸公司
4		B002	天津富恒商贸公司
5		C003	上海八一智能设备厂
6		D004	沈阳重型机器厂
7		E005	苏州杜科贸易公司
8		F006	山东汽车配件厂

图 19-35

选中【A2】单元格→单击函数编辑区将其激活→输入公式“=B2&E2”→按 <Enter> 键确认→将光标放在【A2】单元格右下角，当光标变为十字句柄时，双击鼠标将公式向下填充至【A2:A8】单元格区域，如图 19-36 所示。

A2　=B2&E2

	A	B	C	D	E
1	客户ID&联系人	客户ID	客户名称	客户地址	客户联系人
2	A001表姐	A001	北京国贸科创有限公司	北京市东三环北路2号	表姐
3	B002凌祯	B002	天津富恒商贸公司	天津市河北区喜峰道1号	凌祯
4	B002张平	B002	天津富恒商贸公司	天津市河北区喜峰道1号	张平
5	C003张盛茗	C003	上海八一智能设备厂	上海市杨浦区武川路51号	张盛茗
6	D004王大刀	D004	沈阳重型机器厂	辽宁省沈阳市铁西区兴华北街12号	王大刀
7	E005Lisa	E005	苏州杜科贸易公司	江苏省苏州市西园路37号	Lisa
8	F006Ford	F006	山东汽车配件厂	山东省淄博市张店区潘南东路10号	Ford

图 19-36

2. VLOOKUP 查询

构建了新的查询依据后，接下来就开始进入 VLOOKUP 查询之旅吧！

（1）需求分析。

要根据“客户 ID”和“客户联系人”在“客户档案”工作表中查找对应的“联系方式”，当将“客户 ID”和“客户联系人”组合在一起后，就转化为根据新“客户 ID”，即“客户 ID& 联系人”查找对应的“联系方式”了，同样利用 VLOOKUP 函数，如图 19-37 所示。

图 19-37

（2）参数分析。

①查找依据：对应的是“客户 ID”和“客户联系人”，即【F4】和【C7】单元格，如图 19-38 所示。

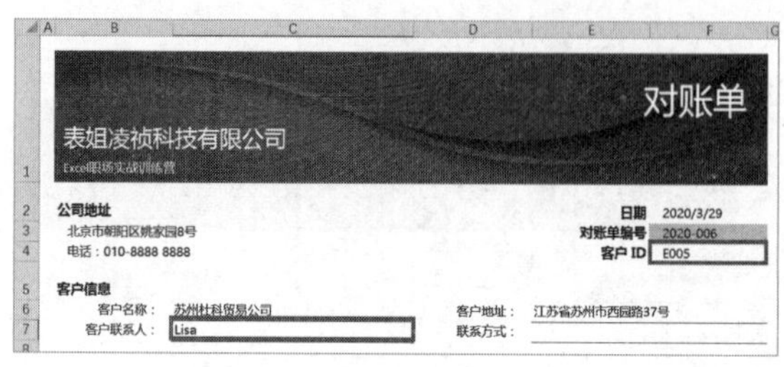

图 19-38

②数据表：对应的是“客户档案”工作表中的【A:F】列，如图 19-39 所示。

	A	B	C	D	E	F
1	客户ID&联系人	客户ID	客户名称	客户地址	客户联系人	联系方式
2	A001表姐	A001	北京国贸科创有限公司	北京市东三环北路2号	表姐	18948476630
3	B002凌祯	B002	天津富恒商贸公司	天津市河北区喜峰道1号	凌祯	15230164657
4	B002张平	B002	天津富恒商贸公司	天津市河北区喜峰道1号	张平	15230164658
5	C003张盛茗	C003	上海八一智能设备厂	上海市杨浦区武川路51号	张盛茗	18656011859
6	D004王大刀	D004	沈阳重型机器厂	辽宁省沈阳市铁西区兴华北街12号	王大刀	15648874256
7	E005Lisa	E005	苏州杜科贸易公司	江苏省苏州市西园路37号	Lisa	13189410387
8	F006Ford	F006	山东汽车配件厂	山东省淄博市张店区潘南东路10号	Ford	13139376421

图 19-39

③列序数：对应的是“客户档案”工作表中的第 6 列，如图 19-40 所示。

	A	B	C	D	E	F
1	客户ID&联系人	客户ID	客户名称	客户地址	客户联系人	联系方式
2	A001表姐	A001	北京国贸科创有限公司	北京市东三环北路2号	表姐	18948476630
3	B002凌祯	B002	天津富恒商贸公司	天津市河北区喜峰道1号	凌祯	15230164657
4	B002张平	B002	天津富恒商贸公司	天津市河北区喜峰道1号	张平	15230164658
5	C003张盛茗	C003	上海八一智能设备厂	上海市杨浦区武川路51号	张盛茗	18656011859
6	D004王大刀	D004	沈阳重型机器厂	辽宁省沈阳市铁西区兴华北街12号	王大刀	15648874256
7	E005Lisa	E005	苏州杜科贸易公司	江苏省苏州市西园路37号	Lisa	13189410387
8	F006Ford	F006	山东汽车配件厂	山东省淄博市张店区潘南东路10号	Ford	13139376421

图 19-40

④匹配条件：默认为“0”。

（3）输入公式。

最后根据对函数参数的分析，将它代入函数公式，如图 19-41 所示。

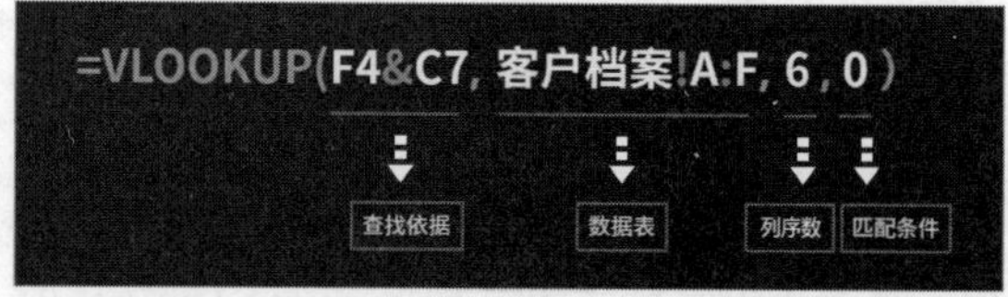

图 19-41

选中【E7】单元格→单击函数编辑区将其激活→输入公式“=VLOOKUP(F4&C7, 客户档

案 !A:F,6,0)”→按 <Enter> 键确认，如图 19-42 所示。

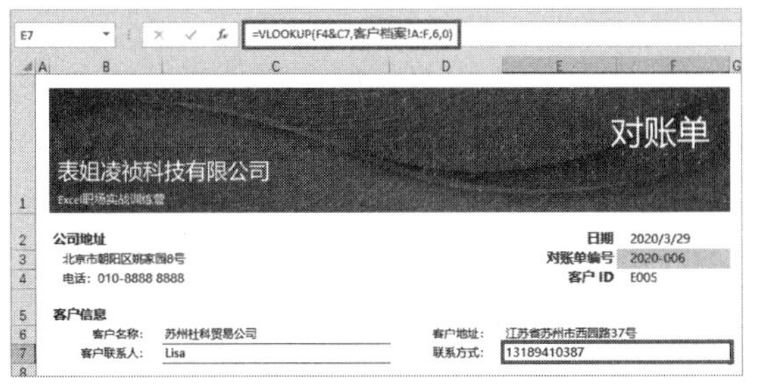

图 19-42

查找完成后，当单击“对账单编号”右侧的下拉筛选按钮，选择不同的编号时，对应的“联系方式”就会同步更新，如图 19-43 所示。

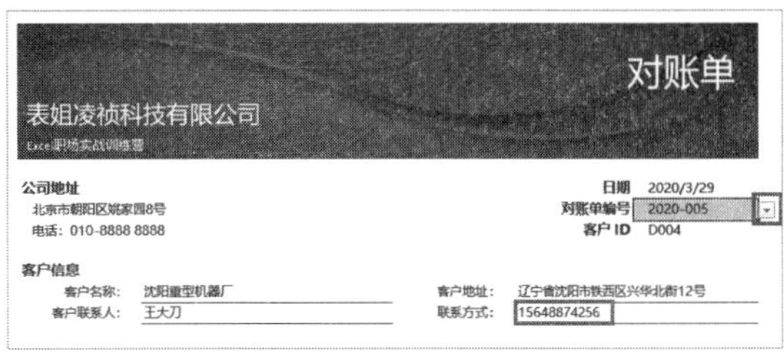

图 19-43

至此，已经完成了对账单中基本信息部分的查找。

19.3 VLOOKUP 升级查询（一对多查询）

前文介绍的 VLOOKUP 函数都是根据一个或多个“查找依据”查找一个“目标数据”，那么像图 19-44 这样，一个“对账单编号”对应多条数据信息的，又该怎么查找呢？

	A	B	C	D	E	F	G	H	I	J
1	对账单编号	客户ID	业务日期	货物情况	客户经办人	单价	数量	金额	回款金额	欠款金额
2	2020-001	A001	2020/1/5	货物TWMB0920	表姐	13	1	13	13	0
3	2020-001	A001	2020/1/11	货物KMEC0788	表姐	98	4	392	356	36
4	2020-001	A001	2020/1/18	货物SWZD0089	表姐	93	8	744	650	94
5	2020-002	B002	2020/1/8	货物UYAE0794	凌祯	96	8	768	768	0
6	2020-002	B002	2020/1/14	货物VLPG0069	凌祯	95	6	570	513	57
7	2020-003	B002	2020/1/18	货物HLRR0961	张平	23	6	138	118	20
8	2020-003	B002	2020/1/26	货物VRQK0707	张平	59	8	472	472	0
9	2020-004	C003	2020/1/2	货物YUHR0821	张盛茗	13	5	65	65	0
10	2020-004	C003	2020/1/9	货物HURU0160	张盛茗	70	3	210	187	23
11	2020-005	D004	2020/1/10	货物UCBY0457	王大刀	76	6	456	456	0
12	2020-005	D004	2020/1/17	货物FNBG0425	王大刀	24	10	240	100	140
13	2020-005	D004	2020/1/26	货物TMMG0886	王大刀	64	8	512	445	67
14	2020-005	D004	2020/2/1	货物CVZS0810	王大刀	32	4	128	126	2
15	2020-005	D004	2020/2/6	货物RKUO0214	王大刀	87	4	348	299	49
16	2020-006	E005	2020/2/3	货物XMLD0719	Lisa	25	9	225	225	0
17	2020-006	E005	2020/2/11	货物CUMX0379	Lisa	37	6	222	206	16
18	2020-006	F006	2020/2/13	货物RFWM0038	Ford	57	5	285	285	0

图 19-44

现在想要实现当单击“对账单编号”右侧的下拉筛选按钮，选择某一个编号时，将此编号下的所有明细都查找出来，生成一张明细表的效果，如图 19-45 所示。

图 19-45

1. 构建辅助列

虽然要实现根据对账单编号一对多查找明细，但实际上还是要利用 VLOOKUP 函数查找。只不过我们提前做了一个小小的“机关”，这个机关就是构建辅助列，在【A】列插入辅助列，计算对应“对账单编号”当前出现的次数。然后将“对账单编号”与次数组合，重新构建一个唯一值的对账单编号。下面就来具体操作一下吧！

首先在“对账清单”工作表中，选中【A】列并右击→在弹出的快捷菜单中选择【插入】选项，即可在【A】列前插入空白列，如图 19-46 所示。

图 19-46

选中【B】列→选择【开始】选项卡→单击【格式刷】按钮→选中【A1】单元格，可将【B】列的格式快速套用在【A】列，如图 19-47 所示。

	A	B	C	D	E
1		对账单编号	客户ID	业务日期	货物
2		2020-001	A001	2020/1/5	货物TW
3		2020-001	A001	2020/1/11	货物KM
4		2020-001	A001	2020/1/18	货物SW
5		2020-002	B002	2020/1/8	货物UY
6		2020-002	B002	2020/1/14	货物VL
7		2020-003	B002	2020/1/18	货物HL
8		2020-003	B002	2020/1/26	货物VR
9		2020-004	C003	2020/1/2	货物YU
10		2020-004	C003	2020/1/9	货物HU
11		2020-005	D004	2020/1/10	货物UC
12		2020-005	D004	2020/1/17	货物FN
13		2020-005	D004	2020/1/26	货物TM
14		2020-005	D004	2020/2/1	货物CV
15		2020-005	D004	2020/2/6	货物RK
16		2020-006	E005	2020/2/3	货物XM
17		2020-006	E005	2020/2/11	货物CU
18		2020-006	F006	2020/2/13	货物RF

图 19-47

选中【A1】单元格→输入“对账单号是第几次出现的？”，作为辅助列的标题，如图 19-48 所示。

	A	B	C	D
1	对账单号是第几次出现的?	对账单编号	客户ID	业务日期
2		2020-001	A001	2020/1/5
3		2020-001	A001	2020/1/11
4		2020-001	A001	2020/1/18
5		2020-002	B002	2020/1/8
6		2020-002	B002	2020/1/14
7		2020-003	B002	2020/1/18
8		2020-003	B002	2020/1/26
9		2020-004	C003	2020/1/2
10		2020-004	C003	2020/1/9
11		2020-005	D004	2020/1/10

图 19-48

（1）需求分析。

接下来要在【A2】单元格中计算【B2】单元格中的“对账单编号”在【B】列中截至当前行号出现的次数。条件计数用的是 COUNTIFS 函数，如图 19-49 所示。

图 19-49

（2）参数分析。

①条件区域：“对账单编号”所在的列为【B】列，这里要计数的是【B】列中每一个单元格的值截至当前行号出现的次数，所以行列锁定方式如图 19-50 所示。

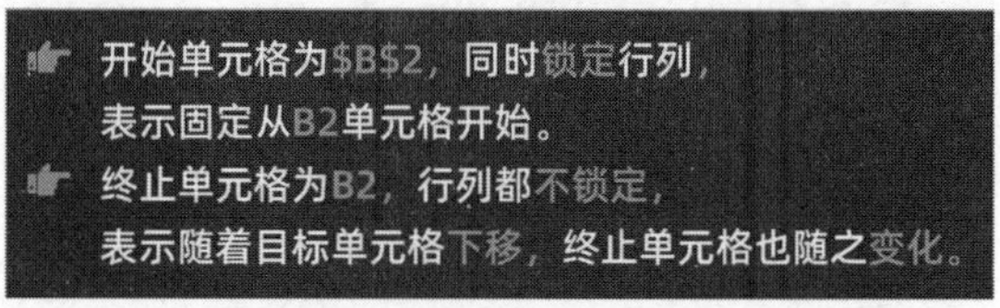

开始单元格为$B$2，同时锁定行列，
表示固定从B2单元格开始。
终止单元格为B2，行列都不锁定，
表示随着目标单元格下移，终止单元格也随之变化。

图 19-50

例如，要计算【B4】单元格的值截至当前行号出现的次数，那么它所对应的“条件区域”就是 $B$2:B4。表示在【B2:B4】单元格区域中，【B4】单元格的值出现的次数。

同理，要计算【B5】单元格的值截至当前行号出现的次数，那么它所对应的“条件区域”就是 $B$2:B5。表示在【B2:B5】单元格区域中，

【B5】单元格的值出现的次数。

所以，这里选中【A2】单元格，它的条件区域为 $B$2:B2。

②条件：根据【B2】单元格进行查找，故条件为 B2。

（3）输入公式。

最后根据对函数参数的分析，将它代入函数公式，如图 19-51 所示。

图 19-51

选中【A2】单元格→单击函数编辑区将其激活→输入公式“=COUNTIFS($B$2:B2,B2)”→按 <Enter> 键确认→双击鼠标将公式向下填充，如图 19-52 所示，已经计算出【B】列的“对账单编号”截至当前行号出现的次数了。

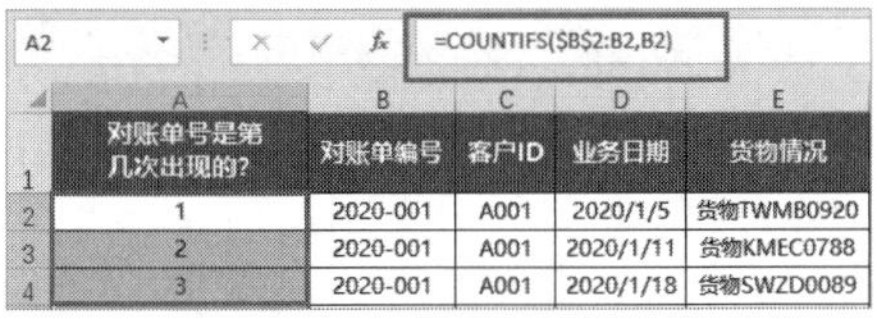

A2 =COUNTIFS($B$2:B2,B2)

	A	B	C	D	E
1	对账单号是第几次出现的?	对账单编号	客户ID	业务日期	货物情况
2	1	2020-001	A001	2020/1/5	货物TWMB0920
3	2	2020-001	A001	2020/1/11	货物KMEC0788
4	3	2020-001	A001	2020/1/18	货物SWZD0089

图 19-52

接下来将“对账单编号”与次数进行组合，中间用“.”分隔。组合为“2020-001.1”这样的格式，重新构建一个唯一值的对账单编号。

选中【A】列并右击→在弹出的快捷菜单中选择【插入】选项，即可在【A】列前插入空白列，如图 19-53 所示。

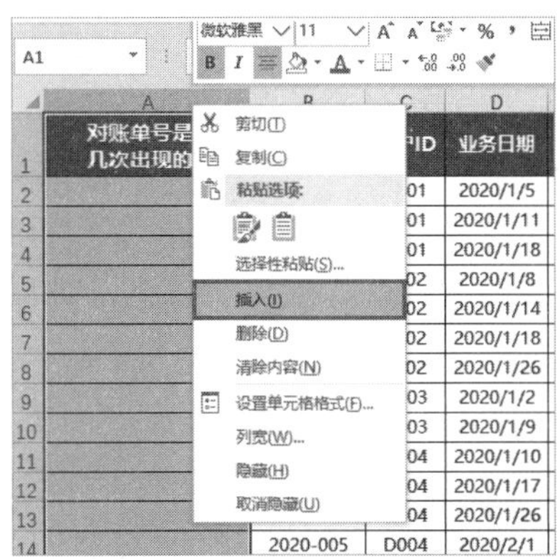

图 19-53

选中【B】列→选择【开始】选项卡→单击【格式刷】按钮→选中【A1】单元格，可将【B】列的格式快速套用在【A】列，如图 19-54 所示。

	A	B	C	D	E	F
1		对账单号是第几次出现的?	对账单编号	客户ID	业务日期	货物情况
2			2020-001	A001	2020/1/5	货物TWMB0920
3			2020-001	A001	2020/1/11	货物KMEC0788
4			2020-001	A001	2020/1/18	货物SWZD0089
5			2020-002	B002	2020/1/8	货物UYAE0794
6			2020-002	B002	2020/1/14	货物VLPG0069
7			2020-003	B002	2020/1/18	货物HLRR0961
8			2020-003	B002	2020/1/26	货物VRQK0707
9			2020-004	C003	2020/1/2	货物YUHR0821

图 19-54

选中【A1】单元格→输入“对账单号唯一值ID”，作为辅助列的标题，如图 19-55 所示。

	A	B	C	D	E
1	对账单号唯一值ID	对账单号是第几次出现的?	对账单编号	客户ID	业务日期
2			2020-001	A001	2020/1/5
3			2020-001	A001	2020/1/11
4			2020-001	A001	2020/1/18
5			2020-002	B002	2020/1/8
6			2020-002	B002	2020/1/14
7			2020-003	B002	2020/1/18
8			2020-003	B002	2020/1/26
9			2020-004	C003	2020/1/2
10			2020-004	C003	2020/1/9
11			2020-005	D004	2020/1/10
12			2020-005	D004	2020/1/17
13			2020-005	D004	2020/1/26
14			2020-005	D004	2020/2/1
15			2020-005	D004	2020/2/6

图 19-55

然后利用“&”将“对账单编号”“.”与“对

账单号是第几次出现的？”连接在一起，重新构建一个唯一值的对账单编号。

选中【A2】单元格→单击函数编辑区将其激活→输入公式“=C2&"."&B2”→按 <Enter> 键确认→双击鼠标将公式向下填充，如图 19-56 所示。

A2 =C2&"."&B2

	A	B	C	D	E	F
1	对账单号唯一值ID	对账单号是第几次出现的?	对账单编号	客户ID	业务日期	货物
2	2020-001.1	1	2020-001	A001	2020/1/5	货物TWI
3	2020-001.2	2	2020-001	A001	2020/1/11	货物KM
4	2020-001.3	3	2020-001	A001	2020/1/18	货物SW
5	2020-002.1	1	2020-002	B002	2020/1/8	货物UY
6	2020-002.2	2	2020-002	B002	2020/1/14	货物VL
7	2020-003.1	1	2020-003	B002	2020/1/18	货物HL

图 19-56

温馨提示

符号两端加英文状态下的双引号，即"."。

2. VLOOKUP 查询

接下来就根据“对账单号唯一值 ID”对相关信息进行查找。回到“对账单”工作表，根据“对账单号唯一值 ID”查找出明细。

首先在“对账单”工作表的【A14:A18】单元格区域中分别输入 1~5 作为辅助列，如图 19-57 所示。然后将“对账单编号”与辅助数据组合起来作为查找依据，在“对账清单”工作表中查找对应的明细数据。

12	货物往来情况如下:		
13		业务日期	货物情况
14	1		
15	2		
16	3		
17	4		
18	5		

图 19-57

根据“对账单号唯一值 ID”在“对账清单”工作表中查找对应的“业务日期”，如图 19-58 所示。

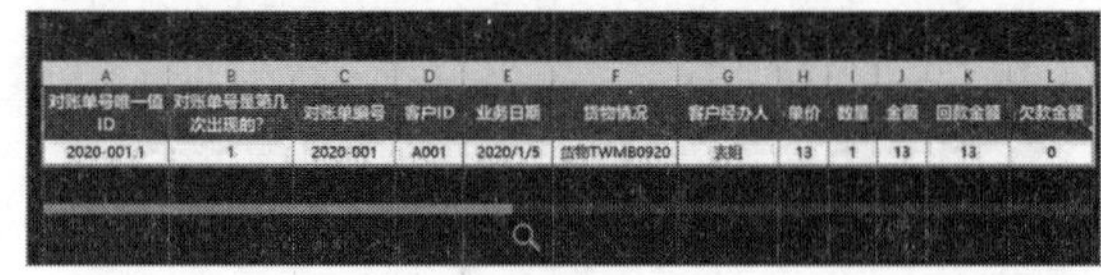

A	B	C	D	E	F	G	H	I	J	K	L
对账单号唯一值ID	对账单号是第几次出现的?	对账单编号	客户ID	业务日期	货物情况	客户经办人	单价	数量	金额	回款金额	欠款金额
2020-001.1	1	2020-001	A001	2020/1/5	货物TWMB0920	袁阳	13	1	13	13	0

图 19-58

（1）需求分析：要根据“对账单号唯一值 ID”在“对账清单”工作表中查找对应的“业务日期”，利用的是 VLOOKUP 函数，如图 19-59 所示。

=VLOOKUP(查找依据, 数据表, 列序数, 匹配条件)
=VLOOKUP(Lookup_value, Table_array, Col_index_num, Range_lookup)
根据查找依据找到目标数据，然后根据列序数返回目标数据中某一列的值

图 19-59

（2）参数分析。

①查找依据：根据“对账单号唯一值 ID”进行查找，即 $F$3&"."&$A14。所以，函数的第一个参数为“$F$3&"."&$A14”。

②数据表：对应的是“对账清单”工作表中的【A:L】列。所以，第二个参数要选中“对账清单”工作表，单击【A】列顶部的字母“A”，然后向右拖曳至【L】列，即选中【A:L】列。

③列序数：对应的是“对账清单”工作表中的第 5 列。

④匹配条件：默认为“0”。

（3）输入公式。

最后根据对函数参数的分析，将它代入函数公式，如图 19-60 所示。

=VLOOKUP($F$3&"."&$A14 ,对账清单!$A:$L,5 , 0)
查找依据
数据表
列序数
匹配条件

图 19-60

选中【B14】单元格→单击函数编辑区将其激活→输入公式“=VLOOKUP($F$3&"."&$A14,对账清单 !$A:$L,5,0)”→按 <Enter> 键确认→双击鼠标将公式向下填充，如图 19-61 所示。

图 19-61

如图 19-61 所示，当明细不足 5 个时，后面几行查找不到的明细项目显示为“#N/A”这样错误的数据。要想隐藏查找不到的数据，可以套用一个 IFERROR 函数，如图 19-62 所示。

图 19-62

将 IFERROR 函数嵌套到 VLOOKUP 函数中，如图 19-63 所示。

图 19-63

它的含义是，当 VLOOKUP 函数查找到目标数据时，显示为查找的值，当查找不到数据时，显示为空值（Excel 中用两个连续的双引号 "" 表示空）。

选中【B14】单元格→单击函数编辑区将其激活→输入公式“=IFERROR(VLOOKUP($F$3&"."&$A14, 对账清单 !$A:$L,5,0),"")”→按 <Enter> 键确认→双击鼠标将公式向下填充，如图 19-64 所示，已将错误数据隐藏起来了。

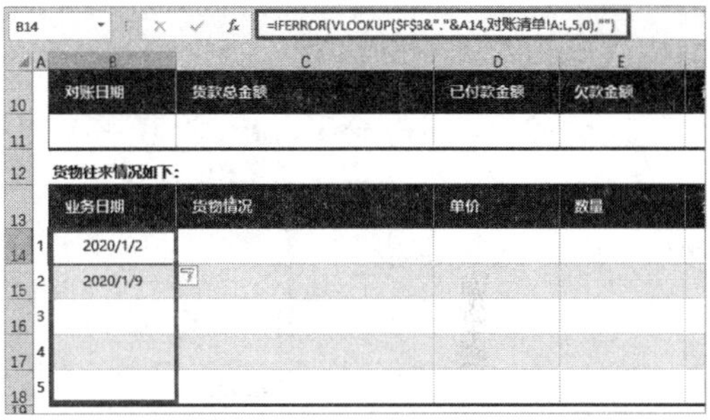

图 19-64

接下来根据“对账单号唯一值 ID”在“对账清单”工作表中查找对应的“货物情况”，如图 19-65 所示。

图 19-65

首先选中【B14】单元格→单击函数编辑区将其激活→选中公式全部内容→按 <Ctrl+C> 键复制→单击函数编辑区左侧的【×】按钮取消公式编辑状态，如图 19-66 所示。

图 19-66

选中【C14】单元格→单击函数编辑区将其激活→按 <Ctrl+V> 键粘贴公式→按 <Enter> 键确认，如图 19-67 所示。

图 19-67

如图 19-67 所示，【C14】单元格就具有了和【B14】单元格一模一样的公式了，计算出来的结果也是一样的，就是业务日期。由于【C】列数字格式为“常规”，而【B】列数字格式为“日期”，故按 <Enter> 键确认输入后，【C】列显示出的结果为数字格式而非日期格式，这并不是我们操作错误，只是由于数字格式不同。只需要选择【开始】选项卡→将【常规】修改为“短日期”，就可以显示为与【B】列同样的日期格式了。

在【C14】单元格中要查找的是“货物情况”，两个问题的区别仅在于要找的目标不一样，也就是列序数（锁）不同。

回顾“对账清单”工作表，“货物情况”信息在表中的第 6 列，那么新的列序数就是“6”，如图 19-68 所示。

对账单号唯一值ID	对账单号是第几次出现的?	对账单编号	客户ID	业务日期	货物情况	客户经办人	单价	数量	金额	回款金额	欠款金额
2020-001.1	1	2020-001	A001	2020/1/5	货物TWMB0920	表姐	13	1	13	13	0
2020-001.2	2	2020-001	A001	2020/1/11	货物KMEC0788	表姐	98	4	392	356	36
2020-001.3	3	2020-001	A001	2020/1/18	货物SWZD0089	表姐	93	8	744	650	94
2020-002.1	1	2020-002	B002	2020/1/8	货物UYAE0794	凌祯	96	8	768	768	0
2020-002.2	2	2020-002	B002	2020/1/14	货物VLPG0069	凌祯	95	6	570	513	57
2020-003.1	1	2020-003	B002	2020/1/18	货物HLRR0961	张平	23	6	138	118	20
2020-003.2	2	2020-003	B002	2020/1/26	货物VRQK0707	张平	59	8	472	472	0
2020-004.1	1	2020-004	C003	2020/1/2	货物YUHR0821	张盛茗	13	5	65	65	0
2020-004.2	2	2020-004	C003	2020/1/9	货物HURU0160	张盛茗	70	3	210	187	23
2020-005.1	1	2020-005	D004	2020/1/10	货物UCBY0457	王大刀	76	6	456	456	0
2020-005.2	2	2020-005	D004	2020/1/17	货物FNBG0425	王大刀	24	10	240	100	140
2020-005.3	3	2020-005	D004	2020/1/26	货物TMMG0886	王大刀	64	8	512	445	67
2020-005.4	4	2020-005	D004	2020/2/1	货物CVZS0810	王大刀	32	4	128	126	2
2020-005.5	5	2020-005	D004	2020/2/6	货物RKUO0214	王大刀	87	4	348	299	49
2020-006.1	1	2020-006	E005	2020/2/3	货物XMLD0719	Lisa	25	9	225	225	0
2020-006.2	2	2020-006	E005	2020/2/11	货物CUMX0379	Lisa	37	6	222	206	16
2020-006.3	3	2020-006	F006	2020/2/13	货物RFWM0038	Ford	57	5	285	285	0

图 19-68

于是将【C14】单元格公式中 VLOOKUP 函数的第 3 个参数“5”修改为“6”→单击函数编辑区左侧的【√】按钮完成公式编辑，如图 19-69 所示。

图 19-69

双击鼠标将公式向下填充，如图 19-70 所示，就已经完成了对“货物情况”的查找。

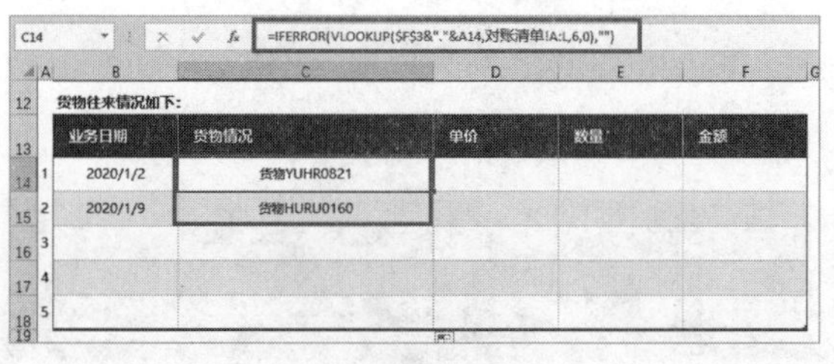

图 19-70

继续根据“对账单号唯一值 ID”在“对账清单”工作表中查找对应的“单价”，如

图 19-71 所示。

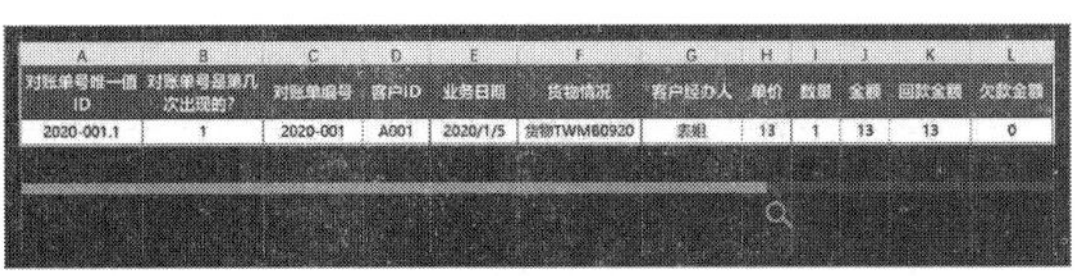

图 19-71

由于前面已经成功将【B14】单元格的公式内容复制到剪贴板，所以接下来就不需要再复制了。

选中【D14】单元格→单击函数编辑区将其激活→按 <Ctrl+V> 键粘贴公式→按 <Enter> 键确认，如图 19-72 所示。

D14 =IFERROR(VLOOKUP($F$3&"."&$A14,对账清单!$A:$L,5,0),"")

货物往来情况如下：

业务日期	货物情况	单价	数量
2020/1/2	货物YUHR0821	¥ 43,832.00	
2020/1/9	货物HURU0160		

图 19-72

回顾“对账清单”工作表，“单价”信息在表中的第 8 列，那么新的列序数就是“8”，如图 19-73 所示。

对账单号唯一值ID	对账单号是第几次出现的?	对账单编号	客户ID	业务日期	货物情况	客户经办人	单价	数量	金额	回款金额	欠款金额
2020-001.1	1	2020-001	A001	2020/1/5	货物TWMB0920	表姐	13	1	13	13	0
2020-001.2	2	2020-001	A001	2020/1/11	货物KMEC0788	表姐	98	4	392	356	36
2020-001.3	3	2020-001	A001	2020/1/18	货物SWZD0089	表姐	93	8	744	650	94
2020-002.1	1	2020-002	B002	2020/1/8	货物UYAE0794	凌祯	96	8	768	768	0
2020-002.2	2	2020-002	B002	2020/1/14	货物VLPG0069	凌祯	95	6	570	513	57
2020-003.1	1	2020-003	B002	2020/1/18	货物HLRR0961	张平	23	6	138	118	20
2020-003.2	2	2020-003	B002	2020/1/26	货物VRQK0707	张平	59	8	472	472	0
2020-004.1	1	2020-004	C003	2020/1/2	货物YUHR0821	张盛茗	13	5	65	65	0
2020-004.2	2	2020-004	C003	2020/1/9	货物HURU0160	张盛茗	70	3	210	187	23
2020-005.1	1	2020-005	D004	2020/1/10	货物UCBY0457	王大刀	76	6	456	456	0
2020-005.2	2	2020-005	D004	2020/1/17	货物FNBG0425	王大刀	24	10	240	100	140
2020-005.3	3	2020-005	D004	2020/1/26	货物TMMG0886	王大刀	64	8	512	445	67
2020-005.4	4	2020-005	D004	2020/2/1	货物CVZS0810	王大刀	32	4	128	126	2
2020-005.5	5	2020-005	D004	2020/2/6	货物RKUO0214	王大刀	87	4	348	299	49
2020-006.1	1	2020-006	E005	2020/2/3	货物XMLD0719	Lisa	25	9	225	225	0
2020-006.2	2	2020-006	E005	2020/2/11	货物CUMX0379	Lisa	37	6	222	206	16
2020-006.3	3	2020-006	F006	2020/2/13	货物RFWM0038	Ford	57	5	285	285	0

图 19-73

于是将【D14】单元格公式中 VLOOKUP 函数的第 3 个参数“5”修改为“8”→单击函数编辑区左侧的【√】按钮完成公式编辑→双击鼠标将公式向下填充，如图 19-74 所示。

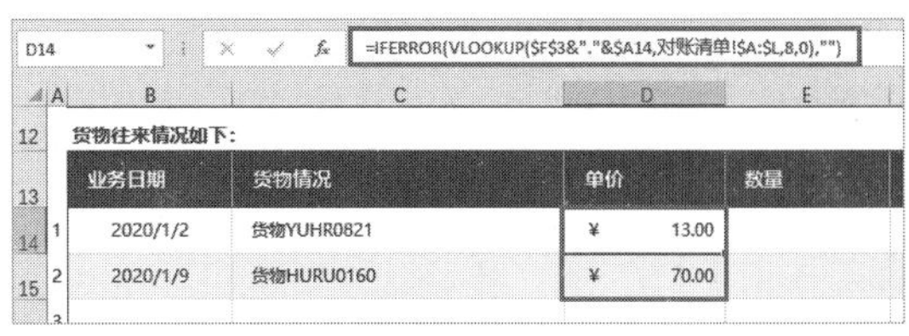

图 19-74

接下来根据“对账单号唯一值 ID”在“对账清单”工作表中查找对应的“数量”，如图 19-75 所示。

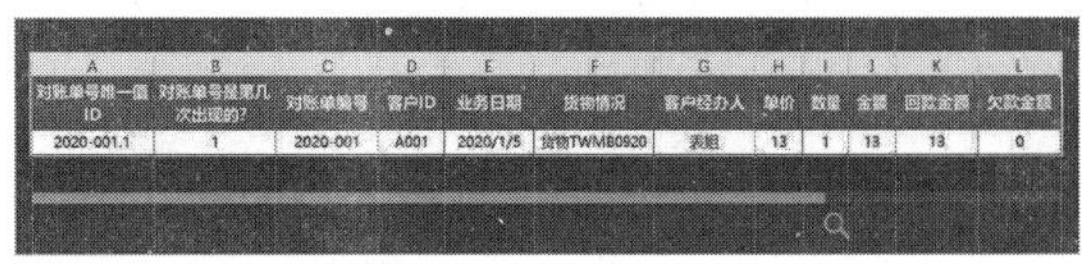

图 19-75

选中【E14】单元格→单击函数编辑区将其激活→按 <Ctrl+V> 键粘贴公式→按 <Enter> 键确认。

回顾“对账清单”工作表，“数量”信息在表中的第 9 列，那么新的列序数就是“9”，如图 19-76 所示。

对账单号唯一值ID	对账单号是第几次出现的?	对账单编号	客户ID	业务日期	货物情况	客户经办人	单价	数量	金额	回款金额	欠款金额
2020-001.1	1	2020-001	A001	2020/1/5	货物TWMB0920	表姐	13	1	13	13	0
2020-001.2	2	2020-001	A001	2020/1/11	货物KMEC0788	表姐	98	4	392	356	36
2020-001.3	3	2020-001	A001	2020/1/18	货物SWZD0089	表姐	93	8	744	650	94
2020-002.1	1	2020-002	B002	2020/1/8	货物UYAE0794	凌祯	96	8	768	768	0
2020-002.2	2	2020-002	B002	2020/1/14	货物VLPG0069	凌祯	95	6	570	513	57
2020-003.1	1	2020-003	B002	2020/1/18	货物HLRR0961	张平	23	6	138	118	20
2020-003.2	2	2020-003	B002	2020/1/26	货物VRQK0707	张平	59	8	472	472	0
2020-004.1	1	2020-004	C003	2020/1/2	货物YUHR0821	张盛茗	13	5	65	65	0
2020-004.2	2	2020-004	C003	2020/1/9	货物HURU0160	张盛茗	70	3	210	187	23
2020-005.1	1	2020-005	D004	2020/1/10	货物UCBY0457	王大刀	76	6	456	456	0
2020-005.2	2	2020-005	D004	2020/1/17	货物FNBG0425	王大刀	24	10	240	100	140
2020-005.3	3	2020-005	D004	2020/1/26	货物TMMG0886	王大刀	64	8	512	445	67
2020-005.4	4	2020-005	D004	2020/2/1	货物CVZS0810	王大刀	32	4	128	126	2
2020-005.5	5	2020-005	D004	2020/2/6	货物RKUO0214	王大刀	87	4	348	299	49
2020-006.1	1	2020-006	E005	2020/2/3	货物XMLD0719	Lisa	25	9	225	225	0
2020-006.2	2	2020-006	E005	2020/2/11	货物CUMX0379	Lisa	37	6	222	206	16
2020-006.3	3	2020-006	F006	2020/2/13	货物RFWM0038	Ford	57	5	285	285	0

图 19-76

于是将【E14】单元格公式中 VLOOKUP 函数的第 3 个参数“5”修改为“9”→单击函数编辑区左侧的【√】按钮完成公式编辑→双击鼠标将公式向下填充，如图 19-77 所示。

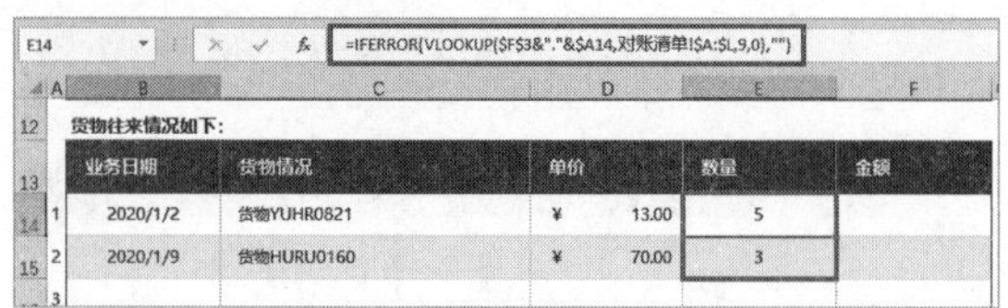

图 19-77

接下来根据“对账单号唯一值 ID”在“对账清单”工作表中查找对应的“金额”，如图 19-78 所示。

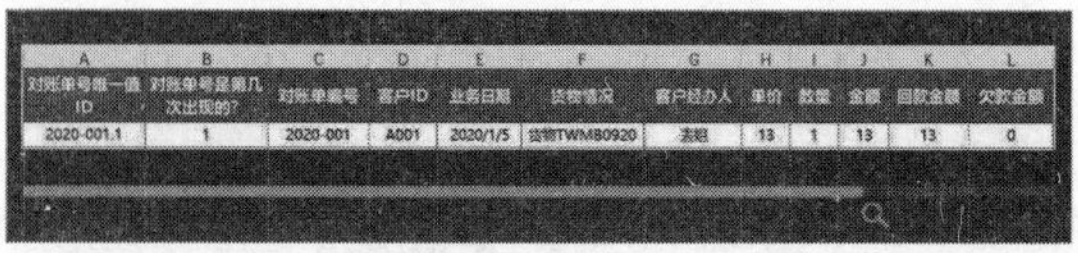

对账单号唯一值ID	对账单号是第几次出现的?	对账单编号	客户ID	业务日期	货物情况	客户经办人	单价	数量	金额	回款金额	欠款金额
2020-001.1	1	2020-001	A001	2020/1/5	货物TWMB0920	表姐	13	1	13	13	0

图 19-78

选中【F14】单元格→单击函数编辑区将其激活→按 <Ctrl+V> 键粘贴公式→按 <Enter> 键确认。

回顾“对账清单”工作表，“金额”信息在表中的第 10列，那么新的列序数就是“10”，如图 19-79 所示。

对账单号唯一值ID	对账单号是第几次出现的?	对账单编号	客户ID	业务日期	货物情况	客户经办人	单价	数量	金额	回款金额	欠款金额
2020-001.1	1	2020-001	A001	2020/1/5	货物TWMB0920	表姐	13	1	13	13	0
2020-001.2	2	2020-001	A001	2020/1/11	货物KMEC0788	表姐	98	4	392	356	36
2020-001.3	3	2020-001	A001	2020/1/18	货物SWZD0089	表姐	93	8	744	650	94
2020-002.1	1	2020-002	B002	2020/1/8	货物UYAE0794	凌祯	96	8	768	768	0
2020-002.2	2	2020-002	B002	2020/1/14	货物VLPG0069	凌祯	95	6	570	513	57
2020-003.1	1	2020-003	B002	2020/1/18	货物HLRR0961	张平	23	6	138	118	20
2020-003.2	2	2020-003	B002	2020/1/26	货物VRQK0707	张平	59	8	472	472	0
2020-004.1	1	2020-004	C003	2020/1/2	货物YUHR0821	张盛茗	13	5	65	65	0
2020-004.2	2	2020-004	C003	2020/1/9	货物HURU0160	张盛茗	70	3	210	187	23
2020-005.1	1	2020-005	D004	2020/1/10	货物UCBY0457	王大刀	76	6	456	456	0
2020-005.2	2	2020-005	D004	2020/1/17	货物FNBG0425	王大刀	24	10	240	100	140
2020-005.3	3	2020-005	D004	2020/1/26	货物TMMG0886	王大刀	64	8	512	445	67
2020-005.4	4	2020-005	D004	2020/2/1	货物CVZS0810	王大刀	32	4	128	126	2
2020-005.5	5	2020-005	D004	2020/2/6	货物RKUO0214	王大刀	87	4	348	299	49
2020-006.1	1	2020-006	E005	2020/2/3	货物XMLD0719	Lisa	25	9	225	225	0
2020-006.2	2	2020-006	E005	2020/2/11	货物CUMX0379	Lisa	37	6	222	206	16
2020-006.3	3	2020-006	F006	2020/2/13	货物RFWM0038	Ford	57	5	285	285	0

图 19-79

于是将【F14】单元格公式中 VLOOKUP 函数的第 3 个参数“5”修改为“10”→单击函数编辑区左侧的【√】按钮完成公式编辑→双击鼠标将公式向下填充，如图 19-80 所示。

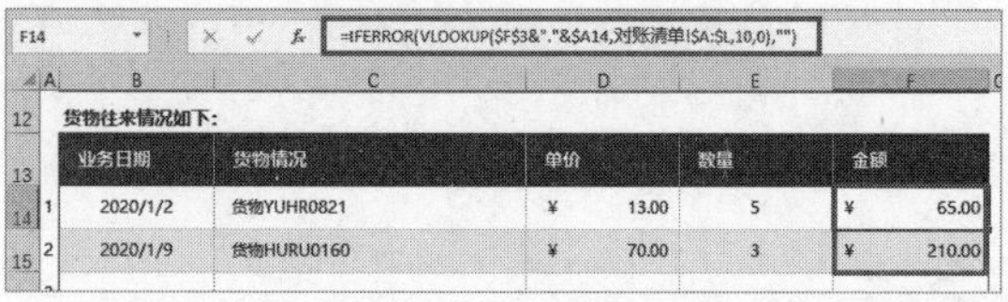

F14 =IFERROR(VLOOKUP($F$3&"."&$A14,对账清单!$A:$L,10,0),"")

货物往来情况如下:

业务日期	货物情况	单价	数量	金额
2020/1/2	货物YUHR0821	¥ 13.00	5	¥ 65.00
2020/1/9	货物HURU0160	¥ 70.00	3	¥ 210.00

图 19-80

想要将【A】列的辅助列隐藏起来，这里有一个小技巧。选中【A14:A18】单元格区域→选择【开始】选项卡→单击【字体颜色】按钮→选择“白色”，如图 19-81 所示。

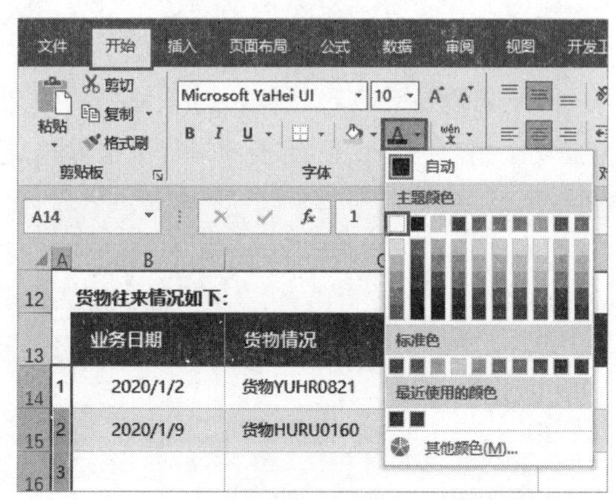

图 19-81

至此，已经完成了所有货物往来情况的查找。如图 19-82 所示，当单击“对账单编号”右侧的下拉筛选按钮，选择不同的编号时，对应的客户账单明细就会同步更新。

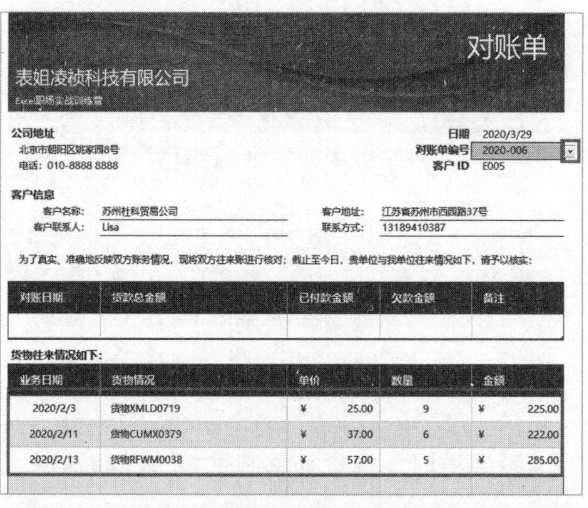

图 19-82

接下来完成其他基本信息的录入。如图 19-83 所示，首先将“对账日期”设置为当前日期，用到的是 TODAY 函数。

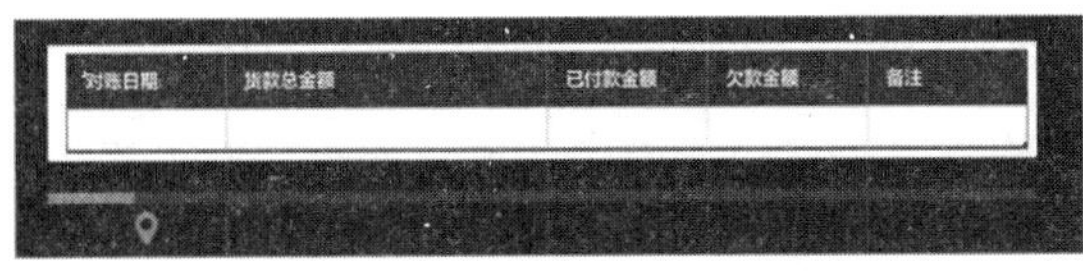

对账日期
货款总金额
已付款金额
欠款金额
备注

图 19-83

选中【B11】单元格→单击函数编辑区将其激活→输入公式“=TODAY()”→按 <Enter> 键确认，即可完成对当前日期的录入，如图 19-84 所示。

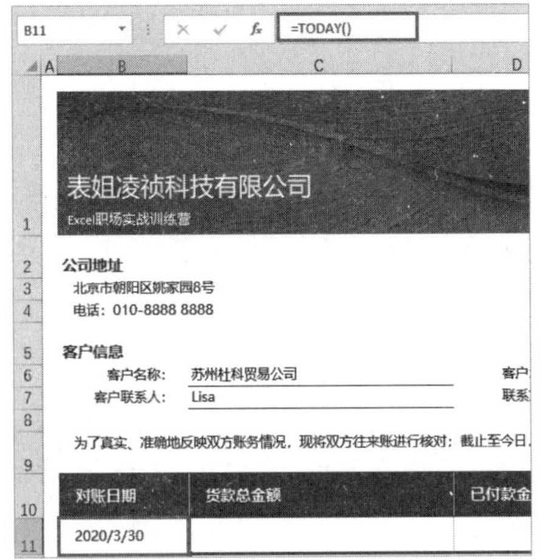

图 19-84

接下来计算选择的“对账单编号”下的“货款总金额”，如图 19-85 所示。

对账日期
货款总金额
已付款金额
欠款金额
备注
2020/3/30

图 19-85

这里用到的是 SUMIFS 函数，如图 19-86 所示。

图 19-86

（1）需求分析。

要计算的是指定的“对账单编号”下的“货款总金额”。

（2）参数分析。

①求和区域：是对“金额”进行求和计算，回顾“对账清单”工作表，“金额”信息在表中的【J】列，如图 19-87 所示。

	A	B	C	D	E	F	G	H	I	J	K	L
1	对账单号唯一值ID	对账单号是第几次出现的?	对账单编号	客户ID	业务日期	货物情况	客户经办人	单价	数量	金额	回款金额	欠款金额
2	2020-001.1	1	2020-001	A001	2020/1/5	货物TWMB0920	表姐	13	1	13	13	0
3	2020-001.2	2	2020-001	A001	2020/1/11	货物KMEC0788	表姐	98	4	392	356	36
4	2020-001.3	3	2020-001	A001	2020/1/18	货物SWZD0089	表姐	93	8	744	650	94
5	2020-002.1	1	2020-002	B002	2020/1/8	货物UYAE0794	凌祯	96	8	768	768	0
6	2020-002.2	2	2020-002	B002	2020/1/14	货物VLPG0069	凌祯	95	6	570	513	57
7	2020-003.1	1	2020-003	B002	2020/1/18	货物HLRR0961	张平	23	6	138	118	20
8	2020-003.2	2	2020-003	B002	2020/1/26	货物VRQK0707	张平	59	8	472	472	0
9	2020-004.1	1	2020-004	C003	2020/1/2	货物YUHR0821	张盛茗	13	5	65	65	0
10	2020-004.2	2	2020-004	C003	2020/1/9	货物HURU0160	张盛茗	70	3	210	187	23
11	2020-005.1	1	2020-005	D004	2020/1/10	货物UCBY0457	王大刀	76	6	456	456	0
12	2020-005.2	2	2020-005	D004	2020/1/17	货物FNBG0425	王大刀	24	10	240	100	140
13	2020-005.3	3	2020-005	D004	2020/1/26	货物TMMG0886	王大刀	64	8	512	445	67
14	2020-005.4	4	2020-005	D004	2020/2/1	货物CVZS0810	王大刀	32	4	128	126	2
15	2020-005.5	5	2020-005	D004	2020/2/6	货物RKUO0214	王大刀	87	4	348	299	49
16	2020-006.1	1	2020-006	E005	2020/2/3	货物XMLD0719	Lisa	25	9	225	225	0
17	2020-006.2	2	2020-006	E005	2020/2/11	货物CUMX0379	Lisa	37	6	222	206	16
18	2020-006.3	3	2020-006	F006	2020/2/13	货物RFWM0038	Ford	57	5	285	285	0

图 19-87

②条件区域：在“对账单编号”中查找指定目标，即【C】列，如图 19-88 所示。

	A	B	C	D	E	F	G	H	I	J	K	L
1	对账单号唯一值ID	对账单号是第几次出现的?	对账单编号	客户ID	业务日期	货物情况	客户经办人	单价	数量	金额	回款金额	欠款金额
2	2020-001.1	1	2020-001	A001	2020/1/5	货物TWMB0920	表姐	13	1	13	13	0
3	2020-001.2	2	2020-001	A001	2020/1/11	货物KMEC0788	表姐	98	4	392	356	36
4	2020-001.3	3	2020-001	A001	2020/1/18	货物SWZD0089	表姐	93	8	744	650	94
5	2020-002.1	1	2020-002	B002	2020/1/8	货物UYAE0794	凌祯	96	8	768	768	0
6	2020-002.2	2	2020-002	B002	2020/1/14	货物VLPG0069	凌祯	95	6	570	513	57
7	2020-003.1	1	2020-003	B002	2020/1/18	货物HLRR0961	张平	23	6	138	118	20
8	2020-003.2	2	2020-003	B002	2020/1/26	货物VRQK0707	张平	59	8	472	472	0
9	2020-004.1	1	2020-004	C003	2020/1/2	货物YUHR0821	张盛茗	13	5	65	65	0
10	2020-004.2	2	2020-004	C003	2020/1/9	货物HURU0160	张盛茗	70	3	210	187	23
11	2020-005.1	1	2020-005	D004	2020/1/10	货物UCBY0457	王大刀	76	6	456	456	0
12	2020-005.2	2	2020-005	D004	2020/1/17	货物FNBG0425	王大刀	24	10	240	100	140
13	2020-005.3	3	2020-005	D004	2020/1/26	货物TMMG0886	王大刀	64	8	512	445	67
14	2020-005.4	4	2020-005	D004	2020/2/1	货物CVZS0810	王大刀	32	4	128	126	2
15	2020-005.5	5	2020-005	D004	2020/2/6	货物RKUO0214	王大刀	87	4	348	299	49
16	2020-006.1	1	2020-006	E005	2020/2/3	货物XMLD0719	Lisa	25	9	225	225	0
17	2020-006.2	2	2020-006	E005	2020/2/11	货物CUMX0379	Lisa	37	6	222	206	16
18	2020-006.3	3	2020-006	F006	2020/2/13	货物RFWM0038	Ford	57	5	285	285	0

图 19-88

③条件：查找的是“对账单编号”，即【F3】单元格，如图 19-89 所示。

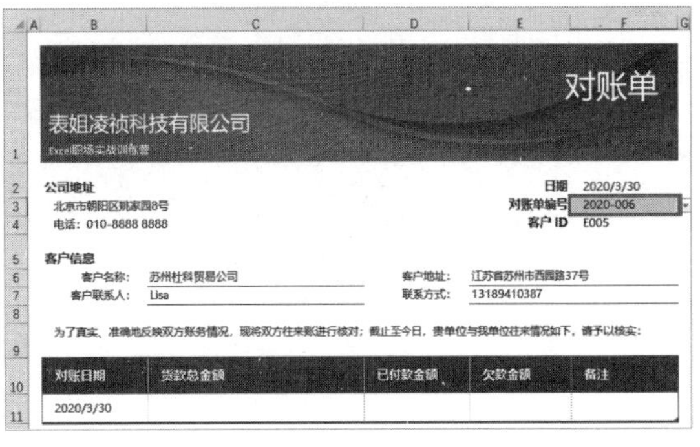

图 19-89

（3）输入公式。

最后根据对函数参数的分析，将它代入函数公式，如图 19-90 所示。

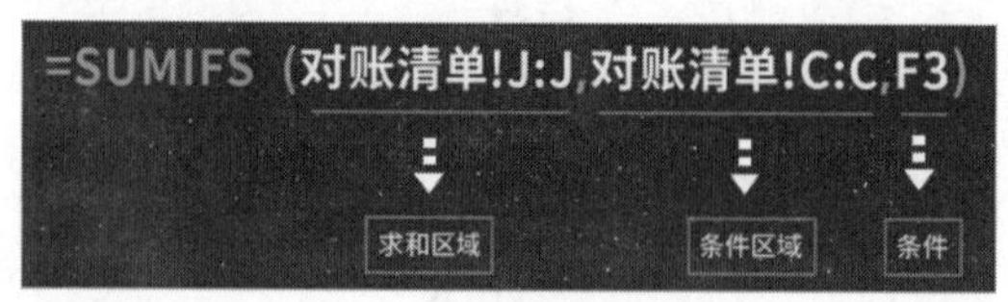

图 19-90

选中【C11】单元格→单击函数编辑区将其激活→输入公式“=SUMIFS(对账清单 !J:J, 对账清单 !C:C,F3)”→按 <Enter> 键确认，如图 19-91 所示。

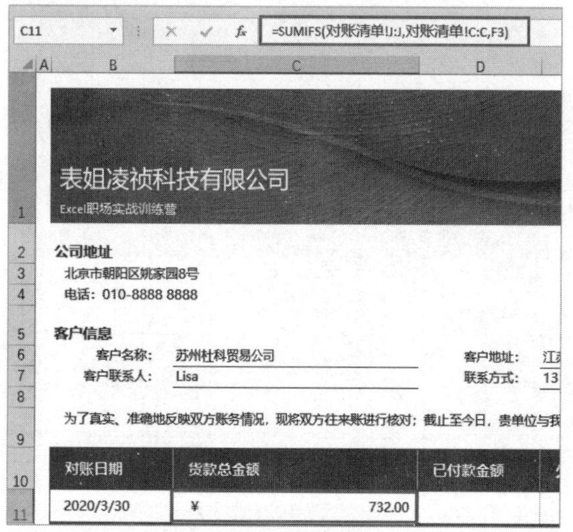

图 19-91

接下来计算选择的“对账单编号”下的“已付款金额”，如图 19-92 所示。

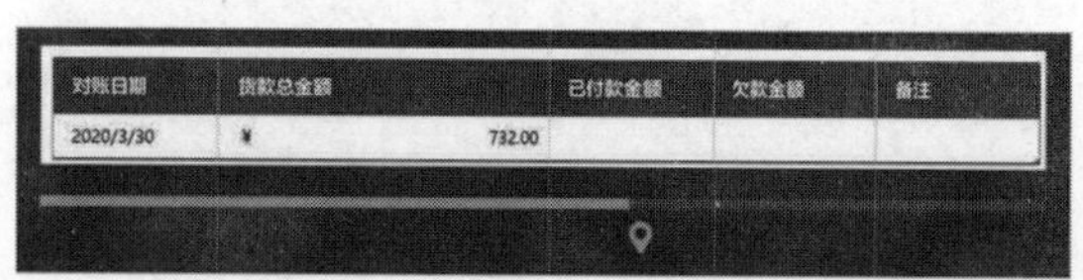

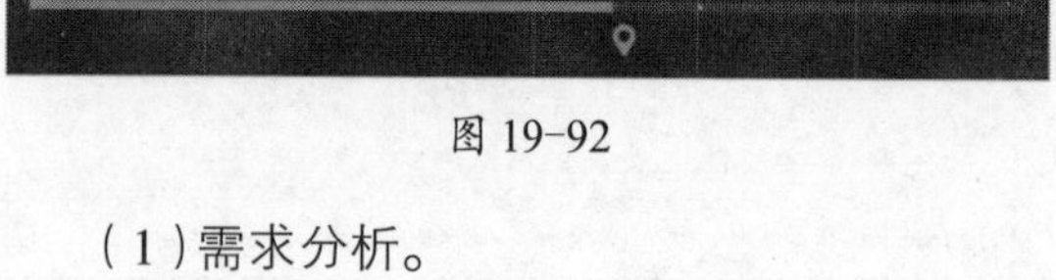

图 19-92

（1）需求分析。

要计算的是指定的“对账单编号”下的“已付款总额”。条件求和依然使用 SUMIFS 函数，如图 19-93 所示。

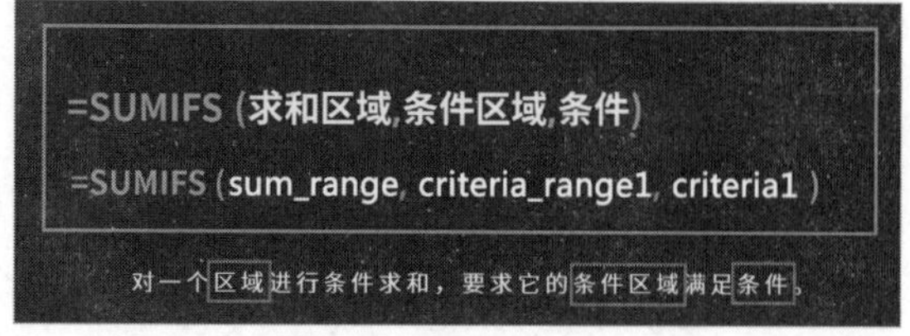

图 19-93

（2）参数分析。

①求和区域：是对“回款金额”进行求和计算，回顾“对账清单”工作表，“回款金额”信息在表中的【K】列，如图 19-94 所示。

	A	B	C	D	E	F	G	H	I	J	K	L
1	对账单号唯一值ID	对账单号是第几次出现的?	对账单编号	客户ID	业务日期	货物情况	客户经办人	单价	数量	金额	回款金额	欠款金额
2	2020-001.1	1	2020-001	A001	2020/1/5	货物TWMB0920	表姐	13	1	13	13	0
3	2020-001.2	2	2020-001	A001	2020/1/11	货物KMEC0788	表姐	98	4	392	356	36
4	2020-001.3	3	2020-001	A001	2020/1/18	货物SWZD0089	表姐	93	8	744	650	94
5	2020-002.1	1	2020-002	B002	2020/1/8	货物UYAE0794	凌祯	96	8	768	768	0
6	2020-002.2	2	2020-002	B002	2020/1/14	货物VLPG0069	凌祯	95	6	570	513	57
7	2020-003.1	1	2020-003	B002	2020/1/18	货物HLRR0961	张平	23	6	138	118	20
8	2020-003.2	2	2020-003	B002	2020/1/26	货物VRQK0707	张平	59	8	472	472	0
9	2020-004.1	1	2020-004	C003	2020/1/2	货物YUHR0821	张盛茗	13	5	65	65	0
10	2020-004.2	2	2020-004	C003	2020/1/9	货物HURU0160	张盛茗	70	3	210	187	23
11	2020-005.1	1	2020-005	D004	2020/1/10	货物UCBY0457	王大刀	76	6	456	456	0
12	2020-005.2	2	2020-005	D004	2020/1/17	货物FNBG0425	王大刀	24	10	240	100	140
13	2020-005.3	3	2020-005	D004	2020/1/26	货物TMMG0886	王大刀	64	8	512	445	67
14	2020-005.4	4	2020-005	D004	2020/2/1	货物CVZS0810	王大刀	32	4	128	126	2
15	2020-005.5	5	2020-005	D004	2020/2/6	货物RKUO0214	王大刀	87	4	348	299	49
16	2020-006.1	1	2020-006	E005	2020/2/3	货物XMLD0719	Lisa	25	9	225	225	0
17	2020-006.2	2	2020-006	E005	2020/2/11	货物CUMX0379	Lisa	37	6	222	206	16
18	2020-006.3	3	2020-006	F006	2020/2/13	货物RFWM0038	Ford	57	5	285	285	0

图 19-94

②条件区域：在“对账单编号”中查找指定目标，即【C】列，如图 19-95 所示。

	A	B	C	D	E	F	G	H	I	J	K	L
1	对账单号唯一值ID	对账单号是第几次出现的?	对账单编号	客户ID	业务日期	货物情况	客户经办人	单价	数量	金额	回款金额	欠款金额
2	2020-001.1	1	2020-001	A001	2020/1/5	货物TWMB0920	表姐	13	1	13	13	0
3	2020-001.2	2	2020-001	A001	2020/1/11	货物KMEC0788	表姐	98	4	392	356	36
4	2020-001.3	3	2020-001	A001	2020/1/18	货物SWZD0089	表姐	93	8	744	650	94
5	2020-002.1	1	2020-002	B002	2020/1/8	货物UYAE0794	凌祯	96	8	768	768	0
6	2020-002.2	2	2020-002	B002	2020/1/14	货物VLPG0069	凌祯	95	6	570	513	57
7	2020-003.1	1	2020-003	B002	2020/1/18	货物HLRR0961	张平	23	6	138	118	20
8	2020-003.2	2	2020-003	B002	2020/1/26	货物VRQK0707	张平	59	8	472	472	0
9	2020-004.1	1	2020-004	C003	2020/1/2	货物YUHR0821	张盛茗	13	5	65	65	0
10	2020-004.2	2	2020-004	C003	2020/1/9	货物HURU0160	张盛茗	70	3	210	187	23
11	2020-005.1	1	2020-005	D004	2020/1/10	货物UCBY0457	王大刀	76	6	456	456	0
12	2020-005.2	2	2020-005	D004	2020/1/17	货物FNBG0425	王大刀	24	10	240	100	140
13	2020-005.3	3	2020-005	D004	2020/1/26	货物TMMG0886	王大刀	64	8	512	445	67
14	2020-005.4	4	2020-005	D004	2020/2/1	货物CVZS0810	王大刀	32	4	128	126	2
15	2020-005.5	5	2020-005	D004	2020/2/6	货物RKUO0214	王大刀	87	4	348	299	49
16	2020-006.1	1	2020-006	E005	2020/2/3	货物XMLD0719	Lisa	25	9	225	225	0
17	2020-006.2	2	2020-006	E005	2020/2/11	货物CUMX0379	Lisa	37	6	222	206	16
18	2020-006.3	3	2020-006	F006	2020/2/13	货物RFWM0038	Ford	57	5	285	285	0

图 19-95

③条件：查找的是“对账单编号”，即【F3】单元格，如图 19-96 所示。

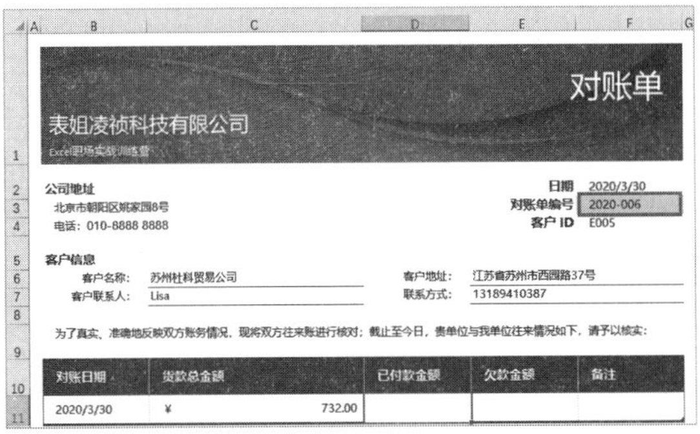

图 19-96

（3）输入公式。

最后根据对函数参数的分析，将它代入函数公式，如图 19-97 所示。

图 19-97

选中【D11】单元格→单击函数编辑区将其激活→输入公式“=SUMIFS(对账清单 !K:K, 对账清单 !C:C,F3)”→按 <Enter> 键确认，如图 19-98 所示。

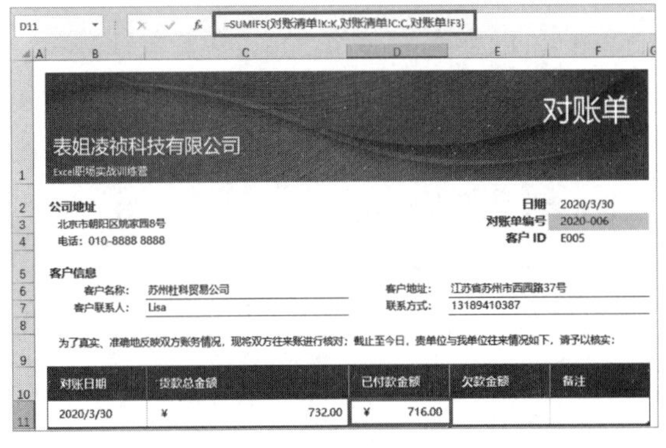

图 19-98

接下来计算选择的“对账单编号”下的“欠款金额”，如图 19-99 所示。

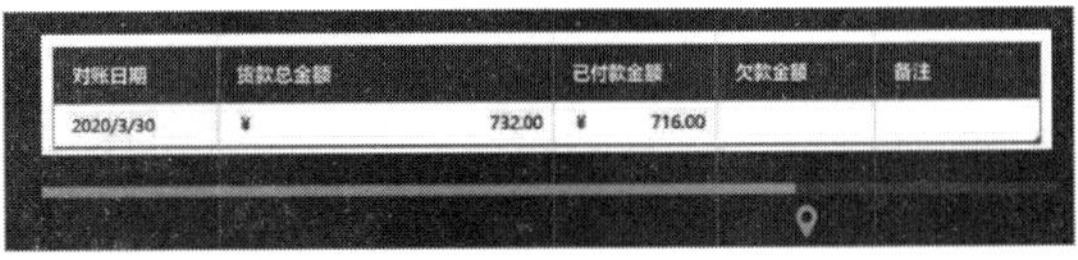

图 19-99

（1）需求分析。

要计算的是指定的“对账单编号”下的“欠款金额”，同样利用 SUMIFS 函数，如图 19-100 所示。

图 19-100

（2）参数分析。

计算“欠款金额”和计算“已付款金额”都是在“对账单编号”中查找指定编号，不同的是求和的内容，所以 SUMIFS 函数的“条件区域”和“条件”都是相同的，不同的是“求和区域”。

只需要将【D11】单元格中的公式复制一份，粘贴到【E11】单元格，然后修改求和区域即可。

（3）输入公式。

选中【D11】单元格→单击函数编辑区将其激活→选中公式全部内容→按 <Ctrl+C> 键复制→单击函数编辑区左侧的【×】按钮取消公式编辑状态，如图 19-101 所示。

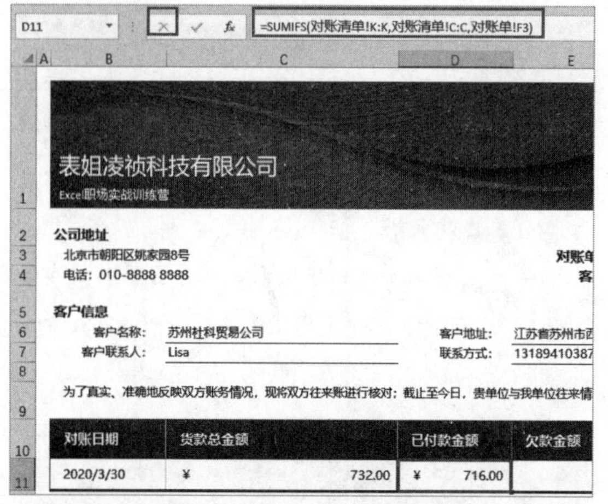

图 19-101

选中【E11】单元格→单击函数编辑区将其激活→按 <Ctrl+V> 键粘贴公式→按 <Enter> 键确认，如图 19-102 所示。

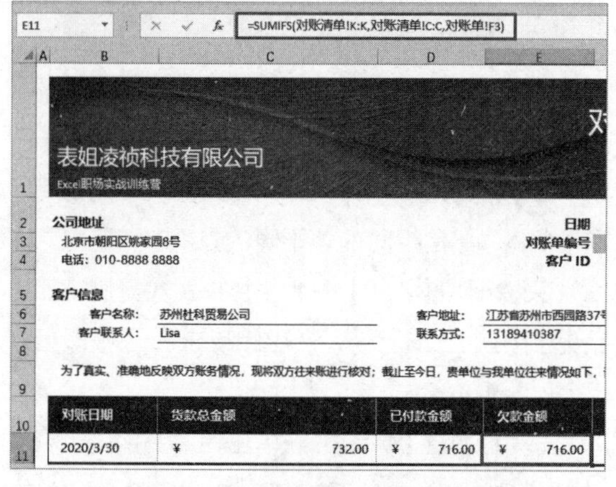

图 19-102

如图 19-102 所示，【E11】单元格就具有了和【D11】单元格一模一样的公式了，计算出来的结果也是一样的，就是已付款金额。接下来修改求和区域为“欠款金额”。

回顾“对账清单”工作表，“欠款金额”信息在表中的【L】列，如图 19-103 所示。

对账单号唯一值ID	对账单号是第几次出现的?	对账单编号	客户ID	业务日期	货物情况	客户经办人	单价	数量	金额	回款金额	欠款金额
2020-001.1	1	2020-001	A001	2020/1/5	货物TWMB0920	表姐	13	1	13	13	0
2020-001.2	2	2020-001	A001	2020/1/11	货物KMEC0788	表姐	98	4	392	356	36
2020-001.3	3	2020-001	A001	2020/1/18	货物SWZD0089	表姐	93	8	744	650	94
2020-002.1	1	2020-002	B002	2020/1/8	货物UYAE0794	凌祯	96	8	768	768	0
2020-002.2	2	2020-002	B002	2020/1/14	货物VLPG0069	凌祯	95	6	570	513	57
2020-003.1	1	2020-003	B002	2020/1/18	货物HLRR0961	张平	23	6	138	118	20
2020-003.2	2	2020-003	B002	2020/1/26	货物VRQK0707	张平	59	8	472	472	0
2020-004.1	1	2020-004	C003	2020/1/2	货物YUHR0821	张盛茗	13	5	65	65	0
2020-004.2	2	2020-004	C003	2020/1/9	货物HURU0160	张盛茗	70	3	210	187	23
2020-005.1	1	2020-005	D004	2020/1/10	货物UCBY0457	王大刀	76	6	456	456	0
2020-005.2	2	2020-005	D004	2020/1/17	货物FNBG0425	王大刀	24	10	240	100	140
2020-005.3	3	2020-005	D004	2020/1/26	货物TMMG0886	王大刀	64	8	512	445	67
2020-005.4	4	2020-005	D004	2020/2/1	货物CVZS0810	王大刀	32	4	128	126	2
2020-005.5	5	2020-005	D004	2020/2/6	货物RKUO0214	王大刀	87	4	348	299	49
2020-006.1	1	2020-006	E005	2020/2/3	货物XMLD0719	Lisa	25	9	225	225	0
2020-006.2	2	2020-006	E005	2020/2/11	货物CUMX0379	Lisa	37	6	222	206	16
2020-006.3	3	2020-006	F006	2020/2/13	货物RFWM0038	Ford	57	5	285	285	0

图 19-103

于是将【E11】单元格公式中 SUMIFS 函数的“K:K”修改为“L:L”→单击函数编辑区左侧的【√】按钮完成公式编辑，如图 19-104 所示。

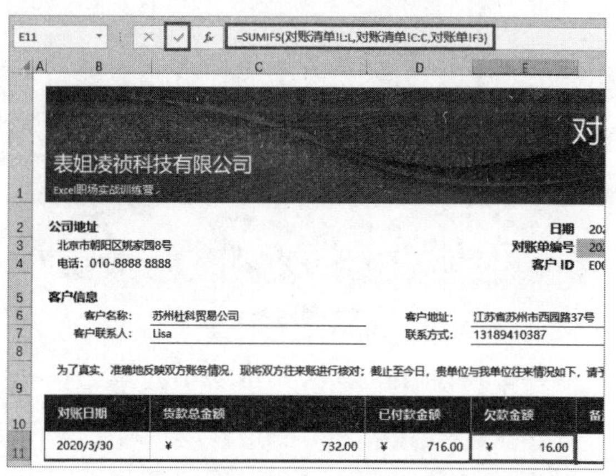

图 19-104

至此，已经完成了“对账日期”“货款总金额”“已付款金额”“欠款金额”的查找计算。

当单击“对账单编号”右侧的下拉筛选按钮，选择不同的编号时，对应的数据信息就会同步更新，如图 19-105 所示。

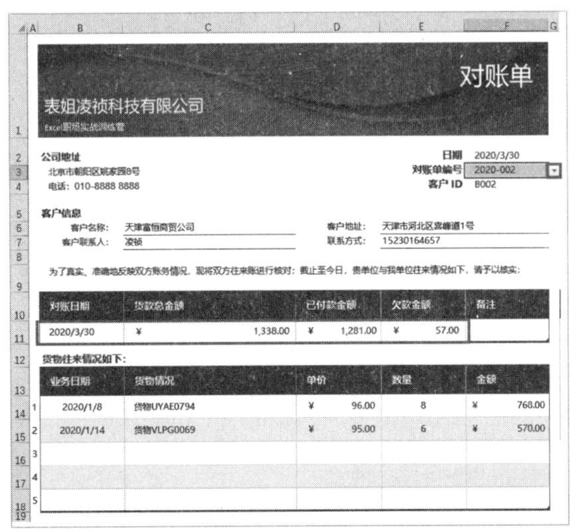

对账单

表姐凌祯科技有限公司

公司地址
北京市朝阳区姚家园8号
电话：010-8888 8888

日期 2020/3/30
对账单编号 2020-002
客户 ID B002

客户信息
客户名称：天津富恒商贸公司　　客户地址：天津市河北区嘉峰道1号
客户联系人：凌祯　　联系方式：15230164657

为了真实、准确地反映双方账务情况，现将双方往来账进行核对：截止至今日，贵单位与我单位往来情况如下，请予以核实：

对账日期	货款总金额	已付款金额	欠款金额	备注
2020/3/30	¥ 1,338.00	¥ 1,281.00	¥ 57.00	

货物往来情况如下：

	业务日期	货物情况	单价	数量	金额
1	2020/1/8	货物UYAE0794	¥ 96.00	8	¥ 768.00
2	2020/1/14	货物VLPG0069	¥ 95.00	6	¥ 570.00
3					
4					
5					

图 19-105

19.4 LOOKUP 阶梯查询

一张好的报表不仅要有数据做基础，还要将数据直观地呈现出来。例如，前面介绍的“条件格式”“数据透视图”“图表看板”都是直观呈现数据的方式。

接下来在“备注”中可以按照“欠款比率”对对账单做一个风险评级提示，这样做有利于公司负责催收的同事每天观测坏账情况，对业务与账目及时进行处理。

下面就一起在“备注”中根据“欠款比率”查找对应的“风险级别”，如图 19-106 所示。

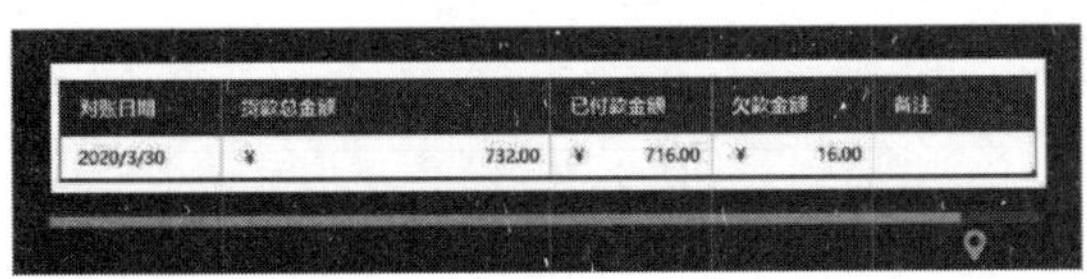

对账日期	货款总金额	已付款金额	欠款金额	备注
2020/3/30	¥ 732.00	¥ 716.00	¥ 16.00	

图 19-106

遇到这样的逻辑判断，你一定会想到利用 IF 函数来搞定。但如果评级标准是图 19-107 所示的多重逻辑判断，利用 IF 函数来分析需求很容易会被绕晕。

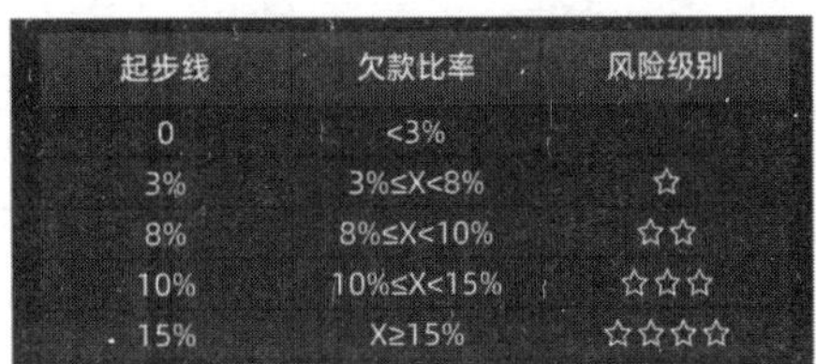

起步线	欠款比率	风险级别
0	<3%	
3%	3%≤X<8%	☆
8%	8%≤X<10%	☆☆
10%	10%≤X<15%	☆☆☆
15%	X≥15%	☆☆☆☆

图 19-107

本节就来介绍能搞定各种阶梯查找匹配的函数——LOOKUP 函数。

1. 公式原理

LOOKUP 函数的公式原理如图 19-108 所示。

=LOOKUP(查找目标，起步线，结果区域)
=LOOKUP(Lookup_value, Lookup_vector, Result_vector)
根据查找目标，查找所在起步线范围内对应的结果。

图 19-108

LOOKUP 函数在使用前有两个前提条件，如图 19-109 所示。

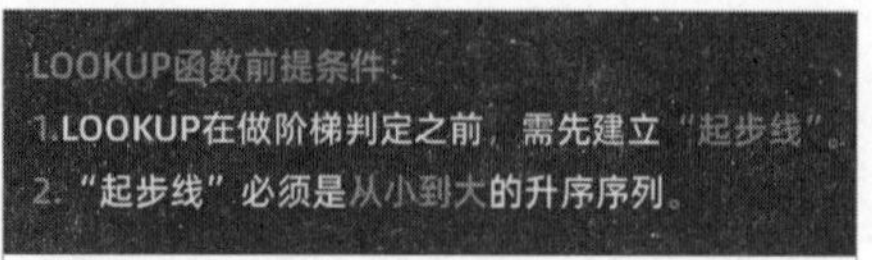

图 19-109

2. 步骤拆解

（1）需求分析。

要在【F11】单元格中根据"欠款比率"查找出"风险级别"，如图 19-110 所示。

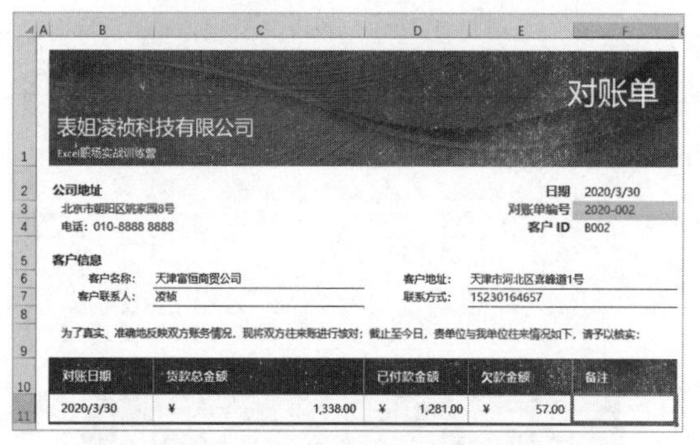

图 19-110

当"欠款比率"<3% 时，显示空。

当 3% ≤"欠款比率"<8% 时，显示☆。

当 8% ≤"欠款比率"<10% 时，显示☆☆。

当 10% ≤"欠款比率"<15% 时，显示☆☆☆。

当"欠款比率"≥ 15% 时，显示☆☆☆☆。

对于这种阶梯查找，使用的就是 LOOKUP 函数，如图 19-111 所示。

图 19-111

根据评估标准制作出图 19-112 所示的起步线。

起步线	欠款比率	风险级别
0	<3%	
3%	3%≤X<8%	☆
8%	8%≤X<10%	☆☆
10%	10%≤X<15%	☆☆☆
15%	X≥15%	☆☆☆☆

图 19-112

（2）参数分析。

首先在【F11】单元格中计算"欠款比率"，然后根据"欠款比率"在"欠款比率评估标准图"中查找对应的显示内容即可。欠款比率 = 欠款金额 / 货款总金额，代入公式就是"=E11/C11"。

选中【F11】单元格→单击函数编辑区将其激活→输入公式"=E11/C11"→按 <Enter> 键确认，如图 19-113 所示。

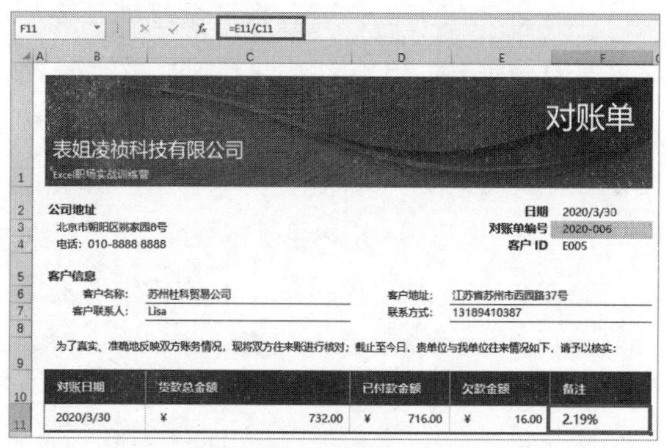

图 19-113

查找目标：欠款比率，即 E11/C11。

起步线：【I11:I15】单元格区域。

结果区域：【K11:K15】单元格区域。

（3）输入公式。

根据对函数参数的分析，将它代入函数公式，如图 19-114 所示。

图 19-114

选中【F11】单元格→单击函数编辑区将其激活→输入公式“=LOOKUP(E11/C11,$I$11:$I$15,$K$11:$K$15)”→按 <Enter> 键确认，如图 19-115 所示。

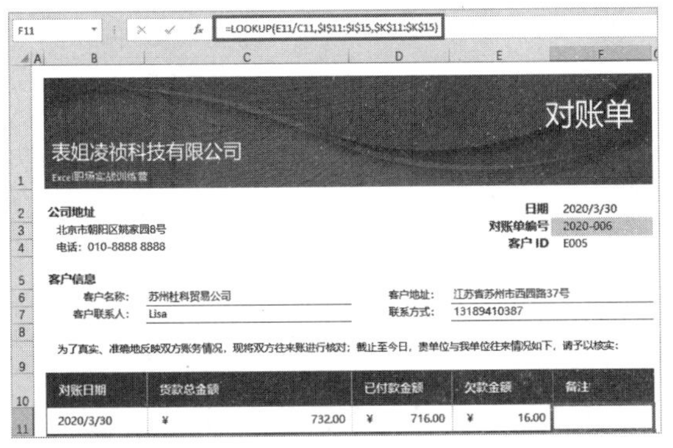

图 19-115

如图 19-116 所示，当单击“对账单编号”右侧的下拉筛选按钮，选择不同的编号时，备注中的内容就会同步更新。

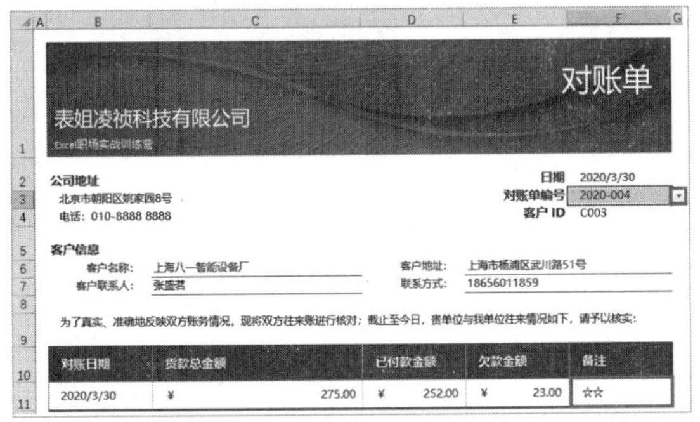

图 19-116

最后将这些查找过程中的辅助信息全部隐藏起来，使页面看起来更加整洁。选中【I:K】列并右击→在弹出的快捷菜单中选择【隐藏】选项，这样就可以将参数列全部隐藏起来了，如图 19-117 所示。

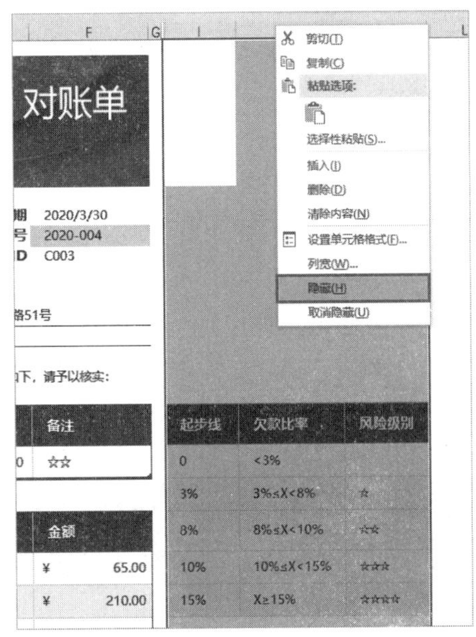

图 19-117

如图 19-118 所示，对账单呈现出来的效果是不是看起来很高级呢？

图 19-118

而且当单击“对账单编号”右侧的下拉筛选按钮，选择不同的编号时，可以实现模板中所有的数据信息同步变化，如图 19-119 所示。

对账单

表姐凌祯科技有限公司

Excel职场实战训练营

公司地址
北京市朝阳区姚家园8号
电话：010-8888 8888

日期 2020/3/30
对账单编号 2020-002
客户 ID B002

客户信息

客户名称：天津富恒商贸公司　　客户地址：天津市河北区喜峰道1号
客户联系人：凌祯　　联系方式：15230164657

为了真实、准确地反映双方账务情况，现将双方往来账进行核对；截止至今日，贵单位与我单位往来情况如下，请予以核实：

对账日期	货款总金额	已付款金额	欠款金额	备注
2020/3/30	¥ 1,338.00	¥ 1,281.00	¥ 57.00	☆

货物往来情况如下：

业务日期	货物情况	单价	数量	金额
2020/1/8	货物UYAE0794	¥ 96.00	8	¥ 768.00
2020/1/14	货物VLPG0069	¥ 95.00	6	¥ 570.00

备注：如与贵司记录相符，请在本函下端"信息是否相符"处勾"是"并签章回传；如有不符，请勾"否"并列明原因回传。多谢合作。

信息是否相符：是□否□；如若不符，请说明原因：________

贵司确认（盖章、签字）

签章：　　表姐凌祯科技有限公司

日期：　　2020/3/30

图 19-119

最后按 <Ctrl+P> 键，就可以将一张张对账单打印出来了，如图 19-120 所示。

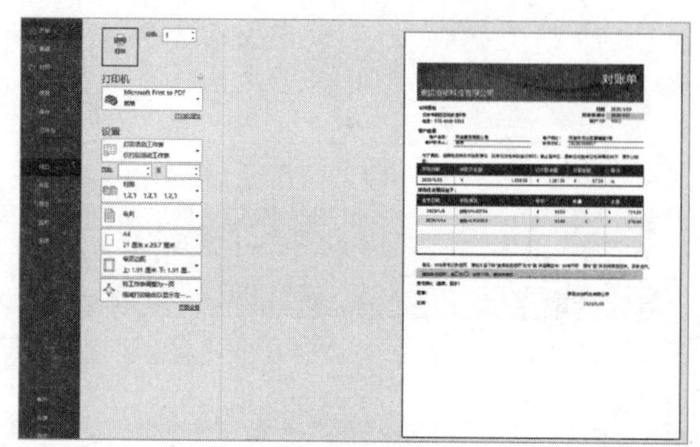

图 19-120

原本一整天都干不完的事，只需要通过几个函数就能完成了，有没有很神奇呀！

第20关 查找函数：INDEX+MATCH

本关背景

通过前文的介绍，如果遇到查找问题，你可能首先就会想到 Excel 中出镜率最高的 VLOOKUP 函数。但实际工作中也有图 20-1 所示的这种产品价格表，它由两个维度构成，一个是纵向的“产品系列”，另一个是横向的“规格型号”。当选择不同的“产品系列”和“规格型号”时，会得到不同的价格，这样就实现了一个二维交叉的查找效果。

产品价格表 产品系列 CP00J 规格 25×35×10 价格 340

价格表	10×20×5	15×25×5	20×30×5	25×35×5	30×40×5	35×45×5	40×50×5	10×20×10	15×25×10	20×30×10	25×35×10	30×40×10	35×45×10	40×50×10
CP00A	100	105	110	115	120	126	132	138	144	151	158	165	173	181
CP00C	110	115	120	126	132	138	144	151	158	165	173	181	190	199
CP00D	121	127	133	139	145	152	159	166	174	182	191	200	210	220
CP00E	133	139	145	152	159	166	174	182	191	200	210	220	231	242
CP00F	146	153	160	168	176	184	193	202	212	222	233	244	256	268
CP00G	160	168	176	184	193	202	212	222	233	244	256	268	281	295
CP00H	176	184	193	202	212	222	233	244	256	268	281	295	309	324
CP00I	193	202	212	222	233	244	256	268	281	295	309	324	340	357
CP00J	212	222	233	244	256	268	281	295	309	324	340	357	374	392
CP00K	233	244	256	268	281	295	309	324	340	357	374	392	411	431
CP00L	256	268	281	295	309	324	340	357	374	392	411	431	452	474
CP00M	281	295	309	324	340	357	374	392	411	431	452	474	497	521
CP00N	309	324	340	357	374	392	411	431	452	474	437	521	547	574
CP00O	339	355	372	390	409	429	450	472	495	519	544	571	599	628
CP00P	372	390	409	429	450	472	495	519	544	571	599	628	659	691
CP00Q	409	429	450	472	495	519	544	571	599	628	659	691	725	761
CP00R	449	471	494	518	543	570	598	627	658	690	724	760	798	837

图 20-1

对于这样的查找，使用一维查找函数 VLOOKUP 是无法实现的。因为 VLOOKUP 函数只能实现从左至右的查找，而且只能是列为变量、行数不变。

像这样的问题就要使用二维查找函数 INDEX+MATCH，利用它制作多维报价单。

20.1 二维查找神器

打开“素材文件/20-查找函数：INDEX+MATCH/20-查找函数：INDEX+MATCH-快速制作报价单.xlsx”源文件。

在“价格表-空白”工作表中，想要查找满足“产品系列”为“CP00J”、“规格”为“25×35×10”两个条件的结果，如图 20-2 所示。

	A	B	C	D	E	F	G	H	I	J	K	L	M	N	O
1	产品价格表						产品系列	CP00J	规格	25×35×10	价格	340			
3	价格表	10×20×5	15×25×5	20×30×5	25×35×5	30×40×5	35×45×5	40×50×5	10×20×10	15×25×10	20×30×10	25×35×10	30×40×10	35×45×10	40×50×10
4	CP00A	100	105	110	115	120	126	132	138	144	151	158	165	173	181
5	CP00C	110	115	120	126	132	138	144	151	158	165	173	181	190	199
6	CP00D	121	127	133	139	145	152	159	166	174	182	191	200	210	220
7	CP00E	133	139	145	152	159	166	174	182	191	200	210	220	231	242
8	CP00F	146	153	160	168	176	184	193	202	212	222	233	244	256	268
9	CP00G	160	168	176	184	193	202	212	222	233	244	256	268	281	295
10	CP00H	176	184	193	202	212	222	233	244	256	268	281	295	309	324
11	CP00I	193	202	212	222	233	244	256	268	281	295	309	324	340	357
12	CP00J	212	222	233	244	256	268	281	295	309	324	340	357	374	392
13	CP00K	233	244	256	268	281	295	309	324	340	357	374	392	411	431
14	CP00L	256	268	281	295	309	324	340	357	374	392	411	431	452	474
15	CP00M	281	295	309	324	340	357	374	392	411	431	452	474	497	521
16	CP00N	309	324	340	357	374	392	411	431	452	474	497	521	547	574
17	CP00O	339	355	372	390	409	429	450	472	495	519	544	571	599	628
18	CP00P	372	390	409	429	450	472	495	519	544	571	599	628	659	691
19	CP00Q	409	429	450	472	495	519	544	571	599	628	659	691	725	761
20	CP00R	449	471	494	518	543	570	598	627	658	690	724	760	798	837

图 20-2

1. 需求分析

首先在纵坐标中查找“产品系列”为“CP00J”，它的位置为第 12 行。然后在横坐标中查找“规格”为“25×35×10”，它的位置为第 L 列。那么，横纵坐标二维交叉后的位置为【L12】单元格，它的结果为“340”。

2. 选择函数

像这样分别根据横纵坐标条件来确定二维交叉位置值的问题，使用的是 INDEX 和 MATCH 函数。

MATCH 函数的公式原理如图 20-3 所示。

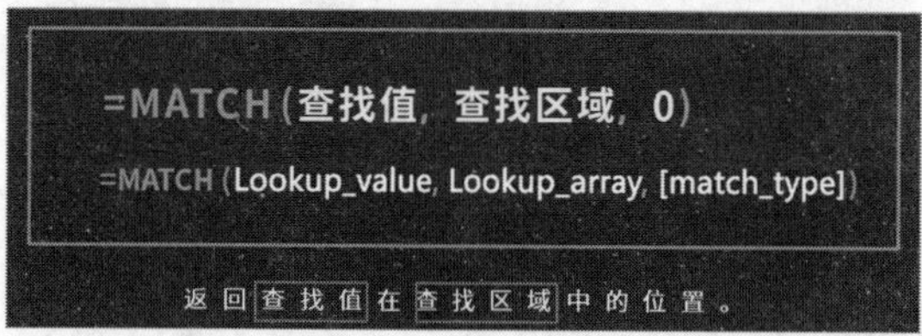

=MATCH(查找值, 查找区域, 0)
=MATCH(Lookup_value, Lookup_array, [match_type])
返回查找值在查找区域中的位置。

图 20-3

INDEX 函数的公式原理如图 20-4 所示。

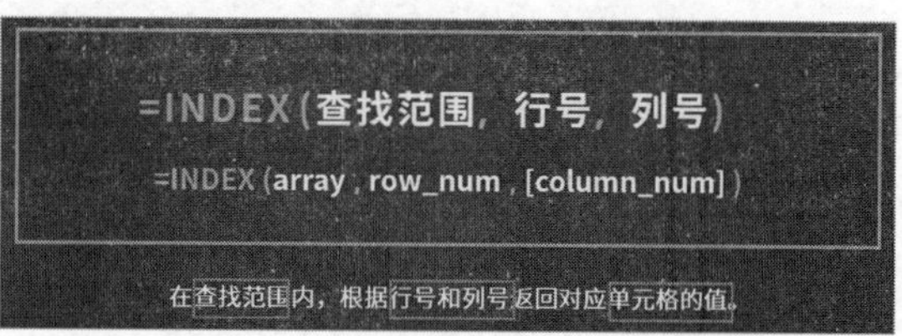

=INDEX(查找范围, 行号, 列号)
=INDEX(array, row_num, [column_num])
在查找范围内，根据行号和列号返回对应单元格的值。

图 20-4

如果将 MATCH 函数比喻为瞄准手，那么 INDEX 函数就是狙击手，二者协同工作，精确查找目标数据，如图 20-5 所示。

图 20-5

首先对数据源表进行完善，利用数据验证制作“产品系列”下拉选项。

选中【H1】单元格→选择【数据】选项卡→单击【数据验证】按钮→选择【数据验证】选项，如图 20-6 所示。

图 20-6

在弹出的【数据验证】对话框中将【允许】设置为“序列”→单击【来源】文本框将其激活→选中数据源中的【A4:A20】单元格区域→单击【确定】按钮，如图 20-7 所示。

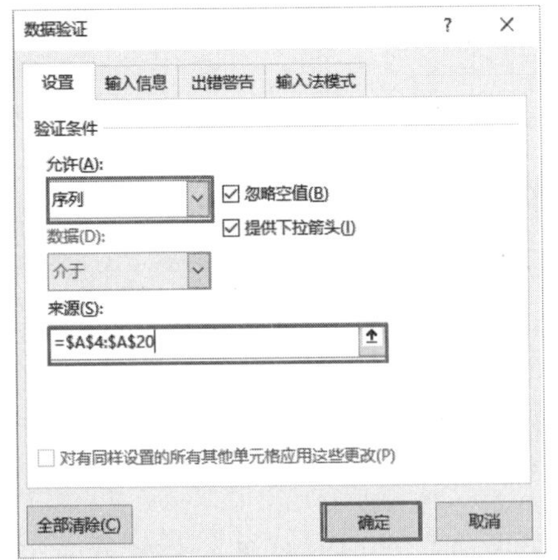

图 20-7

如图 20-8 所示，就完成了对“产品系列”下拉选项的设置。

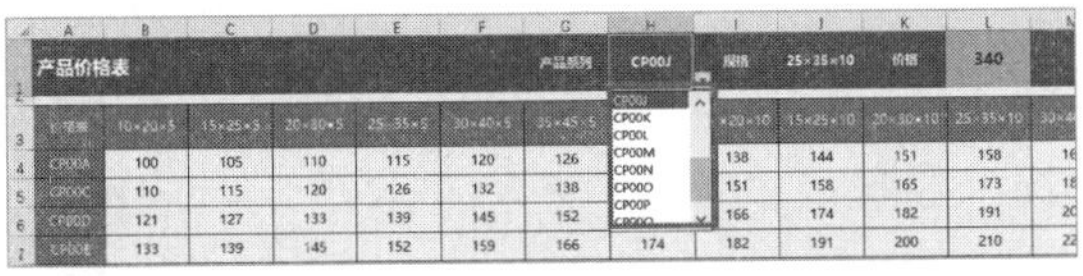

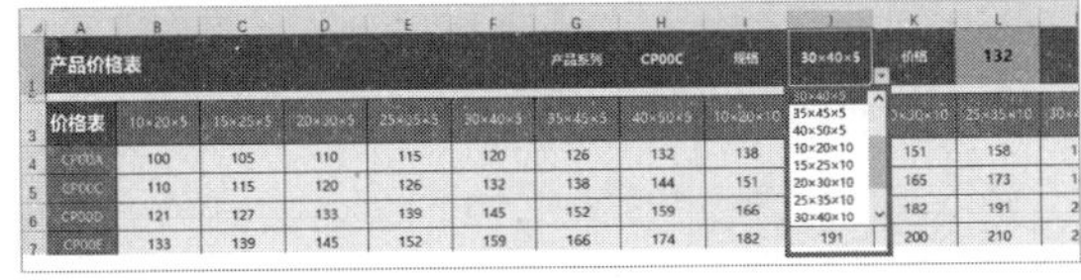

图 20-8

同理，完成对“规格”下拉选项的设置，如图 20-9 所示。

图 20-9

接下来首先要确定“产品系列”为“CP00J”、“规格”为“25×35×10”两个值的坐标分别为多少，使用的是 MATCH 函数。

在第 2 行设置一行辅助行，选中【G2】单元格，输入“坐标确认”。然后在【H2】单元格中利用 MATCH 函数来确定【H1】单元格中值的位置，在【J2】单元格中利用 MATCH 函数来确定【J1】单元格中值的位置，如图 20-10 所示。

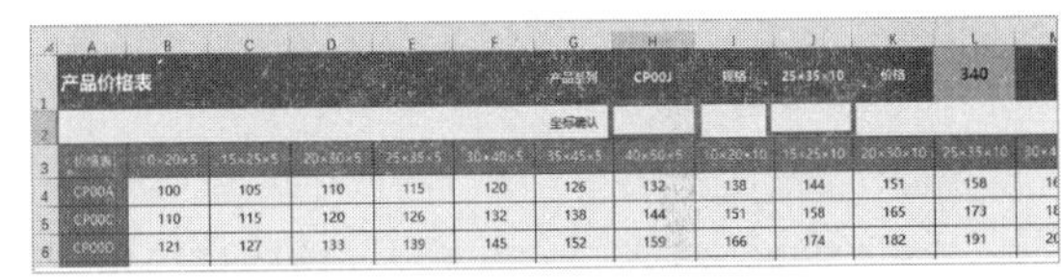

图 20-10

3. 参数分析（MATCH 函数）

MATCH 瞄准手开始工作，确定“CP00J”所在的位置。

MATCH 函数的公式原理如图 20-11 所示。

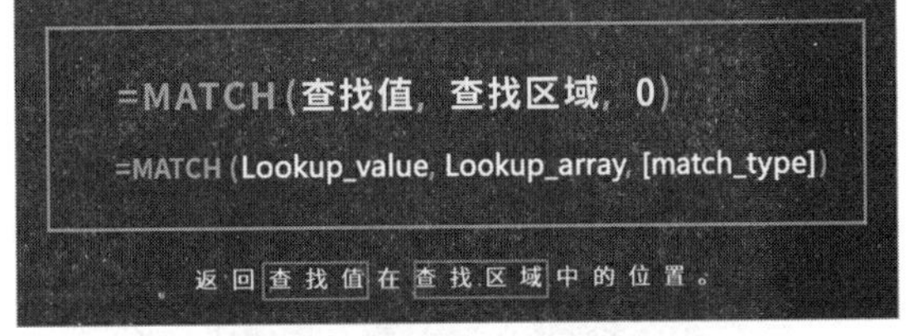

图 20-11

查找值：要查找的是 CP00J 所在的位置，即【H1】单元格。

查找区域：在列标题【A4:A20】单元格区域中进行查找。

根据对函数参数的分析，将它代入函数公式，如图 20-12 所示。

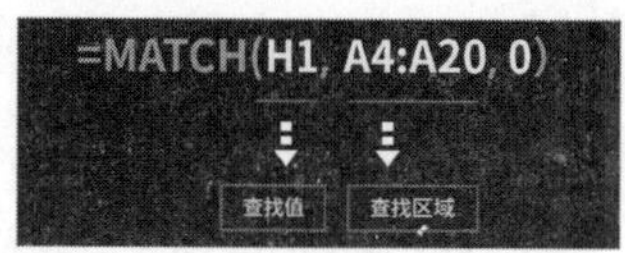

图 20-12

表示在【A4:A20】单元格区域中查找【H1】单元格的位置为第几位。

4. 输入公式（MATCH 瞄准手）

选中【H2】单元格→单击函数编辑区将其激活→输入公式“=MA”，这时 Excel 自动提示想要输入的函数名称→按 <↑+↓> 键选中【MATCH】，如图 20-13 所示→按 <Tab> 键自动补充左括号。

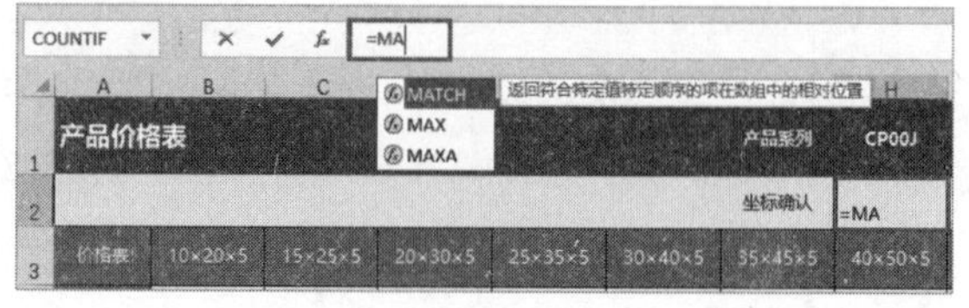

图 20-13

输入公式“=MATCH(H1,A4:A20,0)”→按 <Enter> 键确认。如图 20-14 所示，【H2】单元格已经计算出匹配的结果为“9”，表示要确定的“CP00J”在【A4:A20】单元格区域中位于第 9 位。

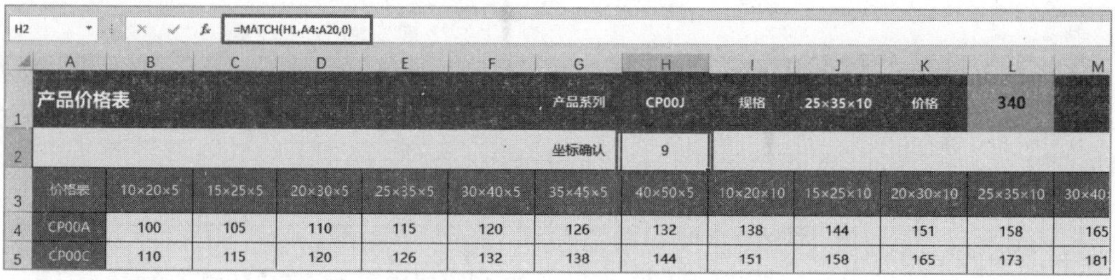

H2 =MATCH(H1,A4:A20,0)

	A	B	C	D	E	F	G	H	I	J	K	L	M
1	产品价格表						产品系列	CP00J	规格	25×35×10	价格	340	
2							坐标确认	9					
3	价格表	10×20×5	15×25×5	20×30×5	25×35×5	30×40×5	35×45×5	40×50×5	10×20×10	15×25×10	20×30×10	25×35×10	30×40
4	CP00A	100	105	110	115	120	126	132	138	144	151	158	165
5	CP00C	110	115	120	126	132	138	144	151	158	165	173	181

图 20-14

同理，完成对“25×35×10”位置的确定。

查找值：【J1】单元格。

查找区域：【B3:O3】单元格区域。

根据对函数参数的分析，将它代入函数公式，如图 20-15 所示。

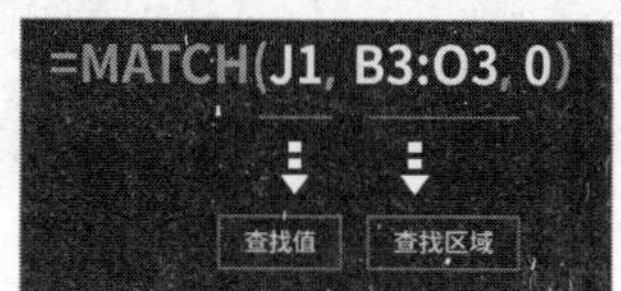

图 20-15

表示在【B3:O3】单元格区域中查找【J1】单元格的位置为第几位。

输入公式。选中【J2】单元格→单击函数编辑区将其激活→输入公式“=MATCH(J1,B3:O3,0)”→按 <Enter> 键确认。如图 20-16 所示，【J2】单元格已经计算出匹配的结果为“11”，表示要确定的“25×35×10”在【B3:O3】单元格区域中位于第 11 位。

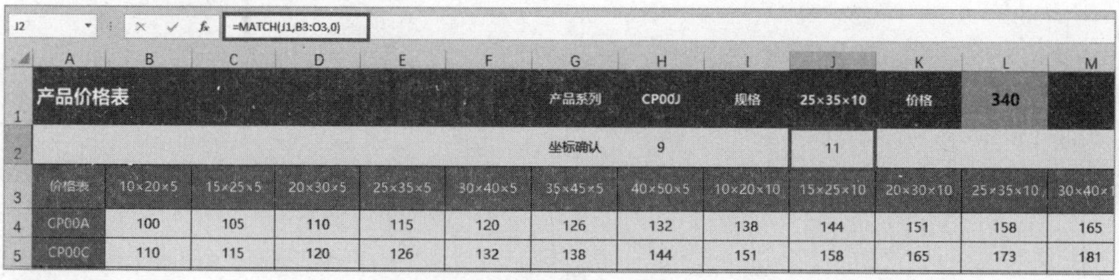

J2 =MATCH(J1,B3:O3,0)

	A	B	C	D	E	F	G	H	I	J	K	L	M
1	产品价格表						产品系列	CP00J	规格	25×35×10	价格	340	
2							坐标确认	9		11			
3	价格表	10×20×5	15×25×5	20×30×5	25×35×5	30×40×5	35×45×5	40×50×5	10×20×10	15×25×10	20×30×10	25×35×10	30×40×1
4	CP00A	100	105	110	115	120	126	132	138	144	151	158	165
5	CP00C	110	115	120	126	132	138	144	151	158	165	173	181

图 20-16

5. 参数分析（INDEX 函数）

MATCH 瞄准手确定了横纵坐标位置后，接下来就要利用 INDEX 狙击手根据确认的坐标位置来狙击结果，如图 20-17 所示。

图 20-17

INDEX 函数的公式原理如图 20-18 所示。

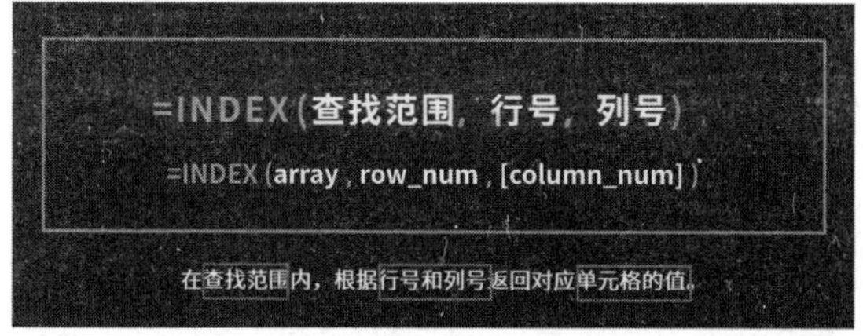
=INDEX（查找范围，行号，列号）
=INDEX (array , row_num , [column_num])
在查找范围内，根据行号和列号返回对应单元格的值。

图 20-18

查找范围：要在价格区域，即【B4:O20】单元格区域中进行查找。

行号：行坐标，即【H2】单元格计算出的值。

列号：列坐标，即【J2】单元格计算出的值。

根据对函数参数的分析，将它代入函数公式，如图 20-19 所示。

=INDEX(B4:O20，H2，J2)
查找范围
行号
列号

图 20-19

6. 输入公式（INDEX 狙击手）

选中【K2】单元格→输入“狙击”→选中【L2】单元格→单击函数编辑区将其激活→输入公式“=INDEX(B4:O20,H2,J2)”→按 <Enter> 键确认，如图 20-20 所示。

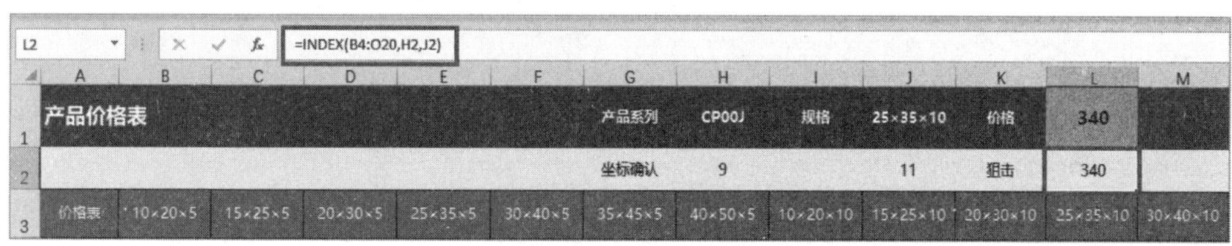

L2 =INDEX(B4:O20,H2,J2)

	A	B	C	D	E	F	G	H	I	J	K	L	M
1	产品价格表						产品系列	CP00J	规格	25×35×10	价格	340	
2							坐标确认	9		11	狙击	340	
3	价格表	10×20×5	15×25×5	20×30×5	25×35×5	30×40×5	35×45×5	40×50×5	10×20×10	15×25×10	20×30×10	25×35×10	30×40×10

图 20-20

其中，【B4:O20】单元格区域可以通过选中【B4】单元格，然后拖曳鼠标至【O20】单元格来选中；或者选中【B4】单元格，然后按 <Ctrl+Shift+→+↓> 键来选中。

如图 20-21 所示，【L2】单元格已经计算出匹配的结果为“340”。

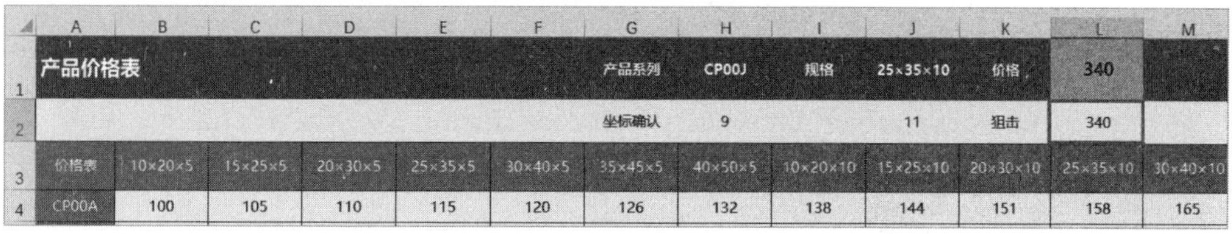

	A	B	C	D	E	F	G	H	I	J	K	L	M
1	产品价格表						产品系列	CP00J	规格	25×35×10	价格	340	
2							坐标确认	9		11	狙击	340	
3	价格表	10×20×5	15×25×5	20×30×5	25×35×5	30×40×5	35×45×5	40×50×5	10×20×10	15×25×10	20×30×10	25×35×10	30×40×10
4	CP00A	100	105	110	115	120	126	132	138	144	151	158	165

图 20-21

完成了 INDEX 函数狙击后，通过在【H1】和【J1】单元格下拉选项中选择不同的选项，来实现【L2】单元格中价格的同步变化，如图 20-22 所示。

	A	B	C	D	E	F	G	H	I	J	K	L	M	N
1	产品价格表						产品系列	CP00A	规格	10×20×5	价格	100		
2							坐标确认	1		1	狙击	100		
3	价格表	10×20×5	15×25×5	20×30×5	25×35×5	30×40×5	35×45×5	40×50×5	10×20×10	15×25×10	20×30×10	25×35×10	30×40×10	35×4
4	CP00A	100	105	110	115	120	126	132	138	144	151	158	165	17

图 20-22

【L2】单元格中的公式“=INDEX(B4:O20,H2,J2)”，其中 H2 和 J2 都是通过 MATCH 函数得来的，那么将【H2】和【J2】单元格中的公式代入【L2】单元格中，如图 20-23 所示。

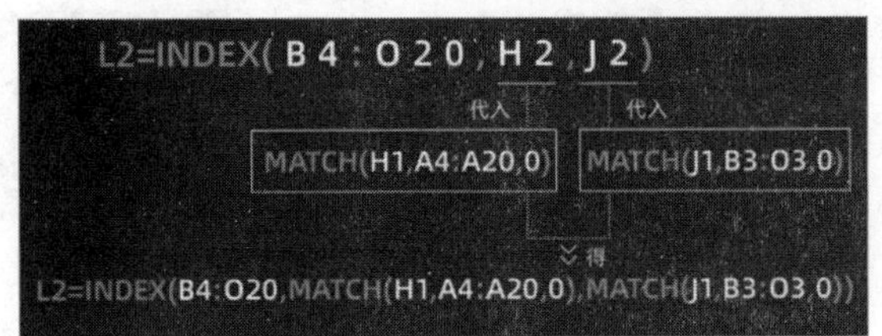

图 20-23

选中【H2】单元格→单击函数编辑区将其激活→选中“MATCH(H1,A4:A20,0)”→按 <Ctrl+C> 键复制→单击函数编辑区左侧的【√】按钮完成公式编辑→选中【L2】单元格→单击函数编辑区将其激活→将公式中的 H2 选中→按 <Ctrl+V> 键粘贴→按 <Enter> 键确认。

同理，将【L2】单元格中的 J2 替换为【J2】单元格中的函数“MATCH(J1,B3:O3,0)”。

如图 20-24 所示，【L2】单元格中的函数就是一个完整的二维查找函数了。

L2 =INDEX(B4:O20,MATCH(H1,A4:A20,0),MATCH(J1,B3:O3,0))

	A	B	C	D	E	F	G	H	I	J	K	L	M	N
1	产品价格表						产品系列	CP00A	规格	10×20×5	价格	100		
2							坐标确认	1		1	狙击	100		
3	价格表	10×20×5	15×25×5	20×30×5	25×35×5	30×40×5	35×45×5	40×50×5	10×20×10	15×25×10	20×30×10	25×35×10	30×40×10	35×45×10
4	CP00A	100	105	110	115	120	126	132	138	144	151	158	165	173

图 20-24

【L1】单元格的值就是通过与【L2】单元格中一样的公式查找到的。

选中【L1】单元格→按住鼠标左键不放拖曳至【N1】单元格，将公式移动至【N1】单元格→将第 2 行内的所有数据选中并按 <Delete> 键删除，缩小它的行高，如图 20-25 所示。

	A	B	C	D	E	F	G	H	I	J	K	L	M	N	O
1	产品价格表						产品系列	CP00A	规格	10×20×5	价格	100		100	
3	价格表	10×20×5	15×25×5	20×30×5	25×35×5	30×40×5	35×45×5	40×50×5	10×20×10	15×25×10	20×30×10	25×35×10	30×40×10	35×45×10	40×50×10
4	CP00A	100	105	110	115	120	126	132	138	144	151	158	165	173	181
5	CP00C	110	115	120	126	132	138	144	151	158	165	173	181	190	199
6	CP00D	121	127	133	139	145	152	159	166	174	182	191	200	210	220
7	CP00E	133	139	145	152	159	166	174	182	191	200	210	220	231	242
8	CP00F	146	153	160	168	176	184	193	202	212	222	233	244	256	268

图 20-25

如图 20-26 所示，无论在【H1】和【J1】单元格下拉选项中选择任何选项，【L1】单元格的值与【N1】单元格的值都是一样的。

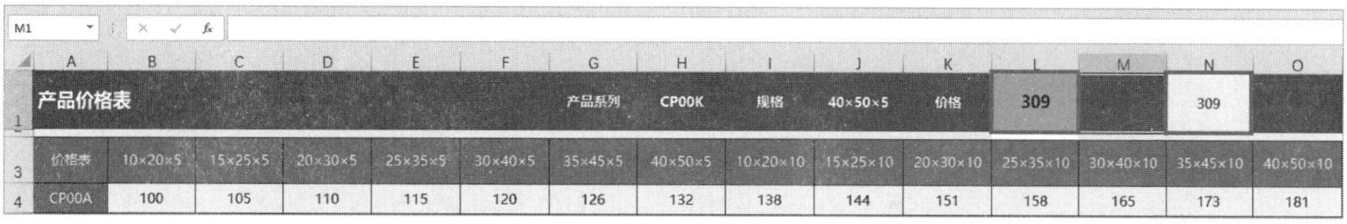

	A	B	C	D	E	F	G	H	I	J	K	L	M	N	O
1	产品价格表						产品系列	CP00K	规格	40×50×5	价格	309		309	
3	价格表	10×20×5	15×25×5	20×30×5	25×35×5	30×40×5	35×45×5	40×50×5	10×20×10	15×25×10	20×30×10	25×35×10	30×40×10	35×45×10	40×50×10
4	CP00A	100	105	110	115	120	126	132	138	144	151	158	165	173	181

图 20-26

20.2 打造聚光灯

完成了二维查找的设置后，如图 20-27 所示，目标模板中有一个聚光灯一样的效果，当选择不同的横纵坐标时，会将所在行和列高光显示出来。这个功能就是利用条件格式来设置的，下面就一起来看一下。

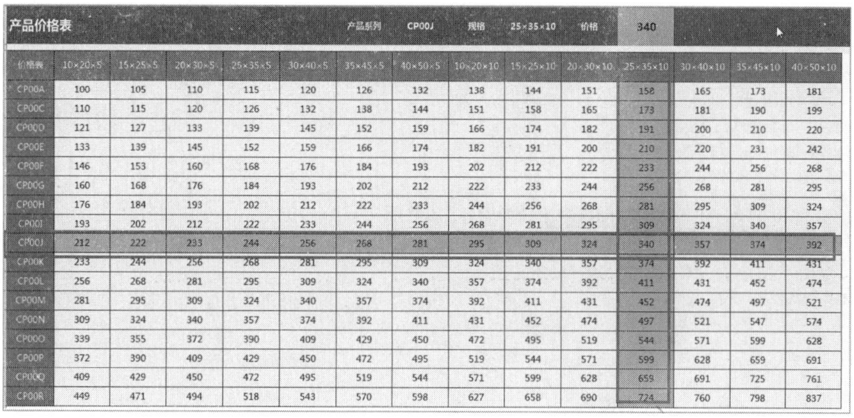

产品价格表						产品系列	CP00J	规格	25×35×10	价格	340			
价格表	10×20×5	15×25×5	20×30×5	25×35×5	30×40×5	35×45×5	40×50×5	10×20×10	15×25×10	20×30×10	25×35×10	30×40×10	35×45×10	40×50×10
CP00A	100	105	110	115	120	126	132	138	144	151	158	165	173	181
CP00C	110	115	120	126	132	138	144	151	158	165	173	181	190	199
CP00D	121	127	133	139	145	152	159	166	174	182	191	200	210	220
CP00E	133	139	145	152	159	166	174	182	191	200	210	220	231	242
CP00F	146	153	160	168	176	184	193	202	212	222	233	244	256	268
CP00G	160	168	176	184	193	202	212	222	233	244	256	268	281	295
CP00H	176	184	193	202	212	222	233	244	256	268	281	295	309	324
CP00I	193	202	212	222	233	244	256	268	281	295	309	324	340	357
CP00J	212	222	233	244	256	268	281	295	309	324	340	357	374	392
CP00K	233	244	256	268	281	295	309	324	340	357	374	392	411	431
CP00L	256	268	281	295	309	324	340	357	374	392	411	431	452	474
CP00M	281	295	309	324	340	357	374	392	411	431	452	474	497	521
CP00N	309	324	340	357	374	392	411	431	452	474	497	521	547	574
CP00O	339	355	372	390	409	429	450	472	495	519	544	571	599	628
CP00P	372	390	409	429	450	472	495	519	544	571	599	628	659	691
CP00Q	409	429	450	472	495	519	544	571	599	628	659	691	725	761
CP00R	449	471	494	518	543	570	598	627	658	690	724	760	798	837

图 20-27

首先选择应用条件格式的区域，即【B4:O20】单元格区域。选中【B4】单元格，同时按 <Ctrl+Shift+ ↑ +→> 键，即可选中整个区域，如图 20-28 所示。

	A	B	C	D	E	F	G	H	I	J	K	L	M	N	O
1	产品价格表						产品系列	CP00C	规格	10×20×5	价格	110			
3	价格表	10×20×5	15×25×5	20×30×5	25×35×5	30×40×5	35×45×5	40×50×5	10×20×10	15×25×10	20×30×10	25×35×10	30×40×10	35×45×10	40×50×10
4	CP00A	100	105	110	115	120	126	132	138	144	151	158	165	173	181
5	CP00C	110	115	120	126	132	138	144	151	158	165	173	181	190	199
6	CP00D	121	127	133	139	145	152	159	166	174	182	191	200	210	220
7	CP00E	133	139	145	152	159	166	174	182	191	200	210	220	231	242
8	CP00F	146	153	160	168	176	184	193	202	212	222	233	244	256	268
9	CP00G	160	168	176	184	193	202	212	222	233	244	256	268	281	295
10	CP00H	176	184	193	202	212	222	233	244	256	268	281	295	309	324
11	CP00I	193	202	212	222	233	244	256	268	281	295	309	324	340	357
12	CP00J	212	222	233	244	256	268	281	295	309	324	340	357	374	392
13	CP00K	233	244	256	268	281	295	309	324	340	357	374	392	411	431
14	CP00L	256	268	281	295	309	324	340	357	374	392	411	431	452	474
15	CP00M	281	295	309	324	340	357	374	392	411	431	452	474	497	521
16	CP00N	309	324	340	357	374	392	411	431	452	474	497	521	547	574
17	CP00O	339	355	372	390	409	429	450	472	495	519	544	571	599	628
18	CP00P	372	390	409	429	450	472	495	519	544	571	599	628	659	691
19	CP00Q	409	429	450	472	495	519	544	571	599	628	659	691	725	761
20	CP00R	449	471	494	518	543	570	598	627	658	690	724	760	798	837

图 20-28

选择【开始】选项卡→单击【条件格式】按钮→选择【新建规则】选项，如图 20-29 所示。

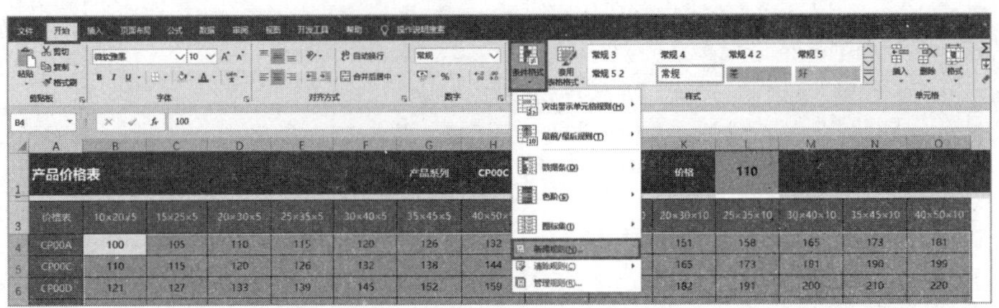

图 20-29

如图 20-30 所示，在弹出的【新建格式规则】对话框中选择【使用公式确定要设置格式的单元格】选项。

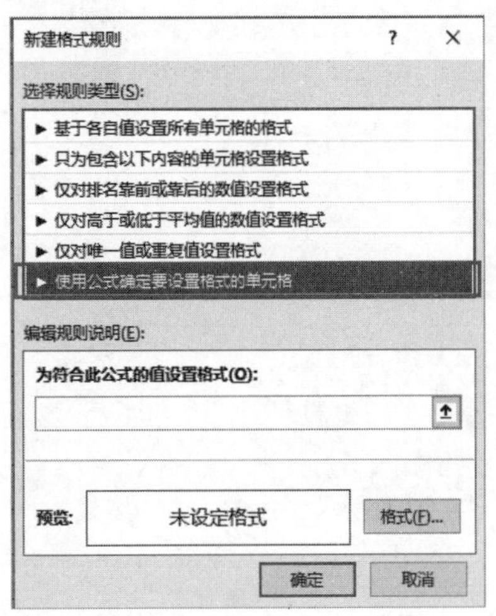

图 20-30

1. 行列高光显示需求分析

我们的需求是：当【A】列中任一单元格的值等于【H1】单元格的值时，在【B4:O20】单元格区域中，这一行就显示为黄色效果。

例如，当【A4】单元格的值等于【H1】单元格的值时，【B4:O4】单元格区域就显示为黄色效果。

当第 2 行中任一单元格的值等于【J1】单元格的值时，在【B4:O20】单元格区域中，这一列就显示为黄色效果。

例如，当【B3】单元格的值等于【J1】单元格的值时，【B4:B20】单元格区域就显示为黄色效果。

2. 设置行列高光显示条件格式

回到【新建格式规则】对话框中，单击公式编辑文本框将其激活→输入“=”→选中【A4】单元格→输入“=”→再选中【H1】单元格。

此时，系统默认将【A4】单元格的行列同时锁定，而我们引用的是整个【A】列，故只锁定列不锁定行，将 4 前面的 $ 删除，即公式为“=$A4=$H$1”，如图 20-31 所示。

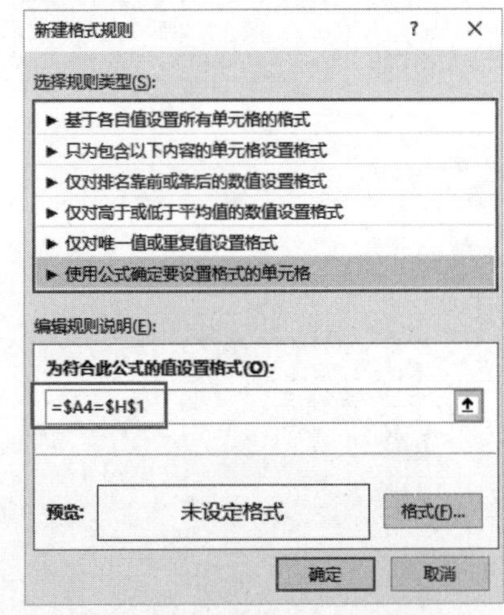

图 20-31

下面再对满足公式规则的单元格区域设置一个格式。单击【格式】按钮，如图 20-32 所示。

图 20-32

在弹出的【设置单元格格式】对话框中选择【填充】选项卡→选择“黄色”→单击【确定】按钮，如图 20-33 所示。

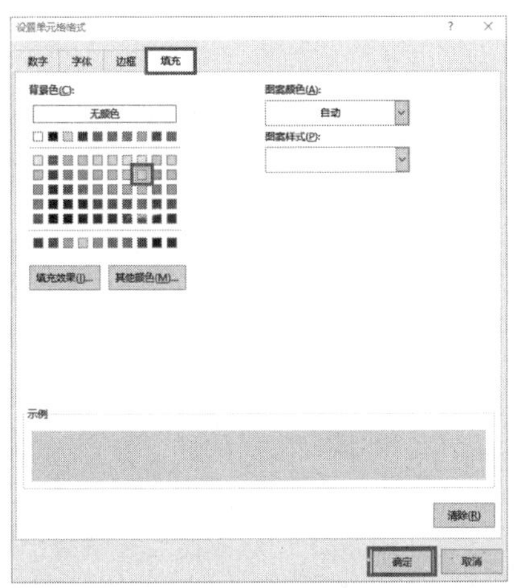

图 20-33

返回【新建格式规则】对话框，再次单击【确定】按钮，如图 20-34 所示。

图 20-34

如图 20-35 所示，当【H1】单元格为“CP00C”时，表格区域中“CP00C”对应的第 5 行高光显示为“黄色”效果了。

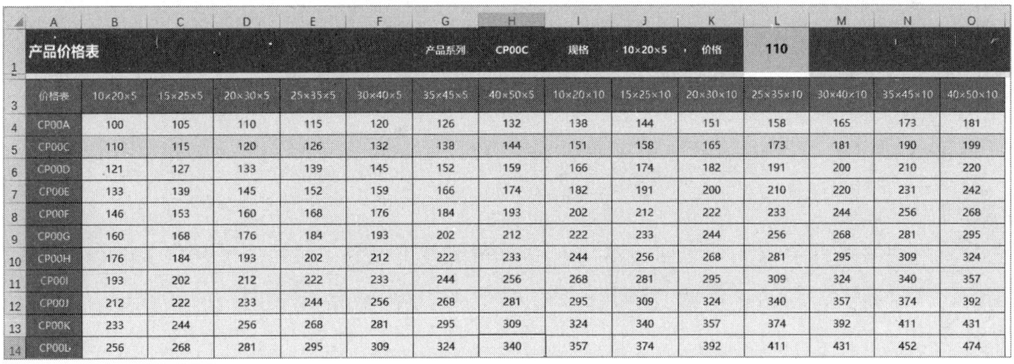

	A	B	C	D	E	F	G	H	I	J	K	L	M	N	O
1	产品价格表						产品系列	CP00C	规格	10×20×5	价格	110			
3	价格表	10×20×5	15×25×5	20×30×5	25×35×5	30×40×5	35×45×5	40×50×5	10×20×10	15×25×10	20×30×10	25×35×10	30×40×10	35×45×10	40×50×10
4	CP00A	100	105	110	115	120	126	132	138	144	151	158	165	173	181
5	CP00C	110	115	120	126	132	138	144	151	158	165	173	181	190	199
6	CP00D	121	127	133	139	145	152	159	166	174	182	191	200	210	220
7	CP00E	133	139	145	152	159	166	174	182	191	200	210	220	231	242
8	CP00F	146	153	160	168	176	184	193	202	212	222	233	244	256	268
9	CP00G	160	168	176	184	193	202	212	222	233	244	256	268	281	295
10	CP00H	176	184	193	202	212	222	233	244	256	268	281	295	309	324
11	CP00I	193	202	212	222	233	244	256	268	281	295	309	324	340	357
12	CP00J	212	222	233	244	256	268	281	295	309	324	340	357	374	392
13	CP00K	233	244	256	268	281	295	309	324	340	357	374	392	411	431
14	CP00L	256	268	281	295	309	324	340	357	374	392	411	431	452	474

图 20-35

通过【H1】单元格下拉选项调整产品系列时，高光显示的行随之变化，如图 20-36 所示。

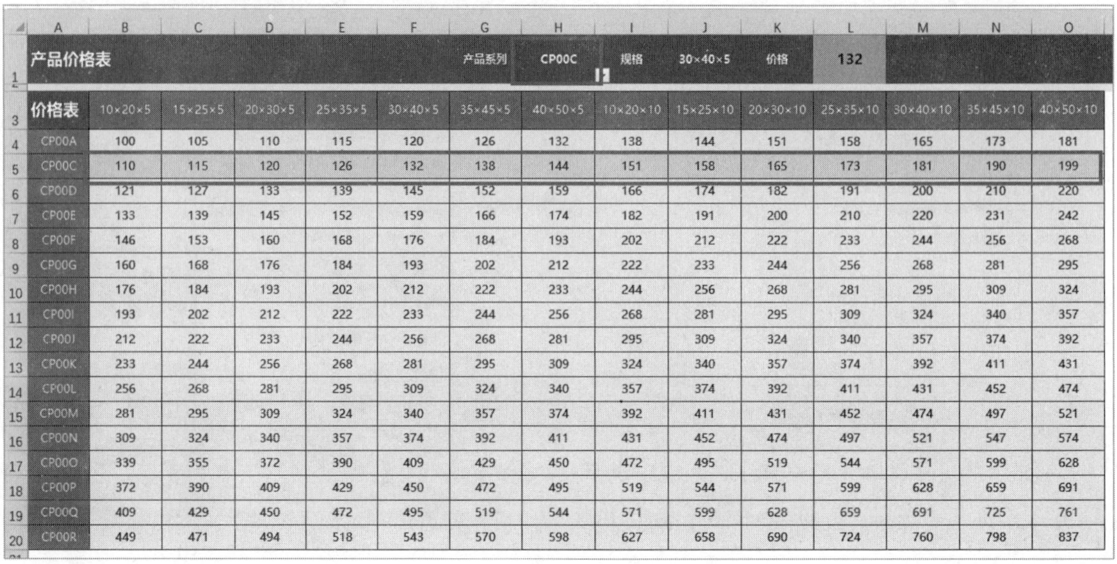

产品价格表						产品系列	CP00C	规格	30×40×5	价格	132			
价格表	10×20×5	15×25×5	20×30×5	25×35×5	30×40×5	35×45×5	40×50×5	10×20×10	15×25×10	20×30×10	25×35×10	30×40×10	35×45×10	40×50×10
CP00A	100	105	110	115	120	126	132	138	144	151	158	165	173	181
CP00C	110	115	120	126	132	138	144	151	158	165	173	181	190	199
CP00D	121	127	133	139	145	152	159	166	174	182	191	200	210	220
CP00E	133	139	145	152	159	166	174	182	191	200	210	220	231	242
CP00F	146	153	160	168	176	184	193	202	212	222	233	244	256	268
CP00G	160	168	176	184	193	202	212	222	233	244	256	268	281	295
CP00H	176	184	193	202	212	222	233	244	256	268	281	295	309	324
CP00I	193	202	212	222	233	244	256	268	281	295	309	324	340	357
CP00J	212	222	233	244	256	268	281	295	309	324	340	357	374	392
CP00K	233	244	256	268	281	295	309	324	340	357	374	392	411	431
CP00L	256	268	281	295	309	324	340	357	374	392	411	431	452	474
CP00M	281	295	309	324	340	357	374	392	411	431	452	474	497	521
CP00N	309	324	340	357	374	392	411	431	452	474	497	521	547	574
CP00O	339	355	372	390	409	429	450	472	495	519	544	571	599	628
CP00P	372	390	409	429	450	472	495	519	544	571	599	628	659	691
CP00Q	409	429	450	472	495	519	544	571	599	628	659	691	725	761
CP00R	449	471	494	518	543	570	598	627	658	690	724	760	798	837

图 20-36

接下来对“规格”的高光显示进行设置。

选中【B4:O20】单元格区域→选择【开始】选项卡→单击【条件格式】按钮→选择【新建规则】选项，如图 20-37 所示。

图 20-37

在弹出的【新建格式规则】对话框中选择【使用公式确定要设置格式的单元格】选项，如图 20-38 所示。

在公式编辑文本框中输入“=B$3=$J$1”。这里需要注意的是，引用的是【B3】单元格所在的行，故只锁定行不锁定列，将 B 前面的 $ 删除，即公式为“=B$3=$J$1”，如图 20-39 所示。

图 20-38

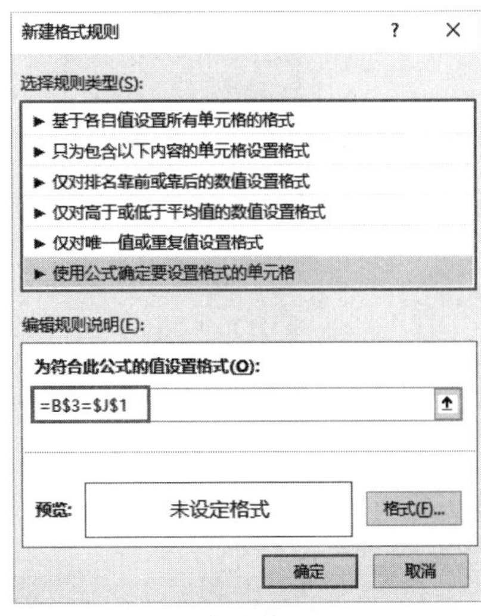

图 20-39

温馨提示

因为设置条件格式的区域为【B4:O20】单元格区域，所以这里设置条件格式的公式就从【B3】单元格开始，而不选择【A3】单元格。

接着为其设置条件。单击【格式】按钮→在弹出的【设置单元格格式】对话框中选择【填充】选项卡→选择“黄色”→单击【确定】按钮，如图 20-40 所示。

返回【新建格式规则】对话框，再次单击【确定】按钮，如图 20-41 所示。

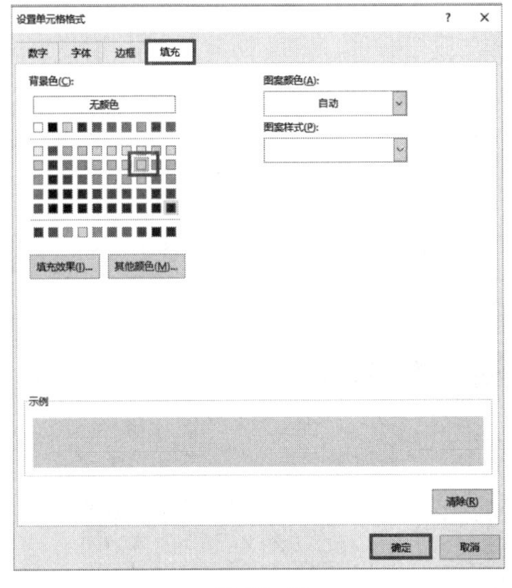

图 20-40

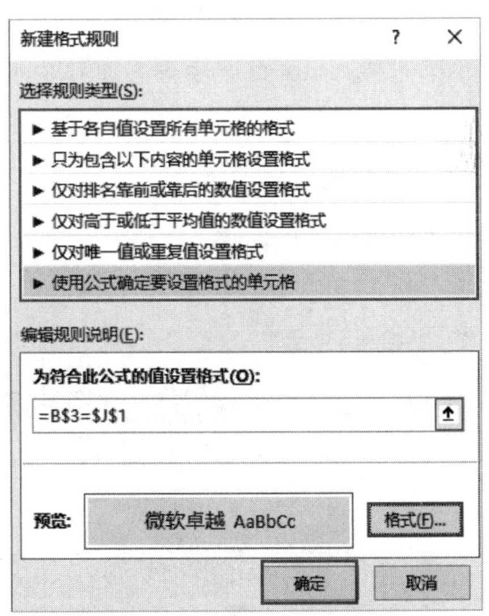

图 20-41

如图 20-42 所示，就制作出来一个行列的高光显示了。

产品价格表						产品系列	CP00C	规格	10×20×5	价格	110			
价格表	10×20×5	15×25×5	20×30×5	25×35×5	30×40×5	35×45×5	40×50×5	10×20×10	15×25×10	20×30×10	25×35×10	30×40×10	35×45×10	40×50×10
CP00A	100	105	110	115	120	126	132	138	144	151	158	165	173	181
CP00C	110	115	120	126	132	138	144	151	158	165	173	181	190	199
CP00D	121	127	133	139	145	152	159	166	174	182	191	200	210	220
CP00E	133	139	145	152	159	166	174	182	191	200	210	220	231	242
CP00F	146	153	160	168	176	184	193	202	212	222	233	244	256	268
CP00G	160	168	176	184	193	202	212	222	233	244	256	268	281	295
CP00H	176	184	193	202	212	222	233	244	256	268	281	295	309	324
CP00I	193	202	212	222	233	244	256	268	281	295	309	324	340	357
CP00J	212	222	233	244	256	268	281	295	309	324	340	357	374	392
CP00K	233	244	256	268	281	295	309	324	340	357	374	392	411	431
CP00L	256	268	281	295	309	324	340	357	374	392	411	431	452	474
CP00M	281	295	309	324	340	357	374	392	411	431	452	474	497	521
CP00N	309	324	340	357	374	392	411	431	452	474	497	521	547	574
CP00O	339	355	372	390	409	429	450	472	495	519	544	571	599	628
CP00P	372	390	409	429	450	472	495	519	544	571	599	628	659	691
CP00Q	409	429	450	472	495	519	544	571	599	628	659	691	725	761
CP00R	449	471	494	518	543	570	598	627	658	690	724	760	798	837

图 20-42

设置好行列高光显示后，想要将交叉单元格制作出图 20-43 所示的样式，该怎么做呢？

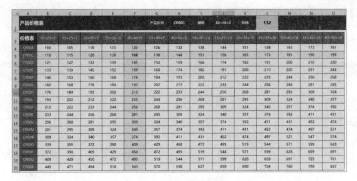

产品价格表						产品系列	CP00C	规格	30×40×5	价格	132			
价格表	10×20×5	15×25×5	20×30×5	25×35×5	30×40×5	35×45×5	40×50×5	10×20×10	15×25×10	20×30×10	25×35×10	30×40×10	35×45×10	40×50×10
CP00A	100	105	110	115	120	126	132	138	144	151	158	165	173	181
CP00C	110	115	120	126	132	138	144	151	158	165	173	181	190	199
CP00D	121	127	133	139	145	152	159	166	174	182	191	200	210	220
CP00E	133	139	145	152	159	166	174	182	191	200	210	220	231	242
CP00F	146	153	160	168	176	184	193	202	212	222	233	244	256	268
CP00G	160	168	176	184	193	202	212	222	233	244	256	268	281	295
CP00H	176	184	193	202	212	222	233	244	256	268	281	295	309	324
CP00I	193	202	212	222	233	244	256	268	281	295	309	324	340	357
CP00J	212	222	233	244	256	268	281	295	309	324	340	357	374	392
CP00K	233	244	256	268	281	295	309	324	340	357	374	392	411	431
CP00L	256	268	281	295	309	324	340	357	374	392	411	431	452	474
CP00M	281	295	309	324	340	357	374	392	411	431	452	474	497	521
CP00N	309	324	340	357	374	392	411	431	452	474	497	521	547	574
CP00O	339	355	372	390	409	429	450	472	495	519	544	571	599	628
CP00P	372	390	409	429	450	472	495	519	544	571	599	628	659	691
CP00Q	409	429	450	472	495	519	544	571	599	628	659	691	725	761
CP00R	449	471	494	518	543	570	598	627	658	690	724	760	798	837

图 20-43

3. 交叉单元格高光显示需求分析

这里交叉单元格要同时满足前面制作的行和列的高光显示条件，即既要满足 $A4=$H$1，又要满足 B$3=$J$1。对于要同时满足两个条件的情况使用 AND 函数，即 AND($A4=$H$1,B$3=$J$1)。

4. 设置交叉单元格高光显示

接下来对条件区域新建条件格式。

选中【B4:O20】单元格区域→选择【开始】选项卡→单击【条件格式】按钮→选择【新建规则】选项，如图 20-44 所示。

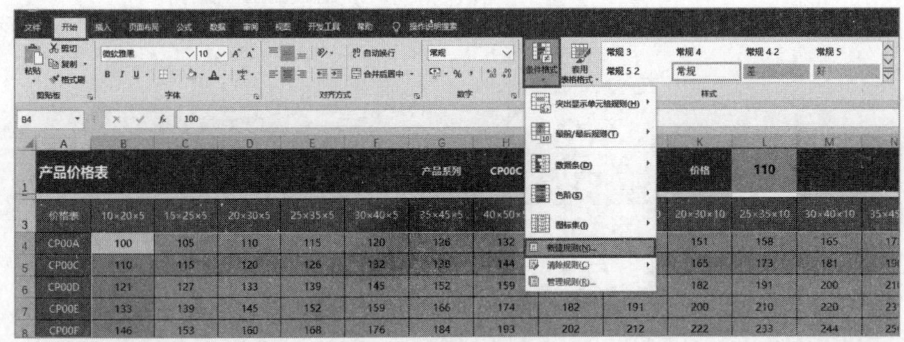

图 20-44

在弹出的【新建格式规则】对话框中选择【使用公式确定要设置格式的单元格】选项，如图 20-45 所示。

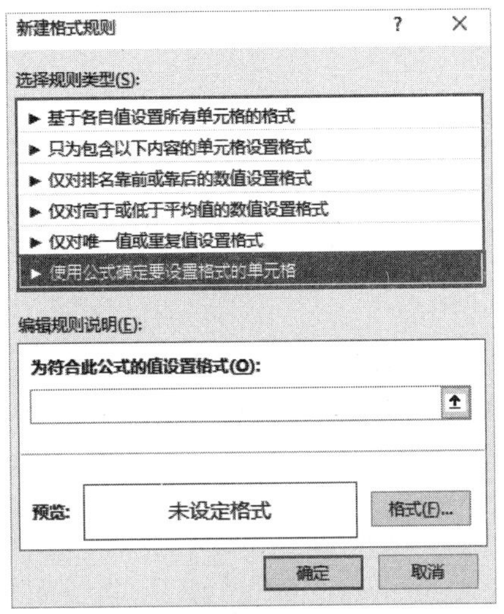

图 20-45

这里要做的交叉单元格既要满足指定行的高光显示条件，又要满足指定列的高光显示条件。那么，可以利用 AND 函数来完成。

所以，在公式编辑文本框中输入“=AND($A4=$H$1,B$3=$J$1)”→单击【格式】按钮，如图 20-46 所示。

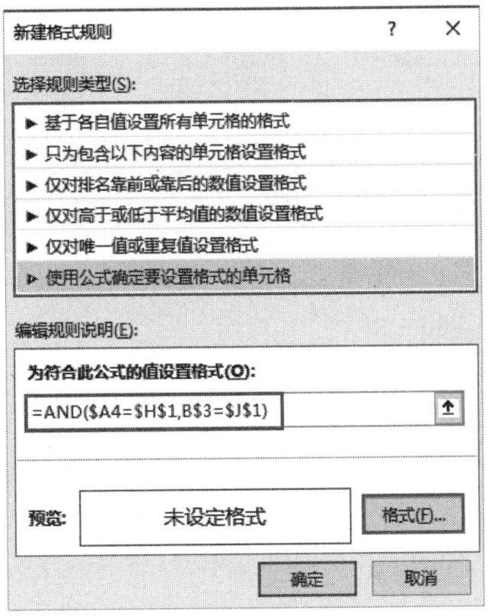

图 20-46

在弹出的【设置单元格格式】对话框中选择【填充】选项卡→选择“蓝色”→单击【确定】按钮，如图 20-47 所示。

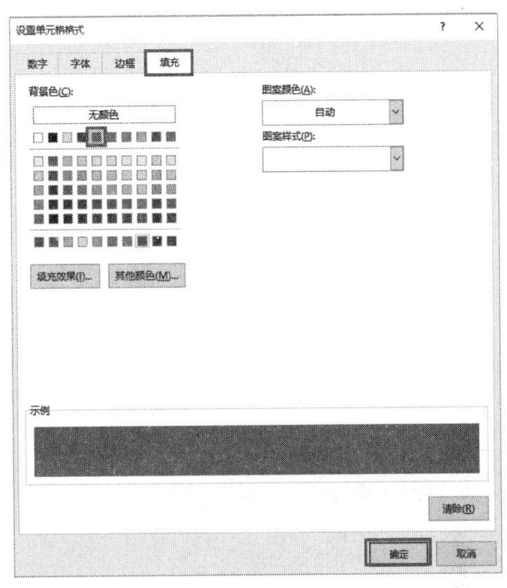

图 20-47

接着对交叉单元格的字体进行设置。选择【字体】选项卡→在【字形】列表框中选择【加粗】选项→单击【确定】按钮，如图 20-48 所示。

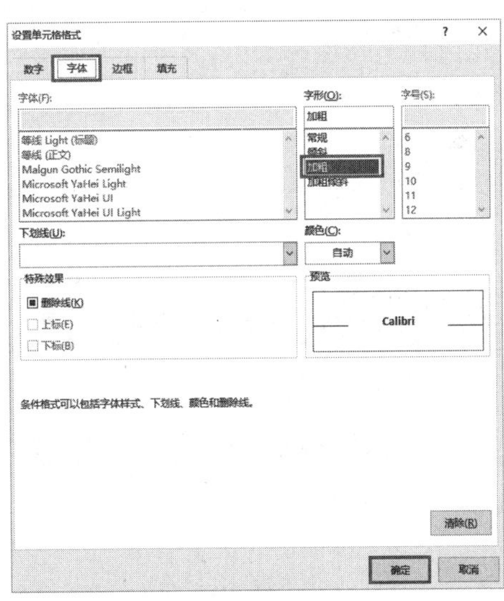

图 20-48

返回【新建格式规则】对话框，再次单击【确定】按钮，如图 20-49 所示。

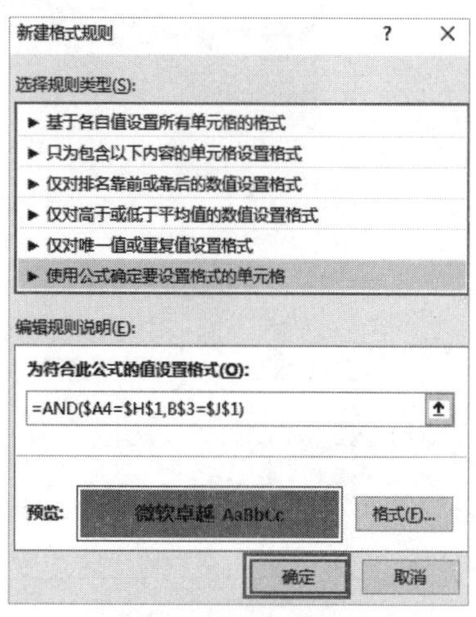

图 20-49

如图 20-50 所示，已经制作好聚光灯的效果了。

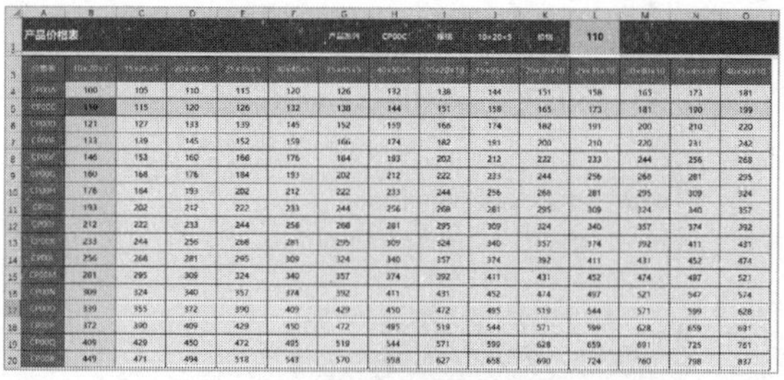

图 20-50

当选择不同的“产品系列”和“规格”下拉选项时，聚光灯的位置也会随之变化。

20.3 制作报价单

20.2 节已经完成了一个既好用又“高颜值”的产品价格表的制作。那么，如何根据产品价格表制作一个图 20-51 所示的智能报价单呢？

图 20-51

温馨提示

此模板可以根据不同的业务需要，应用到不同的场景之中。

如图 20-52 所示，“报价单 - 空白”工作表中的信息与前面做的产品价格表是一样的，那么只需要将产品价格表中的信息录进去即可。

图 20-52

1. 数据验证

首先利用数据验证设置“产品类别”和“规格”对应的下拉选项，如图 20-53 所示。

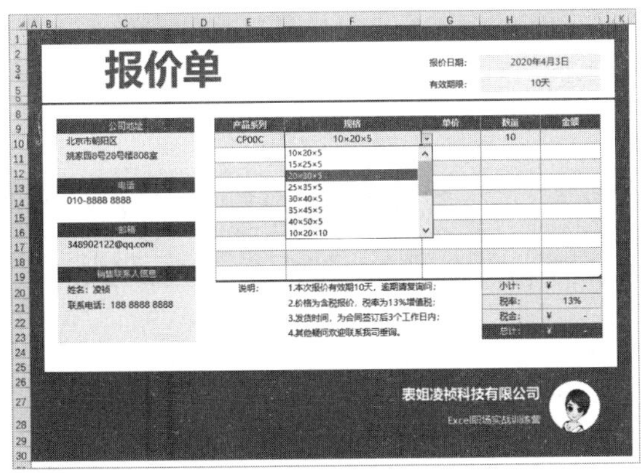

图 20-53

2. 计算金额

根据“单价”和“数量”设置“金额”的计算公式。

选中【I10】单元格→单击函数编辑区将其激活→输入公式“=G10*H10”→按 <Enter> 键确认→向下拖曳鼠标将公式填充至【I10:I19】单元格区域。如图 20-54 所示，编辑栏中公式显示为“=[@ 单价]*[@ 数量]”，是表名称的形式，这是因为在表中套用了超级表。

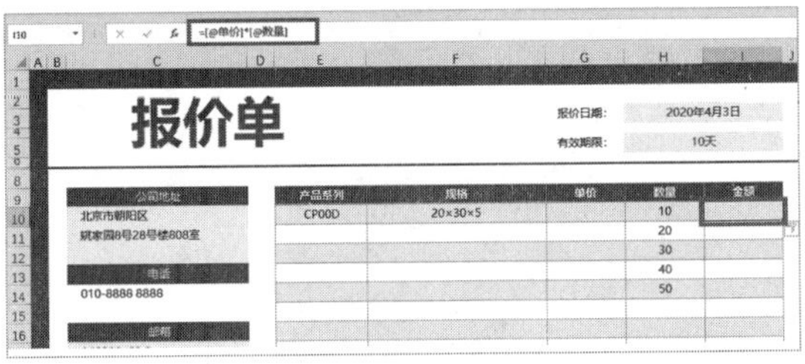

图 20-54

温馨提示

因为“单价”区域还没有设置，所以计算出来的结果是空白的。

如果公式没有显示出表名称，可以通过【文件】选项卡进行设置。选择【文件】选项卡→单击【选项】按钮，如图 20-55 所示。

图 20-55

在弹出的【Excel 选项】对话框中选择【公式】选项→选中【在公式中使用表名】复选框→单击【确定】按钮，如图 20-56 所示。

图 20-56

3. 计算单价

“产品系列”和“规格”下的“单价”又该如何设置呢？二维查找仍然利用 INDEX+MATCH 函数来完成。

（1）需求分析。

要根据“产品系列”和“规格”查找对应的“单价”。那么，报价单中“单价”的公式与产品价格表中“价格”的公式应该是一样的，只是在报价单中需要跨表来选择单元格区域。然后将原本的“产品系列”即“H1”替换为“E10”，规格即“J1”替换为“F10”。

下面先回顾产品价格表中【L1】单元格的 INDEX+MATCH 函数是如何编写的，如图 20-57 所示。

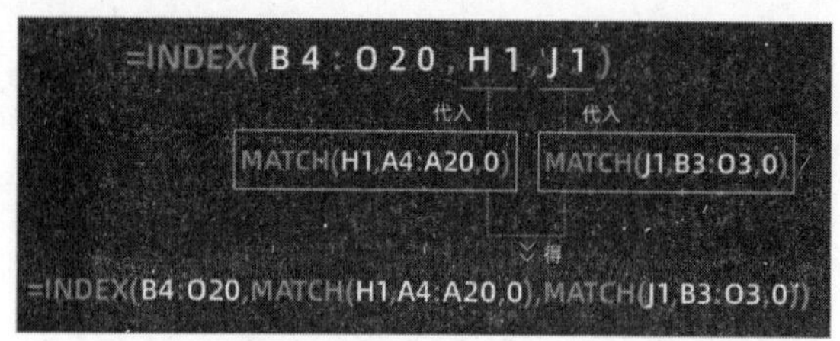

图 20-57

（2）参数分析。

查找范围：“价格表－空白”工作表中的【B4∶O20】单元格区域。

行号：E10在“价格表－空白”工作表中【A】列的第几位；即 MATCH(E10,' 价格表－空白 '!A4∶A20)。

列号：F10在“价格表－空白”工作表中第3行的第几位；即 MATCH(F10,' 价格表－空白 '!B3∶O3)。

代入公式，如图 20-58 所示。

图 20-58

（3）输入公式。

选中【G10】单元格→单击函数编辑区将其激活→输入公式“=INDEX(' 价格表－空白 '!$B$4∶$O$20,MATCH(' 报价单－空白 '!E10,' 价格表－空白 '!A4∶A20,0),MATCH(' 报价单－空白 '!F10,' 价格表－空白 '!B3∶O3,0))”→按 <Enter> 键确认，如图 20-59 所示。

图 20-59

如图20-60所示，报价单中的【G10】单元格已经查找出“CP00D”和“20×30×5”对应的价格为“133”。

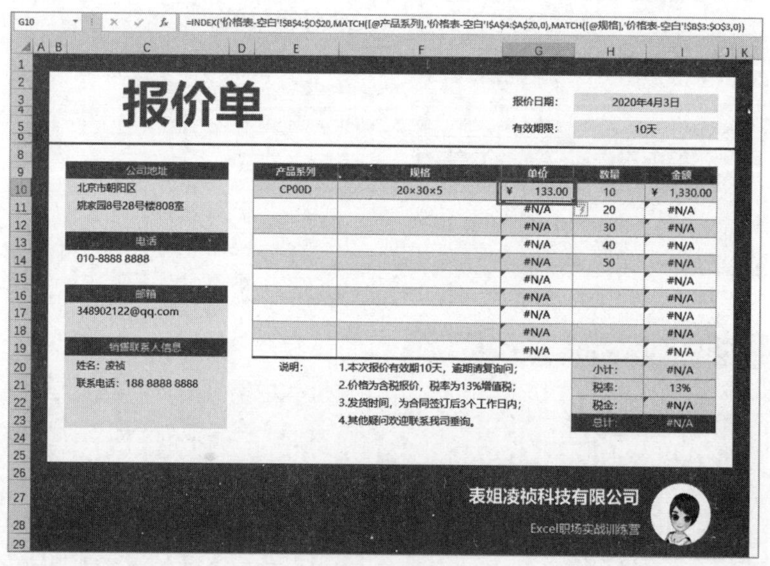

图 20-60

如图 20-61 所示，当选择不同的“产品类别”和“规格”下拉选项填写表格时，价格就会显示出来了。

图 20-61

但对于那些没有填写的区域，如何使“单价”的错误值显示为空值呢？可以使用 IFERROR 函数。

选中【G10】单元格→在 INDEX 函数的外面嵌套一个 IFERROR 函数，如图 20-62 所示。

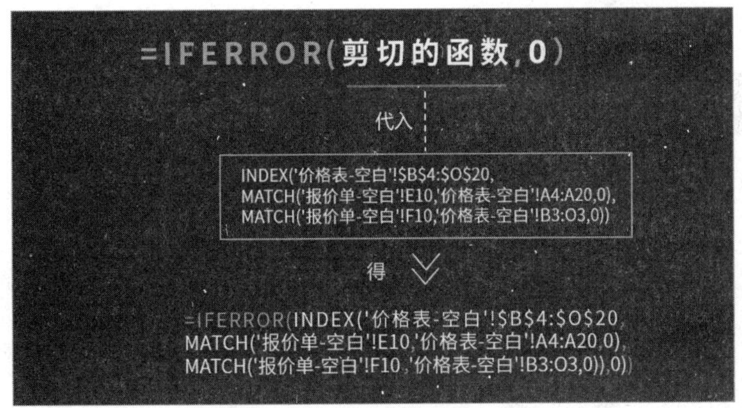

图 20-62

首先将 INDEX 函数选中→按 <Ctrl+X> 键剪切→输入公式“=IFERROR(”→按 <Ctrl+V> 键粘贴，然后输入英文状态下的逗号分隔参数→输入错误值显示结果“0”→补全右括号→按 <Enter> 键确认。如图 20-63 所示，【G12:G19】单元格显示为空值，这是因为“单价”的计算结果为“0”，当单元格的数字格式为“货币”时，“0”就会显示为空。

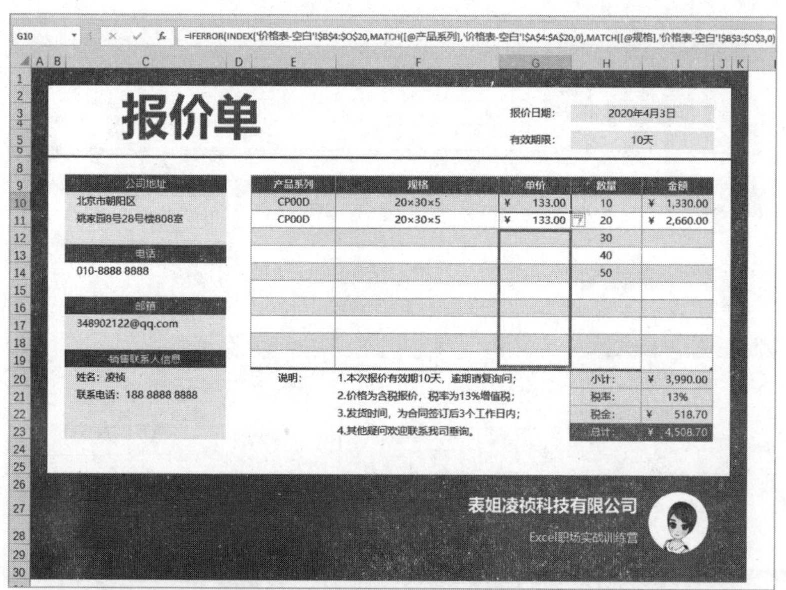

图 20-63

温馨提示

剪切时注意不要把“=”一起剪切。

如图 20-64 所示，可以通过选择不同的“产品系列”和“规格”来查找对应的结果了。

图 20-64

至此，已经完成了二维查找函数 INDEX+MATCH 的介绍，并且可以利用条件格式制作一个高光显示的样式。将这些技巧应用到工作中，相信一定可以提高你的工作效率。

第21关 本篇实践应用

本关背景

到这里已经介绍了函数的全部内容，相信你已经能够利用函数解决工作中遇到的绝大多数的问题了。经过前面的介绍，有没有觉得其实函数没有想象中的那么难呢？

在实际业务工作中，数据源中的数据可能会很多。作图时不需要将所有的数据都显示在图表中，而是应该有侧重点地将这些数据表现出来，从而使图表为数据服务。如果所有数据都是重点，那么就等于没有重点了。

本关就以水电消耗情况为例，一起看一下如何利用数据源制作图21-1所示的交互式“水电费消耗趋势图”，让图表为我们表达重点信息。

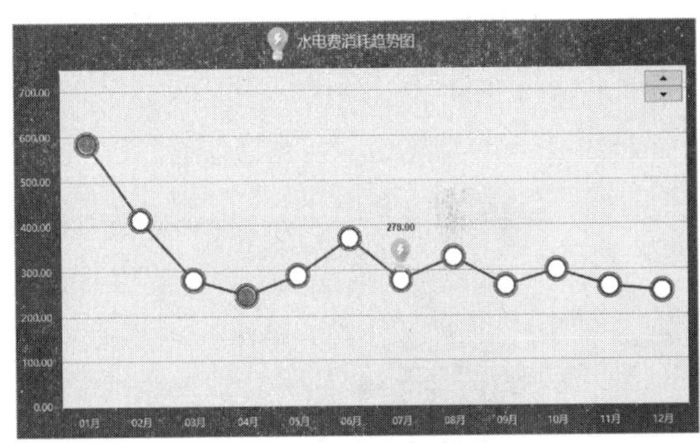

图 21-1

21.1 准备作图数据源（骨架）

打开“素材文件/21-本篇实践应用/21-本篇实践应用-水电费消耗统计图.xlsx”源文件。作图之前，先准备一张作图数据源，数据源是图表的骨架，也是作图的根据所在。

“数据源”工作表中展现了企业的水电消耗情况，如图21-2所示。

	A	B	C	D	E	F	G	H	I	J	K	L	M	N	O	P	Q	R
1	查表时间	实际天数	装配车间水表表底	水消耗量	机加车间水表表底	水消耗量	水消耗合计	单价	金额	电表表底	电消耗量	单价	金额	水电费总计金额	日均费用	日均电量	日均水量	最大最小
2	2020年01月	31	40	40	960	40	80	5	400.00	420	420	0.438	183.96	583.96	18.84	13.55	12.90	
3	2020年02月	29	60	20	930	30	50	5	250.00	793	373	0.438	163.37	413.37	14.25	12.86	8.62	
4	2020年03月	31	76	16	951	21	37	5	185.00	1011	218	0.438	95.48	280.48	9.05	7.03	5.97	
5	2020年04月	30	90	14	965	14	28	5	140.00	1220	209	0.5	104.50	244.50	8.15	6.97	4.67	
6	2020年05月	31	104	14	980	15	29	5	145.00	1509	289	0.5	144.50	289.50	9.34	9.32	4.68	
7	2020年06月	30	120	16	990	10	26	5	130.00	1990	481	0.5	240.50	370.50	12.35	16.03	4.33	
8	2020年07月	31	130	10	1010	20	30	5	150.00	2246	256	0.5	128.00	278.00	8.97	8.26	4.84	
9	2020年08月	31	149	19	1026	16	35	5	175.00	2556	310	0.5	155.00	330.00	10.65	10.00	5.65	
10	2020年09月	30	150	1	1046	20	21	5	105	2877	321	0.5	160.50	265.50	8.85	10.70	3.50	
11	2020年10月	31	158	8	1061	15	23	5.6	128.8	3220	343	0.5	171.50	300.30	9.69	11.06	4.15	
12	2020年11月	30	168	10	1072	11	21	5.6	117.6	3512	292	0.5	146.00	263.60	8.79	9.73	3.92	
13	2020年12月	31	175	7	1088	16	23	5.6	128.8	3758	246	0.5	123.00	251.80	8.12	7.94	4.15	

图 21-2

其中，包含每个月的“查表时间”“实际天数”“装配车间水表表底”“水消耗量”“水消耗合计”“单价”“金额”“水电费总计金额”等数据。

将“水电费总计金额”根据实际天数进行计算，就得到“日均费用”“日均电量”“日均水量”这些信息。

根据图 21-2 所示的数据源表，可以做出一张图 21-1 所示的“水电费消耗趋势图”，在这张图表中用红色圆点标识了最大值和最小值。

下面就一起动手操作试试吧！

21.2 制作基础图表（灵魂）

准备好了作图数据源（骨架），就来制作直观的图表吧（灵魂）！

1. 制作水电费总计金额折线图

（1）需求分析。

想要制作水电费总计金额随着时间变化的趋势图。这里涉及的关键字段为“查表时间”和“水电费总计金额”。“查表时间”对应【A】列，“水电费总计金额”对应【N】列，即利用【A】列和【N】列制作图表，如图 21-3 所示。

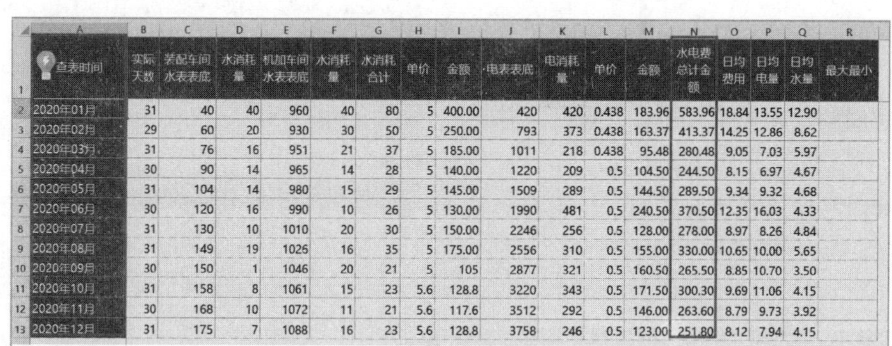

	A	B	C	D	E	F	G	H	I	J	K	L	M	N	O	P	Q	R
1	查表时间	实际天数	装配车间水表表底	水消耗量	机加车间水表表底	水消耗量	水消耗合计	单价	金额	电表表底	电消耗量	单价	金额	水电费总计金额	日均费用	日均电量	日均水量	最大最小
2	2020年01月	31	40	40	960	40	80	5	400.00	420	420	0.438	183.96	583.96	18.84	13.55	12.90	
3	2020年02月	29	60	20	930	30	50	5	250.00	793	373	0.438	163.37	413.37	14.25	12.86	8.62	
4	2020年03月	31	76	16	951	21	37	5	185.00	1011	218	0.438	95.48	280.48	9.05	7.03	5.97	
5	2020年04月	30	90	14	965	14	28	5	140.00	1220	209	0.5	104.50	244.50	8.15	6.97	4.67	
6	2020年05月	31	104	14	980	15	29	5	145.00	1509	289	0.5	144.50	289.50	9.34	9.32	4.68	
7	2020年06月	30	120	16	990	10	26	5	130.00	1990	481	0.5	240.50	370.50	12.35	16.03	4.33	
8	2020年07月	31	130	10	1010	20	30	5	150.00	2246	256	0.5	128.00	278.00	8.97	8.26	4.84	
9	2020年08月	31	149	19	1026	16	35	5	175.00	2556	310	0.5	155.00	330.00	10.65	10.00	5.65	
10	2020年09月	30	150	1	1046	20	21	5	105	2877	321	0.5	160.50	265.50	8.85	10.70	3.50	
11	2020年10月	31	158	8	1061	15	23	5.6	128.8	3220	343	0.5	171.50	300.30	9.69	11.06	4.15	
12	2020年11月	30	168	10	1072	11	21	5.6	117.6	3512	292	0.5	146.00	263.60	8.79	9.73	3.92	
13	2020年12月	31	175	7	1088	16	23	5.6	128.8	3758	246	0.5	123.00	251.80	8.12	7.94	4.15	

图 21-3

（2）插入图表。

选中【A】列→按 <Ctrl> 键的同时选中【N】列→选择【插入】选项卡→单击【插入折线图或面积图】按钮→选择【带数据标记的折线图】选项，如图 21-4 所示。

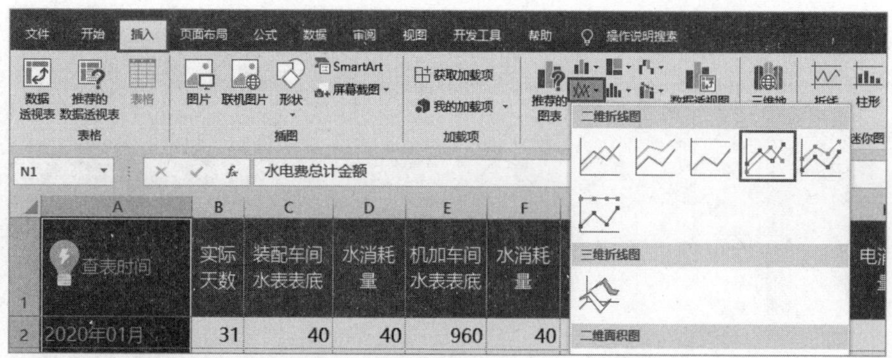

图 21-4

如图 21-5 所示，已经构建了一张水电费总计金额变化趋势图。

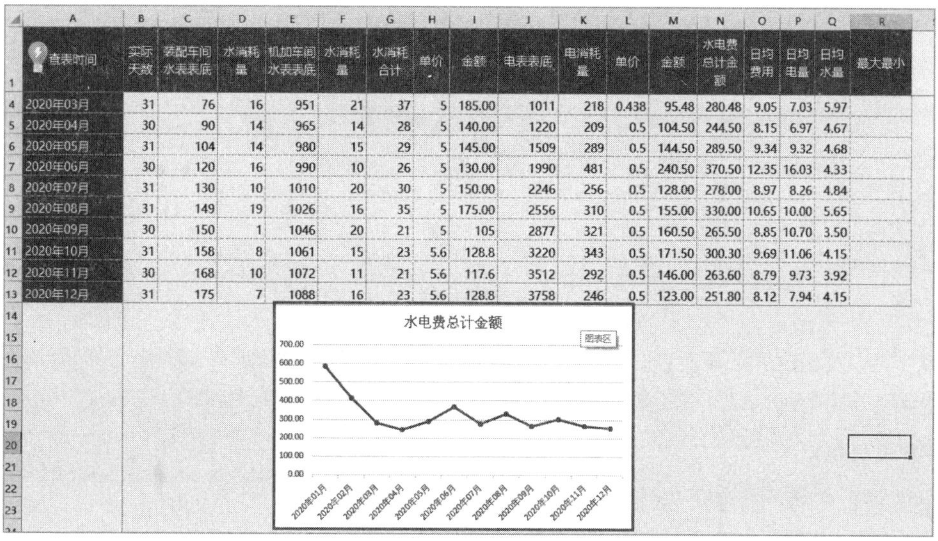

	A 查表时间	B 实际天数	C 装配车间水表表底	D 水消耗量	E 机加车间水表表底	F 水消耗量	G 水消耗合计	H 单价	I 金额	J 电表表底	K 电消耗量	L 单价	M 金额	N 水电费总计金额	O 日均费用	P 日均电量	Q 日均水量	R 最大最小
4	2020年03月	31	76	16	951	21	37	5	185.00	1011	218	0.438	95.48	280.48	9.05	7.03	5.97	
5	2020年04月	30	90	14	965	14	28	5	140.00	1220	209	0.5	104.50	244.50	8.15	6.97	4.67	
6	2020年05月	31	104	14	980	15	29	5	145.00	1509	289	0.5	144.50	289.50	9.34	9.32	4.68	
7	2020年06月	30	120	16	990	10	26	5	130.00	1990	481	0.5	240.50	370.50	12.35	16.03	4.33	
8	2020年07月	31	130	10	1010	20	30	5	150.00	2246	256	0.5	128.00	278.00	8.97	8.26	4.84	
9	2020年08月	31	149	19	1026	16	35	5	175.00	2556	310	0.5	155.00	330.00	10.65	10.00	5.65	
10	2020年09月	30	150	1	1046	20	21	5	105	2877	321	0.5	160.50	265.50	8.85	10.70	3.50	
11	2020年10月	31	158	8	1061	15	23	5.6	128.8	3220	343	0.5	171.50	300.30	9.69	11.06	4.15	
12	2020年11月	30	168	10	1072	11	21	5.6	117.6	3512	292	0.5	146.00	263.60	8.79	9.73	3.92	
13	2020年12月	31	175	7	1088	16	23	5.6	128.8	3758	246	0.5	123.00	251.80	8.12	7.94	4.15	

水电费总计金额

图 21-5

虽然初步制作了一张水电费总计金额变化趋势折线图，但是这张图表与目标图表还相差甚远。最关键的就是图表中没有标记出最大值和最小值，那么这个最值标记点该如何做呢？

2. 制作最大值和最小值标记点

（1）构建作图辅助列。

作图前要先准备作图数据源，那么就要构建最大值和最小值辅助列数据。这里介绍一个最大值 MAX 函数和最小值 MIN 函数。首先来认识一下这两个函数，如图 21-6 所示。

图 21-6

因为要计算“水电费总计金额”中的最大值和最小值，所以求值区域都是【N2:N13】单元格区域。

选中【R2】单元格→单击函数编辑区将其激活→输入公式“=MAX(N2:N13)”→按 <Enter> 键确认。如图 21-7 所示，【R2】单元格中已经计算出【N2:N13】单元格区域的最大值为“583.96”。

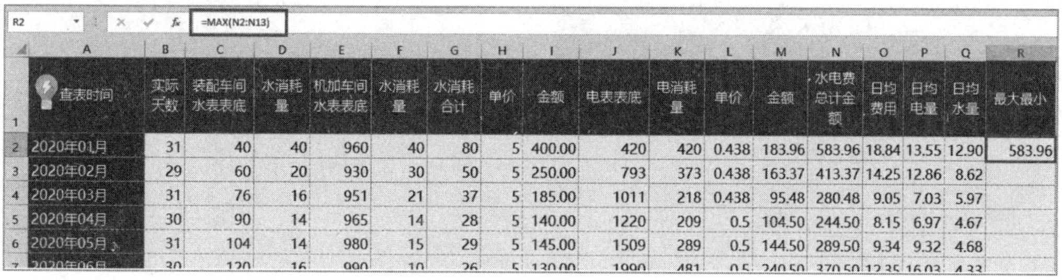

R2 =MAX(N2:N13)

	A 查表时间	B 实际天数	C 装配车间水表表底	D 水消耗量	E 机加车间水表表底	F 水消耗量	G 水消耗合计	H 单价	I 金额	J 电表表底	K 电消耗量	L 单价	M 金额	N 水电费总计金额	O 日均费用	P 日均电量	Q 日均水量	R 最大最小
2	2020年01月	31	40	40	960	40	80	5	400.00	420	420	0.438	183.96	583.96	18.84	13.55	12.90	583.96
3	2020年02月	29	60	20	930	30	50	5	250.00	793	373	0.438	163.37	413.37	14.25	12.86	8.62	
4	2020年03月	31	76	16	951	21	37	5	185.00	1011	218	0.438	95.48	280.48	9.05	7.03	5.97	
5	2020年04月	30	90	14	965	14	28	5	140.00	1220	209	0.5	104.50	244.50	8.15	6.97	4.67	
6	2020年05月	31	104	14	980	15	29	5	145.00	1509	289	0.5	144.50	289.50	9.34	9.32	4.68	
7	2020年06月	30	120	16	990	10	26	5	130.00	1990	481	0.5	240.50	370.50	12.35	16.03	4.33	

图 21-7

接下来再计算最小值。选中【R3】单元格→单击函数编辑区将其激活→输入公式“=MIN(N2:

N13)"→按 <Enter> 键确认。如图 21-8 所示，【R3】单元格中已经计算出【N2:N13】单元格区域的最小值为"244.50"。

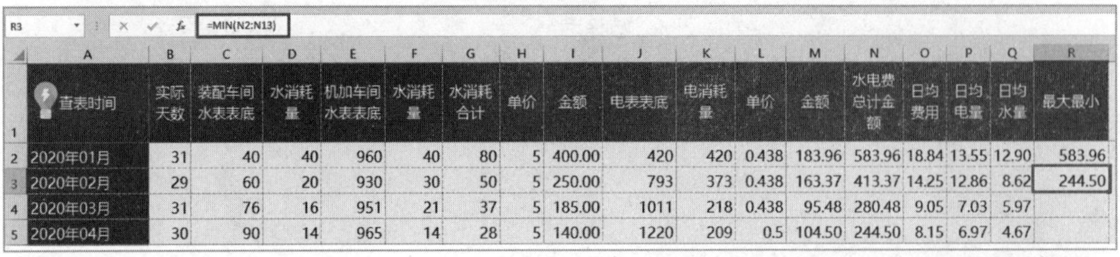

R3 =MIN(N2:N13)

	A	B	C	D	E	F	G	H	I	J	K	L	M	N	O	P	Q	R
1	查表时间	实际天数	装配车间水表表底	水消耗量	机加车间水表表底	水消耗量	水消耗合计	单价	金额	电表表底	电消耗量	单价	金额	水电费总计金额	日均费用	日均电量	日均水量	最大最小
2	2020年01月	31	40	40	960	40	80	5	400.00	420	420	0.438	183.96	583.96	18.84	13.55	12.90	583.96
3	2020年02月	29	60	20	930	30	50	5	250.00	793	373	0.438	163.37	413.37	14.25	12.86	8.62	244.50
4	2020年03月	31	76	16	951	21	37	5	185.00	1011	218	0.438	95.48	280.48	9.05	7.03	5.97	
5	2020年04月	30	90	14	965	14	28	5	140.00	1220	209	0.5	104.50	244.50	8.15	6.97	4.67	

图 21-8

理解了 MAX 和 MIN 函数后，接下来就将它们应用到案例中吧！

（2）需求分析。

想要在图表中将"水电费总计金额"(【N】列)中的"最大值"和"最小值"单独体现出来。首先要在数据源中构建出作图用的"最大值"和"最小值"数据。

在【R】列构建辅助列，要求当【N2】单元格的值为【N】列中的"最大值"或"最小值"时，【R2】单元格就显示【N2】单元格的值，即"最大值"或"最小值"；否则，【R2】单元格就显示"0"。

（3）选择函数。

提取出关键词"如果…就…，否则…"。像这种涉及"如果…就…，否则…"的问题，可以利用 IF 函数来解决，如图 21-9 所示。

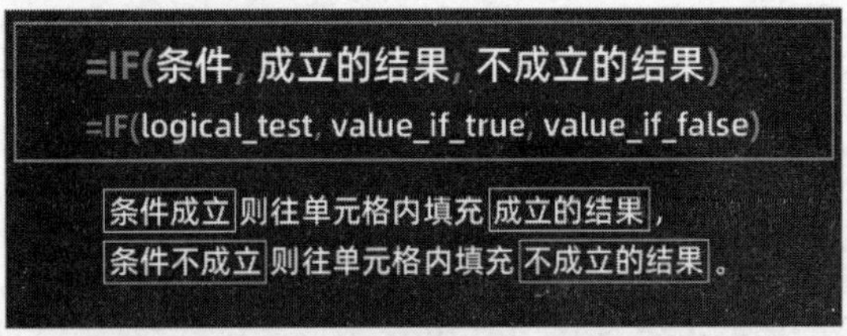

=IF(条件, 成立的结果, 不成立的结果)
=IF(logical_test, value_if_true, value_if_false)
条件成立则往单元格内填充成立的结果，
条件不成立则往单元格内填充不成立的结果。

图 21-9

（4）参数分析。

将公式应用到案例中，并将结果显示在【R2】单元格，如图 21-10 所示。

=IF(条件, N2, 0)
代入
N2=MAX(N2:N13) 或 N2=MIN(N2:N13)

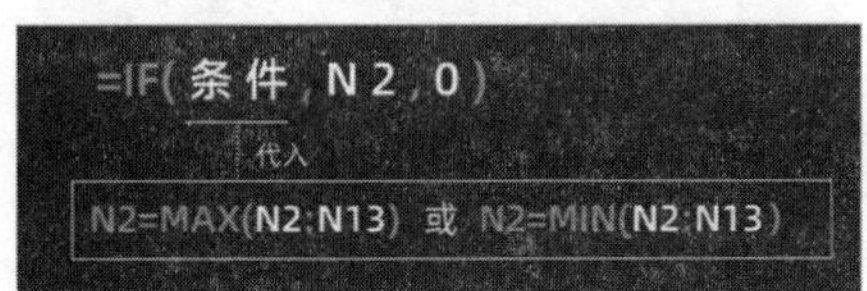

图 21-10

像这样有"或"字眼的问题，可以利用 OR 函数来解决，如图 21-11 所示。

=OR(条件1, 条件2)

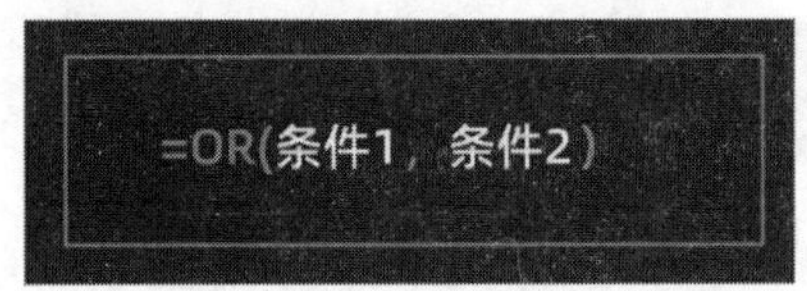

图 21-11

代入案例中 IF 函数的条件，如图 21-12 所示。

=IF(条件, N2, 0)
替换
OR(N2=MAX(N2:N13),N2=MIN(N2:N13))
得
IF(OR(N2=MAX(N2:N13),N2=MIN(N2:N13)),N2,0)

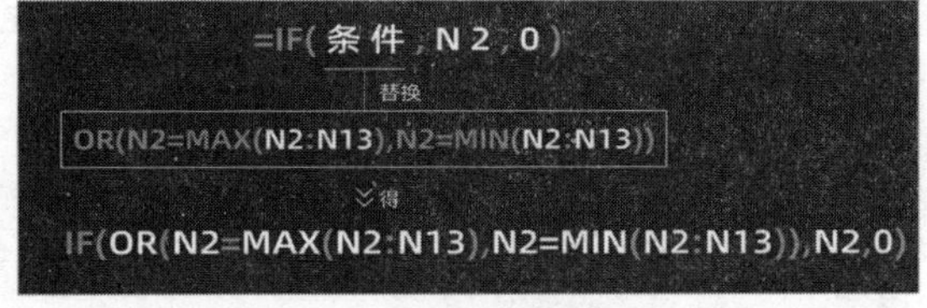

图 21-12

（5）输入公式。

了解了辅助列构建原则后，接下来就输入公式。选中【R2】单元格→单击函数编辑区将其激活→输入公式"=IF(OR(N2=MAX(N2:N13),N2=MIN(N2:N13)),N2,0)"→按 <Enter> 键确认。如图 21-13 所示，【R2】单元格中已经显示数据为"583.96"。

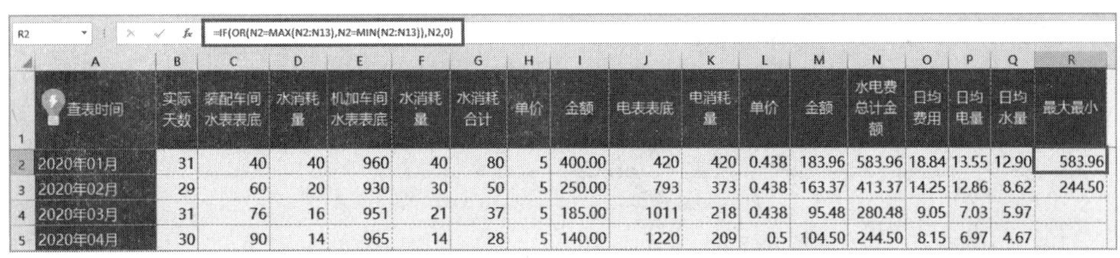

R2 =IF(OR(N2=MAX(N2:N13),N2=MIN(N2:N13)),N2,0)

	A 查表时间	B 实际天数	C 装配车间水表表底	D 水消耗量	E 机加车间水表表底	F 水消耗量	G 水消耗合计	H 单价	I 金额	J 电表表底	K 电消耗量	L 单价	M 金额	N 水电费总计金额	O 日均费用	P 日均电量	Q 日均水量	R 最大最小
2	2020年01月	31	40	40	960	40	80	5	400.00	420	420	0.438	183.96	583.96	18.84	13.55	12.90	583.96
3	2020年02月	29	60	20	930	30	50	5	250.00	793	373	0.438	163.37	413.37	14.25	12.86	8.62	244.50
4	2020年03月	31	76	16	951	21	37	5	185.00	1011	218	0.438	95.48	280.48	9.05	7.03	5.97	
5	2020年04月	30	90	14	965	14	28	5	140.00	1220	209	0.5	104.50	244.50	8.15	6.97	4.67	

图 21-13

下面将公式向下填充，应用到整个【R】列。前文介绍过，当需要向下拖曳鼠标填充公式时，需要考虑单元格的引用方式。这里对【N2:N13】单元格绝对引用，分别选中公式中的“N2:N13”→按 <F4> 键切换为绝对引用行列→单击函数编辑区左侧的【√】按钮完成公式编辑→将光标放在【R2】单元格右下角→双击鼠标将公式向下填充至【R2:R13】单元格区域，如图 21-14 所示。

R2 =IF(OR(N2=MAX($N$2:$N$13),N2=MIN($N$2:$N$13)),N2,0)

	A 查表时间	B 实际天数	C 装配车间水表表底	D 水消耗量	E 机加车间水表表底	F 水消耗量	G 水消耗合计	H 单价	I 金额	J 电表表底	K 电消耗量	L 单价	M 金额	N 水电费总计金额	O 日均费用	P 日均电量	Q 日均水量	R 最大最小
2	2020年01月	31	40	40	960	40	80	5	400.00	420	420	0.438	183.96	583.96	18.84	13.55	12.90	583.96
3	2020年02月	29	60	20	930	30	50	5	250.00	793	373	0.438	163.37	413.37	14.25	12.86	8.62	0.00
4	2020年03月	31	76	16	951	21	37	5	185.00	1011	218	0.438	95.48	280.48	9.05	7.03	5.97	0.00
5	2020年04月	30	90	14	965	14	28	5	140.00	1220	209	0.5	104.50	244.50	8.15	6.97	4.67	244.50
6	2020年05月	31	104	14	980	15	29	5	145.00	1509	289	0.5	144.50	289.50	9.34	9.32	4.68	0.00
7	2020年06月	30	120	16	990	10	26	5	130.00	1990	481	0.5	240.50	370.50	12.35	16.03	4.33	0.00
8	2020年07月	31	130	10	1010	20	30	5	150.00	2246	256	0.5	128.00	278.00	8.97	8.26	4.84	0.00
9	2020年08月	31	149	19	1026	16	35	5	175.00	2556	310	0.5	155.00	330.00	10.65	10.00	5.65	0.00
10	2020年09月	30	150	1	1046	20	21	5	105	2877	321	0.5	160.50	265.50	8.85	10.70	3.50	0.00
11	2020年10月	31	158	8	1061	15	23	5.6	128.8	3220	343	0.5	171.50	300.30	9.69	11.06	4.15	0.00
12	2020年11月	30	168	10	1072	11	21	5.6	117.6	3512	292	0.5	146.00	263.60	8.79	9.73	3.92	0.00
13	2020年12月	31	175	7	1088	16	23	5.6	128.8	3758	246	0.5	123.00	251.80	8.12	7.94	4.15	0.00

图 21-14

（6）补充图表。

准备好作图用的辅助列数据后，就可以作图了。最大值和最小值对应的是构建的辅助列，即【R】列。想要将【R】列中的数据添加到图表中，利用复制粘贴的方法即可完成。选中【R1:R13】单元格区域→按 <Ctrl+C> 键将数据源复制，如图 21-15 所示。

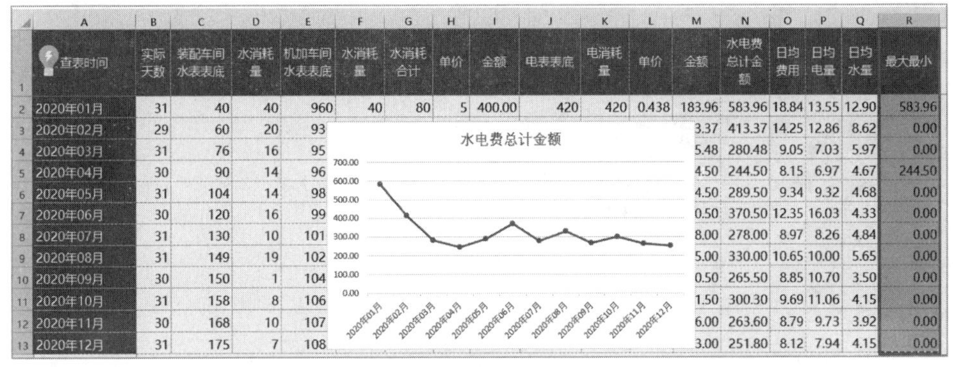

	A 查表时间	B 实际天数	C 装配车间水表表底	D 水消耗量	E 机加车间水表表底	F 水消耗量	G 水消耗合计	H 单价	I 金额	J 电表表底	K 电消耗量	L 单价	M 金额	N 水电费总计金额	O 日均费用	P 日均电量	Q 日均水量	R 最大最小
2	2020年01月	31	40	40	960	40	80	5	400.00	420	420	0.438	183.96	583.96	18.84	13.55	12.90	583.96
3	2020年02月	29	60	20	93								3.37	413.37	14.25	12.86	8.62	0.00
4	2020年03月	31	76	16	95								5.48	280.48	9.05	7.03	5.97	0.00
5	2020年04月	30	90	14	96								4.50	244.50	8.15	6.97	4.67	244.50
6	2020年05月	31	104	14	98								4.50	289.50	9.34	9.32	4.68	0.00
7	2020年06月	30	120	16	99								0.50	370.50	12.35	16.03	4.33	0.00
8	2020年07月	31	130	10	101								8.00	278.00	8.97	8.26	4.84	0.00
9	2020年08月	31	149	19	102								5.00	330.00	10.65	10.00	5.65	0.00
10	2020年09月	30	150	1	104								0.50	265.50	8.85	10.70	3.50	0.00
11	2020年10月	31	158	8	106								1.50	300.30	9.69	11.06	4.15	0.00
12	2020年11月	30	168	10	107								6.00	263.60	8.79	9.73	3.92	0.00
13	2020年12月	31	175	7	108								3.00	251.80	8.12	7.94	4.15	0.00

图 21-15

然后选中图表→按 <Ctrl+V> 键将数据源粘贴进去。如图 21-16 所示，补充了“最大最小”一列的数据后，图表中显示出一条橙色的折线。

	A	B	C	D	E	F	G	H	I	J	K	L	M	N	O	P	Q	R
1	查表时间	实际天数	装配车间水表表底	水消耗量	机加车间水表表底	水消耗量	水消耗合计	单价	金额	电表表底	电消耗量	单价	金额	水电费总计金额	日均费用	日均电量	日均水量	最大最小
2	2020年01月	31	40	40	960	40	80	5	400.00	420	420	0.438	183.96	583.96	18.84	13.55	12.90	583.96
3	2020年02月	29	60	20	9								3	413.37	14.25	12.86	8.62	0.00
4	2020年03月	31	76	16	95								5	280.48	9.05	7.03	5.97	0.00
5	2020年04月	30	90	14	96								4.50	244.50	8.15	6.97	4.67	244.50
6	2020年05月	31	104	14	98								4.5	289.50	9.34	9.32	4.68	0.00
7	2020年06月	30	120	16	99								0.50	370.50	12.35	16.03	4.33	0.00
8	2020年07月	31	130	10	10								8.00	278.00	8.97	8.26	4.84	0.00
9	2020年08月	31	149	19	102								5.00	330.00	10.65	10.00	5.65	0.00
10	2020年09月	30	150	1	104								0.50	265.50	8.85	10.70	3.50	0.00
11	2020年10月	31	158	8	106								1.50	300.30	9.69	11.06	4.15	0.00
12	2020年11月	30	168	10	107								6.00	263.60	8.79	9.73	3.92	0.00
13	2020年12月	31	175	7	108								3.00	251.80	8.12	7.94	4.15	0.00

图 21-16

接下来想要橙色的折线只显示“最大值”和“最小值”两个点，而其他月份的数据不显示出来。当前图表中非“最大值”和非“最小值”的月份都显示为“0”，并且与最大值和最小值之间以直线相连。这是因为在做辅助列时，将非“最大值”和非“最小值”的月份都设置为“0”了。如果不想将数据“0”反映在图表中，可以利用错误值“NA()”来替代，如图 21-17 所示。

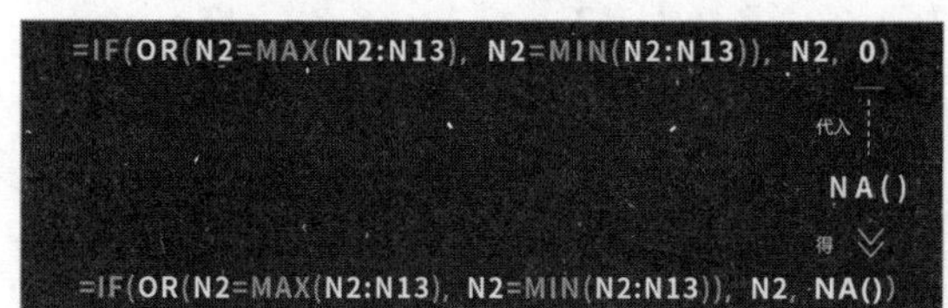
=IF(OR(N2=MAX(N2:N13), N2=MIN(N2:N13)), N2, 0)
代入
NA()
得
=IF(OR(N2=MAX(N2:N13), N2=MIN(N2:N13)), N2, NA())

图 21-17

选中【R2】单元格→单击函数编辑区将其激活→将 IF 函数中不成立的结果“0”替换为“NA()”，函数公式就是“=IF(OR(N2=MAX($N$2:$N$13),N2=MIN($N$2:$N$13)),N2,NA())”→单击函数编辑区左侧的【√】按钮完成公式编辑→将光标放在【R2】单元格右下角→双击鼠标将公式向下填充。

如图 21-18 所示，图表中橙色的折线只在最大值和最小值处标记出了橙色的小点，而其他月份的数据都不见了。

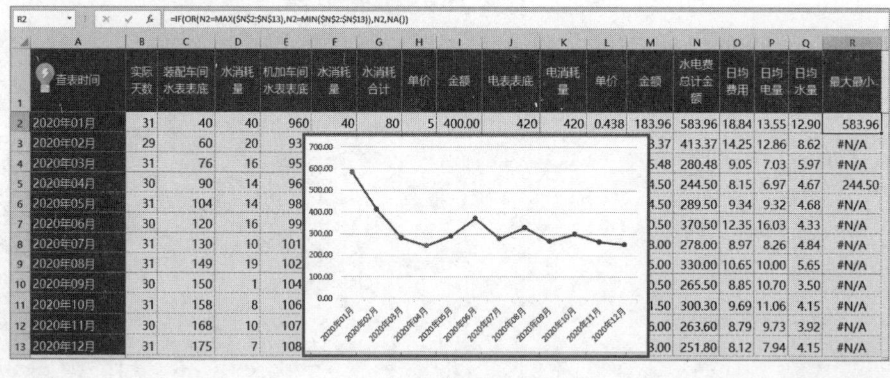
R2
=IF(OR(N2=MAX($N$2:$N$13),N2=MIN($N$2:$N$13)),N2,NA())

	A	B	C	D	E	F	G	H	I	J	K	L	M	N	O	P	Q	R
1	查表时间	实际天数	装配车间水表表底	水消耗量	机加车间水表表底	水消耗量	水消耗合计	单价	金额	电表表底	电消耗量	单价	金额	水电费总计金额	日均费用	日均电量	日均水量	最大最小
2	2020年01月	31	40	40	960	40	80	5	400.00	420	420	0.438	183.96	583.96	18.84	13.55	12.90	583.96
3	2020年02月	29	60	20	93								3.37	413.37	14.25	12.86	8.62	#N/A
4	2020年03月	31	76	16	95								5.48	280.48	9.05	7.03	5.97	#N/A
5	2020年04月	30	90	14	96								4.50	244.50	8.15	6.97	4.67	244.50
6	2020年05月	31	104	14	98								4.50	289.50	9.34	9.32	4.68	#N/A
7	2020年06月	30	120	16	99								0.50	370.50	12.35	16.03	4.33	#N/A
8	2020年07月	31	130	10	101								8.00	278.00	8.97	8.26	4.84	#N/A
9	2020年08月	31	149	19	102								5.00	330.00	10.65	10.00	5.65	#N/A
10	2020年09月	30	150	1	104								0.50	265.50	8.85	10.70	3.50	#N/A
11	2020年10月	31	158	8	106								1.50	300.30	9.69	11.06	4.15	#N/A
12	2020年11月	30	168	10	107								6.00	263.60	8.79	9.73	3.92	#N/A
13	2020年12月	31	175	7	108								3.00	251.80	8.12	7.94	4.15	#N/A

图 21-18

这就是善用错误值不显示数据的小技巧。将它应用到图表中，就可以实现在原折线图上标记出最大值和最小值的效果了。

21.3 商务图表美化（战袍）

有了准确的数据源、直观的图表，接下来要做的就是给它穿上一套好看的战袍，变身为图 21-19 所示的样式。

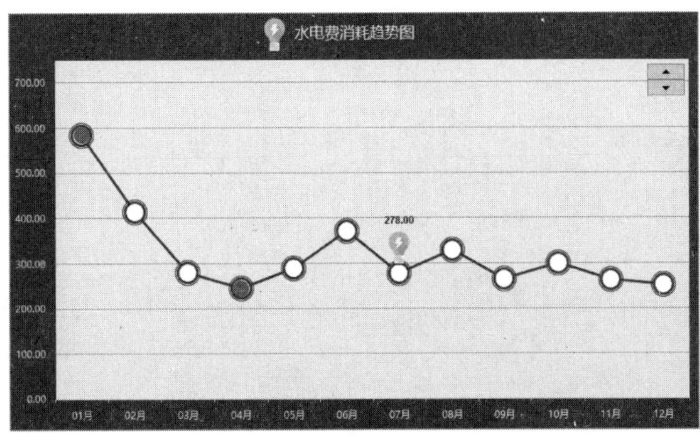

图 21-19

1. 设置日期格式显示样式

美化图表第一步，将横坐标轴的日期格式设置为“01 月”“02 月”这样的样式。

对谁操作就选中谁。这里要修改横坐标轴的格式，所以单击选中横坐标轴，然后右击，在弹出的快捷菜单中选择【设置坐标轴的格式】选项，如图 21-20 所示。

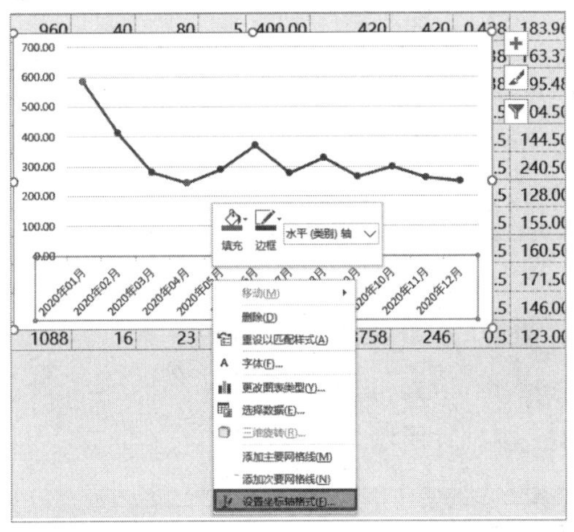

图 21-20

如图 21-21 所示，表格右侧出现了一个【设置坐标轴格式】任务窗格→向下拖曳滚动条→选择【数字】选项→单击【类型】列表框右侧的下拉按钮→选择【mm" 月 ";@】选项，图表中横坐标的日期格式就变为“01 月”“02 月”的样式了。

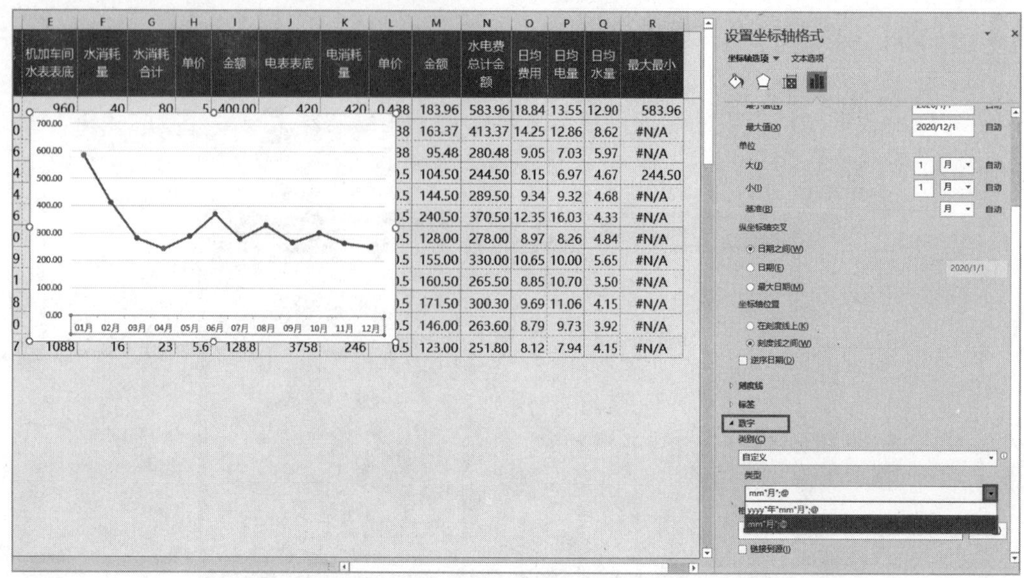

图 21-21

如果【类型】下拉列表中没有【mm" 月 ";@】选项，可以手动添加。在【格式代码】文本框中输入 "mm" 月 ";@" →单击【添加】按钮→再在【类型】下拉列表中选择【mm" 月 ";@】选项进行设置，如图 21-22 所示。

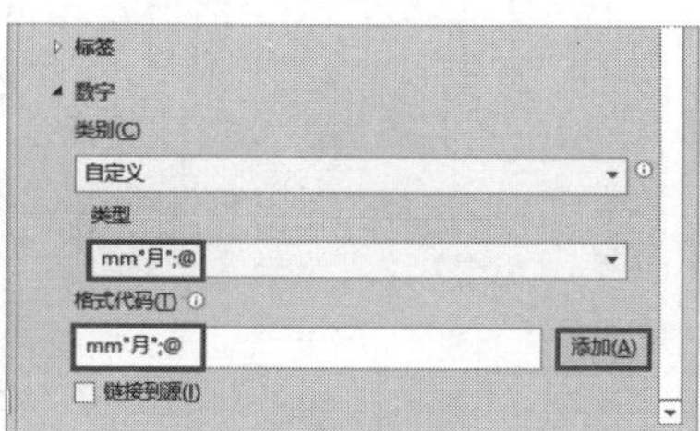

图 21-22

2. 设置图表区域颜色

接下来调整图表的颜色，使它与企业的主题配色方案一致。

单击图表边缘选中整个图表区域后，功能区中出现了一个【设计】选项卡→选择【设计】选项卡→选择一个合适的样式，如图 21-23 所示。

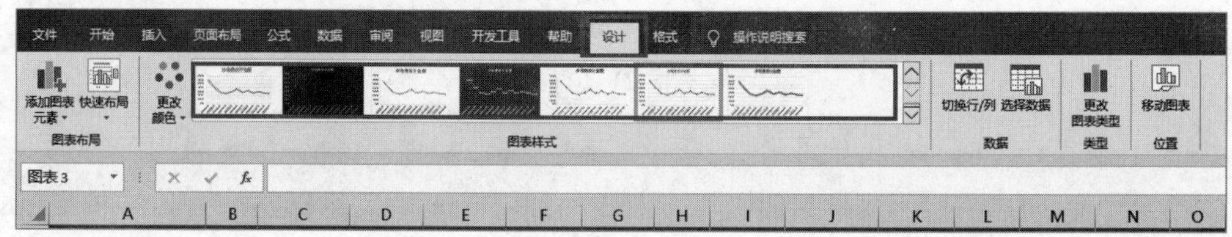

图 21-23

如果默认的配色方案中没有满意的颜色，还可以自定义一个颜色。

例如，选中图表区域→选择【格式】选项卡→单击【形状填充】按钮→选择一个满意的颜色，这里选择一个与表格同样配色的“绿色”，如图21-24所示。

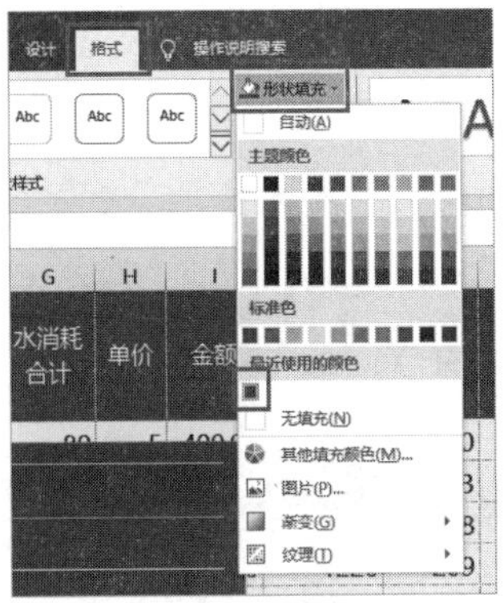

图 21-24

再对图表中的字体颜色进行设置，使它更容易被读取。

选择【开始】选项卡→单击【字体颜色】按钮→选择“白色”，如图21-25所示。

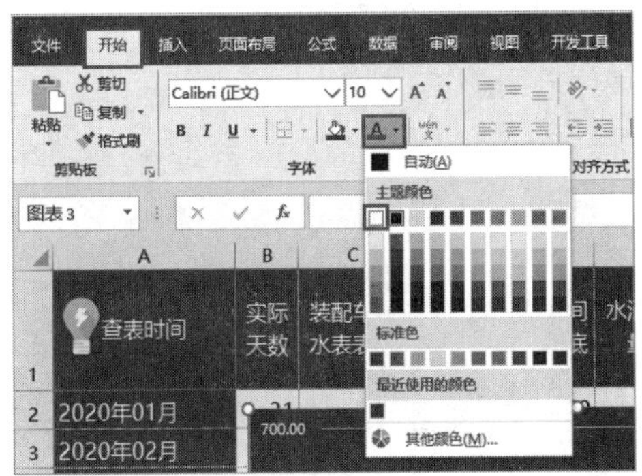

图 21-25

进一步设置字体类型为“微软雅黑”，使图表更商务一些。

选择【开始】选项卡→单击【字体】列表框右侧的下拉按钮→选择【微软雅黑】选项，如图21-26所示。

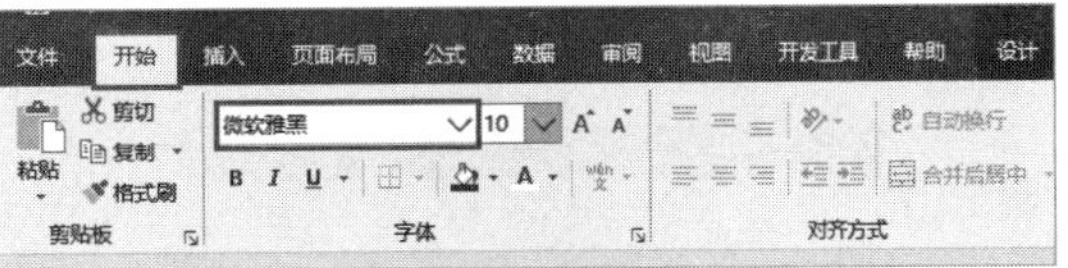

图 21-26

继续设置图表“绘图区”的颜色。

单击图表中间位置选中绘图区，也就是折线区→选择【开始】选项卡→单击【填充颜色】按钮→选择“白色”，如图21-27所示。

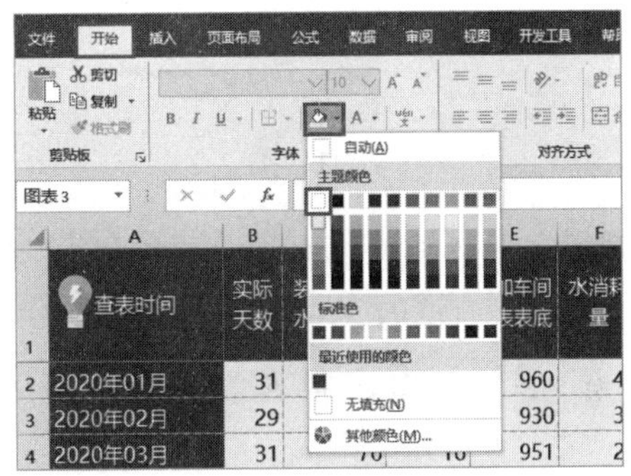

图 21-27

选择【格式】选项卡→单击【形状轮廓】按钮→选择一个与图表配色一样的“绿色”，如图21-28所示。

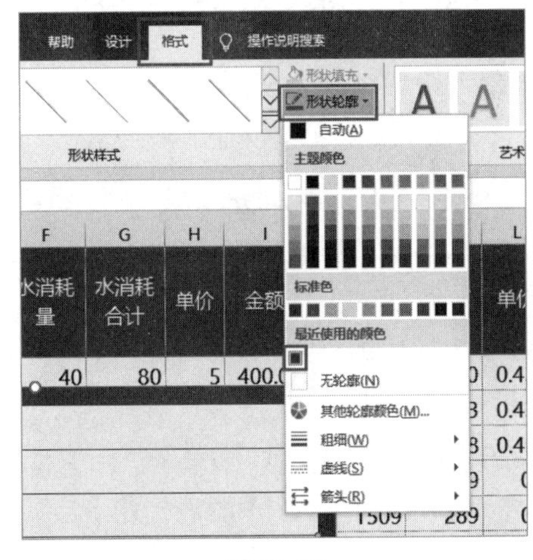

图 21-28

进一步对线条的粗细、线型进行设置。

单击【形状轮廓】按钮→选择【粗细】选

项→这里选择“0.5磅”，如图 21-29 所示。

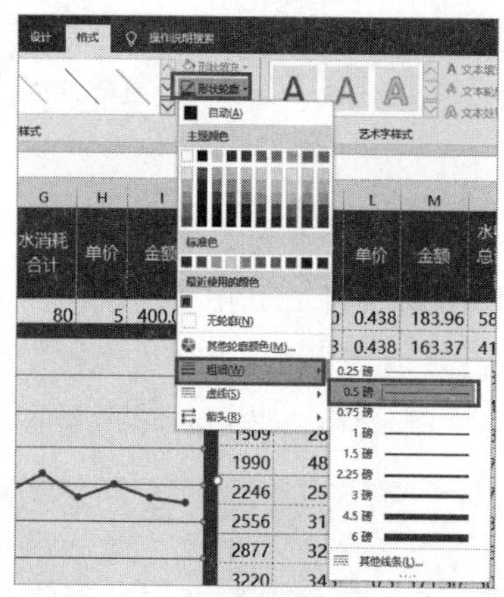

图 21-29

单击【形状轮廓】按钮→选择【虚线】选项→选择一个合适的线型，如图 21-30 所示。

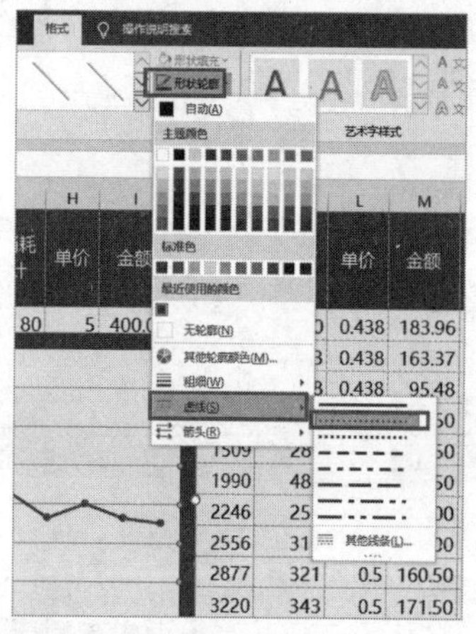

图 21-30

3. 设置图表标题

图表中的标题不见了，可以通过【添加图表元素】将它找回来。

选中图表→选择【设计】选项卡→单击【添加图表元素】按钮→选择【图表标题】选项→选择放置的位置，这里要放在图表的上方，所以选择【图表上方】选项，如图 21-31 所示。

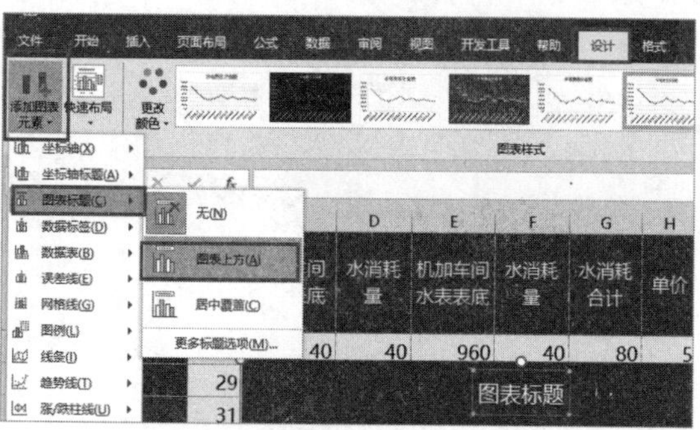

图 21-31

这时图表的上方出现了一个标题区。选中标题区后，再次单击鼠标，将图表标题修改为“水电费消耗趋势图”，如图 21-32 所示。

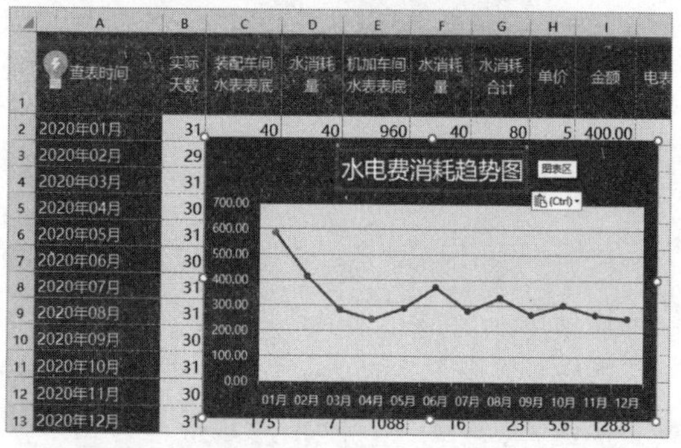

图 21-32

4. 美化折线图

选中图表区域中的整条折线→打开【设置数据系列格式】任务窗格，如图 21-33 所示。

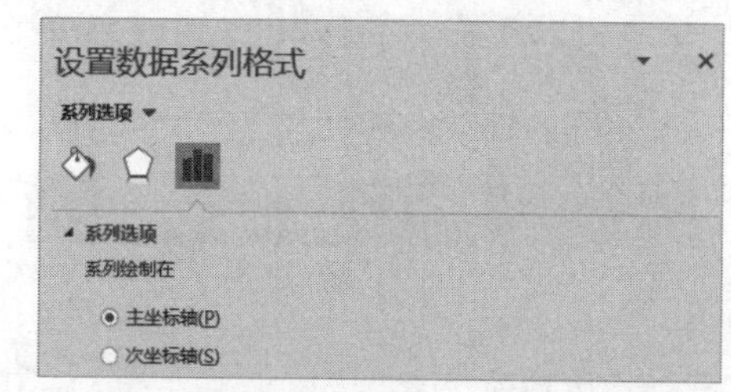

图 21-33

对于【设置数据系列格式】任务窗格的设置在图表章节中会详细介绍，这里只需简单了解即可。

（1）对折线图的样式进行设置。

在【设置数据系列格式】任务窗格中单击

【填充与线条】按钮→选择【线条】选项→选中【实线】单选按钮→将【宽度】设置为“1.75 磅”→单击【颜色】按钮→选择与主题配色一样的“绿色”，如图 21-34 所示。

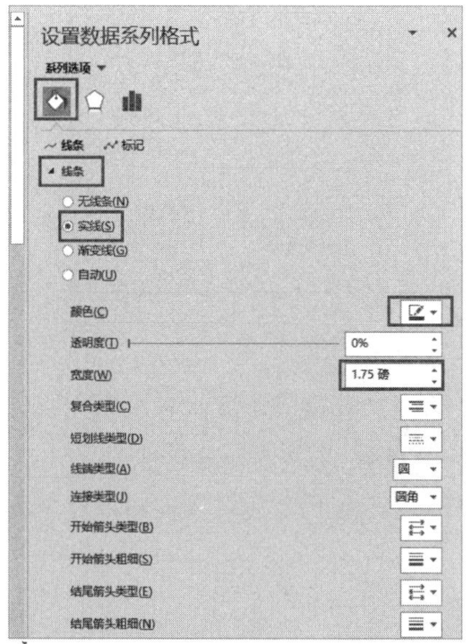

图 21-34

（2）对标记点进行设置。

设置标记类型。单击【填充与线条】按钮→选择【标记】选项→选择【标记选项】选项→选中【内置】单选按钮→在【类型】中选择【圆形】选项→将【大小】设置为“19”，如图 21-35 所示。

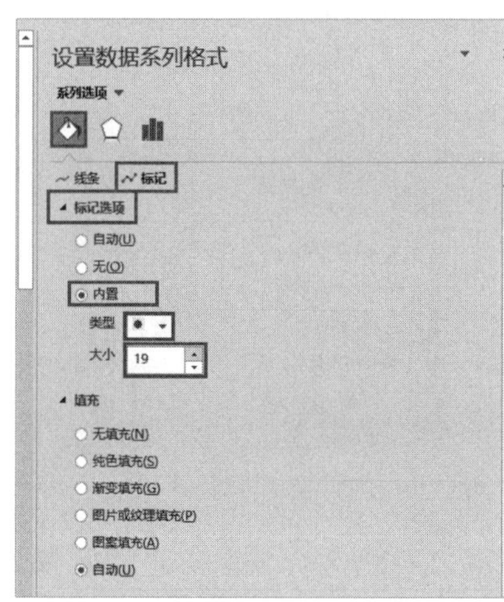

图 21-35

设置填充颜色。单击【填充与线条】按钮→选择【填充】选项→单击【颜色】按钮→选择一个与背景同色的“白色”，如图 21-36 所示。这样折线图上的所有标记点就都设置为镂空的样式了。

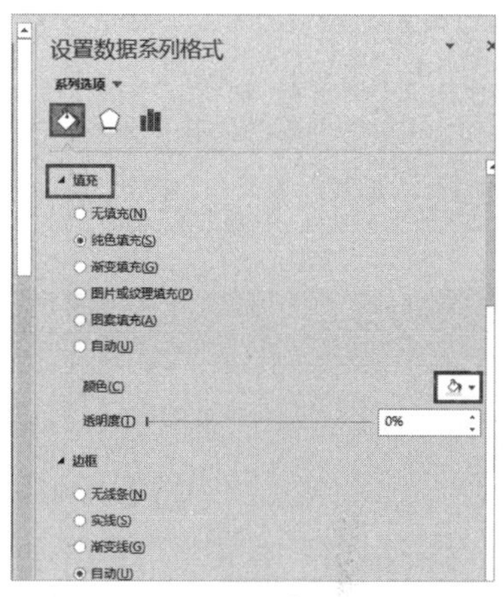

图 21-36

设置标记点的边框。单击【填充与线条】按钮→选择【边框】选项→选中【实线】单选按钮→单击【颜色】按钮→选择一个与主题色一样的“绿色”→将【宽度】设置为“2.75 磅”→在【复合类型】中选择一个好看的线型，如图 21-37 所示。这样就完成了对折线图的设置。

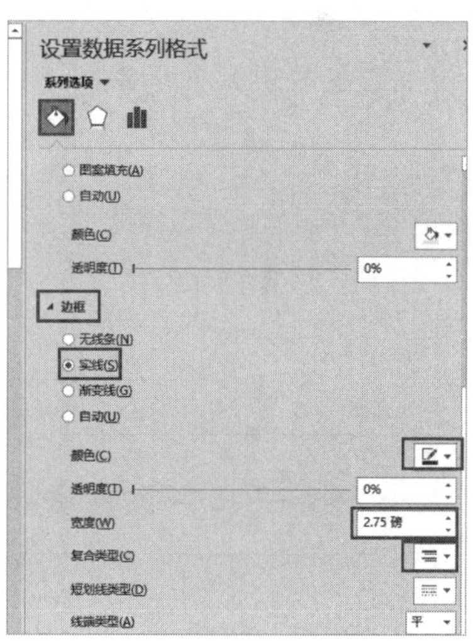

图 21-37

（3）对最大值和最小值点进行设置。

选中标记点里面的橙色小点（最大值和最小值点），如图 21-38 所示。

温馨提示

单击任意橙色圆点，即可将两个圆点同时选中，再次单击后，Excel 默认只选中当前指定的一个圆点。如果不慎误单击两次也不要紧，可以单击图表区域以外的任意位置取消选中，然后重新单击其中一个即可。

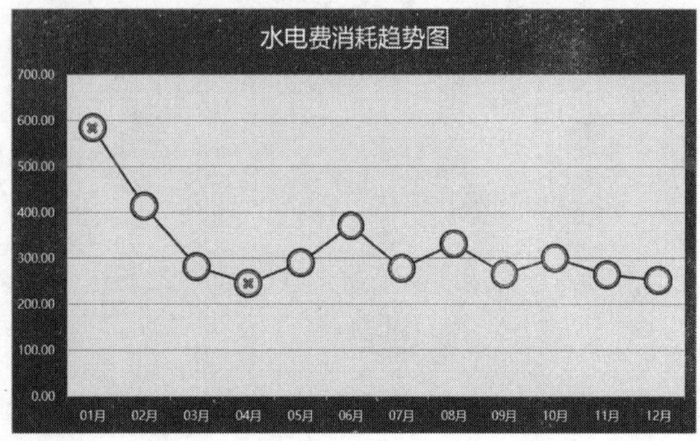

图 21-38

设置标记选项。选择【标记】选项→选择【标记选项】选项→选中【内置】单选按钮→将【大小】设置为“16”，如图 21-39 所示。

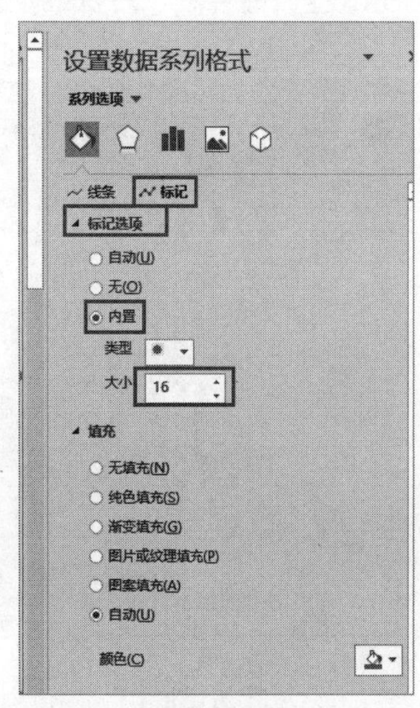

图 21-39

设置填充颜色。选择【填充】选项→选中【纯色填充】单选按钮→单击【颜色】按钮→选择“橙色”，如图 21-40 所示。

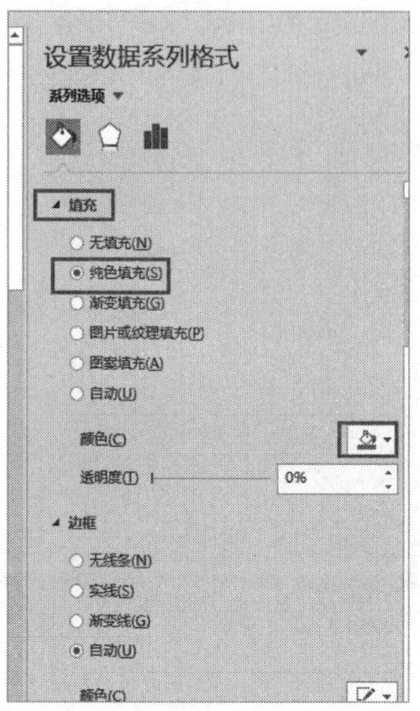

图 21-40

设置完成后，单击【设置数据系列格式】任务窗格右上角的【×】按钮，如图 21-41 所示。

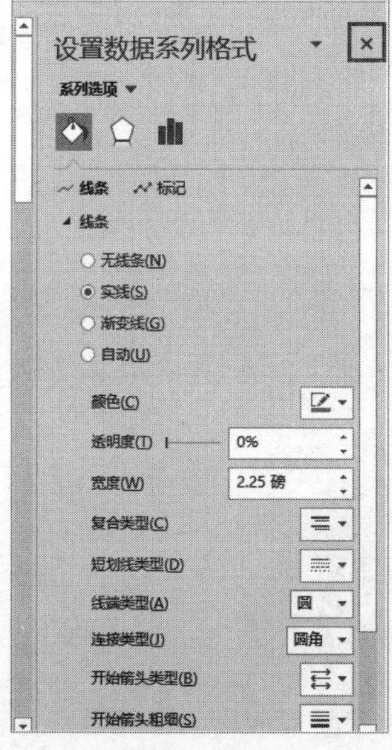

图 21-41

如图 21-42 所示，就完成了“水电费消耗趋势图”的制作。从图中可以直观地看到，1 月份和 4 月份分别是水电费消耗总额的最高点和最低点。案例中是以生产型企业的“水电费总计金额”进行分析的，在实际工作中可以根据具体情况调整图表展示的目标。例如，HR 可以做“人员流动趋势分析图”，财务人员可以做“应收应付账款分析图”，等等。

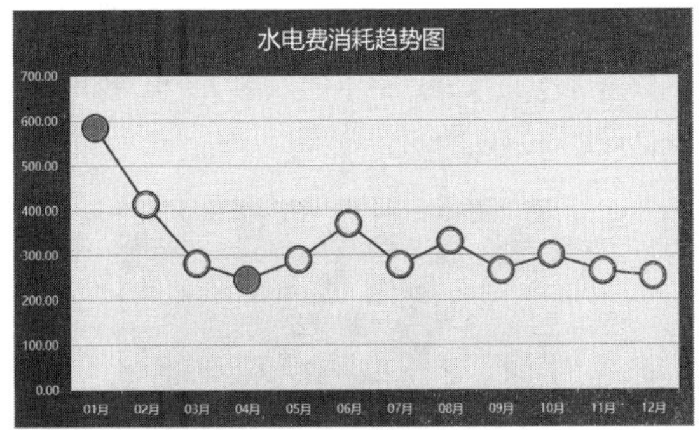

图 21-42

5. 设置交互式小按钮

如何使图表动起来，成为一个图 21-43 所示的动态图表呢？可以利用交互按钮来实现，通过单击按钮可以选择突出显示的月份数据，接下来就一起来看一下吧！

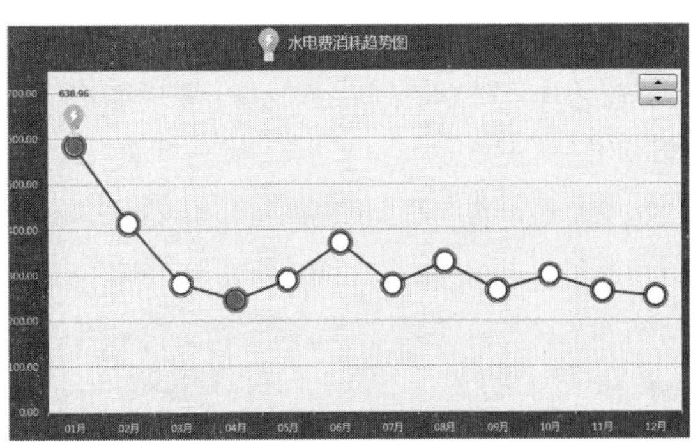

图 21-43

（1）准备作图数据源，设置辅助列作为交互列。

选中【R】列→选择【开始】选项卡→单击【格式刷】按钮，将格式复制下来，如图 21-44 所示。

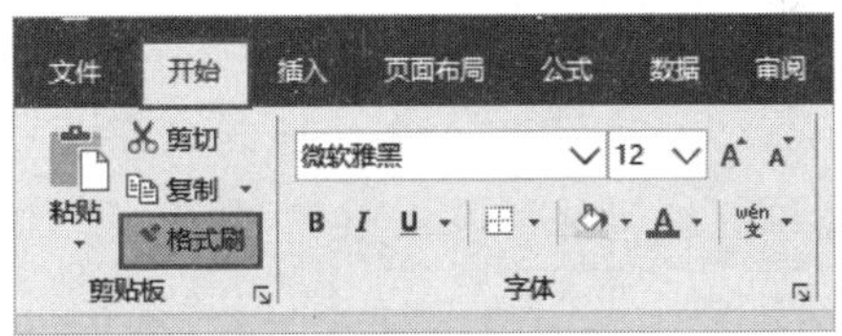

图 21-44

然后单击【S1】单元格，如图 21-45 所示，就将【R】列的格式复制到了【S】列，然后在【S1】单元格中输入字段名称为“辅助列”。

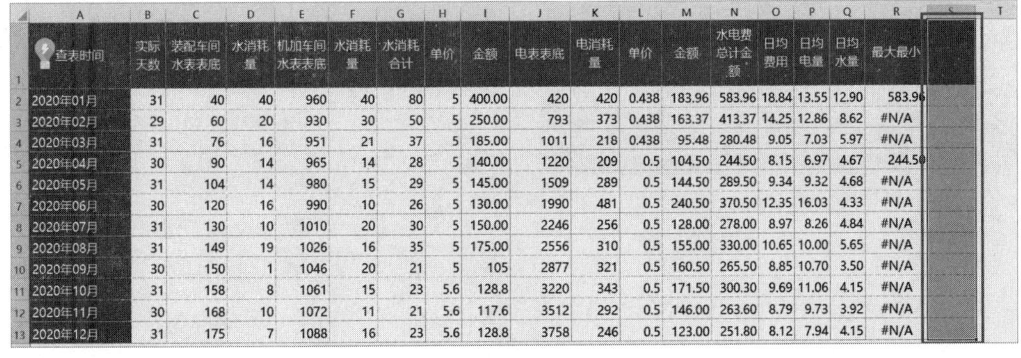

	A	B	C	D	E	F	G	H	I	J	K	L	M	N	O	P	Q	R	S
1	查表时间	实际天数	装配车间水表表底	水消耗量	机加车间水表表底	水消耗量	水消耗合计	单价	金额	电表表底	电消耗量	单价	金额	水电费总计金额	日均费用	日均电量	日均水量	最大最小	
2	2020年01月	31	40	40	960	40	80	5	400.00	420	420	0.438	183.96	583.96	18.84	13.55	12.90	583.96	
3	2020年02月	29	60	20	930	30	50	5	250.00	793	373	0.438	163.37	413.37	14.25	12.86	8.62	#N/A	
4	2020年03月	31	76	16	951	21	37	5	185.00	1011	218	0.438	95.48	280.48	9.05	7.03	5.97	#N/A	
5	2020年04月	30	90	14	965	14	28	5	140.00	1220	209	0.5	104.50	244.50	8.15	6.97	4.67	244.50	
6	2020年05月	31	104	14	980	15	29	5	145.00	1509	289	0.5	144.50	289.50	9.34	9.32	4.68	#N/A	
7	2020年06月	30	120	16	990	10	26	5	130.00	1990	481	0.5	240.50	370.50	12.35	16.03	4.33	#N/A	
8	2020年07月	31	130	10	1010	20	30	5	150.00	2246	256	0.5	128.00	278.00	8.97	8.26	4.84	#N/A	
9	2020年08月	31	149	19	1026	16	35	5	175.00	2556	310	0.5	155.00	330.00	10.65	10.00	5.65	#N/A	
10	2020年09月	30	150	1	1046	20	21	5	105	2877	321	0.5	160.50	265.50	8.85	10.70	3.50	#N/A	
11	2020年10月	31	158	8	1061	15	23	5.6	128.8	3220	343	0.5	171.50	300.30	9.69	11.06	4.15	#N/A	
12	2020年11月	30	168	10	1072	11	21	5.6	117.6	3512	292	0.5	146.00	263.60	8.79	9.73	3.92	#N/A	
13	2020年12月	31	175	7	1088	16	23	5.6	128.8	3758	246	0.5	123.00	251.80	8.12	7.94	4.15	#N/A	

图 21-45

（2）需求分析。

如果想要在图表中显示出指定月份的水电费总计金额，那么就要在交互列（辅助列）中设置一个指定月份的数据。选择的月份是几月，就将此月份的水电费总计金额显示在【S】列对应的单元格中。

例如，选择 3 月份，那么就将 3 月份的水电费总计金额“280.48”显示在【S4】单元格中；选择 4 月份，那么就将 4 月份的水电费总计金额“244.50”显示在【S5】单元格中。

在【T】列设置作图用的辅助列。在【T1】单元格中输入“你要看的是几月份？”，在【T2】单元格中输入“3”，如图 21-46 所示。

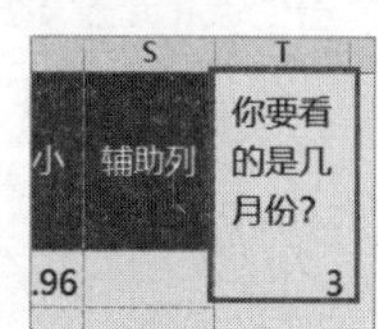

图 21-46

其中，3 月份（【T2】单元格中的数字）的值等于【N2:N13】单元格区域中从上往下数第 3 个值的位置。

所以，如果【N2】单元格的值等于【N2:N13】单元格区域中从上往下数第 3（【T2】单元格中的数字）个值，就在【S2】单元格中显示【N2】单元格的值，否则就显示为 #N/A。

（3）选择函数。

像这种关键词是“如果…就…，否则…”的问题，就用 IF 函数来解决，如图 21-47 所示。

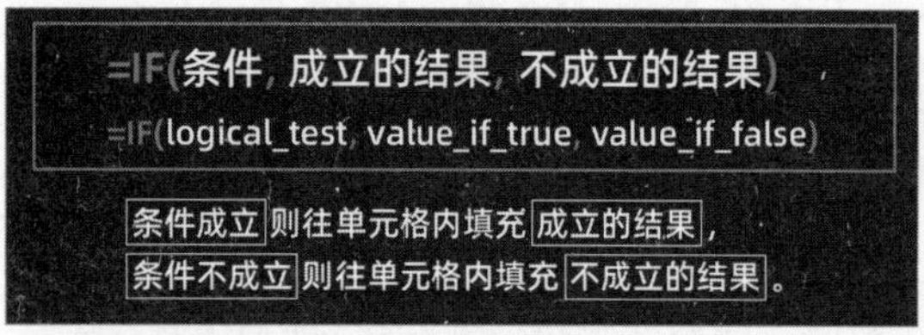

=IF(条件, 成立的结果, 不成立的结果)
=IF(logical_test, value_if_true, value_if_false)
条件成立则往单元格内填充成立的结果，
条件不成立则往单元格内填充不成立的结果。

图 21-47

（4）参数分析。

条件：【N2】单元格的值等于【N2:N13】单元格区域中从上往下数第 3（【T2】单元格中的数字）个值。

在 Excel 中，像这样在一个范围内取第几个值的情况，可以用 INDEX 函数来表示，如图 21-48 所示。

图 21-48

代入“计算【N2:N13】单元格区域中从上往下数第 3（【T2】单元格中的数字）个值”的问题中，如图 21-49 所示。

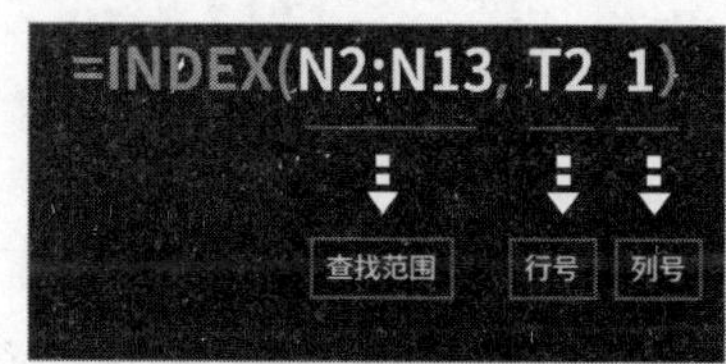

图 21-49

那么，IF 函数的条件就可以表示为 N2=INDEX(N2:N13,T2,1)。

成立的结果：N2。

不成立的结果：NA()。

将函数参数代入 IF 函数公式中，如图 21-50 所示。

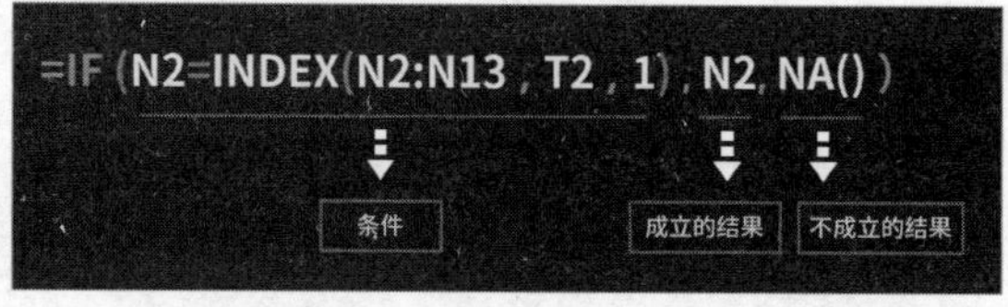

图 21-50

（5）输入公式。

下面就开始输入公式。选中【S2】单元格→单击函数编辑区将其激活→输入公式“=IF(N2=INDEX(N2:N13,T2,1),N2,NA())”→按 <Enter> 键确认，如图 21-51 所示。

S2 =IF(N2=INDEX(N2:N13,T2,1),N2,NA())

查表时间	实际天数	装配车间水表表底	水消耗量	机加车间水表表底	水消耗量	水消耗合计	单价	金额	电表表底	电消耗量	单价	金额	水电费总计金额	日均费用	日均电量	日均水量	最大最小	辅助列	你要看的是几月份?
2020年01月	31	40	40	960	40	80	5	400.00	420	420	0.438	183.96	583.96	18.84	13.55	12.90	583.96	#N/A	3
2020年02月	29	60	20	930	30	50	5	250.00	793	373	0.438	163.37	413.37	14.25	12.86	8.62	#N/A		
2020年03月	31	76	16	951	21	37	5	185.00	1011	218	0.438	95.48	280.48	9.05	7.03	5.97	#N/A		
2020年04月	30	90	14	965	14	28	5	140.00	1220	209	0.5	104.50	244.50	8.15	6.97	4.67	244.50		
2020年05月	31	104	14	980	15	29	5	145.00	1509	289	0.5	144.50	289.50	9.34	9.32	4.68	#N/A		
2020年06月	30	120	16	990	10	26	5	130.00	1990	481	0.5	240.50	370.50	12.35	16.03	4.33	#N/A		
2020年07月	31	130	10	1010	20	30	5	150.00	2246	256	0.5	128.00	278.00	8.97	8.26	4.84	#N/A		

图 21-51

这里是对【N2:N13】单元格区域绝对引用，所以选中“N2:N13”→按 <F4> 键切换引用方式，将它的行列同时锁定。同时，【T2】单元格也是固定的，所以选中“T2”→按 <F4> 键切换引用方式，将它的行列同时锁定→按 <Enter> 键确认→将光标放在【S2】单元格右下角，双击鼠标将公式向下填充，如图 21-52 所示，【S4】单元格显示出 3 月份的金额为“280.48”。

S2 =IF(N2=INDEX($N$2:$N$13,$T$2,1),N2,NA())

查表时间	实际天数	装配车间水表表底	水消耗量	机加车间水表表底	水消耗量	水消耗合计	单价	金额	电表表底	电消耗量	单价	金额	水电费总计金额	日均费用	日均电量	日均水量	最大最小	辅助列	你要看的是几月份?
2020年01月	31	40	40	960	40	80	5	400.00	420	420	0.438	183.96	583.96	18.84	13.55	12.90	583.96	#N/A	3
2020年02月	29	60	20	930	30	50	5	250.00	793	373	0.438	163.37	413.37	14.25	12.86	8.62	#N/A	#N/A	
2020年03月	31	76	16	951	21	37	5	185.00	1011	218	0.438	95.48	280.48	9.05	7.03	5.97	#N/A	280.48	
2020年04月	30	90	14	965	14	28	5	140.00	1220	209	0.5	104.50	244.50	8.15	6.97	4.67	244.50	#N/A	
2020年05月	31	104	14	980	15	29	5	145.00	1509	289	0.5	144.50	289.50	9.34	9.32	4.68	#N/A	#N/A	
2020年06月	30	120	16	990	10	26	5	130.00	1990	481	0.5	240.50	370.50	12.35	16.03	4.33	#N/A	#N/A	
2020年07月	31	130	10	1010	20	30	5	150.00	2246	256	0.5	128.00	278.00	8.97	8.26	4.84	#N/A	#N/A	
2020年08月	31	149	19	1026	16	35	5	175.00	2556	310	0.5	155.00	330.00	10.65	10.00	5.65	#N/A	#N/A	
2020年09月	30	150	1	1046	20	21	5	105	2877	321	0.5	160.50	265.50	8.85	10.70	3.50	#N/A	#N/A	
2020年10月	31	158	8	1061	15	23	5.6	128.8	3220	343	0.5	171.50	300.30	9.69	11.06	4.15	#N/A	#N/A	
2020年11月	30	168	10	1072	11	21	5.6	117.6	3512	292	0.5	146.00	263.60	8.79	9.73	3.92	#N/A	#N/A	
2020年12月	31	175	7	1088	16	23	5.6	128.8	3758	246	0.5	123.00	251.80	8.12	7.94	4.15	#N/A	#N/A	

图 21-52

（6）补充图表。

设置好作图用的辅助列，接下来就将数据信息添加到图表中。

选中【S1:S3】单元格区域→按 <Ctrl+C> 键复制→单击图表区域→按 <Ctrl+V> 键粘贴，如图 21-53 所示，3 月份的位置就出现一个小点了。

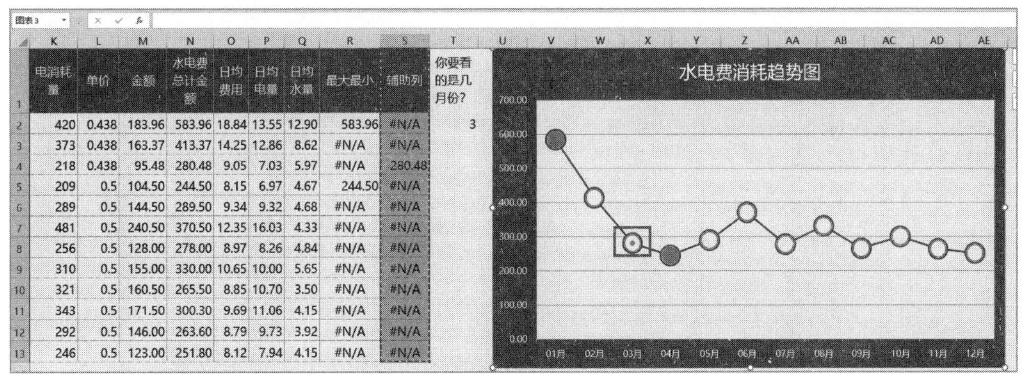

电消耗量	单价	金额	水电费总计金额	日均费用	日均电量	日均水量	最大最小	辅助列	你要看的是几月份?
420	0.438	183.96	583.96	18.84	13.55	12.90	583.96	#N/A	3
373	0.438	163.37	413.37	14.25	12.86	8.62	#N/A	#N/A	
218	0.438	95.48	280.48	9.05	7.03	5.97	#N/A	280.48	
209	0.5	104.50	244.50	8.15	6.97	4.67	244.50	#N/A	
289	0.5	144.50	289.50	9.34	9.32	4.68	#N/A	#N/A	
481	0.5	240.50	370.50	12.35	16.03	4.33	#N/A	#N/A	
256	0.5	128.00	278.00	8.97	8.26	4.84	#N/A	#N/A	
310	0.5	155.00	330.00	10.65	10.00	5.65	#N/A	#N/A	
321	0.5	160.50	265.50	8.85	10.70	3.50	#N/A	#N/A	
343	0.5	171.50	300.30	9.69	11.06	4.15	#N/A	#N/A	
292	0.5	146.00	263.60	8.79	9.73	3.92	#N/A	#N/A	
246	0.5	123.00	251.80	8.12	7.94	4.15	#N/A	#N/A	

图 21-53

当前月份的标记点做好了，那么如何将小点用小灯泡表示出来呢？

首先选中【A1】单元格中的小灯泡图标→按 <Ctrl+C> 键复制，如图 21-54 所示。

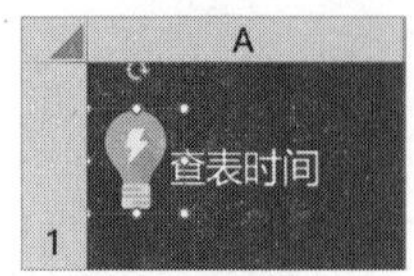

图 21-54

然后回到图表中→单击（注意是单击一次）当前月份标记点的小点，如图 21-55 所示。

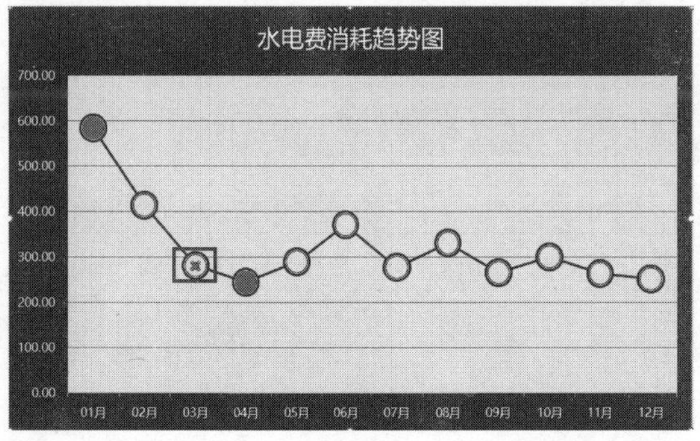

图 21-55

虽然当前月份值在图表中只有这一个点，但它实质上还是一个带标记点的折线图，只是其他月份的值为错误值，没有显示出来而已。如果单击两次则 Excel 会默认只将折线图上的一个标记点填充为小灯泡图标，而非折线图上的所有点都被填充。那么，当调整月份时，当前标记点位置发生变化，小灯泡就无法同步变化了。

然后按 <Ctrl+V> 键粘贴，这时折线图上 3 月的位置就以小灯泡图标表示出来了，如图 21-56 所示。

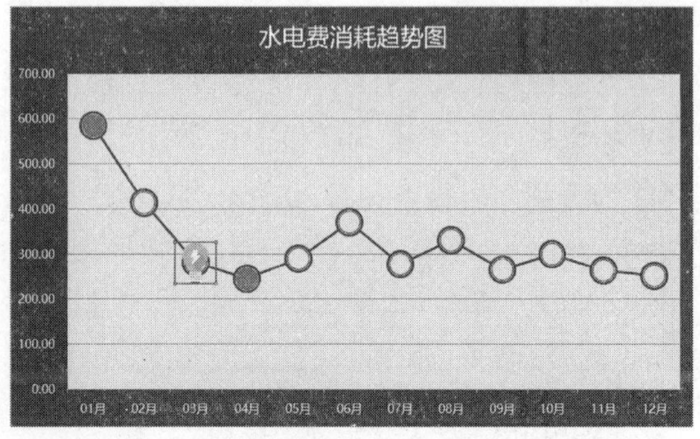

图 21-56

但是，小灯泡是与折线图重叠的，如何将小灯泡放在折线图的上方呢？

这里将辅助列的数值全部增加“100”就可以了。选中【S2】单元格→单击函数编辑区将其激活→在 IF 函数中第二个参数“N2”的后面加“+100”→按 <Enter> 键确认，如图 21-57 所示。

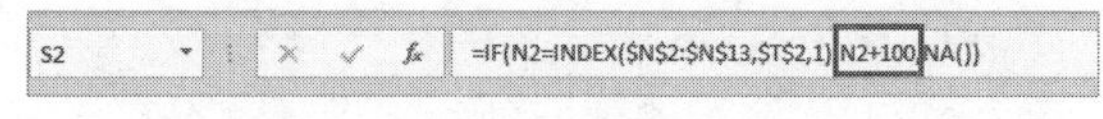

图 21-57

如图 21-58 所示，将所有数据都同时增大“100”后，小灯泡就调整到折线图的上方了。

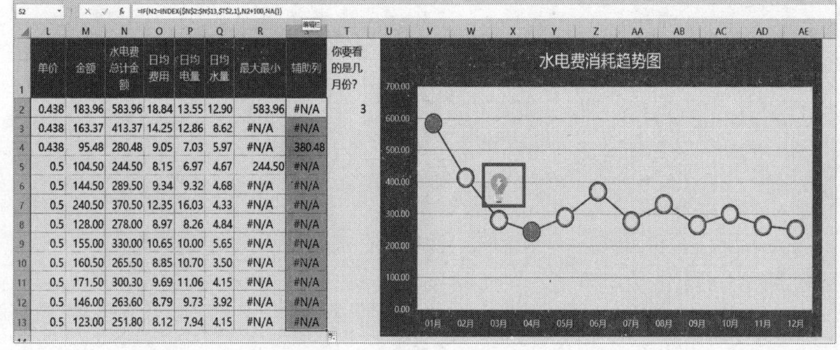

	L	M	N	O	P	Q	R	S	T
1	单价	金额	水电费总计金额	日均费用	日均电量	日均水量	最大最小	辅助列	你要看的是几月份?
2	0.438	183.96	583.96	18.84	13.55	12.90	583.96	#N/A	3
3	0.438	163.37	413.37	14.25	12.86	8.62	#N/A	#N/A	
4	0.438	95.48	280.48	9.05	7.03	5.97	#N/A	380.48	
5	0.5	104.50	244.50	8.15	6.97	4.67	244.50	#N/A	
6	0.5	144.50	289.50	9.34	9.32	4.68	#N/A	#N/A	
7	0.5	240.50	370.50	12.35	16.03	4.33	#N/A	#N/A	
8	0.5	128.00	278.00	8.97	8.26	4.84	#N/A	#N/A	
9	0.5	155.00	330.00	10.65	10.00	5.65	#N/A	#N/A	
10	0.5	160.50	265.50	8.85	10.70	3.50	#N/A	#N/A	
11	0.5	171.50	300.30	9.69	11.06	4.15	#N/A	#N/A	
12	0.5	146.00	263.60	8.79	9.73	3.92	#N/A	#N/A	
13	0.5	123.00	251.80	8.12	7.94	4.15	#N/A	#N/A	

图 21-58

接下来给小灯泡所在的月份添加数据标签。

选中小灯泡并右击→在弹出的快捷菜单中选择【添加数据标签】选项→选择【添加数据标签】选项，如图 21-59 所示。

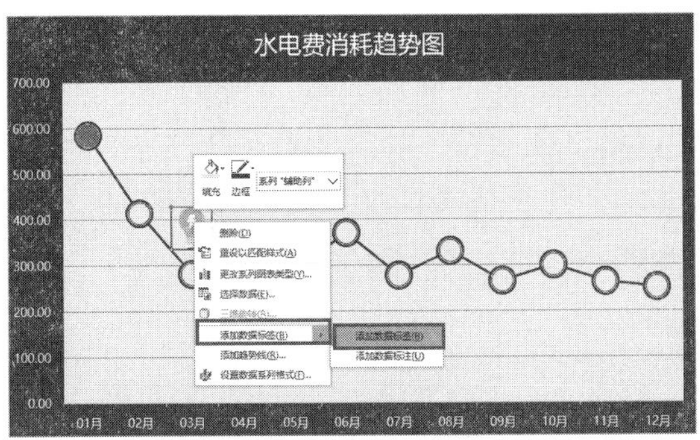

图 21-59

然后给标签字体设置一个与主色调一致的颜色。选中数据标签文本框→选择【开始】选项卡→单击【字体颜色】按钮→选择一个合适的颜色，如图 21-60 所示。

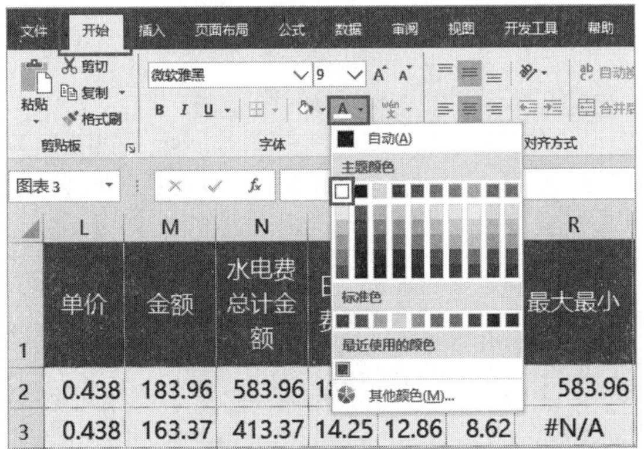

图 21-60

温馨提示

数据标签框是透明的，完成上一步之后，鼠标在小灯泡的周围点一点、找一找。

再进一步加粗字体。选择【开始】选项卡→单击【B】按钮，如图 21-61 所示。

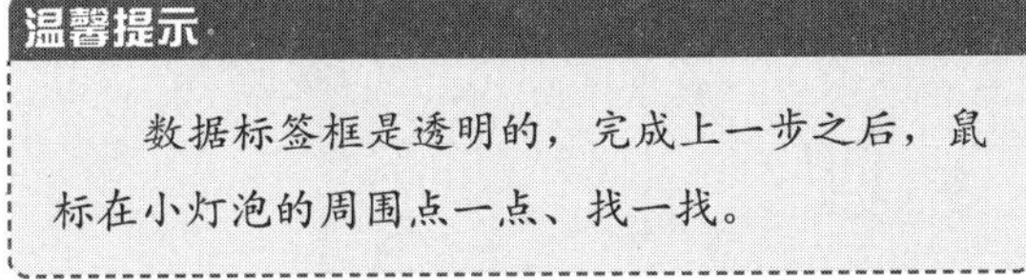

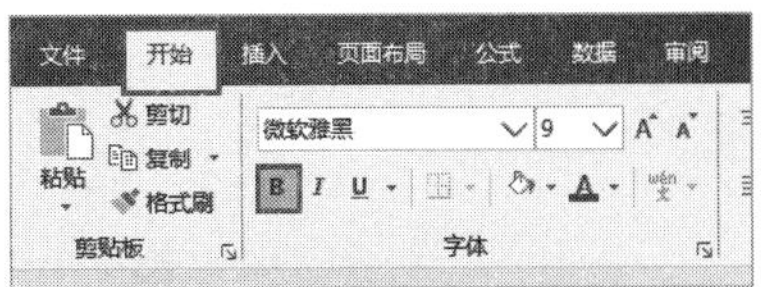

图 21-61

如果觉得标签位置不美观，可以选中标签并右击→在弹出的快捷菜单中选择【设置数据标签格式】选项，如图 21-62 所示。

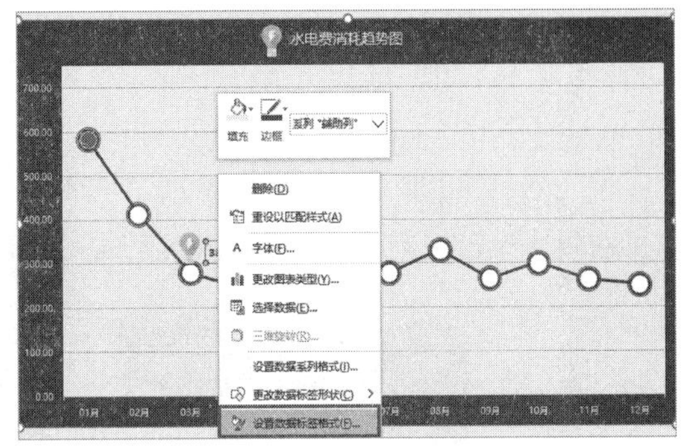

图 21-62

如图 21-63 所示，右侧出现了一个【设置数据标签格式】任务窗格→在【标签位置】中选中【靠上】单选按钮→单击【×】按钮关闭任务窗格。

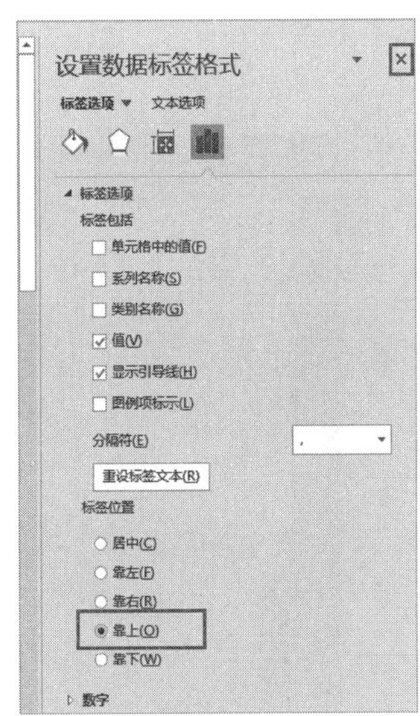

图 21-63

完成后，将【T2】单元格的值修改为“4”（4月份）。如图21-64所示，图表中小灯泡的位置已经同步变化了。

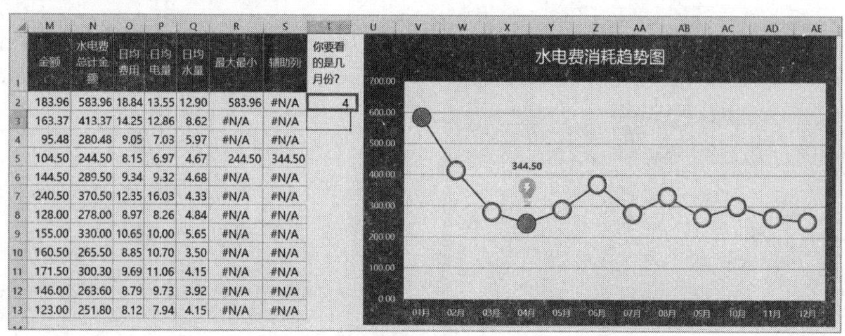

金额	水电费总计金额	日均费用	日均电量	日均水量	最大最小	辅助列	你要看的是几月份?
183.96	583.96	18.84	13.55	12.90	583.96	#N/A	4
163.37	413.37	14.25	12.86	8.62	#N/A	#N/A	
95.48	280.48	9.05	7.03	5.97	#N/A	#N/A	
104.50	244.50	8.15	6.97	4.67	244.50	344.50	
144.50	289.50	9.34	9.32	4.68	#N/A	#N/A	
240.50	370.50	12.35	16.03	4.33	#N/A	#N/A	
128.00	278.00	8.97	8.26	4.84	#N/A	#N/A	
155.00	330.00	10.65	10.00	5.65	#N/A	#N/A	
160.50	265.50	8.85	10.70	3.50	#N/A	#N/A	
171.50	300.30	9.69	11.06	4.15	#N/A	#N/A	
146.00	263.60	8.79	9.73	3.92	#N/A	#N/A	
123.00	251.80	8.12	7.94	4.15	#N/A	#N/A	

图 21-64

但当将【T2】单元格的值修改为“1”时，如图21-65所示，纵坐标轴的刻度发生了变化，这时需要对纵坐标轴的刻度进行设置，将它固定下来。

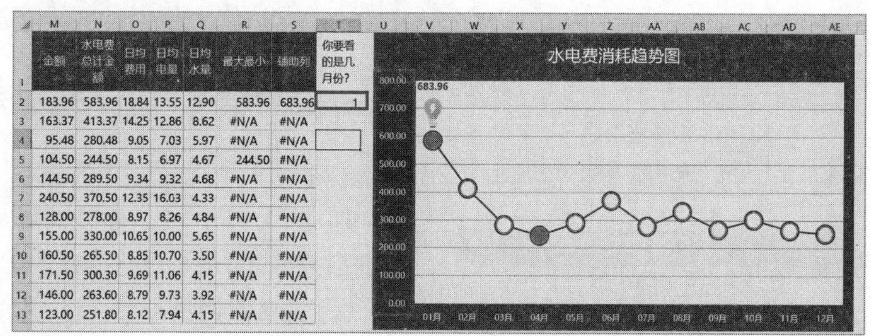

金额	水电费总计金额	日均费用	日均电量	日均水量	最大最小	辅助列	你要看的是几月份?
183.96	583.96	18.84	13.55	12.90	583.96	683.96	1
163.37	413.37	14.25	12.86	8.62	#N/A	#N/A	
95.48	280.48	9.05	7.03	5.97	#N/A	#N/A	
104.50	244.50	8.15	6.97	4.67	244.50	#N/A	
144.50	289.50	9.34	9.32	4.68	#N/A	#N/A	
240.50	370.50	12.35	16.03	4.33	#N/A	#N/A	
128.00	278.00	8.97	8.26	4.84	#N/A	#N/A	
155.00	330.00	10.65	10.00	5.65	#N/A	#N/A	
160.50	265.50	8.85	10.70	3.50	#N/A	#N/A	
171.50	300.30	9.69	11.06	4.15	#N/A	#N/A	
146.00	263.60	8.79	9.73	3.92	#N/A	#N/A	
123.00	251.80	8.12	7.94	4.15	#N/A	#N/A	

图 21-65

选中纵坐标轴并右击→在弹出的快捷菜单中选择【设置坐标轴格式】选项，如图21-66所示。

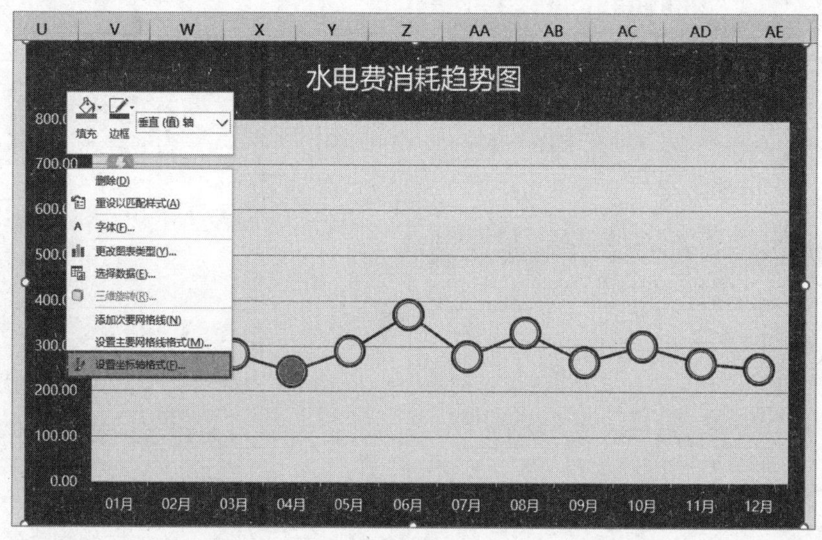

图 21-66

在【设置坐标轴格式】任务窗格的【坐标轴选项】中将【最小值】设置为“0”，将【最大值】设置为“800”，如图 21-67 所示。

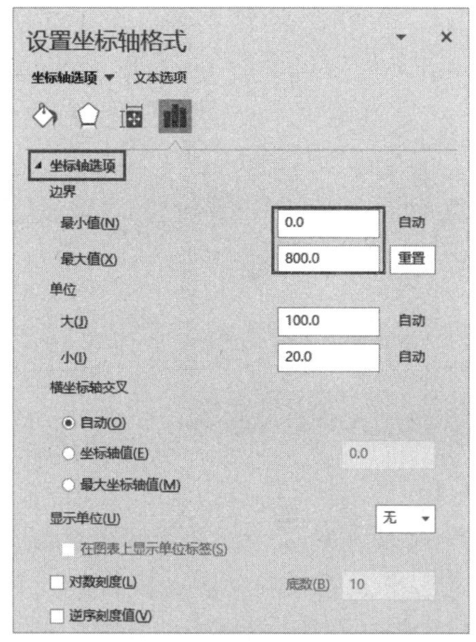

图 21-67

> **温馨提示**
>
> 当文本框右侧的【自动】按钮变为【重置】按钮时，说明手动设置成功。

此时，无论怎样修改月份，坐标轴都不会变化了，如图 21-68 所示。

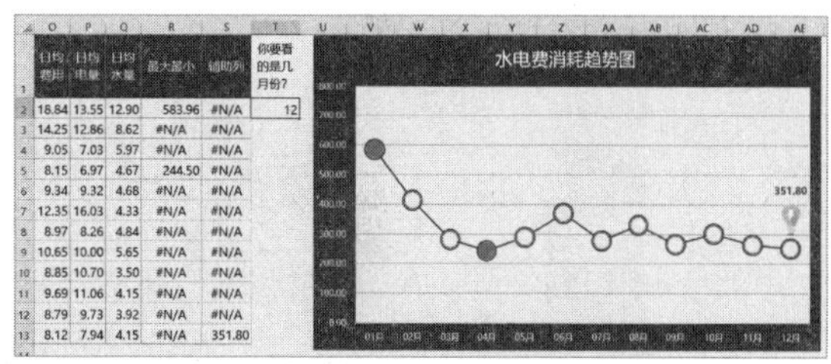

图 21-68

接下来制作调节月份的小按钮。

选择【开发工具】选项卡→单击【插入】按钮→选择【数值调节按钮】选项，如图 21-69 所示。

图 21-69

拖曳鼠标绘制按钮。选中小按钮，当四周出现白色的小圆点时，拖曳鼠标调整大小和位置，如图 21-70 所示。

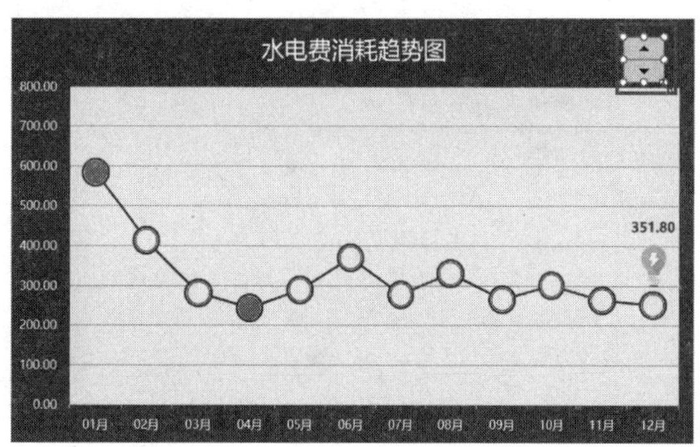

图 21-70

选中小按钮并右击→在弹出的快捷菜单中选择【设置控件格式】选项，如图 21-71 所示。

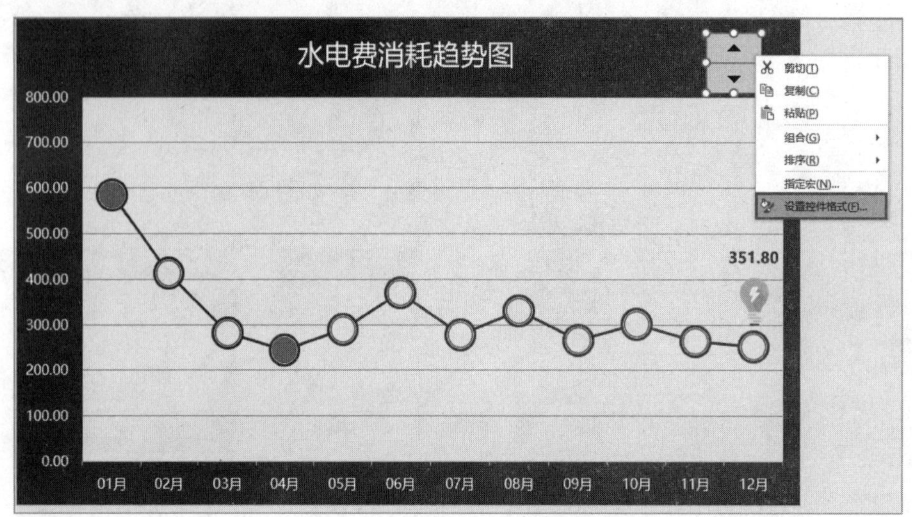

图 21-71

在弹出的【设置控件格式】对话框中选择【控制】选项卡→将【最小值】设置为“1”，表示月份的最小值为 1 月→将【最大值】设置为“12”，表示月份的最大值为 12 月→将【步长】设置为“1”，表示每两个月份的差为 1→单击【单元格链接】文本框将其激活→选中工作表中的【T2】单元格→单击【确定】按钮，如图 21-72 所示。

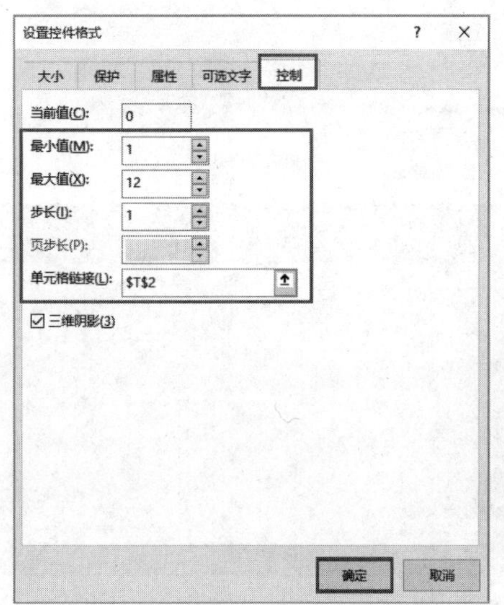

图 21-72

设置完成后，单击上下按钮调整月份，小灯泡指示的当前月份就会跟着变化了，如图 21-73 所示。

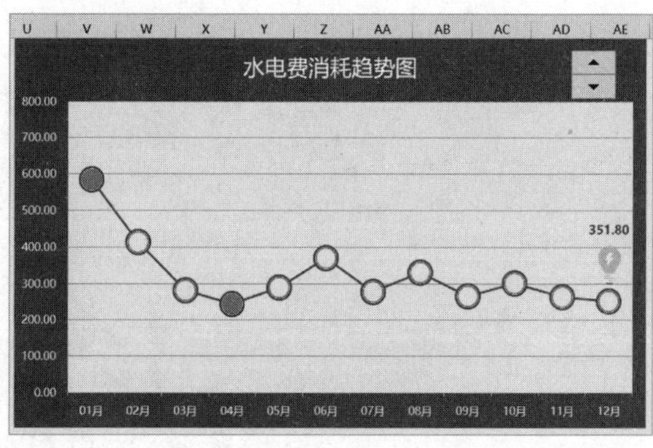

图 21-73

如图 21-74 所示，可以发现小灯泡的数据标签显示的数值与实际值不符，这是因为前面为了使小灯泡图标上移，强行将每个月份的值都增加了“100”。因此，可以使数据标签显示指定单元格的值，而不显示它的实际值。

选中数据标签并右击→在弹出的快捷菜单中选择【设置数据标签格式】选项，如图 21-74 所示。

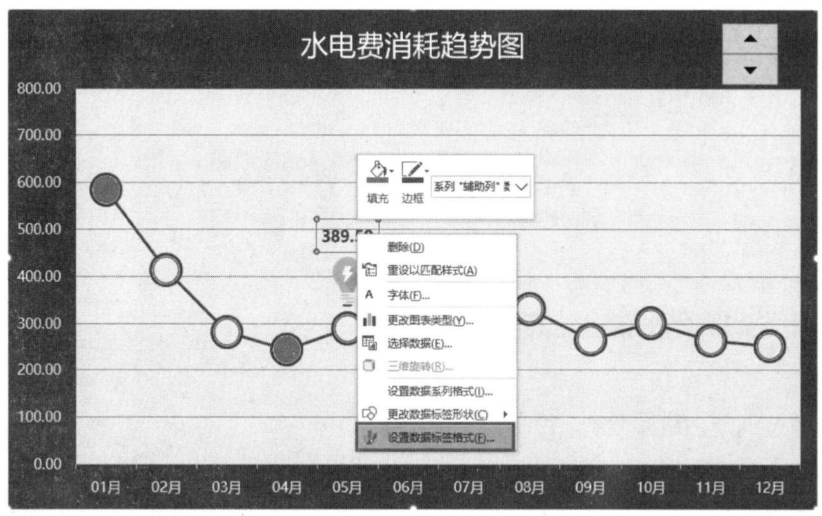

图 21-74

> **温馨提示**
>
> 这里仍然是单击数据标签，否则 Excel 会误以为只修改当前标签值。

在【设置数据标签格式】任务窗格中取消选中【值】复选框→选中【单元格中的值】复选框，如图 21-75 所示。

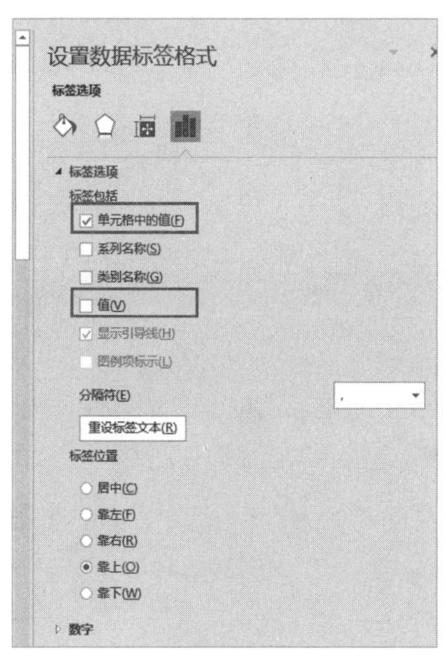

图 21-75

在弹出的【数据标签区域】对话框中单击文本框将其激活→选中工作表中的【N2:N13】单元格区域→单击【确定】按钮，如图 21-76 所示。

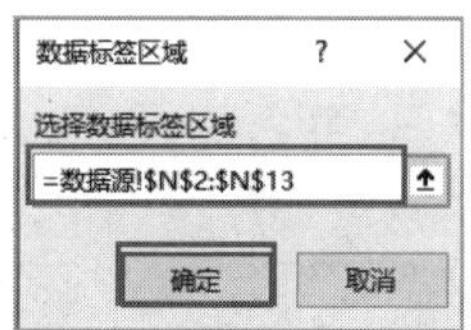

图 21-76

如图 21-77 所示，数据标签中的值就显示为指定单元格区域中的值了。

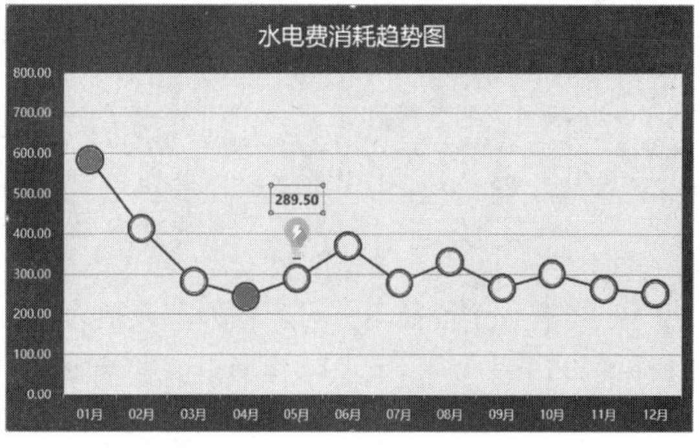

图 21-77

至此，已经完成了“水电费消耗趋势图”的动态图表制作。当单击上下按钮调整月份时，小灯泡的位置随之变化，如图 21-78 所示。

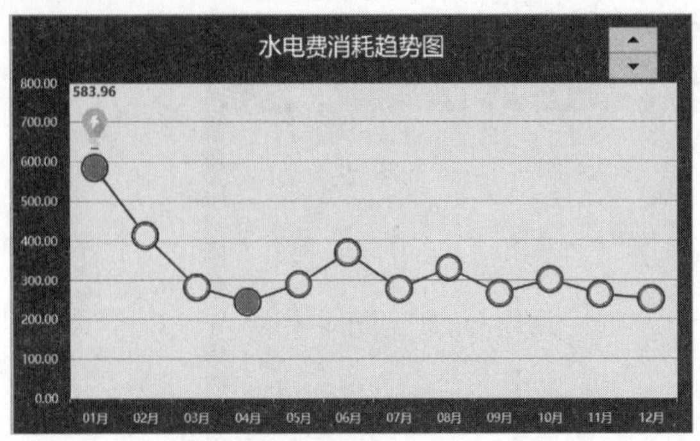

图 21-78

以上通过数值调节按钮，控制【T2】单元格的值，然后【T2】单元格的值关联辅助列参数，从而找到特定的值，再通过辅助列参数定位到图表区域的值。

完成了图表的制作后，观察图表可以发现我们构建的一些辅助列，而这些辅助列是不需要给领导看的，可以将它隐藏起来。

选中【R:T】列并右击→在弹出的快捷菜单中选择【隐藏】选项，如图 21-79 所示。

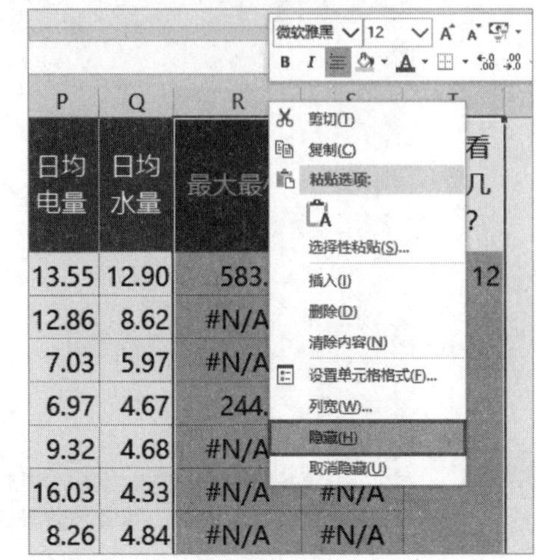

图 21-79

如图 21-80 所示，虽然将数据源中的辅助列隐藏了，但与此同时，因辅助列所构建的图表信息也隐藏了，面对这种情况又该怎么办呢？

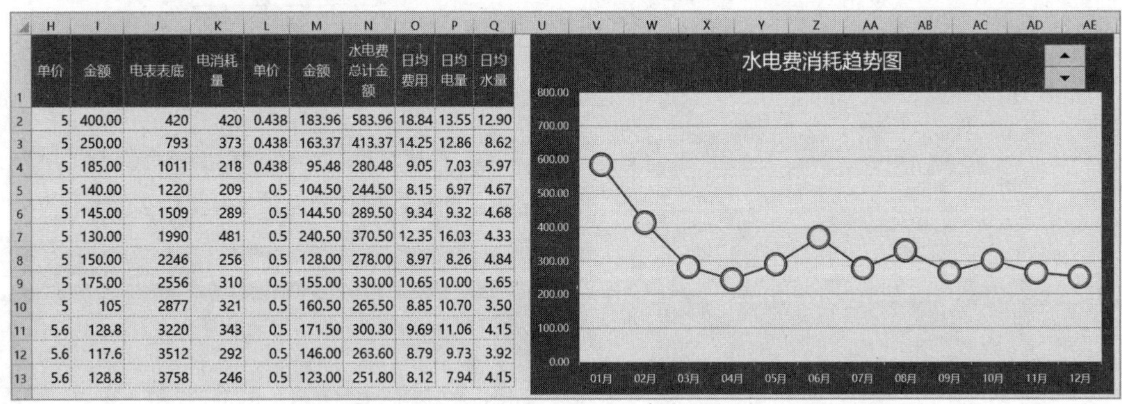

	H	I	J	K	L	M	N	O	P	Q
1	单价	金额	电表表底	电消耗量	单价	金额	水电费总计金额	日均费用	日均电量	日均水量
2	5	400.00	420	420	0.438	183.96	583.96	18.84	13.55	12.90
3	5	250.00	793	373	0.438	163.37	413.37	14.25	12.86	8.62
4	5	185.00	1011	218	0.438	95.48	280.48	9.05	7.03	5.97
5	5	140.00	1220	209	0.5	104.50	244.50	8.15	6.97	4.67
6	5	145.00	1509	289	0.5	144.50	289.50	9.34	9.32	4.68
7	5	130.00	1990	481	0.5	240.50	370.50	12.35	16.03	4.33
8	5	150.00	2246	256	0.5	128.00	278.00	8.97	8.26	4.84
9	5	175.00	2556	310	0.5	155.00	330.00	10.65	10.00	5.65
10	5	105	2877	321	0.5	160.50	265.50	8.85	10.70	3.50
11	5.6	128.8	3220	343	0.5	171.50	300.30	9.69	11.06	4.15
12	5.6	117.6	3512	292	0.5	146.00	263.60	8.79	9.73	3.92
13	5.6	128.8	3758	246	0.5	123.00	251.80	8.12	7.94	4.15

图 21-80

这里有一个小技巧，可以将列宽设置为“0.1”，将辅助列在视觉上造成一个隐藏的假象。

选中【R:T】列并右击→在弹出的快捷菜单中选择【列宽】选项，如图 21-81 所示。

在弹出的【列宽】对话框中将【列宽】设置为“0.1”→单击【确定】按钮，如图 21-82 所示。

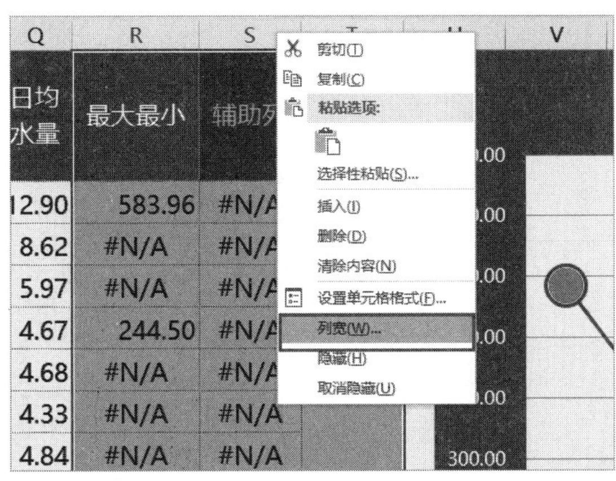

图 21-81

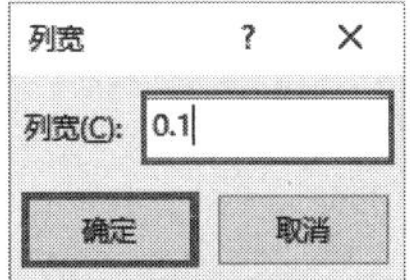

图 21-82

如图 21-83 所示，就做出了一个将辅助列隐藏起来的假象，而且不会影响图表的变化。

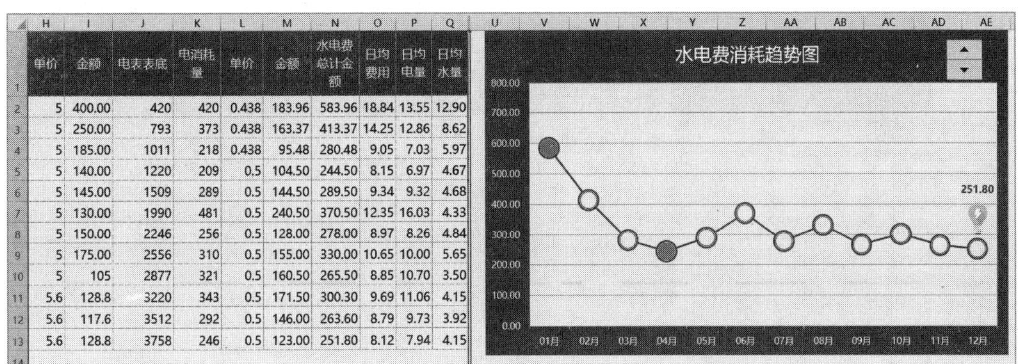

	H	I	J	K	L	M	N	O	P	Q
1	单价	金额	电表表底	电消耗量	单价	金额	水电费总计金额	日均费用	日均电量	日均水量
2	5	400.00	420	420	0.438	183.96	583.96	18.84	13.55	12.90
3	5	250.00	793	373	0.438	163.37	413.37	14.25	12.86	8.62
4	5	185.00	1011	218	0.438	95.48	280.48	9.05	7.03	5.97
5	5	140.00	1220	209	0.5	104.50	244.50	8.15	6.97	4.67
6	5	145.00	1509	289	0.5	144.50	289.50	9.34	9.32	4.68
7	5	130.00	1990	481	0.5	240.50	370.50	12.35	16.03	4.33
8	5	150.00	2246	256	0.5	128.00	278.00	8.97	8.26	4.84
9	5	175.00	2556	310	0.5	155.00	330.00	10.65	10.00	5.65
10	5	105	2877	321	0.5	160.50	265.50	8.85	10.70	3.50
11	5.6	128.8	3220	343	0.5	171.50	300.30	9.69	11.06	4.15
12	5.6	117.6	3512	292	0.5	146.00	263.60	8.79	9.73	3.92
13	5.6	128.8	3758	246	0.5	123.00	251.80	8.12	7.94	4.15

图 21-83

最后将图表放在一个适当的位置即可，如图 21-84 所示。

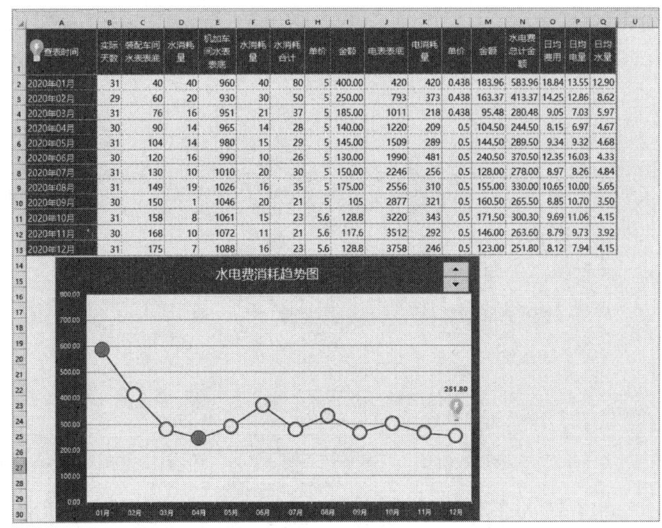

	A	B	C	D	E	F	G	H	I	J	K	L	M	N	O	P	Q
1	查表时间	实际天数	装配车间水表表底	水消耗量	机加车间水表表底	水消耗量	水消耗合计	单价	金额	电表表底	电消耗量	单价	金额	水电费总计金额	日均费用	日均电量	日均水量
2	2020年01月	31	40	40	960	40	80	5	400.00	420	420	0.438	183.96	583.96	18.84	13.55	12.90
3	2020年02月	29	60	20	930	30	50	5	250.00	793	373	0.438	163.37	413.37	14.25	12.86	8.62
4	2020年03月	31	76	16	951	21	37	5	185.00	1011	218	0.438	95.48	280.48	9.05	7.03	5.97
5	2020年04月	30	90	14	965	14	28	5	140.00	1220	209	0.5	104.50	244.50	8.15	6.97	4.67
6	2020年05月	31	104	14	980	15	29	5	145.00	1509	289	0.5	144.50	289.50	9.34	9.32	4.68
7	2020年06月	30	120	16	990	10	26	5	130.00	1990	481	0.5	240.50	370.50	12.35	16.03	4.33
8	2020年07月	31	130	10	1010	20	30	5	150.00	2246	256	0.5	128.00	278.00	8.97	8.26	4.84
9	2020年08月	31	149	19	1026	16	35	5	175.00	2556	310	0.5	155.00	330.00	10.65	10.00	5.65
10	2020年09月	30	150	1	1046	20	21	5	105	2877	321	0.5	160.50	265.50	8.85	10.70	3.50
11	2020年10月	31	158	8	1061	15	23	5.6	128.8	3220	343	0.5	171.50	300.30	9.69	11.06	4.15
12	2020年11月	30	168	10	1072	11	21	5.6	117.6	3512	292	0.5	146.00	263.60	8.79	9.73	3.92
13	2020年12月	31	175	7	1088	16	23	5.6	128.8	3758	246	0.5	123.00	251.80	8.12	7.94	4.15

图 21-84

21.4 解锁 ICON

到这里是不是有的读者想问，图表中的小灯泡是怎么来的?

这里给大家推荐一个下载 ICON 特别好用的网站——iconfont。

进入网站后，首先单击右上角的登录按钮，使用微博账号进行登录。

登录后在搜索区中直接搜索“灯泡”→按 <Enter> 键确认，如图 21-85 所示。

图 21-85

搜索出很多灯泡图标，可以单击【精选图标】按钮→选择一个好看的图标，如图 21-86 所示。

图 21-86

接下来对下载的格式进行选择，这里单击【PNG 下载】按钮，如图 21-87 所示。

图 21-87

在 Excel 表格中，选择【插入】选项卡→单击【图片】按钮→在弹出的【插入图片】对话框中选择图标放置的位置→选中图标→单击【插入】按钮，如图 21-88 所示。

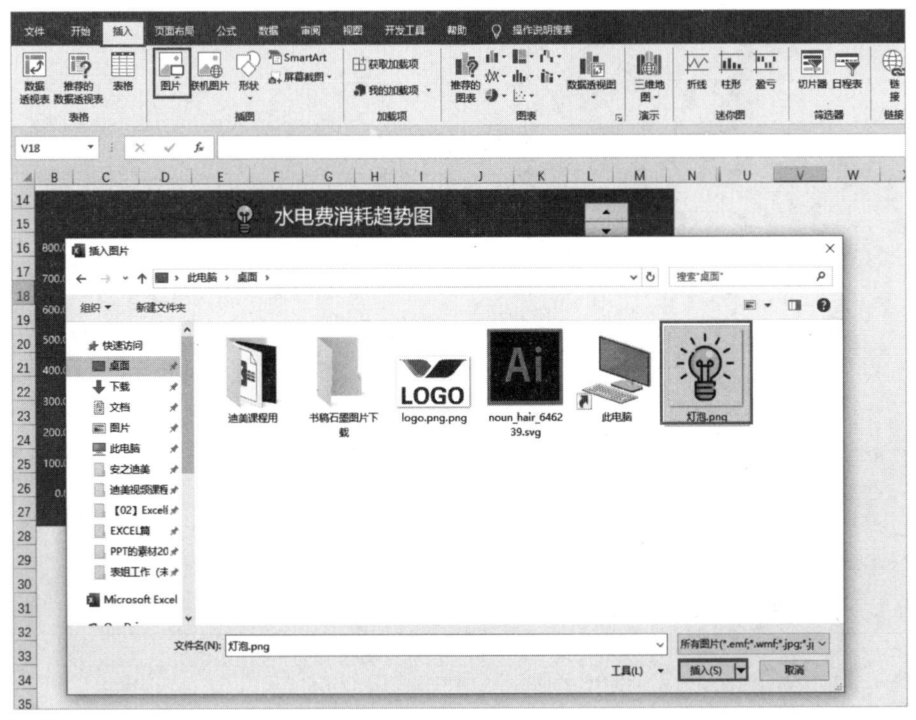

图 21-88

如图 21-89 所示，已经将小灯泡图标插入表格中了。按 <Shift> 键的同时拖曳鼠标将它缩小→调整到合适位置。

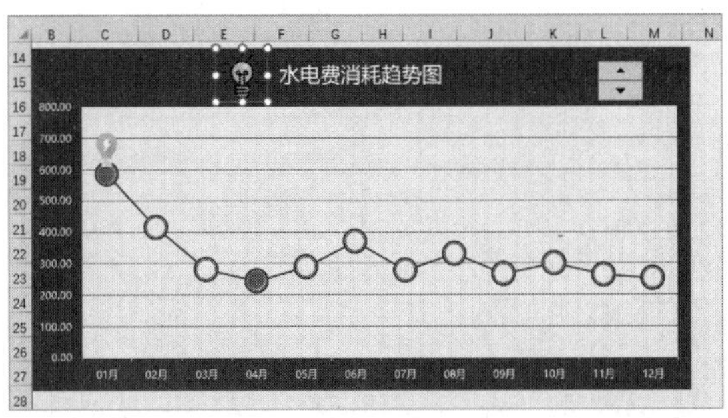

图 21-89

接下来想要用新插入的小灯泡替换折线图上的小灯泡，仍然使用复制粘贴的方法。

选中新插入的小灯泡→按 <Ctrl+C> 键复制→选中拆线图上的小灯泡→按 <Ctrl+V> 键粘贴。如图 21-90 所示，小灯泡已经替换进去了。

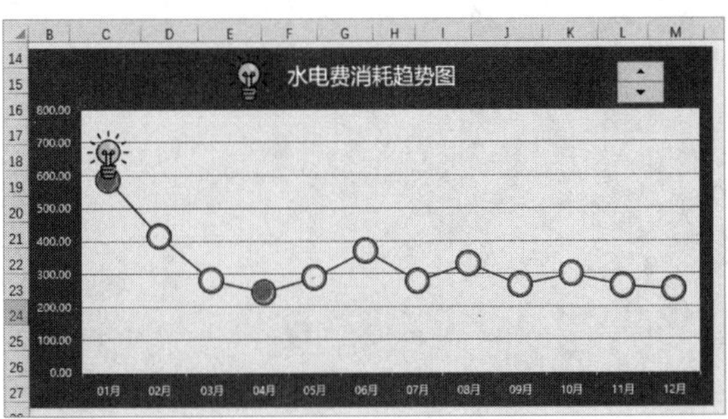

图 21-90

第 5 篇

中层管理篇

光做不会说？

进阶图表美化，让你的汇报一目了然、清晰有力

第22关 图表之道：让图表为你服务，认识基础图表

本关背景

本关开始讲解数据呈现的相关内容，综合前面几关介绍的方法，制作图22-1所示的“HR效能管理看板”（动态变化的）。

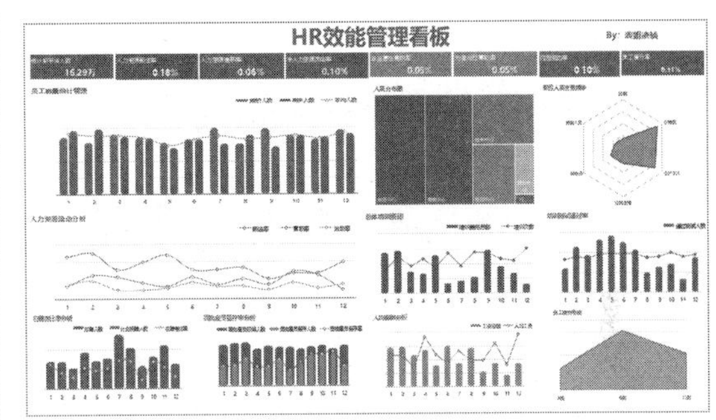

图 22-1

22.1 拆解看板

打开“素材文件/22-图表之道/22-图表之道-制作高大上图表-飞船的屏幕.xlsx”源文件。

首先拆解看板的结构，了解每一部分的组成。

顶部是看板标题：“HR效能管理看板”，标题的右侧有看板的制作信息。应用到工作中时，可以在标题下标出数据出自哪个部门、更新的频率等，如图22-2所示。

HR效能管理看板

图 22-2

标题的下面是一些子图表，包括折线图、柱形图、饼图等。这些子图表看起来很难，但制作起来和普通的图表是一样的，只是在色彩上做了一些美化，使它们搭配起来更加协调，如图22-3所示。

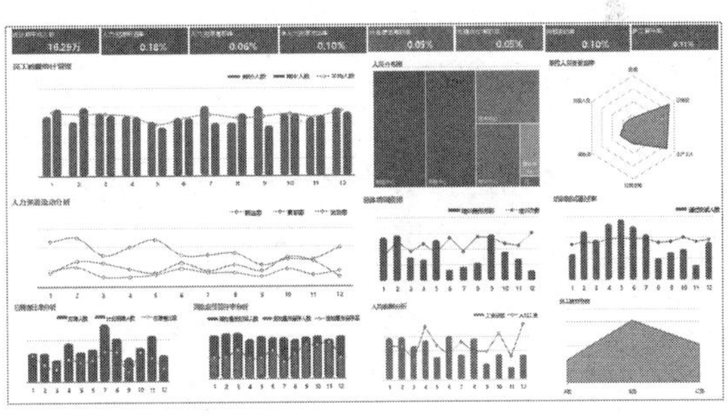

图 22-3

双击任意图表，例如，双击图22-4所示的第一个组合图。

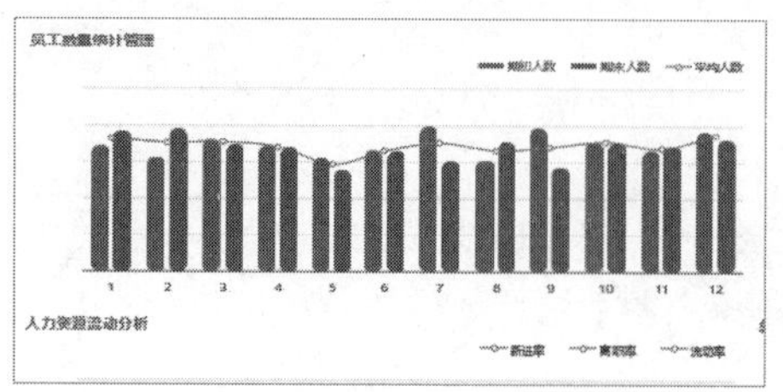

图 22-4

如图 22-5 所示，可以进入该图表的数据源界面。左侧的数据就是作图数据源表，通过数据源在右侧制作出组合图。

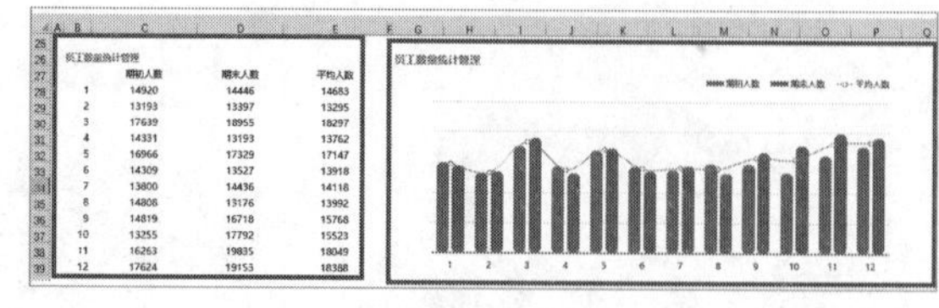

图 22-5

在制作复杂图表之前，先来看一下如何制作基础图表，然后利用基础图表的知识进一步制作复杂图表。

22.2 图表的分类与选择

作图前，首先要思考如何才能让图表更好地表达我们的观点呢。

那么，就需要解决以下两个问题。

（1）数据展示分析的类型。例如，是分析数据的对比、数据的构成，还是数据的分布。

（2）选择相应的图表类型。根据数据分析的目的来选择合适的图表。

开始制作图表时，可能不清楚如何选择合适的图表类型，为此本书赠送的福利包中为读者准备了图 22-6 所示的“图表类型选择指南”。这个指南可以帮助作图者梳理如何选择合适的图表类型来展示数据。

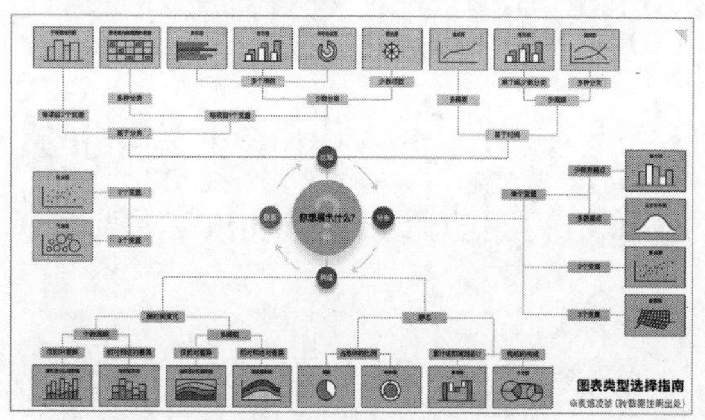

图 22-6

通常情况下，想展示的数据分析类型可以分为比较、联系、分布和构成几大类，每一类下又分为不同用途的图表类型。

“图表类型选择指南”中一共有二十多种可供选择的图表类型，但在实际工作中并不是每一种都经常使用，所以无须全部熟练掌握。只需掌握三大类：柱形图、饼图和折线图，就可以轻松应对工作中的问题了。

其中，柱形图主要用于各项目之间的比较；饼图主要用于数据之间的构成情况和分布的呈现；折线图主要用于数据之间变化趋势的比较，如图 22-7 所示。

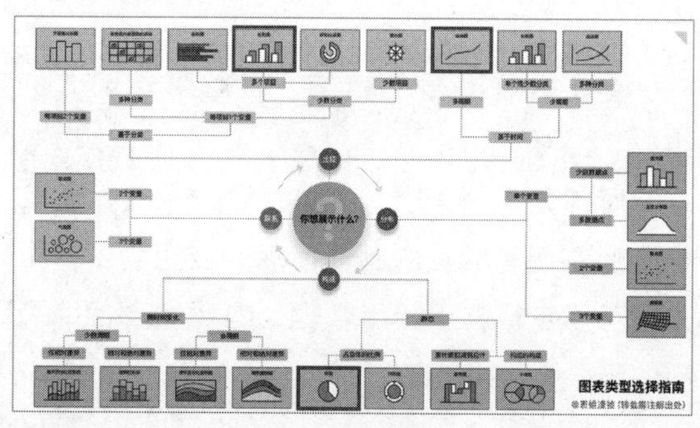

图 22-7

22.3 创建柱形图

接下来就开始基础图表的制作了。

在“1.1 柱形图”工作表中，列出了各个中心名称和对应的员工人数情况，这就是作图数据源，如图 22-8 所示。

柱形图：各项目间的比较	
中心名称	员工人数
制造中心	100
营销中心	43
物资中心	25
技术中心	25
财务中心	10
行政中心	4

图 22-8

准备好数据源表后，就可以开始制作图表了。首先介绍制作图表的第一种方法：数据驱动法。选中数据源表，即【A2:B8】单元格区域→选择【插入】选项卡→单击【插入柱形图或条形图】按钮→选择【簇状柱形图】选项，如图 22-9 所示。

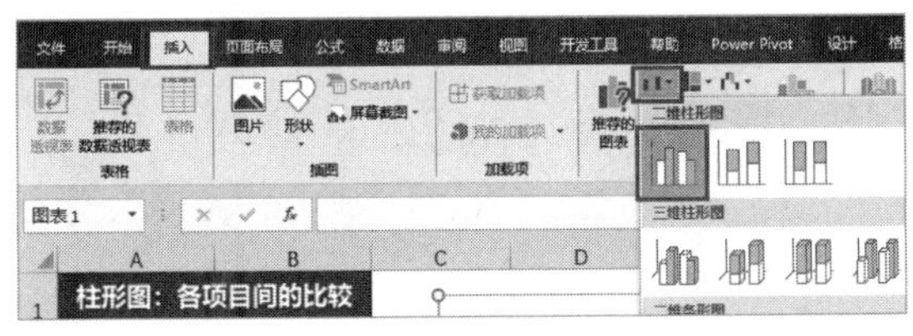

图 22-9

如图 22-10 所示，已经制作出一张各中心员工人数的柱形图了。

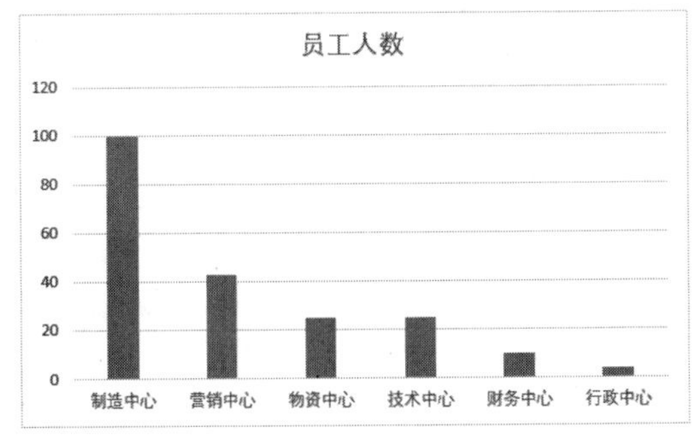

图 22-10

这就是数据驱动法，先选择数据，然后利用数据来制作图表。

除数据驱动法外，还可以先制作一张图表，然后选择数据填充图表，这就是制作图表的第二种方法：空盒子法。

选中任意空白单元格→选择【插入】选项卡→单击【插入柱形图或条形图】按钮→选择【簇状柱形图】选项，如图 22-11 所示。

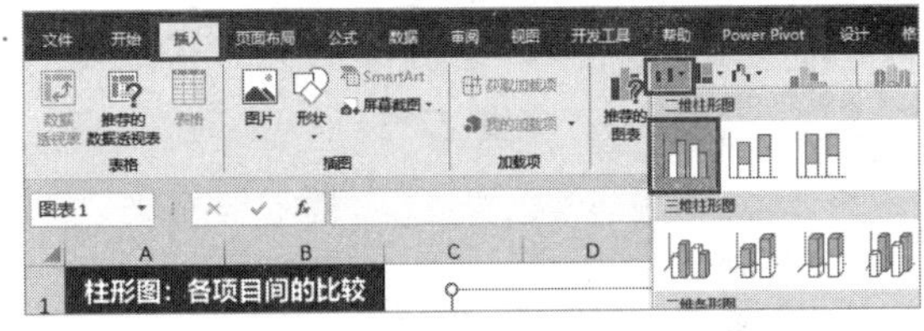

图 22-11

如图 22-12 所示，得到一个空白图表，选择【设计】选项卡→单击【选择数据】按钮。

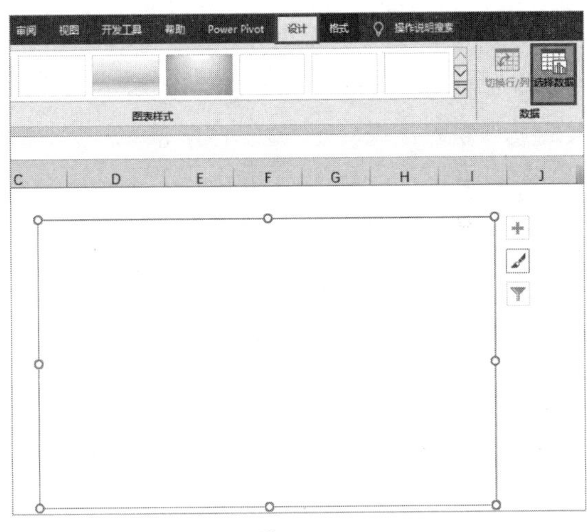

图 22-12

在弹出的【选择数据源】对话框中单击【添加】按钮，如图 22-13 所示。

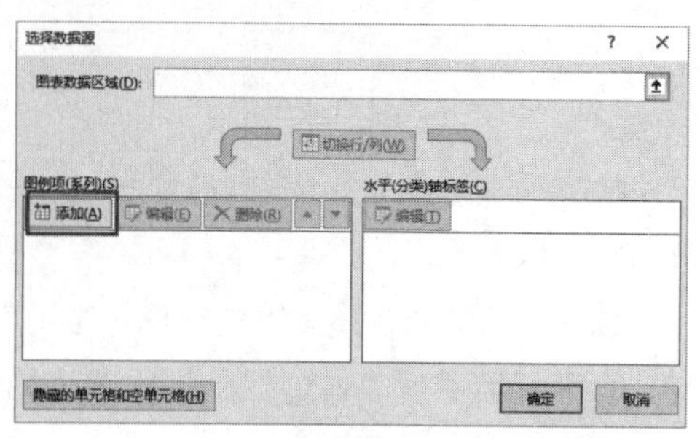

图 22-13

在弹出的【编辑数据系列】对话框中单击【系列名称】文本框将其激活→拖曳鼠标选中【A3:A8】单元格区域→单击【系列值】文本框将其激活→拖曳鼠标选中【B3:B8】单元格区域→单击【确定】按钮，如图 22-14 所示。

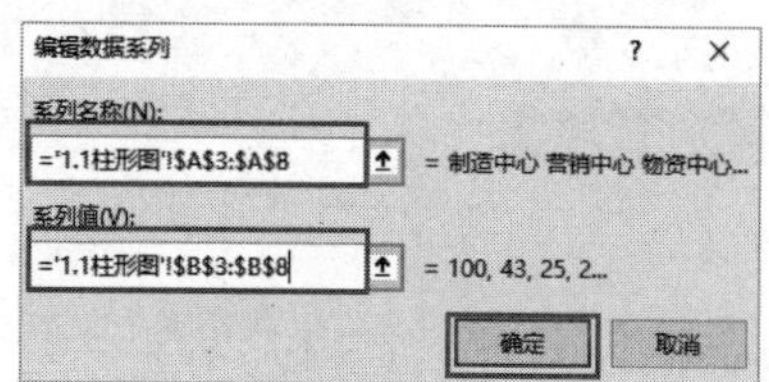

图 22-14

返回【选择数据源】对话框→单击【水平(分类)轴标签】下的【编辑】按钮，对柱形图的 X 轴标签进行编辑，如图 22-15 所示。

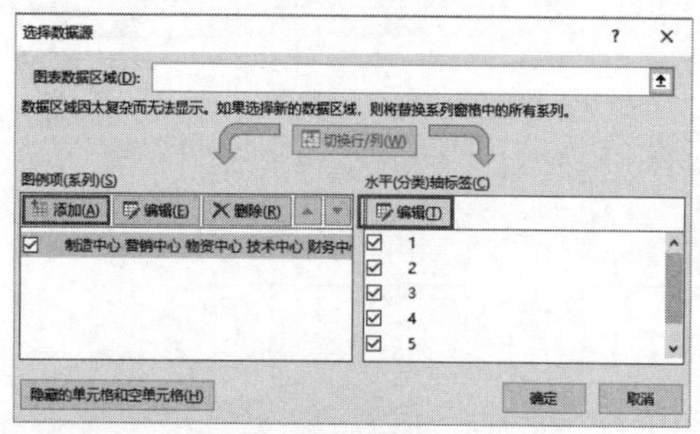

图 22-15

在弹出的【轴标签】对话框中单击【轴标签区域】文本框将其激活→拖曳鼠标选中【A3:A8】单元格区域，将各个中心名称作为轴标签→单击【确定】按钮，如图 22-16 所示。

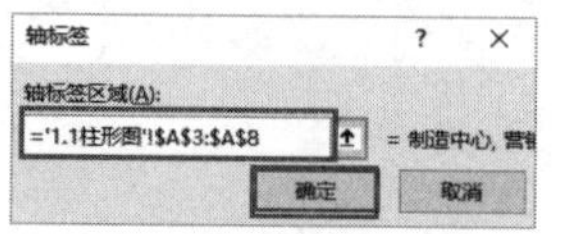

图 22-16

返回【选择数据源】对话框，如图 22-17 所示，【水平(分类)轴标签】下的列表框中已经显示为中心名称→单击【确定】按钮。

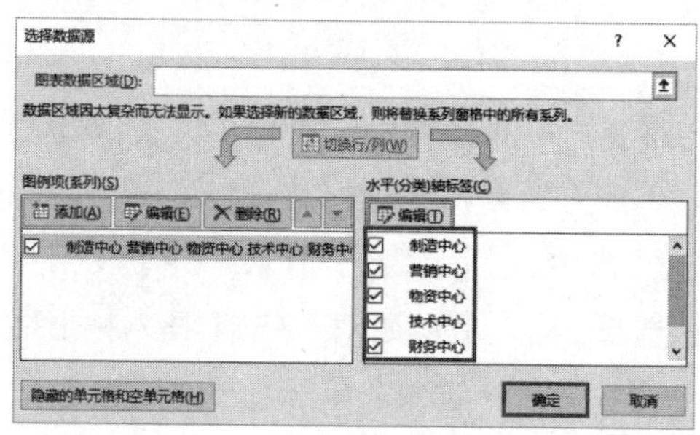

图 22-17

如图 22-18 所示，空盒子法和数据驱动法制作的柱形图是一样的。

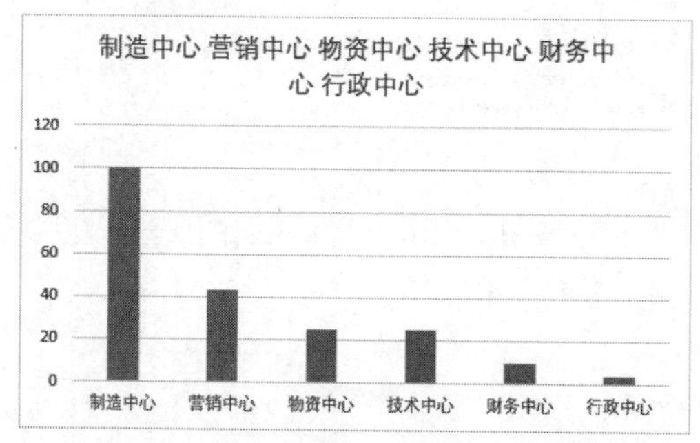

图 22-18

22.4 认识图表元素

想要快速了解图表，首先需要认识图表的元素，了解每一个元素的用途，才能更有效地进行选择。大多数 Excel 商务图表都由以下 11 类元素构成，如图 22-19 所示。

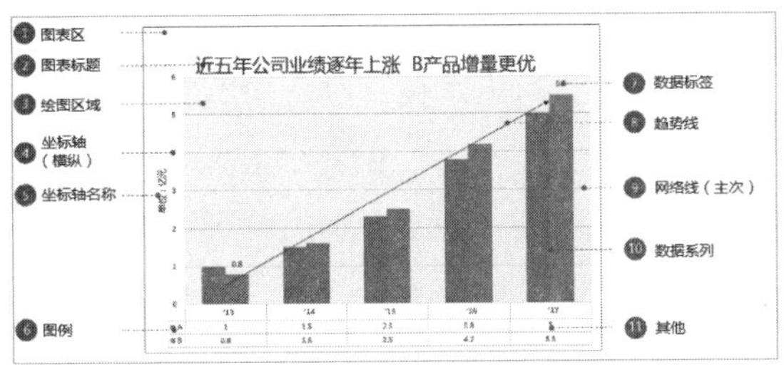

图 22-19

（1）图表区：用于存放图表所有元素的区域及其他添加到图表中的内容，是图表的“容器”。

（2）图表标题：是图表核心观点的载体，用于展示图表的内容介绍或作者的结论。

（3）绘图区域：在图表区域内部，仅包含数据系列图形（柱形图、折线图、饼图等的区域），可像图表区一样调整大小。

（4）坐标轴（横纵）：可根据坐标轴的方向分为横纵坐标轴，也可称为 X 轴 /Y 轴 /Z 轴、主坐标轴 / 次坐标轴。复杂的图表需要构建多个坐标轴。

（5）坐标轴名称：用于标识各坐标轴的名称，也可以手动修改，备注为图表的“单位”或其他信息。

（6）图例：用于标识图表中各系列格式的图形（颜色、形状、标记点），代表图表中具体的数据系列。可以根据需要增减或手动补充。

（7）数据标签：针对数据系列的内容、数值或名称等进行锚定标识。

（8）趋势线：模拟数据变化趋势生成的预测线。

（9）网格线（主次）：用于标识各坐标轴的刻度，作为查阅数据系列时的参照对象。

（10）数据系列：根据制图数据源绘制的各类图形，必不可少，用来形象化、可视化地反映数据。

（11）其他：根据数据呈现需要，插入图表的其他内容，如文本框、数据表等，或者记录图表信息的来源、统计数据的截止日期等内容。

22.5 图表的基础操作

1. 调整图表的位置

想要调整图表的位置，可以选中图表→当光标变为图 22-20 所示的四向箭头时→拖曳鼠标调整图表的位置。

图 22-20

2. 调整图表的大小

选中图表→单击图表边缘的小圆点→光标变为图 22-21 所示的双向箭头时→拖曳鼠标调整图表的大小。

图 22-21

这里提供一个口诀，帮助读者记忆这两个小标志，如图 22-22 所示。

图 22-22

3. 强制对齐图表

制作图表时，建议将图表与单元格的边框对齐，这样做有利于后期制作看板时更加整齐。

首先将网格线调出来。选择【视图】选项卡→选中【网格线】复选框，如图 22-23 所示。

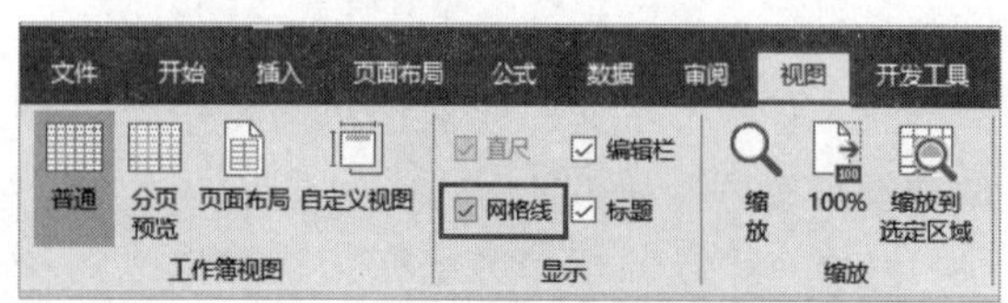

图 22-23

选中图表并将光标移动到图表边框的位置，按 <Alt> 键的同时拖曳鼠标调整图表的大小和位置，将图表强制对齐单元格边框位置，如图 22-24 所示。

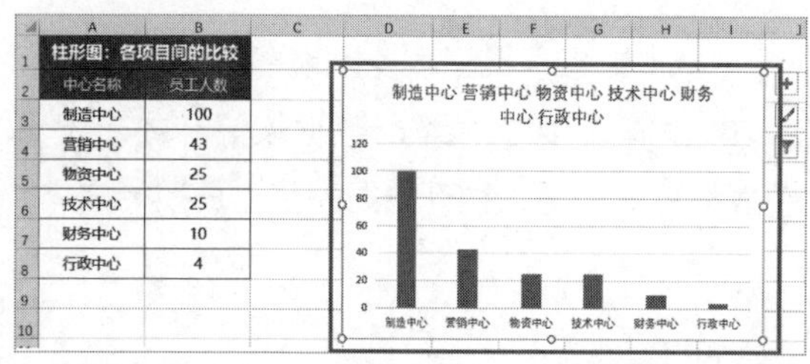

图 22-24

4. 设置数据系列格式

选中"制造中心"柱形图并右击→在弹出的快捷菜单中选择【设置数据系列格式】选项（或双击选中的图表元素），如图 22-25 所示。

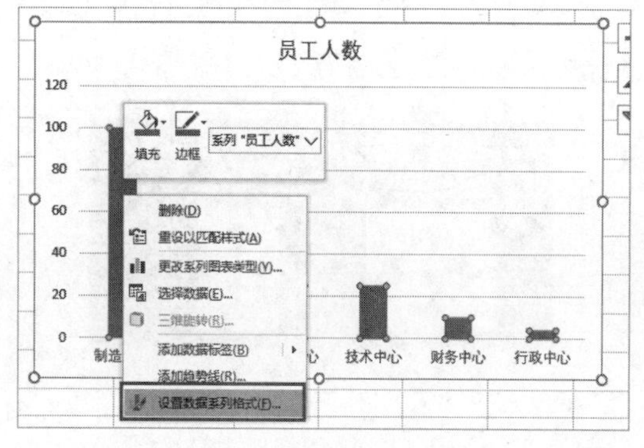

图 22-25

如图 22-26 所示，在弹出的【设置数据系列格式】任务窗格中不仅可以对图表进行设置和美化，还可以更好地认识各个工具的用途，它就是图表工具箱。设置完成后，可以单击右上角的【×】按钮将其关闭。

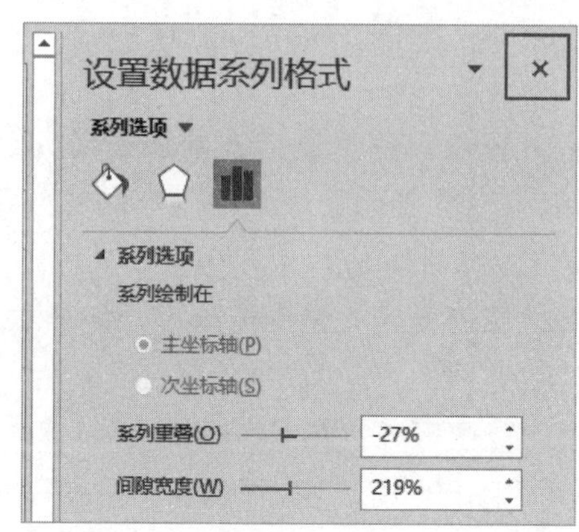

图 22-26

5. 添加和删除图表元素

如果不需要某些图表元素，可以直接将其删除。例如，删除图 22-27 所示的网格线，选中网格线→按 <Delete> 键删除。

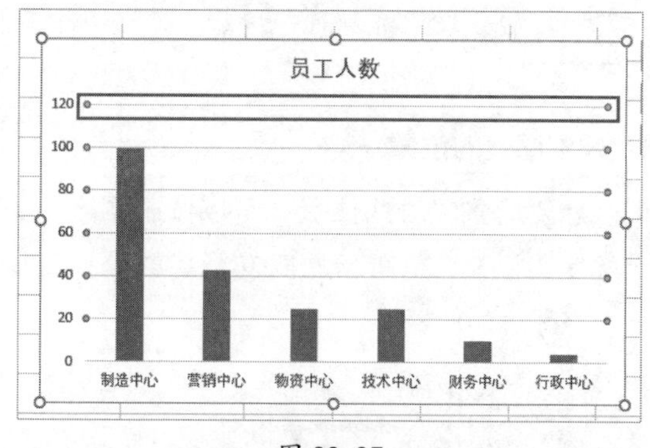

图 22-27

想要将删除的图表元素找回来，可以选择【设计】选项卡→单击【添加图表元素】按钮→选择想要添加的元素类型。例如，将前面删除的网格线添加回来，可以选择【网格线】选项→选择【主轴主要水平网格线】选项，如图 22-28 所示。

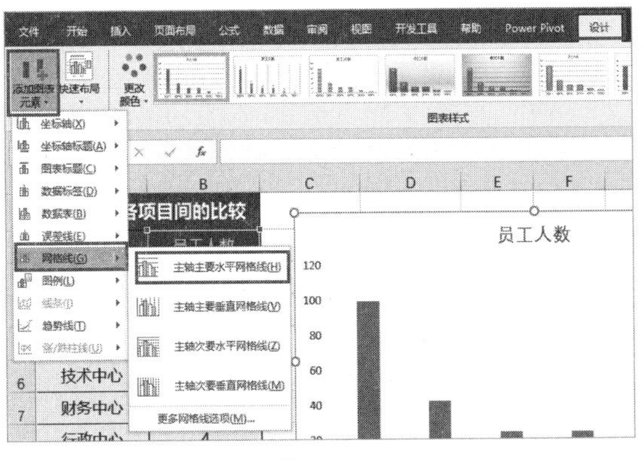

图 22-28

此外，还可以通过选中图表→单击右侧出现的【+】按钮→选中需要的图表元素复选框，取消选中不需要的图表元素复选框，来实现添加和删除图表元素，如图 22-29 所示。

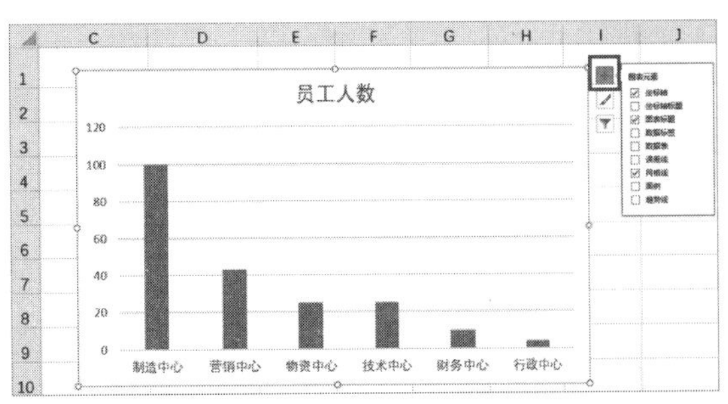

图 22-29

6. 快速美化图表

选中图表→选择【设计】选项卡→在【图表样式】功能组中选择一个合适的样式，如图 22-30 所示。

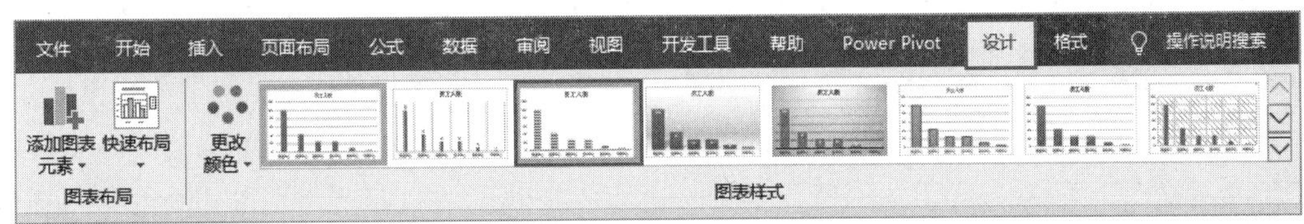

图 22-30

如果没有合适的颜色，可以单击【更改颜色】按钮→选择合适的配色方案，对图表颜色进行调整，如图 22-31 所示。

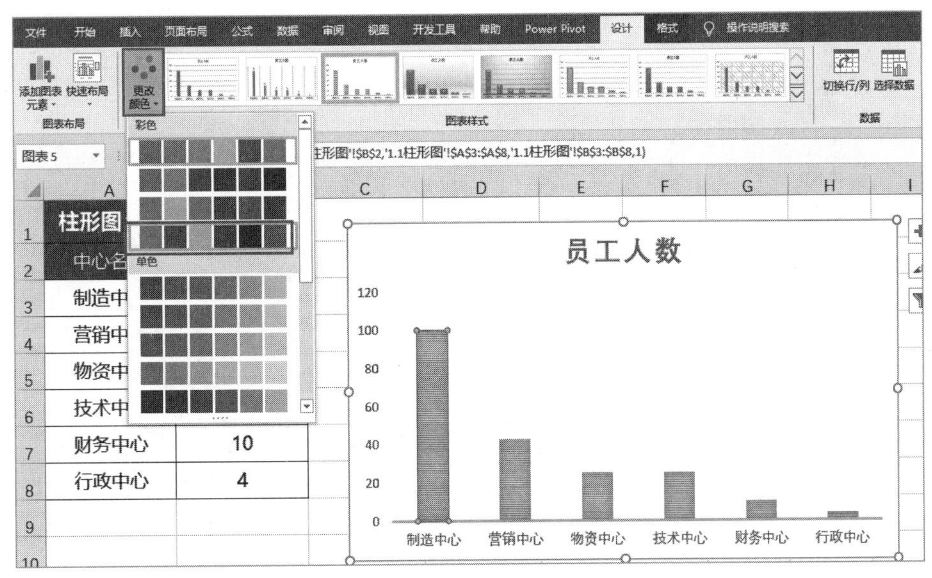

图 22-31

22.6 创建饼图

前文介绍了创建基础柱形图图表，接下来继续介绍创建饼图图表。

在“1.2 饼图”工作表中，选中【A2:B5】单元格区域→选择【插入】选项卡→单击【插入饼图或圆环图】按钮→选择【饼图】选项，如图 22-32 所示。

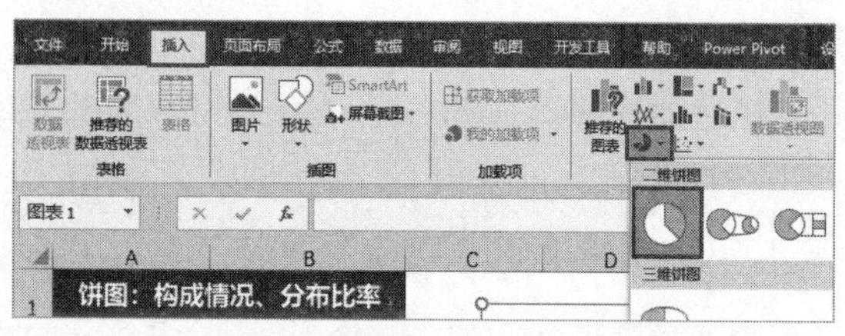

图 22-32

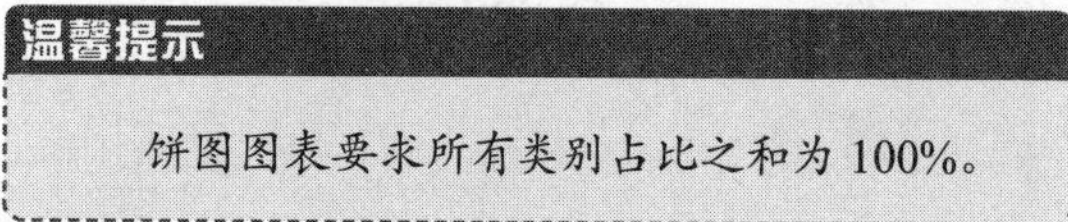

温馨提示
饼图图表要求所有类别占比之和为 100%。

选中饼图绘图区域并右击→在弹出的快捷菜单中选择【添加数据标签】选项，如图 22-33 所示。

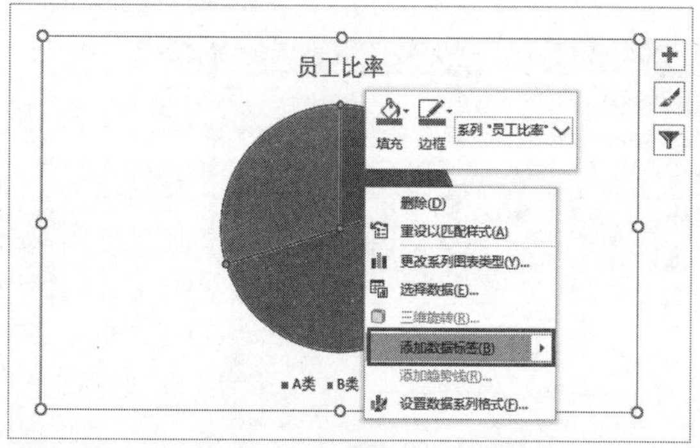

图 22-33

如图 22-34 所示，饼图中显示出每一类的占比。

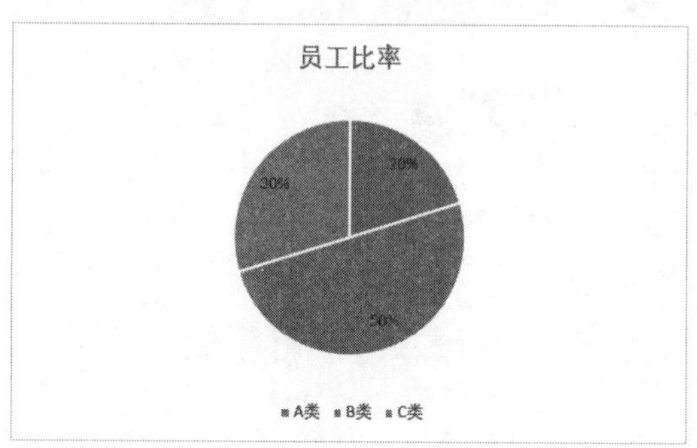

图 22-34

接下来可以进一步对数据标签进行设置。选中任意数据标签（默认将所有数据标签选中）并右击→在弹出的快捷菜单中选择【设置数据标签格式】选项，如图 22-35 所示。

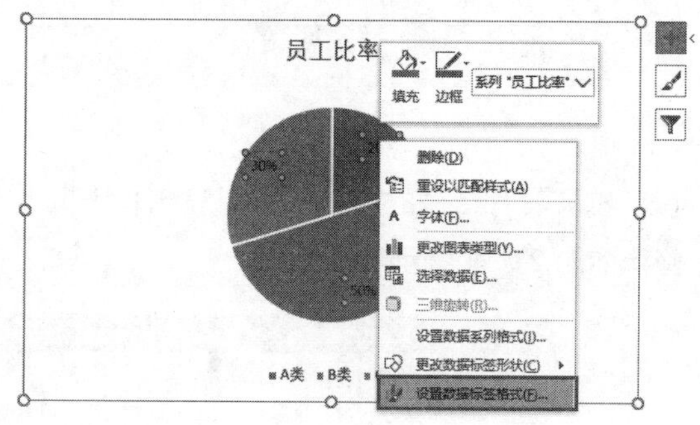

图 22-35

在弹出的【设置数据标签格式】任务窗格中选中【系列名称】和【类别名称】复选框，如图 22-36 所示。

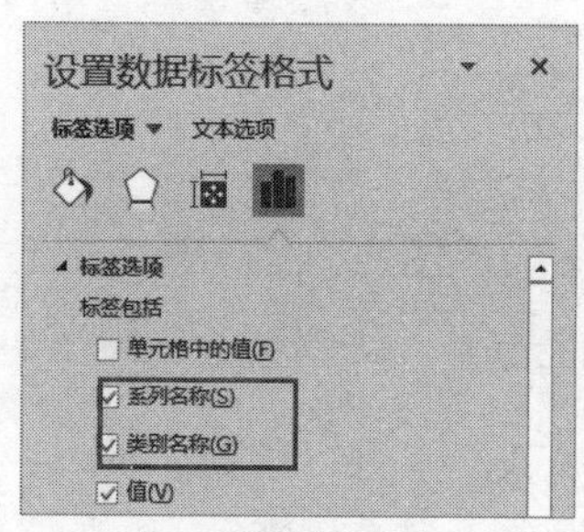

图 22-36

在饼图中，还可以将某一个扇形单独分离出来。首先选中饼图区域→单击蓝色扇形区域（单独分离的扇形）将它单独选中→按住鼠标左键不放，将其向外拖曳至完成分离，如图 22-37 所示。

此时，在【设置数据点格式】任务窗格中可以单独对蓝色扇形区域进行美化设置，如图 22-38 所示。

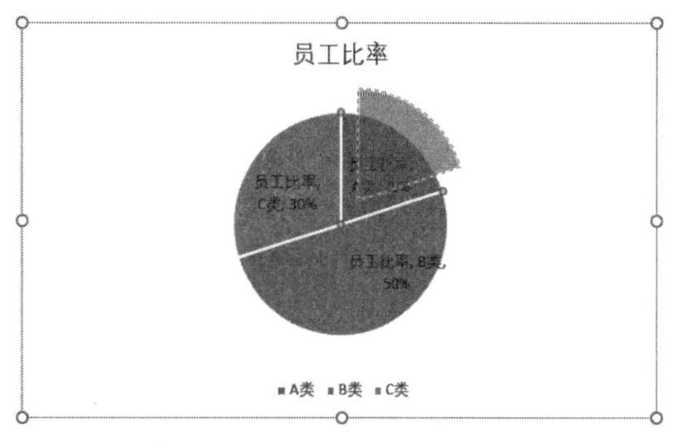

图 22-37

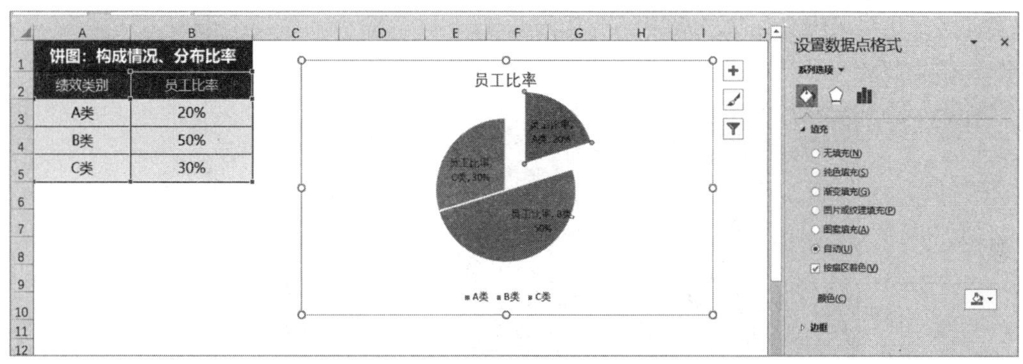

图 22-38

22.7 创建折线图

最后再来介绍如何创建折线图。

在“1.3 折线图”工作表中，选中【A2:B14】单元格区域→选择【插入】选项卡→单击【插入折线图或面积图】按钮→选择【折线图】选项，如图 22-39 所示。

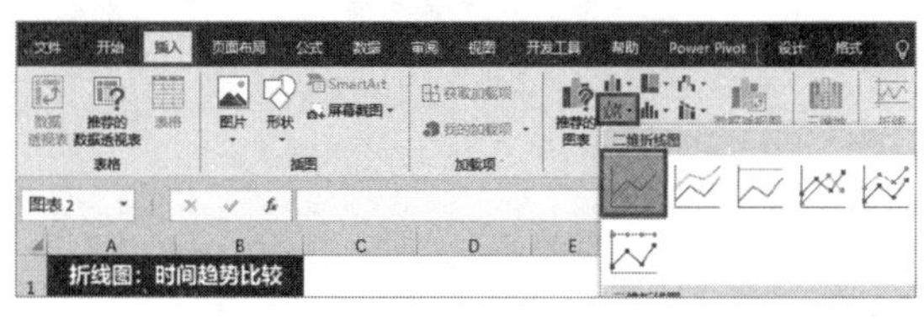

图 22-39

如图 22-40 所示，插入的折线图棱角分明。如果想让折线平滑一些，该如何操作呢？首先双击折线→在弹出的【设置数据系列格式】任务窗格中单击【填充与线条】按钮→选中【平滑线】复选框。

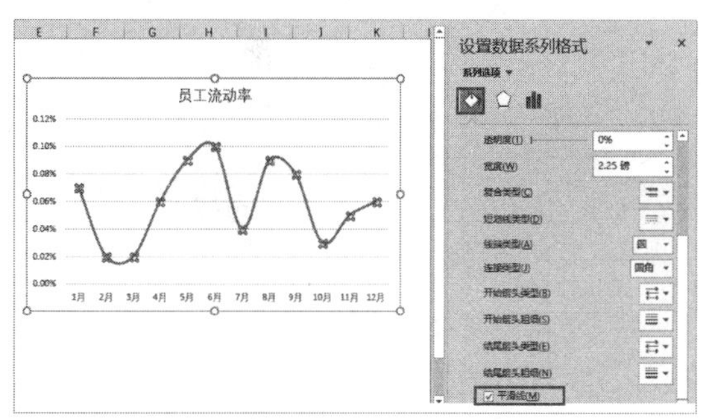

图 22-40

接下来可以对折线图进行美化设置。首先设置线条的颜色。选中折线→选择【线条】选项→单击【颜色】按钮→选择“红色”，如

图 22-41 所示。这里需要注意的是，对折线图进行美化设置时，需要选中折线而非图表的白色边框。如果选中图表的白色边框，右侧出现的是【设置图表区格式】任务窗格→选择【填充】选项→单击【颜色】按钮→选择“蓝色”，如图 22-42 所示，是对整个图表区域的设置。

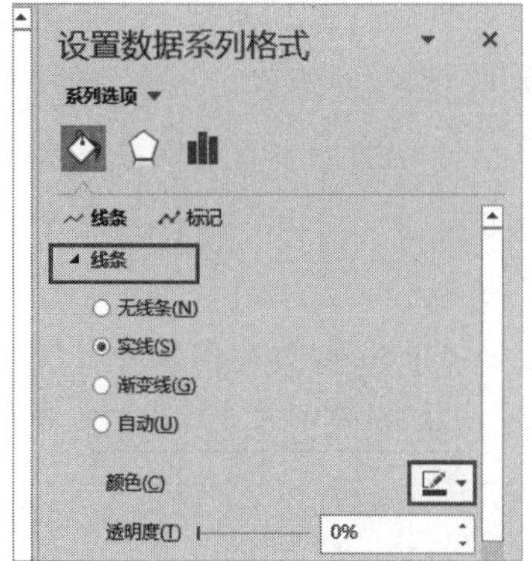

图 22-41

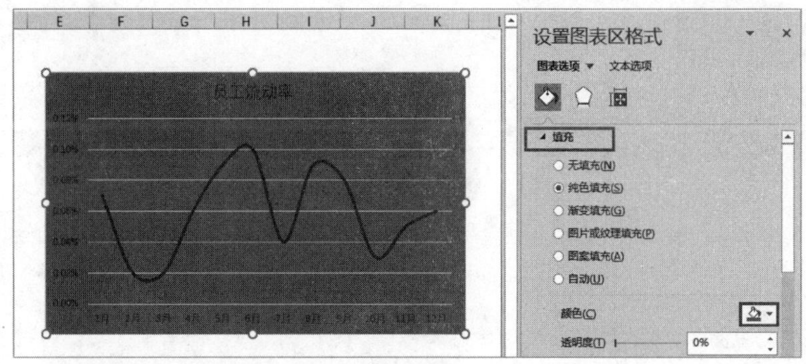

图 22-42

温馨提示

折线图的美化是对线条的美化，而非对整个图表区域的美化。

此外，还可以对折线图的标记点进行美化设置。选择【标记】选项→在【标记选项】、【填充】和【边框】中进行美化设置，这些会在后面的实操中为大家介绍，如图 22-43 所示。

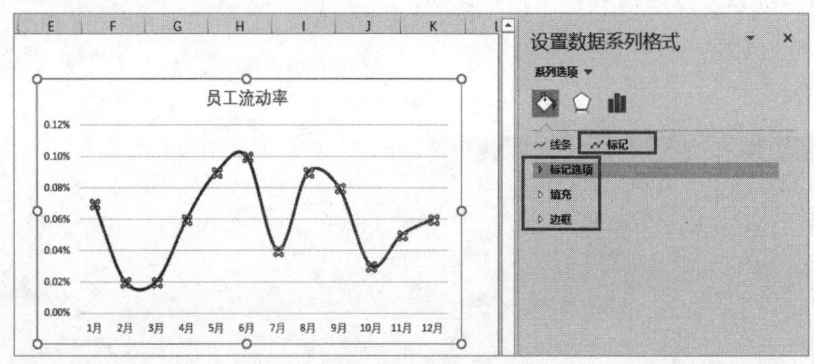

图 22-43

至此，已经完成了对柱形图、饼图、折线图三类基础图表的介绍。制作图表前，首先准备好作图数据源，然后根据图表展示的目的，选择合适的图表类型，最后进行图表美化。

第23关 进阶图表：玩转组合图表，让模板帮你工作

本关背景

第 22 关介绍了基础图表的创建、认识基础图表的工具等内容。本关继续解锁更多图表类型，例如，图 23-1 所示的组合图、图 23-2 所示的温度计图的创建等。

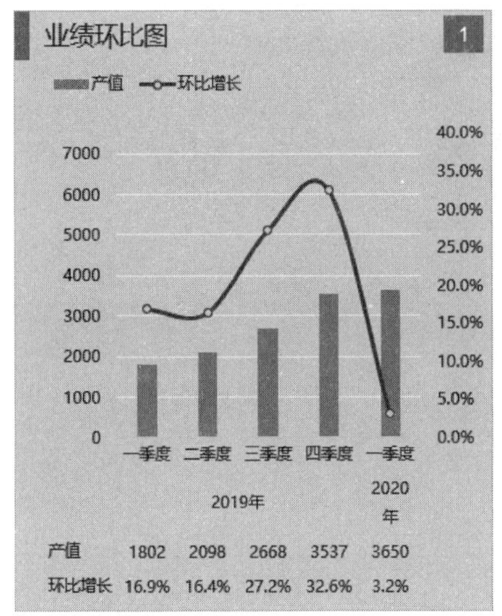

图 23-1

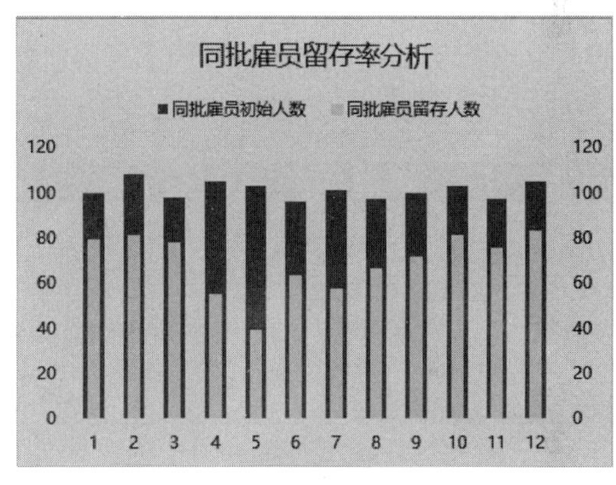

图 23-2

23.1 组合图

打开“素材文件 /23- 进阶图表 /23- 进阶图表 - 惊人的业绩环比图 .xlsx”源文件。

组合图是将两种或两种以上的图表组合在一起，如图 23-3 所示，图中既有折线图又有柱形图。

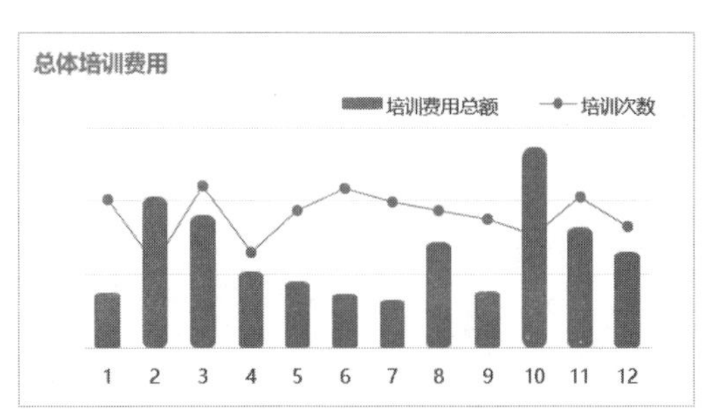

图 23-3

（1）准备作图数据源。

在“2.1 组合图”工作表中，根据各个月度的培训费用总额和培训次数的统计表制作图表，如图 23-4 所示。

	A	B	C
1	总体培训费用		
2	月份	培训费用总额	培训次数
3	1	216	43
4	2	449	59
5	3	447	49
6	4	179	50
7	5	531	39
8	6	128	30
9	7	521	57
10	8	208	53
11	9	599	57
12	10	221	37
13	11	169	52
14	12	123	50

图 23-4

（2）插入图表。选中【A2:C14】单元格区域→选择【插入】选项卡→单击【插入柱形图或条形图】按钮→选择【簇状柱形图】选项，如图 23-5 所示。

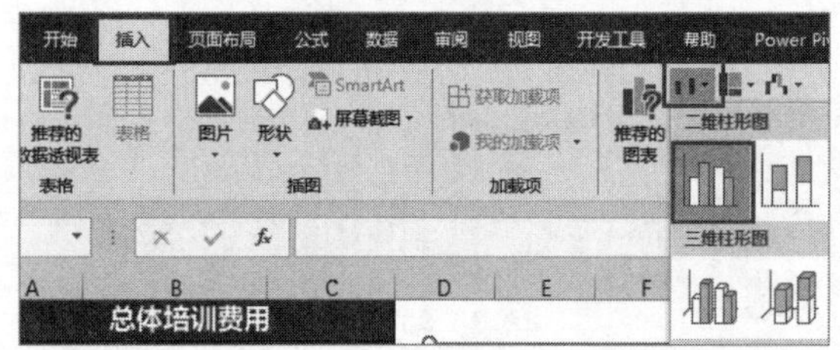

图 23-5

如图 23-6 所示，插入柱形图后可以发现，图表中有一些无用的数据信息，如“月份”，可以将它删除。

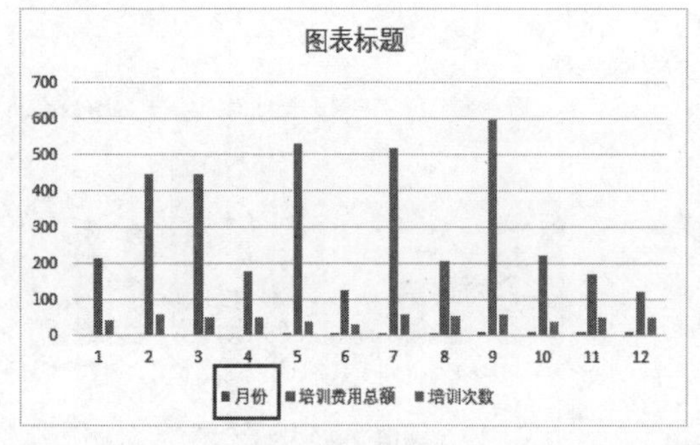

图 23-6

（3）修改数据区域。

选中图表→选择【设计】选项卡→单击【选择数据】按钮，如图 23-7 所示。

图 23-7

在弹出的【选择数据源】对话框中取消选中【图例项(系列)】下的【月份】复选框→单击【确定】按钮，如图 23-8 所示。

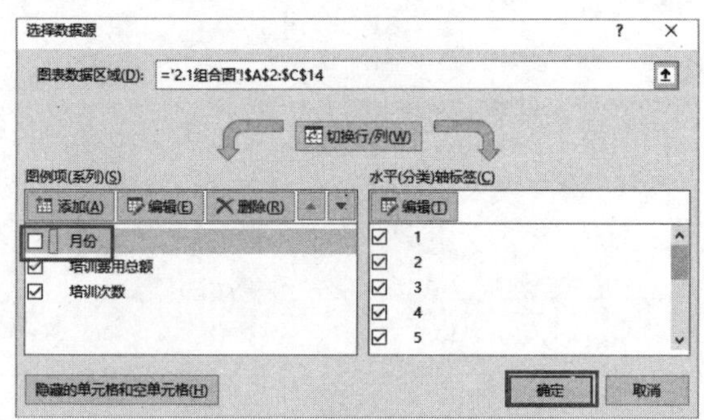

图 23-8

如图 23-9 所示，“月份”图例就不见了。

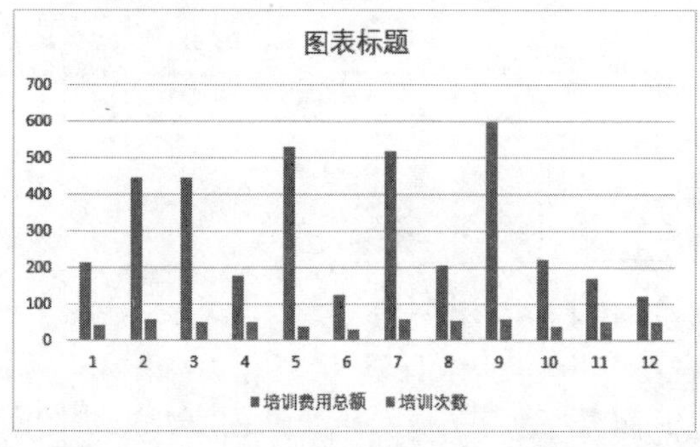

图 23-9

（4）修改图表类型。

如图 23-9 所示，“培训费用总额”和“培训次数”的数据差距很大，并且不是同一单位，将二者放置于同一柱形图中并没有比较的价值。所以，当两类不同单位、数值差异大的数据出现在同一图表中时，需要启用次坐标轴，利用组合图将毫无关联的两类图表表现在一张图表中，让不同数据在不同维度下显示。

首先选中图表→选择【设计】选项卡→单击【更改图表类型】按钮，如图 23-10 所示。

图 23-10

在弹出的【更改图表类型】对话框中可以看到当前图表类型为“簇状柱形图”，如图 23-11 所示。

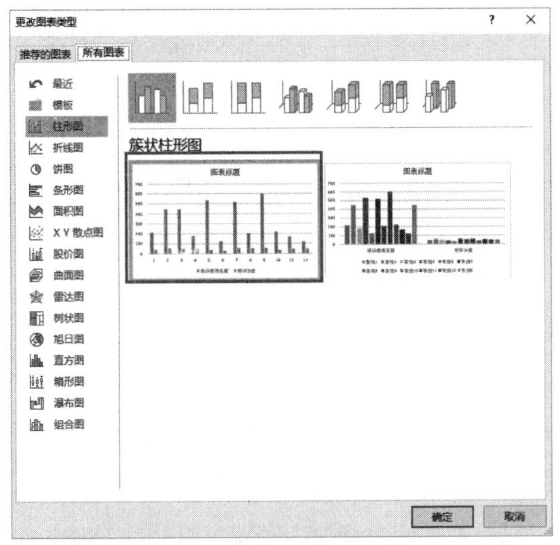

图 23-11

接下来将它的图表类型修改为组合图。选择【组合图】选项→选中【培训次数】复选框→单击【确定】按钮，如图 23-12 所示。

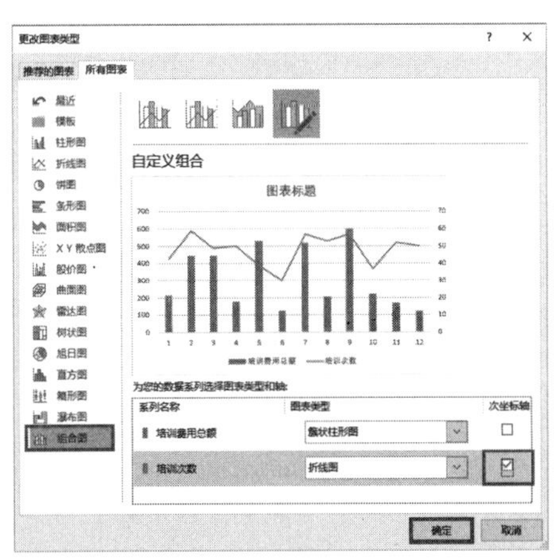

图 23-12

如图 23-13 所示，原来的柱形图就变为组合图了。

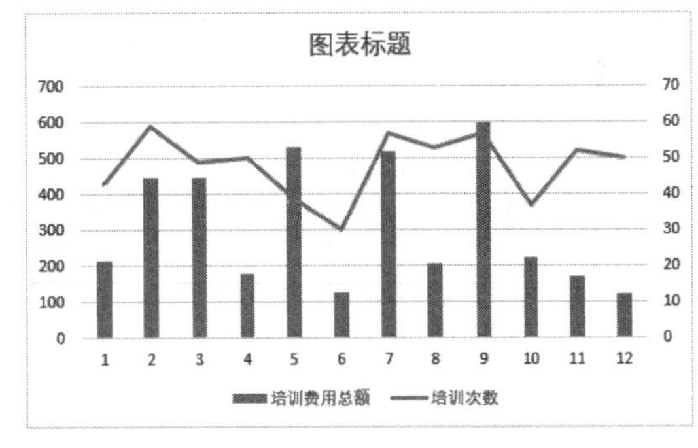

图 23-13

在图表中可以选中折线，在左侧的数据表中可以显示出它对应的数据区域。同理，也可以查看柱形图对应的数据区域。通常使用折线图来表现数据间的变化趋势。这里通过折线图来表现培训次数的浮动情况，6 月份培训次数最少，2 月份培训次数最多，如图 23-14 所示。

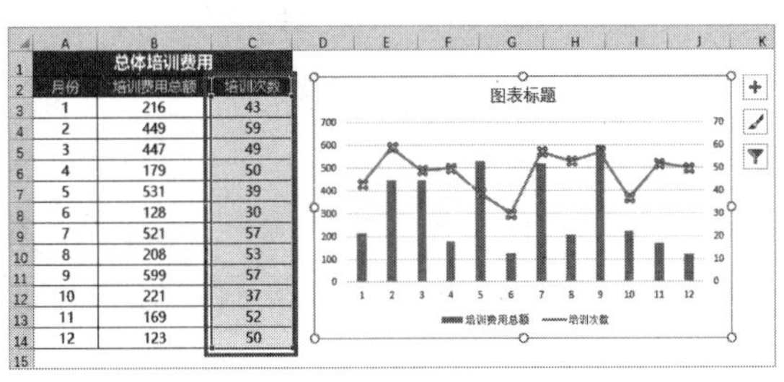

总体培训费用		
月份	培训费用总额	培训次数
1	216	43
2	449	59
3	447	49
4	179	50
5	531	39
6	128	30
7	521	57
8	208	53
9	599	57
10	221	37
11	169	52
12	123	50

图 23-14

23.2 环比组合图

接下来利用组合图制作图23-15所示的图表。

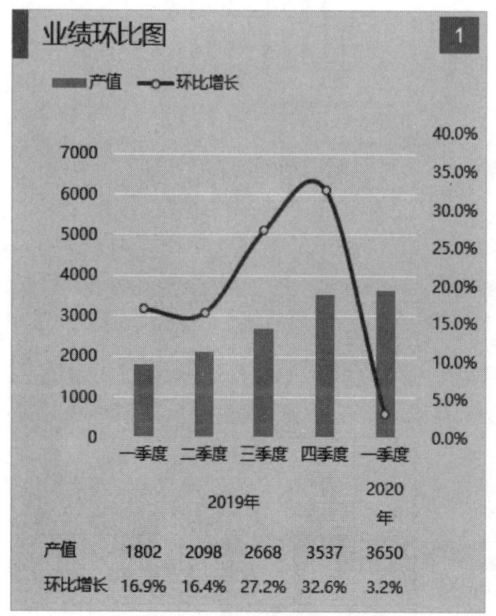

图 23-15

(1)准备作图数据源。

在“2.2组合图-尾注”工作表中，根据表格数据创建图表，如图23-16 所示。

业绩环比图			
年份	季度	产值	环比增长
2019年	一季度	1802	16.9%
	二季度	2098	16.4%
	三季度	2668	27.2%
	四季度	3537	32.6%
2020年	一季度	3650	3.2%

图 23-16

(2)插入图表。

选中【A2:D7】单元格区域→选择【插入】选项卡→单击【插入柱形图或条形图】按钮→选择【簇状柱形图】选项，如图23-17所示。

图 23-17

如图23-18所示，柱形图和“环比增长”之间并无关联，而且数据差距比较大，无法将“环比增长”数据清晰地表现出来。

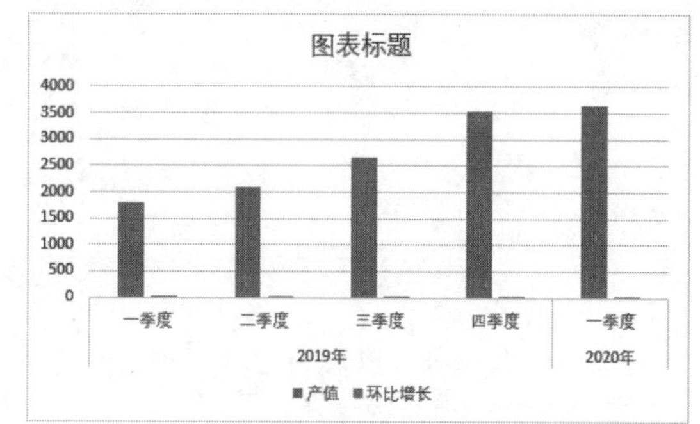

图 23-18

(3)修改图表类型。

选中图表→选择【设计】选项卡→单击【更改图表类型】按钮，如图23-19所示。

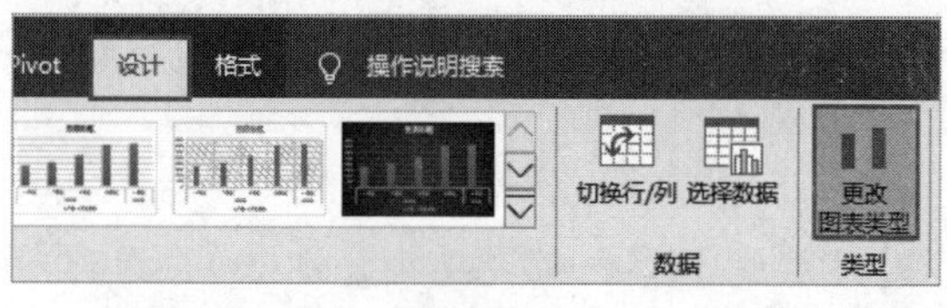

图 23-19

在弹出的【更改图表类型】对话框中选择【组合图】选项→选中“环比增长”对应的【次坐标轴】复选框→单击“环比增长”对应的【图表类型】按钮→选择【带数据标记的折线图】选项→单击【确定】按钮，如图23-20所示。

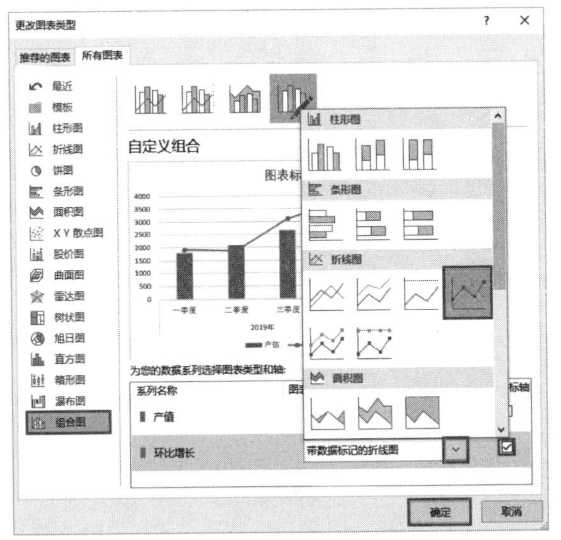

图 23-20

如图 23-21 所示，组合图就完成了。

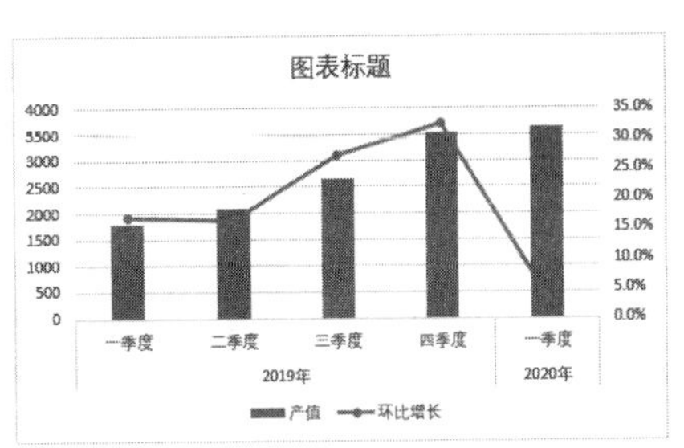

图 23-21

（4）设置图表元素。

接下来根据前文介绍的图表元素对各个元素进行设置。首先双击图表标题，修改内容为“业绩环比图”，如图 23-22 所示。

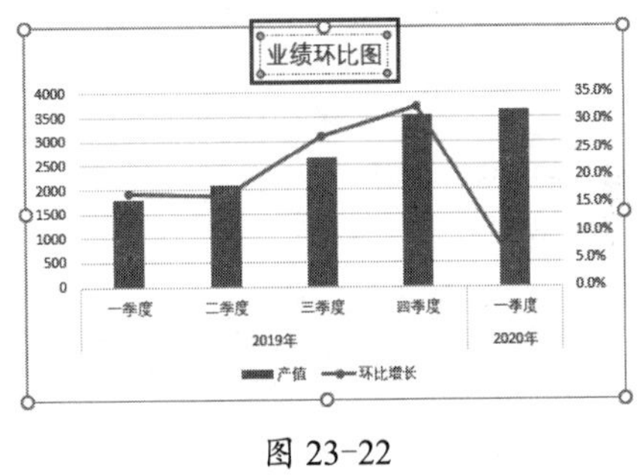

图 23-22

然后选中图例→在右侧的【设置图例格式】任务窗格中对图例进行美化设置，如图 23-23 所示。

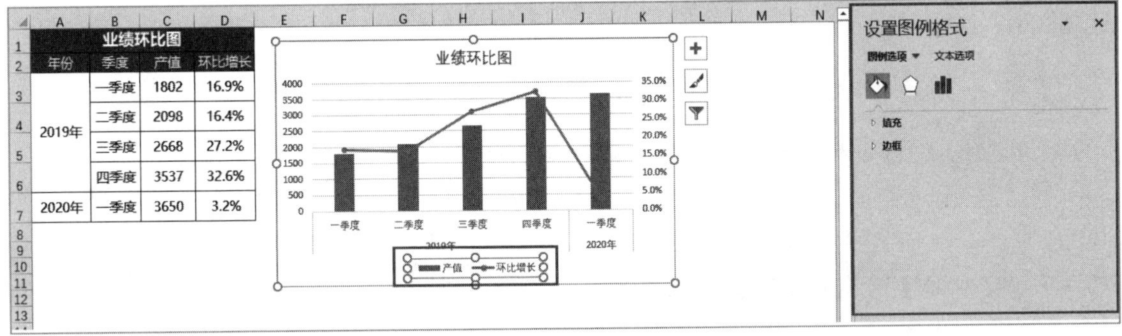

业绩环比图			
年份	季度	产值	环比增长
2019年	一季度	1802	16.9%
	二季度	2098	16.4%
	三季度	2668	27.2%
	四季度	3537	32.6%
2020年	一季度	3650	3.2%

图 23-23

还可以对轴标签进行设置。双击轴标签，在右侧的【设置坐标轴格式】任务窗格中对其进行设置，如图 23-24 所示。

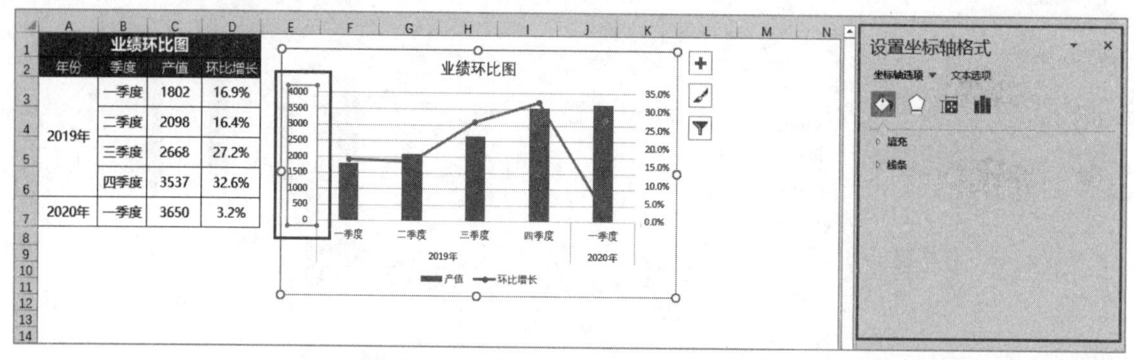

图 23-24

单击【坐标轴选项】按钮→在【坐标轴选项】中将【最大值】设置为“8000”，如图 23-25 所示。图表会相应地发生变化，柱形相对于折线向下平移。

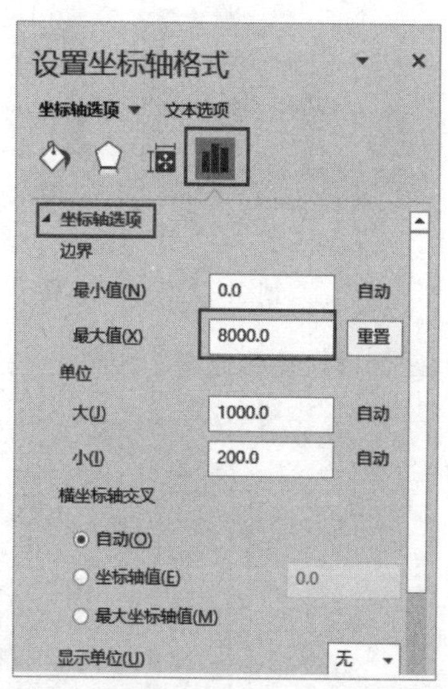

图 23-25

温馨提示

通过调整坐标轴的边界最值，可以将图表进行一些改变。

接下来按 <Alt> 键移动图表的位置和大小，将图表与单元格的边框对齐，使之看起来更整齐，如图 23-26 所示。

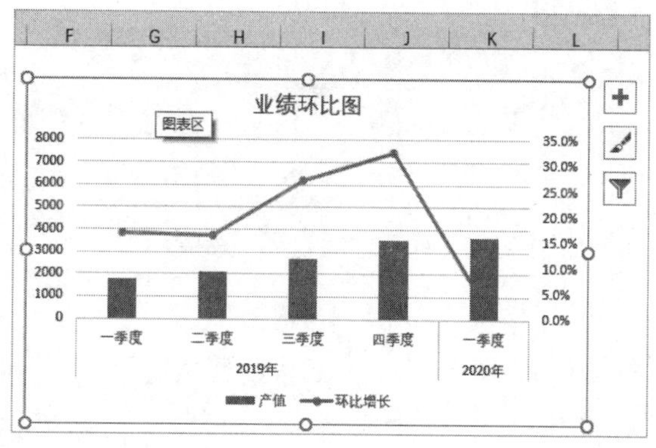

图 23-26

（5）图表美化。

接下来对图表进行配色，开始制作图表时，对图表的美化设计可能没有思路，笔者建议先模仿再超越。图 23-27 所示为《经济学人》杂志中的图表图片，我们可以模仿此图片美化图表。

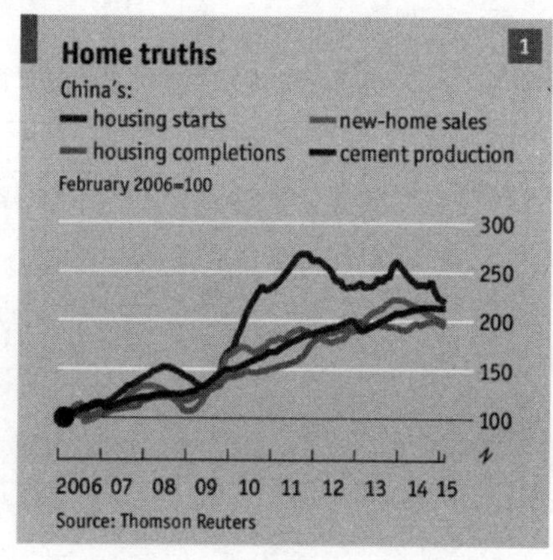

图 23-27

温馨提示

如果想要借鉴《经济学人》杂志中的其他图表图片，可以在搜索引擎中搜索“经济学人 图表”。

可以在工作表中将模板图片和做好的图表放在一起进行比较学习，如图 23-28 所示。

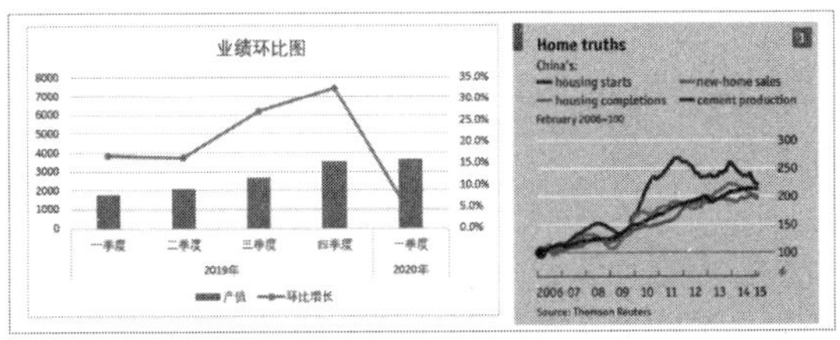

图 23-28

首先对图表的背景颜色进行修改。选中图表→选择【开始】选项卡→单击【填充颜色】按钮→选择一个比较相近的颜色，如图 23-29 所示。

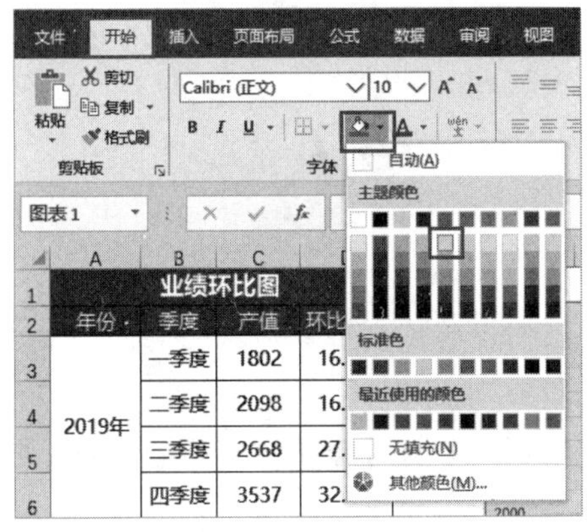

图 23-29

然后设置字体为“微软雅黑”。选中图表→选择【开始】选项卡→单击【字体】列表框右侧的下拉按钮→选择【微软雅黑】选项，如图 23-30 所示。

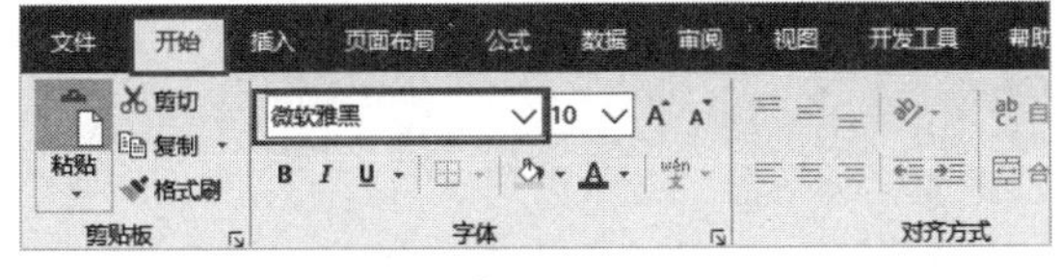

图 23-30

接下来对照图片调整各个部分的位置，设置各个元素的样式。

首先模仿图片中左上角的红色小方块，在图表中制作一个类似样式的方块，如图 23-31 所示。

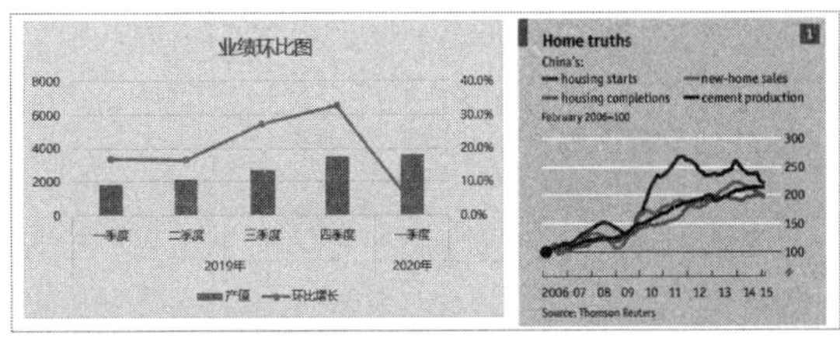

图 23-31

选择【插入】选项卡→单击【形状】按钮→选择【矩形】选项，如图 23-32 所示。

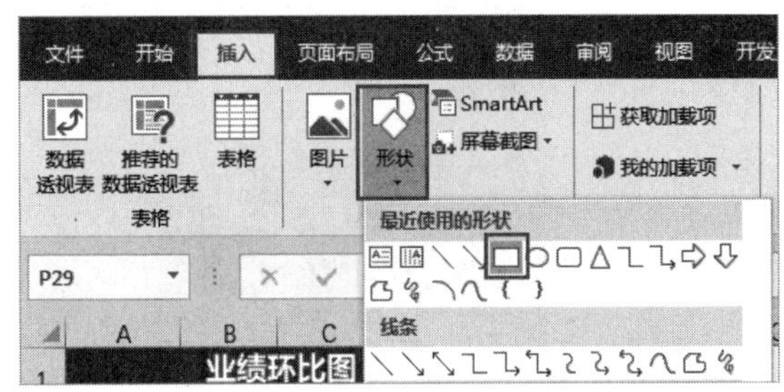

图 23-32

然后将光标移动到图表左上角的位置，当光标变为十字句柄时，拖曳鼠标绘制矩形，如图 23-33 所示。

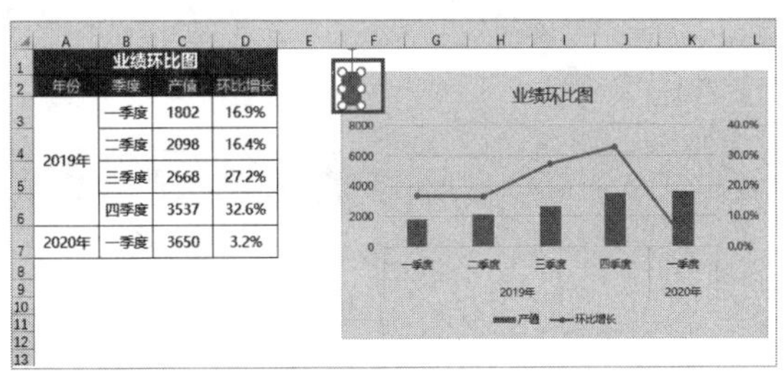

图 23-33

接着修改矩形填充颜色。选中矩形→选择【格式】选项卡→单击【形状填充】按钮→选择“红色”，如图 23-34 所示。

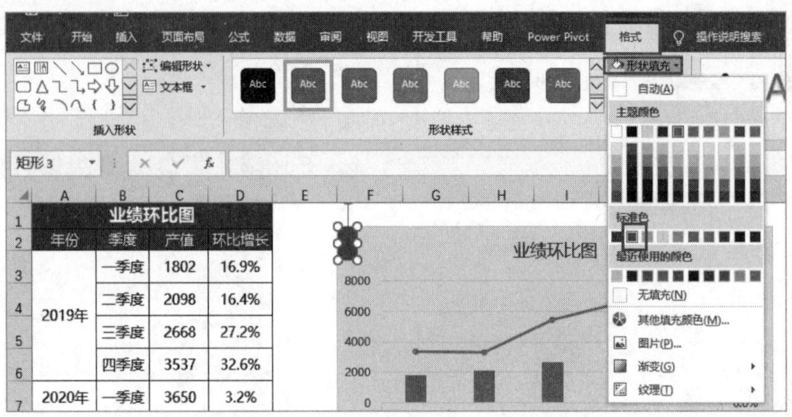

图 23-34

修改矩形边框颜色。选择【格式】选项卡→单击【形状轮廓】按钮→选择【无轮廓】选项，如图 23-35 所示。

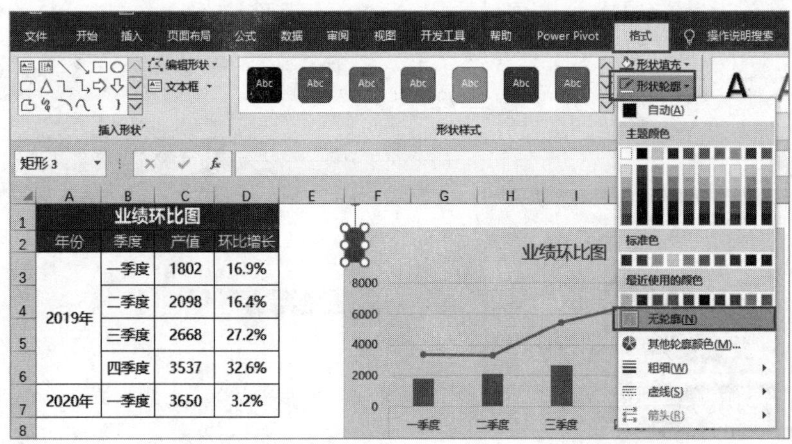

图 23-35

调整网格线颜色。选中网格线并右击→在弹出的快捷菜单中选择【设置网格线格式】选项，如图 23-36 所示。

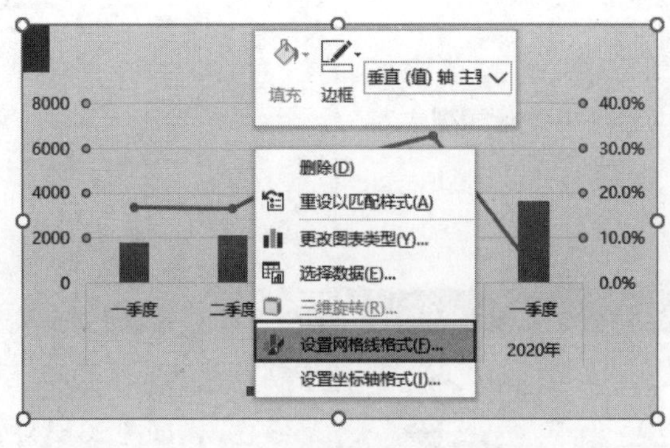

图 23-36

在弹出的【设置主要网格线格式】任务窗格中选择【线条】选项→单击【颜色】按钮→选择“白色”，如图 23-37 所示。

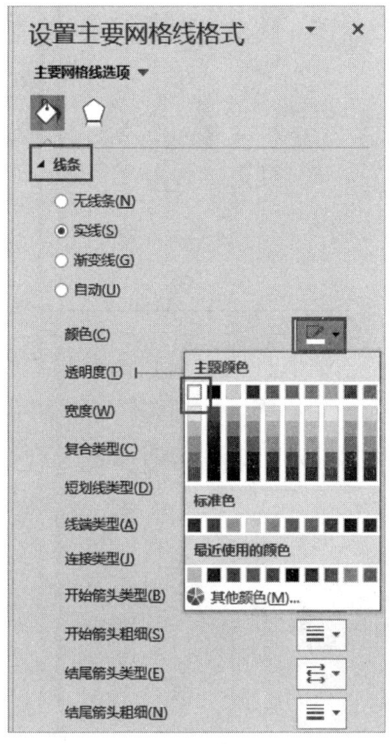

图 23-37

如图 23-38 所示，修改好之后，两张图表就更相似了。

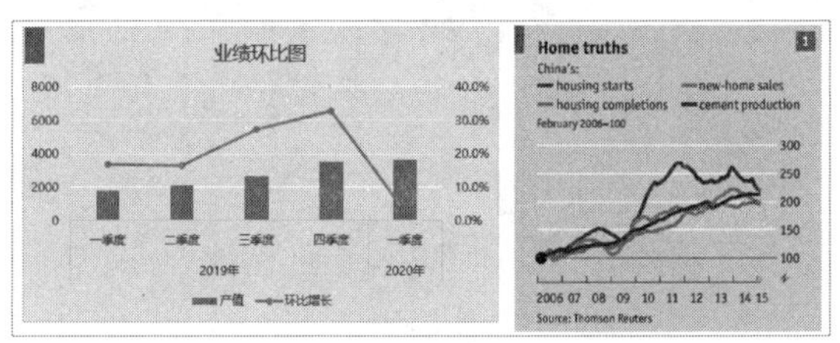

图 23-38

接着调整柱形图的颜色。选中柱形→在【设置数据系列格式】任务窗格中单击【填充与线条】按钮→选择【填充】选项→单击【颜色】按钮→选择“蓝色”，如图 23-39 所示。

图 23-39

继续调整图表的颜色。选中折线→在【设置数据系列格式】任务窗格中单击【填充与线条】按钮→选择【线条】选项→单击【颜色】按钮→选择“红棕色”，如图 23-40 所示。

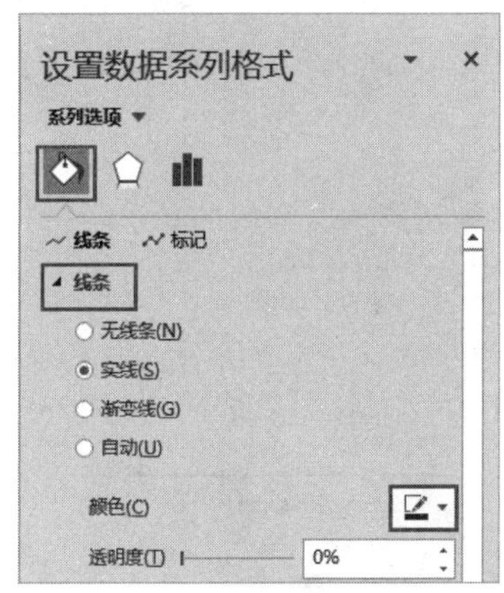

图 23-40

修改标记点颜色。选中标记点→在【设置数据系列格式】任务窗格中单击【填充与线条】按钮→选择【标记】选项→单击【颜色】按钮→选择“红棕色”，如图 23-41 所示。

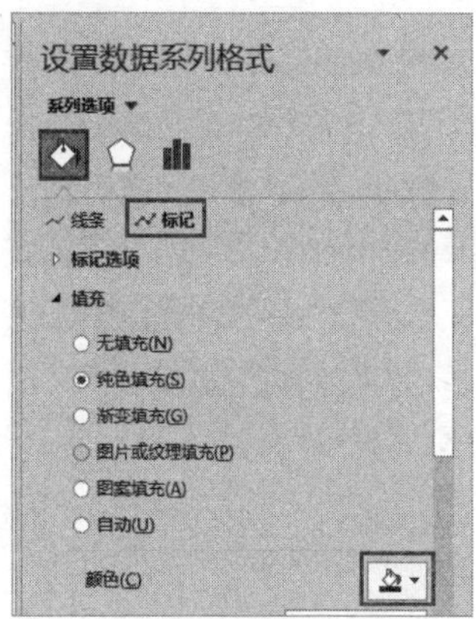

图 23-41

如图 23-42 所示，图表就美化完成了。

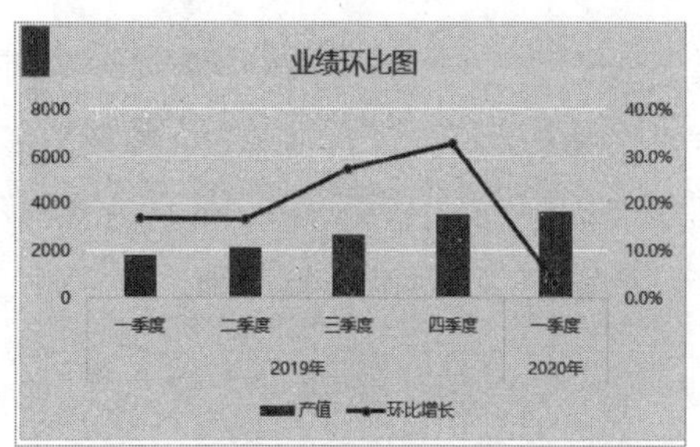

图 23-42

接下来利用前文介绍的知识，将折线图修改为平滑曲线。选中折线→在【设置数据系列格式】任务窗格中单击【填充与线条】按钮→选中【线条】下的【平滑线】复选框，如图 23-43 所示。

图 23-43

如图 23-44 所示，得到了一条平滑的曲线。

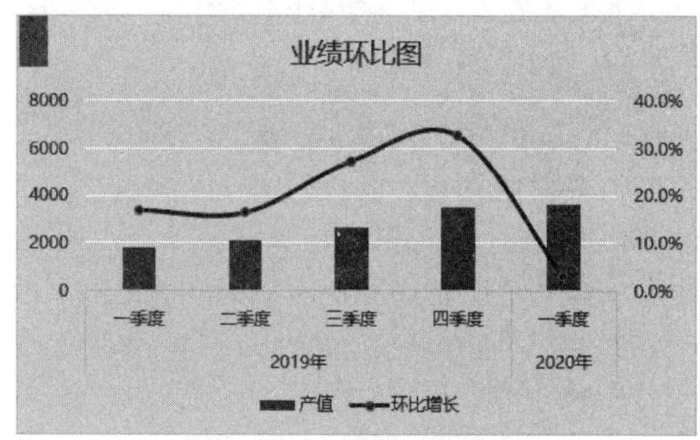

图 23-44

此时，图表样式与模板图片相差不远了。最后补充一些小细节，如数据来源，可以通过插入文本框的方法进行添加，如图 23-45 所示。

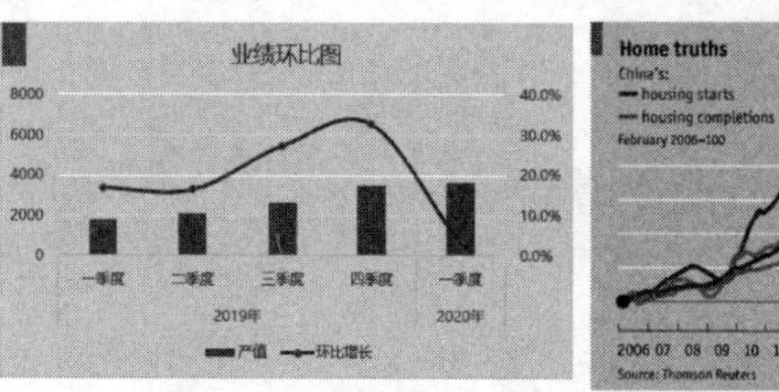

图 23-45

选择【插入】选项卡→单击【形状】按钮→选择【文本框】选项，如图 23-46 所示。

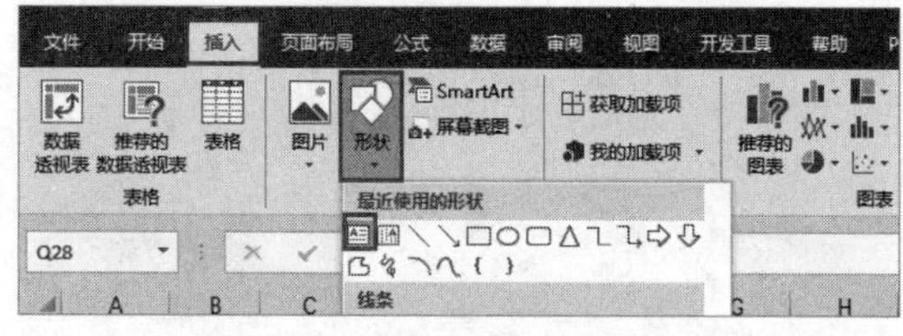

图 23-46

拖曳鼠标绘制文本框→在文本框中输入“1”，如图 23-47 所示。

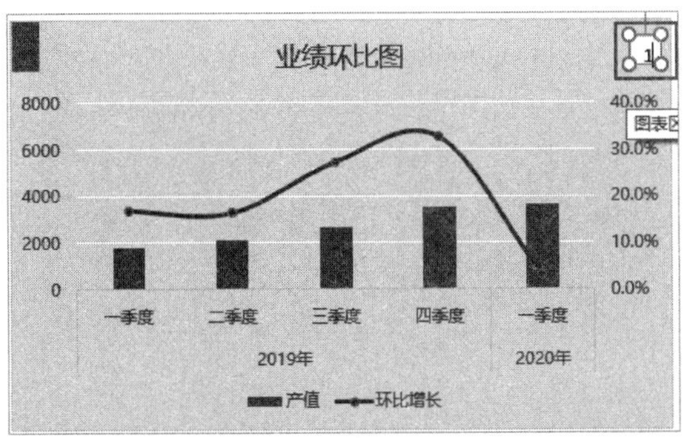

图 23-47

设置文本框填充颜色。选中文本框→选择【开始】选项卡→单击【填充颜色】按钮→选择一个与模板图片相似的“蓝色”，如图 23-48 所示。

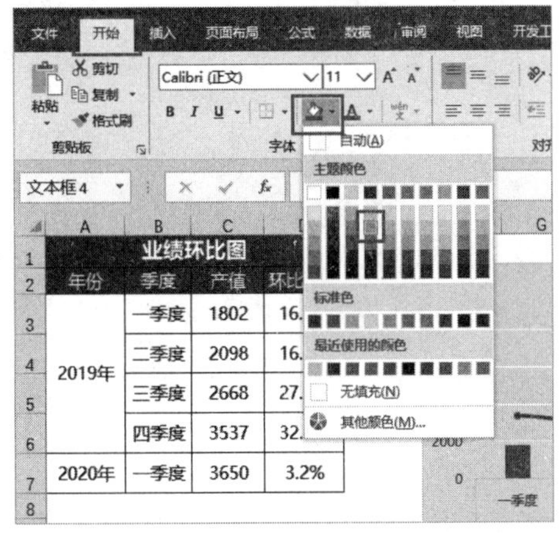

图 23-48

调整字体颜色。选中文本框中的文本→选择【开始】选项卡→单击【字体颜色】按钮→选择“白色”，如图 23-49 所示。

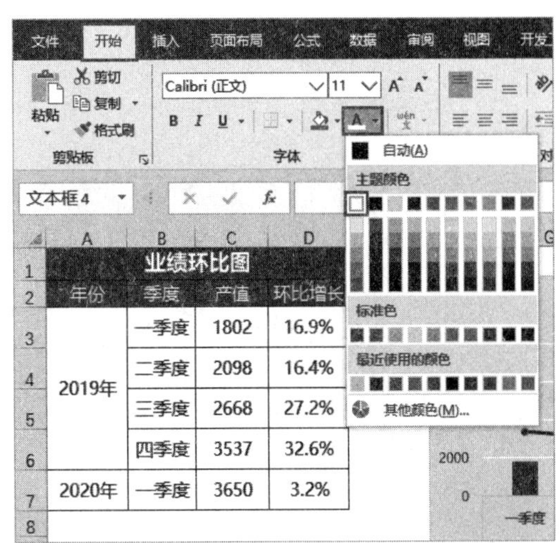

图 23-49

调整文本对齐方式。选中文本框→选择【开始】选项卡→单击【水平居中】和【垂直居中】按钮，如图 23-50 所示。

图 23-50

插入形状或文本框等图标时，如左上角的红色小方块和右上角的文本框，都需要先选中整张图表，当图表周围出现小圆点时再插入，这样新插入的图标与整张图表就是一个整体，当移动图表时图标也会一同移动。否则，图标与图表各自为一个独立的个体，无法整体移动。

至此，已经对目标图表进行了模仿美化，这就是基础的图表美化。接下来再看一看除组合图外其他的图表类型。

23.3 温度计图

图 23-51 所示是前后叠放的柱形图，这样的图表就是温度计图。

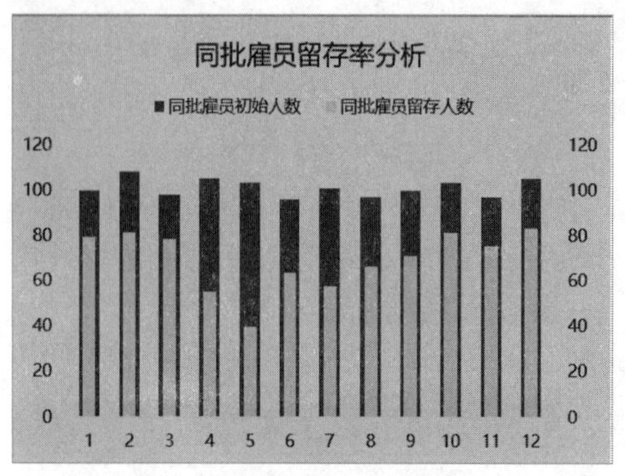

图 23-51

温度计图主要有3种对比作用：（1）实际与目标对比；（2）今年与去年对比；（3）成本与收入对比。

温度计图的创建与前文介绍的组合图相似，都是利用启用次坐标轴更改图表类型的方式完成的。接下来就具体操作试试吧！

（1）创建温度计图。

在“2.3温度计图”工作表中，首先选中【A2:C14】单元格区域→选择【插入】选项卡→单击【插入柱形图或条形图】按钮→选择【簇状柱形图】选项，如图 23-52 所示。

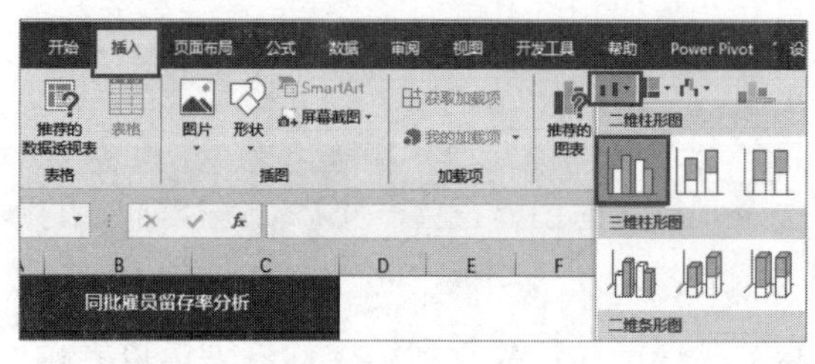

图 23-52

如图 23-53 所示，插入的柱形图中灰色柱子与橙色柱子是左右摆放的，并且“月份”数据显示在图表中的问题再次出现。

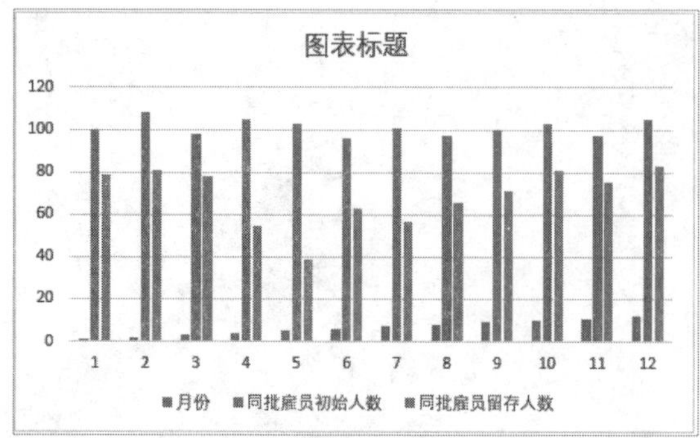

图 23-53

（2）修改数据区域。

选中图表→选择【设计】选项卡→单击【选择数据】按钮，如图 23-54 所示。

图 23-54

在弹出的【选择数据源】对话框中取消选中【图例项(系列)】下的【月份】复选框→单击【确定】按钮，如图 23-55 所示。

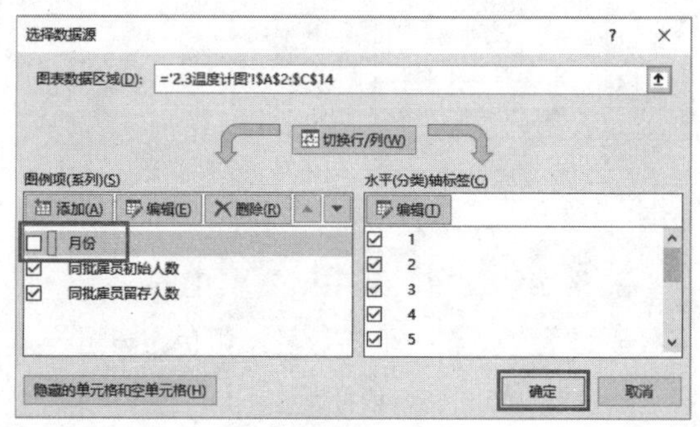

图 23-55

（3）修改图表类型。

选中图表→选择【设计】选项卡→单击【更改图表类型】按钮，如图 23-56 所示。

图 23-56

在弹出的【更改图表类型】对话框中选择【组合图】选项→单击"同批雇员留存人数"对应的【图表类型】按钮→选择【簇状柱形图】选项→选中"同批雇员留存人数"对应的【次坐标轴】复选框→单击【确定】按钮，如图 23-57 所示。

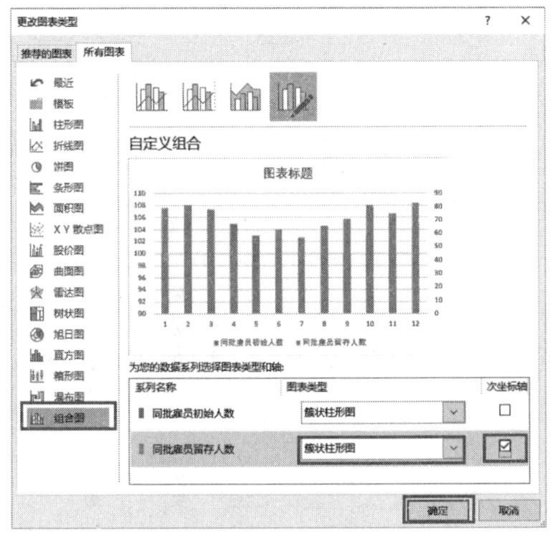

图 23-57

如图 23-58 所示，图表中的数据与表格中的数据看起来不太一样。例如，表格中"1 月份同批雇员留存人数"为"79"，而图表中约等于"108"。

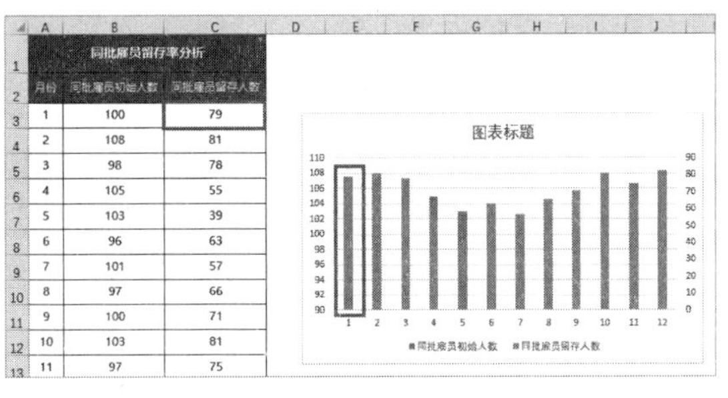

同批雇员留存率分析		
月份	同批雇员初始人数	同批雇员留存人数
1	100	79
2	108	81
3	98	78
4	105	55
5	103	39
6	96	63
7	101	57
8	97	66
9	100	71
10	103	81
11	97	75

图 23-58

这是因为将"同批雇员留存人数"设置为了"次坐标轴"，而主坐标轴与次坐标轴的刻度范围不一致，导致视觉效果不同。此时，需要将两组数据放在同一个衡量标准下，所以要将坐标轴范围调整为一致，如图 23-59 所示。

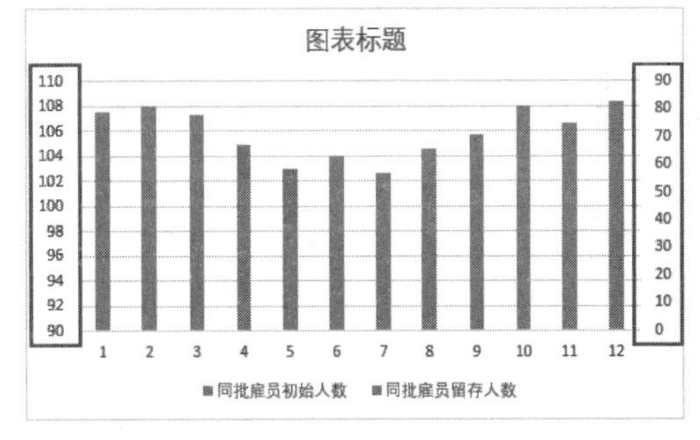

图 23-59

（4）设置坐标轴的刻度范围。

双击次坐标轴，在打开的【设置坐标轴格式】任务窗格中单击【坐标轴选项】按钮→在【坐标轴选项】中将【最大值】设置为"120"，如图 23-60 所示。

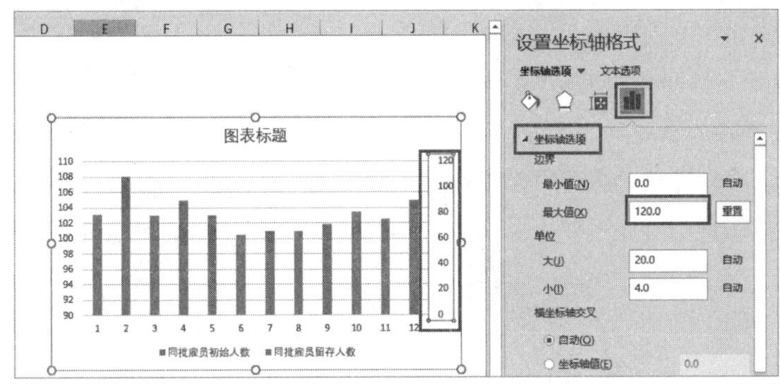

图 23-60

同理，选中主坐标轴→在【坐标轴选项】中将【最大值】设置为“120”，如图 23-61 所示。

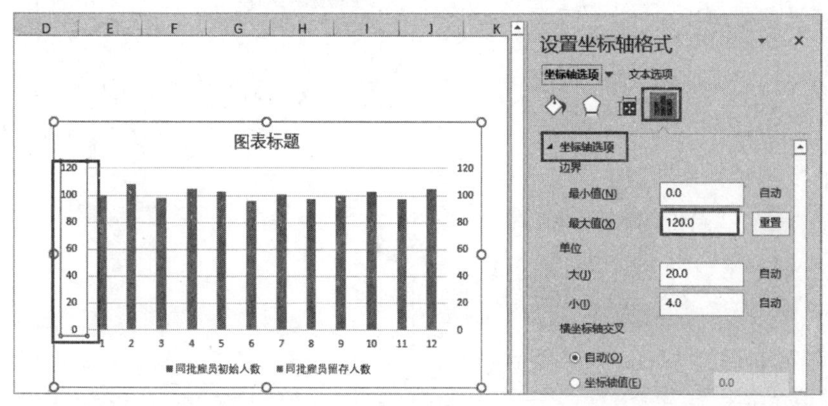

图 23-61

（5）美化图表。

接下来可以对柱子的宽窄进行调整，让两组数据的对比感更加强烈。

首先选中橙色柱子部分→在【设置数据系列格式】任务窗格的【系列选项】选项中，通过移动【间隙宽度】的小滑块调整柱形宽窄效果，如将【间隙宽度】调整为“97%”，如图 23-62 所示。

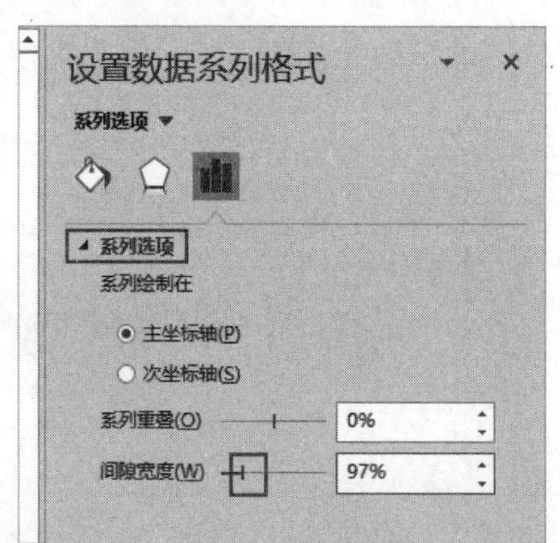

图 23-62

修改图表标题。将标题修改为“同批雇员留存率分析”，如图 23-63 所示。

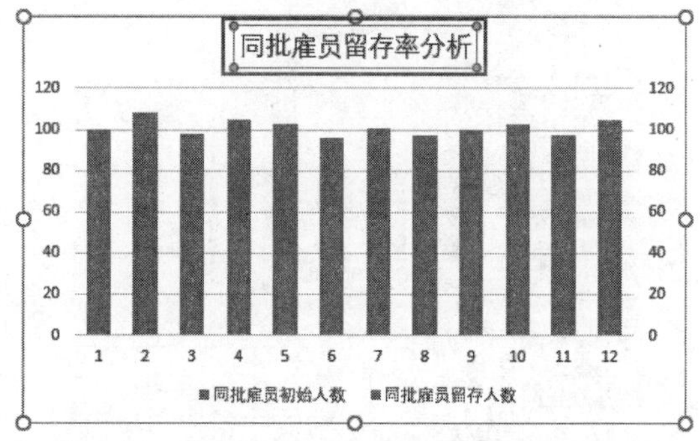

图 23-63

将字体修改为“微软雅黑”，使图表看起来更商务。选中图表→选择【开始】选项卡→单击【字体】列表框右侧的下拉按钮→选择【微软雅黑】选项，如图 23-64 所示。

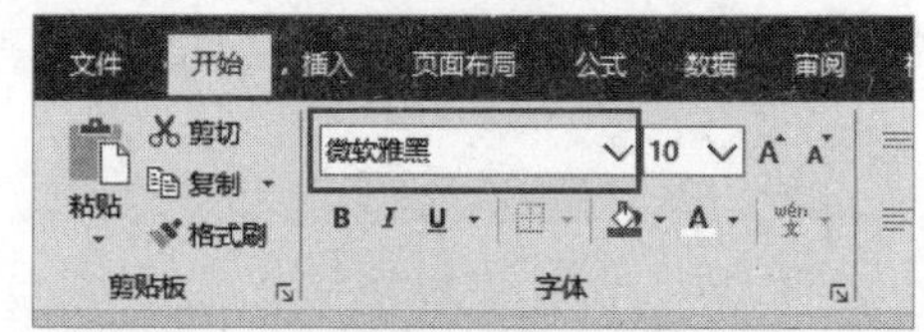

图 23-64

排版布局，调整各个部分的位置。选中图例→将其拖曳至顶端标题下，并拖曳柱形图图表绘图区域，将其向下移动，如图 23-65 所示。

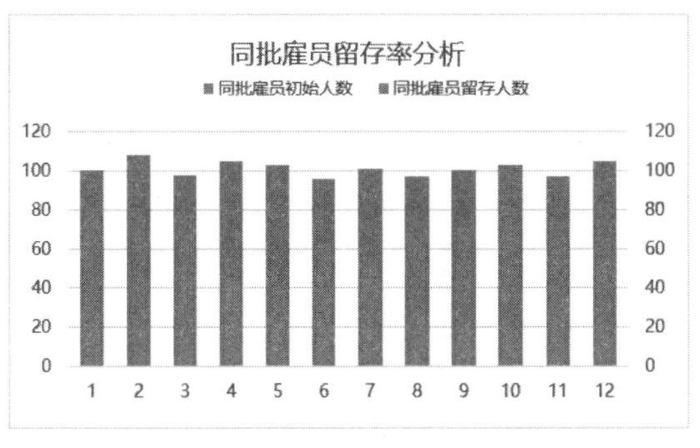

图 23-65

调整图表底色。选中图表→选择【开始】选项卡→单击【填充颜色】按钮→选择“蓝色”，如图 23-66 所示。

调整柱形区域的颜色。选中柱形→选择【设计】选项卡→单击【更改颜色】按钮→选择【彩色】中的“调色板 2”选项，如图 23-67 所示。

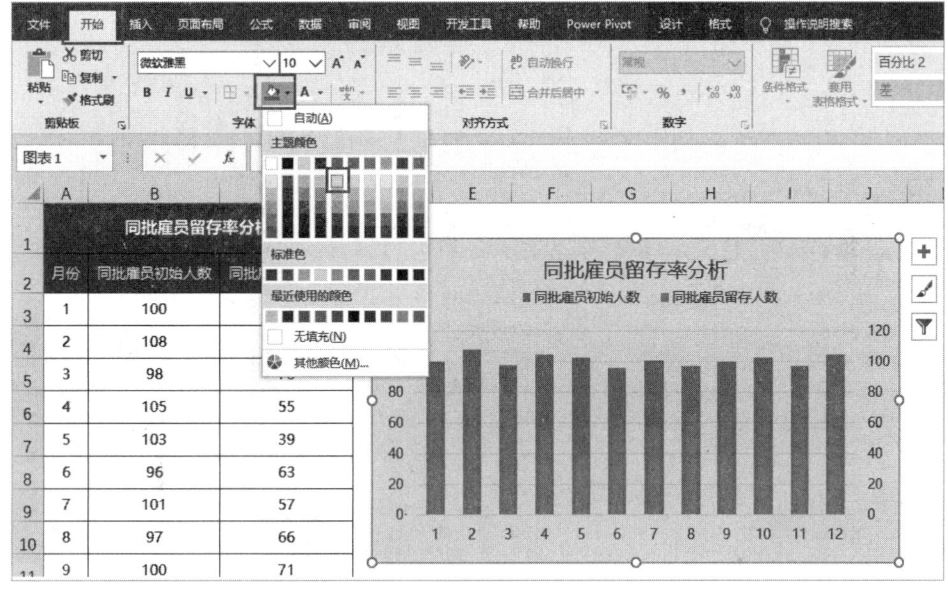

图 23-66

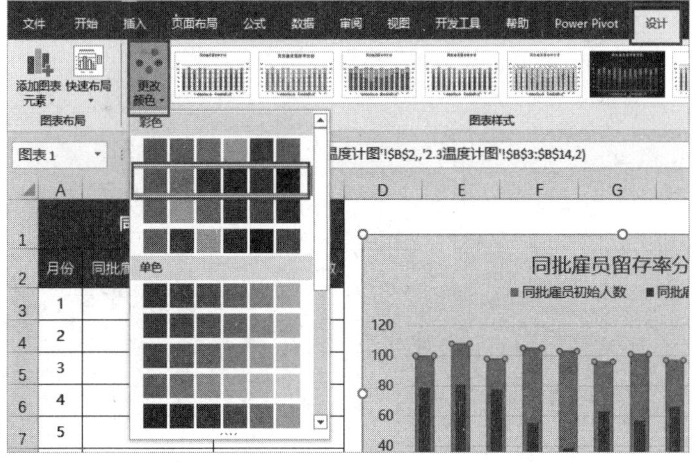

图 23-67

23.4 运用模板快速制作图表

前面已经完成了一张温度计图的制作，如图 23-68 所示，在看板中有许多张这样效果的温度计图表，那么是不是需要一张一张地从头开始创建呢？当然不需要，在 Excel 的世界中，很多东西都可以通过快捷的方法快速制作。

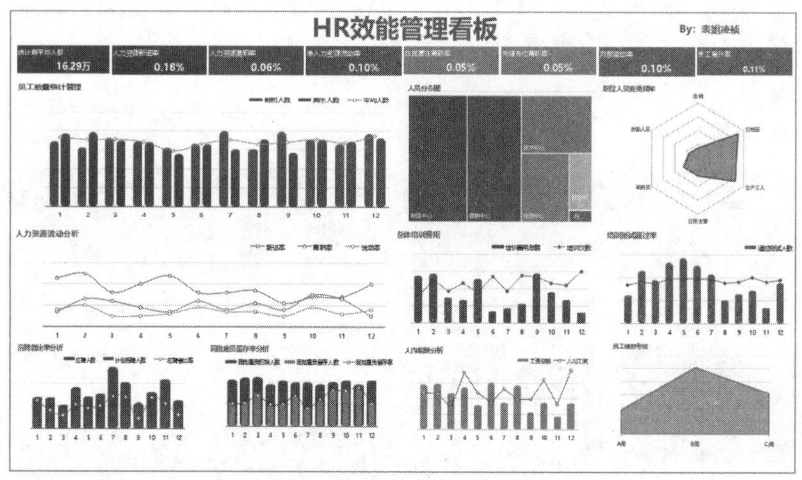

图 23-68

如图 23-69 所示，在“2.4 应用图表模板”工作表中，想要将前面制作的温度计图运用到其他表格数据中进行多角度数据分析。

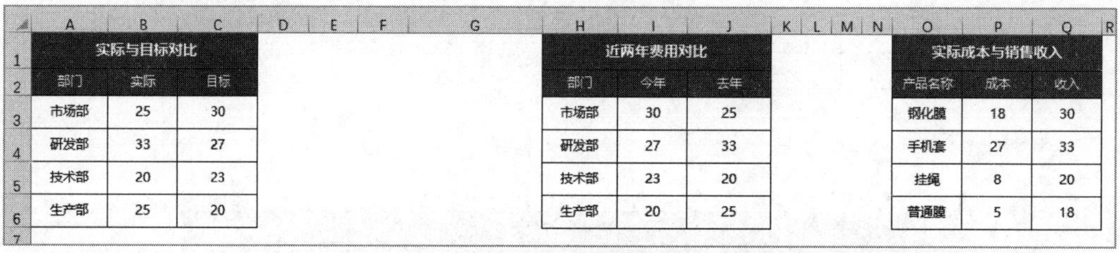

实际与目标对比		
部门	实际	目标
市场部	25	30
研发部	33	27
技术部	20	23
生产部	25	20

近两年费用对比		
部门	今年	去年
市场部	30	25
研发部	27	33
技术部	23	20
生产部	20	25

实际成本与销售收入		
产品名称	成本	收入
钢化膜	18	30
手机套	27	33
挂绳	8	20
普通膜	5	18

图 23-69

（1）保存模板。

首先选中“2.3 温度计图”工作表中制作完成的温度计图并右击→在弹出的快捷菜单中选择【另存为模板】选项，如图 23-70 所示。

在弹出的【保存图表模板】对话框中，打开另存为模板默认的存储路径→将【文件名】修改为“温度计图”→单击【保存】按钮，如图 23-71 所示。

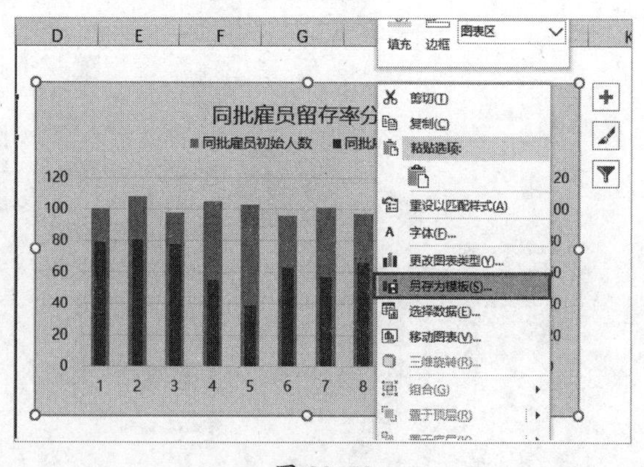

图 23-70

图 23-71

温馨提示

不要修改存储路径，否则 Excel 无法找到模板。

（2）快速制作温度计图表。

在“2.4 应用图表模板”工作表中，选中【A2:C6】单元格区域→选择【插入】选项卡→单击【插入柱形图或条形图】按钮→选择【更多柱形图】选项，如图 23-72 所示。

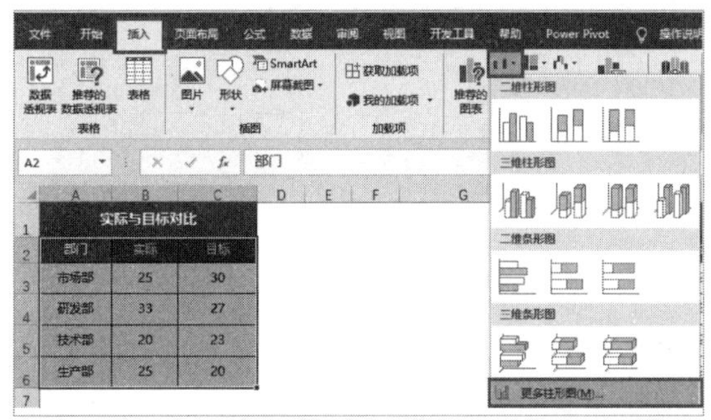

图 23-72

在弹出的【插入图表】对话框中选择【模板】选项→选中前面保存的“温度计图”模板→单击【确定】按钮，如图 23-73 所示。

如图 23-74 所示，得到与模板的形式和配色一致，但数据不同的新柱形图。

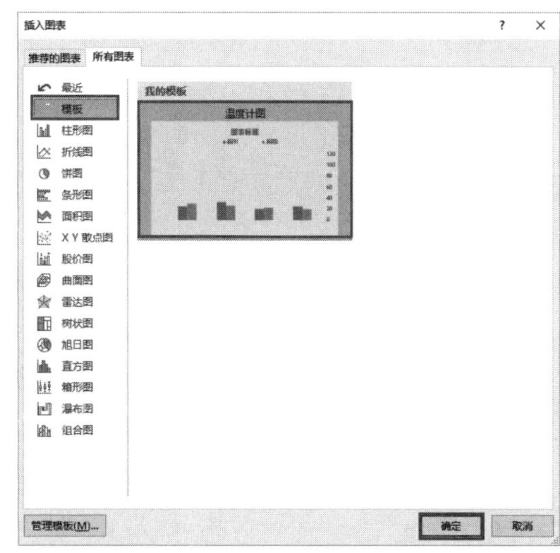

图 23-73

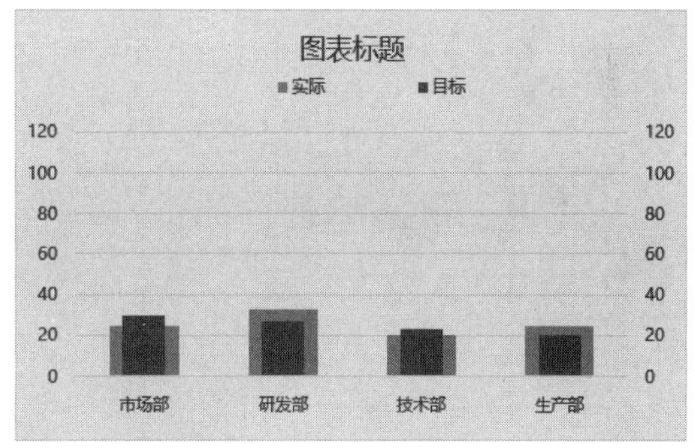

图 23-74

（3）美化图表。

最后将图表标题修改为“实际与目标对比”，并调整图表的大小和位置，如图 23-75 所示，就完成了新温度计图的制作。

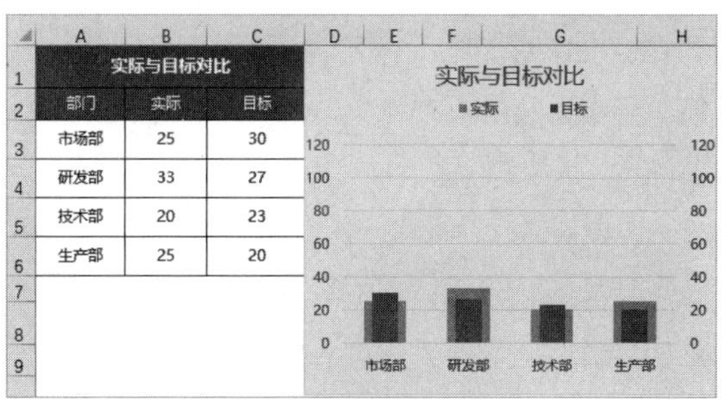

图 23-75

（4）设置坐标轴的刻度范围。

如图 23-75 所示，柱形图看起来比较小，图表区域上方的空白区域较大，可以通过调整坐标轴的边界来调整柱形高矮显示效果。

双击主坐标轴→在【设置坐标轴格式】任务窗格中单击【坐标轴选项】按钮→在【坐标轴选项】中将【最小值】设置为“0”→将【最大值】设置为“45”，如图 23-76 所示。

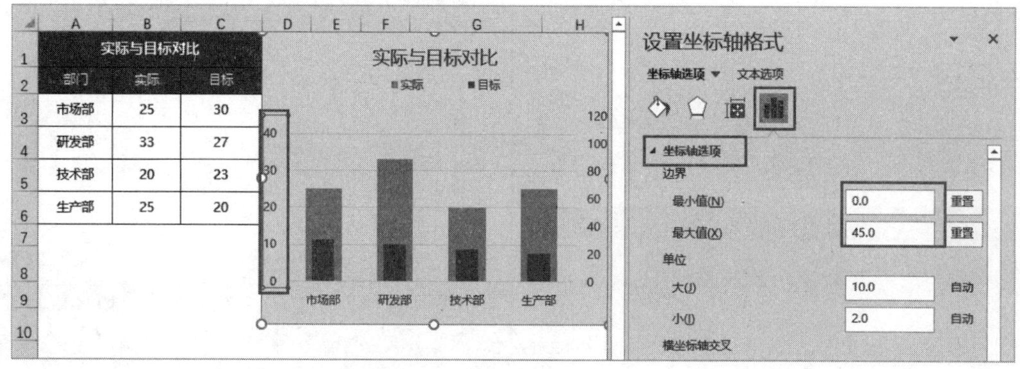

图 23-76

同理，将次坐标轴的刻度范围设置为“0~45”，如图 23-77 所示。

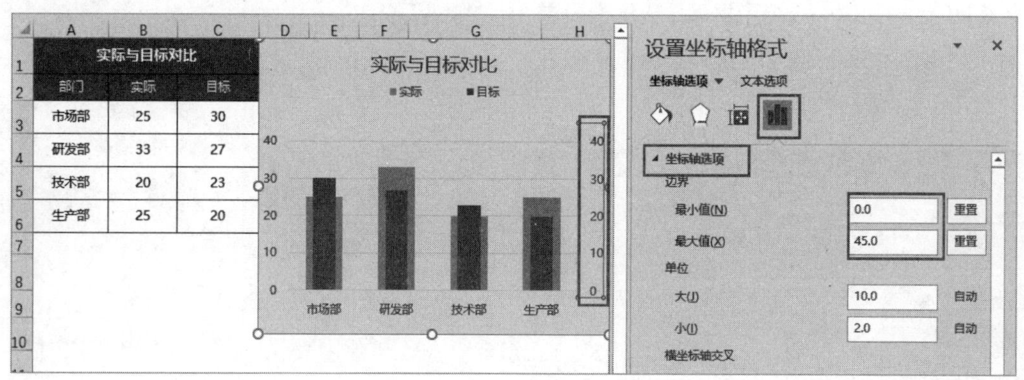

图 23-77

细心的读者会发现，图表中坐标轴的刻度并没有更新为“0~45”，而是显示为“0~40”，如图 23-77 所示。这是因为图表的长度不够。只需选中图表，通过拖曳的方式将图表拉长即可，如图 23-78 所示。

根据前文介绍的技巧，可以快速完成“近两年费用对比”和“实际成本与销售收入”温度计图的创建，赶快动手试一试吧！

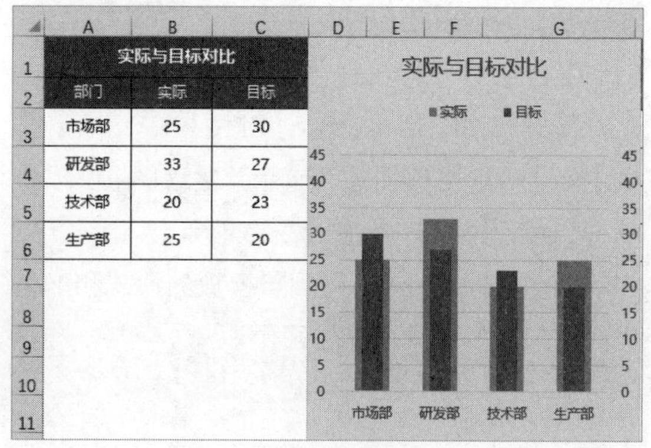

图 23-78

（1）保存模板。

首先选中“实际与目标对比”温度计图并右击→在弹出的快捷菜单中选择【另存为模板】选项，如图 23-79 所示。

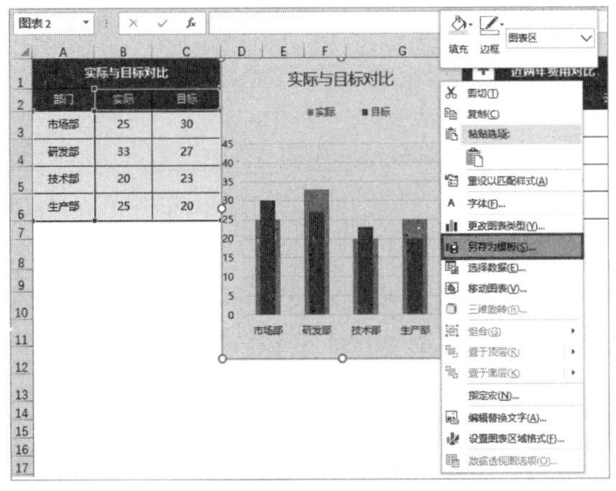

图 23-79

在弹出的【保存图表模板】对话框中，打开另存为模板默认的存储路径→将【文件名】修改为“温度计图 2”→单击【保存】按钮，如图 23-80 所示。

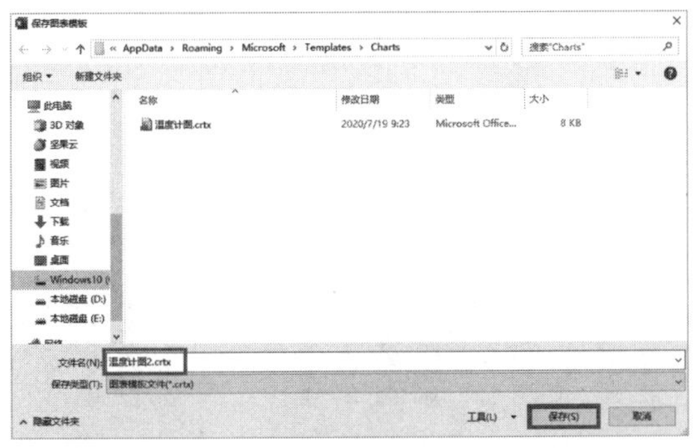

图 23-80

（2）创建温度计图。

选中【H2:J6】单元格区域→选择【插入】选项卡→单击【插入柱形图或条形图】按钮→选择【更多柱形图】选项，如图 23-81 所示。

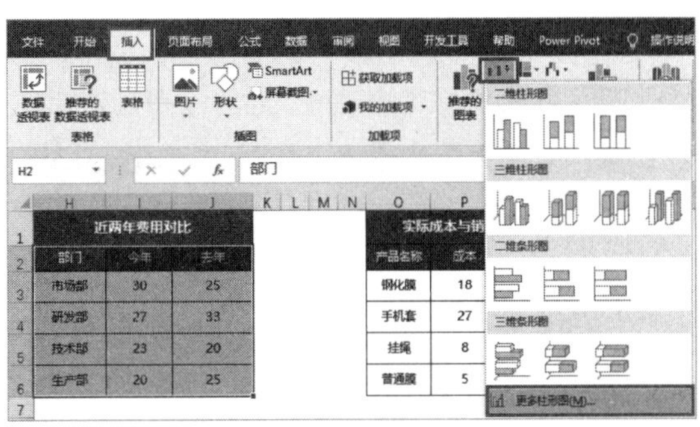

图 23-81

在弹出的【插入图表】对话框中选择【模板】选项→选中前面保存的“温度计图 2”模板→单击【确定】按钮，如图 23-82 所示。

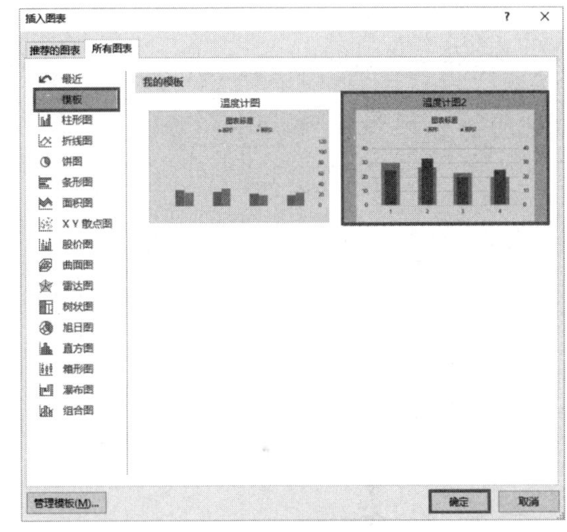

图 23-82

如图 23-83 所示，得到与模板的形式和配色一致，但数据不同的新柱形图。

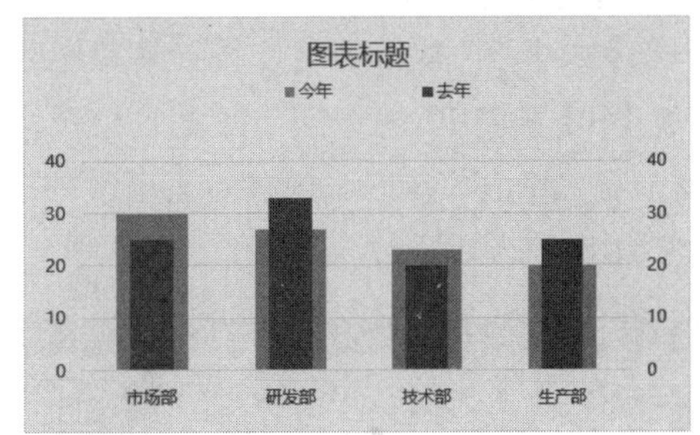

图 23-83

（3）美化图表。

最后将图表标题修改为“近两年费用对比”，并调整图表的大小和位置，如图 23-84 所示。

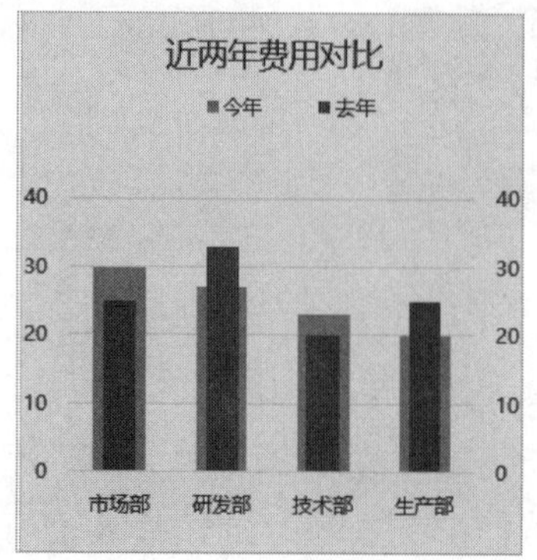

图 23-84

重复前文的步骤，制作出第三张“实际成本与销售收入”温度计图，如图 23-85 所示。

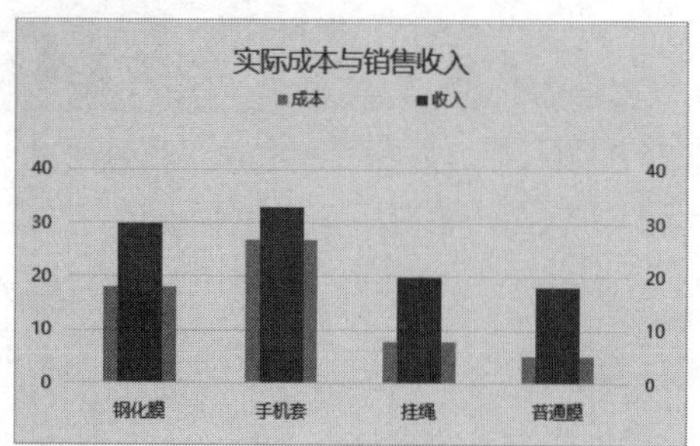

图 23-85

三张图表制作完成后，大小不一，看起来不美观。可以通过调整格式来统一。

（4）排版布局。

首先选中第一张图表→选择【格式】选项卡→在【大小】功能组中可以看到当前图表的【高度】和【宽度】尺寸，可以根据这个尺寸调整其他两张图表，使三张图表的大小统一，如图 23-86 所示。

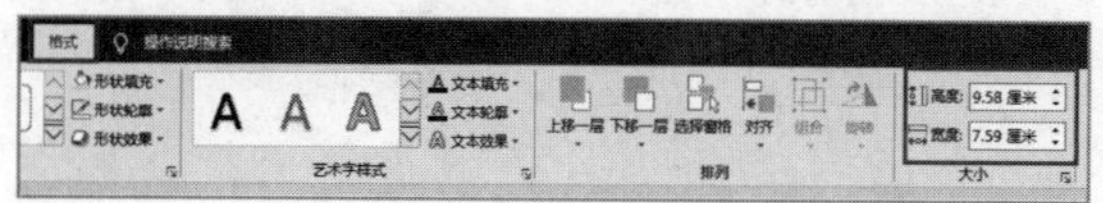

图 23-86

然后选中“近两年费用对比”图表→按 <Ctrl> 键选中“实际成本与销售收入”图表→选择【格式】选项卡→在【大小】功能组中根据第一张“实际与目标对比”图表的高度与宽度设置图表尺寸→按 <Enter> 键确认，如图 23-87 所示。

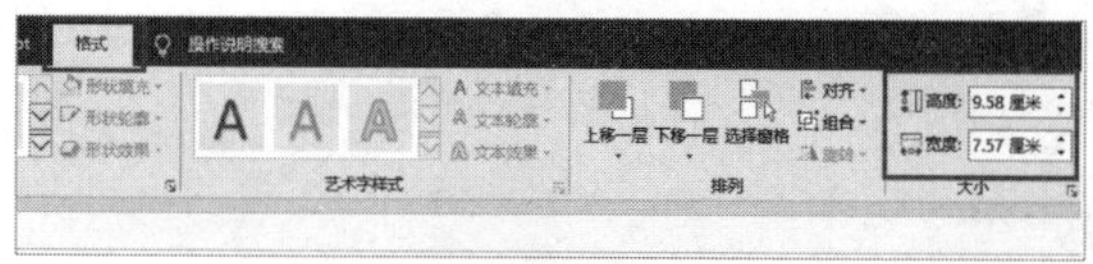

图 23-87

最后对齐图表。选中三张图表→选择【格式】选项卡→单击【对齐】按钮→选择【底端对齐】选项，如图 23-88 所示。

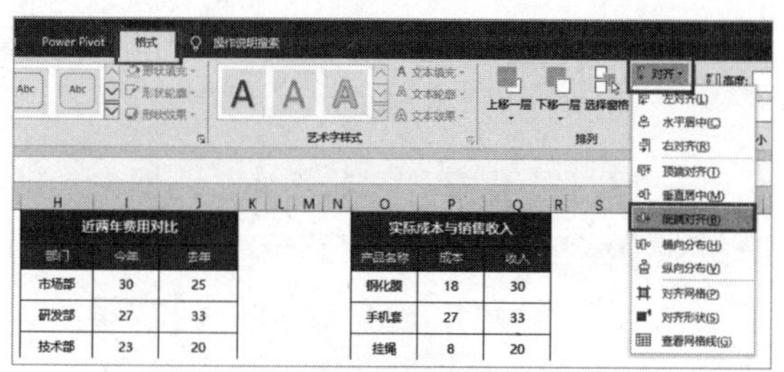

图 23-88

如图 23-89 所示，所有图表的大小统一，且都在同一条水平线上。

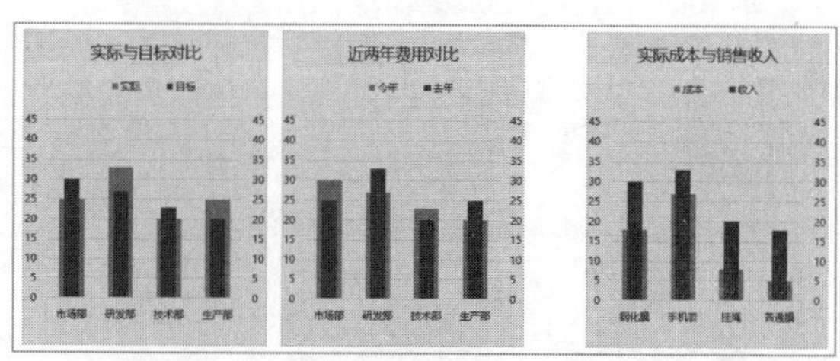

图 23-89

至此，已经完成三张温度计图的创建和美化。运用模板来创建图表是不是效率很高呢？

23.5 组合温度计图

在“KPI 数据”工作表中有一张“应聘者比率分析”图表，图表中除包含“应聘人数”和“计划招聘人数”两组数据外，还有一组“应聘者比率”数据，如图 23-90 所示。

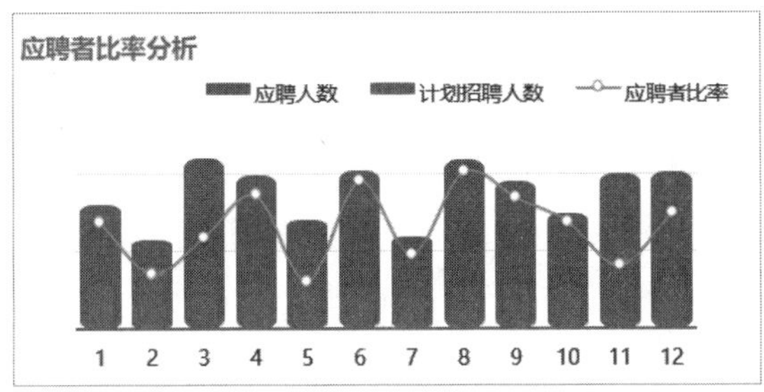

图 23-90

如图 23-91 所示，在左侧的数据源中可以看到“应聘者比率”是通过“应聘人数”/“计划招聘人数”得来的。

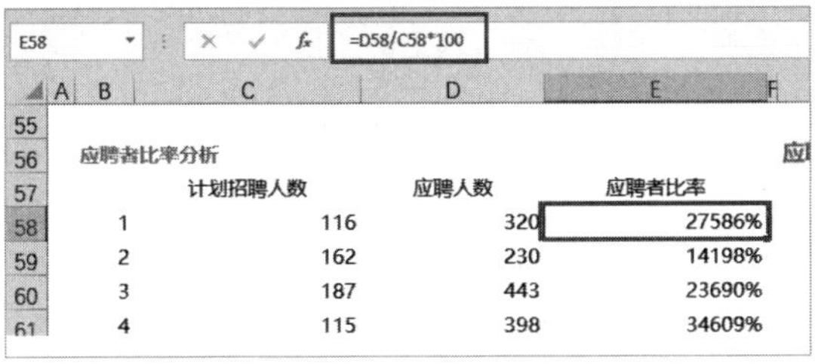

E58 =D58/C58*100

	A	B	C	D	E
55					
56		应聘者比率分析			
57			计划招聘人数	应聘人数	应聘者比率
58		1	116	320	27586%
59		2	162	230	14198%
60		3	187	443	23690%
61		4	115	398	34609%

图 23-91

接下来就在“2.5 温度计图变种”工作表中制作一张同样效果的温度计组合图表吧！

（1）插入图表。

选中【A2:D14】单元格区域→选择【插入】选项卡→单击【插入柱形图或条形图】按钮→选择【簇状柱形图】选项，如图 23-92 所示。

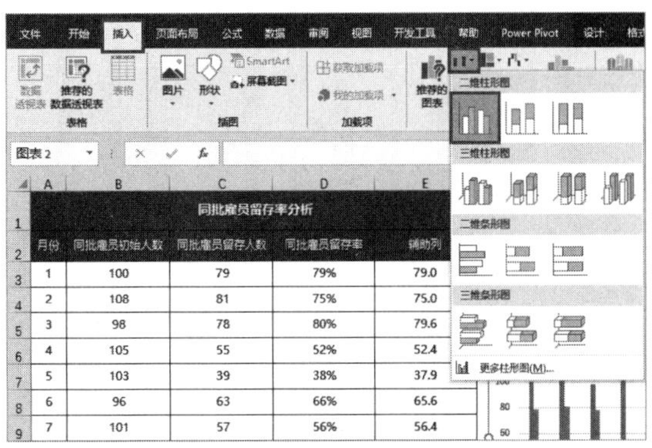

图 23-92

（2）修改数据区域。

选中图表→选择【设计】选项卡→单击【选择数据】按钮，如图 23-93 所示。

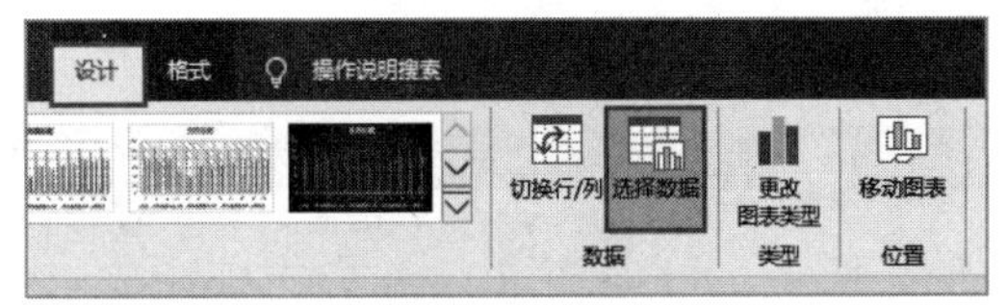

图 23-93

在弹出的【选择数据源】对话框中取消选中【图例项(系列)】下的【月份】复选框→单击【确定】按钮，如图 23-94 所示。

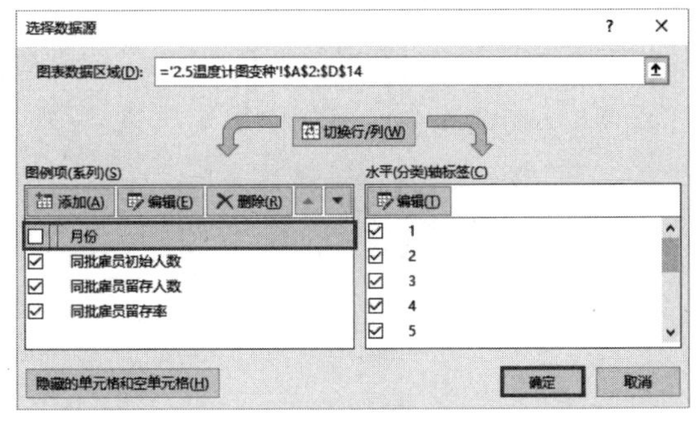

图 23-94

如图 23-95 所示，得到了一张与前面的制作效果差不多的柱形图。

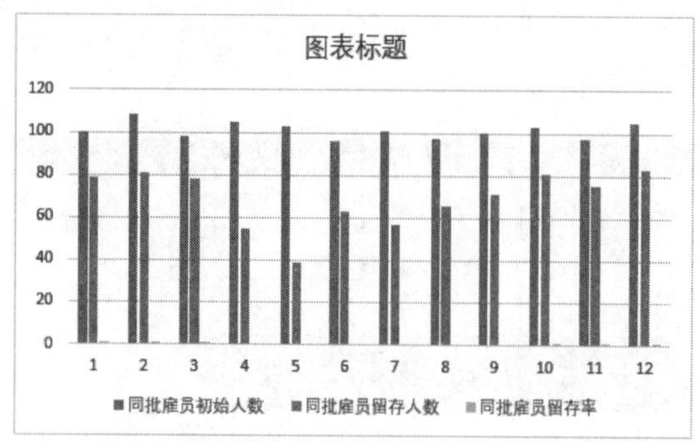

图 23-95

仔细观察可以发现，当前数据为三组，而启用次坐标轴方式只可以单独设置其中一张图表的衡量标准。

（3）修改图表类型。

首先将“同批雇员留存人数”设置为“次坐标轴”。选中柱形图→选择【设计】选项卡→单击【更改图表类型】按钮，如图 23-96 所示。

图 23-96

在【更改图表类型】对话框中选择【组合图】选项→选中“同批雇员留存人数”对应的【次坐标轴】复选框。如图 23-97 所示，在预览窗口可以看到当前设置好的图表效果，“同批雇员留存率”在图表中几乎无法显示出来，这时需要将“同批雇员留存率”修改为折线图。

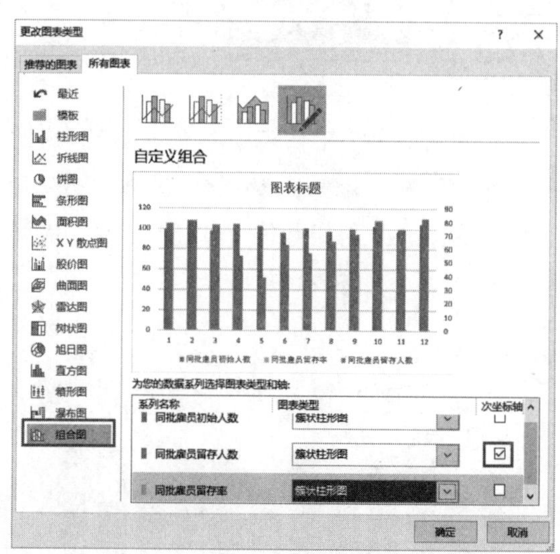

图 23-97

单击“同批雇员留存率”对应的【图表类型】按钮→选择【折线图】选项→单击【确定】按钮，如图 23-98 所示。

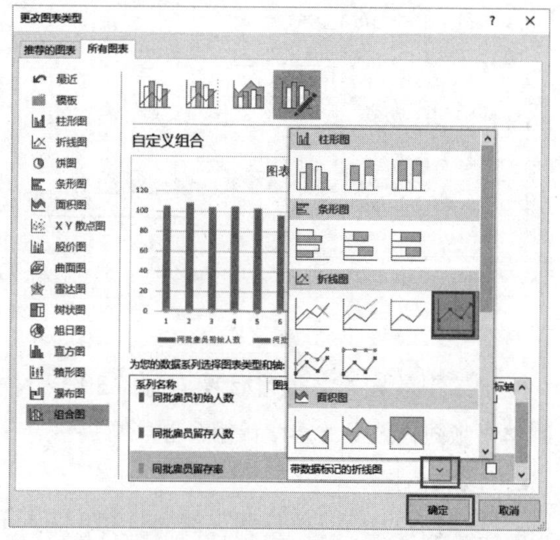

图 23-98

如图 23-99 所示，“同批雇员留存率”变成了一排效果，同样无法达到直观显示的目的。

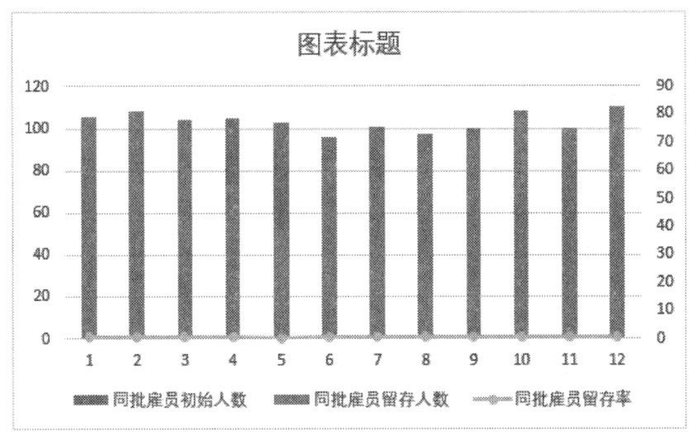

图 23-99

这是因为留存率的数值实在太小，与前面两组数据相比微不足道，从而默认为“0”了。但是，我们希望将这个留存率凸显出来，又该如何解决呢？

（4）修改折线图的数据区域。

首先选中折线→将光标移动到“同批雇员留存率”这一列的边框上，当光标变为四向箭头时，向右拖曳数据区域至【E】列，如图 23-100 所示。

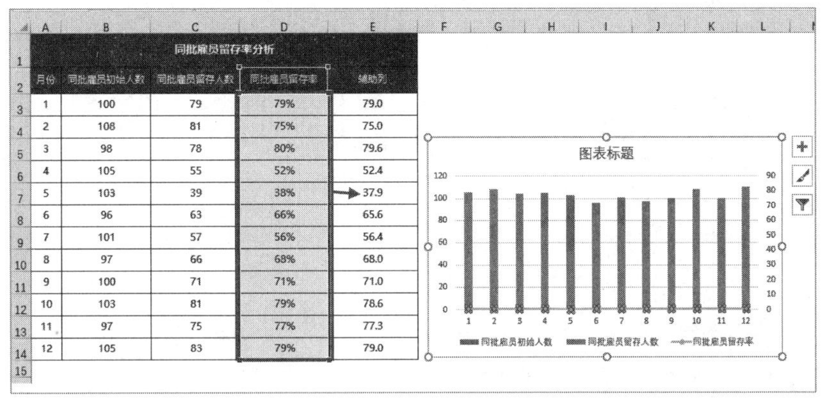

同批雇员留存率分析				
月份	同批雇员初始人数	同批雇员留存人数	同批雇员留存率	辅助列
1	100	79	79%	79.0
2	108	81	75%	75.0
3	98	78	80%	79.6
4	105	55	52%	52.4
5	103	39	38%	37.9
6	96	63	66%	65.6
7	101	57	56%	56.4
8	97	66	68%	68.0
9	100	71	71%	71.0
10	103	81	79%	78.6
11	97	75	77%	77.3
12	105	83	79%	79.0

图 23-100

如图 23-101 所示，折线就已经移动到上面了，是不是很神奇呢？

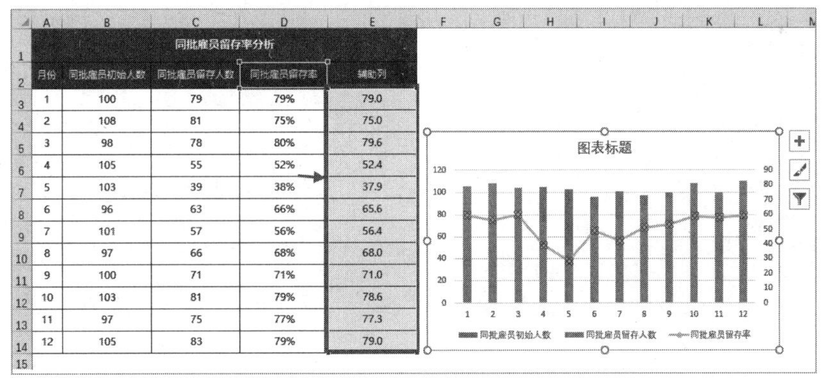

同批雇员留存率分析				
月份	同批雇员初始人数	同批雇员留存人数	同批雇员留存率	辅助列
1	100	79	79%	79.0
2	108	81	75%	75.0
3	98	78	80%	79.6
4	105	55	52%	52.4
5	103	39	38%	37.9
6	96	63	66%	65.6
7	101	57	56%	56.4
8	97	66	68%	68.0
9	100	71	71%	71.0
10	103	81	79%	78.6
11	97	75	77%	77.3
12	105	83	79%	79.0

图 23-101

（5）设置坐标轴的刻度范围。

接下来就是调整坐标轴的刻度范围。双击次坐标轴→在弹出的【设置坐标轴格式】任务窗格中将【最大值】设置为“120”，如图 23-102 所示。

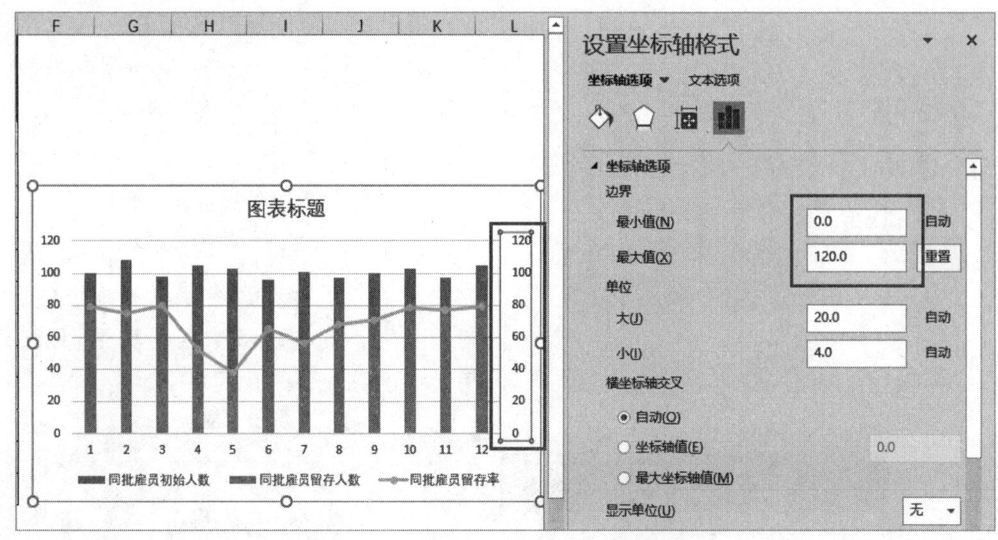

图 23-102

（6）美化图表。

接着设置两个柱子的宽度。选中橙色柱子→在弹出的【设置数据系列格式】任务窗格中拖曳【间隙宽度】的小滑块，或者在【间隙宽度】文本框中手动输入“105%”→在【系列重叠】文本框中手动输入“-28%”，如图 23-103 所示。

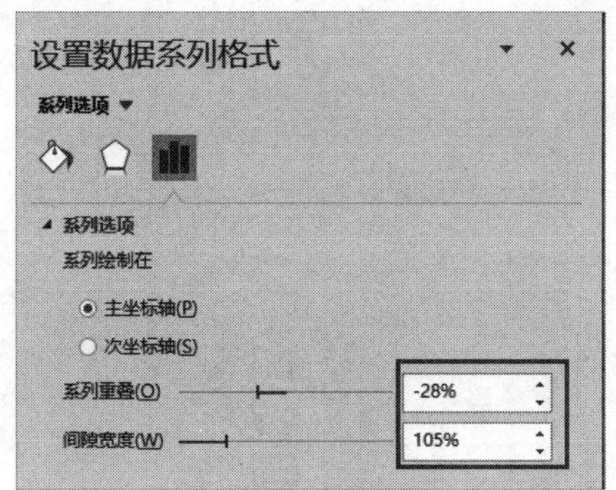

图 23-103

设置平滑线。选中折线→在【设置数据系列格式】任务窗格中单击【填充与线条】按钮→选中【平滑线】复选框，如图 23-104 所示。

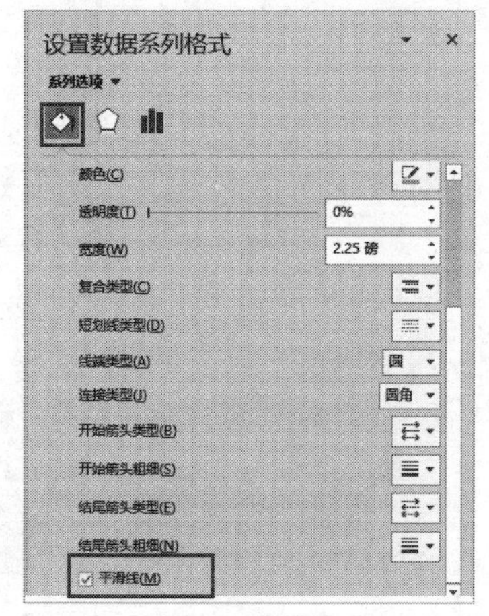

图 23-104

将图表标题修改为“同批雇员留存率分析”，如图 23-105 所示。

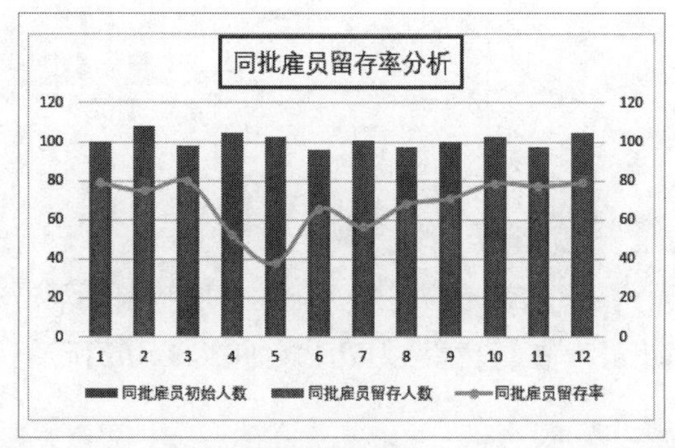

图 23-105

最后修改图表颜色。选择【设计】选项卡→在【图表样式】功能组中选择“黑色”效果，如图 23-106 所示。

至此，温度计组合图表的制作就介绍完了。

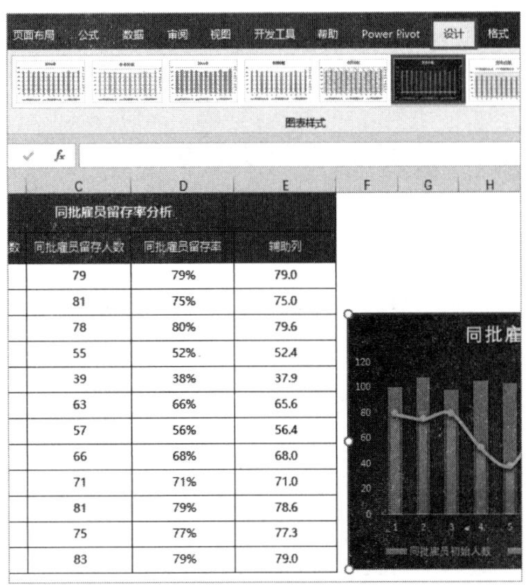

同批雇员留存分析		
同批雇员留存人数	同批雇员留存率	辅助列
79	79%	79.0
81	75%	75.0
78	80%	79.6
55	52%	52.4
39	38%	37.9
63	66%	65.6
57	56%	56.4
66	68%	68.0
71	71%	71.0
81	79%	78.6
75	77%	77.3
83	79%	79.0

图 23-106

23.6 特殊图表

在“看板”工作表中，除前文介绍过的基础图表、组合图表和温度计图表外，还有一些其他的图表，这些图表前面没有见过，如图 23-107 所示。下面就来看看这些特殊图表是如何创建的。

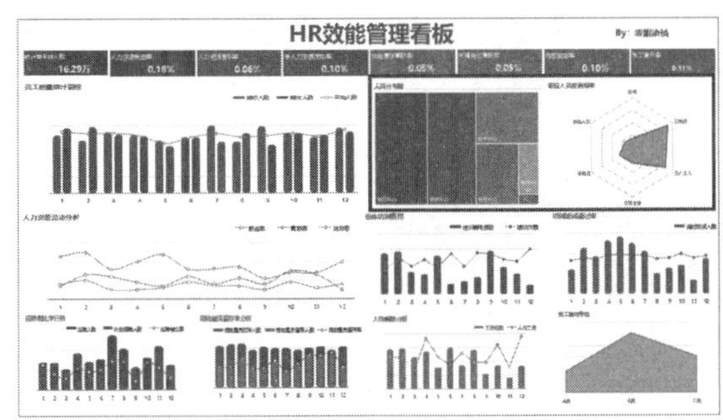

图 23-107

温馨提示

这些特殊图表要求 Excel 必须是 Excel 2016 及以上版本，Excel 2003 和 Excel 2007 是无法实现的。

1. 树状图

在“2.6 特殊图表”工作表中，根据“岗位分布图”数据制作图 23-108 所示的树状图，树状图的实质是饼图的一个变种。

图 23-108

首先选中【A2:B8】单元格区域→选择【插入】选项卡→单击【插入层次结构图表】按钮→选择【树状图】选项，如图 23-109 所示。

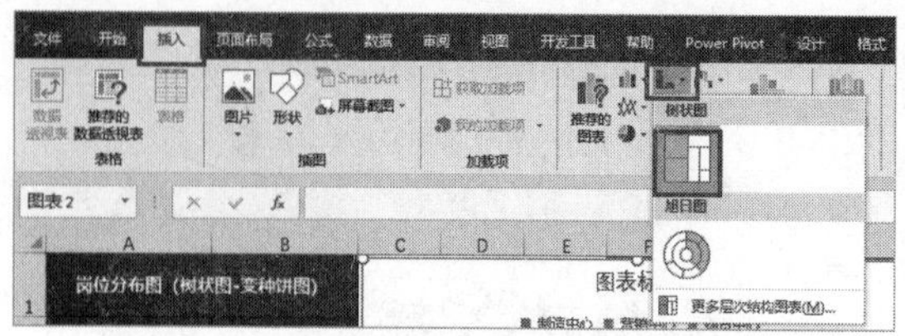

图 23-109

删除图表中的图例。选中图例→按 <Delete> 键删除，如图 23-110 所示。

调整图表的形状、大小，将图表标题修改为“岗位分布图”，如图 23-111 所示。

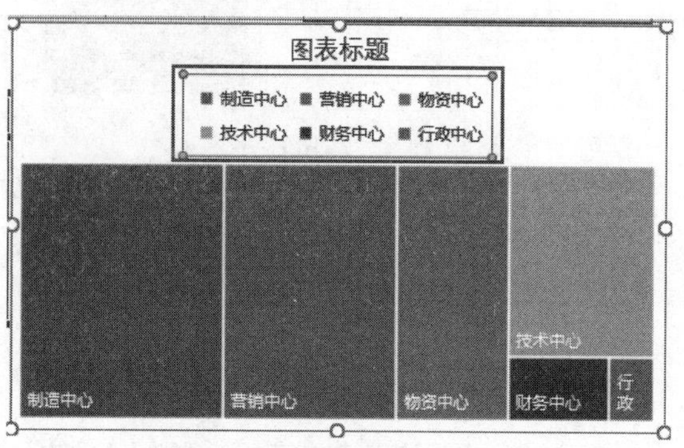

图 23-110

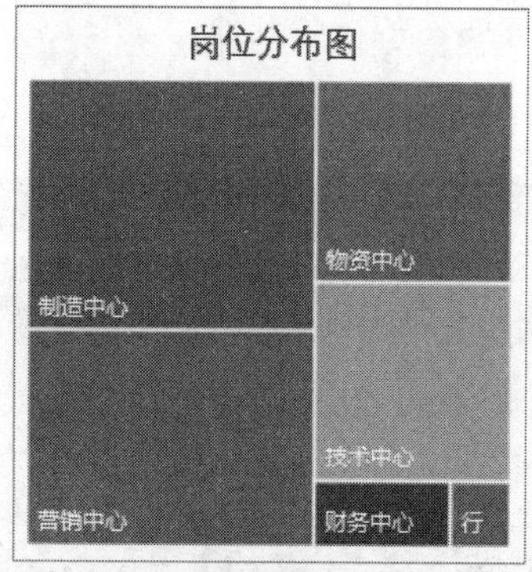

图 23-111

至此，树状图就制作好了，是不是简单又好看呢？

2. 雷达图

接下来根据“职位人员变更频率”数据制作图 23-112 所示的图表，这样的图表叫作雷达图，也叫作蛛网图。

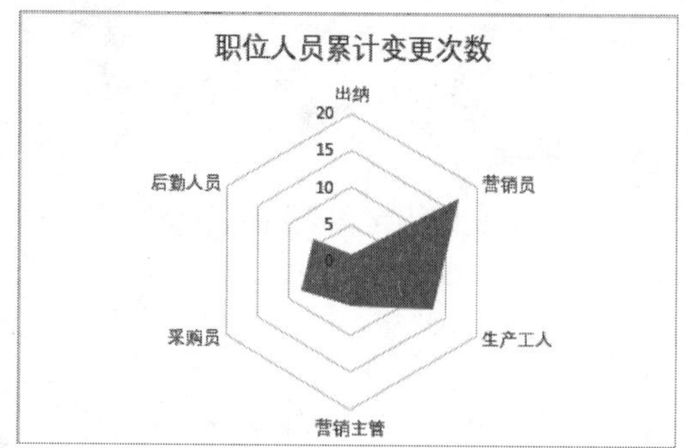

图 23-112

选中【F2:G8】单元格区域→选择【插入】选项卡→单击【推荐的图表】按钮，如图 23-113 所示。

图 23-113

在弹出的【插入图表】对话框中选择【所有图表】选项卡→选择【雷达图】选项→单击【确定】按钮，如图 23-114 所示。

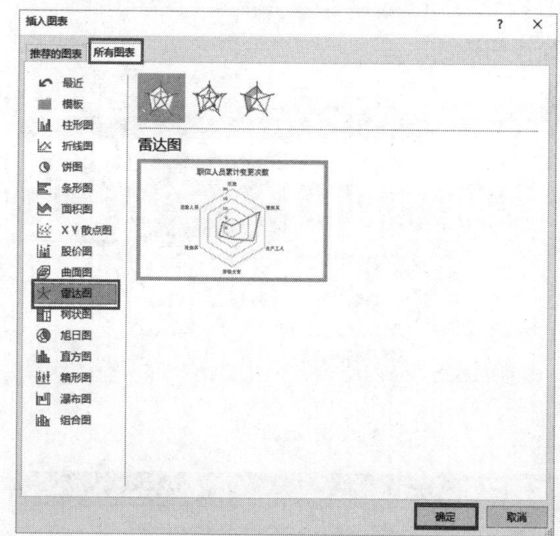

图 23-114

如图 23-115 所示，一张雷达图就制作好了。

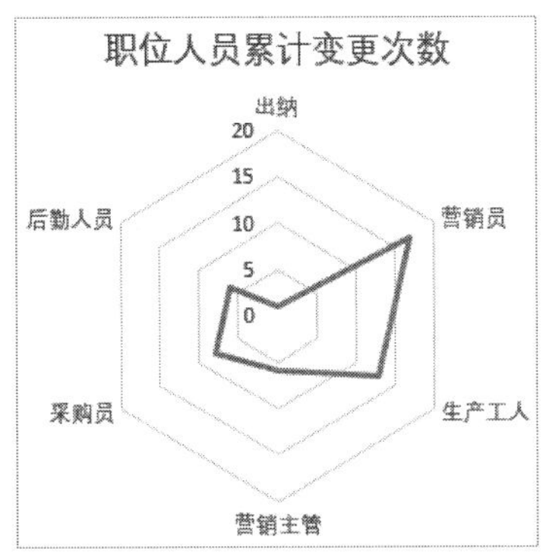

图 23-115

3. 面积图

接下来根据“员工绩效考核”数据制作图 23-116所示的图表，这样的图表叫作面积图。

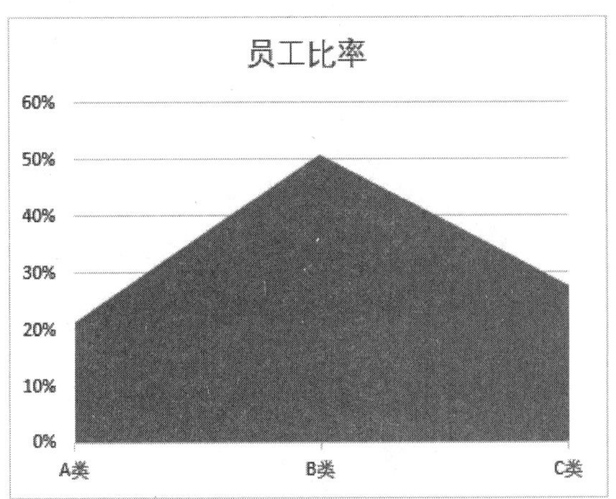

图 23-116

选中【K2:L5】单元格区域→选择【插入】选项卡→单击【推荐的图表】按钮，如图 23-117所示。

图 23-117

在弹出的【插入图表】对话框中选择【所有图表】选项卡→选择【面积图】选项→单击【确定】按钮，如图 23-118所示。

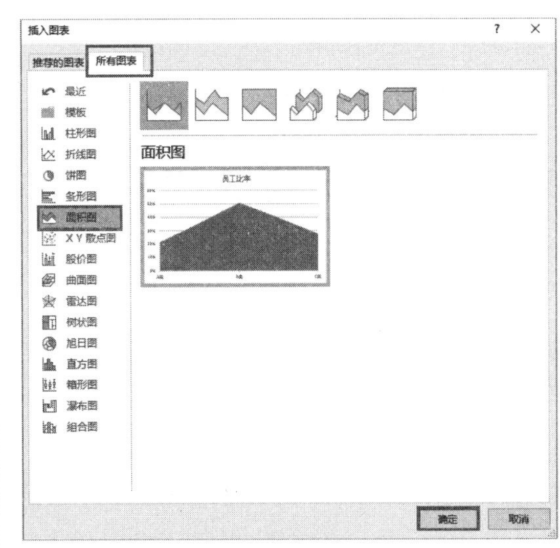

图 23-118

在制作面积图时不建议选择图 23-119所示的三维立体图表，这是因为三维立体图表会增加阅读成本，并且三维坐标轴难以辨认。所以，笔者推荐大家使用二维图表来呈现数据。

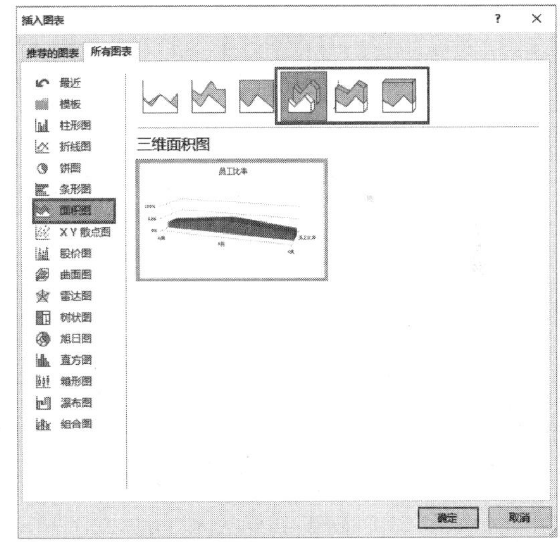

图 23-119

第24关 动态看板解析：作为HR，你该汇报什么？

本关背景

前面两关笔者带着大家认识了基础图表，通过基础图表的创建初步了解了每一种图表的功能与用途。本关开始进入图表美化阶段，制作图 24-1 所示的“HR 效能管理看板”，将数据联动起来，实现数据可视化。

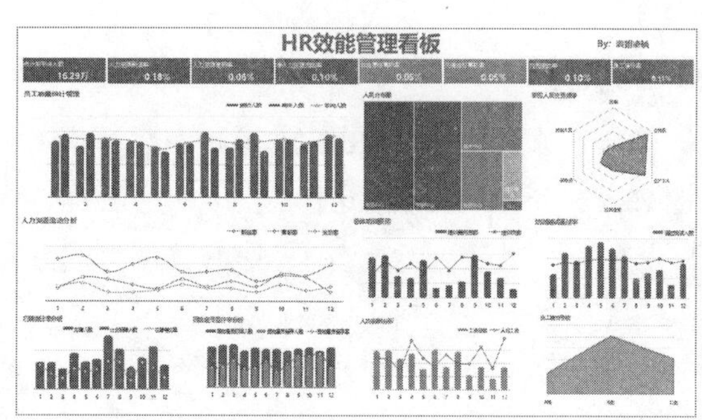

图 24-1

24.1 图表美化技巧

通过前面两关的介绍，相信大家已经可以轻松完成基础图表的制作了。本关将在图表的基础上完成它的美化操作。一般来说，图表美化共有 3 种方式，分别是颜色美化、形状填充美化和图片填充美化，接下来就一一介绍。

1. 颜色美化

打开“素材文件 /24- 看板制作上 - HR 效能管理看板解析 /24- 看板制作上 - 美化图表的 3 种方法 .xlsx”源文件。

在“基础图表”工作表中，“目标效果”区域已经有一张图 24-2 所示的各城市“销售业绩”柱形图，接下来就在“实际操作”区域跟着笔者的介绍，来制作一张一模一样的图表吧！

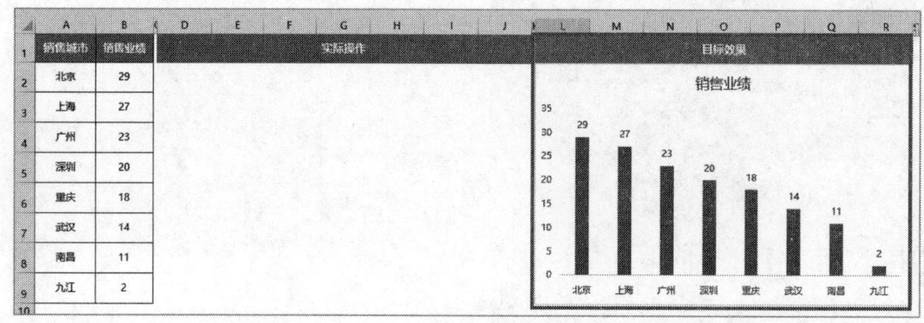

图 24-2

首先选中【A1:B9】单元格区域→选择【插入】选项卡→单击【插入柱形图或条形图】按钮→选择【簇状柱形图】选项，如图 24-3 所示。

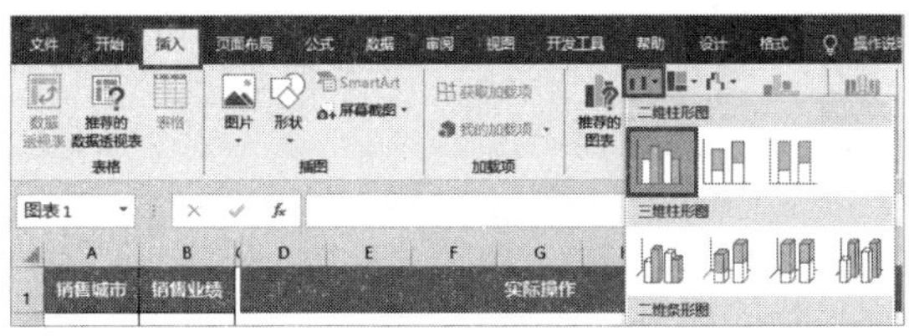

图 24-3

接下来将字体修改为“微软雅黑”，使图表看起来更加商务。选中柱形图→选择【开始】选项卡→单击【字体】列表框右侧的下拉按钮→选择【微软雅黑】选项，如图 24-4 所示。

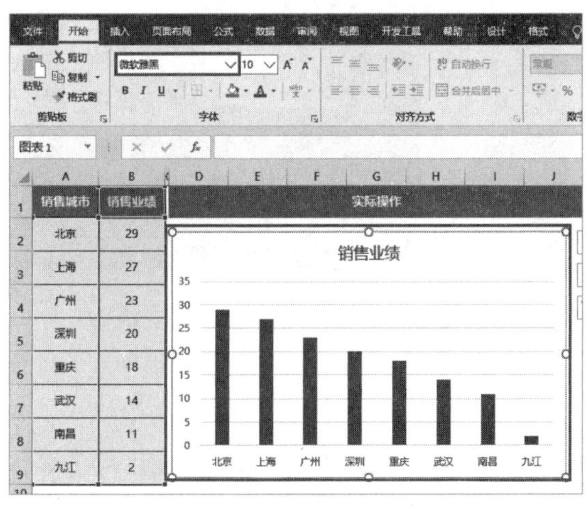

图 24-4

如图 24-2 所示，目标效果图表没有网格线。所以，选中实际操作图表的网格线→按 <Delete> 键，即可将网格线删除，如图 24-5 所示。

接下来添加数据标签。首先选中柱形区域并右击→在弹出的快捷菜单中选择【添加数据标签】选项，如图 24-6 所示。

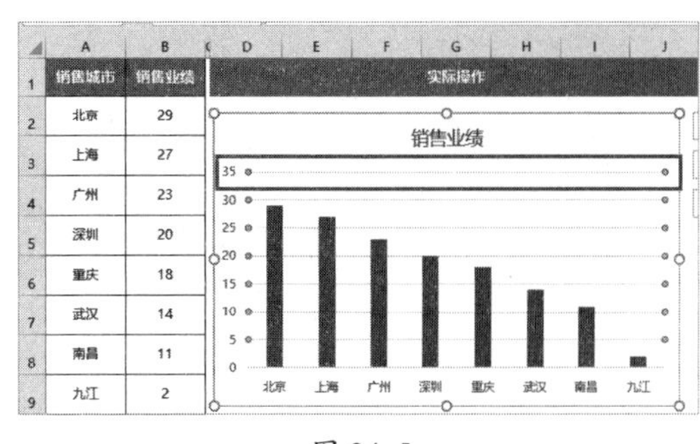

图 24-5

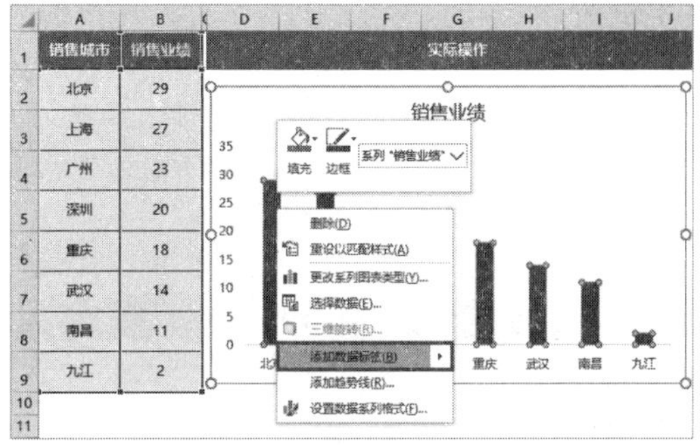

图 24-6

最后将图表与单元格的边框对齐。选中图表→将光标放在图表边缘，当光标变为十字句柄时→按 <Alt> 键的同时拖曳鼠标调整图表的大小，使之与单元格的边框对齐，如图 24-7 所示。

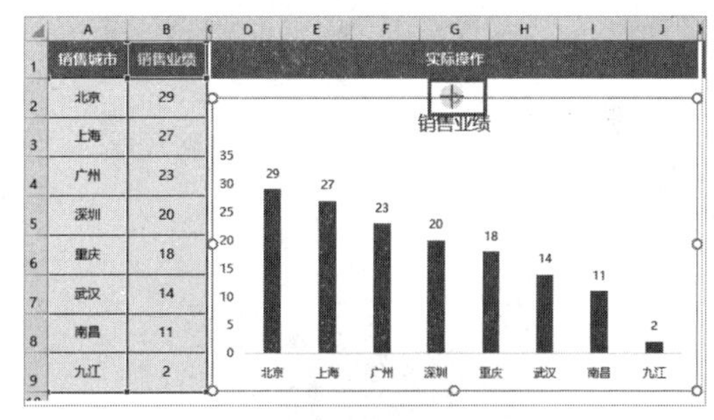

图 24-7

接下来在“颜色美化 - 纯色”工作表中，参照目标效果图表，对柱形图的颜色进行美化处理。

选中图表→在登录 QQ 的情况下，按 <Alt+Ctrl+A> 键使用 QQ 截图工具识别目标效果图表的背景颜色为“0,14,36”，如图 24-8 所示。

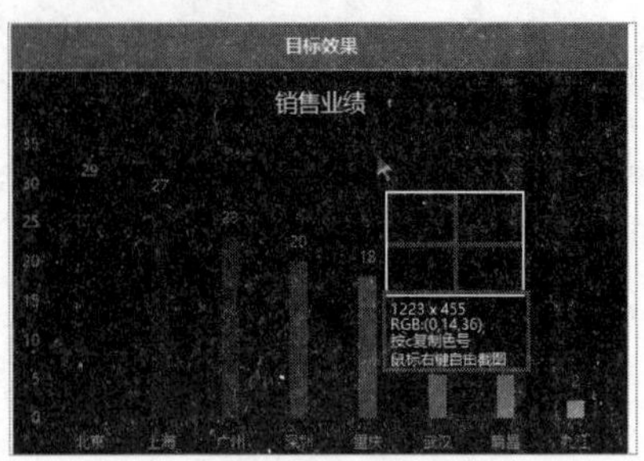

图 24-8

选中图表→选择【开始】选项卡→单击【填充颜色】按钮→选择【其他颜色】选项，如图 24-9 所示。在弹出的【颜色】对话框中输入识别出的 RGB 值“0,14,36”→单击【确定】按钮，如图 24-10 所示。

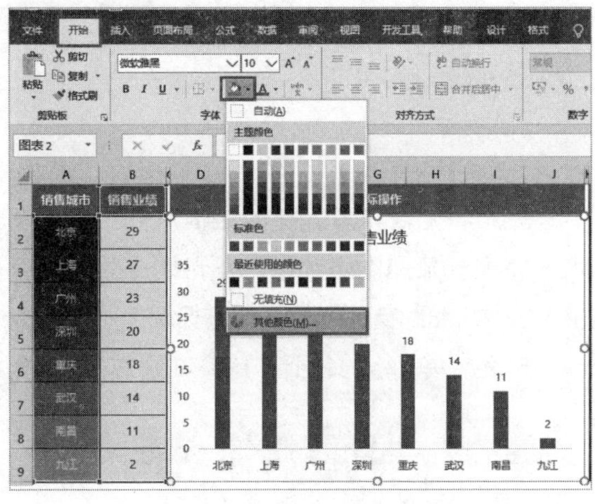

图 24-9

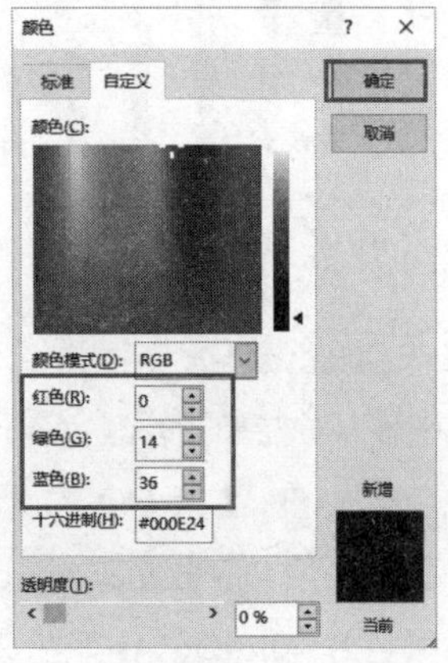

图 24-10

如图 24-11 所示，背景颜色就一样了。

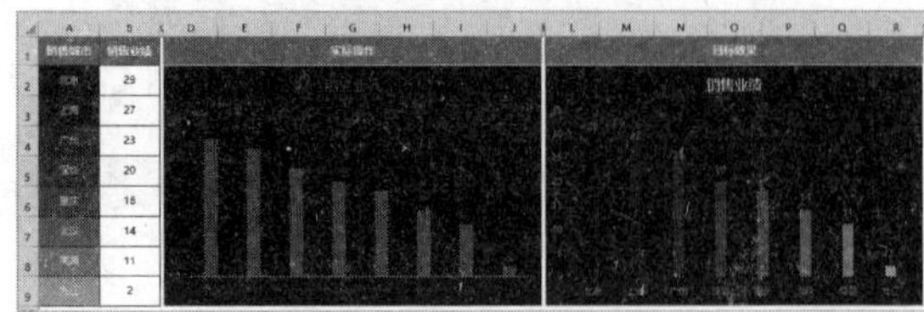

图 24-11

然后选择【开始】选项卡→单击【字体颜色】按钮→选择“灰色”，如图 24-12 所示。

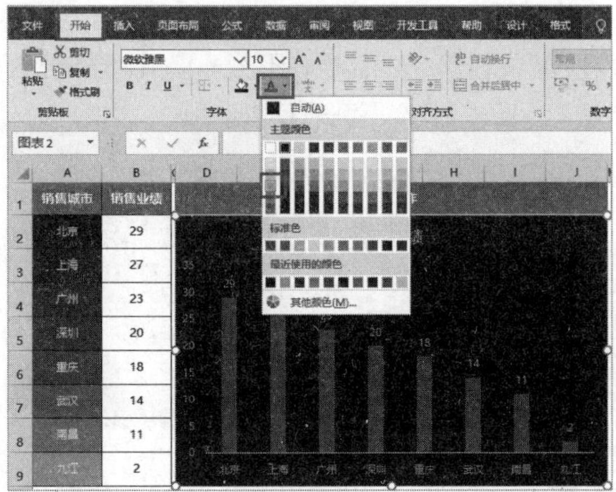

图 24-12

如图 24-13 所示，对比目标效果图表，实际操作图表的柱形区域下方多出一条横线。这条横线实际上是横坐标文本框的轮廓，只需要将其取消即可。

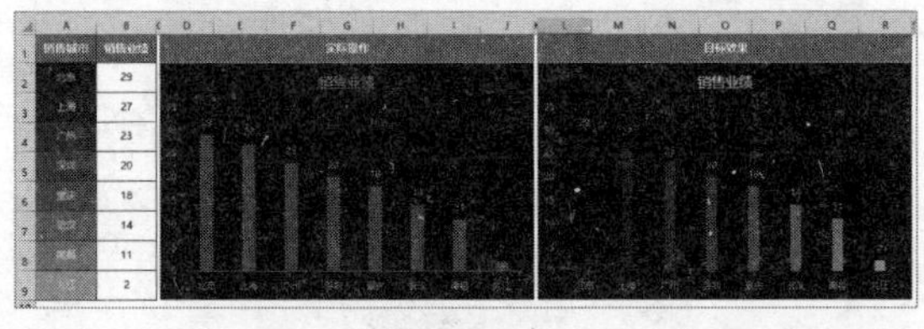

图 24-13

选中实际操作图表的横坐标→选择【格式】选项卡→单击【形状轮廓】按钮→选择【无轮廓】选项，如图 24-14 所示。

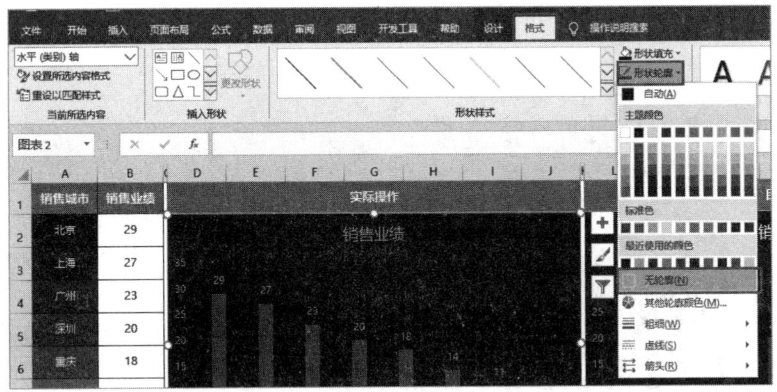

图 24-14

如图 24-15 所示，横线已经不见了。继续观察目标效果图表可以发现，柱形图的颜色是渐变的效果，接下来就逐一修改柱形的填充颜色，使之与目标效果图表一样。

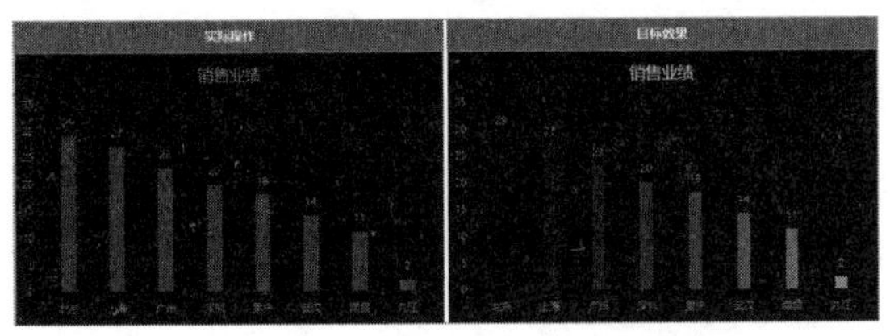

图 24-15

选中图表→在登录 QQ 的情况下，按 <Alt+Ctrl+A> 键使用 QQ 截图工具识别目标效果图表的"北京"柱形颜色为"0,37,62"，如图 24-16 所示。

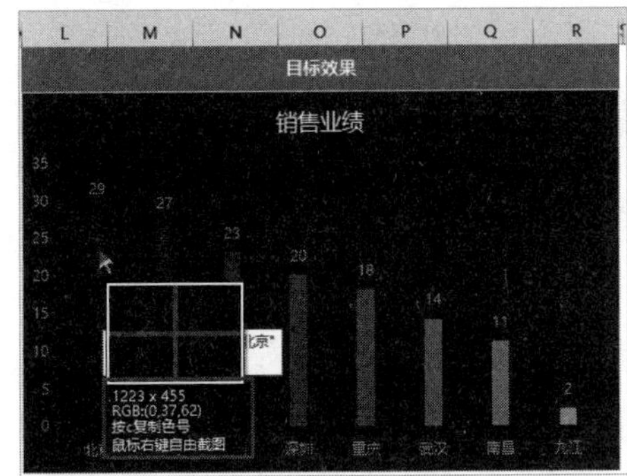

图 24-16

然后选中柱形图中的柱子→再次单击第一根柱子→选择【开始】选项卡→单击【填充颜色】按钮→选择【其他颜色】选项，如图 24-17 所示。

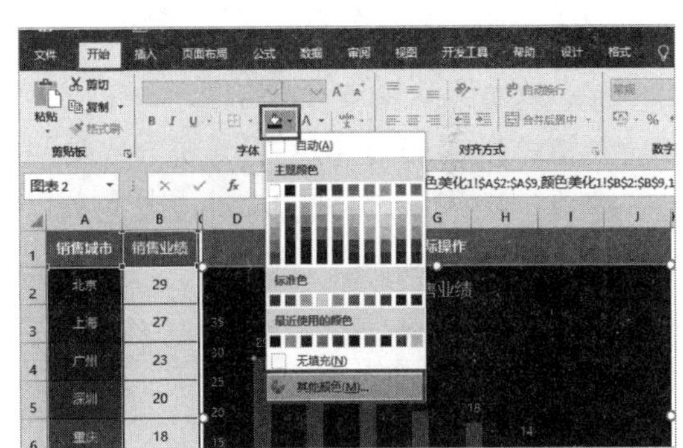

图 24-17

在弹出的【颜色】对话框中输入识别出的 RGB 值"0,37,62"→单击【确定】按钮，如图 24-18 所示。

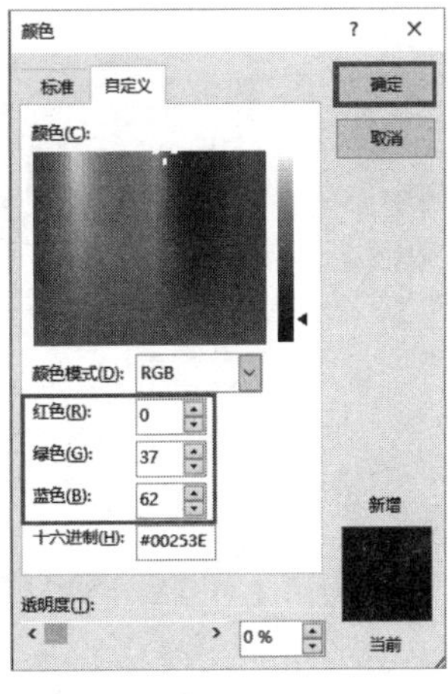

图 24-18

同理，修改其他柱子的颜色。如图 24-19 所示，柱形图就与目标效果图表一样了。

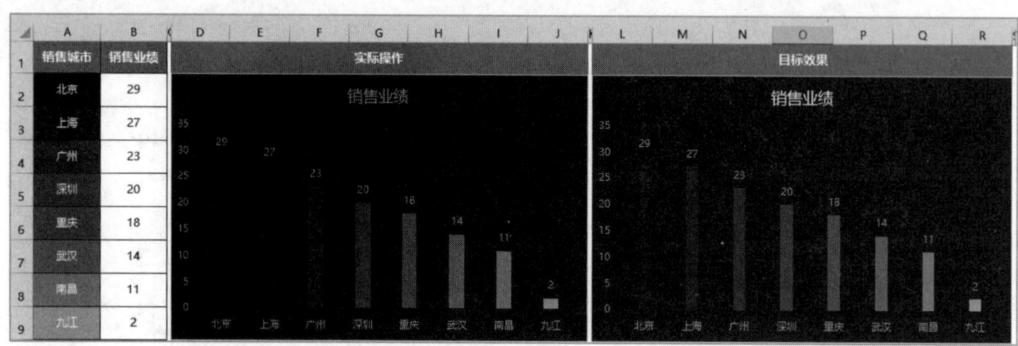

图 24-19

科技感的图表和渐变色的图形可以打造出一种比较立体的效果，接下来进一步将柱形美化为渐变的填充效果。在“颜色美化 - 渐变”工作表中，双击实际操作图表的柱形→在【设置数据点格式】任务窗格中单击【填充与线条】按钮→选择【填充】选项→选中【渐变填充】单选按钮，如图 24-20 所示。

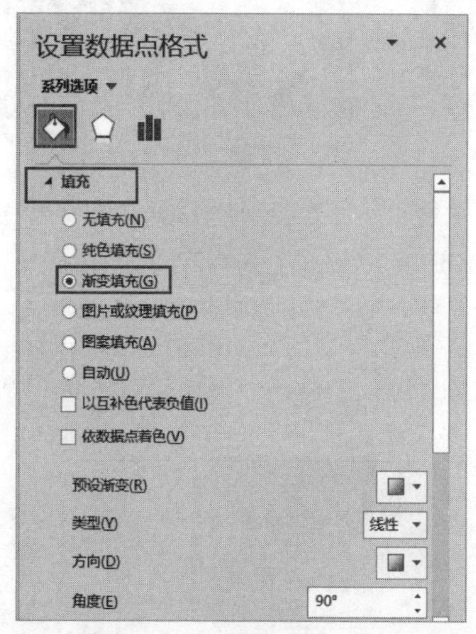

图 24-20

然后删除多余的渐变光圈。选中最左侧的渐变光圈→单击【×】按钮将其删除，如图 24-21 所示。

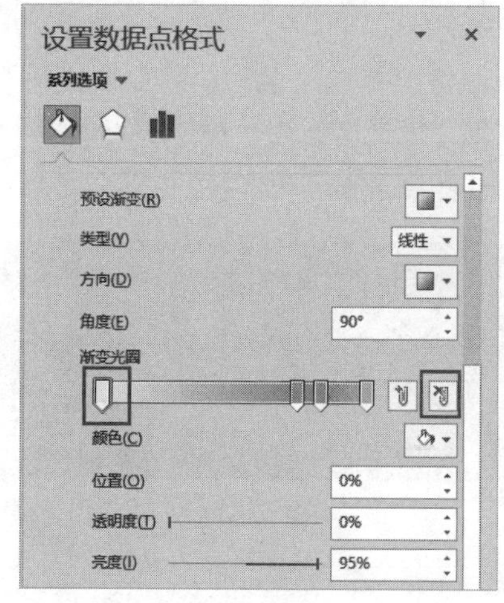

图 24-21

拖曳调整渐变光圈的位置，如图 24-22 所示。

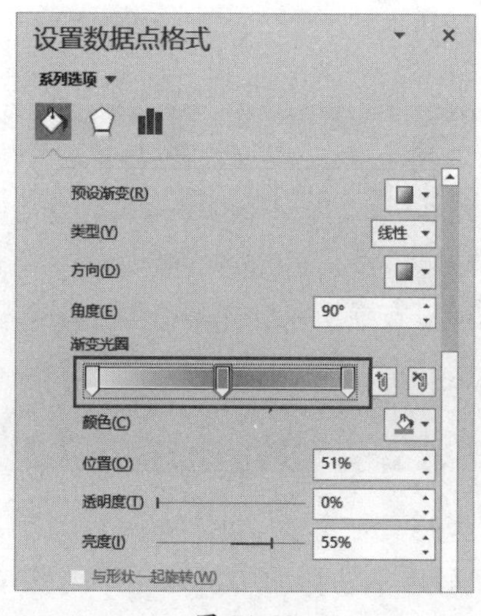

图 24-22

接下来设置渐变光圈的颜色。选中最左侧的渐变光圈→单击【颜色】按钮→选择“深青色”，如图 24-23 所示。

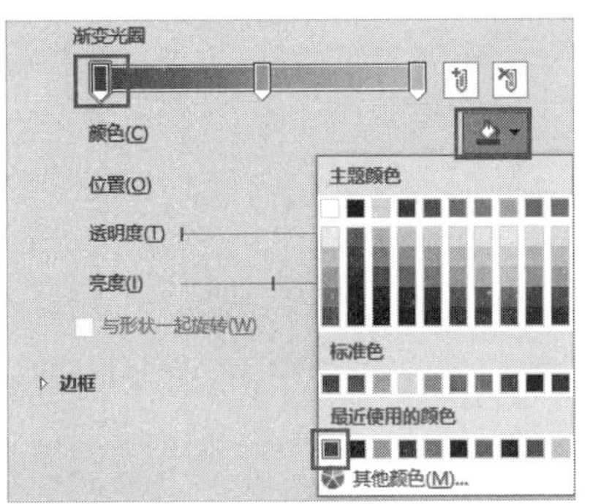

图 24-23

继续设置其他渐变光圈的颜色。选中最右侧的渐变光圈→单击【颜色】按钮→选择“深青色”，如图 24-24 所示。

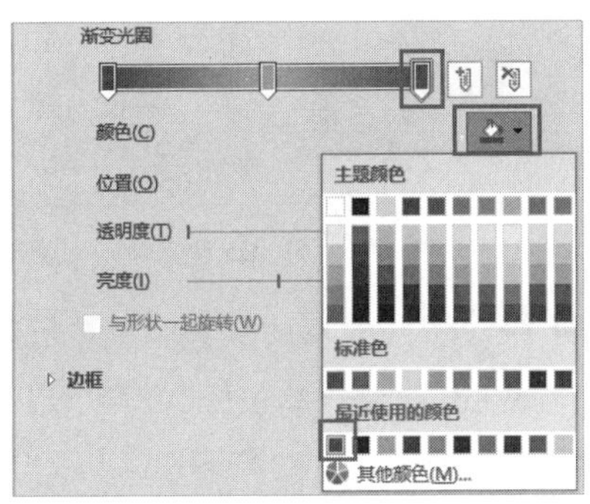

图 24-24

如图 24-25 所示，得到一个两边深中间浅的颜色效果。

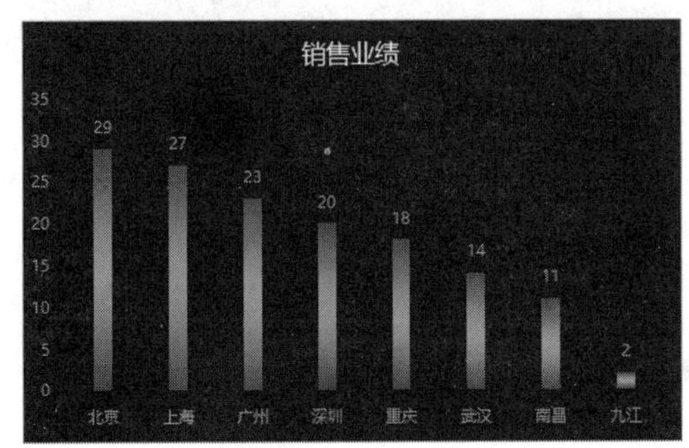

图 24-25

最后设置中间光圈的颜色。选中中间的渐变光圈→单击【颜色】按钮→选择“酸橙色”，如图 24-26 所示。

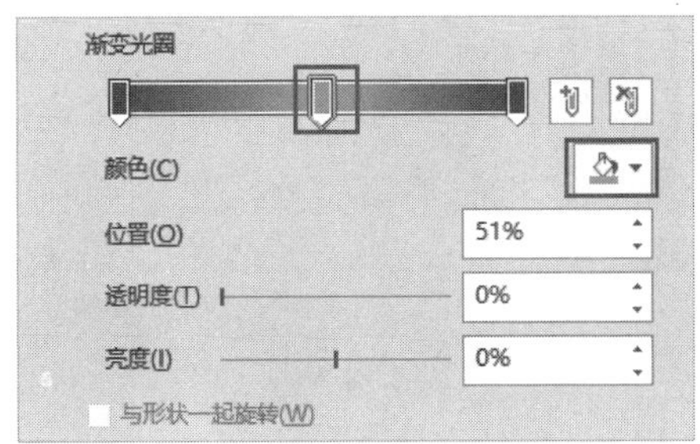

图 24-26

设置渐变方向。单击【方向】按钮→选择【线性向右】选项，如图 24-27 所示。

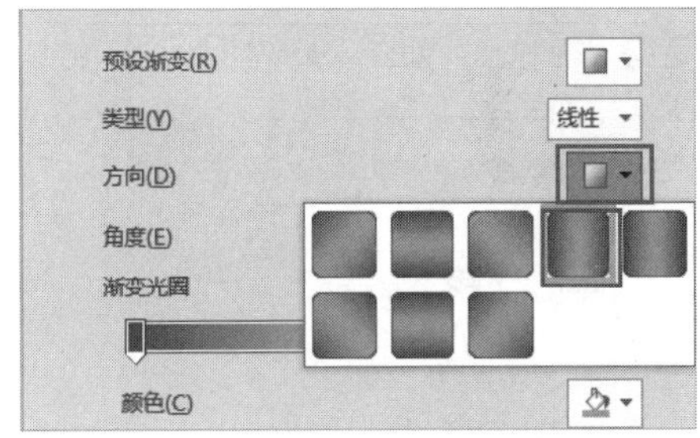

图 24-27

如图 24-28 所示，立体效果的柱形图就制作完成了。

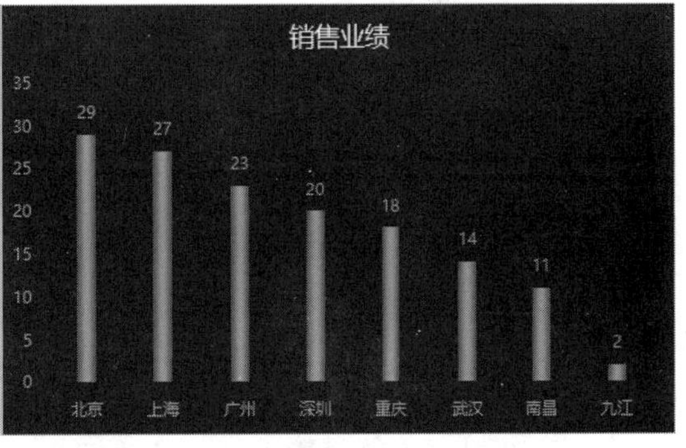

图 24-28

2. 形状填充美化

除颜色填充外，还可以利用形状填充的方式将柱形填充为图 24-29 所示的样式。

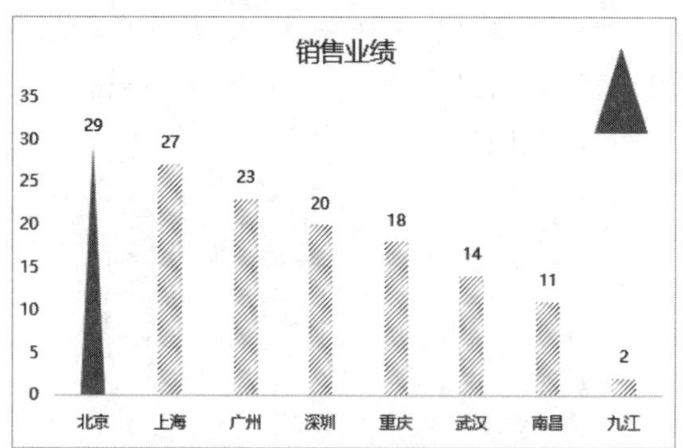

图 24-29

在“形状填充”工作表中双击柱形→在【设置数据系列格式】任务窗格中单击【填充与线条】按钮→选中【图案填充】单选按钮→在【图案】中选择“对角线”样式→单击【颜色】按钮→选择“绿色”，如图 24-30 所示。

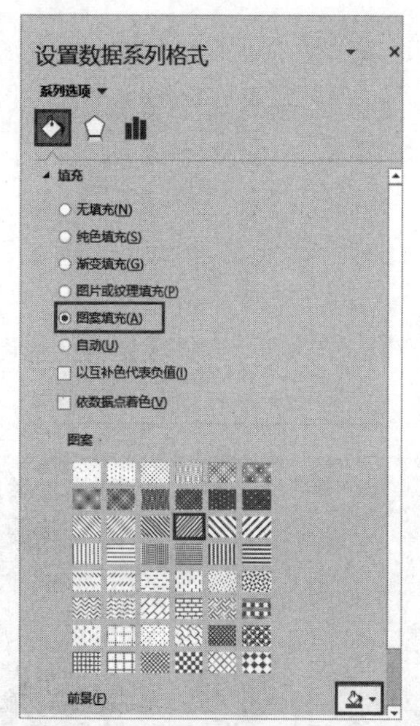

图 24-30

接下来将第一个柱形填充为三角形。首先插入一个三角形，选择【插入】选项卡→单击【形状】按钮→选择【三角形】选项，如图 24-31 所示。

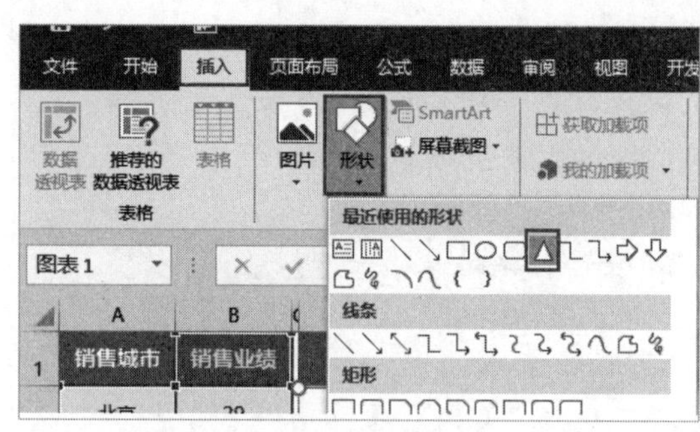

图 24-31

拖曳鼠标绘制三角形，如图 24-32 所示。

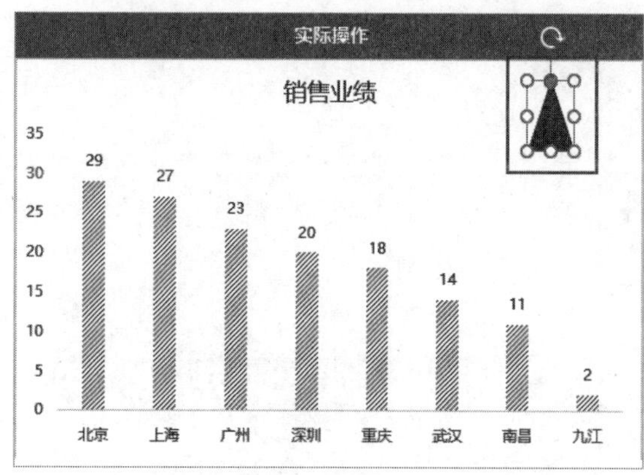

图 24-32

接下来设置三角形的颜色。选中三角形→选择【格式】选项卡→单击【形状填充】按钮→选择“绿色”，如图 24-33 所示。

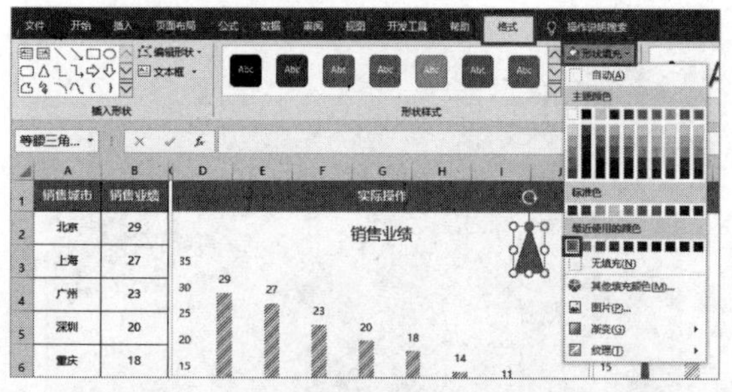

图 24-33

然后选择【格式】选项卡→单击【形状轮廓】按钮→选择【无轮廓】选项，让三角形看起来更好看一些，如图 24-34 所示。

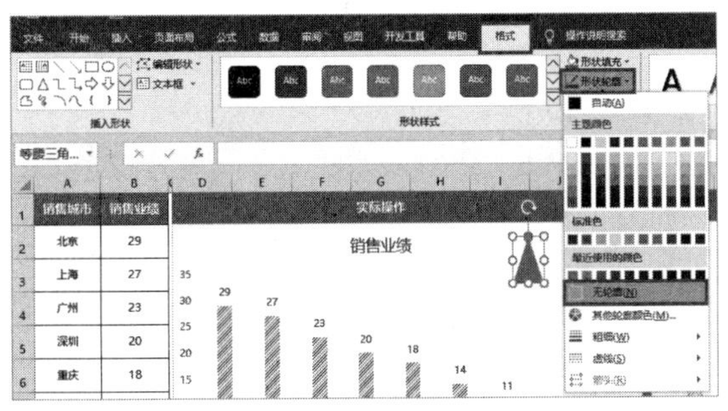

图 24-34

接下来将三角形填充到柱形图中。选中三角形→按 <Ctrl+C> 键复制→单独选中“北京”柱形→按 <Ctrl+V> 键将三角形粘贴进去。如图 24-35 所示，一个三角形的区域就做好了。

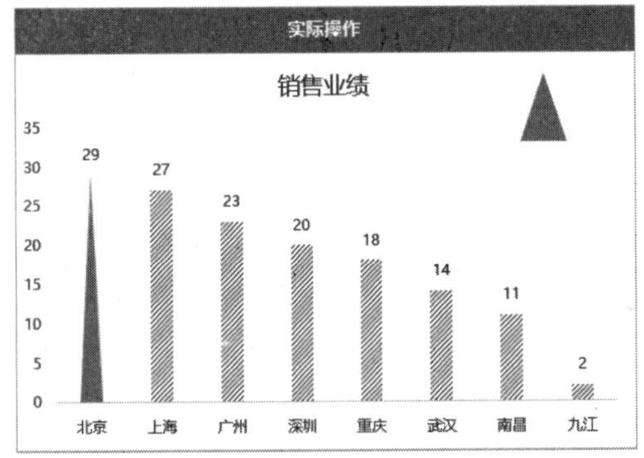

图 24-35

3. 图片填充美化

除颜色填充、形状填充外，还可以对柱形图进行图片填充，制作出图 24-36 所示的效果。

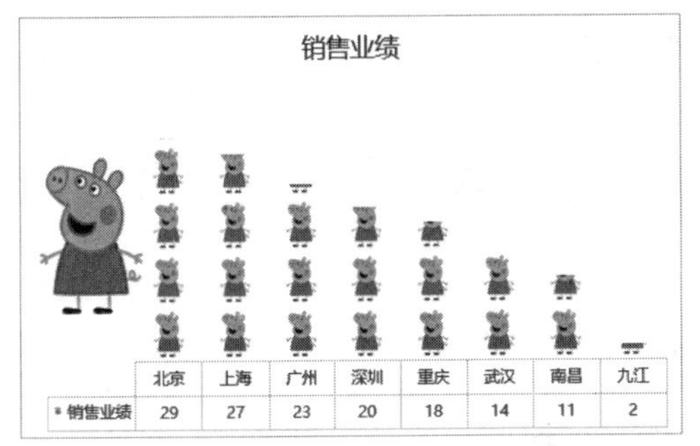

图 24-36

在“图片填充”工作表中，首先选中小猪的图案→按 <Ctrl+C> 键复制→再选中柱形区域→按 <Ctrl+V> 键将图片粘贴进去。如图 24-37 所示，填充后的效果有些奇怪，接下来就要对填充形式进行设置。

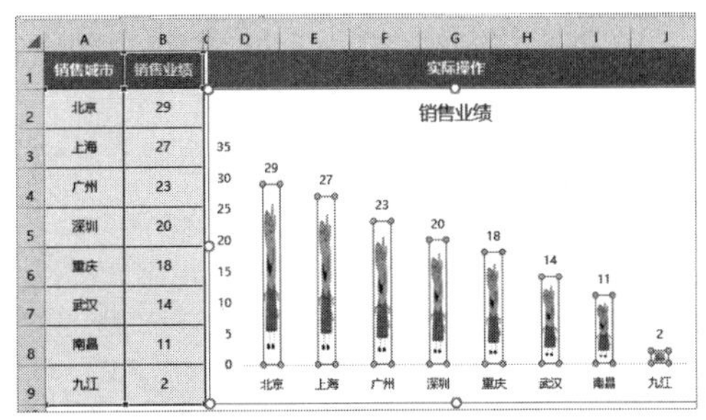

图 24-37

选中柱形并右击→在弹出的快捷菜单中选择【设置数据系列格式】选项，如图 24-38 所示。

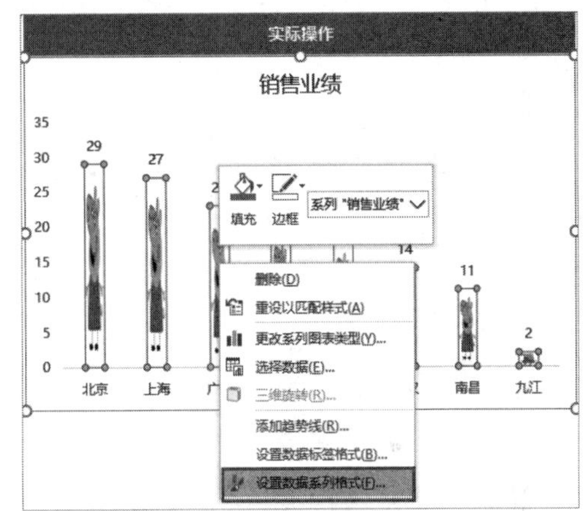

图 24-38

在弹出的【设置数据系列格式】任务窗格中单击【填充与线条】按钮，如图 24-39 所示，将小猪复制进来后，填充方式自动变成了“图片或纹理填充”。

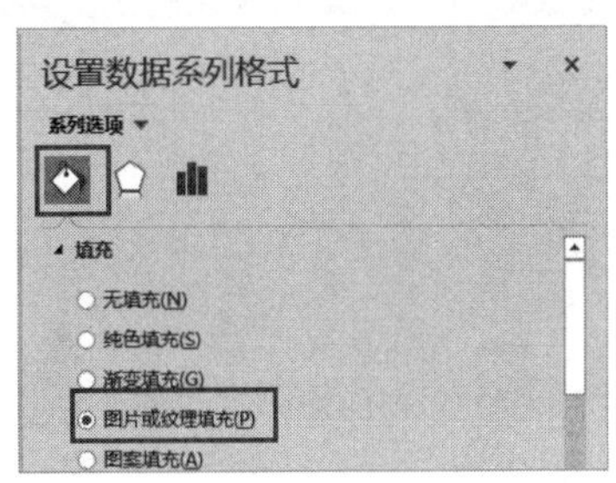

图 24-39

滚动鼠标滚轮，选中【层叠】单选按钮，如图 24-40 所示，柱形图中的小猪图片已经排列摆放。

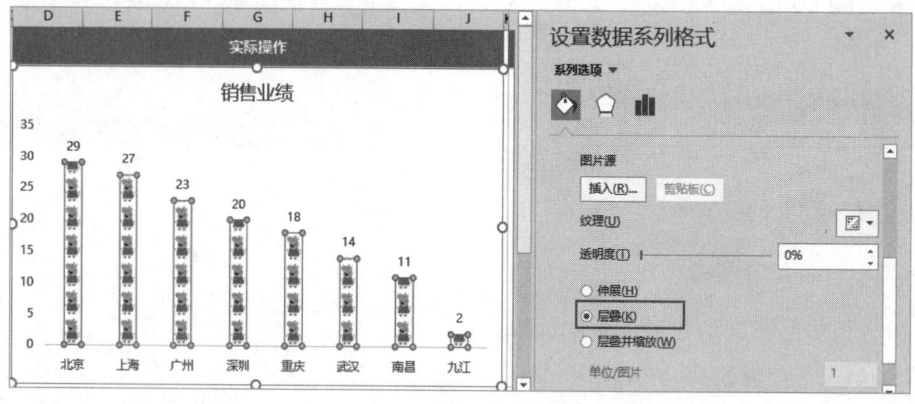

图 24-40

接下来调整柱形的间隙宽度。单击【系列选项】按钮→在【系列选项】选项中通过移动【间隙宽度】的小滑块，或者输入数字来改变柱形大小。

这里向左移动滑块，将数字调整为“109%”，如图 24-41 所示，间隙变窄后，小猪罗列得就少了。

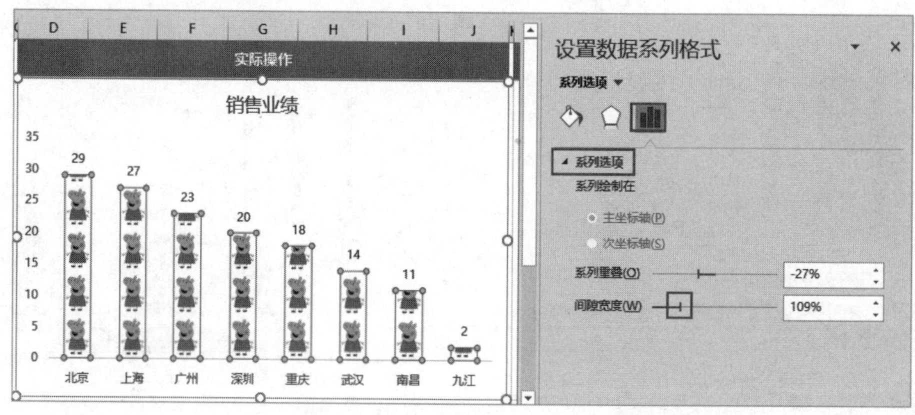

图 24-41

如图 24-42 所示，观察实际操作图表与目标效果图表的区别，目标效果图表的下方有一张数据表格，这可以通过添加图表元素来解决。

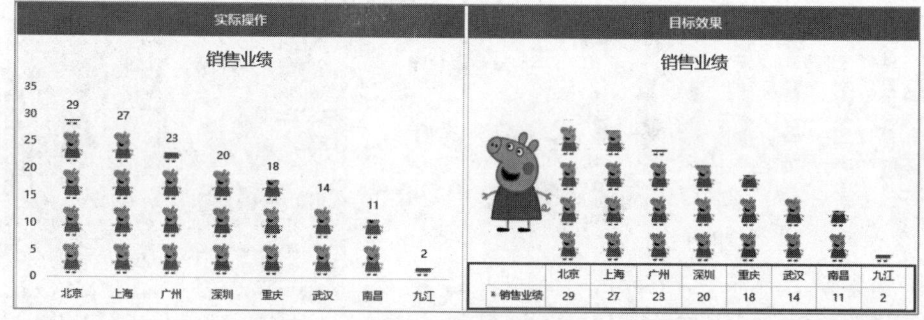

	北京	上海	广州	深圳	重庆	武汉	南昌	九江
销售业绩	29	27	23	20	18	14	11	2

图 24-42

选中图表→选择【设计】选项卡→单击【添加图表元素】按钮→选择【数据表】选项→选择【显示图例项标示】选项，如图 24-43 所示。

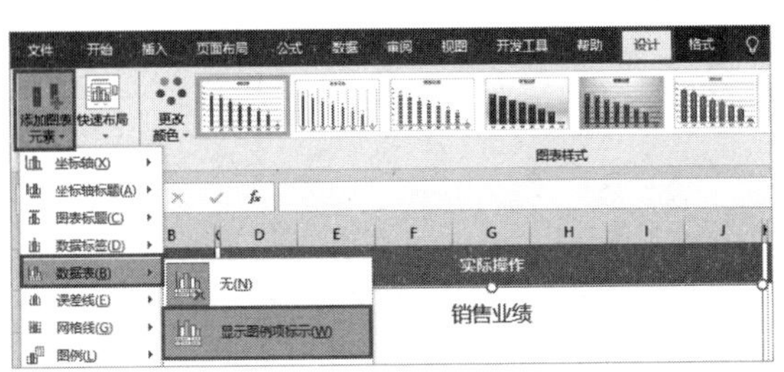

图 24-43

接下来选中纵坐标轴→按 <Delete> 键将其删除，如图 24-44 所示。

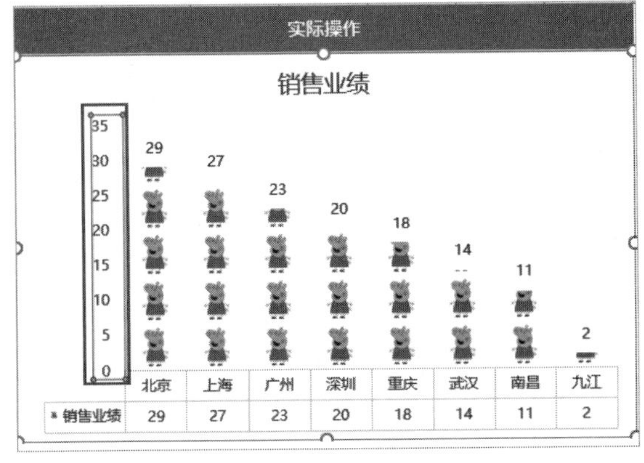

图 24-44

同理，删除数据标签。选中数据标签→按 <Delete> 键将其删除，如图 24-45 所示。

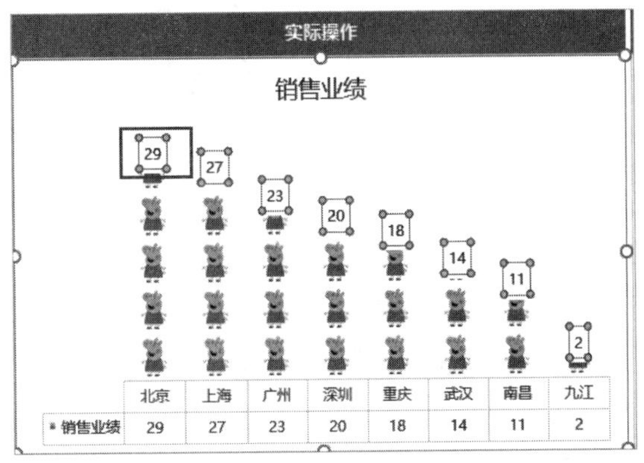

图 24-45

最后将目标效果图表的大猪图片复制过来。选中目标图片→按 <Ctrl+C> 键复制→再选中实际操作图表→按 <Ctrl+V> 键粘贴→调整图片的位置。如图 24-46 所示，就完成了目标效果的图表。

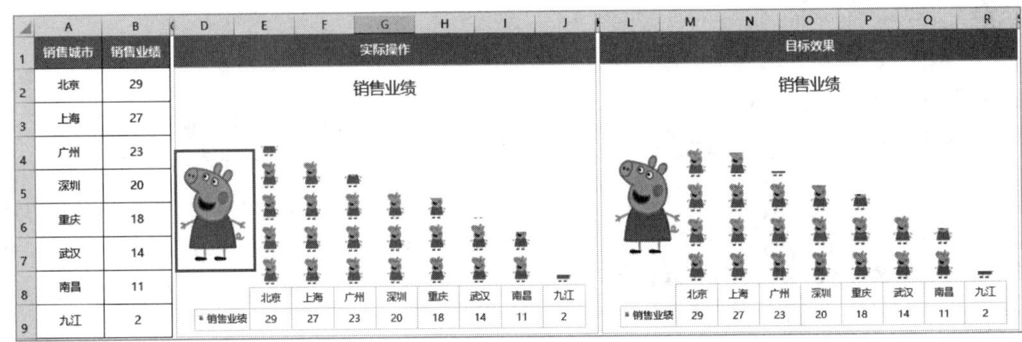

图 24-46

4. 工具网站

对于新手来说，制作看板时不知道如何使用配色才美观，不知道哪里可以找到好看的图标。如图 24-47 所示，笔者给大家推荐一些工具网站，通过这些网站就可以轻松找到需要的颜色和图标素材了。

工具网站推荐

元素网	iconfont	https://www.iconfont.cn
	觅元素	https://www.51yuansu.com
配色网站	渐变层生成器	https://codepen.io/pissang/full/geajpX
	色彩设计	https://materialui.co/colors
图表设计师网站	国双数据中心	https://www.gridsum.com
	网易数读	https://data.163.com/special/datablog
	站酷网	https://www.zcool.com.cn
	花瓣网	https://huaban.com
	我图网	https://www.ooopic.com

图 24-47

24.2 拆解看板指南

接下来正式开始制作"HR 效能管理看板"。平常工作中经常会拿到非常多的数据，在众多的数据中该如何抓取关键信息进行分析呢？笔者建议大家，简单的数据多角度，复杂的数据抓重点。

打开"素材文件 /24- 看板制作上 -HR 效能管理看板解析 /24- 看板制作上 -HR 效能管理看板 .xlsx"源文件。

如图 24-48 所示，看板最上方放置的是 KPI（关键绩效指标）。熟悉人力资源工作的读者会知道，人力资源离职率、新进率等数据都是非常重要的数据指标，所以放在第一排最显眼的位置。

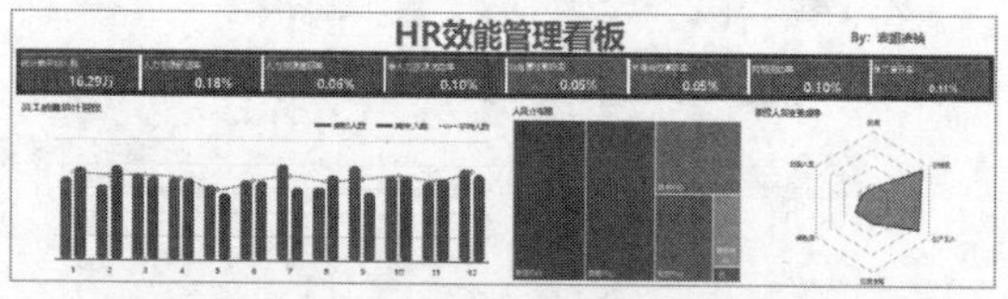

图 24-48

如果你不是人力资源工作者，不熟悉这些名词也不要紧，如图 24-49 所示，笔者为大家查询了每个名词的含义和每个数据的计算方式，从而思考该利用哪种公式进行计算。

1.人力资源离职率

人力资源离职率是以某一单位时间（如以月为单位）的离职人数，除以工资册的月初月末平均人数后乘 100%。用公式表示：

离职率=离职人数/工资册平均人数×100%

2.人力资源新进率

人力资源新进率是新进人数除以工资册平均人数后乘 100%。用公式表示：

新进率=新进人数/工资册平均人数×100%

3.净人力资源流动率

净人力资源流动率是指补充人数除以工资册平均人数后乘 100%。所谓补充人数，是指为补充离职人员所雇佣的人数。用公式表示：

净流动率=补充人数/工资册平均人数×100%

图 24-49

每个公司的 KPI 数据都是不一样的，在制作图表之前，首先要对本公司的数据进行梳理，整理出老板最关心的一些指标。例如，"HR 效能管理看板"中老板比较关心非自愿性的离职率、疫情期间的离职率和关键岗位的离职率等。

看板中还利用同一种图表做了排比。如图 24-50 所示，两张温度计图分别做了"应聘者比率分析"和"同批雇员留存率分析"。

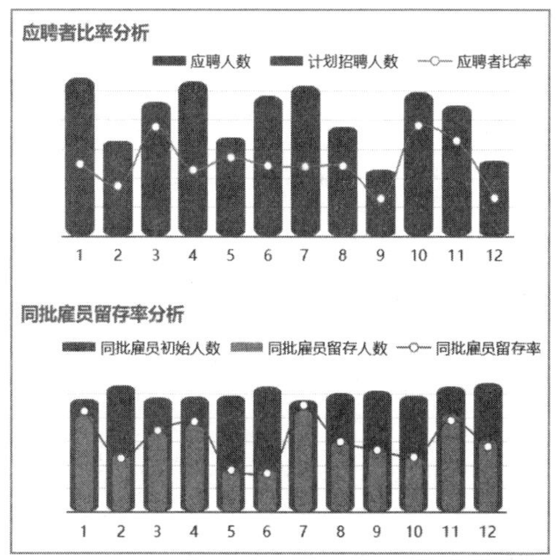

图 24-50

图 24-51 所示的“人均薪酬分析”组合图，是折线图和柱形图的组合。

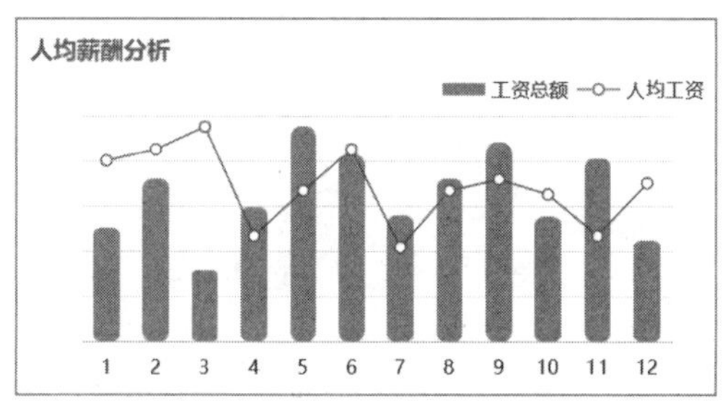

图 24-51

图 24-52 所示的“职位人员变更频率”雷达图，反映了营销员的变更频率是比较高的，而出纳的变更频率是比较低的。

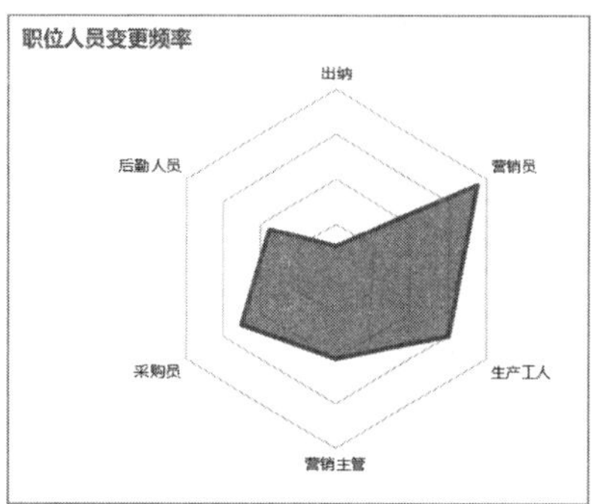

图 24-52

一般员工的数量都会呈现态分布，图 24-53 所示的面积图就反映了 B 类员工最多的情况。

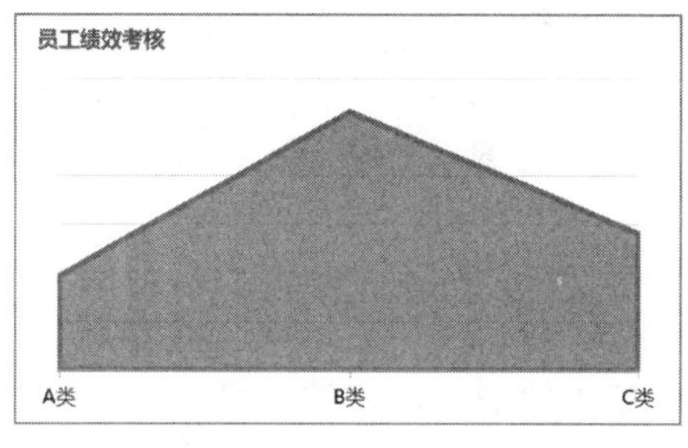

图 24-53

以上将看板拆开分析后不难发现，其实看板就是由一些我们熟知的图表组合而成的。遵循“简单的数据多角度，复杂的数据抓重点”的分析原则，就可以清晰地反映出重点内容。

24.3 制作看板子图表

看板拆解分析完成后，就开始制作看板中一个个的子图表，然后将它们组合排版到一起，完成“HR 效能管理看板”。

打开“素材文件 /24- 看板制作上 -HR 效能管理看板解析 /24- 看板制作上 -HR 效能管理看板 .xlsx”源文件。

作图前要先准备作图数据源。在“作图数据”工作表中，滚动鼠标滚轮，如图 24-54 所示，找到“总体培训费用”数据。

	A	B	C	D	E	F	G
124		总体培训费用					总体培训费用
125			培训费用总额	培训次数			
126		1	290	54			
127		2	167	40			
128		3	228	42			
129		4	350	42			
130		5	451	41			
131		6	317	57			
132		7	389	42			
133		8	396	36			
134		9	510	43			
135		10	356	55			
136		11	278	52			
137		12	214	36			

图 24-54

插入图表。选中【B125:D137】单元格区域→选择【插入】选项卡→单击【插入柱形图或条形图】按钮→选择【簇状柱形图】选项，如图 24-55 所示 。

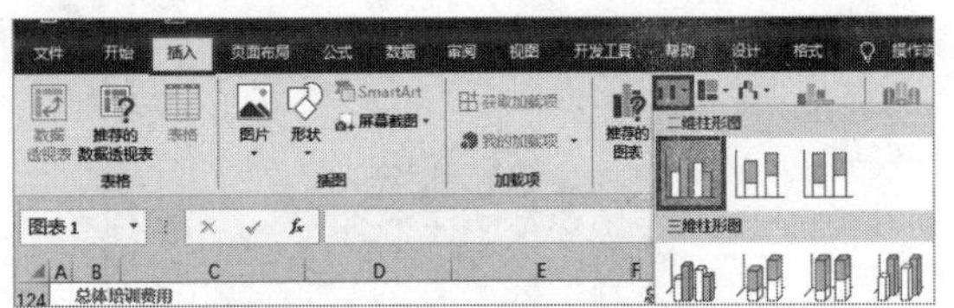

图 24-55

如图 24-56 所示，“培训费用总额”和“培训次数”的数据差距很大，并且不是同一单位，将二者放置于同一柱形图中并没有比较的价值。所以，当两类不同单位、数值差异大的数据出现在同一图表中时，需要启用次坐标轴，利用组合图将毫无关联的两类图表表现在一张图表中，让不同数据在不同维度下显示。

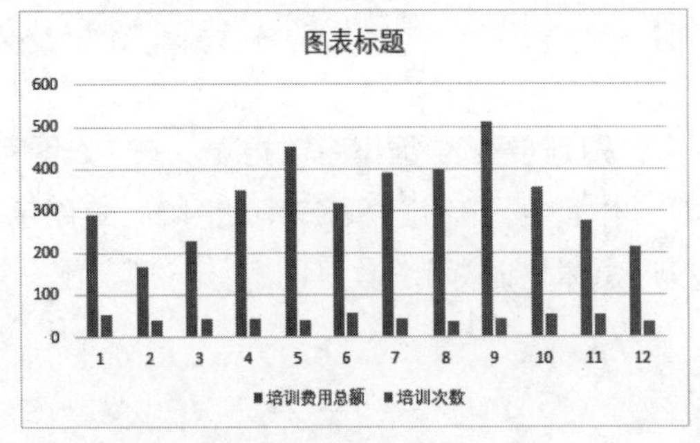

图 24-56

修改图表类型。选中图表→选择【设计】选项卡→单击【更改图表类型】按钮，如图 24-57 所示。

图 24-57

在弹出的【更改图表类型】对话框中选择【组合图】选项→单击“培训次数”对应的【图表类型】按钮→选择【带数据标记的折线图】选项→选中“培训次数”对应的【次坐标轴】复选框→单击【确定】按钮，如图 24-58 所示。

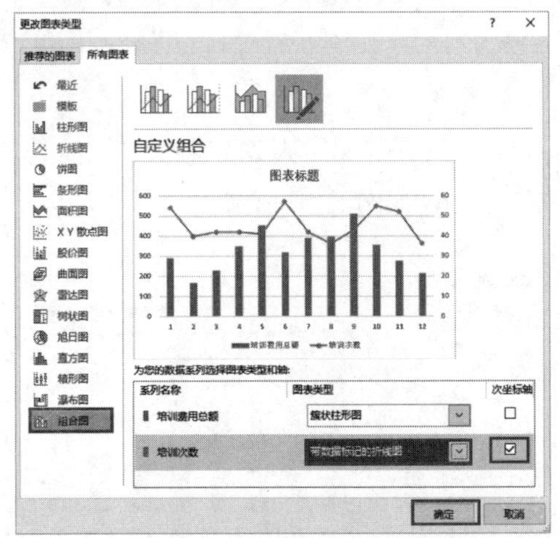

图 24-58

如图 24-59 所示，原来的柱形图就变为组合图了。

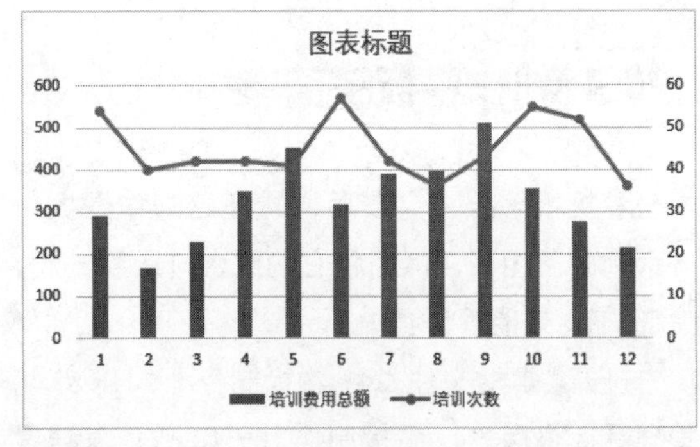

图 24-59

接下来美化图表。选中图表→选择【开始】选项卡→单击【字体】列表框右侧的下拉按钮→

选择【微软雅黑】选项，如图 24-60 所示。

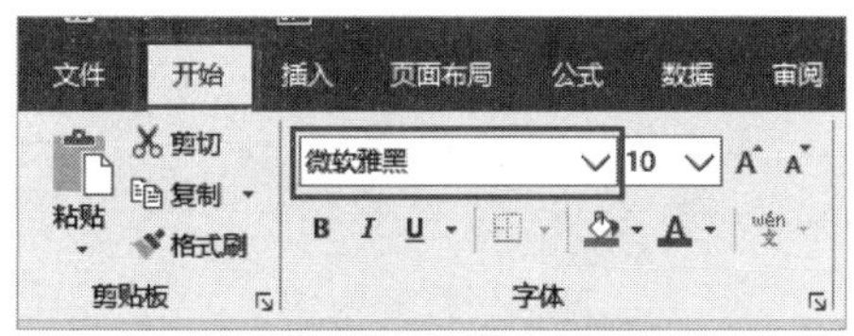

图 24-60

选中图表标题→按 <Delete> 键删除，如图 24-61 所示。

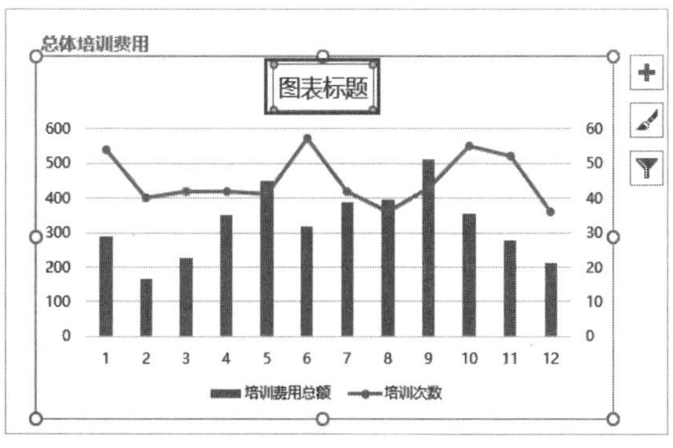

图 24-61

调整图表的颜色。在“KPI 数据”工作表中，在登录 QQ 的情况下，按 <Alt+Ctrl+A> 键使用 QQ 截图工具识别的颜色为“239,99,132”，如图 24-62 所示。

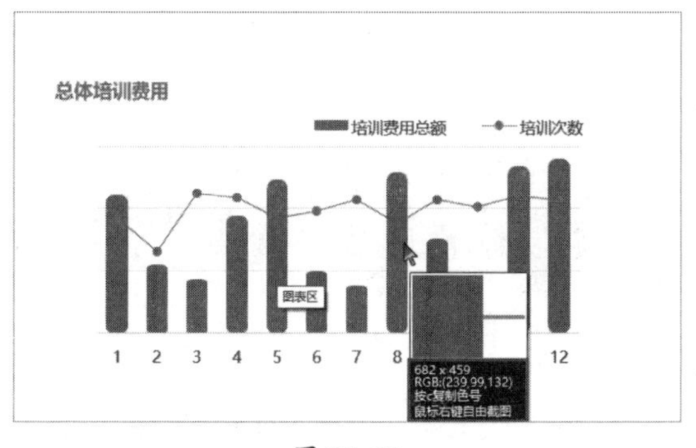

图 24-62

然后在“作图数据”工作表中，选择【插入】选项卡→单击【形状】按钮→选择【圆角矩形】选项，如图 24-63 所示。

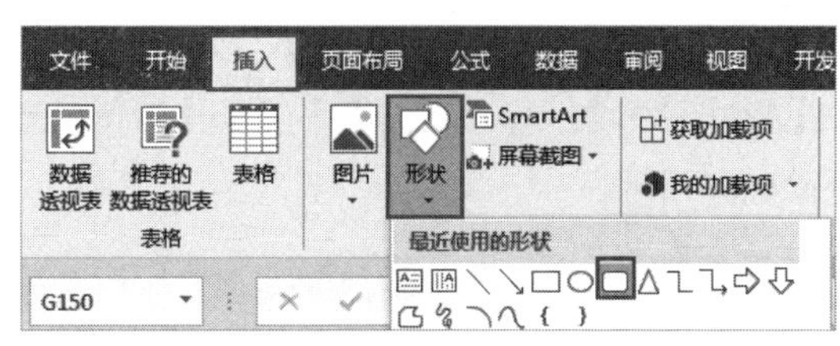

图 24-63

拖曳鼠标绘制圆角矩形→选中圆角矩形→选择【格式】选项卡→单击【形状填充】按钮→选择【其他填充颜色】选项，如图 24-64 所示。

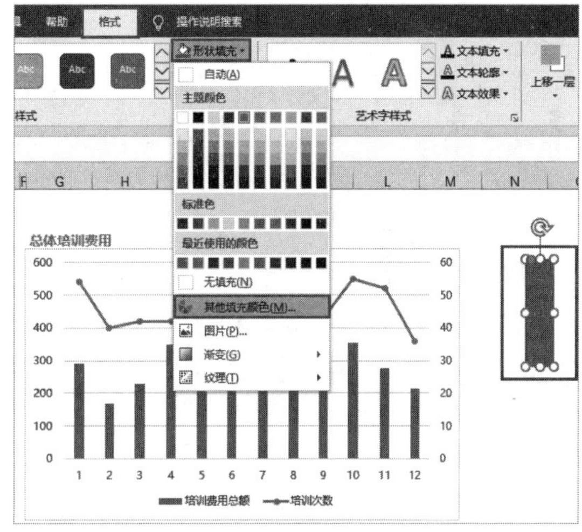

图 24-64

在弹出的【颜色】对话框中输入识别出的 RGB 值“239,99,132”→单击【确定】按钮，如图 24-65 所示。

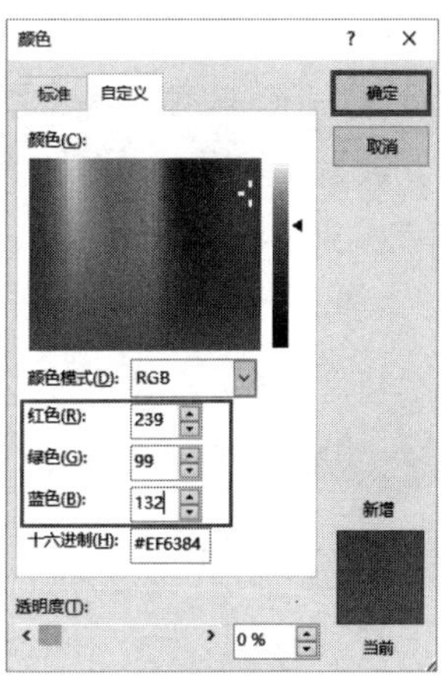

图 24-65

选中圆角矩形→选择【格式】选项卡→单击【形状轮廓】按钮→选择【无轮廓】选项，如图 24-66 所示。

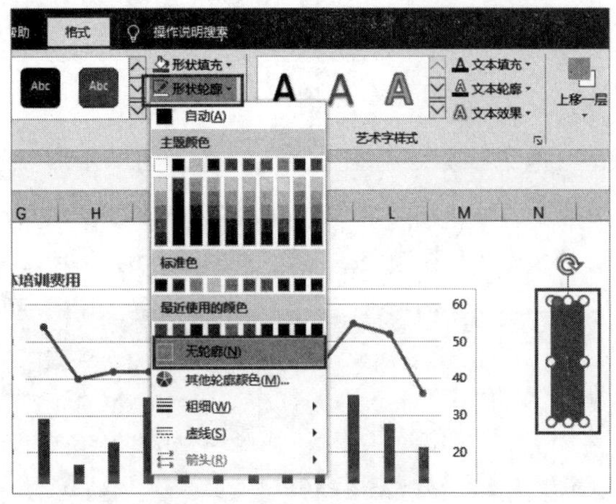

图 24-66

选中圆角矩形→按 <Ctrl+C> 键复制→再选中图表中的柱形→按 <Ctrl+V> 键粘贴，如图 24-67 所示。

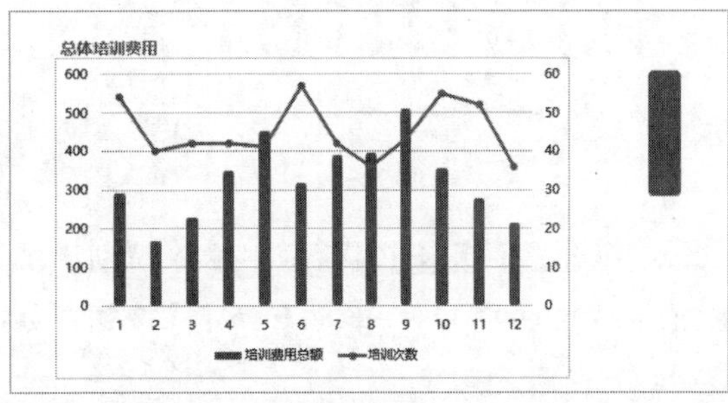

图 24-67

调整柱形的间隙宽度。双击图表中的柱子→在【设置数据系列格式】任务窗格中，将【间隙宽度】调整为“89%”，如图 24-68 所示。

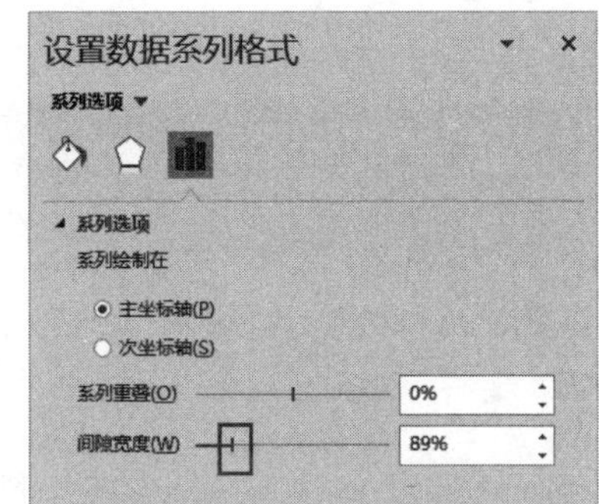

图 24-68

选中网格线→按 <Delete> 键删除，如图 24-69 所示。

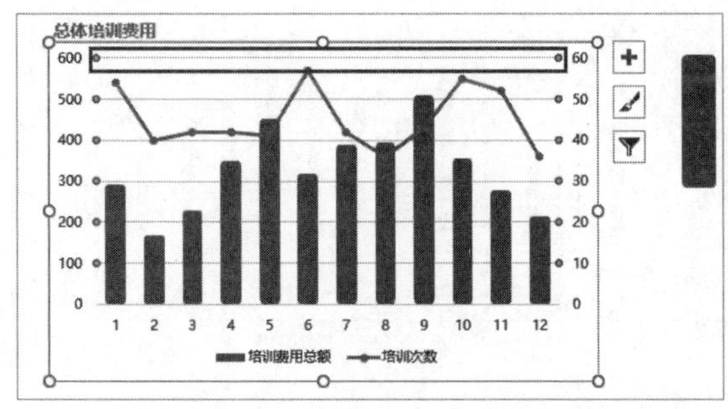

图 24-69

接下来对比“KPI 数据”工作表中的样图，图 24-70 所示的样图中没有坐标轴。

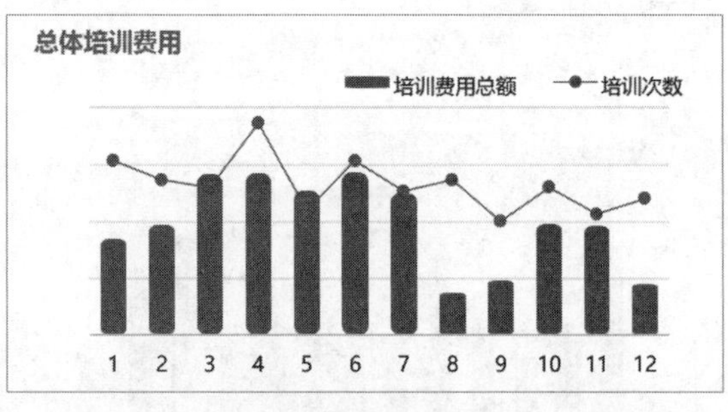

图 24-70

这里笔者建议大家将坐标轴的字体设置为“白色”隐藏起来，而非直接将坐标轴删除，以便于回过头来检查图表错误。选中主坐标轴→选择【开始】选项卡→单击【字体颜色】按钮→选择“白色”，如图 24-71 所示。

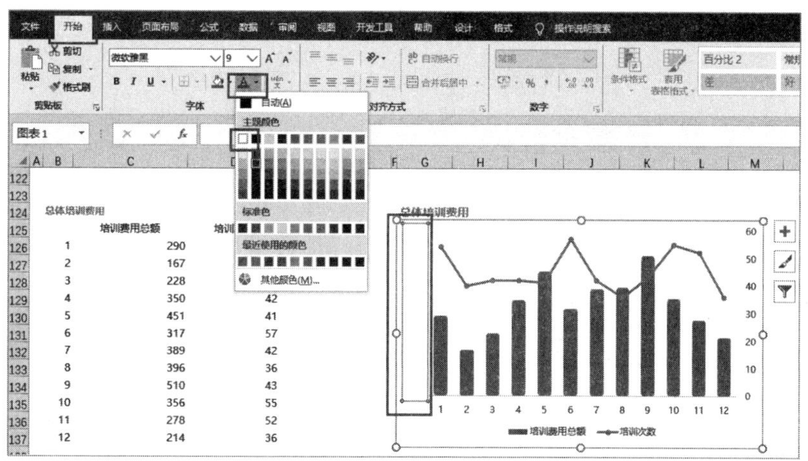

图 24-71

同理，将次坐标轴隐藏起来。选中次坐标轴→选择【开始】选项卡→单击【字体颜色】按钮→选择“白色”，如图 24-72 所示。

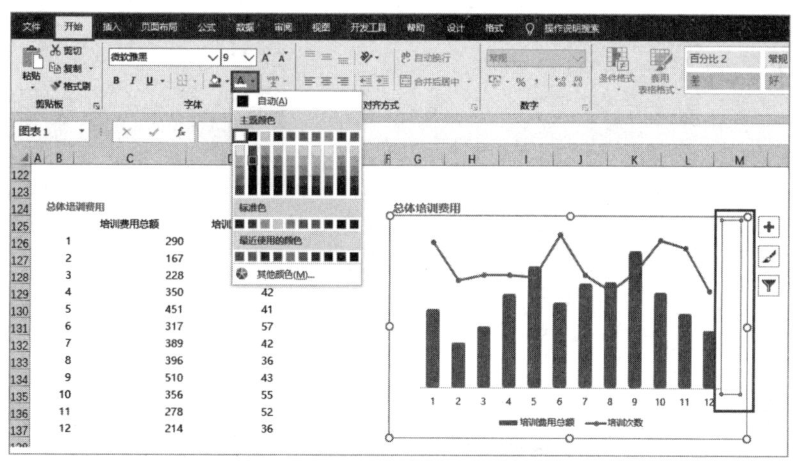

图 24-72

选中图表→选择【格式】选项卡→单击【形状轮廓】按钮→选择【无轮廓】选项，如图 24-73 所示。

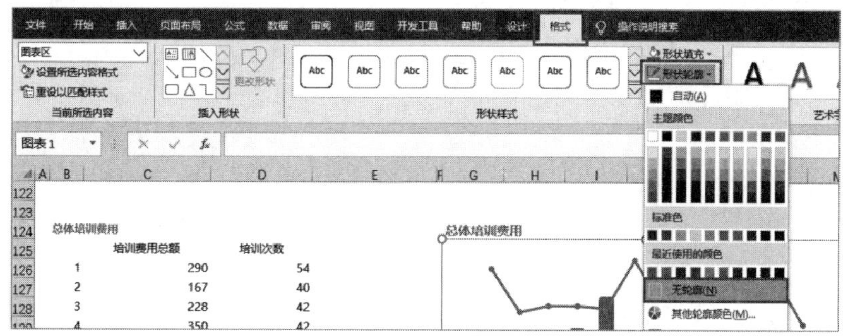

图 24-73

选中图表→选择【格式】选项卡→单击【形状填充】按钮→选择【无填充】选项，如图 24-74 所示。

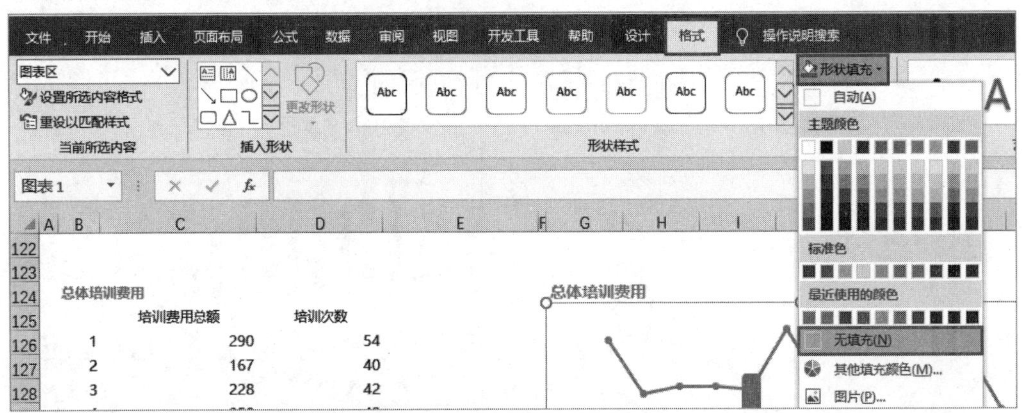

图 24-74

修改折线的颜色。在“KPI 数据”工作表中，在登录 QQ 的情况下，按 <Alt+Ctrl+A> 键使用 QQ 截图工具识别的颜色为“0,173,206”，如图 24-75 所示。

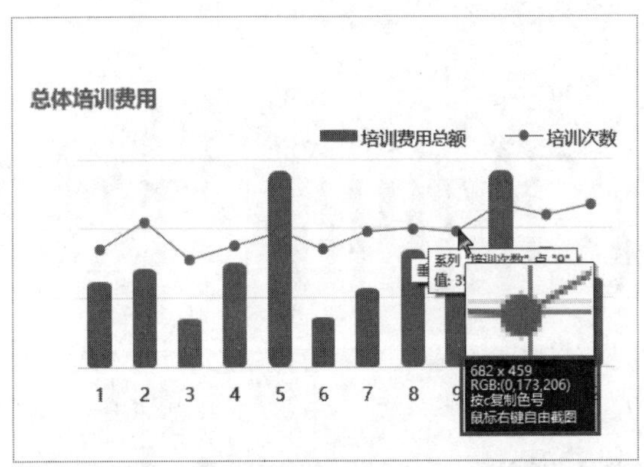

图 24-75

在“作图数据”工作表中，选中折线→在【设置数据系列格式】任务窗格中单击【填充与线条】按钮→单击【颜色】按钮→选择【其他颜色】选项，如图 24-76 所示。

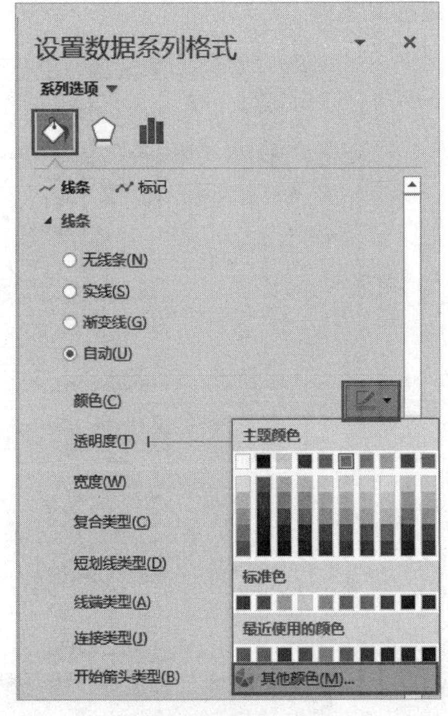

图 24-76

在弹出的【颜色】对话框中输入识别出的 RGB 值“0,173,206”→单击【确定】按钮，如图 24-77 所示。

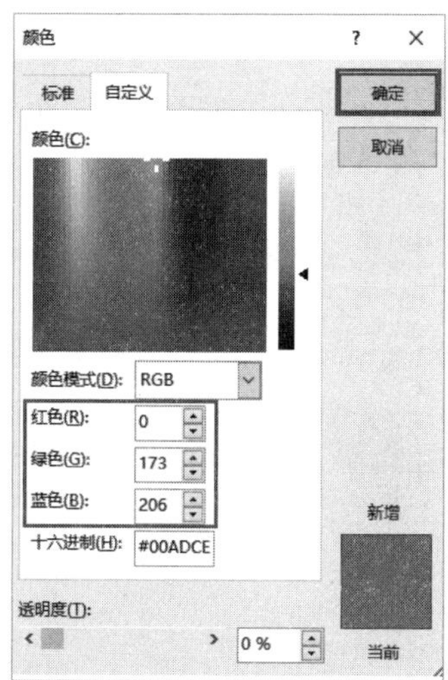

图 24-77

设置标记点颜色。选中折线→在【设置数据系列格式】任务窗格中单击【填充与线条】按钮→选择【标记】选项→选择【填充】选项→单击【颜色】按钮→选择“蓝色”，如图 24-78 所示。

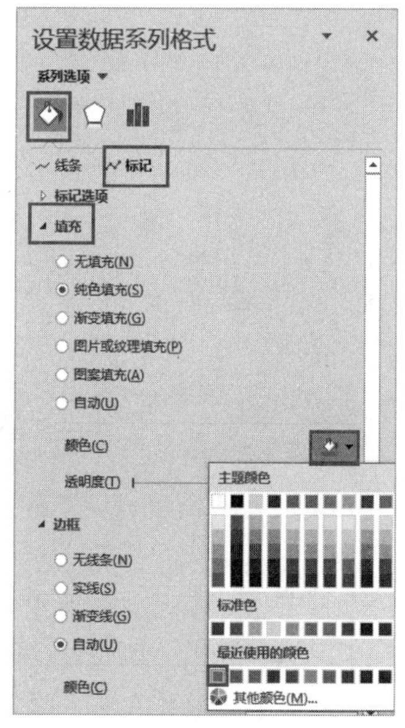

图 24-78

然后选择【边框】选项→选中【无线条】单选按钮，如图 24-79 所示。

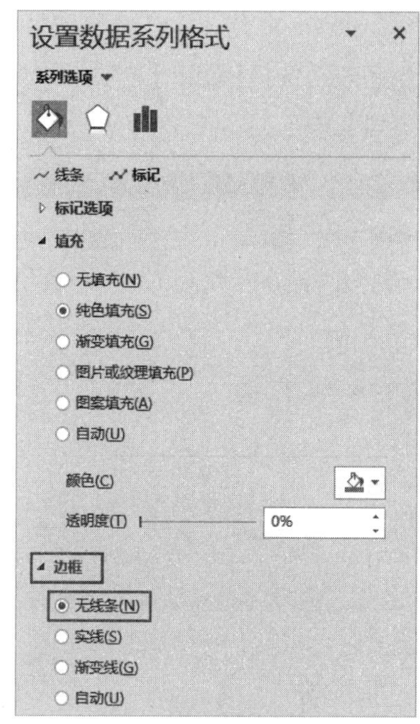

图 24-79

如图 24-80 所示，一张图表就制作完成了。

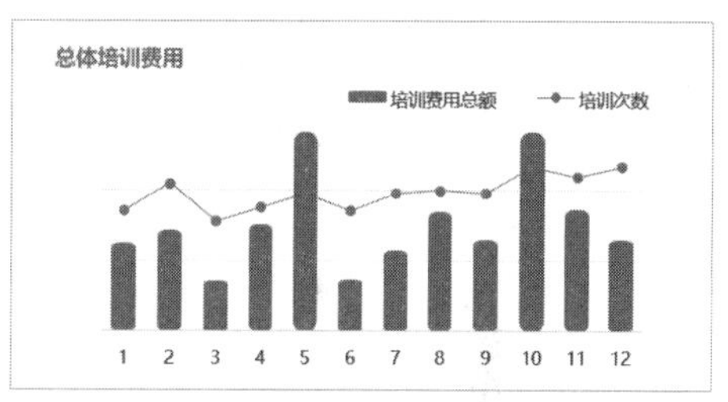

图 24-80

这里给大家留一个小作业：根据第 21~23 关的介绍，完成看板中其他图表的创建。

制作图表可能会花一些时间，不过没关系，笔者制作这些图表也是花了近两个小时的时间。相信大家通过前面的学习，已经对制作图表的知识掌握得不错了，快开始自己动手试一试吧！

温馨提示

当不了解图表的类型时，可以打开【更改图表类型】对话框，查看当前的图表类型。

例如，图 24-81 所示的“员工绩效考核”，可以选中图表→选择【设计】选项卡→单击【更改图表类型】按钮。

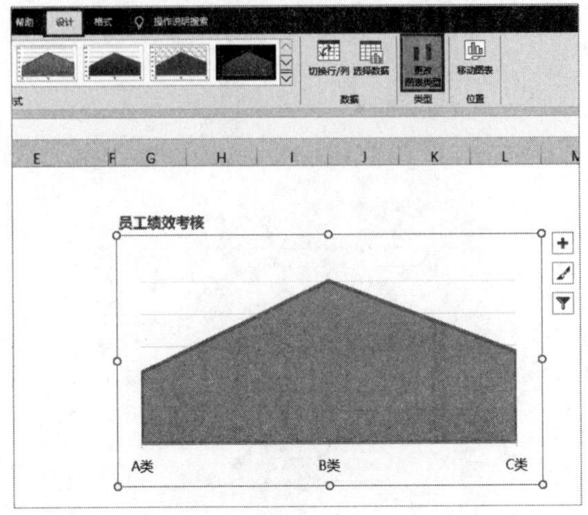

图 24-81

在弹出的【更改图表类型】对话框中可以看到图表类型为“面积图”，如图 24-82 所示。

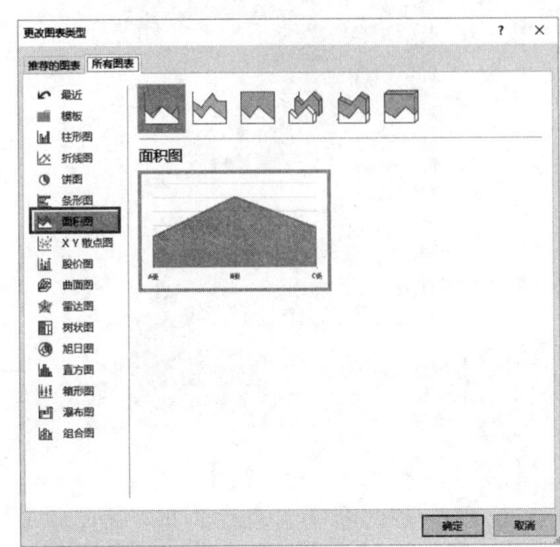

图 24-82

第25关 动态看板制作：动手！拿下HR效能管理看板

本关背景

前面章节已经完成了图表的基础制作，本关就来将子图表组合起来，制作图25-1所示的智能看板。

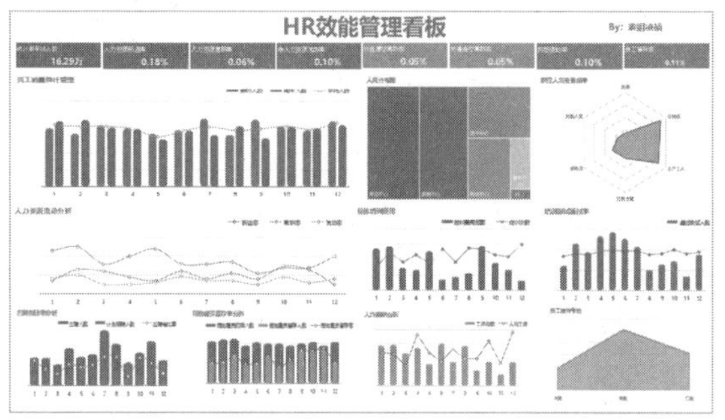

图 25-1

打开“素材文件/25-看板制作下-HR效能管理看板制作/25-看板制作下-HR效能管理看板.xlsx”源文件。

首先新建一张工作表，命名为“制作看板”，如图25-2所示。

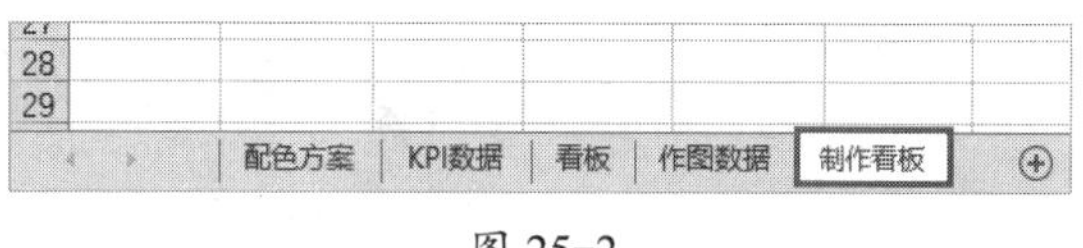

图 25-2

取消工作表中的网格线，将它变为一张纯白的工作表。

选择【视图】选项卡→取消选中【网格线】复选框，如图25-3所示。

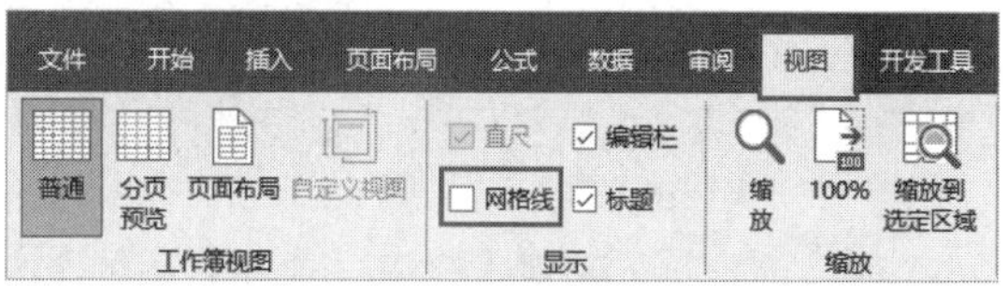

图 25-3

25.1 Excel 照相机

1. 调出【照相机】按钮

想要将图表组合到看板中，首先需要将所有图表拍照，然后放到看板中进行组合排版。这个拍照的工具就是“照相机”。

首先调出【照相机】按钮。选择【文件】选项卡，如图25-4所示。

图 25-4

单击【选项】按钮，如图25-5所示。

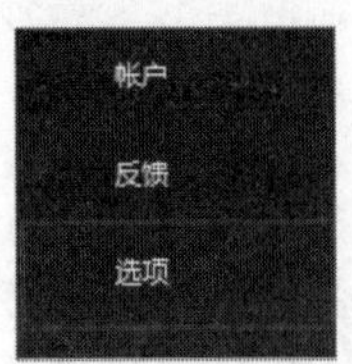

图 25-5

在弹出的【Excel选项】对话框中选择【自定义功能区】选项→在【从下列位置选择命令】下拉列表中选择【不在功能区中的命令】选项→选择【照相机】选项→单击右侧【开始】前的【+】按钮，将【开始】选项卡展开，如图 25-6 所示。

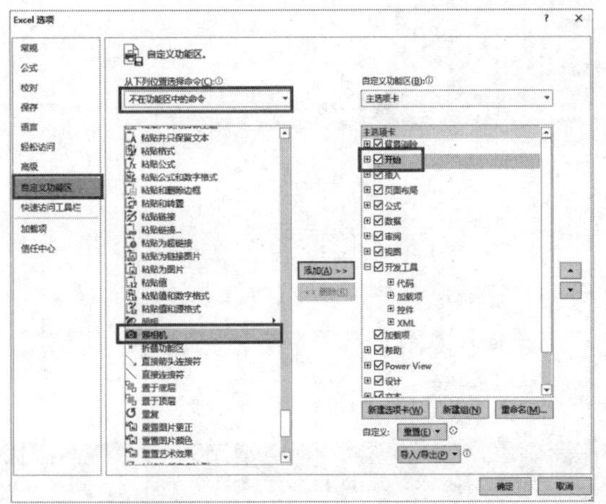

图 25-6

然后单击【新建组】按钮→单击【添加】按钮，如图 25-7 所示。

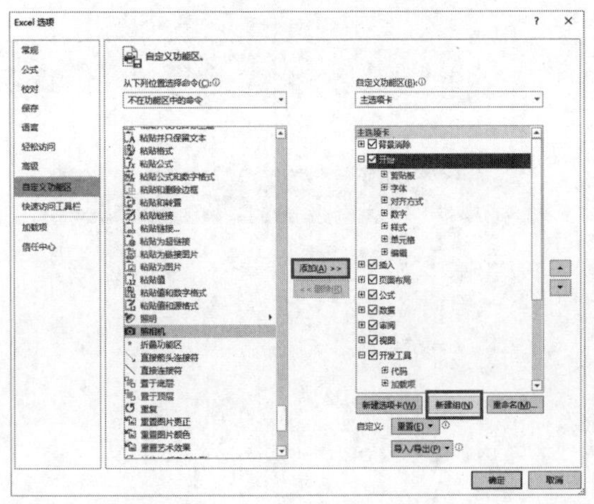

图 25-7

【开始】下面出现了一个【新建组(自定义)】选项→右击，在弹出的快捷菜单中选择【重命名】选项，如图 25-8 所示。

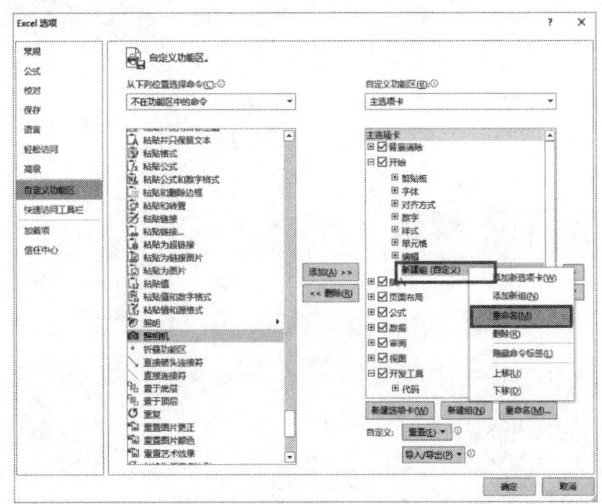

图 25-8

弹出【重命名】对话框→在【显示名称】文本框中输入“照相机”→单击【确定】按钮，如图 25-9 所示。

图 25-9

返回【Excel 选项】对话框，如图 25-10 所示，已经重命名为“照相机”，然后单击【添加】按钮。

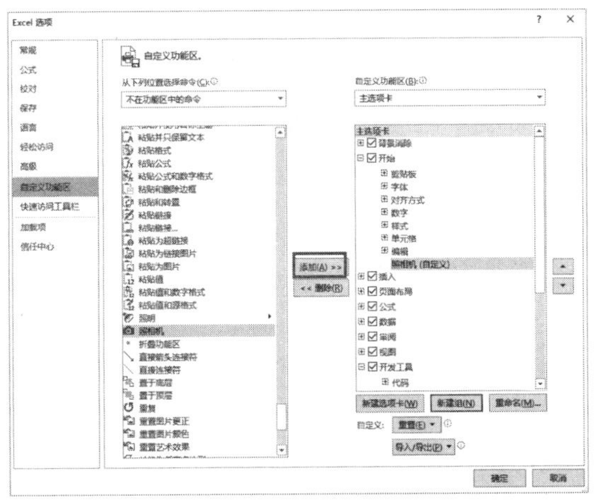

图 25-10

如图 25-11 所示，在“照相机”组中新增一个照相机按钮，然后单击【确定】按钮。

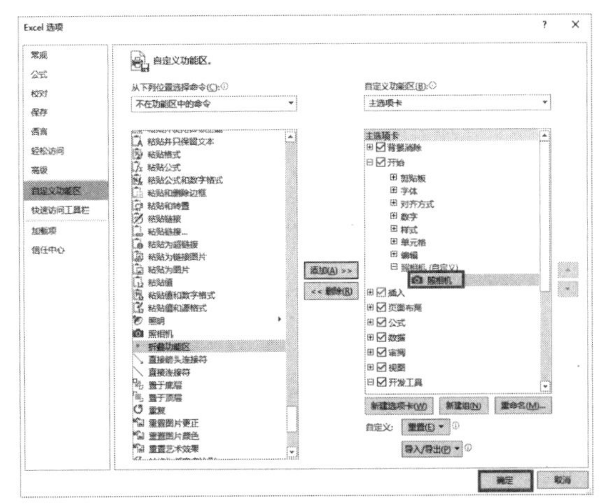

图 25-11

如图 25-12 所示，【开始】选项卡最右侧出现了一个【照相机】组，里面有一个【照相机】按钮。

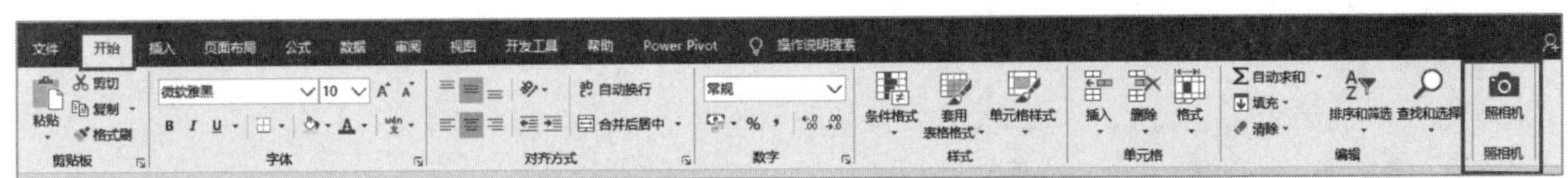

图 25-12

2. 为子图表拍照

在“KPI 数据”工作表中，选中【B2:C3】单元格区域→选择【开始】选项卡→单击【照相机】按钮，如图 25-13 所示。

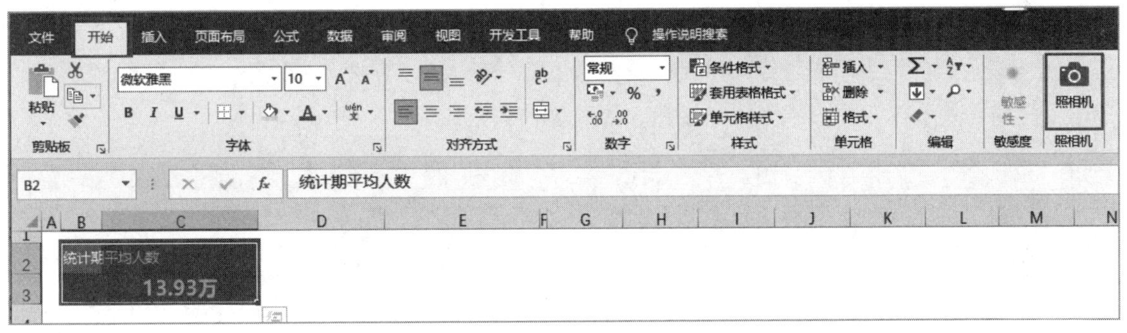

图 25-13

然后在“制作看板”工作表中单击，即可完成图表的粘贴，如图 25-14 所示。

如图 25-15 所示，利用“照相机”功能粘贴进来的图表四周是有一个边框的，可以将边框去除。

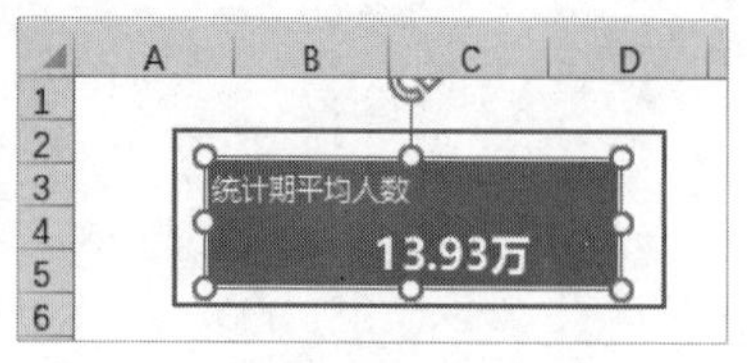

图 25-14

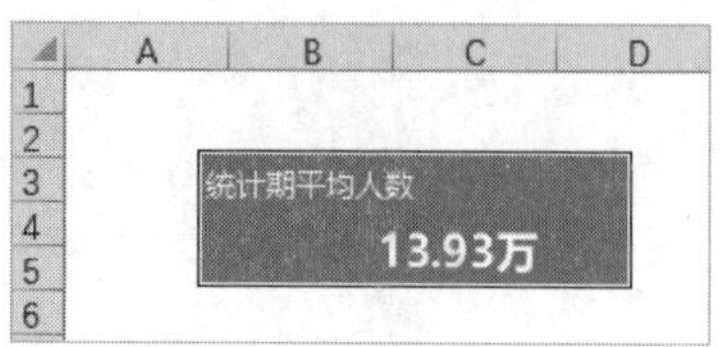

图 25-15

选中图表→选择【格式】选项卡→单击【图片边框】按钮→选择【无轮廓】选项，如图 25-16 所示。

如图 25-17 所示，边框已经去除了。

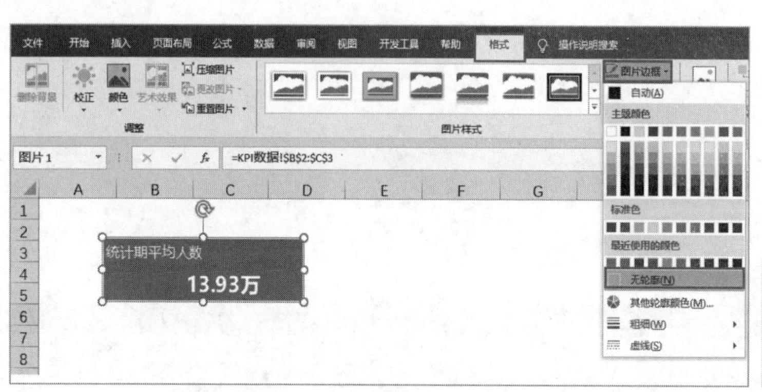

图 25-16

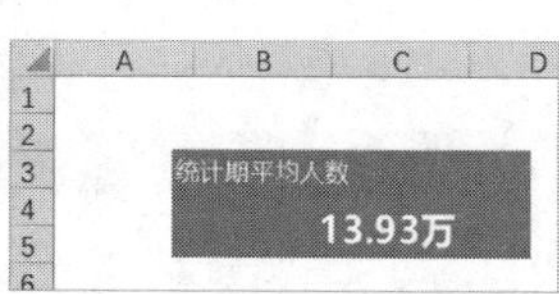

图 25-17

接下来利用同样的方法，将其他几个指标图表都拍照到“制作看板”工作表中，如图25-18所示。

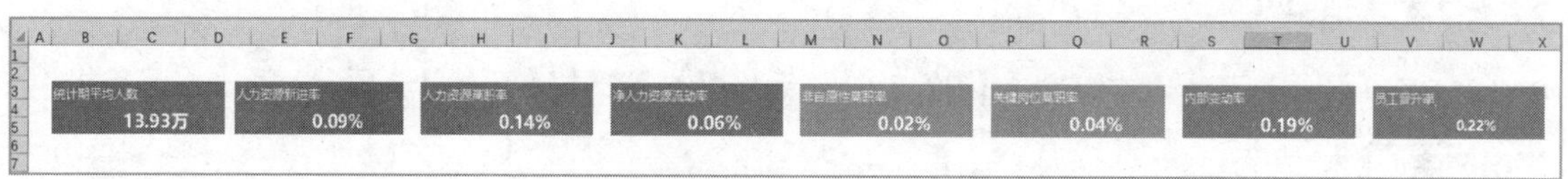

图 25-18

给图表拍照。因为图表已经与单元格区域的边框对齐，所以直接选中【G26:P39】单元格区域→选择【开始】选项卡→单击【照相机】按钮，如图 25-19 所示。

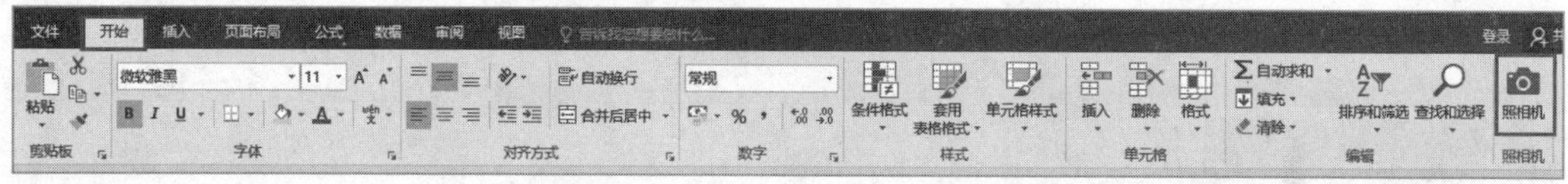

图 25-19

然后在“制作看板”工作表中单击，并将它粘贴进来，如图 25-20 所示。

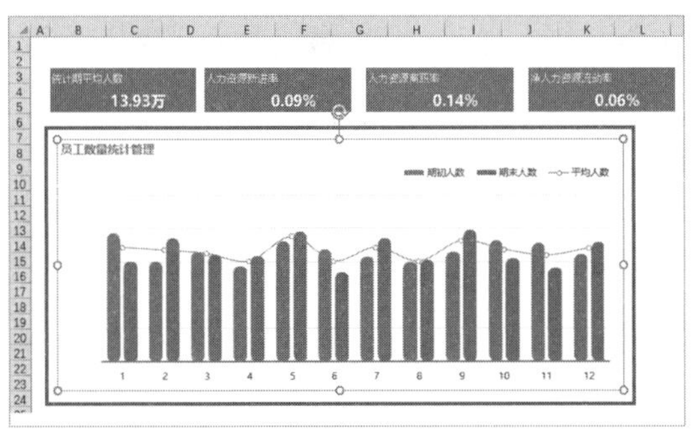

图 25-20

同理，完成其他几个图表的粘贴，如图 25-21 所示。

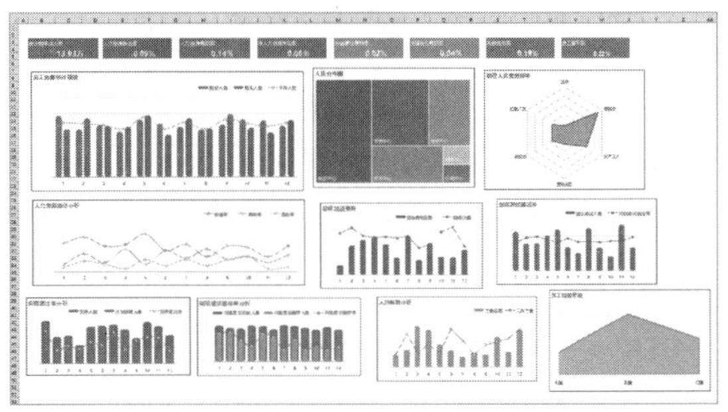

图 25-21

接下来批量取消所有图表的边框。选中任意图表→按 <Ctrl+A> 键将所有图表全部选中→选择【格式】选项卡→单击【图片边框】按钮→选择【无轮廓】选项，如图 25-22 所示。

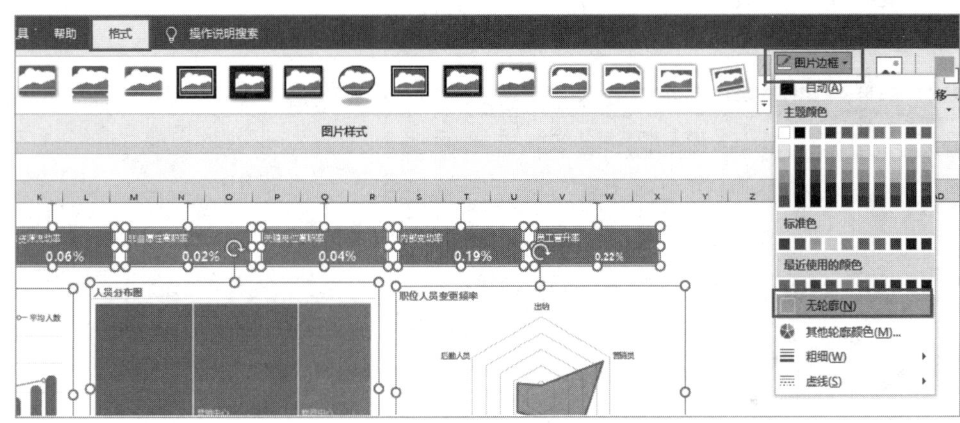

图 25-22

如图 25-23 所示，就已经批量将所有图表设置为无轮廓形式了。

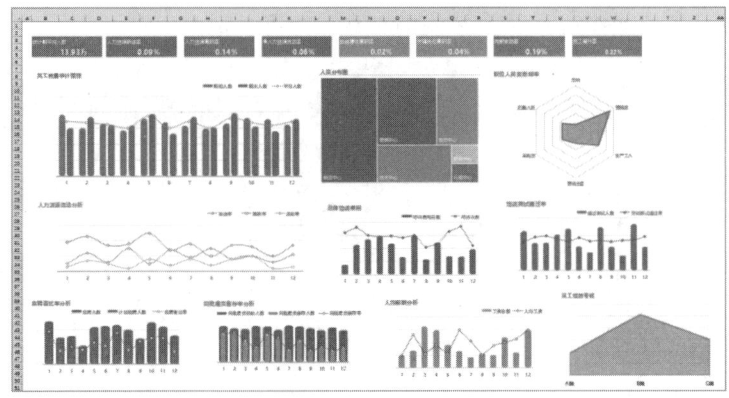

图 25-23

温馨提示

（1）如果采用直接复制粘贴的方法将图表粘贴到“制作看板”工作表中，当调整列宽时，图表的大小会随之改变，所以不建议采用直接复制粘贴的方法。

（2）除使用照相机的方法将图表进行拍照外，还可以利用粘贴为链接图片的方法来制作看板，这在第26关中将会介绍到。

25.2 快速排版技巧

排版之前，首先采用“<Ctrl>键＋向下滚动鼠标滚轮”的方式将页面缩小，这样就可以清晰地看到页面的整体情况，更方便我们排版布局。

然后调整第一行8张图表中第一张和最后一张之间的间距，使8张图表以合适的距离横向分布。

再选中这8张图表→选择【格式】选项卡→单击【对齐】按钮→选择【顶端对齐】和【横向分布】选项，如图25-24所示。

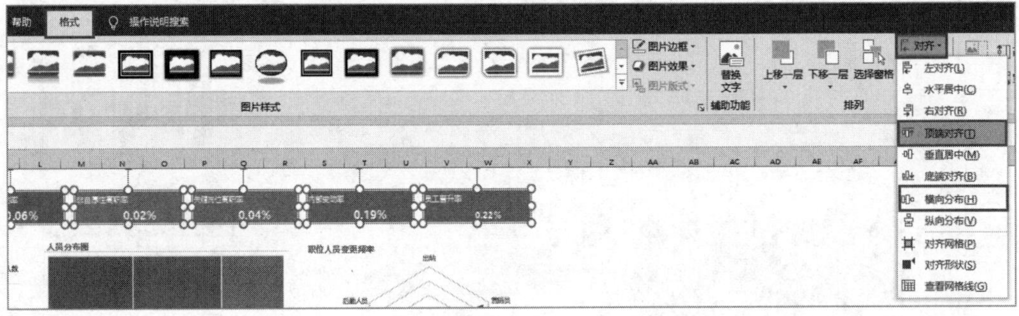

图 25-24

根据看板样式调整几个子图表的位置。

同理，将每一行的第一张图表左对齐，最后一张图表右对齐，并将每一行的图表都设置为“顶端对齐”和“横向分布”。如图25-25所示，就将看板图表部分都制作完成了。

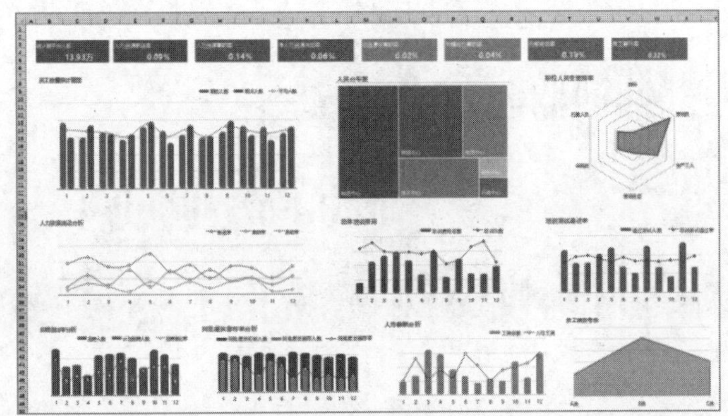

图 25-25

接下来制作一个看板标题。如果直接在单元格中输入表头，当更换 PC 端时容易出现错误，这里建议利用插入文本框的方法来制作。

选择【插入】选项卡→单击【形状】按钮→选择【文本框】选项，如图 25-26 所示。

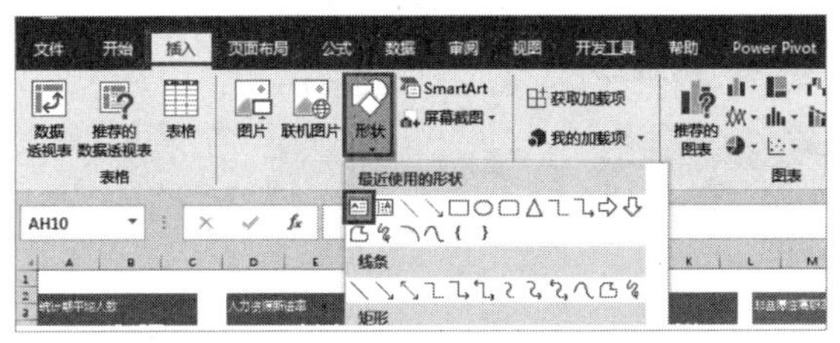

图 25-26

按住鼠标左键不放，拖曳鼠标绘制文本框→在文本框中输入“HR 效能管理看板”，如图 25-27 所示。

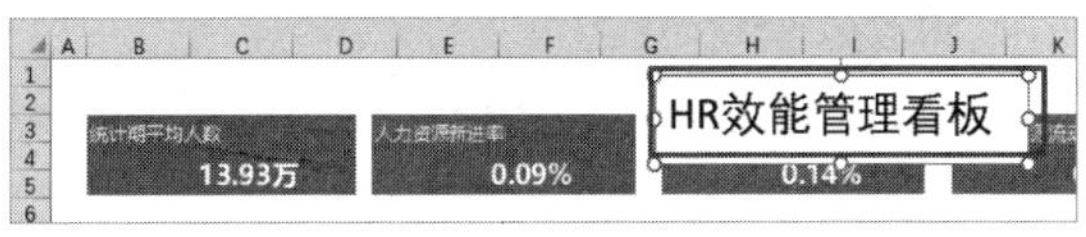

图 25-27

调整第一行行高，将文本框放在第一行内部→设置文本框中的字体为“微软雅黑”，36号，加粗字体，并设置水平居中对齐，如图 25-28 所示。

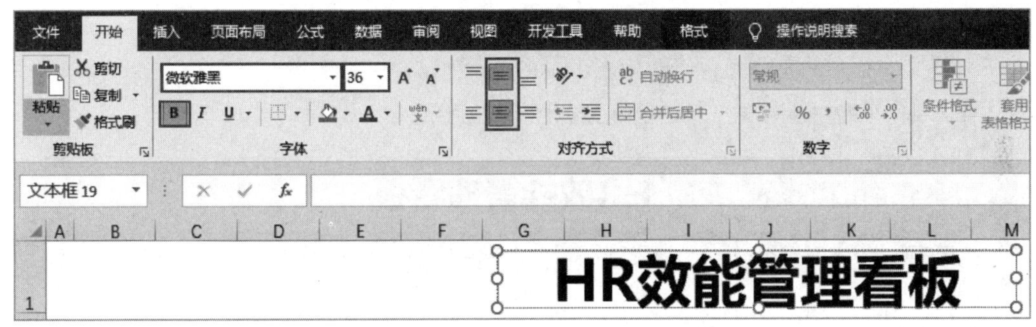

图 25-28

选中文本框→选择【格式】选项卡→单击【形状填充】按钮→选择【无填充】选项，如图 25-29 所示。

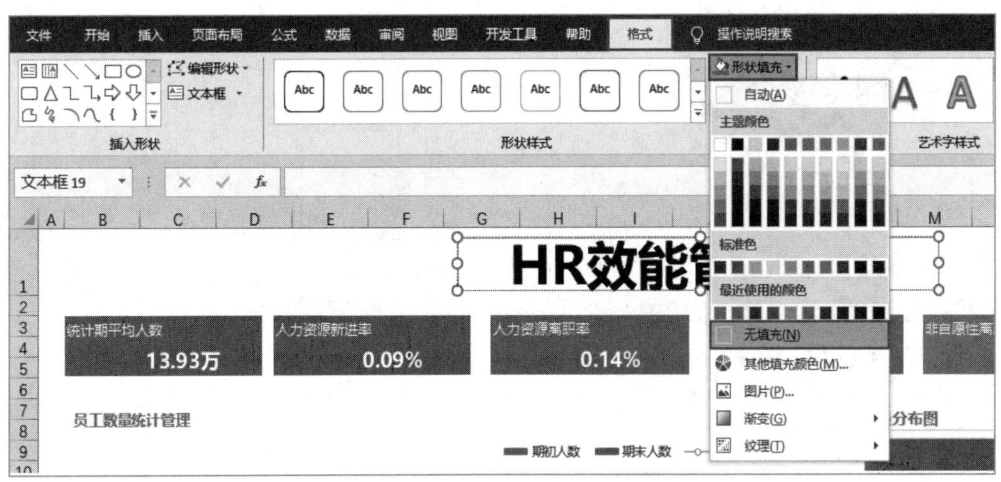

图 25-29

单击【形状轮廓】按钮→选择【无轮廓】选项，如图 25-30 所示。

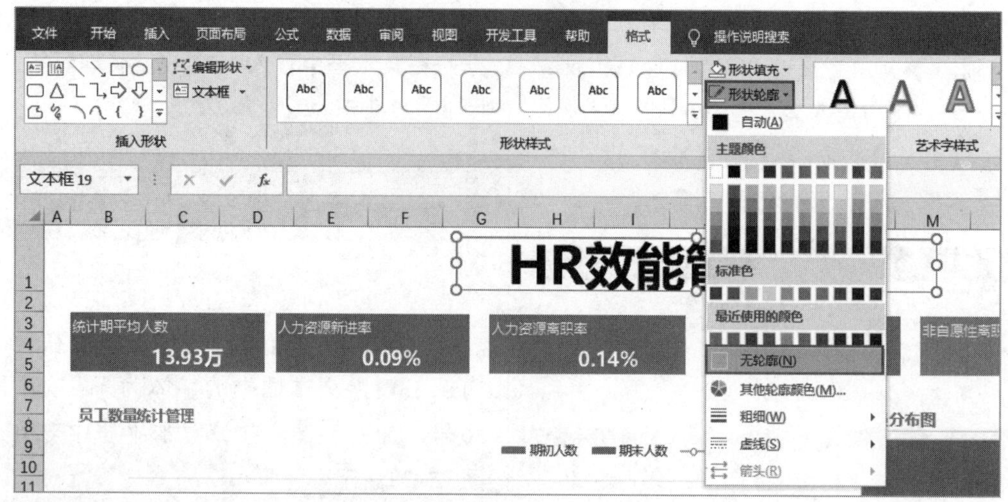

图 25-30

接下来将文本框中的字体颜色修改为图表中的“蓝色”。

选中第三张（蓝色的）图表→双击鼠标，如图 25-31 所示。

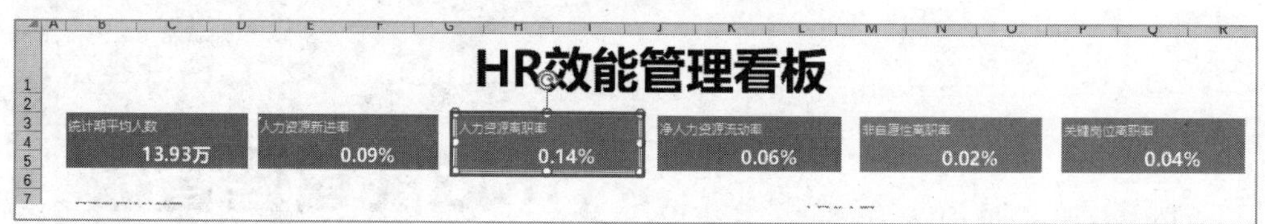

图 25-31

通过照相机拍过来的图表可以快速跳转至图表位置，如图 25-32 所示。

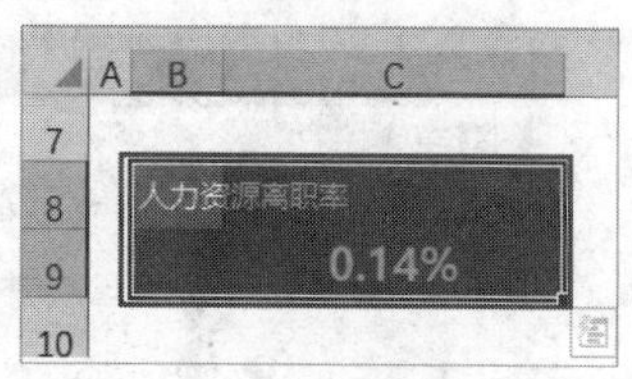

图 25-32

如图 25-33 所示，该图表为选中状态，然后选择【开始】选项卡→单击【填充颜色】按钮→选择【其他颜色】选项。

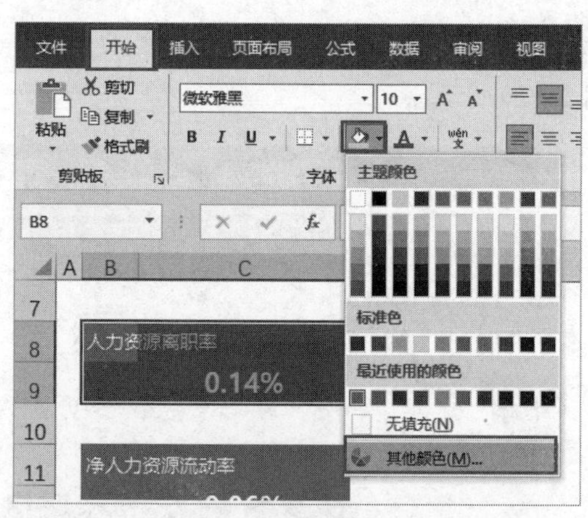

图 25-33

在弹出的【颜色】对话框中单击【确定】按钮，如图 25-34 所示。

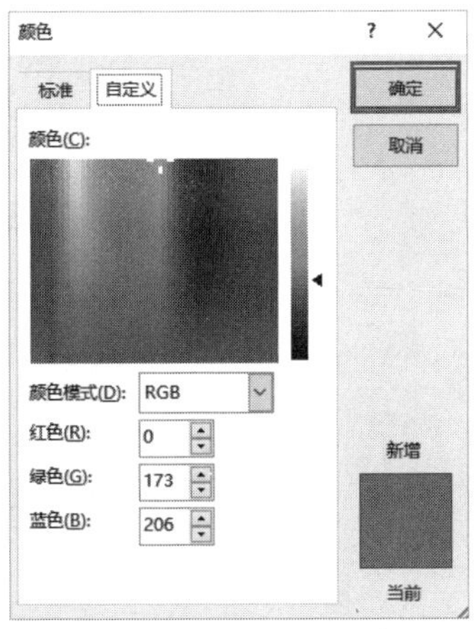

图 25-34

然后回到“制作看板”工作表中，选中文本框中的文本→选择【开始】选项卡→单击【字体颜色】按钮→选择【最近使用的颜色】中的第一个，如图 25-35 所示。

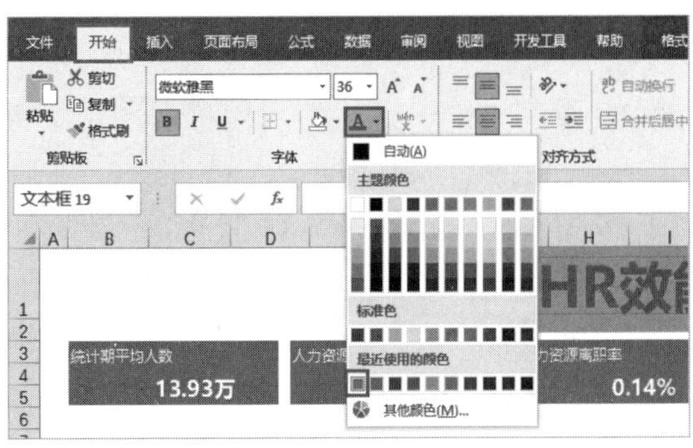

图 25-35

这个颜色就是前面第三张图表中的颜色了，是不是很神奇呢？这就是不用使用 QQ 截图工具的识别软件就可以取到颜色，并 100% 模仿的小技巧。

接下来选中文本框→按 <Ctrl+Shift> 键快速拖曳复制一份，然后修改文本内容为制作者信息，并设置字号大小，如图 25-36 所示。

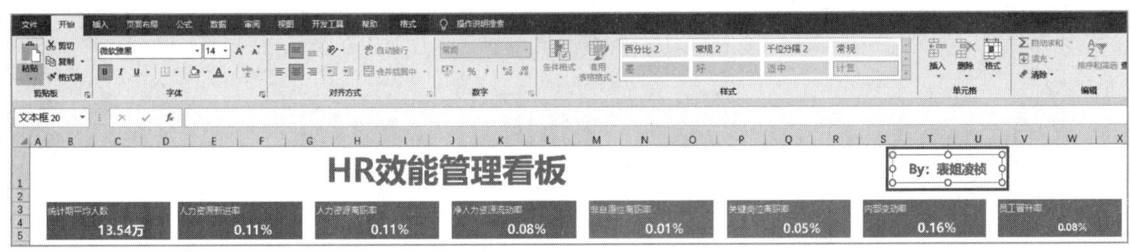

图 25-36

接下来将看板中的所有元素拼装在一起。选中其中一个图表或文本框→按 <Ctrl+A> 键全部选中，如图 25-37 所示。

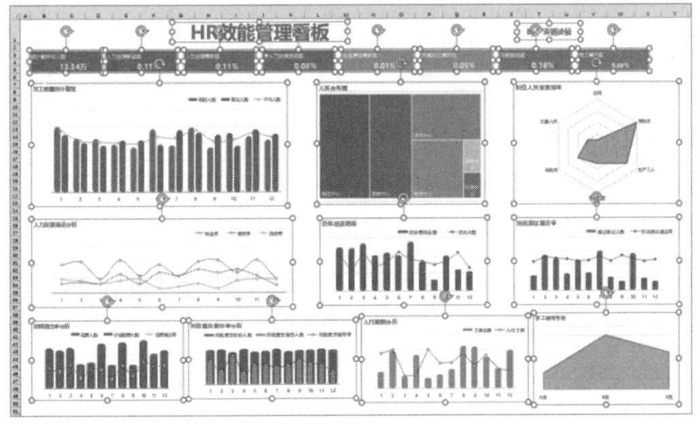

图 25-37

右击，在弹出的快捷菜单中选择【组合】选项中的【组合】选项，如图 25-38 所示。

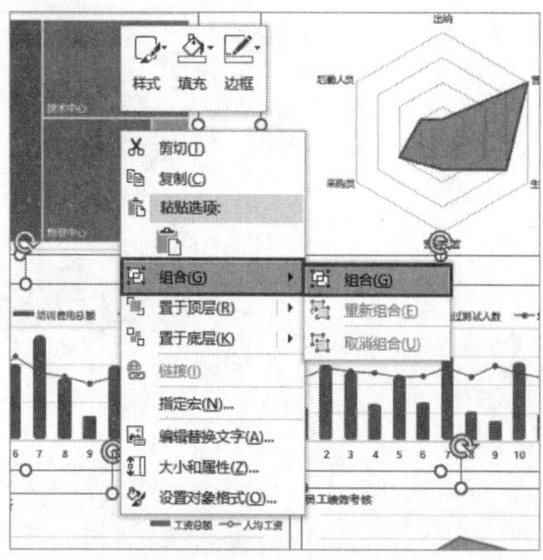

图 25-38

如图 25-39 所示，所有元素就已经组合为一张图片了，可以拖曳图片调整它的位置。

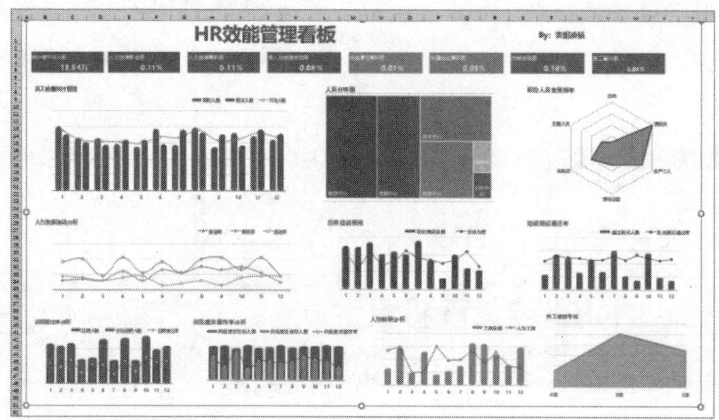

图 25-39

第 6 篇

战略分析篇

如何利用 Excel 提高管理效能？

学会可视化数据分析，帮老板做决策分析

第26关 老板最关心的：销售业绩综合情况看板

本关背景

终于来到了“销售业绩综合情况看板”的制作。本关将综合前面章节介绍的知识，从数据源贯穿到图表，做一个图 26-1 所示的综合贯穿性的“销售管理中心驾驶舱”看板。

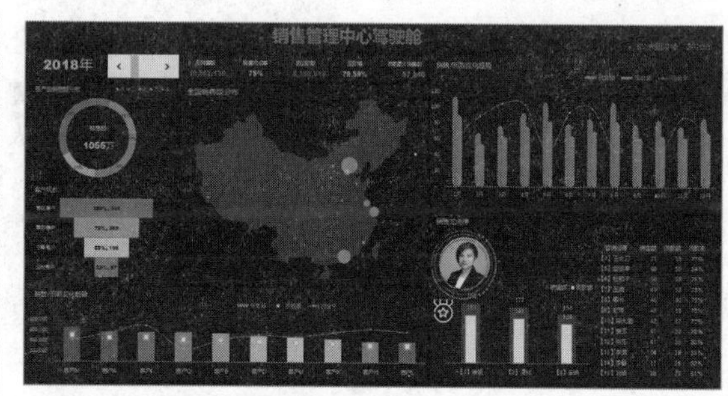

图 26-1

26.1 分析看板结构

在制作图表之前，首先要了解看板的数据结构，也就是你想要分析的是什么。对于结构的分析有以下两种方法。

（1）自上而下：根据看板呈现效果设计数据源表。

（2）自下而上：根据数据源表分析制作看板。

在实际工作中，这两种方法一般是交叉使用的。

1. 根据看板呈现效果设计数据源表

从看板的呈现效果出发，自上而下地设计数据源表。

首先分析看板中的第一张图表：环形图，如图 26-2 所示。这张图表呈现的是“各产品销售额分布”情况。

图 26-2

这里涉及的关键字为“各产品”（产品类别）、“销售额”（各产品销售金额）。

根据对图表的分析，在设计数据源表时，就要设置有关产品类别的字段。根据实际业务情况，在“销售流水”工作表中设置“产品大类”

和“产品小类”两个字段，如图 26-3 所示。

	A	B	C	D	E	F	G
1	ID	合同日	客户名	客户省	产品小	产品大	单价
2	HT0001	2018/1/1	客户Y	河南	乙6	乙	60
3	HT0002	2018/1/1	客户J	上海	丁3	丁	3
4	HT0003	2018/1/1	客户T	江苏	丁5	丁	5
5	HT0004	2018/1/1	客户Q	河北	丁4	丁	4
6	HT0005	2018/1/1	客户W	福建	戊1	戊	20
7	HT0006	2018/1/1	客户J	上海	甲2	甲	10
8	HT0007	2018/1/2	客户L	广东	甲4	甲	20
9	HT0008	2018/1/2	客户G	上海	丁1	丁	1
10	HT0009	2018/1/2	客户M	广东	丁6	丁	6
11	HT0010	2018/1/2	客户W	福建	丁5	丁	5
12	HT0011	2018/1/2	客户W	福建	甲3	甲	15
13	HT0012	2018/1/2	客户Y	河南	丙1	丙	10
14	HT0013	2018/1/3	客户N	广东	丁4	丁	4
15	HT0014	2018/1/4	客户A	北京	丁1	丁	1
16	HT0015	2018/1/4	客户K	广东	丁2	丁	2
17	HT0016	2018/1/4	客户Y	河南	甲5	甲	25
18	HT0017	2018/1/4	客户X	山东	丁1	丁	1

图 26-3

然后分析看板中的第二张图表：漏斗图，如图 26-4 所示。这张图表呈现的是“客户状态”的分布情况，并且“潜在客户”“意向客户”“方案客户”“谈判客户”之间形成了一种自上而下、游动状态的漏斗形式。

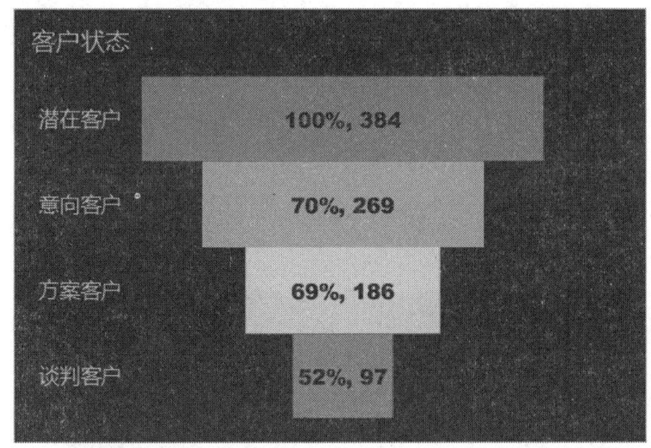

图 26-4

这里涉及的关键字为“客户状态”“分布”（每个客户属于哪一个状态）。

所以，就要制作一个“客户清单”工作表，并且要在表中设置“客户名称”和“客户状态”两个字段，如图 26-5 所示。

	A	B	C	D	
1	客户编码	客户名称	客户省份	客户状态	客户
2	0001	客户A	北京	成交客户	
3	0002	客户B	北京	成交客户	
4	0003	客户C	北京	成交客户	
5	0004	客户D	北京	成交客户	
6	0005	客户E	北京	成交客户	
7	0006	客户F	北京	成交客户	
8	0007	客户G	上海	成交客户	
9	0008	客户H	上海	成交客户	
10	0009	客户I	上海	成交客户	
11	0010	客户J	上海	成交客户	
12	0011	客户K	广东	成交客户	
13	0012	客户L	广东	成交客户	
14	0013	客户M	广东	成交客户	
15	0014	客户N	广东	成交客户	
16	0015	客户O	广东	成交客户	
17	0016	客户P	广东	成交客户	
18	0017	客户Q	河北	成交客户	
19	0018	客户R	河北	成交客户	

图 26-5

接下来分析看板中的第三张图表：地图图表，如图 26-6 所示。这张图表呈现的是“全国销售额分布”情况。

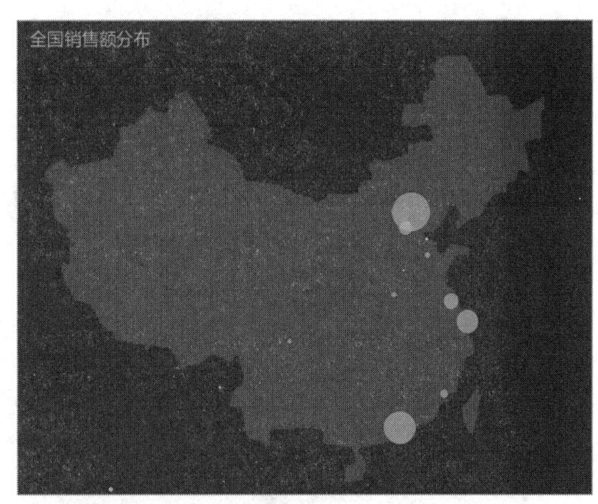

图 26-6

这里涉及的关键字为“区域”（省份）、“销售额”（各省份销售金额）。

所以，在设计数据源表时，就要设置“客户省份”和“销售金额”两个字段，如图 26-7 所示。

C	D	E	F	G	H	I	J
客户名	客户省	产品小	产品大	单价	销售数	销售金	回款金
客户V	河南	乙6	乙	60	97	5820	5762
客户J	上海	丁3	丁	3	242	726	465
客户T	江苏	丁5	丁	5	599	2995	1797
客户Q	河北	丁4	丁	4	93	372	290
客户W	福建	戊1	戊	20	497	9940	8548
客户J	上海	甲2	甲	10	261	2610	2036
客户L	广东	甲4	甲	20	893	17860	13752
客户G	上海	丁1	丁	1	331	331	209
客户M	广东	丁6	丁	6	728	4368	4150
客户W	福建	丁5	丁	5	796	3980	3224
客户W	福建	甲3	甲	15	932	13980	10625
客户Y	河南	丙1	丙	10	523	5230	4864
客户N	广东	丁4	丁	4	312	1248	749
客户A	北京	丁1	丁	1	190	190	129
客户K	广东	丁2	丁	2	42	84	59
客户Y	河南	甲5	甲	25	496	12400	11160
客户X	山东	丁1	丁	1	233	233	179

图 26-7

继续分析看板中的第四张图表：组合图，如图 26-8 所示。这张图表呈现的是“销售额”“回款额”“回款率”在“各月份”的变化趋势。这里涉及的关键字为“销售额”“回款额”“回款率”“月份”。

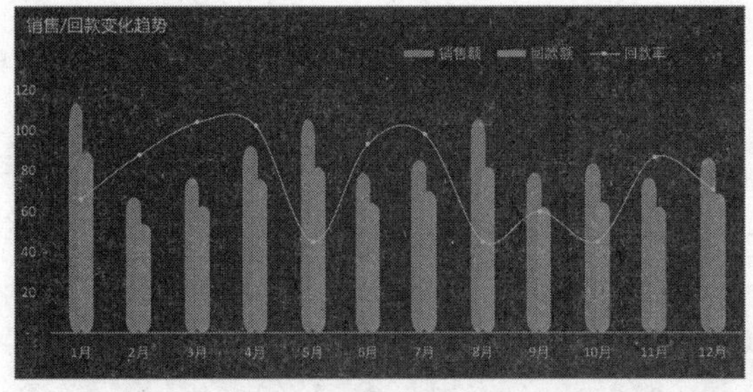

图 26-8

所以，在设计数据源表时，就要设置“销售金额”“回款金额”“合同年月”三个字段（而“回款率”=“回款金额”/“销售金额”），如图 26-9 所示。

G	H	I	J	K	L	M	N
单价	销售数	销售金	回款金	营销员	合同年	合同月	合同年月
60	97	5820	5762	王鸿	2018	1	201801
3	242	726	465	表姐	2018	1	201801
5	599	2995	1797	凌祯	2018	1	201801
4	93	372	290	梁大朋	2018	1	201801
20	497	9940	8548	苗玉	2018	1	201801
10	261	2610	2036	安迪	2018	1	201801
20	893	17860	13752	表姐	2018	1	201801
1	331	331	209	凌祯	2018	1	201801
6	728	4368	4150	表姐	2018	1	201801
5	796	3980	3224	表姐	2018	1	201801
15	932	13980	10625	安迪	2018	1	201801
10	523	5230	4864	杜和平	2018	1	201801
4	312	1248	749	喻书	2018	1	201801
1	190	190	129	表姐	2018	1	201801
2	42	84	59	王大刀	2018	1	201801
25	496	12400	11160	杜和平	2018	1	201801
1	233	233	179	凌祯	2018	1	201801

图 26-9

继续分析看板中的第五张图表：组合图，如图 26-10 所示。这张图表呈现的是“各客户”的“销售额”“回款额”“回款率”的变化趋势。

这里涉及的关键字为“客户名称”“销售额”“回款额”“回款率”。

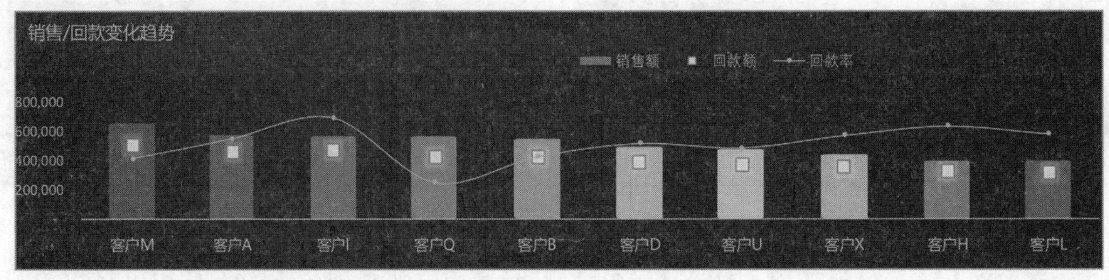

图 26-10

所以，在设计数据源表时，就要设置“客户名称”“销售金额”“回款金额”三个字段（而“回款率”=“回款金额”/“销售金额”），如图 26-11 所示。

合同日期	客户名称	客户省份	产品小类	产品大类	单价	销售数量	销售金额	回款金额	营销员
2018/1/1	客户Y	河南	乙6	乙	60	97	5820	5762	王鸿
2018/1/1	客户J	上海	丁3	丁	3	242	726	465	表姐
2018/1/1	客户T	江苏	丁5	丁	5	599	2995	1797	凌祯
2018/1/1	客户Q	河北	丁4	丁	4	93	372	290	梁大朋
2018/1/1	客户W	福建	戊1	戊	20	497	9940	8548	董玉
2018/1/1	客户J	上海	甲2	甲	10	261	2610	2036	安迪
2018/1/2	客户L	广东	甲4	甲	20	893	17860	13752	表姐
2018/1/2	客户G	上海	丁1	丁	1	331	331	209	凌祯
2018/1/2	客户M	广东	丁6	丁	6	728	4368	4150	表姐
2018/1/2	客户W	福建	丁5	丁	5	796	3980	3224	表姐
2018/1/2	客户W	福建	甲3	甲	15	932	13980	10625	安迪
2018/1/2	客户Y	河南	丙1	丙	10	523	5230	4864	杜和平
2018/1/3	客户N	广东	丁4	丁	4	312	1248	749	喻书
2018/1/4	客户A	北京	丁1	丁	1	190	190	129	表姐
2018/1/4	客户K	广东	丁2	丁	2	42	84	59	王大刀
2018/1/4	客户Y	河南	甲5	甲	25	496	12400	11160	杜和平
2018/1/4	客户X	山东	丁1	丁	1	233	233	179	凌祯

图 26-11

接下来分析看板中的第六张图表：销售龙虎榜，如图 26-12 所示。这张图表呈现的是每个“营销经理”对应的“销售额”“回款额”“回款率”情况。

这里涉及的关键字为“营销经理（营销员）”“销售额”“回款额”“回款率”。

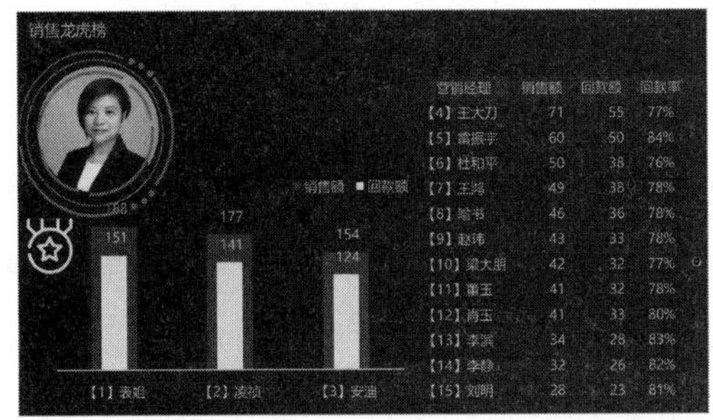

图 26-12

所以，在设计数据源表时，就要设置“营销员”“销售金额”“回款金额”三个字段（而“回款率”=“回款金额”/“销售金额”），如图 26-13 所示。

销售数量	销售金额	回款金额	营销员	合同年份
97	5820	5762	王鸿	2018
242	726	465	表姐	2018
599	2995	1797	凌祯	2018
93	372	290	梁大朋	2018
497	9940	8548	董玉	2018
261	2610	2036	安迪	2018
893	17860	13752	表姐	2018
331	331	209	凌祯	2018
728	4368	4150	表姐	2018
796	3980	3224	表姐	2018
932	13980	10625	安迪	2018
523	5230	4864	杜和平	2018
312	1248	749	喻书	2018
190	190	129	表姐	2018
42	84	59	王大刀	2018
496	12400	11160	杜和平	2018
233	233	179	凌祯	2018

图 26-13

以上就是根据自上而下的方式，从看板结构拆解 KPI 完成数据源字段设置的过程。

2. 根据数据源表分析制作看板

前面是在已知看板样式的情况下来设计数据源表，从而制作 KPI 看板。实际工作中很多情况下是已有图 26-14 所示的“销售流水”，然后根据“销售流水”制作 KPI 看板，这又该如何进行分析制作呢？

	ID	合同日期	客户名称	客户省份	产品小类	产品大类	单价	销售数量	销售金额	回款金额	营销员	合同年份	合同月份	合同年月
2	HT0001	2018/1/1	客户Y	河南	乙6	乙	60	97	5820	5762	王鸿	2018	1	201801
3	HT0002	2018/1/1	客户J	上海	丁3	丁	3	242	726	465	表姐	2018	1	201801
4	HT0003	2018/1/1	客户T	江苏	丁5	丁	5	599	2995	1797	凌祯	2018	1	201801
5	HT0004	2018/1/1	客户Q	河北	丁4	丁	4	93	372	290	梁大朋	2018	1	201801
6	HT0005	2018/1/1	客户W	福建	戊1	戊	20	497	9940	8548	董玉	2018	1	201801
7	HT0006	2018/1/1	客户J	上海	甲2	甲	10	261	2610	2036	安迪	2018	1	201801
8	HT0007	2018/1/2	客户L	广东	甲4	甲	20	893	17860	13752	表姐	2018	1	201801
9	HT0008	2018/1/2	客户G	上海	丁1	丁	1	331	331	209	凌祯	2018	1	201801
10	HT0009	2018/1/2	客户M	广东	丁6	丁	6	728	4368	4150	表姐	2018	1	201801
11	HT0010	2018/1/2	客户W	福建	丁5	丁	5	796	3980	3224	表姐	2018	1	201801
12	HT0011	2018/1/2	客户W	福建	甲3	甲	15	932	13980	10625	安迪	2018	1	201801
13	HT0012	2018/1/2	客户Y	河南	丙1	丙	10	523	5230	4864	杜和平	2018	1	201801
14	HT0013	2018/1/3	客户N	广东	丁4	丁	4	312	1248	749	喻书	2018	1	201801
15	HT0014	2018/1/4	客户A	北京	丁1	丁	1	190	190	129	表姐	2018	1	201801
16	HT0015	2018/1/4	客户K	广东	丁2	丁	2	42	84	59	王大刀	2018	1	201801
17	HT0016	2018/1/4	客户Y	河南	甲5	甲	25	496	12400	11160	杜和平	2018	1	201801
18	HT0017	2018/1/4	客户X	山东	丁1	丁	1	233	233	179	凌祯	2018	1	201801

图 26-14

首先通过“产品大类”和“产品小类”可以分析出哪个产品类别卖得最好；通过“客户名称”对应的“销售金额”可以分析哪些客户是你的核心优质客户；通过“合同年月”可以分析在哪个时期营销业绩最好。

同时，可以分析各个月份的销售趋势。通

过分析结果做销售预测，有利于公司生产、物流、库存等部门做同期的生产准备，以保证供货的及时性。

通过“回款金额”和“销售金额”可以做回款率分析。对于回款不是很好的客户，就需要做销售预测。对于回款好但销售份额不大的客户，就可以做一些市场争取的动作。

通过不同种类产品的“销售数量”，可以看出此产品属于“薄利多销”型还是“高竞价值”型，这些都可以通过数据源分析整理出来。

26.2 制作看板子图表

对看板和数据源进行了分析之后，就可以开始一步步完成图表的制作了。

1. 准备数据源表和参数表

打开“素材文件 /26- 科技感看板制作 /26- 科技感看板制作 - 销售管理中心驾驶舱 - 空白数据源 .xlsx”源文件。

在“销售流水”工作表中，笔者已经利用 RANDBETWEEN 函数模拟了 3 年共 3000 行的“营销数据”，然后将它粘贴为数值，作为作图用的数据源表，并利用数据源表在“客户清单”工作表中整理出了一个“客户清单”，如图 26-15 所示。

客户编码	客户名称	客户省份	客户状态	客户全称	地址	联系人	联系电话	主要供货产品	备注
0001	客户A	北京	成交客户						
0002	客户B	北京	成交客户						
0003	客户C	北京	成交客户						
0004	客户D	北京	成交客户						
0005	客户E	北京	成交客户						
0006	客户F	北京	成交客户						
0007	客户G	上海	成交客户						
0008	客户H	上海	成交客户						
0009	客户I	上海	成交客户						
0010	客户J	上海	成交客户						
0011	客户K	广东	成交客户						
0012	客户L	广东	成交客户						
0013	客户M	广东	成交客户						
0014	客户N	广东	成交客户						
0015	客户O	广东	成交客户						
0016	客户P	广东	成交客户						
0017	客户Q	河北	成交客户						

图 26-15

这里笔者建议大家做表前先建立一张“参数表”作为数据录入的准则，然后根据参数表的字段设置做“销售流水”或“客户清单”。在“参数表”工作表中，笔者已经提前为大家准备好数据了，如图 26-16 所示。

客户名称	客户省份	产品小类	产品大类	单价	客户状态	营销员	日期范围
客户A	北京	甲1	甲	5	潜在客户	表姐	2018/1/1
客户B	北京	甲2	甲	10	意向客户	凌祯	2020/12/31
客户C	北京	甲3	甲	15	方案客户	安迪	
客户D	北京	甲4	甲	20	谈判客户	王大刀	
客户E	北京	甲5	甲	25		赵玮	
客户F	北京	乙1	乙	8		肖玉	
客户G	上海	乙2	乙	15		雷振宇	
客户H	上海	乙3	乙	30		喻书	
客户I	上海	乙4	乙	40		董玉	
客户J	上海	乙5	乙	50		李静	
客户K	广东	乙6	乙	60		刘明	
客户L	广东	丙1	丙	10		梁大朋	
客户M	广东	丙2	丙	15		王鸿	
客户N	广东	丙3	丙	18		李滨	
客户O	广东	丙4	丙	25		杜和平	
客户P	广东	丙5	丙	35			
客户Q	河北	丁1	丁	1			
客户R	河北	丁2	丁	2			
客户S	江苏	丁3	丁	3			
客户T	江苏	丁4	丁	4			
客户U	江苏	丁5	丁	5			
客户V	福建	丁6	丁	6			
客户W	福建	戊1	戊	20			
客户X	山东	戊2	戊	30			
客户Y	河南	戊3	戊	40			
客户Z	四川	戊4	戊	50			

图 26-16

准备好“数据源表”和“参数表”后，就正式进入图表的制作了。

2. 制作 KPI 总指标

如图 26-17 所示，通过单击控件选择不同的年份，“总指标”图中的数据值也随之发生变化。这就是通过“总指标”工作表传参而来的。

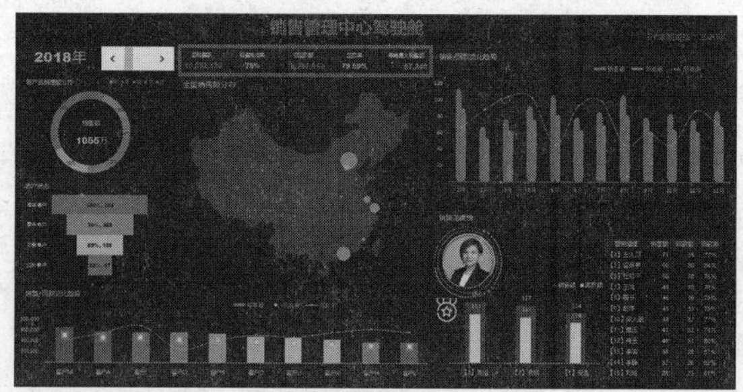

图 26-17

（1）准备作图数据源。

作图前要先准备作图数据源。利用自上而下的方法，根据看板中的“总指标”图分析作图数据源的构成。如图 26-18 所示，“总指标”图中包含“总销售额”“销售完成率”“总回款额”“回款率”“单笔最大销售额”5个指标。

图 26-18

那么，在“总指标”工作表中就需要将这5个指标罗列出来，放在【A2:A6】单元格区域中。因为所有指标都是通过控件控制年份信息，根据选择的年份筛选出来的，所以还要将各个年份罗列出来，放在【C1:E1】单元格区域中。而将控件所控制的当前年份对应的各指标情况放在【B】列，在【B1】单元格中输入“当前年份”。其中，销售完成率 = 总销售额 / 销售目标。这里出于展示的需要，已经手动将 2018—2020 年的“销售完成率”分别在【C3:E3】单元格区域中设置为“75%”“88%”“93%”，如图 26-19 所示。

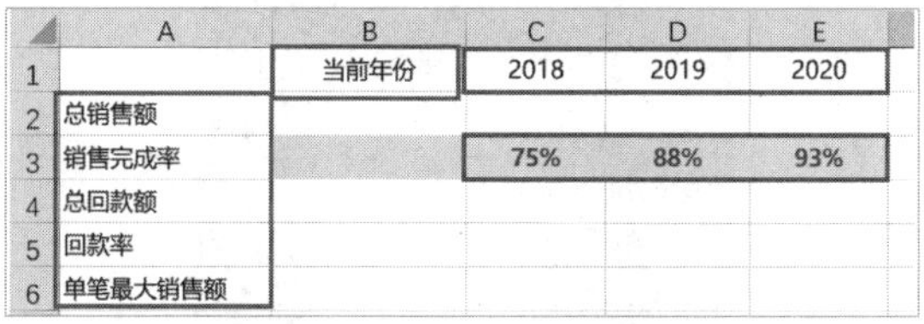

	A	B	C	D	E
1		当前年份	2018	2019	2020
2	总销售额				
3	销售完成率		75%	88%	93%
4	总回款额				
5	回款率				
6	单笔最大销售额				

图 26-19

接下来利用 SUMIFS 函数，分别将5个指标对应年份的数据计算出来。

首先计算【C2】单元格的值，即“2018年”对应的“总销售额”，利用图 26-20 所示的 SUMIFS 函数进行条件求和。

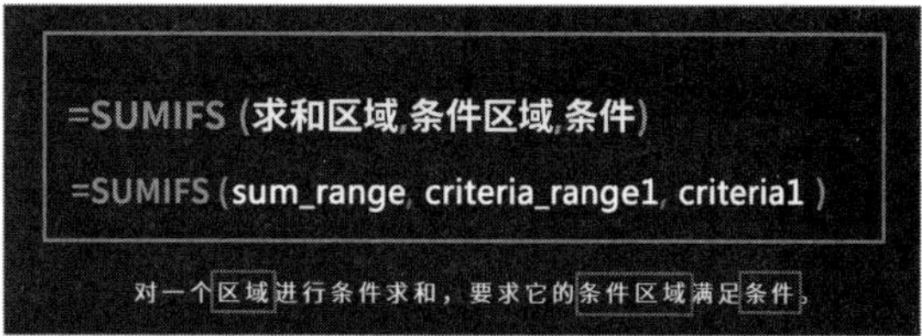

图 26-20

求和区域：销售额，即“销售流水”工作表中的【I】列，锁定列。

条件区域：年份，即“销售流水”工作表中的【L】列，锁定列。

条件：2018年，即“总指标”工作表中的【C1】单元格，锁定行。

代入公式就是“=SUMIFS(销售流水!$I:$I, 销售流水!$L:$L, 总指标!C$1)”。

选中【C2】单元格→单击函数编辑区将其激活→输入公式“=SUMIFS(销售流水!$I:$I, 销售流水!$L:$L, 总指标!C$1)”→按 <Enter> 键确认→向右拖曳鼠标将公式填充至【C2:E2】单元格区域，如图 26-21 所示。

C2 =SUMIFS(销售流水!$I:$I,销售流水!$L:$L,总指标!C$1)

	A	B	C	D	E
1		当前年份	2018	2019	2020
2	总销售额		10,552,130	10,598,958	10,048,237
3	销售完成率		75%	88%	93%
4	总回款额				
5	回款率				
6	单笔最大销售额				

图 26-21

同理，利用 SUMIFS 函数进行条件求和，完成【C4】单元格的计算，即“2018年”对应的“总回款额”的计算，对应的公式为“=SUMIFS(销售流水!$J:$J, 销售流水!$L:$L, 总指标!C$1)”。

选中【C4】单元格→单击函数编辑区将其激活→输入公式“=SUMIFS(销售流水!$J:$J, 销售流水!$L:$L, 总指标!C$1)”→按 <Enter> 键确认→向右拖曳鼠标将公式填充至【C4:E4】单元格区域，如图 26-22 所示。

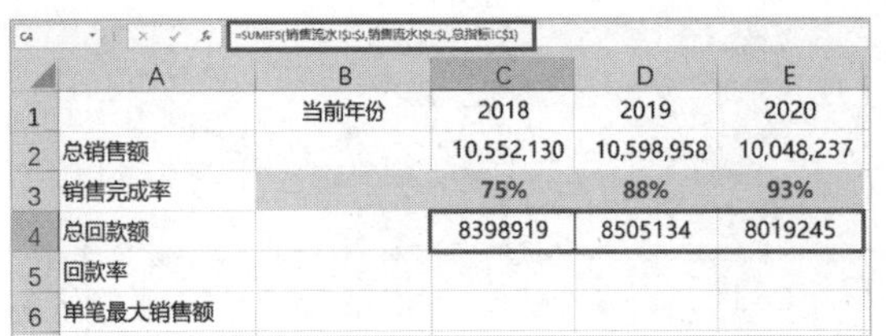

C4 =SUMIFS(销售流水!$J:$J,销售流水!$L:$L,总指标!C$1)

	A	B	C	D	E
1		当前年份	2018	2019	2020
2	总销售额		10,552,130	10,598,958	10,048,237
3	销售完成率		75%	88%	93%
4	总回款额		8398919	8505134	8019245
5	回款率				
6	单笔最大销售额				

图 26-22

接下来完成【C5】单元格的计算，即“2018年”对应的“回款率”的计算，对应的公式为“=总回款额 / 总销售额”，即“=C4/C2”。

选中【C5】单元格→单击函数编辑区将其激活→输入公式“=C4/C2”→按 <Enter> 键确认→向右拖曳鼠标将公式填充至【C5:E5】单元格区域，如图 26-23 所示。

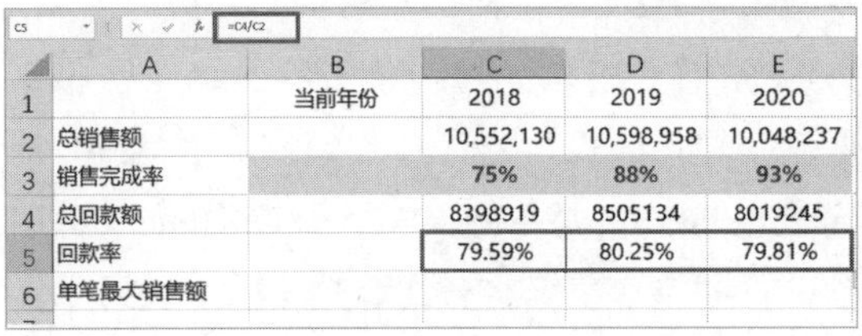

C5 =C4/C2

	A	B	C	D	E
1		当前年份	2018	2019	2020
2	总销售额		10,552,130	10,598,958	10,048,237
3	销售完成率		75%	88%	93%
4	总回款额		8398919	8505134	8019245
5	回款率		79.59%	80.25%	79.81%
6	单笔最大销售额				

图 26-23

继续完成【C6:E6】单元格区域的计算。利用 MAX 函数计算出每年单笔最大销售额，如图 26-24 所示。

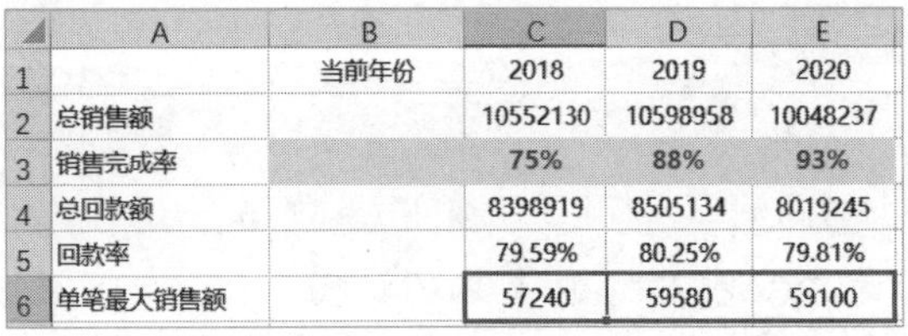

	A	B	C	D	E
1		当前年份	2018	2019	2020
2	总销售额		10552130	10598958	10048237
3	销售完成率		75%	88%	93%
4	总回款额		8398919	8505134	8019245
5	回款率		79.59%	80.25%	79.81%
6	单笔最大销售额		57240	59580	59100

图 26-24

（2）制作看板控件。

完成了基础数据源的构建后，再来看一下控件是如何控制当前年份数据的。

首先在“看板”工作表中插入“滚动条”控件。选择【开发工具】选项卡→单击【插入】按钮→选择【滚动条】选项，如图 26-25 所示。

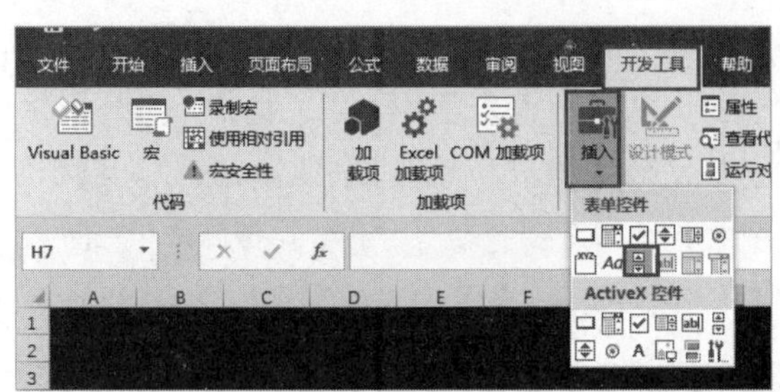

图 26-25

选中后，在任意空白位置拖曳鼠标绘制控件，如图 26-26 所示。

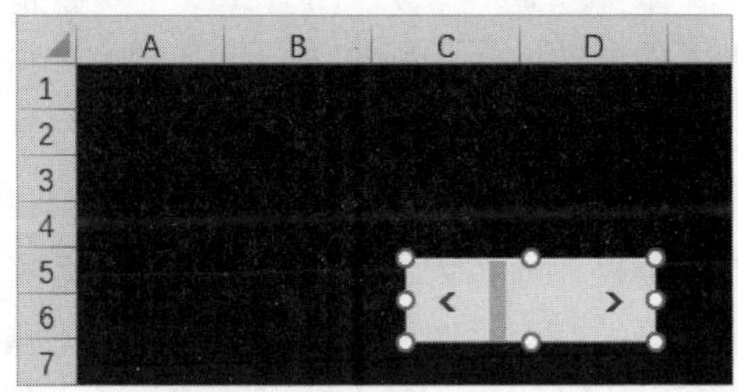

图 26-26

在“滚动条”控件上右击→在弹出的快捷菜单中选择【设置控件格式】选项，如图 26-27 所示。

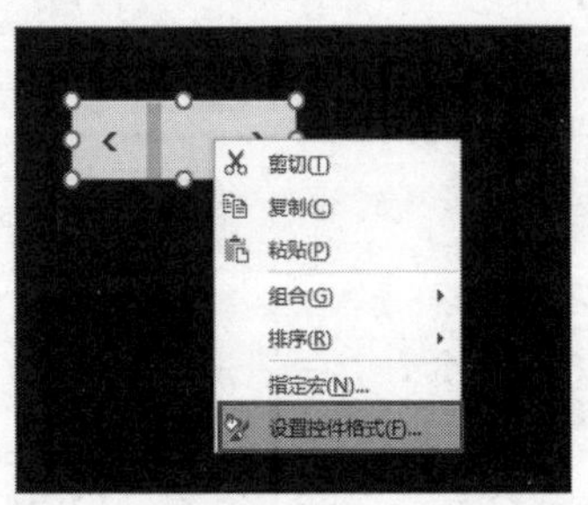

图 26-27

在弹出的【设置控件格式】对话框的【控制】选项卡下，需要设置图 26-28 所示的 5 个参数。

【最小值】：设置为“1”。

【最大值】：设置为“3”。

【步长】：设置为“1”。

【页步长】：设置为“10”。

【单元格链接】：设置为【A1】单元格。

单击【确定】按钮完成设置。

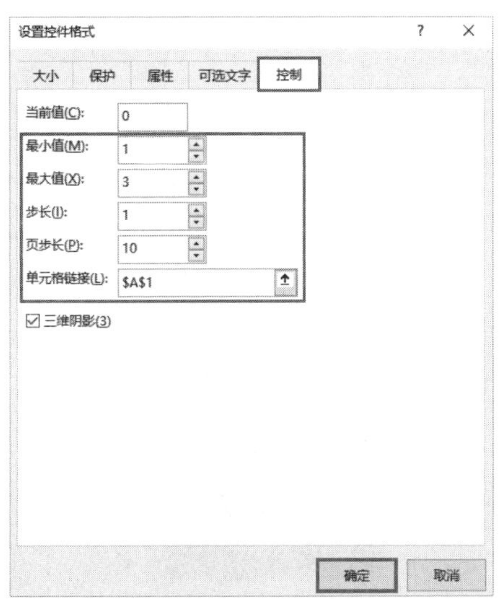

图 26-28

然后在“总指标”工作表中将【A1】单元格的值设置为与控件所控制的单元格相同的值。

选中【A1】单元格→单击函数编辑区将其激活→输入“=”，选中“看板”工作表中的【A1】单元格→按 <Enter> 键确认，如图 26-29 所示。

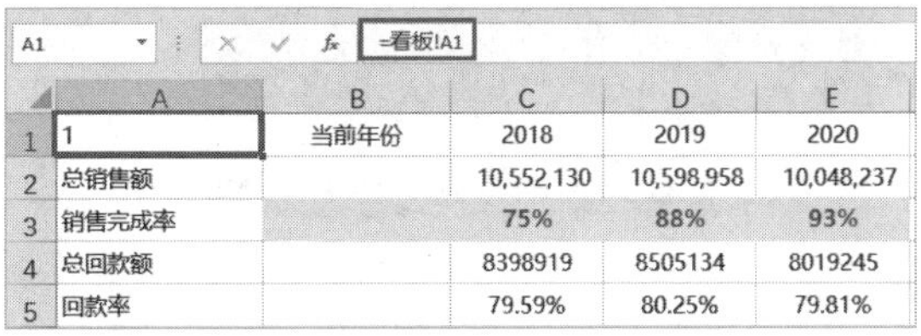

A1 =看板!A1

	A	B	C	D	E
1	1	当前年份	2018	2019	2020
2	总销售额		10,552,130	10,598,958	10,048,237
3	销售完成率		75%	88%	93%
4	总回款额		8398919	8505134	8019245
5	回款率		79.59%	80.25%	79.81%

图 26-29

接下来根据控件控制的单元格的值，来计算当前年份的指标数据。

（3）补充数据源。

在【B2】单元格中查找【C2:E2】单元格区域中第 1（【A1】单元格的值）个单元格的值，代入公式就是“=INDEX(C2:E2,$A$1)”。

选中【B2】单元格→单击函数编辑区将其激活→输入公式“=INDEX(C2:E2,$A$1)”→按 <Enter> 键确认，如图 26-30 所示。

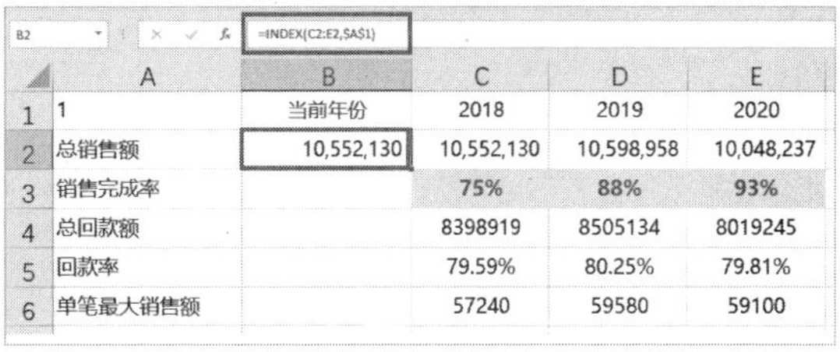

B2 =INDEX(C2:E2,$A$1)

	A	B	C	D	E
1	1	当前年份	2018	2019	2020
2	总销售额	10,552,130	10,552,130	10,598,958	10,048,237
3	销售完成率		75%	88%	93%
4	总回款额		8398919	8505134	8019245
5	回款率		79.59%	80.25%	79.81%
6	单笔最大销售额		57240	59580	59100

图 26-30

将光标放在【B2】单元格右下角，当光标变为十字句柄时，双击鼠标将公式向下填充至【B2:B6】单元格区域，如图 26-31 所示。

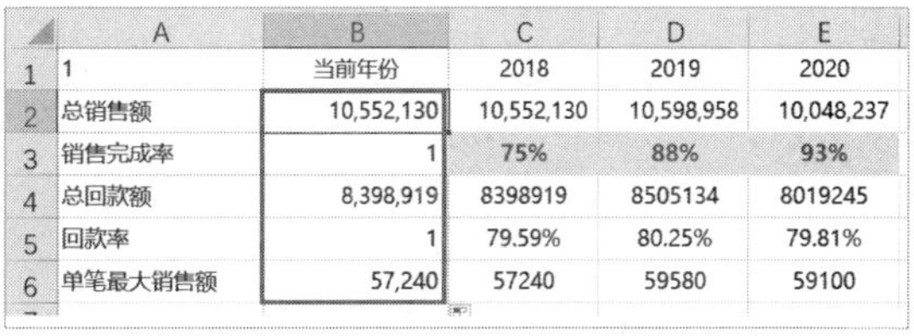

	A	B	C	D	E
1	1	当前年份	2018	2019	2020
2	总销售额	10,552,130	10,552,130	10,598,958	10,048,237
3	销售完成率	1	75%	88%	93%
4	总回款额	8,398,919	8398919	8505134	8019245
5	回款率	1	79.59%	80.25%	79.81%
6	单笔最大销售额	57,240	57240	59580	59100

图 26-31

然后设置【B3】和【B5】单元格的单元格格式。选中【B3】单元格→选择【开始】选项卡→单击【数字格式】按钮→选择【百分比】选项，如图 26-32 所示。

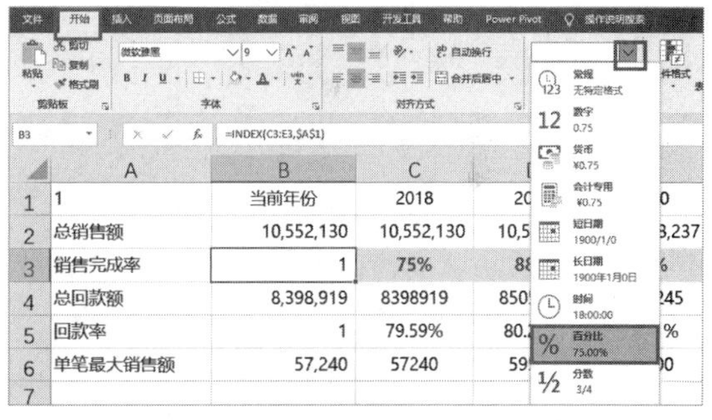

图 26-32

同理，选中【B5】单元格→按 <F4> 键重复上面的操作，即设置单元格格式为“百分比”，如图 26-33 所示。

	A	B	C	D	E
1	1	当前年份	2018	2019	2020
2	总销售额	10,552,130	10,552,130	10,598,958	10,048,237
3	销售完成率	75.00%	75%	88%	93%
4	总回款额	8,398,919	8398919	8505134	8019245
5	回款率	79.59%	79.59%	80.25%	79.81%
6	单笔最大销售额	57,240	57240	59580	59100

图 26-33

（4）制作图表。

准备好了作图用的数据源表，接下来就开始制作总指标展示图。

选中作图区域中的【H8】单元格→单击函数编辑区将其激活→输入公式“=A2”→按 <Enter> 键确认，如图 26-34 所示。

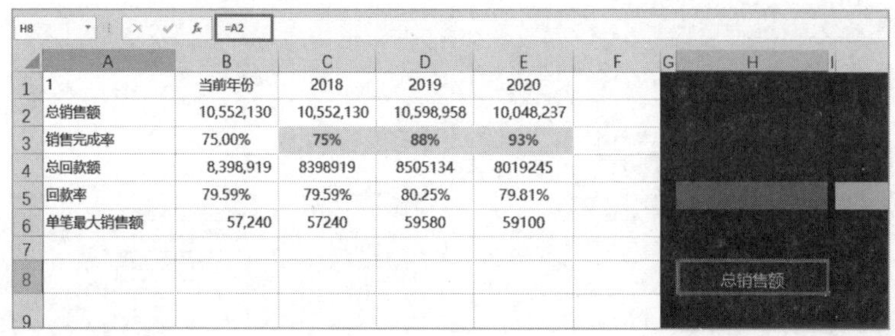
H8 =A2

	A	B	C	D	E
1	1	当前年份	2018	2019	2020
2	总销售额	10,552,130	10,552,130	10,598,958	10,048,237
3	销售完成率	75.00%	75%	88%	93%
4	总回款额	8,398,919	8398919	8505134	8019245
5	回款率	79.59%	79.59%	80.25%	79.81%
6	单笔最大销售额	57,240	57240	59580	59100

图 26-34

选中作图区域中的【J8】单元格→单击函数编辑区将其激活→输入公式“=A3”→按 <Enter> 键确认，如图 26-35 所示。

J8 =A3

	A	B	C	D	E
1	1	当前年份	2018	2019	2020
2	总销售额	10,552,130	10,552,130	10,598,958	10,048,237
3	销售完成率	75.00%	75%	88%	93%
4	总回款额	8,398,919	8398919	8505134	8019245
5	回款率	79.59%	79.59%	80.25%	79.81%
6	单笔最大销售额	57,240	57240	59580	59100

总销售额　销售完成率

图 26-35

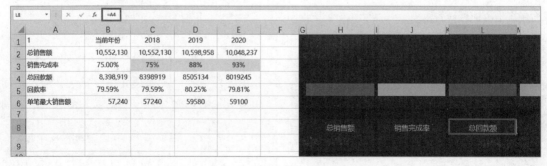

选中作图区域中的【L8】单元格→单击函数编辑区将其激活→输入公式“=A4”→按 <Enter> 键确认，如图 26-36 所示。

L8 =A4

	A	B	C	D	E
1	1	当前年份	2018	2019	2020
2	总销售额	10,552,130	10,552,130	10,598,958	10,048,237
3	销售完成率	75.00%	75%	88%	93%
4	总回款额	8,398,919	8398919	8505134	8019245
5	回款率	79.59%	79.59%	80.25%	79.81%
6	单笔最大销售额	57,240	57240	59580	59100

总销售额　销售完成率　总回款额

图 26-36

选中作图区域中的【N8】单元格→单击函数编辑区将其激活→输入公式“=A5”→按 <Enter> 键

确认，如图 26-37 所示。

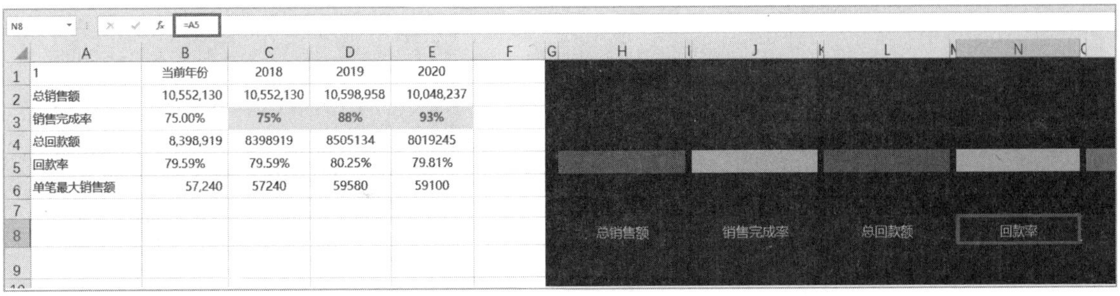

N8 =A5

	A	B	C	D	E
1	1	当前年份	2018	2019	2020
2	总销售额	10,552,130	10,552,130	10,598,958	10,048,237
3	销售完成率	75.00%	75%	88%	93%
4	总回款额	8,398,919	8398919	8505134	8019245
5	回款率	79.59%	79.59%	80.25%	79.81%
6	单笔最大销售额	57,240	57240	59580	59100

总销售额 销售完成率 总回款额 回款率

图 26-37

选中作图区域中的【P8】单元格→单击函数编辑区将其激活→输入公式“=A6”→按 <Enter> 键确认，如图 26-38 所示。

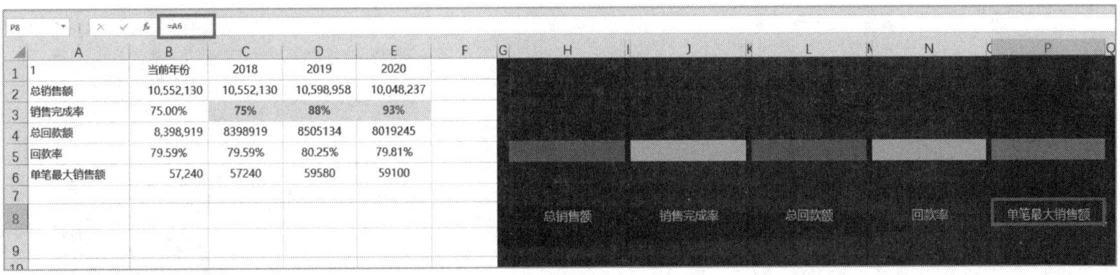

P8 =A6

	A	B	C	D	E
1	1	当前年份	2018	2019	2020
2	总销售额	10,552,130	10,552,130	10,598,958	10,048,237
3	销售完成率	75.00%	75%	88%	93%
4	总回款额	8,398,919	8398919	8505134	8019245
5	回款率	79.59%	79.59%	80.25%	79.81%
6	单笔最大销售额	57,240	57240	59580	59100

总销售额 销售完成率 总回款额 回款率 单笔最大销售额

图 26-38

接下来设置各指标当前年份的值。选中作图区域中的【H9】单元格→单击函数编辑区将其激活→输入公式“=B2”→按 <Enter> 键确认，如图 26-39 所示。

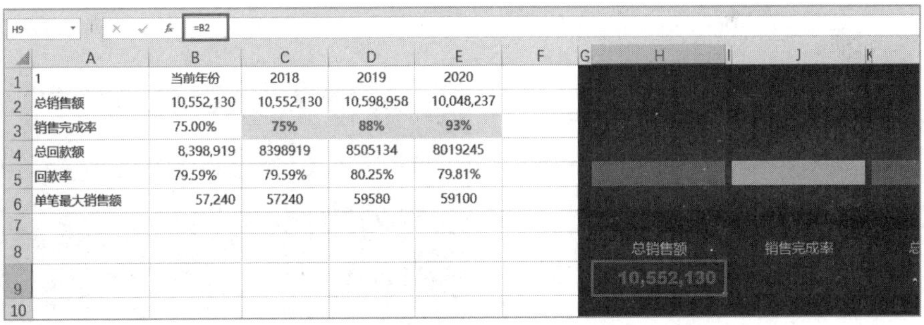

H9 =B2

	A	B	C	D	E
1	1	当前年份	2018	2019	2020
2	总销售额	10,552,130	10,552,130	10,598,958	10,048,237
3	销售完成率	75.00%	75%	88%	93%
4	总回款额	8,398,919	8398919	8505134	8019245
5	回款率	79.59%	79.59%	80.25%	79.81%
6	单笔最大销售额	57,240	57240	59580	59100

总销售额 销售完成率
10,552,130

图 26-39

选中作图区域中的【J9】单元格→单击函数编辑区将其激活→输入公式“=B3”→按 <Enter> 键确认，如图 26-40 所示。

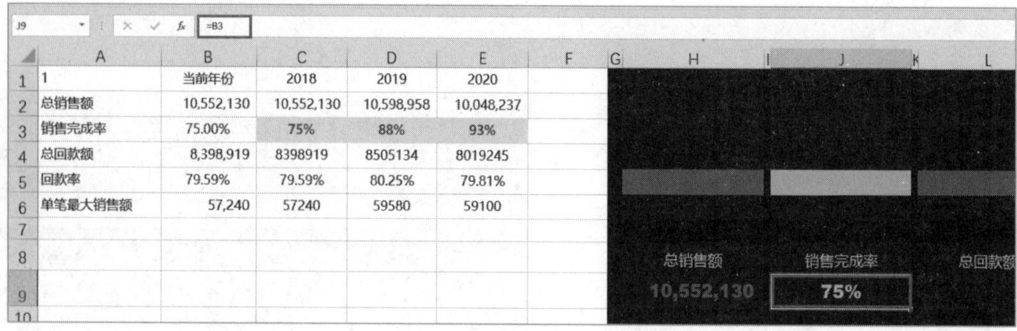

	A	B	C	D	E
1	1	当前年份	2018	2019	2020
2	总销售额	10,552,130	10,552,130	10,598,958	10,048,237
3	销售完成率	75.00%	75%	88%	93%
4	总回款额	8,398,919	8398919	8505134	8019245
5	回款率	79.59%	79.59%	80.25%	79.81%
6	单笔最大销售额	57,240	57240	59580	59100

图 26-40

选中作图区域中的【L9】单元格→单击函数编辑区将其激活→输入公式“=B4”→按 <Enter> 键确认，如图 26-41 所示。

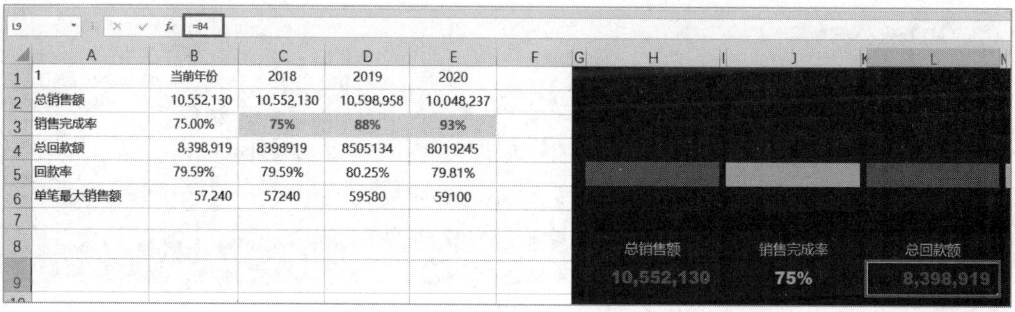

L9 =B4

	A	B	C	D	E
1	1	当前年份	2018	2019	2020
2	总销售额	10,552,130	10,552,130	10,598,958	10,048,237
3	销售完成率	75.00%	75%	88%	93%
4	总回款额	8,398,919	8398919	8505134	8019245
5	回款率	79.59%	79.59%	80.25%	79.81%
6	单笔最大销售额	57,240	57240	59580	59100

总销售额 10,552,130　销售完成率 75%　总回款额 8,398,919

图 26-41

选中作图区域中的【N9】单元格→单击函数编辑区将其激活→输入公式“=B5”→按 <Enter> 键确认，如图 26-42 所示。

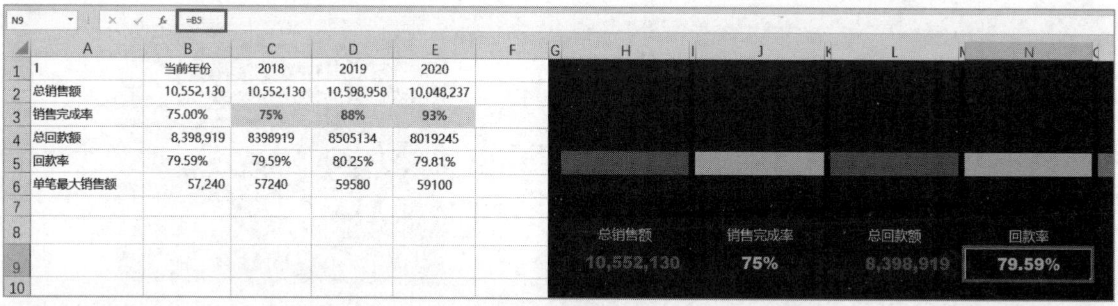

N9 =B5

	A	B	C	D	E
1	1	当前年份	2018	2019	2020
2	总销售额	10,552,130	10,552,130	10,598,958	10,048,237
3	销售完成率	75.00%	75%	88%	93%
4	总回款额	8,398,919	8398919	8505134	8019245
5	回款率	79.59%	79.59%	80.25%	79.81%
6	单笔最大销售额	57,240	57240	59580	59100

总销售额 10,552,130　销售完成率 75%　总回款额 8,398,919　回款率 79.59%

图 26-42

温馨提示

如果设置完成后回款率显示为“1”，则同样设置单元格格式为“百分比”。

选中作图区域中的【P9】单元格→单击函数编辑区将其激活→输入公式“=B6”→按 <Enter> 键确认，如图 26-43 所示。

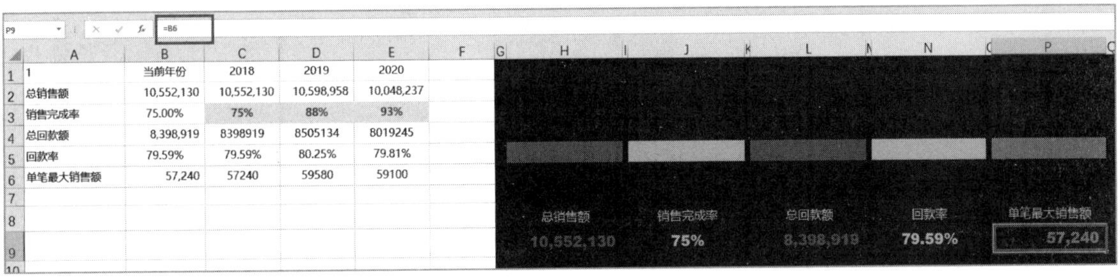

P9 =B6

	A	B	C	D	E
1	1	当前年份	2018	2019	2020
2	总销售额	10,552,130	10,552,130	10,598,958	10,048,237
3	销售完成率	75.00%	75%	88%	93%
4	总回款额	8,398,919	8398919	8505134	8019245
5	回款率	79.59%	79.59%	80.25%	79.81%
6	单笔最大销售额	57,240	57240	59580	59100

总销售额	销售完成率	总回款额	回款率	单笔最大销售额
10,552,130	75%	8,398,919	79.59%	57,240

图 26-43

完成了总指标展示图后，再设置一下当前年份值。

选中【B14】单元格→单击函数编辑区将其激活→输入公式“=INDEX(C1:E1,A1)&"年"”→按 <Enter> 键确认。如图 26-44 所示，【B14】单元格显示出【C1:E1】单元格区域中第 1（【A1】单元格的值）个单元格的值“2018”，再连接一个“年”，即“2018 年”这样的值。

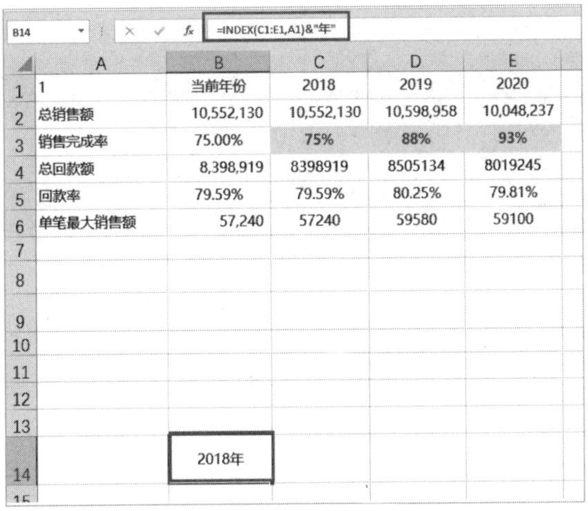

B14 =INDEX(C1:E1,A1)&"年"

	A	B	C	D	E
1	1	当前年份	2018	2019	2020
2	总销售额	10,552,130	10,552,130	10,598,958	10,048,237
3	销售完成率	75.00%	75%	88%	93%
4	总回款额	8,398,919	8398919	8505134	8019245
5	回款率	79.59%	79.59%	80.25%	79.81%
6	单笔最大销售额	57,240	57240	59580	59100
14		2018年			

图 26-44

然后将当前年份也放到图表展示区。选中作图区域中的【H14】单元格→单击函数编辑区将其激活→输入公式“=B14”→按 <Enter> 键确认，如图 26-45 所示。

图 26-45

（5）导入看板。

完成了图表的基础制作，接下来就将制作好的图表放在“看板”工作表中。“看板”工作表的背景是蓝色的，这样的样式可以通过填充颜色来设置。

单击表格左上角的小三角选中整个页面→选择【开始】选项卡→单击【填充颜色】按钮→选择一个合适的颜色，如图 26-46 所示。

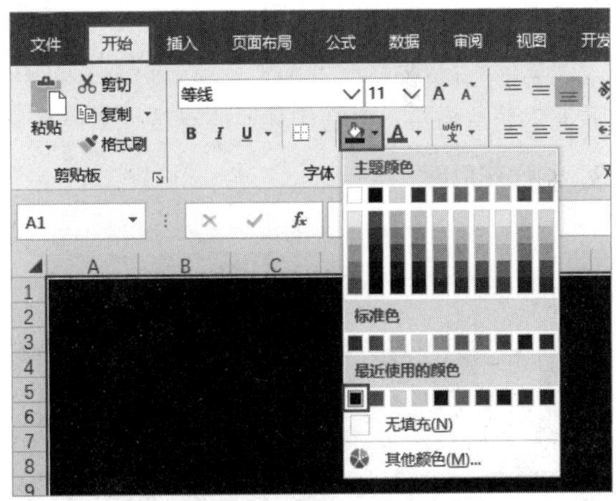

图 26-46

选中“总指标”工作表中的【H8:P9】单元格区域→按 <Ctrl+C> 键复制，如图 26-47 所示。

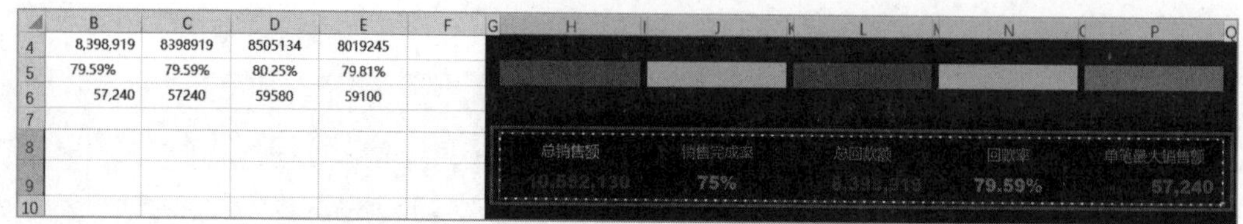
图 26-47

然后在“看板”工作表中右击→在弹出的快捷菜单中选择【选择性粘贴】选项→选择【链接的图片】选项，如图 26-48 所示。

同理，将“总指标”工作表中的【H14】单元格也粘贴到“看板”工作表中。

选中“总指标”工作表中的【H14】单元格→按 <Ctrl+C> 键复制→在“看板”工作表中右击→在弹出的快捷菜单中选择【选择性粘贴】选项→选择【链接的图片】选项，如图 26-49 所示。

接下来调整图表布局位置。单击“滚动条”控件的左右按钮，总指标数据同步变化，如图 26-50 所示。

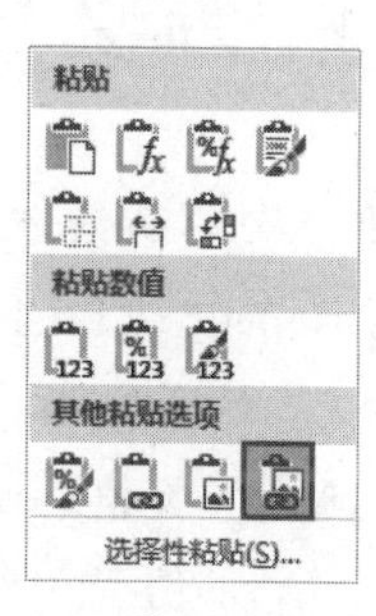

图 26-48

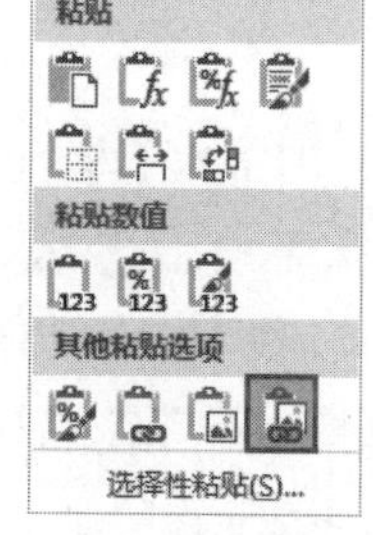

图 26-49

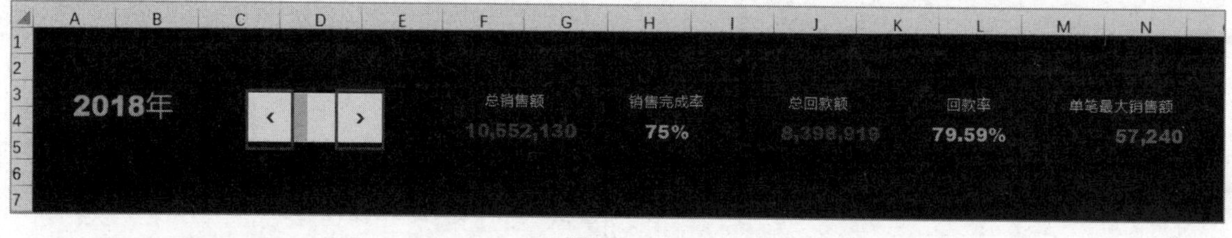

图 26-50

至此，完成了关于 KPI 总指标的制作。接下来依葫芦画瓢，去制作其他的看板元素吧！

3. 制作环形图

下面制作图 26-51 中的“各产品销售额分布”的环形图。

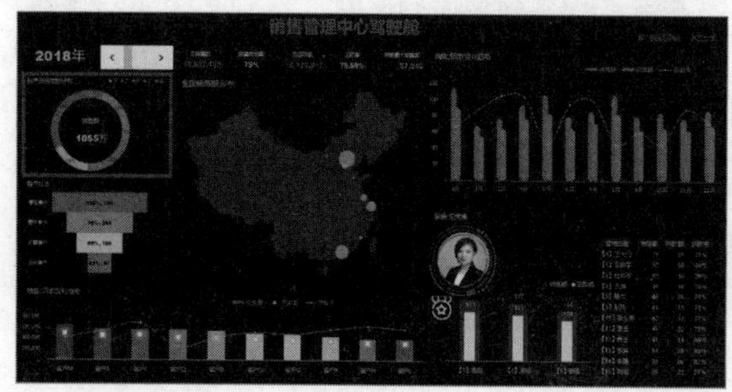
图 26-51

（1）准备作图数据源。

作图前要先准备作图数据源。利用自上而下的方法，根据看板中的“各产品销售额分布”图分析作图数据源的构成。如图 26-52 所示，“各产品销售额分布”图中涉及的字段包括“产品种类”和“销售额”。

各产品销售额分布
甲 乙 丙 丁 戊
38%
19%
4%
23%
16%
销售额
1055万

图 26-52

那么，在“产品销售额分布”工作表中就要设计作图数据源。

在“产品销售额分布”工作表中，将产品种类“甲”“乙”“丙”“丁”“戊”五类放在【A4:A8】单元格区域中。因为所有指标都是通过控件控制年份信息，根据选择的年份筛选出来的，所以还要将各个年份罗列出来，放在【C3:E3】单元格区域中。而将控件所控制的当前年份对应的各指标情况放在【B】列中，在【B3】单元格中输入“当前年份”。同时，将控件所控制的单元格的值(看板!$A$1)放在【A1】单元格中。

选中【A1】单元格→单击函数编辑区将其激活→输入公式“=看板!$A$1”→按 <Enter> 键确认，即可将这个单元格和“看板”工作表中的【A1】单元格关联在一起，得到相等的值，如图 26-53 所示。

A1 | =看板!$A$1

	A	B	C	D	E
1	1				
2	各产品销售额分布				
3		当前年份	2018	2019	2020
4	甲				
5	乙				
6	丙				
7	丁				
8	戊				
9					

图 26-53

接下来利用 SUMIFS 函数，分别将各产品对应年份的销售额数据计算出来。

首先计算【C4】单元格的值，即“产品甲”对应的“2018 年销售额”，利用图 26-54 所示的 SUMIFS 函数进行条件求和。

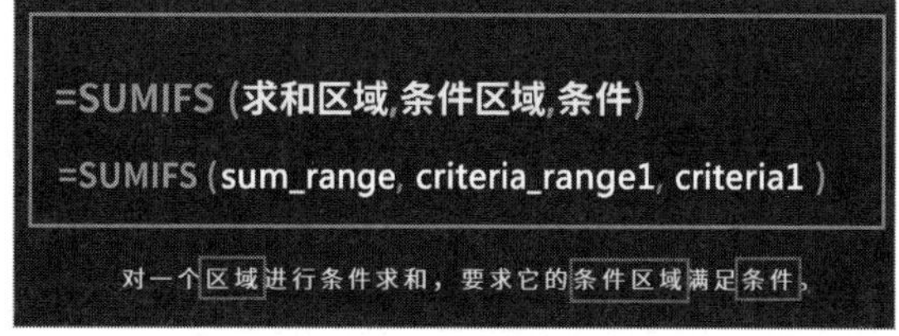
=SUMIFS (求和区域,条件区域,条件)
=SUMIFS (sum_range, criteria_range1, criteria1)
对一个区域进行条件求和，要求它的条件区域满足条件。

图 26-54

求和区域：销售额，即“销售流水”工作表中的【I】列，锁定列。

条件区域 1：年份，即“销售流水”工作表中的【L】列，锁定列。

条件 1：2018 年，即“产品销售额分布”工作表中的【C3】单元格，锁定行。

条件区域 2：产品种类，即“销售流水”工作表中的【F】列，锁定列。

条件 2：产品甲，即“产品销售额分布”工作表中的【A4】单元格，锁定列。

代入公式就是“=SUMIFS(销售流水!$I:$I,销售流水!$L:$L,产品销售额分布!C$3,销售流水!$F:$F,产品销售额分布!$A4)”。

选中【C4】单元格→单击函数编辑区将其激活→输入公式“=SUMIFS(销售流水!$I:$I,销售流水!$L:$L,产品销售额分布!C$3,销售流水!$F:$F,产品销售额分布!$A4)”→按 <Enter> 键确认→向右拖曳鼠标将公式填充至【C4:E4】单元格区域，如图 26-55 所示。

C4 | =SUMIFS(销售流水!$I:$I,销售流水!$L:$L,产品销售额分布!C$3,销售流水!$F:$F,产品销售额分布!$A4)

	A	B	C	D	E
1	1				
2	各产品销售额分布				
3		当前年份	2018	2019	2020
4	甲		1727330	1227670	1401120
5	乙				
6	丙				
7	丁				
8	戊				

图 26-55

同理，完成“乙”“丙”“丁”“戊”四类产品各年份的销售额的计算。

选中【C4:E4】单元格区域→将光标放在【E4】单元格右下角，当光标变为十字句柄时，向下拖曳鼠标将公式填充至【C4:E8】单元格区域，如图 26-56 所示。

C4 | =SUMIFS(销售流水!$I:$I,销售流水!$L:$L,产品销售额分布!C$3,销售流水!$F:$F,产品销售额分布!$A4)

	A	B	C	D	E
1	1				
2	各产品销售额分布				
3		当前年份	2018	2019	2020
4	甲		1727330	1227670	1401120
5	乙		3981320	4136908	3516876
6	丙		1942512	2265244	1927357
7	丁		434028	384496	425624
8	戊		2466940	2584640	2777260

图 26-56

接下来根据控件控制的单元格的值，来计算当前年份的指标数据。

选中【B4】单元格→单击函数编辑区将其激活→输入公式“=INDEX(C4:E4,$A$1)”→按 <Enter> 键确认→将光标放在【B4】单元格右下角，当光标变为十字句柄时，双击鼠标将公式向下填充至【B4:B8】单元格区域，如图 26-57 所示。

B4 | =INDEX(C4:E4,$A$1)

	A	B	C	D	E
1	1				
2	各产品销售额分布				
3		当前年份	2018	2019	2020
4	甲	1727330	1727330	1227670	1401120
5	乙	3981320	3981320	4136908	3516876
6	丙	1942512	1942512	2265244	1927357
7	丁	434028	434028	384496	425624
8	戊	2466940	2466940	2584640	2777260

图 26-57

接下来利用求和公式，在第 9 行将每年各产品的销售额进行求和。

选中【B9】单元格→选择【开始】选项卡→单击【自动求和】按钮→选择【求和】选项，如图 26-58 所示。

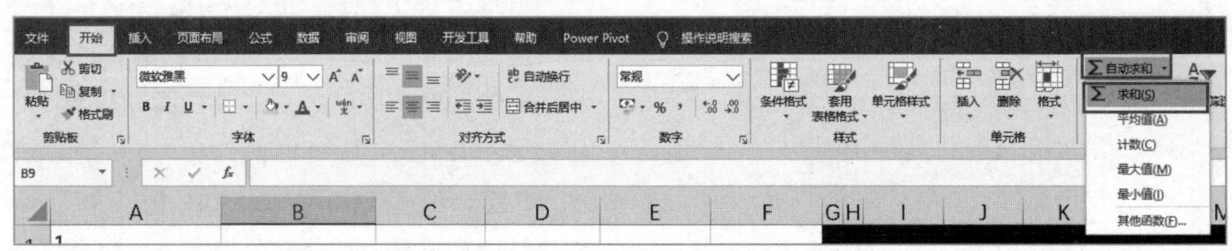

图 26-58

如图 26-59 所示，Excel 默认选择求和区域为【B4:B8】单元格区域，直接按 <Enter> 键确认。

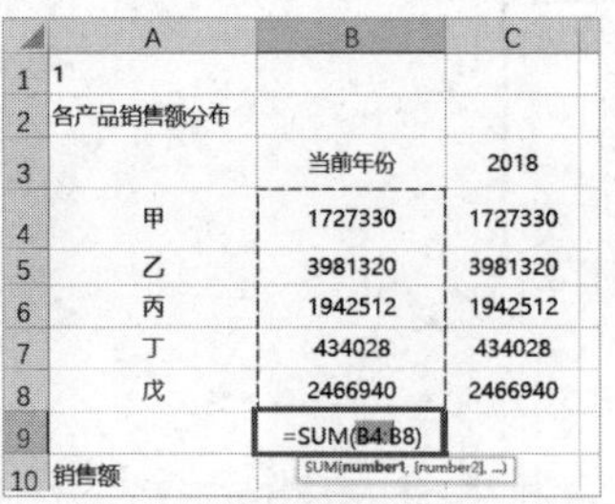

	A	B	C
1	1		
2	各产品销售额分布		
3		当前年份	2018
4	甲	1727330	1727330
5	乙	3981320	3981320
6	丙	1942512	1942512
7	丁	434028	434028
8	戊	2466940	2466940
9		=SUM(B4:B8)	
10	销售额	SUM(number1, [number2], ...)	

图 26-59

将光标放在【B9】单元格右下角，当光标变为十字句柄时，向右拖曳鼠标将公式填充至【B9:E9】单元格区域，如图 26-60 所示。

B9 =SUM(B4:B8)

	A	B	C	D	E
1	1				
2	各产品销售额分布				
3		当前年份	2018	2019	2020
4	甲	1727330	1727330	1227670	1401120
5	乙	3981320	3981320	4136908	3516876
6	丙	1942512	1942512	2265244	1927357
7	丁	434028	434028	384496	425624
8	戊	2466940	2466940	2584640	2777260
9		10552130	10552130	10598958	10048237
10	销售额				

图 26-60

接下来在【B10】单元格以“万”为单位，计算出“当前年份”对应的销售总额。

【B9】单元格当前的销售额单位为“元”，想要将其变为以“万”为单位，需要将其除以10000并只保留整数部分。可以使用图 26-61所示的 ROUND 函数四舍五入，保留 0位小数即可。

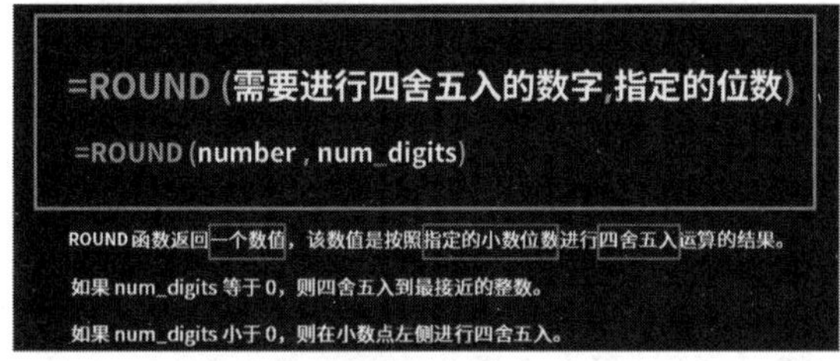

图 26-61

然后利用“&”连接一个单位“万”，并且文本两端要用英文状态下的双引号括起来。

选中【B10】单元格→单击函数编辑区将其激活→输入公式“=ROUND(B9/10000,0)&"万"”→按 <Enter> 键确认，如图 26-62 所示。

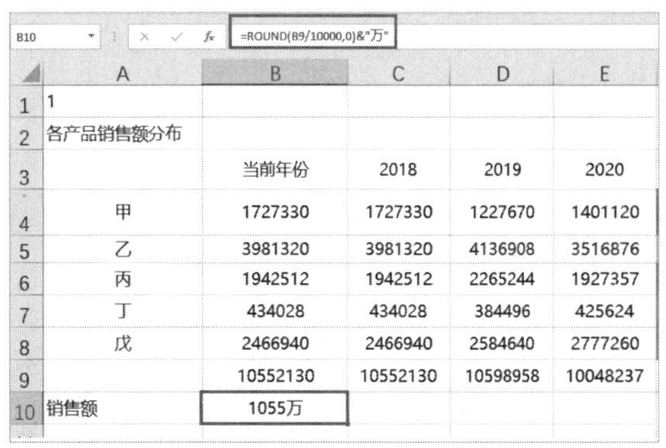
B10 =ROUND(B9/10000,0)&"万"

	A	B	C	D	E
1	1				
2	各产品销售额分布				
3		当前年份	2018	2019	2020
4	甲	1727330	1727330	1227670	1401120
5	乙	3981320	3981320	4136908	3516876
6	丙	1942512	1942512	2265244	1927357
7	丁	434028	434028	384496	425624
8	戊	2466940	2466940	2584640	2777260
9		10552130	10552130	10598958	10048237
10	销售额	1055万			

图 26-62

（2）制作图表。

准备好了作图用的数据源表，接下来就开始制作环形图。

选中【A3:B8】单元格区域→选择【插入】选项卡→单击【插入饼图或圆环图】按钮→选择【圆环图】选项，如图 26-63 所示。

图 26-63

（3）美化图表。

接下来对图表进行美化。选中图表→选择【开始】选项卡→单击【字体】列表框右侧的下拉按钮→选择【微软雅黑】选项，如图 26-64 所示。

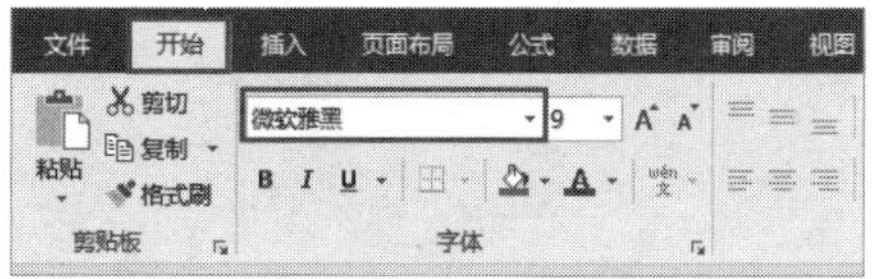

图 26-64

单击【字体颜色】按钮→选择“黑色”，如

图 26-65 所示。

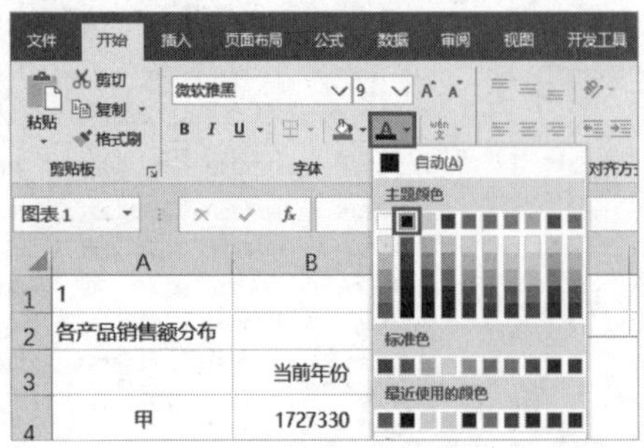

图 26-65

添加数据标签。选中图表并右击→在弹出的快捷菜单中选择【添加数据标签】选项→选择【添加数据标签】选项，如图 26-66 所示。

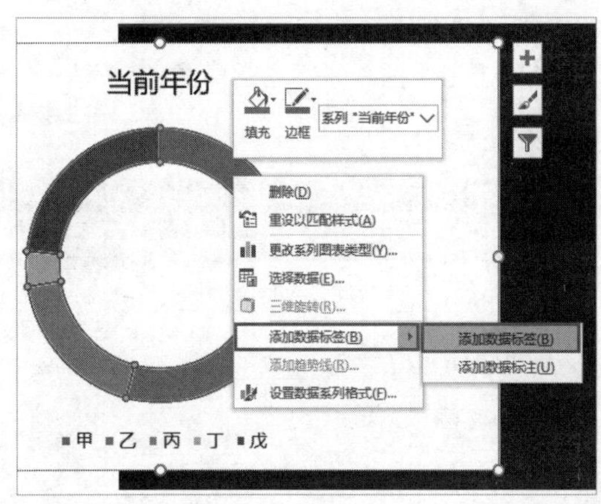

图 26-66

如图 26-67 所示，圆环图中每一块的数值都显示出来了。但是，想要数据标签显示为百分比而不是总额，该怎么设置呢？

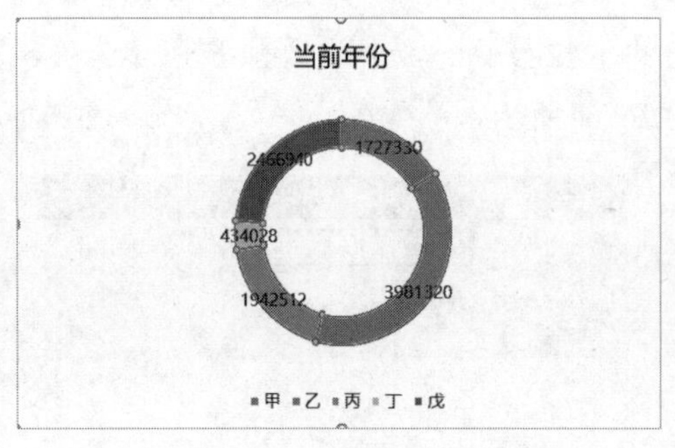

图 26-67

单击任意标签即可选中所有标签→右击，在弹出的快捷菜单中选择【设置数据标签格式】选项，如图 26-68 所示。

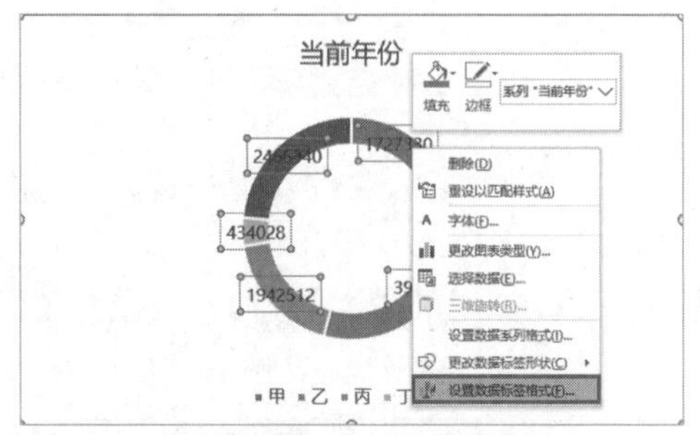

图 26-68

如图 26-69 所示，在【设置数据标签格式】任务窗格中，默认选中的是【标签选项】中的【值】复选框。

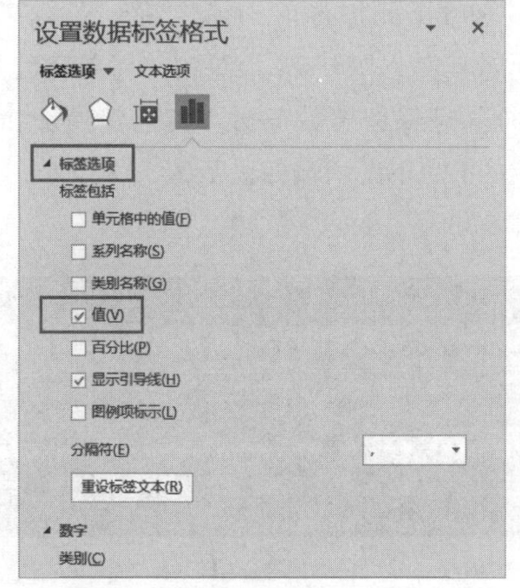

图 26-69

取消选中【值】复选框→选中【百分比】复选框，如图 26-70 所示。

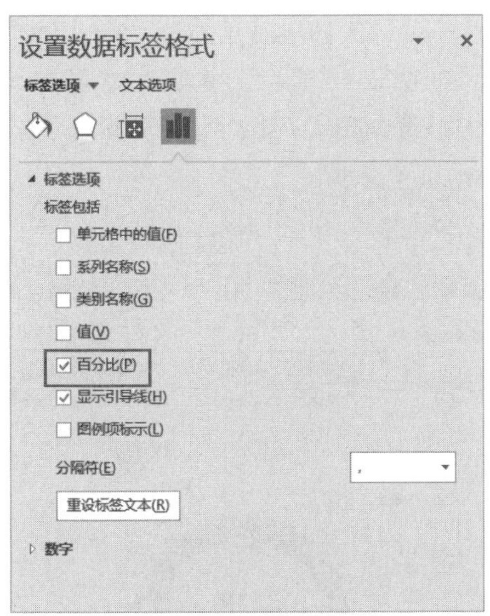

图 26-70

接下来将图例放在图表顶端。选中图表→选择【设计】选项卡→单击【添加图表元素】按钮→选择【图例】选项→选择【顶部】选项，如图 26-71 所示。

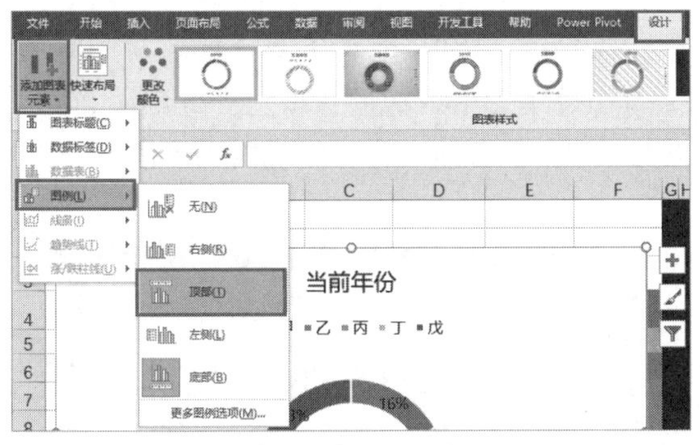

图 26-71

然后选中图例→拖曳至图表的右上角，如图 26-72 所示。

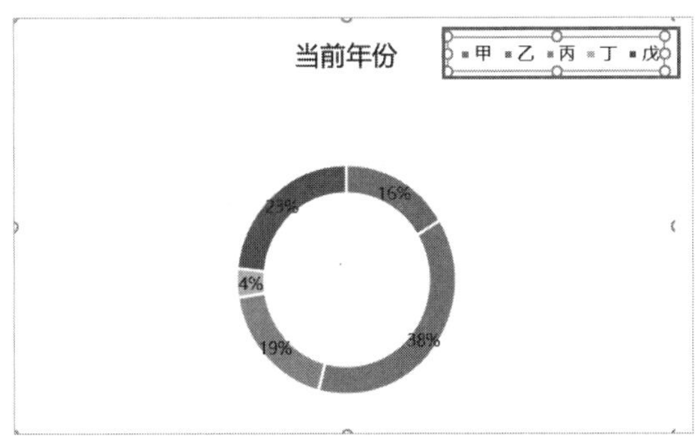

图 26-72

如图 26-73 所示，图表标题为“当前年份”，显然与我们想要的不符，可以先将它删除。选中图表标题→按 <Delete> 键删除。

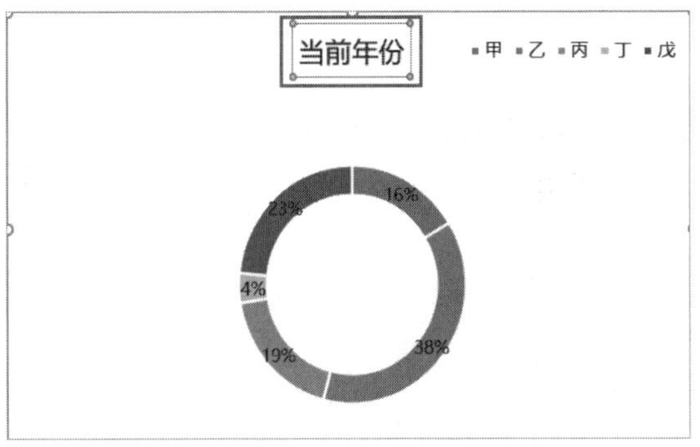

图 26-73

然后插入一个文本框，重新设置标题。选中图表区域→选择【插入】选项卡→单击【形状】按钮→选择【文本框】选项，如图 26-74 所示。

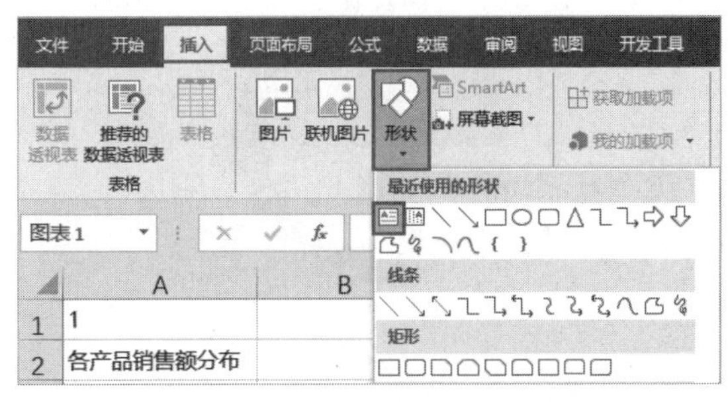

图 26-74

拖曳鼠标在图表的左上角进行绘制→选中文本框→单击函数编辑区将其激活→输入“=”，

选中【A2】单元格→按 <Enter> 键确认。如图 26-75 所示，文本框中的名称就与【A2】单元格的内容相同了。这样设置标题，今后只需要修改【A2】单元格中的名称，文本框中的名称就会随之变化了。

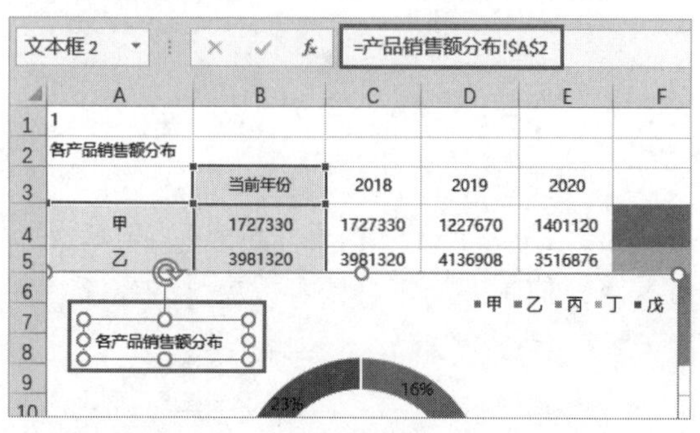

图 26-75

温馨提示

如果标题不完整，可能是因为文本框不够大，可以将文本框拉大。

接下来在图表中再次插入一个文本框，输入内容为“销售额”，然后将它放在环形中间，如图 26-76 所示，设置字体为“微软雅黑”，字号大小为“10.5”，并设置“水平居中”和“垂直居中”。

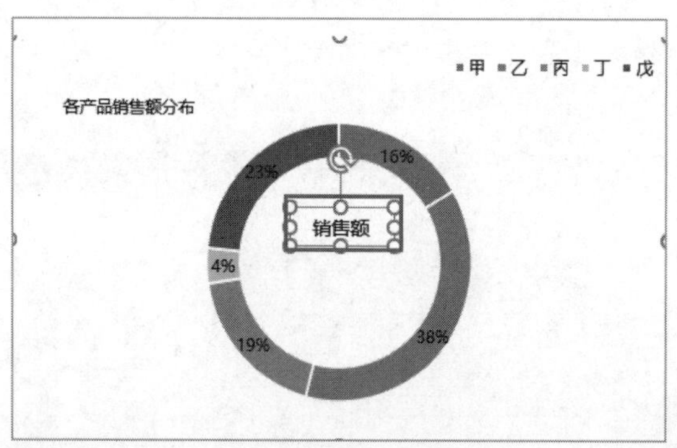

图 26-76

再插入一个文本框，设置它的值等于【B10】单元格的值。

选中文本框→单击函数编辑区将其激活→输入“=”，选中【B10】单元格→按 <Enter> 键确认，如图 26-77 所示，设置字体为“Arial”，字号大小为“12”，加粗字体，并设置“水平居中”和“垂直居中”。

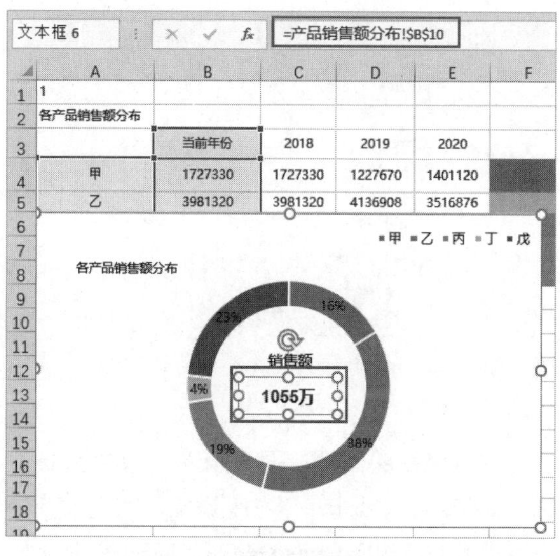

图 26-77

将设置好的环形图拖曳至图表展示区。按 <Shift> 键的同时拖曳图表，快速将图表与【I6:O16】单元格区域的边框对齐，如图 26-78 所示。

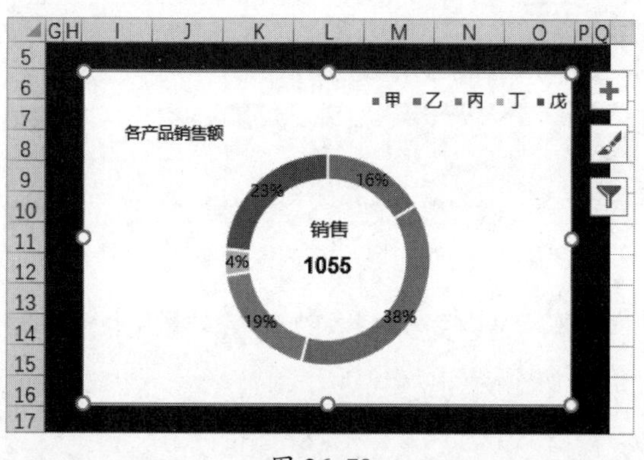

图 26-78

选中图表→选择【格式】选项卡→单击【形状填充】按钮→选择【无填充】选项，如图 26-79 所示。

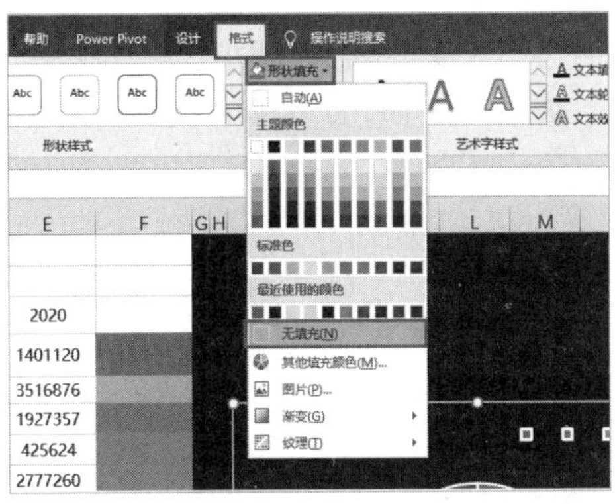

图 26-79

然后单击【形状轮廓】按钮→选择【无轮廓】选项，如图 26-80 所示。

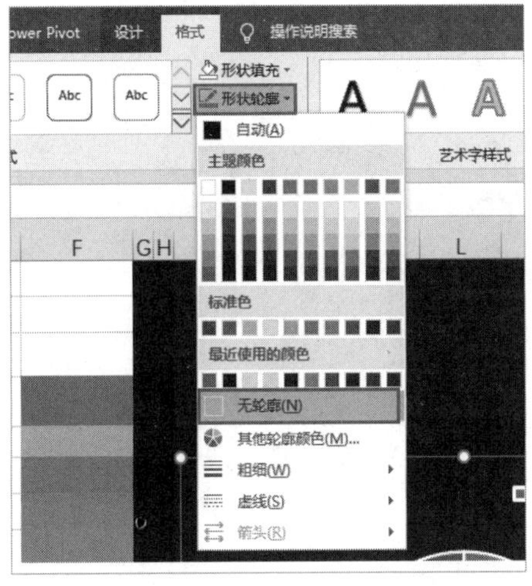

图 26-80

选中图表标题文本框→选择【开始】选项卡→单击【字体颜色】按钮→选择“白色”，如图 26-81 所示。同理，将图表中其他字体的颜色都设置为“白色”。

图 26-81

最后调整所有文本框的大小，将文本内容全部显示出来，如图 26-82 所示。

图 26-82

接下来对环形图进行美化。选中环形图→选择【格式】选项卡→单击【形状轮廓】按钮→选择【无轮廓】选项，如图 26-83 所示。

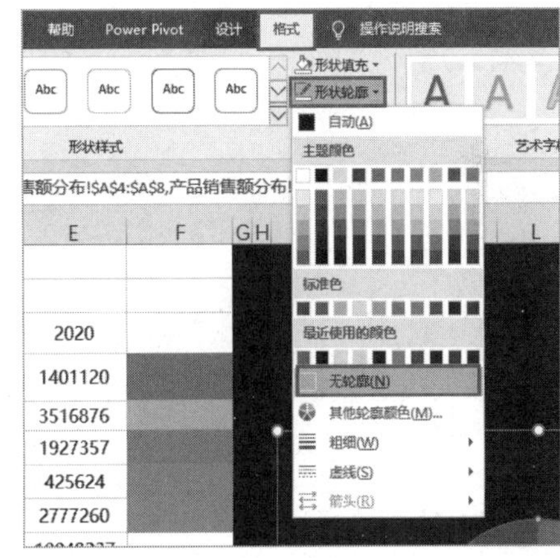

图 26-83

在图表中右击，在弹出的快捷菜单中选择【设置数据系列格式】选项，如图 26-84 所示。

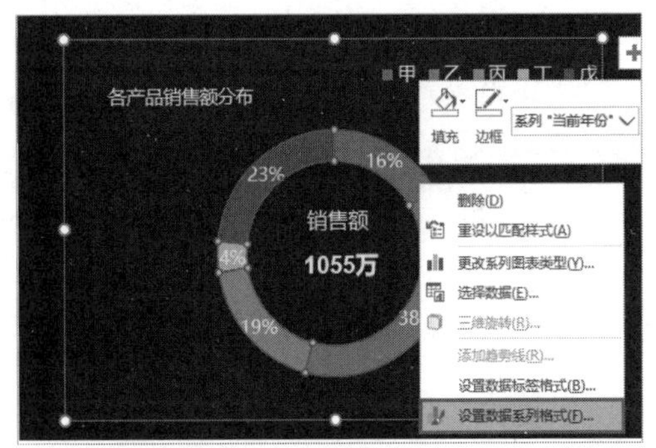

图 26-84

在弹出的【设置数据系列格式】任务窗格

中，向右移动【圆环图圆环大小】滑块，使圆环变得细一些，如图 26-85 所示。

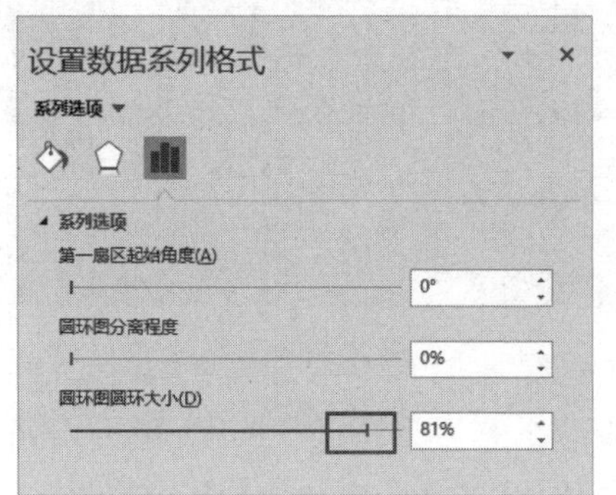

图 26-85

设置【第一扇区起始角度】。这里为了使画面更平衡，设置为“184°”，如图 26-86 所示。

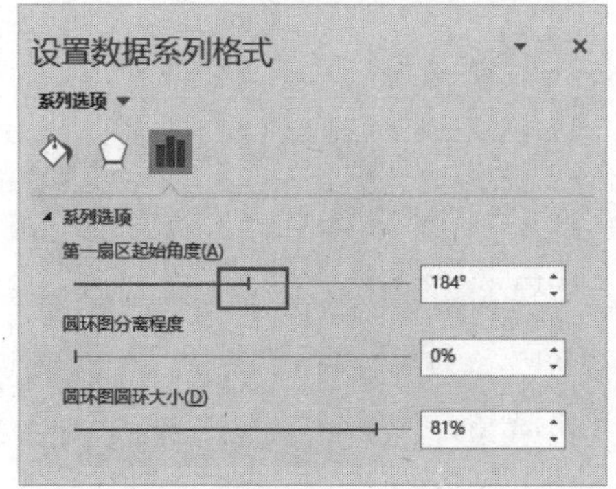

图 26-86

然后调整数据标签的字体和大小。选中数据标签→选择【开始】选项卡→单击【字体】列表框右侧的下拉按钮→选择【微软雅黑】选项→将字号大小设置为“8”，如图 26-87 所示。

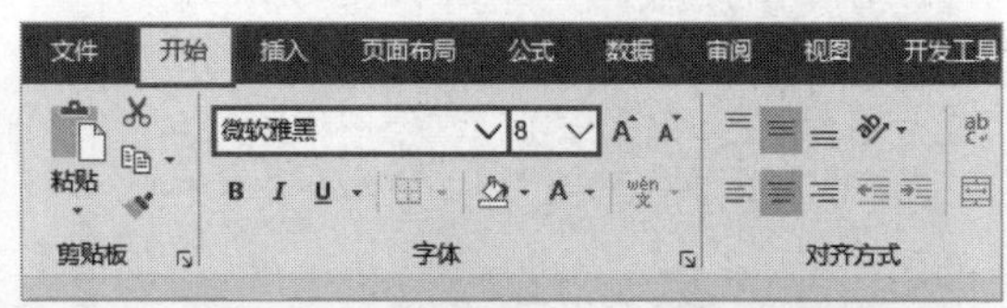

图 26-87

将“1055 万”的字号大小设置为“18”，如图 26-88 所示。

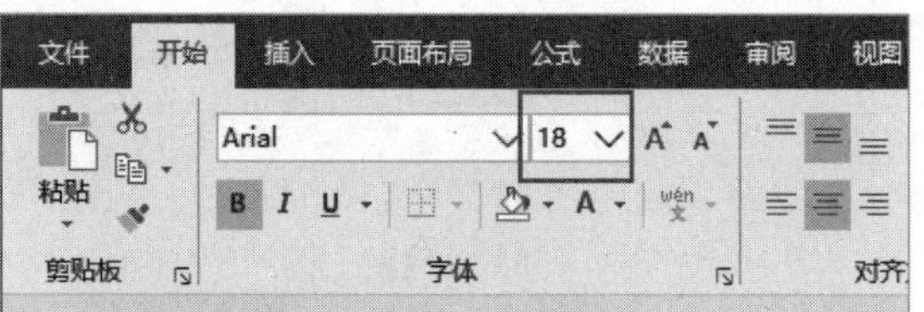

图 26-88

接下来为环形图中的每一个扇区填充一个合适的颜色。

单击环形图，默认选中环形图的整体→再次单击第一个扇区，这样就只选中第一个扇区→在【设置数据点格式】任务窗格中单击【填充与线条】按钮→选中【纯色填充】单选按钮→单击【颜色】按钮→选择一个合适的颜色，如图 26-89 所示。

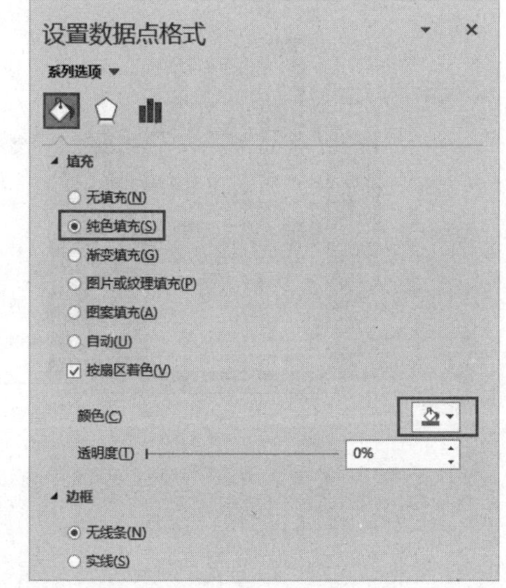

图 26-89

同理，设置其他几个扇区的填充颜色，如图 26-90 所示。

图 26-90

（4）导入看板。

完成了图表的基础制作，接下来就将制作好的图表放在“看板”工作表中。

单击左上角的名称框将其激活→输入“I6:O16”→按 <Enter> 键确认，这时对应的单元格区域为选中状态→按 <Ctrl+C> 键复制，如图 26-91 所示。

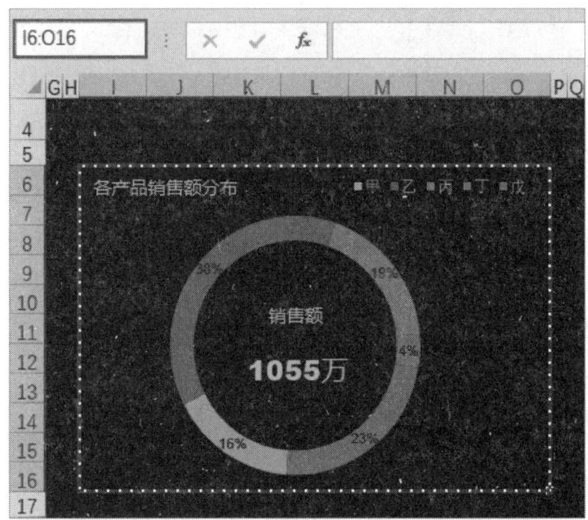

图 26-91

然后在“看板”工作表中右击→在弹出的快捷菜单中选择【选择性粘贴】选项→选择【链接的图片】选项，如图 26-92 所示。

图 26-92

最后按 <Shift> 键的同时拖曳鼠标，调整图表的大小和位置，如图 26-93 所示。

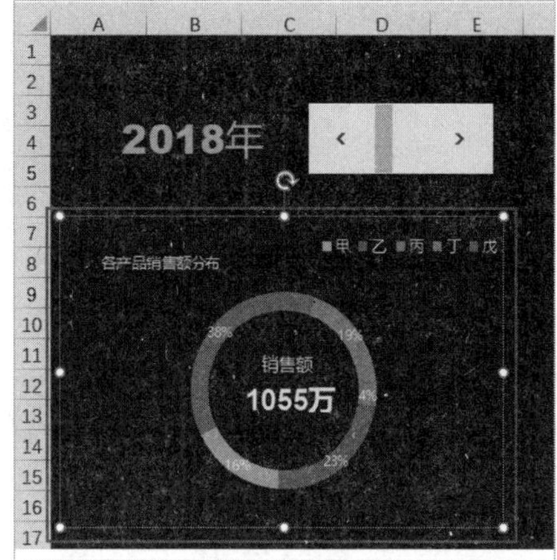

图 26-93

此时，就完成了环形图的制作。

4. 制作漏斗图

接下来制作图 26-94 中的“客户状态”的漏斗图。

图 26-94

（1）准备作图数据源。

作图前要先准备作图数据源。利用自上而下的方法，根据看板中的“客户状态”图分析作图数据源的构成。如图 26-95 所示，“客户状态”图中涉及的字段包括“客户状态”和“客户数量”。

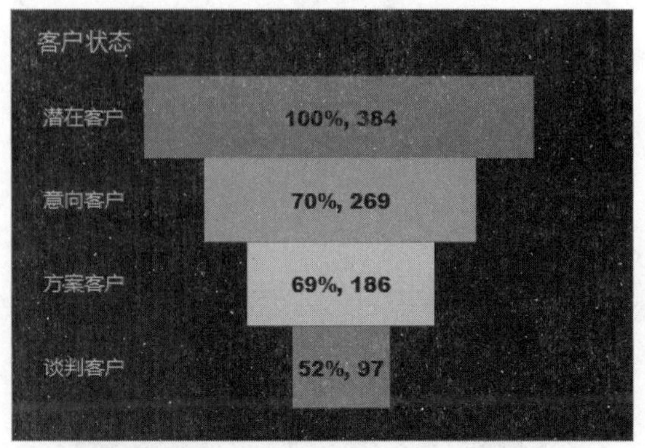

图 26-95

那么，在“客户状态”工作表中就要设计作图数据源。

在“客户状态”工作表中的【A4:A7】单元格区域依次录入“潜在客户”“意向客户”“方案客户”“谈判客户”。在【B3】单元格中录入“客户数量”，由于漏斗图是将条形放在居中位置，因此在【C】列设置一个占位符。

选中【A1】单元格→单击函数编辑区将其激活→输入公式“= 看板 !$A$1”→按 <Enter> 键确认，即可将这个单元格和“看板”工作表中的【A1】单元格关联在一起，得到相等的值，如图 26-96 所示。

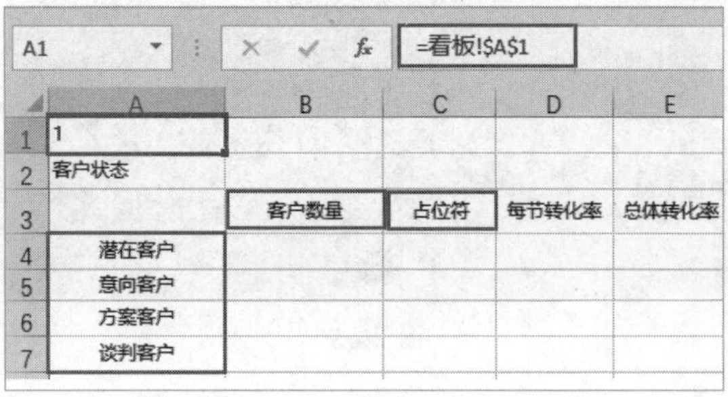

A1 =看板!$A$1

	A	B	C	D	E
1	1				
2	客户状态				
3		客户数量	占位符	每节转化率	总体转化率
4	潜在客户				
5	意向客户				
6	方案客户				
7	谈判客户				

图 26-96

接下来利用 COUNTIFS 函数计算出“潜在客户”的数量。

首先计算【B4】单元格的值，即“潜在客户数量”，利用图 26-97 所示的 COUNTIFS 函数进行条件计数。

图 26-97

条件区域：客户状态，即“客户清单”工作表中的【D】列，锁定列。

条件：潜在客户，即“客户状态”工作表中的【A4】单元格，锁定列。

代入公式就是“=COUNTIFS(客户清单 !$D:$D, 客户状态 !$A4)”。

选中【B4】单元格→单击函数编辑区将其激活→输入公式“=COUNTIFS(客户清单 !$D:$D, 客户状态 !$A4)”→按 <Enter> 键确认→双击鼠标将公式向下填充，如图 26-98 所示。

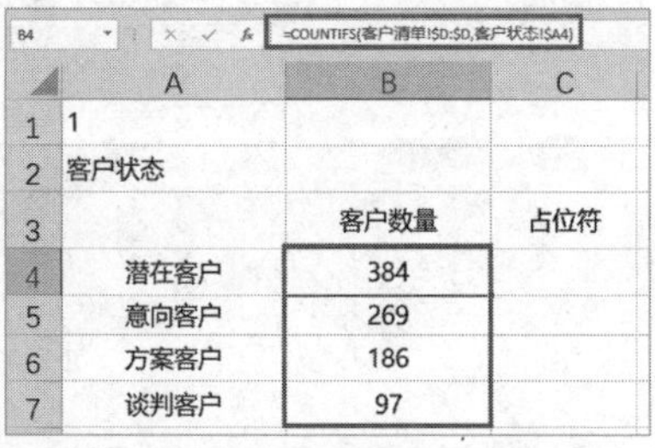

B4 =COUNTIFS(客户清单!$D:$D,客户状态!$A4)

	A	B	C
1	1		
2	客户状态		
3		客户数量	占位符
4	潜在客户	384	
5	意向客户	269	
6	方案客户	186	
7	谈判客户	97	

图 26-98

【C4】单元格的占位符实质上是当前条形左侧边缘与最大条形左侧边缘的距离。因为所有的条形都是居中对齐的，所以就是数值差的一半，如图 26-99 所示。

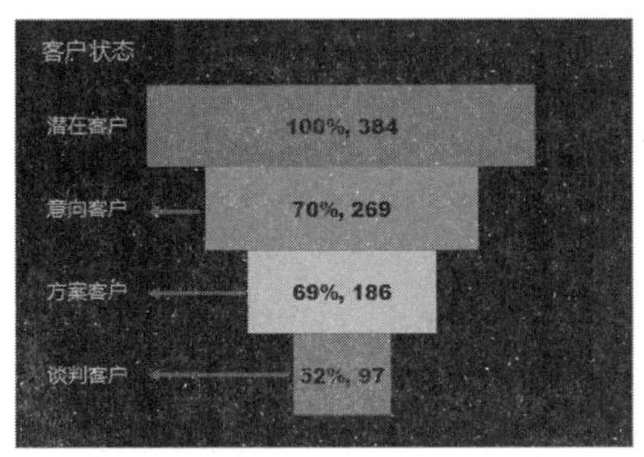

图 26-99

在【C4】单元格中首先利用 MAX 函数找到【B4:B7】单元格区域中的最大值。然后计算最大值与【B4】单元格的值差的一半。

选中【C4】单元格→单击函数编辑区将其激活→输入公式“=(MAX($B$4:$B$7)-B4)/2”→按 <Enter> 键确认→双击鼠标将公式向下填充，如图 26-100 所示。

C4 =(MAX($B$4:$B$7)-B4)/2

	A	B	C
1	1		
2	客户状态		
3		客户数量	占位符
4	潜在客户	384	0
5	意向客户	269	57.5
6	方案客户	186	99
7	谈判客户	97	143.5

图 26-100

（2）制作图表。

准备好了作图用的数据源表，接下来就开始制作漏斗图。

选中【A3:C7】单元格区域→选择【插入】选项卡→单击【插入柱形图或条形图】按钮→选择【堆积条形图】选项，如图 26-101 所示。

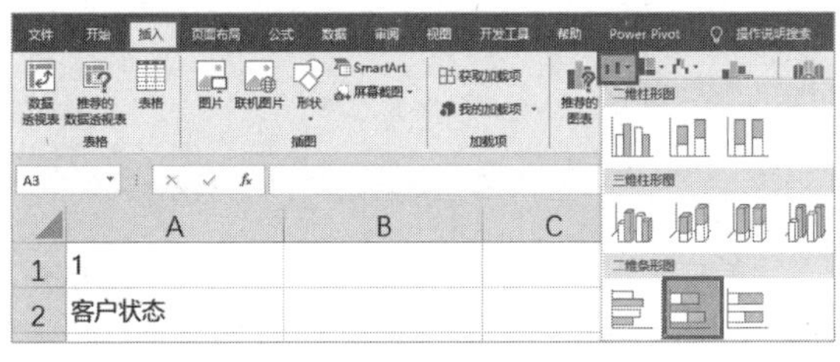

图 26-101

将最大值的条形图放在最上面。在纵坐标轴上右击→在弹出的快捷菜单中选择【设置坐标轴格式】选项，如图 26-102 所示。

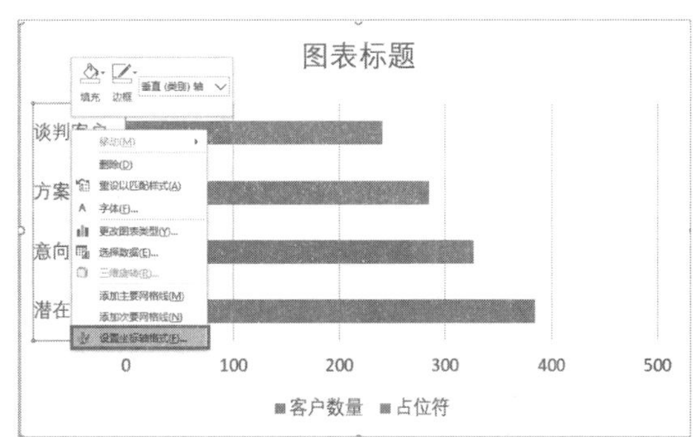

图 26-102

在弹出的【设置坐标轴格式】任务窗格中选中【逆序类别】复选框，如图 26-103 所示。

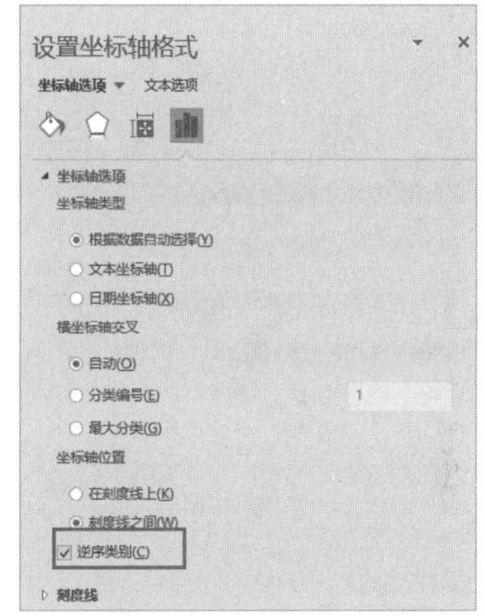

图 26-103

想要将橙色的条形图放在左侧，可以通过调节数据顺序来完成。选中图表→选择【设计】选项卡→单击【选择数据】按钮，如图 26-104 所示。

图 26-104

在弹出的【选择数据源】对话框中选中【图例项（系列）】下的【占位符】复选框→单击向上的三角，将它的位置调整到【客户数量】上方→单击【确定】按钮，如图 26-105 所示。

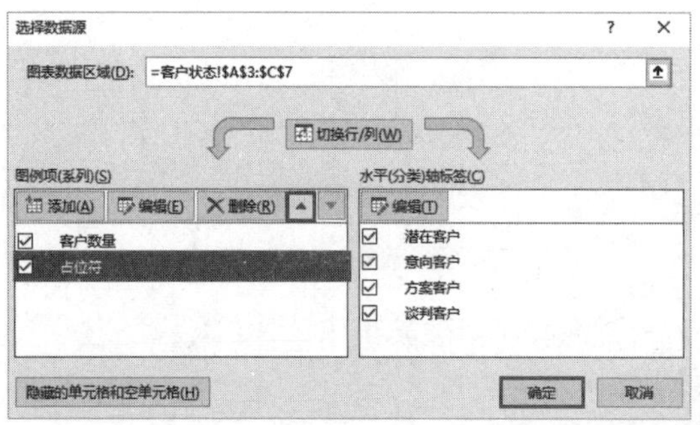

图 26-105

如图 26-106 所示，橙色条形图就置于蓝色条形图的左侧了。

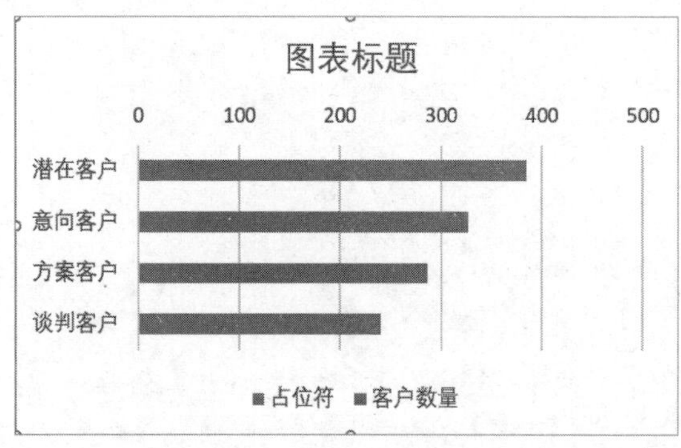

图 26-106

（3）美化图表。

选中图表中橙色的条形区域→选择【格式】选项卡→单击【形状填充】按钮→选择【无填充】选项，如图 26-107 所示。

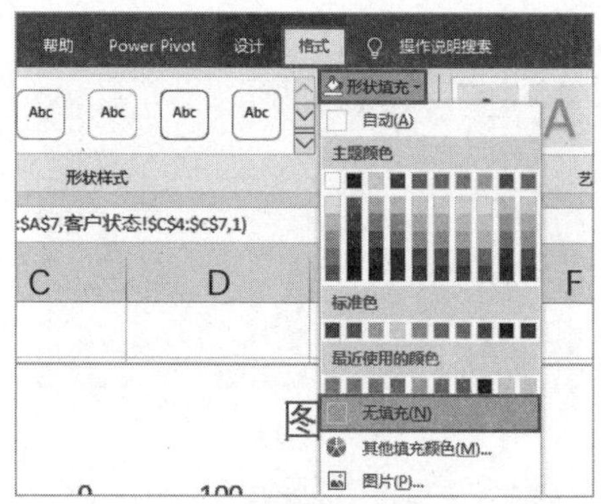

图 26-107

单击【形状轮廓】按钮→选择【无轮廓】选项，如图 26-108 所示。

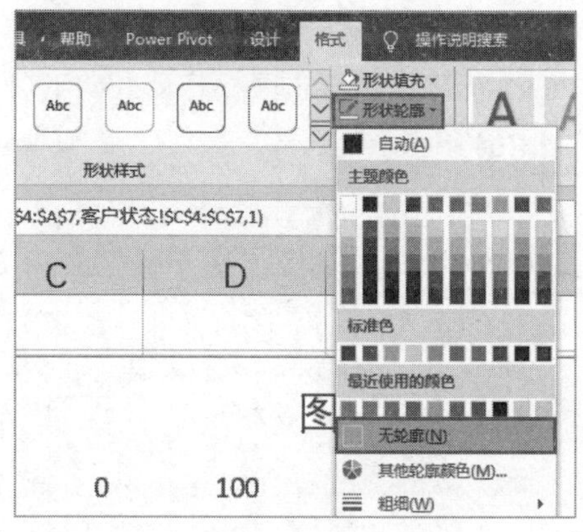

图 26-108

如图 26-109 所示，漏斗图的样式已显现出来。

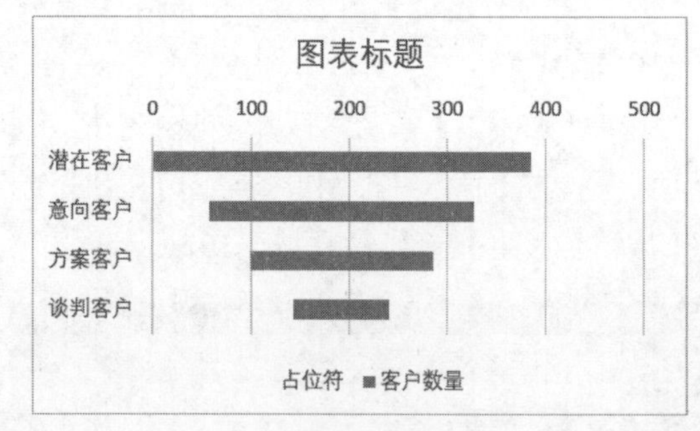

图 26-109

接下来调整条形图的间距，使它们贴在一起。选中条形图→在【设置数据系列格式】任务窗格中将【系列重叠】设置为“100%”→将【间隙宽度】设置为“0%”，如图 26-110 所示。

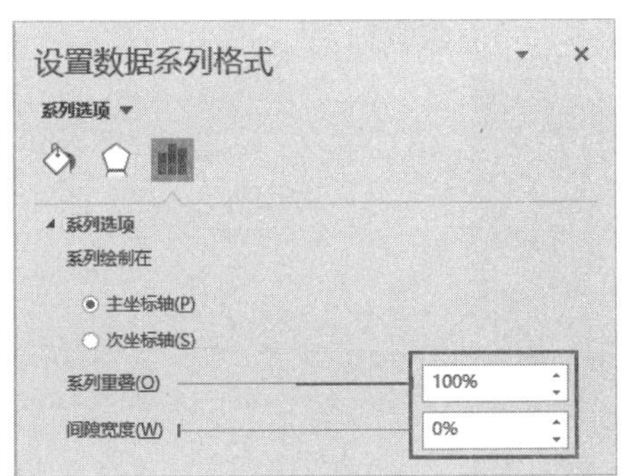

图 26-110

与环形图一样，将图表与【I6:O16】单元格区域的边框对齐，然后对图表的颜色、背景等进行设置美化，如图 26-111 所示。

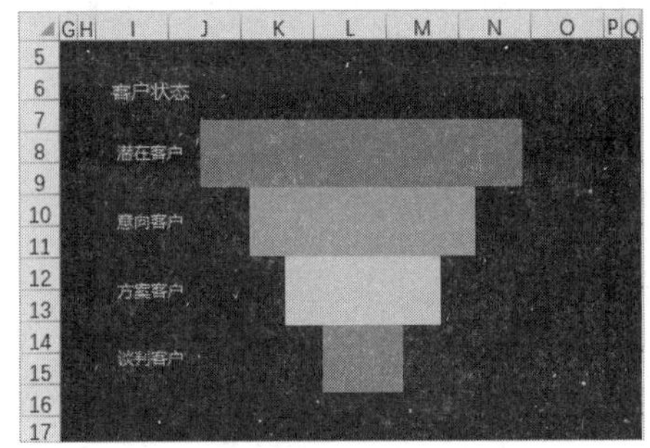

图 26-111

为图表添加数据标签。想要显示的是“客户数量”和“每类客户数量占上一类客户数量的百分比”，那么需要在作图数据源后面添加一列“每节转化率”，然后对其进行计算。

每节转化率：每类客户数量占上一类客户数量的百分比。

选中【D4】单元格→单击函数编辑区将其激活→输入公式“=B4/$B$4”→按 <Enter> 键确认。

选中【D5】单元格→单击函数编辑区将其激活→输入公式“=B5/B4”→按 <Enter> 键确认。

同理，完成【D6】和【D7】单元格内容的计算，如图 26-112 所示。

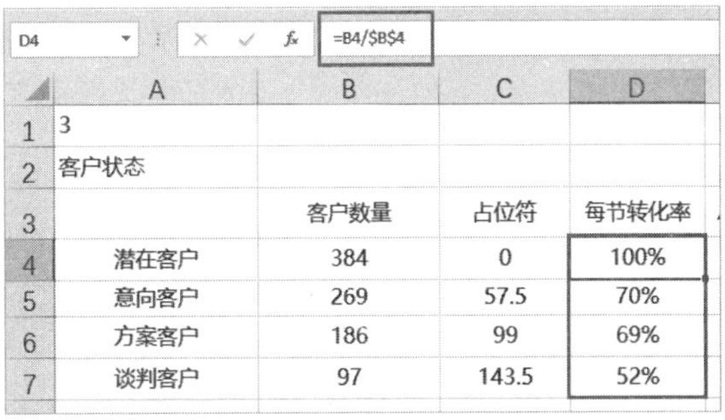

D4 =B4/$B$4

	A	B	C	D
1	3			
2	客户状态			
3		客户数量	占位符	每节转化率
4	潜在客户	384	0	100%
5	意向客户	269	57.5	70%
6	方案客户	186	99	69%
7	谈判客户	97	143.5	52%

图 26-112

在设置数据标签时，首先选中图表并右击→在弹出的快捷菜单中选择【添加数据标签】选项，如图 26-113 所示。

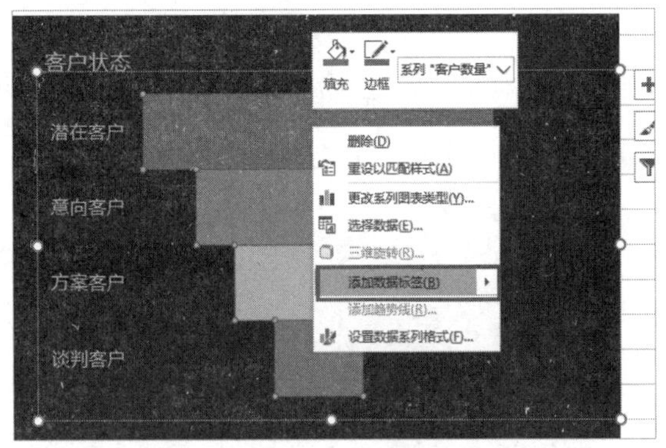

图 26-113

然后选中数据标签并右击→在弹出的快捷菜单中选择【设置数据标签格式】选项，如图 26-114 所示。

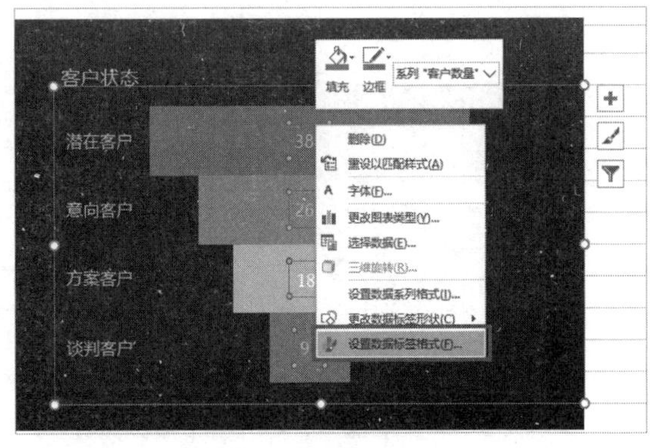

图 26-114

在弹出的【设置数据标签格式】任务窗格中

选中【值】复选框→选中【单元格中的值】复选框→在弹出的【数据标签区域】对话框中拖曳鼠标选中【D4:D7】单元格区域→单击【确定】按钮，如图 26-115 所示。

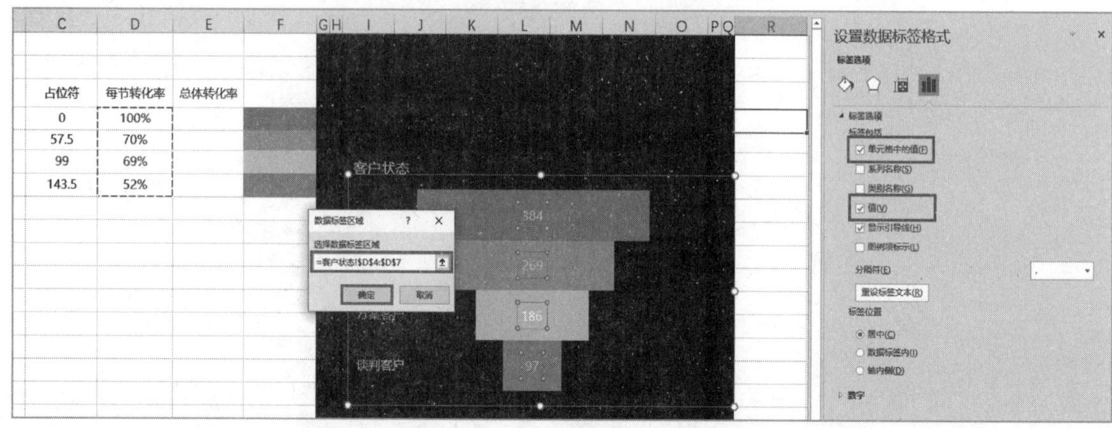

图 26-115

如图 26-116 所示，图表中的标签就显示出“客户数量”和“每节转化率”两类数据了。

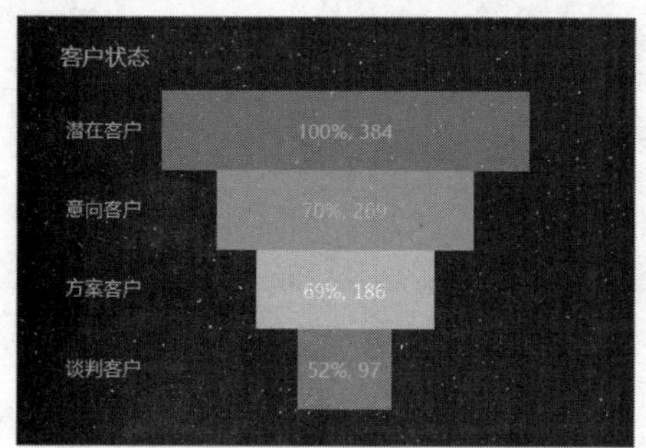

图 26-116

接下来根据喜好对数据标签的字体和颜色进行美化，效果如图 26-117 所示。

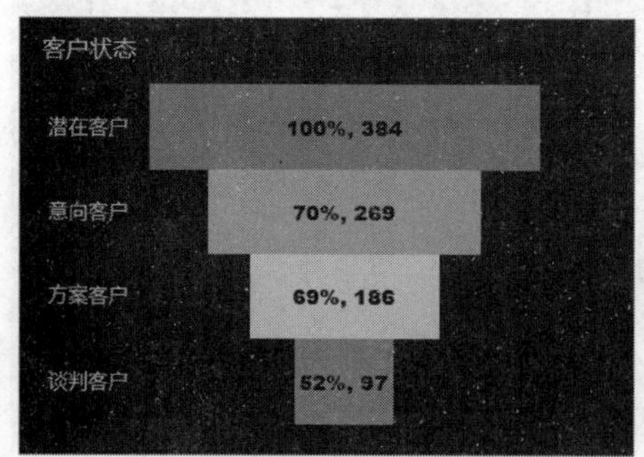

图 26-117

温馨提示

数据源中还设置了一个“总体转化率”字段，它是指“每类客户数量占潜在客户数量的百分比”。读者可以根据“26- 科技感看板制作 - 销售管理中心驾驶舱 .xlsx”工作簿文件的“客户状态”工作表中完成的结果自行揣摩。

设置完成后，在数据标签中除可以显示“每节转化率”外，还可以设置“总体转化率”，感兴趣的读者可以自己试一试。

（4）导入看板。

完成了图表的基础制作，接下来就将制作好的图表放在“看板”工作表中。

单击左上角的名称框将其激活→输入“I6:O16”→按 <Enter> 键确认，这时对应的单元格区域为选中状态→按 <Ctrl+C> 键复制，如图 26-118 所示。

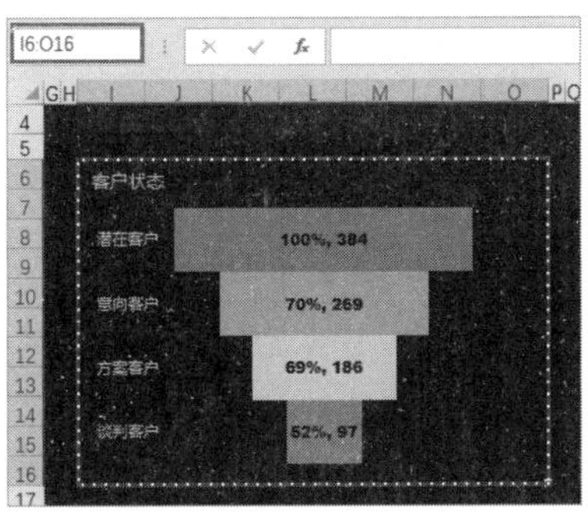

图 26-118

然后在“看板”工作表中右击→在弹出的快捷菜单中选择【选择性粘贴】选项→选择【链接的图片】选项，如图 26-119 所示。

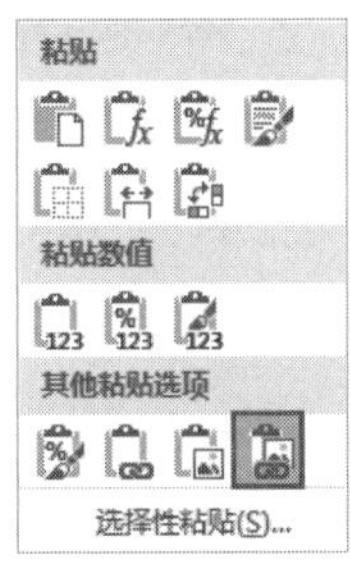

图 26-119

如图 26-120 所示，就完成了漏斗图的制作。

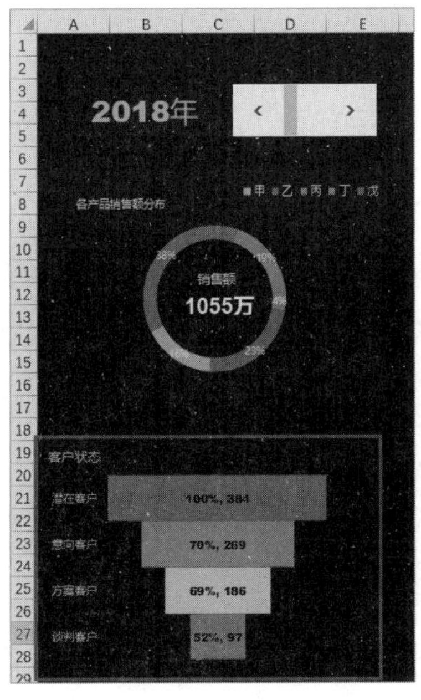

图 26-120

5. 制作地图图表

接下来制作图 26-121 中的“全国销售额分布”的地图图表。

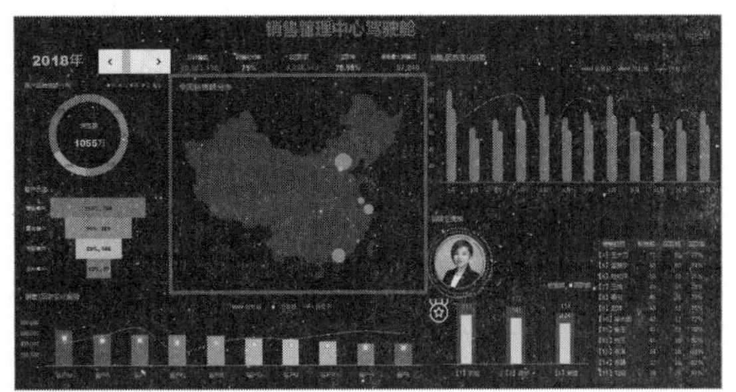

图 26-121

（1）准备作图数据源。

作图前要先准备作图数据源。“全国销售额分布”工作表中已经准备好了一个地图图表模板，然后为地图图表修改一个合适的配色，再将销售数据替换过来即可。

在“全国销售额分布”工作表中，依然制作 2018—2020 年的销售数据，然后利用 INDEX 函数查找控件所控制的当前年份的销售数据，就是作图用的数据源了。同样将控件所控制的单元格的值（看板 !$A$1”）放在【A1】单元格中，如图 26-122 所示。

	A	B	C	D	E	F	G
1	1						
2	全国销售额分布						
3	区域	X	Y	销售额	2018	2019	2020
4	新疆	165	450				
5	西藏	165	290				
6	云南	410	120				
7	内蒙古	510	430				
8	黑龙江	775	590				

图 26-122

首先利用 SUMIFS 函数计算 2018 年、2019 年、2020 年对应的各个省区销售额。

选中【E4】单元格→输入公式“=SUMIFS(销售流水 !$I:$I, 销售流水 !$L:$L, 全国销售额分布 !E$3, 销售流水 !$D:$D, 全国销售额分布 !$A4)”→按 <Enter> 键确认，如图 26-123 所示。

E4 =SUMIFS(销售流水!$I:$I,销售流水!$L:$L,全国销售额分布!E$3,销售流水!$D:$D,全国销售额分布!$A4)

	A	B	C	D	E	F	G
1	1						
2	全国销售额分布						
3	区域	X	Y	销售额	2018	2019	2020
4	新疆	165	450		-		

图 26-123

将光标放在【E4】单元格右下角，当光标变为十字句柄时，向右拖曳鼠标将公式填充至【E4:G4】单元格区域，如图 26-124 所示。

E4 =SUMIFS(销售流水!$I:$I,销售流水!$L:$L,全国销售额分布!E$3,销售流水!$D:$D,全国销售额分布!$A4)

	A	B	C	D	E	F	G
1	1						
2	全国销售额分布						
3	区域	X	Y	销售额	2018	2019	2020
4	新疆	165	450		-	-	-
5	西藏	165	290				

图 26-124

选中【E4:G4】单元格区域→双击鼠标将公式向下填充，如图 26-125 所示。

E4 =SUMIFS(销售流水!$I:$I,销售流水!$L:$L,全国销售额分布!E$3,销售流水!$D:$D,

	A	B	C	D	E	F	G
1	1						
2	全国销售额分布						
3	区域	X	Y	销售额	2018	2019	2020
4	新疆	165	450		-	-	-
5	西藏	165	290		-	-	-
6	云南	410	120		-	-	-
7	内蒙古	510	430		-	-	-
8	黑龙江	775	590		-	-	-
9	吉林	775	520		-	-	-
10	辽宁	735	470		-	-	-
11	河北	625	410		949,616	650,899	798,704
12	北京	635	435		2,720,722	2,585,118	2,296,969
13	天津	650	420		-	-	-
14	山东	665	370		442,099	484,689	285,915
15	山西	575	390		-	-	-
16	河南	605	310		397,056	347,870	374,441
17	陕西	520	300		-	-	-
18	宁夏	480	370		-	-	-
19	甘肃	450	335		-	-	-
20	四川	415	240		379,347	371,988	610,309
21	重庆	510	225		-	-	-
22	贵州	490	160		-	-	-
23	广西	525	100		-	-	-
24	湖南	585	180		-	-	-
25	广东	615	110		2,300,302	2,296,708	2,018,732

图 26-125

然后在【D4】单元格中利用 INDEX 函数查找出当前年份的销售额。

选中【D4】单元格→输入公式“=INDEX(E4:G4,$A$1)”→按 <Enter> 键确认→双击鼠标将公式向下填充，如图 26-126 所示。

D4 =INDEX(E4:G4,$A$1)

	A	B	C	D	E	F	G
1	1						
2	全国销售额分布						
3	区域	X	Y	销售额	2018	2019	2020
4	新疆	165	450	-	-	-	-
5	西藏	165	290	-	-	-	-
6	云南	410	120	-	-	-	-
7	内蒙古	510	430	-	-	-	-
8	黑龙江	775	590	-	-	-	-
9	吉林	775	520	-	-	-	-
10	辽宁	735	470	-	-	-	-

图 26-126

如图 26-127 所示，模板中的销售额分布已经显示出来了。

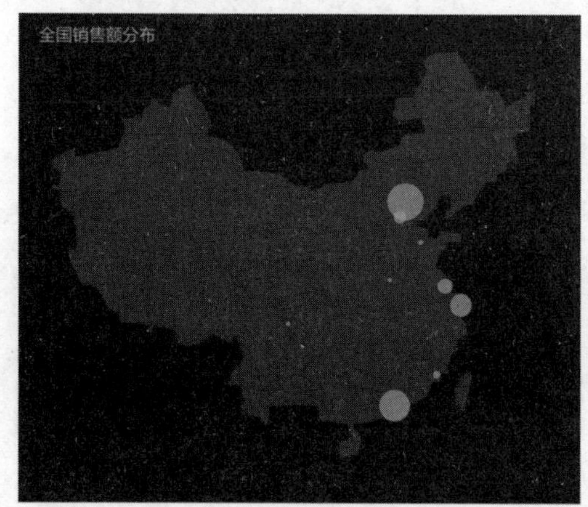

图 26-127

（2）导入看板。

完成了图表的基础制作，接下来就将制作好的图表放在“看板”工作表中。

单击左上角的名称框将其激活→输入“I6:O23”→按 <Enter> 键确认，这时对应的单元格区域为选中状态→按 <Ctrl+C> 键复制，如图 26-128 所示。

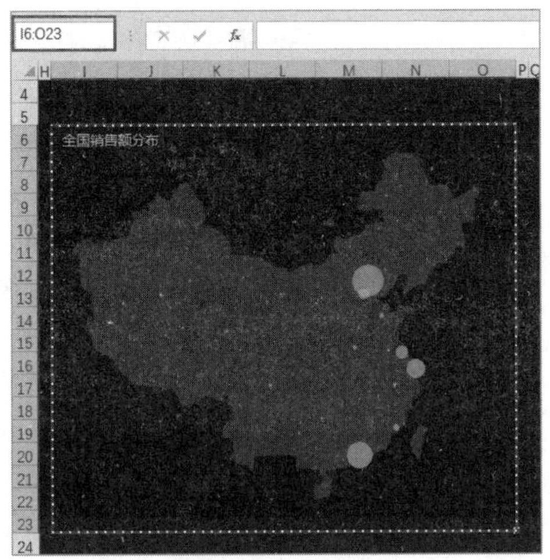

图 26-128

然后在“看板”工作表中右击→在弹出的快捷菜单中选择【选择性粘贴】选项→选择【链接的图片】选项，如图 26-129 所示。

图 26-129

最后按 <Shift> 键的同时拖曳鼠标，调整图表的大小和位置，如图 26-130 所示。

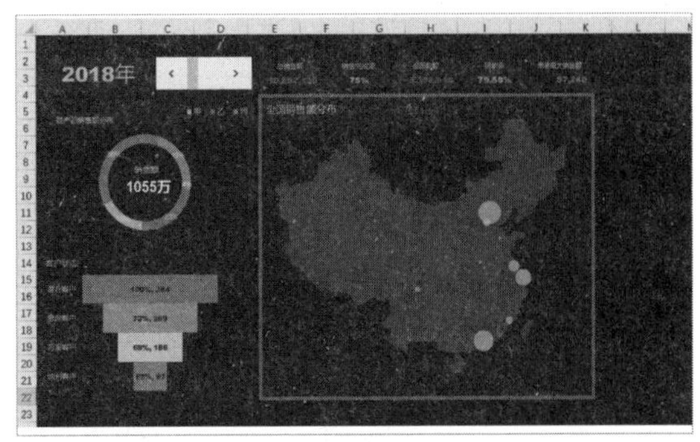

图 26-130

6. 制作销售与回款组合图

接下来制作图 26-131 中的“销售 / 回款变化趋势”的组合图。

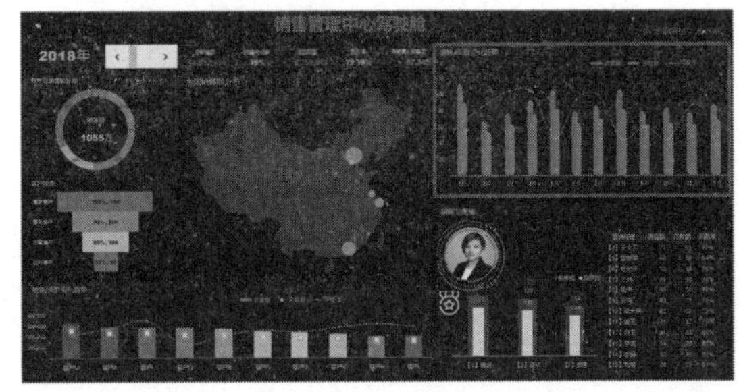

图 26-131

（1）准备作图数据源。

作图前要先准备作图数据源。利用自上而下的方法，根据看板中的“销售 / 回款变化趋势”图分析作图数据源的构成。如图 26-132 所示，“销售 / 回款变化趋势”图中涉及的字段包括“月份”“销售额”“回款额”“回款率”。

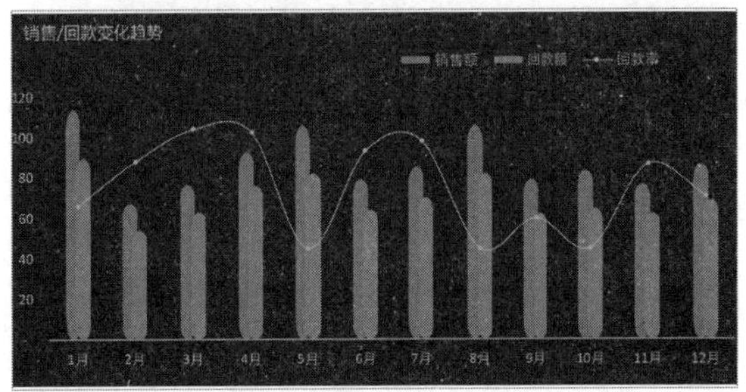

图 26-132

那么，在“销售与回款”工作表中就要设计

作图数据源。将“月份”放在【A】列中，将“销售额”放在【B】列中，将“回款额”放在【C】列中，将“回款率”放在【D】列中。然后将控件所控制的单元格的值(看板!$A$1)放在【A1】单元格中，如图 26-133 所示。

	A	B	C	D
1	1			
2	销售/回款变化趋势			
3		销售额	回款额	回款率
4	1			
5	2			
6	3			
7	4			
8	5			
9	6			
10	7			
11	8			
12	9			
13	10			
14	11			
15	12			

图 26-133

由于想要根据控件控制的年份计算出“销售额”和“回款额”，因此首先利用 SUMIFS 函数准备一个“各年份”对应的“销售额”和“回款额”数据表，如图 26-134 所示。

	R	S	T	U	V	W	X	Y
1								
2								
3	销售额	2018	2019	2020	回款额	2018	2019	2020
4	1				1			
5	2				2			
6	3				3			
7	4				4			
8	5				5			
9	6				6			
10	7				7			
11	8				8			
12	9				9			
13	10				10			
14	11				11			
15	12				12			

图 26-134

选中【S4】单元格→单击函数编辑区将其激活→输入公式“=SUMIFS(销售流水!$I:$I, 销售流水!$L:$L,S$3, 销售流水!$M:$M,$R4)”→按 <Enter> 键确认→向右、向下拖曳鼠标将公式填充至【S4:U15】单元格区域。

选中【W4】单元格→单击函数编辑区将其激活→输入公式“=SUMIFS(销售流水!$J:$J, 销售流水!$L:$L,W$3, 销售流水!$M:$M,$R4)”→按 <Enter> 键确认→向右、向下拖曳鼠标将公式填充至【W4:Y15】单元格区域，如图 26-135 所示。

S4 =SUMIFS(销售流水!$I:$I,销售流水!$L:$L,S$3,销售流水!$M:$M,$R4)

	R	S	T	U	V	W	X	Y
1								
2								
3	销售额	2018	2019	2020	回款额	2018	2019	2020
4	1	1,141,018	1,160,939	1,217,475	1	897,441	929,901	944,381
5	2	673,966	743,450	778,642	2	544,081	597,823	638,796
6	3	769,107	850,996	791,228	3	627,928	676,596	600,523
7	4	934,785	757,094	854,534	4	759,002	605,145	707,873
8	5	1,059,038	732,275	739,674	5	822,711	596,467	580,263
9	6	792,958	723,514	774,657	6	644,035	566,756	613,502
10	7	859,077	920,207	1,089,077	7	699,934	731,568	889,628
11	8	1,058,214	1,016,021	743,279	8	824,427	818,969	584,724
12	9	788,787	830,652	750,807	9	621,678	672,714	611,247
13	10	838,355	843,416	792,506	10	647,531	661,708	639,173
14	11	771,266	1,027,858	727,680	11	617,894	830,855	577,580
15	12	865,559	992,536	788,678	12	692,257	816,632	631,555

图 26-135

然后利用 INDEX 函数查找控件所控制的当前年份的“销售额”和“回款额”，将查找到的值除以“10000”，变为以“万”为单位的值，最后利用 ROUND 函数省略小数。对应在【B4】单元格中的公式就是“=ROUND(INDEX(S4:U4,$A$1)/10000,0)”，如图 26-136 所示。

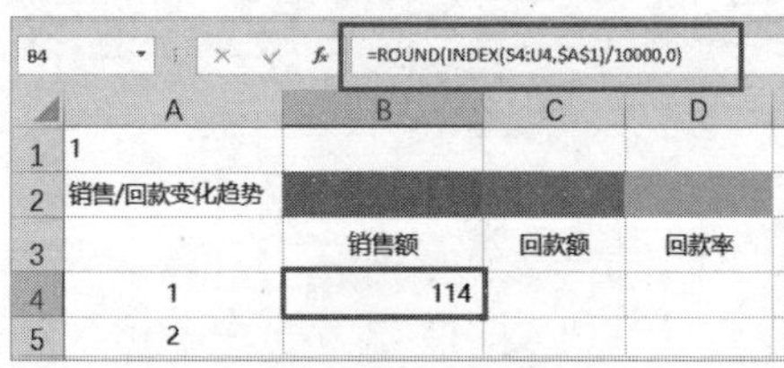

图 26-136

对应在【C4】单元格中的公式就是“=ROUND(INDEX(W4:Y4,$A$1)/10000,0)”，如图 26-137 所示。

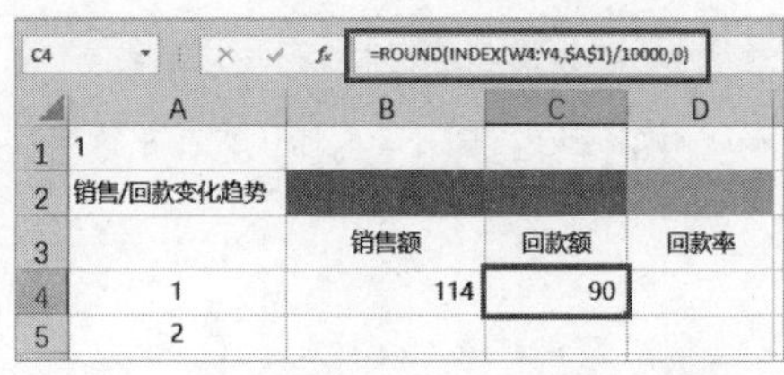

图 26-137

对应在【D4】单元格中的公式就是“=C4/B4”。完成【B4:D4】单元格区域的公式计算后，选中【B4:D4】单元格区域→将光标放在【D4】单元格右下角，双击鼠标将公式向下填充，如图 26-138 所示。

D4　=C4/B4

	A	B	C	D
1	1			
2	销售/回款变化趋势			
3		销售额	回款额	回款率
4	1	114	90	79%
5	2	67	54	81%
6	3	77	63	82%
7	4	93	76	82%
8	5	106	82	77%
9	6	79	64	81%
10	7	86	70	81%
11	8	106	82	77%
12	9	79	62	78%
13	10	84	65	77%
14	11	77	62	81%
15	12	87	69	79%

图 26-138

（2）制作图表。

准备好了作图用的数据源表，接下来就开始制作组合图。

选中【A3:D15】单元格区域→选择【插入】选项卡→单击【推荐的图表】按钮，如图 26-139 所示。

图 26-139

在弹出的【插入图表】对话框中，默认选择了第一个组合图→单击【确定】按钮，如图 26-140 所示。

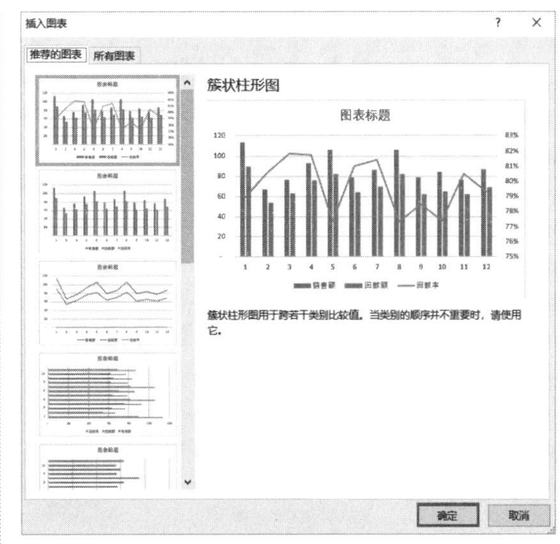

图 26-140

如图 26-141 所示，就完成了组合图的创建。

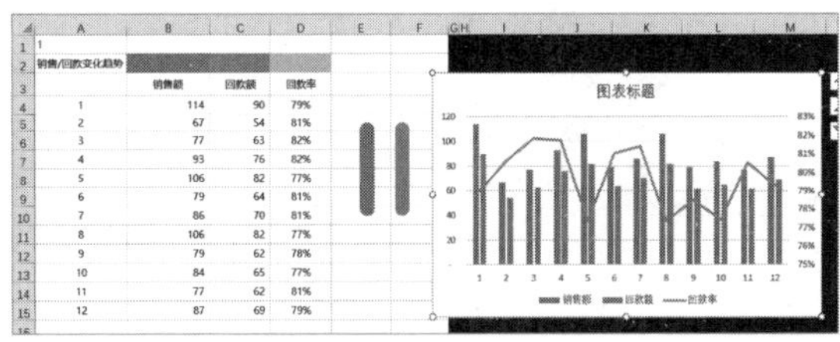

图 26-141

（3）美化图表。

接下来就对组合图进行美化。

选中组合图中的折线图并右击→在弹出的快捷菜单中选择【设置数据系列格式】选项，如图 26-142 所示。

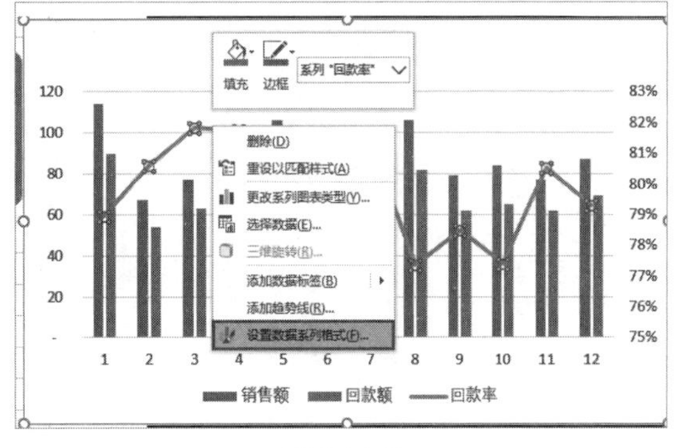

图 26-142

在弹出的【设置数据系列格式】任务窗格中单击【填充与线条】按钮→选择【线条】选项→选中【平滑线】复选框，如图 26-143 所示。

图 26-143

如图 26-144 所示，折线图就变为平滑的曲线了。

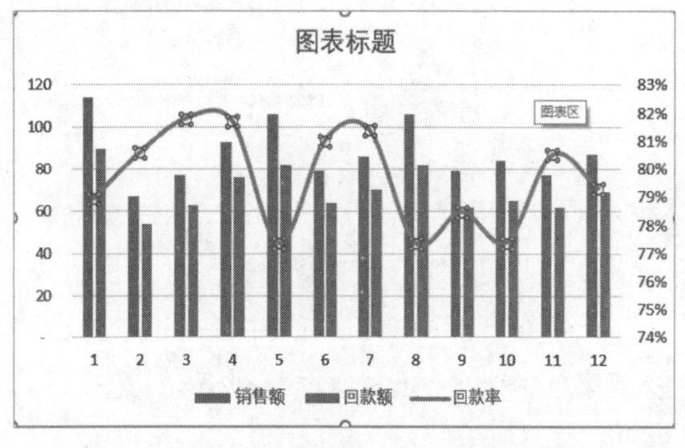

图 26-144

选中图表→选择【设计】选项卡→单击【更改图表类型】按钮，如图 26-145 所示。

图 26-145

在弹出的【更改图表类型】对话框中单击“回款率”对应的【图表类型】按钮→选择【带数据标记的折线图】选项→单击【确定】按钮，如图 26-146 所示。

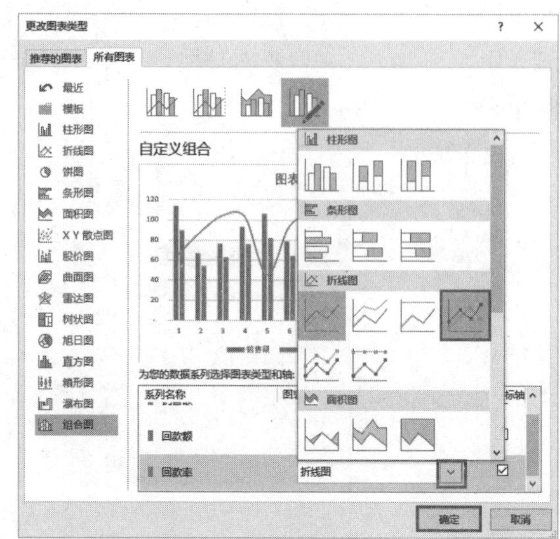

图 26-146

如图 26-147 所示，平滑的曲线就变为带数据标记的曲线了。

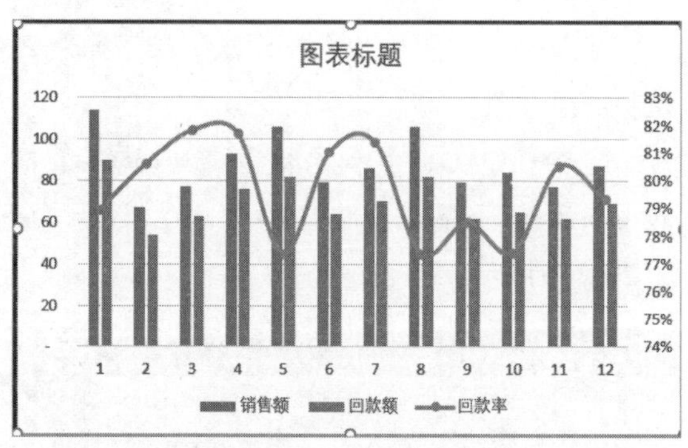

图 26-147

图案填充柱形图。选中提前准备好的“蓝色”形状→按 <Ctrl+C> 键复制→选中图表中的蓝色柱子→按 <Ctrl+V> 键粘贴，将形状填充到蓝色柱子中，如图 26-148 所示。

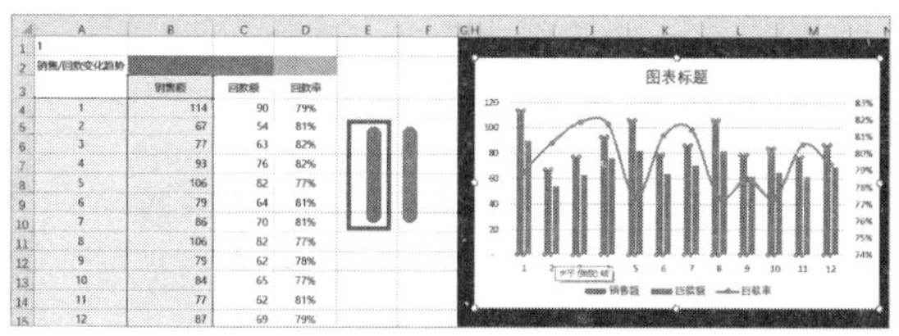
图 26-148

同理，可以将“橙色”形状填充到橙色柱子中，效果如图 26-149 所示。

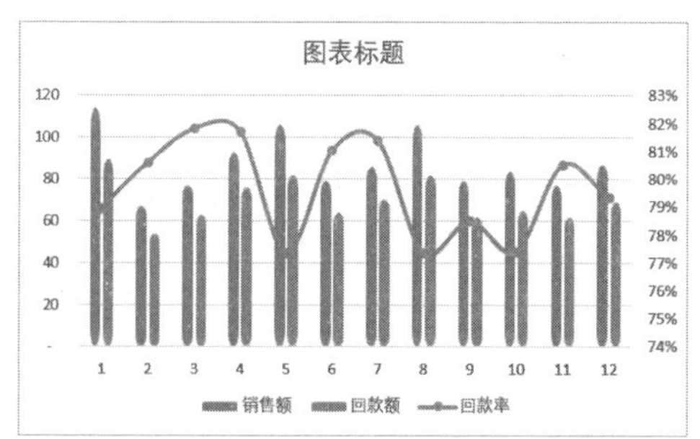

图 26-149

接下来选中折线→在【设置数据系列格式】任务窗格中单击【填充与线条】按钮→选择【线条】选项→单击【颜色】按钮→选择“黄色”→将【宽度】设置为“1.25磅”，如图 26-150 所示。

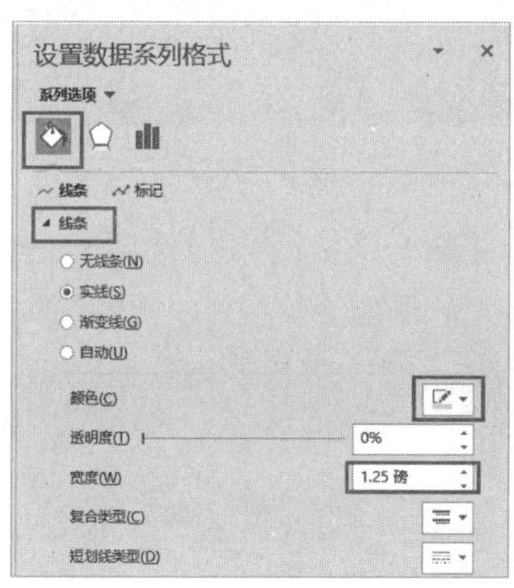

图 26-150

选择【标记】选项→选择【标记选项】选项选中【内置】单选按钮→将【大小】设置为“3”，如图 26-151 所示。

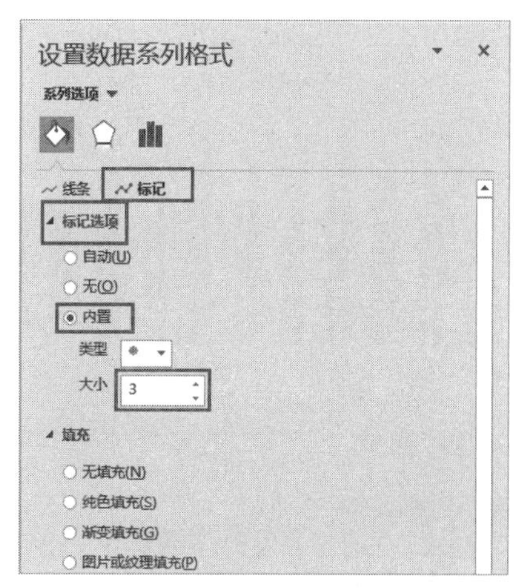

图 26-151

选择【线条】选项→选择【填充】选项→选中【纯色填充】单选按钮→单击【颜色】按钮，选择“黄色”→选择【边框】选项→选中【无线条】单选按钮，如图 26-152 所示。

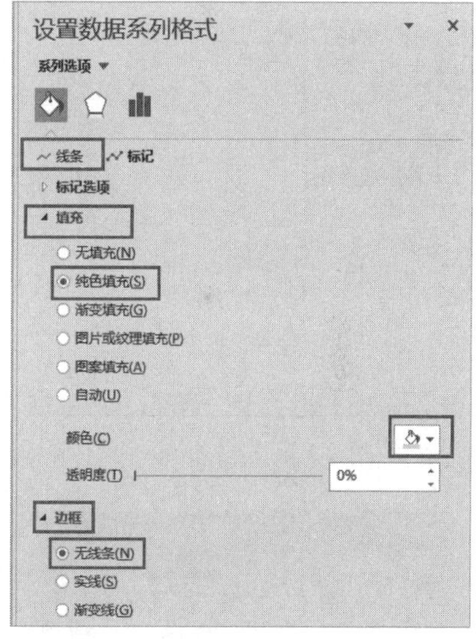

图 26-152

接下来选中图表标题→按 <Delete> 键删除，如图 26-153 所示。

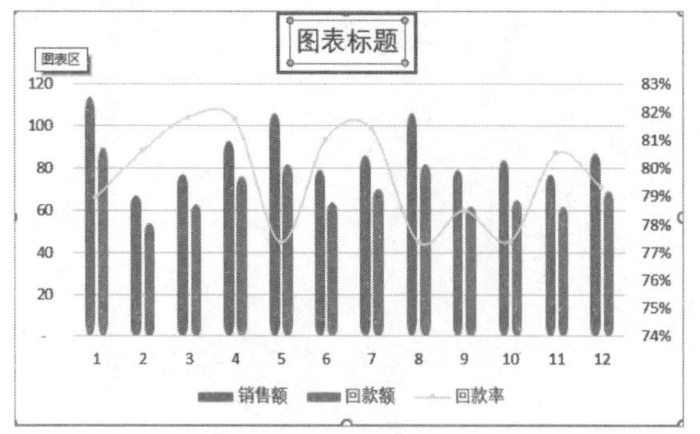

图 26-153

选中图表→选择【设计】选项卡→单击【添加图表元素】按钮→选择【图例】选项→选择【顶部】选项，如图 26-154 所示。

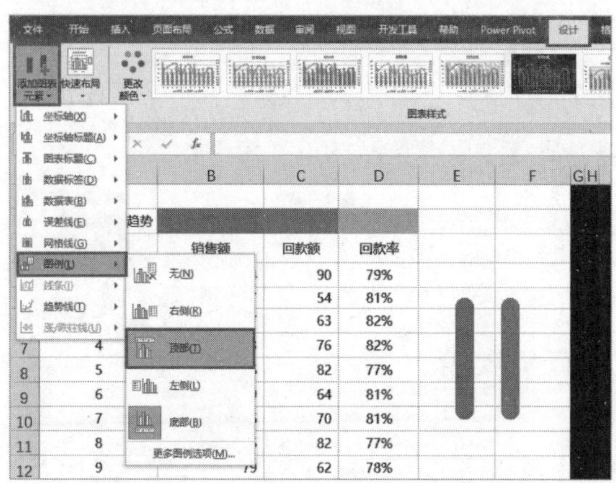

图 26-154

选择【格式】选项卡→单击【形状填充】按钮→选择【无填充】选项，如图 26-155 所示。

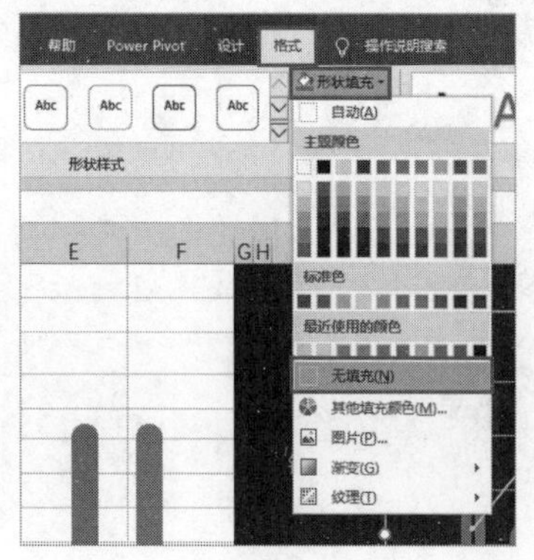

图 26-155

单击【形状轮廓】按钮→选择【无轮廓】选项，如图 26-156 所示。

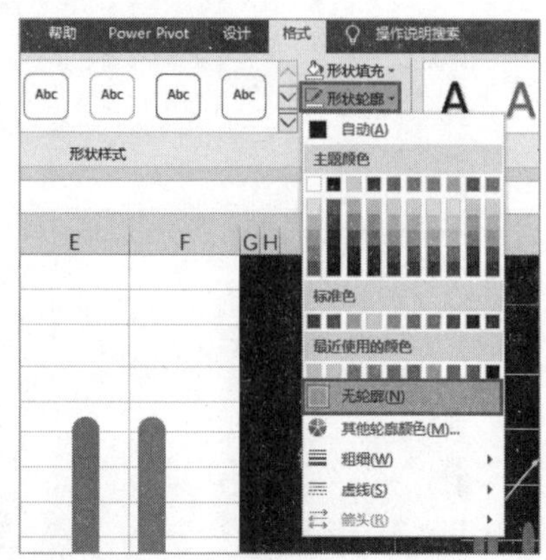

图 26-156

选中网格线→按 <Delete> 键删除，如图 26-157 所示。

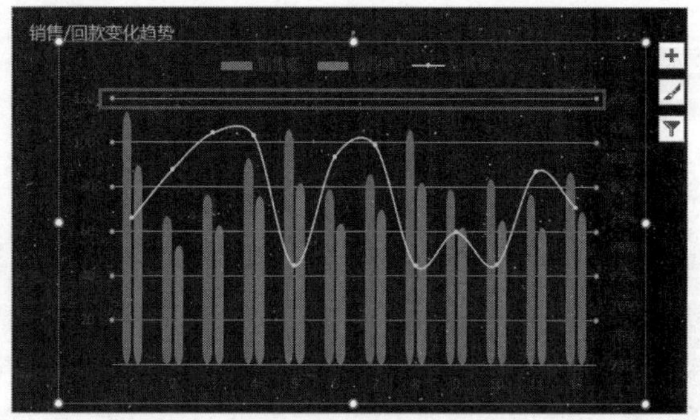

图 26-157

选中图表→选择【开始】选项卡→单击【字体】列表框右侧的下拉按钮→选择【微软雅黑】选项→单击【字体颜色】按钮→选择“白色”，如图 26-158 所示。

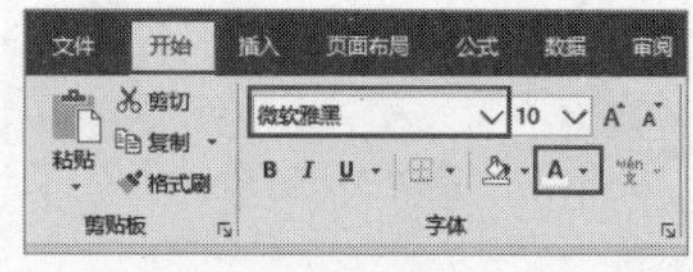

图 26-158

选中横坐标轴→在【设置坐标轴格式】任务窗格中选择【数字】选项，默认状态下为常规的“通用格式”，如图 26-159 所示。

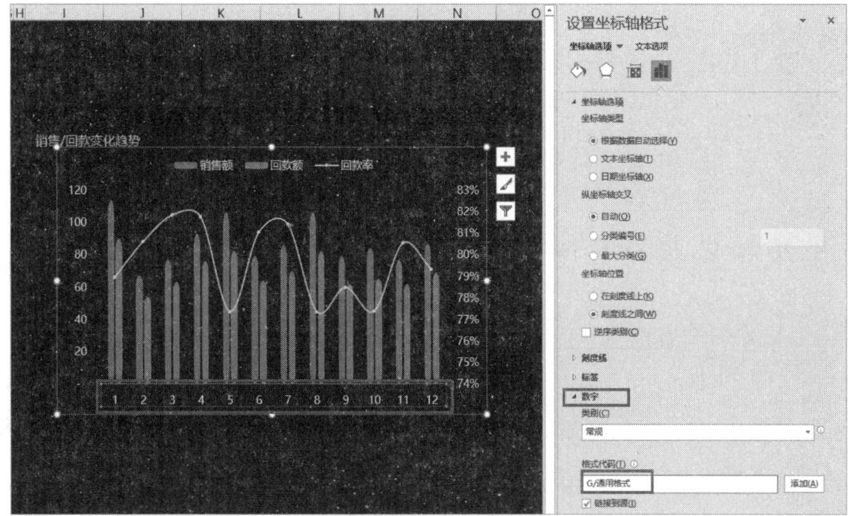

图 26-159

但是，我们想要将月份显示为“1 月”“2 月”这样的样式，那么就可以在“通用格式”后面输入“"月"”→单击【添加】按钮，如图 26-160 所示。

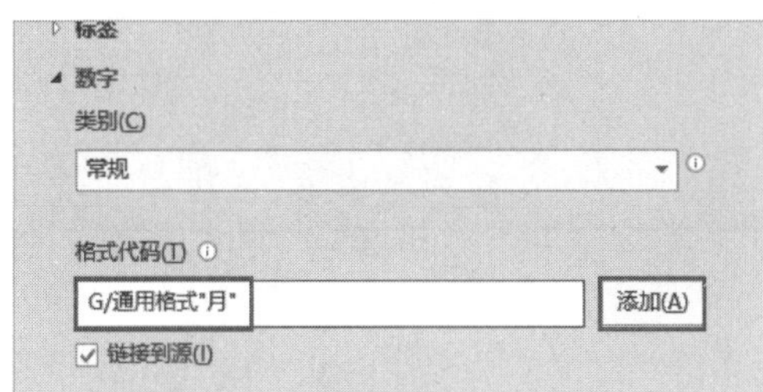

图 26-160

如图 26-161 所示，图表中的横坐标轴就显示为“1 月”“2 月”这样的样式了。

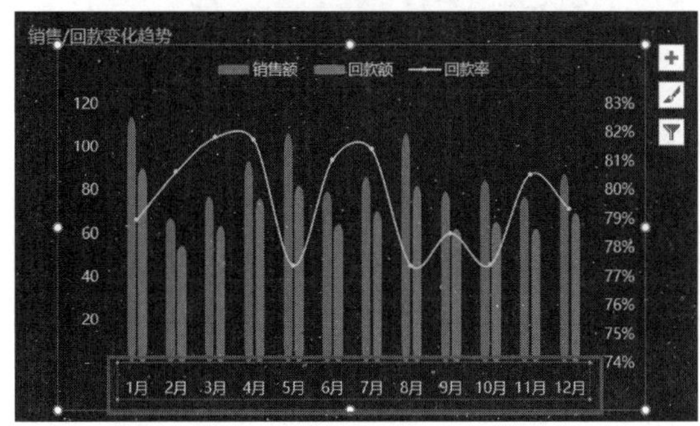

图 26-161

将光标放在图表边缘，当光标变为十字句柄时，按 <Alt> 键的同时拖曳鼠标调整图表的大小，将其与【I6:O19】单元格区域的边框对齐，如图 26-162 所示。

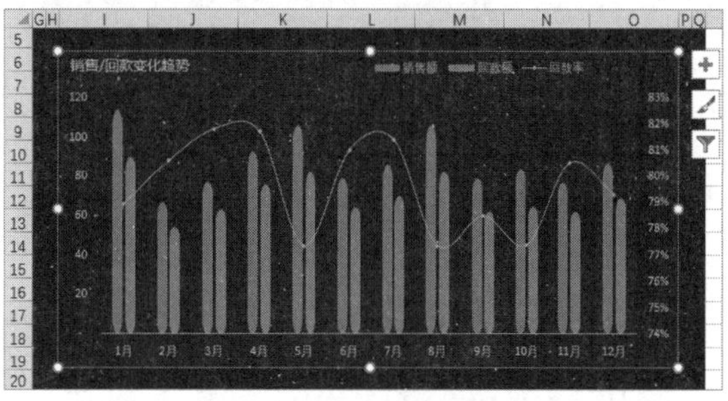

图 26-162

如图 26-162 所示，蓝色柱子与橙色柱子是分离放置的，想要将二者连接在一起，可以在【设置数据系列格式】任务窗格中进行设置。

选中橙色柱子并右击→在弹出的快捷菜单中选择【设置数据系列格式】选项→在【设置数据系列格式】任务窗格中将【系列重叠】设置为“36%”→将【间隙宽度】设置为“215%”。

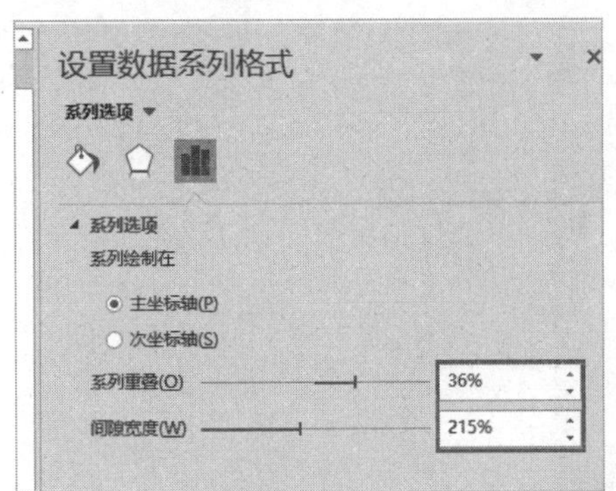

图 26-163

将光标放在图表边缘，当光标变为双向箭头时，向右拖曳调整图表的大小。然后将次坐标轴拖曳至图表展示区以外，如图 26-164 所示。

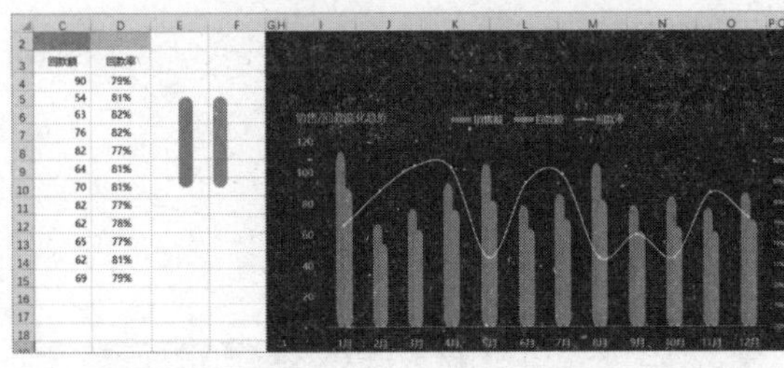

图 26-164

（4）导入看板。

完成了图表的基础制作，接下来就将制作好的图表放在“看板”工作表中。

单击左上角的名称框将其激活→输入“I6:O19”→按 <Enter> 键确认，这时对应的单元格区域为选中状态→按 <Ctrl+C> 键复制，如图 26-165 所示。

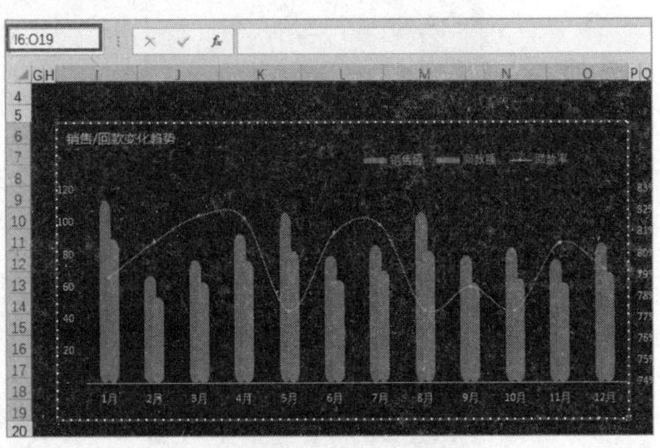

图 26-165

然后在“看板”工作表中右击，在弹出的快捷菜单中选择【选择性粘贴】选项→选择【链接的图片】选项，如图 26-166 所示。

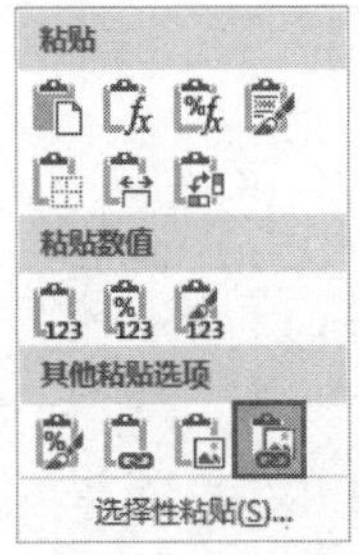

图 26-166

如图 26-167 所示，就完成了组合图的制作。

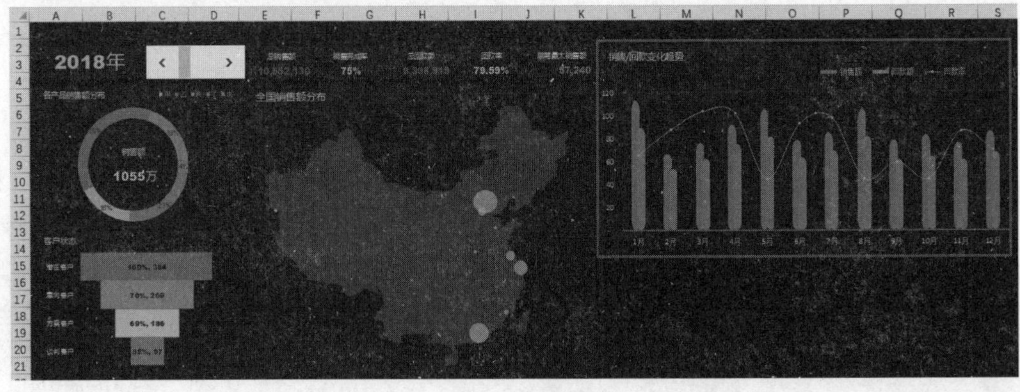

图 26-167

7. 制作客户销售与回款组合图

接下来制作图 26-168 中的“销售 / 回款变化趋势”的组合图。

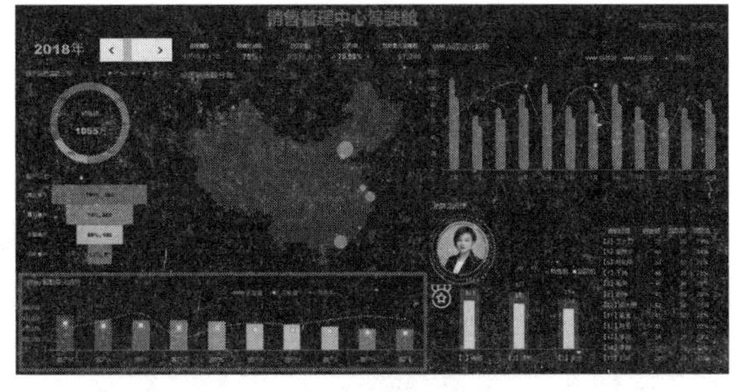

图 26-168

（1）准备作图数据源。

作图前要先准备作图数据源。利用自上而下的方法，根据看板中的“销售 / 回款变化趋势”图分析作图数据源的构成。如图 26-169 所示，“销售 / 回款变化趋势”图中涉及的字段包括“销售额”“回款额”“回款率”“客户名称”。

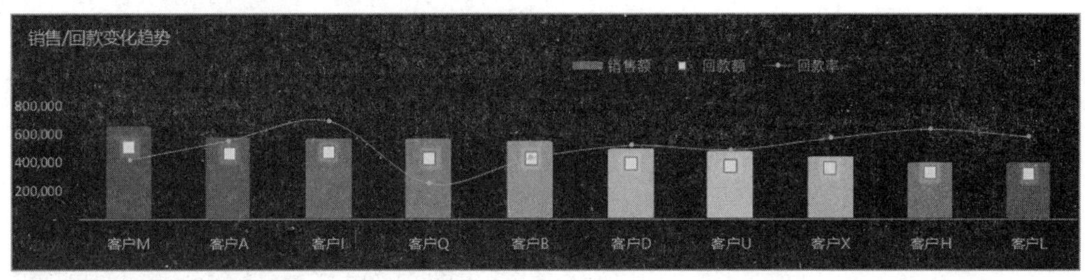

图 26-169

那么，在“客户销售与回款”工作表中就要设计作图数据源。

按照图 26-170 所示的字段设置表格，然后利用 VLOOKUP 函数根据表格查找出相应的数据。“26- 科技感看板制作 - 销售管理中心驾驶舱 .xlsx”工作簿文件的“客户销售与回款”工作表中已经准备好了作图数据源，读者可以根据数据源中的公式去了解该数据源是如何设置的。

	A	B	C	D
1	1			
2	销售/回款变化趋势			
3		销售额	回款额	回款率
4	客户M	657,992	512,285	78%
5	客户A	581,507	467,524	80%
6	客户I	570,359	473,640	83%
7	客户Q	568,759	425,026	75%
8	客户B	553,774	432,201	78%
9	客户D	492,258	392,539	80%
10	客户U	478,297	378,661	79%
11	客户X	442,099	356,994	81%
12	客户H	400,952	328,520	82%
13	客户L	400,056	323,814	81%

图 26-170

（2）制作图表。

准备好了作图用的数据源表，接下来就开始制作组合图。

选中【A3:D13】单元格区域→选择【插入】选项卡→单击【推荐的图表】按钮，如图 26-171 所示。

图 26-171

在弹出的【插入图表】对话框中选择【所有图表】选项卡→选择【组合图】选项→将【回款额】和【回款率】都设置为“带数据标记的折线图”，如图 26-172 所示。

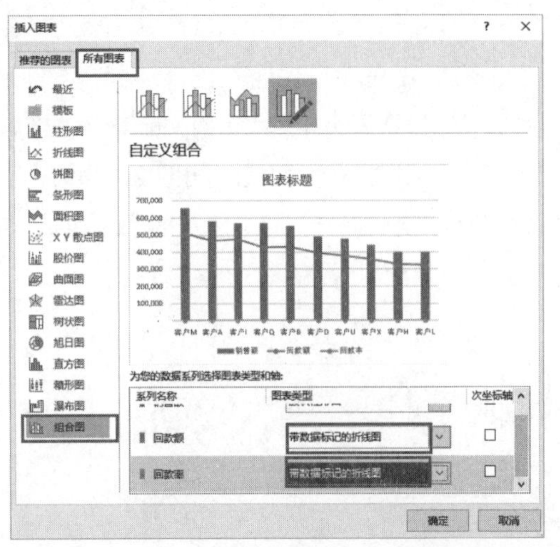

图 26-172

在图表预览区可以看到，由于“回款率”相对“回款额”较低而无法在图表中体现出来，因此需要启用次坐标轴。

选中“回款率”对应的【次坐标轴】复选框→单击【确定】按钮，如图 26-173 所示。

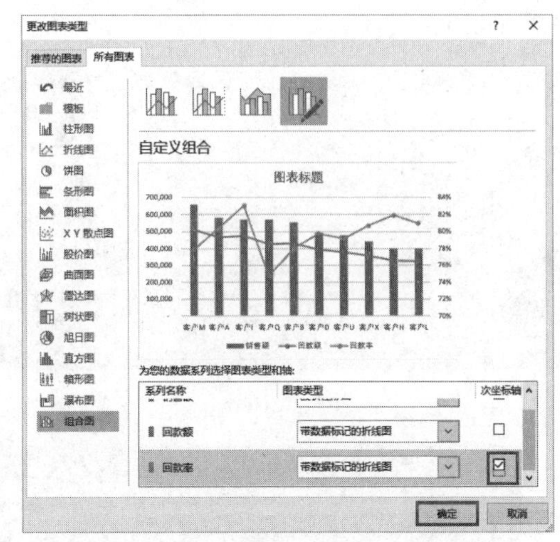

图 26-173

如图 26-174 所示，回款率就显示出来了。

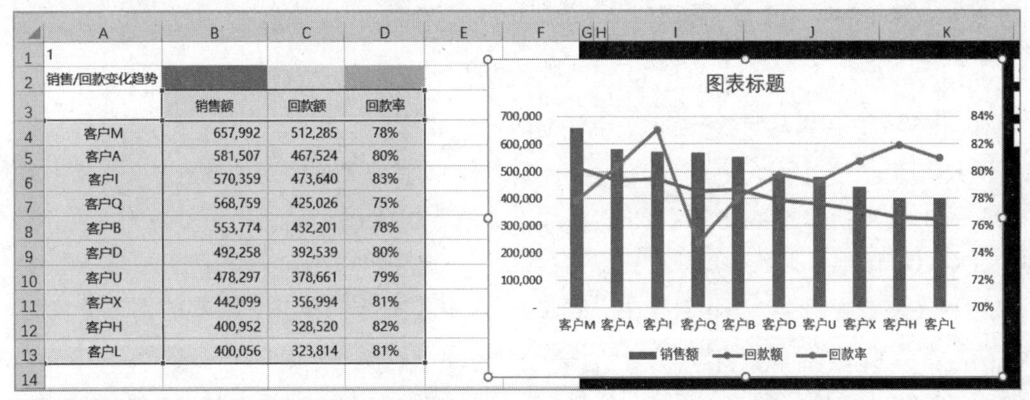

	销售额	回款额	回款率
客户M	657,992	512,285	78%
客户A	581,507	467,524	80%
客户I	570,359	473,640	83%
客户Q	568,759	425,026	75%
客户B	553,774	432,201	78%
客户D	492,258	392,539	80%
客户U	478,297	378,661	79%
客户X	442,099	356,994	81%
客户H	400,952	328,520	82%
客户L	400,056	323,814	81%

图 26-174

（3）美化图表。

接下来进入图表美化阶段。

选中组合图中的“回款率”折线图并右击→在弹出的快捷菜单中选择【设置数据系列格式】选项，如图 26-175 所示。

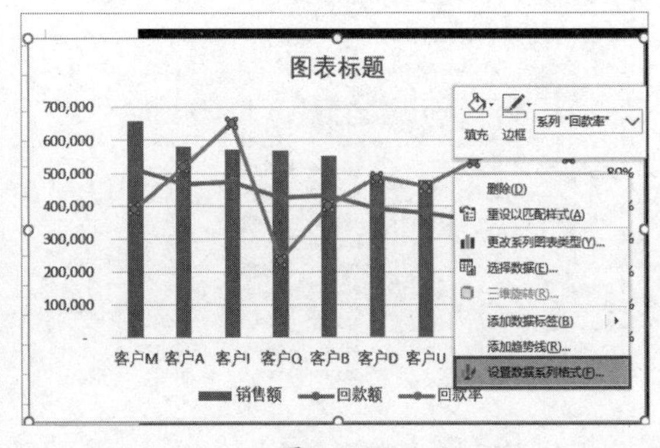

图 26-175

在弹出的【设置数据系列格式】任务窗格中单击【填充与线条】按钮→选择【线条】选项→选中【平滑线】复选框，如图 26-176 所示。

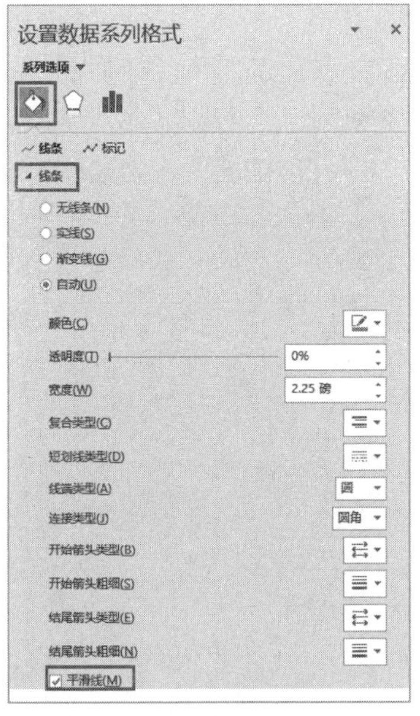

图 26-176

如图 26-177 所示，“回款率”折线图就变为平滑的曲线了。

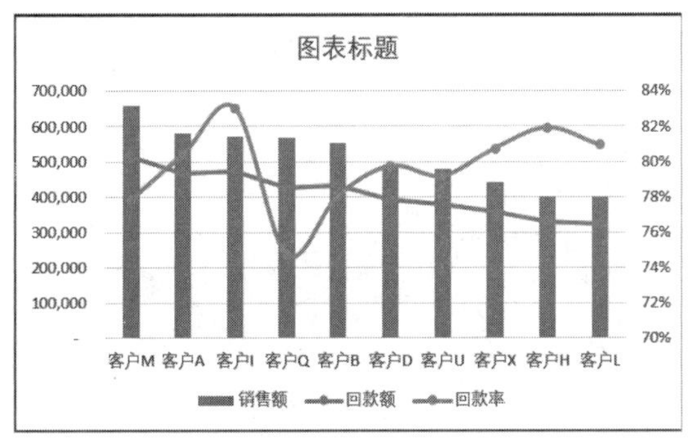

图 26-177

接下来选中“回款率”折线图→在【设置数据系列格式】任务窗格中单击【填充与线条】按钮→选择【线条】选项→单击【颜色】按钮→选择“黄色”→将【宽度】设置为“1.25磅”，如图 26-178 所示。

图 26-178

然后选择【标记】选项→选择【标记选项】选项→选中【内置】单选按钮→将【大小】设置为“3”，如图 26-179 所示。

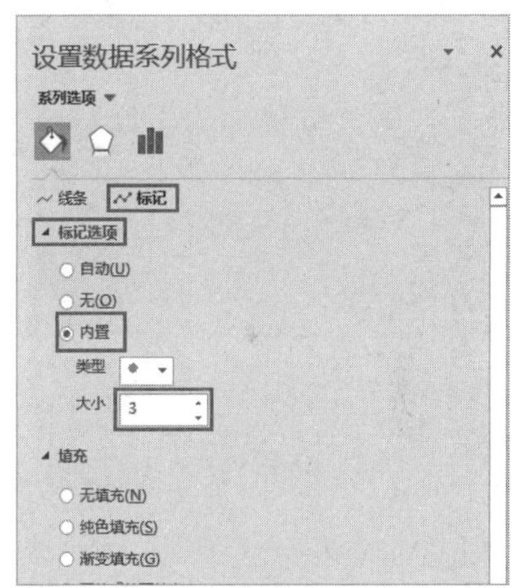

图 26-179

选择【填充】选项→选中【纯色填充】单选按钮→单击【颜色】按钮→选择“黄色”→选择【边框】选项→选中【无线条】单选按钮，如图 26-180 所示。

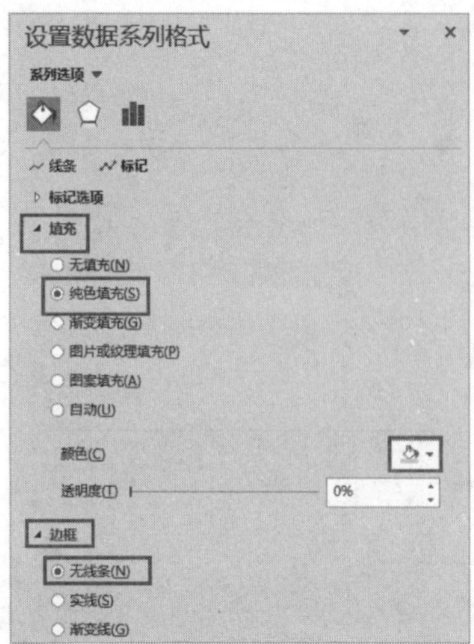

图 26-180

接下来对“回款额”折线图进行美化。选中“回款额”折线图→在【设置数据系列格式】任务窗格中单击【填充与线条】按钮→选择【线条】选项→选中【无线条】单选按钮，如图 26-181 所示。

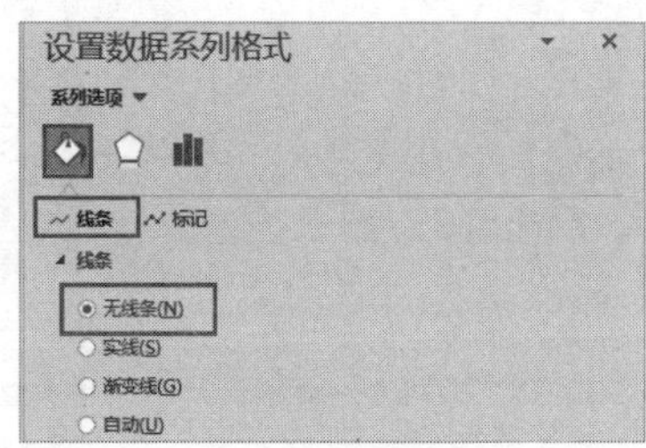

图 26-181

选择【标记】选项→选择【标记选项】选项→选中【内置】单选按钮→将【大小】设置为“5”，如图 26-182 所示。

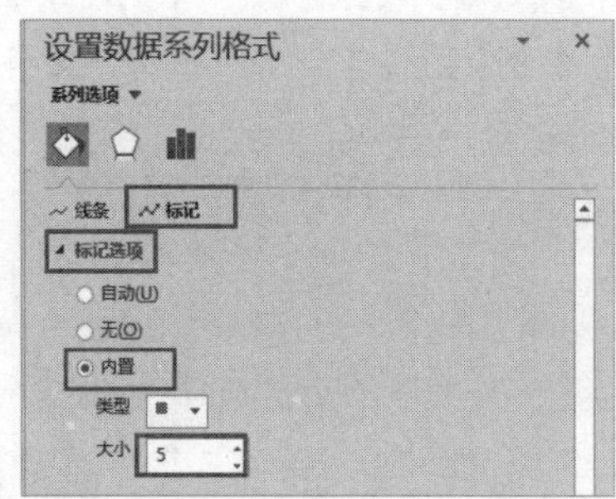

图 26-182

选择【填充】选项→选中【纯色填充】单选按钮→单击【颜色】按钮→选择“黄色”→选择【边框】选项→选中【无线条】单选按钮，如图 26-183 所示。

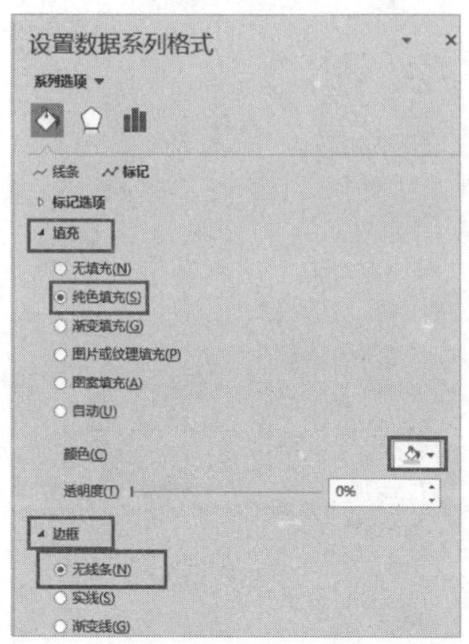

图 26-183

接下来设置标记点的发光效果。选中标记点→选择【格式】选项卡→单击【形状效果】按钮→选择【发光】选项→选择一个发光样式，如图 26-184 所示。

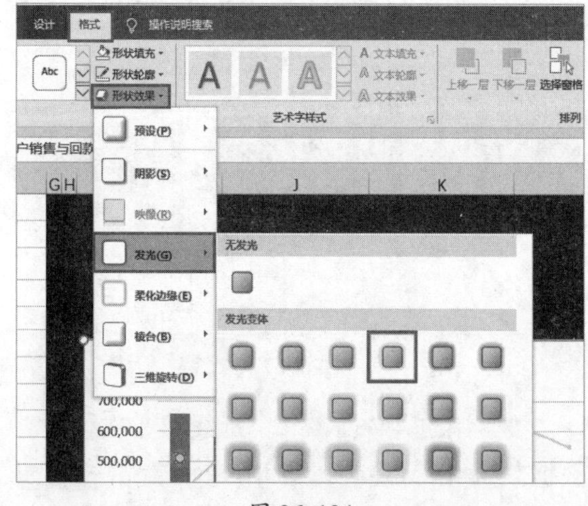

图 26-184

然后对柱形图进行美化。选中柱形图→在【设置数据系列格式】任务窗格中将【系列重叠】设置为“0”→将【间隙宽度】设置为“118%”，如图 26-185 所示。

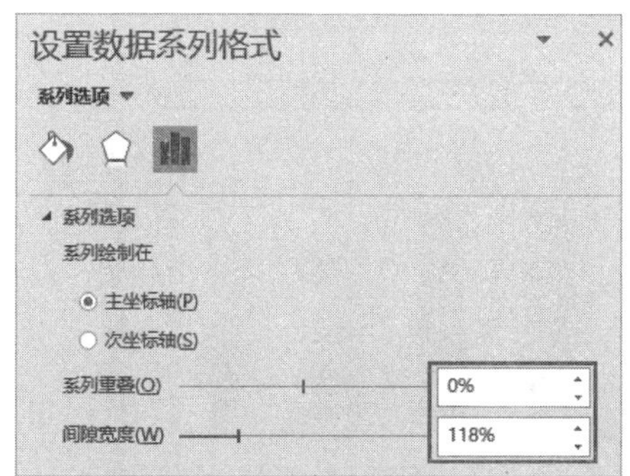

图 26-185

调整图表的大小，使图表变宽一些，如图 26-186 所示。

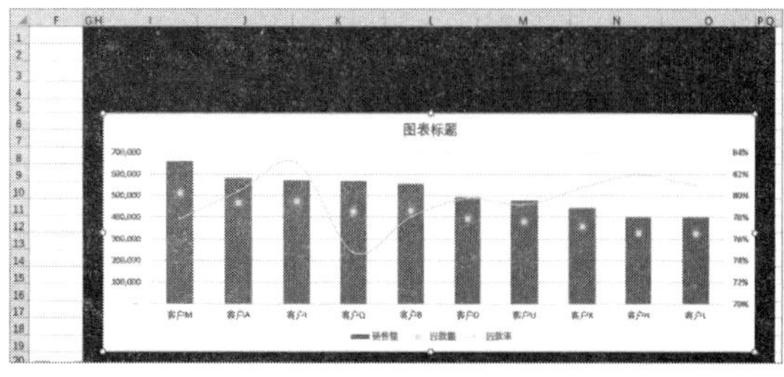

图 26-186

接下来删除图表标题。选中图表标题→按 <Delete> 键删除，如图 26-187 所示。

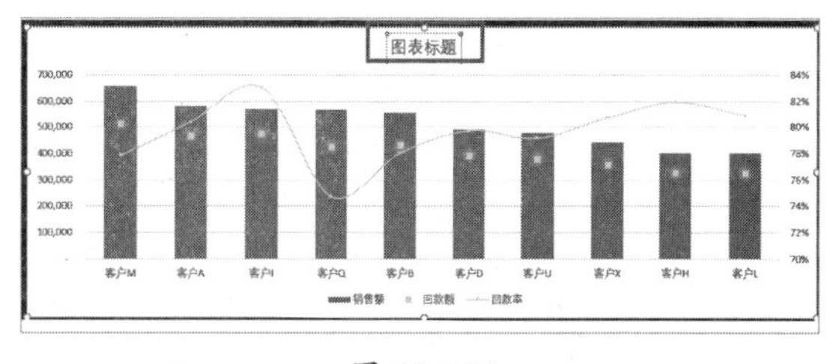

图 26-187

修改图例位置。选中图表→选择【设计】选项卡→单击【添加图标元素】按钮→选择【图例】选项→选择【顶部】选项，如图 26-188 所示。

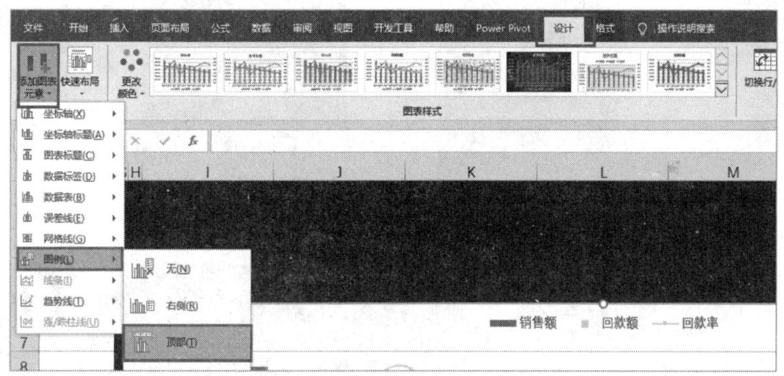

图 26-188

然后手动将图例拖曳至右上角，如图 26-189 所示。

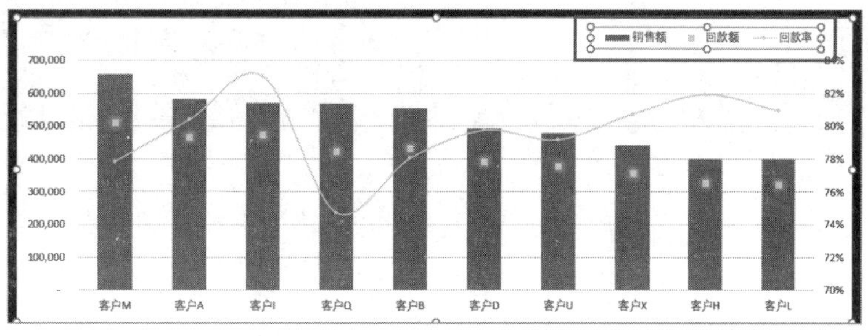

图 26-189

最后删除网格线。选中网格线→按 <Delete> 键删除，如图 26-190 所示。

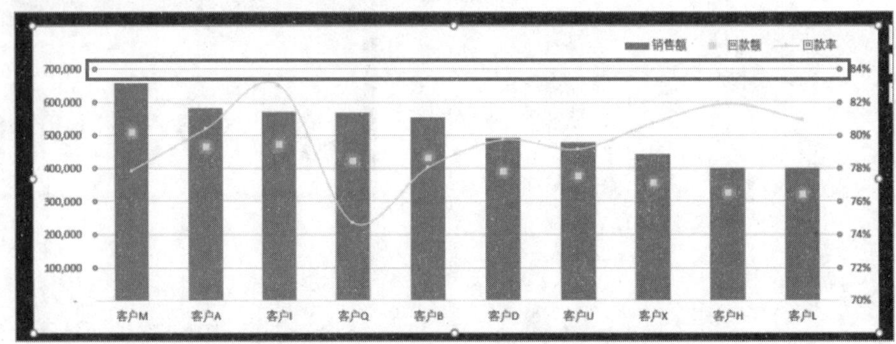

图 26-190

选中图表→选择【格式】选项卡→单击【形状填充】按钮→选择【无填充】选项，如图 26-191 所示。

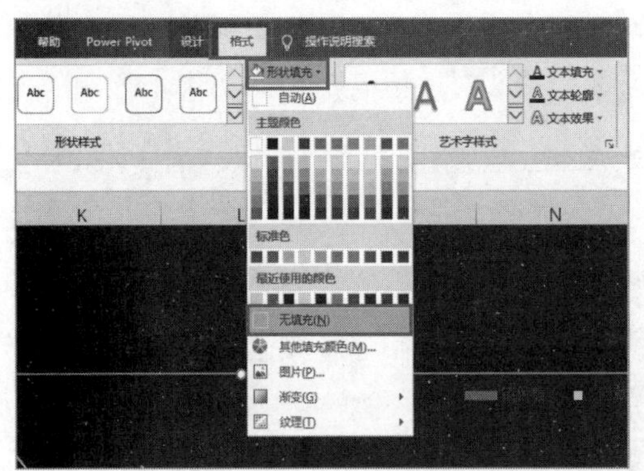

图 26-191

单击【形状轮廓】按钮→选择【无轮廓】选项，如图 26-192 所示。

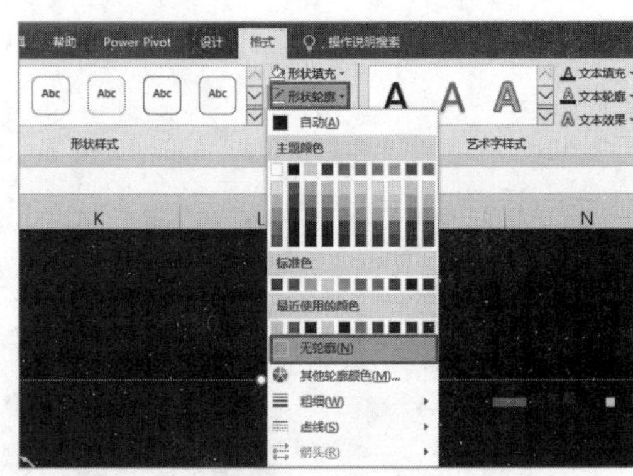

图 26-192

柱形图的效果如图 26-193 所示。

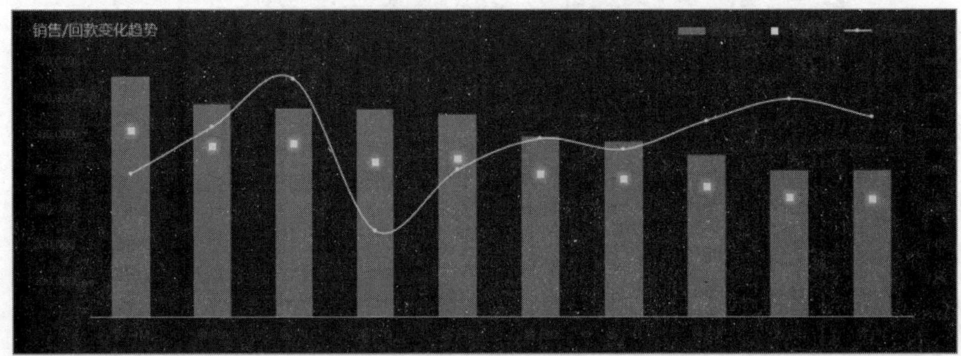

图 26-193

接下来再对柱形图填充一套提前准备好的渐变色的形状。

选择第一个形状→按 <Ctrl+C> 键复制→单击一次柱形，默认选中所有柱子，再次单击选中单个柱子→按 <Ctrl+V> 键粘贴，即可将第一个形状填充进去，如图 26-194 所示。

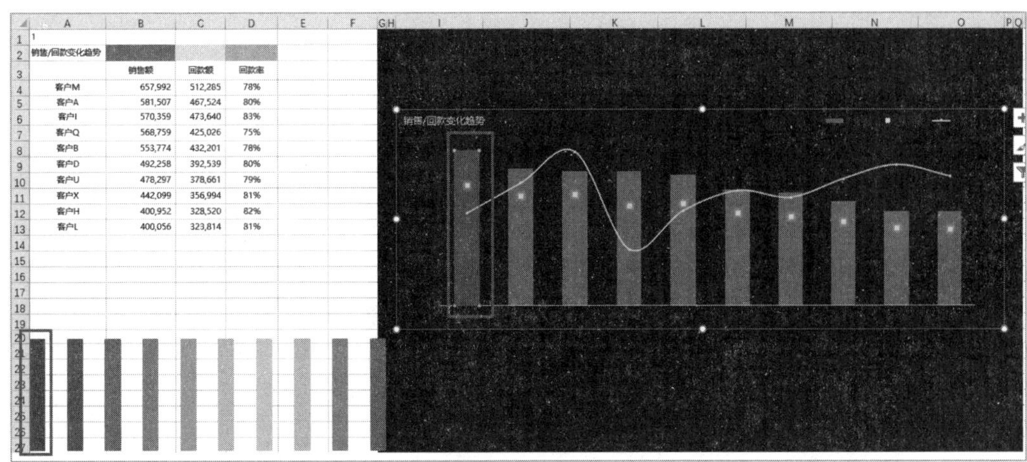

	销售额	回款额	回款率
客户M	657,992	512,285	78%
客户A	581,507	467,524	80%
客户I	570,359	473,640	83%
客户Q	568,759	425,026	75%
客户B	553,774	432,201	78%
客户D	492,258	392,539	80%
客户U	478,297	378,661	79%
客户X	442,099	356,994	81%
客户H	400,952	328,520	82%
客户L	400,056	323,814	81%

图 26-194

同理，依次将其他几个形状填充进去，如图 26-195 所示。

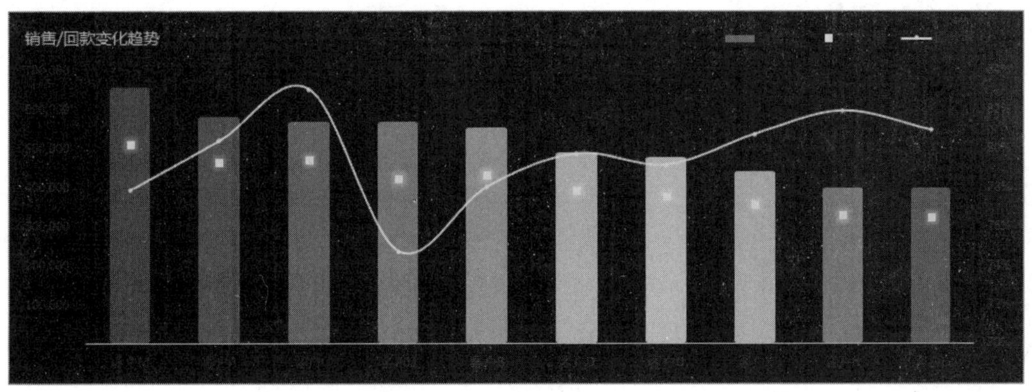

图 26-195

然后将字体设置为“微软雅黑”，字体颜色设置为“白色”，如图 26-196 所示。

图 26-196

选中图表，将右侧的次坐标轴拖曳至图表展示区以外，将图表与【I6:O19】单元格区域的边框对齐，如图 26-197 所示。

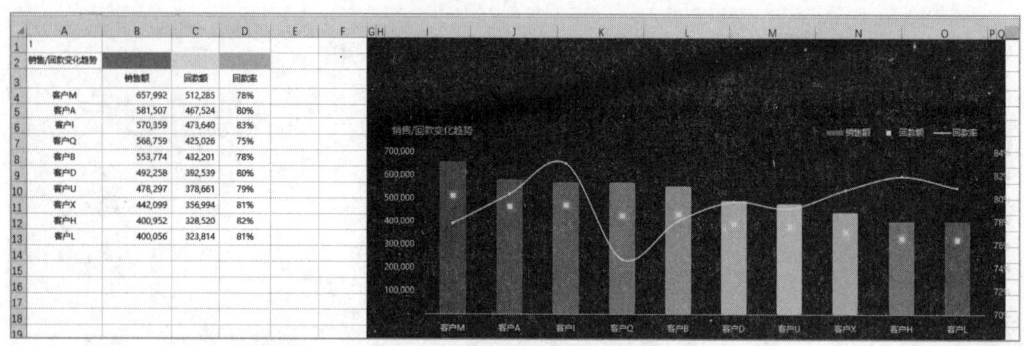

	销售额	回款额	回款率
客户M	657,992	512,285	78%
客户A	581,507	467,524	80%
客户I	570,359	473,640	83%
客户Q	568,759	425,026	75%
客户B	553,774	432,201	78%
客户D	492,258	392,539	80%
客户U	478,297	378,661	79%
客户X	442,099	356,994	81%
客户H	400,952	328,520	82%
客户L	400,056	323,814	81%

图 26-197

（4）导入看板。

单击左上角的名称框将其激活→输入“I6:O19”→按 <Enter> 键确认，这时对应的单元格区域为选中状态→按 <Ctrl+C> 键复制，如图 26-198 所示。

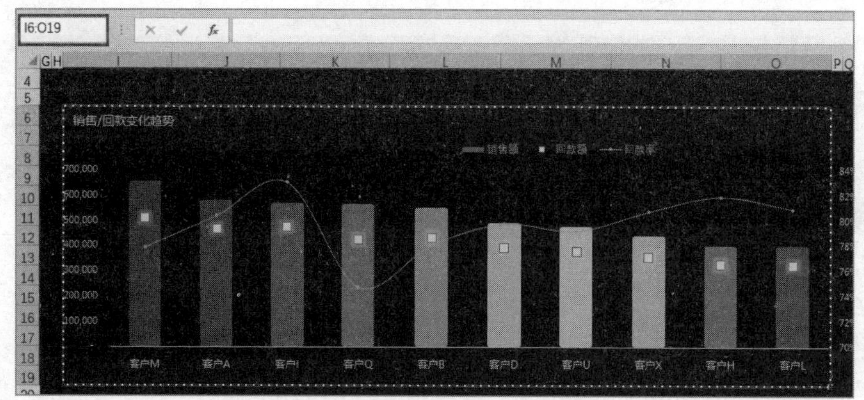

图 26-198

然后在“看板”工作表中右击，在弹出的快捷菜单中选择【选择性粘贴】选项→选择【链接的图片】选项。如图 26-199 所示，这个组合图就完成了。

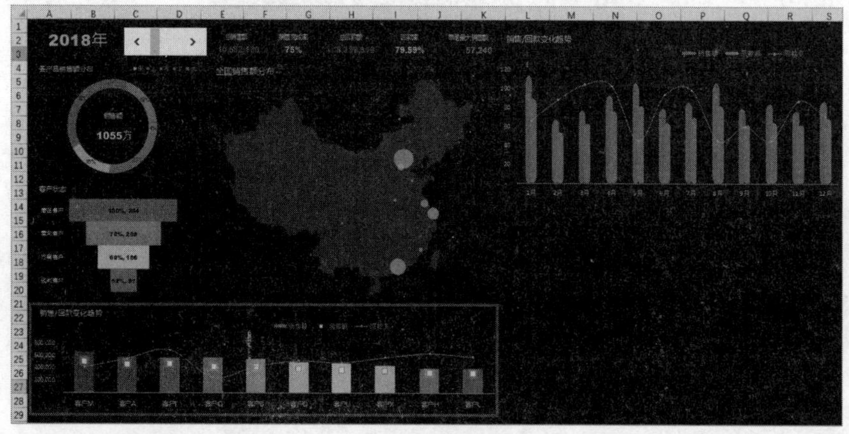

图 26-199

26.3 解密龙虎榜

接下来制作图 26-200 中的“销售龙虎榜”。

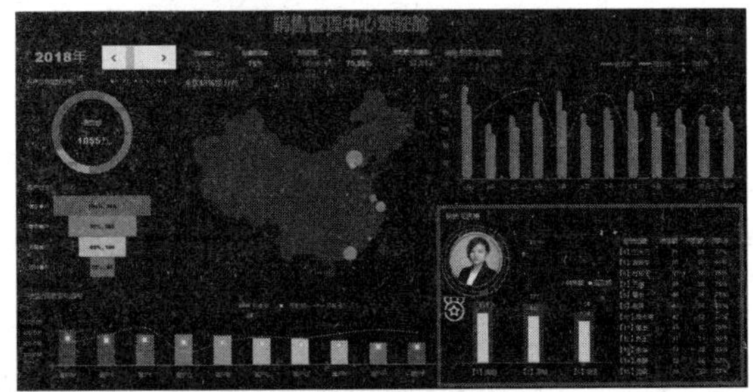

图 26-200

（1）准备作图数据源。

作图前要先准备作图数据源。利用自上而下的方法，根据看板中的“销售龙虎榜”图分析作图数据源的构成。如图 26-201 所示，“销售龙虎榜”图中涉及的字段包括“营销经理”“销售额”“回款额”“回款率”。

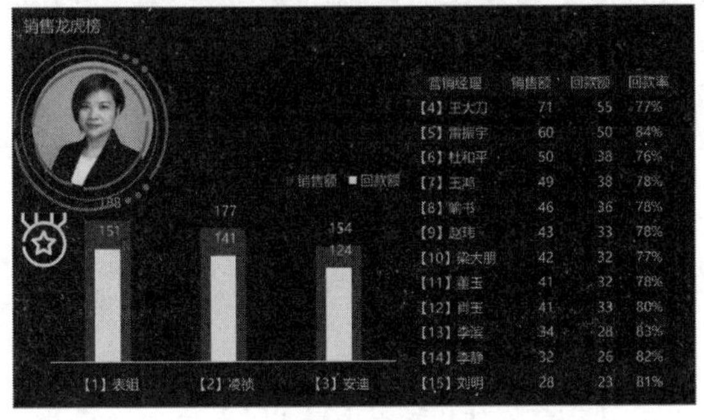

图 26-201

那么，在“销售龙虎榜”工作表中就要设计作图数据源。同时，将控件所控制的单元格的值（看板 !$A$1）放在【A1】单元格中，如图 26-202 所示。

	A	B	C	D	E
1	1				
2		销售龙虎榜			
3	销售额排名	营销经理	销售额	回款额	回款率
4		表姐			
5		凌祯			
6		安迪			
7		王大刀			
8		赵玮			
9		肖玉			
10		雷振宇			

图 26-202

在“销售龙虎榜”工作表中分别计算出每个营销员的“销售额”和“回款额”。由于所有数据都是根据控件所控制的单元格筛选出来的，因此在“销售龙虎榜”工作表中利用 SUMIFS 函数分别计算出 2018—2020 年每个营销员的“销售额”和“回款额”。

其中，【S4】单元格中的公式为“=SUMIFS(销售流水 !$I:$I, 销售流水 !$L:$L,S$3, 销售流水 !$K:$K,$R4)”。

【W4】单元格中的公式为“=SUMIFS(销售流水 !$J:$J, 销售流水 !$L:$L,W$3, 销售流水 !$K:$K,$R4)”。然后将公式填充到所有单元格中，如图 26-203 所示。

	R	S	T	U	V	W	X	Y
3	销售额	2018	2019	2020	回款额	2018	2019	2020
4	表姐	1,884,932	1,507,051	1,335,137	表姐	1,506,472	1,190,892	1,064,696
5	凌祯	1,771,809	1,914,250	1,619,912	凌祯	1,407,422	1,587,892	1,297,323
6	安迪	1,537,143	1,561,710	1,708,735	安迪	1,239,650	1,252,467	1,354,213
7	王大刀	712,677	858,689	784,846	王大刀	549,811	691,663	637,661
8	赵玮	425,165	538,715	397,848	赵玮	333,952	437,291	327,689
9	肖玉	410,808	338,239	311,349	肖玉	334,958	276,703	234,866
10	雷振宇	595,873	297,150	408,412	雷振宇	504,889	252,000	347,756
11	喻书	459,685	466,123	605,695	喻书	364,640	380,669	490,183
12	董玉	412,538	475,880	401,767	董玉	320,380	387,049	317,882
13	李静	318,803	340,180	519,348	李静	256,301	273,237	408,197
14	刘明	283,831	340,288	233,010	刘明	227,173	249,248	186,211
15	梁大朋	417,500	377,216	390,779	梁大朋	320,140	285,987	306,518
16	王鸿	485,726	478,186	385,258	王鸿	377,868	383,090	286,854
17	李滨	337,629	535,859	472,040	李滨	277,413	422,640	371,809
18	杜和平	498,011	569,422	474,101	杜和平	377,850	434,306	387,387

图 26-203

然后利用 INDEX 函数将当前年份对应的“销售额”和“回款额”查找出来。

【C4】单元格中的公式为“=INDEX(S4:U4,

$A$1)/10000"。

【D4】单元格中的公式为"=INDEX(W4:Y4,$A$1)/10000"，利用 ROUND 函数省略小数，最终【D4】单元格中的公式为"=ROUND(INDEX(W4:Y4,$A$1)/10000,0)"。【C4】单元格也可以用 ROUND 函数省略小数。

查找出"销售额"和"回款额"，那么"回款率"="回款额"/"销售额"，即【E4】单元格中的公式为"=D4/C4"。

接下来在【A】列利用图 26-204 所示的 RANK 函数求出"销售额"的排名。

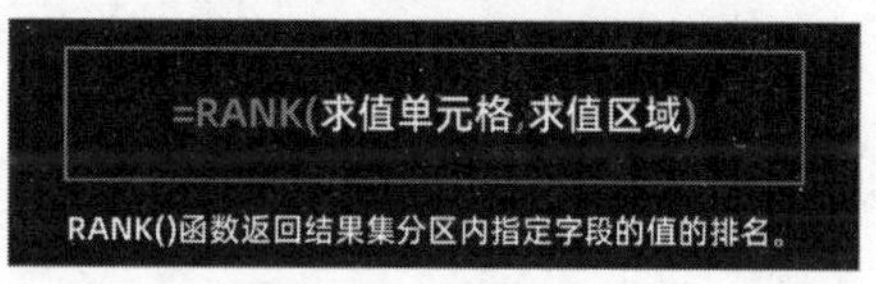

图 26-204

选中【A4】单元格→单击函数编辑区将其激活→输入公式"=RANK(C4,$C$4:$C$18)"→按 <Enter> 键确认。

公式的含义是,【C4】单元格的值在【$C$4:$C$18】单元格区域中的排名。

将【A4】、【C4】、【D4】、【E4】单元格的值都计算出来以后，就可以双击鼠标向下填充公式了，如图 26-205 所示。

	A	B	C	D	E
1	1				
2		销售龙虎榜			表姐
3	销售额排名	营销经理	销售额	回款额	回款率
4	1	表姐	188	151	80%
5	2	凌祯	177	141	80%
6	3	张盛茗	154	124	81%
7	4	王大刀	71	55	77%
8	9	赵玮	43	33	78%
9	12	肖玉	41	33	80%
10	5	雷振宇	60	50	84%
11	8	喻书	46	36	78%
12	11	董玉	41	32	78%
13	14	李静	32	26	82%
14	15	刘明	28	23	81%
15	10	梁大朋	42	32	77%
16	7	王鸿	49	38	78%
17	13	李滨	34	28	83%
18	6	杜和平	50	38	76%

图 26-205

接下来要将前三名的营销员数据单独列出来，然后从第 4 名开始将后面的营销员单独列出表格，制作出图 26-206 所示的效果。

	A	B	C	D
21	营销经理	销售额	回款额	回款率
22	【1】表姐	188	151	80%
23	【2】凌祯	177	141	80%
24	【3】安迪	154	124	81%
25	营销经理	销售额	回款额	回款率
26	【4】王大刀	71	55	77%
27	【5】雷振宇	60	50	84%
28	【6】杜和平	50	38	76%
29	【7】王鸿	49	38	78%
30	【8】喻书	46	36	78%
31	【9】赵玮	43	33	78%
32	【10】梁大朋	42	32	77%
33	【11】董玉	41	32	78%
34	【12】肖玉	41	33	80%
35	【13】李滨	34	28	83%
36	【14】李静	32	26	82%
37	【15】刘明	28	23	81%

图 26-206

首先在【A22】单元格中利用图 26-207 所示的 VLOOKUP 函数查找第 1 名对应的营销员姓名。

图 26-207

查找依据：查找的是第 1 名，即 ROW(A1)。

数据表：在【A4:E18】单元格区域中查找。

列序数：查找对应的营销员姓名，即第 2 列。

匹配条件：默认为"0"。

代入公式就是"=VLOOKUP(ROW(A1),$A$4:$E$18,2,0)"，如图 26-208 所示。

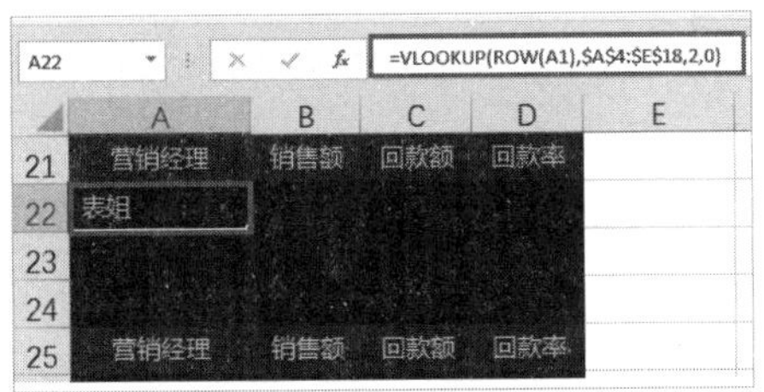

图 26-208

利用“&”将【1】与姓名连接。代入公式就是“="【"&ROW(A1)&"】"&VLOOKUP(ROW(A1),$A$4:$E$18,2,0)”→向下拖曳鼠标将公式填充至【A22:A24】单元格区域，如图26-209所示。

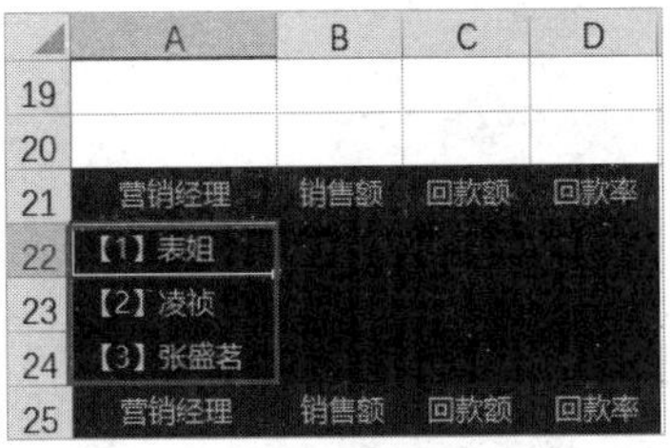

	A	B	C	D
19				
20				
21	营销经理	销售额	回款额	回款率
22	【1】表姐			
23	【2】凌祯			
24	【3】张盛茗			
25	营销经理	销售额	回款额	回款率

图 26-209

同样在【A26】单元格开始查找第4名对应的营销员姓名。在【A26】单元格中输入公式“="【"&ROW(A4)&"】"&VLOOKUP(ROW(A4),$A$4:$E$18,2,0)”→按 <Enter> 键确认→向下拖曳鼠标将公式填充至【A26:A37】单元格区域，如图26-210所示。

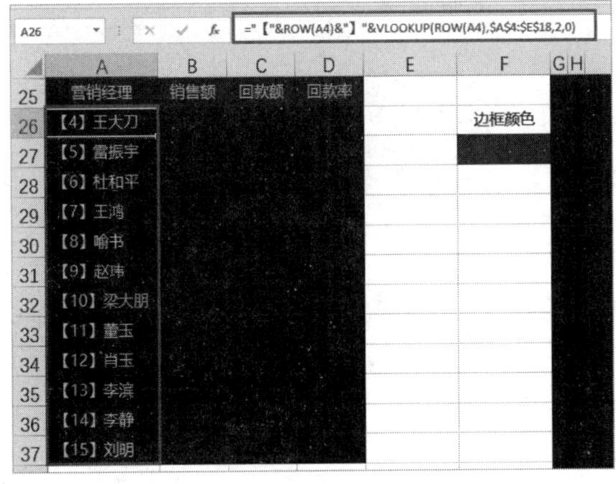

图 26-210

接下来利用 VLOOKUP 函数查找【B22】单元格对应的“销售额”。

查找依据：查找的是“表姐”，即【A22】单元格。

匹配条件：默认为“0”。

数据表：在【A4:E18】单元格区域中查找。

列序数：查找对应的销售额，即第3列。

代入公式就是“=VLOOKUP(ROW(A1),$A$4:$E$18,3,0)”，如图26-211所示。

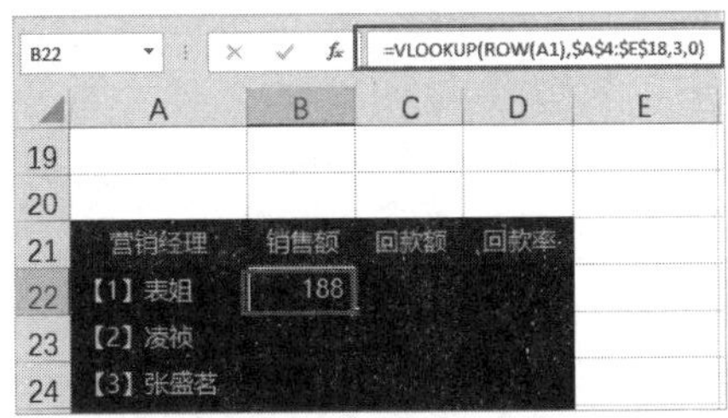

图 26-211

继续查找【C22】单元格对应的“回款额”，代入公式就是“=VLOOKUP(ROW(A1),$A$4:$E$18,4,0)”，如图26-212所示。

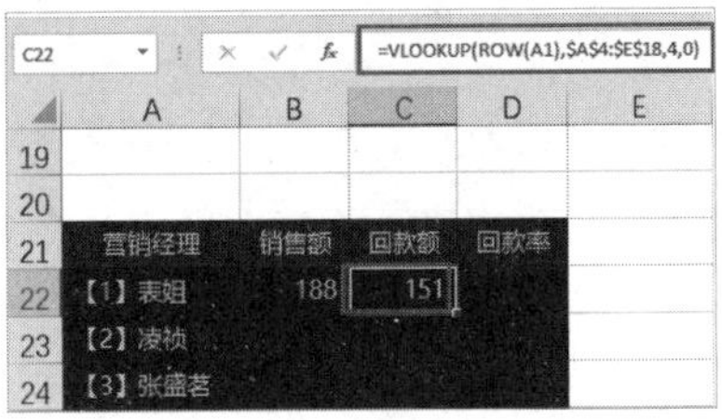

C22 =VLOOKUP(ROW(A1),$A$4:$E$18,4,0)

	A	B	C	D	E
19					
20					
21	营销经理	销售额	回款额	回款率	
22	【1】表姐	188	151		
23	【2】凌祯				
24	【3】张盛茗				

图 26-212

同理，查找【D22】单元格对应的“回款率”，代入公式就是“=VLOOKUP(ROW(A1),$A$4:$E$18,5,0)”，如图26-213所示。

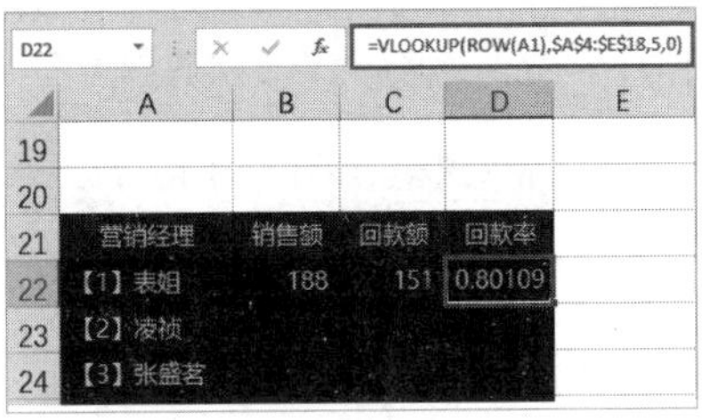

D22 =VLOOKUP(ROW(A1),$A$4:$E$18,5,0)

	A	B	C	D	E
19					
20					
21	营销经理	销售额	回款额	回款率	
22	【1】表姐	188	151	0.80109	
23	【2】凌祯				
24	【3】张盛茗				

图 26-213

选中【D22】单元格→选择【开始】选项卡→单击【%】按钮→单击【减少小数位数】按钮，如图 26-214 所示。

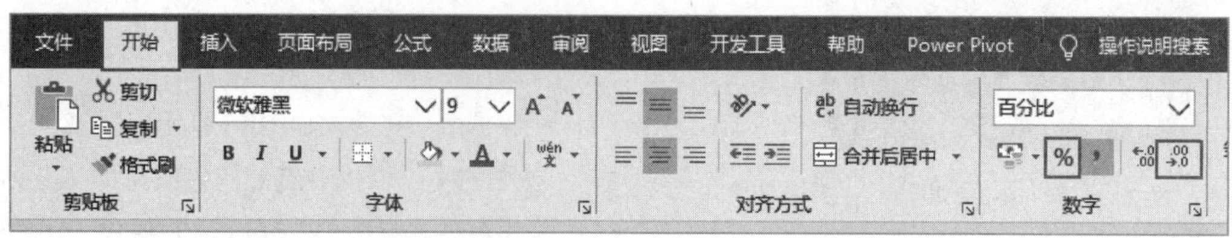

图 26-214

完成了【B22:D22】单元格区域值的查找后，其他单元格的查找就不难了。选中【B22:D22】单元格区域→向下拖曳鼠标将公式填充至【B22:D24】单元格区域，如图 26-215 所示。

	A	B	C	D
19				
20				
21	营销经理	销售额	回款额	回款率
22	【1】表姐	188	151	80%
23	【2】凌祯	177	141	80%
24	【3】张盛茗	154	124	81%

图 26-215

同理，在【B26】单元格中输入公式“=VLOOKUP(ROW(A4),$A$4:$E$18,3,0)”，在【C26】单元格中输入公式“=VLOOKUP(ROW(A4),$A$4:$E$18,4,0)”，在【D26】单元格中输入公式“=VLOOKUP(ROW(A4),$A$4:$E$18,5,0)”。选中【B26:D26】单元格区域→向下拖曳鼠标将公式填充至【B26:D37】单元格区域，如图 26-216 所示。

选中【A25:D37】单元格区域→按 <Ctrl+C> 键复制→在“销售龙虎榜”工作表中右击→在弹出的快捷菜单中选择【选择性粘贴】选项→选择【链接的图片】选项，将图表粘贴在绘图区，如图 26-217 所示。

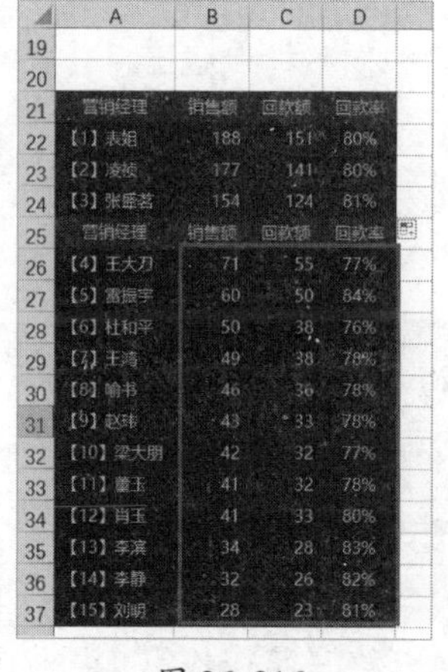

	A	B	C	D
19				
20				
21	营销经理	销售额	回款额	回款率
22	【1】表姐	188	151	80%
23	【2】凌祯	177	141	80%
24	【3】张盛茗	154	124	81%
25	营销经理	销售额	回款额	回款率
26	【4】王大刀	71	55	77%
27	【5】雷振宇	60	50	84%
28	【6】杜和平	50	38	76%
29	【7】王鸿	49	38	78%
30	【8】喻书	46	36	78%
31	【9】赵玮	43	33	78%
32	【10】梁大朋	42	32	77%
33	【11】董玉	41	32	78%
34	【12】肖玉	41	33	80%
35	【13】李滨	34	28	83%
36	【14】李静	32	26	82%
37	【15】刘明	28	23	81%

图 26-216

图 26-217

（2）制作图表。

接下来制作销售额、回款额的温度计图表。选中【A21:C24】单元格区域，如图 26-218 所示。

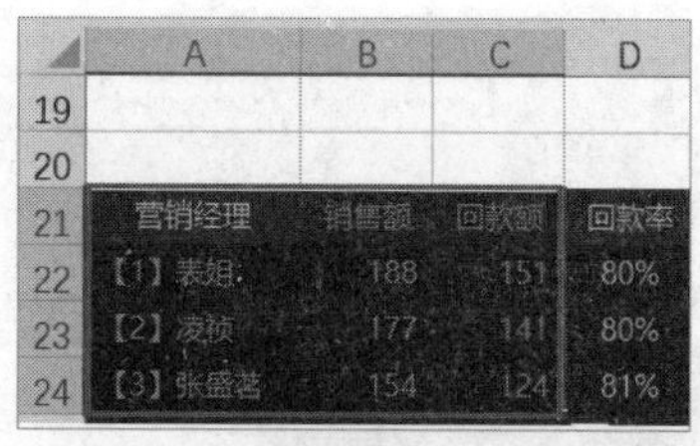

	A	B	C	D
19				
20				
21	营销经理	销售额	回款额	回款率
22	【1】表姐	188	151	80%
23	【2】凌祯	177	141	80%
24	【3】张盛茗	154	124	81%

图 26-218

选择【插入】选项卡→单击【插入柱形图或条形图】按钮→选择【簇状柱形图】选项，如图 26-219 所示。

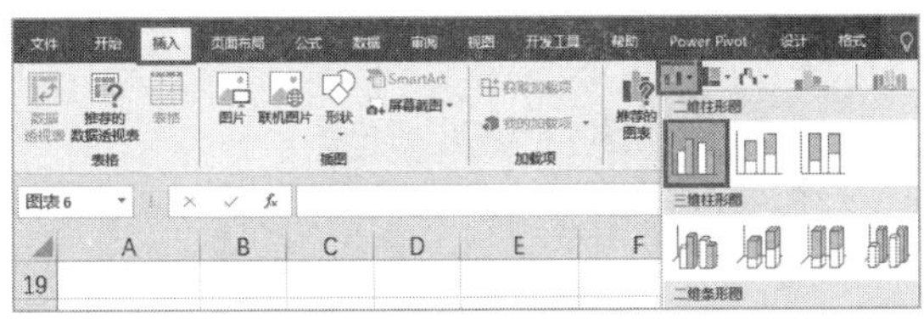

图 26-219

（3）美化图表。

选中“回款额”所在的橙色柱子并右击→在弹出的快捷菜单中选择【设置数据系列格式】选项，如图 26-220 所示。

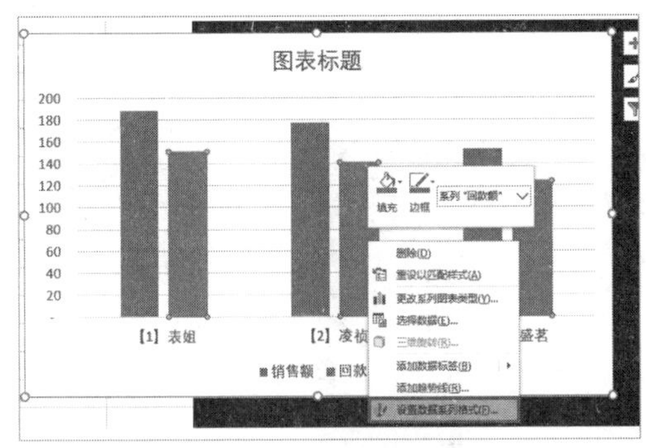

图 26-220

在弹出的【设置数据系列格式】任务窗格中选中【次坐标轴】单选按钮，如图 26-221 所示。

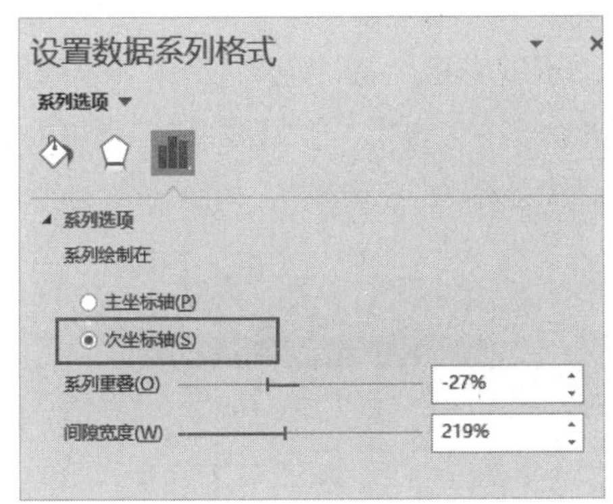

图 26-221

选中次坐标轴→在【设置坐标轴格式】任务窗格中将次坐标轴的刻度设置为与主坐标轴的刻度一致，所以在【坐标轴选项】中将【最大值】设置为“200”，如图 26-222 所示。

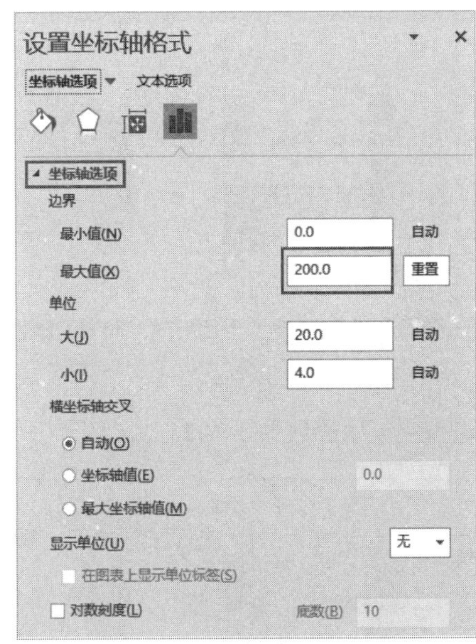

图 26-222

重新双击橙色柱子，打开【设置数据系列格式】任务窗格→调整【间隙宽度】，使橙色柱子嵌套于蓝色柱子之内，如图 26-223 所示。

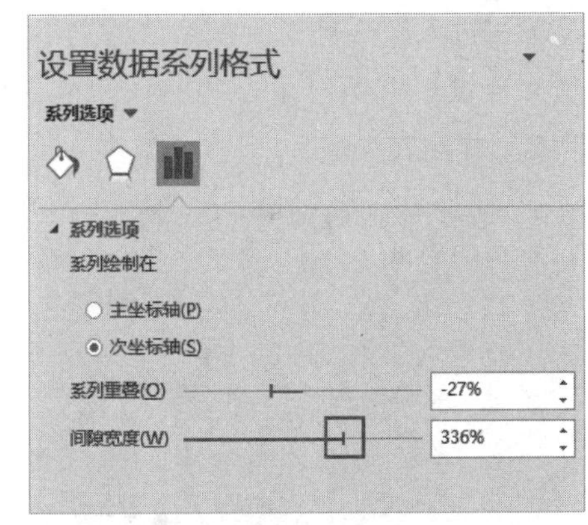

图 26-223

添加数据标签。选中“销售额”所在的蓝色柱子并右击→在弹出的快捷菜单中选择【添加数据标签】选项→选中橙色柱子并右击→在弹出的快捷菜单中选择【添加数据标签】选项，如图 26-224 所示。

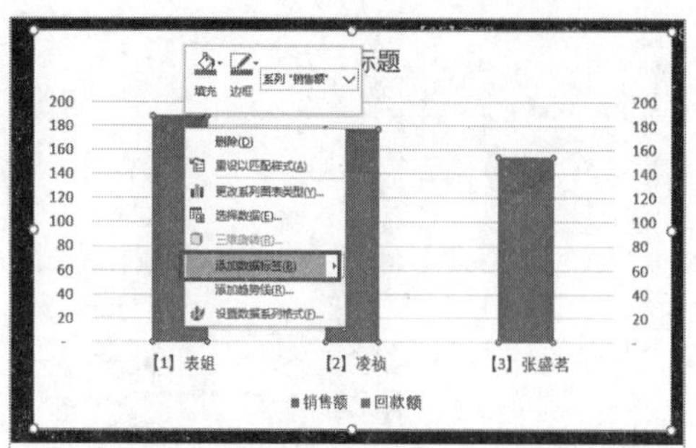

图 26-224

设置完成后的效果如图 26-225 所示。

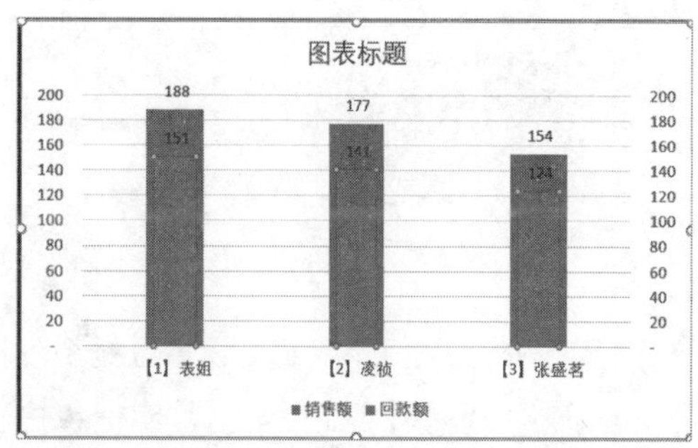

图 26-225

接下来进入图表美化的步骤，这里不再赘述，请大家试一试做出图 26-226 所示的效果，然后将其放在图表绘图区。

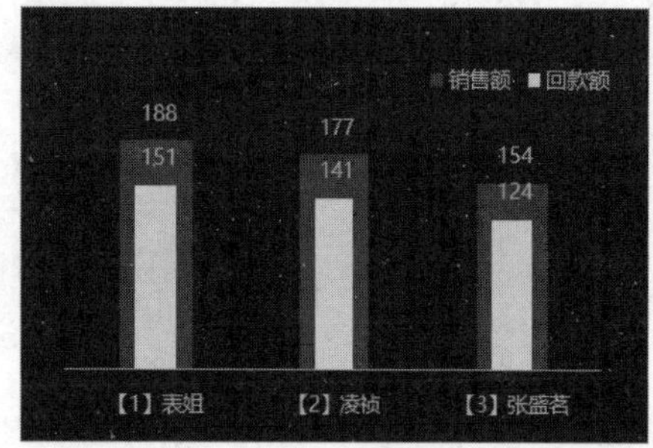

图 26-226

那么，如何制作销售龙虎榜的营销员照片呢？

（4）连接图片。

首先在【A41】单元格中输入“第一名”→在【B41】单元格中利用 VLOOKUP 函数查找出第一名的营销员，公式为“=VLOOKUP(ROW(A1), $A$4:$E$18,2,0)”，如图 26-227 所示。

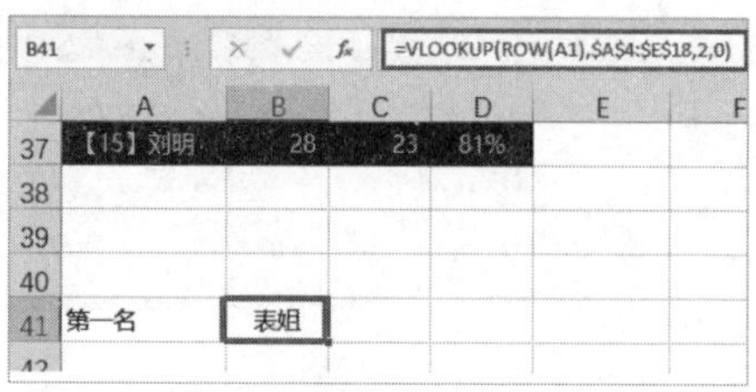

图 26-227

将【D41】单元格关联“照片”工作表中的【A1】单元格。输入“=”后，直接单击“照片”工作表中的【A1】单元格，如图 26-228 所示→按 <Enter> 键确认。

图 26-228

由于笔者已经将“照片”工作表中的【A1】单元格命名为“表姐”，故【D41】单元格的函数编辑区中显示为“= 表姐”，如图 26-229 所示。

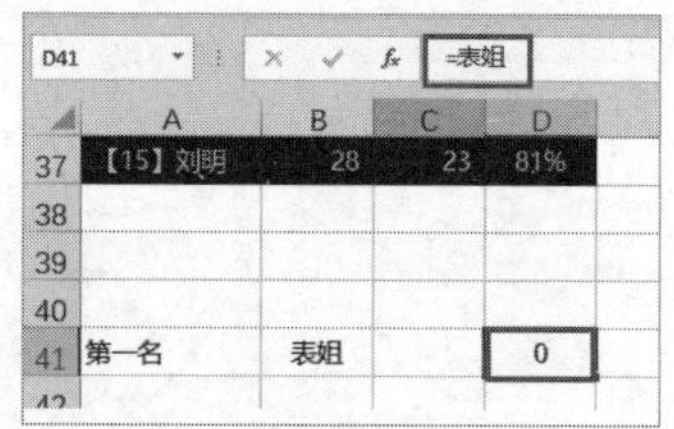

图 26-229

如图 26-229 所示，【D41】单元格中却显示为“0”，又该如何将图片显示出来呢？

选中“照片”工作表中的【A1】单元格→按 <Ctrl+C> 键复制，如图 26-230 所示。

在“销售龙虎榜”工作表中右击→在弹出的快捷菜单中选择【粘贴选项】中的【图片】选项，如图 26-231 所示。

图 26-230

图 26-231

选中图片→选择【公式】选项卡→单击【名称管理器】按钮，如图 26-232 所示。

图 26-232

在弹出的【名称管理器】对话框中单击【新建】按钮，如图 26-233 所示。

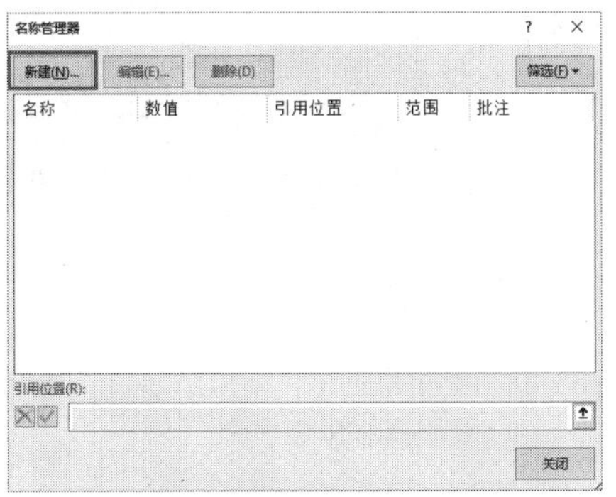

图 26-233

在【新建名称】对话框中单击【名称】文本框将其激活→输入“第一名”→单击【引用位置】文本框→输入公式“=INDIRECT(销售龙虎榜!$B$41)”→单击【确定】按钮，如图 26-234 所示。它表示图片名称引用的是【B41】单元格名称的照片。

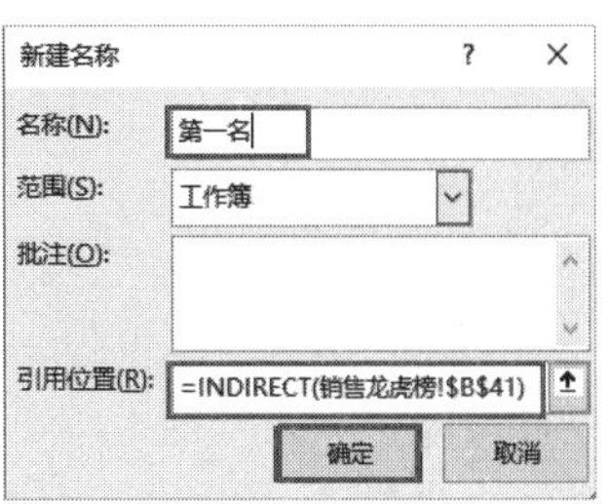

图 26-234

返回【名称管理器】对话框，如图 26-235 所示，名称中显示出“第一名”→单击【关闭】按钮。

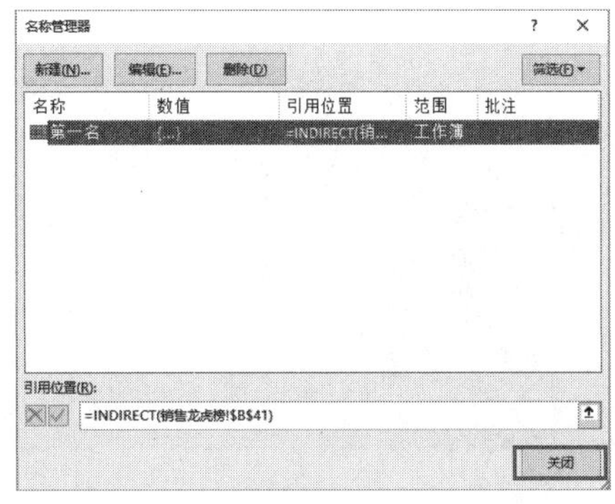

图 26-235

选中照片→单击函数编辑区将其激活→输入公式“= 第一名”，如图 26-236 所示→按 <Enter> 键确认。

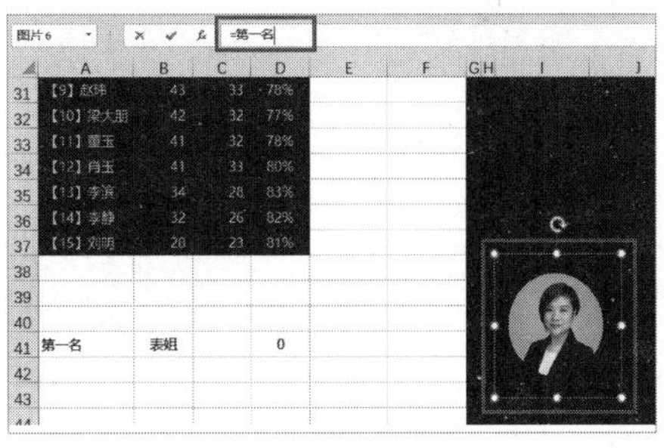

图 26-236

（5）导入看板。

最后将排版布局好的图表导入看板。

将“表格”“图表”和“图片”排版布局后，选中图表区域→按 <Ctrl+C> 键复制，如图 26-237 所示。

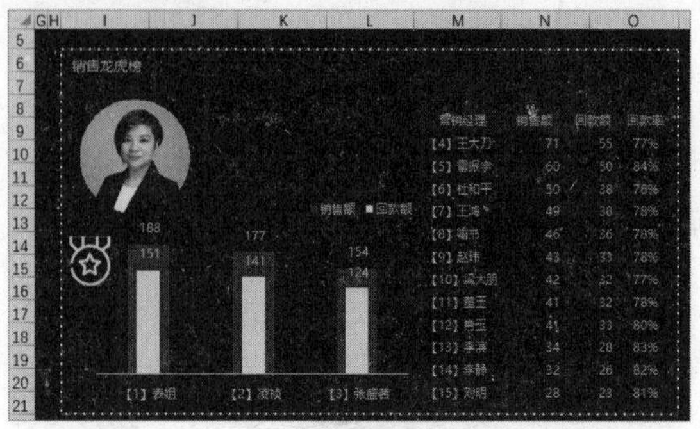

图 26-237

在“看板”工作表中按 <Ctrl+V> 键粘贴，如图 26-238 所示。

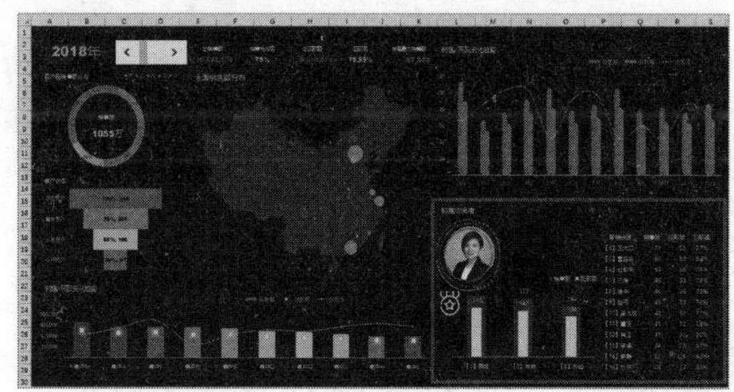

图 26-238

此时，看板中的所有图表就都已经完成了。最后调整所有图表的布局，使之更美观和谐，然后选中任意图表→按 <Ctrl+A> 键将所有图表全部选中→右击，在弹出的快捷菜单中选择【组合】选项→选择【组合】选项，如图 26-239 所示。

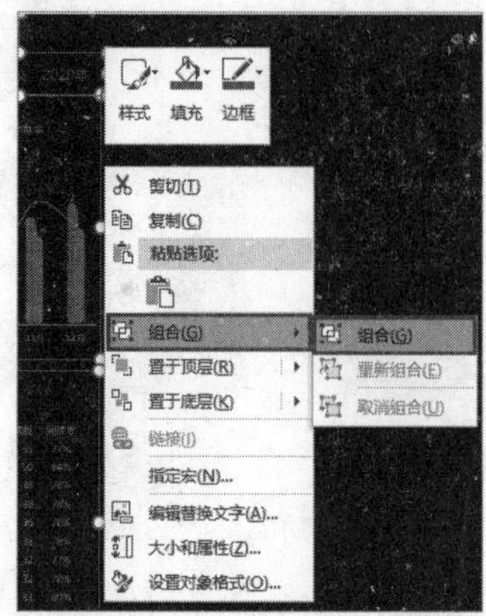

图 26-239

如图 26-240 所示，所有图表成为一个整体，通过拖曳可以共同移动。并且，通过单击控件中的左右按钮可以调整不同年份，所有图表数据同步更新。

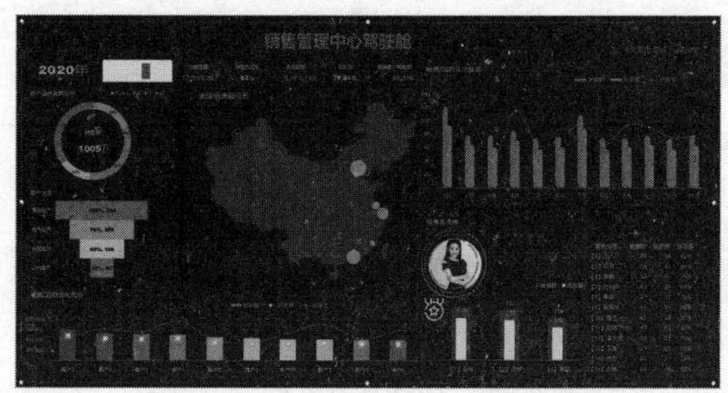

图 26-240